CARL TROLL † UND WILHELM LAUER

GEOECOLOGICAL RELATIONS BETWEEN THE SOUTHERN TEMPERATE ZONE AND THE TROPICAL MOUNTAINS

GEOÖKOLOGISCHE BEZIEHUNGEN ZWISCHEN DER TEMPERIERTEN ZONE DER SÜDHALBKUGEL UND DEN TROPENGEBIRGEN

ERDWISSENSCHAFTLICHE FORSCHUNG

IM AUFTRAG DER KOMMISSION FÜR ERDWISSENSCHAFTLICHE FORSCHUNG
DER AKADEMIE DER WISSENSCHAFTEN UND DER LITERATUR
HERAUSGEGEBEN VON WILHELM LAUER

BAND XI

GEOECOLOGICAL RELATIONS BETWEEN THE SOUTHERN TEMPERATE ZONE AND THE TROPICAL MOUNTAINS

GEOÖKOLOGISCHE BEZIEHUNGEN ZWISCHEN DER TEMPERIERTEN ZONE DER SÜDHALBKUGEL UND DEN TROPENGEBIRGEN

PROCEEDINGS OF THE SYMPOSIUM OF THE INTERNATIONAL GEOGRAPHICAL UNION
COMMISSION ON HIGH-ALTITUDE GEOECOLOGY
NOVEMBER, 21—23, 1974 AT MAINZ
IN CONNECTION WITH THE AKADEMIE DER WISSENSCHAFTEN UND DER
LITERATUR IN MAINZ — KOMMISSION FÜR ERDWISSENSCHAFTLICHE FORSCHUNG

VERHANDLUNGEN DES SYMPOSIUMS DER INTERNATIONAL GEOGRAPHICAL UNION
COMMISSION ON HIGH-ALTITUDE GEOECOLOGY
21.—23. NOVEMBER 1974 IN MAINZ
IN VERBINDUNG MIT DER AKADEMIE DER WISSENSCHAFTEN UND DER
LITERATUR IN MAINZ — KOMMISSION FÜR ERDWISSENSCHAFTLICHE FORSCHUNG

HERAUSGEGEBEN VON/EDITED BY

CARL TROLL † UND WILHELM LAUER

REDAKTION: WINFRIED GOLTE

Mit 156 Fig. und 232 Abb. auf LIX Taf.
With 156 fig. and 232 photos on LIX plates

FRANZ STEINER VERLAG GMBH · WIESBADEN
1978

CIP-Kurztitelaufnahme der Deutschen Bibliothek

Geoecological relations between the southern temperate zone and the tropical mountains: proceedings of the Symposium of the Internat. Geograph. Union, Comm. on High-Altitude Geoecology, November, 21 — 23, 1974 at Mainz = Geoökologische Beziehungen zwischen der temperierten Zone der Südhalbkugel und den Tropengebirgen / in connection with the Akad. d. Wiss. u. d. Literatur in Mainz, Komm. für Erdwissenschaftl. Forschung. Ed. by Carl Troll and Wilhelm Lauer.

1. Aufl. – Wiesbaden: Steiner, 1978. (Erdwissenschaftliche Forschung; Bd. 11)

ISBN 3-515-02452-2

NE: Troll, Carl [Hrsg.]; International Geographical Union / Commission on High-Altitude Geoecology; PT

 Gedruckt mit Unterstützung der Stiftung Volkswagenwerk. Druck: Proff u. Co. Bad Honnef
Printed in Germany

VORWORT

Mit diesem Band werden die Verhandlungen des Symposiums „Geoecological Relations between the Southern Temperate Zone and the Tropical Mountains" vorgelegt, das von der I.G.U. „Commission on High Altitude Geoecology" in Verbindung mit der „Akademie der Wissenschaften und der Literatur in Mainz" zwischen dem 21. und 23. November 1974 stattfand. Die Thematik war von Carl Troll, dem Chairman dieser Kommission von 1968 bis 1972, anläßlich des Internationalen Geographenkongresses (1972) in Montreal vorgeschlagen worden in konsequenter Fortsetzung der bisherigen Themen zu einer „Vergleichenden Geoökologie der Hochgebirge der Erde", die während früherer Symposien im Auftrag der UNESCO 1966 in Mexiko, im Rahmen der IGU-Kommission und der Mainzer Akademie 1969 in Mainz und wiederum im Rahmen der IGU-Kommission 1972 in Calgary abgehandelt wurden.

Die Vorträge der genannten Symposien liegen gedruckt vor:

„Geo-Ecology of the Mountainous Regions of the Tropical Americas." Proceedings of the UNESCO. Mexico-Symposium, August 1–3, 1966. Ed. by C. TROLL, Colloquium Geographicum, Bd. 9, Bonn 1968.

„Geo-Ecology of the High-Mountain Regions of Eurasia." Proceedings of the Symposium of the International Geographical Union Commission on High-Altitude Geoecology. November 20–22, 1969, at Mainz. Ed. by C. TROLL, Wiesbaden 1972.

„The High Mountains of North America and the Upper Timberline in the Earth's different Climatic Zones." Proceedings of the Symposium of the International Geographical Union Commission on High Altitude Geoecology, Calgary, Alberta, August 1–8, 1972. Ed. by JACK D. IVES and K.A. SALZBERG. Arctic and Alpine Research; Vol. 5, No. 3, Part 2, 1973.

Obwohl Carl Troll 1972 aus gesundheitlichen Gründen den Vorsitz der IGU-Kommission an Jack D. Ives (Boulder) übergeben hatte, war es dem seitherigen Ehrenvorsitzenden der Kommission trotz geschwächter Gesundheit ein nimmermüdes Anliegen, auch dieses Symposium zu organisieren. 27 Wissenschaftler aus 7 Ländern konnten 3 Tage lang in den Räumen der Akademie in Mainz ein dichtes Programm zu dem Thema „Geoökologische Beziehungen zwischen der temperierten Zone der Südhalbkugel und den Tropengebirgen" anhand von Vorträgen diskutieren. In den vorliegenden Band wurden auch Beiträge von Forschern aufgenommen, die wegen zu großer räumlicher Entfernung an dem Mainzer Symposium nicht selbst teilnehmen konnten, aber der Einladung mit einem schriftlichen Beitrag folgten.

Carl Troll starb unerwartet am 21. Juli 1975, mitten in der Vorbereitung der Manuskripte zum Druck. Leider hatte er seine beiden eigenen Beiträge bis zu diesem Zeitpunkt nicht ausgearbeitet zu Papier gebracht. Er hatte seinem Einleitungsreferat den Titel gegeben: „Der asymmetrische Klima- und Landschaftsaufbau der Erde und die geoökologischen Beziehungen zwischen den gemäßigten Breiten der Südhemisphäre und den Tropengebirgen". Da das Thema des Symposiums auf eine Arbeit von Carl Troll aus dem Jahre 1948 zurückgeht, entschlossen wir uns, diesen Beitrag mit dem Titel: „Der asymmetrische Vegetations- und Landschaftsbau der Nord- und Südhalbkugel" anstelle seines Einführungsreferates hier noch einmal abzudrucken.

Dennoch schien es mir sinnvoll, den Gedankengang des gehaltenen Einführungsreferates nach dem aufgefundenen Stichwort-Stenogramm und meinen eigenen Aufzeichnungen während des Vortrags kurz zu skizzieren, um die Weiterentwicklung sichtbar zu machen, die sich bei Troll in späteren Arbeiten zum Teil auf der Basis von Untersuchungen seiner Schüler abzeichnete.

Wir bedauern besonders, daß sein zweiter Beitrag mit dem Titel: „*Polylepis – Hagenia – Leucosidea,* eine merkwürdige Konvergenz von Gehölztypen in der tropisch-subtropischen Gebirgsvegetation Südamerikas und Afrikas" ebenfalls nur mit einem kurzen Stichwortzettel und einigen Auszügen aus verwerteter Literatur erhalten ist und kein ausführliches Manuskript zu finden war. Auch hier wurde die Wiedergabe eines kurzen Resümees versucht.

Carl Troll wollte mit diesem Symposium Bilanz ziehen. Es sollte den Forschungsstand zur Thematik erweisen und damit zeigen, wie tragfähig die Grundgedanken des Aufsatzes von 1948 noch sind. Die 28 Beiträge und die Diskussionsbemerkungen sprechen für sich. Der Leser mag entscheiden, wieweit neue Studien die Thematik bestätigen oder andere Betrachtungsweisen die Harmonie eines großen Gedankens aufgebrochen und erweitert, ja zum Teil auch verändert haben.

Der Chairman der IGU-Commission on High Altitude Geoecology Jack D. Ives nahm bei der Begrüßung Gelegenheit, das erste Exemplar des Carl Troll gewidmeten Prachtwerkes: „Arctic and Alpine Environments", hrsg. von JACK D. IVES and ROGER G. BARRY, London 1974, unter großem Beifall dem Ehrenvorsitzenden zu überreichen.

Die Akademie der Wissenschaften und der Literatur in Mainz hatte für die Teilnehmer am Symposium Reisekosten und Tagegelder übernommen. Ihr gebührt zugleich Dank für die Gastfreundschaft und die herzliche Bewirtung in ihren Räumen.

Der Druck wurde ermöglicht durch die großzügige Hilfe der Stiftung Volkswagenwerk.

Die umfangreiche redaktionelle Arbeit lag in Händen von Herrn Dr. Winfried Golte, Geographisches Institut der Universität Bonn.

Bonn, im Februar 1978 WILHELM LAUER

PREFACE

This Volume presents the proceedings of the Symposium "Geological Relations between the Southern Temperate Zone and the Tropical Mountains" which was held by the International Geographical Union – "Commission on High Altitude Geoecology" – in cooperation with the "Akademie der Wissenschaften und der Literatur" between November 21 and November 23, 1974 in Mainz. The topic had been proposed by Carl Troll, chairman of this commission between 1968 and 1972, at the International Geographical Congress in Montreal (1972) as an extension of a subject previously considered by several symposia: the Comparative Geo-Ecology of the Earths High Mountain Regions. This topic had been discussed at the 1966 UNESCO Symposium in Mexico, by the IGU-Commission and Mainz Academy in 1969 in Mainz, and by the IGU-Commission in 1972 in Calgary.

The proceedings of the above mentioned symposia are available in print:

"Geo-Ecology of the Mountainous Regions of the Tropical Americas." Proceedings of the UNESCO. Mexico-Symposium, August 1–3, 1966. Ed. by C. TROLL, Colloquium Geographicum, Bd. 9, Bonn 1968.

"Geo-Ecology of the High-Mountain Regions of Eurasia." Proceedings of the Symposium of the International Geographical Union Commission on High Altitude Geo-Ecology. November 20–22, 1969 at Mainz. Ed. by C. TROLL, Wiesbaden 1972.

"The High Mountains of North America and the Upper Timberline in the Earth's Different Climatic Zones." Proceedings of the Symposium of the International Geographical Union Commission on High Altitude Geoecology, Calgary, Alberta, August 1–8, 1972. Ed. by JACK D. IVES and K.A. SALZBERG. Arctic and Alpine Research; Vol. 5, No. 3, Part 2, 1973.

Although Carl Troll had transferred the chairmanship of the IGU-Commission to Jack D. Ives (Boulder) in 1972 for reasons of health, he remained honorary chairman of the commission and gave considerable effort to organizing this symposium as well, despite his poor state of health. Twentyseven scientists from seven countries were able to discuss during a period of three days at the Academy in Mainz a wide program on the subject "Geo-ecological Relations between the Southern Hemisphere Temperate Zone and the Tropical High Mountains." The present issue also contains contributions by those scientists who, due to the fact that they lived too far away, were unable to attend the Mainz Symposium but who had accepted the invitation by making available a contribution in writing.

Carl Troll passed away unexpectedly on July 21, 1975, when he was engaged in the preparation of the manuscripts for publication. Unfortunately, he was unable to write down his own two contributions by this time. His introductory lecture was entitled: "The Asymmetrical Structure of the Earth's Climate and Landscape and the Geo-Ecological Relationship between the Southern Hemisphere Temperate Zone and the Tropical High Mountains." Since the topic of the symposium is based on a study by CARL TROLL (1948), we decided to once again publish this study entitled: "Der asymmetrische Vegetations- und Landschaftsbau der Nord- und Südhalbkugel", instead of his introductory lecture.

I nevertheless considered it to be useful to briefly sketch the ideas of the introductory lecture on the basis of the discovered shorthand notes and my own notes taken during the lecture.

We regret in particular that his second contribution titled: *"Polylepis – Hagenia – Leucosidea,* a strange Convergence of a Woodland Formation in the Tropical-Subtropical Mountain Vegetation of South-America and Africa" also only exists in the form of brief notes and some exerpts from literature evaluated and that no detailed manuscript was found. In this case as well the reproduction of a short summary was attempted.

The chairman of the IGU-Commission on High Altitude Geo-Ecology, Jack D. Ives, took the opportunity during the welcoming ceremony to present to the honorary chairman, who received great applause, the first copy of the splendid work: "Arctic and Alpine Environments", edited by JACK D. IVES and ROGER G. BARRY, London, 1974, which was dedicated to Carl Troll.

The Akademie der Wissenschaften und der Literatur in Mainz has contributed the travelling expenses and daily allowences for the participants of the symposium. We want to thank the Academy not only for their hospitality but also for the excellent accomodation.

The publication of this volume was enabled by the generous financial assistance of the Stiftung Volkswagenwerk.

The extensive editorial work was in the hands of Dr. Winfried Golte, at the Geographical Institute of the University of Bonn.

Bonn, February 1978 WILHELM LAUER

CONTENTS
INHALTSVERZEICHNIS

LIST OF TEXT-FIGURES
VERZEICHNIS DER FIGUREN

LIST OF PHOTOS
VERZEICHNIS DER PHOTOS

ADDRESSES OF AUTHORS
ANSCHRIFTEN DER AUTOREN

Prof. Dr. *Angel Lulio Cabrera*
Departamento de Botánica, Universidad de La Plata, La Plata/Prov. Buenos Aires, Argentina

Dr. *Antoine M. Cleef*
Botanisch Museum en Herbarium van de Rijksuniversitait te Utrecht, Transitorium II, Heidelberglaan 2 (De Uithof), Utrecht, Netherlands

Dr. *J.A. Coetzee*
Institute for Environmental Sciences, University of the Orange Free State, Bloemfontein South Africa

Prof. Dr. *Willi Czajka*
Geographisches Institut der Universität, Goldschmidtstr. 5, 34 Göttingen, Fed. Rep. of Germany

Prof. Dr. *Jean Dorst*
Muséum National d'Histoire Naturelle, Zoologie, Mammifères et Oiseaux, 55, rue de Buffon, Paris 75005, France

Prof. Dr. *Wolfgang Eriksen*
Geographisches Institut der Technischen Universität, Schneiderberg 50, 3000 Hannover, Fed. Rep. of Germany

Prof. Dr. *Herbert Franz*
Hochschule für Bodenkultur, Institut für Bodenforschung, Gregor Mendelstr. 33,
A-1180 Wien XVIII, Austria

Prof. Dr. *Gerhard Furrer*
Geographisches Institut der Universität, Blümlisalpstr. 10, CH-8006 Zürich, Switzerland

Dr. *Karsten Garleff*
Geographisches Institut der Universität, Goldschmidtstr. 5, 34 Göttingen, Fed. Rep. of Germany

Dr. *E.J. Godley*
Department of Scientific and Industrial Research, Botany Division, Private Bag, Christchurch, New Zealand

Dr. *Winfried Golte*
Geographisches Institut der Universität Bonn, Franziskanerstr. 2, 53 Bonn, Fed. Rep. of Germany

Dr. *Kurt Graf*
Geographisches Institut der Universität, Blümlisalpstr. 10, CH 8006 Zürich, Switzerland

Prof. Dr. *Stefan Hastenrath*
Department of Meteorology, Meteorology and Space Science Building, 1225 West Dayton Street, Madison, Wisconsin 53706, U.S.A.

Prof. Dr. *Klaus Heine*
Geographisches Institut der Universität Bonn, Franziskanerstr. 2, 53 Bonn, Fed. Rep. of Germany

Doz. Dr. *Ingrid Henning*
Institut für Geographie, Robert-Koch-Str. 26, 44 Münster, Fed. Rep. of Germany

Dr. *R.J. Hnatiuk*
Western Australian Herbarium, Dep. of Agriculture, George Street, South Perth, Western Australia 6151, Australia

Prof. Dr. *Jack D. Ives*
University of Colorado, Institute of Arctic and Alpine Research, Boulder, Colorado 80302, U.S.A.

Prof. Dr. *Albrecht Kessler*
Meteorologisches Institut der Universität Freiburg, Werderring 10, 78 Freiburg i. Br., Fed. Rep. of Germany

Prof. Dr. *Wilhelm Lauer*
Geographisches Institut der Universität Bonn, Franziskanerstr. 2, 53 Bonn, Fed. Rep. of Germany

Prof. Dr. *Heinz Löffler*
Universität Wien, II. Zoologisches Instut, A-1010 Wien I, Dr. K. Luegerring 1, Austria

Prof. Dr. *Paul Müller*
Geographisches Institut der Universität des Saarlandes, Abt. f. Biogeographie, 66 Saarbrücken 11, Fed. Rep. of Germany

Prof. Dr. *Werner Rauh*
Institut für Systematische Botanik im Deutschen Krebsforschungszentrum, Kirschnerstr. 6, 69 Heidelberg, Fed. Rep. of Germany

Prof. Dr. *Josef Schmithüsen*
Geographisches Institut der Universität des Saarlandes, 66 Saarbrücken, Fed. Rep. of Germany

Prof. Dr. *Ulrich Schweinfurth*
Südasien-Institut der Universität Heidelberg, Institut für Geographie, Postfach 10 30 66, 69 Heidelberg 1, Fed. Rep. of Germany

Dr. *Heidrun Schweinfurth-Marby*
Kastellweg 32, 69 Heidelberg, Fed. Rep. of Germany

Dr. *Peter Wardle*
Botany Division, Department of Scientific and Industrial Research, Private Bag, Christchurch, New Zealand

Prof. Dr. *Wolfgang Weischet*
Geographisches Institut I der Universität Freiburg i. Br., Werderring 4, 78 Freiburg i. Br., Fed. Rep. of Germany

Prof. Dr. *E.M. van Zinderen Bakker Sr.*
Institute for Environmental Sciences, University of the Orange Free State, Bloemfontein, South Africa

THE ASYMMETRICAL STRUCTURE OF THE EARTH'S CLIMATE AND LANDSCAPE AND THE GEOECOLOGICAL RELATIONS BETWEEN THE SOUTHERN HEMISPHERE'S TEMPERATE ZONE AND THE TROPICAL HIGH MOUNTAINS

Carl Troll †

Abstract of Paper by Wilhelm Lauer

with 2 figures

PRELIMINARY REMARKS:

With this symposium Carl Troll intended to comprehensively review the global issue of the three-dimensional structure of the earth's climate and landscape with special reference to the geoecological relationships between the southern hemisphere's temperate zone and the tropical high mountains. This theme had always been in the foreground of his life-work ever since he undertook research trips to South America and Africa. He comprehensively addressed this question for the first time in a lecture on the occasion of a colloquium in 1947 in Göttingen in honor of Wilhelm Meinardus' 80th birthday.

Carl Troll had opened the symposium in 1974 with the lecture titled: "The Asymmetrical Structure of the Earth's Climate and Landscape and the Geoecological Relations between the Southern Hemisphere's Temperate Zone and the Tropical high Mountains." The lecture, freely presented from notes, was enriched with many diagrams, sketches, profiles, and slides. Unfortunately, he was unable to prepare the lecture in writing as he died on July 21, 1975. Despite his poor state of health, his death came unexpectedly in the middle of his work which included preparing many of the symposium manuscripts for publication. Troll regarded his lecture as an introduction to the issue. According to his own words, the contribution to be printed at a later date was intended to be not only an introduction but also a summary. The impulses given in the lectures and discussions were to be utilized and critically inserted in his written contribution. Thus, it is selfexplanatory that no detailed manuscript existed that could be reprinted here until all manuscripts of the scientists participating in the symposium were available for print.

However, I considered it to be useful to briefly sketch the ideas of the introductory lecture on the basis of the discovered outlines and my own notes taken during the lecture, in order to visualize the further development that became evident in his later works, partly on the basis of investigations by his former students and the integration of contributions made by some of his colleagues.

Mrs. Elisabeth Troll was so kind to transcribe these notes from the unusval "Gabelsberg-Shorthand" into normal handwriting and make it available to the author. However, it was hardly possible to prepare a real "Troll-Manuscript", as the notes were just too short and sketchy. Attached to the abstract is a list of references which Troll presented for his introductory lecture and which contains some works that he considered to be essential and helpful for the consolidation of his concept. Discussion remarks on his introductory lecture are attached as well. Furthermore, we also decided to republish the essay of 1948 entitled: "Der asymmetrische Vegetations- und Landschaftsbau der Nord- und Südhalbkugel", substitutionally as an introductory lecture.

The symposium as a whole was intended to show the state of research in the issue raised and prove that the ideas contained in the essay of 1948 are still valid. Troll showed special interest in the contributions of the areas of the southern hemisphere temperate zone which he had been unable to visit and study such as Patagonia, Australia, and Tasmania as well as New Zealand. All lectures given at the symposium were not only to strengthen and round off his concept of the asymmetry of the earth's hemispheres but also to keep open the issue for further research, new findings and ideas. The final discussion of the symposium has shown and confirmed this in an impressive manner. Otherwise, the 28 contributions with the respective discussion remarks speak for themselves and the reader may decide to what extent new studies have confirmed the issue and other views have expanded upon or partly even changed the harmony of a great concept.

ABSTRACT:

In his youth, Carl Troll had the opportunity to get thoroughly acquainted with the tropical mountains of the New and the Old World as a botanist and geographer. During the period between 1926 – 1929 he toured the tropical Andes of South America from northern Chile to Columbia; 1933/34 and once again for a short time in 1937 the tropical mountains of the eastern part of Africa from the Red-Sea-Hills in the Sudan to the Cape-Province. He gained on his long study trips two decisive impressions that influenced his further work and particularly his concept of a comparative landscape ecology.

1. On the biological sector it was convergence of life form between plants of the New and Old World, specially plants with different taxa. This convergence concerns almost entire plant associations such as the thorn- and succulent scrubs of the South American Caatinga, which can also be found in a similar form of life in East Africa. The same applies to the dry deciduous forests of the Miombo-type which also exist in the tropical America (e.g. "Cebil"-forests of the Chaco). And finally, there is a convergence of the life forms of the Páramos in the high Andes between Venezuela and Ecuador and in the High Mountains of East Africa.

2. The second deep impression was of a general geographic nature: experiencing the cool and cold tropical mountain regions which lack the winter-summer temperature contrast we are accustomed to in higher latitudes. TROLL demonstrated this asymmetry with the aid of thermoisopleth diagrams of Quito below the Equator, of the Chacaltaya in the Cordillera Real of Bolivia in comparison to stations in the outer tropics. Instead of thermal seasons the tropics are ruled by hygric seasons. Here we find a three-dimensional arrangement of the climate, vegetation, and landscape belts of the tropical mountains which is only fully devel-

oped in the Cordilleras of South America, where there are two basic features: a decrease of mean temperature from the hot lowlands to the snow line and an increased length of the dry season from the constantly humid equatorial regions to the constantly dry deserts. This arrangement develops in the high mountain belts as well (see LAUER, 1952). Troll showed a diagram of the three-dimensional arrangement of the climate and vegetation belts (*fig. 1*).

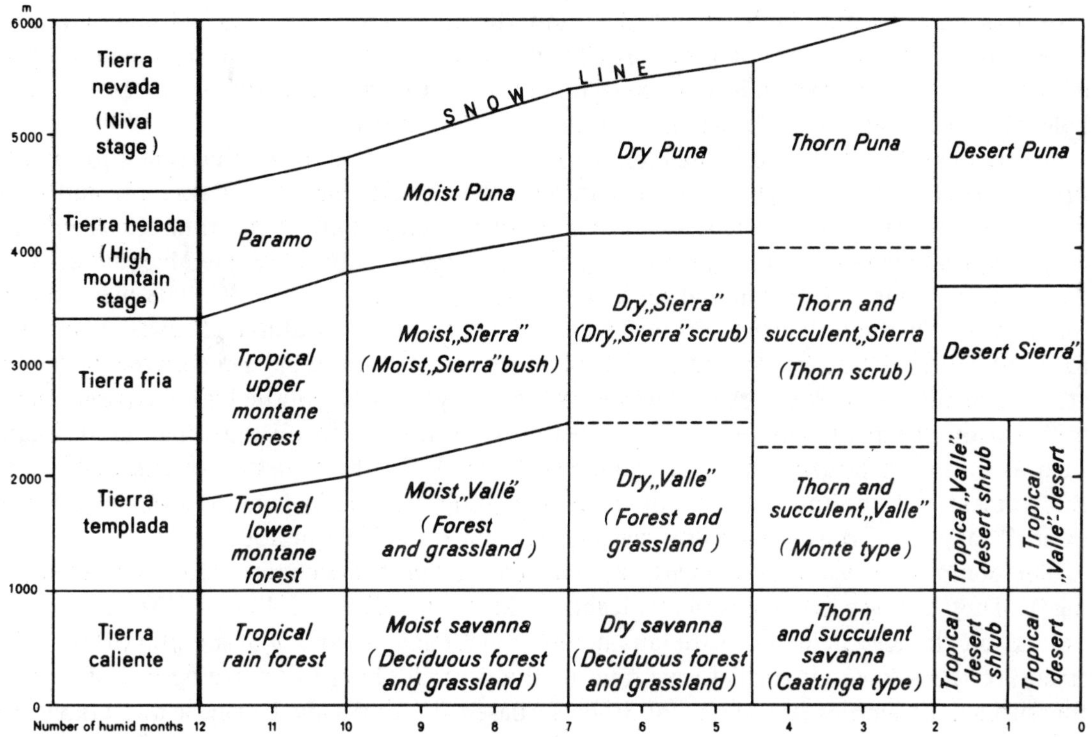

Fig. 1: Horizontal and vertical pattern of vegetation belts in the tropical Andes (after W. LAUER and C. TROLL).

Thus, the cool-temperate and cold climates with pronounced winter cold, which comprise vast areas of the northern hemisphere, are not found in the tropical mountain regions. The prevalent opinion that in the tropical high mountains the climatic and ecological gradation from the lowlands to the permanent ice at 5000 – 6000 m resembles that between equatorial and polar latitudes is in error; this is an idea which one very often tried to attribute to Alexander von Humboldt. These considerations lead to the differentiation between the purely seasonal climates in the high polar regions and the purely diurnal climates in the equatorial latitudes of all altitudinal belts. Between them, there is an overlapping of various types of thermal climates with seasonal and diurnal temperature fluctuations.

The world-wide comparison, however, shows that the conditions in the temperate zones of the southern hemisphere do not correspond to those of the northern hemisphere. With the aid of a world map of vegetation Troll shows that there are no tundras and no boreal coniferous forests, only a few winter-cold deciduous forests *(Nothofagus)* at most. The main reason must be seen in the distribution of land and water on the two hemispheres. Instead of the tundra found in the northern hemisphere, there are subantarctic tussock grasslands in the south; instead of the boreal coniferous forests there are deciduous cool-temperate rain forests; and instead of winter-cold steppes we find winter-mild steppes with different ecological features.

The spatial arrangement of the vegetation belts of the northern and southern hemispheres was interpreted with the aid of the "summarized continent" (see page 23), which dealt also with the different formation of the timberlines. In this connection special reference was made to the similarity of the timberline-features in the tropical high-mountain areas and in the southern hemisphere. TROLL was able to prove the asymmetry of the northern and southern hemisphere in a longitudinal profile from the North to the South Pole (this profile as well is shown in the following contribution).

In the next chapter of his exposition Troll, by means of diagrams, underlined the similarities in the climatic and vegetational structure of the tropical high mountain areas and of the southern hemisphere. The low seasonal temperature fluctuation of the antarctic islands and of the tropical high-mountain regions is regarded as a main feature. On the Macquarie-Islands the seasonal temperature fluctuation amounts to not more than 3,5 °C. The mean diurnal temperature fluctuation ranges from 2,8 to 7,7 °C. At the Chacaltaya (Bolivia) it amounts to 4° to 10 °C. Thus, the Macquarie Islands have an even more balanced course of temperature. Oceanity is extreme; this, however, is not only the case on the highly oceanic islands but also on the mainlands where it is even more distinct than on the subantarctic islands such as Faroer or Southwest Ireland and Southwest Iceland, or in the Aleutian. Neither in the tropical high mountain areas nor on the subantarctic islands can a seasonal snow cover exist. It may occur during the rainy season, but only for a short period.

The comparison is continued with observations of the "frost change days" (Frostwechseltage). They average 337 days on volcano El Misti at 4000 – 5000 m, 238 days on the ground on the Kerguelen – in the air, however, 120 days – and 0 at a depth of 5 cm. The structure of soils show small forms, due to the diurnal change of freezing and thawing of the surface. Examples are given for Bolivia (based on works by FURRER and GRAF) and the Kerguelen for the subantarctic region (based on works by Aubert de la Rue). There is a striking similarity. Furthermore, the needle-ice and the turfexfoliation are taken as proof. All statements are exemplified by impressive pictures and matched with examples from the northern hemisphere. The lower limit for the turfexfoliation is set at 4900 m for Bolivia, at 4000 m for Ethiopia, at 0 m for the Kerguelen, and at 2400 m for the Alpes (comparatively).

In addition to that, TROLL also established the climatic differences between the tropical high mountain regions and the subantarctic area. The radiation conditions and the nature of winds in the tropical high mountains and in the temperature zones of the southern hemisphere are quite different. The "radiation isopleths" of KESSLER show the prevalent diurnal rhythm for the tropics but not for the temperate zones of the southern hemisphere. As for the wind regime, the subantarctic regions are marked by the stormy advective west winds (roaring forties), whereas in the tropics the convective thermal wind system with a topographically conditioned diurnal slope-wind phenomenon is prevalent.

Despite the discrepancy between these two climatological phenomena, there is a striking ecological relationship between the southern hemisphere's temperate zone and the Tierra fria and Tierra helada of the tropical mountains.

TROLL furnished proof in a fourfold manner:

1. chorological: On the basis of the areal typing (after Hermann MEUSEL) the distribution of antarctic genera – even species – up to the tropical high mountains is established as a

characteristic of the relationships. For illustration, TROLL uses the diagrams and sketches from the study of Frido BADER in the Nova Acta Leopoldina, 1960 (see TROLL, 1959).

2. by comparing the life forms in the sense of HUMBOLDT's forms of vegetation. Here a series of pictures are used from his own studies which he presents as empirical proof (see the contribution by RAUH in this volume and RAUH, 1939).

3. by comparing entire plant formations. There is a close relationship between the Páramos of the equatorial high mountains and the tussockgrass formations of the Subantarctic and also between the cool-temperate montane forests and the tropical montane rain forests of the "Ceja de la Montaña" vis-à-vis the tropics and the cool-temperate rain forests of Patagonia, South Africa and New Zealand. Also the arid high plains (Altiplano) of the Bolivian and Argentine Puna may be compared with the East Patagonian steppes.

4. There also is a striking biocenotic convergence of flowerbirds (and their respective birdflowers). The humming-birds (Trochilidae) of the New World correspond with the honey-birds (Nectariniideae) of the Old World. Both groups can be found from the tropical montane forests to the antarctic timberline (see paper of Jean DORST in this volume and TROLL, 1948).

Troll then inserts a discussion of several terms which he critically illustrates and tries to set right according to his opinion of the asymmetry, such as continental/antarctic – maritime/antarctic, subantarctic – cold temperate – cool temperate – warm temperate. In this connection particularly the works by N.M. WACE, SKOTTSBERG, HOLDGATE, and GODLEY as well as by DEACON are used for clarification.

In a further long chapter, numerous slides are used to compare and contrast the subantarctic and tropical montane flora elements: particularly their similarities are put in a

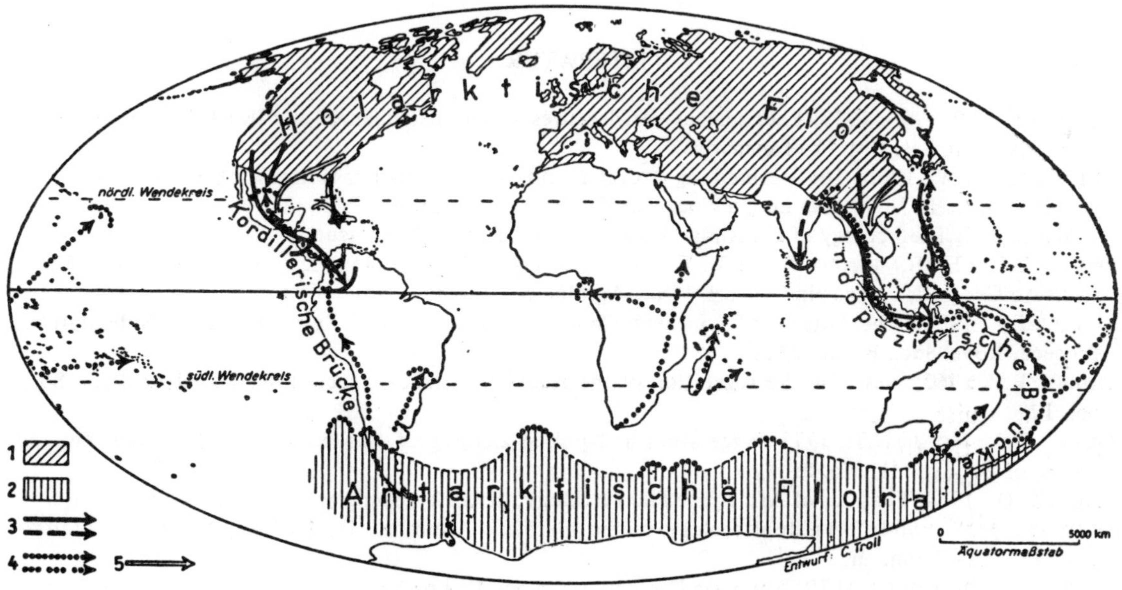

Fig. 2: Migration of Antarctic and Holarctic floristic elements into the tropical mountains

1. Holarctic flora; 2. Antarctic flora; 3. Migration of Boreal taxa into the tropical mountains; 4. Migration of Antarctic taxa into the tropical mountains; 5. Migration of arcto-tertiary elements from East Asia and North America into the tropical mountains. (From TROLL 1959.)

sharp focus. The areas are described in detail and demonstrated with the aid of profiles, e.g. distribution of *Podocarpus* (from BADER), of *Nothofagus* (partly from van STEENIS), of individual tree ferns (partly from KROENER). With regard to ferns, *Blechnum* and *Lomaria* and *Gunnera magellanica* as well as *Lycopodium saururus* are presented and the migration of such species between the subantarctic and the tropical montane area is shown *(fig. 2).*

In a further series of pictures the conformity of life forms in both landscape belts is shown, taking the tussock-grass (e.g. Ichu *(Festuca orthophylla)*) and a number of cushion plants (e.g. *Azorella* on the Kerguelen and the Puna) as examples.

According to RAUH, 64 % of all cushion plants exist on the southern hemisphere, according to SKOTTSBERG, 39 % in Patagonia and Tierra del Fuego alone. Cushion peat bogs and their plant growth are regarded as a special subantarctic/tropical montane plant formation, since they can be found only in this area.

Also the life forms of the cloud forests are very similar in both regions. In the equatorial zones they occur as upper mountain rain forests at an elevation between 3000 and 3700 m. In the steadily rain-soaked mountains they move to lower elevations to the south. This is proved in a profile of New Zealand – New Caledonia – New Guinea (see lecture by SCHWEINFURTH), in Africa between Ethiopia and the Knysna Forest and in South America between Mexico – Bolivia – Patagonia. TROLL verifies these examples with pictures from the three profile areas.

A comparison of the subantarctic and the tropical high mountains shows that observations of the flora and studies of the hygric and thermal climates show an extremely close relationship not only with regard to the dry but also to the humid vegetation. Thus in the landscape phenotype the temperature zones of the southern hemisphere and the tropical mountains are marked by a greater similarity than that between the northern and southern hemispheres.

LITERATUR

AUBERT DE LA RUE, E., 1959: Phénomènes périglaciaires et actions éoliennes aux Iles de Kerguelen. Mém. Sc. Madagascar, Sér. D, t. IX. Tananarive.

BADER, Frido, J.W., 1960: Die Verbreitung borealer und subantarktischer Holzgewächse in den Gebirgen des Tropengürtels. Nova Acta Leopoldina, N.F. Bd. 23, No. 148, Halle/S.

COE, M.J., 1967: The Ecology of the Alpine Zone of Mount Kenya. The Hague.

ESPINAL, L.S. y E. MONTENEGRO, 1963: Formaciones vegetales de Colombia y mapa ecológico (4 pl.). Instituto Geográfica „Agustin Codazzi", Dep. Agrológico. Bogotá.

GODLEY, E.J., 1960: The botany of Southern Chile in relation to New Zealand and the Subantarctic. Proceed. Royal Soc., B., vol. 152.

GODLEY, E.J., 1965: Notes on the vegetation of the Auckland Islands. Proceed. New Zealand Ecol. Soc., vol. 12.

GODLEY, E.J., MOAR, N.T., 1973: Vegetation and pollen analysis of two bogs on Chiloé. New Zealand Journ. of Bot., vol. II., No. 2.

HEDBERG, O., 1964: Features of Afroalpine Plant Ecology. Acta Phytogeograph. Suecica, 49, Uppsala.

HOLDGATE, M.W., 1964: Terrestrial ecology in the maritime Antarctic. In: Biologie Antarctic/Antarctic Biology. Paris, Hermann.

HOLDGATE, M.W. (Edit.), 1970: Antarctic Ecology, vol. I and II, London.

JENKIN, F.A., ASHTON, D.H., 1970: Productivity studies on Macquarie Island vegetation. In: HOLDGATE (Edit.) 1970, vol. II.

KESSLER, A., 1973: Zur Klimatologie der Strahlungsbilanz der Erdoberfläche. Erdkunde, Bd. 27, H. 1, Bonn.

LAUER, W., 1952: Humide und aride Jahreszeiten in Afrika und Südamerika und ihre Beziehung zu den Vegetationsgürteln. Bonner Geogr. Abhandl., Bd. 9.

LAUER, W., 1959: Klimatische und pflanzengeographische Grundzüge Zentralamerikas. Erdkunde, Bd. 13, S. 344–354.
LAUER, W., 1960: Probleme der Vegetationsgliederung auf der mittelamerikanischen Landbrücke. Deutsch. Geographentag Berlin 1959. Tag. Ber. und Wiss. Abh., Wiesbaden S. 123–132.
MEIJER, W., 1965: A Botanical Guide to the Flora of Mount Kinbalu. In: Symposium on Ecological Research in Humid Tropics Vegetation, Kuching, Sarawak, 1963. Gov. of Sarawak and UNESCO Science Cooper. Off. Southeast Asia, 325–364.
PERRY, R.A., M.J. BIK, E.A. FITZPATRICK, u.a., 1965: General Report on Lands of the Wabag-Tari Area, Territ. of Papua and New Guinea, 1960–61. CSIRO, Land Res. Ser. Nr. 15., Melbourne p. 162.
ROBBINS, R.G., 1958: Montane Formations in the Central Highlands of New Guinea. Proceed. Sympos. Humid Tropics Vegetation, Tjiawi (Indonesia) 1958. UNESCO Sc. Coop. Off. Southeast Asia, Djakarta.
ROBBINS, R.G., 1961: The Montane Vegetation of New Guinea. Teatara, vol. 8, No. 3, pp. 121–134.
RAUH, W., 1939: Über polsterförmigen Wuchs. Nova Acta Leopoldina, Bd. 7, Halle/Saale.
SKOTTSBERG, C., 1953: Influence of the Antarctic continent on the vegetation of southern islands. VIIth Pacific Science Congress, vol. V.
TAYLOR, B.W., 1955: Botany – the flora, vegetation and soils of Macquarie Islands. Australian National Antarctic Research Expeditions. A.N.A.R.E. Reports, Ser. B, vol. II. Melbourne.
TROLL, C., 1941: Studien zur vergleichenden Geographie der Hochgebirge der Erde. Ber. 23, Hauptversamml. GEFFRUB, 1940*.
TROLL, C., 1943: Thermische Klimatypen der Erde. Peterm. Geogr. Mitt.
TROLL, C., 1943: Die Frostwechselhäufigkeit in den Luft- und Bodenklimaten der Erde. Meteorol. Zeitsch., Bd. 60.
TROLL, C., 1944: Strukturböden, Solifluktion und Frostklimate der Erde. Geol. Rundschau, Bd. 34. (Reprint: Structure soils, solifluction and frost climates of the earth. Transact. US Army, Snow, Ice and Permafrost Establishment, No. 43, 1958.
TROLL, C., 1948: Der asymmetrische Aufbau der Vegetationszonen und Vegetationsstufen auf der Nord- und Südhalbkugel. In: Ber. Geobotan. Forsch. Institut Rübel f. 1947. Zürich*.
TROLL, C., 1958: Zur Physiognomie der Tropengewächse. Jahresber. d. GEFFRUB (Ges. f. Freunde u. Förd. Univ. Bonn) 1958.
TROLL, C., 1959: Die tropischen Gebirge, ihre dreidimensionale klimatische und pflanzengeographische Zonierung. Bonner Geogr. Abhandl., H. 25, Reprint bei Johnson Reprint Co. Ltd. London and New York.
TROLL, C., 1960: Die Physiognomik der Gewächse als Ausdruck der ökologischen Lebensbedingungen. Deutsch. Geogr. Tag, Berlin 1959. Tag. Ber. u. Wiss. Abhandl. Wiesbaden*.
TROLL, C., 1960: The relationship between the climates, ecology and plantgeography of the southern cold temperate zone and of the tropical high mountains. Proceed. Royal Soc., B, vol. 152.
TROLL, C., 1961: Klima und Pflanzenkleid der Erde in dreidimensionaler Sicht. Die Naturwissenschaften, Jg. 48, H. 9*.
TROLL, C., 1964: Karte der Jahreszeitenklimate der Erde. Erdkunge, Bd. 18, H. 1. Bonn.
TROLL, C., 1966: Ökologische Landschaftsforschung und vergleichende Hochgebirgsforschung. Erdkundliches Wissen, H. 11, Wiesbaden. 366 S.
TROLL, C., 1967: Die klimatische und vegetationsgeographische Gliederung des Himalaya-Systems. In: Khumbu Himal. Ergebn. d. Forschungsunternehmens Nepal Himalaya, Bd. 1, Berlin–Heidelberg–New York. S. 353–388, m. 1 Karte.
TROLL, C., 1968: The Cordilleras of the tropical Americas. Aspects of climatic, phytogeographical and agrarian ecology. In: Geo-Ecology of the Mountainous Regions of the Tropical Americas. Colloquium Geographicum, Bd. 9, Bonn.
TROLL, C., 1969: Die Lebensformen der Pflanzen. Al. v. Humboldts Ideen in der ökologischen Sicht von heute. In: Alexander von Humboldt – Werk und Weltgeltung. Hrsg. v. H. PFEIFFFER, f. d. A. v. Humboldtstiftung. München.
TROLL, C., 1970: Das „Baumfarnklima" und die Verbreitung der Baumfarne auf der Erde. In: Beiträge zur Geographie der Tropen und Subtropen. Tübinger Geogr. Studien, H. 34 (Sonderband 3).

* Neudruck in C. TROLL, 1966: Ökologische Landschaftsforschung und vergleichende Hochgebirgsforschung. Erdkundliches Wissen, H. 11. Wiesbaden.

TROLL, C., 1972: Geoecology and the world-wide differentiation of high-mountain ecosystems. Erdwissenschaftliche Forschung, Bd. IV. Wiesbaden.
TROLL, C., 1973: Rasenabschälung (Turf exfoliation) als periglaziales Phänomen der subpolaren Zonen und der Hochgebirge. Zsch. f. Geomorphologie, Suppl. Bd. 17.
TROLL, C., 1973: The upper timber lines in different climatic zones. Arctic a. Alpine Research, vol. 5, No. 3, Pt. II. Boulder/Colorado.
TROLL, C., 1974: Das "Backbone of Africa" und die afrikanischen Hauptklimascheide. In: Festschrift H. FLOHN. Bonner Meteorol. Abhandl., H. 17. Bonn.
TROLL, C., 1974: Der dreidimensionale Landschaftsaufbau der Erde. Akademie der Wiss. u. d. Literatur Mainz 1949–1974. Jubiläumsband. Mainz.
VAN STEENIS, C.G.G.J., 1964: Plant geography of the mountain flora of Mt. Kinibalu. Proceed. Royal Soc., B. vol. 161.
VAN STEENIS, C.G.G.J., 1971: Nothofagus, key genus of plant geography, in time and space, living and fossil, ecology and phylogeny. Blumea, B. 19. Leiden.
VAN ZINDEREN BAKKER, E.M., 1970: Observations of the distribution of Ericaceae in Africa. In: Argumenta Geographica, Colloqu. Geographicum, Bd. 12. Bonn.
WACE, N.M., HOLDGATE, M.W., 1958: The vegetation of Tristan da Cunha. Journ. of Ecol., vol. 46. Oxford.
WACE, N.M., 1961: The vegetation of Gough Island. Ecological Monogr., vol. 31.
WACE, N.M., DICKSON, J.H., 1965: The terrestrial botany of the Tristan da Cunha Islands. Philosoph. Transact. Royal Soc. of London, Ser. B. Biological Sciences, No. 759, vol. 249.
WACE, N.M., 1965: Vascular Plants. In: P. VAN OYE and J. VAN MIEGHEM (Edit.), Biogeography and ecology in Antarctica. Monographiae Biologicae, vol. XV. The Hague.
WALKER, D., 1966: Vegetation of the Lake Ipea Region, New Guinea Highlands, I. Journ. Ecology, 54. pp. 503–533.

DISKUSSION ZUM BEITRAG TROLL:

Professor Dr. F.-K. Holtmeier

Problem der Kugelschirmkronenbildung:
Frage: Handelt es sich um eine genetisch fixierte Wuchsform (Bauplan) oder um eine Adaption an die klimatischen Einflüsse, insbesondere Strahlung und vielleicht Wind. Meines Erachtens ermöglicht die Kugel- oder kugelähnliche Kronenform eine ziemliche Reduzierung der Verdunstung, denn die Kugel ist der Körper, bei dem das Verhältnis von maximalem Volumen zur minimalen (verdunsteten) Oberfläche ideal ist.
Wenn dies der Fall ist, dann ist es von den physiologischen Vorgängen her relativ egal, ob der Wind oder die Strahlung – wahrscheinlich beide zusammen – der verdunstungssteigernde Faktor ist.

Dr. W. Golte

1. Die Kugelschirmkronigkeit als Anpassungsform hat sicher verschiedene Funktionen. Eine wichtige Funktion dürfte die optimale Ausnutzung des Lichtes sein. Bei gegebener Blattoberfläche bietet die Exposition in Form der Kugelschirmkrone maximalen Lichtgenuß.
2. *Podocarpus* kommt auf Ceylon natürlicherweise nicht vor. Nach Auskunft von Herrn Dr. E. Schmidt-Kraepelin/Bonn gibt es dort *Podocarpus* nur im Botanischen Garten und zwar zufällig in der Höhe (1700 m), in der er natürlich vorkommen könnte.

Professor Dr. W. Eriksen

Der Beitrag von Herrn Troll konnte in eindrucksvoller Weise die thermischen Übereinstimmungen zwischen den tropischen Hochgebirgen (insbesondere tierra fría und tierra helada) und der subantarktisch-kühlgemäßigten Klimazone der Südhalbkugel aufzeigen. Kann man daraus schließen, daß in den Temperaturverhältnissen die entscheidenden Ursachen für die Übereinstimmung der Wuchs- und Lebensformen der Vegetation in den Vergleichsgebieten zu suchen sind? Welche Bedeutung kommt daneben anderen Klimaelementen wie Wind, Strahlung oder Luftfeuchtigkeit zu, die doch sehr unterschiedliche Werte in den betrachteten Gebieten aufweisen?

Professor Dr. W. Lauer

Wie das Referat erwies, ist die Konvergenz der Lebensformen der kalten Tropen und der subantarktischen Inselwelt im wesentlichen durch ein identisches Verhalten der Frostwechselhäufigkeit im Jahresgang bedingt. Es zeigt sich aber ebenso klar, daß der Strahlungshaushalt und der Einfluß des Windes und besonders das interdiurne Verhalten des Temperaturganges durchaus differieren und hier starke Beziehungen zu den nordhemisphärischen, ozeanisch geprägten Breiten zutage treten. Es erwies sich deutlich, daß nur ein klimatologischer *Minimum*faktor hier besonders ausschlaggebend für den Vergleich der Vegetationsformen ist. So sollte der Terminus „Tageszeitenklima" daher auf die Kalttropen beschränkt bleiben, da er im eigentlichen Sinne auf die subantarktische Inselwelt nicht korrekt anzuwenden ist. Nach Weischet sollte man das Subpolarklima der Südhalbkugel treffender mit der Bezeichnung „Interdiurnes Wechselklima" bei freilich sehr reduzierter Jahresschwankung belegen.

Professor Dr. W. Czajka

Von Angaben zu einer beobachtbaren oder zu berechnenden klimatischen Schneegrenze für NW-Argentinien sollte man Abstand nehmen. Das dürfte zum Teil auch für andere subtropische Gebiete anzuraten sein. Das Fehlen permanenten Schnees auf dem Llullaillaco (6723 m bei 24° 45′S) wurde erwähnt. Er eignet sich offenbar durch seine Kegelform nicht, in schattigen Muldenlagen Schneeflecken zu konservieren. In den ostwärts gewandten pleistozonen Karen des Nevados del Anconquija (Gipfel bis 5550 m bei 27° 30′S) ist dies bei 5200 m der Fall, so daß W. Rohmeder glaubte, Schneegrenzangaben machen zu können. Der Pissis (6780 m bei 27° 45′S), am Südrand des Punahochlandes ein mehrfach zusammengesetzter erloschener Vulkan, bietet durch Schutzlagen Gelegenheit, einige Schneefelder zu bewahren. In einem Annäherungsweg durch ein Tal zum Ojos del Salado (6885 m, ca. 27°S) liegt ein größeres vereistes Schneefeld, das von Westwinden über einen Kamin eingewehten Neuschnee erhält, bei 5400 m. Eine Reihe von Staubschichten weisen auf sukzessive Weiterbildung hin. An der Oberfläche existierte dort im April ein großes Penitentesfeld mit im Zentrum noch 4 m hohen Figuren. Dieses gegenüber dem Büßerschnee, der in klassischer Ausprägung etwa bis Mendoza (34–33°S) reicht, weit nach N vorgeschobene Feld verdankt, wie andere in der gleichen Gegend, seine Bildung der Schneeansammlung im Lee. Unter besonderen Umständen ist also auch in NW-Argentinien mit Büßerschnee zu rechnen.

DER ASYMMETRISCHE VEGETATIONS- UND LANDSCHAFTSBAU DER NORD- UND SÜDHALBKUGEL*)

CARL TROLL

Mit 4 Figuren

Die folgenden Gedanken und Erkenntnisse nehmen ihren Ausgang vom Erlebnis der tropischen und subtropischen Hochgebirge, wie es der Verfasser 1926–1929 in den südamerikanischen Anden, 1933/34 in den Gebirgsländern Ostafrikas von Abessinien bis zu den Drakensbergen, und schließlich 1937 im nordwestlichen und östlichen Himalaya hatte. Das Wesentliche dieses Erlebnisses liegt nicht so sehr auf geomorphologischem Gebiet, sondern betrifft den Klimaablauf und die vom Klima beherrschten Erscheinungen der Lebewelt und der Landschaftsökologie. Auch in den Tropen sind ja die Gebirge in großen Höhen von ewigem Schnee und Gletschern gekrönt und unterhalb des ewigen Schnees liegt wie in unseren Hochgebirgen eine Region, in der die eiszeitliche Vergletscherung das heutige Formenbild geschaffen hat. Aber in allen übrigen Erscheinungen weicht die Landschaft der tropischen Hochgebirge von der uns gewohnten Hochgebirgsnatur der nördlich gemäßigten Breiten ganz wesentlich ab:

1. Die obere Waldgrenze in den Gebirgen ist nicht von wetterzerzausten Nadelbäumen oder von winterkahlen Laubbäumen gebildet, deren Existenz auf die Erwärmung weniger Sommermonate gegründet ist, sondern von einem strotzend belaubten, blütenreichen, immergrünen, von Epiphyten behangenen Regen- und Nebelwald.
2. In den tropischen Hochgebirgen gibt es keine Jahreszeiten in unserem Sinne; alle Monate des Jahres herrschen ähnliche Temperaturen, so daß ständiges Blühen und Wachsen möglich ist. Eventuelle jahreszeitliche Unterschiede betreffen höchstens den Gegensatz feuchter und trockener Monate.
3. Infolgedessen ist eine winterliche Schneedecke nicht vorhanden. Die meisten Schneeniederschläge bilden nur ephemere, vorwiegend tageszeitliche Schneedecken, und wo der Schnee länger liegen bleibt, ist dies nur von besonderen jahreszeitlichen und tageszeitlichen Bedingungen der Bewölkung und Strahlung abhängig.
4. Dafür sind in den tropischen Gebirgen die täglichen Temperaturschwankungen um so ausgeprägter, vor allem in den Trockengebieten, in Hochbecken und auf Hochplateaus. Starke Tageserhitzung und empfindliche nächtliche Abkühlung erzeugen besonders kräftige periodische Gebirgs- und Ausgleichswinde, die auch einen regelmäßigen Wechsel der Be-

*) Der Aufsatz ist unverändert entnommen dem Heft 1 der „Göttinger Geographischen Abhandlungen“, Göttingen 1948, Seiten 11–27. Er stellt die Niederschrift eines Vortrages dar, den der Verfasser im Juli 1947 in einem Festcolloquium des Geographischen Instituts der Universität Göttingen für WILHELM MEINARDUS gehalten hat.

wölkung zur Folge haben. Größere Gebirge und Hochplateaus wie die tropischen Anden, das Hochland von Mexiko oder Äthiopien saugen tagsüber die Luft aus den umgebenden Tiefländern an, die Steigungswinde hüllen die Außenseiten in dichte Nebelwolken, die erst wieder der nächtlichen Beruhigung der Luft weichen. In den trockenen Hochbecken der Randtropen und Subtropen nehmen die Tagesschwankungen Extremwerte an, so daß z. B. in der Puna de Atacama die tagsüber stark erhitzte Luft die Spiegelungen der Fata morgana erzeugt, der Nachtfrost aber die Bäche und Quellen zu Eis („Rios congelados") erstarren läßt.

Aus solchen Erfahrungen ist die Anregung entsprungen, eine Landschaftsgliederung der Erde anzustreben, die Klima, Vegetation und Landschaft nicht nur flächenhaft-zweidimensional, sondern gleichzeitig auch in ihren vertikalen Abstufungen, also in dreidimensionaler Zusammenschau wiedergibt.

JAHRESZEITENKLIMATE UND TAGESZEITENKLIMATE

Die erste Erkenntnis war die, daß für viele physiographische und biogeographische Gliederungen die bisherigen Klimaklassifikationen und Klimatypen nicht ausreichend sind, da sie auf den Mitteltemperaturen der Monate und den Jahresschwankungen aufgebaut sind, aber auf die Tagesschwankungen keine Rücksicht nehmen.[1]) So entstand der Versuch, die thermischen Klimatypen der Erde in Schaubildern wiederzugeben, die die jahres- und tageszeitlichen Veränderungen der Temperaturen verdeutlichen, in sogenannten „*Thermoisoplethen*". Eine Auswahl von 15 Typen ist im Druck erschienen[2]), eine Monographie, die sich auf die Darstellung von etwa 130 Stationen gründet, harrt noch der Veröffentlichung. Durch diese Darstellung wird namentlich der Gegensatz zwischen den ausgesprochenen Jahreszeiten-Klimaten der hohen Breiten der Erde und den Tageszeiten-Klimaten der Tropen einschließlich der tropischen Hochregionen unterstrichen. *Die Unterscheidung von Jahreszeitenklimaten der Polargebiete, Tageszeitenklimaten der Tropen und Klimaten mit Tages- und Jahreszeiten in den Mittelgürteln hat sich als sehr fruchtbar für viele vergleichendphysiographische Studien erwiesen.* Zunächst ergaben sich Folgerungen für die Schneedecke in den Gebirgen der niederen Breiten, für ihr zeitliches, in den Tropen oft nur tageszeitliches Auftreten und die unter den tropischen und subtropischen Strahlungsbedingungen entstehenden besonderen Ablationsformen[3]). Auch die Oberflächengestalt und der Bewegungsmechanismus der *Gletscher* kann von solchen Bedingungen abhängig sein, so daß in den niederen Breiten besondere klimatische Gletschertypen entstehen[4]). Doch bleibt eine endgültige klimatische Typisierung der Gletscher niederer Breiten, wie sie für die höheren Breiten durch die Forschungen H.W. AHLMANNS[5]) erreicht ist, noch genauen Messungen der Ablation und Eisbilanz in der Zukunft vorbehalten.

[1]) TROLL, C.: Studien zur vergleichenden Geographie der Hochgebirge der Erde. Bonn 1941.

[2]) TROLL, C.: Thermische Klimatypen der Erde. Petermanns Geographische Mitt., 1943.

[3]) TROLL, C.: Der Büsserschnee (Nieve de los penitentes) in den Hochgebirgen der Erde. Peterm. Mitt., Ergänzungsheft 240. Gotha 1942.

[4]) TROLL, C.: Neue Gletscherforschungen in den Subtropen der Alten und Neuen Welt. Ztschr. d. Ges. f. Erdk. zu Berlin, 1942.

[5]) TROLL, C.: 25 Jahre nordisch-arktischer Gletscherforschung unter Leitung von H.W. son Ahlmann. Geol. Rundsch., Bd. 34, 1943.

Von großer Bedeutung für das Verständnis der geschilderten Landschaftserscheinungen ist das jahreszeitliche und tageszeitliche Verhalten des Frostes in den verschiedenen Frostklimaten der Erde[6]). Denn der *Bodenfrost* hat sehr starke morphologische Wirkungen, die man erst in neuerer Zeit voll zu würdigen gelernt hat. Es handelt sich dabei nicht nur um die Bildung des Bodeneises, der ständigen, der jahreszeitlichen und der tageszeitlichen Gefrornis, sondern auch um die Materialumlagerung und die Bildung der Strukturböden in den Schichten wechselnden Gefrierens und Auftauens im Eluvialboden[7]) und um die an geneigten Hängen sehr starke flächenhafte Abtragung unter der Wirkung der Bodengefrornis, die sog. Solifluktion[8]). Es stellt sich bei einer weltweiten Überschau über die Erscheinungen der Bodengefrornis heraus, daß ein prinzipieller Unterschied besteht zwischen den Erscheinungen der jahreszeitlichen Bodengefrornis, Strukturbodenbildung und Solifluktion, die an oberflächlichen Auftauboden über länger gefrorenem Unterboden, also an höhere Breiten geknüpft sind, und einer nur kurzperiodischen, vornehmlich tageszeitlichen Gefrornis und Strukturbildung in einer dünnen oberflächlichen Zone häufigen Gefrierens und Wiederauftauens, bei der im Gegensatz zu den Großformen der Strukturböden nur Miniaturformen entstehen. Die Miniaturformen sind aber keineswegs nur an die Gebirge der Tropen geknüpft, sie finden sich auch in den Hochgebirgen der Subtropen, in bestimmten Gebirgslagen der gemäßigten Breiten und vor allem durchgehend auch in dem hochozeanischen Klima der Subantarktis, z. B. auf den Kerguelen, den Crozetinseln, Süd-Georgien und den Macquarie-Inseln. Dies ist verständlich, da das hochozeanische Klima dieser Zonen gleichfalls durch hohe Frostwechselhäufigkeit (auf der Kerguelenstation nach W. Meinardus 238 Frostwechseltage an der Bodenoberfläche) und durch den nur wenige Zentimeter in den Boden eindringenden Frost (5 cm Bodentiefe bereits frostfrei!) ausgezeichnet ist.

Dies führt uns auf die *große Ähnlichkeit, die zwischen dem hochozeanischen, kühlen Klima der Subantarktis einerseits und dem Klima der tropischen Hochgebirge andererseits überhaupt besteht.* Das wichtigste Merkmal ist dabei die geringe Jahresschwankung der Temperatur, die in den Tropen nur wenige Grad Celsius, aber auch auf den Kerguelen trotz der hohen Breite nur 6,5 °C, in Evangelistas in Westpatagonien 4,5 °C, auf den Macquarie-Inseln sogar nur 3,5 °C beträgt. Auf den Macquarie-Inseln kann man geradezu von einem isothermen Klima sprechen. Denn wegen der relativ hohen Breite (54,3 ° S) und der geringen Größe der Inseln sind auch die Tagesschwankungen sehr unbedeutend. Zwischen der höchsten und tiefsten Stundenmitteltemperatur des Jahres besteht nur eine Differenz von 4,9 °C. Nähern wir uns aber in diesem Bereich einer Mitteltemperatur nahe dem Nullpunkt, so kommen ähnlich wie in den tropischen Hochgebirgen Frostwechseltage durch alle Monate des Jahres zustande. Wegen des Fehlens einer jahreszeitlichen Dauerschneedecke überwiegen die Frostwechsel der Bodenoberfläche sehr stark die Frostwechsel der Luft. Und wegen der kurzen Dauer der Fröste können diese auch nur sehr wenig in den Boden eindringen. Auf der Nordhalbkugel, wo in der entsprechenden Breite die ausgedehntesten Kontinentalmassen liegen, ziehen sich bekanntlich die borealen Klimate mit ihren großen Jahresschwankungen durch die Nordkontinente von Ozean zu Ozean. Nur an wenigen Stellen, im unmittelbaren Bereich des Golfstromes (Küsten von Südisland, Faer Oer etc.) kommen Verhältnisse zu-

[6]) TROLL, C.: Die Frostwechselhäufigkeit in den Luft- und Bodenklimaten der Erde. Meteorol. Ztschr., Bd. 60, 1943.

[7]) TROLL, C.: Strukturböden, Solifluktion und Frostklimate der Erde. Geol. Rundsch., Bd. 34, 1944.

[8]) TROLL, C.: Die Formen der Solifluktion und die periglaziale Bodenabtragung. Erdkunde, Archiv f. wiss. Geographie, Bd. I, 1947.

stande, die etwas an die Inseln des subantarktischen Meeresringens erinnern (Jahresamplitude der Temperatur auf den Färöern 7,6°, den Hebriden 7,8°, auf den Shetlandinseln 8,1 °C).

VERGLEICH DER VEGETATION DER SUBANTARKTIS UND DER TROPISCHEN HOCHGEBIRGE – DAS SUBANTARKTISCH-TROPISCHMONTANE FLORENELEMENT

Die geschilderte Verwandtschaft der Klimate hat aber eine noch viel weitere Bedeutung. Sie hat eine große Ähnlichkeit der Vegetations- und Landschaftstypen zwischen den tropischen Hochgebirgen und der Subantarktis zur Folge. Wir können den Vergleich an drei Profilen der Südhalbkugel untersuchen:

1. Von der neuweltlichen Subantarktis (Südgeorgien, Feuerland und Patagonien) nach den tropischen Anden. Hier ist das Gebirgsprofil durch das geschlossene Hochgebirge der Anden ohne Unterbrechung, nur schaltet sich zwischen die Feuchtgebiete des südlichen gemäßigten und des tropischen Südamerika der Trockengürtel, der von Nordchile über die Puna de Atacama nach Ostpatagonien zieht.
2. Von der südindischen Subantarktis (Kerguelen, Crozet, Neuamsterdam) nur mit größter Unterbrechung zu den Hochgebirgen Ostafrikas.
3. Von den Subantarktischen Inseln des neuseeländischen Sektors über die neuseeländischen Gebirge einerseits über Tahiti nach den Hawaiischen Inseln, andererseits nach Neuguinea und dem Sunda-Archipel.

Wir wollen dabei sowohl die Lebensformen der Pflanzen als auch ihre verwandtschaftlichen Beziehungen, also Ökologie und Floristik berücksichtigen. Die engsten Beziehungen bestehen begreiflicherweise im neuweltlichen Sektor, wo schon das sog. subarktisch-andine Florenelement darauf hindeutet. Sehr große verwandtschaftliche Beziehungen bestehen aber auch zwischen der Subantarktis und der Gebirgsflora der tropisch-pazifischen Inseln bis zu den Vulkanen von Hawaii und den Hochgebirgen Neuguineas (Antarktisch-montan-polynesisch-melanesisches Element), ja sogar bis Java und Nord-Borneo. Dagegen können wir für den afrikanisch-südindischen Sektor keine floristische Verwandtschaft, sondern nur ökologische Ähnlichkeiten erwarten.

Für die *Vegetation der subantarktischen Inseln,* etwa der Kerguelen, sind vier pflanzliche Lebensformen besonders bezeichnend: die Hartpolsterform, die Spalierteppichhalbsträucher, wollhaarige Kräuter und Büschelgräser. Der Prototyp der *Hartpolsterform* ist die Umbelliferengattung *Azorella.* Ihre gewaltigen, fast holzharten, verharzten Kissen, die mit ihrer welligen Oberfläche das ganze Gelände überziehen können und unter sich Torf zu bilden vermögen, sind ebenso für die Flora der subantarktischen Inseln (*Azorella Selago* von Macquarie über Kerguelen und Crozet bis Falklandinseln und Feuerland) und Patagoniens (zahlreiche Arten), aber ebenso auch für die Puna brava der tropischen Hochanden (*Azorella diapensioides, bryoides* u. a.) bezeichnend, wo sie z. T. in solchen Mengen auftreten, daß sie als Brennmaterial abgebaut und mit Eisenbahn in die Städte verfrachtet werden können.

Die zahlreichen anderen Polstergewächse der Hochanden stammen aus den verschiedensten Familien. Die der Valerianacee *Aretiastrum Aschersonianum* sehen Azorellen verblüffend ähnlich, die Caryophyllaceengattung *Pycnophyllum* täuscht mit ausgedehnten Polstern Moosrasen vor, die Graminee *Aciachne pulvinata* bildet stechende, dichte Rasenpolster, die Juncacee Distichia muscoides überzieht mit harten Kissen die Hangmoore und Verlandungsmoore der Puna und bildet – zusammen mit den ebenfalls polsterförmig wachsenden Kräutern *Lucilia aretioides* (Compositen) und *Plantago tubulosa* – einen eigenen Typ von Hartpolstermooren, und selbst die Kakteengattung Opuntia nimmt mit ihren weißbehaarten Arten *O. lagopus* und *floccosa* die Form von Polstern an, die aus der Ferne einer lagernden Schafherde gleichsehen. Für Patagonien und Feuerland hat C. SKOTTSBERG 39 Polstergewächse, verteilt auf 23 Familien, festgestellt[9]). Sie sind z. T. Bewohner nasser Heiden und Moore, z. T. der andinen Steinfluren, z. T. auch der ganz trockenen bis halbwüstenartigen ostpatagonischen Pampa. Auch diese Standorte entsprechen denen der hochandinen Polstergewächse. Pflanzengeographisch sind darunter rein südandin-patagonische Vertreter, wie die polsterbildenden Arten der Ranunculaceen *Hamadryas* und *Caltha* (mit *Caltha appendiculate* und *dionaefolia*), die Iridee *Tapeinia magellanica* und die Umbelliferengattungen *Mulinum* und *Bolax*. Andere weisen nach den tropischen Anden (*Aretiastrum, Verbena, Saxifraga magellanica*) oder gleichzeitig dorthin und nach der osthemisphärischen Subantarktis (*Oreobolus, Colobanthus, Acaena, Azorella* und *Abrotanella*) oder auch durch die Subantarktis nach Neuseeland (*Astelia, Gaimardia, Phyllacne*). In der *Azorella*-Assoziation der Kerguelen[10]), dem wichtigsten Pflanzenbestand der Insel, sind auch die meisten Begleitpflanzen Polstergewächse, wie *Lyallia kerguelensis* und *Colobanthus kerguelensis*. Eine besonders schöne und üppige Polsterpflanzenvegetation weisen schließlich Neuseeland (jenseits der Höhengrenze bzw. der Trockengrenze des Waldes) und die Inseln südlich davon auf. Dort ist das Reich der prachtvollen Radialkugelpolster und Radialflachpolster der berühmten „Vegetable Sheep", als welche wollig behaarte Arten der Compositengattungen *Raoulia* (*R. eximia, mamillaris, bryoides* u. a.) und *Haastia* (*H. pulvinaris*) bezeichnet werden[11]). *Colobanthus* (Caryophyllaceen), *Abrotanella* (Compositen), *Gaimardia* (Centrolepidaceen) und *Phyllacne clavigera* (Stylidiacee) weisen mit verwandten Formen bis Patagonien und mit Ausnahme der letztgenannten in die tropischen Anden. Die Liliaceen-Gattung *Astelia* entwickelt polsterförmige Arten im neuseeländischen Sektor (A. subulata) und in Patagonien-Feuerland-Falkland (*A. pumila*), während die anderen Arten sich über die Gebirge der pazifischen Inseln bis Hawaii und Neuguinea verbreiten[12]). Besonders seltsam ist die Ausbildung polsterförmiger Lebensformen bei *Dracophyllum* und *Dacrydium*. Die Epacrideengattung *Dracophyllum* bildet normalerweise mit ihren büscheligen, grasähnlichen Blättern Bäume und Sträucher, die an schopfig beblätterte Liliaceenbäume erinnern und die Regenwälder der pazifischen Tropen und Neuseelands bis zur polaren Baumgrenze bewohnen. Jenseits der Waldgrenze aber nehmen *Dr. politum* und *prostratum* als Moorbewohner Polsterform an. Dasselbe geschieht mit der Taxacee *Dacrydium*, deren moorbewohnende Art *D. laxifolium* in der Wuchsform richtiger Polsterkissen eine seltsame Verkümmerung der Nadelhölzer darstellt.

[9]) SKOTTSBERG, R.: Botanische Ergebnisse der schwedischen Expedition nach Patagonien und dem Feuerlande 1907–1909, V. Kungl. Svenska Vetensk. Akad. Handl., Bd. 56, No 5, Stockholm 1916.

[10]) SCHENCK, H.: Vergleichende Darstellung der Pflanzengeographie der subantarktischen Inseln, insbesondere von Kerguelen. Wiss. Ergebn. d. Dt. Tiefsee-Expedition „Valdivia" 1898/99, Jena 1905.

WERTH, E.: Die Vegetation der subantarktischen Inseln Kerguelen, Possession- und Heard-Eiland, in: Deutsche Südpolar-Expedition 1901/03 (E. v. Drygalski). I u. II. Berlin-Leipzig 1906 u. 1911.

[11]) DU RIETZ, EI.: Life-forms of terrestrial flowering plants. Acta Phytogeogr. Succia, III, 1. Uppsala 1931, sowie die Veröffentlichungen von L. Cockayne.

[12]) Vgl. SKOTTSBERG, C.: Antarctic Plants in Polynesia. Essays in Geobotany in Honor of William Albert Setchell. Univ. of California Press 1936; ferner

Ders.: Studies in the Genus Astella. K. Svenska Vetensk. Akad. Handl., 3. Ser. Bg. 14, No. 2, Stockholm 1934.

Polsterpflanzen sind es überhaupt, die in der Subantarktis und in den tropischen Hochanden einen eigenen Moortypus, das *Hartpolstermoor*, erzeugen. In den Puna-Anden ist die tragende Polsterpflanze die Juncacee *Distichia muscoides*, die in den Verlandungsmooren harte, standfeste Bulten bildet, die mit tiefen vegetationsfreien Schlenken abwechseln. In Neuseeland sind die Cyperacee *Oreobolus* und die Stylidiacee *Donatia* ganz entsprechende Torfbildner. Handstücke dieser Polster, die ich Herrn DU RIETZ verdanke, sehen andinen Distichien zum Verwechseln ähnlich. Aber auch die Moore des westpatagonischen Regengebietes sind durch viele Polsterpflanzen (*Oreobolus, Gaimardia, Tapeinia, Caltha, Astelia, Donatia, Phyllacne*) ausgezeichnet, im Gegensatz zu den *Sphagnum*-Mooren des sommergrünen Waldgebietes[12a]). Schließlich treffen wir das Polstermoor, gebildet von den torfbildenden Kugelpolstern von *Oreobolus furcatus*, auch auf den höchsten Teilen der tropischen Hawaiischen Inseln (Kauai, West-Maui und Ost-Molokai) an, begleitet von anderen subantarktischen Pflanzen (*Acaena, Astelia, Lagenophora* etc.)[13]).

Die Polstergewächse, die im tropischen Hochgebirge und in der Subantarktis in Formationen verschiedenster Feuchtigkeitsgrade von der Trockenpuna und der patagonischen und neuseeländischen Tieflandsteppe bis zu perhumiden Heiden und Mooren bestandbildend und landschaftsbeherrschend auftreten, unterstreichen jedenfalls die ökologische Verwandtschaft der beiden Vegetationszonen besonders deutlich. *Nirgends auf der Erde hat der Polsterwuchs einen so hohen Anteil an der Gesamtvegetation wie in der Subantarktis einerseits, in den tropischen Hochanden andererseits.* Selbst nach der Zahl der Arten, die in diesen kühlen Klimaten viel geringer ist als in wärmeren Zonen, wachsen nach W. RAUH[14]), 64,1 Prozent aller Polstergewächse in den südamerikanischen Anden und in der Subantarktis, davon 50,5 % in Südamerika einschl. Feuerlands, 13,6 % auf den subantarktischen Inseln und Neuseeland. Bei einer Verteilung auf die ganze Subantarktis einschließlich Feuerland-Patagonien einerseits, die tropischen Anden andererseits würde sich vermutlich ein recht gutes Gleichgewichtsverhältnis ergeben.

Die zweite Pflanzenform, die das Vegetationsbild der Kerguelen beherrscht und sich in die Bodenbedeckung mit *Azorella Selago* teilt, sind die Halbstrauchteppiche der Rosacee *Acaena adscendens*, die auch auf Südgeorgien, den Falklandinseln und in Patagonien gedeiht. Die Gattung *Acaena*[15]) mit über 100 Arten ist genetisch wie *Azorella* ein subantarktisches Florenelement, das nur drei Arten im neuseeländischen Sektor entwickelt, aber von Patagonien aus zahlreiche Arten in die tropischen Anden entsendet, wo sie mit ähnlichen Lebensformen hervortreten. Einzelne Arten finden sich aber auch in den tropischen Gebirgen des Pazifischen Bereiches, auf Neuguinea und Hawaii, ja sogar in Südafrika. Bei seltsamen verwandtschaftlichen und genetischen Beziehungen repräsentiert die Gattung mit ihrer geographischen Verbreitung und ihren ökologischen Ansprüchen das subantarktisch-tropischmontane Element.

Unter der dritten Lebensform der „*Tussockgräser*", versteht man steifborstige Büschelgräser aus verschiedenen Gattungen im ganzen Bereich der Subantarktis einschließlich der alpi-

[12]a) AUER, VÄINO: Verschiebungen der Wald- und Steppengebiete Feuerlands in postglazialer Zeit. Acta Geographica, Bd. 5, No. Helsinki 1933.

Ders.: Die Moore Südamerikas, insbesondere Feuerlands. Handbuch der Moorkunde (K. v. Bülow) VII, Berlin 1933.

[13]) SKOTTSBERG, C.: Report on Hawaiian Bogs. Proceed. Sixth Pacif. Science Congress, vol. IV, Berkeley, Stanford, San Francisco 1939.

[14]) RAUH, W.: Der polsterförmige Wuchs. Nova Acta Leopoldina, N. F. Bd. 7, Nr. 49, Halle 1939.

[15]) BITTER, G.: Die Gattung Acaena. Bibl. Bot., H. 74 (1910–11); vgl. auch Skottsberg a. a. O. 1936.

nen Stufe von Neuseeland. Die wichtigsten sind *Poa flabellata* von Südgeorgien und den Falklandinseln, *Poa foliosa* von den Macquarie-Inseln, *Poa litorosa* von den Antipoden-Inseln, *Stipa humilis* vom Feuerland, *Festuca erecta* von den Kerguelen bis Feuerland. Das Tussock-Grasland der Steppen von Neuseeland wird hauptsächlich von *Festuca novozelandiae* („hard fescue"), *Poa caespitosa* („Silver tussock") und *Colensoi* („Blue tussock") gebildet[16]). Über der Waldgrenze Neuseelands trennt Du Rietz[17]) eine subalpine Stufe von *Danthonia Raouilii* („Tall tussock") und eine alpine mit *Danthonia crassiuscula* („Short grass") ab. In den tropischen Anden wachsen Büschelgräser, die den genannten morphologisch und ökologisch völlig entsprechen und nach indianischen Namen als „Ichu-Gräser" zusammengefaßt werden, so *Festuca orthophylla, Stipa ichu* u. a. In den malayischen Hochgebirgen spielen Festuca nubigena und Danthonia vestita eine ähnliche Rolle.

In der neuseeländischen Subantarktis sind auffallend ausgedehnte *Krautwiesen* bis Hochstaudenfluren von der strotzend belaubten Araliacee *Stilbocarpa Lyallii* oder von den wolligen Stauden von *Pleurophyllum,* auf den Macquarie-Inseln z. B. von *Pl. macquariense* gebildet. Die letzte Art ist in ihrer ganzen Erscheinung ein Spiegelbild von *Culcitium rufescens,* dem sog. Anden-Edelweiß der tropischen Hochanden, während *Stilbocarpa* als Lebensform mit kleineren *Gunnera*-Arten an der oberen Grenze des tropisch-andinen Nebelwaldes verglichen werden kann. Sind es in diesen beiden Fällen lediglich Übereinstimmungen der Lebensform, so zeigt das Beispiel des Bärlapps *Lycopodium Saururus,* der ebenso auf den *Azorella*-polstern der Kerguelen im Meeresniveau wie in den bolivischen und peruanischen Hochanden von der Waldgrenze bis zur Schneegrenze bei 5200 m gedeiht, daß auf diese weite Entfernung und bei so verschiedenen Meereshöhen selbst noch Artidentität möglich ist.

Schließlich darf noch auf eine weitere Lebensform dieses Klimatypus verwiesen werden, nämlich die imposanten *Stamm-Schopfblatt-Gewächse* der tropischen Hochgebirge. Sowohl in den tropischen Anden als auch in den äquatorialen Hochgebirgen Afrikas können diese Gewächse tonangebend und landschaftsbeherrschend werden. Sie stellen eines der schönsten Beispiele konvergenter Lebensformen zwischen der alt- und neuweltlichen Tropenflora dar. Den wollblättrigen Espeletien der südamerikanischen Paramos entsprechen in Ostafrika am Kilimandscharo, Kenya, Elgon, Ruwenzori etc. die verschiedenen Arten von Baum-Senecionen, z. B. *Senecio Johnstoni.* Neben ihnen oder in den höchsten Teilen Äthiopiens allein gedeihen stammbildende Lobelien, z. B. *Lobelia Telekii.* Ihre Blüten stehen an langen, sich aus dem Blattschopf erhebenden Kerzen unter weißen Hüllblättern verborgen. Ganz ähnliche, wenn auch etwas kleinere Formen vermögen in den südamerikanischen Hochanden von Peru bis Kolumbien Lupinenarten (*Lupinus Weberbaueri* und *alopecuroides*), im tropisch-feuchten Osthimalaya die Composite *Saussurea sacra* hervorzubringen. Aber auch zur Flora der Kerguelen gehört ein derartiges Stamm-Schopfblattgewächs, der berühmte Kerguelenkohl *Pringlea antiscorbutica,* der dort als endemisches Relikt zwischen Tussock-Gras und torfbildenden Azorella-Polstern ebenso gedeiht wie die Espeletien und Senecionen in den Hochgebiren unter der Äquatorsonne.

In einer neueren biogeographischen Schilderung der Kerguelen[18]) werden drei Pflanzenbestände unterschieden, das Pringletum, das Acaenetum und das Tussock-Grasland. Sehr

[16]) ZOTOV, V.D.: Survey of the Tussock-grasslands of the South Island, New Zealand, New Zealand Journ. of Science and Technology, vol. 20, No. 4a, 1938, Wellington 1947.

[17]) DU RIETZ, G. EI.: Classification and Nomenclature of Vegetation. Svensk Botan. Tidskrift, Bd. 24, 1930.

[18]) JEANNEL, RENÉ: Les milieux biogéographiques des iles Kerguélen. Société de Biogeographie. Compte Rend. somm. d. Séances, 17. Année, Paris 1940.

treffend bemerkt der Verfasser, dies sei ein „ensemble, qui évoque les associations des hautes montagnes équatoriales“.

TROPISCHE HÖHENWÄLDER UND DIE KÜHLEN REGENWÄLDER DER SÜDHEMISPHÄRE

Die Ähnlichkeit der Lebensformen und Vegetationsformen ist aber keineswegs auf die Vegetation jenseits der Waldgrenze beschränkt. Mindestens ebenso groß ist sie zwischen den *tropischen Höhenwäldern* einerseits, den kühl gemäßigten *Regenwäldern von Westpatagonien und Neuseeland* andererseits. Ohne den Vergleich hier ins einzelne führen zu können, sei doch auf folgende Tatsache verwiesen: Unter den immergrün belaubten Bäumen der andinen Nebelwälder des Ceja-Gürtels bei 3000–3800 m von Kolumbien bis Ostbolivien finden sich z. B. mehrere *Weinmannia*-Arten der Familie der Cunoniaceen, die Magnoliaceen *Drimys Winteri* und *Dr. granatensis,* die Loganiacee *Desfontainea spinosa* und die Proteacee *Embothrium coccineum.* Den verschiedenen *Weinmannia*-Arten des Nebelwaldes, die z. T. bestandbildend auftreten, so daß J. CUATRECASAS[19]) in den Anden Kolumbiens ein Weinmannietum tomentosae und ein Weinmannietum tolimensis unterscheidet, entsprechen im westpatagonischen Regenwald *Weinmannia trichosperma,* in den Regenwäldern Neuseelands *W. racemosa* und *sylvicola,* in den Bergwäldern von Neuguinea, der Sunda-Inseln und Madagaskars andere Arten. *Drimys Winteri, Desfontainea spinosa* und *Embothrium coccineum* kommen sogar in der gleichen Art bei 3000 m in den tropischen Anden und am Meeresspiegel in Westpatagonien vor, in zwei durch 25 Breitengrade getrennten Arealen. *Drimys*-Arten sind auch Charakterpflanzen des neuseeländischen Regenwaldes. Dünnhalmige Bambuseen der Gattung *Chusquea* durchwirken als Spreitzklimmer und in ganzen Dickichten den Nebelwald der tropischen Anden, in gleicher Weise auch den südchilenischen und patagonischen Wald. Die schöngelappten oder gefingerten Blätter der Araliaceen sind auch physiognomisch aus dem Bilde dieser Wälder nicht wegzudenken. Die Gattung *Schefflera* stellt Vertreter ebenso für den neuseeländischen Wald wie für den tropischen Nebelwald Südamerikas, Javas und Neuguineas. Der westpatagonisch-südchilenischen Gattung *Pseudopanax* entsprechen in den bolivianisch-peruanischen Anden *Oreopanax,* in Neuseeland *Nothopanax* und *Pseudopanax,* in den immergrünen Bergwäldern Ost- und Südafrikas die Gattung *Cussonia.* Die von den Taxaceen abgegliederte Gattung *Podocarpus* liefert Leitbäume ebenso für die Ceja der tropischen Anden (*P. oleifolius*), für die Bergwälder Nordwestargentiniens (*P. Parlatorei*), für die Höhenwälder Ostafrikas und die hygrophilen Wälder Südafrikas, für den westpatagonischen Wald (*P. nubigena*) und die neuseeländischen Wälder (in den z. T. waldbildenden Arten *P. totara, P. Hallii, spicatus, dacrydioides, ferrugineus* und *acutifolius*).

Die echten Baumfarne der Familie der Cyatheaceen sind ähnlich wie *Podocarpus* Leitpflanzen der feuchten Höhenwälder aller tropischen Gebirge, z. T. bis zur oberen Waldgrenze wie in den Anden. Nicht in Patagonien, aber im neuseeländischen Bereich bis zur Stewart-Insel und zu den Lord-Auckland-Inseln nahe der polaren Baumgrenze gedeihen noch vier Baumfarne, je eine Art aus den Gattungen *Dicksonia, Cyathea, Alsophila* und *Hemitelia.*

[19]) CUATREASAS, J.: Observaciones geobotanicas en Colombia. Madrid 1934.

Die austral-antarktische Gattung *Gunnera,* eine Staude mit riesigen, rhabarberähnlichen Blättern, entsendet Vertreter von Chile, der Heimat von *Gunnera chilensis,* bis in die Nebelwälder von Kolumbien, und zwar mehrere Arten, *Gunnera pilosa, magellanica* und *chilensis,* von denen *magellanica* an der Waldgrenze Feuerlands ebenso gedeiht wie an der Grenze des Nebelwaldes in Ostperu bei 3500 m, *G. chilensis* nach CUATRECASAS außer in Südchile auch in den Bergwäldern Kolumbiens. Andere Arten sind in der Flora des neuseeländischen und Hawaiischen Regenwaldes zu finden. Neben ihnen stehen Farne der Gattung *Blechnum* sect. *Lomaria,* die bis über 2 m hohe Stämme entwickeln. Sie zeigen genau dasselbe Verhalten an der oberen Grenze des Tropenwaldes und in Westpatagonien, z. B. *Bl. Moritzianum* in Kolumbien, *Bl. angustifolium* in Peru und Bolivien, *Bl. magellanicum* in Patagonien. Auf den Kerguelen gedeiht noch *Lomaria alpina.* Schließlich sei noch der Gattung *Fuchsia* gedacht. *Fuchsia magellanica,* die im patagonisch-feuerländischen Regenwald fast das ganze Jahr zu blühen vermag, hat W. KOEPPEN veranlaßt, dem dortigen hochozeanischen Klimatyp den Namen Fuchsienklima zu geben. Viel zahlreichere schönblühende Arten finden sich als Bodensträucher und Epiphyten in den tropischen Cordilleren, in den feuchten Höhenwäldern und noch über der Waldgrenze. Zwei Arten, *F. excorticata* und *Colensoi* gehören auch zum Unterwuchs des neuseeländischen Regenwaldes.

Von den zahlreichen Epiphyten dieser kühlen Regenwälder ist vor allen Dingen der Familie der Hautfarne (Hymenophyllaceen) zu gedenken. Die ganze Familie ist auf die Feuchtwälder der Tropen und der Südhalbkugel beschränkt und spielt mit den äußerst zarten, an ewige Luftfeuchtigkeit angepaßten Wedelchen eine große Rolle in den Berg- und Nebelwäldern der Tropen, ebenso aber auch mit zahlreichen Arten in den Regenwäldern Patagoniens, Feuerlands und Neuseelands. Auf der Nordhalbkugel hat das Geschlecht *Hymenophyllum* nur mit ganz wenigen Arten im euozeanischen Westeuropa, in Irland, Schottland und Westnorwegen (*H. peltatum*) und mit *H. tunbridgense* an wenigen Örtlichkeiten in den deutschen Sandsteingebirgen Standorte gefunden. Dabei wird *H. tunbridgense* auch für Stewart-Island im Süden von Neuseeland, *H. peltatum* für Felsstandorte auf den Kerguelen verzeichnet.

Die große *Verwandtschaft der patagonischen und neuseeländischen Wälder,* die bekanntlich durch die waldbildenden Arten der Südbuchen (*Nothofagus*) noch besonders unterstrichen wird, ist in der pflanzengeographischen Literatur schon reichlich diskutiert worden. Die vorstehenden Tatsachen haben uns darüber hinaus belehrt, daß *ebenso enge Beziehungen ökologischer, z. T. aber auch floristischer Art zu den Höhenwäldern der Tropen* bestehen.

Es wäre besonders verlockend, dieser Beziehung im pazifischen Raum von den Lord-Aucklands-Inseln über Neuseeland nach Neuguinea und den Malayischen Inseln bis Nordborneo und zu den Philippinen genauer auch graphisch nachzugehen. Bei der mangelhaften Kenntnis von Neuguinea ist dies vorläufig nur ganz roh möglich. Für Neuseeland verdanken wir G. EI. DU RIETZ[20]) ein Vegetationslängsprofil (Fig. 1), bei dessen Betrachtung nur noch zu bedenken ist, daß darin die Abstufung von West nach Ost, von den hochmaritimen Mischwäldern im Westen über die maritim-subkontinentalen *Nothofagus*-Wälder im Innern zu dem östlichen Grasland nicht dargestellt werden konnte. Der tropische Regenwald ist in voller Üppigkeit noch auf der Nordinsel Neuseelands bis zu wenigen hundert Metern Meereshöhe entwickelt und keilt bei 36 1/2° s. Br. aus. Die Bezeichnung „Kauri-Taraire-Wald" von COCKAYNE[21]) bezieht sich auf die Leitbäume, den Kauriharz liefernden Nadelbaum *Agathis australis* und die Lauracee *Beilschmiedia taraire.* Der subtropische Regenwald („Tawa-

[20]) DU RIETZ, G. EI.: a. a. O., 1930.
[21]) COCKAYNE, L.: The vegetation of New Zealand. Vegetation der Erde, Bd. XIV, Leipzig 1928.

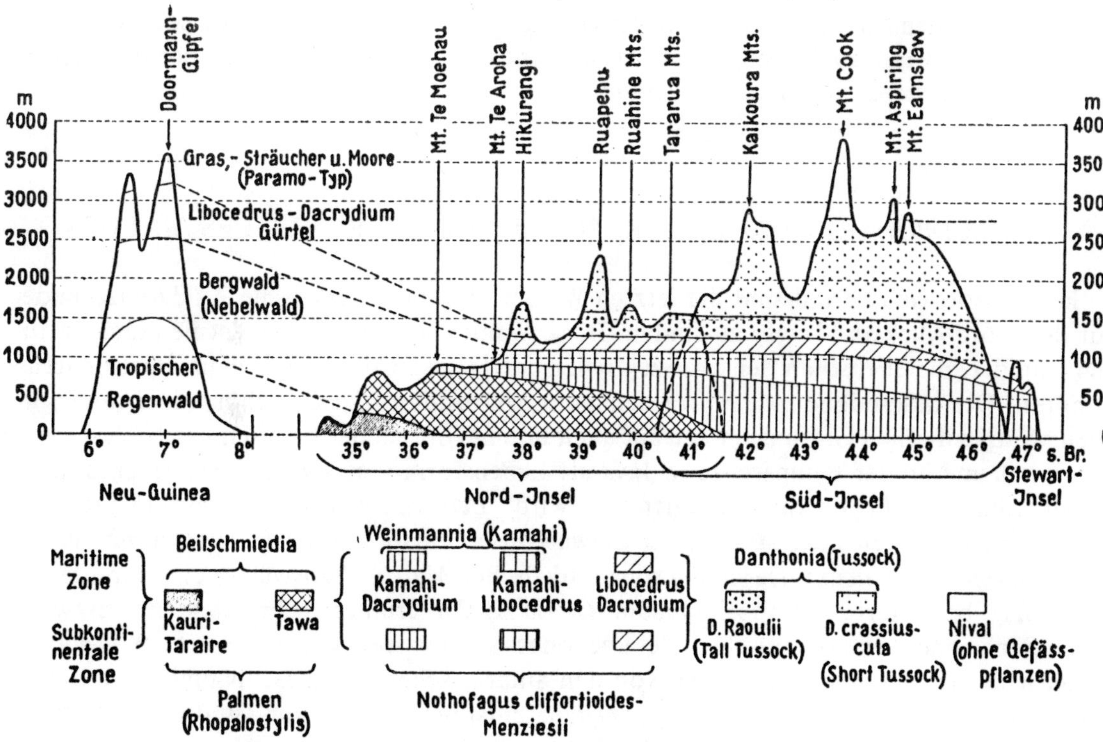

Fig. 1: Vegetationslängsprofil durch Neuseeland (nach G.E. DU RIETZ) im Vergleich mit dem Höhenprofil der Vegetation von Neuguinea.

Wald"), der neben *Beilschmiedia tawa* noch Palmen der Gattung *Rhopalostylis* und Liliaceenbäume (*Cordyline australis*, Gattung *Astelia-Collospermum*) enthält und mit seinem starken Epiphytismus noch recht tropisch wirkt, reicht bis zur Südinsel bei 41 1/2°. Dem folgen südwärts bzw. über den Tropenwäldern die gemäßigten Wälder in drei Höhenstufen, die z. T. durch die immergrünen *Nothofagus*-Arten (subkontinentaler Bereich), z. T. durch *Weinmannia racemosa* („Kamahi") und durch die Nadelhölzer *Libocedrus* und *Dacrydium* (maritime Regenwälder) charakterisiert werden. Im ganz feuchten Westen, wo schon *Metrosideros lucida* („Southern Rata") bestandbildend auftritt, ähnlich wie an der südpolaren Waldgrenze auf den Lord-Auckland-Inseln, und wo Baumfarren bis dicht an die Gletscherfronten der Fjordgletscher vordringen, ist die oberste Waldstufe von *Libocedrus Bidwillii* („Kaikawaka") und *Dacrydium biforme* gebildet, im Innern dagegen von den *Nothofagus*arten *N. cliffortioides* und *Menziesii*.

Dieses Profil läßt sich weitgehend bis Neuguinea[22]) fortsetzen. Der tropische Regenwald steigt dort natürlich wesentlich höher. Bei 1100–1500 Meter wird er von Höhen- und Nebelwäldern abgelöst. Über die mittleren Waldstufen, in denen z. B. auch Weinmannien auftreten, sind wir noch schlecht unterrichtet, aber die höchste Waldstufe ist jedenfalls wie im maritimsten Neuseeland von Coniferen der Gattungen *Dacrydium, Libocedrus, Phyllocladus* und *Podocarpus* sowie Baumfarren gebildet, die auch noch weit über der Waldgrenze, die zwischen 2800 und 3200 Meter gelegen ist, in Gruppen gedeihen. In Neuguinea mischen sich

[22]) LAM, H.J.: Vegetationsbilder aus dem Innern von Neu-Guinea. Vegetationsbilder (Karsten u. Schenck), 15. Reihe, 5/6, Jena 1924.

mit diesen südhemisphärischen Typen des Gebirgswaldes, unter denen nach neuesten Mitteilungen (DU RIETZ) auch eine *Nothofagus*art entdeckt wurde, die ersten nordhemisphärischen (*Rhododendron, Quercus, Vaccinium*).

DIE SÜDPOLARE UND DIE TROPISCHE HÖHENGRENZE DES WALDES

Südlich von Neuseeland sind die letzten Wälder, die die antarktische Waldgrenze bilden, auf den Lord-Auckland-Inseln zu finden. Diese Wälder sind von Lebensformen und Gattungen gebildet, die ebenso an der oberen Grenze der Tropenwälder unter dem Äquator stehen könnten. Der bestandbildende Myrtaceenbaum *Metrosideros lucida* gehört einer ausgesprochen westpazifischen Gattung an, die auf allen hohen Gipfeln der tropisch-pazifischen Inseln Arten hat und an der Baumgrenze in Java als Lebensform von *Vaccinium varingifolium*, in Südamerika von *Eugenia*-Arten vertreten wird. *Leptospermum scoparium* (Myrtaceen), einem besenförmigen Baumstrauch der Stewart-Insel, entspricht an der Waldgrenze in Java *Leptospermum javanicum*. Der in die subantarktischen *Metrosideros*wälder eingestreute groß und filzig beblätterte Compositenbaum *Oleria Lyallii* erinnert sehr stark an verzweigte Baum-Senecionen ostafrikanischer Gebirge oder an die weißwollig beblätterte *Anaphalis javanica* der javanischen Gipfel. Und von den antarktischen Araliaceenbäumen der Gattungen *Nothopanax, Pseudopanax* und *Schefflera* entsprechen die groß- und saftigblättrigen, handfiedrigen Arten *Schefflera digitata, Nothopanax Colensoi* und *arboreum* den Araliaceenbäumen der tropisch-andinen Waldgrenze. Was für die Bäume gilt, lehren auch die zahlreichen Sträucher an der Waldgrenze. Der Epacridee *Leucopogon Fraseri* der subalpinen Stufe Süd-Neuseelands steht *Leucopogon javanicum* auf den Hochgebirgen Indonesiens, den beiden subantarktischen Gaultherien (Ericaceen) *G. antipoda* und *perplexa* javanische, melanesische und andine Hochgebirgsformen gegenüber, und die immergrünen und myrtenähnlich beblätterten Rubiaceensträucher der Gattung *Coprosma*, die im Gebiet von Neuseeland 41 Arten entfaltet, ist auf allen westpazifischen Inselgebirgen, auf den Hawaiischen Inseln mit 17 Arten, mit einzelnen noch in Neuguinea, Java und Borneo vertreten[23]). Bis in viele Einzelheiten läßt sich die Vegetation der subantarktisch-neuseeländischen Wälder und der antarktischen Waldgrenze auf die Höhenwälder und die obere Waldgrenze der westpazifischen Tropen projizieren. Und die klimatischen Bedingungen, denen die Waldgrenzen hier wie dort unterliegen, sind grundverschieden von der nordpolaren Waldgrenze. Ist es im Norden die abnehmende Sommerwärme (10°-Juli-Isothermen), die dem Waldwuchs ein Ende setzt, so spricht nach meinen Beobachtungen vieles dafür, daß *bei der Höhenbegrenzung des Waldes in den Tropen, aber auch bei der subantarktischen Waldgrenze die Frostwechselhäufigkeit einen entscheidenden Faktor darstellt.*

DIE BLUMENVÖGEL

Die aufgezeigten ökologischen Beziehungen erstrecken sich auch auf die Tierwelt. Nur am Beispiel der blütenbestäubenden Vögel, der Kolibris der Neuen Welt und der altweltlichen Honigvögel, sei dies gezeigt. In den bolivischen Cordilleren beobachtete ich Kolibris bis über

[23]) OLIVER, W.R.B.: The Genus Coprosma. Honolulu, Bernice P. Bishop, Museum Bull. Nr. 132, 1935.

die Schneegrenze bei 5400 Meter, und zwar nicht nur verflogene, sondern in regelrechter Biozönose mit ihren Vogelblumen stehende Exemplare[24]). Von unserem nordhemisphärischen Blickpunkt aus erscheinen die Kolibris und Honigvögel als ausgesprochene Tropentiere. Denn nur in Nordamerika gehen einige Trochiliden in höhere nördliche Breiten (z. B. nach Alaska und den Großen Seen), aber doch nur als Zugvögel im Sommer. Demgegenüber ist zweierlei festzuhalten. Schon innerhalb der Tropen haben die blumenbestäubenden Vögel ihre Hauptverbreitung nicht im Tiefland, sondern im Gebirge. Ihr bester Erforscher, O. PORSCH, schreibt darüber: „Die Abhängigkeit der tropischen Blumenwelt vom Blumenvogel spricht sich sowohl in ihrer Flächen- wie Höhenverbreitung auf der Erde aus. Hochwertige Vogelblumen sind in ihrer Verbreitung streng auf das Gebiet hochwertiger Blumenvögel beschränkt. In der Neuen Welt nimmt ihre Artenzahl mit der Erhebung über dem Meeresspiegel ebenso zu wie die Artenzahl der Kolibris. Costa Rica, bekanntlich das kolibrireichste Gebiet des amerikanischen Festlandes, war für mich in dieser Beziehung besonders lehrreich[25])." Aber vom Standpunkt der Südhalbkugel ist das ganze Geschlecht der Kolibris keineswegs tropisch zu nennen. Schon E. WERTH[26]) hat festgestellt, daß die Ornithophilie südlich der Tropen durch die ganze gemäßigte Zone und weiter bis zur südlichen Baumgrenze reicht, während auf der Nordhalbkugel die Verbreitung der Nectariniiden schon längs einer Linie von Senegambien über Kordofan, Nubien, Palästina, Belutschistan, Nepal, Siam, Philippinen Halt macht. Auf der Südhalbkugel ist das weite polwärtige Vordringen aber nur möglich durch die frostarmen ozeanischen Waldklimate, die einzelnen Gewächsen fast das ganze Jahr über zu blühen gestatten. Kolibris treten als Bestäuber der Fuchsien ebenso in Patagonien wie in den Tropen auf. Die gleichen vogelblütigen Bäume *Desfontainia spinosa* und *Embothrium coccineum* werden in Westpatagonien und in den tropischen Bergwäldern Boliviens bei 3900 Meter auch von den gleichen Kolibriarten bestäubt. Dasselbe gilt von den Honigvögeln der Alten Welt. Auf den Lord-Aucklands-Inseln südlich von Neuseeland tritt als Bestäuber des waldbildenden Baumes *Metrosideros lucida* der Honigvogel *Anthornis melanura* auf, neben einer zweiten Meliphagide. *Metrosideros*-Arten werden aber auch auf der Tropeninsel Tahiti von Honigvögeln bestäubt[27]). Dieses Verhalten der Blumenvögel kann uns aber nach den obigen Feststellungen nicht wundernehmen. Denn das Klima von Westpatagonien (Evangelistas im Jahresmittel + 6,3 °C, Januarmittel + 8,6 °C, Julimittel + 4,1 °C) und ebenso das der Lord-Auckland-Inseln gleicht dem ewigen Frühling der tropischen Gebirge mit seinem ganzjährigen Blühen und Wachsen.

OSTAFRIKANISCH-SÜDAFRIKANISCHES LANDSCHAFTSPROFIL

Auch für tiefere Stufen des tropischen Landschaftsprofils könnte man den Vergleich mit den höheren Breiten der Südhalbkugel durchführen. Dafür nur ein Beispiel: In Ostafrika sind in Höhen von etwa 2000 Meter auf den verschiedenen Binnenhochländern mit mittlerer

[24]) Diese Beobachtung wurde, wie ich nachträglich feststellte, schon früher von Walther und Edith Knoche in der Kordillere von Quimzacruz gemacht. Als Vogelblume dienen auch nach dieser Beobachtung Arten der Malvaceengattung Notostriche.

[25]) PORSCH, O.: Der Vogel als Blumenbestäuber. Biologica Generalis, IX, 2. Hälfte (Versluys-Festschrift). Wien u. Leipzig 1933.

[26]) WERTH, EU.: Kurzer Überblick über die Gesamtfrage der Ornithophilie. Engl. Rot. Jahrb., 53, Beih. 116, Leipzig 1915.

[27]) WERTH, EU.: a. a. O.

Feuchtigkeit Höhensavannen entwickelt, die ich z. B. für das Iringa-Hochland der Landschaft Uhehe näher geschildert habe[28]). Die Höhensavannen gliedern sich dort topographisch in drei Standortseinheiten oder Biotope: die offenen, nur von vereinzelten Krüppelbäumen (besonders *Protea*) durchsetzten Grasflächen, die von immergrünem Feuchtwald eingenommenen Talschluchten und die ebenfalls mit immergrünen, kreisrunden Waldbosketts bestandenen Termitenhügel. Den ganzen Landschaftstyp dieser „*Termiten-Schluchtwald-Savannen*" fand ich 24 Breitengrade weiter südlich in Natal im Hinterlande von Durban getreuestens wieder, dort aber in ganz geringer Meereshöhe. Dieselben, vorwiegend von *Themeda triandra* und von einzelnen *Protea*-Bäumen durchsetzten Grasflächen, dieselben Schluchtwälder mit *Podocarpus, Myrsine africana, Cussonia arborescens* usw., dieselben auf Termitenhügeln vermutlich derselben Art gedeihenden Waldflecken. Die Übereinstimmung war bei der großen Entfernung (2500 km) eine verblüffende. Aber sie ist verständlich, denn auch das Klima des Küstengürtels von Natal ist ausgesprochen ozeanisch und thermisch dem der tropischen Höhen vergleichbar. Beträgt doch an der dortigen Küste trotz der Breite von 30° die Tagesschwankung der Temperatur nur 6–7 °C. Dasselbe zeigt ein *Vergleich der tropisch-ostafrikanischen Höhenwälder mit dem subtropischen Regenwald des Knysna Forest* an der Südküste des Kaplandes. Der Botaniker D.F. BURTT[29]) hat dies erkannt, wenn er 1938 schreibt: „The same type of evergreen rain-forest met with at approximatly sealevel in the Cape Province of South Africa occurs also near the equator some 2500 miles further north, but at an altitude of 7000 to 9000 feet; some of the same species and most of the same families and genera range through the whole distance." Er irrt jedoch, wenn er diese Kompensation von Meereshöhe und geographischer Breite für die Beziehung zwischen der tropischen und temperierten Zone generalisiert. Denn von Ostafrika nordwärts würde dieses Verhältnis durchaus nicht gelten.

KLIMATYPEN UND LAND-WASSER-VERTEILUNG DER BEIDEN HALBKUGELN

Wir kommen zu den Folgerungen aus den kennengelernten Tatsachen. In den höheren Breiten der nördlichen Halbkugel haben wir keine Klimate, keine Vegetationsformen und keine Landschaften, die wir mit denen der tropischen Gebirge auch nur annähernd in Vergleich setzen könnten. Dort liegen außerhalb der Tropen die großen Landmassen Eurasiens und Nordamerikas, die das kontinentale Klima der nördlich gemäßigten Breiten erzeugen. Es sind besonders die winterkalten Klimate, die wir als Tundrenklima, als boreales Nadelwaldklima und als warmgemäßigtes Klima der Laub- und Mischwälder bezeichnen. In den gleichen Breiten haben wir auf der Südhalbkugel nur ganz wenig Festland, stattdessen den großen Wasserring rings um die Erde. In dem Kärtchen Fig. 2 ist die relative Verteilung von Wasser und Land für die verschiedenen Breiten, wie sie früher E. OBST[30]) auf Grund der Flächenberechnung von A. BALDIT in seiner „morphographischen Kurve" dargestellt hat, in flächentreuer Projektion in einem „*Durchschnittskontinent*" wiedergegeben und versucht worden, die Verteilung der Klimatypen auf der Nord- und Südhalbkugel flächentreu in den betref-

[28]) TROLL, C.: Termitensavannen. In: Länderkundliche Forschung, Festschrift für Norbert Krebs. Stuttgart 1936.

[29]) BURTT, DAVY, J.: The Classification of tropical woody Vegetationstypes. Oxford 1938.

[30]) OBST, E.: Mittlere geographische Breite und morphographische Kurve. Kartograph. Zeitschrift, 1921.

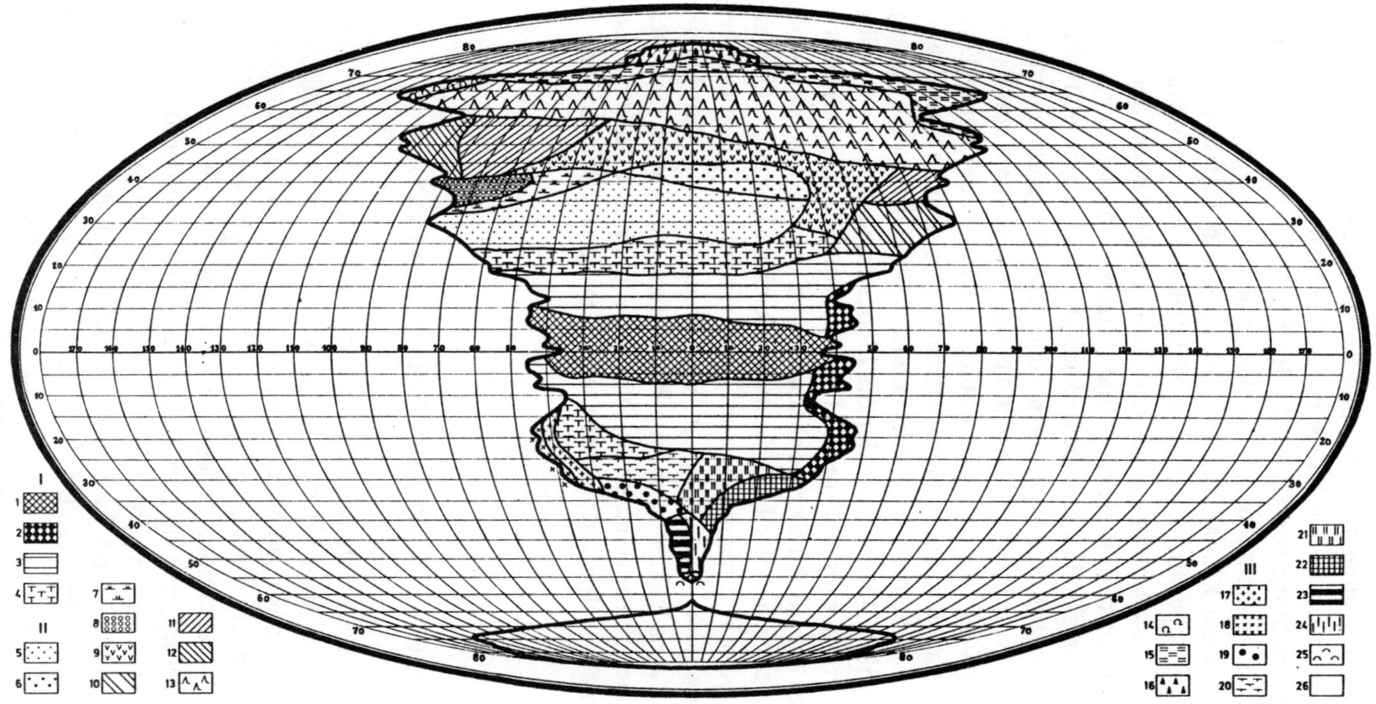

Fig. 2: Die klimatischen Vegetationsgürtel der Erde, dargestellt auf dem Durchschnittskontinent.

Erklärung der Zeichen:

I. Tropische Klimate: 1. Äquatoriales Regenwaldklima; 2. Tropisches Regenwaldklima mit passatischen Steigungsregen; 3. Klima der tropischen Savannen (Feuchtsavannen) und regengrünen Wälder; 4 Klima der tropischen Dornsteppen und Dornwälder;

II. Außertropische Klimate der Nordhalbkugel: 5. Heißes Wüstenklima; 6. Klima der kalten Binnenwüsten; 7. Klima der subtropisch-wintergrünen Steppen; 8. Sommerheißes Winterregenklima; 9. Winterkaltes Grassteppenklima; 10. Sommerheißes, feuchtes Monsunklima mit Lorbeerwäldern; 11. Klima der sommergrünen Wälder; 12. Klima der ozeanischen sommergrünen Fallaub- und Lorbeerwälder; 13. Boreales Nadelwaldklima; 14. Boreales Birkenwaldklima; 15. Subarktisches Tundrenklima; 16. Klima der arktischen Kältewüsten;

III. Außertropische Klimate der Südhalbkugel: 17. Klima der südhemisphärischen Küstenwüsten; 18. Wüstenklima mit Garua; 19. Südhemisphärisches Winterregenklima; 20. Subtropisches Dornsteppenklima (Karru, Monte); 21. Südhemispherisches subtropisches Graslandklima; 22. Subtropisches Regenwaldklima; 23. Kühltemperiertes Regenwaldklima; 24. Patagonisch-neuseeländisches Steppenklima; 25. Subantarktisches Klima (Tussock-Grasland und -Moor); 26. Antarktisches Inlandeisklima.

fenden Breiten und in der charakteristischen Lage zueinander zu zeichnen. Im Gegensatz zu den bisherigen Klassifikationen der Klimatypen und ihrer kartographischen Darstellung, die versuchen, die Klimate der Nord- und Südhalbkugel so weit wie möglich zusammenzufassen, haben wir eine gewisse Zurückhaltung gewonnen in dem *Vergleich der Klimate der beiden Hemisphären.* Wohl lassen sich innerhalb der Tropen die nord- und südhemisphärischen Klimate ohne weiteres vergleichen, wie ja auch die Land- und Wasserverteilung innerhalb der Tropen eine symmetrische ist. Aber schon in den Subtropen sollte man darauf verzichten, Klimatypen, die durch Zahlenwerte im Sinne von KÖPPEN oder THORNWAITE definiert und abgegrenzt sind, für beide Halbkugeln gemeinsam aufzustellen. Noch mehr gilt dies für die gemäßigten und subpolaren Breiten. Dem Klima-, Vegetations- und Landschaftstyp der subtropischen Dorn- und Sukkulenten-Steppe, für den man in Südafrika den Namen Karru, in Südamerika den Namen Monte oder Chanar-Steppe gebraucht, kann man wohl auf der Nordhalbkugel noch zur Not die Mezquiteformation Mexikos und Arizonas an die Seite stellen. Aber schon die südhemisphärischen Grasländer, das südafrikanische Veld, die argentinische Pampa und die Grasländer von Südostaustralien, die man zu einem Typ zusammenfassen kann, haben kein Gegenstück auf der Nordhalbkugel. Auch das Regenwaldklima von Patagonien und Neuseeland oder das Klima der patagonischen Steppe, dem das der neuseeländischen Tussock-Steppe entspricht, oder das der subantarktischen Inseln, ist ausschließlich südhemisphärisch. Umgekehrt fehlt der Südhalbkugel die Tundra völlig, ebenso der boreale Nadelwald. Denn die Araucarien-Reliktwälder Chiles oder die *Libocedrus-Dacrydium*-Wälder Neuseelands sind klimaökologisch etwas ganz anderes und nur in tropischen Gebirgen wiederzufinden, wo z. B. in Neuguinea die „Schirmkronenbäume“ von *Libocedrus* sich völlig dem Typus der immergrünen Schirmkronen der Laubbäume angleichen. Die südhemisphärischen *Podocarpus*wälder, vielfach recht breitnadelig belaubt, stehen ökologisch den Lorbeerwäldern nahe. Sommergrüne Laubwälder aber kennt die Südhalbkugel nur in den kleinen Arealen der laubwerfenden Nothofagus-Wälder von Chile-Patagonien und Tasmanien. Dem Verfasser erscheint es notwendig, bei einem weiteren Ausbau der Klimaklassifikation diesen Unterschied der beiden Halbkugeln zur Geltung zu bringen, wie es in Figur 2 provisorisch geschehen ist.

DAS VEGETATIONSPROFIL VOM NORDPOL ZUM SÜDPOL

Die dreidimensionale Anordnung der Erscheinungen erfordert aber daneben noch eine Darstellung im Aufriß in einem Profil vom Nord- zum Südpol. Es ist nicht möglich, in einem einzigen Profil die auf der Erde vorkommenden vertikalen Vegetationsabstufungen zur Darstellung zu bringen. In vereinfachter Weise gelingt dies aber, wenn wir uns auf Klimate gleichen Feuchtigkeitsgrades beschränken. In dem Profil Figur 3 ist ein solcher Versuch für die immerfeuchten Vegetationstypen der Erde gemacht. Wir sehen daraus, daß die spezifisch nordhemisphärischen Vegetationstypen, Tundra, borealer Nadelwald und, wenn wir von den kleinen Vorkommen in Chile und Tasmanien absehen, auch der sommergrüne Wald auf die nördliche Halbkugel beschränkt sind. Schon die Tundra verändert ihren Charakter, wenn wir sie südwärts über die Waldgrenze fortzusetzen versuchen. Sie geht in den Typ des skandinavischen Fjeld, das an Birkenwälder grenzt, und der schottischen Highlands und weiter in die noch stärker veränderte alpine Vegetation über. Die Nadelwälder der Nordhalbkugel, die in Innerasien und im westlichen Nordamerika weit über 4000 Meter auf-

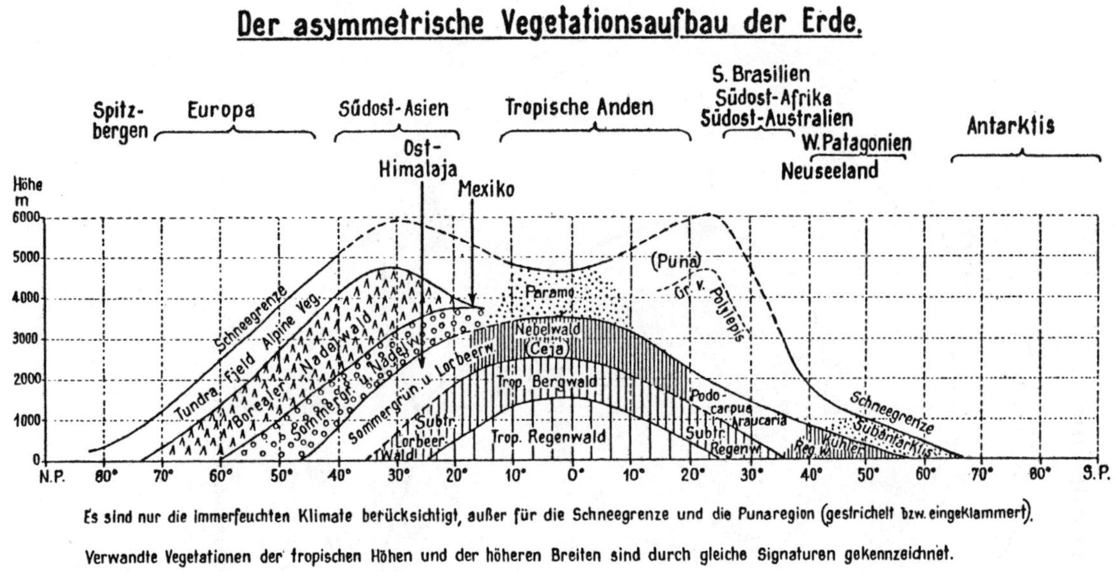

Fig. 3: Die Verteilung der immerfeuchten Vegetationstypen der Erde, dargestellt in einem Vegetationsprofil vom Nordpol zum Südpol.

steigen, keilen gegen die Tropen aus, vor allem im Himalaya, in Hinterindien und in Mexiko (von gewissen *Pinus*-Wäldern innerhalb der Tropen, in Ostindien und in Mittelamerika, abgesehen). *Eine Projektion der Vegetations- und Klimatypen der Nordhalbkugel auf die tropischen Höhen ist nicht möglich. Wohl aber können wir die tropische Höhenstufung auf die höheren Breiten der Südhalbkugel projizieren.* Es besteht eine enge Verwandtschaft zwischen dem tropischen Bergwald und den subtropischen Regenwäldern Südbrasiliens, Südafrikas, Ostaustraliens und Neuseelands. Die Verwandtschaft der tropischen Nebelwälder mit den Regenwäldern der Südhalbkugel zwischen 35 und 55° Breite haben wir oben aufzuzeigen versucht, ebenso die ökologische Verwandtschaft zwischen der Vegetation der tropischen Hochgebirge und der Subantarktis.

DIE GLIEDERUNG DER NORDPOLAR- UND SÜDPOLARKALOTTEN

Und noch eine dritte graphische Veranschaulichung sei gestattet, ein Vergleich der nördlichen und südlichen Polarkalotte (Fig. 4), der die bekannte spiegelbildliche Verteilung von Wasser und Land in den hohen Breiten unterstreicht. Zu diesem Zwecke sind in dem Raum zwischen den Polen und den 30. Breitengraden drei Grenzlinien eingetragen, die polare Palmengrenze, die ungefähr die subtropischen und gemäßigten Breiten gegeneinander abgrenzen hilft, die polare Waldgrenze als angenäherte Grenze der Polarklimate, und die Grenze der Gebiete, in denen sich die Schneegrenze auf weniger als 300 Meter Meereshöhe senkt, um damit eine Abgrenzung innerhalb der Polarkalotten vorzunehmen.

Die *Palmengrenze* liegt auf beiden Halbkugeln ungefähr in gleicher Breite, wobei aber auch beachtet werden muß, daß der Klimacharakter, dem sie jeweils unterliegt, stark wechselt und daß auch ganz verschiedene Palmengattungen und Arten die Grenze bilden. Dagegen liegt bekanntlich die *polare Baumgrenze* auf der Nord- und Südhalbkugel in ganz verschiede-

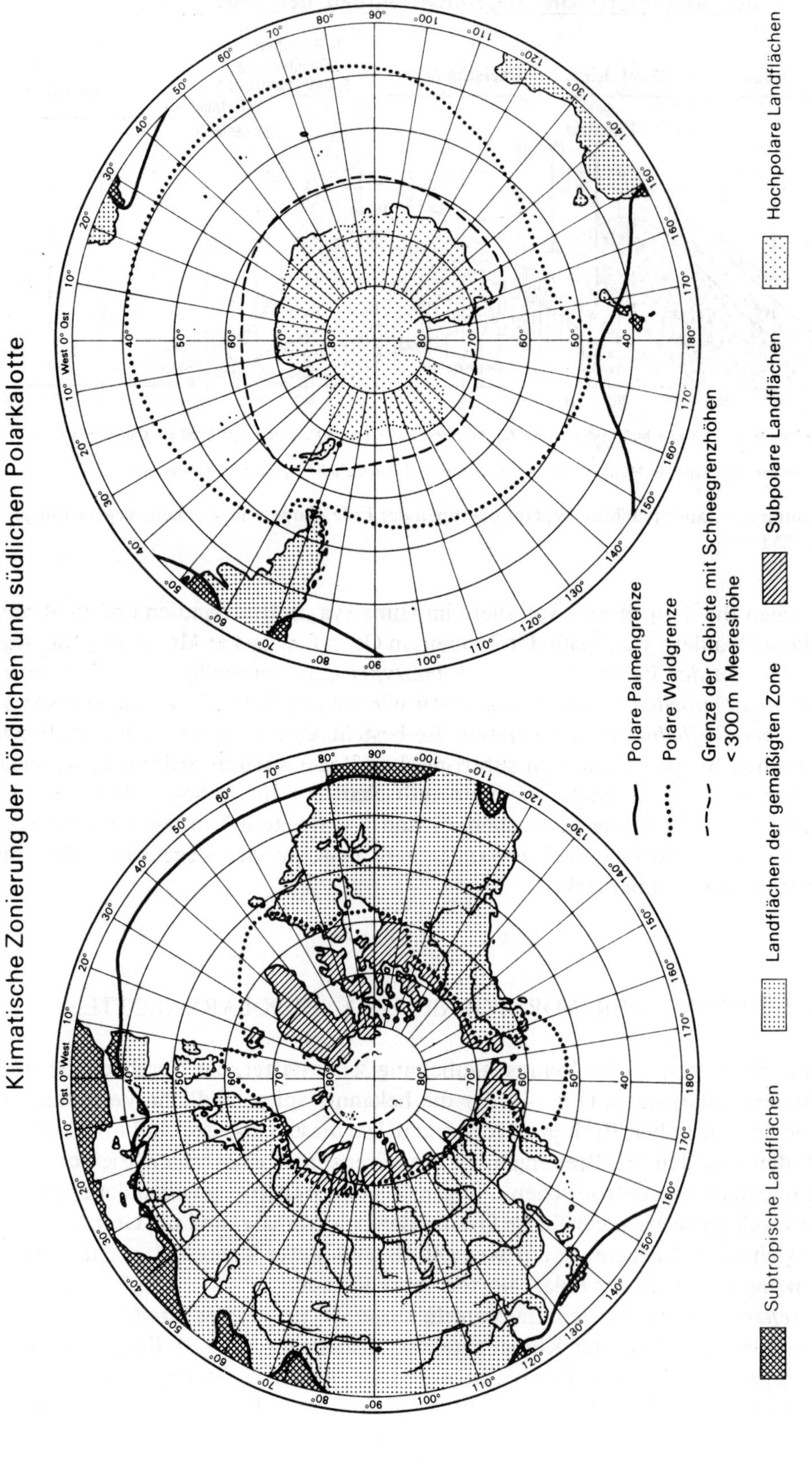
Klimatische Zonierung der nördlichen und südlichen Polarkalotte
Polare Palmengrenze
Polare Waldgrenze
Grenze der Gebiete mit Schneegrenzhöhen
< 300 m Meereshöhe
Subtropische Landflächen
Landflächen der gemäßigten Zone
Subpolare Landflächen
Hochpolare Landflächen

Fig. 4

ner Breite, was bereits H. BROCKMANN-JEROSCH, an dessen Darstellung wir uns mit kleinen Abweichungen gehalten haben[31]), genügend hervorgehoben hat. Sie ist auf der Nordhalbkugel durch die sommerlich erwärmten Landflächen weit polwärts bis 70° Breite vorgeschoben, allerdings im Bereich der Ozeane, besonders der Kaltwassergebiete auch bis fast 50° Breite zurückgedrängt, während sie auf der Südhalbkugel im Mittel bei etwa 50° Breite gelegen ist. Eine Senkung der Schneegrenze bis zum Meeresspiegel scheint es nach unserer bisherigen Kenntnis auf der Nordhalbkugel überhaupt nicht zu geben, nach H.W. AHLMANN (mündliche Äußerung) vielleicht im Franz-Josefs-Land. Wohl ist dies aber fast im ganzen Bereich des antarktischen Kontinents der Fall. Um auch auf der Nordhalbkugel eine hochpolare Zone abzugrenzen, wurden etwas willkürlich die Räume mit einer Schneegrenzenhöhe von über 300 Meter gewählt. Diese umfassen die ganze Antarktis, auf der Nordhalbkugel aber nach den Forschungen von H.W. AHLMANN nur kleine Gebiete in Nordostspitzbergen, im Franz-Josefs-Land und in Ostgrönland. Die beiden Karten zeigen somit die an sich bekannte Tatsache, daß die gemäßigten Breiten auf der Nordhalbkugel die großen Festlandflächen, auf der südlichen nur schmale Kontinentalendigungen einnehmen, daß die Subpolarzone im Norden noch riesige Landflächen, im Süden dagegen nur Ozeane mit kleinen Inseln umfaßt, und daß schließlich hochpolare Landflächen im Norden fast fehlen, im Süden aber den ganzen antarktischen Kontinent bilden.

Wir sehen weiter, daß an einer Stelle, *im Süden und Osten von Neuseeland, die Palmengrenze und die polare Waldgrenze beinahe zusammenfallen*, also, wenn wir so wollen, die Subtropen- und die Subpolarzone sich beinahe berühren. Noch auf der Südinsel Neuseelands treten in den Regenwäldern verschiedene Arten der Palmengattung *Rhopalostylis* auf, ebenso zahlreiche Baumfarne. Echte Baumfarne aus vier Gattungen, also zweifellos Vertreter sehr anspruchsvollen Pflanzenlebens, kommen noch im neuseeländischen Fjordgebiet bis nahe an die Gletscher, auf der Stewart-Insel und auf den Chatham-Inseln bei 44° Breite vor. Aber schon wenig weiter südlich, auf den Lord-Auckland-Inseln, wird die polare Waldgrenze erreicht.

Dieses Verhalten erinnert uns zum Abschluß noch einmal an die tropischen Hochgebirge. In der zentralkolumbischen Cordillere steigen im Nebelwald des Quindiu-Passes zwei Palmen bis in die oberste Waldstufe bei 3200 Meter nahe an dessen Grenze hinauf, nämlich die schlanke Anden-Wachspalme *Ceroxylon andicola* und die niedrige *Oreodoxa frigida*. Von anderer Seite[32]) wird angegeben, daß sie sogar bis in die niederen Paramos vordringen, also die Waldgrenze erreichen. Hier treten gewissermaßen die *warme subtropische und die kalte andine Höhenstufe in unmittelbare Berührung*. Beide zuletzt genannten Lokalitäten sind geographisch von besonderer Art. Die kolumbischen Cordilleren bei 4° nördlicher Breite liegen gerade dort, wo der klimatische Äquator aus der amazonischen Hylaea über die Anden zu dem noch feuchteren Regenwaldgebiet Westkolumbiens hinüberquert, also im Kerngebiet tropisch-äquatorialer Andennatur. Die Chatham-, Lord-Auckland- und Antipoden-Inseln aber liegen um den Wasserpol der Erde, wo die Ozeanität der Subantarktis in der von allen großen Landmassen fernsten Lage ihre höchste Steigerung erfährt.

Rückschau: Unter dem asymmetrischen Vegetations- und Landschaftsaufbau der Erde haben wir zwei Tatsachen verstanden: 1. Der asymmetrischen Land- und Wasserverteilung auf den beiden Halbkugeln entspricht in den außertropischen Breiten auch eine verschiedene Ausbildung der Klimagürtel und klimatischen Vegetationsgürtel. 2. Asymmetrie herrscht

[31]) BROCKMANN-JEROSCH, H.: Baumgrenze und Klimacharakter. Zürich. 1919.
[32]) CUATRECASAS: a. a. O., 1934.

auch im vertikalen Vegetationsprofil der Erde. Die Klima- und Vegetationstypen der höheren Breiten der Nordhalbkugel können mit denen der tropischen Gebirge wegen ihres grundsätzlich anderen thermischen Verhaltens (Jahreszeiten- und Tageszeiten-Klima) in keiner Weise verglichen werden. Dagegen besteht umgekehrt eine auffallende Verwandtschaft der klimatischen Lebens- und Vegetationsformen und auch der floristischen Zusammensetzung zwischen der Vegetation der tropischen Höhenstufen und der höheren südlichen Breiten.

GEOÖKOLOGISCHE BEZIEHUNGEN ZWISCHEN DER TEMPERIERTEN ZONE DER SÜDHALBKUGEL UND DEN TROPENGEBIRGEN IM AUSTRALASIATISCHEN SEKTOR

ULRICH SCHWEINFURTH

Mit 1 Figur und 14 Photos

Summary

Geoecological relations between the temperate zone of the southern hemisphere and tropical mountains in the Australasian sector

The starting point for the following presentation is the observation of compact, closed canopies in bush/ forest, scrub and cushions, which occur in various transitional forms in the exposed parts of Stewart Island. Corresponding observations have been collected from other parts of New Zealand, similarly exposed, and a few examples are quoted from Arthur's Pass, Tararuas and Mt. Egmont.

Attention is drawn to RAUH's analysis of 1939 which deals, first of all, with hard cushions sensu stricto; and after recognising the basic organisation scheme, applies this idea to explain the different reactions in the various habitats. The present author suggests the addition of the umbrellashaped tree canopies as a phenomenon based on the same organisation scheme, occurring in many varieties of transition, observed, however, only in the actual habitat, especially its intricate transitional forms.

The phenomenon of the compact, closed canopies is followed up with examples from Tasmania and leads on to observations from tropical mountains in New Guinea, Sumatra, Ceylon, and the Nilgiris. The point is made that the observations correspond so strikingly in the southern temperate zone and tropical mountains that the question about the factors responsible is a compelling one.

In the southern temperate zone wind is without doubt the dominant climatic factor and for direct wind impact a host of observations can be offered. Habitats under full exposure in the southern temperate zone seem to provide the geoecological conditions for comparison with tropical mountain habitats. The climatic conditions of the southern temperate zone differ from those of the northern temperate zone in as much as the high oceanity works against distinct seasonality, providing comparatively speaking a very even climate throughout the year, but its openess to the south to (sub) antarctic influences renders the corresponding latitudes in the south much cooler than in the north. Supported by field observations on Stewart Island, the fact is stressed, that nocturnal frosts can be expected there at any time during the year. The levelling out of seasonal differences, together with the impact of the antarctic influences – with sudden changes during 24 hours all round the year – may, in effect, lead to climatic conditions comparable, if not corresponding, to what we are accustomed to call „Tageszeitenklima" – diurnal climate – of the tropical mountains.

Das Symposium steht unter dem Generalthema: „Geoökologische Beziehungen zwischen der temperierten Zone der Südhalbkugel und den Tropengebirgen". In diesem Beitrag werden Beobachtungen aus dem australasiatischen Sektor vorgelegt, ergänzt durch Angaben aus der Literatur. Ausgang zu den hier vorgetragenen Überlegungen sind Beobachtungen aus dem südlichen Neuseeland, wesentlich während eines anderthalbjährigen Aufenthaltes für Geländearbeiten 1958/59, sowie aus den Jahren 1968, 1972/73 und 1975. Die Beobachtungen aus den Tropengebirgen des australasiatischen Raumes gesellten sich in den Jahren nach dem ersten Ceylon-Aufenthalt 1959 dazu.

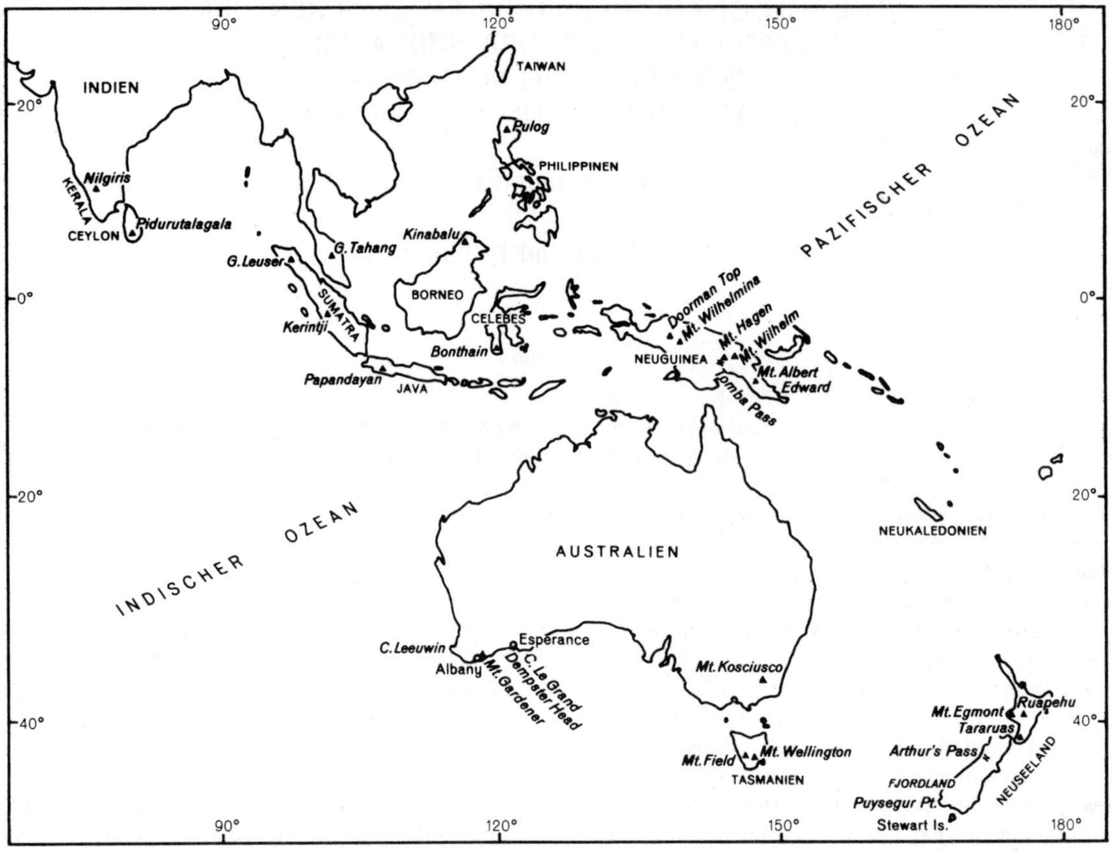

Fig. 1: Temperierte Zone der Südhalbkugel und Tropengebirge im australasiatischen Sektor: Übersichtsskizze.

Die hier vorgetragene Fragestellung ist nicht ursprünglich gesucht worden; sie hat sich aus der Geländearbeit ergeben. Die Ausarbeitung des Beobachtungsmaterials vom Mt. Egmont brachte den Vergleich mit TROLL's Beobachtungen aus dem Uluguru-Gebirge Ostafrikas (7° S) (TROLL 1958, 1959). Im Laufe der Jahre wurde dann auf entsprechende Phänomene geachtet, später auch für das Symposium in der Literatur verfolgt. Dieses Symposium eröffnet die Möglichkeit, im Zusammenhang vorzustellen, was sich seit Jahren zu diesem Themenkreis angesammelt hat, was im Laufe der Jahre im Gelände immer wieder ins Blickfeld getreten ist.

Wir gehen aus von auffälligen *Lebensformen* in der Vegetation: den kugelig-polstrigen Oberflächen, beobachten ihre Verbreitung und stellen dann die Frage, ob sich Beziehungen zu geoökologischen Faktoren, in erster Linie zum Klima ergeben. Die Themenstellung des Symposiums zielt auf die geoökologischen Beziehungen hin, und wir versuchen, mit Hilfe der uns aufgefallenen Lebensformen in deren spezifischer Verbreitung im australasiatischen Sektor im Großen, wie im Kleinen, eine Antwort auf das Generalthema zu geben.[1])

Da es sich überwiegend um Gebiete handelt, für die es keine meteorologischen Daten gibt, liegen hier Unsicherheiten. Auch sind die Formen nicht immer eindeutig. Deshalb sollen ganz bewußt von Anfang an solche Formen unberücksichtigt bleiben, die durch ihre eindeutige Deformation die vorherrschende Beeinflussung durch Wind bekunden, also die vorherrschende Windrichtung anzeigen (Vgl. dazu WEISCHET 1963).

Vorangestellt werden muß die Grundtatsache, daß der australasiatische Sektor unseres Gesamtthemas nicht wie der (süd-) amerikanische Bereich einen zusammenhängenden Faltengebirgszug repräsentiert. Der australasiatische Faltengebirgszug wird vielmehr vielfältig von Meeresräumen durchbrochen; das Meer, der Ozean bestimmt viel stärker die geoökologische Situation. Der australasiatische Sektor reicht ferner im Vergleich zum afrikanischen viel weiter nach S in das circumsubantarktische Meer hinaus (Kapstadt: 34° S – Stewart Island: 47° S); d. h. die geoökologische Situation im australasiatischen Sektor zeigt deutliche Unterschiede zu der des (süd-) amerikanischen und afrikanischen Sektors des Gesamtthemas.

Die stärksten Eindrücke empfing der Verfasser während seines Aufenthaltes auf *Stewart Island*, der südlichsten der drei neuseeländischen Hauptinseln. Geländearbeit ist hier – mangels jeder Unterkunft – mit unmittelbarem klimatischem Erleben verbunden, damit Erfahrung dessen, was das Klima bedeuten kann. Die Beobachtungen auf Stewart Island während verschiedener Aufenthalte umfassen den größeren Teil des Jahres.

Stewart Island liegt unter 47° S in den Roaring Forties (Vgl. auch Beitrag „Stewart Island", S. 516ff.). Die Insel wird von einer zentralen Gebirgskette SW-NE durchzogen, die bis 738 m aufsteigt und quer zur vorherrschenden Windrichtung liegt. Die Kette zeigt deshalb eine vollexponierte Westflanke und eine weniger exponierte Ostflanke. Auf der vollexponierten Westflanke beobachten wir compakte, kugelförmige Lebensformen in *Polstern, Kugelbüschen* und *Kugelschirmkronen* und zwar – je nach Standort differenziert – von Meereshöhe bis auf die Kammhöhe hinauf. Es ist auffallend, daß der Wald schon in relativ geringer Höhe zurückbleibt, von einer Strauchstufe mit zusammenhängender, kugeliger Oberfläche abgelöst wird, die ihrerseits nach der Höhe zu einer Tussockgras-Polsterflur oder Polstermoor weicht: in ihrer floristischen Zusammensetzung der Insel eigentümlich. Im Vergleich zur Leeseite liegen auf der vollexponierten Westflanke alle Höhengrenzen wesentlich niedriger. Wo tiefeingeschnittene Täler Schutz gewähren – was in dieser klimatischen Situation in erster Linie Windschutz heißt – ist eine üppige Vegetation anzutreffen.

Die Südküste von Stewart Island ist voll dem circumsubantarktischen Ozean ausgesetzt; sie zeigt den Wechsel von exponierten Kaps und geschützten Buchten – oder, was die Vegetation angeht, den Wechsel zwischen kompakten Wuchsformen in Polster, Kugelbusch, gegebenenfalls kugelschirmkronigem Wald und ungestörtem, üppigem Stewart Island-Regenwald. An den exponierten Standorten sind die Übergänge von Polsterpflanzen zu Kugelbusch und kugelschirmkronigem Wald zu beobachten, z. T. in „nahtlosem", continuierlichem Übergang mit durchgehender, zusammenhängender Oberfläche. Die ökologische Situation bekommt ihren besonderen Akzent dadurch, daß dort, wo Schutz geboten wird, „jenseits des Kammes", oder „um die Ecke eines Kaps herum", je nach Höhenlage, die Vegetation völlig ungestört auftritt, d. h. zumeist Stewart Island-Regenwald in größter Üppigkeit

[1]) „Die Zusammenschau von Organismus und Umwelt als Methode der vergleichenden Vegetationsforschung ist seit Jahrzehnten vernachlässigt." TROLL 1958, 72.

(und voller Vogelleben) angetroffen wird. Da der Wind dasjenige klimatische Element ist, das uns auf Stewart Island dominierend auffällt, ist man versucht, Luv und Lee, Windexposition und Windschatten als die bestimmenden geoökologischen Faktoren anzusehen.

Der Paterson Inlet greift von E her tief in die Insel ein, fast teilt er die Insel in eine nördliche und eine südliche Hälfte. Die Höhenzüge nördlich und südlich des Inlet bieten den von W über das circumsubantarktische Meer heranbrausenden Luftströmungen eine Art von „Windkanal" an. Die im Inlet liegenden Inseln zeigen überzeugende Beispiele für die compakten, runden Wuchsformen. Insbesondere säumt ein zusammenhängender Gürtel von Küstenbusch die Inseln im W, aber nur im W; entlang der Küste der Inseln nach E zu löst sich dieser Gürtel von Küstenbusch auf (Photo 1, Tafel I; Photos 215–219, Tafeln LV, LVI). Das ist umso bemerkenswerter, als diese Inseln nach E zu nicht weit von der Öffnung des Inlets in das offene Meer hinaus entfernt liegen. Mehr noch, wenn wir die vor der Mündung des Paterson Inlet liegenden Muttonbird-Inseln untersuchen, z. B. Bench Island (Te Waitaua), stellen wir fest, daß auch diese in W-Exposition das wall- und mauerartige Auftreten des Küstenbuschwerkes zeigen, nicht jedoch an den anderen Flanken. Es ist also doch wohl naheliegend zu folgern, daß diese Vegetationsformen etwas mit der extremen Exposition der Westküsten zur vorherrschenden Wetterseite in den Roaring Forties zu tun haben – bzw. mit den außerordentlichen Expositionsdifferenzen in diesen südlichen temperierten Breiten.

Nicht weniger interessant ist die Beobachtung, daß sich im Schutze dieses Küstenbusch-Walles dann der Stewart Island-Regenwald entwickelt. An vielen Beispielen läßt sich zeigen, daß die Oberfläche des Küstenbuschwerkes „nahtlos" in die Oberfläche des dahinterliegenden Stewart Island-Regenwaldes übergeht, der in geschützten Positionen durchaus Stockwerksgliederung zeigt, hier aber mit dem Küstenbusch zusammen eine kontinuierliche Oberfläche abgibt, die die kleinen Inseln im Paterson Inlet – ebenso wie die Muttonbird Islands – insgesamt als große Polster erscheinen läßt (Photo 1, Tafel I; Photo 215, Tafel LV). Innerhalb dieser Regenwälder auf den Inseln ist die Luft absolut still, mag es draußen noch so sehr stürmen. Das Vogelleben ist lebhaft. Durch das compakte, zusammenhängende Kronendach ist das Innere des Waldes dunkel, Cryptogamenwuchs üppig.

Es soll jetzt schon darauf hingewiesen werden, daß dieser Übergang von Küstenbusch zum Regenwald – von der Küstenlinie inseleinwärts auf den Inseln des Paterson Inlet, auf den Muttonbird Islands, auch auf Bluff Hill (Foveaux Strait) zu beobachten – eine Parallele findet an den Hängen der Zentralkette im Übergang mit der Höhe vom Regenwald zur Strauchstufe. In beiden Fällen handelt es sich um eine Ablösung des Waldes durch Busch- und Strauchwerk zu Standortbedingungen hin, die Wald- und Baumwuchs offensichtlich nicht mehr zusagen. In der Höhe sprechen wir in solcher Situation von der „oberen Waldgrenze", hier könnten wir wohl von einer „maritimen Waldgrenze" sprechen. Vollends gibt es in diesen Breiten auch im Paterson Inlet auf kleinen Inseln Beispiele dafür, daß der Wald ganz ausfällt, also wohl die Exposition so stark wird, daß der Küstenbusch bis zum Ausschluß jeden Wald- und Baumwuchses dominiert. Es sei noch angemerkt, daß der Küstenbusch, sowie das Busch- und Strauchwerk der Höhe, vorwiegend von denselben Species getragen werden. Diese Beobachtung überrascht nicht, wenn wir uns klarmachen, daß die dreidimensionale Betrachtungsweise von Vegetation und Klima in den extremen Standortbedingungen der temperierten Zone der Südhalbkugel in den Roaring Forties ihre Grenzen erreicht insofern, als die „reinliche Scheidung" der drei Dimensionen von Übergängen abgelöst wird: Stewart Island ist ein gutes Beispiel dafür, doch am extremen Ende stehen die Muttonbird Islands, insbesondere jene vor der Küste von Stewart Island im SW (während die beiden Gruppen von

Muttonbird Islands im NE und SE von Stewart Island einen gewissen Schutz durch die relativ große Insel Stewart Island genießen). Diese besondere Situation für eine dreidimensionale Betrachtung zeigt auch die neuseeländische Inselgruppe insgesamt (SCHWEINFURTH 1966).

Das Beobachtungsmaterial für die compakten Vegetationsformen aus den exponierten Bereichen der neuseeländischen Inselgruppe ist so erdrückend, daß wir uns größte Beschränkung auferlegen und nur einige Beispiele hier erwähnen können. Dazu gehört die Westflanke des neuseeländischen *Fjordlands*, das insgesamt steil aus der Tasman-See aufsteigt. Die unmittelbar von Meereshöhe aufsteigende Gebirgsflanke ist mit dichtem Fjordland-Regenwald bedeckt; dieser liegt eng den Hängen auf, zeigt ein geschlossenes, zusammenhängendes Kronendach ohne jede Stockwerksgliederung nach außen (z. B. Secretary Island). An der Mündung des Doubtful Sound sind besondere Standorte von Küstenbusch wallartig oder – wo einzeln – von Kugelbusch-Exemplaren besetzt. Fahren wir in einen solchen Fjord ein (z. B. den Doubtful Sound), der nach W offen mit seinen hohen, steilen Wänden ein weiteres Beispiel für einen „Windkanal" liefert, so können wir auch durch den Fjord hindurch das Auftreten der compakten Vegetationsformen beobachten, wo immer Standorte als exponiert auch innerhalb des Fjords gelten können, so bestimmte Bergschultern (First Arm, Kellard Pt.) oder auch kleine Inseln im Fjord, ganz entsprechend den Beobachtungen aus dem Paterson Inlet (Stewart Island). Zur Wertung dieser Beobachtungen ist festzuhalten, daß nichts dergleichen auf der Ostflanke des Fjordland-Blockes zu beobachten ist.

Arthur's Pass ist die wichtigste Übergangsstelle über die neuseeländischen Alpen zwischen Ost und West. Der Paß stellt eine Einsattelung auf rund 1000 m dar, ist also verhältnismäßig niedrig. Der Arthur's Pass liegt mitten in der Gebirgswelt der Südinsel, von hohen Ketten umgeben. Tatsächlich ermöglicht der Paß, der lokalen Topographie nach, keine W-E Querung des Gebirges, vielmehr eine N-S Querung, in dem er die Wasserscheide zwischen dem nach N zum Taramakau hin entwässernden Otira River und dem nach S zum Waimakariri-System gehörenden Bealey River trägt. Der Paß liegt also, im Vergleich zu den genannten Beispielen aus Fjordland und Stewart Island, geradezu „geschützt". Wir beobachten gleichwohl in klassischer Ausprägung an der N-Flanke die compakten Wuchsformen in Kugelschirmkronen, Kugelbüschen und Polstern. Von einer bestimmten Höhe ab geht der Regenwald unmerklich, wenn auch mit wechselnder floristischer Zusammensetzung, in die Strauchstufe über – so „nahtlos", daß sich hier eine Baum- und Waldgrenze nicht exakt angeben läßt, nur ein Übergangsbereich. Die Strauchstufe läuft gegen den Paß hin aus, ins Tussockgrasland hinein. *Phyllocladus alpinus*, normalerweise ein schlankes Bäumchen von bis zu 15 m Höhe, zeigt sich z. B. im Aufstieg zum Paß als compakter Kugelbusch!

Auf dem Paß selbst finden wir Moor- und Polsterpflanzen. Unmittelbar jenseits des Passes im E überrascht uns ein ganz anderes Bild: nämlich üppiges Tussockgrasland mit einzelnen kugeligen Vertretern der Strauchstufe (‚ball shrubs') dazwischen, also keine geschlossene Strauchstufe mehr. Schon vom Paß aus sehen wir den Beginn des Waldes der Ostabdachung in geschlossener Front, einen reinen Südbuchen-Wald, der in 900 m Höhe mit aufrechten, ca. 10 m hohen, in gleicher Höhe abschneidenden Exemplaren beginnt – nichts erinnert an die auf der Westseite angetroffene Situation: der Wechsel ist vollkommen; vor allem aber: die compakten Lebensformen dominieren auf den Westflanken, auf der Ostflanke sind sie nur hier und da in der kugeligen Form von Einzelbüschen noch vertreten, sowie vielleicht auch in der übereinstimmenden Höhe der Südbuchen am Waldrand angedeutet.

Auf der Nordinsel Neuseelands ragt der Gebirgszug der *Tararuas* weit in den Bereich der Cook Strait hinaus. Nach unseren bisherigen Erfahrungen können wir auch hier die Differenzierungen zwischen West- und Ostabdachung erwarten. Der Wald der Westflanke findet schon in geringer Meereshöhe, in ca. 500 m, sein Ende; er wird abgelöst von einer durchgehenden, geschlossenen, compakten Strauchstufe, die weiter aufwärts noch in isolierten, aber polsterartig geschlossenen Strauchcomplexen vorhanden ist. Das entspricht ganz den Beobachtungen von der Zentralkette auf Stewart Island[2]).

Gegen die Kammlage der Tararuas, bei 1400 m am Mt. Holdworth, zeigt sich im Tussockgras eine hangaufwärts verlaufende, streifenartige Überformung, ganz wie auf der Zentralkette von Stewart Island (N von Port Pegasus) (Photo 2, Tafel I; Photo 211, Tafel LIV). Für eine solche hangbedeckende Streifenüberformung kann nur der Wind verantwortlich gemacht werden, was auch der Verlauf, die Richtung der Streifen nahelegt. Die Wirkung des Windes in Richtung auf die Zerstörung der Vegetationsdecke wird hier wahrscheinlich durch Kammeisbildung auf Grund häufigen Frostwechsels ausgelöst (SCHWEINFURTH 1966). Die exponiertesten Standorte auf der Kammhöhe der Tararuas werden von Hartpolstern eingenommen.

Die Ostflanke der Tararua-Kette ist ganz anders. Nur verstreut treten einzelne kugelbuschige Exemplare der Strauchstufe im Tussockgras oberhalb der Waldgrenze auf (Photo 3, Tafel I); die Waldgrenze setzt abrupt mit 10 m und mehr hohen, aufrechten Bäumen ein – wie am Arthur's Pass. Ein eklatanter Gegensatz auch hier wieder: die compakten Formen auf der exponierten Westflanke, auf der Ostflanke allenfalls noch in der Strauchstufe in einzelnen Kugelbüschen.

Aber es gibt lokal bedingte Ausnahmen: auf einem exponierten Grat in nur 700 m Höhe, weit unter der zu erwartenden Baum- und Waldgrenze von 1 100–1 200 m, finden wir plötzlich ein Kronendach, dicht verzweigt, kaum 5 m über dem Erdboden, getragen von *Nothofagus menziesii, Podocarpus hallii* etc.: geschlossen, keinerlei Stockwerksgliederung; das Innere dieses Bergwaldes dunkel, der Cryptogamenwuchs üppig.

Als letzte Beispiele von Neuseeland noch Beobachtungen vom *Mt. Egmont,* dem isoliert im W der Nordinsel stehenden Vulkan, der mit seinen 2521 m und seinem klassischen Kegelbau eine so imponierende Erscheinung in der neuseeländischen Gebirgswelt darstellt. Da der Vulkan weit in die Tasman-See hinaus nach W versetzt ist, bietet er uns ein Beispiel anderer Art als die bisher mitgeteilten. Eine West-Ost-Differenzierung hat sich bisher nicht beobachten lassen; vielleicht mag sie sich in unterschiedlicher floristischer Zusammensetzung zeigen oder auch in geringfügigen Verschiebungen der Höhengrenzen. Ein genereller Wechsel in der Vegetation mit der Höhe ist vorhanden und klar zu beobachten (SCHWEINFURTH 1962). Durch frühzeitige Gesetzgebung ist der Wald von 500 m an aufwärts erhalten geblieben (Grenze des National Park); gegen das andrängende Farmland von Taranaki ist diese Grenze auch durch Gesetz bis heute gehalten worden.

Wir beobachten eine untere Waldstufe, die in Stockwerke gegliedert ist; alles dominierend das *Dacrydium cupressinum*-Stockwerk, dessen große Exemplare die Masse des Waldes überragen. In 800 m Höhe mit dem Übergang zum Bergwald fällt das oberste Stockwerk aus. Ab 800 m präsentiert sich die Oberfläche des Bergwaldes am Egmont als eine zusammenhängende Masse, mit zusammenhängendem, compaktem, dichtem Kronendach, den Bergflanken eng anliegend. Das Innere des Bergwaldes ist dunkel – man gewahrt kaum etwas vom Himmel durch das Kronendach hindurch; Cryptogamen in Hülle und Fülle. Charakteristischerweise ist auch hier die Belaubung eindeutig zur Peripherie des Waldes, zum Kronendach hin,

[2]) ZOTOV (1939) hat hier eine Erklärung zu geben versucht, die die unterschiedlichen Wolken- (Nebel-) lagen und davon abhängige unterschiedliche Strahlung bzw. Lichtintensität berücksichtigt.

angeordnet. Das geschlossene, leichtgewellte, kugelige Kronendach macht aus größerer Höhe gesehen den Eindruck, als sei es aus einer Fülle von Kugelschirmkronen zusammengesetzt.

In ca. 1100 m beobachten wir den Übergang vom Wald in die Strauchstufe (Photo 4, Tafel I); es gibt eine klar ausgeprägte Strauchstufe, die ihrerseits ganz entsprechend, das rundlich-gewellte Kronendach des Bergwaldes nach der Höhe zu fortsetzt – so nahtlos ist der Übergang, daß sich nirgendwo sagen läßt: hier ist der letzte Baum, hier ist die Waldgrenze, dort die Baumgrenze. Nur eine Kenntnis der Farbnuancierungen der einzelnen Species erlaubt einigermaßen in der Aufsicht festzustellen, wo die einzelnen Species auftreten, zumal die Strauchstufe praktisch undurchdringlich ist. Wo die Straße die Strauchstufe durchschneidet, bildet diese einen Wall – wie der Küstenbusch auf den Inseln im Paterson Inlet – dort in 0 m, hier am Egmont in 1200–1300 m.

In 1300 m geht die Strauchstufe in Tussockgras-Polsterfluren über; was wir sehen, entspricht den Verhältnissen auf der Zentralkette von Stewart Island, nur z.T. in anderer floristischer Zusammensetzung, so sind z.B. die Tussockgräser vom für die neuseeländische Inselgruppe normalem Typ, mit lang im Winde wehenden Büscheln.

Alle so exponierten Standorte *Neuseelands* zeigen die genannten Lebensformen von Meereshöhe bis zur Obergrenze der Vegetation. Außerhalb der W-exponierten Standorte kommen diese Lebensformen nur an Lokalitäten vor, die ihrerseits in besonderem Maße exponiert sind. Betrachten wir die neuseeländische Inselgruppe im Ganzen, so zeigt sich neben den floristischen Übergängen in der Vegetation (47°–34° S) von Nord nach Süd und den Veränderungen mit der Höhe die folgenreichste Differenzierung im geoökologischen Rahmen der Inselgruppe als die Differenzierung zwischen West- und Ost-Flanke. Dieser alles bestimmende physisch-geographische, geoökologische Gegensatz innerhalb der neuseeländischen Inseln ist das Ergebnis der vorherrschenden klimatischen Beeinflussung durch die ganzjährigen Witterungseinflüsse von W her, deren Wirkung besonders zur Geltung kommt durch die Nord-Süd verlaufenden Gebirge Neuseelands.

Die geographische, raumgebundene, geoökologische Vegetationsforschung kann an so auffallenden Lebensformen nicht vorbeisehen; einmal erkannt, wird ihrer Verbreitung nachgespürt. Die auffallende Verbreitung, das Vorkommen der compakten Lebensformen so eindeutig auf den W-exponierten Flanken der neuseeländischen Gebirge, auf den W-exponierten Seiten von Inseln, unter besonderen topographischen Verhältnissen (Arthur's Pass!) auch bei entsprechenden, leicht erklärbaren, spezifischen Standortverhältnissen führt zu Überlegungen über die ökologischen Zusammenhänge. In den betreffenden Teilen Neuseelands scheint das Klima die bestimmenden geoökologischen Faktoren zu stellen.

RAUH beschreibt und diskutiert in seiner *morphologischen Analyse* „Über polsterförmigen Wuchs" (1939) die polsterförmigen Lebensformen ausführlich – mit der bemerkenswerten Ausnahme der Kugelschirmkronen. Die (echten) Polster und Kugelsträucher (Kugelbüsche) in ihren zahlreichen Spielarten werden erklärt als abgeleitet von einem gemeinsamen Grund-Organisationsschema. Was wir heute im Pflanzenleben am Standort sehen, sind die „Antworten", ist die „Reaktion" der Pflanzen auf die Umwelteinflüsse, die geoökologischen Faktoren im Rahmen des genetisch angelegten Organisationsschemas. RAUH behandelt in seiner grundlegenden Analyse nicht die Kugelschirmkronen. Das hat wahrscheinlich seinen Grund darin, daß RAUH 1939 für Neuseeland mit Herbarmaterial arbeiten mußte. Aus Neuseeland hat RAUH damals Handstücke und Specimen im Laboratorium untersuchen müssen, nicht die Formen in der Natur am Standort und Polster, Kugelstrauch und Kugelschirmkrone nicht in ihrer spezifischen Vergesellschaftung und damit auch nicht in ihren vielfältigen Übergängen sehen können. Das Erleben im Gelände legt zwingend nahe, die genannten

Formen – Polster, Kugelstrauch und Kugelschirmkrone – zusammen, unter gemeinsam gegebenen ökologischen Verhältnissen vorkommend zu sehen. Nichts scheint einer Erklärung der Kugelschirmkronen im Wege zu stehen, die auch diese Lebensform – entsprechend RAUH 1939 – als im Organisationsschema angelegt und durch die spezifischen Umweltfaktoren zur Ausbildung gekommen ansieht. Wir sehen deshalb sowohl Polster, als auch Kugelstrauch und Kugelschirmkrone als standortspezifische Ausprägungen eines gemeinsamen Grundschemas der pflanzlichen Organisation an – standortgebunden als Ergebnis des Zusammenspiels der geoökologischen Faktoren, unter den gegebenen besonderen Umständen in erster Linie klimatischer Faktoren.

In den temperierten Breiten der Südhalbkugel im australasiatischen Sektor bietet sich die Insel *Tasmanien* zum Vergleich an. Sie liegt insgesamt zwischen 40–44° S; das entspricht in Neuseeland den nördlichen Teilen der Süd- und den südlichen Teilen der Nordinsel. Tasmanien liegt damit ganz im Bereich der „ewigen Westwinde". Tasmanien, als Gebirgsinsel in den Roaring Forties gelegen, erinnert in vielem an Neuseeland, doch erreicht die Insel maximal nur 1600 m, ist im ganzen kleiner und erstreckt sich auch nicht so weit nach Süden in das circumsubantarktische Meer. Besonders interessant sind die Beobachtungen von den exponierten Hochflächen der Insel.

Das Plateau des *Mt. Wellington*, 1250 m hoch gelegen, ist ringsum exponiert – nicht nur den von W „anlaufenden" klimatischen Einflüssen gegenüber, sondern auch all dem, was sonst diese Breiten hier erwarten lassen, einschließlich Perioden trocken-heißer Witterung mit Luftströmungen aus dem Innern des australischen Kontinentes heraus. Die Vegetation der Hochfläche bietet – zwischen den Doleritfelsen – polsterförmigen Wuchs in Kugelsträuchern und Hartpolstern (z. B. *Abrotanella forsterioides*) (Photos 6 u. 7, Tafel II)[3]).

Interessant sind zumal die zusammengesetzten Complexe aus verschiedenen Species, die sich im einzelnen leicht an den farblichen Unterschieden erkennen lassen. Es ist auffallend, daß auch diese Vegetationscomplexe Formen eines Großpolsters aufweisen; die Hochfläche des Mt. Wellington bietet dafür Beispiele in Hülle und Fülle (Photo 8, Tafel II).

Das im Innern der Insel Tasmanien gelegene *Mt. Field*-Massiv ist pflanzengeographisch und floristisch von besonderem Interesse. Am Rande des Bergwaldes am Lake Dobson, ca. 1000 m hoch, beobachten wir über mannshohe (und auch kleinere) Kugelbüsche von *Richea scoparia (Epacridac.)* (Photos 9 u. 10, Tafel III), die – ganz entsprechend z. B. der *Olearia angustifolia (Composit.)* auf Stewart Island (vgl. Beitrag „Stewart Island", Photos 216–218, Tafeln LV, LVI) – ihre endständige Beblätterung einem Schild gleich nach außen kehrt und geradezu eine Abwehrfront nach außen bildet: die entsprechende Lebensform also auf Stewart Island in 0 m, hier in 1000 m. Organisationsschema der Pflanzen und Lebensformen am Standort stimmen überein: ob auf Meereshöhe oder in 1000 m oder auch 1200 m am Mt. Egmont, obwohl die Species ganz verschieden sind und verschiedenen Familien angehören. Darf man deshalb annehmen, daß an diesen exponierten Standorten auf Meereshöhe wie in größeren Höhen weitgehend entsprechende geoökologische Verhältnisse gegeben sind, die die genetisch angelegte Organisationsform (RAUH 1939) zur übereinstimmenden Ausbildung bringen? Wir meinen: ja.

Es wäre verlockend, das Auftreten dieser Lebensformen noch weiter im temperierten Bereich des australasiatischen Sektors zu verfolgen – hierzu bieten sich an z. B. bestimmte

[3]) Die oberste Waldstufe – *Eucalyptus coccifera* – bleibt schon in 1200 m, d. h. noch unterhalb der Hochfläche, zurück.

Standorte entlang der exponierten Küste des südwestlichen Australiens, angefangen mit *Cape Leeuwin* im W oder *Mt. Gardener* östlich von Albany oder *Dempster Head* westlich und *Cape Le Grand* östlich von Esperance – oder auch die exponierte Hochfläche des *Kosciusco-Massivs* im südöstlichen Bereich des Kontinentes. Aus dem letzteren Gebiet, das die höchste Erhebung des australischen Kontinentes mit rund 2000 m Höhe einschließt, sind bis zu 200 Frostwechseltage im Jahr bekannt geworden (BARROW-COSTIN-LAKE 1968), während es von den interessierenden Standorten an der südwestaustralischen Küste keine Messungen gibt. Mit Sicherheit kann aber angenommen werden, daß diese Küste gegenüber dem „eisigen" Ozean zumindesten an den exponierten Kaps ganz andere Standortverhältnisse anbietet, als man bei der allgemein verbreiteten Klimaklassifikation als „mediterran" erwarten würde.

Diese Hinweise müssen hier genügen; wir wollen entsprechend unserem Generalthema den Sprung in die *Tropengebirge* wagen, zumal der australische Kontinent in der dritten Dimension – oder entsprechender Exposition – keine vergleichbaren Standorte mehr anbietet.

Was die zur Verfügung stehenden eigenen Beobachtungen und Angaben aus der Literatur angeht, so ist zunächst festzustellen, daß – im Vergleich zum südlichen Neuseeland – das Phänomen der runden, compakten Lebensformen weniger konzentriert, weniger in enger räumlicher Vergesellschaftung in den tropischen Höhen auftritt; doch das war zu erwarten; wo wir allerdings diese Lebensformen antreffen, dürfen wir besondere, extreme Standortbedingungen annehmen.

Die Insel *Neuguinea* trägt in verschiedenen Gipfelmassiven – unter 5° S – ewigen Schnee; damit wird der Vegetation eine ganz klare Obergrenze aufgezwungen. Wir erreichen im australasiatischen Sektor damit von Süden her erstmalig wieder seit Mt. Egmont und Ruapehu (2797 m) auf der Nordinsel Neuseelands die Grenze ewigen Schnees – das Gebirge reicht also in Höhen hinauf, die ganz klare klimatische bzw. geoökologische Verhältnisse dokumentieren.

Im östlichen Neuguinea am *Mt. Albert Edward* werden typische Kugelschirmkronen bei *Dacrycarpus compactus* beobachtet, 10–15 m hoch, ab 2800 m im Anstieg; in 3500 m an der Plateaukante in vollexponierter Situation. Die Kugelschirme sind compakt, mit dichtem Kronenschluß auf gekrümmten Stämmen, mit endständiger Beblätterung (ARCHBOLD-RAND 1935; PAIJMANS and LÖFFLER 1972). Im Tussockgras oberhalb der Waldgrenze werden (Hart-) Polster angegeben (*Monostachya oreoboloides*). ARCHBOLD-RAND 1935 bringen die ‚flat tops' der Bäume in Zusammenhang mit dem Wind (‚shorne by the wind') und erwähnen Frost (‚ice formed over pools').

Im zentralen Neuguinea im Aufstieg zum *Mt. Wilhelm* finden wir – nach den Berichten von WADE und MCVEAN 1969 – compakt durchgehenden Kronenschluß in den Bergwäldern (3350 m, 3030 m); es werden Kugelbüsche angetroffen (‚shrubs branching at base') und (Hart-) Polster (z. B. *Monostachya oreoboloides*); d. h. die 3 Grundtypen – Kugelschirmkrone, Kugelbusch, (echtes) Polster – der gerundeten, compakten Formen, die uns hier beschäftigen, sind belegt – wenn auch nicht in der unmittelbaren, „nahtlosen" Vergesellschaftung, wie sie uns im südlichen Neuseeland auffiel.

Weiter westlich, im Bereich von Mt. Hagen, wo das Gebirge zur Wasserscheide zwischen Purari- und Sepik-System ansteigt, zeigt der *Tomba-Paß*, der aus dem Wahgi-Tal (Purari-System) in das Lai-Tal (Sepik-System) hinüberführt, in 2700 m compaktes, geschlossenes Kronendach im Höhenwald – ohne Zweifel in exponierter Situation (Photo 11, Tafel III).

Aus dem westlichen Neuguinea verdanken wir der anschaulichen Beschreibung des Aufstiegs zum *Mt. Wilhelmina* von ARCHBOLD-RAND-BRASS 1942 einen sehr guten Eindruck von Vegetation und Standortverhältnissen, so daß dieser Routenbericht mehr als andere Beschreibungen aus der Zentralcordillere Neuguineas das Vorherrschen der compakten Vegetationsformen an exponierten Standorten belegt. Aufschlußreich ist schon die Beobachtung aus 2200 m; ‚the dominant and subsidiary trees combine to form a fairly dense canopy' – das erinnert hier im tropischen Gebirge in entsprechend größerer Höhe ganz an Beobachtungen z. B. aus den Tararuas (Nordinsel, Neuseeland) – aufgrund örtlicher besonderer Bedingungen. In 3000 m treffen ARCHBOLD u.a. 1942 im Übergang vom Wald zum Tussockgrasland auf „Krüppelwald mit geschlossenem Kronendach"; entsprechende Beobachtungen werden aus der Umgebung des Lake Habbema mitgeteilt: sehr dichte, endständige Beblätterung, ‚stiff' – das ist genau das, was wir hier von Kugelschirmkronen erwarten. In 3500 m wird berichtet von Wald in sehr dichten, ‚dwarf clumps'; ‚wind sheared'. Diese Beschreibung entspricht unseren Beobachtungen aus dem südlichen Neuseeland aus den Positionen oberhalb der Waldgrenze. Aus der Höhe von 3500 m beschreiben ARCHBOLD u.a. eine *Schefflera (sp.)* als ‚umbrella tree' – ohne nähere Angaben – und braune *Coprosma*-Sträucher als ‚ballshrubs' (1942, ph. XXX, 1): das entspricht unseren Beobachtungen aus Neuseeland. ‚Compact little clumps of *Rapanea*' u.a. bis 3900 m erinnern an Neuseeland und Tasmanien. Aber auch noch weiter aufwärts, 4050 m, hören wir von 3–5 m hohen, „compakten" Wäldchen von *Vaccinium, Rapanea, Drimys, Olearia, Rhododendron, Coprosma* etc. Die *Coprosma*-Sträucher in 4500 m (1942, ph. XXX, 1; XXXII), ‚1–1 1/2 m', sind offensichtlich Kugelbüsche, wie am Mt. Holdsworth in den Tararuas bis 1400 m, im Mt. Field Massiv von Tasmanien in 1000 m oder auf Stewart Island in 0 m! Aber auch (echte) Polster werden im Aufstieg verzeichnet – *Monostachya oreoboloides, Eriocaulon, Centrolepis* – so daß wir zusammenfassend nach dieser Beschreibung von der Vegetation im Aufstieg zum Mt. Wilhelmina feststellen: es sind alle Phänomene der hier zur Diskussion stehenden Lebensformen vorhanden: Kugelschirmkrone, Kugelbusch, Polster. Z. T. setzen die Kugelschirmkronen schon in überraschend geringer Meereshöhe ein. Gegen die obere Waldgrenze zu drängen sich die compakten Formen in einer Vergesellschaftung zusammen, die an Neuseeland, d. h. an die temperierten Breiten erinnert.

Es bleibt stets unbefriedigend, Autopsie durch Angaben aus der Literatur ergänzen bzw. ersetzen zu müssen, deshalb hier nur noch der Hinweis auf einige wenige Beobachtungen von ganz bestimmten, prominenten Standorten: Vom *Kinabalu* beschreibt GIBBS 1914 aus 3000 m „dicht wachsende Bäume, 7 m hoch"; ‚symmetrical dwarf trees in close association', 3 m hoch, sind offensichtlich Kugelbüsche, jedenfalls „kugelige" Formen in der Vegetation – GIBBS spricht von ‚clipped by the wind to equal height' (vgl. dazu auch ENRIQUEZ 1927).

Java mit seinem aktiven Vulkanismus unter tropischen Bedingungen bei nicht übermäßig großen Höhen erlaubt, a priori nicht viel für unseren Gesichtspunkt zu erwarten: die Höhen, in denen in diesen tropischen Breiten Kugelbüsche und Polsterpflanzen auftreten, werden entweder von aktivem Vulkanismus dauernd gestört – oder sind gar nicht vorhanden; anders mit den Kugelschirmkronen des Bergwaldes, für den es viele Beispiele gibt, so bei VAN STEENIS 1972.

Höchst aufschlußreich für unsere Problemstellung sind die Angaben von VAN STEENIS aus den Gajolanden von *Sumatra* (1938). Das Massiv des *Gunung Leuser* (Loisir), 3640 m, dem VAN STEENIS' Expedition galt, ist nicht vulkanisch; deshalb liegen vom Vulkanismus ungestörte Verhältnisse in der Vegetation vor. Die Beschreibung, die VAN STEENIS vom Höhen- und Nebelwald (2850 m) im Gebiet des Gunung Leuser bringt, entspricht physiognomisch vollkommen unseren Beobachtungen aus dem Bergwald des Mt. Egmont (Nordinsel, Neuseeland) in 800–1000 m.

Hervorzuheben ist die kleinblättrige, endständige Belaubung, das compakte, geschlossene Kronendach. VAN STEENIS spricht in der Strauchstufe von ‚bolvormen', also Kugelsträuchern[4]), und von (Hart-) Polsterpflanzen an den exponiertesten Standorten: ‚zeer windige pass vlakte' (3140 m), d. h.: am Gunung Leuser, einem nicht durch rezenten Vulkanismus gestörten Gebirgsmassiv Sumatras, lassen sich sowohl Kugelschirmkronen im Höhenwald, als auch Kugelbüsche und echte Polsterpflanzen (z. B. *Monostachya oreoboloides, Oreobolus distichus, Abrotanella forsteroides, Eriocaulon*) beobachten. VAN STEENIS betont die exponierte Lage des isolierten Massivs des Gunung Leuser dem Indischen Ozean gegenüber. Zu seinen klimatischen Erfahrungen während der Expeditionszeit gehören nicht nur, was er als „orkanartige" Winde beschreibt, sondern auch Reif und Hagel oberhalb 3000 m (z. B. 4. 2. 1937; JACOBS 1959: am Mt. Kerintji – im Juli 1956: Hagel, der liegen bleibt).

Schließlich noch ein Blick nach *Ceylon*, dessen zentrales Gebirgsland mit maximal 2524 m im Pidurutalagala für unsere Gesichtspunkte – mangels größerer Höhenerstrekkung – an sich nicht viel erwarten läßt. Aber – an der exponierten Kante der zentralen Hochfläche nach S, dem sog. „*World's End*", zeigen die Höhen- und Nebelwälder klassische Ausbildung von Kugelschirmkronen bzw. im Zusammenhang ein durchgehendes, kontinuierliches, leichtgewelltes, compaktes Kronendach, in dem nur die verschiedenartige Färbung die Differenzierung nach den verschiedenen Arten erlaubt. Entsprechend finden wir an diesen exponierten Standorten Kugelbüsche (wenn auch für das Auftreten von echten Polsterpflanzen weder Meereshöhe, noch Exposition auszureichen scheinen) (Photos 12 u. 13, Tafeln III, IV). Wir wissen, daß das ceylonesische Zentralmassiv heftigen Winden ausgesetzt ist, die sich vor allem lokal auswirken (SCHWEINFURTH and DOMRÖS 1974). Das Auftreten von Frost in den Lagen oberhalb 1800 m ist uns insbesondere durch den Teeanbau bekannt geworden (MARBY 1971, 1972; DOMRÖS 1970, 1974).

Ähnliches gilt für die südindischen *Nilgiris*, die stets zum Vergleich mit dem zentralen Hochland von Ceylon anregen. Hier zeigen die unter der Bezeichnung ‚shola' bekannten (Rest-) Wälder (BLASCO 1971) erneut das Phänomen des durchgehenden, compakten Kronendaches im Höhenwald, leicht gewellt, nirgendwo ein Baum, eine Species über das Gesamtkronendach aufragend; die artenreiche Zusammensetzung des Kronendaches aber ist im Überblick klar erkennbar. Ein solches durchgehendes, compaktes Kronendach weisen auch die oberen, besonders exponierten Lagen des Bergwaldes auf der Kerala-Flanke der Nilgiris in rund 2000 m auf. Schließlich sei aus den Nilgiris noch der Fall eines isoliert stehenden *Rhododendron arboreum*-Baumes in Paßlage, 2000 m Höhe, erwähnt (Photo 14, Tafel IV), der in klassischer Weise demonstriert: die endständige periphere Beblätterung, die vielfache Verzweigung nach der Peripherie zu und das grundsätzlich übereinstimmende Organisationsschema von Polster, Kugelbusch und Kugelschirmkrone (vgl. dazu auch Photo 6, Tafel II). Auch die Nilgiris sind heftigen Winden ausgesetzt von insbesonders lokaler Wirkung; die nördlichere Lage ergibt – im Vergleich zu Ceylon – größere Frosthäufigkeit[5]).

Damit soll diese ‚tour de force' durch den australasiatischen Sektor von den temperierten Bereichen der Südhalbkugel in Meereshöhe auf Stewart Island bis in die Höhen der Tropengebirge hinauf beendet werden. Kein Zweifel, daß noch sehr viel mehr Beispiele hätten angeführt werden können, aus eigener Beobachtung und aus der Literatur.

Das Thema ist die Verbreitung der kugelig-polsterigen, gerundeten, welligen Oberfläche in der Vegetation, in Polster, Kugelbusch und Kugelschirmkrone, zugleich das Phänomen der

4) ebenso JACOBS 1958 vom *Mt. Kerintji* (Vulkan).
5) hierzu: LENGERKE 1977.

gestauchten Triebe bzw. der endständigen, äußerst dichten Beblätterung, mit steifen, lederartigen Blättern, immergrün in vielfacher Farbnuancierung; im Zusammenhang damit die intensive Verzweigung nach der Peripherie zu, die die Beblätterung trägt. Schnitte durch (echte) Polster und Kugelbusch zeigen (RAUH 1939) einwandfrei das zugrundeliegende Organisationsschema (Photo 6, Tafel II); zusätzlich wird hier auch auf die Kugelschirmkronen verwiesen. Insofern ist – aus der Geländearbeit heraus – eine Erweiterung der RAUH'schen Analyse angestrebt, wie ja eingangs auch festgestellt wurde, daß das Phänomen sich aus der Geländeerfahrung heraus aufgedrängt hat, nicht von der Theorie her verfolgt worden ist. Die Tatsache, daß sich die im südlichen Neuseeland, also den temperierten Breiten der Südhalbkugel, beobachteten Phänomene so deutlich in den Tropengebirgen (des australasiatischen Sektors) wiederfinden, hat dazu angeregt, das Thema zur Diskussion zu stellen.

Das Gesamtthema des Symposiums gilt dem Versuch, über Beobachtungen in den beiden großen klimatischen Bereichen – den temperierten Breiten der Südhalbkugel und den tropischen Gebirgen – mögliche geoökologische Beziehungen festzustellen – wir fragen speziell: ist es möglich, über Vegetationsbeobachtungen diesen Beziehungen näherzukommen? Pflanzenverbreitung würde floristische Fragen aufwerfen; sie sind für die Beziehungen der beiden genannten Bereiche vergleichsweise gut bekannt. Hier geht es um die viel weniger greifbaren ökologischen Zusammenhänge, speziell klimaökologische Fragen, auf die allein es in diesem Überblick hinauszulaufen scheint. Denn: die Verbreitung der diskutierten Phänomene auf der exponierten Seite der neuseeländischen Inselgruppe ist klar, ebenso ihr Auftreten an besonders exponierten Lagen in den Tropengebirgen des australasiatischen Raumes, hier natürlich zunehmend mit der Höhe, indem dann die oberen Lagen a priori stärker exponiert sind.

Es ist eingangs darauf hingewiesen worden, daß wir zunächst bewußt alle Formen ausscheiden wollten, die eindeutig Windformen, also Winddeformationen sind – solche, die die vorherrschenden Winde und auch – bis zu einem gewissen Grade – Windstärke anzeigen, obwohl natürlich der Wind als klimatischer Faktor aus der Klimaökologie sowohl der temperierten Breiten der Südhalbkugel, wie auch der Tropengebirge (des australasiatischen Sektors, vgl. z. B. VAN STEENIS 1938) gar nicht herauszudenken ist.

Es ist allerdings darauf hinzuweisen, daß Windwirkung – neben der offensichtlich der Windrichtung folgenden Deformation (im klassischen Falle: Windfahnen) – auch immer Zusammendrücken, Comprimieren einschließt. Das beste Beispiel dafür aus dem südlichen neuseeländischen Bereich ist *Leptospermum scoparium (Myrtac.)*, die für Neuseeland ubiquitäre ‚manuka' der Neuseeländer, die jeder, der in Neuseeland im Gelände gearbeitet hat, zu schätzen weiß ob ihrer vielseitigen Verwendungsfähigkeit. *Leptospermum scoparium* ist eine außerordentlich anpassungsfähige Pflanze: „normal" tritt sie als Baum auf, bis 10 m hoch, mit geradem Stamm, überwiegend ledrigen Blättchen, vielfach verzweigt an der Peripherie[6]).

Die Species *Leptospermum scoparium* kommt in Neuseeland, je nach Standort, vor vom ausgewachsenen, gerade gewachsenen Baum von 10 m Höhe bis zum faustgroßen, polsterartigen Gewächs, dem Felsuntergrund dicht aufliegend (z. B. am Smith's Lookout im südwestlichen Stewart Island). Alle Übergänge sind zu beobachten, so auch die Deformation oder doch besser Anpassung an Geländeformen, wie Granitfelsen, in deren Windschutz *Leptospermum scoparium* zusammenhängendes „Kronendach" („Polsteroberfläche"?) entwickelt, wie z. B. auf der Hochfläche südlich der Fraser Peaks, Stewart Island – ohne

[6]) Die Zweige „im Innern" sterben ab; dürr geworden bleiben sie noch lang am Stamm und dienen so der Verdichtung des Bestandes zu undurchdringlichem Gebüsch bzw. Buschwäldern (z. B. Bluff Hill).

Zweifel unter Windeinfluß, wie die Form anzeigt. In den Dünentälern der Mason Bay, Westküste von Stewart Island, erscheint *Leptospermum scoparium* als stromlinienförmiges Strauchwerk, das in seiner Verformung zugleich Windeinfluß, nämlich Windrichtung, und Comprimierung bezeugt: die Plastizität, Anpassungsfähigkeit dieser Species in den temperierten Breiten Neuseelands sucht ihresgleichen, noch dazu die Species in Neuseeland von Meereshöhe bis zur oberen Vegetationsgrenze vorkommt (Beitrag „Stewart Island", *ph. 212–214,* Tafeln LIV u. LV).

Im Vergleich zu den Beobachtungen in Neuseeland und besonders im südlichen Neuseeland sind die Angaben von VAN STEENIS aus den höheren Lagen des Gunung Leuser-Massivs Sumatras von größtem Interesse. Hier wird *Leptospermum flavescens* beschrieben aus 3000–3400 m Höhe; die beigefügten Aufnahmen könnten ebenso gut von Stewart Island aus 0 m Höhe sein – so typisch sind die Kugelschirmkronen, die an den *Leptospermum scoparium*-Buschwald am Rakehua (zentrales Stewart Island, 300 m) in voller Exposition erinnern, Windformen und polsterartige Formen. VAN STEENIS betont immer wieder die volle Exposition des isolierten Gunung Leuser-Massivs gegenüber den Einwirkungen des Indischen Ozeans (vgl. Aufnahmen VAN STEENIS 1938[7]). Interessant sind in diesem Zusammenhang auch die Angaben von GIBBS 1914 und ENRIQUEZ 1927 über *Leptospermum recurvum* am Kinabalu – ab 2000 m: ‚wind swept ridge', und besonders ab 3000 m bis zum Gipfel (‚within a few feet') oder vom Gunung Bonthain in SW-*Celebes* (HEINRICH 1932; auch SARASIN 1905).

Kurz, was wir an *Leptospermum scoparium* im Bereich der temperierten Südhalbkugel im (südlichen) Neuseeland auf Meereshöhe beobachten, können wir in den tropischen Gebirgen des australasiatischen Sektors in entsprechenden Meereshöhen bzw. in entsprechender Exposition an anderen *Leptospermum species, – L. flavescens, L. recurvum* – wiederfinden. *Leptospermum* kommt in ihrer floristischen Verbreitung im australasiatischen Bereich diesem Vergleich sehr entgegen. Der Definition von RAUH 1939 nach müßten wir wohl die *Leptospermum*-„Polster" als Pseudo-Polster („fakultative Polster") ansprechen – deshalb eingangs die Warnung, daß alle Formen, die eindeutig Windeinfluß zeigen, aus den Überlegungen zunächst ausgeschlossen bleiben sollen.

Wir können also feststellen, daß kugelige, geschlossene, polstrige, compakte, dichte Oberflächen als beherrschender Ausdruck pflanzlicher Lebensform in (Hart-) *Polster, Kugelbusch* (und Kugelbuschwall) und *Kugelschirmkrone* in allen Übergängen an der Peripherie, den exponiertesten Teilen der Pflanzendecke vorkommen – in den südlichen temperierten Breiten und in den tropischen Gebirgen des australasiatischen Sektors und zwar in Voll-Exposition: in den temperierten Breiten der Südhalbkugel im australasiatischen Sektor von Meereshöhe bis zur Vegetationsgrenze und in den Tropengebirgen des australasiatischen Sektors ab der kühlgemäßigten Höhenstufe (Höhen- und Nebelwald) bis zur Vegetationsgrenze: d. h. im Falle des australasiatischen Sektors des Generalthemas im Bereich der feuchttropischen Höhenstufe. Der Erfahrungsgrundsatz „Exposition ersetzt Meereshöhe" scheint sich voll zu bestätigen. Voll-Exposition heißt in der temperierten Zone der Südhalbkugel: West-Exposition – wir sind in den Roaring Forties! – und wir haben mit Wind als einem Klimafaktor zu rechnen, der über circumsubantarktische, freie Meeresräume heranbraust. Dieser circumsubantarktische Wind ist dem Kontinental-Europäer in seiner Wirkung schwer vorstellbar – einmal aus seiner ganzjährigen Präsenz heraus, zum anderen dadurch, daß er

[7]) Vgl. auch den Hinweis bei VAN STEENIS auf CORNER's Angaben zu *Leptospermum (flavescens)* auf dem Gunung Tahang, Halbinsel Malaya, in 2190 m – freie Hochfläche.

über das circumsubantarktische Meer, also das die Antarktis umspülende Meer herankommt; dieser Wind bedeutet ferner mechanische Kraft, verstärkt durch mitgeführten Regen, Schnee, Hagel, Eispartikel, Salz und Sand. Überdies für alle für unseren Zusammenhang in Frage kommenden Gebiete haben wir praktisch keine Klimadaten, sind also auf Geländebeobachtung angewiesen.

Wir erwarten von den *temperierten Breiten der Südhalbkugel*, daß sie ‚temperiert' in den Mitteltemperaturen sind, und wohl auch, von unserer nordhemisphärischen Erfahrung her, daß sie einen deutlichen Jahresgang, Jahreszeiten, aufweisen. Das ist bis zu einem gewissen Grade zutreffend (vgl. dazu WEISCHET 1968). Wir können im südlichen Neuseeland in den exponierten Westlagen – vielleicht – eine wärmere und eine kühlere Jahreszeit unterscheiden, aber keine vier Jahreszeiten, wie in entsprechenden Breiten der Nordhemisphäre. Auch in den „kontinentaleren" Teilen Neuseelands, also östlich von Fjordlandblock und Alpenkette in Central-Otago und Canterbury, werden Jahreszeiten in erster Linie durch die von der Nordhemisphäre her importierte Gewohnheit unterschieden. In den hochmaritimen Westlagen der neuseeländischen Inselgruppe reduziert sich die jahreszeitliche Differenzierung durch die alles dominierende, hohe Ozeanität und durch die ganzjährige Dominanz der Westwinde. Die Exposition gerade des südlichsten Neuseeland – Fjordland, Stewart Island, Muttonbird Islands – gegenüber dem circumsubantarktischen Ozean führt des weiteren dazu, daß zumindesten diese Teile des Landes, zu denen aber auch die höher gelegenen Teile der Gebirge der gesamten Inselgruppe zu rechnen sind, ständig, ganzjährig, den Witterungseinflüssen aus den (sub-) antarktischen südlichen Breiten ausgesetzt sind, die katastrophal sein können und über die wir mehr wüßten, wenn nicht diese Teile Neuseelands – Stewart Island[8]), Fjordland – unbewohnt wären. Diese Witterungseinbrüche aus (sub-) antarktischen Breiten mögen häufiger im sogenannten Südwinter sein, sie können aber das ganze Jahr über erfolgen und lassen damit für jene vollexponierten Teile Neuseelands eine Jahreszeiten-Einteilung erst recht irreführend erscheinen (vgl. auch z. B. BILLINGS-MARK 1962).

Für die *Tropen* sprechen wir – mit TROLL – von einem Tageszeitenklima; das bedeutet für die höheren Lagen der Tropen bis zu 365 (366) mal im Jahre einen Wechsel zwischen Frost und Auftauen innerhalb von 24 Stunden. Dieser tageszeitliche Wechsel tritt anstelle des jahreszeitlichen Wechsels der uns geläufigen nördlichen temperierten Breiten. Die Bedingungen eines bis zu 365 (366) mal im Jahre möglichen Frostzugriffs während der Nacht gegenüber dem Auftauen während des Tages müssen als außerordentlich harte Standortbedingungen angesehen werden. Sie sind in jedem Falle viel härter als die jahreszeitlichen Bedingungen der nördlichen temperierten Breiten, bei denen der Vegetation jeweils größere zusammenhängende Zeiträume zur Entwicklung bzw. auch zur Ruhe zur Verfügung stehen.

Aus den tropischen Gebirgen des australasiatischen Bereiches sind wir einigermaßen gut über Frostverhältnisse und mögliche Frostwirkungen informiert, so z. B. VAN STEENIS 1968 aufgrund der Erfahrungen besonders in Java, MARBY 1971, 1972, und DOMRÖS 1970, 1974 für Ceylon; in den genannten Fällen gibt es hier und da Zahlenangaben[9]).

Für die Zentralcordillere von Neuguinea erhalten wir erst in den letzten Jahren von einigen Missionsstationen Angaben. Aus früheren Jahren, d. h. im wesentlichen von Expeditionsberichten, liegen Hinweise aus verschiedenen Hochlagen vor (ARCHBOLD-RAND 1935: Mt. Albert Edward; 1942: Mt. Wilhelmina; REINER 1960, MC VEAN 1968, HNATIUK et al. 1976: für Mt. Wilhelm; LAM 1945: für Doorman Top). Wichtiger, weil verbreiteter, sind Hinweise,

[8]) über Stewart Island vgl. S. 516ff.

[9]) für die Nilgiris – siehe LENGERKE 1977.

die wir dem Vorkommen der auffallenden Anbauformen – den Süßkartoffelhaufenbeeten – in bestimmten Tälern westlich Mt. Hagen (oberes Sepik-Einzugsgebiet) entnehmen; denn zunächst mag es hier durchaus genügen, aus der Erfahrung der einheimischen Bevölkerung auf Frostauftrittsmöglichkeit schließen zu können[10]). Die schlimme Frostperiode 1972/73 hat erstmalig allgemeiner auf das Frostproblem im Innern von Neuguinea aufmerksam gemacht; eine vergleichbare Kalamität war in Neuguinea zuletzt in den Kriegsjahren aufgetreten, als kaum zuverlässige Nachrichten aus dem Innern von Neuguinea zu gewinnen waren (dazu jetzt auch BROWN & POWELL 1974).

Kurz, unsere Vorstellungen vom Auftreten von Frost in den Tropengebirgen des australasiatischen Sektors sind in letzter Zeit bedeutend erweitert worden; sie geben uns heute eine bessere Vorstellung als noch vor wenigen Jahren, wie stark Frost in den Tropengebirgen auch dieses Sektors einwirken kann, d. h. wie verbreitet das Frostphänomen ist – und damit natürlich auch die Frostwirkung. Denn Temperaturen unter 0° bedeuten in jedem Falle Behinderung, Retardierung pflanzlichen Wachstums.

Wir stellen also fest, daß in den Tropengebirgen des australasiatischen Sektors, z. B. für die Nilgiris, Ceylon, Sumatra (Gunung Leuser), Java, Neuguinea – abhängig von den lokalen Verhältnissen, wobei wir in erster Linie auch an Frostlöcher denken, mit dem Auftreten von Frost und der Wirkung von Frost auf die Vegetation gerechnet werden muß – in den Übergangsbereichen jahreszeitlich, von einer bestimmten Höhe an aber im tageszeitlichen Wechsel. Von den temperierten Breiten der Südhalbkugel erwarten wir kraft Breitenlage jahreszeitliche Bedingungen. Doch schon die interessante Angabe aus dem Kosciusco-Gebiet (Mt. Kosciusco 2273 m) von bis zu 200 Frostwechseltagen im Jahr (BARROW-COSTIN-LAKE 1968), ist ein deutlicher Hinweis auf alle möglichen Übergänge – dreidimensional gesehen. Die circum-subantarktische Ozeanität mildert, reduziert die jahreszeitlichen Akzente, und die ganzjährig möglichen klimatischen Einflüsse aus dem (sub-) antarktischen Bereich wirken in derselben Richtung – nämlich dahin, daß man für die temperierten Breiten der Südhalbkugel einmal ein sehr viel ausgeglicheneres, im Ganzen wegen der Öffnung zur Antarktis vor allem kühleres Klima erwarten muß – und, im Zusammenhang mit den antarktischen Klimaeinflüssen, eine sehr viel höhere Frostmöglichkeit. Der Verfasser hat selbst auf Stewart Island im sogenannten „Hochsommermonat" Februar (1959) in 300 m Höhe auf exponierter Hanglage der Zentralkette nächtlichen Frost erlebt (vgl. SCHWEINFURTH 1964). D. h. die Möglichkeit zu Frost ist offensichtlich sogar im „Hochsommer" unter 47° S – wenigstens in West-Exposition! – ohne weiteres gegeben, erwiesenermaßen bereits in 300 m Meereshöhe.

Wir zitieren das Frostproblem, weil es ohne Zweifel von entscheidender Wirkung für den Pflanzenwuchs, und weil es relativ „greifbar" ist in einer Situation, die sich dem Zugriff so weitgehend entzieht: bis heute.

Natürlich besteht das „Klima am Standort" auch aus anderen Faktoren, Strahlung z. B., vor allem aber aus einer wahrscheinlich höchst complizierten Wechselwirkung der verschiedensten Faktoren. Auch wenn wir die eindeutig windbestimmten Formen in der Vegetation ausgeklammert haben, dürfen wir doch keinen Augenblick die Präsenz des Windes

[10]) Eine systematische Behandlung der Süßkartoffelhaufenbeete als „Frosterwartungsindikatoren" ist schon bei früherer Gelegenheit angeregt worden. WADDEL 1972 hat inzwischen für bestimmte Standorte im oberen Lai-Gebiet (Sepik-Einzugsbereich) darauf hingewiesen, daß die Haufenform „nicht unbedingt" als „Frostabwehr" zu werten sei – das mag jedoch dahingestellt bleiben, denn auch wenn Compostierung als Hauptgrund angegeben wird, mag diese Frostabwehr beinhalten (vgl. auch BROOKFIELD 1964).

und die von ihm ausgehende Beeinflussung der anderen Klimafaktoren im Großen und im Kleinen vergessen: das gilt sowohl für die temperierten Breiten der Südhemisphäre als auch für die tropischen Gebirge des australasiatischen Sektors.

TROLL hat immer wieder darauf hingewiesen (vgl. 1948 ff.), daß die klimatischen Verhältnisse in den temperierten Breiten der Südhalbkugel in ihrem Gesamtcharakter mit denen der tropischen Gebirge Übereinstimmungen aufweisen. D. h., daß das grundsätzlich breitenlage-bedingte Jahreszeitenklima der temperierten Breiten der Südhalbkugel durch den Einfluß der Ozeanität und die Nachbarschaft der Antarktis drastisch verändert wird, so daß im Endergebnis in den temperierten Breiten der Südhemisphäre ähnliche Effekte zu erwarten sind, wie in den höheren Lagen tropischer Gebirge. Wir sprechen in den Tropen mit TROLL von einem Tageszeitenklima; in den temperierten Breiten der Südhalbkugel ist das breitenlage-bedingte Jahreszeitenklima durch die Nähe der Antarktis – was die Temperaturen angeht – verschlechtert, soweit, daß wir auf Grund der Erfahrungen von Stewart Island sagen, daß – in voller Exposition! – praktisch an jedem Tage des Jahres Temperaturen unter 0° möglich sind – im Endeffekt also klimatische Bedingungen vorliegen können, die denen der tropischen Höhen nahekommen und von daher sich eine Erklärungsmöglichkeit für übereinstimmende Lebensformen in der Vegetation ergibt. Es liegt nahe anzunehmen, daß eine so starke Übereinstimmung in den Lebensformen zwischen den beiden Bereichen auch eine gemeinsame Erklärung fordert. Eine wesentliche Schwierigkeit der Vorstellung ist, daß wir gewohnt sind, für die Tropen, Tropengebirge tageszeitenklimatische Bedingungen zu akzeptieren, für die temperierten Breiten der Südhalbkugel in jahreszeitlichen Kategorien – nach unseren nordhemisphärischen Erfahrungen – zu denken. Für das exponierte südliche und westliche Neuseeland, das nirgends in den Klimatabellen wirklich repräsentiert wird[11]), fehlt uns die Vorstellung, die für den Vergleich notwendig ist. Da uns die Klimadaten fehlen, scheint ein Fall für ökologische Vegetationsforschung gegeben – der Versuch, über auffällige Lebensformen, weitgehend übereinstimmend in den zwei zur Diskussion stehenden Bereichen, den geoökologischen Beziehungen näherzukommen.

Wenn wir uns (echtes) Polster und Kugelbusch im Querschnitt vergegenwärtigen, so akzeptiert die morphologische Analyse (RAUH 1939) die Übereinstimmung; die Kugelschirmkrone wird hier diesen Formen an die Seite gestellt. RAUH postuliert die genetische Anlage und deren Auslösen, deren „In-Wertsetzung“ durch Außeneinflüsse. Gestauchte Triebe, dichtes, compaktes Wachstum, runde, kugelige Oberfläche, endständige, ledrig-steife Beblätterung – all das kann vorgestellt werden als durch häufig unterbrochenes Wachstum hervorgerufen: ob durch voll-tageszeitliches Klima wie in den Tropengebirgen – oder durch annähernd ähnliche Bedingungen unperiodischen Auftretens in den temperierten Breiten der Südhalbkugel, spielt im Endeffekt, d. h. der pflanzlichen Lebensform, keine Rolle. Es ist wichtig, daß wir zunächst mit RAUH 1939 die Grundformen sehen, das Organisationsschema, während die Natur mit ihrer Fülle von Übergangsformen, einzeln und im Verband, uns den Zugang zur Erkenntnis erschwert. Aber: „eine Beziehung der pflanzlichen Erscheinungsformen zu der Umwelt ist unverkennbar, ja es offenbart sich uns darin eine wohltuende Harmonie im Naturhaushalt“ (TROLL 1958, 72).

Für eine *dreidimensionale Betrachtung* von Klima- und Pflanzenkleid der Erde bietet sich hier ein interessantes Phänomen an, das sich aus der Bekanntschaft mit dem südlichen Neuseeland, Stewart Island, aufgedrängt hat. Wir erleben, aus der Geländeerfahrung heraus, wie im südlichsten Neuseeland unsere sonst so klar geordnet erscheinenden dreidimen-

[11]) Ausnahme: Puysegur Point Lighthouse, voll exponiert, SW Fjordland.

sionalen Vorstellungen von Vegetation und Klima einer Revision bedürfen: wir haben eine Höhengliederung auf der West-Flanke, wir haben eine Höhengliederung auf der Ostflanke – wir haben aber vor allem den *Unterschied zwischen West- und Ost-Flanke* – und wir haben eine Differenzierung zwischen Süd und Nord, die aber auch vom West : Ost-Gegensatz beeinflußt wird. Die durch die besonderen Bedingungen der "Roaring Forties" im Zusammenwirken mit der Topographie der Gebirge Neuseelands im West : Ost-Gegensatz sich zeigende Differenzierung bedeutet nicht nur Differenzierung in den Vegetationsformen, sondern klimatische Differenzierung – sagen wir „Luv" und „Lee", so können wir auch sagen: „mehr hochozeanisch" und „mehr kontinental". Es sind der mehr hochozeanische Westen Neuseelands (und Tasmaniens), sowie die Hochlagen, die zum Vergleich mit den tropischen Hochgebirgen im australasiatischen Bereich herausfordern. Und als eine Aufforderung, in dieser Richtung diesen Beitrag zu leisten, ist auch das Thema des Symposiums vom Verf. aufgefaßt worden. Über die Schwierigkeiten der Erklärung des Befundes und der klimatischen Verhältnisse an den verschiedenen Standorten nach dem heutigen Stand unseres Wissens geben wir uns keinerlei Illusionen hin – aber ein solches Symposium scheint der richtige Anlaß, die Diskussion zu versuchen.

Was Neuseeland und Tasmanien angeht, so sind die vorgetragenen Beobachtungen nur Teilbeiträge zu der äußerst complexen geoökologischen Situation beider Inseln bzw. Inselgruppen. In mancher Beziehung sind wir über die Tropengebirge im australasiatischen Raume besser orientiert, als gerade über die abgelegenen, exponierten Teile Neuseelands und Tasmaniens – Gebiete, deren Reiz für den Verfasser gerade in der bisherigen Vernachlässigung durch die Forschung lag, und die, wie sich zeigt, manche Überraschung für unser Concept sowohl Neuseelands, wie auch Tasmaniens liefern, deren geoökologische Situation „am Ende" des australasiatischen Sektors gegen das circumsubantarktische Meer hin schon a priori eine extreme Position andeutet – und auch einen ungewöhnlichen Standort, „zu den Tropengebirgen zurückzuschauen". Wir meinen aber, dieser Blick von den pflanzlichen Lebensformen am subantarktischen Ende des australasiatischen Sektors zu entsprechenden Formen in den Tropengebirgen des australasiatischen Bereiches sei lohnend, den gesamten Fragenkomplex der geoökologischen Beziehungen zwischen den temperierten Breiten der Südhalbkugel und den Tropengebirgen im australasiatischen Bereich aufzugreifen.

Literatur (Auswahl)

ARCHBOLD, R. and RAND, A.L. (1935): Results of the Archbold Expeditions, No. 7. Summary of the 1933–1934 Papuan Expedition. Bull. Am. Mus. Nat. Hist. LXVIII, VIII, 527–579.

– – BRASS, L.J. (1942): Results of the Archbold Expeditions, No. 41. Summary of the 1938–1939 New Guinea Expedition. Bull. Am. Mus. Nat. Hist., LXXIX, III, 197–288, New York.

BARROW, M.D.; COSTIN, A.B.; LAKE, P. (1968): Cyclical changes in an Australian Fjaeld mark-community. J. Ecol. 89–96.

BILLINGS, W.D. and MARK, A.F. (1961): Interactions between alpine tundra vegetation and patterned ground in the mountains of Southern New Zealand. Ecol. 42, No. 1, 18–31.

BLASCO, F. (1971): Montagnes du Sud de l'Inde. Forêts, Savanes, Écologie. Inst. Franc. de Pondichéry. Trav. Sect. Scientif. et Techn., tome X, fasc. 1.

BRASS, L.J. (1941): The 1938–39 Expedition to the Snow Mountains, Netherlands New Guinea. J. Arn. Arbor. XXII, 271–342.

– (1956): Results of the Archbold Expeditions No. 75, Summary of the Fourth Archbold Expedition to New Guinea, 1953. Bull. Am. Mus. Nat. Hist. vol. 111, 2, New York.

BROCKMANN-JEROSCH, H. (1919): Baumgrenze und Klimacharakter, Zürich.

BROOKFIELD, H.C. (1964): The Ecology of Highland Settlements: Some Suggestions. Am. Anthropologist 4, 2, 20–38.
BROWN, M. & POWELL, J.M. (1974): Frost and drought in the Highlands of Papua New Guinea. J. Trop. Geogr. 38, 1–6.
COCKAYNE, L. (1958): The Vegetation of New Zealand, 3rd. edit. (repr.) Weinheim.
DOMRÖS, M. (1970): Frost in Ceylon. Arch. Met. Geoph. Biokl., Ser. B, 18, 43–52.
– (1974): The agroclimate of Ceylon. Geoec. Res. 2, Wiesbaden.
ENRIQUEZ, C.M.: (1927): Kinabalu. London.
ESLER, A.E. and ASTRIDGE, S.J. (1974): Tea Tree (*Leptospermum*) communities of the Waitakere Range, Auckland, New Zealand. N. Z. J. Bot, 12: 485–501.
FREY-WYSSLING, A. (1933): Over de Flora van den Piek van Kerintji (3800 m). De Tropische Natuur. Jan. 1–10.
GIBBS, L.S. (1914): A contribution to the Flora and Plant Formations of Mount Kinabalu and the Highlands of British North Borneo. Journ. Linn. Soc.-Bot., XLII, March, 1–240.
HEINRICH, G. (1932): Der Vogel Schnarch. Berlin.
HNATIUK, R.J.; SMITH, J.M.B.; MC VEAN, D.N. (1976): The Climate of Mt. Wilhelm. Mt. Wilhelm Studies 2. Res. School of Pacif. Studies, BG/4, Canberra.
JACOBS, M. (1958): Contribution to the Botany of Mount Kerintji and adjacent Area in West Central Sumatra – I. Ann. Bogor, 3, 1, 45–104.
LAM, H.J. (1945): Fragmenta Papuana. Sargentia, Arnold Arboretum, Jamaica Plains, Mass.
LENGERKE, H.J. VON (1977): The Nilgiris. Weather and Climate of a mountain area in South India. Beitr. Südas.-Forschung, Bd. 32, Wiesbaden.
MARBY, H. (1971): Die Teelandschaft der Insel Ceylon. Erdk. Wiss. H. 27, 23–101, Wiesbaden.
– (1972): Tea in Ceylon. Geoec. Res. 1, Wiesbaden.
MARK, A.F. and BAYLIS, G.T.S. (1963): Vegetation studies on Secretary Island, Fjordland. Part 6: The subalpine vegetation. N. Z. J. Bot. I. 2, 215–220.
MCVEAN, D.N. (1968): A year of weather records at 3480 m on Mt. Wilhelm, New Guinea. Weather, XXIII, 9. Sept. 1968, 377–381.
MCVEAN, D. (1969): Alpine Vegetation of the Central Snowy Mountains of New South Wales. J. Ecol., 67–86.
PAIJMANS, K. and LÖFFLER, E. (1972): High Altitude Forests and Grasslands of Mt. Albert Edward, New Guinea. J. Trop. Geogr. 34, 58–64.
RAUH, W. (1939): Über polsterförmigen Wuchs. Halle/S. Nova Acta Leopoldina, N. F. Bd. 7, No. 49.
REINER, E. (1960): The Glaciation of Mount Wilhelm, Australian New Guinea. Geogr. Rev. L, 4, 491–503. L. 4, 491–503.
SARASIN, P. und F. (1905): Reisen in Celebes. Wiesbaden.
SCHWEINFURTH, U. (1961): Die Muttonbird Islands. Erdkunde 110–121;
– (1962): Studien zur Pflanzengeographie von Tasmanien. Bonner Geogr. Abh. H. 31.
– (1962): Mt. Egmont-Taranaki, Neuseeland. Erdkunde 37–48.
– (1964): Ein Polygonboden auf Mt. Allen, Stewart Island, Neuseeland. Z. f. Geomorph. N. F., Bd. 8, H. 1, 1–6.
– (1966): Das Pflanzenkleid der Insel Tasmanien. Natur und Museum, 96 (5), Senckenberg. Naturf. Ges., Frankfurt/M., 1. 5. 1966, 165–175.
– (1966): Neuseeland. Beobachtungen und Studien zur Pflanzengeographie und Ökologie der antipodischen Inselgruppe. Bonner Geogr. Abh., H. 36.
– (1966): Some observations on the timberline in New Zealand. 11th Pacif. Sc. Congr. 1966, Proceedings, vol. 5: Ecol. basis of Nature Conservation of Alpine and subalpine zones, p. 7.
– (1969): Pyrethrum cultivation – an attempt at development in the Central Cordillera of Eastern New Guinea. Yearb. of the South Asia Institute, Heidelberg University 1968/1969, 117–126, Wiesbaden.
– (1970): Verbreitung und Bedeutung von *Pandanus sp.* in den Hochtälern der Zentralcordillere im östlichen Neuguinea. Coll. Geogr. XII, Bonn 132–151.
– (1971): Landschaftsökologische Forschungen auf der Insel Ceylon. Erdk. Wissen, H. 27, 1–22, Wiesbaden.
– (1975): Observations on cushions, ballshrubs, and umbrella canopies in the Southern Temperate Zone and Tropical Mountain Areas. XII. Internat. Bot. Congr. Abstracts vol. I, 167. Leningrad.

– and DOMRÖS, M. (1974): Local wind phenomena in the Central Highlands of Ceylon. Climatol. Res., Festschr. H. FLOHN, Bonner Met. Abh. H. 17, 387–401.

STEENIS, C.G.G.J. van (1938): Exploraties in de Gajo-Landen. Algemeene Resultaten der Losir-Expeditie 1937. Tijds. Kon. Ned. Aardr. Gen. 728–802.

– (1968): Frost in the Tropics. Proc. Symp. Recent Adv. Trop. Ecol., Benares, 154–167.

– (1972): The Mountain Flora of Java. Leiden.

TROLL, C. (1948): Der asymmetrische Vegetations- und Landschaftsaufbau der Nord- und Südhalbkugel, Göttinger Geogr. Abh. H. 1, 11–27.

– (1955): Der jahreszeitliche Ablauf des Naturgeschehens in den verschiedenen Klimagürteln der Erde. Studium Generale, 8. Jg., H. 12, 713–733.

– (1958): Zur Physiognomik der Tropengewächse. Jahresber. Ges. v. Freund. und Förd. der Rhein. Friedr. Wilh.-Univ. zu Bonn e. V. 1–75.

– (1959): Die tropischen Gebirge. Bonner Geogr. Abh. H. 25.

– (1961): Klima und Pflanzenkleid der Erde in dreidimensionaler Sicht. Die Naturwissenschaften, 332–348.

– (1962): Die dreidimensionale Landschaftsgliederung der Erde. H. v. Wissmann – Festschrift, Tübingen, 54–80.

– (1973): The upper timberline in different climatic zones. Arct. and Alp. Res., vol. 5, 3, 2, A 3–A 18.

– (1973): High Mountain belts between the polar caps and the equator: their definition and lower limit. Arct. and Alp. Res., vol. 5, 3, 2, A 19–A 27.

– (1974): Das 'Backbone of Africa' und die afrikanische Hauptklimascheide. Klimatol. Forschung. Festschr. f. H. FLOHN, Bonner Met. Abh. H. 17, 209–222.

WADDEL, E. (1972): The mound-builders. Am. Ethn. Soc. Monogr. 53, Seattle.

WADE, L.K. and MCVEAN, D.N. (1969): Mt. Wilhelm Studies I, The Alpine and the Subalpine vegetation. Res. School Pacif. Studies, BG/1, Canberra.

WALKER, D. (1968): A reconnaissance of the non-arboreal vegetation of the Pindaunde catchment, Mount Wilhelm, New Guinea. J. Ecol. 445–466.

WARDLE, P. (1962): Subalpine forest and scrub in the Tararua Range. Roy. Soc. N. Z. 88/4, 76–89.

– (1963): Vegetation Studies on Secretary Island, Fjordland. Part 2: The Plant Communities. N. Z. J. Bot. I, 2, 171–187.

– (1963): Growth habits of New Zealand subalpine shrubs and trees. N. Z. J. Bot. I, 1, 18–47.

WEISCHET, W. (1963): Grundvoraussetzungen, Bestimmungsmerkmale und klimatologische Aussagemöglichkeit von Baumkronendeformationen. Freiburger Geogr. Hefte, 1, 5–19.

– (1968): Die thermische Ungunst der südhemisphärischen hohen Mittelbreiten im Sommer im Lichte neuer dynamisch-klimatologischer Untersuchungen. Regio Basiliensis, H. IX/1, 70–189.

WIMBUSH, D.J. and COSTIN, A.B. (1973): Vegetation Mapping in relation to ecological interpretation and Management in the Kosciusco Alpine Area. C. S. I. R. O. Melbourne, Div. Plant Ind. Techn. Paper No. 32.

ZOTOV, V.D. (1939): The Vegetation of the Tararuas. Trans. and Proc. Roy. Soc. N.Z., vol. 68, 259–324.

Diskussion zum Beitrag Schweinfurth

Prof. Dr. F. Weberling:

Entscheidend scheint mir die Feststellung sowohl des jeweils (nach dem Gesetz des Minimums) begrenzenden Faktors, als auch der Rhythmik, mit der er in Erscheinung tritt, zu sein.

Prof. Dr. W. Weischet:

1. Die Bezeichnung „komprimierte Oberflächen" erweckt die – sicher nicht beabsichtigte – Gedankenassoziation zu einem Kompressionsvorgang. Besser wäre es von „kompakten" Oberflächen zu sprechen.
2. Im Hinblick auf eine kausalanalytische Betrachtung ist es m. E. angebracht, in einem ersten Schritt der Systematisierung die innertropischen von den außertropischen Wuchsformen mit kompakten und kugeligen Oberflächenformen zu trennen und dann für definierte Standorte die Ursachenfaktoren nach dem Ausschlußverfahren einzugrenzen.

3. Für die Tropen wurden als mögliche Faktoren Wind und Frost genannt. In diesem Bereich muß wohl auch die Tatsache Berücksichtigung finden, daß die Höhenwälder in einer ombrogenen Minimalzone vorkommen. (Abnahme der Niederschläge von der Maximalzone, die in den Tropen in Höhen zwischen 800 und 1200 m NN liegt; Weischet in Erdkunde 1965 und andere Arbeiten).
4. Die gezeigten Mikropolygone scheinen mir Trockenrißpolygone zu sein, in welche Steinchen hineingeweht wurden.

Prof. Dr. U. Schweinfurth:

zu WEBERLING:

Einverstanden, nur wird die Feststellung schwierig sein. Die „begrenzenden Faktoren" liegen für die südliche temperierte Zone in der Combination von hoher Ozeanität, Offenheit zum circumsubantarktischen Ozean – damit zu antarktischen Einflüssen und der ganzjährigen Dominanz der Westwinde. Daraus ergibt sich eine andersartige Rhythmik als in der nördlichen temperierten Zone (Jahreszeitenklima) und wohl auch in den Tropengebirgen (Tageszeitenklima). Wenn das „Ergebnis" in den pflanzlichen Lebensformen an den exponierten Standorten in den südhemisphärischen temperierten Breiten und in den Tropengebirgen des australasiatischen Sektors so stark übereinstimmt, denkt man natürlich an Übereinstimmungen im „Klimacharakter". Der Mangel an klimatischen Daten von jenen exponierten Standorten der beiden klimatischen Bereiche erlaubt bis heute nicht, eine präzisere Antwort zu geben.

zu WEISCHET:

1. Einverstanden, „compakt" statt „comprimiert", wenn das zur Verständigung hilft; es sei jedoch dahingestellt, ob nicht doch ein „comprimierender Einfluß" vorliegt.
2. *Leptospermum scoparium* kommt vor von 0 m bis auf 980 m auf Stewart Island und wird von anderen *Leptospermum species* in übereinstimmenden Lebensformen vertreten: von *Leptospermum recurvum* auf dem Kinabalu bis zum Gipfel (rund 4000 m), von *Leptospermum flavescens* auf dem Gunung Leuser bis 3800 m. Das nur als ein Beispiel: Es ist ein Grundanliegen des Vortrages zu zeigen, daß eine Trennung von „innertropischen" und „außertropischen" Wuchsformen nicht gegeben zu sein scheint.
   Das vorgeschlagene Ausschlußverfahren für definitive Standorte wird daran scheitern, daß wir bis jetzt an diesen Standorten über die Ursachenfaktoren nicht im Einzelnen informiert sind. Auf Stewart Island wird nur am Postamt Halfmoon Bay gemessen und nur der Niederschlag – diese Station hat aber nichts mit der exponierten Westflanke von Stewart Island zu tun; ähnliches gilt für fast die gesamte Westküste Neuseelands, und die Situation ist nicht viel besser in den in Frage kommenden Bereichen der australasiatischen Tropengebirge.
3. „Wind" und „Frost" wurden erwähnt, als *die* Faktoren, die dem Beobachter in diesem Gelände leicht auffallen, keineswegs als die allein wirksamen. Bei den erwähnten Höhenwäldern handelt es sich durchwegs um sehr feuchte Wälder vom Typ der Nebelwälder. Daß es Höhenstufen verschiedener Luftfeuchtigkeit gibt, ist bekannt; für den Himalaya wurde s. Z. (Bonner Geogr. Abh. H. 20, 1957) auf Grund der Vegetation auf eine mögliche Höhenstufe maximaler Luftfeuchtigkeit hingewiesen. Für Ceylon hat dann DOMRÖS (1970) meine Anregung aufgenommen und versucht, die Frage der Niederschläge an der Haputale Range zu klären, an der uns durch die Teeplantagen viele Meß-Stationen zur Verfügung standen. Auf Grund dieser und anderer Beobachtungen würden wir nie in diesem Zusammenhang von „den Tropen" oder „den tropischen Gebirgen" sprechen; die Verhältnisse sind noch viel zu wenig geklärt und ganz sicher stark von lokalen Einflüssen abhängig.
4. Wenn die vorgeschlagene Erklärung für die Polygone nicht akzeptiert wird, so kann weiter mitgeteilt werden, daß wenige Tage nach dem Befund in nur 300 m Höhe – also rund 400 m unterhalb des Fundorts der Polygone, auf der exponierten Westflanke der Zentralkette von Stewart Island – nächtliche Eisbildung in Moorblänken beobachtet worden ist. D.h.: Frost ist auf Stewart Island, 47° S, in nur 300 m Meereshöhe im Februar („Süd-Hochsommer") möglich. Und auf diese Frost*möglichkeit* kommt es an.

STUDIEN ZUR KLIMATOLOGIE DER STRAHLUNGSBILANZ UNTER BESONDERER BERÜCKSICHTIGUNG DER TROPISCHEN HOCHGEBIRGE UND DER KÜHLTEMPERIERTEN ZONE DER SÜDHALBKUGEL

ALBRECHT KESSLER

Mit 5 Figuren und 5 Tabellen

1. EINLEITUNG

C. TROLL hat in mehreren Beiträgen (vgl. u.a. TROLL 1960) auf die Beziehungen zwischen Klima und Pflanzenkleid in der kühltemperierten Zone der Südhalbkugel und in den tropischen Hochgebirgen hingewiesen und dabei die Temperatur als ökologischen Faktor besonders herausgestellt. Ein Klimaelement, das in diesem Zusammenhang ebenfalls eine eingehendere Betrachtung verdient, ist die Strahlungsbilanz an der Erdoberfläche. Leider mangelt es heute noch an Spezialmessungen aus unterschiedlichen Ökosystemen beider Zonen, um die von TROLL aufgezeigten Konvergenzerscheinungen aus der Sicht der Strahlungsbilanzverhältnisse oder allgemeiner des Energiehaushalts an konkreten Beispielen aus beiden Zonen genauer zu beleuchten. Es werden daher im folgenden einige allgemeine Zusammenhänge – auch mit Beispielen aus anderen Zonen – dargelegt.

Die Strahlungsbilanz an der Erdoberfläche ist als ein komplexes Klimaelement zu betrachten, weil ihr Betrag und ihre räumliche Verteilung von zahlreichen anderen zum Teil voneinander unabhängigen Faktoren bestimmt werden. Unter den atmosphärischen Faktoren sind Bewölkung, Trübung, Wasserdampfgehalt und Lufttemperatur zu nennen. Bei ökologischen Untersuchungen tritt die Bedeutung der *terrestrischen* Faktoren besonders hervor: Bodenoberflächentemperatur, Oberflächenalbedo für kurzwellige Strahlung, Emissionsvermögen der Unterlage für langwellige Strahlung. Da die Meßmethoden kompliziert sind und auch die Berechnung der Strahlungsbilanz umständlich ist, und die dafür notwendigen zahlreichen Grundgrößen meistens ohnehin nicht genau genug bekannt sind, hat die Strahlungsbilanz erst verhältnismäßig spät Eingang in vergleichende klimatologische und ökologische Betrachtungen gefunden.

Die Gesamtstrahlungsbilanz R an der Erdoberfläche setzt sich aus der kurzwelligen (R_k) und aus der langwelligen Bilanz (R_l) zusammen:

$$R = R_k + R_l \qquad (1)$$

Indem man die zur Oberfläche gerichteten Flüsse positiv, die von ihr weggerichteten negativ zählt, erhält man folgende Gleichungen:

$$R_k = (Q + q) - (Q + q)\alpha_k \qquad (2)$$

$$R_l = G - G\alpha_l - \epsilon\sigma T^4 \qquad (3)$$

Darin bedeuten: Q direkte Sonnenstrahlung, q diffuse Himmelsstrahlung, α_k Albedo für die kurzwellige Strahlung (Q+q), G langwellige Gegenstrahlung der Atmosphäre, α_l Albedo für die Gegenstrahlung, ϵ Emissionsvermögen der Erdoberfläche.

Es lassen sich drei Gründe anführen für die besondere Eignung der Strahlungsbilanz R als räumlich differenzierender Klimaparameter und für die Bedeutung von R bei vergleichenden ökologischen Untersuchungen, bei denen die Produktion der Pflanzenmasse eine Rolle spielt. Es wird allerdings noch großer Anstrengungen bedürfen, um die Zusammenhänge noch genauer zu fassen und alle Möglichkeiten auszuschöpfen, die die Strahlungsbilanz hier bietet:

a) Die Strahlungsbilanz ist die wichtigste Komponente des Energieaustausches zwischen den beiden Medien Luftraum und Unterlage. Sie bestimmt die Größenordnung der Ströme fühlbarer Wärme in Boden und Atmosphäre und des Verdunstungswärmestroms und gibt bis zu einem gewissen Grade deren Richtung an. Aus diesem Grunde eignet sich R gut als Grundgröße für energetische Klimaklassifikationen (Strahlungsindex der Trockenheit nach BUDYKO-GRIGORIEV).

b) Mit der kurzwelligen Albedo α_k der Unterlage, mit ihrer Oberflächentemperatur T und ihrem Emissionsvermögen ϵ gehen spezielle Eigenschaften der Erdoberfläche in den Wert der Strahlungsbilanz R ein. Damit ist R in besonderem Maße eine *oberflächenspezifische* Größe. Bei vergleichenden klimaökologischen Untersuchungen sollte man daher zur Erklärung unterschiedlicher Strahlungsbilanzwerte stets die Oberflächentemperatur (KESSLER 1971, 1974) und die Albedo α_k ebenfalls mitbestimmen.

c) Die Produktion von Pflanzenmasse ist abhängig vom Strahlungsangebot im photosynthetisch-aktiven Wellenlängenbereich von 0.4 – 0.7 μm. Dieser Anteil ist in der Größe der Gesamtstrahlungsbilanz R mitenthalten. Die Pflanzenproduktion hängt ferner von der Transpirationsrate ab, die bekanntlich mit der Strahlungsbilanz gekoppelt ist. Es ist daher nicht verwunderlich, daß ein recht guter Zusammenhang zwischen Hektarerträgen von Pflanzenmasse und der Strahlungsbilanz gefunden werden konnte (vergl. BUDYKO 1974).

2. DIE ABHÄNGIGKEIT DER STRAHLUNGSBILANZ VON DER UNTERLAGE

Am Beispiel von Meßdaten aus Mitteleuropa soll zunächst die Abhängigkeit der Strahlungsbilanz von den Eigenschaften der Unterlage behandelt werden. Um die Strahlungsverhältnisse verschiedener Standorte mit etwas differierenden Globalstrahlungswerten untereinander vergleichbar zu machen, normiert man Gleichung (1), indem man sie durch (Q+q) dividiert. R/(Q+q) stellt dann den Wirkungsgrad der Strahlungsumsätze dar (radiation efficiency). Durch Umformung erhält man Gleichung (4)

$$\frac{R}{(Q+q)} + \alpha_k - \frac{R_l}{(Q+q)} = 1 \qquad (4)$$

Der Wirkungsgrad der Strahlungsumsätze einer Oberfläche R/(Q+q) ist umso größer, je kleiner die kurzwellige Albedo α_k und je kleiner der Verlust an langwelliger Strahlungsenergie R_l ist (R_l ist normalerweise negativ). Der Energieverlust durch langwellige Strahlung ist von der Oberflächentemperatur abhängig und vergrößert sich mit steigenden Temperaturen.

Tabelle 1 Mittlere Tagessummen von Globalstrahlung Q+q und Strahlungsbilanz R für den Monat Juni von verschiedenen Oberflächentypen in Mitteleuropa; Strahlungsbilanz R, Reflektierte Globalstrahlung $(Q+q)\alpha_k$ und langwellige Bilanz R_l in Prozenten der Globalstrahlung.

	in cal/cm² Tag		in %		
	Q+q	R	R/(Q+q)	α_k	$-R_l/(Q+q)$
Kiefer (1974)	503	393	78.1	7.5	14.4
Fichte (1965)	434	313	72.1	8.4	19.5
Seeoberfläche (1967)	522	331	63.4	11.2	25.4
Rasen (1974)	451	274	60.7	20.9	18.4
Kartoffel (1965)	484	278	57.4	14.9	27.7
Luzerne (1965)	484	275	56.8	19.2	24.0
Buche (1970)	521	272	52.2	14.5	33.3
Eiche – Buche (1967)	453	220	48.5	18.7	32.8

Die Werte von R/(Q+q) und α_k in *Tab. 1* wurden aus den gemessenen mittleren Tagessummen von (Q+q), R und $(Q+q)\alpha_k$ berechnet, $R_l/(Q+q)$ wurde aus Gleichung (4) bestimmt. Lediglich für Fichte, Kartoffel und Luzerne mußten Mittelwerte der Albedo α_k von mehreren Sommermonaten verwendet werden.

Die Untersuchungen wurden an folgenden Oberflächentypen durchgeführt: 12-jähriger Kiefernbestand *(Pinus sylvestris)* in der Rheinaue bei Hartheim südwestlich von Freiburg, 203 m über NN, Stammzahl 12000/ha, KESSLER 1974; 70-jähriger Fichtenbestand auf der Schotterebene bei Pöring östlich von München, 552 m über NN, Stammzahl 800/ha, TAJCHMAN 1967 und BAUMGARTNER 1966; Seeoberfläche des Neusiedler Sees, 114 m über NN, mittlere Wassertiefe 0.68 m, MAHRINGER 1969; Rasen in Fuhlsbüttel nördlich von Hamburg, 14 m über NN, Deutscher Wetterdienst-Meteorologisches Observatorium Hamburg; Kartoffelfeld auf der Schotterebene bei Grub östlich von München, 515 m über NN, Aufgang der Pflanzen am 12. Juni, TAJCHMAN 1967; Luzernefeld (Angaben wie bei Kartoffelfeld), Mahd am 8. Juni, TAJCHMAN 1967; 120-jähriger Rotbuchenaltbestand *(Fagus silvatica)* im Solling bei Silberborn, 500 m über NN, Stammzahl 245/ha, KIESE 1972; Eichen-(Buchen)-Mischbestand *(Quercus robur* vorherrschend, *Fagus silvatica* u.a.) bei Virelles-Blaimont südwestlich von Namur, 245 m über NN, GALOUX 1973.

Bemerkenswert ist die Tatsache, daß sowohl die höchsten als auch die niedrigsten R/(Q+q)-Werte von Waldoberflächen erzielt werden. Minimale Albedowerte und eine sehr geringe Erwärmung der „tätigen Oberfläche", bedingt durch den besonderen Baum- und Bestandsaufbau, der die Beschattung der sehr „rauhen" Oberfläche begünstigt, führen zu den höchsten R/(Q+q)-Werten bei Nadelholzbeständen. Daß die Laubbaumbestände am unteren

Ende der Skala rangieren, ist in erster Linie nicht auf die Albedo sondern auf eine sehr große Erwärmung der Bestandsoberfläche zurückzuführen, die mit ihrem Blätterdach eine viel geschlossenere und weniger beschattete Oberfläche darstellt. Es kommt hinzu, daß die einzelnen Blätter eine geringe Wärmekapazität und eine schlechte Wärmeleitung durch die Blattstiele besitzen.

Im Mittelfeld bewegen sich die Daten der niedrigen Bestandstypen und der Wasseroberfläche des Neusiedler Sees, wobei betont werden muß, daß die Ursache für etwa gleichhohe R/(Q+q)-Werte sehr unterschiedlich sein kann.

Ganz allgemein kann man festhalten, daß bei Mittelwerten der Globalstrahlung (Q+q) für den Monat Juni in Mitteleuropa zwischen 434 und 522 cal/cm² Tag sich Strahlungsbilanzwerte infolge der unterschiedlichen Oberflächenausprägung ergeben, die sich zwischen 220 und 393 cal/cm² Tag bewegen und damit eine fast doppelt so große Amplitude besitzen. Der Wirkungsgrad der Strahlungsumsätze R/(Q+q) reicht von 49 % bis 78 %. Es ergibt sich somit auch, daß bereits grüne Oberflächen allein eine bemerkenswerte Variationsbreite besitzen und die Strahlungsbilanz in beträchtlicher Weise modifizieren, und zwar sowohl durch die Oberflächenalbedo als auch durch die Oberflächentemperatur.

Tabelle 2 Mittlere Tagessummen von Globalstrahlung Q+q und Strahlungsbilanz R für den Monat Juni der Jahre 1967–1974 für eine Rasenoberfläche in Hamburg; Strahlungsbilanz R, Reflektierte Globalstrahlung $(Q+q)\alpha_k$ und langwellige Bilanz R_l in Prozenten der Globalstrahlung.

	in cal/cm²Tag		in %		
	Q+q	R	R/(Q+q)	α_k	$-R_l/(Q+q)$
1967	444	283	63.8	17.9	18.3
1968	475	256	53.9	19.0	27.1
1969	431	250	57.8	21.8	20.4
1970	522	296	56.6	21.2	22.2
1971	363	215	59.2	18.7	22.1
1972	437	233	53.2	19.6	27.2
1973	512	279	54.5	21.6	23.9
1974	451	274	60.7	20.9	18.4

Aus *Tab. 2* geht die Variabilität der Strahlungsgrößen einer Rasenoberfläche in Mitteleuropa hervor. Die Differenz aus den Extremwerten beträgt bei R/(Q+q) 10.6 %, bei α_k 3.9 % und bei $-R_l/(Q+q)$ 8.9 %. Die Reflexionseigenschaften der Rasenoberfläche wechseln demnach weniger von Jahr zu Jahr im Juni als die langwellige Bilanz und damit mittelbar die Oberflächentemperaturen. Ähnliche Verhältnisse wird man für die kühltemperierte Zone der Südhalbkugel annehmen dürfen. Für die Tropen existieren leider noch keine langjährigen Meßreihen für (Q+q), R und α_k, um auch für diese Gebiete nähere Angaben über die Variabilität machen zu können.

3. DER TAGES- UND JAHRESGANG DER STRAHLUNGSBILANZ IN DEN TROPEN UND IN DER KÜHLTEMPERIERTEN ZONE DER SÜDHALBKUGEL

Fig. 1 und 2 (vergl. KESSLER 1973) informieren über Tages- und Jahresgang der Strahlungsbilanz im tropischen Regenklima am Beispiel von Yangambi aus dem Kongobecken (nach DUPRIEZ) und im subpolaren, kühlgemäßigten und hochozeanischen Klima der Südhalbkugel am Beispiel von Port Stanley auf den Falkland Inseln. In Yangambi wurde über Rasen *(Paspalum notatum)* und in Port Stanley über von Moos durchsetztem Rasen gemessen, also über vergleichbaren Oberflächen.

Die Absolutwerte von R während der Nacht sind in beiden Fällen gering und ändern sich nur wenig in den verschiedenen Jahreszeiten. Ursache dafür ist ein wasserdampf- und bewölkungsreiches Klima und ein Fehlen starker Bodenaufheizung, wozu der dauernde Energieverbrauch für die immer mögliche Verdunstung beiträgt. Der Nulldurchgang von negativen zu positiven R-Werten und umgekehrt ist durch den Sonnenstand festgelegt. Bei Sonnenhöhen zwischen 5° bis 10° über dem Horizont tritt der Ausgleich zwischen kurzwelliger und langwelliger Bilanz ein. Da am Nachmittag wegen der höheren Bodentemperaturen die langwellige Ausstrahlung gewöhnlich größer als am Morgen ist, vollzieht sich nachmittags der Nulldurchgang von R bei etwas höheren Sonnenständen als am Vormittag. Bei Dämmerungsende am Abend zeigt der periodische Tagesgang von R sein Minimum, in deutlichem Gegensatz zum Temperaturgang mit Minimum am Morgen.

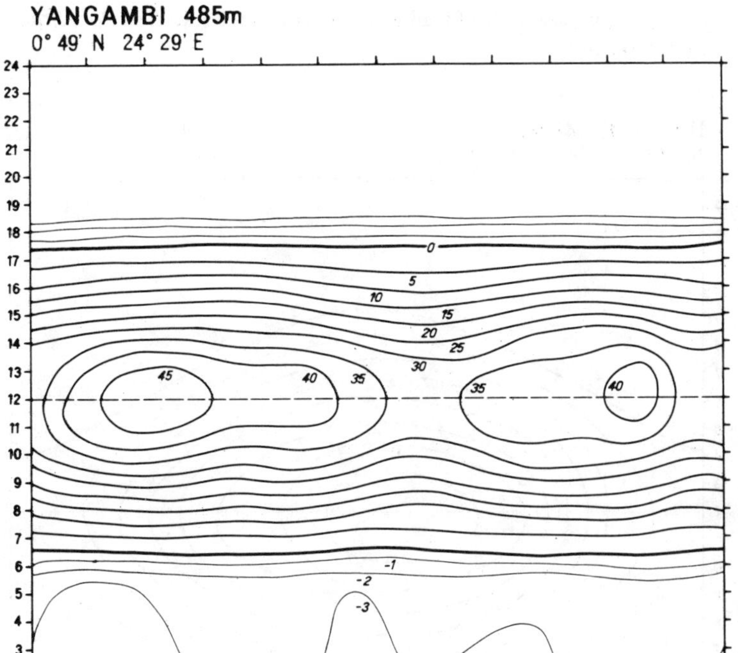

Fig. 1: Mittlerer Tages- und Jahresgang der Strahlungsbilanz R über Rasen in *Yangambi* in der Äquatorialzone, Isoplethen in cal/cm²Stunde.

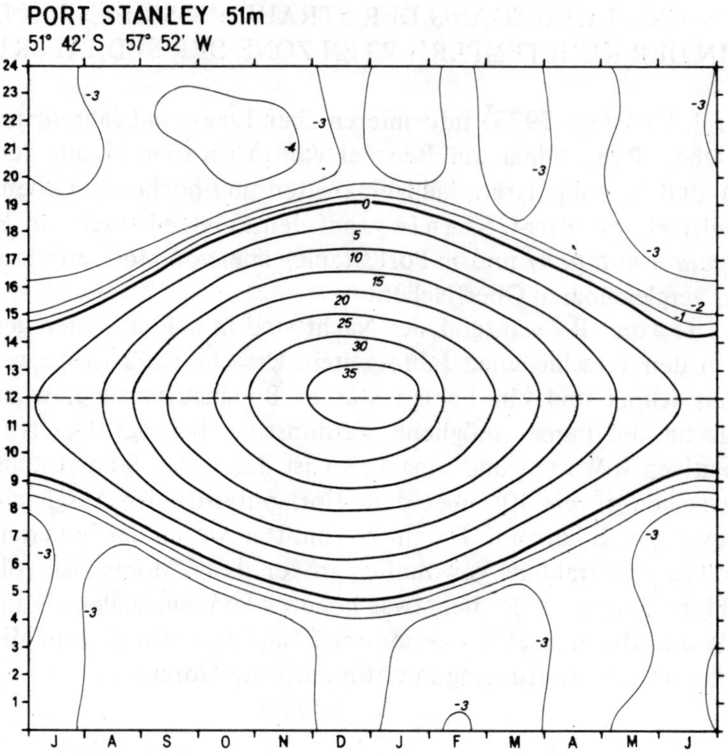

Fig. 2: Mittlerer Tages- und Jahresgang der Strahlungsbilanz R über Rasen in *Port Stanley* auf den Falkland Inseln, Isoplethen in cal/cm²Stunde.

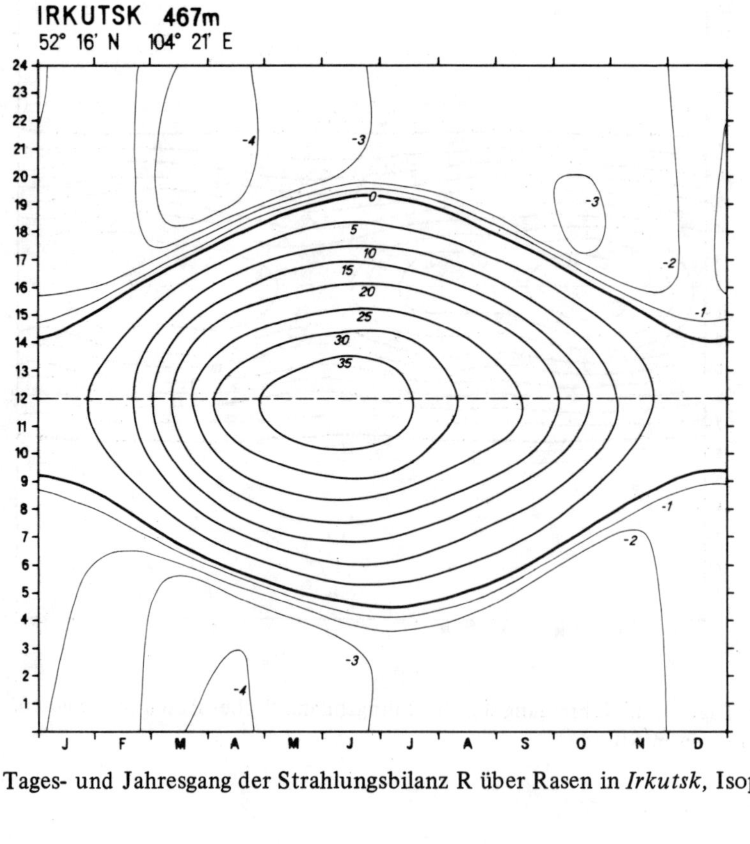

Fig. 3: Mittlerer Tages- und Jahresgang der Strahlungsbilanz R über Rasen in *Irkutsk*, Isoplethen in cal/cm² Stunde.

Die Tagesmaxima der Strahlungsbilanz werden beim höchsten Sonnenstand erreicht, also um 12 Uhr wahrer Sonnenzeit. Auch hier ergibt sich also eine Verschiebung gegenüber den Tagesmaxima der Temperatur.Die Größe der Mittagswerte von R richten sich bei Port Stanley genau nach dem jahreszeitlich unterschiedlichen Sonnenhöchststand; bei Yangambi beeinflussen außer den solaren Gegebenheiten die jahreszeitlich variablen mittäglichen Bewölkungsverhältnisse die Lage der Maxima ebenfalls maßgeblich, so daß die höchsten Mittagswerte von R bereits vor dem ersten bzw. nach dem zweiten Zenitstand der Sonne eintreten.

Allgemein kann man also feststellen, daß – vielleicht noch klarer als bei den Temperaturverhältnissen – das tropische Tageszeitenklima der Strahlungsbilanz dem Jahreszeitentyp der höheren Breiten gegenübersteht.

4. DIE HÖHENABHÄNGIGKEIT DER STRAHLUNGSBILANZ UND DER GLOBALSTRAHLUNG IN DEN TROPEN

Will man von dem Beispiel der tropischen Tieflandstation Yangambi auf die Verhältnisse in den tropischen Hochgebirgen allgemein extrapolieren – wie es für die Fragestellung des Symposiums ja wünschenswert ist –, so sind folgende Gesichtspunkte zu berücksichtigen (leider stehen mir längere, über ein Jahr dauernde Messungen von R aus tropischen Hochgebirgen noch nicht zur Verfügung).

Oberhalb der Schneegrenze werden die Tagesamplituden von R sehr verkleinert durch die Reduzierung der kurzwelligen Bilanz R_k infolge hoher Albedowerte α_k. Die Größe der nächtlichen Ausstrahlung dürfte dort keine wesentliche Veränderung erfahren und damit wenig Einfluß auf die Tagessummen nehmen. Da oberhalb der Schneegrenze die Veränderung von R im Vergleich zum Tiefland hauptsächlich durch die Albedo bestimmt wird, ist die Größenordnung etwa der Tagessummen von R mit der Höhe im Trend verhältnismäßig leicht abzuschätzen. Dies trifft nicht mehr für Stationen unterhalb der Schneegrenze zu, selbst wenn man von vergleichbaren Unterlagen ausgeht. Zwar nehmen die Bodentemperaturen und dadurch der langwellige Strahlungsstrom von der Bodenoberfläche aus mit der Höhe ab, gleichzeitig verringert sich aber der Wasserdampfgehalt mit der Höhe und gleichzeitig damit die Gegenstrahlung. Die direkte Sonnenstrahlung nimmt mit der Höhe wegen der geringeren durchstrahlten Luftmasse zu, während die diffuse Himmelsstrahlung wiederum vermindert wird. Als weitere Schwierigkeit für die Abschätzung des Höhengradienten der Strahlungsbilanz kommt hinzu, daß die Bewölkungsverhältnisse einen großen Einfluß auf die Globalstrahlung und daher auch auf R haben.

Da die Änderung der Bewölkung mit der Höhe in den tropischen Gebirgen aber sehr individuelle Züge trägt, unter anderem wegen der vielfältigen Möglichkeiten der Reliefgestaltung, sind verallgemeinernde Angaben über die Änderung der Strahlungsbilanz mit der Höhe kaum zu machen, es sei denn, Messungen der Globalstrahlung liegen vor.

Folgende Daten mögen das Gesagte etwas demonstrieren. DUPRIEZ bestimmte für Yangambi (0° 49'N, 24° 29'E, 485 m über NN) als Mittelwert aus den Jahren 1957–59 für den Monat Juli die Tagessummen der Strahlungsbilanz R mit 164 cal/cm²Tag. KORFF hat in der Zeit vom 3. bis 14. Juli 1965 Strahlungsmessungen in den äquatorialen Paramos (0° 37'S, 78° 34'W, 3570 m über NN) über mit Moosen, Rosettenpflanzen und mit einzelnen Büscheln (u.a. Ichúgras) bewachsener Oberfläche durchgeführt. Dabei ergaben sich für strahlungsarme, bewölkungsreiche Tage Werte von R mit 80–160 cal/cm²Tag, für sonnige Tage

240–320 cal/cm²Tag und für einen durchschnittlichen Tag 160–240 cal/cm²Tag. Hieraus ergibt sich für den Standort in den Hochanden ein leicht erhöhter R-Wert im Juli gegenüber den Verhältnissen im Kongotiefland. Auch die Globalstrahlungswerte von Izobamba (3058 m) und von Pichilinque (73 m) aus *Tab. 3* deuten darauf hin, daß die Strahlungsbilanz über vergleichbaren Oberflächen in den hochandinen Paramos mit Ausnahme von einzelnen Regenzeitmonaten höhere Beträge annehmen dürfte als im westlich davon gelegenen tropischen Tiefland.

Über die Änderung der Globalstrahlung mit der Höhe in den Tropen bei mittleren Verhältnissen, die im Zusammenhang mit dem Thema des Symposium von besonderem Interesse sind, liegen schon einige Daten vor. HIRSCHMANN (1973) macht folgende Angaben über Mittelwerte der Globalstrahlung aus Nordchile zwischen 18° und 23° S:

	Ort	Höhe über NN	Q+q (cal/cm²Tag)
Küste:	Iquique	8 m	410
Hinterland:	Pica	1280 m	492
	Coya Sur	1490 m	470
Hochgebirge:	Chuquicamata	2850 m	520
	Murmuntane	3280 m	501
	Parinacota	4392 m	500

Die Zunahme der Globalstrahlungssummen mit der Höhe im nordchilenischen Trockenraum kommt deutlich zum Ausdruck, wenn die Tendenz in den einzelnen Höhenstufen auch nicht einheitlich ist. Man kann davon ausgehen, daß die von Nebel beeinträchtigten Küstenstationen ca. 100 cal/cm²Tag Globalstrahlung weniger empfangen als die Kordillerenstationen oberhalb ca. 3000 m.

Über den Jahresgang der Globalstrahlung in verschiedenen Höhenstufen an ausgewählten Beispielen aus den Tropen informiert *Tab. 3*. Daß teilweise die Stationspaare verhältnismäßig weit auseinanderliegen, mußte mangels geeigneter Stationen bei der Auswahl notgedrungen in Kauf genommen werden. Wie die Beispiele aus Ekuador, Angola und Indien zeigen, ist auch eine Abnahme der Globalstrahlungssummen mit der Höhe möglich. Dies ist vor allem in der Regenzeit zu beobachten, wenn die Höhenstationen stärker von der Konvektionsbewölkung betroffen werden. Wie aus *Tab. 3* deutlich zu entnehmen ist, lassen sich über Größe und Richtung des Höhengradienten der Einstrahlung wegen der großen, durch die Bewölkung hervorgerufenen individuellen Unterschiede kaum allgemeine Regeln angeben. Es ist außerdem zu vermerken, daß an den meisten hier aufgeführten Stationen noch mit Aktinographen nach ROBITZSCH gemessen wird und dadurch noch systematische Fehler in den Daten enthalten sein können.

Tabelle 3 Mittlere Tagessummen der Globalstrahlung Q+q in cal/cm²Tag für tropische Höhen- und Tieflandstationen

		J	F	M	A	M	J	J	A	S	O	N	D
Ekuador:	Izobamba, 0° 22'S, 78° 33'W, 3058 m; Mittelwert der Jahre 1964–1967												
		364	354	349	323	353	348	362	383	385	358	359	362
	Pichilinque, 1° 06'S, 79° 29'W, 73 m; Mittelwert der Jahre 1964–1967												
		314	346	330	340	289	238	229	247	267	257	248	264
	Izobamba minus Pichilinque = 2985 m Höhenunterschied												
		50	**8**	**19**	**–17**	**64**	**110**	**133**	**136**	**118**	**101**	**111**	**98**
Peru:	Arequipa, 16° 28'S, 71° 29'W, 2451 m; Mittelwert der Jahre 1964–1966												
		720	637	634	608	529	505	520	583	650	703	725	685
	Pampa de Majes, 16° 21'S, 72° 10'W, 1440m; Mittelwert der Jahre 1964–1966												
		468	410	381	426	400	388	404	447	517	555	560	476
	Arequipa minus Pampa de Majes = 1011 m Höhenunterschied												
		252	**227**	**253**	**182**	**129**	**117**	**116**	**136**	**133**	**148**	**165**	**209**
Venezuela:	Merida, 8° 36'N, 71° 10'W, 1479 m; Mittelwert der Jahre 1964–1973												
		464	499	498	449	448	432	454	478	477	440	412	437
	San Antonio, 7° 51'N, 72° 27'W, 404 m; Mittelwert der Jahre 1964–1973												
		334	359	354	339	382	375	387	420	417	387	344	313
	Merida minus San Antonio = 1075 m Höhenunterschied												
		130	**140**	**144**	**110**	**66**	**57**	**67**	**58**	**60**	**53**	**68**	**124**
Angola:	Sà da Bandeira, 14° 54'S, 13° 29'E, 1761 m; Mittelwert der Jahre 1969–1971												
		458	463	465	448	467	448	449	476	526	531	535	537
	Moçamedes, 15° 12'S, 12° 09'E, 44m; Mittelwert der Jahre 1969–1971												
		520	566	523	502	445	362	299	355	441	533	580	601
	Sà da Bandeira minus Moçamedes = 1717 m Höhenunterschied												
		–62	**–103**	**–58**	**–54**	**22**	**86**	**150**	**121**	**85**	**–2**	**–45**	**–64**
Indien:	Kodaikanal, 10° 14'N, 77° 28'E, 2339 m; Mittelwert der Jahre 1962–1968 (nach MANI und CHACKO)												
		509			534			402			381		
	Trivandrum, 8° 29'N, 76° 57'E, 60 m; Mittelwert der Jahre 1959–1968 (nach MANI und CHACKO)												
		449			526			416			448		
	Kodaikanal minus Trivandrum = 2279 m Höhenunterschied												
		60			**8**			**–14**			**–67**		

5. DIE UNSELBSTÄNDIGEN WÄRMEHAUSHALTKLIMATE DER LANDGEBIETE DER KÜHLGEMÄSSIGTEN ZONE DER SÜDHALBKUGEL

Ein Vergleich von Temperatur- und Strahlungsverhältnissen zwischen Stationen aus der subpolaren Zone um 50° Süd und der Station Irkutsk auf 52° Nord in hochkontinentalem Klima zeigt drastisch, daß der Gang der Lufttemperatur über den Landgebieten der hochozeanischen südlichen Subpolarzone offensichtlich wenig repräsentativ für die dort herrschenden Strahlungsumsätze ist (vergl. die Isoplethen der Strahlungsbilanz *Fig. 2* für Port Stanley und *Fig. 3* für Irkutsk, außerdem die Isoplethen der Temperatur *Fig. 4* für die Macquarie-Inseln und *Fig. 5* für Irkutsk, ferner die *Tab. 4 und 5*).

Während nämlich der Strahlungsbilanzgang in Irkutsk kaum anders ist als in Port Stanley, kontrastieren die Temperaturverhältnisse sehr stark. Das Klima der Macquarie-Inseln, deren Diagramm wir hier stellvertretend für Port Stanley heranziehen müssen, besitzt weder einen bemerkenswerten Tages- noch Jahresgang der Lufttemperatur. In Irkutsk dagegen schwanken die mittleren 12Uhr-Stundenmittel der Temperatur zwischen +22 °C im Juli und −20 °C im Januar; das höchste Stundenmittel im Juli beträgt +24 °C und das niedrigste +11 °C. Ähnliches zeigen die aperiodischen Temperaturschwankungen der *Tab. 5*.

Durch die hohen Windgeschwindigkeiten in der südhemisphärischen Subpolarzone (vgl. WEISCHET 1968) und durch die engbegrenzten Areale der schmalen Kontinente bzw. der Inseln wird dort eine Art *Oaseneffekt* erzeugt, so daß Tages- und Jahresgang der Lufttemperatur im wesentlichen von der Advektion bestimmt werden und dadurch wenig mit den lokalen Strahlungsumsätzen der Landoberflächen zu tun haben. Den Landgebieten wird ein Temperaturregime aufgeprägt, das an die Wärmeumsätze der umliegenden Ozeane angepaßt ist. Das Klima der Landgebiete der kühlgemäßigten Zone der Südhalbkugel ist daher als ein u n s e l b s t ä n d i g e s W ä r m e h a u s h a l t s k l i m a zu bezeichnen.

Ähnliche, durch Advektion bedingte Diskrepanzen zwischen den Strahlungsumsätzen der Unterlage und dem Lufttemperaturregime stellen wir übrigens außer in Oasen natürlich, die den Namen für den Effekt ganz allgemein abgegeben haben, unter anderem auch in den Hochgebirgen fest. Dort kommt der Oaseneffekt bevorzugt an stark ventilierten und exponierten Stellen vor, an denen ein Temperaturregime herrscht, das weitgehend dem der freien Atmosphäre adaptiert ist und das weniger die Eigenheiten der lokalen Strahlungsumsätze widerspiegelt.

Die Beispiele von Irkutsk, Port Stanley und den anderen Inseln führen weiterhin deutlich vor Augen, wie wenig ausreichend eine klimaökologische Beschreibung zur Erklärung pflanzengeographischer Zusammenhänge sein kann, die sich nur auf die Elemente Temperatur und eventuell Niederschlag stützt. Während die Strahlungsbilanz in beiden angesprochenen Klimaten praktisch zwar identisch ist, müssen bei stark differierendem Temperaturregime die übrigen Energieumsätze voneinander abweichen, was wiederum nicht ohne Wirkung auf die physiologischen Vorgänge eines Pflanzenbestandes sein kann, so daß aber auch andererseits irgendwelche Vegetationsunterschiede nicht allein auf die Wirkung der differierenden Temperaturverhältnisse zurückgeführt werden dürfen.

Der vorliegende Aufsatz stellt eine Bearbeitung des Vortrages dar, der auf dem Mainzer Colloquium 1974 über „Geoökologische Beziehungen zwischen der Temperierten Zone der Südhalbkugel und den Tropengebirgen" gehalten worden ist. Ich danke den Diskussionsrednern zu meinem Vortrag für ihre Hinweise und Fragen, auf die soweit als möglich in der Neufassung eingegangen worden ist.

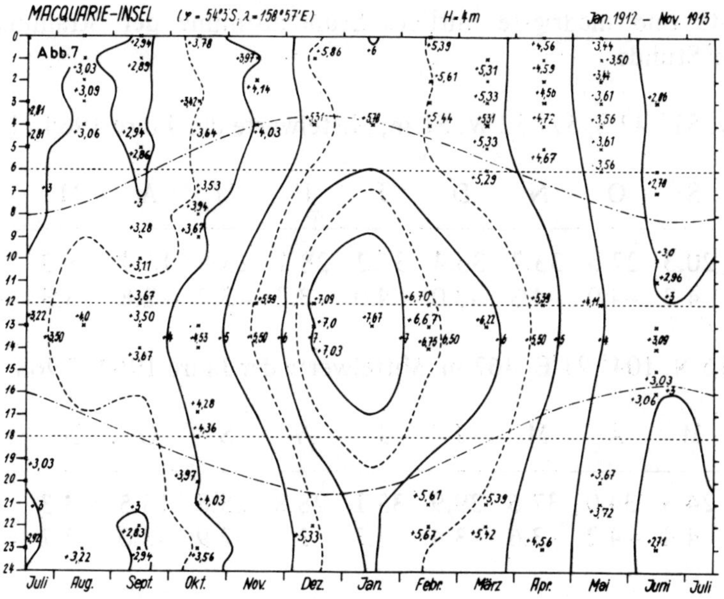

Fig. 4: Mittlerer Tages- und Jahresgang der Lufttemperatur in °C auf den *Macquarie-Inseln* (nach TROLL und PAFFEN, 1964).

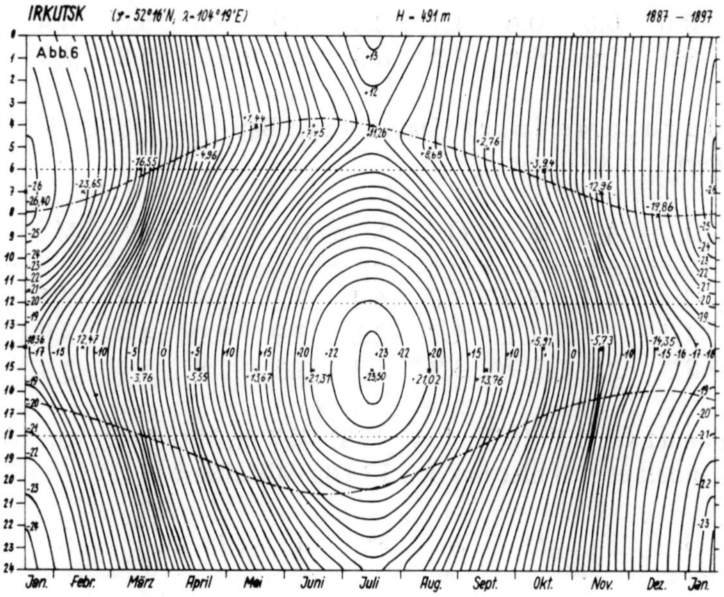

Fig. 5: Mittlerer Tages- und Jahresgang der Lufttemperatur in °C von *Irkutsk* (nach TROLL und PAFFEN, 1964).

Tabelle 4 Höchste und niedrigste mittlere Stundensumme der Strahlungsbilanz R in cal/cm² Stunde

Port Stanley, 51° 42'S, 57° 52'W, 51 m; Mittelwerte der Jahre 1964–1966

J	A	S	O	N	D	J	F	M	A	M	J
6.4	13.3	20.3	27.6	33.7	36.4	37.2	28.1	23.6	15.4	8.3	4.0
–3.4	–3.6	–4.3	–4.0	–4.3	–3.0	–4.0	–3.2	–3.7	–2.8	–3.3	–3.6

Irkutsk, 52° 16'N, 104° 21'E, 467 m; Mittelwerte der Jahre 1964–1968

J	F	M	A	M	J	J	A	S	O	N	D
3.2	8.3	24.3	34.0	37.6	39.9	35.1	28.8	25.8	15.5	5.3	1.9
–2.3	–2.9	–4.4	–4.2	–3.6	–3.4	–2.7	–2.7	–2.9	–3.0	–2.7	–1.9

Tabelle 5 Mittleres tägliches Maximum und Minimum der Lufttemperatur in °C:

Port Stanley, 51° 42'S, 57° 51'W, 2 m; Mittelwert von 25 Jahren

	J	A	S	O	N	D	J	F	M	A	M	J
Max.	4.4	5.0	7.2	8.9	11.1	12.2	13.3	12.8	11.7	9.4	6.7	5.0
Min.	–0.6	–0.6	0.6	1.7	2.8	3.9	5.6	5.0	4.4	2.8	1.1	–0.6
Diff.Max-Min	5.0	5.6	6.6	7.2	8.3	8.3	7.7	7.8	7.3	6.6	5.6	5.6

Macquarie Insel (Hasselbough Bay), 54° 30'S, 158° 57'E, 6 m; Mittelwert von 8 Jahren

	J	A	S	O	N	D	J	F	M	A	M	J
Max.	4.4	4.4	5.0	5.0	6.1	7.2	7.8	7.8	7.2	6.1	5.6	4.4
Min.	1.1	1.1	1.1	1.7	2.8	3.9	5.0	4.4	3.9	2.8	2.8	1.1
Diff. Max-Min	3.3	3.3	3.9	3.3	3.3	3.3	2.8	3.4	3.3	3.3	2.8	3.3

Irkutsk, 52° 16'N, 104° 19'E, 467 m; Mittelwert von 10 Jahren. Bei Max. handelt es sich hier um den 13 Uhr-Mittelwert

	J	F	M	A	M	J	J	A	S	O	N	D
Max.	–16.1	–12.2	–3.9	5.6	13.3	20.0	21.1	20.0	13.9	5.0	–6.7	–15.6
Min.	–26.1	–25.0	–16.7	–6.7	0.6	6.7	10.0	8.9	1.7	–6.1	–16.7	–24.4
Diff. Max-Min	10.0	12.8	12.8	12.3	12.7	13.3	11.1	11.1	12.2	11.1	10.0	8.8

LITERATUR

BAUMGARTNER, A. (1966): Energetic bases for differential vaporization from forest and agricultural lands. International Symposium on Forest Hydrology, Proceedings, Pergamon Press Oxford and New York, 381–389.

BUDYKO, M.I. (1974): Climate and Life. New York and London.

DUPRIEZ, G.L. (1964): Contribution à l'étude du bilan du rayonnement total et de ses composantes en région équatoriale africaine. Académie Royale des Sciences D'Outre-Mer, Bulletin des Séances 1964-3, 568 – 616.

GALOUX, A. (1973): La Chênaie mélangée calcicole de Virelles-Blaimont. Flux d'énergie radiante, conversions et transferts dans l'écosystème (1964–1967). Min. de l'Agric. Admin. des Eaux et Forêts, Station de Recherches des Eaux et Forêts Groenendaal-Hoeilaart, Belgique, Travaux-Série A 14.

HIRSCHMANN, J. (1973): Records on solar radiation in Chile. Solar Energy 14, 129 – 138.

KESSLER, A. (1971): Über den Tagesgang von Oberflächentemperaturen in der Bonner Innenstadt an einem sommerlichen Strahlungstag. Erdkunde 25, 13 – 20.

– (1973): Zur Klimatologie der Strahlungsbilanz an der Erdoberfläche. Erdkunde 27, 1 – 10.

– (1974): Infrarotstrahlungsmessungen auf einer Reise durch Westafrika und die Sahara, 1. Mitteilung, Effektive Strahlungstemperaturen verschiedener Oberflächen. Archiv Met.Geoph.Biokl., Ser. B 22, 135 – 147.

KIESE, O. (1972): Bestandsmeteorologische Untersuchungen zur Bestimmung des Wärmehaushalts eines Buchenwaldes. Berichte des Instituts für Meteorologie und Klimatologie der Techn.Universität Hannover Nr. 6.

KORFF, H.C. (1970): Untersuchungen zum Wärmehaushalt in den äquatorialen Anden. Dissertation Bonn.

MAHRINGER, W. (1969): Der Strahlungshaushalt des Neusiedler Sees im Jahre 1967. Archiv Met.Geoph. Biokl., Ser. B 17, 51 – 72.

MANI, A. und CHACKO, O. (1973): Solar radiation climate of India. Solar Energy 14, 139 – 156.

METEOROLOGISCHES OBSERVATORIUM HAMBURG des deutschen Wetterdienstes, Beilage zum Medizin-Meteorologischen Bericht, 1967ff.

TAJCHMAN, S. (1967): Energie- und Wasserhaushalt verschiedener Pflanzenbestände bei München. Universität München – Meteorologisches Institut, Wiss.Mitteilungen Nr. 12.

TROLL, C. (1960): The relationship between the climates, ecology and plant geography of the southern cold temperate zone and of the tropical high mountains. Proceedings of the Royal Society B 152, 529 – 532.

– und PAFFEN, KH. (1964): Karte der Jahreszeiten-Klimate der Erde. Erdkunde 18, 5 – 28.

WEISCHET, W. (1968): Die thermische Ungunst der südhemisphärischen hohen Mittelbreiten im Sommer im Lichte neuer dynamisch-klimatologischer Untersuchungen. Regio Basiliensis 9, 170 – 189.

DIE WUCHS- UND LEBENSFORMEN DER TROPISCHEN HOCHGEBIRGSREGIONEN UND DER SUBANTARKTIS, EIN VERGLEICH

WERNER RAUH

Mit 5 Figuren und 67 Photos

1. EINLEITUNG

Bereits Alexander von HUMBOLDT erkannte auf seinen Reisen in den Äquinoktialgegenden der Neuen Welt (1799–1804), daß die Physiognomie einer Landschaft nicht allein durch ihr Relief, ihre Oberflächengestaltung, sondern auch durch die einprägsamen Formen pflanzlicher Gestaltung bestimmt wird. Die Feststellung fand ihren Niederschlag in seinen beiden grundlegenden wissenschaftlichen Arbeiten: „Ideen zu einer Physiognomik der Gewächse" (1806) und „Ideen zu einer Geographie der Pflanzen, nebst einem Naturgemälde der Tropenländer" (1807). Mit seinen „Ideen" begründete A. v. HUMBOLDT die Lehre von den Wuchs- und Lebensformen der Pflanzen, ohne die pflanzengeographische Forschung heute nicht mehr denkbar ist. „Unter den zahllosen Mengen von Vegetabilien, welche die Erde bedecken, erkennt man bei aufmerksamer Beobachtung einige wenige Grundgestalten, auf welche man wahrscheinlich alle übrigen zurückführen kann". HUMBOLDT kannte aber auch bereits jene Erscheinung, die wir heute als *Konvergenz* der Wuchs- und Lebensformen bezeichnen. „Wenn auch die Natur in ähnlichen Klimaten *nicht* dieselben Pflanzen hervorbringt, so zeigt doch die Vegetation noch so weit entlegener Landstriche im ganzen Habitus die auffallendeste Ähnlichkeit. Diese Erscheinung ist eine der merkwürdigsten in der Geschichte der organischen Bildungen" (1807). Nun hat aber A. v. HUMBOLDT nur die Pflanzenwelt der Neuen Welt gesehen. „Hätte er jedoch die Gelegenheit gehabt, auch die Tropenvegetation der Alten Welt kennenzulernen, er wäre über die täuschende Ähnlichkeit konvergenter Gewächse aus verschiedenen Verwandschaftskreisen und auch über die Zusammensetzung der tropischen Vegetationsformen aus entsprechenden Lebensformen sicherlich höchst erregt gewesen" (C. TROLL 1969, S. 200). Die Ähnlichkeit einzelner Wuchsformen von Pflanzen der verschiedensten systematischen Verwandtschaftskreise überträgt sich nämlich unter ähnlichen klima-ökologischen Bedingungen auf ganze Pflanzengesellschaften, gleich ob wir uns in der Neuen oder Alten Welt befinden. Wir können somit aus dem Wuchsformenspektrum eines Biotops gewisse Rückschlüsse auf das Klima ziehen.

Besonders eindrucksvolle Beispiele von Lebensformenkonvergenzen ganzer Pflanzenverbände finden wir in Gebieten, in welchen die Pflanzen unter extremsten Bedingungen, häufig an der Grenze ihrer Existenzfähigkeit leben. Das sind einmal die niederschlagsarmen ariden und semiariden Gebiete, die Wüsten und Halbwüsten, zum anderen die subnivalen Regionen der Hochgebirge sowie die arktischen und subantarktischen Regionen.

Als bekanntestes Beispiel pflanzlicher Konvergenz wird immer wieder die „Kakteenform" angeführt. Es handelt sich hierbei um Bewohner subtropischer Trockengebiete aus den Familien der *Cactaceae, Euphorbiaceae, Asclepiadaceae, Vitaceae* und *Compositae,* die einen in den Grundzügen übereinstimmenden Bauplan aufweisen und sich deshalb auch durch gleiche oder ähnliche Wuchsformen ausszeichnen: Es sind Pflanzen baum- oder strauchförmigen Wuchses, deren Blätter kurzlebig oder klein und unscheinbar, häufig zu stechenden Dornen umgebildet sind. Die Funktion der fehlenden Blattorgane geht damit auf die mit Chloroplasten ausgestatteten Sproßachsen über, die demzufolge grün sind, ihren primären Bau weitgehend beibehalten und zudem noch im Dienste der Wasserspeicherung stehen, also fleischig und saftig werden.

Viele Beispiele erstaunlicher Gestaltsähnlichkeit treten uns in den baumlosen Regionen der tropischen Hochgebirge (siehe z. B. Photos 23 u. 24, Tafel VI) und in der Subantarktis entgegen, was keineswegs überrascht, da beide Gebiete, sowohl in areal-geographischer wie auch in klimatologisch-ökologischer Hinsicht zahlreiche Gemeinsamkeiten aufweisen. Über die Wuchsform dieser Gebiete soll nachfolgend berichtet werden.

2. ALLGEMEINE BEMERKUNGEN ZUR KLIMA-ÖKOLOGIE DER TROPISCHEN HOCHGEBIRGSREGIONEN UND DER SUBANTARKTISCHEN INSELN

Seit A. v. HUMBOLDT basiert die vertikale Gliederung der südamerikanischen Gebirge, insbesondere der Anden, auf den Temperaturverhältnissen. So lösen sich mit zunehmender Höhe ab die *tierra caliente, tierra templada, tierra fria* und *tierra helada.* Die gleiche Zonierung läßt sich auch auf die Gebirgsstöcke des tropischen Afrika übertragen.

Die *tierra helada,* das Gefrorene Land, mit dem wir uns in den vorliegenden Ausführungen fast ausschließlich zu beschäftigen haben, erstreckt sich von der oberen Grenze des geschlossenen Waldes bis in die höchsten, von Gletschern gekrönten Regionen.

Wie auch in den außertropischen Hochgebirgen, den Alpen beispielsweise, sich an den geschlossenen Wald in vertikaler Richtung Grasland, die Mattenregion, anschließt, so wird auch in den tropischen Gebirgen die tierra helada von *baumlosen Grasfluren* eingenommen. Wenn nun die Pflanzenwelt der äquatorialen Gebirge sich nicht immer unmittelbar mit jener der Hochgebirge höherer Breiten vergleichen läßt, so hängt dies letztlich mit ganz anderen klima-ökologischen Bedingungen zusammen. In Übereinstimmung mit dem tropischen Tiefland, der tierra caliente, fehlt auch der tierra helada der Wechsel thermischer Jahreszeiten, der Wechsel zwischen einer warmen und kalten Jahreszeit. Die monatlichen Temperaturunterschiede am Äquator betragen auch in den Höhenregionen weniger als +2 °C. Stattdessen haben wir ein ausgesprochenes *Tageszeitenklima,* und die tropischen Gebirgsländer weisen die größten täglichen Temperaturschwankungen auf, die wir auf der Erde messen können. Nach Beobachtungen von C. TROLL kann die Wärmeschwankung in der bolivanischen Puna innerhalb 24 Stunden 54 °C betragen; eigene Messungen der Bodenoberflächentemperatur im Juli (1954), dem kältesten Monat des Jahres, ergaben in der Cord. Raura (Zentralperu), in 4 900 m Höhe noch höhere Werte, nämlich eine Temperaturdifferenz innerhalb von 24 Stunden von +75 °C (–20 °C um 3 Uhr nachts und +55 °C um 12 Uhr mittags). In den tropischen Hochregionen herrscht während des ganzen Jahres am Tage Sommer und in der Nacht Winter. Dieses Tageszeitenklima ist, wie wir später sehen werden, typisch auch für die Subantarktis. Es stellt nicht nur hohe physiologische Anforderungen an Mensch und Tier, sondern in gleicher Weise auch die Pflanzen, die, insbesondere in der trockenen Puna (s. S. 66), tagsüber in den niederschlagsarmen Monaten sengender Sonnenglut und nachts klirrendem Frost ausgesetzt sind. Überraschenderweise besitzen aber viele tropische Hochgebirgspflanzen auffallend große Blüten mit sehr zarten Blütenblättern (z.B. Kakteen und Enzian-Arten in 4 900 m Höhe), die trotz der nächtlichen Frosttemperaturen keine Schädigung aufweisen, ein physiologisches Phänomen, das noch der Klärung bedarf.

Diese im Vergleich zu den extratropischen Hochregionen veränderten klimatischen Bedingungen, das Tageszeitenklima mit seinen täglichen Nachtfrösten, das Fehlen einer frostfreien Jahreszeit, spiegeln sich nun bis zu einem gewissen Grade in der Ausbildung und Zusammensetzung des Pflanzenkleides wieder. Es ist zu einer Selektion von Pflanzen in der Weise gekommen, daß nur jene überleben, blühen und sich vermehren können, die aufgrund ihrer Organisation sich den herrschenden Umweltbedingungen am besten haben anpassen können. Eine Gruppe von Pflanzen fehlt den tropischen Hochgebirgen, die gerade in heiß-trockenen Klimaten tonangebend ist, nämlich die Annuellen. Sie können ihren Entwicklungszyklus zwar in wenigen Wochen, oft in wenigen Tagen durchlaufen, können aber andererseits ungünstige Perioden jahrelang im Zustand der Samenruhe überdauern. Vorherrschend sind in den tropischen Hochregionen die Perennierenden, und unter ihnen dominieren wiederum bestimmte Wuchsformen.

Beginnen wir mit dem hochandinen Bereich Südamerikas. Natürlich herrscht in diesem riesigen Gebiet, vom Äquator südwärts fortschreitend, kein einheitliches Klima, sondern wir können, worauf bereits C. TROLL (1959, 1966) nachdrücklich hingewiesen hat, je nach Niederschlagshöhe und der Anzahl der niederschlagsarmen Monate einen kontinuierlichen Übergang von immerfeuchten zu extrem trockenen, wüstenartigen Hochgebirgslandschaften feststellen.

Die *immerfeuchte* Zone wird mit dem bereits von spanischen Kolonisten geprägten, von A. v. HUMBOLDT und späteren Forschern übernommenen Ausdruck *Páramo* belegt. Daran schließt sich südwärts die *wechselfeuchte Puna* an, welche ganz Zentral- und Südperu umfaßt und die schließlich südwärts über die *Trockenpuna* in die *Hochwüste* (*Salzpuna* nach C. TROLL) übergeht. Den Übergang zwischen Páramo und Puna vermittelt in Nordperu die sog. *Jalca,* ein von den Hochlandindianern geprägter Begriff.

2.1. PÁRAMO

Die Páramos erstrecken sich in den Kordilleren von Venezuela über Kolumbien und Ecuador bis in das nördliche Peru (Jalca)[1]). Grundlegende Untersuchungen über die Páramos, insbesondere über die Vegetation verdanken wir GOEBEL (1890), DIELS (1937) und CUATRECASAS (1934, 1966). Über das *Klima* der Páramos liegen detaillierte und sich über einen längeren Zeitraum erstreckende Angaben nur von ESPINOZA (1932) für den Cotopaxi von Ecuador vor. Aus seinen und den sporadischen Messungen anderer Forscher ist zu entnehmen, daß selbst in großen Höhen (± 4 700 m) keine sehr tiefen Frost-Temperaturen (–2 °C) herrschen und die tageszeitlichen Schwankungen mit zunehmender Höhe geringer werden. Im Ganzen gesehen sind die Páramo-Temperaturen konstant niedrig während des ganzen Jahres; die registrierten absoluten Minimal-Temperaturen variieren zwischen +8 °C und –3 °C, die Maximaltemperaturen zwischen +12 °C und +20 °C. Die Temperaturschwankungen zwischen Tag und Nacht sind zwar erheblich, jedoch während des ganzen Jahres nahezu konstant. Typisch für die Páramos sind rasche Temperaturwechsel während des Tages. So

[1]) Neuerdings hat H. WEBER (1958) Páramos auch von Costa Rica beschrieben.

berichtet H. MEYER (1907) von der Unbeständigkeit des Wetters, von häufigen und schroffen Wechseln zwischen Extremen, zwischen strahlender Hochgebirgssonne und wütendem Eis- und Schneewind (S. 107).

Während die Temperatur sich als ein relativ konstanter Klimafaktor erweist, variiert die Höhe der Niederschläge von Jahr zu Jahr. Aus allen vorliegenden Messungen aber geht hervor, daß das Páramo-Klima ausgesprochen humid ist. ESPINOZA (1932) gibt für den Cotopaxi einen Jahresniederschlag von 1071 mm an, die sich auf 255 Tage im Jahr verteilen, so daß nur relativ wenige Tage niederschlagsfrei sind. Im Jahre 1973 erlebten wir allerdings am Cotopaxi und Chimborazo im September eine mehrere Tage lang währende Schönwetterperiode, jedoch verbunden mit stürmischen Winden.

Den Begriff Páramo können wir auch auf die ostafrikanischen Hochgebirgsstöcke übertragen, denn die klimatischen Verhältnisse, über die wir durch die Arbeiten von O. HEDBERG (1964), R. u. Th. FRIES (1948) und G. SALT (1954) recht gut unterrichtet sind, stimmen weitgehend mit denen der hochandinen Region überein. "in the absence of sufficient metereological data no thermoisoplethendiagram (after TROLL) can be constructed for an afro-alpine climate, but its general appearance would probably resemble something intermediate between those of Quito and the Misti (Peru). Annual variations are almost negligable, whereas *the diurnial ones are very marked* (gesperrt vom Verf.). In other words: *in the afroalpine belt there is summer every day and winter every night* (*gesperrt* vom Verf.). In at least the major part of this belt frost occurs in many if not most nights of the year, whereas day temperatures may be quite tolerable . . . . One remarkable feature of the afroalpine climate is its *rapid temperature changes* (*gesperrt* vom Verf.) . . . . On a clear morning the temperature increases after sunrise is very rapid and in daytime *violent temperature changes* (up to 10 °C in less than half an hour) are brought about by changes in wind and cloudiness" (HEDBERG 1964, S. 18).

Hinsichtlich der Verteilung der Niederschläge zeichnen sich die niederen Lagen von Kenia und Tanzania durch das Auftreten von zwei Regenzeiten aus, von denen die „große" von März bis Mai, die „kleine" von Mitte Oktober bis Mitte Dezember dauert.

Nach HEDBERG herrschen in den Hochregionen dieser Gebiete etwa die gleichen Verhältnisse mit dem Unterschied, daß auch während der Trockenzeit des Tieflandes in den Hochregionen Niederschläge, wenngleich auch von geringerer Intensität, fallen können. Am Mt. Kenya ist, im Vergleich zum Kilimanjaro, die Trockenzeit weniger ausgeprägt. Wir können deshalb dieses Gebiet etwa mit der südamerikanischen Jalca resp. der feuchten Puna vergleichen. Vom Ruwenzori wird berichtet "that rain falls almost daily in form of heavy mists, and the vegetation throughout the day is usually dripping with moisture . . . There is no reliable dry season, but there seem to be on average better chances for good weather in January and June" (zitiert bei O. HEDBERG 1964, S. 14). Unterhalb 4 000 m fallen die Niederschläge gewöhnlich als Regen, nur gelegentlich als Schnee oder Hagel, oberhalb 4 300 m jedoch in der Regel als Schnee (s. Fig. 6 bei HEDBERG 1964). Die klimatischen Verhältnisse des Ruwenzori stimmen also mehr mit dem der Páramos der nördlichen Andenkette überein.

Über die klima-ökologischen Verhältnisse der subantarktischen baumlosen Inseln (Falklandinseln, Kerguelen, Marion u. Prince Edward Island, Campell u. Auckland-Inseln) liegen zahlreiche Beobachtungen von SCHENCK (1898–99), CHASTAIN (1958), AUBERT DE LA RUE (1964), van ZINDEREN (1971) u.a. vor. Ihnen allen ist gemeinsam, daß die subantarktischen Inseln – in Übereinstimmung mit den tropischen Hochgebirgen – sich durch ein Tageszeitenklima auszeichnen und die Jahresmitteltemperaturen zwischen Sommer und Winter nur geringe Schwankungen aufweisen. Der wärmste Monat hat eine Mitteltemperatur von wenig unter 0 °C; während des ganzen Jahres herrschen stürmische Winde; die Niederschläge können während des ganzen Jahres als Schnee fallen; der Boden ist ständig durchfeuchtet und gleich dem der Páramos moorig-torfig. Die klimatische Schneegrenze liegt zwischen 300 und 1000 m.

Alles in allem sind die klimatischen Verhältnisse, insbesondere die tiefen Jahresmitteltemperaturen sowohl der tropischen Hochgebirge wie auch der Subantarktis als lebensfeindlich zu bezeichnen. Der gesamte Lebensrhythmus der Pflanzen, Keimung, Wachstum, Blühen und Fortpflanzung, muß sich bei niedrigen Temperaturen (etwa um 0 Grad) vollziehen und Wachstum erfolgt während des ganzen Jahres. Es gibt *keine Ruheperiode*.

Daraus resultiert ein zwar langsames, aber ständiges Wachstum und ein hohes Alter der hochandinen Pflanzen. Darauf hat schon C. TROLL (1959, S. 46) hingewiesen und sagt: „die Folge des konstant langsamen Wachstums sind die extrem kurzen Internodien der Páramo-Pflanzen und die enorme Zahl der Blätter". Diese benötigen nicht nur eine lange Zeit zur vollen Entwicklung (nahezu 1 Jahr), sondern zeichnen sich auch durch Langlebigkeit aus. Selbst wenn sie nach einigen Jahren absterben, werden sie nicht abgeworfen, sondern bleiben noch viele Jahre erhalten, die Sproßachsen in einen mehr oder weniger dicken Mantel einhüllend (s. Photo 23, 24, Tafel VI).

Aber nicht nur das Längenwachstum, sondern auch der jährliche Dickenzuwachs weist geringe Werte auf. Die extremen Lebensbedingungen in den Páramos haben nun im Verlauf der Florenentwicklung zu einer Selektion von Pflanzen in der Weise geführt, daß nur jene überlebt haben und das heutige Vegetationskleid bestimmen, die aufgrund ihrer Organisation sich den herrschenden Umweltbedingungen am besten haben anpassen können. Es nimmt deshalb nicht wunder, daß die Páramo-Vegetation der Alten und der Neuen Welt aus zahlreichen konvergenten Formen sich zusammensetzt. Nach C. TROLL (1959) ist sogar die Vegetation der höchsten Gipfel Brasiliens, des Itatiaia-Gebirges, als Páramo-Vegetation zu bezeichnen, wenngleich es auch infolge zu geringer Höhe (2 800 m) nicht zur Ausbildung der oberen Páramo-Stufe kommt. Dennoch hat das Itatiaia-Gebirge eine Reihe von Wuchstypen auch mit den andinen Páramos gemeinsam.

2.2. PUNA

An den andinen Páramo schließt sich südwärts, vom zentralen Peru bis Nordchile und Bolivien sich erstreckend, die Zone der *Puna* an, eine Hochsteppe, die im Vergleich zum immergrünen Páramo einem mehr oder weniger stark ausgeprägtem Wechsel zwischen einer winterlichen Trocken- und einer sommerlichen Regenzeit unterliegt; dieser wird um so ausgeprägter, je weiter man nach Süden kommt. Die Puna zeigt also einen deutlichen Regenzeit- und einen Trockenzeitaspekt. Nach der Länge der Trockenperiode (unter Heranziehung der Vegetation) unterscheidet C. TROLL (1959) die *feuchte* oder *Graspuna* (Dauer der Trockenzeit weniger als 6 Monate), die *Trocken-* oder *-wechselfeuchte Puna* mit einer Trockenzeit von ca. 6 Monaten, die *Dorn-* und *Sukkulentenpuna* (Dauer der Trockenzeit 6–8 1/2 Monate) und schließlich die *Wüsten-* und *Salzpuna,* in welcher Sicheldünen (wie in der Küstenwüste) und Salzflächen noch in über 4 000 m Höhe die Landschaft bestimmen; kein ausgesprochen humider Monat unterbricht in der Wüstenpuna die fast ganzjährige Trockenzeit.

Der Unterschied zwischen Páramo und Puna besteht jedoch nicht allein in der Höhe und Verteilung der Niederschläge, sondern vor allem im diurnalen Temperaturgang. Während sich das Tageszeitenklima der Páramos Südamerikas und Ostafrikas durch relativ geringe

Temperaturschwankungen auszeichnet, ist die Puna sehr hohen täglichen Temperaturunterschieden unterworfen (vgl. S. 63). Diese werden um so größer, je geringer die Niederschläge sind. Während der Trockenzeit sind die Nächte völlig klar. Es können Frost-Temperaturen bis zu –20 °C auftreten. Stehende, flache Gewässer, Tümpel und Pfützen sind am Morgen mit einer etwa 0,5 cm dicken Eiskruste überzogen, (Photo 16, Tafel IV), die jedoch tagsüber meist wieder auftaut. Allnächtlich kommt es zu einer mehr oder weniger starken *Reif-Bildung*. Dabei kann man die interessante und für die Rhizosphäre vieler Pflanzen bedeutungsvolle Beobachtung machen, daß der ausgetrocknete schwarze, humöse Punaboden die tagsüber eingestrahlte Wärme so stark speichert und die bodennahen Luftschichten so trocken sind, daß nicht nur die Basen der Grashorste, sondern auch die dem Boden aufliegenden Blätter von Rosettenstauden frei von Reif sind (Photo 15, Tafel IV). Unsere Maultiertreiber, die nachts vor dem Zelt schliefen, mußten sich allmorgendlich von einer dicken Reifkruste befreien. Unser Trinkwasser im Zelt war zu Eis gefroren. In der Nähe des Zeltes wachsende Kugelkakteen von *Oroya neoperuviana* wiesen bei einer Lufttemperatur von –20 °C in 50 cm Höhe über dem Boden im wasser- und schleimreichen Parenchymgewebe jedoch noch Temperaturen von +3 °C bis +5 °C auf; die zahlreichen Blüten zeigten am nächsten Morgen keinerlei Frostspuren. Mit Sonnenaufgang begannen sich Bodenoberfläche und auch die Luft sehr rasch zu erwärmen und um die Mittagszeit konnten wir Bodenoberflächentemperaturen bis +55 °C bei Lufttemperaturen von +39 °C (in 1 m Höhe) messen. Bei heftigen bis stürmischen Aufwinden herrschte eine Luftfeuchtigkeit von 25–30 %. Während der Trockenzeit sind die Pflanzen der Puna tagsüber also sengender Sonnenglut bei niedriger relativer Feuchte ausgesetzt.

Während der Regenzeit fällt oberhalb 4 000 m fast täglich ab 16.00 Uhr Schnee, der eine nahezu geschlossene Decke bildet, die jedoch im Verlauf des nächsten Vormittages wieder weitgehend abschmilzt.

Da nun die klima-ökologischen Bedingungen in der Puna, vor allem in der Trocken- und Wüstenpuna, weitgehend von denen der feuchten Páramos verschieden sind, ist zu erwarten, daß auch die Vegetation von anderen Lebensformen beherrscht wird.

3. EINIGE BEMERKUNGEN ZU DEN BEGRIFFEN WUCHS- UND LEBENSFORMEN

Schon an früherer Stelle (RAUH 1939) wurde mit Nachdruck darauf verwiesen, daß Wuchs- und Lebensform zwei *nicht identische* Begriffe sind. Unter *Wuchsform* verstehen wir den mit Hilfe morphologischer Methoden analysierbaren Bauplan (Organisation) einer Pflanze, ihre Entwicklung, die Lagebeziehungen der Organe zueinander; unter *Lebensform* hingegen die in den Lebensraum, ohne den eine Pflanze nicht vorstellbar ist, gestellte Wuchsform. Die Umwelteinflüsse können auf diese, auf ihren Bauplan, zwar formend einwirken, ohne ihn aber zu durchbrechen, m.a.W. eine Wuchsform kann aufgrund ihrer Organisation jene Lebensform annehmen, die ihr unter den gegebenen Umweltbedingungen die größtmöglichsten Überlebenschancen bietet. So bestehen beispielsweise zwischen einem Kugelbusch (Fig. 1a) des warm-trockenen Klimabereiches und einem Radialvollkugelpolster (Fig. 1b) der kalten Hochgebirgsregion keine grundsätzlichen Unterschiede hinsichtlich ihrer Organisation. Beiden Lebensformen liegt ein in den Grundzügen übereinstimmender Bauplan zugrunde, der sich auf eine gesetzmäßige, sympodiale, im Anschluß an jede Blühperiode sich vollziehende, akroton geförderte Verzweigung zurückführen läßt (Fig. 1). Die Unterschiede

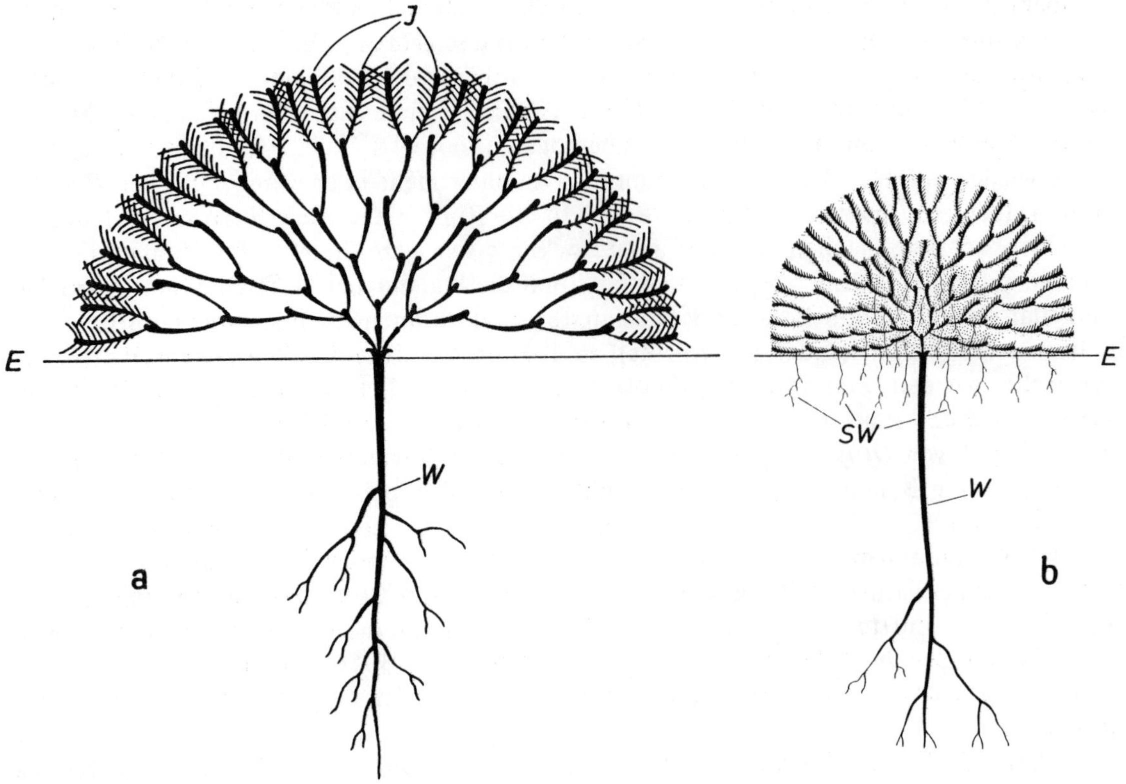

Fig. 1: Wuchsform und Verzweigung eines Radial-Kugelbusches (a) und einer Radialvollkugelpolsterpflanze (b). Von den zahlreichen, im Anschluß an eine Blühperiode (J) sich entwickelnden Innovationstrieben sind jeweils nur zwei gezeichnet. E–E Erdgrenze, W Primärwurzel, SW sproßbürtige Wurzeln. Der in „b" sich bildende Humus ist punktiert gezeichnet.

zwischen Kugelbusch und Polsterpflanze bestehen in erster Linie in der Länge der Internodien, der davon abhängigen Länge des Jahreszuwachses und der Blattgröße; Internodienlänge und Blattgröße aber sind von äußeren Faktoren (Licht, Temperatur) beeinflußbar. Hohe Lichtintensitäten (insbesondere Reichtum an UV-Strahlung) und kalte Temperaturen hemmen das Internodienwachstum und führen zu einer Verkleinerung der Blattfläche. Damit wird – rein typologisch betrachtet – der Kugelbusch zum Radialvollkugelpolster[2]). Dessen Härte beruht allein darauf, daß die sehr kurzen und damit reichverzweigten, sich durch ein gleiches Längenwachstum auszeichnenden Innovationstriebe dicht gepackt in einer wie geschoren aussehenden Oberfläche zu stehen kommen (Photo 58, 59, Tafel XV). Die nun im Verlauf der Stammesgeschichte erblich gewordene Polsterform garantiert der betreffenden Pflanze unter den extremen Klimabedingungen des Hochgebirges die größten Überlebenschancen. (Abb. 1 b) Jeder *Lebensformanalyse* hat deshalb eine *Wuchsformenanalyse* vorauszugehen, deren Aufgabe darin besteht, *Organisations-* von *Anpassungsmerkmalen* zu trennen. Pflanzliche Konvergenzen in den verschiedenen Erdteilen können nur auftre-

[2]) Die Blätter der Polsterpflanzen sind gleich jenen der Kugelbüsche zwar kurzlebig, bleiben aber an den Sproßachsen sitzen und verwittern allmählich zu einem das Polsterinnere erfüllenden Humus (Abb. 1 b, punktiert). Beim Kugelbusch werden sie durch den Wind herausgeblasen.

ten, wenn die gleichen bauplanmäßigen Voraussetzungen dafür gegeben sind, d.h. wenn sich unabhängig voneinander die gleichen Organisationstypen entwickelt haben. Hieraus erklärt sich auch die Tatsache, daß die afroalpine Region so arm an Polsterpflanzen ist, weil dort, wie auch HEDBERG (1964, S. 74) bemerkt, nur wenige Pflanzen aufgrund ihres Bauplanes Polsterwuchs annehmen können.

4. DIE WUCHS- UND LEBENSFORMEN DER PÁRAMOS VON SÜDAMERIKA UND OSTAFRIKA

Der hier zur Verfügung stehende Raum verbietet es, die Wuchs- und Lebensformen der tropischen Hochgebirge in allen Einzelheiten darzustellen, zumal detaillierte Wuchsformanalysen vieler Pflanzengruppen noch ausstehen. Nachfolgend sollen deshalb nur die *vegetationsbeherrschenden* Wuchstypen vergleichend herausgestellt werden.

Bereits GOEBEL (1891) hat auf 4 charakteristische Lebensformen hingewiesen:

a. die dicht *wollig behaarten* Gewächse: *Culcitium, Erigeron, Gnaphalium, Helichrysum, Espeletia.*
b. die *Polsterpflanzen: Azorella, Aciachne, Pycnophyllum, Plantago* u.a.
c. die *Rosettenpflanzen* mit rüben- oder knollenförmigen Wurzeln und Rhizomen: *Valeriana, Malvastrum, Nototriche, Liabum, Werneria.*
d. die heideartigen, harzreichen *Schuppenblatt-* und *Rollblattsträucher: Loricaria, Hypericum laricifolium, Baccharis, Alchemilla nivalis.*

Dieser Einteilung ist zu entnehmen, daß GOEBEL Organisations- und Anpassungsmerkmale miteinander vermischt. Die erste Gruppe umfaßt sehr heterogene Wuchsformen, während die Polster- und Rosettenpflanzen in morphologisch-organisatorischer Hinsicht recht einheitliche Gruppen darstellen.

CUATRECASAS (1958 u. 1968), der dem Wort Páramo nur rein topographische Bedeutung beimißt und die Vegetation als *Psychrophyta* beschreibt, gibt eine beachtenswerte Übersicht über die Páramo-Lebensformen (life-forms): "The páramos proper are covered by a continuous and often dense evergreen vegetation of xeromorphic structure. The plants include *bushes, dwarf trees* (isolated or in thickets), *grasses in bunches,* and *herbs* forming mats, *plant cushions, plant carpets, meadow, turf.* The páramo-vegetation is open, emerging above the forested slopes of the Andes. It is a complex. A great number of different floristic elements are involved" (1968, S. 165). Er fährt fort: "Just as we call the aggregate of the components of a plant association a *synecia,* we call the entity comprising all of the elements belonging to the same biotype a *symorphia.* The basic life-forms in páramo synecia are those derived from the classic concepts of: *Arbor, Frutex, Suffrutex, Herba, Gramen, Rosula, Caespes, Pulvinus, Fasciculus.* Adding the suffix – *etum* gives the collective designation for the symorphia. *Musci* and *Lichenes* are also life-forms. They are usually associated forming the *Proteretum.* Two additional biotypes have still to be considered: *Caulirosula* and *Cryptofrutex* (Abb. 4 bei CUATRECASAS, 1968), which play an important role in páramo plant life" (1968, S. 166–167).

4.1. *BÜSCHEL-* ODER *HORSTGRÄSER* (*BUNCH-* ODER *TUSSOCK-GRASSES*),

Den Grundstock der Vegetation nicht nur der Páramos, sondern aller hier zu vergleichender Gebiete, bilden die von den Spaniern als (paja = Stroh, pajanales = Stroh, im Bestand „pajonal"), in Zentral- und Südperu als „Ichu", in den Hochgebirgen Afrikas und auf den subantarktischen Inseln als „Tussock"-Gräser bezeichnet.

Horstgräser im allgemeinen sind perennierende Gewächse (Chamaephyten im Sinne RAUNKIAERs), die infolge basal-peripher geförderter Verzweigung einen horstförmigen Wuchs annehmen (Photo 17, Tafel V). Die Horste bestehen nicht nur aus lebendem Material, sondern die Sproßbasen mit ihren Innovationsknospen werden eingehüllt von toten und abgestorbenen Blattscheiden, welche eine schützende „Tunica" für die jungen Triebe bilden. Infolge ausgeprägten Randwachstums vergrößern sich die Horste von Jahr zu Jahr, wobei nicht selten die zentralen Partien der Horste absterben und ringartige Gebilde resultieren (Photo 18, Tafel V)[3]).

Die Horstgrasblätter zeigen einen ausgesprochenen xeromorphen Bau und sind häufig als steife, in eine stechende Spitze auslaufende Rollblätter ausgebildet. Über ihre Lebensdauer liegen keine Angaben vor. Die Páramo-Tussockhorste erscheinen während des ganzen Jahres grün, bedingt dadurch, daß keine Wachstumsrhythmik erfolgt. In dem Maße, wie neue Blätter gebildet werden, sterben ältere ab; anders bei den Ichu-Gräsern der Trockenpuna. Sie zeigen ein herbstlich-braunes Aussehen während der Trockenzeit, d.h. die Spreiten fast aller Blätter trocknen etwa zu gleicher Zeit ab und werden mit einsetzenden Niederschlägen neu gebildet. Das Wachstum der Ichu-Gräser ist also von einer deutlichen Trocken-Regenzeit-Rhythmik geprägt.

Die Horst- (Tussock-)Gräser bilden auf flach-geneigten, tiefgründigen, feinerdigen, ständig durchfeuchteten, moorigen Böden bisweilen Reinbestände, so in der Tussock-Formation der subantarktischen Inseln und den Páramos Südamerikas und der ostafrikanischen Gebirge (Photo 21 u. 22, Tafel VI). In diesem Biotop, von CUATRECASAS als „fascigraminetum" resp. „perennigraminetum fasciculosum" (1968, S. 168) bezeichnet, herrschen in den verschiedensten Gegenden z.T. die gleichen Gramineen-Gattungen vor. Die Tussock-Formation der subantarktischen Inseln wird gebildet von *Poa cookii* (Photo 19 u. 20, Tafel V), *Agrostis kerguelensis* u.a. in den Páramos von Südamerika sind es Vertreter der Gattungen *Agrostis, Andropogon, Calamagrostis* (Photo 21, Tafel VI), *Festuca, Paspalum* und *Stipa,* im Tussock-Grasland der afrikanischen Hochgebirge: *Agrostis, Anthoxanthum, Andropogon, Deschampsia, Festuca, Koeleria, Pentaschistis* u.a. Dominierend in der Tussock-Formation des Mt. Kenya, Mt. Elgon, der Aberdare Hills und des Mt. Kilimanjaro ist *Festuca pilgeri* (Photo 22, Tafel VI).

[3]) Diese für die Ichu-Gräser der Trockenpuna Perus gemachten Beobachtungen widersprechen den Angaben von O. HEDBERG, wenn er sagt, daß „innovation shoots seem be formed mainly in the central parts of the tussocks, where they are protected against the temperature- (and moisture-) changes of the environment by a dense felt-like mass of decaying leaf- and culm-bases" (1964, S. 86). Aufgrund dieser Art der Innovation und Verzweigung ließe sich allerdings der in Photo 18 (Tafel V) gezeigte Ringwuchs nicht erklären. Leider stehen auf breiter Basis durchgeführte Verzweigungsanalysen der Büschelgräser noch aus.

4.2. DIE SCHOPFROSETTEN-GEWÄCHSE

sind perennierende Pflanzen mit dicker[4]), kurzer oder stammartig verlängerter, einfacher oder verzweigter Sproßachse, die infolge extremer Internodienstauchung von einem Schopf großer, rosettig angeordneter Blätter gekrönt wird. Die innersten, jüngsten Rosettenblätter sind aufgerichtet, die älteren, lebenden stehen mehr oder weniger horizontal von der Achse ab, und die ältesten absterbenden oder bereits abgestorbenen Blätter hängen schlaff herunter, den Stamm, sofern ein solcher vorhanden ist, in einen dicken Mantel einhüllend (Photos 23–26, Tafeln VI u. VII). Die zungenförmigen oder linealen, entweder beiderseits dicht wollig behaarten *(Espeletia)* oder nur unterseits weißfilzigen *(Dendrosenecio)*, bzw. völlig kahlen Spreiten *(Lobelia)* haben die Fähigkeit, *thermo-* und wohl auch *nyktinastische Bewegungen* auszuführen. Mit einsetzender Dunkelheit und absinkenden Temperaturen krümmen sich die äußeren lebenden Rosettenblätter einwärts und bilden somit eine "night-bud" (HEDBERG[5]; Abb. 10 unten, rechts), d.h. sie legen sich schützend über die jüngsten Primordien und den Vegetationspunkt resp. die sich ausgliedernden Infloreszenzprimordien. Mit Sonnenaufgang gehen die Blätter in ihre Ausgangsstellung zurück.

1. Nach der Ausbildung der *Sproßachse* ist zu unterscheiden zwischen: a^1 *stammlosen (acaulescenten)* und a^2 *stammbildenden (caulescenten)* Schopfrosettengewächsen;
2. nach der Stellung der *Infloreszenzen* ist zu unterscheiden zwischen: b^1 Schopfrosettengewächsen von *unbegrenztem* (laterale Infloreszenzstellung) und solchen von b^2 *begrenztem* Wachstum (terminale Infloreszenzen);
3. nach der *Lebensdauer* ist zu unterscheiden zwischen c^1 *monokarpischen* (plurienn-hapaxanthen im Sinne von WARMING) und c^2 *polykarpischen* (perennierenden) Schopfrosettengewächsen.

Vegetationsbestimmend für weite Teile der südamerikanischen Páramos sind die zahlreichen Arten (ca. 70 nach CUATRECASAS) der Gattung *Espeletia,* deren Verbreitungsgebiet sich von den Kordilleren Venezuelas über Kolumbien bis nach Nordecuador (Páramo del Angel) erstreckt. Nach SCHULTZE-RHONHOF (1952, S. 236) soll das südlichste Vorkommen der Gattung jedoch der Páramo de Llanganates (Zentral-Ecuador) sein. Das vertikale Verbreitungsgebiet von *Espeletia* erstreckt sich von der oberen Grenze des geschlossenen Waldes bis an den Fuß der Gletscher, in Venezuela bis 4 800 m aufsteigend.

Die Espeletien besitzen mächtige, weißfilzige Schopfrosetten von einem Durchmesser bis zu 1 m und mehr, die entweder stammlos dem Boden aufliegen (z.B. *E. schultzii* aus Venezuela) oder auf bis 7(–10) m hohe, unverzweigte Stämme emporgehoben werden (z.B. *E. hartwegiana* (Photo 23, Tafel VI)). Die alten, abgestorbenen Blätter hüllen die Stämme oft bis zum Erdboden in einen dicken Mantel ein. Hierauf nimmt auch der spanische Name „Frailejones", Große Mönche, Bezug, da die Pflanzen aussehen, als hätten sie eine schwarze Kutte an; die Bestände selbst werden als Frailejonales bezeichnet. CUATRECASAS belegt diese auffallende, nur auf die tropischen Hochregionen beschränkte Wuchsform mit dem Namen „Caulirosula" und die entsprechende Assoziation (symorphia) als „Caulirosuletum".

[4]) An der Bildung der relativ dicken Sproßachsen haben kambiale, sekundäre Verdickungsprozesse einen geringen Anteil. Es wird deshalb nur ein dünner Holzkörper gebildet. Mächtig entwickelt hingegen ist der Markkörper (Photos 25 und 26, Tafel VII), dessen Bildung Erstarkungswachstum, insbesondere primäres medulläres Dickenwachstum im Sinne von W. TROLL und W. RAUH (1950) zugrundeliegt. Lediglich an der Stammbasis wird das primäre Dickenwachstum durch sekundäres, d.h. durch die Bildung von Holz (Photos 25 und 26, Tafel VII) „maskiert" (s. auch Abb. 23 bei WEBER, 1956).

[5]) HEDBERG (1964) bezeichnet diesen Wuchstyp als „giant rosette plants".

Die Espeletien sind aufgrund *lateraler* Infloreszenzstellung (Abb. 15, links) Schopfrosettengewächse *unbegrenzten* Wachstums, so daß Verzweigung unterbleibt[6]); nur selten scheinen an der Stammbasis Bereicherungstriebe gebildet zu werden.

Den gleichen Wuchstyp verkörpert auch der „Kerguelenkohl", die Crucifere *Pringlea antiscorbutica,* eine der spektakulärsten Pflanzen der Tussock-Formation der Kerguelen, Marion und Prince Edward-Island. An geschützten Stellen bildet sie unverzweigte, etwa 15 cm dicke und bis zu 1,5 m lange Stämmchen, die einen Schopf großer, schwach sukkulenter, *kahler* Blätter tragen (Photo 28, Tafel VII). Die traubigen Infloreszenzen nehmen wie bei *Espeletia* eine laterale Stellung (Photo 27, Tafel VII) ein.

Hinsichtlich ihrer vertikalen Verbreitung steigt *Pringlea* von der Meeresküste bis ca. 800 m empor und ist häufig mit der Polsterpflanze *Azorella selago* (Photos 58 u. 59, Tafel XV) vergesellschaftet.

Aufgrund ihrer Makrophyllie nimmt sich *Pringlea* in der Vegetation der subantarktischen Inseln wie ein Fremdling aus, und die Ansichten gehen weit darüber auseinander, ob sie eine praeglaziale, tertiäre Reliktpflanze ist, die sich auf eisfrei gebliebenen Nunataks in die Jetztzeit „hinübergerettet" hat, oder ob sie nach Beendigung der pleistozänen Vereisung aus benachbarten Kontinenten wieder eingewandert ist. Direkte, heute lebende Verwandte von *Pringlea* sind nicht bekannt.

Stammbildende Páramo-Schopfrosettengewächse unbegrenzten Wachstums sind auch die Vertreter der Farn-Gattung *Lomaria* (*Blechnum* Sekt. *Lomaria;* (Photo 29, Tafel VIII), die von Costa Rica über Venezuela, Kolumbien, Ecuador bis Südperu und Bolivien weit verbreitet ist und dann wieder in Westpatagonien, den Juan Fernandez und einigen subantarktischen Inseln erscheint.

Stammlose Schopfrosettengewächse *unbegrenzten* Wachstums sind die Vertreter der Velloiaceen-Gattung *Paepalanthus,* deren bis 60 cm im Durchmesser große Rosetten (Photo 33, Tafel IX) auf moorigen Böden in größeren Beständen als typische Begleitpflanzen der Frailejonales auftreten. Das Verbreitungsgebiet der Gattung erstreckt sich von Mittelamerika bis in die Jalca Nordperus und bis in die höchsten Gipfelregionen des Itatiaia-Gebirges Ostbrasiliens, wo sie in Páramo-ähnlichen Formationen erscheint.

Der vorstehend geschilderte Frailejones-Wuchstyp wiederholt sich nun konvergent in den Páramos der ostafrikanischen Gebirgsstöcke und bestimmt gebietsweise die Physiognomie der Landschaft (Photo 31, Tafel VIII). Er wird repräsentiert von der Kompositen-Gattung *Senecio* (Untergattung *Dendrosenecio*). Die Konvergenz erstreckt sich jedoch nur auf jüngere Stadien. So ist ein noch vegetatives, aber bereits 2 m hohes Exemplar von beispielsweise *S. keniodendron* oder *S. cottonii* nicht von einem Frailejon zu unterscheiden (Photos 23 u. 24, Tafel VI). Wie bei *Espeletia* bleiben die großen, zungenförmigen, nur unterseits weißfilzigen Blätter auch nach dem Absterben erhalten und hüllen die Stämme in dicke Mäntel ein. Erst mit Erlangung der Blühreife werden die Unterschiede zwischen den beiden stammbildenden Kompositengattungen deutlich. Während die Frailejones sich durch laterale Infloreszenzstellung auszeichnen und deshalb unverzweigte Stämme bilden, beschließt der Primärsproß von *Dendrosenecio,* wohl allerdings erst nach vielen Jahren, sein Längenwachstum mit der Ausbildung einer mächtigen, häufig bis 2 m langen, reich verzweigten Infloreszenz. In den Achseln der oberen, nunmehr absterbenden Rosettenblätter entstehen aber Innovations-

6) Es ist nicht bekannt, ob hinsichtlich der Bildung von Infloreszenzen eine gewisse Rhythmik besteht oder diese fortlaufend hervorgebracht werden.

knospen, die das Sproßsystem sympodial fortführen[7]). Spärlich verzweigt sind *S. cottonii* und *S. elgonensis,* etwas reicher verzweigt sind *S. keniodendron, S. adnivalis*; am stärksten verzweigt und dadurch baumförmigen Wuchs annehmend ist *S. barbatipes* (Photo 31, Tafel VIII). Der letztere unterscheidet sich von den übrigen Arten weiterhin darin, daß die schützenden und die Stämme einhüllenden Blattmäntel fehlen, die Sproßachsen jedoch von einer dicken rissigen Borke bedeckt sind (Photo 31, Tafel VIII).

Scheinbar *stammlose,* unverzweigte Schopfrosetten bildet *S. brassica,* eine für den Mt. Kenya endemische Art, die auf den flachgeneigten, von Tussock-Horsten *(Festuca pilgeri)* bewachsenen „moorlands" in Höhenlagen von 3 300–4 300 m aufgrund ihres massenhaften Auftretens eine eigene Gesellschaft bildet. Mit ihren weißfilzigen Blattunterseiten sehen die dem Boden aufliegenden Rosetten riesigen Kohlköpfen nicht unähnlich (Photo 30, Tafel VIII), worauf auch der Spezies-Name Bezug nimmt.

S. brassica ist jedoch nicht acaul, sondern bildet niederliegende, zwischen den Tussock-Gräsern verborgene Stämme. Nach Ausgliederung der Primärinfloreszenz geht die Mutterrosette zugrunde und Verzweigung erfolgt in Übereinstimmung mit den anderen Dendrosenecionen. "In this way older specimens may carry a number of leaf rosettes, below which the branched stem lies concealed" (HEDBERG 1964, S. 52), doch steht eine detaillierte Wuchsformenanalyse noch aus, "and a closer investigation of this peculiar life-form is highly desirable" (HEDBERG, l.c.).

HEDBERG diskutiert auch die Frage, ob die stammbildenden Senecionen als *Bäume* (im Sinne der morphologischen Definition) zu betrachten sind. Würde man diese Frage bejahen, dann würde sich in Ostafrika die Wald- und Baumgrenze weit nach oben verlagern (bis 4 800 m), während in den übrigen tropischen Hochgebirgen die Waldgrenze zwischen 3 900 m und 4 100 m liegt. In Analogie zu den Frailejones kommt HEDBERG jedoch zu dem Schluß, daß die Dendrosenecionen "show very little resemblance to tree in the ordinary sense[8]) – they represent a life-form peculiar to high levels on equatorial mountains. Their upper altitudinal limit can therefore by no means be homologized with the *tree limit* or *timber line* of Boreal countries. On some of the East African mountains the giant *Senecios* do in fact reach the upper limit of phanerogamic plants" (HEDBERG 1964, S. 86).

Zu den *acaulen* oder *kurzstämmigen* resp. rhizombildenden Schopfrosettengewächsen *begrenzten* Wachstums gehören auch die weißfilzigen *Senecio*-Arten aus der Sektion *Culcitium,* von denen das Anden-Edelweiß, *C. canescens,* das eindrucksvollste ist (Photo 32, Tafel VIII). Vegetativ ähneln die größeren Arten *(C. canescens, C. rufescens)* jungen Espeletien, unterscheiden sich von diesen aber durch die Ausbildung terminaler Infloreszenzen. Nach CUATRECASAS (1968) gehören die Culcitien zu den Charakterpflanzen des „Superpáramo"[9]),

[7]) Auch für die Dendrosenecionen liegen keine Angaben vor, in welchen Abständen Infloreszenzen gebildet werden.

[8]) Allenfalls könnte der reichverzweigte *S. barbatipes* als „Baum" bezeichnet werden; jedoch unterscheidet sich dieser von einem „echten Baum" der borealen Region hinsichtlich seiner Entwicklungsgeschichte. Wir könnten diese Wuchsform höchstens als „Schopfrosettenbaum" bezeichnen.

[9]) CUATRECASAS (1968, S. 171 ff) unterscheidet 3 Páramo-Typen:

a. den *Subpáramo*: Er nimmt die unteren Lagen ein und bildet die Übergangsregion vom geschlossenen Wald zum eigentlichen Páramo. In ihm herrschen neben Grashorsten noch einzelne Bäume und größere Bestände von Sträuchern vor, die der oberen Waldstufe fehlen oder in dieser nur sporadisch auftreten.

b. den *Grasland (Tussock)-Páramo,* dessen Physiognomie von Grashorsten beherrscht wird. Gehölzgruppen, zumeist Zwergsträucher, sind nur inselartig eingestreut. Für den Tussock-Páramo sind alle jene Wuchsformen typisch, die vorstehend aufgeführt worden sind. Eine der auffälligsten Assoziationen ist das von den stammbildenden Espeletien gebildete „Caulirosuletum".

wo sie gut durchfeuchtete Moränenböden und Schutthalden besiedeln, größere Bestände (so am Cotopaxi und Chimborazo) bilden und bis and die Grenze des ewigen Eises aufsteigen. Wir fanden *C. canescens* am Chimborazo aber auch in niedrigeren Lagen als Begleitpflanze der Gras-Páramos.

*Stammbildende*Schopfrosettengewächse (die Stämme können zuweilen so kurz sein, daß der Eindruck erweckt wird, als würden die Rosetten unmittelbar dem Boden aufliegen) *begrenzten Wachstums* sind weiterhin die ostafrikanischen Riesen-Lobelien mit ihren mächtigen, kerzen- bis keulenförmigen (claviformen) Infloreszenzen: *Lobelia keniensis,* die ähnliche *L. deneckii, L. telekii, L. elgonensis, L. wollastonii, L. bequaertii* sowie *L. rhynchopetalum* im äthiopischen Hochland (Abb. 24r).

Als stellvertretend für die meisten übrigen Arten sei die Wuchsform von *L. deneckii* ausführlicher geschildert: Als Begleitpflanze der Tussock-Formation des Mt. Klimanjaro bildet sie in Höhenlagen von 3 000 m–4 000m[10]) zunächst große Rosetten schmal-linealer Blätter, die im Verlauf von vielen Jahren auf einen, bis 1 m hohen, recht dicken Stamm emporgehoben werden (Photo 34, Tafel IX). Mit dem Eintritt in die Blühphase entwickelt sich ein, bis 1,5 m langer, terminaler, z.Z. der Anthese kerzen- bis keulenförmiger Blütenstand (Photo 34, Tafel IX), dessen Achse mit großen, an der Spitze zurückgekrümmten, kahlen Brakteen besetzt ist, in deren Achseln die nicht sichtbaren blauen Blüten stehen. Die Pollination wird von Nectarinen vorgenommen. Mit der Ausbildung der Infloreszenz beschließt der Primärsproß sein Längenwachstum; die Blätter der Primärrosette sterben zwar ab, jedoch erfolgt von der Stammbasis her Innovation (s. Wuchsschema bei HEDBERG 1964, Fig. 104, S. 125).

Bei *Lobelia telekii* hingegen ist die Stammbildung weitgehend unterdrückt[11]), und aus der Rosettenmitte erhebt sich ein bis 1,5 m hoher Blütenstand, dessen Achse mit lang-linealen, herabhängenden, dicht filzig behaarten, floralen Brakteen besetzt ist, wodurch der Blütenstand insgesamt einer mächtigen, dicken, wolligen Kerze gleicht (Photos 36 u. 37, Tafeln IX u. X), was C. TROLL auch zu dem Ausdruck „Wollkerzengewächse“ veranlaßt hat. Von der Ferne gesehen besteht eine gewisse habituelle Ähnlichkeit mit einem weißfilzigen Säulencereus, beispielsweise mit *Oreocereus hendriksenianus* (Photo 71, Tafel XVIII) oder *O. trollii* aus der Zwergstrauchpuna (Tola-Heide).

HEDBERG jedoch verwirft den Ausdruck „Wollkerzenpflanze“ und sagt, daß die wollige Behaarung nur eine der vielen Anpassungen an Temperatur und Einstrahlung ist "and it seems hardly desirable to subdivise the group of giant rosette plants after occurence or non occurence of dense pubescence" (l.c., S. 85). Aber diese Infloreszenzform (in Verbindung mit dem vegetativen Unterbau) ist so typisch für tropische Hochgebirgspflanzen, daß der TROLL'sche Ausdruck entweder beibehalten oder durch den „neutraleren“ Ausdruck „claviflorescente Rosettengewächse“ ersetzt werden sollte. Er nimmt weniger auf die Behaarung als vielmehr auf die keulige Form der Infloreszenzen Bezug.

Dieser Wuchstyp wiederholt sich nun konvergent in der Neuen Welt bei Lupinenarten wie *L. alopecuroides* aus den Hochregionen der Páramos des Chimborazo (s. Abb. 98 bei H. WEBER, 1958) und *L. weberbaueri* in den Cordilleren Zentralperus (Photo 35, Tafel IX):

c. den *Superpáramo,* der sich an die *Espeletia*-Zone anschließt und einen schmalen Vegetationsgürtel bildet, „which can be easily differentiated from the typical páramo, by the scarcity of plants growing on sandy or gravelly soil and by the difference of species from those of the *Espeletietum* (S. 180).

[10]) Sehr ähnlich ist *L. keniensis,* die am Mt. Kenya die gleichen Höhenlagen einnimmt.

[11]) Relativ langstämmig ist *Lobelia wollastonii* vom Mt. Ruwenzori (s. Abb. 87, bei HEDBERG 1964), sowie *L. gibberoa, L. volkensii, L. lanuriensis, L. bambuseti* u.a., doch gehören die letzteren nicht den Páramos, sondern der oberen Waldregion an.

Aus der Mitte einer kurzstämmigen Rosette erhebt sich ein lang-kerzenförmiger, dicht weißwollig behaarter, traubiger Blütenstand.

Zu den claviflorescenten Schopfrosettengewächsen gehören auch Vertreter der Gattung *Puya,* die ihre Hauptverbreitung in den Páramos (Abb. 7, oben) und der Puna haben[12]). Sie alle sind Schopfrosettengewächse begrenzten Wachstums mit stark xeromorphen, stachelbewehrten Blättern („Acanthirosula" nach CUATRECASAS); je nach Lebensdauer und Stammbildung sind die folgenden Untergruppen zu unterscheiden:

a^1. *monokarpische* (plurienn-hapaxanthe) Arten
 α. acaulescente Arten
 β. caulescente Arten
b^1. *polykarpische* (perennierende) Arten

Vertreter der monokarpisch-acaulescenten Gruppe ist die in den Páramos Ecuadors weit verbreitete *P. hamata.* Im Verlauf von vielen Jahren bildet sie bis 2 m hohe, stammlose Rosetten stark stachelbewehrter Blätter (Photo 38, Tafel X), aus deren Mitte sich ein dicker Infloreszenzschaft erhebt, der in einer keulenförmigen, stark wolligen Infloreszenz endet (Photo 39, Tafel X). Nach dem Ausstreuen der zahlreichen kleinen Samen geht die gesamte Pflanze zugrunde. Das gleiche Verhalten zeigt auch die in den Gras-Páramos Ecuadors weit verbreitete *P. clava-herculis,* die jedoch wesentlich kleiner als *P. hamata* ist (Photo 21, Tafel VI).

Sehr selten ist der unter a^1/β aufgeführte Wuchstyp. Er wird in der Neuen Welt allein von der berühmten *Puya raimondii* verkörpert, deren heutiges Verbreitungsgebiet sich von den Cordilleren Zentralperus (Cord. negra; Cord. blanca) bis nach Südperu (Titicaca-See), Bolivien und Nordchile erstreckt. *P. raimondii* ist eine Charakterpflanze der wechselfeuchten Puna, deren ehemaliges, wohl größeres Areal heute durch den Menschen weitgehend eingeengt worden ist (KINZL 1970). Sie besiedelt flache, steinige Hänge in Höhenlagen zwischen 4 000 m und 4 500 m (Photo 40, Tafel X), wo sie zuweilen mit Kugelkakteen, *Oroya, Matucana* und *Tephrocactus* vergesellschaftet ist.

P. raimondii erzeugt im Verlauf von vielen Jahren (das Wachstum erfolgt sehr langsam) einen bis 2 m hohen und 50 cm dicken Stamm (Photo 42, Tafel XI), der bei ungestörtem Wachstum von einem Mantel abgestorbener Blätter[13] eingehüllt und von einem nach allen Richtungen abstehenden Schopf starrer, dolchartiger Blätter gekrönt wird (Photo 40, Tafel X). Zur Blütezeit entwickelt sich ein terminaler 4(–6)m langer, dick-keulenförmiger, zusammengesetzter Blütenstand, zu dessen Entfaltung ein Zeitraum von mehr als einem Jahr benötigt wird. Die in den lebenden Rosettenblättern deponierten Baustoffe werden daher aufgebraucht, beginnen strohig zu vertrocknen und schlaff herunterzuhängen (Photo 42, Tafel XI). Nach Ausstreuen der winzig kleinen Samen stirbt die Pflanze in ihrer Gesamtheit ab. Obwohl Millionen von Samen erzeugt werden, finden nur wenige geeignete Keimungsbedingungen.

Eine frappierende Konvergenz zu *Puya raimondii* ist die altweltliche, in den Galama-Mountains von Aethiopien an moorigen, jedoch zeitweilig austrocknenden Orten wachsende

12) In Peru steigen allerdings einige Arten (z.B. *Puya lanata*) auf der pazifischen Andenseite in den Quertälern bis 800 m herab; *P. densiflora* gehört zu den Charakterpflanzen der innerandinen Trockentäler des südlichen Peru bei ca. 2000 m.

13) Nur selten jedoch findet man unbeschädigte Exemplare. Da die von *P. raimondii* bewachsenen Grasfluren von den Hochlandindianern vor Einsetzen der Regenzeit zur Gewinnung von frischem Weidefutter gebrannt werden, greift das Feuer auch auf die *Puya*-Bestände über, die infolge des Reichtums an Gummiharzen sehr leicht brennen; auf diese Weise wird alljährlich eine größere Anzahl von Pflanzen vernichtet.

Riesenlobelie *Lobelia rhynchopetalum* (Photo 43, Tafel XI), die nach Bildung eines kurzen, dicken Stammes ihr Wachstum gleichfalls mit einer riesigen kerzenförmigen Infloreszenz beschließt. Auch *L. rhynchopetalum* scheint aufgrund der spärlichen Literaturangaben monokarpisch zu sein.

Zahlen- und artenmäßig weitaus häufiger sind die polykarpischen, perennierenden *Puya*-Arten, die hinsichtlich Wuchsform und Verzweigung mit einigen Dendrosenecionen (z. B. *S. brassica*) zu vergleichen sind: Die einem kurzen, dicken Stamm aufsitzende Primärrosette beschließt ihr Wachstum mit der Ausbildung einer häufig keuligen, filzig behaarten Infloreszenz (z. B. *P. fastuosa*, (Photo 44, Tafel XI). In den Achseln der oberen, absterbenden Rosettenblätter entstehen jedoch Innovationsknospen, die das Sproß-System sympodial fortführen. Ihre im Alter etwa armdicken, von den abgestorbenen Blättern umscheideten Achsen wachsen aber nicht aufrecht, sondern mehr oder weniger plagiotrop, woraus bei fortgesetzter Verzweigung im Verlauf von vielen Jahren quadratmetergroße „Dickichte" resultieren (Photo 41, Tafel XI).

Stammbildende, perennierende Schopfrosettengewächse mit keulenförmigen Infloreszenzen finden sich auch in Familien und Gattungen, in denen man sie eigentlich nicht erwartet, so in der Gattung *Nicotiana*. In der Cord. Raura (Zentralperu) fanden wir 1954 eine bislang noch nicht bestimmte *Nicotiana*-Art, die mit ihren stammbildenden Rosetten und ihren mächtigen, bis 2 m hohen Infloreszenzen bis zu einem gewissen Grade an die Dendrosenecionen Ostafrikas erinnert (Photo 45, Tafel XII).

Acaule Schopfrosettengewächse begrenzten Wachstums mit stachelbewehrten Blättern finden sich auch in der Gattung *Eryngium* (Photo 47, Tafel XII), und zwar bei jenen Arten, deren Blätter uns in bandförmiger Ausbildung entgegentreten (s. W. TROLL 1939); Artnamen wie *E. bromeliaefolium* deuten schon auf die konvergente Ausbildung zur Gattung *Puya* hin. Derartige *Eryngium*-Arten sind nicht nur Bewohner der hochandinen Region, sondern wachsen auch in den höchsten Gipfellagen des Itatiaia-Gebirges Brasiliens.

Der Vollständigkeit halber soll in diesem Zusammenhang auch die Bromeliaceen-Gattung *Greigia* erwähnt werden, deren acaule oder subacaule Stämme (bis 1,5 m hoch; Photo 46, Tafel XII) sich durch unbegrenztes Wachstum auszeichnen; *Greigia* ist eine der wenigen Bromelien mit lateralen Infloreszenzen. Ihr Areal erstreckt sich von Südmexico (Prov. Oaxaca) bis Südperu, und die Pflanzen bevorzugen sumpfige, moorige Standorte; sie sind häufig mit *Lomaria* vergesellschaftet und können als Charakterpflanzen der „Subpáramos" (s. S. 22) bezeichnet werden.

4.3. DIE ZWERGSTRÄUCHER

sind Holzgewächse, die sich durch einen zwergigen Wuchs auszeichnen und eine Höhe von 1 m, maximal von 1,5 m erreichen. Sie haben ihre Hauptverbreitung im „Subpáramo" im Sinne von CUATRECASAS, also in der Übergangsregion zwischen Wald und Grasland, sowohl der Alten wie der Neuen Welt. In der feuchten Puna treten sie weitgehend zurück, hingegen sind sie tonangebend in der Zwergstrauchpuna (Photo 48, Tafel XII), Tola-Heide oder trokkenen Puna im Sinne von C. TROLL). Da auf breiter Basis durchgeführte Wuchsformanalysen der Zwergsträucher noch ausstehen, sollen sie in diesem Zusammenhang summarisch abgehandelt und nur wenige, besonders typische Wuchsformen herausgestellt werden.

Gemeinsam allen Zwergsträuchern der tropischen Hochgebirgsregionen ist der geringe jährliche Längen- und Dickenzuwachs und – von einigen Ericaceen (z. B. *Cavendishia*) abgesehen – das Fehlen von Knospenschuppen an den Innovationsknospen. Diese selbst machen keine Ruheperiode durch, sondern beginnen sofort auszutreiben.

Typisch für viele Zwergsträucher ist ferner die aus der Internodienverkürzung resultierende dichte, immergrüne, häufig nadel- oder schuppenförmige Beblätterung, die Ausbildung von Haar- und Wollfilzen, der Besitz derber Kutikulen (Sklerophyllie), Wachsüberzügen etc. Den Wuchstypus der Zwergsträucher verkörpern Vertreter der verschiedensten Pflanzenfamilien; vorherrschend sind jedoch Ericaceen, Kompositen[14]), Melastomaceen, Scrophulariaceen, Hypericaceen, Valerianaceen u.a.

Eine besonders typische Wuchsform sind die *Kugelbuschsträucher*, die wir in den verschiedensten Gattungen sowohl der Neuen wie auch der Alten Welt und in der Subantarktis (Patagonien, Neuseeland) antreffen. Wie bereits auf S. 68 und in dem Schema Fig. 1 a zum Ausdruck gebracht, liegt dem kugeligen Wuchs eine sehr regelmäßige, akroton-sympodial geförderte Verzweigung zugrunde. Da die im Anschluß an jede Blühperiode austreibenden Fortsetzungssproße alle das gleiche Längenwachstum aufweisen, kommen ihre wachsenden Spitzen in eine halbkugelige, wie geschoren aussehende Oberfläche zu stehen.

Nicht alle Zwergsträucher zeichnen sich nun durch eine derartige Gesetzmäßigkeit der Verzweigung aus, so daß wir eine weitere Untergliederung nach anderen Merkmalen, insbesondere der Blattform, vornehmen wollen:

Der Typus der *Rutensträucher* wird vertreten von der Gymnospermengattung *Ephedra*, die mit *E. americana* in Südamerika weit verbreitet ist; ihre grünen, rutenförmigen Sproße sind mit hinfälligen Blättern besetzt, so daß die Assimilation von der Sproßachse selbst übernommen wird. Nach unseren Beobachtungen besiedelt *Ephedra* vorwiegend trockene Standorte; wir fanden sie sowohl in der *Stereocaulon*-Assoziation in 4 100 m Höhe am Cotopaxi (Photo 49, Tafel XIII) wie auch in der Tola-Heide Südperus. In den innerandinen Trockentälern steigt *Ephedra* bis 2 000 m herab.

Ein bemerkenswerter Typ zwergstrauchigen Wuchses, sowohl der feuchten Páramos wie auch der trockenen Puna, sind die *thujoiden-Zwergsträucher* aus der Kompositen-Gattung *Loricaria (= Tafalla)*, die mit rund 17 Arten in den Hochanden Südamerikas vertreten ist. Es handelt sich um kleine, bis 1,5 m (meist aber kleiner bleibende) hohe Sträucher mit basiton geförderter Verzweigung. Die Langtriebe sind aufrecht und infolge der distichen Anordnung der Blätter fächerförmig in einer Ebene verzweigt (Photo 50, Tafel XIII), woraus ein Wuchs resultiert, der einer kleinen *Thuja* nicht unähnlich ist; hierauf nimmt auch der Name *L. thuyoides* Bezug. Die Blätter selbst sind schuppenförmig und invers gebaut. Die der Sproßachse anliegende Blattoberseite ist mit einem Haarfilz versehen, während die sehr derbe, glatte Unterseite der Assimilation dient (Photo 50, Tafel XIII).

Weit verbreitet sind die *ericoiden Zwergsträucher* mit nadel- oder schuppenförmiger Beblätterung. Wir finden diese Lebensform nicht nur in der Gattung *Erica* selbst, sondern auch bei Kompositen (*Helichrysum*-Arten, *Hypericum laricifolium, Fabiana, Lepidophyllum.)*

Relativ groß ist die Anzahl der *dornigen Zwergsträucher*, bei denen die Dornen verschiedenen morphologischen Wert haben können. Bei der Kompositen-Gattung *Chuquiragua* (ca. 50 Arten), einem von den Páramos bis zur Tolaheide weit verbreitetem Strauch, laufen die sehr harten Blätter nicht nur in eine dornige Spitze aus, sondern es treten bei vielen Arten außerdem noch achsilläre Dornen in Zwei- oder Vielzahl auf, deren morphologischer Wert

14) Die artenreiche Gattung *Helichrysum* bildet in der afroalpinen Region eine eigene Assoziation, den *Helichrysum*-Busch. In den südamerikanischen Páramos sind es vor allem *Baccharis*-Arten, die dominierend auftreten können.

umstritten ist[so bei *Ch. spinosa* (R.P.) D. Don. = *Ch. huamapinta* Hieron (s. Fig. 44 bei WEBERBAUER 1945), *Ch. johnstonii, Ch. rotundifolia* u.a.].

Bei der Sanguisorbinen-Gattung *Tetraglochin* (8 Arten), die mit *T. strictum (Margyricarpus strictus)* in der Trockenpuna Südperus auf weite Strecken hin lockere Bestände bildet, bleibt die Blattrhachis der Fiederblätter als verhärtender Dorn erhalten (s. Fig. 46 bei WEBERBAUER, l.c. und W. TROLL 1939, Abb. 1653). Bei Vertretern der Papilionaceen-Gattung *Adesmia* aus der südperuanischen und nordchilenischen Trockenpuna bleiben die Infloreszenzen als verholzende Dornsysteme erhalten (s. RAUH 1942, Abb. 14–16).

4.4. DIE KRIECHZWERGSTRÄUCHER

sind niedrige, immergrüne, etwa bis 50 cm hohe, selten höhere Sträucher mit dünnen, schwach verholzten, kriechenden oder aufsteigenden, häufig wurzelnden, sich mehr oder weniger gesetzmäßig verzweigenden Sproßachsen.

In den afrikanischen Páramos wird diese Wuchsform vertreten vor allem von *Alchemilla*-Arten, *A. johnstonii, A. argyrophylla, A. subnivalis, A. elgonensis,* die in so ausgedehnten Reinbeständen auftreten (Photo 51, Tafel XIII), daß nach HEDBERG (l.c.) "the Alchemilla scrub is a very important plant community in the alpine belt, especially on unburnt areas, reaching to the highest summits and occuring also on open places in the ericaceous belt. It is usually dominated on moist ground by *A. johnstonii,* on drier ground by *A. elgonensis.* Both types are common as undergrowth of *Senecio woodland*", S. 111).

Obwohl die Gattung *Alchemilla* im hochandinen Bereich mit zahlreichen Arten verbreitet ist, treten diese vegetationsbestimmend kaum in Erscheinung; zudem handelt es sich zumeist um krautige, großblättrige Rosettenstauden. Habituell verschieden von den meisten Arten ist die dem Superpáramo angehörige *Alchemilla nivalis* mit ihrem lycopodoiden Wuchs (s. Abb. 52 bei WEBERBAUER, 1945). Die Triebe der von der Basis her verzweigten, bis 20 cm hohen Staude ähneln mit ihrer wirteligen, schuppenförmigen Beblätterung eher einem Schachtelhalm oder einem Bärlappgewächs vom Typus *Lycopodium saururus* (Photos 80 u. 81, Tafel XX bzw. XXI).

Dem ostafrikanischen *Alchemilletum* entspricht das *Acaenetum* auf den subantarktischen Inseln. Die Rosacee *Acaena ascendens* bildet auf flach geneigten, windgeschützten, mineralreichen, humösen Hängen quadratkilometer große Reinbestände (Photo 52, Tafel XIII). *Acaena,* eine subantarktisch-andine Gattung (ca. 125 Arten)[15]), deren Areal die Fig. 2 zeigt, ist ein schwach verholzender, immergrüner Kriechstrauch mit niederliegend-kriechenden Ästen, die jeweils ihr Längenwachstum mit der Ausbildung einer langgestielten, kugeligen Infloreszenz beschließen und von Achselknospen sympodial (Photo 53, Tafel XIII) fortgeführt werden. Auf diese Weise entstehen dichte Vegetationsdecken ohne weitere Begleitspflanzen.

In der hochandinen Region tritt *Acaena* stets nur in kleineren Beständen auf, die vegetationsbestimmend jedoch keine Rolle spielen.

Die für die Hochregion der außertropischen Gebirge so charakteristische Wuchsform der

[15]) Eine Art findet sich auf Hawai.

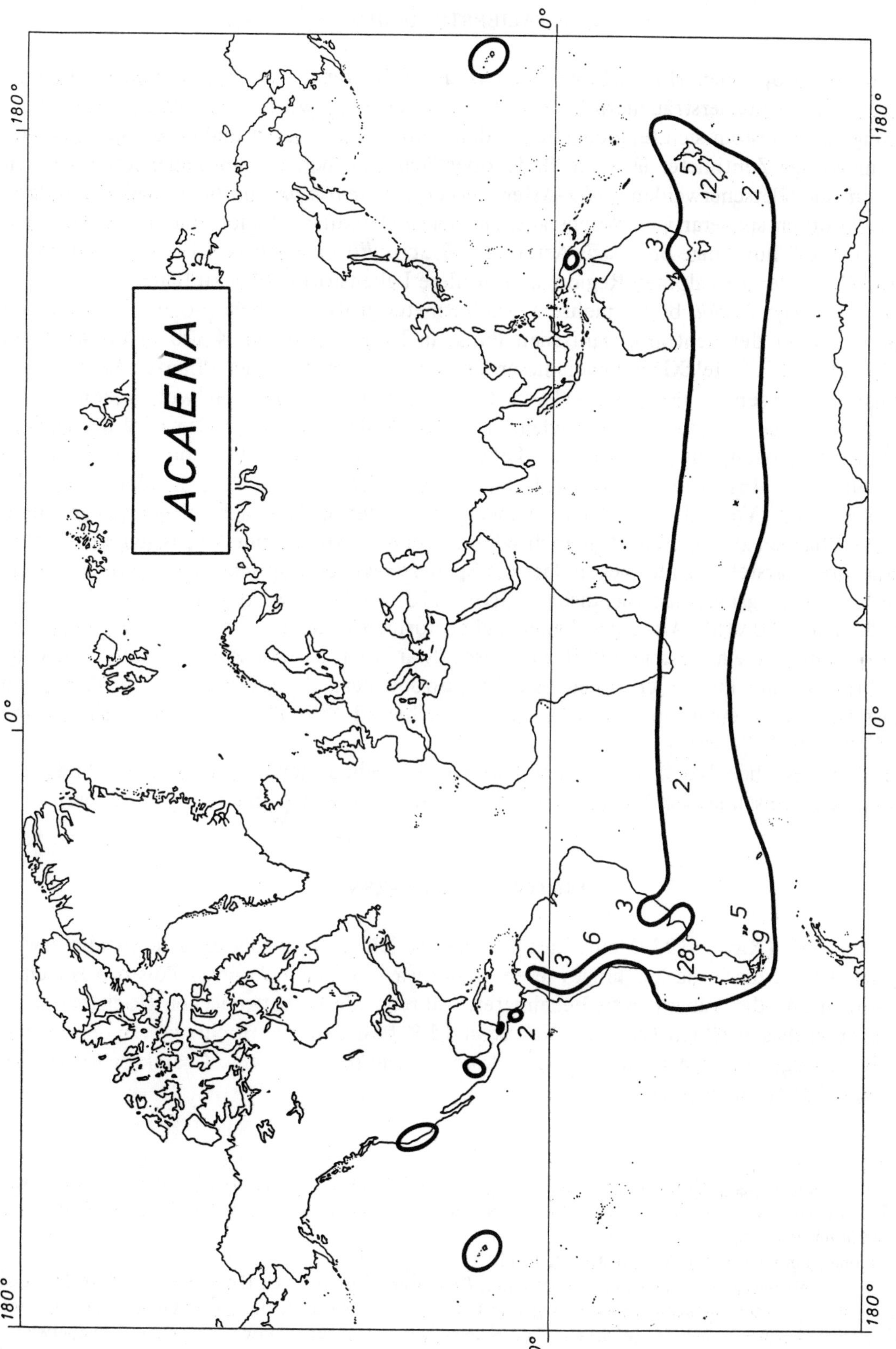

Fig. 2: Verbreitungskarte der Gattung *Acaena* (aus HUTCHINSON 1959).

4.5. SPALIERSTRÄUCHER

ist in den tropischen Hochgebirgen und in der Subantarktis nur durch wenige Pflanzen vertreten. Unter Spaliersträuchern (s. RAUH 1937) verstehen wir Holzgewächse, deren reichverzweigtes Astsystem sich teppichartig auf dem Substrat ausbreitet und deren Sproßspitzen sich nur wenige Zentimeter über die Bodenoberfläche erheben. In den Alpen zeichnen sich vor allem die Gletscherweiden, *Salix*-Arten, ferner *Loiseleuria procumbens* sowie *Globularia cordifolia* durch spalierartigen Wuchs aus; aus der hochandinen Region sind als Spaliersträucher dem Verf. nur einige *Baccharis*-Arten, u.a. *B. serpyllifolia* (Photos 54 u. 55, Tafel XIV), bekannt[16]); in der afro-alpinen Region scheint diese Lebensform völlig zu fehlen.

Baccharis serpyllifolia bildet mehrere quadratmeter große Teppiche, so am Cotopaxi, am Chimborazo, in der zentralperuanischen Puna, in Höhenlagen von 4 500 m bis 4 800 m (Photos 54 u. 55, Tafel XIV). Jeder dieser Teppiche entspricht einer Pflanze, die mit einer kräftigen, verholzenden Primärwurzel versehen ist. Die niederliegenden, wurzelnden Zweige können eine Dicke bis zu 2 cm erreichen[17]). In der ökologischen Literatur wird der Spalierwuchs als Anpassung an die extremen Lebensbedingungen wie tiefe Temperaturen, starke Winde und hohe Insolation aufgefaßt. In einer ausführlichen Studie über die alpinen Spaliersträucher konnte Verf. (1937) jedoch nachweisen, daß der Spalierwuchs primär aus dem Bauplan der Pflanzen zu erklären ist, jedoch sekundär eine hervorragende Anpassung an die Umweltfaktoren darstellt. Leider liegen über die Spaliersträucher tropischer Hochgebirge bislang keine Verzweigungsanalysen vor, insbesondere sind Jugendstadien völlig unbekannt[18]).

In dem von CUATRECASAS gegebenen Lebensformen-Schema wäre der Spalierwuchs bei den *Cryptofrutex* einzuordnen: ["It comprises dwarf or prostrate woody scrubs. Their lignous branches are low or creeping, usually crowded near the ground . . . . . . Protection against favourable environmental conditions is achieved through reduction in size of the plant" (1.c., S. 167–168)].

Zu den typischen Wuchsformen der Páramos, vor allem der wechselfeuchten Puna, der Subantarktis, einschließlich Neuseelands und der Hochregionen Sumatras, aber gehören

4.6. DIE POLSTERPFLANZEN,

denen Verf. (RAUH 1939) eine ausführliche vergleichend-morphologische Studie gewidmet hat. Er hat hierin darauf hingewiesen, daß etwa 2/3 aller bekannter Polsterpflanzen in den Anden und der Subantarktis beheimatet, während die paläotropischen Hochgebirge relativ arm an diesem Wuchstyp sind. Nur etwa 12 % besiedeln die Hochregionen der Holarktis; eine einzige Art, die Chenopodiacee *Anabasis aretioides,* ist eine Charakterpflanze der Wüstengebiete Südmarokkos.

16) Unter ungünstigen Bedingungen können auch Vertreter der Polygonaceen-Gattung *Muehlenbeckia,* z.B. *M. vulcanica,* spalierstrauchartigen Wuchs annehmen, ebenso Vertreter aus den Ericaceen-Gattungen *Gaultheria* und *Pernettya.*

17) Siehe auch Abb. 42 bei WEBERBAUER 1945.

18) In der afro-alpinen Vegetation scheint allein *Helichrysum newii* nach HEDBERG (1957, S. 343 und Abb. 17, Taf. 1) unter ungünstigen Bedingungen in sehr exponierten Lagen zu spalierstrauchartigem bis polsterförmigem Wuchs zu neigen. In diesem Fall müssen wir von einem „aufgezwungenem" Spalierwuchs sprechen, der aufgegeben wird, sobald die Pflanze unter günstigeren Bedingungen lebt.

Von den rund 35 Familien, in denen Polsterwuchs vorkommt, sind vor allem die Caryophyllaceen, Cactaceen, Compositen, Oxalidaceen, Plantaginaceen, Umbelliferen, Valerianaceen, von den Monokotylen die Bromeliacee *Abromeitiella* und einige Gramineen, von den Kryptogamen die Isoetacee *Stylites* (RAUH 1959), zu nennen.

Bemerkenswerter Weise spielt der Polsterwuchs in der afroalpinen Vegetation Afrikas eine nur untergeordnete Rolle. Wir kennen nur *eine* einzige *echte* Polsterpflanze vom Typus der *Radialvollkugelpolster* (s. RAUH 1939), die Caryophyllacee *Sagina afroalpina* (Photo 56, Tafel XIV). Unter besonders extremen Lebensbedingungen können auch die Gentianacee *Swertia subnivalis,* die Boraginacee *Myosotis keniensis* und die Composite *Haplocarpha ruepellii* polsterförmigen Wuchs (Photo 57, Tafel XV) annehmen. Die letztere ist normalerweise eine Rosettenstaude (s. S. 85) kann aber bei ausgiebiger Verzweigung „Rosettenpolster" (s. RAUH 1939) bilden (Photo 57, Tafel XV). Von den Monokotylen in der afroalpinen Region zeigt allein *Agrostis sclerophylla* bisweilen polsterförmigen Wuchs. Diese 5 Arten sind die einzigen Polsterpflanzen der afrikanischen Hochregionen. "Physiognomally they play a minor role, although they may become dominant in moist places" (HEDBERG, l.c., S. 73 und 88, sowie Fig. 81). "They paucity of cushion plants in the afroalpine flora, as compared with the flores of páramo and puna in South America, is very interesting from a phytogeographical point of view. Because of the present climatical parallelism between the areas concerned the reasons for this difference must evidently be historical" (HEDBERG, l.c., S. 79). HEDBERG weist mit Recht darauf hin, daß den meisten afroalpinen Pflanzen die bauplanmäßigen Voraussetzungen, die zum Polsterwuchs führen, wie sie von RAUH (1939) aufgezeigt worden sind, fehlen: Nämlich die gesetzmäßige, akroton geförderte Seitenastbildung im Anschluß an jede Blühperiode (Fig. 1b), extrem starke Internodienstauchung, gleichmäßiges Längenwachstum der Innovationstriebe und Reduktion der Blattfläche. Der Assimilation dienen nur die jeweils jüngsten Blätter, m.a.W. die gesamte Polsteroberfläche. Die Blätter selbst sind relativ kurzlebig; an den älteren Sproßabschnitten sterben sie zwar ab, werden jedoch nicht abgeworfen, sondern verwittern zu einem das Polsterinnere erfüllenden Humus (Fig. 1b, punktiert), der nicht nur als Wasserspeicher dient, sondern dessen Nährstoffe auch von den sproßbürtigen Wurzeln der einzelnen Triebe der Polsterpflanzen selbst, wie auch von sogenannten „Polster-Epiphyten" ausgebeutet werden. Letztere sind meist zarte Pflanzen, die auf den Polstern leben und von ihnen die Nährstoffe beziehen. In Südamerika sind es vor allem kleine *Gentianella*-Arten, die sich auf den Polstern ansiedeln und diese als Lebensraum benutzen (näheres hierüber bei RAUH 1939).

Den Typus der Radialvollkugelpolster, wie er schematisch in Fig. 1b dargestellt ist, verkörpert die hochandin-subantarktische Umbelliferen-Gattung *Azorella*[19]), deren Areal der Fig. 4 zu entnehmen ist. Die Gattung umfaßt ca. 100 Arten, von denen die meisten als große, teilweise sehr harte, halbkugelige, kissenförmige Polster in Erscheinung treten (Photos 58–60, Tafel XV).

Auf den Kerguelen, Marion und Prince Edward-Island bildet *Azorella selago* auf steinigen, gut drainierten Böden eine eigene, von der Meeresküste bis etwa 800 m aufsteigende Assoziation (Photos 58 u. 59, Tafel XV).

AUBERT DE LA RUE vertritt, gestützt auf fossile Ablagerungen, die Ansicht, daß *A. selago* eine der ersten Pflanzen gewesen ist, welche nach Rückzug des pleistozänen Eises die Wiederbesiedlung der Inseln eingeleitet hat.

19) Zu den subantarktisch-andinen Florenelementen gehört auch die Caryophyllaceen-Gattung *Colobanthus,* die mit der Polsterpflanze *C. kerguelensis* auf den subantarktischen Inseln vertreten ist.

Auf den Falkland-Inseln wird *A. selago* abgelöst von *A. glebaria,* und in der Tola-Heide von Südperu ist *A. diapensioides* (= *A. yarita*) eine Charakterpflanze der aus harzreichen, ericoiden und thujoiden Zwergsträuchern [*Lepidophyllum (= Parastrephia) lepidophylla, Fabiana* und *Loricaria*] bestehenden Pflanzengesellschaft (Photos 60 u. 61, Tafeln XV u. XVI).

A. diapensioides bildet, ähnlich wie *Oxalis bryoides* und *O. muscoides* in der Wüstenpuna von Chile so harte Polster, daß diese nur mit Hammer und Beil zerschlagen werden können. Aufgrund ihres Reichtums an Harzen brennen diese Umbelliferen-Polster sehr gut, und *A. diapensioides* wird deshalb von den Hochlandindianern wirtschaftlich als Brennmaterial gehandelt. Die Polster werden zerschlagen und mit Llamas in die Städte und Dörfer transportiert.

Extrem harte Radialvollkugelpolster bildet auch die in Zentralperu beheimatete Valerianacee *Aretiastrum aschersonianum* (s. A. WEBERBAUER 1945, Fig. 45). Sehr weich hingegen sind die *Radialvollflachpolster* (s. RAUH 1939) der Caryophyllacee *Pycnophyllum* (z. B. *P. molle)*[20]), die durch ihre gelbgrüne Farbe gekennzeichnet sind und leicht in ihre einzelnen, dünnen Triebe zerfallen (s. Fig. 36 bei A. WEBERBAUER 1945). Ihre Weichheit hat zur Folge, daß die aufgewölbten, zentralen Polsterabschnitte durch die erodierende Wirkung des Windes zerstört werden und ältere Polster deshalb in der Mitte abgestorben sind (Photo 62, Tafel XVI). An der Peripherie wachsen sie jedoch lebhaft weiter, und aufgrund des von RAUH beschriebenen Randwachstums entstehen auf diese Weise „hexenringartige" Bildungen wie sie in Photo 62 (Tafel XVI, oben) wiedergegeben sind. Aber auch *Azorella diapensioides* läßt die erodierende Wirkung des Windes auf der „Luv"-Seite erkennen (Photo 60, Tafel XV).

Pycnophyllum molle ist in der südlichen Tola-Heide häufig mit *Azorella diapensioides* vergesellschaftet; da beide auf weite Strecken hin das Vegetationsbild beherrschen, können wir auch von besonderer Polsterpflanzen-Zwergstrauch-Assoziation sprechen.

Als Beispiel eines *Rosettenpolsters,* wie wir es in der afroalpinen Vegetation in *Haplocarpha ruepellii* kennengelernt haben, sei *Valeriana pulvinata* abgebildet, die von RAUH 1956 an sehr trockenen, steinigen und offenen Stellen in der Puna der Cord. negra entdeckt und 1971 an ähnlichen Standorten in der Trockenpuna Südperus wiedergefunden wurde. Von der in der Regel unverzweigten Rosettenstaude *V. rigida* (s. S. 86) unterscheidet sich *V. pulvinata* u.a. durch eine sehr reiche Verzweigung, so daß die einzelnen, bis 10 cm im Durchmesser großen Rosetten zu kompakten Polstern zusammentreten (Photo 63, Tafel XVI; s. auch die Darstellung bei RAUH und WILLER 1963).

Von den polsterbildenden Gramineen sei *Aciachne pulvinata* als Beispiel aufgeführt.

Polsterpflanzen sind nicht nur die typische Wuchsform der *trockenen* Puna und der kühl ozeanischen subantarktischen Inseln, sondern auch feuchterer Landschaftszonen wie der Páramos. DIELS (1934) spricht für Ecuador geradezu von einem „Polsterpáramo"; es gibt sogar *hygrophile* Polsterpflanzengesellschaften. Das sind die *Hartpolstermoore* im Sinne von C. TROLL. Im andinen Bereich werden diese von zwei Pflanzengattungen gebildet, nämlich von der Juncacae *Distichia* und der Plantaginacee *Plantago rigida,* so daß wir für Südamerika von *Distichia*- und *Plantago*-Mooren sprechen können (vgl. Beitrag GODLEY in diesem Band). *Distichia,* mit *D. tolimensis* in Kolumbien und *D. muscoides* in Ecuador, Peru und Bolivien vertreten, hat einen maßgeblichen Anteil an der Verlandung alter Gletscherlagunen (Photo 64, Tafel XVI). Sie bildet sehr harte, kreisrunde, flache (Photos 65 u. 66, Tafel XVII), fast ebene, anfangs frei flottierende, infolge starker Torfbildung später aber sich verankernde Polster.

[20]) Die Gattung ist mit ca. 15 Arten in der hochandinen Region, vor allem in der wechselfeuchten und trockenen Puna vertreten.

Ihre Härte beruht nicht allein darauf, daß die zweizeilig beblätterten Sproße dicht gepackt, mehr oder weniger parallel angeordnet beisammen stehen, sondern die Spitzen der kurzen Blätter zu harten Sklerenchymkappen umgebildet sind (Photo 66, Tafel XVII). Die Polster sind demzufolge so kompakt, daß man trockenen Fusses über eine mit *Distichia* verlandete Lagune schreiten kann.

Das Wachstum der *Distichia*-Polster ist etwa mit dem der *Sphagnum*-Bulte in einem Hochmoor zu vergleichen. Die Sproße wachsen an ihrer Spitze ständig fort, sterben aber von der Basis her fortlaufend ab und vertorfen, wodurch es allmählich zu einer Erhöhung des Seegrundes und Verankerung der Polster kommt.

Auf den *Distichia*-Polstern siedelt sich eine reiche Epiphytenflora an, unter denen die himmelblau blühenden *Gentiana sedifolia* und *G. limoselloides* vorherrschen; auch die Composite *Werneria pygmaea* und die Campanulacee *Hypsela reniformis* sind in Peru nicht selten.

Zwischen den runden *Distichia*-„Bulten" dehnen sich „Schlenken" aus, die während der Regenzeit von Wasser erfüllt sind, in der Trockenpuna während der langen Trockenzeit aber austrocknen. Die für Peru typische Schlenkenvegetation wird gebildet von der ausläuferbildenden, rhachisblättrigen Umbellifere *Crantzia* (= *Lilaeopsis*, Photo 67, Tafel XVII) und der morphologisch bemerkenswerten, doppelspreitigen, gleichfalls ausläuferbildenden *Lachemilla diplophylla*. Beide können Landformen bilden, nur sind sie dann wesentlich kleiner.

Als „Schlenkenpflanzen" werden von CUATRECASAS (1968) für Kolumbien u.a. auch *Calamagrostis* (in Peru vor allem *C. echinata*), *Werneria crassa, Plagiochilus salviaefolius, Pernettya prostrata* u.a.m. (s. CUATRECASAS, l.c., Fig. 8) angegeben.

Eine weitere bemerkenswerte Begleitpflanze der *Distichia*-Moore Zentralperus ist die von RAUH (1959) entdeckte Isoetacee *Stylites andicola,* die gleichfalls große Rosettenpolster bildet, deren Zustandekommen jedoch auf anderer organisatorischer Grundlage beruht (s. Fig. 6, bei RAUH 1959). Neuerdings scheint *Stylites* (wohl eine andere, unbeschriebene Art) von HAGEMANN auch für Kolumbien nachgewiesen worden zu sein (mündliche Mitteilung).

Den *Distichia*-Mooren vergleichbar sind jene „Polstermoore" Feuerlands und Neuseelands sowie der Subantarktis, in denen die Cyperacee *Oreobolus*[21]) und die Stylidiacee *Donatia*[22]) vorherrschen.

Von den höchsten Gipfeln Sumatras (Mt. Losir, 3 466 m) beschreibt van STEENIS (1962) sumpfige „Heidemoore", in denen neben der bereits genannten Polsterpflanze *Oreobolus* noch andere hygrophile Polstergewächse auftreten, so die Graminee *Monostachys oreoboloides, Eriocaulon-, Centropelis-* und *Oldenhamia*-Arten. Als Polsterepiphyten wachsen, wie auf den hochandinen Mooren, Gentianaceen und Rosaceen.

Plantago rigida hingegen tritt nur selten als Verlandungspflanze stehender Gewässer auf; in diesem Falle bildet sie ähnlich *Distichia* kreisrunde Polster, woraus wiederum eine auffallende Konvergenz zu dieser resultiert (Photo 68, Tafel XVII)[23]). Normalerweise ist *P. rigida* eine Pflanze der *Gehängemoore* und *Quellhorizonte,* wo sie auf feuchten, schwach geneigten Hängen oft quadratkilometer große Flächen überzieht (Photo 69, Tafel XVIII) und vielen anderen Gewächsen (Epiphyten) Lebensraum bietet. In diesen ausgedehnten Polster-„decken" stehen die 1–1,5 cm im Durchmesser großen Blattrosetten dicht gepackt beisammen.

21) Das Areal der 7 Arten umfassenden Gattung erstreckt sich von Indomalesien, Australien und Neuseeland bis in die andine Region Südamerikas und Costa Rica. Eine Art, *O. furcatus,* findet sich auf Hawai.

22) *Donatia* ist mit 2 Arten vertreten. Das Areal von *D. fascicularis* reicht bis Chile; *D. novae-zelandiae* findet sich nur in Neuseeland und Tasmanien.

23) Es bedarf noch der Klärung der Frage, ob dieser kreisrunde Wuchs die natürliche Wuchsform ist oder auf Erosionserscheinungen als Folge der periodischen Regen-Trockenzeit zurückzuführen ist.

Infolge lateraler Stellung der einblütigen Infloreszenzen sind die einzelnen Polstertriebe von unbegrenztem Wachstum; dennoch erfolgt in ähnlicher Weise Verzweigung wie bei Polsterpflanzen mit terminalen Infloreszenzen.

Hinsichtlich des Gesamtwachstums verhält sich *Plantago* wie *Distichia*, d.h. die Polster wachsen an ihrer Oberfläche ständig fort und beginnen von der Basis her zu vertorfen. Aus diesem Grunde werden die *Plantago*-Moore in Zentralperu auch wirtschaftlich zur Torfgewinnung genutzt. Man schält die wachsende grüne Decke vorsichtig in Stücken ab, trocknet diese und deckt damit die Dächer der armseligen Steinhütten, während die eigentlichen Torfschichten als Brennmaterial Verwendung finden.

Wächst *Plantago rigida* als Einzelpflanze auf trockeneren Böden (wie beispielsweise am Chimborazo), so resultieren extrem harte Polster von geradezu vorbildlich halbkugeliger Ausbildung.

Die vorstehend beschriebenen Polstermoore fehlen der afroalpinen Region. Es gibt zwar Moorgesellschaften, in denen die mächtigen, an der Basis vertorften Horste ("bogs" nach HEDBERG) von *Carex monostachya* und *C. runssoroensis* zusammen mit Torfmoosen tonangebend sind, doch sind ihre Wuchsformen mehr den Tussockgräsern zuzuordnen.

Die in den extratropischen Hochgebirgen mit zahlreichen Arten verbreiteten Polsterpflanzen aus den Gattungen *Saxifraga* und *Draba* treten im andin-antarktischem Bereich zurück und gehören ausschließlich dem Superpáramo im Sinne von CUATRECASAS (l.c.) an.

Daß der Polsterwuchs nicht ausschließlich auf Blütenpflanzen beschränkt ist, haben wir am Beispiel der Sporenpflanze *Stylites* gezeigt. Weiter verbreitet aber ist der Polsterwuchs bei Moosen, insbesondere bei den Torfmoosen, die im feuchten Páramo eine erhebliche Rolle spielen; kugelförmige Polster bildet das Laubmoos *Ditrichium* auf Marion Island; kugelpolsterbildende Laubmoose bildet HEDBERG (1964, Fig. 63–65) auch vom Mt. Kenya ab.

Es würde an dieser Stelle zu weit führen, sämtliche in den tropischen Hochgebirgen beheimateten Pflanzenfamilien aufzuführen, in denen Polsterwuchs vorkommt. Lediglich auf einen Typus polsterförmigen Wuchses, der sich konvergent in den Hochregionen der Neuen und der Alten Welt wiederholt, nämlich auf die Sukkulenten-Polster aus den Familien der Cactaceen und Euphorbiaceen, soll noch kurz eingegangen werden.

Innerhalb der Cactaceen neigen vor allem die Vertreter der Gattung *Tephrocactus* (= *Opuntia*), z.B. *T. floccosus, T. lagopus, T. malyanus* u.a. zur Polsterbildung. Aufgrund ihrer dichten wolligen Behaarung werden sie auch als *Wollkakteen* bezeichnet. Da sie nun in großen, oft mehrere quadratmeter großen Polstern in Erscheinung treten (ihrer Bildung liegt im übrigen die gleiche Grundorganisation wie die der normal-krautigen Polsterpflanzen zugrunde), täuschen sie – von der Ferne gesehen – eine Herde lagernder Schafe vor und werden deshalb auch als „vegetabilische Schafe" bezeichnet (Photo 72, Tafel XVIII). In der Trockenpuna können die Kakteenpolster auf weite Strecken hin vegetationsbestimmend sein (Photo 70, Tafel XVIII), so daß wir direkt von einer *Kakteenpuna* sprechen können, zumal auch andere Arten und Gattungen stellenweise reichlich vertreten sind. Erwähnt seien *Tephrocactus rauhii* (Photo 70, Tafel XVIII) aus der Puna Südperus, vor allem der Cord. Ausangate.

Besonders eindrucksvoll sind die weißwolligen Säulen der Oreocereen, vor allem von *O. hendriksenianus* aus der Trockenpuna Südperus (Photo 71, Tafel XVIII); erwähnt seien aber auch Kugelkakteen aus den Gattungen *Oroya, Matucana* und *Lobivia,* deren Sprosse nicht selten zu größeren Polstern zusammentreten.

Die sehr eindrucksvollen Wollkakteen haben ihr ökologisches Gegenstück in der neuseeländischen Composite *Haastia pulvinaris.*

In der ökologischen Literatur wird immer wieder die Ansicht vertreten, daß die dichte Behaarung der Wollkakteen einen Schutz gegen tiefe Temperaturen bildet, eine Ansicht, der nur bedingt zugestimmt werden kann, denn *T. floccosus* ist häufig, so in der Umgebung von Oroya in 4 800 m, vergesellschaftet mit *T. atroviridis*, einer wohl haarlosen Mutation von *T. floccosus* (Photo 73, Tafel XIX). Obwohl jener den gleichen tiefen Frosttemperaturen ausgesetzt wie *T. floccosus* weist er dennoch keine Frostschäden auf.

Auch die polsterbildenden *Maihuenia*-Arten (Cactaceae), die mit *M. poeppigii* (Photo 74, Tafel XIX) und *M. patagonica* in Patagonien die südlichste Verbreitungsgrenze der Kakteen überhaupt erreichen, entbehren gleichfalls eines schützenden Haarkleides.

Völlig kahl sind auch die Sprosse der polsterwüchsigen sukkulenten Euphorbien, wie *E. clavarioides* var. *truncata* (Photo 75, Tafel XIX) und *E. pulvinata*, die in den Gebirgen Transvaals in 2 000 m Höhe Standorte besiedeln, die in klima-ökologischer Hinsicht etwa denen der Wollkakteen ähnlich sind.

4.7. DIE ROSETTENSTAUDEN*

sind *perennierende, krautige* Gewächse mit häufig verdickten, bzw. rübenförmigen Wurzeln und kurzer, dicker, zuweilen rhizomartiger sich kaum über den Boden erhebender Sproßachse, die in rosettiger Anordnung flach ausgebreitete, dem Boden aufliegende, große Blätter trägt (Abb. 52, oben). Da diese Wuchsform typisch ist für die Malvaceen-Gattungen *Malvastrum* und *Nototriche*, spricht C. TROLL (1958, S. 71, 1959, S. 53) auch vom *Werneria-* oder *Nototriche*-Typ der Puna. Die dicken Rübenwurzeln der meisten Rosettenstauden haben nicht nur die Funktion der Nährstoffaufnahme und -Speicherung, sondern infolge Kontraktion des Hypokotylabschnittes ziehen sie die kurze Sproßachse ständig so weit in den Boden hinein, daß die Innovationsknospen stets in die Nähe der Erdoberfläche zu liegen kommen. Im Lebensformensystem von RAUNIAER sind die Rosettenstauden bei dem Hemikryptophyten einzuordnen.

Innerhalb der Gruppe der Rosettenstauden ist – wie bei den Schopfrosettengewächsen – zwischen solchen mit *begrenztem* und *unbegrenztem* Wachstum zu unterscheiden. Bei den ersteren beschließt die kurze Rosettenachse ihr Längenwachstum mit der Ausbildung einer terminalen Infloreszenz (Photo 76, Tafel XIX); viele Compositen und Gentianaceen), und das Sproßsystem wird von Achselknospen der nunmehr absterbenden Blätter der Primärrosette fortgeführt, die in der Regel keine Ruheperiode einhalten. Ausgiebige Verzweigung kann letztlich zur Bildung eines Rosettenpolsters führen, wie dies für die afroalpine Composite *Haplocarpha ruepellii* geschildert worden ist (Photo 57, Tafel XV).

Die Zahl der Rosettenstauden mit begrenztem Wachstum ist zwar groß, doch treten sie selten vegetationsbestimmend in Erscheinung. Das gilt allenfalls für die andine Composite *Werneria nubigena*, die mit ihren linealen, blaugrünen Blättern und großen, weißen Blütenköpfen an moorigen Plätzen größere Bestände bilden kann.

*) Die von ESPINOZA (1932, S. 196), C. TROLL (1958, S. 71; 1953, S. 53) und WEBERBAUER (1930, S. 347) gebrauchten Ausdrücke Rosetten*pflanzen* resp. Rosetten*kräuter* (WEBERBAUER) treffen für diesen Wuchstyp nicht zu, denn bei jenen handelt es sich um *monokarpische*, nach der Blüte absterbende Pflanzen, während die Rosetten*stauden polykarpisch*, also *perennierend* sind. HEDBERG (l.c., S. 87) bezeichnet diesen Wuchstyp im Gegensatz zu seinen „giant rosette plants“ als „acaulescent rosette plants“, einem Vorschlag, dem wir uns nicht anschließen.

In der afroalpinen Vegetation ist die Anzahl der Rosettenstauden relativ gering; zu erwähnen sind: *Haplosciadium abyssinicum* (Umbellifere), *Nannoseris schimperi* (Composite), *Conyza subscaposa* (Composite; s. Abb. bei HEDBERG 1964, Fig. 71–75), *Ranunculus cryptanthus, R. oreophytus* (Ranunculacee) u.a.

Rosettenwuchs in der hochandinen Region ist weit verbreitet, vor allem in den Familien der Compositen *(Hypochoeris, Liabum, Werneria, Lucilia, Lysipoma* u.a.), der Cruciferen *(Draba)*, der Gentianaceen *(Gentiana, Gentianella, Halenia)*, der Geranicaceen *(Geranium, Erodium)*, der Malvaceen *(Malvastrum, Nototriche)*, der Papilionaceen *(Lupinus, Astragalus)*, der Ranunculaceen *(Ranunculus, Rhopalopodium)*, der Umbelliferen *(Eryngium)* u.a.m.

Rosettenstauden mit *unbegrenztem* Wachstum, d.h. mit lateralen Blüten resp. Infloreszen sind wesentlich seltener. Wir finden sie bei einigen *Viola*-Arten, bei *Pinguicula* aus den Páramos von Südecuador sowie bei *Valeriana rigida* (Photo 77, Tafel XX) und verwandten Arten.

4.8 DIE GEOPHYTEN

im Sinne RAUNKIAER's sind in den tropischen Hochgebirgen relativ selten und vorwiegend auf die Monokotylen beschränkt: Juncaceen, Cyperaceen *(Carex)*, Liliaceen *(Bomarea, Romulea, Kniphofia* (Mt. Kenya), Iridaceen *(Sisyrchinchium, Aristea, Gladiolus)* und einigen Erdorchideen. In der Tussock-Formation des Mt. Kilimanjaro sammelten wir *Disa stairsii*, und in der Trockenpuna von Peru, sowie am Cotopaxi in 4 100 m Höhe, konnten wir Vertreter der bemerkenswerten Orchideen-Gattung *Altensteinia*, mit ihren chlorophyllosen Blütentrieben sammeln. In den Subpáramos von Ecuador fanden wir halbstrauchige *Epidendrum-*, *Odontoglossum-* (z.B. *O. pardinum, O. nubigenum*), *Masdevallia-* und *Pachyphyllum*-Arten.

Geophyten, und zwar Rhizomgeophyten, sind nach HEDBERG (l.c.) *Carex monostachya;* im weitesten Sinne auch Farne aus den Gattungen *Polypodium* und der bis Costa Rica verbreiteten, bemerkenswerten *Jamesonia,* die vor allem im Subpáramo in größeren Beständen auftreten. Erdabrisse werden vorwiegend von *Elaphoglossum* und *Blechnum*-Arten besiedelt.

4.9. DIE *ANNUELLEN* ODER *THEROPHYTEN*

fehlen, worauf wir schon auf S. 64 verwiesen haben, der tropischen Hochgebirgsvegetation nahezu vollständig, soweit es sich nicht um eingeschleppte Arten handelt. Nach HEDBERG (l.c.) ist es in einzelnen Fällen bei oberflächlicher Betrachtung schwierig zu entscheiden, ob eine Pflanze wirklich annuell oder perennierend ist. Er führt dafür als Beispiel *Silene burchellii* an.

4.10. MOOSE UND FLECHTEN

Neben den Blüten- und Farnpflanzen spielen auch *Moose* und *Flechten* im Vegetationskleid der tropischen Hochgebirge und der Subantarktis eine große Rolle. Sie werden von CUATRECASAS (1968) in dem sogen. *Proteretum* zusammengefaßt. Besonderer Erwähnung bedürfen die Torfmoose, die Sphagnen, die an sumpfigen Stellen Massenbestände bilden;

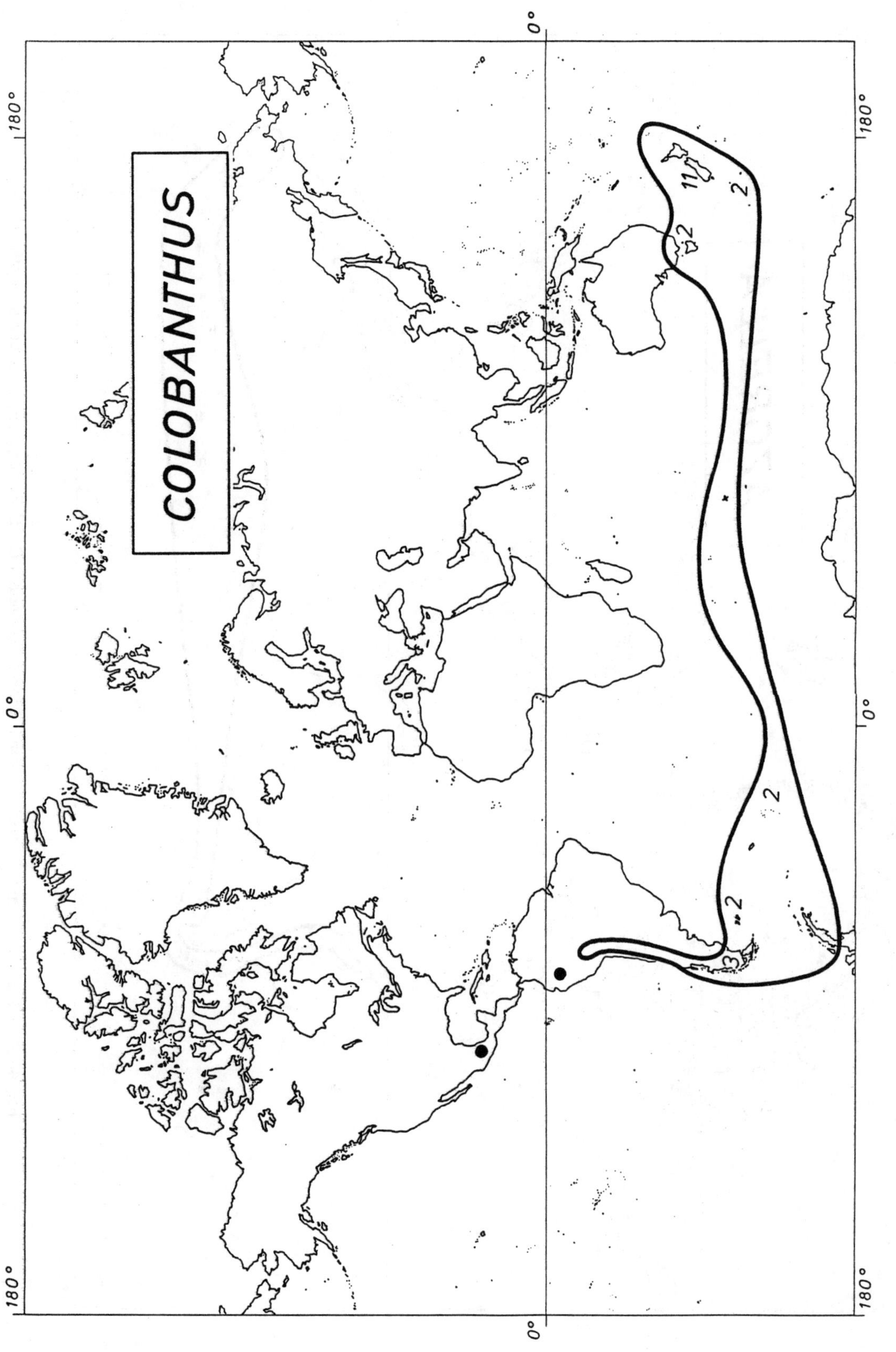

Fig. 3: Arealkarte der Caryophyllaceen-Gattung *Colobanthus* (Original Dr. H.F. Schölch, n. Literaturangaben).

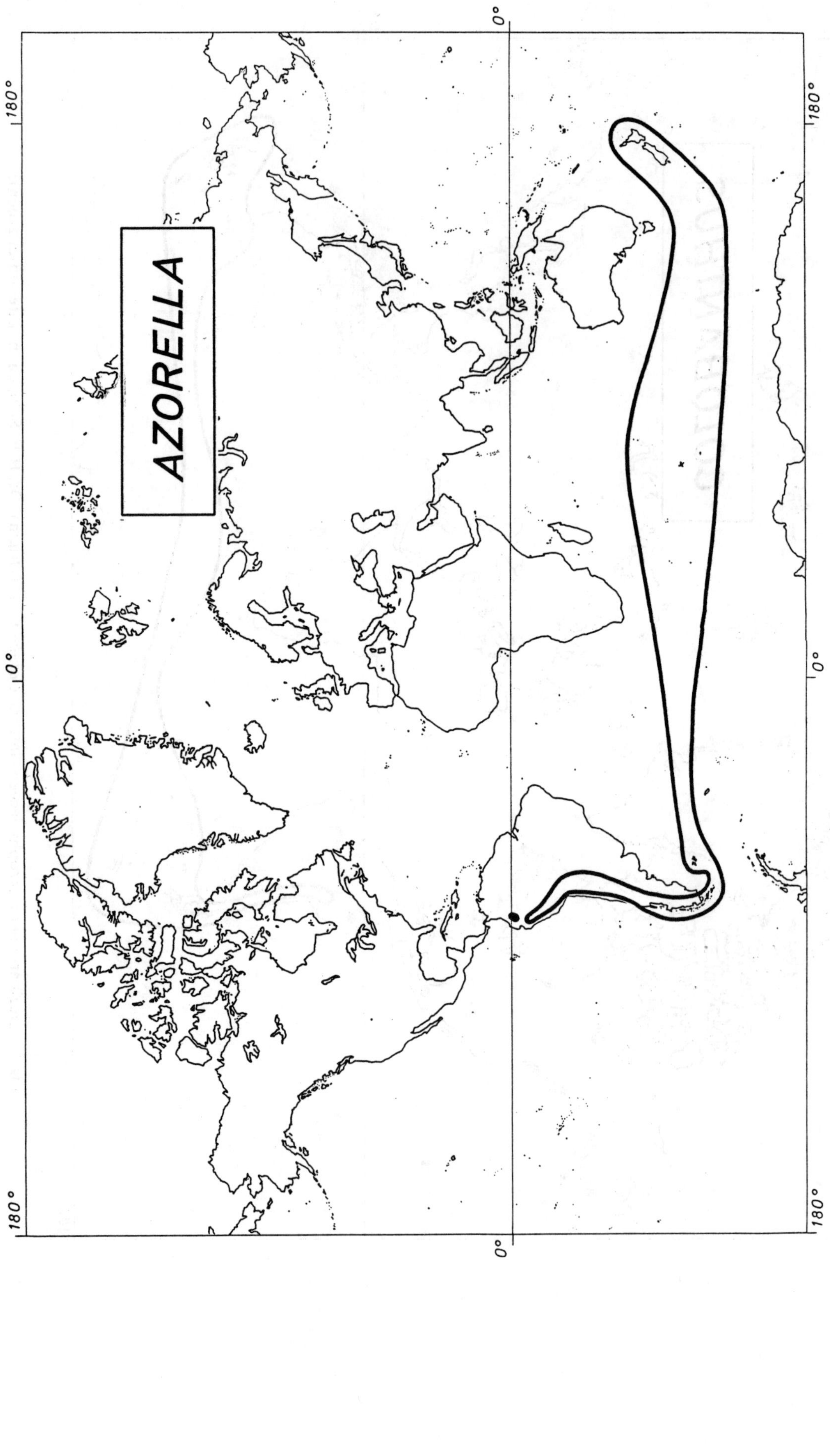

Fig. 4: Arealkarte der Umbelliferen-Gattung *Azorella* (Original Dr. H.F. Schölch, n. Literaturangaben).

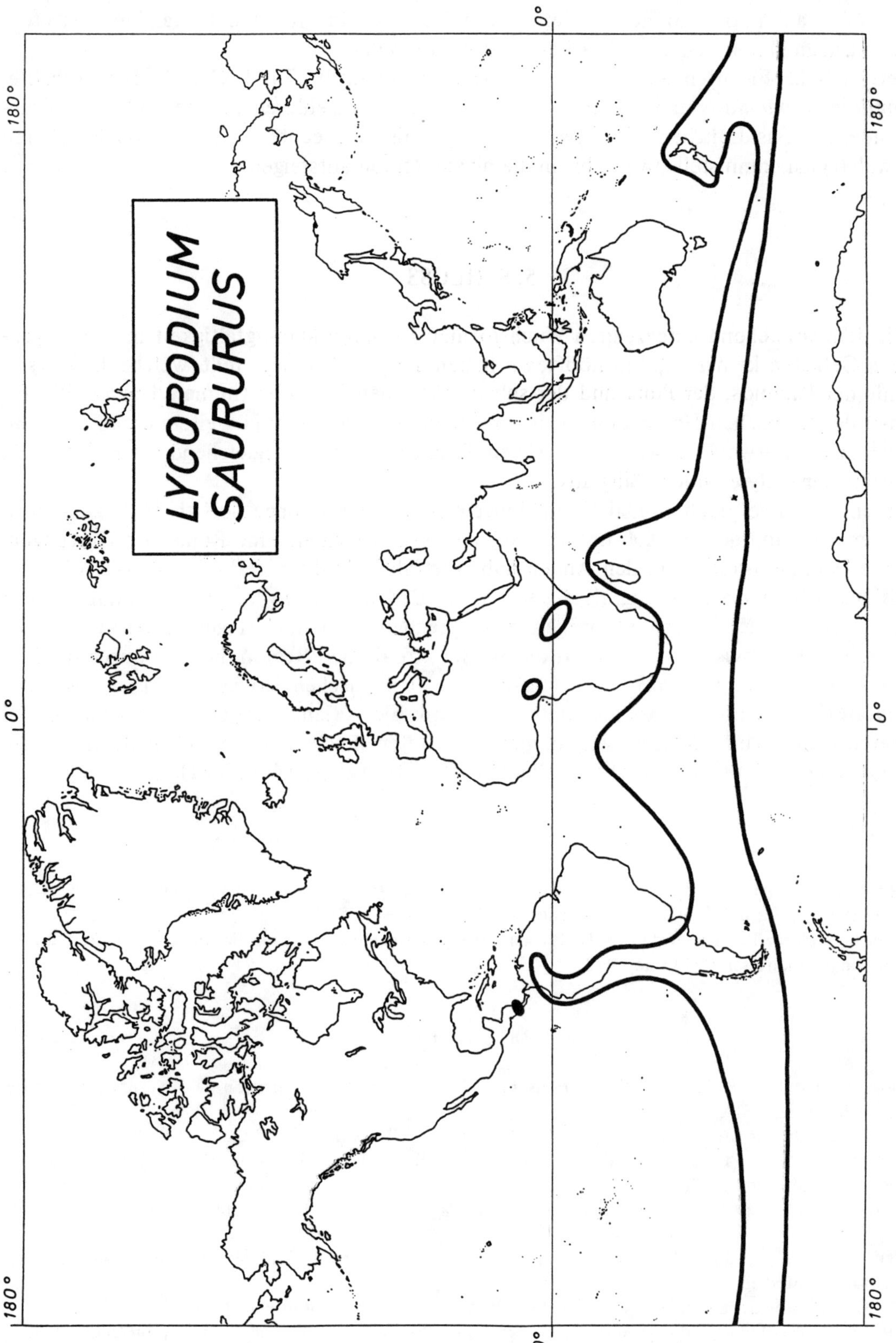

Fig. 5: Verbreitungskarte von *Lycopodium saururus* (verändert nach Nessel).

aber auch Laubmoose können in feuchteren Gebieten in größeren Beständen auftreten. Relativ arm an Moosen sind die Trocken- und Wüstenpuna.

Terrestrische Flechten wie *Stereocaulon* (Photos 78 u. 79, Tafel XX), die Wurmflechte, *Thamniola vermicularis* und *Cetraria nivalis* bilden an windgeblasenen, offenen Stellen Reinbestände. Die Basidiolichene *Cora pavonia,* eine typische Flechte der Erdabrisse der oberen Bergwaldregion, kann stellenweise bis in die nivale Region aufsteigen.

5. SCHLUSS

Mit dem vorstehend aufgezeigten Wuchsformen ist deren Mannigfaltigkeit in den besprochenen Gebieten keineswegs erschöpft; wir haben nur jene herausgestellt, welche die Physiognomie der Páramos, der Puna und der subantarktischen Inseln bestimmen. Um alle Wuchsformen der tropischen Hochregionen im einzelnen zu erfassen, sind weitere detaillierte Untersuchungen notwendig, denn von vielen Pflanzen stehen vergleichend-morphologische Wuchsformenanalysen noch völlig aus.

Abschließend sei noch einmal darauf hingewiesen, daß sehr enge floristische Beziehungen zwischen dem andinen Bereich und der Subantarktis bestehen. Eine Reihe von Gattungen, die ihre Hauptverbreitung in den Anden haben, strahlen in ihrer Verbreitung bis in die Antarktis aus (z.B. *Azorella,* s. Fig. 4; *Acaena,* s. Fig. 2; *Colobanthus,* s. Fig. 3), so daß wir von einem andin-subantarktischem Florenelement sprechen können. Geringere floristische Beziehungen bestehen zwischen der Antarktis und der afroalpinen Region, bedingt durch die Florenentwicklung und die größere Entfernung der afrikanischen Hochgebirgsstöcke von der Subantarktis im Vergleich zur hochandinen Region. Eine Pflanze jedoch ist nicht nur allen 3 Gebieten gemeinsam, sondern wächst hier auch unter gleichen ökologischen Bedingungen, nämlich *Lycopodium saururus* (Fig. 5; Photos 80 u. 81, Tafeln XX u. XXI).

Den Herren E. AUBERT DE LA RÜE, Lausanne, O. HEDBERG, Uppsala, und VAN ZINDEREN BAKKER, Bloemfontain, sei für die Überlassung von Bildmaterial herzlichst gedankt.

Mein besonderer Dank aber gilt der Deutschen Forschungsgemeinschaft für die finanzielle Unterstützung meiner Südamerikareisen 1954 und 1973.

LITERATUR

AUBERT DE LA RÜE, E. (1964): Observations sur les caractères et la répartition de la végétation des Îles Kerguelen. C.N.F.R.A. Biologie, Vol. 1.

– (1965): Remarques sur les tourbières des Îles Kerguelen. C.R.Soc.Biogégr. 372.

CHASTAIN, A. (1958): La Flore et la végétation des Îles Kerguelen. Polymorphisme des espèces australes. Mém.Mus.Nat.Hist.Nat. Série B, Tome XI.

COE, M.J. (1967): The ecology of the alpine zone of Mount Kenya. Monographiae Biologicae, Vol. XVII, 1967.

CUATRECASAS, J. (1934): Observaciones geobotánicas en Colombia. Trab.Mus.Nacional Ciencias Nat., Ser.Bot. 27, Madrid.

– (1958): Aspectos de la vegetacion natural de Colombia. Rev.Acad.Colombiana Cienc.Exact., Vol. 10.

– (1968): Geo-ecology of the mountainous regions of the tropical Americas. Colloqium geographicum Bonn, Bd. 9.

DIELS, L. (1934): Die Páramos der äquatorialen Hochanden. Sitzungsber. Preuss.Akad.Wiss., Phys.-Math.Kl.
– (1937): Beiträge zur Kenntnis der Vegetation und der Flora von Ecuador. Bibliotheca Botanica, Heft 116.
DU RIETZ, G. (1931): Life-forms of terrestrial flowering plants. Acta phytogeogr.suec. 3.
ESPINOZA, L. (1932): Ökologische Studien über Kordillerenpflanzen. Bot.Jahrb. 65.
FRIES, R.E. und FRIES, TH.C.E. (1922): Die Riesen-Senecionen der afrikanischen Hochgebirge. Svensk.Bot. Tidskr. 16.
– (1922): Die Riesen-Lobelien Afrikas. Ebda. 16.
– (1948): Phytogeographical regards of Mt. Kenya and Mt. Aberdare, British East Africa. K.Svenska Vet. Akad.Handl. III, Stockholm.
FRIES, R.E. (1923): Vegetationsbilder von den Kenia- und Aberdare-Bergen Ostafrikas. In „Vegetationsbilder" hrg. von G. KARSTEN und H. SCHENCK, 16.
GOEBEL, K. V. (1891): Die Vegetation der venezualanischen Páramos. In: Pflanzenbiologische Schilderungen Teil II, 1, Marburg.
HARE, C.L. (1941): The arborescent *Senecio* of Kilimandjaro. A study in ecological anatomy. Trans.Roy. Soc.Edinb., 16.
HEDBERG, O. (1957): Afroalpine vascular plants. A taxonomic revision. Symb.bot.uppsal. 15.
– (1961): The phytogeographical position of the afroalpine flora. Rec.Adv.Bot. 1, Toronto.
– (1964): Études écologiques de la flore afroalpine. Bull.Soc.bot.Belgique, 97.
– (1964): Features of the afroalpine plant ecology. Uppsala.
– (1971): The high mountain flora of the Galama Mountain in the Arussi Province, Ethiopia. Webbia 26.
HEILBORN, O. (1925): Contributions to the ecology of the Ecuadorian páramos with special reference to cushion-plants and osmotic pressure. Svensk.bot.Tidskr. 19.
HOOKER, J.D. (1879): Observations of the botany of the Kerguelen Island. Phil.Transact.Roy.Soc. London, Vol. 168.
KINZL, H. (1970): Bedrohte Natur in den peruanischen Anden. Argumenta Geographica. Coll.Geogr. 12.
LAUER, W. (1952): Humide und aride Jahreszeiten in Afrika und Südamerika und ihre Beziehung zu den Vegetationsgürteln. Bonner Geogr.Schriften, Abh. 9.
MEYER, H. (1907): In den Hochanden von Ecuador: Chimborazo, Cotopaxi etc., Berlin.
MILDBREAD, J. (1922): Über die Páramo-Vegetation der tropisch-afrikanischen Hochgebirge. Verh.bot.Ver. Brandenburg 64.
– (1922): Zur Kenntnis der *Senecio*-Bäume der afrikanischen Hochgebirge. Fedde's Rep. 18.
PITTIER, H. (1936): Apuntaçiones sobre la geobotánica de Venezuela, Caracas.
RAUH, W. (1939): Über polsterförmigen Wuchs. Nova Acta Leopoldina, N.F Nr. 7 (dort weitere Literatur).
– (1937/42): Beiträge zur Morphologie und Biologie der Holzgewächse.
I. Entwicklungsgeschichte und Verzweigungsverhältnisse arktisch-alpiner Spaliersträucher. Nova Acta Leopoldina, N.F., Bd. 5, 1937.
II. Morphologische Beobachtungen an Dorngehölzen. Bot.Archiv 43, 1942.
– (1958): Beitrag zur Kenntnis der peruanischen Kakteenvegetation. Sitzungsber. Heidelb. Akad.Wiss., Math-Nat.Kl., 1. Abh.
– und FALK, H. (1959): *Stylites* E. AMSTUTZ, eine neue *Isoëtacee* aus den Hochanden Perus. 2 Teile. Sitzungsber. Heidelb.Akad.Wiss., Math-Nat.Kl., 1. und 2. Abh.
– und WILLER, K.H. (1963): *Phyllactis pulvinata* RAUH et WILLER, eine neue *Valerianaceae* aus den peruanischen Anden. Bot.Jahrb. 82.
RAUNKIAER, C. (1934): The life forms of plants and stastical plant geography. Oxford.
SALT, G. (1954): A contribution to the ecology of upper Kilimanjaro. Journ.Ecol. 42.
SCHENCK, H. (1922): Vergleichende Darstellung der Pflanzengeographie der subantarktischen Inseln, insbesondere über Flora und Vegetation von Kerguelen. In: Wiss.Ergebnisse Deutsche Tiefsee-Expedition 1898–1899, Bd. II, 1. Teil., Jena.
SCHULTZE–RHONHOF, A. (1952): Pflanzengeographische Beobachtungen aus den Regenwäldern von Ecuador und den angrenzenden Gebieten von Columbia. Bot.Jahrb.f.Syst. 75.
SKOTTSBERG, C. (1913): A botanical survey of the Falklands Islands. Botan.Ergebn.Schwed.Exped.Patagonien Feuerlande 1907–1909, 3 K.Svenska Vet.-Akad.Handl. 50, Uppsala und Stockholm.
TROLL, C. (1959): Zur Physiognomik der Tropengewächse. Jahresber. Ges.v.Freunden und Förderern. Univers.Bonn 1958. Bonn.

TROLL, C. (1959): Die tropischen Gebirge. Ihre dreidimensionale klimatische und pflanzengeographische Zonierung. Bonner Geogr.Abh., H. 25, Bonn.
– (1960): The relationship between the climate, ecology and plant geography of the southern cold temperate zone and the tropical high mountains. Proc. of the Roy.Soc., B, Vol. 152.
– (1966): Ökologische Landschaftsgliederung und vergleichende Hochgebirgsforschung. Erdkundliches Wissen. Schriftenreihe für Forschung und Praxis, H. 11.
– (1969): Die Lebensformen der Pflanzen. Alexander V. HUMBOLDTs Ideen in ökologischer Sicht von heute. In: Alexander VON HUMBOLDT, Werk und Weltgeltung. Piper-Verlag, München.
TROLL, W. (1937/39): Vergleichende Morphologie der höheren Pflanzen. 1. Band Vegetationsorgane. 1. und 2. Teil, Berlin.
– und RAUH, W. (1950): Das Erstarkungswachstum krautiger Dikotylen mit besonderer Berücksichtigung der primären Verdickungsvorgänge. Sitzungsber.Heid.Akd.Wiss., Math.-Nat.Kl., 1. Abh.
VAN STEENIS, C.G.G.J. (1935): On the origin of the Malaysian mountain flora. 2. Altitudinal zones, general considerations and renewed statement of the problem. Bull.Jard.Bot.Buitenzorg, Sér. III, 13 (3).
– (1962): The mountain flora of the malaysian tropics. Endeavour.
VAN ZINDEREN BAKKER, E.M., WINTERBOTTOM, J.M. and DYER, R.A. (1971): Marion and Prince Edward Islands. Cape Town.
VARESCHI, V. (1970): Flora de los Páramos de Venezuela. Merida, Venezuela.
WEBER, H. (1956): Histogenetische Untersuchungen am Sproßscheitel von *Espeletia* mit einem Überblick über das Scheitelwachstum überhaupt. Abh.Akad.Wiss.u.Lit.Mainz, Math.-Nat.Kl., Nr. 9.
– (1958): Die Páramos von Costa Rica und ihre pflanzengeographische Verkettung mit den Hochanden Südamerikas. Abh.Akad.Wiss.u.Lit. zu Mainz, Math.-Nat.Kl., Nr. 3.
WEBERBAUER, A. (1911): Die Pflanzenwelt der Anden. Leipzig, 1911.
– (1945): El mundo vegetal de los Andes peruanos, Lima.
– (1931): Über die Polsterpflanze *Pycnophyllum aristatum* und die Polsterpflanzen im allgemeinen. Ber. Dtsch.Bot.Ges. 49.
WERTH, E. (1911): Die Vegetation der subantarktischen Inseln, Possession und Heard Island. Deutsche Südpolar-Expedition 1901–1903, VIII, Bd.Botanik, H. III, 2. Teil.

DIE SÜDHEMISPHÄRISCHEN CONIFEREN UND DIE URSACHEN IHRER VERBREITUNG AUSSERHALB UND INNERHALB DER TROPEN

WINFRIED GOLTE

Mit 7 Figuren und 8 Photos

1. EINLEITUNG

Wenn wir uns für einen Augenblick sämtliche Angiospermen, die ja erst seit der Kreidezeit in ungeheurer Artenfülle das irdische Pflanzenkleid beherrschen, von der Erde verschwunden denken, dann würden weite Gebiete, insbesondere der tropischen Tiefländer, nahezu vegetationslos erscheinen, und umgekehrt am üppigsten von Pflanzenwuchs bedeckt u. a. die Räume, die im Mittelpunkt dieses Symposiums stehen: die höheren Stufen der Tropengebirge und die stark ozeanisch geprägten Mittelbreiten der Südhalbkugel. Hier wie dort würden wir an Waldbäumen ausschließlich Coniferen vorfinden und in ihrem Unterwuchs und z. T. als Epiphyten eine große Zahl von Kryptogamen.

Man muß einmal dieses Gedankenexperiment machen, um sich Verbreitung und Standortsmerkmale der Coniferen vor Augen zu führen und – schärfer als dies bei Betrachtung einzelner Arten meist geschieht – die Frage nach den zugrundeliegenden Ursachen und Gesetzmäßigkeiten zu stellen. Vor allem den arealgeographischen Arbeiten BADERs (1960 a–c) und FLORINs (1963) verdanken wir die genaue Kenntnis der horizontalen und vertikalen Verbreitung der südhemisphärischen Coniferen. Neben einer Reihe von isolierten Reliktgenera – Endgliedern langer, hochspezialisierter Entwicklungsreihen –, die überwiegend außerhalb bzw. am Rande der Tropen verbreitet sind (Fig. 1), stehen die mehr oder weniger artenreichen Gattungen *Podocarpus, Dacrydium, Phyllocladus, Araucaria, Agathis* und *Callitris*, die Vertreter sowohl in der Subantarktis, als auch in den Tropengebirgen besitzen und deren Areal wir mit TROLL (1959 a) und BADER als „subantarktisch – tropisch-montan" bezeichnen können. Das schönste Beispiel bietet die 110 Arten umfassende Gattung *Podocarpus* (Fig. 2), die circumantarktisch und pantropisch verbreitet ist und dabei z. T. weit auf die Nordhalbkugel übergreift. Generell bevorzugen die Coniferen höhere Gebirgslagen, wobei mit Annäherung an den Äquator ein deutliches Ansteigen der Höhengrenzen zu bemerken ist. Dieses zunächst einfach erscheinende Verbreitungsbild wird jedoch wesentlich komplizierter dadurch, daß wir sowohl außerhalb, als auch innerhalb der Tropen unter bestimmten Bedingungen Nadelhölzer auch in relativ geringer Meereshöhe, ja, bis praktisch auf den Meeresspiegel herab, antreffen.

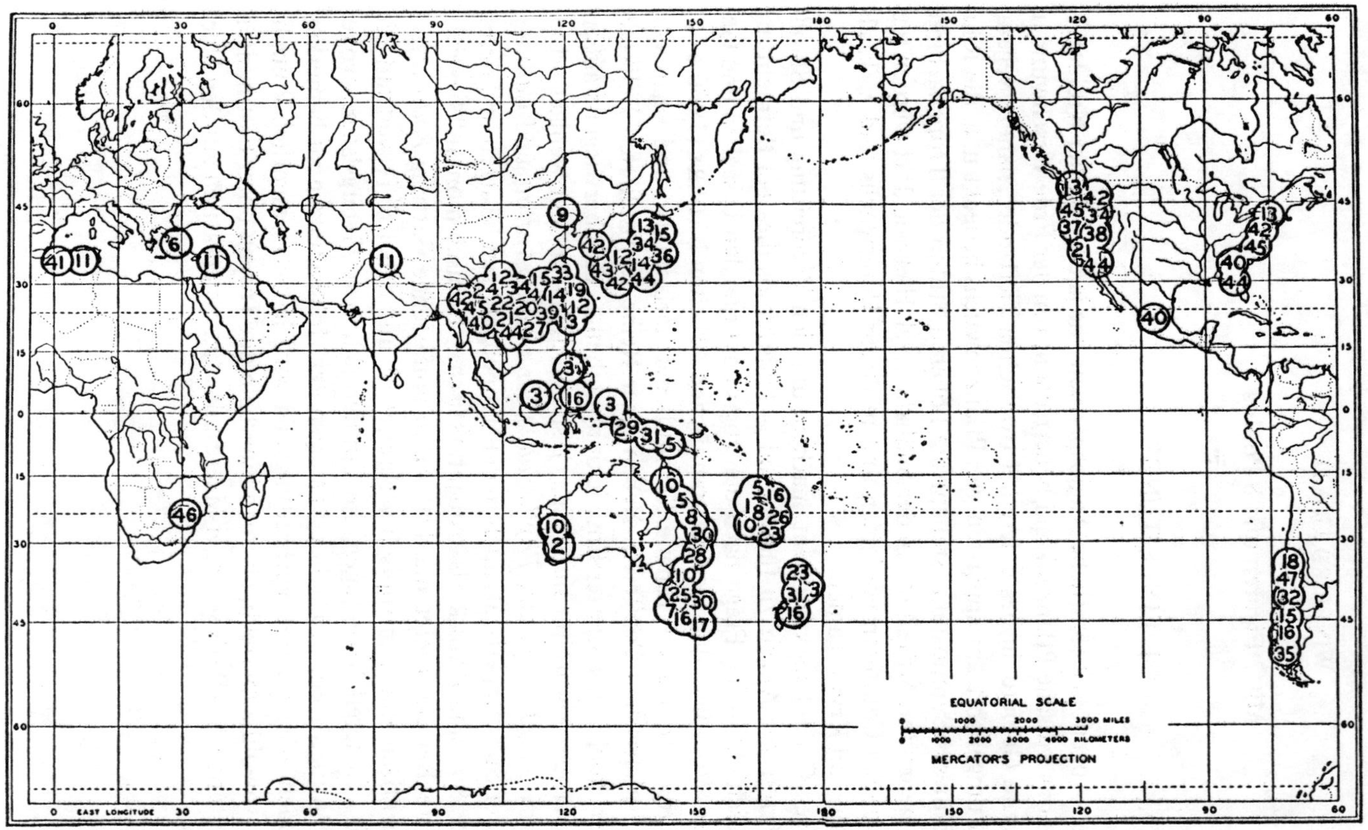

Fig. 1: Die rezente Verbreitung der Coniferen- und Taxaceen-Gattungen (unter Ausschluß der folgenden weitverbreiteten Genera: *Taxus, Podocarpus, Juniperus, Cupressus, Abies, Picea, Larix, Pinus*). Aus LI (1953), ergänzt und verbessert.
Recent distribution of the genera of conifers and taxads (the following widespread genera are not included: *Taxus, Podocarpus, Juniperus, Cupressus, Abies, Picea, Larix, Pinus*).

1 *Acmopyle*
2 *Actinostrobus*
3 *Agathis*
4 *Amentotaxus*
5 *Araucaria*
6 *Arceuthos*
7 *Arthrotaxis*
8 *Austrotaxis*
9 *Biota*
10 *Callitris*
11 *Cedrus*
12 *Cephalotaxus*
13 *Chamaecyparis*
14 *Cryptomeria*
15 *Cunninghamia*
16 *Dacrydium*
17 *Diselma*
18 *Fitzroya*
19 *Fokienia*
20 *Glyptostrobus*
21 *Heyderia*
22 *Keteleeria*
23 *Libocedrus*
24 *Metasequoia*
25 *Microcachrys*
26 *Neocallitropsis*
27 *Nothotaxus*
28 *Octoclinus*
29 *Papuacedrus*
30 *Pherosphaera*
31 *Phyllocladus*
32 *Pilgerodendron*
33 *Pseudolarix*
34 *Pseudotsuga*
35 *Saxegothaea*
36 *Sciadopitys*
37 *Sequoia*
38 *Sequoiadendron*
39 *Taiwania*
40 *Taxodium*
41 *Tetraclinis*
42 *Thuja*
43 *Thujopsis*
44 *Torreya*
45 *Tsuga*
46 *Widdringtonia*
47 *Austrocedrus*

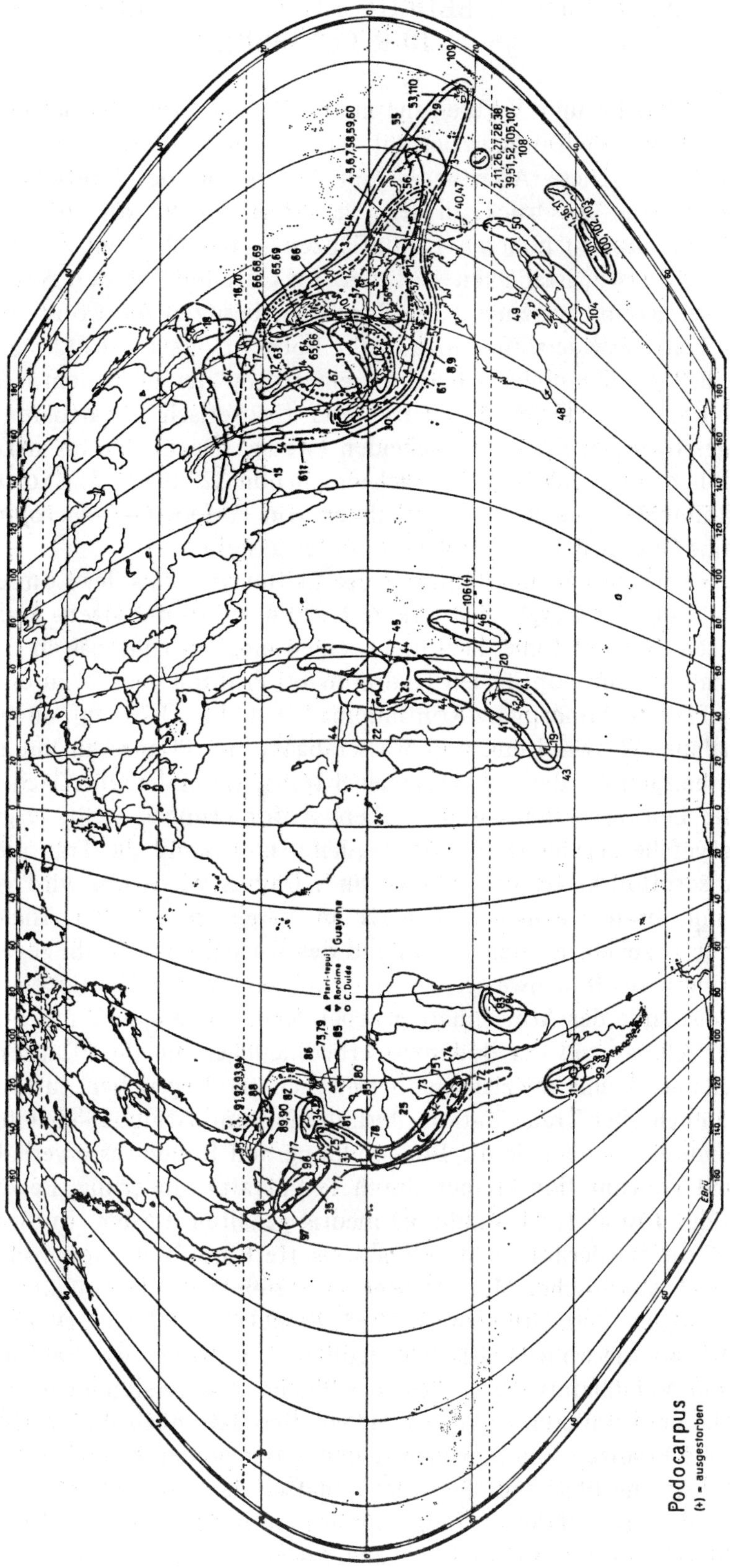

Fig. 2: Verbreitung der Gattung *Podocarpus* (nach BADER, aus TROLL 1959). Die Zahlen beziehen sich auf eine hier nicht wiedergegebene Artenliste.

2. DIE ÖKOLOGISCHE BEDEUTUNG DES WASSERLEITUNGSSYSTEMS DER CONIFEREN

Standortsansprüche und Verbreitungsmerkmale der Coniferen lassen sich nur verstehen, wenn man sich auf die Tatsache besinnt, daß sie ein altertümliches Element unserer Pflanzenwelt darstellen. Diese Altertümlichkeit kommt in der reproduktiven Sphäre in der Nacktsamigkeit zum Ausdruck, in der vegetativen Sphäre vor allem darin, daß sie – im Prinzip wie die ältesten höheren Landpflanzen – nur über ein Wasserleitungssystem von relativ geringer Leistungsfähigkeit verfügen. Im Gegensatz zu den Angiospermen mit ihren querwandlosen Röhrensystemen, den Tracheen, besitzen die Coniferen nur sog. Tracheiden, deren Leitungswiderstand noch recht hoch ist. Nach HUBER erreichen Tracheidenhölzer lediglich ein Zehntel bis maximal ein Drittel der nach dem Hagen-Poiseuille'schen Gesetz für Kapillaren gleichen Querschnitts theoretisch erwartbaren Leitfähigkeit. Die Strömungsgeschwindigkeiten in Tracheiden (wenige Dezimeter bis max. 1,2 m) liegen im Mittel erheblich unter denen von Tracheen. Schon 1878 hat J. SACHS (n. HUBER 1928) mit der Lithiummethode in den Leitbahnen von *Podocarpus macrophylla* als neunstündiges Mittel eine Geschwindigkeit von 18,7 cm festgestellt.

Die relativ geringe Leistungsfähigkeit des Leitungssystems der Coniferen ist deshalb von großer Bedeutung, weil (vgl. WALTER & KREEB 1970) der eigene Wasserhaushalt der höheren Pflanzen in erster Linie dazu dient, einen möglichst intensiven Gasaustausch – unter Aufrechterhaltung einer optimalen Hydratur des Protoplasmas – zu ermöglichen. Im Sinne des „Boden-Pflanze-Atmosphäre-Kontinuums" (HILLEL 1973; vgl. auch KREEB 1974) sind Wasseraufnahme, Wasserleitung und Wasserabgabe der Pflanze als ein zusammenhängender Vorgang zu betrachten, der – bei gegebener transpirierender Oberfläche – an die Leistungsfähigkeit des Leitungssystems umso höhere Anforderungen stellt, je größer einerseits das Dampfdruckgefälle gegenüber der Atmosphäre, und damit die Transpiration, und andererseits die Adsorptionskräfte des Bodens sind. Daraus wiederum wird verständlich, daß die Coniferen mit ihren Tracheiden – stets im Vergleich mit den Angiospermen – solche Standorte bevorzugen, an denen während des Wachstums sowohl gegen minimalen Widerstand absorbierbares Bodenwasser, als auch mit genügender Häufigkeit evapotranspirationsmildernde Zustände der Atmosphäre gegeben sind. Die eng zusammenhängende, komplexe Wirkung der Klima- und der Bodenwasserbedingungen auf die Pflanzen ergibt sich daraus, daß einerseits das Klima, speziell die thermischen und hygrischen Zustände deren Wachstum direkt – nämlich über Transpiration, Assimilation und Atmung – beeinflussen, andererseits aber auch indirekt, indem sie die Bodenbildung und Bodenwasserverhältnisse steuern. Evaporation und Transpiration können durch Temperaturminderung, Bewölkung, Niederschläge, Nebel oder Taufall (incl. Rauhreif) niedrig gehalten werden. In diesem Zusammenhang sei auch auf die wiederholt bemerkte gesteigerte Empfindlichkeit von Nadelhölzern gegen die im Bereich stürmischer Meeresküsten auftretende Salzbesprühung verwiesen (vgl. Beispiele bei WALTER 1960; HOLLOWAY 1954; ROBBINS 1962; GOLTE 1974).

Mehr noch als die atmosphärischen Bedingungen vermag der Faktor Bodenwasser einen Schlüssel zum Verständnis der – bisher weitgehend unverstandenen – spezifischen Standortsansprüche der Coniferen zu liefern. Menge, Beschaffenheit und Verfügbarkeit des Bodenwassers für die Pflanzen sind sowohl von den herrschenden Klimabedingungen, als auch von den chemischen und physikalischen Eigenschaften des Substrats abhängig. Das Wasser wird im Boden mit umso stärkerer Saugspannung zurückgehalten, je höher dessen Gehalt an sorptionsfähiger Feinsubstanz und gelösten Salzen ist. Für beides spielen Art und Intensität der chemischen Verwitterung eine entscheidende Rolle. Die Intensität der chemischen Vorgänge nimmt bekanntlich mit steigender Temperatur stark zu; eine Erwärmung um 10 °C etwa bewirkt nach der van't HOFF'schen Regel eine Verdopplung der Reaktionsgeschwindigkeit.

Unter den chemischen Verwitterungsvorgängen, welche die Erreichbarkeit des Bodenwassers für die Pflanzen beeinflussen, spielt die Hydrolyse der Silikate die größte Rolle, indem sie zur Bildung von Tonmineralen und zur Freilegung der osmotisch wirksamen basischen Kationen führt (vgl. etwa GANSSEN 1965; SCHEFFER & SCHACHTSCHABEL 1970). Von der Art der entstehenden Tonminerale hängt ihre Wasseraufnahme- und Kationensorptionsfähigkeit ab. Während Tonminerale der Kaolinitgruppe (Zweischicht-Tonminerale) nur in sehr geringem Maße Wasser aufnehmen und Kationen sorbieren können, besitzen Montmorillonite und andere Dreischicht-Tonminerale eine sehr hohe Wasseraufnahme- und Kationenumtauschkapazität.

Die Konzentration der Bodenlösung und die Stärke der Wasserbindung im Tonkomplex des Bodens sind für den Wasserhaushalt der Pflanze von größter Bedeutung. B. HUBER hat darauf hingewiesen, daß die osmotische Leistungsfähigkeit den eigentlich begrenzenden Faktor im Wasserhaushalt der Pflanzen darstellt: „der Leitungswiderstand findet im osmotischen Wert der Pflanze, der nun einmal nicht über ein bestimmtes Maß hochgetrieben werden kann, seine biologisch erträgliche Grenze" (HUBER 1928). Es verwundert daher nicht, wenn bei unter feuchten Bedingungen wachsenden Farnen und Gymnospermen, z. B. bei *Podocarpus*, relativ hohe osmotische Werte festgestellt wurden (WALTER 1960; 1967).

Vorstehende Überlegungen führen uns zu dem gleichen Ergebnis, zu dem wir durch den Vergleich der verschiedensten natürlichen Standorte von Nadelhölzern auf der Erde gelangen. Dieses Ergebnis lautet: Coniferen bevorzugen solche Böden, in denen sich das von ihnen aufzunehmende Wasser nur minimal mit den osmotisch wirksamen Lösungsprodukten der Mineralien (Elektrolyte) anreichern kann und es zu keiner bzw. nur sehr geringer Bildung sorptionsfähiger Tonsubstanz kommt.

Wegen des komplizierten Zusammenspiels des Klimas mit den chemischen und physikalischen Eigenschaften des Substrats können die geforderten Bedingungen des Coniferenwachstums auf die verschiedenste Weise zustandekommen. Geeignete Voraussetzungen bzw. Vorgänge, die sich jedoch gegenseitig ersetzen können und daher einzeln nicht als conditio sine qua non angesehen werden dürfen, sind:

1. Primäre Basenarmut des Substrats (z. B. Quarzsand oder -schotter, Torf [Fig. 3]). Einen Sonderfall stellen Böden auf Peridotit bzw. Serpentin (Ultrabasite) dar (vgl. WHITTAKER et alii 1954). Ihr hervorstechendes Kennzeichen ist das Fehlen heller Gementeile und die Untersättigung an Silizium. Mit den Feldspäten fehlen ihnen die Hauptlieferanten sorptionsfähiger Tonsubstanz und basischer Kationen. Böden auf Serpentingestein sind daher auch sehr wasserdurchlässig.
2. Hohe Niederschläge und/oder niedrige Temperaturen begünstigen die Auswaschung der Zersetzungsprodukte der Mineralien (Prozesse der Podsolierung und Lessivierung). Dabei spielt auch die unvollständige Zersetzung der organischen Substanz eine große Rolle. Sie führt zur Bildung von Rohhumus, wozu ihrerseits die schwer zersetzbare Nadelstreu in hohem Maße beiträgt. Außer der Nadelstreu kann auch – z. B. bei *Agathis australis* auf der Nordinsel Neuseelands (vgl. SCHWEINFURTH 1966) – reichlich vom Stamm abblätternde und sich ringsherum anhäufende Borke Rohhumus erzeugen. Saure Humusstoffe aber wirken tonzerstörend und tragen zur Entbasung bei.

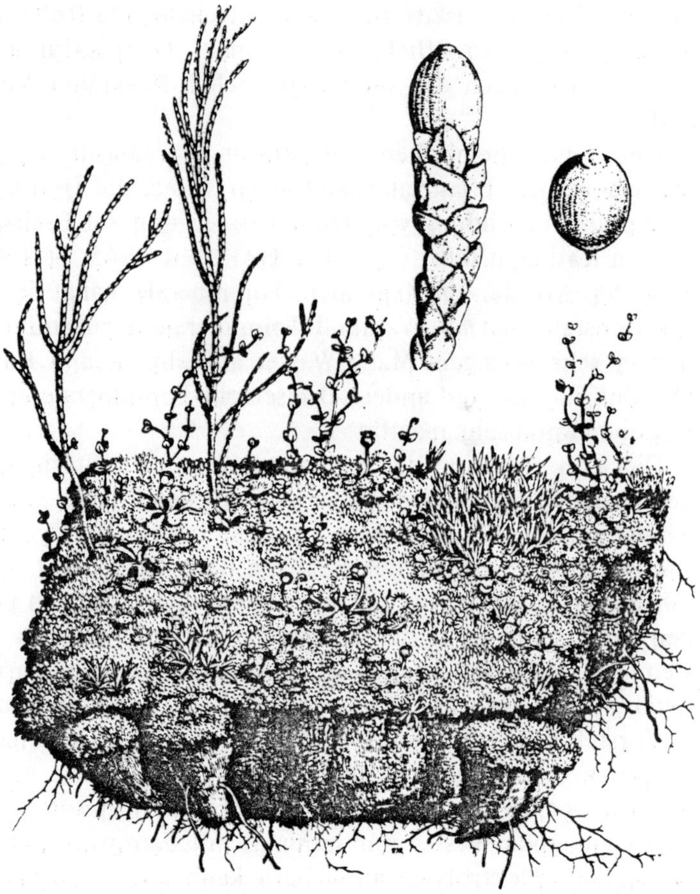

Fig. 3: Torfstück mit der Zwergconifere *Dacrydium fonckii* (sowie *Drosera uniflora, Donatia fascicularis, Gaimardia australis, Oreobolus obtusangulus,* etc.) aus einem Polstermoor in der Cordillera Pelada, Südchile (ca. 40° s. Br.). Rechts oben vergrößertes Zweigstück mit Macrosporophyll. Nach C. MUÑOZ PIZARRO.

3. Hohe Durchlässigkeit des Substrats (z. B. auf Felsschutt- oder Sandstandorten, vulkanischen Aschen, Kalkgrus, usw.) fördert die unter Punkt 2 genannten Vorgänge und verhindert, daß es durch Stagnation oder aufsteigende Wasserbewegung zu einer starken Elektrolytenkonzentration kommt. Die Empfindlichkeit gegen stagnierendes Grundwasser ist besonders bei Coniferen des tropischen Tieflandes bemerkt worden, so nach BRÜNIG (1968) bei *Agathis borneensis* (Borneo) und nach WECK (1958) bei *A. alba* (Nordmolukken, Indonesien, Philippinen). Wenn auch hohe Durchlässigkeit meist aus relativ grober Korngrößenzusammensetzung resultiert, kann diese auch bei sehr hohem Tongehalt gegeben sein, dann nämlich, wenn es sich ausschließlich um solchen der Kaolinitgruppe handelt. Derartige Böden fand ich z. B. in südbrasilianischen Araukarienwäldern (s. u.). Es ist nicht notwendigerweise ein Widerspruch zu der vorhergehenden Feststellung, daß Nadelhölzer tiefgründige, gut dränierte Böden lieben, wenn wir ihnen häufig auch gerade auf flachgründigen, staunassen Standorten begegnen, denen sich das Wurzelsystem mit tellerartiger Verzweigung hervorragend anpaßt (vgl. GOLTE 1974). Voraussetzung ist hier jedenfalls ausgeprägte Basenarmut. Gelegentlich finden wir hohe Durchlässigkeit des Oberbodens mit der Existenz eines stauenden, ortsteinähnlichen oder tonigen Horizontes im Unterboden kombiniert, wie es sich schon bei den unter Punkt 2 genannten Prozessen der Bodenbildung ergibt. Über dem Stauhorizont kommt es dann zu üppiger Wurzelverzweigung.

4. Jahres- bzw. tageszeitliche Bodengefrornis und jahreszeitliche Schneebedeckung. Die Gefrornis bringt nicht nur die chemische Verwitterung praktisch zum Stillstand, sondern bewirkt auch eine kräftige Auflockerung des Bodens. Eine abtauende Schneedecke und damit die gleichmäßige und reichliche Zufuhr elektrolytenarmen Sickerwassers bei niedrigen Bodentemperaturen intensiviert die unter Punkt 2 genannten Vorgänge. In südchilenischen Araukarienwäldern (Photo 88, Tafel XXII) z. B. konnte ich beobachten, daß unmittelbar zu Beginn der Wachstumszeit tauender Schnee und häufige Frostwechsel sowohl starke Durchtränkung, als auch Auflockerung des Bodens bewirkten.
5. Häufige Auffrischung und starke Wasserzügigkeit des Substrats, wie sie z. B. in periodisch überschwemmten Flußauen, unmittelbar am Rande von Wasserläufen (Photo 82, Tafel XXI), in Schluchten, an steilen Hängen und dgl. gegeben sind.

Die vorgenannten Punkte liefern unter dem Aspekt des Bodenwassers und unbeschadet weiterer anzuführender Gründe eine Erklärung für folgende Tatsachen:

a) Die Gebirge und ganz besonders deren höhere Lagen stellen bevorzugte Standorte von Nadelhölzern dar.

b) Es ergibt sich besonders aus Punkt 5 und folgt dem Gesetz der relativen Standortskonstanz (WALTER 1953), wenn wir zahlreiche Coniferen der Gebirge entlang von Wasserläufen oder in Schluchten am tiefsten herabsteigen sehen (Photo 82, Tafel XXI).

c) Außerhalb wie innerhalb der Tropen finden wir Nadelhölzer bei entsprechenden Voraussetzungen auch bis praktisch ins Meeresniveau herab. Es handelt sich im Sinne von Punkt 1 stets um sehr basenarme Standorte. Dies gilt beispielsweise für die im äquatorialen Tiefland Borneos auf sandigen Podsolen stockenden „Heidewälder" (Kerangas), in denen an Nadelhölzern vor allem *Agathis borneensis* und *Dacrydium beccarii* var. *subelatum* vorkommen (vgl. BRÜNIG 1968; 1970). In Neu-Caledonien ist der serpentinische Süden das Hauptentfaltungsgebiet der außerordentlich reichen altertümlichen Coniferenflora (s. u.) und hier wiederum spielt die sog. Plaine des Lacs eine große Rolle (vgl. vor allem SARLIN 1954). Es handelt sich um ein etwa 200 m ü. NN gelegenes, weithin von rötlichem Ton sowie schwarzem Eisengrus und Blöcken bedecktes, großenteils sumpfiges Gebiet. Auf diesem äußerst sterilen und kulturfeindlichen Boden (vgl. SARASIN 1917) finden u. a. Arten von *Araucaria, Agathis, Podocarpus* und *Dacrydium* ihnen zusagende Lebensbedingungen.

   Hier in Neu-Caledonien, wie auch anderswo, begegnen wir der Erscheinung, daß Nadelholzarten, die in höheren Lagen der Gebirge verbreitet sind, unter extrem oligotrophen Bedingungen gleichfalls im Tiefland vorkommen. Dies gilt z. B. auch für *Fitzroya cupressoides* (Cupressaceae), die in den südlichen Anden sowohl an der oberen Waldgrenze, als auch auf Tieflandssümpfen (Photo 83, Tafel XXI) gedeiht (GOLTE 1974).

d) Ich sehe in den angeführten Bodenwasseransprüchen auch eine der Ursachen dafür, daß Coniferen vielfach als Pionierpflanzen auftreten bzw. auf frühe Sukzessionsstadien beschränkt sind. Dabei ist die fortschreitende Bodenbildung ebenso zu berücksichtigen wie die Tatsache, daß der Wasserhaushalt eines Bodens durch einen aufkommenden Baumbestand mit folgendem Unterwuchs stark verändert wird, und zwar nicht nur infolge der Wurzelkonkurrenz (vgl. WALTER 1973), sondern auch dadurch, daß ein großer Teil des einkommenden Niederschlags dem Sickerwasser, von dessen Menge die Auswaschung und damit der Grad der Verarmung des Bodens an Basen und Kolloiden abhängen, entzogen wird. Gerade die Beobachtungen auf der Südhalbkugel (z. B. ROBBINS 1962), wo Coniferen und lorbeerblättrige Dikotyle hinsichtlich ihrer Standortsansprüche einander z. T. außerordentlich nahe stehen, zeigen, daß es hierbei auf feine Unterschiede ankommt. Dabei scheint das Keimungsverhalten eine ausschlaggebende Rolle zu spielen, indem es schon auf minimale Abweichungen von der optimalen Qualität und Verfügbarkeit des Bodenwassers durch erhöhten Ausfall reagiert.

3. DIE ÖKOLOGISCHE UND STAMMESGESCHICHTLICHE BEDEUTUNG DER XEROMORPHIE UND GYMNOSPERMIE DER CONIFEREN IM LICHTE IHRER STANDÖRTLICHEN VERGESELLSCHAFTUNG MIT PTERIDOPHYTEN AUF DER SÜDHALBKUGEL

Es ist eine im vorliegenden Zusammenhang sehr bedeutsame Tatsache, daß Nadelhölzer an ihren natürlichen Standorten besonders mit Pteridophyten vergesellschaftet sind, zeigt dies doch eine enge Verwandtschaft der ökologischen Ansprüche an. Coniferenwälder der Südhalbkugel einschließlich der Tropengebirge liefern dafür eindrucksvolle Beispiele. Besonders auffallend ist hier das reichliche Vorkommen echter Baumfarne (Cyatheaceen) im Unterstand von Wäldern mit Arten der Araucariaceen und Podocarpaceen. Für die mehr oder weniger stark von *Agathis-*, *Podocarpus-*, *Dacrydium-*, *Phyllocladus-* und anderen Nadelholzarten bestimmten Wälder Tasmaniens und Neuseelands kann man dies den anschaulichen Schilderungen SCHWEINFURTHs (1962 bzw. 1966) entnehmen. Bezüglich weiterer Belege für das gemeinsame Auftreten südhemisphärischer Coniferen mit Baumfarnen sei auf die angegebene Literatur verwiesen. Aus eigener Anschauung nenne ich die Araukarienwälder Südbrasiliens (Fig. 4; Photos 84 u. 85, Tafeln XXI u. XXII), in deren Unterwuchs die Cyatheaceen *Alsophila elegans* und *Dicksonia sellowiana* eine große Rolle spielen (vgl. MAACK 1931, HUECK 1966).

Insbesondere die erstgenannte Art kann über weite Strecken ein fast geschlossenes unteres Stockwerk bilden. In den südandinen Araukarienwäldern (*Araucaria araucana*), die regelmäßiger Schneebedeckung (Photos 87 u. 88, Tafel XXII), gelegentlich starker Winterkälte und zusätzlich einer mehr oder weniger ausgeprägten Sommertrockenheit (Fig. 5) ausgesetzt sind, gibt es bezeichnenderweise keine Baumfarne; auch krautige Farne fehlen praktisch ganz. Hingegen ist hier ein Bärlapp (Photo 86, Tafel XXII) auffallend stark verbreitet, der mittels unterirdischer Ausläufer die Fähigkeit zu vegetativer Vermehrung besitzt und unter der Schneedecke überwintern kann. Stellenweise bildet er dichte Kolonien. Bärlappgewächse (Lycopodiinae) sind überall auf der Erde charakteristische Coniferenbegleiter. Auf der Südhalbkugel sind sie etwa in den Coniferen- bzw. Coniferen-Lorbeerwäldern Neuseelands und Tasmaniens ebenso vertreten wie neben *Podocarpus* in den Höhen- und Nebelwäldern der Tropen. Anders als in tropischen Tieflandswäldern kommen sie hier nicht nur epiphytisch vor, sondern können mehr oder weniger dicht wachsend den Boden bedecken. Von den zahlreichen mit Coniferen vergesellschafteten Gefäßkryptogamen sei noch die altertümliche Psilotacee *Tmesipteris* genannt, die in Tasmanien, Neuseeland und Neu-Caledonien vorkommt (SCHWEINFURTH 1962; 1966, COCKAYNE 1967; DÄNIKER 1929).

Neben den zahlreichen Gefäßkryptogamen sind Bartflechten der Gattung *Usnea* ein auffallendes Charakteristikum von Coniferenwäldern. Der dichte Behang mit diesen Flechten springt besonders dort in die Augen, wo er sich auf die Kronen und Stämme der das übrige Blätterdach überragenden Nadelbäume beschränkt, z. B. im Falle der Vorkommen von *Araucaria hunsteinii* und *A. cunninghamii* in Neuguinea (vgl. Diskussionsbemerkungen zu KOSTERMANS 1965, sowie Photo 225, Tafel LVIII zum Beitrag WARDLE im vorliegenden

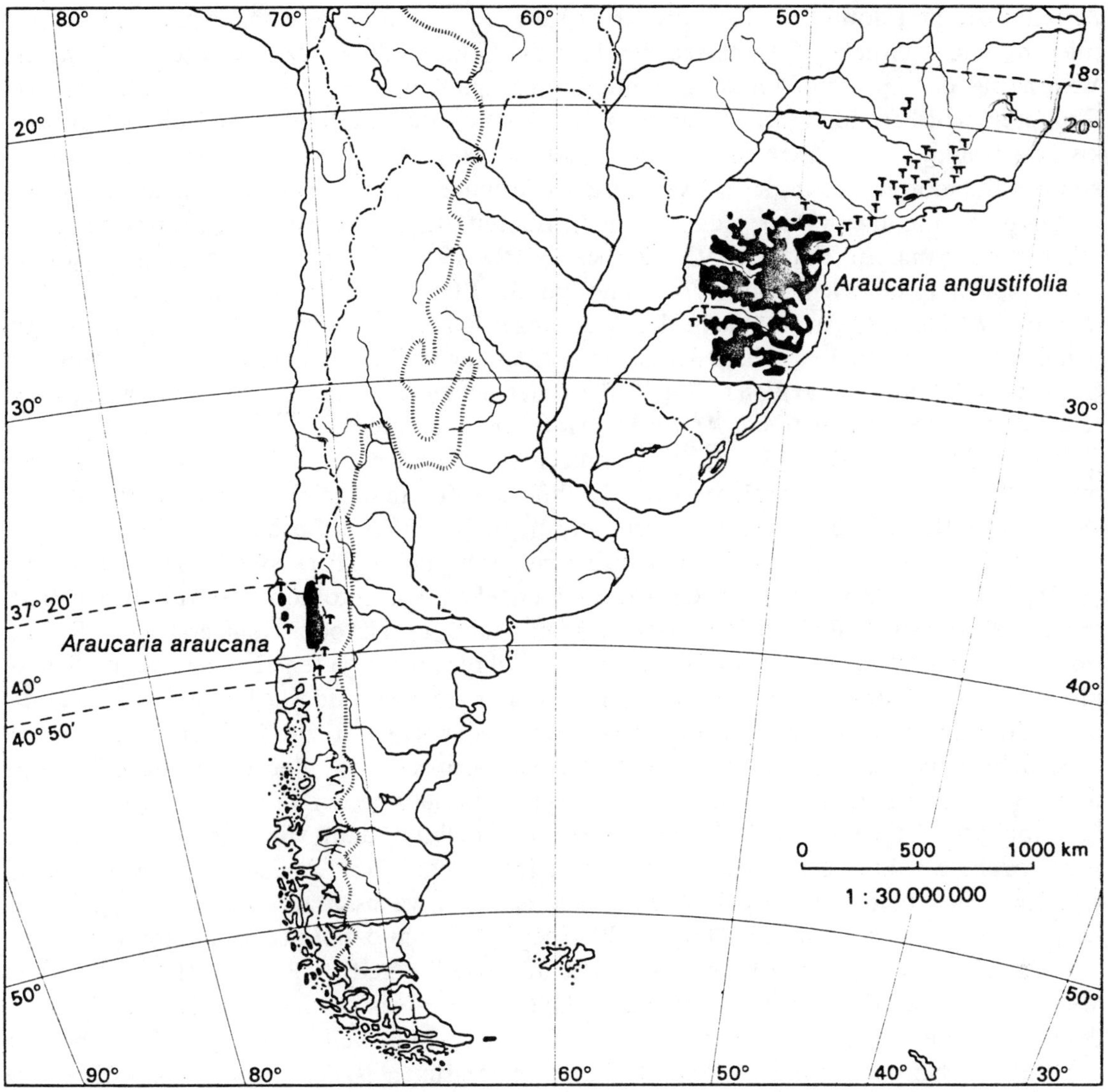

Fig. 4: Die Verbreitung von *Araucaria angustifolia* (n. HUECK 1966) und *Araucaria araucana* (argentin. Teil des Areals n. HUECK 1966) in Südamerika. Kleinere, isolierte Vorkommen sind durch Baumsymbole gekennzeichnet.

Band). In *Podocarpus*-Vorkommen der neuweltlichen Tropen und Subtropen kann – ähnlich wie in den *Taxodium*-Sumpfwäldern des südöstlichen Nordamerika – die der Gattung *Usnea* konvergente Blütenpflanze *Tillandsia usneoides* (vgl. TROLL 1959 b) an deren Stelle treten. In den südbrasilianischen Araukarienwäldern kommen nach meinen Beobachtungen – gelegentlich sogar nebeneinander auf ein und demselben Baum – sowohl *Usnea*, als auch *Tillandsia usneoides* vor, während der z. T. sehr dichte Bartbehang in den Wäldern der südandinen Araukarie ausschließlich von *Usnea* gebildet wird.

Die enge ökologische Verwandtschaft von Coniferen und Pteridophyten wird nur aus der Stammesgeschichte verständlich. Das erste Auftreten der Coniferen an der Wende Karbon/Perm in mittleren Breiten beider Hemisphären (FLORIN 1938–45; 1963) beendet das

Zeitalter der Pteridophyten (Paläophytikum) und steht in Zusammenhang mit einer Akzentuierung jahreszeitlicher Gegensätze des Klimas (GOLTE 1974). Das Aussterben bzw. die Verarmung der üppigen Pteridophytenflora und die damit einhergehende Entfaltung der Coniferen sind besonders gut in den paläobotanischen Befunden aus dem Bereich des variskischen Gebirges (GOTHAN und GIMM 1930; SCHWEITZER 1962) greifbar. Auf den trokkensten Standorten der in der subvariskischen Saumtiefe und in intermontanen Becken entwickelten Steinkohlenwälder gediehen die Cordaiten, die als Vorläufer der Coniferen angesehen werden müssen (FLORIN 1931; ZIMMERMANN 1959). Für eine ökologische Verwandtschaft beider Taxa spricht neben Form und Bau der Blätter (namentlich die Blätter von *Agathis*- und *Podocarpus*-Arten ähneln den lang-lanzettlichen, mit dichten Längsadern versehenen Cordaitenblättern) vor allem die Übereinstimmung im Feinbau des Holzes. Das Holz der Cordaitenstämme (*Dadoxylon*) ähnelt dem der lebenden Araucariaceen so weitgehend (GREGUSS 1955), daß es früher *Araucarioxylon* genannt wurde.

Offensichtlich entwickelten die Nadelhölzer als eines der ersten Taxa innerhalb der homoiohydren höheren Landpflanzen durch „höchste Zusammenziehung der Blattgefäße" – wie A. von HUMBOLDT 1808 die Xeromorphie der Coniferen umschrieb – die Fähigkeit, eine längere Verschlechterung der Lebensbedingungen durch Trockenheit ohne Schaden für die Hydratur der assimilierenden Organe zu überstehen. Die xeromorphe Struktur der Blattorgane (Photo 89, Tafel XXIII) beruht nicht nur auf der mehr oder weniger starken Reduktion der Blattfläche, sondern vor allem auch auf ihrer ausgeprägten Hartlaubigkeit (Sclerophyllie). Die Außen- und Radialwände der Epidermiszellen sind stark kutinisiert und die Spaltöffnungen weit unter das Epidermisniveau, in der Regel bis zur Tiefe einer ganzen Zellenschicht, versenkt (vgl. FLORIN 1931). Bedenkt man nun, daß der anatomische Bau und folglich die Leistungsfähigkeit des Systems der Wasserleitung der Coniferen gegenüber den Pteridophyten keinen grundsätzlichen Fortschritt brachten, dann wird verständlich, daß die xeromorphe Struktur der Blattorgane es möglich machte, das Wachstum zeitweise einzuschränken und damit jahreszeitlich unter Bedingungen wachsen zu können, wie sie in verwandter Weise, aber eben ganzjährig die Pteridophytenflora benötigte. Der xeromorphe Bau der Blattorgane der Coniferen ist also nicht nur, wie WECK (1958), WALTER (1960) und MÄGDEFRAU (1968) vermuten, ein Ausdruck ihres primitiven tracheidalen Leitungssystems, denn ein solches haben die Farngewächse auch. Der beste Beweis dafür ist die Tatsache, daß den auf der Nordhalbkugel vorkommenden sommergrünen Nadelhölzern (s. u.) die starke Sclerophyllie der immergrünen Taxa fehlt. Es sind sicher nicht nur die xeromorphen Einrichtungen im vegetativen Bereich, die den Coniferen eine Anpassung an stärkere jahreszeitliche Schwankungen des Feuchtezustandes der Umgebung ermöglichten, sondern gleichermaßen auch der von ihnen vollzogene Übergang zur Gymnospermie. Die geschlechtliche Generation (Gametophyt) der Pteridophyten ist für ihre Entwicklung auf gleichmäßig hohe Feuchtigkeit und für den Sexualakt auf freies Wasser angewiesen. Mit dem „Seßhaftwerden der Megasporen im Sporangium" (ZIMMERMANN 1969) wird die geschlechtliche Generation gleichsam in die Obhut des Sporophyten genommen und mit Hilfe der Samenbildung die ungünstige Jahreszeit überbrückt. Die Nacktsamigkeit in der reproduktiven Sphäre und die starke Xeromorphie im vegetativen Bereich erweisen sich damit als – zumindest im Falle der Coniferen – nicht zufällig parallel erfolgte Anpassungen, die offensichtlich eine Fortentwicklung des schon bei den ältesten höheren Landpflanzen angelegten heteromorphen und heteroökologischen Generationswechsels darstellen. Wie aber verhält sich die Samenbildung, welche die geschlechtliche Generation der Pteridophyten vertritt, zur vegetativen Tätigkeit des Sporophyten? Die Antwort auf diese für die Phylogenie und die Standortsmerkmale der Nadelhölzer entscheidende Frage kann nach allen mir bekannten Indizien nur lauten: es bedarf einer gewissen Unterdrückung bzw. Sistierung der vegetativen Tätigkeit des Sporophyten, damit dieser den Samen hervorbringen kann. Nur so wird die Anpassung der Nadelbäume an eine für das Wachstum ungünstige Jahreszeit als lebensfördernder Selektionsvorteil verständlich. Dabei ist zu berücksichtigen, daß die Ausstattung der Samen mit Reservestoffen (Kohlehydraten, Proteinen, Fetten,) von ihnen einen erheblich größeren Aufwand verlangt, als die Hervorbringung der Sporen bei ihren Vorgängern, den Pteridophyten.

Anhaltende Trockenheit und / oder niedrige Temperaturen mit Frösten führen zu einer Inaktivierung des Assimilationsapparates, wobei insbesondere die Zunahme der Frostresistenz bei Nadelhölzern als Abhärtungsvorgang bekannt ist (vgl. WALTER 1960). Untersuchungen an nordhemisphärischen Nadelhölzern (z. B. LANGLET 1936; HAGEM 1947) haben ergeben, daß mit Annäherung an die kalte Jahreszeit (Spätsommer bis Frühwinter) der Trokkensubstanz- und damit besonders der Zucker- und Fettgehalt deutlich zunehmen, wobei zumindest im Falle der Zucker der Zusammenhang mit der Samenreifung erwiesen ist (SIMAK und SIMANCIK 1968). Es müssen also die mit der Erhöhung der Trocken- und Kälteresistenz verbundenen stofflichen Umstellungen in den vegetativen Teilen der Nadelbäume sein, die auch die Samenbildung ermöglichen. Dieser Schluß erscheint umso zwingender, als Trockensubstanzgehalt und Wachstumsperiodizität der Coniferen sich aufgrund zahlreicher Einzeluntersuchungen (u. a. LANGLET 1936; WALTER 1960) als jeweils von innen angestrebte, erbliche Eigenschaften erwiesen haben, die auch dann eingehalten werden, wenn die Bäume anderen als den ihnen natürlichen Bedingungen ausgesetzt werden.

Ich erinnere schließlich an die unerläßliche Rolle, die längerdauernde Trockenheit bei der Freisetzung der Samen aus den Zapfen spielt, eine Rolle, die jedem bekannt ist, der einmal geschlossene Zapfen mit nach Hause genommen hat. Die Zapfen sitzen daher in der Regel nur den Sonnenzweigen an. Es ist lediglich eine „Hypertrophie" (H. ERN, mdl.) der allgemein für die Freisetzung der Samen aus den Zapfen geltenden Notwendigkeit der Austrocknung, wenn die Zapfen gewisser nordamerikanischer und mexikanischer Kiefernarten sich erst unter dem Einfluß des Feuers öffnen. Im Lichte der angeführten öko-physiologischen Zusammenhänge muß auch die Tatsache gesehen werden, daß die von allen Coniferenfamilien den am wenigsten jahreszeitlich schwankenden Bedingungen (s. u.) ausgesetzten Podocarpaceen mit wenigen Ausnahmen (*Saxegothaea* und *Microcachrys*) nicht zur Zapfenbildung gelangen. Ihr weiblicher Blütenstand erscheint gegenüber dem der übrigen Coniferen stark verarmt. Die Samen stehen isoliert und erhalten lediglich eine ledrig harte Außenhülle (Näheres bei ZIMMERMANN 1959).

Ein entscheidender Unterschied der Coniferen gegenüber den Pteridophyten besteht also darin, daß sie durch die Fähigkeit, eine längere Verschlechterung der Lebensbedingungen unter Erhaltung der assimilierenden Organe zu überstehen, und durch den Übergang zur Samenbildung zu einer endogenen Wachstumsrhythmik gelangt sind. Man hat beispielsweise bei Farnen keine Anzeichen für die Beteiligung einer von innen angestrebten Rhythmik an der Entwicklungsperiodizität gefunden (CHRIST 1910; BÜNNING 1947). Der Entwicklungsgang wird hier offenbar einzig von den Außenbedingungen, und zwar besonders dem jeweiligen Feuchtezustand reguliert. Derselbe Wurmfarn (*Dryopteris filix-mas*), dessen Wedel in unseren heimischen Wäldern unter der Wirkung der Winterkälte absterben und im Frühjahr neu austreiben, ist unter immerfeucht-tropischen Bedingungen zu ununterbrochenem Wachstum imstande.

Während also Farngewächse potentiell auf einen ganzjährig gleichmäßigen bzw. wenig periodisierten Entwicklungsgang angelegt zu sein scheinen, gibt es auf der Erde keine Conifere, die nicht eine jahreszeitliche Unterbrechung oder zumindest Schwächung der Assimilationstätigkeit anstrebte bzw. dieser angepaßt wäre. In diesem Zusammenhang ist das Verhältnis der Podocarpaceen bzw. Araucariaceen zu den mit ihnen vergesellschafteten Baumfarnen aufschlußreich. Nach den Arbeiten von KROENER (1968) und TROLL (1970) sind ganzjährige hohe Luft- und Bodenfeuchtigkeit und weitgehende, wenn auch nicht absolute Frostfreiheit die wichtigsten Merkmale des „Baumfarnklimas". Dieses ist in den Höhen- und Nebelwäldern der tropischen und subtropischen Gebirge einerseits und in den hochozeanischen kühlgemäßigten Regenwäldern der Südhalbkugel andererseits in optimaler Weise gegeben. BADER (1960 b; 1965) nun hat *Podocarpus* (Fig. 2), also diejenige Gattung, deren Vertreter von allen Nadelhölzern unter den wohl gleichmäßigsten Bedingungen und in der Regel gesellig mit Cyatheaceen wachsen, einen „Nebelwaldbaum par excellence" genannt. TROLL hat im Anschluß an KOEPPEN auf die weitgehende Kongruenz der Areale der Cyatheaceen und der Gattung *Podocarpus* hingewiesen. Es besteht aber dennoch eine deutliche ökologische Divergenz zwischen Baumfarnen und *Podocarpus*-Arten. *Podocarpus* geht nicht nur in seiner horizontalen Verbreitung stärker in jahreszeitlich trockene Bereiche hinein, sondern fehlt auch in der üppigsten, immerfeuchten und gleichmäßig temperierten Ausprägung tropischer Nebel- und Höhenwälder, wo die Baumfarne sich am stärksten entfalten, und kommt mehr am oberen Rande bzw. oberhalb der Nebelwaldstufe vor. Zu der gleichen Feststellung gelangte jüngst auch H. WALTER (1973), wenn er im Hinblick auf die in den Tropen oberhalb der Nebelstufe bis zur Waldgrenze wieder abnehmende Feuchtigkeit schreibt: „Oft herrschen in den hohen Lagen *Podocarpus*-Arten vor, die bei geringerer Feuchtigkeit nicht mehr mit Moosen, sondern mit Bartflechten behangen sind." Treffend scheint mir hier auch der Hinweis auf den Wechsel der begleitenden Kryptogamen zu sein (s. auch Beitrag HENNING u. zugehörige Diskussion im vorliegenden Band, S. 292 u. 311/12). Bartflechten sind gemäß obigen Feststellungen typische Begleiter von Coniferen. Als poikilohydre Organismen sind sie schwankenden Feuchtigkeitsbedingungen optimal angepaßt, während die auf der untersten Stufe homoiohydrer Pflanzen stehenden Moose empfindlicher auf vorübergehende starke Wasserverluste reagieren.

Sehr eindrucksvoll zeigt auch die Verbreitung der Araucariaceen, daß diese, wenngleich den größten Teil des Jahres auf hohe Feuchtigkeit angewiesen, dennoch die Bereiche meiden, wo wirklich ganzjährig gleichmäßige Befeuchtung gegeben ist. Ihr Lebensraum ist – hygrisch gesehen – der Übergangsbereich zwischen einem gleichmäßig feuchten und einem durch periodische jahreszeitliche Trockenheit gekennzeichneten Klima. Zwar lassen sich aus den langjährigen Mittelwerten im Jahresgang mehr oder weniger deutliche Niederschlagsmaxima und -minima ablesen, doch zeigt eine Analyse einzelner Jahre (Fig. 5), daß die Trokkenheit eher episodische als periodische Züge trägt und daß ihre Bindung an bestimmte Jahreszeiten relativ schwach ausgeprägt ist. Die Regenlosigkeit kann im Extremfall etwa einen Monat anhalten, gelegentlich aber auch völlig ausbleiben. Charakteristisch ist auch, daß die regenlosen, mehr oder weniger durch Strahlungswetter gekennzeichneten Phasen durch häufigen nächtlichen Taufall bzw. Rauhreifbildung, Bewölkung oder Nebel bis zu einem gewissen Grade gemildert werden. Trockene Phasen treten auch in scheinbar dauernd humiden Gebieten auf, und an ihrer ökologischen Wirksamkeit ist nicht zu zweifeln, nur weil sie in den langjährigen Mittelwerten verschwinden. Das äquatoriale Borneo mit den o. e. Heidewäldern z. B. besitzt zwar eines der ausgeglichensten Regenwaldklimate der Erde und erscheint in der Karte von TROLL und PAFFEN (1964) mit 12 humiden Monaten. Es ist aber dennoch nicht frei von Trockenheit, weshalb BRÜNIG (1968; s. spez. d. Arbeit von 1969) es genauer kennzeichnet „als ein Tageszeitenklima mit unregelmäßig, aber jahreszeitlich ge-

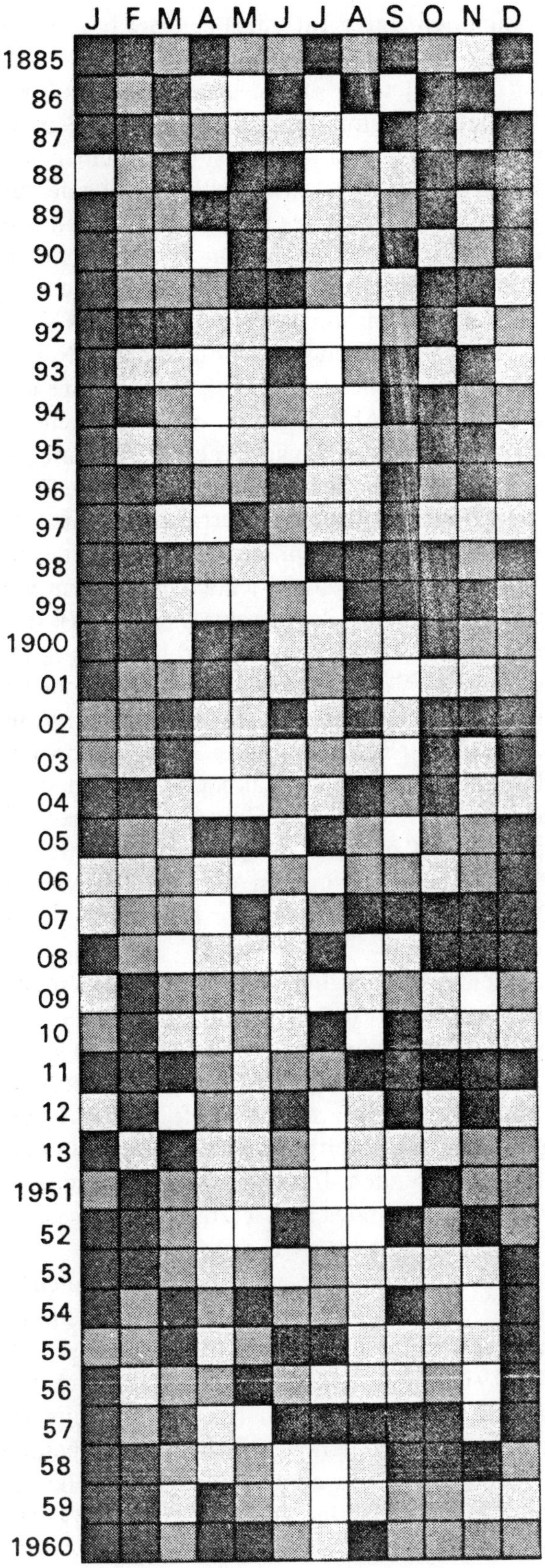

Die Verteilung humider und arider Monate an der im Araukarienwaldgebiet Südbrasiliens gelegenen Station Curitiba (25° 26′ S, 49° 14′ W, 949 m ü. NN) in den Jahren 1885 bis 1913 und 1951 bis 1960.

Stationswerte nach F. Siegel (Meteorol. Zeitschrift 1904-1914) und World Weather Records 1951-1960.

Humidität bzw. Aridität errechnet nach der Formel von de Martonne/Lauer:

$i = \frac{12\,n}{t+10}$, worin n der Monatsniederschlag, t die Monatsmitteltemperatur ist und ein Index i = 20 der Penck'schen Trockengrenze entspricht

i < 20 (arid)

i = 20 bis 40 (humid)

i = 40 bis 60 (perhumid)

i > 60 (extrem humid)

Fig. 5

häuft auftretenden Trockenperioden (30-Tagessummen unter 100 mm) . . ., die . . . in der Regel wenige bis 20 Tage, maximal bis etwa 30 Tage dauern".

Sehr anschaulich zeigt besonders das Verbreitungsgebiet der südbrasilianischen *Araucaria angustifolia* (Fig. 4), die größte geschlossene Nadelwaldregion der Südhalbkugel, die angeführten Merkmale. Nach HUECK (1952 a; 1966) hält diese Araukarie fast überall einen Abstand von 20–40 km zur Küste, wobei die Grenze in der Regel mit der Wasserscheide der Serra do Mar zusammenfällt. Das Phänomen ist so auffällig, daß es in der ortsüblichen Redensart „o pinheiro não quer ver o mar" (die Araukarie will das Meer nicht sehen) seinen Ausdruck gefunden hat. Die oberen Lagen (400–1100 m) der meerwärtigen Hänge sind außerordentlich stark (im Jahresmittel etwa 3000–4500 mm) und selbst im Monat des Minimums reichlich beregnet (vgl. MAACK 1969). Zugleich zeichnen sie sich durch große Nebelhäufigkeit aus. Unter dem Einfluß des warmen Brasilstromes fehlt ihnen auch die für das Binnenhochland charakteristische, ausgeprägte winterliche Abkühlung (s. u.). Entsprechend überzieht ein dichter, epiphytenreicher tropischer Wald diese Hänge. Prächtige Baumfarne der Gattungen *Cyathea, Dicksonia* und *Alsophila* entfalten sich namentlich in den überfeuchten Bachschluchten. Unmittelbar hinter dem Westabfall der Randserra, d. h. dem ständigen direkten atlantischen Einfluß entzogen, finden sich die ersten, durch ihre herausragenden Schirme weithin sichtbaren Araukarien. Hier erscheinen auch, jedoch mehr dem geschlossenen Kronendach angehörend, die ersten Vertreter von *Podocarpus (P. sellowii)*. Insgesamt zeigt die Verbreitung dieser und auch der anderen – etwas kleinerblättrigen – im Araukarienwaldgebiet vorkommenden *Podocarpus*-Art (*P. lambertii*), daß ihre Ansprüche an gleichmäßige Luft- und Bodenfeuchtigkeit ein wenig über denen der Araukarie liegen. Vom Ostrand der Serra do Mar ziehen sich Araukarienwälder (Photo 84, Tafel XXI), wenn auch standörtlich beschränkt (vgl. PAFFEN 1957), über mehrere Hundert Kilometer auf den Planaltos (ca. 600–1000 m) der Staaten Paraná, Santa Catarina und Rio Grande do Sul nach W in Richtung auf die Flüsse Paraná und Uruguay hin. Mit nur zwei – den oben genannten – Vertretern der Cyatheaceen, deren Fiedern auffallend derb sind, ist der Araukarienwald deutlich artenärmer an Baumfarnen als der Nebelwald der Serra do Mar (Photo 85, Tafel XXII).

Die den Baumfarnen noch relativ nahe, doch gleichwohl deutlich von ihnen divergierende ökologische Stellung der Araucariaceen und Podocarpaceen macht verständlich, daß deren Jahresringgrenzen in der Regel verschwommen bis kaum wahrnehmbar sind (vgl. GREGUSS 1955). Meist umfaßt das von ihnen gebildete Spätholz nur wenige Reihen von Tracheiden, die nur unwesentlich bzw. kaum englumiger und dickwandiger als die des folgenden Frühholzes sind. Selbst bei der unter relativ ausgeprägten jahreszeitlichen Bedingungen in den südlichen Anden zwischen etwa 37° und 40° s. Br. wachsenden *Araucaria araucana* (Fig. 4 u. 6) treten neben ziemlich deutlichen nur schwach gegeneinander abgesetzte Jahresringe auf, die eine dendrochronologische Auswertung erschweren (SCHULMAN 1956).

Die rezente ökologische Divergenz zwischen den Baumfarnen und den altertümlichen Familien der Araucariaceen und Podocarpaceen liefert uns einen Schlüssel zum Verständnis der phylogenetischen und ökologischen Stellung der Coniferen. Die Berechtigung dieses Verfahrens hat vor mehr als 60 Jahren W. GOTHAN (1911) betont, als er gerade im Hinblick auf die einfach gebauten Gymnospermen vorschlug, „den anatomischen Bau der Stämme zu Rückschlüssen auf die ökologischen Verhältnisse . . ., unter denen sie wuchsen, zu benutzen." Die Analogie zeigt, wie nahe die sog. Urconiferen des ausgehenden Paläozoikums (FLORIN 1938–45; 1963) den damaligen Pteridophyten gestanden haben müssen. SCHWEITZER (1962) hat an Coniferenhölzern des niederrheinischen Zechsteins (*Ullmannia frumenta-*

ria) mehr oder weniger deutlich ausgeprägte Jahresringe festgestellt, wobei – in völliger Übereinstimmung mit den oben für die rezenten Araucariaceen und Podocarpaceen angeführten Merkmalen – der Unterschied im radialen Durchmesser der eng- und weitlumigen Tracheiden noch recht gering ist. Für eine jahreszeitliche Periodisierung der paläökologischen Bedingungen der Zechsteinconiferen spricht auch das wiederholte Umschlagen in der Blattgestalt, eine Form der Heterophyllie, die J. WEIGELT (1928) an Zweigen von *U. frumentaria* und *Voltzia liebeana* aus der mitteldeutschen Kupferschieferflora nachgewiesen hat und die rezent etwa noch bei der australischen *Araucaria bidwillii* und auch bei gewissen Farnen (BÜNNING 1947) als Reaktion auf wechselnde Feuchtezustände der Umgebung zu beobachten ist. Mögen auch bis in die Trias Jahresringe an Coniferenhölzern eher die Ausnahme sein (vgl. GOTHAN 1911; 1924), so treten doch vom Jura (Lias) an bei der weitaus größten Zahl der aus den heutigen gemäßigten Breiten stammenden Coniferenstämme deutlich abgesetzte periodische Zuwachszonen auf.

4. DIE VERBREITUNGSVERHÄLTNISSE DER SÜDANDINEN CONIFEREN ALS AUSDRUCK DER ANPASSUNG AN JAHRESZEITLICHE KLIMARHYTHMEN

Es kann aufgrund der vorgebrachten und weiterer hier nicht anzuführenden Indizien keinem Zweifel unterliegen, daß die Coniferen unter zwar noch relativ gleichmäßigen, aber doch jahreszeitlich geprägten Klimabedingungen entstanden und sich im Verlaufe der Phylogenie fortschreitend akzentuierten Jahreszeitenklimaten angepaßt haben. Wir finden heute Nadelhölzer auch in Gebieten mit extremer jahreszeitlicher Trockenheit bzw. Kälte, stets aber unter Wahrung jener Wachstumsbedingungen, die ich eingangs erläutert habe. Wie schon an obigen Beispielen dargelegt, gehorcht die Verbreitung der einzelnen Taxa bestimmten Klimarhythmen mit einer je spezifischen Interferenz hygrischer und thermischer Jahreszeiten. Zwar liegt der Akzent deutlich auf der erstgenannten Komponente, doch dürften diejenigen Nadelhölzer, die ausschließlich einem jahreszeitlichen Wechsel der hygrischen Bedingungen unterliegen, durchaus in der Minderzahl sein.

Übersichtlicher als irgendein anderes Gebiet der Südhalbkugel zeigen die südlichen Anden mit ihren neun endemischen Coniferen (vgl. REICHE 1900; SKOTTSBERG 1934; BERNATH 1938, BAEZA y LLAÑA 1942; SCHMITHÜSEN 1960) die Bindung einzelner Arten an spezifische Klimarhythmen (Fig. 6). HUECK (1966) fand die einander von N nach S ablösende, landschaftsbestimmende Vorherrschaft von *Austrocedus chilensis* (Photo 82, Tafel XXI), *Araucaria araucana, Fitzroya cupressoides* und *Pilgerodendron uviferum* so ins Auge fallend, daß er darauf seine Gliederung des Raumes in ökologische, physiognomische und floristische Waldregionen gründete. Für *Fitzroya cupressoides* habe ich (GOLTE 1974) gezeigt, daß die Nordgrenze ihrer Verbreitung im Tiefland und im Gebirge streng der von Chr. von HUSEN (1967) festgelegten Polargrenze episodischer Sommertrockenheit (im Extremfall ein ganzer Sommermonat regenlos) folgt. Der Umriß ihres Gesamtareals kann zur Abgrenzung der Region des sog. Valdivianischen Regenwaldes (HAUMAN 1913) dienen. Sehr bezeichnend für die Bindung der südandinen Coniferen an spezifische Klimarhythmen ist die Tatsache, daß mit von N nach S zunehmender Feuchtigkeit zum einen ihre Höhengrenzen z. T. stark absinken, vor allem aber die Areale – zumindest der genannten vier Arten – in ihren Südabschnitten über die Wasserscheide hinweg auf die trockenere Ostseite der Anden hinübergreifen. Die bis Feuerland (55° s. Br.) vorkommende *Pilgerodendron uviferum* ist, dies sei beiläufig vermerkt, der auf der Südhalbkugel am weitesten polwärts reichende Nadelbaum.

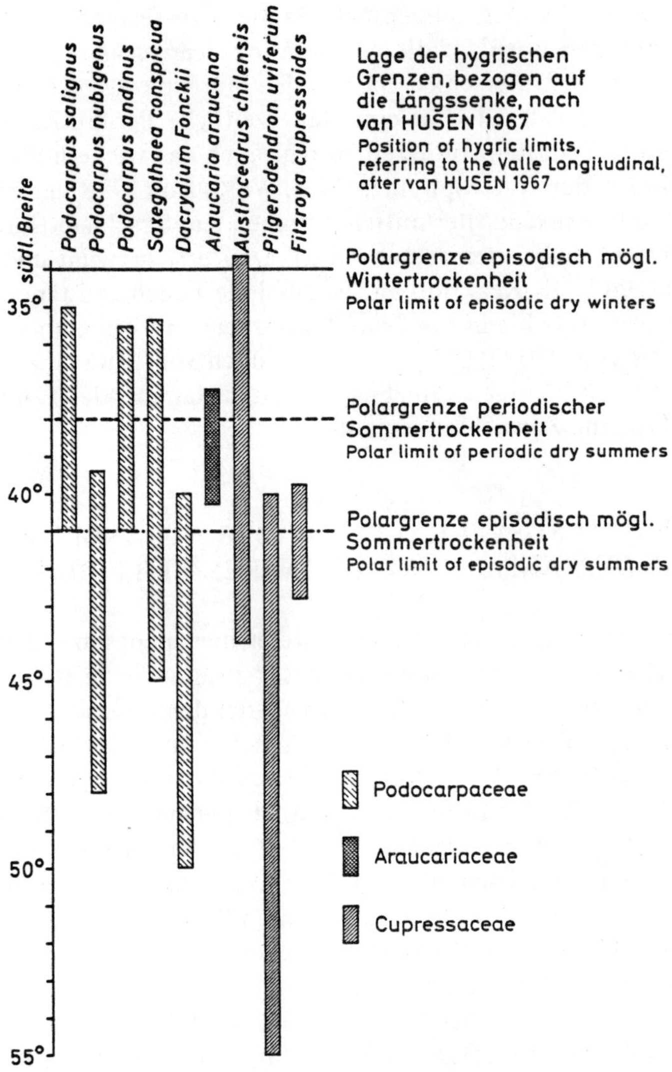

Fig. 6: Die Nord-Südverbreitung der südandinen Coniferen

5. DIE URSACHEN DER VERBREITUNG SÜDHEMISPHÄRISCHER CONIFEREN IN DER SUBTROPISCHEN UND TROPISCHEN ZONE

Eines der auffälligsten Merkmale der Coniferenflora ist die Tatsache, daß sie – von der Verzahnung in den Tropengebirgen abgesehen – in zwei auf die beiden Halbkugeln beschränkte, sehr eigenständige Gruppen aufgespalten ist. FLORIN (1940; 1963) hat zeigen können, daß diese Sonderung bereits auf die Zeit des ersten Auftretens an der Wende Karbon/Perm zurückgeht und daß bis zum Eozän, d. h. während ungefähr 240 Mill. Jahren, auf Nord- und Südhalbkugel zwei getrennte Coniferenfloren existierten (Fig. 7). FLORIN führt diese Tatsache in erster Linie auf das frühere Vorhandensein der Tethys und eines ähnlichen Meeresraums in der Neuen Welt, also das Fehlen einer Landbrücke zwischen den

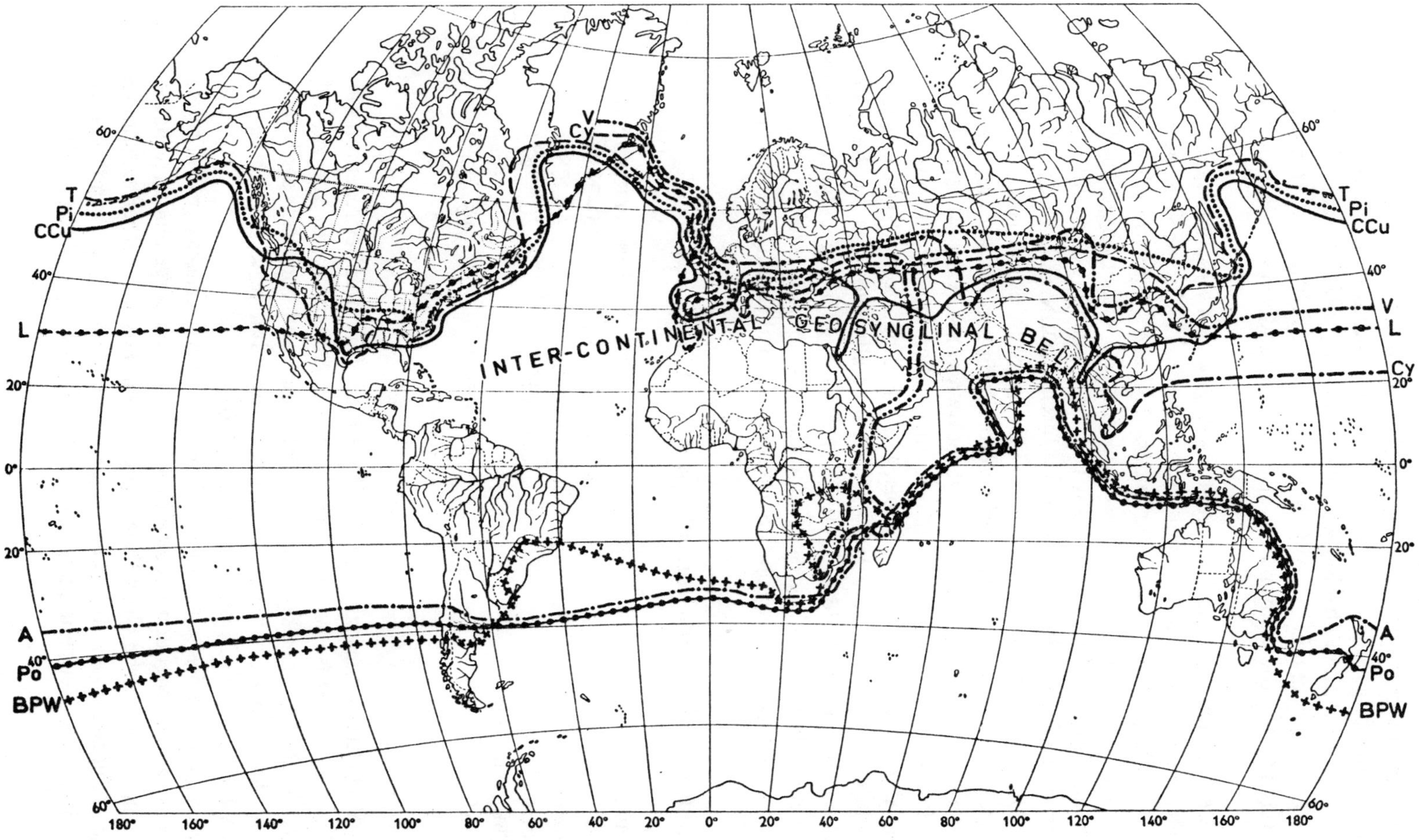

Fig. 7: Coniferenverbreitung vom Spätkarbon bis zum Eozän (aus FLORIN 1963).

1. Südgrenzen nordhemisphärischer Familien oder Unterfamilien:
   L *Lebachiaceae*, V *Voltziaceae*, Cy *Cycadocarpidiaceae*, T *Taxodiaceae* (mit Ausnahme von *Athrotaxis*), CCu *Cupressaceae-Cupressoideae*, Pi *Pinaceae*
2. Nordgrenzen südhemisphärischer Familien oder Gattungsgruppen:
   BPW spätpaläozoische Gattungen *Buriadia, Paranocladus* und *Walkomiella*, A *Araucariaceae*, Po *Podocarpaceae*

1. Southern boundaries of the areas of northern families or subfamilies:
   L *Lebachiaceae*, V *Voltziaceae*, Cy *Cycadocarpidiaceae*, T *Taxodiaceae* (excl. *Athrotaxis*), CCu *Cupressaceae-Cupressoideae*, Pi *Pinaceae*
2. Northern boundaries of the areas of southern families or groups of genera:
   BPW the late Paleozoic genera *Buriadia, Paranocladus* and *Walkomiella*, A *Araucariaceae*, Po *Podocarpaceae*

Nord- und Südkontinenten zurück. Ich selbst habe bereits in einer früheren Arbeit (GOLTE 1974) die Vermutung geäußert, daß die Persistenz der äquatorwärtigen Grenzen über jenen langen Zeitabschnitt und die Verhinderung eines Austausches auch klimatische Ursachen gehabt haben müssen, zeigt doch die Rekonstruktion FLORINs, daß die Nadelhölzer bis an die Schwelle des Eiszeitalters in mittleren bis höheren Breiten beider Hemisphären, und zwar in erster Linie in Faltengebirgszonen entlang den Kontinentalrändern, zu Hause waren. Diese Tatsache erst macht die oben abgeleiteten öko-physiologischen Zusammenhänge und die Verbreitungsmerkmale der rezenten Coniferen voll verständlich und wirft zugleich ein Licht auf die Klimaverhältnisse, die während des eisfreien Zustandes der Erde geherrscht haben müssen.

Das Klima mittlerer Breiten muß in jener Zeit recht warm gewesen sein, aber nicht „tropisch" im strengen Sinne eines reinen Tageszeitenklimas (TROLL 1943; 1964), sondern – wie aufgrund des jährlichen Strahlungsganges nicht anders denkbar – subtropisch oder allenfalls „tropoid", d. h. es muß – wenn auch schwach ausgeprägte – thermische Jahreszeiten gegeben haben (vgl. van STEENIS 1962). Der rein theoretisch-geophysikalischen Ableitung der Zonierung akryogener Vorzeitklimate (Tab. 1) durch FLOHN (1964) können wir entnehmen, daß die mittleren (bis höheren) Breiten auch hygrisch durch jahreszeitliche Schwankungen gekennzeichnet waren. Auch die weite Verbreitung von Rotsedimenten deutet auf eine hygrische Periodizität des Klimas hin (vgl. SCHWARZBACH 1974). Mit diesen wohl kaum grundsätzlich anzuzweifelnden Postulaten, nicht aber mit der immer wieder behaupteten Entstehung der Coniferen unter „tropischen" Bedingungen (STUDT 1926; SCHARFETTER 1953; WECK 1958; BADER 1960 a; SCOTT et alii 1960), steht die oben auch physiologisch-phylogenetisch begründete Tatsache in Einklang, daß wir die rezenten Nadelhölzer in der Regel einer Interferenz hygrischer und thermischer Jahreszeiten angepaßt finden, mögen auch im Extremfall die thermischen Schwankungen vollständig verschwinden.

Tab. 1: Klimazonen eisfreier Vorzeitklimate (n. FLOHN 1964)

Klimazone	Breite	Temperaturmittel
Äquatorialer Regengürtel	10° S – 10° N	25–27 °C
Tropische Sommerregenzone	10–45°	24–28°
Subtropische Trockenzone (nur in kontinent. Abschnitten arid)	45–50°	20–26°
Subtropische Winterregenzone	50–65°	15–22°
Polare Regenzone	65–90°	8–15°

Auf Einzelheiten der Verbreitung mesozoischer und tertiärer Vorläufer der rezenten südhemisphärischen Taxa kann hier, ebenso wie auf die im Zusammenhang damit von zahlreichen Autoren diskutierte Rolle der Antarktis als Ursprungsgebiet und vor allem als Brücke zwischen Australasien und Südamerika nicht eingegangen werden. Ich verweise hier auf die Arbeiten von FLORIN (1940; 1960; 1963) und COUPER (1960).

Welches nun sind die Grundlagen des seit dem Tertiär erfolgten Rückzuges der Coniferensippen aus ihren weiter polwärts reichenden Arealen und der damit einhergehenden äquatorwärtigen Ausbreitung? Eine wesentliche Grundlage bilden zweifellos die seither entstandenen hohen meridionalen Gebirgsbrücken, die nicht nur geeignete Wanderwege, sondern auch mannigfaltige Möglichkeiten der Neubesiedlung geschaffen haben (vgl. TROLL 1959 a;

BADER 1960 a und b; FLORIN 1963). Das Ausmaß, in dem die gebotenen orographischen Voraussetzungen von den Coniferen genutzt worden sind, ist jedoch nur unter Berücksichtigung der gleichzeitig eingetretenen globalen Klimaänderungen zu erklären. Das Eiszeitalter hat zu einer zunächst allmählichen und seit dem Pliozän raschen Abkühlung geführt, die sich am stärksten in höheren und mittleren Breiten, schwächer in den subtropischen und tropischen Gebirgen und am schwächsten im tropischen Tiefland ausgewirkt hat.

Bereits LI (1953) ist aufgefallen, daß wir heute die weitaus meisten Reliktgenera der Coniferen in warmgemäßigten Breiten, und zwar vor allem auf dem circumpazifischen Faltengebirgsring antreffen. Wir können geradezu von einer Scharung von Reliktconiferen gegen den bzw. am Tropenrand sprechen. Dies gilt in erster Linie für die Ostseiten der Kontinente, weniger für die Westseiten, wo sich die Trockengürtel zwischen die außertropischen und die tropischen Niederschlagsgebiete schieben. Neben den deutlich auf dem Rückzug befindlichen, großenteils monotypischen und endemischen Reliktgenera kommt es in warmgemäßigten Breiten bzw. am Tropenrand aber auch zu einer starken Entfaltung von weitverbreiteten und offensichtlich entwicklungsfähigen Gattungen wie *Pinus* und *Podocarpus*. Auf der Nordhalbkugel ist diese Häufung sehr eindrucksvoll in China-Japan (vgl. von WISSMANN 1948), im südöstlichen Nordamerika und in Mexiko (vgl. LAUER 1973; ERN 1974).

Auch auf der Südhalbkugel ist die Scharung von Coniferen in warmgemäßigten Breiten und am Tropenrand erkennbar, doch scheint der Übergang in die Tropen hier, besonders im Raum zwischen Tasmanien, Neuseeland, Australien und Südostasien und allgemein bei der Gattung *Podocarpus* (Fig. 2), wesentlich stärker verwischt zu sein, als auf der Nordhalbkugel. Es fragt sich aber, ob sich nicht doch Ursachen und Gesetzmäßigkeiten finden lassen, die sich mit der hier entwickelten Vorstellung der Coniferen als einer genetisch und ökologisch nicht eigentlich tropischen Klasse zur Deckung bringen lassen und noch das tiefe Eindringen einzelner Taxa in den Tropenraum erklären.

Erste Anhaltspunkte für die Behandlung dieser Frage möge wiederum das Beispiel der *Araucaria angustifolia* in Südbrasilien liefern. Die nördliche Grenze ihrer geschlossenen Verbreitung auf den Planaltos (Fig. 4) markiert die Tropengrenze, die wir mit H. von WISSMANN (1948; vgl. auch TROLL und PAFFEN 1964) als Frost- und Wärmemangelgrenze definieren. Das Araukariengebiet verzeichnet von April bis September im Mittel 5–10 Frostnächte, wobei in längeren Beobachtungszeiträumen absolute Minima von bis zu –10 °C erreicht werden können (NIMER 1971). An etwa 10–30 Tagen des Winterhalbjahrs kann sich Rauhreif (geada branca) bilden. Seltener, aber im ganzen Hauptverbreitungsgebiet durchaus möglich, sind Schneefälle. Die genannte Nordgrenze der geschlossenen Verbreitung verläuft quer durch den Staat Paraná. Dessen Südhälfte ist von ausgedehnten Araukarienbeständen eingenommen, während Nordparaná zur Kaffeezone gehört (vgl. MAACK 1950). Ist das Kaffeebäumchen ein besonders empfindlicher Indikator für das noch frostfreie Randtropenklima (von WISSMANN 1948), so zeigt umgekehrt die Araukarie eine Bindung an die akzentuierte winterliche Abkühlung, was noch dadurch unterstrichen wird, daß sie mit Annäherung an ihre Nord- oder Untergrenze ausgesprochene Kaltluftgleitlinien (MAACK 1959/60) wie Täler und Mulden besiedelt. NIMER (1971) stellte aufgrund seiner gründlichen Analyse des südbrasilianischen Klimas fest, daß die Araukarie diejenigen Gebiete beherrscht, wo die Mitteltemperatur mindestens eines Monats 13 °C nicht übersteigt. Über die etwa mit dem Wendekreis zusammenfallende Nordgrenze der geschlossenen Verbreitung hinaus findet sich *Araucaria angustifolia* in isolierten Vorkommen nordwärts noch bis zum Rio Doce (18° s. Br.), hier – diesseits der Tropengrenze – aber in wesentlich höherer Lage (1300–2000 m) als auf den südlichen Planaltos (WECK 1958; BRADE 1959/60; HUECK 1966).

Die für das Araukariengebiet charakteristische winterliche Abkühlung mit Minima unter Null ist eine Folge häufiger Kaltlufteinbrüche der Polarfront. Deren ganzjährige Wirksamkeit über der Region gibt dem südbrasilianischen Klima seine auch hinsichtlich der Niederschläge außertropischen Züge, Anders als im angrenzenden tropischen Teil Brasiliens kommt es im Winter infolge des häufigen (etwa allwöchentlichen) Durchzuges von Kaltfronten nicht zur Ausprägung periodischer Trockenheit. Die hohen Sommerniederschläge namentlich im Staate Paraná gehen aus der Vereinigung zweier dynamischer Faktoren hervor. Zwar ist die Frequenz außertropischer Störungen im Sommer erheblich geringer, doch wird dies einerseits durch niederschlagsverstärkende häufigere Ortsfestigkeit der Polarfront kompensiert, und andererseits kommt es durch das Übergreifen der äquatorialen Konvergenz zu ergiebigen Zenitalregen. Beim Fortschreiten gegen die südliche Grenze der Araukarienregion verschiebt sich der Schwerpunkt der Niederschläge allmählich zugunsten der außertropischen Komponente, so daß sich in Santa Catarina und Rio Grande do Sul eine deutliche Tendenz zum Wintermaximum abzeichnet (KNOCH 1930; NIMER 1971). Damit nähern sich die klimatischen Bedingungen der *Araucaria angustifolia* denjenigen der südandinen *Araucaria araucana,* die dort an der Grenze der Subtropen in einem zyklonalen Winterregenklima mit bezeichnenderweise nur episodischer Sommertrockenheit (vgl. van HUSEN 1967 sowie Fig. 5) gedeiht. Das Klima im Araukariengebiet Südbrasiliens läßt sich also zusammenfassend dadurch charakterisieren, daß tropische und außertropische Zirkulation hier unmittelbar in Wechselwirkung treten, wobei die verstärkte Wirksamkeit beider Komponenten jahreszeitlich alterniert. In diesem Zusammenhang ist aufschlußreich, daß die von A. BREUER (1974) konstruierte Gleichgewichtslinie zwischen cumuliformer und stratiformer Bewölkung – erstere für das tropisch-konvektive, letztere für das außertropisch-advektive Witterungsgeschehen kennzeichnend – mitten durch die Araukarienregion verläuft. Die entsprechende Linie des Winterhalbjahrs folgt etwa dem Nordrand, die des Sommerhalbjahrs dem Südrand des zusammenhängenden Verbreitungsgebietes.

Mit den südbrasilianischen Araukarienwäldern lassen sich zunächst die Vorkommen altertümlicher Coniferen in Ostaustralien vergleichen. Hier, im Luv der Great Dividing Range, gedeihen neben *Araucaria bidwillii* und *A. cunninghamii* (zu dieser vgl. WEBB und TRACEY 1967) auch Arten von *Agathis, Podocarpus, Microstrobos* (Podocarpac.), *Callitris* und *Octoclinis* (Cupressac.). Den Verbreitungsschwerpunkt bilden das nördliche Neu-Süd-Wales und das südöstliche Queensland. Anders als an den ganzjährig reich beregneten Hängen der brasilianischen Serra do Mar ist in Queensland – durch den tropischen SW-Monsun – ein starkes Sommermaximum ausgeprägt, während die Winterniederschläge relativ schwach und unsicher sind (vgl. GENTILLI 1971; WALTER und LIETH 1960–66; WALTER et alii 1975). Sehr ergiebige Regen bringen gelegentliche tropische Wirbelstürme. Die winterliche Trockenheit wird von S her bis etwa zum Wendekreis durch Frontalniederschläge und weiter nördlich durch passatische Stauregen und -bewölkung gedämpft. Auffallend weit nordwärts kommen in Queensland Fröste vor (vgl. von WISSMANN 1948; WEBB 1965). Selbst im Küstentiefland können gelegentliche leichte Fröste bis 18° s. Br. auftreten. Ähnlich wie in Südbrasilien *Araucaria angustifolia* die Tropengrenze nur mit kleineren, isolierten Vorkommen überschreitet, finden wir hier *A. cunninghamii,* deren Hauptverbreitungsgebiet das südliche Queensland beiderseits Brisbane bildet, unter immer stärkerer Auflösung des Areals bis in die Spitze der Halbinsel York (12° s. Br.) hinein. Hinsichtlich der Coniferenvorkommen (*Araucaria, Podocarpus, Phyllocladus, Papuacedrus*) in den Gebirgen Neuguineas ist zu berücksichtigen, daß dieses bis zu Beginn des Pliozäns und noch während des Pleistozäns durch Trockenfallen der Torresstraße mit Australien verbunden war.

Die Verhältnisse in Südafrika ähneln weitgehend denen im östlichen Australien. Araucariaceen fehlen hier, hingegen finden wir neben mehreren *Podocarpus*-Arten zwischen Nyasaland und dem westlichen Teil der Kapprovinz, also in ausgesprochen subtropischer Position, die Gattung *Widdringtonia* mit sechs Arten. Dieses der australischen *Callitris* sehr nahestehende Genus gehört nach Ausweis der xylomotischen Merkmale (GREGUSS 1955) zu den Cupressaceen ursprünglichster Organisationsstufe. Im östlichen Teil des Kaplandes, zwischen George und Humansdorp, liegt auf der meerwärtigen Abdachung des Kapgebirges (Outeniqua- und Zitzikamaberge, bis 1600 m) ein großes zusammenhängendes Feuchtwaldgebiet, der Knysna Forest, den PHILLIPS (1931; vgl. auch TROLL 1952) ausführlich bearbeitet hat. Hier kommt es durch die Überschneidung von außertropischen Winter- und subtropischen Sommerregen, bei – oberhalb von 300 m – zugleich großer Nebelhäufigkeit zu sehr gleichmäßig über das Jahr verteilter Feuchtigkeit. Mag sich in den Mittelwerten auch keine jahreszeitliche Trockenheit abzeichnen, so können doch immer wieder trockene Phasen auftreten, deren eine 1868/69 sogar drei regenlose Monate brachte. Schneefälle kommen auf der Höhe der genannten Bergketten regelmäßig, im Vorland dagegen nur relativ selten vor. Der Knysna Forest ist ein subtropischer Lorbeerwald. Neben der kleinwüchsigen *Widdringtonia cupressoides* kommen darin an Coniferen *Podocarpus elongata* und *Podocarpus latifolia* vor, die mehr oder weniger stark mit Flechtenbärten von *Usnea* behangen sind und in deren Unterwuchs Baumfarne der Gattung *Hemitelia* gedeihen.

Südbrasilien, Ostaustralien und das südöstliche Afrika haben das typische Ostseitenklima, in dem sich ohne Zwischenschaltung des Trockengürtels thermisch und hygrisch ein kontinuierlicher Übergang von den Tropen zum gemäßigten Klima vollzieht. Tropisch-konvektive und außertropisch-advektive Niederschläge, Stauregen und „Labilitätsschauer der maritim gewordenen Passate" (BLÜTHGEN 1966), aber auch die zwar seltenen, doch äußerst ergiebigen Regengüsse der in eine außertropische Bahn einschwenkenden tropischen Wirbelstürme können einander in jahreszeitlich wechselndem Verhältnis überlagern bzw. ergänzen. Dabei kommt es trotz z. T. deutlich in den langjährigen Mittelwerten ausgeprägter Niederschlagsminima nicht zu echter periodischer Trockenheit, wohl aber episodisch immer wieder zu mehr oder weniger langen regenlosen Phasen. Von China-Japan und dem südöstlichen Nordamerika, den Gegenstücken auf der Nordhalbkugel, spricht H. von WISSMANN (1948) als klimatischen „Mischgebieten tropischer und außertropischer Elemente". Die reiche Entfaltung bzw. Erhaltung besonders der altertümlichsten Genera und Arten der Coniferen gerade in diesem klimatischen Übergangsbereich läßt keinen anderen Schluß zu, als daß unter derartigen Bedingungen ihr eigentlicher Ursprung zu suchen ist, umso mehr, als der paläobotanische Befund (Fig. 7) und die theoretische Rekonstruktion des warmzeitlichen Mittelbreitenklimas (Tab. 1) in die gleiche Richtung weisen.

Die starke Annäherung bzw. Überlagerung tropischer und außertropischer Komponenten im Ostseitenklima ist einerseits eine Folge weiten polwärtigen Ausgreifens der ITC und andererseits der orographisch induzierten, nahezu ortsfesten (quasistationären) Höhentröge, in denen die ektropische Westwinddrift weit gegen den Äquator vorstößt und diesen gelegentlich sogar überschreitet (vgl. FLOHN 1952; 1971). Die wichtigsten Höhentröge der Nordhalbkugel liegen im Lee der Rocky Mountains über dem östlichen Nordamerika und im Lee der zentralasiatischen Hochgebirge über Ostasien, diejenigen der Südhalbkugel im Lee der Anden über dem Südatlantik und dem östlichen Südamerika, über dem östlichen Südafrika sowie über dem Raume Neuseeland-Melanesien.

Die oben dargelegten Eigenschaften des Ostseitenklimas und die auffällige Häufung altertümlicher Coniferen gerade in diesem Bereich lassen darauf schließen, daß ein enger Zusammenhang zwischen dem tiefen Eindringen von Nadelhölzern in den Tropenraum und den quasistationären Höhentrögen der Westdrift bestehen muß. Die in der oberen Troposphäre vorstoßende Kaltluft polaren Ursprungs hat bis in die Äquatorialregion hinein erheblichen Einfluß auf das Wettergeschehen. Durch das Zusammenwirken tropischer Störungen am Boden mit einem Höhentrog werden anhaltende schwere Regenfälle ausgelöst. In den täglichen Aufnahmen der Wettersatelliten (vgl. Catalog of Meteorological Satellite Data . . .; FLOHN 1971) sind die die Höhentröge an breiten Wolkenbändern zu erkennen, die, in mittleren (bis höheren) Breiten ansetzend, mit Annäherung an die Äquator immer stärker „zurückhängen" und schließlich breitenparallel in die ITC-Region einmünden. "They connect the ITC-region with the extratropical cloud systems" (FLOHN 1971).

Der angenommene Zusammenhang zwischen dem Eindringen der Coniferen in die Tropen und den quasistationären Höhentrögen der außertropischen Westdrift ist nirgendwo auf der Erde so eindrucksvoll zu erkennen wie im Raume zwischen Neuseeland und Südostasien, wo sich die Einflußbereiche der von beiden Halbkugeln kommenden Tröge begegnen und es zur stärksten räumlichen Annäherung bzw. Verzahnung nord- und südhemisphärischer Genera gekommen ist. Die Gattung *Podocarpus* erreicht hier ihre bei weitem größte Artentfaltung und findet ihre Nordgrenze erst bei etwa 37° n. Br. im zentralen Honshu (BADER). Besonders aufschlußreich ist der südwestpazifische Raum, der Ostaustralien und die Inselwelt von Neuseeland bis Neuguinea (Melanesien) umfaßt und sich durch seinen außerordentlichen Reichtum an Araucariaceen, Podocarpaceen und anderen altertümlichen Taxa auszeichnet. Nordostaustralien und Neuguinea haben sogar eine Araukarienart (*A. cunninghamii*) gemeinsam. Über dem Inselbogen von Neuseeland bis Neuguinea zieht sich nach Ausweis der Satellitenbilder aufgrund des dortigen Höhentroges im Südwinter mit besonderer Häufigkeit ein breites Band kräftiger Bewölkung hin. Die Niederschlagsverhältnisse im tropischen Südwestpazifik sind außerordentlich verwickelt und schon die etwa dem Inselbogen parallele (E/SE-W/NW) Anordnung von Niederschlagszonen weicht deutlich von der Vorstellung einer breitenparallelen, dem Sonnenstand folgenden Verschiebung ab (FITZPATRICK et alii 1966). Die Niederschlagsregime (s. auch WALTER und LIETH 1960–66; WALTER et alii 1975) tragen zwar weithin einen jahreszeitlichen Charakter, und es wechseln sehr regenreiche mit relativ regenarmen Perioden, doch tritt längere Regenlosigkeit nur episodisch auf. Tropische Wirbelstürme bringen in unregelmäßigen Abständen (ca. 3 pro Jahr) hohe Regenmengen.

Neuseeland hat 20 verschiedene Nadelholzarten. Auf seiner in den warmgemäßigten Bereich hineinragenden, noch durch ein deutliches Wintermaximum der Niederschläge gekennzeichneten Nordinsel erscheint mit *Agathis australis* die erste Araucariacee. Auch die Norfolk-Insel (mit *Araucaria excelsa*) bei 29° s. Br. hat noch überwiegende Winterregen. Die nahe dem Wendekreis gelegene Insel Neu-Caledonien kann mit allein 34 Arten sogar als *das* Erhaltungs- bzw. Entfaltungszentrum altertümlicher Coniferen auf der Erde gelten (vgl. DÄNIKER 1929; BERNIER 1949; SARLIN 1954; FAIVRE et alii 1955; BAUMANN-BODENHEIM 1955; BADER 1960 a). Hier sind allein 8 der 16 Araucaria-Arten heimisch, 3 von 25 Arten der Gattung *Agathis*, 5 von 22 *Dacrydium*-Arten, 9 Vertreter von *Podocarpus*, darunter solche der primitivsten Sektionen, sowie insgesamt 9 weitere Nadelhölzer der Gattungen *Callitris, Acmopyle, Callitropsis, Libocedrus* und *Austrotaxus*. Neu-Caledonien zeichnet sich hinsichtlich des jahreszeitlichen Niederschlagsganges durch beträchtliche Variabilität aus, die in den Mittelwerten nicht genügend zum Ausdruck kommt (SARLIN 1954). Grundsätzlich ist in allen Monaten des Jahres sowohl Regenreichtum, als auch Trockenheit möglich. Am regenreichsten sind – bei zugleich größter Variabilität – die Spätsommer-/Frühherbstmonate (Februar/März/April), am regenärmsten – bei geringster Variabilität – die Frühjahrsmonate nate (September/Oktober/November). Die übrigen Inselgruppen bis Neuguinea (Neue Hebriden, Fidschi, Santa Cruz-Inseln) weisen überwiegend ein Niederschlagsmaximum im – thermisch kaum noch erkennbaren – Sommer auf. Mit Ausnahme von Neuseeland, wo schon seit dem Mesozoikum Araucariaceen und Podocarpaceen vorkamen, gab es auf keiner der genannten Inseln bis gegen Ende des Tertiärs Nadelhölzer. Nach den Forschungen von COUPER (1960) ist für das Erscheinen zumindest von *Podocarpus* (Sekt. *Dacrycarpus*) und *Phyllocladus* in Neuguinea die Wende Plio-/Pleistozän einigermaßen gesichert. Es ist sehr bezeichnend, daß gleichzeitig auch Pollen vom Typus der primitiven *Nothofagus brassii* in Neuguinea erscheinen, während sie in Neuseeland und Australien verschwinden. Das Zusammenfallen dieser Vorgänge mit der Klimawende beweist, daß um diese Zeit außertropische Einflüsse sich bis in die inneren Tropen hinein durchgesetzt haben müssen.

In der Neuen Welt hat durch die Ausbreitung von *Podocarpus* (Fig. 2) bis in den mittelamerikanisch-karibischen Raum eine ähnliche arealgeographische Verzahnung nord- und südhemisphärischer Coniferentaxa stattgefunden, wie im südostasiatisch-malayischen Raum (vgl. BADER 1960 a). Die entscheidende klimatische Voraussetzung ist hier durch die vom nordamerikanischen Kontinent kommenden – dem dortigen Höhentrog folgenden – winterlichen Kaltlufteinbrüche (Northers bzw. Nortes; vgl. LAUER 1970; 1973) gegeben, die in diesem Randtropenbereich nicht nur – durch stärkere interdiurne Veränderlichkeit der Temperatur – thermisch einen außertropischen Akzent setzen, sondern sich durch Bewölkung bzw. Nebel oder Niederschläge auch hygrisch auswirken.

Trotz der erkennbaren Zusammenhänge der Coniferenverbreitung am Rande der bzw. in den Tropen mit der Lage der gegenwärtig wirksamen Höhentröge der außertropischen Westdrift muß zur Erklärung der zugrundeliegenden Pflanzenwanderungen die gesamte Klimageschichte seit dem jüngeren Tertiär berücksichtigt werden, insbesondere die Verhältnisse während der Kaltzeiten des Pleistozäns, für die mit einem noch stärkeren Eingreifen der außertropischen Komponente in den heutigen Tropenraum zu rechnen ist.

6. DER UNTERSCHIEDLICHE CHARAKTER UND ENTWICKLUNGSSTAND DER CONIFERENFLOREN VON NORD- UND SÜDHALBKUGEL ALS AUSDRUCK DER KLIMATISCHEN ASYMMETRIE

Wenn oben die Existenz getrennter Coniferenfloren auf Nord- und Südhalbkugel herausgestellt wurde, so wird diese Tatsache noch unterstrichen durch deren unterschiedlichen Charakter und evolutionären Status. Die Coniferenflora der Südhalbkugel trägt insgesamt wesentlich altertümlichere Züge. Breitnadelige, ja sogar gelappt beblätterte Formen (*Phyllocladus*), wie sie vor allem unter Podocarpaceen und Araucariaceen (Photo 89, Tafel XXIII) auftreten, spielen auf der Nordhemisphäre eine relativ geringe Rolle. Der unterschiedliche Entwicklungsstand der beiden hemisphärischen Coniferenfloren wird vor allem durch xylomotische Untersuchungen (GREGUSS 1955) bestätigt. Nadelhölzer niedrigster Organisationsstufe mit völlig homogenen. glattwandigen Markstrahlen und ohne interzellulare Harzkanäle kommen nur noch auf der Südhalbkugel, insbesondere bei Araucariaceen und Podocarpaceen, vor. Die Araucariaceen besitzen darüber hinaus noch die nach ihnen benannte „araucarioide Tüpfelung“ der Tracheiden und gleichen darin – wie auch bis zu einem gewissen Grade im Habitus – noch vollkommen den primitiven Gymnospermenhölzern (z. B. den Cordaiten) des späten Paläozoikums. Umgekehrt kommen die Nadelhölzer höchster Organisationsstufe, vertreten durch die Pinaceen, mit Quertracheiden in den Markstrahlen, zweierlei Arten von Parenchymzellen und interzellularen Harzgängen nur auf der Nordhalbkugel vor. Berücksichtigen wir weiterhin die mehr oder weniger verschwommene Ausbildung der Jahresringe bei Araucariaceen, Podocarpaceen und einigen altertümlichen Cupressaceengenera (*Actinostrobus, Callitris, Callitropsis, Widdringtonia*) sowie die oben erwähnte Eigenart der Blütenstände bei den Podocarpaceen, so liegt es nahe, den unterschiedlichen Charakter und Entwicklungsstand der nord- und südhemisphärischen Coniferenfloren als Ausdruck der klimatischen Asymmetrie beider Halbkugeln zu deuten. Diese Asymmetrie beruht einerseits auf der unterschiedlichen Land-Wasserverteilung (TROLL 1948) und andererseits auf dem durch die Antarktis viel stärkeren meridionalen Temperaturgefälle Äquator-Pol und damit der im Mittel um 60 % höheren Energie der südhemisphärischen Westwinddrift (FLOHN 1967). Daraus resultiert ein thermischer *und* hygrischer Gegensatz beider Halbkugeln.

Die Bedeutung der akzentuierten winterlichen Abkühlung für die Coniferenflora der kontinentalen Nordhalbkugel wird am leichtesten daran erkennbar, daß diese mehrere sommergrüne Nadelhölzer hervorgebracht hat. Die mit der Lebensform der Coniferen von Anfang an gegebene Notwendigkeit einer vorübergehenden Inaktivierung des Assimilationsapparates erhält damit ihren anschaulichsten Ausdruck. Sommergrüne Nadelhölzer finden sich bezeichnenderweise nicht nur im borealen Nadelwald (*Larix*), sondern – als Folge kräftiger winterlicher Kaltlufteinbrüche – gerade auch im Ostseitenklima in unmittelbarer Nähe des Tropenrandes, so *Taxodium* im südöstlichen Nordamerika und *Metasequoia, Glyptostrobus* und *Pseudolarix* in China. Auf der Südhalbkugel hat nicht nur der boreale Nadelwald kein Gegenstück, sondern es fehlen auch mangels vergleichbar intensiver und häufiger Kaltlufteinbrüche sommergrüne Coniferen in der warmgemäßigten Zone. Der gleiche Gegensatz spiegelt sich im Vorherrschen sommergrüner Laubhölzer auf der Nord- und immergrüner lorbeerblättriger Hölzer auf der Südhalbkugel wieder. Führen auf der Nordhalbkugel die Kaltluftvorstöße zu relativ hoher interdiurner Veränderlichkeit der Temperatur am Tropenrand (vgl. LAUER 1973), so bewirkt das Einfließen polarer Kaltluft in mittleren und niederen Breiten der Südhalbkugel eher eine Angleichung an das thermische Tageszeitenklima der Tropen. Schließlich wirkt sich der abkühlende Einfluß der Antarktis bis in die Subtropen hinein auch in einer Dämpfung der Sommertemperaturen aus und trägt neben der hohen Ozeanität zum Ausgleich der thermischen Jahreszeiten bei.

Hygrisch gesehen vermag die energiereiche südhemisphärische Westdrift hohe zyklonale Niederschläge bis weit in den subtropischen Strahlungsbereich durchzusetzen, so daß beispielsweise in Chile bis 38° s. Br. regenlose Sommermonate noch die Ausnahme sind (van HUSEN 1967) (Fig. 6). Die häufige Ablösung antizyklonaler durch zyklonale Wetterlagen im Sommer selbst dieser Breiten, also das Fehlen periodischer Trockenheit, ist die Grundlage z. B. der dortigen Araukarienwälder (Fig. 4). So wie hier im Westseitenklima in einem breiten Übergangsbereich periodisch anhaltende Sommertrockenheit verhindert wird, so wirkt sich die auf den Ostseiten in den quasistationären Trögen gegen den Äquator vorstoßende Höhenkaltluft niederschlagsgenetisch so aus, daß die in weiten Bereichen der äußeren Tropen sonst zu erwartende periodische Wintertrockenheit in eine mehr episodische verwandelt wird (woran in einigen Gebieten auch der Passat Anteil hat). Hier wie dort bewahrt die relativ trockene Jahreszeit durch intermittierende Niederschläge (einschließlich Bewölkung, Nebel oder Tau bzw. Rauhreif) einen unregelmäßigen Charakter. Sie kann in einigen Gebieten im Extremfall ebenso völlig ausbleiben, wie exzessive Form annehmen. Die weite Verbreitung derartiger hygrischer Wechselklimate, in denen mit sehr feuchten Jahreszeiten solche alternieren, die – ohne daß es dabei zu periodischer (d. h. regelmäßig mehr als etwa einen Monat anhaltender) Regenlosigkeit käme – gehäuft trockene Phasen aufweisen, sowie die geringen thermischen Jahresschwankungen mit teils durch die Ozeanität, teils durch antarktischen Einfluß gedämpften Sommertemperaturen dürften die entscheidenden Ursachen für die Erhaltung einer ausgesprochen altertümlichen Coniferenflora in den südhemisphärischen Mittel- und niederen Breiten sein.

7. ZUR BEDEUTUNG DES LICHTFAKTORS UND ZUM KONKURRENZPROBLEM

Alle Coniferen sind in mehr oder weniger hohem Grade Lichthölzer. Diese Tatsache muß in Zusammenhang mit den übrigen öko-physiologischen Merkmalen gesehen werden. Die jahreszeitliche Unterdrückung des Wachstums und die xeromorphen Einrichtungen (Reduzierung der Blattflächen, Hartgewebe und starke Cuticula), mit deren Hilfe die Nadelhölzer die mehr oder weniger lange ungünstige Zeit zu überstehen vermögen, werden mit dem Bedürfnis möglichst ungeschmälerten Lichtgenusses während des Wachstums erkauft. Andererseits scheint auch für die vorübergehende Inaktivierung des Assimilationsapparates und die Reifung bzw. Freisetzung der Samen die volle Exposition zur Sonnenstrahlung unerläßlich zu sein. Die Wuchsformen der Coniferen, seien sie nun pyramidal, säulen-, schirm- oder umgekehrt keilförmig, sind daher vor allem als Anpassungen für eine optimale Ausnutzung des Lichts bzw. der Strahlung zu verstehen. Am ehesten noch scheinen breitnadelige *Podocarpus*-Arten, die nur geringen jahreszeitlichen Schwankungen ausgesetzt sind, die Lichtarmut im Unterstand von Laubhölzern zu vertragen.

Die Laubhölzer, mit denen Coniferen vergesellschaftet sind, sind in der Regel relativ kleinblättrig und z. T. auch laubwerfend. Beides ist ein Ausdruck der gleichen Standortsbedingungen, denen auch die Coniferen angepaßt sind. Auch im Höhenwachstum bleiben die begleitenden Dikotylen gegenüber den Coniferen zurück, die deshalb im ausgewachsenen Zustand als „Überhälter" mehr oder weniger stark aus dem übrigen Blätterdach herausragen und ihre Krone ans Licht tragen. Bei manchen Coniferen kommt es so zu ausgesprochenem Riesenwuchs, wie z. B. bei *Araucaria hunsteinii* in Neuguinea mit im Extrem fast 90 m. Umgekehrt können zwergwüchsige Coniferenarten nur bei insgesamt niedriger bzw. offener Pflanzendecke auftreten, so z. B. *Dacrydium fonckii* (Fig. 3) auf den westpatagonischen und *D. laxifolium* auf den neuseeländischen Polstermooren (vgl. COCKAYNE 1967) – bezeichnenderweise Vertreter einer Gattung, in der auch hohe Baumarten vorkommen. Es ist nun aber nicht so, wie immer wieder (z. B. in WALTER 1960; SCHMITHÜSEN 1960 und Beitrag im vorliegenden Band; LIETH 1974; ERN 1974) behauptet wird, daß es die nachlassende Konkurrenzkraft der Laubhölzer sei, welche – vor allem über den Lichtfaktor – den vermeintlich anspruchslosen Nadelhölzern an „ungünstigen", „extremen" oder „Sonder"standorten zu wachsen erlaubte. Ich kann den Verdacht nicht unterdrücken, daß derartige Vorstellungen mehr über unser menschliches Konkurrenzdenken, als über das Konkurrenzverhalten der Bäume aussagen. Letzteres ist im Sinne der natürlichen Auslese stets an das komplexe Wirkungsgefüge aller Standortsfaktoren und keineswegs nur an den Lichtfaktor gebunden. Ich verweise hier auf das oben (Kap. 2, Unterpunkt 5 d, S. 99) zum Bodenwasserhaushalt Ausgeführte. Es ist nicht einzusehen, daß eine auf Fels-, Sand- oder Moorböden wachsende Pflanze anspruchsloser sein soll als eine andere, die auf feinkörnigen und basenreichen Böden gedeiht. Basenarmut gerade kennzeichnet die Standortsansprüche der Coniferen. In diesem Sinne scheint mir unser pflanzenökologisches Verständnis, ähnlich wie es in manchen

Bereichen der Botanik der Fall ist (ZIMMERMANN 1969), durchaus „angiospermozentrisch" zu sein.

Alles deutet darauf hin, daß die Nadelhölzer auch gegenwärtig im natürlichen Pflanzenkleid der Erde genau jenen Platz besetzt halten, der ihnen nach ihrer Stellung in der Phylogenie, und das heißt speziell: der schrittweisen Anpassung der Pflanzen an die sich wandelnden Bedingungen des Lebens auf dem festen Lande (vgl. WALTER 1967) zukommt. Wenn wir also, was sich gerade bei den isoliert vorkommenden südhemisphärischen Genera und Arten anbietet, von Reliktstandorten sprechen, dann nicht, weil die Angiospermen sie dahin verdrängt hätten, sondern weil aufgrund der Entwicklung in der anorganischen Welt, speziell der Klimaentwicklung, die für sie geeigneten physikalisch-chemischen Wachstumsvoraussetzungen (ohne Wettbewerb) nur noch dort gegeben sind. Die weithin ungünstige Konkurrenzsituation, in der sich gerade die südhemisphärischen Coniferen gegenüber den Laubhölzern, hier vorwiegend Laurilignosa, befinden, ist deshalb als Unterwanderung, nicht als Verdrängung zu kennzeichnen, wobei auffällt, daß es sich bei den mit Nadelhölzern vergesellschafteten Laubhölzern mindestens z. T. um ausgesprochen altertümliche Taxa handelt. Beispielsweise weist *Drimys winteri* var. *andina*, die als Winteracee zur Ordnung der Magnoliales gehört und in den südandinen Wäldern u. a. von *Araucaria, Podocarpus* und *Fitzroya* eine große Rolle spielt (Photo 83, Tafel XXI) nicht nur einen sehr primitiven Blütenbau auf, sondern sie ist auch eine der wenigen Angiospermen, die zur Wasserleitung nur über Tracheiden verfügen.

In Neuseeland hat der in den "podocarp-broadleaf forests" erkennbare Niedergang der Podocarpaceen-Komponente Anlaß zu der Vermutung gegeben, daß die derzeitige Waldzusammensetzung ("unstable pattern") nicht mehr voll den gegenwärtigen Klimabedingungen entspreche und daher einem neuen, nur noch durch dikotyle Lorbeerhölzer gekennzeichneten Gleichgewichtszustand zustrebe (HOLLOWAY 1954). HOLLOWAY urteilte vom Standpunkt des praktischen Forstökologen aus (vgl. SCHWEINFURTH 1966); besonders die vielerorts mangelnde Wüchsigkeit und Verjüngung der Podocarpaceen sowie die zahlreichen "overmature veterans" waren die Ausgangspunkte seiner Überlegungen. Er postuliert daher einen Wandel zu kühleren und trockeneren Bedingungen, der sich etwa im 13. Jahrhundert n. Chr. vollzogen haben müsse. Mit der Theorie HOLLOWAYs, der seine Beobachtungen auf der Südinsel Neuseelands gemacht hatte, hat sich in der Folgezeit vor allem ROBBINs (1962) auseinandergesetzt, wobei er sich auf gründliche Kenntnis der Nordinsel stützen konnte.

ROBBINS bestätigt die instabile Natur der neuseeländischen Wälder, deutet sie aber – ganz im Sinne der hier vertretenen Auffassung – als eine historisch sehr viel weiter zurückreichende Auseinandersetzung zwischen einem älteren, ausschließlich von Gymnospermen gebildeten Waldtyp und einem jüngeren, im Ursprung verschiedenen Waldtyp von Dikotylen. Damit wird der ursprünglich als Einheit erscheinende Coniferen-Lorbeerwald in zwei wesensverschiedene Komponenten zerlegt, deren ökologische Ansprüche einander freilich so nahe stehen, daß sich die Ablösung der einen durch die andere als unendlich langsamer Übergang vollzieht. Nur dort, wo – in den zentralen, durch Vulkanausbrüche devastierten Teilen der Nordinsel und entlang der ehemals vergletscherten Westseite der Südinsel – Raum zu ausgedehnter Neubesiedlung gegeben war, sei dieser Prozeß wirksam retardiert worden. Demnach kommt der mit der pflanzlichen Besiedlung gekoppelten nacheiszeitlichen Bodenentwicklung entscheidende Bedeutung zu. Es ist weder den genannten, noch anderen Autoren (z. B. SCHWEINFURTH 1966) entgangen, daß unter bestimmten edaphischen Bedingungen, z. B. auf vermoorten Küstenterrassen und in regelmäßig überfluteten Flußauen der Südinsel, aber auch etwa in Bimsgebieten der Nordinsel, Coniferen sich relativ gut behaupten.

Daß freilich auch Klimaschwankungen sich zugunsten der einen oder anderen Komponente auswirken, hat – mit einer zeitlichen Modifikation des Ansatzes von HOLLOWAY – WARDLE (1963) wahrscheinlich gemacht. Er konnte für *Dacrydium cupressinum, Podocarpus spicatus* und *Libocedrus bidwillii* eine „Verjüngungslücke" feststellen, die etwa um 1300 n. Chr. begonnen und zwischen 1600 und 1800 n. Chr. ihre stärkste Ausprägung erreicht haben muß, demnach etwa mit der ‚Kleinen Eiszeit' der Nordhalbkugel zusammenfallen würde. Die Tatsache, daß jene Verjüngungslücke sich an den kühlsten und feuchtesten Standorten am wenigsten bemerkbar machte, deutet nach WARDLE darauf hin, daß sie ursächlich mit einer Verschlechterung des Wasserhaushalts zusammenhängt.

Die vollständige Beantwortung der in der Diskussion um die Coniferen-Lorbeerwälder Neuseelands aufgeworfenen Fragen würde nicht nur die Pflanzengeographie dieser Inselgruppe bereichern, sondern auch aus ökologischer Sicht zur Erhellung der Gründe beitragen, warum es vor etwa 100 Mill. Jahren, an der Wende von der Unter- zur Oberkreide, zu der für erdgeschichtliche Maßstäbe explosionsartigen Ausbreitung der Angiospermen gekommen ist.

Nachbemerkung: Die Gesichtspunkte der kurzen Diskussion zum Vortrag des Verfassers, an der sich die Herren HEINE, SCHMITHÜSEN, TROLL und WEBERLING beteiligten, wurden in der schriftlichen Fassung berücksichtigt.

LITERATUR

BADER, F.J.W. (1960a): Die südhemisphärischen Coniferen als genetisches, geographisches und ökologisches Florelement. Erdkunde, Bd. 14, S. 303–308.

– (1960b): Die Verbreitung borealer und subantarktischer Holzgewächse in den Gebirgen des Tropengürtels. Eine arealgeogr. Studie in dreidimensionaler Sicht. Nova Acta Leopold., N.F. Bd. 23, Nr. 148. Halle.

– (1960c): Die Coniferen der Tropen. Decheniana, Bd. 113, S. 71–97.

– (1965): Some boreal and subantarctic elements in the flora of the high mountains of tropical Africa and their relation to other intertropical continents. Webbia, vol. 19, n. 2, S. 531–544.

BAEZA, V.M. y A. LLAÑA G. (1942): Las coníferas chilenas. Univ. de Chile, Santiago.

BAUMANN-BODENHEIM, M.G. (1955): Über die Beziehungen der neu-caledonischen Flora zu den tropischen und den südhemisphärisch subtropischen bis -extratropischen Floren und die gürtelmäßige Gliederung der Vegetation von Neu-Caledonien. Ber. d. Geobot. Inst. Rübel, S. 64–74.

BERNATH, E.L. (1938): Arboles forestales coníferos de Chile. Bol. del. Ministerio de Agricultura, 5(15), S. 25–37.

BERNIER, J. (1949): Les conifères de Nouvelle-Calèdonie. Etude mélanésiennes, Noumea, nouvelle série, 2e année, no 4, juillet, S. 102–106.

BIELESKI, R.L. (1959): Factors affecting growth and distribution of Kauri (Agathis australis SALISB.): III. Effect of temperature and soil conditions. Australian Journal of Botany 7, S. 279–294.

BLÜTHGEN, J. (1966): Allgemeine Klimageographie. Lehrb. d. allg. Geogr., Bd. 2., 2. Aufl. Berlin.

BRADE, A.C. (1959/60): Betrachtungen über den Ursprung und die pflanzengeographischen Beziehungen der Pflanzenwelt des hohen Itatiaia. Staden-Jahrbuch, Bd. 7/8, São Paulo, S. 43–57.

BREUER, A. (1974): Die Bewölkungsverhältnisse des südhemisphärischen Südamerika und ihre klimageographischen Aussagemöglichkeiten. E. Unters. auf d. Grundl. von Wettersatellitenbildern. Diss. Bonn.

BRÜNIG, E.F. (1968): Der Heidewald von Sarawak und Brunei. Bd. 1.2. (=Mitt. d. Bundesforschungsanst. f. Forst- u. Holzwirtsch., Nr. 68) Hamburg.

– (1969): On the seasonality of droughts in the lowlands of Sarawak (Borneo). Erdkunde, Bd. 23, S. 127–133.

– (1970): Stand structure, physiognomy and environmental factors in some lowland forests in Sarawak. Tropic. Ecol., 11, S. 26–43.

BÜNNING, E. (1947): In den Wäldern Nordsumatras. Reisebuch e. Biologen, Bonn.
Catalog of Meteorological Satellite Data – ESSA 3(–7) Television Cloud Photography (1967–1969). U.S. Dep. of Commerce. Silver Spring 1969–70.
CHRIST, H. (1910): Die Geographie der Farne. Jena.
COCKAYNE, L. (1967): New Zealand Plants and their story. 4th Ed. ed. by E.J. Godley, Wellington, N.Z.
COUPER, R.A. (1960): Southern hemisphere mesozoic and tertiary Podocarpaceae and Fagaceae and their palaeogeographical significance. Proceed. Royal Soc., B, vol. 152, London, S. 491–500.
DÄNIKER, A.U. (1929): Neu-Caledonien, Land und Vegetation. Vierteljahresschr. d. Naturforsch. Ges. in Zürich, 74, S. 170–97.
DALLIMORE, W. and A.B. JACKSON (1966): A handbook of Coniferae, incl. Gingkoaceae. 4th ed. London.
ENGELHARDT, W. VON (1960): Der Porenraum der Sedimente. Mineral. u. Petrogr. in Einzeldarstell., Bd. 2, Berlin, Göttingen, Heidelberg.
ERN, H. (1974): Zur Ökologie und Verbreitung der Coniferen im östlichen Zentralmexiko. Mitt. Dt. Dendrol. Ges., 67, S. 164–198.
FAIVRE, J.P., J. POIRIER et P. ROUTHIER (1955): Géographie de la Nouvelle-Calédonie. Publ. du Centenaire de la N.-C. Paris.
FITZPATRICK, E.A., D. HART and H.C. BROOKFIELD (1966): Rainfall seasonality in the tropical Southwest Pacific. Erdkunde, Bd. 20, S. 181–194.
FLOHN, H. (1952): Allgemeine atmosphärische Zirkulation und Paläoklimatologie. Geol. Rundschau, 40, S. 153–178. (Wiederabgedr. in: FLOHN, Arbeiten zur allgemeinen Klimatologie, Darmstadt 1971, S. 81–108).
– (1964): Grundfragen der Paläoklimatologie im Lichte einer theoretischen Klimatologie. Geolog. Rundschau, 54, S. 504–515 (Wiederabgedr. in: FLOHN, Arbeiten zur allgemeinen Klimatologie, Darmstadt 1971, S. 254–265).
– (1967): Bemerkungen zur Asymmetrie der atmosphärischen Zirkulation. Annalen d. Meteorologie, N.F. 3, S. 76–80. (Wiederabgedr. in: FLOHN, Arbeiten zur allgemeinen Klimatologie, Darmstadt 1971, S. 81–290).
– (1971): Tropical circulation pattern. Bonner Met. Abh., H. 15, Bonn.
FLORIN, R. (1931): Untersuchungen zur Stammesgeschichte der Coniferales und Cordaitales. T. 1 Kungl. Svenska Vetenskapsakad. Handl., Tredje Ser., N:o 1, Stockholm.
– (1938–45): Die Koniferen des Oberkarbons und des unteren Perms. Palaeontographica, B, 85.
– (1940): The Tertiary fossil conifers of South Chile and their phytogeographical significance. Kungl. Svenska Vetenskabsakad. Handlingar, Tredje Ser., Bd. 19, N:o 2. Stockholm.
– (1951): Evolution in Cordaites and conifers. Acta Horti Bergiani, Bd. 15, N: 11. Stockholm, 285–388.
– (1960): Die frühere Verbreitung der Coniferengattung Athrotaxis D. Don. Senckenbergiana Lethaea, Bd. 41, Frankfurt/M., S. 199–207.
– (1963): The distribution of Conifer and Taxad Genera in time and space. In: Acta Horti Bergiani, Bd. 20, Uppsala, S. 121–312 und 319–26.
GANSSEN, R. (1957): Bodengeographie. Stuttgart.
– (1965): Grundsätze der Bodenbildung. Mannheim.
GENTILLI, J. (Hrsg.) (1971): Climates of Australia and New Zealand. World Survey of Climatology, vol. 13. Amsterdam, London, New York.
GOLTE, W. (1974): Öko-physiologische und phylogenetische Grundlagen der Verbreitung der Coniferen auf der Erde. Dargestellt am Beispiel der Alerce (Fitzroya cupressoides) in den südlichen Anden. Erdkunde, Bd. 28, S. 81–101.
GOTHAN, W. (1905): Zur Anatomie lebender und fossiler Gymnospermen-Hölzer. Abh. d. Kgl. preuss. geol. Landes-Anst., N.F. 44. Berlin.
– (1911): Die Jahresringlosigkeit der paläozoischen Bäume und die Bedeutung dieser Erscheinung für die Beurteilung des Klimas dieser Perioden. Naturwiss. Wochenschrift, N.F., Bd. 10, Nr. 28, Jena, S. 1–13.
– (1924): Palaeobiologische Betrachtungen über die fossile Pflanzenwelt. Fortschr. d. Geol. u. Palaeont., H. 8. Berlin.
– und O. GIMM, (1930): Neue Beobachtungen und Betrachtungen über die Flora des Rotliegenden in Thüringen. Arb. Inst. Paläobot. preuß. Geol. Landesanst., 2, H. 1, Berlin, S. 39–74.
– und H. WEYLAND, (1964): Lehrbuch der Paläobotanik. 2. Aufl. Berlin.
GREGUSS, P. (1955): Xylotomische Bestimmung der heute lebenden Gymnospermen. Akademia Kiadó, Budapest.

HAANTJENS, H.A. (Hrsg.) (1970): Lands of the Goroka – Mount Hagen Area, Territory of Papua and New Guinea. Land Research Series, No. 27. Commonwealth Scient. and Industr. Res. Organis., Australia. Melbourne.

HAGEM, O. (1947): The dry matter increase of Coniferous seedlings in Winter. Investigations in oceanic climate. Medd. Vestl. Forstl. Forsøksst., Nr. 26, Bergen.

HAUMAN-MERCK, L. (1913): La forêt valdivienne et ses limites. In: Recueil de l'Institut Botan. Léo Errera, S. 346–408, Bruxelles.

HILLEL, D.: Soil and water. Physical Principles and processes. New York, London 1973.

HOLLOWAY, J.T. (1954): Forests and climate in the South Island of New Zealand. Transactions of the Royal Society of New Zealand, vol. 82, part 2, S. 329–410.

HUBER, B. (1925): Die physiologische Leistungsfähigkeit des Wasserleitungssystems der Pflanze. Ber. d. Deutsch. Bot. Ges., 43, S. 410–418.

– (1928): Weitere quantitative Untersuchungen über das Wasserleitungssystem der Pflanzen. Jahr. Wiss. Bot. Bd. 67, S. 877–953.

– (1956): Die Saftströme der Pflanzen. (=Verständl. Wiss. Bd. 58) Berlin, Göttingen, Heidelberg.

– (1956): Gefäßleitung. Handbuch d. Pflanzenphysiologie, Bd. 3, Berlin, Göttingen, Heidelberg, S. 541–582.

– (1961): Grundzüge der Pflanzenanatomie. Berlin, Göttingen, Heidelberg.

HUECK, K. (1952a): Verbreitung und Standortsanspruche der brasilianischen Araukarie (Araucaria angustifolia). Forstwiss. Centralbl., Bd. 71, S. 272–89.

– (1952b): Die Araukarienwälder des nördlichen Patagonien. Zeitschr. f. Weltforstwirtschaft, 15, S. 163–167.

– (1966): Die Wälder Südamerikas. Ökol., Zusammensetzung u. wirtschaftl. Bedeutung. Stuttgart.

HUMBOLDT, A. VON (1808): Ansichten der Natur, mit wissenschaftlichen Erläuterungen. Stuttgart.

HUSEN, Chr. VAN (1967): Klimagliederung in Chile auf der Basis von Häufigkeitsverteilungen der Niederschlagssummen. Freiburger Geogr. Hefte, 4, Freiburg.

KNOCH, K. (1930): Klimakunde von Südamerika. Handb. d. Klimatol., hrsg. v. Köppen/Geiger, Bd. 2, T. B, Berlin.

KOSTERMANS, A.J.G.H. (1965): Notes on the vegetation of W. Sumbawa (Indonesia). Symposium on Ecolog. Research in Humid Trop. Vegetation, Kuching, Sawarak 1963. [Bangkok], S. 15–25.

KREEB, KH.: Ökophysiologie der Pflanzen. Stuttgart 1974.

KROENER, H.-E. (1968): Die Verbreitung der echten Baumfarne (Cyatheaceen) und ihre klimaökologischen Voraussetzungen. Diss., Bonn.

LANGLET, O. (1936): Studier över tallens fysiologiska variabilitet och des samband med klimated. Ett bidrag till kännedomen om tallens ekotyper. (=Medd. fr. Stat. Skogsförsöksanst., H. 29, N:r 4). Stockholm.

LAUER, W. (1970): Naturgeschehen und Kulturlandschaft in den Tropen. Beispiel Zentralamerika. In: Beitr. z. Geogr. d. Tropen u. Subtropen, Festschr. f. H. Wilhelmy, Tübinger Geogr. Arb., H. 34, Tübingen, S. 83–105.

– (1973): Zusammenhänge zwischen Klima und Vegetation am Ostabfall der mexikanischen Meseta. Erdkunde, Bd. 27, S. 192–213.

LI, H.-L. (1953): Present distribution and habitats of the conifers and taxads. Evolution, vol. 7, S 245–61.

LIETH, H. (1974): Basis und Grenze für die Menschheitsentwicklung: Stoffproduktion der Pflanzen. Umschau in Wiss. u. Technik, 74, S. 169–174.

MAACK, R. (1931): Urwald und Savanne im Landschaftsbild des Staates Paraná. Zeitschr. d. Ges. f. Erdkunde zu Berlin, S. 95–116.

– (1950): Mapa fitogeográfico do Estado do Paraná. Organiz. e desenhado pelo Servicio de Geol. e Petrogr. do Inst. de Biol. e Pesquisas Tecn. da Secret. de Agr., Ind. e Comercio. Curitiba.

– (1956): Über Waldverwüstung und Bodenerosion im Staate Paraná. Die Erde, S. 191–228.

– (1969): Die Serra do Mar im Staate Paraná. Die Erde, Jg. 100, S. 327–347.

MÄGDEFRAU, K. (1968): Paläobiologie der Pflanzen. 4. Aufl. Stuttgart.

MEIJER-DREES, E. (1940): The genus Agathis in Malaysia. Bull. Jard. Bot. Buitenzorg (3) *16*, S. 455–74.

MUÑOZ P., C. (1973): Chile: plantas en extinción. Santiago.

NESSEL, H. (1939): Die Bärlappgewächse (Lycopodiaceae). Jena.

NIMER, E. (1971): Climatologia da região Sul do Brasil. Revista Brasileira de Geografia, ano 33, nº. 4, Rio de Janeiro, S. 3–65.

NTIMA, O.O. (1968): The Araucarias. (=Fast growing timer trees of the lowland Tropics, No. 3). Univ. of Oxford, Dep. of Forestry. Oxford.
PAFFEN, KH. (1957): Caatinga, Campos und Urwald in Ostbrasilien. Dr. Geographentag Hamburg 1955, Tag.-ber. u. wiss. Abh., Wiesbaden, S. 214–226.
– (1967): Das Verhältnis der tages- zur jahreszeitlichen Temperaturschwankung. Erdkunde, Bd. 21, S 94–111.
PAIJMANS, K. and E. LÖFFLER (1972): High altitude forests and grasslands of Mt. Albert Edward. New Guinea. The Journ. of Tropical Geogr., vol. 34, S. 58–64.
PHILLIPS, J.F.V. (1931): Forest succession and ecology in the Knysna Region. Pretoria.
REICHE, K. (1900): Die Verbreitungsverhältnisse der chilenischen Koniferen. Verh. d. Dt. Wiss. Vereins zu Santiago, 4, Santiago, S. 221–32.
ROBBINS, R.G. (1958): Montane formations in the central highlands of New Guinea. In: Proc. of the Symp. on Humid Tropics Vegetation, Tijawi (Indonesia). Unesco Sc. Coop. Off. for South East Asia. Djakarta, S. 176–95.
– (1961): The montane vegetation of New Guinea. Tuatara, vol. 8, S. 121–34.
– (1962): The podocarp-broadleaf forests of New Zealand. Transact. Royal Soc. New. Zealand (Bot.), vol. 88, p. 4, Wellington 1962, S. 33–75.
–: The vegetation of New Guinea. In: Australian Territories, vol. 1, No. 6, S. 1–12 (o.J.).
SARASIN, F. (1917): Neu-Caledonien und die Loyalty-Inseln. Reise-Erinnerungen e. Naturforschers. Basel.
SARLIN, P. (1954): Bois et forêts de la Nouvelle-Calédonie. Centre Techn. For. Trop. Nogent-sur-Marne.
SCHARFETTER, R. (1953): Biographien von Pflanzensippen. Wien.
SCHEFFER, F. und P. SCHACHTSCHABEL, (1970): Lehrbuch der Bodenkunde. Stuttgart.
SCHMITHÜSEN, J. (1960): Die Nadelhölzer in den Waldgesellschaften der südlichen Anden. Vegetatio, vol. 9, S. 313–27.
SCHULMAN, E. (1956): Dendroclimatic changes in semiarid America. Univ. of Arizona Press, Tucson.
SCHWARZBACH, M. (1974): Das Klima der Vorzeit. Eine Einf. in d. Paläoklimatol. 3. Aufl. Stuttgart.
SCHWEINFURTH, U. (1962): Studien zur Pflanzengeographie von Tasmanien. Bonner Geogr. Abh., H. 31. Bonn.
– (1966): Neuseeland. Beob. u. Studien z. Pflanzengeogr. u. Ökol. d. antipod. Inselgruppe. Bonner Geogr. Abh., H. 36. Bonn.
SCHWEITZER, H.-J. (1962): Die Makroflora des niederrheinischen Zechsteins. Fortschr. Geol. Rheinld. u. Westf., 6, Krefeld, S. 331–376.
SCOTT, R.A., E.S. BARGHOORN and E.B. LEOPOLD: How old are the angiosperms? American Journ. Sci., Bradley Vol., 258-A. S. 284–299.
SIMAK, M. und F. SIMANČIK (1968): Die Veränderungen des Zucker in Kiefernsamen mit verschiedenem Embryoentwicklungszustand. Svensk Bot. Tidskr. 62(2), S. 388–404.
SKOTTSBERG, C. (1934): Phytogeography of Conifers of Western South America. In: Proc. of the 5th Pac. Sci. Congr., vol. 4, Toronto, S. 3265–66.
STEENIS, C.G.G.J. VAN (1962): The land-bridge theory in botany, with particular reference to tropical plants. Blumea, Leiden/Nederl., vol. 11, No. 2, S. 235–562.
STEENIS-KRUSEMAN, M.J. VAN (1963): Bibliography of Pacific and Malaysian plant maps of phanerogams. In: C.G.G.J. van Steenis: Pacific Plant areas. Manila, S. 9–297.
STUDT, W. (1926): Die heutige und frühere Verbreitung der Coniferen und die Geschichte ihrer Arealgestaltung. Mitt. a. d. Inst. f. Allg. Bot., Bd. 6, Hamburg, S. 167–307.
TRACEY, J.G. (1969): Edaphic differentiation of some forest types in Eastern Australia. I. Soil factors. Journ. of Ecology, 57, S. 805–16.
TROLL, C. (1943): Thermische Klimatypen der Erde. Peterm. Geogr. Mitt., S. 81–89.
– (1948): Der asymmetrische Vegetations- und Landschaftsaufbau der Nord- und Südhalbkugel. In: Göttinger Geogr. Festcoll. aus Anl. d. 80. Geburtst. v. W. Meinardus, Göttinger Geogr. Abh., H. 1, Göttingen, S. 11–27.
– (1952): Die Lokalwinde der Tropengebirge und ihr Einfluß auf Niederschlag und Vegetation. In: Lauer, W. et alii, Studien zur Klima- u. Vegetationskunde d. Tropen (=Bonner Geogr. Abh., H. 9), Bonn, S. 124–182.
– (1959a): Die tropischen Gebirge. Ihre dreidimensionale klimatische und pflanzengeogr. Zonierung. Bonner Geogr. Abh., H. 25, Bonn.

– (1959b): Zur Physiognomik der Tropengewächse. 35. Hauptvers. d. Ges. v. Freunden u. Förderern d. Rh. Fr.-Wilh.-Univ. zu Bonn, 1958, Bonn, S. 23–95.
– (1964): Karte der Jahreszeitenklimate der Erde. Mit e. farb. Karte v. C. Troll u. KH. Paffen. Erdkunde, Bd. 18, S. 5–28.
– (1970): Das „Baumfarnklima“ und die Verbreitung der Baumfarne auf der Erde. In: Beitr. z. Geogr. d. Tropen u. Subtropen. Festschr. f. H. Wilhelmy, Tübinger Geogr. Arb. H. 34, Tübingen, S. 179–89.
WADE, L.K. and D.N. MCVEAN (1969): Mt Wilhelm Studies I: The Alpine and Subalpine Vegetation. Res. School of Pac. Stud., Dep. of Biogr. and Geomorph., Publ. BG/1, Austral. Nat. Univ., Canberra.
WALTER, H. (1960): Einführung in die Phytologie. III Grundlagen der Pflanzenverbreitung. T. 1: Standortslehre. 2. Aufl. Stuttgart.
– (1967): Die physiologischen Voraussetzungen für den Übergang der autotrophen Pflanzen vom Leben im Wasser zum Landleben. Zeitschr. f. Pflanzenphysiol., Bd. 56, S. 170–185.
– (1973): Die Vegetation der Erde. Bd. 1: Die tropischen und subtropischen Zonen. 3. Aufl. Stuttgart.
– und E.: Einige allgemeine Ergebnisse unserer Forschungsreise nach Südwestafrika 1952/53: Das Gesetz der relativen Standortskonstanz; das Wesen der Pflanzengemeinschaften. Ber. Dt. Bot. Ges., 66, 1953, S. 228–236.
–, E. HARNICKEL und D. MÜLLER-DOMBOIS (1975): Klimadiagramm-Karten der einzelnen Kontinente und ökologische Klimagliederung der Erde. Stuttgart.
– und KREEB, K. (1970): Die Hydratation und Hydratur des Protoplasmas und ihre öko-physiologische Bedeutung. Protoplasmatologia, Bd. II/C/6. Wien, New York.
– und LIETH, H. (1960–66): Klimadiagramm-Weltatlas. Jena.
WARDLE, P. (1963): The regeneration gap of New Zealand gymnosperms. In: New Zealand Journ. of Botany, vol. 1, S. 301–15.
– (1963): Vegetation studies on Secretary Island, Fiordland. Part 5: Population structure and growth of rimu (Dacrydium cupressinum). New Zealand Journ. of Botany, vol. 1, S. 208–14.
– (1969): Biological Flora of New Zealand. 4: Phyllocladus alpinus Hook. F. (Podocarpaceae) Mountain Toatoa, Celery Pine. New Zealand Journ. of Bot., vol. 7, S. 76–95.
WEBB, L.J. (1959): A physiognomic classification of Australian rain forests. Journ. of Ecol., 47, S. 551–70.
– (1965): The Influence of soil parent materials on the nature and distribution of Rain Forest in South Queensland. In: Symposium on Ecological Research in Humid Tropics Vegetation, Kuching, Sarawak July 1963, S. 3–14. [Bangkok].
– and J.G. TRACEY (1967): An ecological guide to new planting areas and site potential for Hoop Pine (Araucaria cunninghamii). Australian Forestry, vol. 31, S. 224–239.
– (1968): Environmental relationships of the structural types of Australian rain forest vegetation. Ecology, vol. 49, S. 296–311.
WECK, J. (1958): Über Koniferen in den Tropen. Forstwiss. Centralbl., Jg. 77, S. 193–256.
WEIGELT, J. (1928): Die Pflanzenreste des mitteldeutschen Kupferschiefers und ihre Einschaltung ins Sediment. Fortschr. d. Geol. u. Paläont., Bd. 6, H. 19, Berlin.
WEISCHET, W. (1969): Klimatologische Regeln zur Vertikalverteilung der Niederschläge in Tropengebirgen. Die Erde, Jg. 100, S. 287–306.
WHITMORE, T.C. (1965): A Kauri Forest in the Solomon Islands. In: Symposium on Ecological Research in Humid Tropics Vegetation, Kuching, Sawarak, Juli 1963, [Bangkok], S. 58–66.
– (1966): The social status of Agathis in a rain forest in Melanesia. Journal of Ecology, 54, S. 285–301.
WHITTAKER, R.H.; R.B. WALKER and A.R. KRUKENBERG (1954): The ecology of Serpentine soils. A symposium. Ecology 35, S. 258–288.
WISSMANN, H. VON (1948): Pflanzenklimatische Grenzen der waremen Tropen. In: Erdkunde, Bd. 2, S. 81–92.
– (1972): Die Juniperus-Gebirgswälder in Arabien. In: Geoecology of the High-Mountain Regions of Eurasia-Landschaftsökologie der Hochgebirge Eurasiens. Hrsg. v. C. Troll, Wiesbaden, S. 157–76.
WOMERSLEY, J.S. (1958): The Araucaria forests of New Guinea – a unique vegetation type in Malaysia. Proc. of the Symposium on Humid Tropics Vegetation Tijawi (Indonesia). Publ. of the Unesco Science. Cooperation Off. for SE-Asia, S. 252–257.
ZIMMERMANN, W. (1959): Die Phylogenie der Pflanzen. 2. Aufl. Stuttgart.
– (1969): Geschichte der Pflanzen. 2. Aufl. Stuttgart.

KONKURRENZ ALS BEGRENZENDER FAKTOR BEI RESTAREALEN ALTER KONIFERENTAXA MIT EINEM AUSBLICK AUF ÖKOLOGISCHE KONSEQUENZEN FÜR DIE FORSTWIRTSCHAFT

JOSEF SCHMITHÜSEN

Mit 6 Figuren und 13 Photos

Der Titel dieses Vortrags, der ursprünglich „Reliktareale südhemisphärischer Koniferen in ökologischer Sicht" lautete, wurde hier verändert, um den Inhalt etwas genauer zu kennzeichnen. Dieser Beitrag ist nicht als kritisches Korreferat zu dem Vortrag von Herrn GOLTE aufzufassen. Denn für die Beurteilung der weitreichenden allgemeinen Thesen über „Ökophysiologische und phylogenetische Grundlagen der Verbreitung der Coniferen auf der Erde" (GOLTE 1974) fühle ich mich nicht genügend zuständig. Ich möchte vielmehr hier nur an einigen Beispielen einen bestimmten Aspekt der Verbreitung von Reliktkoniferen herausheben. Dabei werden sich allerdings auch einige ergänzende Bemerkungen zu dem Problem der Verbreitung der chilenischen Alerce *(Fitzroya cupressoides)*, das der Ausgangspunkt für die Betrachtungen von GOLTE gewesen war, ergeben.

Ich möchte hier die Aufmerksamkeit darauf lenken, daß es sehr oft hauptsächlich die Baumartenkonkurrenz ist, die als ein entscheidender Faktor die reale topographische Verbreitung und damit die räumliche Ausdehnung der Reliktareale vieler alter Koniferentaxa bestimmt. Ich schneide damit ein Problem an, dessen Konsequenzen für die Standortsökologie vor allem auch von der Pflanzensoziologie meines Erachtens bisher noch nicht genügend erkannt und beachtet worden ist, und das, wie ich am Schluß an dem Beispiel von Japan zeigen möchte, auch für die forstwirtschaftliche Praxis in manchen Ländern von großer Bedeutung sein kann.

Insbesondere im Bereich der Südhemisphäre gibt es viele genetisch sehr alte Koniferenarten (vor allem aus den Familien der *Araucariaceae* und der *Cupressaceae*, aber auch aus einigen Gattungen der *Podocarpaceae*), die in ihrem Vorkommen auf kleine Restareale beschränkt sind und zwar auf solche Standorte, wo die übrigen Baumarten, die in den betreffenden Gegenden heute die dominierenden Bestandteile der Wälder sind, aus standortsökologischen Gründen an der Grenze ihrer Existenzfähigkeit stehen, wie z.B. im Bereich der oberen Waldgrenze im Gebirge oder auf steilen Felswänden und Graten, auf Moorböden und anderen edaphisch besonders ungünstigen Standorten.

Ähnliches gilt auch auf der Nordhemisphäre, z.B. auch für die meisten Gattungen der *Taxodiaceae*, zu denen in Japan *Cryptomeria* und *Sciadopitys* gehören, und von denen manche (wie z.B. *Sciadopitys)* im Tertiär noch eine viel weitere Verbreitung gehabt haben.

An dem Beispiel chilenischer Reliktkoniferen kann das, worauf es hier ankommt, besonders deutlich gezeigt werden.

Als ich 1953 den Versuch machte, Chile nach klimatischen Vegetationsgebieten zu gliedern, hatte mich das Problem der Koniferenverbreitung von Anfang an, aber zunächst unter

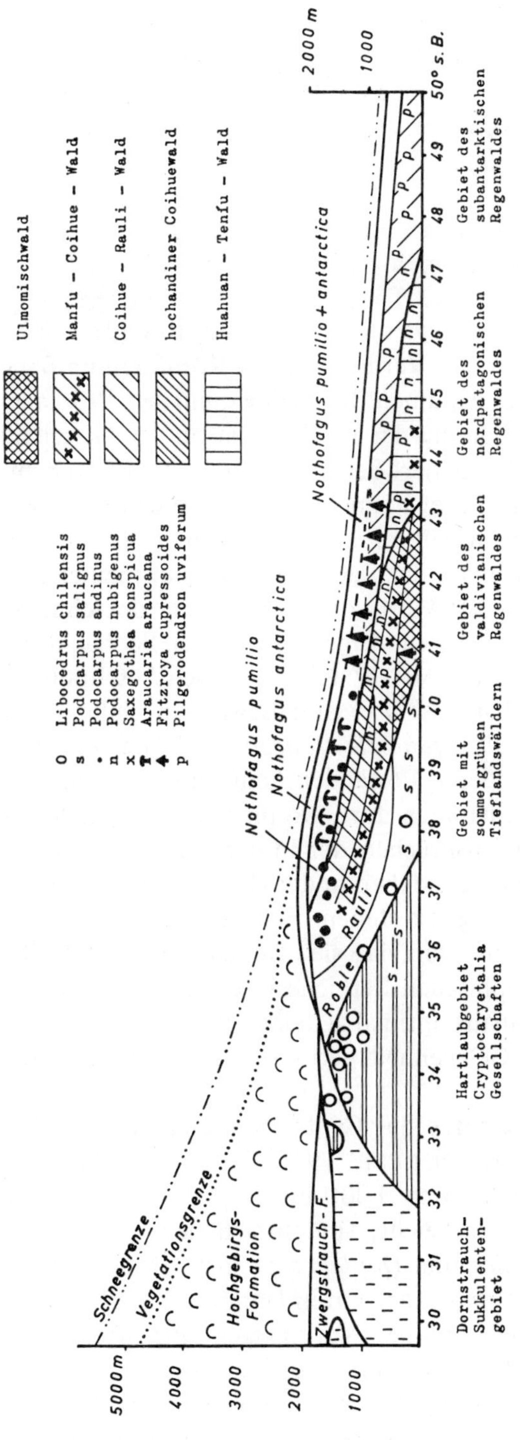

Fig. 1: Meridionales Höhenprofil der Vegetationsgürtel am Westabfall der Anden mit Angaben über die Verbreitung der Reliktkoniferen (*Libocedrus chilensis* ist synonym mit *Austrocedrus chilensis*).

einem etwas anderen Gesichtspunkt interessiert. Bei dem vergleichenden Studium der Höhengliederung der Vegetation in den primär nach der Tieflandsvegetation abgegrenzten Vegetationsgebieten ergab ein „Meridionales Höhenprofil der Vegetationsgürtel am Westabfall der Anden in Chile“ (SCHMITHÜSEN 1956, S. 41), daß zwar manche chilenische Waldtypen von S nach N ansteigend über mehrere Vegetationsgebiete hinweggreifen, daß aber den einzelnen Vegetationsgebieten in den obersten Höhenstufen jeweils verschiedene Arten von auf Reliktareale beschränkten Koniferenarten *(Austrocedrus chilensis, Podocarpus andinus, Araucaria araucana, Fitzroya cupressoides, Pilgerodendron uviferum)* zugeordnet sind *(Vergl. Fig. 1)*.

Nachdem mir vorher schon aus der Betrachtung der räumlichen Struktur der Florengliederung des Landes Zweifel gekommen waren an der damals in Chile allgemein und auch von SKOTTSBERG noch 1950 vertretenen These, daß der Wald in den pleistozänen Kaltzeiten aus dem größten Teil Südchiles verdrängt und nachher aus Refugien im Norden des Landes wieder eingewandert sei, sah ich in der Verbreitung der Koniferen im Bereich der oberen Höhenstufen des Waldes ein weiteres Argument für meine dann seit 1956 mehrfach publizierte Auffassung, daß die räumliche Ordnung der Waldvegetation von Mittelchile bis Nordpatagonien die pleistozänen Kaltzeiten überdauert haben muß und nicht durch eine postglaziale Wiedereinwanderung zu erklären ist. Bisher hat noch niemand einen Widerspruch gegen diese These angemeldet. Auf dieses Problem will ich aber hier nicht eingehen. Ich habe es nur erwähnt, um das Motiv zu zeigen, daß mich dazu geführt hatte, auf meiner zweiten Chilereise (1957/58 mit OBERDORFER und KÜHLWEIN) die Verbreitung der chilenischen Reliktkoniferen eingehender zu untersuchen. Über die Ergebnisse dieser Beobachtungen habe ich in einem besonderen Aufsatz berichtet (SCHMITHÜSEN 1960). Ich beschränke mich hier auf die Darstellung der Verbreitungsverhältnisse von drei Beispielen chilenischer Koniferenarten, und zwar von *Austrocedrus chilensis, Araucaria araucana* und *Fitzroya cupressoides.*

Alle drei finden sich in größeren Beständen heute nur noch auf Standorten der eingangs schon gekennzeichneten Art, nämlich dort, wo die von den Standortsfaktoren her bestimmten Lebensbedingungen den Ansprüchen der in der Umgebung vorherrschenden Laubholzarten nicht mehr genügen und diese daher an der Grenze ihrer Existenzmöglichkeit oder zum mindesten ihrer Konkurrenzfähigkeit stehen. Für alle drei hier in Betracht gezogenen Koniferenarten ist außerdem festzustellen, daß sie offenbar nicht wegen ihrer spezifischen Standortsansprüche an die topographischen Bereiche ihres gegenwärtigen Vorkommens gebunden sind, sondern weit darüber hinaus optimal gedeihen können, wenn sie zufällig oder durch besondere lokale Verhältnisse Gelegenheit gefunden haben, sich anzusiedeln oder vom Menschen gepflanzt worden sind.

Austrocedrus chilensis („Cypres del Centro“) bildet eine eigene Waldgesellschaft, das *Austrocedro-Lithraeetum* (OBERDORFER 1960, S. 26). In diesem Cypreswald, der seine Hauptverbreitung in Mittelchile in ca. 1000 bis 1400 m ü.M. hat und dort bis an die obere Trockengrenze des Waldes heranreicht, finden sich neben *Austrocedrus* noch die beiden Laubholzarten *Lithraea caustica* und *Quillaja saponaria.* Doch in den Beständen der trockensten Lagen gelangt *Austrocedrus* zur absoluten Dominanz, und sie bildet die Waldgrenze, wo bei noch größerer Trockenheit auf den Nordhängen eine offene *Trichocereus-Puya*-Gesellschaft auftritt *(Vergl. Fig. 2, 4* und *Photo 90,* Tafel XXIII), und wo in größerer Höhe der Wald von einem mit harten Dornpolstern der hochandinen Flora durchsetzten niedrigen Hartlaubgebüsch abgelöst wird. In tieferen Lagen findet sich *Austrocedrus* auf Felsköpfen und stellenweise auf den schmalen Graten zwischen dem *Trichocereus-Puya*-Busch der trokkenen Nordhänge und dem Roblewald der Schattenhänge und weiter südlich (bis 44° s. Br.)

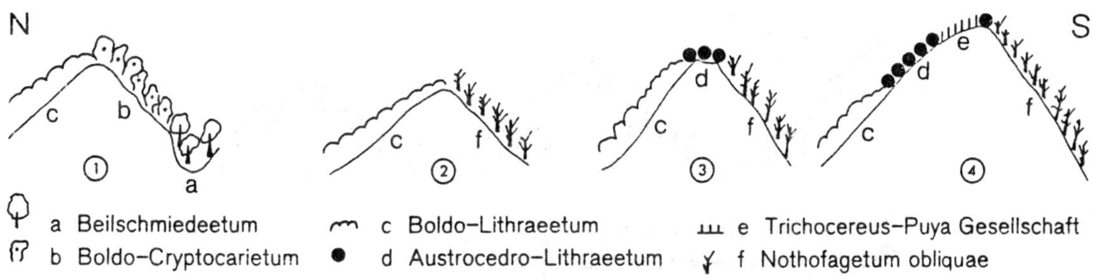

Fig. 2: Schematische Darstellung der standörtlichen Einordnung der Cypreswälder *(Austrocedro-Lithraeetum)* im Vergleich zu anderen Pflanzengesellschaften des mittelchilenischen Hartlaubgebietes. Die Profile stellen jeweils Querschnitte durch Bergrücken zwischen zwei Tälern dar (links der trockenere sonnseitige Hang, rechts der schattige Südhang). (1) Tiefere Lagen (unter 900 m) im Nordteil des Hartlaubgebietes mit Waldgesellschaften des *Cryptocaryon*-Verbandes (*a und b*) auf den Schattseiten und in Talschluchten und Boldo-Litrewald (*c*) auf Nordhängen. (2), (3) und (4) höhere Lagen im zentralen Teil (ca. 34° – 35° s.Br.) in Höhenlagen von 1000 – 1400 m ü.M. *(Erläuterung im Text).*

in isolierten Vorkommen im Grenzbereich des sommergrünen Gebirgswaldes, ein typisches Bild reliktären Vorkommens an konkurrenzschwachem Standort *(vergl. Fig. 1* und *Fig. 2, 3).*

Auch auf der argentinischen Seite der Anden hält sich die Hauptverbreitung von *Austrocedrus* vorwiegend an Bereiche an der Trockengrenze des Waldes, obwohl sie, wie viele Einzelvorkommen zeigen, von ihren eigenen ökologischen Ansprüchen her nicht an solche Standorte gebunden ist.

Bei *Araucaria araucana,* deren Vorkommen in größeren Beständen des *Carici Araucarietum* (OBERDORFER 1960) im andinen Bereich auf den obersten Waldgürtel des Vegetationsgebietes mit sommergrünen Tieflandwäldern *(Vergl. Fig. 1)* beschränkt ist, finden wir in vieler Hinsicht ähnliche Verbreitungsverhältnisse. Ich darf mich daher, zumal darüber schon an anderer Stelle berichtet wurde (SCHMITHÜSEN 1960), hier kurz fassen.

Wie in *Fig. 3* schematisch dargestellt ist, wächst *Araucaria* an der oberen Waldgrenze bei ca. 1600 bis 1700 m ü.M. in dem Höhengürtel des nordandinen Lenga-Waldes *(Anemone-Nothofagetum pumilionis)* und „besiedelt reliktisch auf Nordhängen oder an nordexponierten Kanten nur die wärmsten und trockensten Standorte des Lenga-Gürtels da, wo *Nothofagus pumilo* in der Entwicklung gehemmt ist und sich der altertümliche Nadelbaum gegen das Laubholz behaupten kann" (OBERDORFER 1960, S. 140/141). Nach oben schließt sich daran das von *Nothofagus antarctica* gebildete andine Knieholz an. Auf schmalen Talböden des Lengagürtels, den kältesten Standorten in diesem Bereich, wo offenbar weder *Araucaria* noch *Nothofagus pumillo* wachsen können, treten natürliche Wiesen und Staudengesellschaften an die Stelle des Waldes *(Vergl. Fig. 3, 1* und *Photos 91–94,* Tafeln XXIII u. XXIV).

Im Lenga-Gürtel kommt *Araucaria* in kleineren Beständen oft auf Kämmen, Graten oder Felsköpfen inmitten des *Anemone-Nothofagetum pumilionis* vor *(Fig. 3, 2).* Sie findet sich aber auch noch vereinzelt oder in kleineren Gruppen in dem tieferen Gürtel der immergrünen Wälder von *Nothofagus dombeyi* und gedeiht, wenn sie angepflanzt wird, in einem sehr viel weiteren Bereich, woraus zu erschließen ist, daß die enge Begrenzung ihrer Verbreitung weniger durch ihre eigenen ökologischen Ansprüche als durch die konkurrenzfähigen anderen Baumarten bestimmt ist. Ähnliches gilt auch für die heute größtenteils zerstörten *Araucaria*-Bestände im Küstenbergland von Nahuelbuta. Zwischen 37 1/2° und 38 1/2°

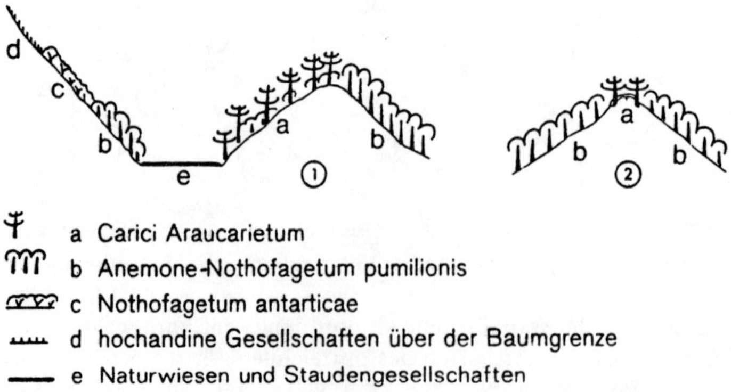

Fig. 3: Schematische Darstellung der standörtlichen Einordnung der *Araucaria araucana* - Wälder *(Carici Araucarietum)* im Verhältnis zu anderen Pflanzengesellschaften im obersten andinen Waldgürtel (ca. 1300 bis 1700 m) des chilenischen Vegetationsgebietes mit sommergrünen Tieflandwäldern *(Vergl. Fig. 1)*. (1) in höheren, (2) in tieferen Lagen (*Erläuterung im Text*).

s. Br. findet sich *Araucaria* dort schon von 700 m ü.M. an aufwärts vereinzelt in anderen Waldgesellschaften und darüber (in ca. 1000 bis 1300 m ü.M.) in größeren Beständen in einem ähnlichen Wechsel mit *Nothofagus pumilio* und nach oben von *Nothofagus antarctica*-Knieholz begrenzt wie im hochandinen Bereich.

Auch die Verbreitung von größeren *Fitzroya cupressoides*-Beständen ist ähnlich wie bei *Austrocedrus* und *Araucaria* an Standorte mit schwacher oder fehlender Konkurrenz durch andere Baumarten gebunden, worauf ich mehrfach hingewiesen habe (SCHMITHÜSEN 1956 S. 42, 1960 S. 323 f.) Wenn GOLTE dieses in Frage stellt mit dem Hinweis darauf, daß auf den Ñadis keine *Fitzroya* wächst, obwohl dieses von hochwüchsigen potentiellen Konkurrenten freie Flächen seien (GOLTE 1975, S. 86), so kann ich dieser Argumentation nicht folgen. Denn auf den Ñadis ist, wie auch GOLTE selbst ausführt, *Fitzroya* wegen der klimatischen und edaphischen Standortsbedingungen ebenso wenig lebensfähig wie *Araucaria* auf den vorhin erwähnten Talbodenwiesen.

GOLTE hat die Bedingtheit der Außengrenze des Gesamtareals von *Fitzroya* im Hinblick auf die klimatischen Faktoren einerseits und die genetisch bedingten ökologischen Ansprüche der Art andererseits analysiert und damit von den klimatischen Bedingungen her den potentiellen Bereich ihrer Verbreitung abgegrenzt und kartographisch dargestellt (GOLTE 1974, S. 83). Ich hatte das gleiche Faktum in die einfache Formel gefaßt, daß die Vorkommen der Alerce auf das Vegetationsgebiet des Valdivianischen Regenwaldes beschränkt sind, ohne mich dabei mit den speziellen Standortsansprüchen von *Fitzroya* näher zu befassen.

Es bleibt aber davon unabhängig die Tatsache bestehen, daß innerhalb des von GOLTE nach den klimatischen Bedingungen charakterisierten und kartographisch abgegrenzten p o t e n t i e l l e n Areals die Alerce nur auf einem sehr kleinen Bruchteil der Gesamtfläche tatsächlich vorkommt. Dieser ist in Wirklichkeit noch viel geringer, als es nach der Karte von GOLTE erscheint, weil dort nämlich die Alercales nicht topographisch genau, sondern „Wald mit Alercales“, d.h. Bereiche, in denen Alercales vorkommen, flächenhaft schwarz dargestellt sind. Diese große Divergenz zwischen dem von den ökologischen Ansprüchen der Art her gegebenen potentiellen Gesamtareal und ihrer realen topographischen Verbreitung ist eben m.E. nur so zu erklären, daß *Fitzroya* im größten Teil des Bereichs, wo sie von den dort herrschenden klimatischen und edaphischen Bedingungen her (möglicherweise z.T. viel-

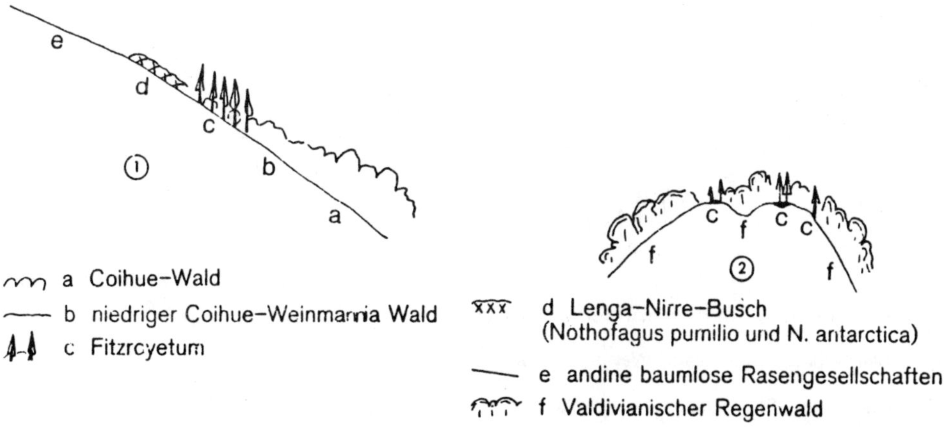

Fig. 4: Schematische Darstellung der standörtlichen Einordnung der *Fitzroyetum*-Bestände (1) in den Hochanden und (2) in der Küstenkordillere.

leicht sogar besser als an ihren jetzigen Standorten) gedeihen könnte, durch konkurrierende Baumarten bzw. deren Waldgesellschaften ausgeschaltet ist.

Die Alerce, die außerordentlich langsam wächst, kann über 3000 Jahre alt und bis zu 60 m hoch werden. Sie hat eine mittlere Jahresringbreite von nur 0.4 mm und wird bis zum Alter von 200 Jahren kaum 12 m hoch. Schon damit ist ihre geringe Konkurrenzkraft gegen andere Waldbäume gekennzeichnet, für die GOLTE sicher mit Recht phylogenetisch bedingte physiologische Eigenschaften als Begründung anführt.

Die Waldgesellschaft der Alerce, das *Fitzroyetum*, findet sich daher, wie auch OBERDORFER festgestellt hat, in dem Bereich ihres Gesamtareals auf meist scharf begrenzten Standorten, wo die „Laubwälder klimatisch oder edaphisch nicht mehr voll zusagende Lebensbedingungen finden, in moorigen Plateaulagen oder an ihrer klimatischen Höhengrenze" (OBERDORFER 1960, S. 112). In den andinen Hochlagen schließen sich die *Fitzroya*-Wälder über den nach oben ausklingenden Laubwäldern an *(Fig. 4, 1* und *Photos 95–97,* Tafeln XXIV u. XXV). In der Küstenkordillere wachsen sie auf vernäßten Hochflächen im Wechsel mit Mooren und *Ugni*-Heiden, sowie außerdem am Gebirgsabfall in besonders steilen Hanglagen*(Fig. 4, 2).* Auf den Plateaumooren kann auch heute noch die konkurrenzlose Neubesiedlung mit *Fitzroya* beobachtet werden *(Photo 98*, Tafel XXV). Ein weiteres Verbreitungsgebiet von *Fitzroya*beständen, die allerdings heute fast völlig vernichtet sind, gab es auf staunassen Böden im Tiefland südlich des Llanquihuesees. Der Mangel an Konkurrenz, unter dem sich die Alercewälder dort hatten halten können, ist auch jetzt noch daran erkennbar, daß sich auf dem versumpften Gelände zwischen den mächtigen Stubben der vor mehr als 100 Jahren gefällten Alercen noch kaum andere Baumarten angesiedelt haben. Dieses zeigt z.B. auch eine von GOLTE (1974, S. 84) veröffentlichte Photographie.

Einzelne Exemplare oder kleine Gruppen normal wachsender alter Alercen finden sich aber auch außerhalb der oben gekennzeichneten Alercale im Bereich der Laubwälder aller Höhenstufen des Valdivianischen Regenwaldgebietes, z.B. an Reliefkanten oder an Fluß- oder Seeufern, wo ihr Aufkommen nicht von allen Seiten durch die Beschattung konkurrierender anderer Baumarten behindert werden konnte. Daraus geht hervor, daß potentiell das Areal, in dem *Fitzroya* noch als standortsgemäße Baumart gelten kann, wesentlich größer ist als ihre reale topographische Verbreitung. Dieses wird offenbar auch von GOLTE vorausgesetzt, wenn er auf der Grundlage der Gesamtverbreitung der Alercevorkommen eine klimatische Gebietsgrenze (der episodischen Sommertrockenheit) konstruiert.

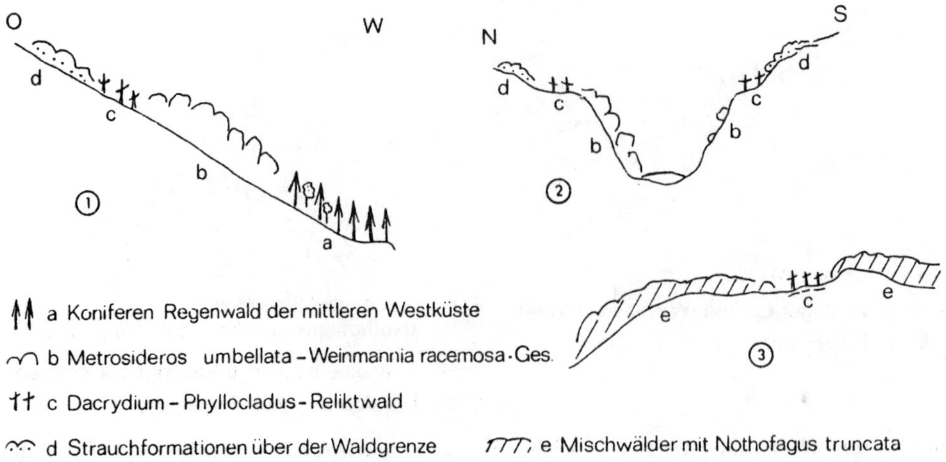

Fig. 5: Schematische Darstellung der standörtlichen Einordnung der „Gesellschaft der kleinen Dacrydien" im Westteil der Südinsel von Neuseeland *(Erläuterung im Text).*

Was bisher an drei Beispielen chilenischer Reliktkoniferen gezeigt wurde, gilt in ähnlicher Weise auch für eine Reihe von Koniferen anderer Länder. Ein Beispiel aus Neukaledonien, wo acht endemische *Araucaria*-Arten, davon die meisten isoliert an der oberen Waldgrenze in voneinander getrennten Gebirgsstöcken vorkommen, ist *Araucaria balansae*. Sie bildet mit ihrer sehr altertümlichen Baumform im südlichen Humboldt-Bergland in Gipfellagen eigene Waldbestände *(Photo 99*, Tafel XXV), gedeiht aber auch noch in vereinzelten Exemplaren in den Mischwäldern der tieferen Hanglagen, wo sie sich aber im allgemeinen in der Konkurrenz mit den anderen Baumarten nicht halten kann*(Photo 100*, Tafel XXV).

Von Neuseeland kann eine aus mehreren Arten bestchende, altertümliche Koniferen-Waldgesellschaft angeführt werden, die, wie die bisher genannten einzelnen Arten in ihrer Verbreitung auf konkurrenzschwache Standorte beschränkt ist, obwohl die meisten der beteiligten Arten von ihren standortsökologischen Ansprüchen her ein viel weiteres potentielles Areal haben, wie wiederum an vielen Einzelvorkommen erkennbar ist. Es ist dieses „die Gesellschaft der kleinen Dacrydien", in der (je nach Höhenlage etwas unterschiedlich) folgende kleinwüchsige Baumarten enthalten sein können: *Dacrydium bidwillii, Dacrydium biforme, Dacrydium colensoi, Dacrydium intermedium, Dacrydium laxifolium, Libocedrus bidwillii, Phyllocladus alpinus.* Im Bereich der Central West Coast *(Vgl. Fig. 6)* der Südinsel dominiert in den tieferen Lagen der hochwüchsige und an Baumfarnen reiche Koniferen-Regenwald, der in ähnlicher Zusammensetzung schon im Tertiär bestanden hat. Von seinen beherrschenden Baumarten sind *Podocarpus dacrydioides* und *Dacrydium cupressinum* schon seit dem Oligozän, *Podocarpus acutifolium* und *Podocarpus ferrugineus* seit dem Miozän pollenanalytisch im Lande nachweisbar (COUPER 1953). Nach oben wird dieser Koniferenwald abgelöst von Mischwäldern mit *Metrosideros umbellata* und *Weinmannia racemosa*, und darüber schließen sich, wo die Baumarten des Mischwaldes nur noch geringe Höhe erreichen, bis zur oberen Waldgrenze Bestände der „Gesellschaft der kleinen Dacrydien" an *(Vgl. Fig. 5, 1).* Diese findet sich z.T. auch auf Trogschultern der Gletschertäler *(Fig. 5, 2)* und weiter nördlich im Gebiet der *Nothofagus fusca*-Wälder auch in tieferen Lagen auf den ältesten Glazialterrassen mit extrem podsolierten Böden, *(Photo 101,* Tafel XXVI), wo offenbar die übrigen Baumarten des Gebietes nicht wachsen können.

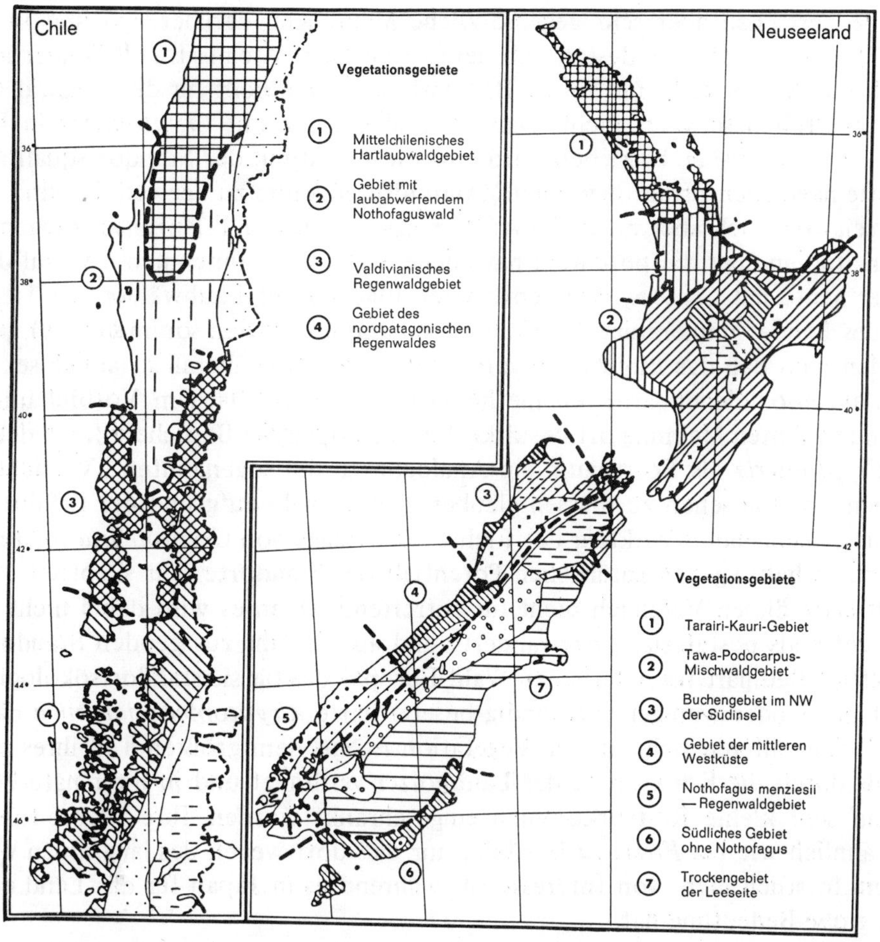

Fig. 6: Vegetationsgebiete in gleicher Breitenlage in Chile und Neuseeland.

Zum Schluß möchte ich am Beispiel eines nordhemisphärischen Nadelbaums auf die Bedeutung des hier betrachteten Problems für die forstliche Praxis hinweisen. Bei Baumarten, die wie die „kleinen Dacrydien" Neuseelands forstlich wertlos sind, oder auch bei solchen, die zwar holzwirtschaftlich wichtig sind, die aber so langsam wachsen wie die chilenische *Fitzroya cupressoides*, ist die Frage nach der Divergenz zwischen dem durch Artenkonkurrenz bedingten reliktären Vorkommen und dem potentiellen Gesamtareal, in dem die betreffende Art nach ihren Lebensansprüchen als einheimische „standortsgemäße" Baumart anzusehen ist, nicht von großem Interesse. Ganz anders ist es aber z.B. bei *Cryptomeria japonica* und einigen anderen japanischen Koniferen, die als Forstbäume für das Land, in dessen Einfuhrbilanz das Holz dem Werte nach an zweiter Stelle steht, eine lebenswichtige Bedeutung haben.

In der japanischen Forstwirtschaft spielt *Cryptomeria japonica* (japanischer Name „Sugi") in der südlichen Hälfte des Landes als Forstbaum die bei weiten größte Rolle. Sie ist eine relativ schnellwüchsige Baumart mit wertvollem Holz und hoher Massenleistung(*Photo 102,* Tafel XXVI). Vor allem in höherem Alter ist sie auch ein Baum von hervorragender Schönheit. Seit Jahrhunderten gehört ihm die Liebe der Bevölkerung, wie die Bemühungen um die Erhaltung alter Bestände in Tempelhainen oder der vor etwa 350 Jahren an der Tokaidostraße gepflanzten Baumalleen zeigen.

Im Lande herrschen aber sehr gegensätzliche Meinungen darüber, wo und in welchem Ausmaß *Cryptomeria* als ein Bestandteil der „standortsgemäßen" Wälder anzusehen ist, und ob die Aufforstung mit dieser Baumart auf lange Sicht für die Qualität der Waldstandorte verderblich sei oder nicht. Daß die Aufforstung mit *Cryptomeria* in Reinbeständen, wie sie bisher betrieben wird, für die Erhaltung der Standortsqualität nicht gut ist, dürfte nach allen Erfahrungen mit Monokulturen kaum zu bezweifeln sein.

Andererseits teile ich aber nicht die Auffassung japanischer Pflanzensoziologen, die aufgrund ihrer Studien über die potentiell natürliche Vegetation annehmen, daß auf dem größten Teil der heute mit *Cryptomeria* bepflanzten Flächen nur Laubwälder (im Tiefland der Südhälfte des Landes immergrüne, in Höhenlagen und im Norden sommergrüne) „standortsgemäß" seien, und daß das Einbringen von *Cryptomeria* dort überall schädlich sei. Die japanischen Pflanzensoziologen arbeiten methodisch nach europäischem Vorbild und werden in der eben erwähnten Meinung oft bestärkt durch europäische Besucher, die in der Ausbreitung der *Cryptomeria* als Forstbaum ein Analogon zu der sogenannten „Verfichtung" der europäischen Forsten sehen zu müssen glauben und deshalb aufgrund der Erfahrungen mit der standortsschädigenden Wirkung der Fichte der Anlage von *Cryptomeria* forsten im Hinblick auf die Erhaltung des natürlichen Potentials der Standorte sehr skeptisch gegenüberstehen. Ich halte diesen Vergleich nicht für zutreffend. Denn es wird dabei nicht beachtet, daß *Picea abies* als postglazial eingewanderte und auf den ihr zusagenden Standorten konkurrenzkräftige Baumart im natürlichen Wald Europas das für sie standortsökologisch geeignete Areal mehr oder weniger vollständig besetzt hatte. *Cryptomeria japonica* dagegen als Bestandteil einer älteren Schicht der Vegetation ist aus dem größten Teil ihres ursprünglichen Areals durch die Konkurrenz der Laubhölzer verdrängt und in ihrer natürlichen Verbreitung auf sehr kleine Restvorkommen eingeschränkt worden. Ihre Verbreitungsverhältnisse sind ähnlich wie bei *Fitzroya* in Chile, nur daß dort wegen des langsamen Wachstums das Problem forstlich nicht von Interesse ist, während es in Japan für das Land eine außerordentlich große Bedeutung hat.

Man muß sich in diesem Zusammenhang darüber klar sein, daß „standortsgemäß" (im forstökologischen Sinne) und „potentiell natürlich" (in dem Sinne der durch Konkurrenz mitbestimmten Klimaxvegetation) keine identischen Begriffe sind. Standortsgemäß können auch Baumarten sein, die in der potentiell natürlichen Vegetation quantitativ nur eine geringe Rolle spielen und im pflanzensoziologischen Sinne als „Begleiter" aufzufassen sind. Bei *Cryptomeria* ist bemerkenswert, daß sie – auch abgesehen von den Aufforstungen – in etwa der Hälfte des ganzen Landes vorkommt, daß man sich aber lange Zeit vergeblich bemüht hat, herauszufinden, wo sie in der natürlichen Vegetation als einheimisch gelten kann. Die wenigen isolierten Vorkommen von als ursprünglich angesehenen *Cryptomeria*-Beständen, wie sie z.B. SUZUKI TOKIO punktförmig auf seiner neuen Vegetationskarte eingezeichnet hat, sind zweifellos Restareale, wo sich *Cryptomeria*-Wald als Teil einer älteren Schicht der natürlichen Vegetation gegen die Konkurrenz anderer Waldgesellschaften (teils immergrüne, teils sommergrüne) hat halten können. Bezeichnenderweise finden sich diese Vorkommen durch drei verschiedene Vegetationsgürtel hindurch weit verstreut von der Insel Yakushima im äußersten Süden des Landes bis in die obere Waldgrenzregion der japanischen Westalpen. Damit bleibt aber die Frage offen, ob nicht auch außerhalb dieser als Urwaldrelikte aufgefaßten Bestände *Cryptomeria* (wenn auch nur als Begleiter) ein natürlicher Bestandteil anderer Waldgesellschaften sein kann.

Vielleicht aus einer gewissen Voreingenommenheit, weil man nämlich *Cryptomeria* vorwiegend in Tempelhainen findet, wo sie sicher oft gepflanzt ist, neigen die japanischen

Pflanzensoziologen dazu, die *Cryptomeria,* wo sie sich in Gesellschaften der immergrünen und der sommergrünen Laubwälder findet, als gesellschaftsfremd anzusehen. Es sollte meines Erachtens untersucht werden, ob sie nicht dort in vielen dieser Gesellschaften eine natürliche Begleitart ist und, ob sie nicht auch in vielen Tempelwäldern viel häufiger ein erhalten gebliebener Bestandteil ursprünglicher Naturwälder ist, als man bisher gewöhnlich annimmt. Ich denke dabei beispielsweise an Bestände am Kirishiyama, am Wakakusayama, bei Ise, am Hiei, bei Nikko u.a.. Dazu wäre außerdem zu beachten, daß *Cryptomeria* in der Südhälfte Japans an sehr vielen Stellen auf Graten und steilen Felshängen zu finden ist. Sie wächst dort sicherlich nicht, weil dieses ihre optimalen Standorte wären, sondern weil die Konkurrenz durch andere Baumarten hier geringer ist als in den Wäldern anderer angrenzender Standorte. Reliktäre Vorkommen dieser Art finden sich wiederum bezeichnenderweise durch drei Höhengürtel hindurch von der *Camelleetea*stufe über die Höhenstufe der Laubmischwälder bis in den unteren Teil der Buchenstufe.

Wenn sich, wie ich annehme, die hier dargelegten Vorstellungen durch unvoreingenommene gezielte Untersuchungen bestätigen lassen, so wäre daraus zu folgern, daß das Gesamtgebiet, in dem *Cryptomeria* als natürliche standortsgemäße Baumart anzusehen ist, sehr viel größer ist, als man bisher annimmt, und daß *Cryptomeria* dort die Standorte nicht ungünstig beeinflussen würde, wenn man sie nicht in Monokulturen, sondern in Mischwäldern mit standortsgemäßen Laubhölzern anpflanzt.

Ähnliches wie für *Cryptomeria* gilt, wie schon angedeutet, auch für andere japanische Reliktkoniferen, z.B. für *Sciadopitys, Chamaecyparis obtusa* und wahrscheinlich auch für *Tsuga sieboldii, Abies firma* und andere. Auch bei ihnen dürfte der Bereich, in dem sie ökologisch-physiologisch als standortsgemäße Baumarten anzusehen sind, wesentlich größer sein als die Restareale ihres natürlichen Vorkommens. Einen bestätigenden Hinweis in dieser Richtung glaube ich auch in einigen Bemerkungen von HORIKAWA in seinem Atlas der japanischen Flora zu sehen, der auf den Karten der Verbreitung von *Sciadopitys, Chamaecyparis obtusa* und *Tsuga sieboldii* ausdrücklich den Vermerk macht, daß diese Bäume sehr häufig auf "rocky ridges and slopes" oder "rocky places" beschränkt vorkommen. Das ist genau der Typus der durch geringere Konkurrenz bedingten Reliktvorkommen, die meines Erachtens den Anlaß geben sollten, zu untersuchen, ob nicht diese Bäume in einem Teil der umgebenden Waldgesellschaften auch standortsgemäße Begleitarten des natürlichen Waldes sind.

Das allgemeine Ergebnis meiner vergleichenden Studien über die Verbreitung einiger Reliktkoniferen der Südhemisphäre und Japans (man könnte den Vergleich auch noch auf Baumarten anderer Länder ausdehnen) möchte ich wie folgt zusammenfassen:

In Gebieten, in denen Baumtaxa von genetisch verschiedenem Alter und unterschiedlicher physiologischer Leistungsfähigkeit miteinander in Konkurrenz vorkommen, gibt es manche Arten (und dazu gehört vor allem ein Teil der Reliktkoniferen), die in der natürlichen Vegetation nur einen kleinen Prozentsatz des für sie klima- und bodenökologisch möglichen Areals einnehmen, weil sie gegen die Konkurrenz anderer Arten nicht aufkommen.

Ihr Vorkommen in größeren ursprünglichen Beständen ist nicht durch ihre eigenen Optimalbedingungen bestimmt, sondern durch die Pessimalbedingungen anderer Arten oder Gesellschaften, die in dem größeren Teil des Areals infolge ihrer stärkeren Konkurrenzkraft dominieren und den Reliktarten nur noch die ungünstigsten Teile ihres ursprünglichen Areals überlassen, z.B. an der oberen Waldgrenze oder auch an Nässegrenzen und auf anderen Standorten mit besonderen Lebensbedingungen wie Felswänden, Graten, Felsrippen oder dergleichen. Solche nur durch Konkurrenz aus dem Optimalbereich ihres natürlichen Areals weitgehend verdrängten Arten, wie z.B. *Cryptomeria* können außerhalb des Bereichs ihrer Restvorkommen durchaus standortsgemäße Baumarten sein, die, sofern sie nicht in Monokulturen gepflanzt werden, forstökologisch nicht wie Fremdholzarten als standortsschädigend angesehen werden müssen.

LITERATUR

COUPER, R.A. (1953): Upper Mesozoic and Cainozoic Spores and Pollen Grains from New Zealand. N.Z. Geol.Surv.Pall.Bull. 32.

GOLTE, W. (1974): Öko-physiologische und phylogenetische Grundlagen der Verbreitung der Coniferen auf der Erde. Dargestellt am Beispiel der Alerce (Fitzroya cupressoides) in den südlichen Anden. Erdkunde 28, 81 – 101.

HORIKAWA, Y. (1972): Atlas of Japanese Flora. Tokyo.

MUNOZ Y PISANO (1947): Estudio de la vegetación y flora de los parques nacionales de Fray Jorge y Talinay. Santiago – Chile.

OBERDORFER, E. (1960): Pflanzensoziologische Studien in Chile. Ein Vergleich mit Europa. Weinheim.

REICHE, K. (1907): Grundzüge der Pflanzenverbreitung in Chile. Leipzig.

SCHMITHÜSEN, J. (1955): Die Grenzen der chilenischen Vegetationsgebiete. Tagungsbericht und wissenschaftliche Abhandlungen, Deutscher Geographentag Essen 1953, 101 – 108.

– (1956): Die räumliche Ordnung der chilenischen Vegetation. Forschungen in Chile, Bonner Geographische Abhandlungen 17, 1 – 86.

– (1958): Probleme der Vegetationsgeographie. Tagungsbericht und wissenschaftliche Abhandlungen, Deutscher Geographentag Würzburg 1957, 72 – 84.

– (1960): Die Nadelhölzer in den Waldgesellschaften der südlichen Anden. Vegetatio IX, 313 – 327.

– (1966): Problems of Vegetation History in Chile and New Zealand. Vegetatio XIII, 189 – 206.

– (1968): Allgemeine Vegetationsgeographie (3. Aufl.) Berlin.

– (1974): Landschaft und Vegetation. Gesammelte Aufsätze von 1934 bis 1971. Saarbrücken. [Darin auch die oben einzeln zitierten Arbeiten von 1955, 1958, 1960 und 1966, letztere in deutscher Fassung].

– (1977): Plädoyer zur Ehrenrettung eines japanischen Baumes. In: Vegetation Science and Environmental Projection (Editors A. Miyawaki, R. Tüxen) Tokyo.

SKOTTSBERG, C. (1950): Apuntes sobre la flora y vegetación de Frai Jorge (Coquimbo, Chile). Meddelanden fron Göteborgs Botaniska Trädgord XVIII. Göteborg.

SUZUKI-TOKIO (1973): Vegetationskarte von Japan. Tokyo.

VERGLEICH DER HOCHGEBIRGSFAUNEN IN VERSCHIEDENEN KLIMAREGIONEN DER ERDE

HERBERT FRANZ

Während über die auffällige Übereinstimmung im Aspekt der Hochgebirgsfloren der Tropen in beiden Hemisphären und über die auffällige Ähnlichkeit in den Wuchsformen der subantarktischen Pflanzen zu solchen der tropischen Hochgebirge zahlreiche Untersuchungen vorliegen, fehlen analoge vergleichende Studien an der Fauna fast vollständig. Das ist teils dadurch bedingt, daß die Fauna der betreffenden Gebiete viel weniger gut erforscht ist, teils auch dadurch, daß in der Tierwelt analoge Lebens- und Wuchsformen, wie sie die Pflanzenwelt aufweist, nicht auftreten. Milieubedingte Konvergenzen sind zwar auch aus dem Tierreich bekannt, sie lassen sich aber mit wenigen Ausnahmen nicht im Sinne einer gleichgerichteten Beeinflussung durch die in den Tropen und in der Subantarktis herrschenden Klimaverhältnisse auswerten. Dies gilt zum Beispiel für die bekannten Anpassungsformen psammophiler oder cavernicoler Tiere. Der Verlust des Flugvermögens bei terricolen Hochgebirgsinsekten ist eine in allen Kontinenten auftretende Erscheinung. Das auffälligste Beispiel einer Konvergenz von Landtieren der Südhemisphäre liefern wohl die Vögel mit den blütenbestäubenden Necatariiden und Trochiliiden. Bei ihnen geht die Konvergenz primär aber wohl derjenigen der Pflanzenwelt parallel, das Klima ist offenbar nur über diese als auslösender Faktorenkomplex anzusehen.

Eine stärkere Abhängigkeit von klimatischen Faktoren zeigt die Höhenstufengliederung der Hochgebirgsfauna, wobei die Bodenfauna infolge ihrer beschränkten Wanderfähigkeit besonders aussagekräftig ist. Ich will mich dieser daher im folgenden in erster Linie widmen, wobei ich auch auf ihre Synökologie etwas eingehen muß.

Im Zuge meiner ein Leben lang in den Hochgebirgen der Erde durchgeführten zoogeographischen und ökologischen Studien habe ich versucht, die Höhenstufengliederung der Hochgebirgsfauna zunächst für die europäischen Gebirge (1943, 1950, 1957) und später (1970) weltweit einer Klärung näherzubringen. Ich habe mich dabei vorwiegend mit der Bodenfauna beschäftigt, weil diese in hohem Maße ortsgebunden ist und daher nicht nur den Einfluß aktueller ökologischer Gegebenheiten, sondern auch den von Veränderungen der ökologischen Bedingungen in der Vergangenheit besonders klar erkennen läßt (FRANZ 1953).

Bei Untersuchungen in den Alpen, die das zoogeographisch besterforschte Hochgebirge der Erde sind, hat sich ergeben, daß weder die Höhenstufengliederung der Bodenfauna, noch auch ihre Gliederung in Tiergemeinschaften auf Grund der aktuellen ökologischen Verhältnisse allein kausal erklärbar sind. Es haben vielmehr die großen Klimaschwankungen in der jüngsten geologischen Vergangenheit, vor allem im Pleistozän, aber auch noch im jüngeren Tertiär, sehr deutliche Spuren in der rezenten Alpenfauna hinterlassen. Um dies für die Höhenstufengliederung zu zeigen, kann ich mich an die Gliederung der Vegetation anlehnen und auf die obersten Vegetationsgürtel: die subalpine Waldstufe, die Zwergstrauchstufe, die alpine Grasheidenstufe und die Polsterpflanzenstufe beschränken.

Bekanntlich trugen die Alpen während der beiden letzten Eiszeiten nicht bloß eine ausgedehnte Firn- und Gletscherdecke, sondern die unvergletschert gebliebenen Randgebiete waren mit Ausnahme der südlichen und östlichen Randzonen auch völlig waldfrei. Die Wiederbewaldung nach der Würmeiszeit vollzog sich mit dem Rückgang der Gletscher im Spätgalzial und zur gleichen Zeit setzte auch die Wiederansiedlung einer typischen Waldbodenfauna ein. Diese steht in scharfem Gegensatz zur Bodentierwelt des alpinen Grasheidengürtels, der typische Artengemeinschaften offener, nicht beschatteter Biotype aufweist.

Zwischen der subalpinen Waldstufe und dem alpinen Grasheidengürtel liegt ein in den Ostalpen scharf ausgeprägter Zwergstrauchgürtel, dessen ursprüngliche Vegetation vielfach in Almweiden umgewandelt ist. Schon HOLDHAUS (1954) war aufgefallen, daß der Zwergstrauchgürtel eine sehr artenarme Bodenfauna aufweist und kaum spezifische Tierarten besitzt. Eine vergleichende Betrachtung läßt erkennen, daß die Zwergstrauchstufe von einer verarmten subalpinen Waldbodenfauna besiedelt ist und, wie schon SCHARFETTER (1939) auf Grund vegetationkundlicher Untersuchungen angenommen hatte, eine Zone darstellt, aus der sich der subalpine Wald klimabedingt oder unter anthropogenem Einfluß nach der postglazialen Wärmezeit zurückgezogen hat.

Innerhalb des alpinen Grasheidengürtels sind zwei Tiergemeinschaften allenthalben scharf zu unterscheiden: eine mehr trockenliebende Grasheidengemeinschaft und eine hygrophile Schneetälchengemeinschaft. Beide reichen stellenweise in die Zwergstrauchstufe hinab, die erstere auf Felsgraten und an Felswänden, deren sehr seichtgründige Böden niemals die Entwicklung von Waldvegetation gestatteten, die zweite in Schneerinnen, wo der Schnee bis in den Sommer liegen bleibt, so daß die Kürze der Vegetationszeit, aber auch der winterliche Schneedruck das Aufkommen von Bäumen unmöglich machen. Felsenheiden mit alpinen Tierarten reichen übrigens, wie ich für die Ostalpen gezeigt habe (FRANZ 1951), bis tief in den subalpinen Waldgürtel, vereinzelt sogar bis in die Stufe der montanen Bergwälder, in der Weizklamm östlich von Graz bis 450 m Seehöhe herab, wo alpine Arten mit xerothermen Steppentieren zusammentreffen.

Zwischen dem alpinen Grasheidengürtel und der Schneegrenze liegt eine Zone mit offener Pioniervegetation, in der eine artenarme, aber doch für sie charakteristische Arten enthaltende Fauna lebt.

Sowohl die natürliche alpine Waldgrenze, als auch die obere Grasheidengrenze ist, wie wir heute wissen, in erster Linie durch die Mächtigkeit und Andauer der Schneedecke bestimmt. Indirekt haben Relief und Windexposition einen großen Einfluß.

Während die in den Eiszeiten nur schwach vergletscherten Randgipfel der Alpen in ihrer hochalpinen Bodenfauna viele präglaziale Relikte mit sehr beschränkter Verbreitung aufweisen, haben nach dem Rückzug der Gletscher in den intensiv vergletscherten zentralen Massiven Eiszeitrelikte mit heute diskontinuierlicher boreoalpiner Verbreitung eine Zuflucht gefunden.

Am Süd- und in geringem Umfange auch am Ostrand der Alpen haben sich auch Relikte der präglazialen Waldbodenfauna bis zur Gegenwart erhalten.

Die hochalpine Fauna der Pyrenäen, des Apennin, der Karpaten und Dinariden zeigt eine ganz ähnliche Höhenstufengliederung und herkunftsmäßige Zusammensetzung wie die Alpen, auch für den Kaukasus dürfte das noch gelten. Selbst der Himalaya zeigt in der Höhenstufengliederung noch viel Ähnlichkeit mit den Alpen, hinsichtlich der Herkunft der Fauna bestehen allerdings große Unterschiede, denn die Bodenfauna des Himalaya zeigt überraschende Übereinstimmung mit der der japanischen Alpen.

Diese weichen ökologisch von den kontinentalen Gebirgen der Paläarktis durch ihren klimatisch extrem ozeanischen Charakter ab. Eine hochalpine Grasheidenstufe ist in ihnen nicht entwickelt, vielmehr reicht der Krummholzgürtel mit *Pinus pumila*, die nach oben allerdings immer niedriger wird, bis zu den höchsten Erhebungen empor. Es gibt auf den höchsten Gipfeln hochalpine Pflanzen und Tiere, die aber anscheinend nur Schneerinnen mit langer Schneelage und Grate, also räumlich eng begrenzte Enklaven besiedeln. Dagegen sind die Höhengürtel der Vegetation sehr starken expositionsbedingten Schwankungen ausgesetzt, was mit der expositionsbedingt sehr großen Schwankung der Andauer und Mächtigkeit der Schneedecke zusammenhängt. An den windabgewandten Ostseiten der Gebirge habe ich schon in 2000 m Seehöhe infolge der in den Wächten angehäuften Schneemassen ausgedehnte waldfreie oder von Krummholz bedeckte Areale beobachten können.

Ein zweites für einen weltweiten Vergleich interessantes Hochgebirgssystem der gemäßigten Breiten der Nordhemisphäre ist das Cantabrische Gebirge in Nordwestspanien. Auch dieses zeigt ein ozeanisches Klima und im Zusammenhang damit ein von den Alpen abweichendes Verhalten der Höhenstufen. Der subalpine Wald löst sich an seiner Obergrenze in einzelne Waldinseln auf, die durch Grasland voneinander getrennt sind. Die Grenzen sind offenbar auch hier durch die Andauer der Schneedecke bedingt und es besteht eine parkähnliche Landschaft, wie sie sonst den Hochgebirgen der Nordhemisphäre fremd ist. Entsprechend der Vegetation alterniert eine Waldbodenfauna mit einer solchen walfreier Biotope. Die Hochgipfel des Cantabrischen Gebirges, vor allem die Picos de Europa, tragen aus edaphischen Gründen Felsheiden, in Schneerinnen ist eine Schneetälchenfauna entwickelt.

Auch die Gebirge im Zentrum und im Süden der Iberischen Halbinsel, ich denke vor allem an die Sierra de Guadarrama, die Sierra de Gredos und die Sierra Nevada, entbehren einer scharf markierten Waldgrenze dort, wo der Wald noch einigermaßen erhalten ist. Es fehlt ihnen ferner eine ausgeprägte Grasheidenstufe, statt dessen sind in der Sierra Nevada in großer Ausdehnung Kugelbuschsteppen vorhanden, an die sich nach oben ein Gürtel offener Pioniervegetation anschließt. Diese Zonierung wiederholt sich im Hohen Atlas, nur weist dieser an günstigen Stellen doch in beschränktem Umfang auch Rasenflächen auf. Die Fauna der Kugelbuschsteppen unterscheidet sich scharf von den höchstgelegenen Wäldern einschließlich des Krummholzes, das in der Sierra de Guadarrama größtenteils von *Retama* gebildet wird. Sie unterscheidet sich auch ebenso scharf von der Fauna der Pionierpflanzenregion, die in vieler Hinsicht an die Fauna der alpinen Grasheiden erinnert. Sowohl in der Kugelbuschsteppe als auch im alpinen Polsterpflanzengürtel mischen sich xerotherme Elemente, unter den Käfern vor allem Tenebrioniden, Vertreter der Chrysomelidengattung *Timarcha* und der tericolen Cerambydengattung *Dorcadion*, mit ausgesprochen hygrophilen Bodentieren aus den Familien *Scydmaenidae, Pselaphidae, Staphylinidae*, u.a. (vgl. FRANZ 1957, 1968).

In den tropischen Hochgebirgen zeigt die Fauna wie die Vegetation besondere Züge. Die vulkanischen Inselberge entlang des afrikanischen Grabenbruchs (vgl. Jeannel 1950) sind alle durch die Ausbildung einer scharf markierten Regen-Nebelwaldzone gekennzeichnet. Hier lebt eine artenreiche hygrophile Waldbodenfauna, der heliophile und thermophile Elemente wie die Ameisen und Termiten weitgehend fehlen. Die Fauna dieses Gürtels unterscheidet sich deutlich von der subtropischen Bergwaldfauna tieferer Lagen, sie enthält viele endemische Formen. Im anschließenden Ericaeengürtel, in dem *Erica arborea, Philippia* und andere Sträucher dominieren, wird die Artenmannigfaltigkeit geringer. Die Fauna des Ericaceengürtels ist nicht einheitlich. In seinen tieferen Teilen herrscht noch die Fauna der Regen-Nebelwälder vor. In seinen höheren Teilen, in denen die baumförmigen Senecien dominieren und die schließlich allmählich in eine Schopfpflanzenvegetation vom Charakter der

Paramovegetation der Anden übergeht, ist eine nahezu ausschließlich aus Endemiten zusammengesetzte Bodenfauna von außerordentlicher Eigenart vorhanden. Diese vielfach als „hochalpin“ bezeichnete Tierwelt hat mit der alpinen Grasheidenfauna der gemäßigten Zonen der Nordhemisphäre nichts zu tun, sie stellt eine Hochgebirgsfauna besonderer Art dar, in der Steppenelemente vollkommen fehlen, obwohl an den trockenen Westseiten einiger ostafrikanischer Vulkane, vor allem des Kilimanjaro, an diese Höhenstufe die Hochwüsten unmittelbar anschließen. Rasenflächen gibt es in den Vulkanmassiven Ostafrikas nur an den feuchten Hängen, ihre Fauna ist aber, soweit derzeit bekannt, von der des Seneciengürtels nicht wesentlich verschieden. Eine Schneerandfauna ist in den ostafrikanischen Vulkanbergen nicht vorhanden, ob eine solche im abessynischen Hochland existiert, ist mir nicht bekannt.

Aus den feucht-tropischen Anden von Ecuador hat WHYMPER (1891) eine bis heute unübertroffene Schilderung der Insektenfauna der Hochlagen des Chimborazo und des Pinchincha gegeben. Die auf diesen Bergen über 4000 m Seehöhe lebende Fauna setzt sich offenbar z. T. aus hygrophilen Arten zusammen. WHYMPER meldet u. a. zahlreiche Arten der in den ostasiatischen Hochgebirgen weit verbreiteten Laufkäufergattung *Colpodes*, von denen einige am höchsten Gipfel des Pinchincha an den Rändern sommerlicher Schneeflecken unter von Eis überzogenen Steinen gefunden wurden, wie das gelegentlich auch bei den in den Alpen die sommerlichen Schneeränder besiedelten Insekten der Fall ist. Die von A.M. CLEEF während dieses Symposiums angeführten pollenanalytischen Untersuchungen, wonach noch vor 5000 Jahren der Gebirgswald in Columbien bis über 4000 m emporgereicht hat, läßt erwarten, daß Reste der subalpinen Bodenfauna bis weit in die Paramovegetation nachgewiesen werden können.

Völlig andere Verhältnisse liegen in den trockenen Hochanden von Peru, Bolivien und Nord-Chile vor. Hier erheben sich die hohen Gipfel, zum Teile noch tätige Vulkane, aus der trockenen Hochebene, dem Altiplano, der im Bereich der Puna-Region von noch annähernd geschlossener Rasenvegetation bedeckt ist und eine artenarme xerophile Fauna beherbergt. In der Atacamawüste im Norden Chiles tritt an Stelle der Puna vegetationslose Wüste, an die oben eine lockere Zwergstrauchvegetation, der Tolar, oder an Stellen mit sandigen Böden eine Horstgrasvegetation, der Pajonal, anschließt. Beide beherbergen eine arten- und individuenarme Halbwüstenfauna, die sich aus Vertretern derselben Familien zusammensetzt, wie die Fauna der Nebelzonen an den pazifischen Küsten Nordchiles. Die oberste Grenze der Vegetation bilden in Nordchile Polsterpflanzen, unter denen die überaus harten, großen Polster von *Azorella spec.* besonders auffallen. Unter diesen ist ein wenig Humus und Feuchtigkeit angesammelt und hier allein findet eine hygrophile Hochgebirgsfauna Existenzmöglichkeiten. Es ist beachtlich, daß sich diese Fauna überwiegend aus englokalen Endemiten zusammensetzt, denen neben Pselaphiden wie *Bryaxorites alticola*, Carabiciden, vor allem *Trechisibius*-Arten, angehören, Vertreter einer in den Anden weit, aber nur in großen Höhen verbreiteten, offenbar in viele Arten aufgesplitterten Laufkäfergruppe. Eine *Trechisibius*-Art fand ich noch in den Anden bei Santiago de Chile in lückiger Pioniervegetation, die dort die oberste Vegetationsstufe darstellt. Sie ist dort wohl ein Vertreter der in diesen Breiten nur wenige Arten umfassenden Schneerand-Tiergemeinschaft, während eine Tiergemeinschaft der Schneeränder in den trockenen Hochanden von Peru, Bolivien und Nord-Chile infolge des Fehlens perennierenden Schnees unter der Vegetationsgrenze offenbar ganz fehlt. Es ist mir jedenfalls nicht gelungen, hier an temporären Schneerändern irgendwelche Tiere zu finden. Der Boden unter dem Schnee war stets trocken, der schmelzende Schnee verdunstete, ohne den Boden zu benetzen.

Die Regen-Nebelwälder am Osthang der peruanischen und bolivianischen Anden beherbergen eine artenreiche hygrophile Gebirgswaldfauna, während die Bodenfauna der Sierra de Aconquija in Nordwestargentinien, wo sich die letzten gegen Süden vorgeschobenen Regen-Nebelwälder befinden, sehr artenarm ist. Auch die Waldinseln auf der Sierra de la Anima in Uruguay beherbergen nur eine sehr artenarme Waldbodenfauna.

Die Fauna des mittelchilenisch-valdivianisch-magellanischen Waldgebietes ist durch einen breiten Gürtel von Wüsten und Steppen von den südamerikanischen Tropenwäldern getrennt und auch die Hochgebirgsfauna Mittel- und Südchiles ist durch wesentlich andere ökologische Bedingungen geprägt als die des Norte Grande Chiles. Während aber die Bodenfauna des valdivianisch-magellanischen Waldgebietes kaum eine Art mit der der südamerikanischen Tropenwälder gemeinsam hat, sind entlang der Anden doch einzelne Hochgebirgselemente aus dem Tropengürtel bis in den Raum von Santiago de Chile und weiter nach Süden verbreitet. Die schon erwähnte, in Mittelchile gefundene *Trechisibius*-Art ist ein Beispiel dafür. Im übrigen weicht die Höhenstufengliederung der Andenfauna im Raume von Santiago de Chile und schon bei Portillo an der von Argentinien nach Chile führenden Bahn wesentlich von der im Altiplano ab. Auf den Gürtel der immergrünen mediteranen Wälder Mittelchiles folgt nach oben ein Strauchgürtel, der schließlich einer immer spärlicher werdenden niederen Vegetation Platz macht. In dieser lebt die Hochgebirgsfauna der mittelchilenischen Anden, die wenig artenreich ist und sich an Stellen konzentriert, an denen der Schnee bis in den Sommer liegen bleibt.

Die Hochlagen der Anden im Süden Chiles fand ich sehr tierarm. Die vulkanischen Aschenhalden an den aktiven südchilenischen Vulkanen, etwa des Osorno, sind fast vegetationslos und sehr tierarm. Bei Malalkahuello fand ich in etwa 2000 m Höhe, erheblich über der alpinen Baumgrenze unter trockenen Pionierpflanzen, vorwiegend Gräsern, eine artenarme Fauna, die unter großen, am Boden aufliegenden Steinen angereichert war. Typische alpine Grasheiden fand ich hier ebensowenig wie eine typische Schneetälchenfauna. Im äußersten Süden Chiles scheint die Obergrenze der Tierverbreitung in den Anden sehr tief herabgerückt zu sein. G. KUSCHEL (1960) hat allerdings aus den Südanden eine „hochalpine" Fauna beschrieben. Sie ist zu wenig bekannt, um sie ökologisch mit den Hochgebirgsfaunen in anderen Hochgebirgen vergleichen zu können. Im magellanischen Gebiet und auf Feuerland fällt, wie auch die Darlegungen K. Garleffs auf diesem Symposium zeigen, die Vegetationsgrenze mit der oberen Waldgrenze zusammen.

Die südlichsten Hochgebirge, die ich, abgesehen von den Anden, kennen zu lernen Gelegenheit hatte, sind der Ankaratra auf Madagaskar und der Piton de Nège auf La Reunion. Auf dem höchsten Gipfel des Ankaratra befinden sich über der sehr scharf markierten Waldgrenze Grasmatten, die von Rindern beweidet werden. Hier lebt eine artenarme, aber auf diese Grasmatten beschränkte Bodenfauna.

Am Piton de Nège reichen niedere Sträucher bis an den Kraterrand, es sind aber zwischen Buschbeständen auch Grasflächen vorhanden. Hier lebt eine artenarme auf das Gipfelareal beschränkte Fauna, deren Artenzusammensetzung stark von der anderer Hochgebirge abweicht. Es ist das eine auf ozeanischen Inseln auch anderwärts zu beobachtende Erscheinung.

Die Hochgebirgsfauna der Neuseeländischen Alpen ist mir unbekannt, sie dürfte wie die gesamte Fauna Neuseelands, von der ich nur die Scydmaeniden bearbeitet habe, einen sehr eigenartigen Charakter tragen.

Die Bodenfauna der antarktischen Inseln ist sehr artenarm und schon aus diesem Grunde schwer mit der anderer Gebiete vergleichbar. Autochtone Säugetiere sind von den antarktischen Inseln und auch von Neuseeland nicht bekannt.

Quantitative Aufsammlungen primitiver Avertebratengruppen, wie z. B. der Nematoden, deuten an, daß die Populationsdichte im antarktischen Winter gegenüber dem Sommer kaum abnimmt, was als Auswirkung des ozeanischen Klimas gedeutet werden kann. Es ist möglich, ja sogar wahrscheinlich, daß bei den Bodentieren in den Hochgebirgen der Südhemisphäre hinsichtlich Fortpflanzungsrhythmus, Nestbau, Brutpflege und Nahrungserwerb andere Verhaltensweisen bestehen als bei den entsprechenden Formen der Nordhemisphäre. Es liegen hierüber zur Zeit aber noch kaum Beobachtungen vor.

Literatur

FRANZ, H. (1943): Die Landtierwelt der mittleren Hohen Tauern. Denkschr. Akad. Wiss. Wien. mathem. nat. Klasse 107, 1–552.

– (1950): Die Tiergesellschaften hochalpiner Lagen. Biol. General. 18, 1–29.

– (1951): Der „hochalpine" Charakter der Felsheidenfauna in den Ostalpen. Biologia Generalis 10, 299–311.

– (1953): Beiträge der Bodenkunde und Bodenbiologie zur Quartärforschung. Actes IVe Congr. de l'Assoc. Int. pour l'Etude du Quarternaire (INQUA) Rome-Pise, 20 S.

– (1957): Die Höhenstufengliederung der Gebirgsfaunen Europas. Publ. Inst. Biol. Aplic. Barcelona 26, 109–115.

– (1968): Vergleich der Hochgebirgsfaunen in verschiedenen Breiten der Westpalärarktis. Verh. Deutsch. zool. Ges. in Innsbruck, 669–676.

– (1954–74): Die Nordostalpen im Spiegel ihrer Landtierwelt. Eine Gebietsmonographie. Bisher erschienen: Bd. 1, 1954, 664 S. 1 Taf.; Bd. 2, 1961, 792 S., Bd. 3, 1970, 496 S. und Bd. 4, 1974, 708 S.

– (1975): Die Bodenfauna der Erde in biozönotischer Betrachtung. Erdwissenschaftl. Forschung Bd. 10, Wiesbaden.

– und BEIER, M. (1970): Die geographische Verbreitung der Insekten. Handbuch Zool. gegr. v. W. Kükenthal 4 (2) 1/6, Berlin 1–139.

HOLDHAUS, K. (1954): Die Spuren der Eiszeit in der Tierwelt Europas. Abh. zool. bot. Ges. Wien 18, 493 S., 52 Taf. 1 Karte.

JEANNEL, R. (1950): Hautes Montagnes d'Afrique. Publ. Mus. Nat. Hist. Nat. Suppl. 1. Paris, 1–253.

KUSCHEL, G. (1960): Terrestrial zoology in southern Chile. Proc. r. Soc. London (B) 152, 540–550.

SCHARFETTER, R. (1938): Das Pflanzenleben der Ostalpen. Wien, XV u. 419 S. 1 Karte.

WHYMPER, E. (1891): Supplementary appendix to travels amongst the great Andes of the Equator. London, 147 S.

CUSHION BOGS

E.J. Godley

With 3 figures and 10 photos

1. INTRODUCTION

In a special class of Chamaephytes the negatively geotropic shoots are packed so closely together that they form a compact cushion, ranging in shape from almost flat to hemispherical. Each shoot is terminated by a rosette of small leaves, and these form a continuous surface, often hard, on which are borne the apparently sessile flowers and fruit (Raunkiaer 1934). Cushion plants have been listed in some 34 families (Hauri and Schröter 1914). They are found from the sea coast to the alpine zone, in rainy climates and in deserts, and from the subantarctic islands to the tropical mountains. In New Zealand this life form is known in 21 families (Cockayne 1928), and is found in 23 families in West Patagonia, Patagonia and Tierra del Fuego (Skottsberg 1916).

The cushion plants discussed below are those which form the so-called cushion bogs. This term appears to be due to Cockayne (1928) who had earlier (1921) called them cushion-moors – probably a rather too literal translation of **Polstermoore.** My treatment is more phytogeographical than ecological. It attempts an outline of the distribution and floristic composition of these relatively simple plant associations, and discusses some of the problems of dispersal involved. At times I have described associations of plants which include the cushion plant genera mentioned below but which, though very closely related, might not be strictly classified as bogs. Thus in New Zealand I have included examples of "herb-moor" (Cockayne 1928) or "cushion herb-moor" (Mark 1955) defined by Cockayne as "intermediate in character between wet herb-field and bog, which is distinguished by the absence of tall plants and the abundance of turf-forming, prostrate and cushion species". Recurrent themes in the story are provided by the following genera of cushion plants: *Oreobolus* (Cyperaceae), a genus of some eight species *(Figs. 1, 2); Donatia* (Donatiaceae), with one species in New Zealand and Tasmania *(Fig. 2)* and a second in southern Chile; *Phyllachne* (Stylidiaceae), with three species in New Zealand (one shared with Tasmania) and another in southern Chile; *Centrolepis* (Centrolepidaceae) ranging from New Zealand through Tasmania, Australia and Malesia to South East Asia; and *Gaimardia* (Centrolepidaceae) with two species, one shared between New Zealand, Tasmania and New Guinea, and a second found in southern Chile and the Falkland Islands. Another important recurring genus is *Astelia* (Liliaceae) in which certain of the smaller and medium-sized species form mats, hummocks, of leafy "cushions". Variations on these general themes are provided by regional elements, in the widely separated islands and circum-Pacific lands on which these bogs are found. As an example we could quote the absence of epacrids on the cushion bogs of South America and their importance elsewhere (CRANWELL 1953, GODLEY and MOAR 1973) *(Table 1)*.

2. NEW ZEALAND

Cushion bogs are found from Campbell Island (52° 33′S) and the Auckland Islands (50° 35′S) northwards to Stewart Island and the wetter south and west of South Island. In North Island (with fewer cushion species) they reach 36° 32′S (CRANWELL 1953). They do not occur on Macquarie, Antipodes, or the Chatham Islands. The following cushion species are involved:

Centrolepidaceae	*Centrolepis ciliata*
	Centrolepis pallida
	Gaimardia setacea
Compositae	*Celmisia argentea*
Cyperaceae	*Oreobolus pectinatus*
	Oreobolus strictus
Donatiaceae	*Donatia novae-zelandiae*
Epacridaceae	*Dracophyllum politum*
Stylidiaceae	*Phyllachne clavigera*
	Phyllachne colensoi

CRANWELL (1953) emphasised "the small part played by *Sphagnum* at the surface at the present time" and noted: "In the immediate past, *Sphagnum* was more important. I have dug it near the modified surface of the remarkable Awarua bog, almost at sea level, and have traced layers of it throughout most of the mountain bogs. It has never, as far as I can tell, dominated for any length of time, possibly because of minor climatic fluctuations as much as because of ecological cycles in the development of the bog itself. Its intolerance of strong sunlight and drying winds may explain its eclipse by the cushion plants now, as in earlier times."

On Campbell Island near the head of Perseverance Harbour is an extensive raised bog formed in a low tongue of fluvio-glacial material at about 30 m a.s.l. (Photo 103, Plate XXVI). The colourful surface of the bog is formed by the following low cushion plants: *Oreobolus pectinatus* (deep-green), *Centrolepis ciliata* (red-brown to olive-green), *Dicranoloma billardieri* (golden-brown) and *Phyllachne clavigera* (deep-green). In and between the cushions several small leaved, low growing or creeping species are found: *Coprosma pumila* (Rubiaceae); *Damnamenia (Celmisia) vernicosa* (Compositae); *Drosera stenopetala* (Droseraceae); *Gentiana antarctica* (Gentianaceae); *Geranium microphyllum* (Geraniaceae); *Haloragis depressa* (Haloragaceae); *Lyperanthus antarctica* (Orchidaceae); *Schizaea fistulosa* (Schizaeaceae) and *Scirpus aucklandicus* (Cyperaceae). Larger species, between 0.5–1 m tall are the scattered shrubs of *Dracophyllum scoparium* (Epacridaceae), occasional plants of *Bulbinella rossii* (Liliaceae), and scattered tussocks of *Chionochloa antarctica* (Gramineae). The extent of shrub development seen here is greater than usual for cushion bogs.

The cushion bogs on Auckland Island support the same species of cushion plants as on Campbell Island, but differ in the presence of species such as *Metrosideros umbellata* (Myrt-

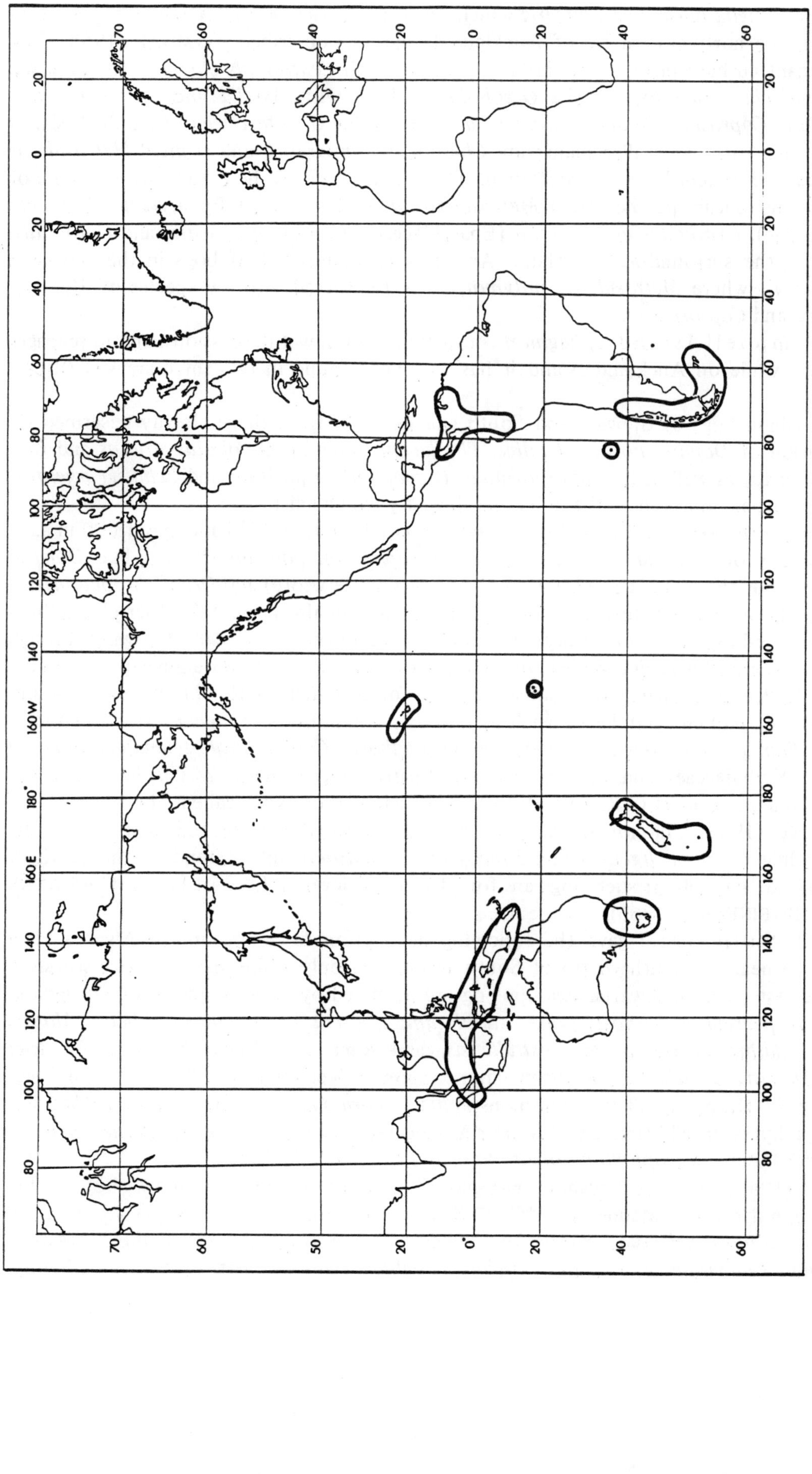

Fig. 1: Distribution of *Oreobolus* (after KERN 1974).

aceae) and *Astelia linearis* var. *linearis* which reach no further south. A raised bog at 60 m a.s.l. near the north-eastern tip of Auckland Island was described by MOAR (1958). The predominant cushion plant is *Oreobolus pectinatus* with *Centrolepis ciliata* in the hollows. *Phyllachne clavigera* grows in the *Oreobolus* cushion with *Astelia linearis* var. *linearis, A. subulata, Coprosma pumila, Gentiana cerina* (replacing *G. antarctica* of Campbell Island) and *Schizaea fistulosa.* Taller plants are *Chionochloa antarctica* and stunted *Metrosideros umbellata* and *Dracophyllum longifolium.* There is a tendency here towards a mosaic of cushions and shrub patches with *Metrosideros umbellata* joined by *Myrsine divaricata* (Myrsinaceae), *Cyathodes empetrifolia* (Epacridaceae), *Coprosma cuneata,* and *C. foetidissima* from the surrounding shrubland. And this is reminiscent of bogs in the Hawaiian Islands (q.v.) where *Metrosideros polymorpha* is reinforced also by species of *Myrsine, Styphelia,* and *Coprosma.*

On Campbell Island *Sphagnum* is usually found in wet depressions, and in seepages on slopes, while on Auckland Island it has only been found in two small areas (GODLEY 1969).

The cushion bogs of Stewart and South Islands differ from those already described by the addition of *Donatia novae-zelandiae, Phyllachne colensoi, Oreobolus strictus* and *Gaimardia setacea,* as well as the more localised *Dracophyllum politum* and *Celmisia argentea.* The following examples show the unity and diversity which exist.

On the north slopes of Table Hill, central Stewart Island, at 47°S and about 600 m a.s.l. low cushions of *Donatia novae-zelandiae, Dracophyllum politum* ("much like *Donatia* outwardly, but the leaves tipped with red" as COCKAYNE wrote) and *Oreobolus pectinatus,* predominate on the bog surface, with *Phyllachne colensoi* also present. In drier places there are silvery cushions of *Celmisia argentea,* and the more open *C. lineata.* Growing through the cushions are *Astelia linearis* var. *linearis, Microlaena thomsoni* (Gramineae), and *Lycopodium fastigiatum.* There are small leaved mat-formers such as *Myrsine nummularia* and *Pentachondra pumila,* and herbs such as *Celmisia graminifolia, Senecio scorzoneroides, Prasophyllum colensoi* (Orchidaceae), *Gentiana gibbsii, Caltha novae-zelandiae, Forstera sedifolia* (Stylidiaceae) and *Euphrasia dyeri.* Sparse taller species are *Carpha alpina* and *Chionochloa pungens* (COCKAYNE 1909). This association was called "herb-moor" by COCKAYNE (1928). *Chionochloa pungens* and *Gentiana gibbsii* are confined to Stewart Island, while *Celmisia argentea* and *Dracophyllum politum* only extend to the south of South Island. Variants of such bogs are found near sea-level on Stewart Island (COCKAYNE 1909; SCHWEINFURTH 1966).

CROSBY-SMITH (1927) gave the following description of a bog on the Awarua Plain (46° 30′S) near the southern tip of South Island and only a few metres above sea level. "The wettest parts of Awarua swampy-bog are occupied by various species of *Sphagnum, Oreobolus pectinatus, Orxostylidium subulatum, Drosera spathulata, D. binata, Montia fontana, Elatine americana* var. *australiensis,* and some *Microlaena thomsoni.* On drier ground *Donatia novae-zelandiae* forms large cushions 4 feet long by 3 feet wide and 2 feet high *(Fig. 1).* On nearly all these cushions *Pentachondra pumila* or *Cyathodes pumila* flourish as epiphytes. In addition, on this drier ground are *Gaultheria depressa, Pernettya nana, Cyathodes fraseri, Dracophyllum longifolium,* and *Gunnera albiflora".*

MARK (1955) described "cushion herb-moor" in poorly drained sites above about 840 m on the summit ridge of Maungatua (45° 53′S) near Dunedin. The chief plants are the cushions *Donatia novae-zelandiae, Phyllachne colensoi, Celmisia argentea, Oreobolus pectinatus, O. pumilio, Gaimardia setacea* and *Centrolepis pallida,* with the mat shrubs *Dracophyllum prostratum, Pentachondra pumila* and *Cyathodes pumila,* the sun-dew *Drosera arcturi* and species of *Cladonia* and *Thamnolia.* Also present are *Carpha alpina, Celmisia linearis, C. sessiliflora, Coprosma pumila, Dracophyllum politum, Euphrasia dyeri, E. zealandicum, Forstera tenella, Gentiana patula, Gnaphalium traversii, Pernettya macrostigma, Pimelea prostrata* Thymelaeaceae), and *Utricularia monanthos* (Lentibulariaceae). Species of *Sphagnum* are rare in true cushion herb-moor.

At Swampy Hill, also near Dunedin, CRANWELL (1953) described in detail a profile through a decadent cushion bog. The depth of peat from the eroded surface was about 3.9 m, the water table lay about 1 m below the surface, and the pH, measured from *Donatia* cushions, ranged from 4.0 to 4.5. The distribution of the fibrous and peaty remains of *Sphagnum, Donatia, Carex* (?) and epacrids led to the following broad interpretation of the history of the bog.

A. Initial waterlogging with growth of *Sphagnum* and its associates, possibly with free water for a short period.

B. Continuous growth of blanket-bog peat (ombrogenous) with *Donatia* following *Sphagnum,* except for a brief increase of mesotrophic plants, and with later oscillations between *Sphagnum* and epacrid stages (the latter probably representing drying out of the surface wherever it occurs).

At Arthur's Pass (42° 55′S; altitude 922 m) in a bog on about a 7° slope on old morainic material (Photo 104, Plate XXVI) the cushion plants are *Donatia novae-zelandiae, Phyllachne colensoi, Oreobolus strictus* and *Gaimardia setacea.* In the bog surface are occasional small moss-like patches of *Mitrasacme novae-zelandiae* (Loganiaceae). Characteristic here are the extensive mats of the dwarf gymnosperm, *Dacrydium laxifolium,* with stems creeping through the sub-surface of the cushions and sending up dense vertical shoots about 8 cm long (Photo 105, Plate XXVII). Other common small-leaved prostrate species are *Cyathodes pumila* and *Celmisia glandulosa. Drosera arcturi* is common in the cushions. Of taller plants *Carpha alpina* (Cyperaceae) is common while *Gentiana bellidifolia,* dwarfed bushes of *Dracophyllum* and tussocks of *Chionochloa rubra,* are scattered over the bog. Species occuring in other bogs in the area are *Pentachondra pumila, Coprosma pumila, Utricularia monanthos* and, at times, dwarfed mountain beech, *Nothofagus cliffortioides.*

Of the nine species of cushion plants listed earlier, only the following five extend to North Island: *Centrolepis ciliata, C. pallida, Oreobolus pectinatus, O. strictus* and *Phyllachne colensoi.*

In the Tararua Range (41°S) ZOTOV *et al.* (1938) recorded the dominant constituents of bogs above 1 200 m as some of the following: the cushions *Oreobolus pectinatus* and *Centrolepis ciliata;* the creeping *Astelia linearis;* and the sedges *Carpha alpina* and *Schoenus pauciflorus.* Generally common are: *Caltha novae-zelandiae, Plantago brownii, P. uniflora* (especially on the brinks of tarns) *Scirpus aucklandicus, Juncus antarcticus, Drosera stenopetala, Forstera bidwillii, Caladenia bifolia* (Orchidaceae), *Coprosma pumila, Abrotanella pusilla,* and species of *Celmisia* and *Senecio. Phyllachne colensoi* is not listed from bogs, but from fell-field.

On the mountains of Tongariro National Park in central North Island (39° 10′S) COCKAYNE (1908) described "winter bogs" – dry in summer – in which the cushion plant is *Oreobolus pectinatus* with *Carpha alpina* very common. Also listed were *Celmisia glandulosa, Viola cunninghamii, Gleichenia circinata* var. *alpina,* and *Empodisma minus (Hypolaena lateriflora).* In wetter bogs above 1 200 m *Carpha alpina* formed a close turf in which were cushions of the *Centrolepis* species, *Drosera arcturi, Coprosma pumila, Scirpus auck-*

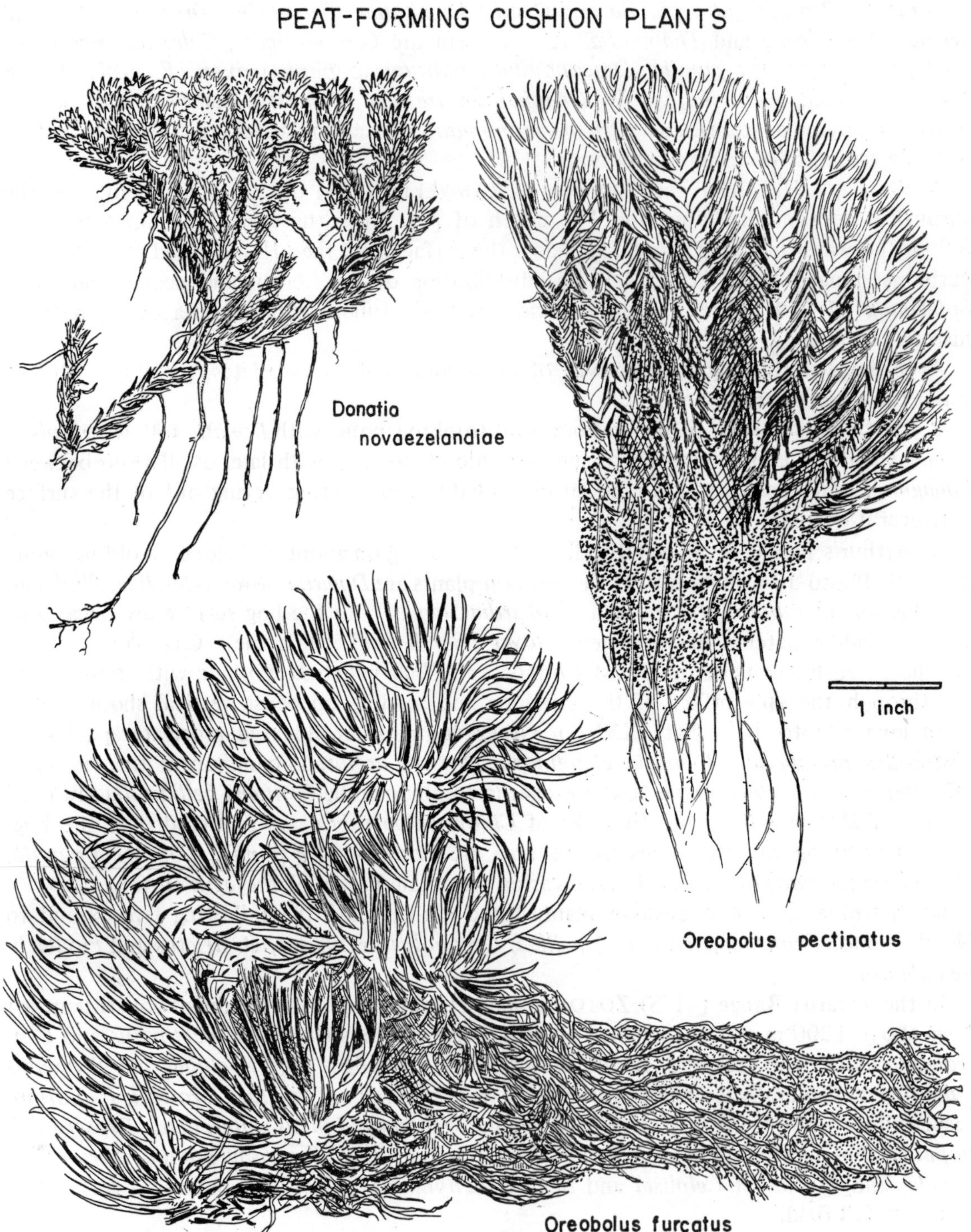

Fig. 2: The springy cushion of *Oreobolus furcatus*. (Collected by L.M. Cranwell, 1938, from the summit bogs of Puu Kukui (1765 m) on the island of Maui, Hawaiian Islands). In this specimen growth has been towards the wet trade-winds with the fibrous roots forming a matted anchor an the steep slope. *Oreobolus pectinatus* (from Mount Egmont, New Zealand) and *Donatia novae-zelandiae* are more compact, harder cushions. Sketch by Lucy M. CRANWELL 1945.

landicus, Liparophyllum gunnii, Utricularia monanthos etc. *Phyllachne colensoi* is only recorded from meadows.

The northern most cushion bog in New Zealand is near the summit of Mount Te Moehau (36° 32′S, altitude 888 m) where *Oreobolus pectinatus* forms a small bog in association with old friends such as *Carpha alpina* and *Pentachondra pumila* (ADAMS 1889).

3. TASMANIA AND AUSTRALIA

Cushion plant associations in Tasmania are found on the high plateaux of the central mountains. SCHWEINFURTH (1962) maps **Polstermoore** and **Hartpolster** between altitudes of 800–1 200 m on Mount Wellington, the Hartz mountains and in Mt Field National Park. These lie between 42° 30′ and 43° 30′S.

The following cushion species are likely to be involved (Photos 106 and 107, Plate XV):

Centrolepidaceae	*Gaimardia setacea*
	Gaimardia fitzgeraldii
Compositae	*Abrotanella forsterioides*
	Pterygopappus lawrencii
Cyperaceae	*Oreobolus pumilio*
Donatiaceae	*Donatia novae-zelandieae*
Epacridaceae	*Dracophyllum minimum*
Stylidiaceae	*Phyllachne colensoi*

There are also several species of *Centrolepis* in Tasmania but these appear to be confined to wetter situations (RODWAY 1903).

Relationships with New Zealand are close. With the exception of the monotypic endemic Tasmanian genus, *Pterygopappus,* all genera are shared with New Zealand, as are three of the species. At one time or another the three New Zealand species of *Oreobolus* have been classified as *O. pumilio* or varieties of it (MOORE and EDGAR 1970); and *Dracophyllum minimum* is the only member outside New Zealand of sub-genus *Oreothamnus,* and is closely related to *D. politum* and *D. prostratum,* already mentioned (OLIVER 1952). The genus *Abrotanella* is also found in New Zealand with some species forming small moss-like patches but not attaining the size or the cushion form of *A. forsterioides.*

GIBBS (1920) described "level plant mosaics" on the summit ridge of Mount Field West, on Mt Read, Mt Humboldt, and Mt Hartz as follows: "this peculiar association includes *Donatia novae-zelandiae,* bright-green, as common as on the S. New Zealand mountains, mottled with the silver-grey *Pterygopappus lawrencii* and the greenish-brown *Abrotanella forsterioides* all dotted with minute plantlets of pilose grey-green *Plantago gunnii;* with *Oreobolus pumilio, Mitrasacme archeri, Pernettya tasmanica,* and *Erigeron pappochromus* often wedged tightly in between". This association was classified under "fell-field" by CURTIS and SOMERVILLE (1949) who add *Prasophyllum alpinum* and a variety of *Sprengelia incarnata* (Epacridaceae) as epiphytic on the cushions. *Raoulia* spp. and *Celmisia longifolia* var. *saxifraga* are also listed under "fell-field". A transition to swampy conditions is indicated by the entry of *Baeckia gunniana* (Myrtaceae), *Astelia alpina, Empodisma minus (Hypolaena lateriflora)* and *Gleichenia dicarpa.* This association occurs where snow lies well into the summer, a more severe situation than found in New Zealand.

The "Hartpolster" of SCHWEINFURTH (1962) is presumably akin to the "level plant mosaic". SCHWEINFURTH also maps "polstermoor" and one so designated in the Wombat bog in Mount Field National Park is described as follows: "Here, as on the Hartz bog, cushions of *Astelia alpina* form the hummocks, while in the hollows occur *Oreobolus* cushions, *Gleichenia circinnata* var. *alpina, Hypolaena lateriflora* etc. However the dominance of *Astelia alpina* is not so marked here as on the Hartz bog. Scattered about one finds large dark-green cushions of *Abrotanella forsterioides,* wind-stunted shrubs such as the overpoweringly scented *Boronia citriodora,* as well as *Orites aciculare, Pentachondra pumila* and many others. *Drosera arcturi* is a further reminder of Stewart Island (Crooked Reach bog) and of Maungatua (Otago) – at sea-level at Crooked Reach, and on Maungatua at approximately the same altitude as here in central Tasmania". (Transl.).

Phyllachne colensoi was only recently recognised in Tasmania (CURTIS 1946) and is recorded as "local on exposed slopes of mountains at altitudes of c. 4000 ft; recorded only from Mt Field West, Mt Rufus, Mt Pelion East, but possibly overlooked on mountains of the central plateau and west" (CURTIS 1963). A specimen of *Gaimardia setacea* is listed by DING HOU (1957) from Mt Field National Park, and *G. fitzgeraldii* was found in "Adamson Peak and in places along the range from Hartz to La Perouse, Mount Geikie, and other mountains of the west coast" (RODWAY 1903).

Of the cushion species listed for Tasmania only one extends northwards to Australia. Thus MCVEAN (1969) described an *Oreobolus pumilio* association as widespread above c. 1900 m on the Kosciusko plateau of the Snowy Mountains, New South Wales (36°S). This association is floristically rich, with 61 species listed (shrubs, 3; grasses, 6; sedges and remaining monocotyledons, 13; dicotyledonous herbs, 20; mosses, 11; liverworts, 6; lichens, 2). Co-dominant with the *Oreobolus* may be *Erythranthera australis* (Gramin.) and *Scirpus aucklandicus.* The seven constant species are: *Oreobolus pumilio, Carex gaudichandiana, Oreomyrrhis pulvinifica, Plantago muelleri, Drosera arcturi, Brachycome stolonifera,* and *Caltha introloba.* Other species present already mentioned in connection with Tasmania or New Zealand are: *Coprosma pumila, Empodisma minus, Juncus antarcticus, Prasophyllum alpinum, Scirpus aucklandicus, Celmisia longifolia,* and species of *Haloragis, Gentianella (Gentiana) Plantago* and *Euphrasia.* This association is "considerably influenced by deep and late snow-lie". It is also found further south on the Bogong High Plains of Victoria (c. 1600 m). Species of *Centrolepis* are found in Australia and further north but are not listed for the Kosciusko plateau.

4. MALESIA

The following cushion plants are of importance:

Centrolepidaceae	*Centrolepis fascicularis*
	Centrolepis philippinensis
	Gaimardia setacea
Cyperaceae	*Oreobolus ambiguus*
	Oreobolus kukenthalii
	Oreobolus pumilio
Eriocaulaceae	*Eriocaulon* spp. (Photo 108, Plate XXVII)
Gramineae	*Monostachya oreoboloides*
Rubiaceae	*Oldenlandia* spp.

C. fascicularis extends northwards from Australia, *C. philippinensis* is endemic to Malaysia, and *G. setacea* extends northwards from New Zealand and Tasmania (DING HOU 1957). *O. pumilio* extends northwards from Australia, while the other two species of *Oreobolus* are endemic to Malaysia (KERN 1974).

WADE and MCVEAN (1969) note that "although a fragmentary hard cushion association has been detected on Mt Giluwe in New Guinea it does not appear to extend to Wilhelm where the short grass bog association, with its fairly firm cushions of *Monostachya* and *Centrolepis* is the nearest approch that we have". Details of Mt Giluwe are not given, but from the account of Mt Wilhelm (6°S) it can be seen that many of the genera already discussed are present, although dispersed through several fen and bog associations in the sub-alpine and alpine belt. In the sub-alpine short grass bog (3440–3800 m) as well as the cushions of *Monostachya oreoboloides* and *Centrolepis philippinensis* the considerable diversity includes *Astelia papuana,* a short-leaved hummock-forming species, *Carpha alpina, Abrotanella papuana,* gentians, and shrubs of *Gaultheria* and *Coprosma.* These species are also found in other kinds of bogs and fens. *Oreobolus ambiguus* is recorded from *Carpha alpina* fen, and *O. pumilio* from *Gleichenia vulcanica* bog. There are no *Sphagnum* species listed for the bogs and mires. DING HOU (1957) illustrates scattered single plants of *Centrolepis fascicularis* on an eroded surface of podsolized quartz sand covered with thin brown mud at c. 1900 m above Kugapa.

From the S.W. peninsula of the Celebes at 3300 m DING HOU illustrates also a small ring-shaped tuft of *C. philippinensis* with single plants of *O. kukenthalii* and *M. oreoboloides* on an apparently bare soil; and from the summit zone of Mt Kinabalu, North Borneo at c. 3800 m (where *C. philippinensis* is also found) KERN (1974) shows ring-shaped tufts of *O. ambiguus* in damp spots on granite.

Near the summit of Mt Losir (c. 3440 m) in the Gajo Lands, North Sumatra, VAN STEENIS (1938) found cushions on stony soil of *C. fascicularis, O. kukenthalii, M. oreoboloides, Oldenlandia* aff. *verticillatus* and *Eriocaulon* spp. As the cushions became older, other plants established in them *(Gentiana, Scirpus, Potentilla, Swertia).* On Mt Kemiri (c. 3200 m) VAN STEENIS photographed *O. kukenthalii* dominating a slope of mountain heath.

From these notes it appears that the nearest approach described in Malesia to the cushion-bogs of the south, is the sub-alpine short grass bog of Mt Wilhelm, New Guinea.

5. SOUTHERN CHILE AND THE EQUATORIAL ANDES

Cushion bogs closely related in their vegetation to those of New Zealand and Tasmania, are found on the islands and mainland of the south Chilean channels from Cape Horn northwards. They are characteristic of the Magellanic moorland (GODLEY 1960). Further north they occur at higher altitudes on the highlands of northern Chiloe, and probably on the Cordillera Pelada, segments of the coastal Cordillera. The latitudinal range is from 56°–41°S, and the cushion species are:

Centrolepidaceae	*Gaimardia australis*
Compositae	*Abrotanella emarginata*
Cyperaceae	*Oreobolus obtusangulus*
Donatiaceae	*Donatia fascicularis*

Ranunculaceae	*Caltha appendiculata*
	Caltha dioneaefolia
Stylidiaceae	*Phyllachne uliginosa*
Thymelaeaceae	*Drapetes muscosus*

All seven genera are also found in New Zealand and Tasmania, but the species are not shared. Epacrids are absent.

In December, 1958, at Puerto Eden, Wellington Island (49° 10′S) in the south Chilean channels, I noted the following species on a bog at 10 m a.s.l. near the weather station. The bog sloped gradually to the east but was mainly rain-fed. The wetter parts shook like a jelly underfoot and supported a carpet of *Donatia fascicularis, Astelia pumila, Gaimardia australis* and a dark-green moss with a very compact cushion, *Campylopus flavonigritus.* In this carpet grew *Drosera uniflora, Pinguicula antarctica,* and *Dacrydium fonckii* with vertical stems up to 40 cm tall. In pools grew *Tetroncium magellanicum.* In the drier, shallower parts of the bog *Oreobolus obtusangulus* joined *Donatia, Astelia,* and *Gaimardia* to form the carpet, as well as the yellow open moss *Dicranoloma imponens,* which replaced the *Campylotropus.* In the mat grew the small-leaved low-growing *Myrteola nummularia* (Myrtaceae) and *Gaultheria antarctica,* and the small herbs *Lagenophora nudicaulis, Acaena magellanica,* and *Lycopodium magellanicum.* Taller plants up to 50 cm were *Schoenus antarcticus, Marsippospermum grandiflorum, Dacrydium fonckii* and stunted plants of *Nothofagus betuloides* and *Pilgerodendron uviferum.* The slender *Carex magellanica* was scattered over the bog, with *Schizaea fistulosa* occasionally found. *Sphagnum magellanicum* occured sporadically, mainly in the *Schoenus* areas.

SKOTTSBERG (1916) gives more examples similar to this, with the addition at times of cushions of *Drapetes, Phyllachne* and both *Caltha* species. He has classified these as "Sphagnum bogs with or without very sparse tree growth (transl.)". He describes the carpet as a mosaic of *Sphagnum, Dicranum, Lepicolea* and other bryophytes, as well as phanerogamic cushionplants. In my experience these bogs are very different from the predominantly *Sphagnum* bogs of central and eastern Tierra del Fuego, where the above cushion species are of less importance. These cushion bogs of the western channels appear to me to be a slight variant of the Regenflachpolstermoore of ROIVAINEN (1954) (described from western Tierra del Fuego) with the addition of scattered sphagnum.

SKOTTBERG's cushion-heath **(Polsterheide)** of exposed coastal situations has a carpet of cushion plants with *Sphagnum* only in wet sumps. Stunted woody species are common. An equivalent to this might be the cushion bog described for Campbell Island, although there is not the diversity of woody species on the island as on the continent.

Donatia and *Phyllachne* do not reach the Falkland Islands. The equivalent to the bog described at Puerto Eden is the "Astelia association" of MOORE (1968). Here there are low cushions or mats, usually over deep peat, with almost pure *Astelia pumila* usually dominant, and *Gaimardia australis* or *Abrotanella emarginata* locally dominant, together with *Drosera uniflora, Tetroncium magellanicum, Oreobolus obtusangulus* and *Caltha appendiculata.*

Northwards, on the Cordillera de San Pedro, northern Chiloe (42° 15′S) between 650–750 m there is a shallow-soiled *campaña.* This is predominantly a tussock-sedgeland dominated by *Schoenus antarcticus,* with mats of *Astelia pumila* common between the tussocks, and with scattered trees of *Pilgerodendron uviferum* and *Nothofagus antarctica.* Occasionally there are bright green areas of almost pure *Donatia fascicularis* forming a definite *Hartpolster* (Photo 109, Plate XXVIII). In poorly drained sites there are bogs similar in floristic composition to the surrounding sedgeland except for a few species found only in wetter situations on these uplands. At ground level in the drier parts of such a bog (Photo 110, Plate XXVIII) the commonest species is *Astelia pumila* with scattered cushions of *Donatia fascicularis, Oreobolus obtusangulus* and *Gaimardia australis.* In the *Donatia* cushions grow *Tribeles australis* (Saxifragaceae). *Tapeinia pumila* (Iridaceae) and *Nanodea muscosa* (Santalaceae). In wetter parts are *Tetroncium magellanicum* (Scheuchzeriaceae) and scattered cushions of *Sphagnum* in which grow *Nanodea muscosa, Myrtela nummularia* and *Gaultheria antarctica.* Taller plants are the tussocks of *Schoenus antarcticus* which are common, and occasional stunted *Nothofagus antarctica.* The species confined to the bog or wet situations appeared to be *Sphagnum, Tetroncium, Tribeles, Gaimardia* and probably *Nanodea* (GODLEY and MOAR 1973).

Cushion bogs are no doubt present on the Cordillera Pelada, the coastal range on the mainland to the north, at c. 41°S, where there are several species characteristic of the highlands of Chiloé. *Astelia pumila* and *Dacrydium fonckii* reach their northern limits on the Cordillera Pelada (the latter not seen in northern Chiloé). At present *Nanodea muscosa, Tapeinia magellanica, Schoenus antarcticus* and *Tetroncium magellanicum* are not known north of Chiloé, but could well be found (GODLEY 1964, 1968). Of the eight cushion species listed earlier, only three reach as far as northern Chiloé, where *Gaimardia* has its northern known limit. *Donatia* extends further north to the Cordillera Pelada and the Cordillera Nahuelbuta, where its northern limit is near Angol (37° 47'S) (LOOSER 1952). *Oreobolus obtusangulus* is found in *Leptocarpus bogs* near sea-level in northern Chiloé (GODLEY and MOAR 1973), extends north on the Cordillera Pelada, and the Cordillera Nahuelbuta to the Cordillera de Chillan (36° 30'S) (KUKENTHAL 1940).

Far to the north *O. obtusangulus* (or a close relative) has been collected in "boggy grass steppe" in the Andes of Peru, between 3,800–4,000 m; in the Andes of Colombia, by C. TROLL, between 3,200–3,700; and in Ecuador (KUKENTHAL 1940). With respect to the peat bog vegetation of this region, TROLL (1948, 1958) has emphasised the physiognomic similarity to the bogs of the south, and wrote (1958): "under the very humid conditions of equatorial high mountains we find . . . in the equatorial Andes a very specific type, formed by hard cushion plants: *Distichia tolimensis* (Juncaceae), *Plantago rigida* (Plantaginaceae), *Acaenas* (Rosaceae), *Azorellas* (Umbelliferae), *Werneria disticha* (Compositae) etc. In the drier Puna belt, where *Sphagnum* is absolutely absent the very compact and hard pillows of *Distichia muscoides* and *Plantago tubulosa,* producing peat at their base, the only growing part being their surface, are the only peatbogs. But they resemble the hummocky *Oreobolus-Donatia* bogs of the sub-antarctic sections of New Zealand, Patagonia, and the cushion bogs of *Oreobolus furcatus* of the Hawaiian volcanoes". In the cushions grow species of *Gentiana* and *Lysipomia* (Campanulaceae). The genera in these bogs which make a floristic connection with the south are *Acaena* and *Azorella.* The latter genus is not characteristic of southern cushion bogs, but *Azorella selago* is an important cushion plant at higher elevations in southern Chile and Tierra del Fuego, extending on the Falkland Islands, and forming a striking component of the sparse vegetation of the subantarctic islands (except South Georgia) as far east as Macquarie Island to the south-west of New Zealand.

The versatile *Oreobolus obtusangulus* also extends to the Juan Fernandez Islands which we must now consider.

6. JUAN FERNANDEZ, TAHITI, HAWAIIAN ISLANDS

On Masafuera (33° 45′S), the outer island of the Juan Fernandez group, an isolated alpine florula was found at the summit of Los Innocentes (1 500 m) (SKOTTSBERG 1925, 1953). This is a northern outpost of Magellanic plants with some slightly differentiated endemic species. Here grow *Lycopodium magellanicum, Myrteola nummularia, Lagenophora harioti* etc.; and SKOTTSBERG found that above 1 400 m where the alpine heath became more open, the cushion plants *Oreobolus obtusangulus* and *Abrotanella crassipes* become conspicuous, extending to the summit. *Oreobolus* formed small patches. *Abrotanella* appears the more frequent from SKOTTSBERG's brief account.

At Papeete in 1973 I was given two small pieces of an *Oreobolus* by M. Maurice Jay. These were brought down from between the highest peaks of Tahiti. The plant is not a compact hard cushion but more open with leaves to 6 cm long.

On the Hawaiian Islands raised bogs, soligenous swamps and their intergradations have been described from Kauai, eastern Molokai and western Maui (SKOTTSBERG 1940; SELLING 1948). They are formed at altitudes between some 1 200 and 1 765 m on slopes and narrow ridges high above the precipitous valleys of the windard flanks of the islands. Here there is a temperate climatic belt of heavy rainfall. The raised bogs are formed mainly of *Oreobolus* peat, and are covered by two principal sociations, *Oreobolus-Panicum,* and *Metrosideros,* together forming "a mosaic of shrub patches and *Oreobolus* cushions" (SKOTTSBERG, l.c.).

In the *Oreobolus-Panicum* sociation the hemispherical cushions of the endemic *Oreobolus furcatus* predominate, with species of *Panicum* of lesser importance. The specific example illustrated by SELLING is from a bog just below the summit of Puu Kukui, west Maui, (alt. 1765 m) (Fig. 3) which has an average annual rainfall of 389 inches (9,880 mm). Between the *Oreobolus* cushions are abundant dwarfed *Metrosideros polymorpha,* scattered *Rhynchospora spiciformis* (Cyperaceae) and occasional rosettes of *Lobelia gloria-montis* (Lobeliaceae). A bos in the actual summit also has *Lobelia* between the cushions, as well as *Astelia forbesii* var. *nivea,* a medium sized species with silvery white leaves.

The *Metrosideros* sociation is reported as containing dwarfed plants of *Metrosideros polymorpha,* as well as low-growing species of *Styphelia* (Epacridaceae), *Vaccinium* (Erica-

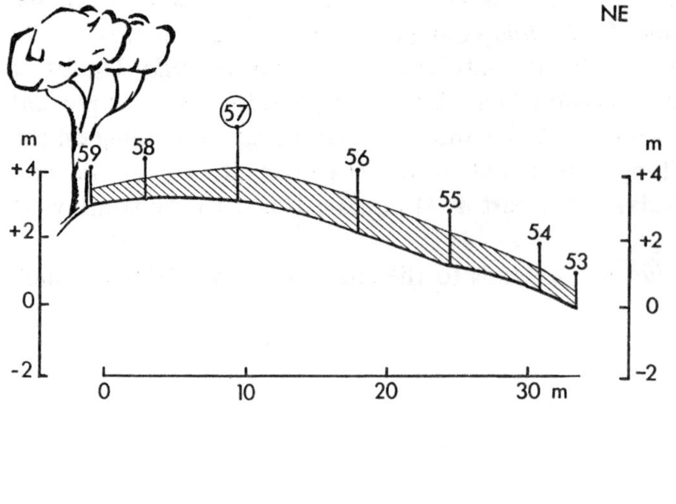

Fig. 3: Section of the bog covering the summit of Puu Kukui, West Maui, Hawaiian Islands (1765 m).
From SELLING (1948).

ceae), *Coprosma* (Rubiaceae), *Myrsine* (Myrsinaceae), and *Ilex* (Aquifoliaceae). Also present are *Gleichenia linearis, Lycopodium cernuum, L. venustulum, Cladium angustifolium* and *Smilax sandwicensis.* SELLING illustrated a small quadrat from the Pepeopae bog on Molokai at an altitude of 1700 m, and with an estimated rainfall of 5–6000 mm. It shows a carpet of *Metrosideros polymorpha* only about 12 cm high, with *Lycopodium cernuum* and *Gleichenia linearis* growing through (cf Photos 111 and 112, Plate XXVIII). This bog has the deepest peat growing on the Hawaiian Islands (322 cm or more). Dr. L.M. CRANWELL (Mrs. Watson Smith) (9in Litt.) had samples dated from her 1961 visit. She concluded that the greatest age obtained suggests that peat inception was around 26,00 B.P., and that the age is Wisconsin, much older than earlier estimates before dating techniques were available.

FOSBERG (1936) has described a true open bog on Kauai, with *Oreobolus* at only 600 m. *Schizaea robusta, Acaena exigua* and *Lagenophora mauiensis* are also found on bogs. The only report of *Drosera* is *D. longifolium* from Kauai, while "the genus *Sphagnum,* the leading constituent of Boreal bogs, is of little or no importance in the Hawaiian" (SELLING 1948).

7. DISCUSSION

"The cushion-bogs are an antarctic-montane-tropical type and are not known in the Boreal Zone of the Northern Hemisphere" (TROLL 1958). The main centres for these bogs and their characteristic genera are Tasmania, the South Island of New Zealand and the islands to the south, southern Chile, and Tierra del Fuego. The latitudinal range is from 56°–41°S. This is approximately the distribution of the *Donatiaceae,* a distinct family with only one genus and two species, and is almost the same distribution as the small southern genus *Phyllachne.* The genus *Abrotanella* also has its main diversity within these latitudes but has outliers to the north. Not all the species form cushions but where these occur it is in the south. *Centrolepis* and *Gaimardia* are probably best treated as one evolutionary stream. The centre of diversity is in Australia, where there are some 20 endemic species of *Centrolepis,* with outliers to north, south and east. The cushion genus with the widest distribution is the remarkable *Oreobolus,* found in all the associations described. In Australia, New Zealand and South America, this is the cushion plant of the bogs which extends furthest north, and the only one to reach Tahiti and Hawaii.

In the large genera *Dracophyllum, Celmisia* and *Caltha* the cushion species are in the minority. It is difficult to accept Olivers view that *Dracophyllum politum* and *D. minimum* are in the primitive group of the genus. These small-leaved species with reduced inflorescences are surely specialised forms which have evolved in the south from tree or shrub ancestors, possibly with tropical affinities. A similar response has been evoked in *Celmisia* and *Caltha.*

The view that many cushion plants and their associates evolved in the south and have migrated northwards has often been championed by SKOTTSBERG (1936, 1939, 1940), who considered the Hawaiian bogs to represent "a subantarctic formation removed to Hawaii, containing important endemic species of an antarctic element and enriched by specialised Hawaiian species". He lists the subantarctic genera of the Hawaiian bogs as *Oreobolus, Lagenophora, Acaena, Astelia* and *Schizaea.*

It is tempting to envisage the development of "antarctic" plants in an ancient Gondwanaland with subsequent separation and differentiation as the land masses moved apart. Yet there are good reasons for believing that the distributions of many of the species associated with cushion bogs, and even of the cushion plants themselves, is due to more recent events, involving the continents as at present deployed (including Antarctica) and also involving dispersal over the sea.

The reasons for envisaging the past existence of a group of higher plants on Antarctica are: the discovery there of certain fossil flowering plants; the southern distribution of certain genera; the existence of bicentric (and tricentric) distribution patterns (e.g. *Donatia fascicularis* in the South American sector and *D. novae-zelandiae* in the Australasian), suggesting radiation from a central point; and the difficulty of cool climate plants existing further north during the Tertiary period of warm climate and low relief. FLEMING (1962) suggests colonisation northwards from Antarctica, at the onset of the Pleistocene, of plants more suited to the cooling climates in New Zealand. WARDLE (1968) considers however that a small group of "antarctic" plants, including species of *Oreobolus, Gaimardia, Centrolepis, Carpha* and *Dacrydium* could have already been in New Zealand, and survived the period of Tertiary warmth and low relief if there existed infertile soils on peneplained uplands, drenched by persistent mist and rain. With respect to such genera as *Phyllachne* and *Donatia,* WARDLE suggests that the colder conditions necessary for their survival might not have been available, and that they may have immigrated from Antarctica at the end of the Tertiary.

Immigration from Antarctica involves overseas dispersal. That this can occur in the plants which we have discussed is suggested by the following examples. The presence of a Magellanic florula on the peak of Masafuera, including *Oreobolus* and *Abrotanella,* could only be explained by SKOTTSBERG (1925, 1936) as due to bird carriage from the mainland, possibly when the Magellanic vegetation had moved further north in the Pleistocene; and the occurence of *Drosera longifolia* on Kauai was again explained by bird carriage from either Canada or Alaska to Hawaii (SKOTTSBERG 1940). The same means of dispersal could account for the wide distributions which we have seen in *Drosera arcturi, Carpha alpina, Coprosma pumila* etc. And we could also ask whether the occurence of *Donatia novaezelandiae* and *Phyllachne colensoi* in both New Zealand and Tasmania, or of *Gaimardia setacea* in New Zealand, Tasmania and New Guinea, indicates that the cushion form is a dead end with no change necessary over long periods of separation, or whether here, too, there has been recent dispersal above the sea.

ACKNOWLEDGMENTS

I am greatly indebted for illustrations and notes to Dr. Lucy M. CRANWELL (Mrs. Watson-Smith) (Fig. 2, Photos 111, 112), Dr. Lucy B. MOORE (Photos 106, 107) and Dr. P. WARDLE (Photo 108); and to the editors of the "Flora Malesiana" and Dr. O. SELLING for permission to use Figs. 1 and 3 respectively.

Table 1: Some Genera of Cushion Bogs
( ) Not recorded on bogs in this country
* In New Guinea

	Tasmania	New Zealand	Southern Chile	Hawaiian Is.
Centrolepidaceae	*(Centrolepis)**	*Centrolepis*	–	–
	*(Gaimardia)**	*Gaimardia*	*Gaimardia*	–
Compositae	*Abrotanella**	*Abrotanella*	*Abrotanella*	–
	Celmisia	*Celmisia*	–	–
	*(Lagenophora)**	*Lagenophora*	*Lagenophora*	*Lagenophora*
	Pterygopappus	–	–	–
Cyperaceae	*(Carex)**	*(Carex)*	*Carex*	*Carex*
	*Carpha**	*Carpha*	*Carpha*	–
	Empodisma	*Empodisma*	–	–
	–	*(Machaerina)**	–	*Machaerina*
	*Oreobolus**	*Oreobolus*	*Oreobolus*	*Oreobolus*
	–	–	–	*Rhynchospora**
	*(Schoenus)**	*Schoenus*	*Schoenus*	–
	*(Scirpus)**	*Scirpus*	*(Scirpus)*	*(Scirpus)*
Donatiaceae	*Donatia*	*Donatia*	*Donatia*	–
Droseraceae	*Drosera**	*Drosera*	*Drosera*	*Drosera*
Epacridaceae	*Cyathodes**	*Cyathodes*	–	*Styphelia*
	Dracophyllum	*Dracophyllum*	–	–
	Epacris	*(Epacris)*	–	–
	Pentachondra	*Pentachondra*	–	–
	Richea	–	–	–
	Sprengelia	*(Spengelia)*	–	–
Ericaceae	*(Gaultheria)**	*Gaultheria*	*Gaultheria*	–
	Pernettya	*Pernettya*	*(Pernettya)*	–
	–	–	–	*Vaccinium*
Fagaceae	*(Nothofagus)**	*Nothofagus*	*Nothofagus*	–
Gentianaceae	*(Gentiana)**	*Gentiana*	*(Gentiana)*	–
Gleicheniaceae	*Gleichenia**	*Gleichenia*	*(Gleichenia)*	*Gleichenia*
Gramineae	–	*Chionochloa*	–	–
	–	–	–	*Panicum**
Haloragaceae	*(Haloragis)**	*Haloragis*	–	–
Iridaceae	–	–	*Tapeinia*	–
Juncaceae	–	*Marsippospermum*	*Marsippospermum*	–
Liliaceae	*Astelia**	*Astelia*	*Astelia*	*Astelia*
Lobeliaceae	*(Lobelia)*	*(Lobelia)*	–	*Lobelia*
Loganiaceae	*Mitrasacme*	*Mitrasacme*	–	–

Continuation, Table 1

	Tasmania	New Zealand	Southern Chile	Hawaiian Is.
Lycopodiaceae	*(Lycopodium)**	*Lycopodium*	*Lycopodium*	*Lycopodium*
Myrsinaceae	–	*Myrsine*	–	*Myrsine*
Myrtaceae	–	*Metrosideros*	–	*Metrosideros*
	–	–	*Myrteola*	–
Orchidaceae	*Prasophyllum*	*Prasophyllum*	–	–
Plantaginaceae	*Plantago**	*Plantago*	*(Plantago)*	*Plantago*
Podocarpaceae	*(Dacrydium)*	*Dacrydium*	*Dacrydium*	–
Rosaceae	*Acaena*	*Acaena*	*Acaena*	*Acaena*
Ranunculaceae	*(Caltha)*	*Caltha*	*Caltha*	–
Rubiaceae	*(Coprosma)**	*Coprosma*	–	*Coprosma*
Santalaceae	–	–	*Nanodea*	–
Saxifragaceae	–	–	*Tribeles*	–
Scheuchzeriaceae	–	–	*Tetroncium*	–
Schizaeaceae	*(Schizaea)**	*Schizaea*	*Schizaea*	*Schizaea*
Scrophulariaceae	*Euphrasia**	*Euphrasia*	*(Euphrasia)*	–
Stylidiaceae	*(Forstera)*	*Forstera*	–	–
	Phyllachne	*Phyllachne*	*Phyllachne*	–
Thymelaeaceae	*(Drapetes)**	*(Drapetes)*	*Drapetes*	–

REFERENCES

ADAMS, J. (1889): On the Botany of Te Moehau mountain, Cape Colville. Transactions of the New Zealand Institute 21: 32–41.

COCKAYNE, L. (1908): Report on a botanical survey of the Tongariro National Park. New Zealand Department of Lands, Government Printer, Wellington.

– (1909): Report on a botanical survey of Stewart Island. New Zealand Department of Lands, Government Printer, Wellington.

– (1921): The vegetation of New Zealand. Die Vegetation der Erde. 14. First Edition Wilhelm ENGELMANN, Leipzig.

– (1928): idem Second Edition.

CRANWELL, L.M. (1953): An outline of New Zealand peat deposits. Seventh Pacific Science Congress 5: 186–208.

CROSBY-SMITH, J. (1927): The Vegetation of Awarua Plain. Transactions and Proceedings of the New Zealand Institute 58: 55–6.

CURTIS, W.M. (1946): Phyllachne colensoi (Berggren), an addition to the list of sub-antarctic plants in the Tasmanian flora. Papers and Proceedings of the Royal Society of Tasmania, 31–3.

–, SOMERVILLE, J. (1949): The vegetation. Handbook for Tasmania, 51–7, Australian and New Zealand Association for the Advancement of Science. Government Printer, Hobart.

– (1963): The Students Flora of Tasmania, Part 2. Government Printer, Tasmania.

DING HOU, (1957): Centrolepidaceae. Flora Malesiana, Ser. 1, 5: 421–8.

FLEMING, C.A. (1962): New Zealand biogeography. Tuatara 10: 53–108.

FOSBERG, F.R. (1936): Miscellaneous Hawaiian plant notes, 1. Occasional Papers, Bernice P. Bishop Museum 12: 15.

GIBBS, L.S. (1920): Notes on the phytogeography and flora of the mountain summit plateaux of Tasmania. The Journal of Ecology 8: 1–17; 89–117.

GODLEY, E.J. (1960): The botany of southern Chile in relation to New Zealand and the Subantarctic. Proceedings of the Royal Society (B) 152: 457–75.

– (1964): Contributions to the plant geography of Southern Chile. Revista Universitaria (Universidad Católica de Chile) Ano 48, 31–9.

– (1968): A plant list from the Cordillera de San Pedro, Chiloé. Revista Universitaria (Universidad Católica de Chile) Ano 53, 65–77.

– (1969): Additions and corrections to the flora of the Auckland and Campbell Islands. New Zealand Journal of Botany, 7: 336–48.

–, MOAR, N.T. (1973): Vegetation and pollen analysis of two bogs on Chiloé. New Zealand Journal of Botany, 11: 255–68.

HAURI, H., SCHRÖTER, C. (1914): Versuch einer Übersicht der siphonogamen Polsterpflanzen. Botanische Jahrbücher für Systematik, Pflanzengeschichte und Pflanzengeographie, 50 (Supplementband, Fest-band für A. ENGLER): 618–56.

KERN, J.H. (1974): Cyperaceae. Flora Malesiana Ser. 1. 7: 435–753.

KUKENTHAL, G. (1940): Vorarbeiten zu einer Monographie der Rhynchosporoideae VIII. Repertorium specierum novarum regni vegetabilis 48: 49–72.

LOOSER, G. (1952): Donatia fascicularis en la Cordillera de Nahuelbuta. Revista Universitaria (Universidad Católica de Chile) Ano 37: 7–9.

MARK, A.F. (1955): Grassland and shrubland on Maungatua, Otago. New Zealand Journal of Science and Technology 37 (A): 349–66.

MCVEAN, D.N. (1969): Alpine vegetation of the central Snowy Mountains of New South Wales. The Journal of Ecology 57: 67–86.

MOAR, N.T. (1958): Contributions to the quaternary history of the New Zealand flora. I Auckland Island peat studies. New Zealand Journal of Science 1: 449–65.

MOORE, D.M. (1968): The vascular flora of the Falkland Islands. British Antarctic Survey, Scientific Reports No. 60.

MOORE, L.B., EDGAR, E. (1970): Flora of New Zealand, Vol. 2. Government Printer, Wellington.

OLIVER, W.R.B. (1952): A revision of the genus Dracophyllum: Supplement. Transactions of the Royal Society of New Zealand 80: 1–17.

RAUNKIAER, C. (1934): The life forms of plants and statistical plant geography. Clarendon Press, Oxford.

RODWAY, L. (1903): The Tasmanian Flora. Government Printer, Hobart.

ROIVAINEN, H. (1954): Studien über die Moore Feuerlands. Annales Botanici Societatis Zoologicae Botanicae Fennicae Vanamo 28: 1–205.

SCHWEINFURTH, U. (1962): Studien zur Pflanzengeographie von Tasmanien. Bonner Geographische Abhandlungen, Heft 31.

– (1966): Neuseeland, Beobachtungen und Studien zur Pflanzengeographie und Ökologie der antipodischen Inselgruppe. Bonner Geographische Abhandlungen, Heft 36.

SELLING, O.H. (1948): Studies in Hawaiian Pollen Statistics, Part III. On the late Quaternary History of the Hawaiian Vegetation. Bernice P. Bishop Museum Special Publication 39.

SKOTTSBERG, C. (1916): Botanische Ergebnisse der Schwedischen Expedition nach Patagonien und dem Feuerlande 1907–1909.V: Die Vegetationsverhältnisse längs der Cordillera de los Andes S. von 41° S.Br. Kungl. Svenska Vetenskapsakademiens Handlingar. 56: No. 5, 1–366.

– (1925): Einige Bemerkungen über die alpinen Gefäßpflanzen von Masafuera (Juan Fernandez-Inseln) Festschrift Carl SCHRÖTER, Ver. des Geobotanischen Institutes Rübel in Zürich 3 Heft. 87–96.

– (1936): Antarctic plants in Polynesia. Essays in Geobotany in Honour of William Albert Setchell, 291–311. University of California Press.

– (1939): The flora of the Hawaiian islands and the history of the Pacific basin. Proceedings of the South Pacific Science Congress, 4: 685–707.

– (1940): Report on Hawaiian Bogs. Proceedings, Sixth Pacific Science Congress (California, 1939), 659–61.

– (1953): The vegetation of the Juan Fernandez islands. The Natural History of Juan Fernandez and Easter Island. Vol. 2 Botany: 793–959. Almquist and Wiksells, Uppsala.

STEENIS, C.G.G.J. VAN (1938): Exploraties in de Gajo-Landen. Algemeene Resultaten der Losir-Expeditie 1937 Tijdschrift van het Koninklijk Nederlandsch Aardrijkskundig Genootschap Amsterdam 55: 728–801.

TROLL, C. (1948): Der asymmetrische Aufbau der Vegetationszonen und Vegetationsstufen auf der Nord- und Südhalbkugel. Bericht üb.d.Geobotanische Forschungsinstitut Rübel in Zürich f.d.Jahr 1947.

– (1958): Tropical mountain vegetation. Proceedings of the Ninth Pacific Science Congress 20: 37–46.

WADE, L.K., MCVEAN, D.N. (1969): Mt. Wilhelm Studies I The alpine and sub alpine vegetation. Research School of Pacific Studies. Department of Biogeography and Geomorphology Publication BG/1. Australian National University, Canberra.

WARDLE, P. (1968): Evidence for an indigenous pre-quaternary element in the mountain flora of New Zealand. New Zealand Journal of Botany 6: 120–25.

ZOTOV, V.D. et al (1938): An outline of the vegetation and flora of the Tararua mountains. Transactions and Proceedings of the Royal Society of New Zealand 68: 259–324.

THE GROWTH OF TUSSOCK GRASSES ON AN EQUATORIAL HIGH MOUNTAIN AND ON TWO SUB-ANTARCTIC ISLANDS

ROGER J. HNATIUK

With 9 figures and 10 photos

1. INTRODUCTION

The problem of the phytogeographic similarity of the disparate regions of the equatorial high mountains and sub-Antarctic islands was clearly noted by TROLL (1960, 1973). Detailed studies have slowly accumulated data for each of the regions separately (*e.g.* CUATRECASAS, 1968; JENKIN and ASHTON, 1970; TAYLOR, 1955; WALKER, 1968). In this paper I present the results of a study of tussock grasslands on the equatorial high mountain of Mt.Wilhelm (4510 m), New Guinea, and on the sub-Antarctic islands, Campbell and Macquarie in the New Zealand sector. The work described here helps to clearly indicate the type and degree of similarity and difference to be found in the tussock grasslands of these two regions.

2. STUDY AREAS

The locations of the three areas where the study was carried out are shown in *Figure 1*. The climate of Mt.Wilhelm has been described by HNATIUK *et al.* (1976) and MCVEAN (1968), and that of the sub-Antarctic regions is thoroughly discussed by DELISLE (1965) and FABRICIUS (1957).

The soils of the places studied are mostly highly organic peats with an admixture of colluvium. The Mt.Wilhelm soils have been described by WADE and MCVEAN (1969) and those of Macquarie Island by JENKIN (1972) and TAYLOR (1955).

The vegetation of the upper regions of Mt.Wilhelm have been described by WADE and MCVEAN(1969). The sites I studied occur in their 'subalpine' and 'alpine' tussock grasslands. Unlike their sites, mine were deliberately selected to represent the purest stands of *Deschampsia klossii* tussocks, to the exclusion of shrubs and herbs wherever possible; thus my sites are extremes of these tussock dominated associations. Macquarie Island's vegetation has been described by TAYLOR (1955). My sites are representative of his '*Poa foliosa* association': tussocks of *Poa foliosa* dominated the canopy, and small herbs and grasses were few, low in stature, and occurred only in gaps in the tussock canopy. The Campbell Island site I studied may be representative of OLIVER and SORENSON's (1951) 'tussock grassland formation'. However my site was of small extent and was only a remnant of the original tussock vegetation that occurred there before sheep were introduced to the island at the end of the last century.

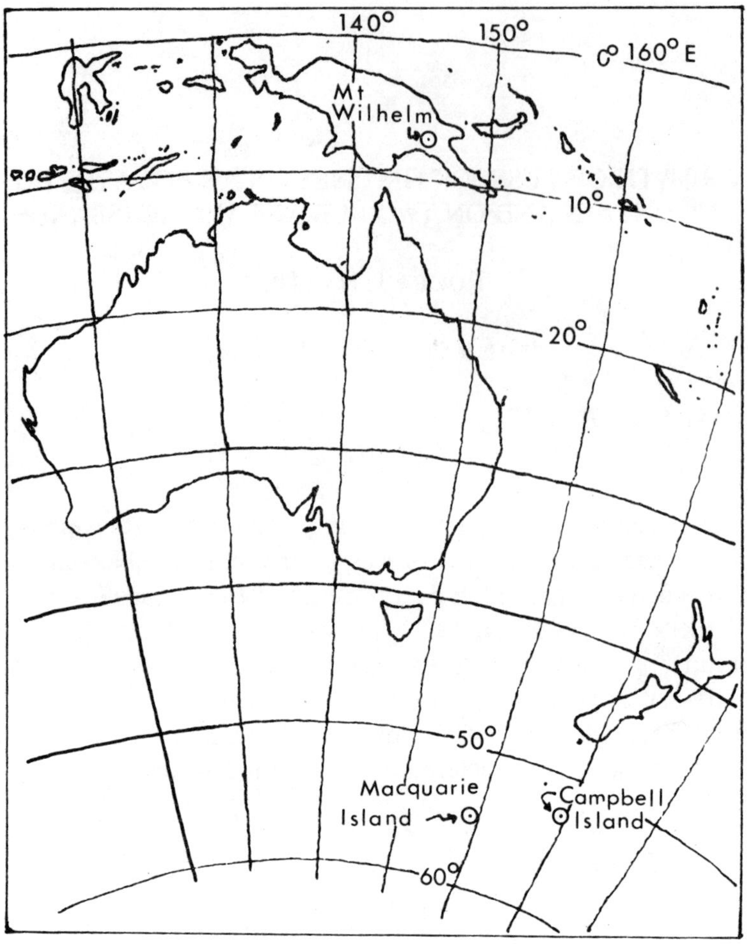

Fig. 1: Study area locations.

3. SITE DESCRIPTIONS

3.1. MT WILHELM

Seven sites were selected, representing good *Deschampsia klossii* tussock development over the altitudinal range 3200 m to 4380 m on the Pindaunde side (SE) of Mt Wilhelm *(Figure 2)*. Details of altitude, aspect, slope angle, drainage, and organic soil depth are given in *Table 1*.

3.1.1. Kombuglomambuno (WKOM), a secondary study site

WKOM was a boggy site with deep soil (at least 0.8 m) situated on the terminal moraine complex at the lower end of the Pindaunde Valley. The tree fern, *Cyathea atrox* occurred

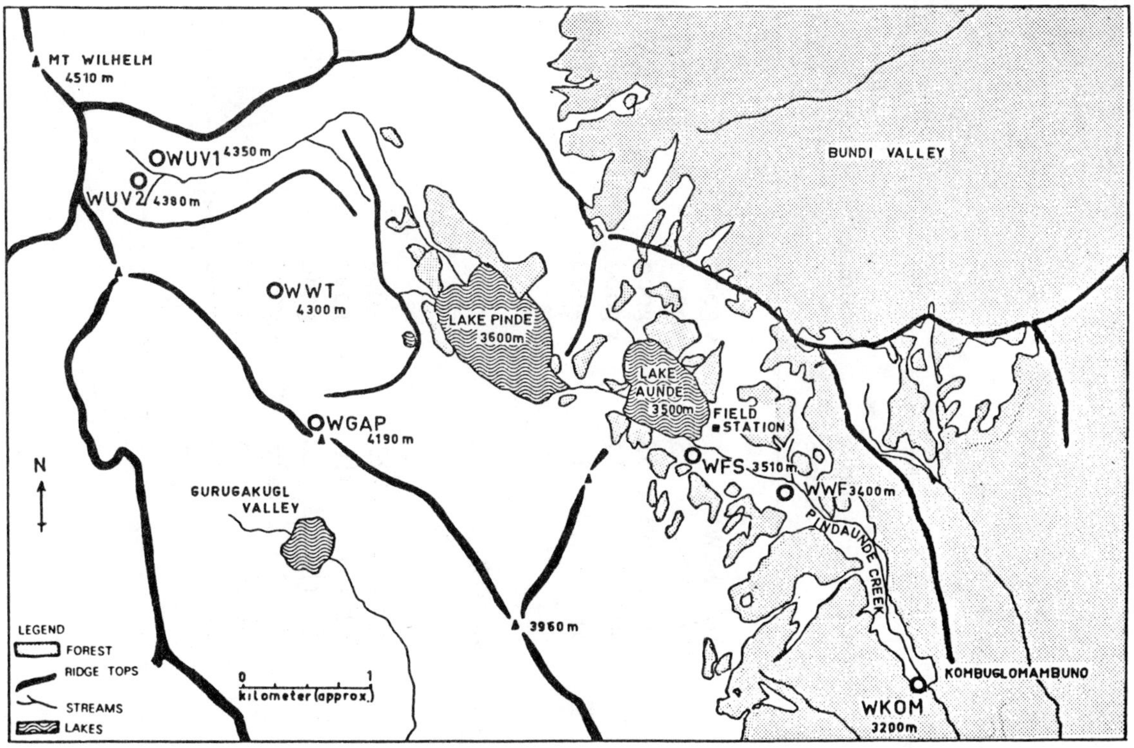

Fig. 2: Locations of Mt Wilhelm sites.

on better drained knolls, while the tussocks extended from the knolls to the bogs. The tussocks were well spaced, with room for numerous small herbs to form a dense, short growth between them.

3.1.2. Waterfall (WWF), a primary study site

WWF was situated in a shallow (3.4 m deep) valley with an intermittent stream at the bottom. Soils were mottled red and blue, indicating a fluctuating water table. Coarse, angular rocks to 0.3 m diameter were present throughout the soil to at least 1.2 m depth. Charcoal and burnt logs in the surface horizon indicated that forest rather than grassland had occupied the site in the past. Tussock roots were concentrated in the upper 0.3 m of soil but occurred to at least 1 m depth. Shrubs were present on the site but much reduced in vigour compared with growth nearby (presumably due to poor drainage; see WADE and MCVEAN, 1969).

Table 1: Details of site descriptions for Macquarie Island, Campbell Island and Mt.Wilhelm.

Site	Latitude S	Longitude E	Altitude above sea level (m)	Aspect	Slope angle°	Drainage	Organic soil depth (cm)
Macquarie Island:	54°30'	158°57'					
Garden Cove (MGC)			30	210° (SSW)	41	v.good	0–100
Wireless Hill exposed (MWE)			60	246° (SW)	35	v.good	15–100+
Wireless Hill sheltered (MWS)			60	210° (SSW)	33	good	80
Razorback Hill (MRB)			12	360° (N)	11	v.good	50
Perseverance Bluff (MPB)			222	31° (NNE)	11	v.good	100+
Campbell Island:	52°33'	169°08'					
Beeman Hill (CBH)			105	ca 40° (NE)	38	v.good	ca 75
Mt.Wilhelm:	5°47'	145°01'					
Upper Valley No. 2 (WUV2)			4380	35° (NE)	ca22	good	75
Upper Valley No. 1 (WUV1)			4350	180° (S)	ca16	good	50
Wilhelm Track (WWT)			4300	90° (E)	28	good	100
Bivouac Gap (WGAP)			4190	0° (N)	ca26	v.good	?
Field Station (WFS)			3510	90° (E)	5	good	150
Waterfall (WWF)			3400	90° (E)	15	fair-moderate	100+
Kombuglomambuno (WKOM)			3200		ca 5	poor-fair	?

3.1.3. Field Station (WFS), a primary study site

WFS was situated on an alluvial fan near the outfall of the lower Pindaunde lake *(Photo 113, Plate XXIX).* There was much colluvium present in the soil. Charcoal, tussock rooting, and intermittent water logging of the soil were all similar to that described for WWF. Shrubs and small herbs were virtually absent from the sampled area.

3.1.4. Bivouac Gap (WGAP), a secondary study site

WGAP was located at an intermediate altitude on the mountain where shrubs, but not trees, were common *(Photo 114, Plate XXIX).* However, the sampled area was free of shrubs for a radius of 10 – 15 m. Drainage was good and the water catchment above the site small. In addition, the easterly aspect probably contributed to locally drier conditions than might otherwise have been expected.

3.1.5. Wilhelm Track (WWT), a secondary study site

WWT was situated on the broad, easterly facing flank of Mt Wilhelm. It was below the the summit ridge in a glacially scoured depression about 10 m wide, 1 m deep, and 40 – 50 m long with its long axis parallel to the slope *(Photo 115, Plate XXIX).* The highly organic soil was kept constantly moist by a small stream that periodically overflowed into the depression. Tussock roots were present throughout the soil but were concentrated next to the bed rock base of the depression. No mottling was observed in the soil so that periodic and prolonged periods of alternating waterlogging and drying probably did not occur. The surrounding vegetation boundaries were sharp and coincided with the limits of the depression.

3.1.6. Upper Valley 1 (WUV1), a primary study site

WUV1 was located in the small glacial valley at the headwaters of the main creek leading into the upper Pindaunde Valley *(Photo 116, Plate XXIX).* The site was on an alluvial fan with soil about 0.5 m deep. Steep valley walls shaded the site from early morning sun until 0930 to 1000 hours and cold air ponding was a common feature of the local climate. Very few, small herbs occurred within the sampled area. Roots were concentrated in the upper soil layers.

3.1.7. Upper Valley 2 (WUV2), a primary study site

WUV2 was located in the same valley as WUV1 but on a bench 30 m higher and on the opposite valley wall *(Photo 117, Plate XXX).* As at other sites, streams often flowed over the surface after heavy rain. Soil was at least 1 m deep and highly organic but with much large, sharp, angular rock. Rooting was throughout the soil.

3.2. MACQUARIE ISLAND

Five sites were chosen to represent typical, pure stands of *Poa foliosa* over the altitudinal range present on Macquarie Island *(Figure 3)*. They were selected from areas undisturbed by man, seals, or rabbits, on slopes of both northerly and southerly aspect, and at wind-exposed and sheltered locations. Site details are given in *Table 1*.

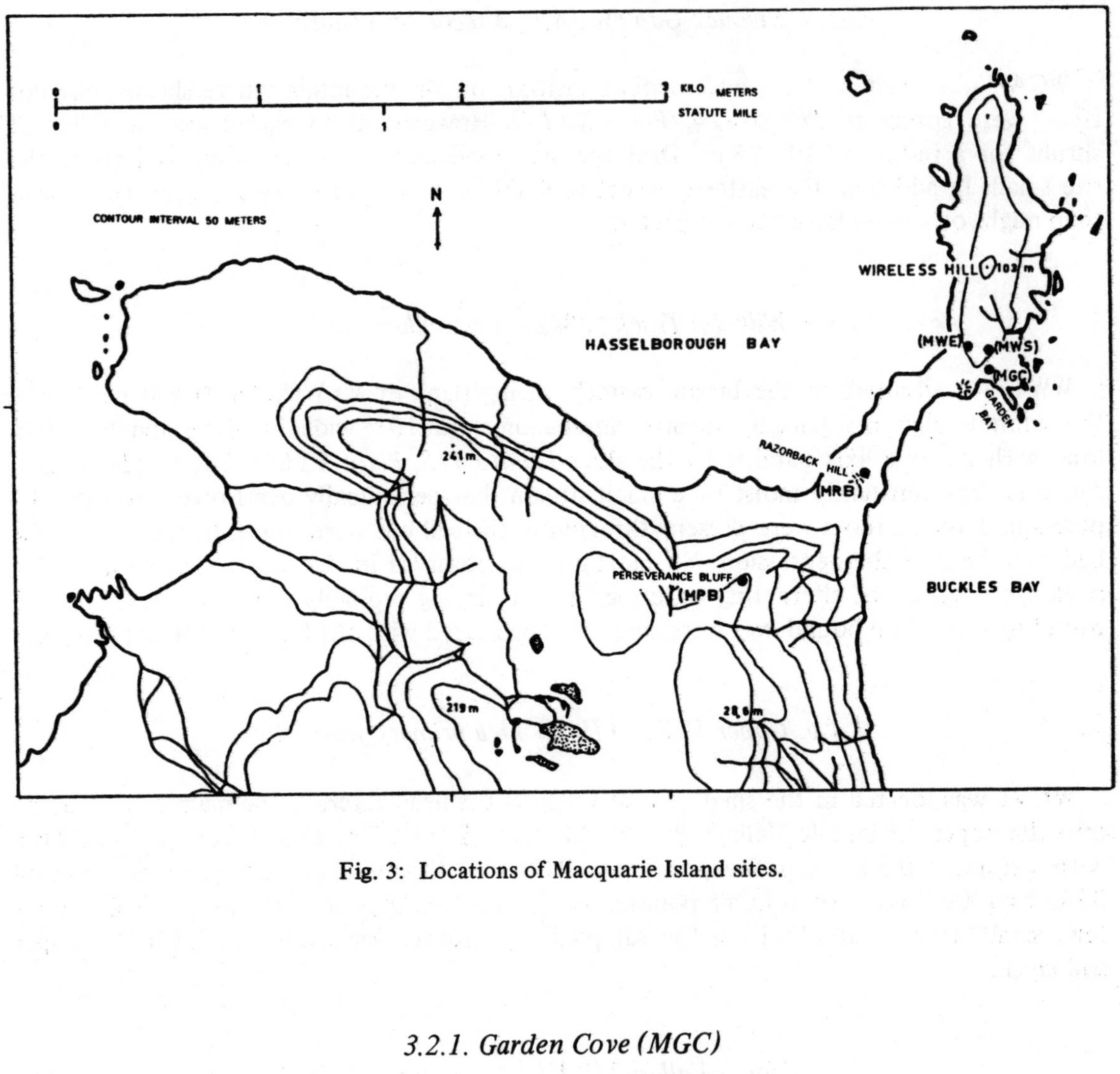

Fig. 3: Locations of Macquarie Island sites.

3.2.1. Garden Cove (MGC)

MGC was on the lower third of a steep slope, sheltered from north, west, and south winds. Sharp, angular, rock fragments up to boulder size were scattered throughout the soil, which was about 1 m deep. Tussocks were mature (ASHTON, 1965), 1 – 1.5 m high, had interlacing crowns 0.6 to 1.2 m in diameter, arising from large (0.3 to 0.5 m diameter), often decumbent pedestals. Tussock roots were largely confined to pedestals. Vascular plants other than the *Poa* were rare. A thin, sparse layer of bryophytes was present on the peaty soil beneath breaks in the canopy.

3.2.2. Wireless Hill Exposed (MWE)

MWE was similar to MGC except for being fully exposed to west, south and east winds. The site was located 15 m below the crest of the plateau. Soil was about 1.5 m deep and contained fewer rock fragments than at MGC. Tussocks were smaller than at MGC.

3.2.3. Wireless Hill Sheltered (MWS)

MWS was a small site in a sheltered valley, selected primarily to provide a wind-protected site (an uncommon habitat on Macquarie Island). Tussocks were large and mature, similar to those at MGC. The soil was highly organic and essentially free of rock until weathered bed rock was encountered at 1 m depth.

3.2.4. Razorback Ridge (MRB)

MRB was a very wind-exposed site on the northern isthmus *(Photo 118, Plate XXX).* Tussocks were large and similar to those at MGC and the giant herb, *Stilbocarpa polaris,* was present on the site. However, measured tussocks were completely surrounded by other *Poa* tussocks, thus reducing the effects of interspecific competition. The soil was very stony and variable in depth (0.3 to 0.6 m). A ridge protected the site from the uncommon southerly and easterly winds.

3.2.5. Perseverance Bluff (MPB)

MPB was a high altitude site exposed only to northwest, north, and northeast winds *(Photo 119, Plate XXX).* Soil was 1.0+ m deep, of fine mineral plus much organic matter, and with only a few small rock fragments. Tussocks were mature and other species of vascular plants were rare and occurred only close to the ground, under breaks in the canopy.

3.3. CAMPBELL ISLAND

3.3.1. Beeman Hill (CBH)

CBH was located on a steep north-facing wall of a large, columnar-jointed mass of basalt *(Figure 4, Photo 120, Plate XXX).* Soil was variable in depth but pockets up to 0.75 m deep were found. Black and grey sand, plus dark organic matter, made up most of the soil. Roots occurred in the pedestals and down to bed rock but were concentrated in the upper 0.1 m of soil. The tussock grass *Chionochloa antarctica* dominated the site but shrubs of *Coprosma ciliata, C. cuneata,* and *Dracophyllum scoparium* also were present in the canopy.

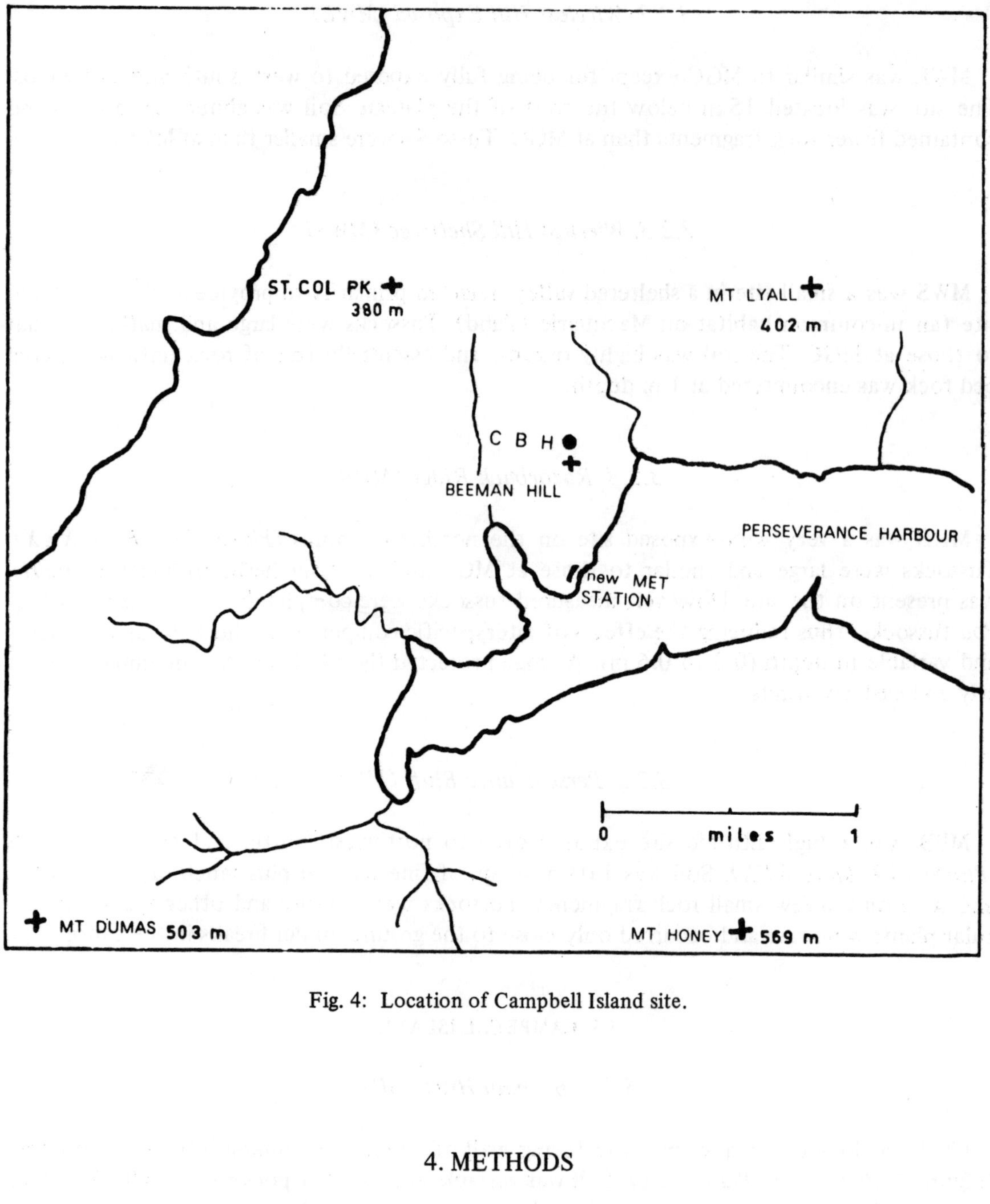

Fig. 4: Location of Campbell Island site.

4. METHODS

4.1. POPULATION STRUCTURE

The following measurements were made in a similar manner at all sites:

a. in 2 m by 2 m randomly located quadrats: tussock crown size (primary, *i.e.* largest, and secondary, *i.e.* at right angles to primary, diameters) and height (to top of leaves in growth position), and pedestal diameters and height;
b. tussock density in the same quadrats;
c. frequency distribution of leaf lengths from clipped tussocks; and

d. leaf density for *Deschampsia klossii* from counting all leaves in tussocks of known crown size, and for *Chionochloa antarctica* and *Poa foliosa* from estimates of the mean number of leaves per tiller and tillers per m^2 of ground.

4.2. LEAF AREA

Deschampsia klossii leaves from Mt Wilhelm sites were treated as regular cylinders with conical apices. The height of the cone was determined to be about 10 % of the leaf length and all leaves less than 10 cm long were taken to be conical. Mean cylinder and cone base diameters were determined from measurements of about 50 leaves at each site and were not found to vary significantly with leaf length. Leaf area was taken as the sum of the outer surface areas of the cylinders and cones per m^2 of ground.

Leaf area for tussocks on Macquarie and Campbell Islands was taken as the area of the abaxial surface of flat leaves of a trapezoidal or triangular shape and as the outer area of folded leaves which were assumed to be right-cones with elliptic cross-sections. Mean leaf area per tiller was estimated and converted to leaf area per m^2 of ground by multiplying by tiller density/m^2.

4.3. LEAF WEIGHT-LENGTH RELATIONSHIP

On Mt Wilhelm, whole tussocks of known crown area (area of vertical projection of crown onto horizontal ground surface) were cut. Leaves were separated into living and dead. Living leaves were measured for length, put into length classes, oven-dried, and weighed. The average weight/cm of leaf was determined for each class. In a further set of samples green leaves were divided into growing and non-growing categories where growing was defined as being green to within 3 mm of the apex (the same criterion as was used for growing in productivity study, see 4.6 below).

On Campbell and Macquarie Islands, random samples of tillers were collected, leaves were measured for length and width, placed into age classes from youngest to oldest, oven-dried, and then weighed. Average weight/cm of length was determined for each class. (Leaf classes here represent leaf position from youngest to oldest on a tiller rather than length classes.)

4.4. LEAF AND TILLER DENSITY

On Mt Wilhelm, *Deschampsia* leaf density was determined from leaf weight-length data, while on Macquarie Island counts of tillers per m^2 of ground were made. Counts of tiller number for a single tussock were made on Campbell Island.

4.5. BIOMASS

Above ground plant biomass at each of three Mt Wilhelm sites was estimated from five or six randomly located 1.0 m x 0.75 m quadrats that were clipped to about 1 cm above ground level. Plant material was separated into living grass, dead grass, bryophytes, woody plants, and other plants. Samples were oven-dried at 88 °C (near the boiling point of water at 3510 m altitude) and weighed to the nearest gram for large samples or to the nearest 0.001 g for small samples *(Table 2)*.

Root biomass in the upper 24 cm of soil (subjectively estimated to contain 90 % or more of roots) was determined from 10 cores, 24 cm long and 7 cm in diameter, located at random in the inter-tussock spaces. Cores were washed in fine sieves and the roots separated as well as possible into living and dead fractions. Biomass of roots, stems, and leaves in tussock pedestals was estimated from separate samples of pedestals and then extrapolated to a site value using a pedestal volume/unit ground area relationship.

To avoid too much destruction of the small population of *Chionochloa antarctica* on Campbell Island, only a single tussock was sampled and samples of shrubs and ferns were measured for vertical projection crown area and then clipped to ground level; they were sorted into living and dead fractions, field dried over a kerosene heater, and later oven-dried at 105 °C and weighed to the nearest 1.0 g or 0.1 g depending on sample size. Site biomass was extrapolated from the estimated percentage cover of each species on the site relative to the weight per unit canopy area measured.

Root biomass on Campbell Island was estimated as at Mt Wilhelm, except that no estimates of pedestal mass were obtained.

Biomass for Macquarie Island sites come from JENKIN (1972).

4.6. NET PRODUCTIVITY

A non-destructive sampling technique for aerial productivity was devised which obviated the destruction of large amounts of vegetation and eliminated the need for complex equipment that was unsuited to use in the rugged areas studied. The method involved:

a. determining the rate of elongation of leaves at various stages in their life cycle. This was accomplished by tagging leaves (on Mt Wilhelm) or tillers (on Campbell and Macquarie Islands) and measuring leaf length from a fixed reference point at regular time intervals. Preliminary analyses of the data indicated that, because leaves of different lengths (or ages) elongated at different rates, they had to be treated separately. Furthermore, all leaves of a given class were sufficiently alike, regardless of whether they came from different tussocks of different sizes, that it was possible to group all leaves from a site into one set of classes *(Appendix I)*.
b. determining the average weight per centimetre of leaf per leaf class (see weight-length relationship section above) *(Appendix I)*.
c. determining the density of leaves of each class per unit of ground area. In the field counts were made of leaves (or tillers) / m^2 of ground *(Appendix I)*.
d. The results of (a), (b), (c) were then combined in the general formula:

$$\text{productivity (g/m}^2\text{/day)} = \sum_{i=1}^{n} (e \cdot w \cdot d)_i$$

where n = number of leaf classes
e = elongation rate (cm/day/class)
w = weight-length relationship (g/cm)
d = density of class (classes/m^2)

Certain modifications were necessary to this basic equation for Macquarie Island and Campbell Island calculations. The tiller rather than leaf was used as the basic unit so that rates per tiller were calculated and then converted by use of tiller density to rates per m^2 ground area. Furthermore, at Macquarie Island, a large proportion of the aerial biomass increment during December–January came from new leaves for which exact data were not available because a time of initiation was unknown. Thus, all new leaves were assumed to be 0.0 cm long at the start of the period and to have a weight/cm value equivalent to that of the 4th (*i.e.* intermediate and most similar size) leaf.

DEFINITIONS

Biomass: dry weight of plant material expressed on the basis of unit ground area;

Gross productivity: the rate at which carbon and minerals are fixed in photosynthesis and related reactions;

Net productivity: the rate of dry matter accumulation, *i.e.* gross productivity minus respiratory losses.

5. RESULTS

5.1. STRUCTURE

5.1.1. Tussock Height and Leaf Length

Tussock height in *Deschampsia klossii* on Mt Wilhelm is largely a function of leaf length and rigidity. Pedestals are developed on 40 % to 50 % of tussocks at low altitude sites (WWF, 47 % and WFS 51 %), but on only 23 % of tussocks at the high altitude WUV2 site. Mean pedestal height contributes only 3 % to 8 % of mean tussock height in these *Deschampsia* tussock grasslands. Tussock height appears fairly constant at about 1.0 m from 3200 m altitude to 3510 m altitude *(Figure 5)*. Above 3510 m, however, tussock height decreases to less than 0.5 m. Paralleling the change in tussock height with altitude are changes in leaf length *(Table 4)* and leaf rigidity. Leaves at high altitude sites are short, firm, and erect while, at low altitude, they are long and flexuose.

Tussock height on the sub-Antarctic islands appears to be fairly constant in the range 0.7 to 0.8 m tall, with some sites supporting 1.0 m high tussocks. Very tall tussocks have been reported: 1.5 m tall *Chionochloa antarctica* on Campbell Island (C. MEURK, Otago University, personal communication), *Poa littorosa* (COCKAYNE, Fig. 1, p. 187, 1909) and *Poa flabellata* on the Falkland Islands up to 2.5 m in height (MOORE, 1968).

5.1.2. Tussock Density

Tussock densities on Mt Wilhelm are greatest at the highest altitudes and decrease with decreasing altitude *(Figure 6)*. At Macquarie Island, tussock densities are found to be similar

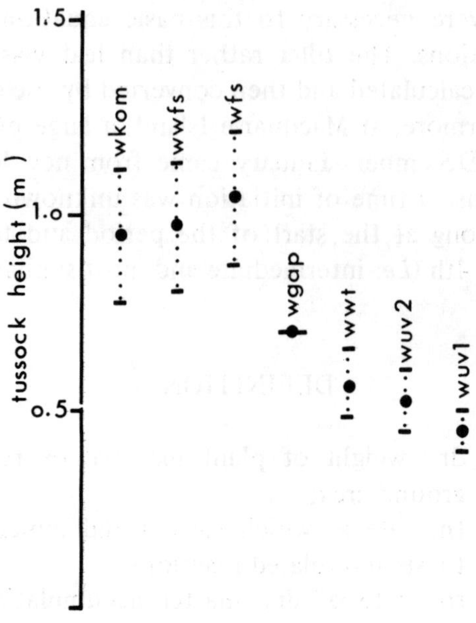

Fig. 5: Tussock height at Mt Wilhelm sites.

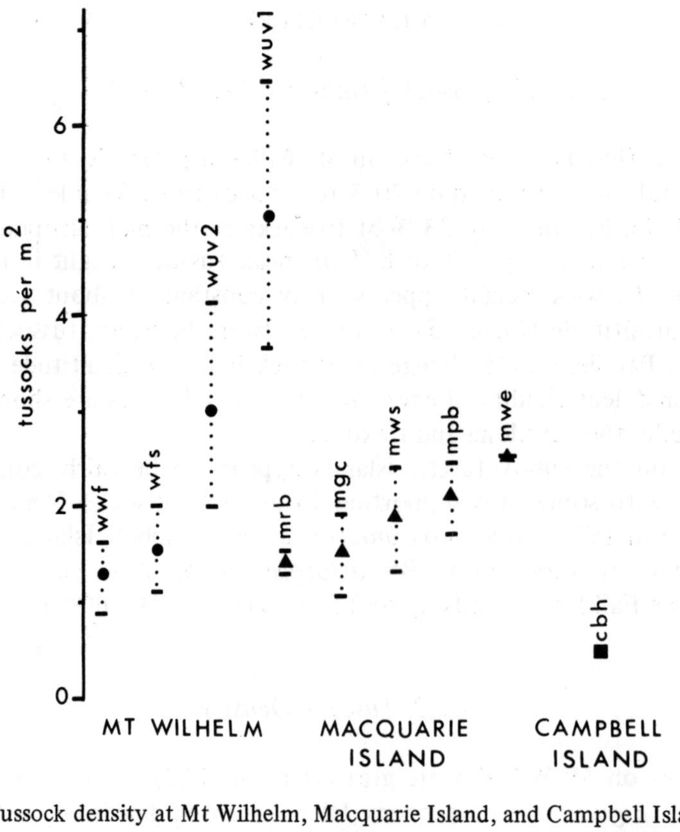

Fig. 6: Tussock density at Mt Wilhelm, Macquarie Island, and Campbell Island sites.

Table 3: Distribution of plant mass for sites of Table 2 (Expressed as a: percent of total mass, and b: percent of above ground mass (including pedestal root mass)).

	dead grass	living grass	herbs	crypto-gams	woody plants	*roots* live	*roots* dead	total wt g/m²
WWF								
a	70.2	18.7	0.6	2.7	0.2	1.5	6.0	3.242
b	75.9	20.3	0.7	2.9	0.2	.	.	2.997
WFS								
a	68.8	14.6	1.0	4.4	0.0	1.7	9.5	3.187
b	77.5	16.4	1.1	4.9	0.0	.	.	2.829
WUV1								
a	79.5	10.8	0.5	1.5	0.0	1.2	6.6	3.851
b	86.2	11.7	0.5	1.6	0.0	.	.	3.553
CBH								
a: living	.	12.6	.07	0	4.3	22.1	.	5.039
dead	34.6		.05	0	1.3	23.9	.	
b: living		23.3	0.9	0	7.9	.	.	2.717
dead	64.1		1.3	0	2.5	.	.	
*Macquarie 45 m**								
a: living	.	7.6	3.1	0.07	0.14	20.1	.	8.406
dead	30.6	.	1.3	.	0.12	37.0	.	
b: living	.	17.6	7.3	0.2	0.33	.	.	3.610
dead	71.3	.	3.0		0.28	.	.	

*) JENKIN, 1972.

Table 4: Modal leaf class lengths at Mt Wilhelm sites.

Site	Modal class (cm)
WWF	60–70
WFS	50–60
WGAP	40–50
WWT	30–50
WUV1	20–25
WUV2	20–25

to those at low altitude Mt Wilhelm sites, while tussock density at Campbell Island is least of all *(Figure 6)*.

5.1.3. Leaf Density

An increase in leaf density of seven times is found on Mt Wilhelm from the lowest altitude site (WWF) to the highest altitude site (WUV2) *(Figure 7)*. There appear to be two density groups in *Figure 7:* a low to mid altitude group (3400 m to 4190 m) with densities of about 500 to 1000 leaves/m², and a high altitude group (4300 m to 4380 m) with densities of about 2000 to 3000 leaves/m².

Leaf densities for Macquarie Island range from 1991/m² to 3152/m² while on Campbell Island an estimate of 2828 leaves/m² was obtained *(Table 5)*.

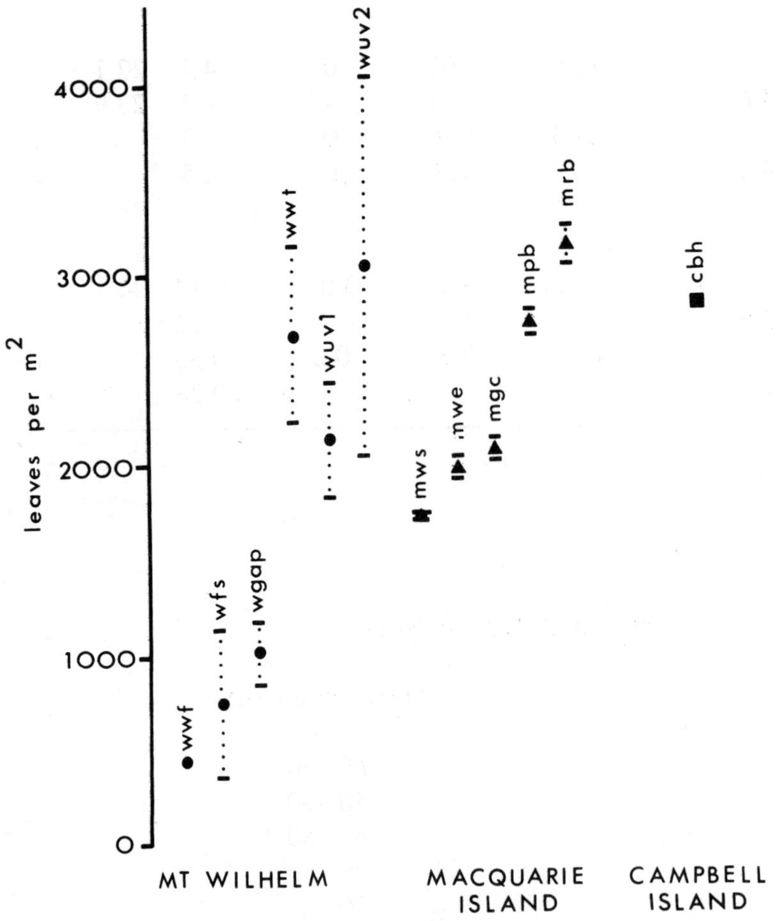

Fig. 7: Tussock-grass leaf densities for Mt Wilhelm, Macquarie Island, and Campbell Island.

Table 5: Tiller and leaf density (no./m²) at Macquarie Island and Campbell Island sites.

	tillers			*leaves*
Site	mean	St.Dev(mean)	N	
MRB	516.7	133.8	3	3152
MPB	474.8	96.1	4	2754
MGC	367.5	49.5	4	2095
MWS	281.0	12.7	2	1742
MWE	331.8	64.4	4	1991
CBH	505.0	–	1	2828

5.1.4. Leaf Area Index (LAI)

Leaf area data for three Mt Wilhelm sites, five Macquarie Island sites, and one Campbell Island site are given in *Table 6.* Analysis of variance of LAI indicates no significant difference between regions ($0.1 < p < 0.25$) or between sites ($0.5 < p < 0.75$) *(Table 7).* However, intersample variation is large. Since sample sites were deliberately chosen to represent the best development of tussocks and not a random sample of the tussock population, the above analysis only applies to this limited range of tussock vegetation in the three locations.

5.1.5. Leaf Longevity

Data on leaf longevity from these regions is fragmentary, but some indications are available. On Mt Wilhelm, less than 5 % of 250 young leaves of *Deschampsia klossii,* tagged in April 1970, had died by the middle of November (*i.e.* seven months later) but all 650 leaves tagged by mid-October 1970 had died by the middle of the following July (*i.e.* between seven and 16 months later). Leaf death is centripetal, and the rate is variable and often interrupted for periods of a week to more than a month. No massive death, synchronized for the whole population, was seen nor has it been reported by others for any time of year.

JENKIN and ASHTON (1970) note that leaves of the tussock *Poa foliosa* on Macquarie Island live for six months over summer and ten months over winter. While the exact meaning of this statement is uncertain, it may be that leaves are relatively short lived there.

5.1.6. Leaf Weight-Length Relationships

Representative curves of weight/cm/leaf class are shown in *Figure 8.* It is evident that the shortest (youngest) all-green leaves tend to weigh more per unit length than intermediate length leaves which are lighter per unit length than the longest leaves. This trend is not evident for green leaves that were dying and thus had presumably virtually ceased elongating.

Table 6: Leaf area indexes at Campbell Island, Macquarie Island, and Mt.Wilhelm sites.

Site	mean	St.Dev(mean)	N
CBH	5.5	0.8	29
MGC	3.4	1.1	20
MWE	2.7	0.9	20
MWS	2.4	0.7	20
MRB	4.4	1.4	20
MPB	3.9	1.0	20
WFS	1.6	0.6	7
WUV1	1.8	0.4	5
WUV2	2.4	1.0	5

Table 7: Analysis of variance of LAI from Campbell Island, Macquarie Island, and Mt.Wilhelm

The data:

Site	LAI	Site	LAI	Site	LAI	Site	LAI	Site	LAI
CBH	5.47								
MGC	3.64	MWE	2.99	MWS	2.36	MRB	5.78	MPB	4.29
	3.57		3.53		2.87		3.37		3.23
	3.27		1.78		2.36		3.98		4.66
	3.30		2.63		2.15		4.19		3.27
WUV1	2.03	WUV2	3.73	WFS	2.22				
	2.35		3.01		0.73				
	1.81		1.04		1.92				
	1.32		1.98		1.69				
	1.40		2.25		1.05				
					2.14				
					1.52				

Summary: one-way nested analysis of variance

source of variation	degrees of freedom	sum of squares	mean square	expected mean square
region	2	27.332	13.666	1.080
sites in region	6	11.703	1.950	0.328
sample (error)	29	13.495	0.465	0.465

F (regions) = 3.293, f 2, 6 $(0.1 < p < 0.25)$
F (sites) = 0.705, f 6, 29 $((0.5 < p < 0.75)$
conclude: no significant differences in LAI between regions or between sites within regions.

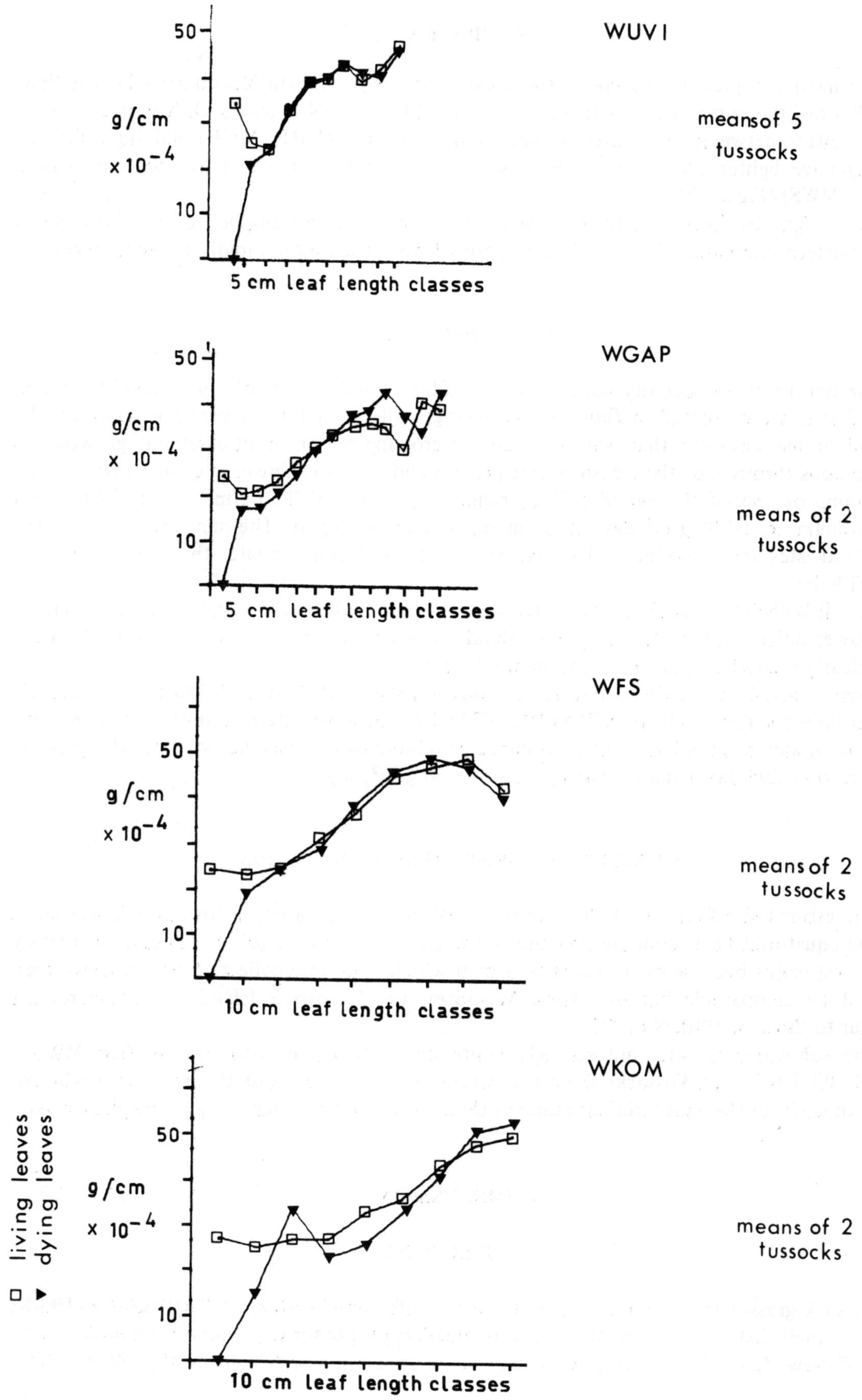

Fig. 8: Leaf weight/cm for 'living' and dying leaves at four Mt Wilhelm sites.

The most conspicuous feature of the curves for *Poa foliosa* on Macquarie Island is that, for all sites, the curves are similar for the youngest two-thirds of leaves. Only with age do the leaves differ between sites. Sites of high wind exposure (MRB, MWE) and high altitude (MPB) have lighter old leaves than sites of low wind exposure and low to mid-altitude (MGC, MWS) *(Figure 9)*.

The weight/cm/leaf class for *Chionochloa antarctica* from Campbell Island shows yet a third pattern: increasing slowly at first in young leaves, then more rapidly in older leaves.

5.2. PRODUCTIVITY

The net aerial productivity data (inclusive of leaves and leaf sheaths but excluding stems) for 12 sites are presented in *Table 9*. The average daily growth rates were calculated for the period of measurement that was less than the growing season in all cases (*i.e.* growth was continuous throughout the measurement periods and was not increasing or decreasing at the beginning or end of the periods). They range from a low of 0.35 $g/m^2/day$ at 3400 m on Mt Wilhelm to 10.88 $g/m^2/day$ at 60 m on Macquarie Island. The sub-Antarctic tussock grassland sites show productivities that are 3.4 to 31.1 times greater than those found at Mt Wilhelm.

On Mt Wilhelm, tussock productivity tended to be higher at the higher altitude than at the lower altitude sites. On Macquarie Island, differences in productivity between sites are not clearly related to known environmental factors.

Annual aerial productivity data for tussock grasslands at 45 m and 230 m at Macquarie Island have been determined by JENKIN (1972). For the lower site he reports 8.99 $g/m^2/day$ (this is an annual rate, based only on changes in biomass harvests; he estimates the growing season to be 295 days) and for the upper site 2.60 $g/m^2/day$.

5.3. EFFICIENCY OF NET AERIAL PRODUCTION

The estimated efficiency of short term, aerial primary production for tussock grasslands in the equatorial high montane and sub-Antarctic are given in *Table 8*. These data are only crude estimates because of the short time over which data were collected; nevertheless, they should be comparable between sites. Moreover, for Macquarie Island, my estimates are similar to those of JENKIN (1972).

The sub-Antarctic sites are strongly contrasted with the equatorial ones (*e.g.* MWS = 2.5 %, WFS = 0.2 %). Tussocks from the southern islands are about 10 times more efficient than those from the equatorial montane in their conversion of solar energy into plant mass.

6. DISCUSSION

6.1. STRUCTURE

Tussock grasses are difficult to classify in the 'life form' system of RAUNKIAER (1934). Despite their distinctive form, they may be hemicryptophytes (*e.g.* some *Chionochloa* and *Poa* of New Zealand), chamaephytes (*e.g.* some *Deschampsia klossii* on Mt Wilhelm, New

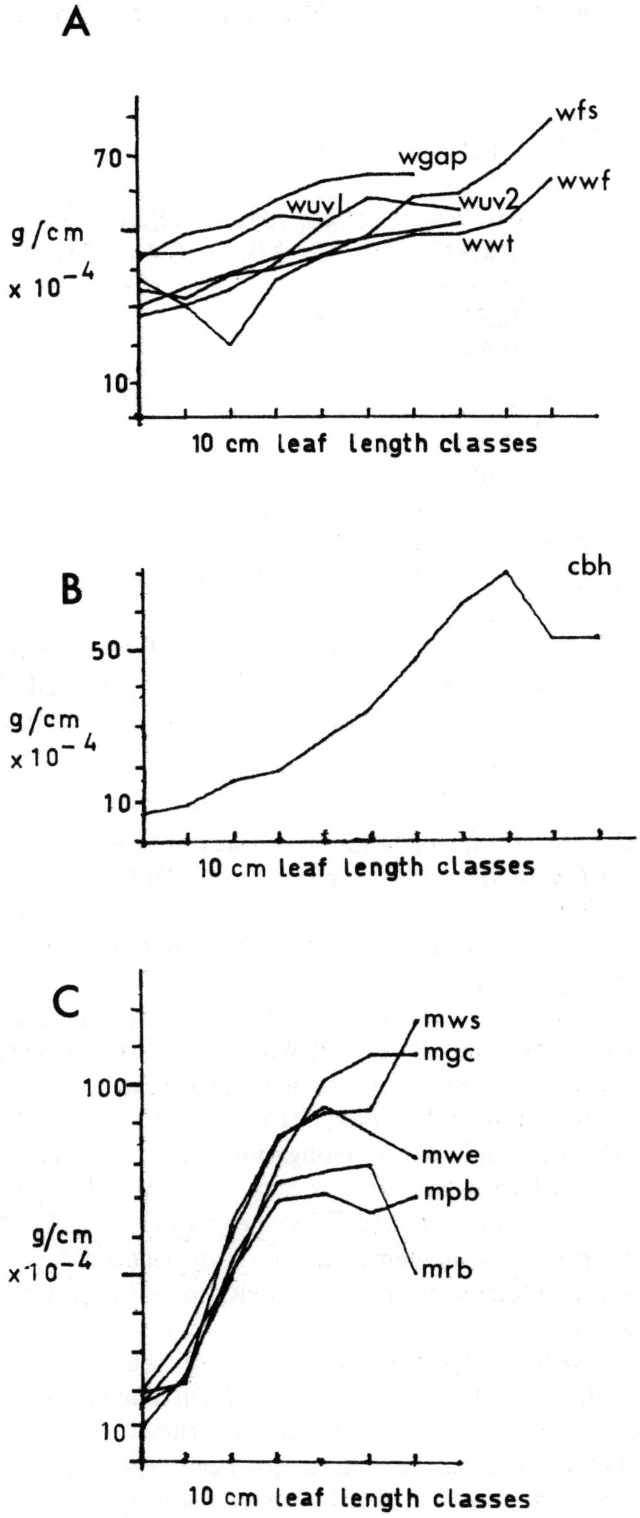

Fig. 9: Leaf weight/cm for all green leaves at A: Mt Wilhelm, B: Campbell Island, and C: Macquarie Island sites.

Table 8: Efficiency of aerial production at Mt.Wilhelm, Macquarie Island, and Campbell Island.

(1)	(2)	(3)	(4)	(5)
Site	cal/cm²/day (leaves)	cal/cm²/day (0.28–3.0)	cal/cm²/day (0.4–0.7) a	% efficiency
WFS	0.323	389.2	175	0.185
WUV2	0.566	(")	(")	0.323
MWE	2.951	405	190	1.553
MWS	4.849	"	"	2.552
CBH	1.985	335.2	135	1.471

a. for WFS, WUV2 and CBH sites, column 4 values equal 45 % of column 3 values, based upon data taken from Figure 3, GATES (1962). For Macquarie Island sites column 4 equals 47 % of column 3 based on data from JORDAN (1971). These percentages were chosen because the instruments used at Macquarie Island were similar to those used by JORDAN, while at the other sites different instruments were used. The data of GATES were the only source of data on the proportion of photosynthetically active radiation for the instruments used.

Guinea and *Chionochloa* in the Snowy Mountains, Australia), or even phanerophytes as in the strongly pedestalled *Poa* of the sub-Antarctic islands. HEDBERG (1968) called the form 'tussock grass' and TROLL (1961) called it 'Büschelgras (Tussock- oder Ichu-Typ)' but neither have clearly indicated whether all of the above noted variations are meant to be included in their terms or not.

Tussock height within a region appears to vary according to changes in environment from locality to locality. For example, on Mt Wilhelm maximum heights are attained at low altitudes where temperatures are warmer than at higher altitudes. Since tussock height is largely a function of leaf length in *Deschampsia klossii,* it appears that tussock height is controlled by temperature dependent leaf elongation (*cf.* EVANS *et al.*, 1964). STUCKEY (1942) has shown grass leaf length (in *Agrostis tenuis* and *Dactylis glomerata*) to be related to cell size rather than to cell number, and EVANS *et al.* (1964) indicate leaf length to be environmentally determined. Thus it seems that, without pedestal development, *Deschampsia* tussock height may be restricted by physical limits to cell expansion and by decreasing rigidity with increasing leaf length.

The largest tussocks have been reported from the sub-Antarctic region where it seems that the development of a tall pedestal is most pronounced. On Macquarie Island pedestal height was found to contribute between 19 % and 33 % to total tussock height compared with only 3 % to 8 % on Mt Wilhelm. Large tussocks have also been reported from the sub-Antarctic as a result of erosion and compaction of inter-tussock soil by the action of penguins and seals *(Photo 121, Plate XXX),* also WACE 1965).

Factors affecting tussock density are not entirely clear. On the sub-Antarctic islands, the activities of seals can alter tussock density as seen in *Photo 122, Plate XXXI.* On Mt Wilhelm there is a strong relationship of increasing tussock density with increasing altitude. This pattern may be related to the life history of these tussock grasslands but not enough is known of the autecology of *Deschampsia klossii* to judge how likely this relationship is. On the other hand, tussock density may be inversely related to available energy: the more energy the fewer tussocks/m^2. Unless complicating factors are present, temperature is a good measure of energy received and thus one finds tussock density increasing as average temperature decreases with increasing altitude on Mt Wilhelm. The variations from the temperature: tussock density relationship which are found on Macquarie Island might be explicable in terms of special radiation conditions at these sites. For example the two sites with lowest density occur at the lowest altitude where temperatures are presumably higher than at higher altitudes. Of these two sites, tussock density is slightly lower at the north facing (*i.e.* sun facing) site, MRB, than at the SSW facing site, MGC. Of the other three sites, the high altitude NNE facing MPB site has a tussock density that falls between those of two mid altitude SW and SSW facing sites; and may indicate that aspect as a factor determining radiant energy input can be more important than altitude in relation to tussock density. EVANS *et al.* (1964) suggest that tillering is greatest at low temperatures while ASHTON (1965) reports that natural regeneration in *Poa foliosa* on Macquarie Island is largely vegetative. Thus there could be a causal inverse relationship between temperature (energy) and tussock density.

Leaf density is of particular interest in that, on Mt Wilhelm, *Deschampsia* leaf densities increase with increasing site altitude. There is a relationship between leaf area, leaf density, and leaf length such that, in order to maintain similar leaf areas at all sites, an increase in average leaf length caused by warm temperatures is compensated for by a reduction in leaf number and *vice versa* at cooler sites.

Leaf area index was shown to be highly variable within a site but to show no significant variation between sites or regions; however, mean site values are lowest on Mt Wilhelm and highest on the sub-Antarctic islands. While more intensive sampling might indicate differences between regions, at present it must be concluded that similar LAI's are produced by well developed tussock grasslands in both the equatorial high montane and sub-Antarctic regions.

There are three outstanding features of the biomass data *(Table 2)*.

a. The biomass is very much greater at the sub-Antarctic sites than at the equatorial high montane sites. Similarly high values to those from Macquarie Island (JENKIN, 1972) have been reported from the environmentally very different tropical rain forest (KIRA *et al.*, 1967). These figures indicate that low temperatures above freezing are not necessarily unduly limiting to plant growth, nor are equitable, tropical temperatures a prerequisite of high biomass production in natural vegetation.
b. There is a large amount of aerial biomass that is present as dead, attached leaves. The accumulation of such matter, attached to the living plant, appears to be both a feature of grasses (GREENE *et al.*, 1973, SCHAMURIN *et al.*, 1972, WEAVER, 1968) and of certain species in particular environments. For example, grassland, giant Lobelias have thick mantles of marcescent leaves while related species growing in nearby forest do not (MABBERLEY, 1974a). A similar situation may exist for giant Senecios (compare the photographs of grassland *Senecio keniodendron* on Mt Kenya (COE, 1967, Plate 4) with the forest *Senecio mannii* on the Nyambeni Hills, Kenya (MABBERLEY, 1974b, Plate 1). SMITH (1974) has demonstrated the protection from radiation frost afforded by living leaves to apices and young leaves of *Espletia schultzii* in Venezuela, while COE (1969),

Table 2. Plant biomass (kg/m^2) for three Mt Wilhelm sites and two sub-Antarctic islands

	dead grass	living	herbs grass	cryptogams	woody plants	*roots* live	*roots* dead	total	shoot/ root
WWF									
aerial	2.053	.401	.021	.086	.007	.	.	.	.
pedestal	.223	.106	.	.	.	.017	.	.	.
subterranean	.	.	.	.	.	0.33	.195	.	.
Totals	2.276	.607	0.21	.086	.007	.050	.195	3.242	12.2
WFS									
aerial	1.942	.346	.032	.140	.000	.	.	.	.
pedestal	.250	.119	.	.	.	.017	.	.	.
subterranean	.	.	.	.	.	.037	.304	.	.
Totals	2.192	.465	.032	.140	.000	.054	.304	3.187	7.9
WUV1									
aerial	2.978	.378	.019	.056	.000	.	.	.	.
pedestal	.083	.039	.	.	.	.005	.	.	.
subterranean	.	.	.	.	.	.041	.253	.	.
Totals	3.061	.417	.019	.056	.000	.045	.253	3.851	11.9

Fortsetzung Tabelle 2

CBH									
aerial live	.	.634	.034	0	.215	.	.		
aerial dead	1.742	.	.025	0	.067	.	.		
subterranean live	.	.	.	.	.	1.116	.		
subterranean dead	.	.	.	.	.	.	1.206		
Totals	1.742	.634	.059	0	.282	1.116	1.206	5.039	1.2
*Macquarie 45 m**									
aereal live	.	.637	.262	.006	.012	.	.		
aerial dead	2.573	.	.110	?	.010	.	.		
subterranean live	.	.		.	.	1.686	.		
subterranean dead	.	.	.	.	.	.	3.110		
Totals	2.573	.637	.372	.006	.022	1.686	3.110	8.406	0.8

* from JENKIN, 1972

HNATIUK *et al.* (1976), and SCOTT (1962) have shown how much more favourable is the thermal micro-climate beneath tussock canopies and within tussock pedestals than in the free air above. Thus it might be postulated that the conspicuous holding of dead leaves around living stems in environments subject to frost may permit the growth of species which would otherwise be excluded because of frost damage to their tender apices or young leaves. Experimental work with tussock grasses (*e.g.* removal of marcescent leaves) would be instructive. COE (1967) reports on the death of *Senecio keniodendron* near huts in Teleki Valley, Mt Kenya, where dead leaf girdles had been removed for fuel for fires.

GREENE *et al.* (1973) speculate on the importance of litter and standing dead material, especially of the grass *Festuca erecta* on South Georgia, as a location of nutrients present, but not available to other organisms, in the ecosystem.

c. There is a difference between regions in shoot: root ratios indicating a difference in the partitioning of biomass between aerial and subterranean parts. This matter will be considered after productivity has been discussed below.

6.2. PRODUCTION

The equatorial high montane tussock grasslands are shown to be very much less productive than similar grasslands on sub-Antarctic Islands *(Table 9).* The values presented here for these equatorial grasslands appear to be the first estimates from this region, but for the sub-Antarctic there are now several studies which indicate the high productive capacity of that environment (CLARKE *et al.*, 1971, COLLINS, 1973; JENKIN, 1972, JENKIN and ASHTON, 1970). It appears that at least three factors may be responsible for the high production in the sub-Antarctic. Firstly, there is the favourable thermal regime that is the same the year round suggesting that temperature is essentially non-limiting on a seasonal basis. Secondly,

Table 9: Tussock net productivity ($g/m^2/day$) at Campbell Island, Macquarie Island and Mt.Wilhelm sites.

Site	mean
CBH	4.12
MGC	7.79
MWE	6.62
MWS	10.88
MRB	10.26
MPB	9.70
WWF	0.35
WFS	0.69
WGAP	0.77
WWT	0.87
WUV1	0.71
WUV2	1.21

nutrients are probably not limiting as there is an input from airborne sea spray (JENKIN, 1972) and nesting bird activity. Thirdly, there is the long growing season, which is probably maximal on Macquarie and Campbell Islands and which JENKIN (1972) estimates to be 295 days long on Macquarie Island. CALLAGHAN (1973) reports linear growth rates through the long growing season of *Phleum alpinum* on South Georgia and compares it with a mid-season peak in growth rate during the short growing season of *P. alpinum* in Greenland. This contrast indicates the ways in which species may adapt to the sub-Antarctic environment. Recent experimental studies of MARK (1975) on three species of alpine *Chionochloa* from New Zealand indicate that some evergreen tussock grasses are capable of attaining maximal net assimilation rates shortly after being exposed to freezing temperatures – an obvious advantage to plants exposed to frost during the growing season. However, he also reports that frequent occurrences of night frost can greatly inhibit day time net assimilation in comparison to that after a single short or prolonged period of frost. More experimental work like that of MARK is obviously needed in view of the high production measured on Macquarie Island with its recorded, high incidence of frost. The daily rate of production at a lowland Macquarie Island site calculated on an annual basis by JENKIN (1972) (8.99 $g/m^2/day$) is very similar to that calculated during mid-summer (10.26 $g/m^2/day$, this study) indicating that either the non-growing season is very short or that growth never really ceases for any prolonged period.

In terms of these three factors, the equatorial high montane is also characterized by a long growing season and no seasonally limiting temperatures, but has a poor nutrient regime. The low production here may thus be caused by the low nutrient status but perhaps the strong diurnal temperature cycles, which distinguish the high equatorial montane (HNATIUK *et al.*, 1976) from the sub-Antarctic, also contribute to the lower production. The frequent occurrence of night frost as well as the relatively high mid-day temperatures may both limit growth (*cf.* MARK (1975) for the effect of frequent frost, and MOONEY and BILLINGS (1961) for the effect of high temperature on growth). If upper and lower temperatures experienced on Mt Wilhelm are limiting to growth then the findings of ARNOLD and MONTIETH (1974), regarding the relative importance to growth of mean daily temperatures as opposed to daily range of temperature, do not apply.

The distribution of net production in relation to photosynthetic leaf area provides a further point of contrast between the regions *(Table 10)*. The sub-Antarctic tussocks appear to invest about twice as much of each plant's mass in leaf area as do the equatorial high montane tussocks. This may be related to the perpetually low levels of irradiance in the sub-Antarctic which are largely the result of persistent high cloud cover and reduced light availability to leaves. Levels of light intensity are intermittently high at the equatorial site where sunny mornings are a common feature. A difference in light interception by leaves of tussocks in the two regions is also seen in their morphology. The Mt Wilhelm *Deschampsia klossii* tussocks have narrow, cylindrical leaves while the sub-Antarctic *Poa foliosa* and *Chionochloa antarctica* have broad flat ones.

There is between six and nine times as much leaf area per gram of roots per m^2 of ground in the equatorial high montane tussocks as in the sub-Antarctic tussocks *(Table 10)*. Expressed another way, it takes at least six times more roots to support an equal area of leaf in the sub-Antarctic than in the equatorial high montane. Possibly this is so because the strong, persistent winds and large leaf area in the sub-Antarctic result in relatively high transpiration that can only be met by a large root network. However, critical data on the stomatal response to wind and humidity of the southern tussocks is needed. Stomata of

Table 10: Leaf area compared with leaf dry weight and root dry weight for equatorial high montane and sub-Antarctic sites.

Site	leaf area/m²	g/m² green leaves	g/m² live roots	LA/g green leaves	LA/g roots
(1)	(2)	(3)	(4)	(5)	(6)
WUV1	1.8	0.378	0.045	4.8	40.0
WFS	1.6	0.346	0.054	4.6	29.6
CBH	5.5	0.634	1.116	8.7	4.9
Macquarie 45 m (JENKIN, 1972)	7.2	0.637	1.686	11.3	4.3

Table 11: Green leaf turnover times estimated from biomass (Table 2) and productivity (Table 8) data.

Site (1)	g/m²/day (2)	g/m² (3)	days (4)=(2)÷(3)	months (5)=(4)÷30
WWF	0.35	401	1146	38
WFS	0.69	346	501	17
WUV1	0.71	378	532	18
CBH	4.12	634	154	5
Macquarie[a]	8.99	637	71	2

(a = data from JENKIN, 1972)

Deschampsia klossii are sunken and buried in narrow papillose channels on the inside of tightly inrolled leaves and thus are well designed to reduce transpiration.

The time required to replace the leaf biomass *(Table 2)* at the rates given in *Table 9* can be readily calculated *(Table 11)* if it is assumed that the rates are constant for the duration of the replacement time. The replacement time for leaves is short in the sub-Antarctic tussocks and is thus consistent with the observation of rapid summer growth of new leaves on Macquarie Island. The Mt Wilhelm sites, WFS and WUV1 show leaf replacement times of 17 to 18 months which are only slightly greater than the estimated maximum 16 month leaf life span (see section 'Results 5.1.5'), indicating that individual leaf turnover rates are greater than leaf biomass turnover times. The large replacement time shown for WWF is thought primarily to relate to the crude estimate of aerial, net productivity as indicated in *Appendix I.* If a turnover time of 516 days (Mean of WFS and WUV1 times) is postulated for WWF then an aerial, net productivity of 0.78 g/m²/day would be expected there instead of the measured 0.35 g/m²/day (*i.e.* a similar rate to that of other sites on the mountain).

Table 12: Measured and calculated annual production (g/m^2) estimates for the sub-Antarctic and equatorial high montane. Calculated values come from LIETH's (1972) equations where the lesser values only are used.

Site	measured	temp. estimate	rainfall estimate	ratio of (2) with the lesser of (3) and (4)
(1)	(2)	(3)	(4)	(5)
Mt Wilhelm				
WFS	128	1 205	2 696	0.1
WUV2	442	797	a	0.5
Campbell Island				
CBH	1 506	1 120	926	1.6
Macquarie Island[b]				
235 m	949	883	1 465	1.1
45 m	3 280	959	1 378	3.4

a. no rainfall data available
b. data from JENKIN, 1972

For the world's terrestrial plant communities, LIETH (1972) lists maximum primary productivity at 3 500 $g/m^2/year$ and this value was found for 'tropical rain forest' and 'rain green forest'. For temperate and tropical grassland, he quotes maxima of 1 500 and 2 000 $g/m^2/year$ respectively. With equations (his Figs. 3 and 4) using mean annual temperature and annual average precipitation, he has produced maps of world primary production. These equations have been applied to the data from Campbell Island, Macquarie Island and Mt Wilhelm *(Table 12).* Following LIETH's application of Leibig's law of the minimum, the smallest calculated value has been taken as the best estimate of production and compared with the actual values of dry matter production. The actual and calculated values for the upland Macquarie Island (235 m), Campbell Island (CBH) and upland Mt Wilhelm (WUV2) sites agree reasonably well (using the variability shown in LIETH's Figures as an estimate of expected error). Production estimated from temperature data gives the lowest values for the Macquarie Island and Mt Wilhelm sites, whereas estimates based on precipitation give the lesser value for the Campbell Island site. The actual annual production values of the lowland Macquarie Island (45 m) and the lowland Mt Wilhelm sites are very different from the calculated estimates. The Macquarie Island site value is 3.4 times greater than the estimated minimum and the Mt Wilhelm site value is only a tenth of its estimated minimum. In both cases the calculated estimates based on temperature give the lower value.

For the Mt Wilhelm (WFS) site, the production value estimated from temperature is smaller than that estimated from rainfall, and temperature rather than precipitation may therefore be the factor limiting growth here. Since production at the cooler, higher site (WUV2) is reasonably well estimated from temperature data by LIETH's (1972) equation, it seems that temperatures at the lower site may be limiting by being above the optimum for growth for *Deschampsia klossii.* Given that *D. klossii* is native to high altitudes and invades at lower altitudes only after fire, this suggestion seems reasonable. Warmer temperatures at the lower altitude may have the effect of increasing respiration more than photosynthesis in a manner similar to that found by MOONEY and BILLINGS (1961) for arctic populations of *Oxyria digyna* when grown under conditions warmer than those under which they had evolved.

Table 13: Survey of the world distribution of tussock dominated vegetation.

Humid for 10 to 12 months[1] :

a) Melanesian high mountain tussock grasslands (Wade and McVean 1969; personal observation);
b) Afroalpine tussock grassland (Hedberg, 1964, 1968; Coe, 1967; personal observation);
c) tussock grasslands of the paramos of the Andes, 'pajonales' (Cuatrecasas, 1968; Troll, 1959);
d) Hawaiian islands high mountain tussock grassland (Fosberg, 1961);
e) high altitude tussock grasslands of Australia (equivalent to Wimbush and Costin's (1973) '*Chionochloa* tall alpine herbfield'; personal observation);
f) low altitude, low tussock grassland of New Zealand (Cockayne, 1958; Connor and Macrae, 1969; Burrows, 1969; personal observation);
g) low altitude, tall tussock grassland of New Zealand (Cockayne, 1958; Connor and Macrae, 1969; personal observation);
h) high altitude, low tussock grassland of New Zealand (Cockayne, 1958; Connor and Macrae, 1969; Burrows, 1969; personal observation);
i) high altitude, tall tussock grassland of New Zealand (Cockayne, 1958; Connor and Macrae, 1968; Burrows, 1969; personal observation);
j) sub-Antarctic tussock grasslands (Hooker, 1847, Taylor, 1955; Troll, 1960; Wace, 1965; personal observation);
k) British and north-European *Molinia* and *Nardus* tussock grasslands (Tansley, 1949);
l) British *Eriophorum* tussock vegetation (Conway, 1949; Phillips, 1954);
m) tussock grasslands of the pampas of Argentina and Uruguay (Eyre, 1963);

Mesic: 6 to 9 humid months:

n) tropical atoll tussock grasslands (*Sclerodactylon* and *Eragrostis*) (Cremers, 1972; Lamoureux, 1963; personal observation);
o) large, tufted, *Stipa* steppe of Eurasia (Eyre, 1963);
p) Palouse prairie, western North America (Eyre, 1963);
q) bunch grass of the 'upland prairie' Midwest, North America (*Andropogon scoparius, Sporobolus heterolepis*) (Weaver, 1968);

Arid: 0 to 5 humid months:

r) arctic, sub-arctic *Eriophorum* tussock vegetation, Alaska (Hopkins and Sigafoss, 1951; Johnson *et al.*, 1966; Wein and Bliss, 1971);
s) high altitude Mexican tussock grasslands: 'zacontales' (Troll, 1973, personal communication);
t) high Andean puna and 'Ichu' tussock grasslands (Troll, 1959);
u) Mitchell tussock grasslands of northern Australia (Moore and Perry, 1970).

1) Humid months determined by method of de Martonne (Lauer, 1952).

7.CONCLUSIONS

Climatically, the equatorial high montane and sub-Antarctic are similar in their constantly low mean temperatures, but several differences are evident, particularly in wind, strength of diurnality of temperature and relative humidity, and seasonal irradiation. Soils appear to be of lower nutrient status in the equatorial high montane than in the sub-Antarctic, although peaty soils are very abundant in both places.

Details of plant structure understandably tend to be similar between tussock grasslands of the sub-Antarctic and equatorial high montane and to parallel the original observation of a common growth form. A prominent example of this is the accumulation of dead attached grass. On the other hand, the shoot: root biomass ratios are very different between the regions. Production is exceptionally high in the lowland Macquarie Island tussock grassland compared with those of Mt Wilhelm. The high biomass and production rates reported for lowland Macquarie Island are not unique. COLLINS (1973) reports 9–10,000 g/m² for living bryophytes from Signy Island and high rates of production are also quoted for bryophytes from South Georgia (CLARKE *et. al.*, 1971). These rates indicate that the sub-Antarctic environment should not be described as unfavourable (CALLAGHAN 1973) in every case, because for some plants it is exceptionally favourable. Production studies in the moss-forests of tropical high mountains, where temperatures may also be expected to be low and change but little, are needed to complement the comparative work presented in this study.

In concluding this paper, it is useful to return to the original concept of similar physiognomy of vegetation between the sub-Antarctic and equatorial high montane with which this work began. Tussock grasslands, together with giant herbs and hard cushion plants, are the most conspicuous features that attract the attention of visitors to these regions. But tussock grasslands cannot be described as being characteristic of these regions to the exclusion of other areas. Tussock dominated vegetation is ubiquitous as the sample in *Table 13* indicates. Until a comprehensive study of the world's tussock vegetation is completed, we will not know exactly what factors or combinations of factors are responsible for the occurrence of tussocks in the equatorial high montane and sub-Antarctic zones.

8. ACKNOWLEDGEMENTS

I am indebted to the following persons for their helpful discussions and suggestions on the preparation of this paper: S.H. HNATIUK, J.M.B. SMITH, N.M. WACE, and D. WALKER. I am grateful for financial and travel assistance to the Director of the Antarctic Division, Department of Science, Australia; the New Zealand Wildlife Service; Mr. J.S. WOMERSLEY, Division of Botany, Lae; the Commonwealth Scholarship and Fellowship Plan, Australia; and the Australian National University.

REFERENCES

ARNOLD, S.M. and MONTIETH, J.L. (1974): Plant development and mean temperature in a Teesdale habitat. Journal of Ecology 62: 711–720.

ASHTON, D.H. (1965): Regeneration pattern of *Poa foliosa* Hook. F. on Macquarie Island. Proceedings of the Royal Society of Victoria 79: 215–233.

BURROWS, C.J. (1969): Alpine grasslands (Chapter 8). In: Natural History of Canterbury. Knox, G.A. ed. A.H. Reed and A.W. Reed, Wellington.

CALLAGHAN, T.V. (1973): Studies on the factors affecting the primary production of bi-polar ***Phleum alpinum***. pp. 153–167. In: Primary Production and Production Processes, Tundra Biome., Bliss, L.C. and Wielgolaski, F.E. eds. Tundra Bioma Steering Committee, Stockholm.

CLARKE, G.C.S., GREENE, S.W. and GREENE, D. (1971): Productivity of bryophytes in polar regions. Annals of Botany 35: 99–108.

COCKAYNE, L. (1958): The Vegetation of New Zealand. 3rd ed. H.R. Engelmann (J. Cramer), Weinheim.

– (1909): The ecological botany of the sub-antarctic islands of New Zealand. In: The Subantarctic Islands of New Zealand. Chilton, C. ed. Philosophical Institute of Canterbury.

COE, M.J. (1969): Microclimate and animal life in the equatorial mountains. Zoologica Africana 4: 101–128.

– (1967): The ecology of the alpine zone of Mount Kenya. Monographiae Biologicae XVII: 1–136.

COLLINS, N.J. (1973): Productivity of selected bryophyte communities in the maritime Antarctic. pp. 177–183. In: Primary Production and Production Processes, Tundra Biome. Bliss, L.C. and Wielgolaski, F.E. eds. Tundra Biome Steering Committee, Stockholm.

CONNOR, H.E. and MACRAE, A.H. (1969): Montane and subalpine tussock grasslands in Canterbury (Chapter 9). In: Natural History of Canterbury. Knox, G.A. ed. A.H. Reed and A.W. Reed, Wellington.

CONWAY, V.M. (1949): Ringinglow Bog, near Sheffield. Journal of Ecology 37: 148–170.

CREMERS, G. (1972): Contribution to botanical knowledge of Iles Glorieuses. Battistini, R. and Cremers, G. eds. Atoll Research Bulletin: 151.

CUATRECASAS, J. (1968): Paramo vegetation and its life form. pp. 163–186. In: Geo-ecology of the mountainous regions of the tropical Americas. Troll. C. ed. Colloguium Geographicum 9, Bonn.

DE LISLE, J.F. (1965): The climate of the Auckland Islands, Campbell Island and Macquarie Island. New Zealand Ecological Society Proceedings No. 12: 37–44.

EVANS, L.T., WARDLAW, I.F., and WILLIAMS, C.N. (1964): Environmental Control of growth pp. 102–125. In: Grasses and Grasslands, Barnard, C. ed. Macmillan and Co. Ltd., London.

EYRE, S.R. (1963): Vegetation and Soils. A World Picture. Edward Arnold, London.

FABRICIUS, A.F. (1957): Climate of the sub-Antarctic islands. pp 111–135. In: Meterology of the Antarctic. van Rooy, M.P. ed Government Printer, Pretoria.

FOSBERG, E.R. (1961): Guide to Excursion III. Tenth Pacific Science Congress. 10th Pacific Science Congress and University of Hawaii, Honolulu.

GATES, D.M. (1962): Energy Exchange in the Biosphere. Harper and Row, New York.

GREENE, D.M., WALTON, D.W.H., and CALLAGHAN, T.V. (1973): Standing crop in *Festuca* grassland on South Georgia. pp. 191–194. In: Primary Production and Production Processes, Tundra Biome. Bliss, L.C. and Wielgolaski, F.E. eds. Tundra Biome Steering Committee, Stockholm.

HEDBERG, O. (1968): Taxonomic and ecological studies on the afroalpine flora of Mt. Kenya. pp. 171–194. In: Hochgebirgsforschung (High Mountain Research) 1.

– (1964): Features of afroalpine plant ecology. Acta Phytogeographica Suecica 49. Almguist and Wiksells, Uppsala.

HNATIUK, R.J., MCVEAN, D.N. and SMITH, J.M.B. (1976): Mt. Wilhelm Studies II. The Climate of Mt. Wilhelm. Research School of Pacific Studies. No. BG/4. Australian National University, Canberra.

HOOKER, J.D. (1847): The botany of the Antarctic Voyage of H.M. Discovery ships Erebus and Terror in the years 1839–1843, vol. 1. Reeve Brothers, London.

HOPKINS, D.M. and SIGAFOOS, R.S. (1951): Frost action and vegetation patterns on Seward Peninsula, Alaska. U.S. Geological Survey Bulletin 974C: 51–101.

JENKIN, J.F. (1972): Studies on Plant Growth in Subantarctic Environment. Ph.D. thesis, Melbourne University.

– and ASHTON, D.H. (1970): Productivity studies on Macquarie Island vegetation. pp. 851–863. In: Antarctic Ecology vol. 2. Holdgate, M.W. ed. Academic Press, London.

JOHNSON, A.W., VIERECK, L.A., JOHNSON, R.E. and MELCHIOR, H. (1966): Vegetation and flora. pp. 277–354. In: Environment of the Cape Thompson Region Alaska. Wilimovsky, N.J. and Wolfe, J.N. eds. United States Atomic Energy Commission, Division of Technical Information. Oak Ridge.

JORDAN, C.F. (1971): Productivity of a tropical forest and its relation to a world pattern of energy storage. Journal of Ecology 59: 127–142.

KIRA, T., OGAWA, H., YODA, K. and OGINO, K. (1967): Comparative ecological studies on three main types of forest vegetation in Thailand IV. Dry matter production, with special reference to the Khao Chong rainforest. Nature and Life in Southeast Asia 5: 149–174.

LAMOUREUX, C.H. (1963): The flora and vegetation of Laysan Island. Atoll Research Bulletin 97.

LAUER, W. (1952): Humide und aride Jahreszeiten in Afrika und Südamerika und ihre Beziehung zu den Vegetationskunde. pp. 15–98. In: Studien zur Klima- und Vegetationskunde der Tropen. Lauer, W., Schmidt, R.D., Schroder, R., and Troll, C. eds. Bonner Geographische Abhandlungen 9.

LIETH, H. (1972): Modelling of the primary productivity of the world. Nature and Resources 8: 5–10.

MABBERLEY, D.J. (1974a): The pachycaul Lobelias of Africa and St. Helena. Kew Bulletin 29: 535–584.

– (1974b): Branching in pachycaul Senecios: the Durian theory and the evolution of angiospermous trees and herbs. New Phytologist 73: 967–975.

MARK, A.F. (1975): Photosynthesis and dark respiration in three alpine snow tussocks (*Chionochloa* spp.) under controlled environments. New Zealand Journal of Botany 13: 93–122.

MCVEAN, D.N. (1968): A year of weather records at 3480 m on Mt. Wilhelm, New Guinea. Weather 23: 377–381.

MOONEY, H.A. and BILLINGS, W.D. (1961): Comparative physiological ecology of arctic and alpine populations of *Oxyria digyna*. Ecological Monographs 31: 1–29.

MOORE, D.M. (1968): The vascular flora of the falkland Islands. British Antarctic Survey Scientific Reports No. 60.

MOORE, R.M. and PERRY, R.A. (1970): Vegetation. pp. 59–73. In: Australian Grasslands. Moore, R.M. ed. Australian National University Press, Canberra.

OLIVER, R.L. and SORENSEN, J.H. (1951): Botanical investigations on Campbell Island, Part I. The Vegetation. Cape Expedition Series Bulletin No. 7: 5–24.

PHILLIPS, M.E. (1954): Studies in the quantitative morphology and growth of *Eriophorum angustifolium* Roth. Journal of Ecology 42: 187–210.

RAUNKIAER, C. (1934): The Life Forms of Plants and Statistical Plant Geography being the collected papers of C. Raunkiaer. Oxford University Press, Oxford.

SCHAMURIN, V.F., POLOZOVA, T.G. and KHODACHEK, E. A. (1972): Plant biomass of main plant communities at the Tareya station (Taimyr). pp. 163–181. In: Proceedings IV. International Meeting on the Biological Productivity of Tundra, Leningrad, October 1971. Wielgolaski, F.E., and Rossewall, T.H. eds. Tundra Biome Steering Committee, Stockholm.

SCOTT, D. (1962): Temperature and light microclimate within a tall tussock community. New Zealand Journal of Botany 5: 179–182.

SMITH, A.P. (1974): Bud temperature in relation to nyctinastic leaf movement in an Andean giant rosette plant. Biotropica 6: 263–268.

STUCKEY, I.H. (1942): Some effects of photoperiod on leaf growth. American Journal of Botany 29: 92–97.

TANSLEY, A.G. (1949): The British Islands and their vegetation. Cambridge University Press.

TAYLOR, B.W. (1955): The flora, vegetation and soils of Macquarie Island. Australian National Antarctic Research Expedition Reports. Series B. vol. 11. Botany.

TROLL, C. (1973): The upper timberlines in different climatic zones. Arctic and Alpine Research 5: 3–18.

– (1961): Klima und Pflanzenkleid der Erde in dreidimensionaler Sicht. Die Naturwissenschaften 9: 332–348.

– (1960): The relationship between climate, ecology and plant geography of the southern cold temperate zone and of the tropical mountains. Proceedings of the Royal Society. Series B. 152: 529–532.

– (1959): Die tropischen Gebirge. Ihre dreidimensionale klimatische und pflanzengeographische Zonierung. Bonner Geographische Abhandlungen 25.

WACE, N.M. (1965): Vascular plants. pp. 201–266. In: Biogeography and Ecology in Antarctica. van Miegham, J., van Oye, P. eds. W. Junk, The Hague.

WADE, L.K. and MCVEAN, D.N. (1969): Mt. Wilhelm Studies I. The Alpine and Subalpine vegetation. Publication BG/1. Research School of Pacific Studies, Australian National University.

WALKER, D. (1968): A reconnaissance of the non-arboreal vegetation of Pindaunde catchment, Mount Wilhelm, New Guinea. Journal of Ecology 56: 445–466.

WEAVER, J.E. (1968): Prairie Plants and their Environment: A Fifty Year Study in the Midwest. University of Nebraska Press, Lincoln.

WEIN, R.W. and BLISS, L.C. (1971): Production in *Eriophorum* tussock tundra communities of the Arctic. American Journal of Botany 58: 483.

WIMBUSH, D.J. and COSTIN, A.B. (1973): Vegetation mapping in relation to ecological interpretation and management in the Kosciusko alpine area. Division of Plant Industry Technical Paper No. 32. C.S.I.R.O. Canberra.

DISCUSSION TO THE PAPER HNATIUK

Dr. A. M. Cleef:

The values shown, were influenced by animals manuring especially on low level on the subantarctic island?

Prof. Dr. J. D. Ives:

Could you explain something concerning the length of the growing season in the subantarctic and whether or not the above ground productivity measurements were taken at the "peak" of the growing season?

Prof. Dr. K. Heine:

Is there a significant relationship between your values and different species?

Dr. R.J. Hnatiuk:

to Cleef: No, the sites on the subantarctic islands were chosen such that a manuring influence was apparently not present.

However, deposition of airborne salts from the sea has been shown by JENKIN (1972) to be an important source of nutrients. The importance to current nutrient levels of the nesting activity of native sea birds before the introduction of cats, rabbits and "wekas" (a flightless New Zealand bird) is not known.

to Ives: The growing season on Campbell Island is unknown and that of Macquarie Island has been estimated by JENKIN (1972) to be 295 days. While his estimate is the best possible at present it is based on a rather unsatisfactory method which defines the growing season as being equal to the period of net increase in above ground living biomass. This presumes a seasonal factor large enough to be detected and there is no particular reason to make this assumption to start with. JENKIN has acknowledged a large degree of variability in his biomass data and the uncertainty of his estimate of growing season. In the absence of anything better, it at least indicates the possibility of a very long growing season for such a high latitude site. My own feeling is that the growing season of lowland Macquarie Island and Campbell Island is very long indeed, perhaps covering the whole year apart from impracticable short, occurrence of freezing weather.

to Heine: Without comparative studies under controlled conditions the variation due to species differences cannot be separated from habitat and environmental differences. I have not done these studies, so do not know how the different species affect the values. The only thing clear at present is that in the equatorial high mountain there appears to be a very much lower production of tussock grasses, than that found in the subantarctic tussock grasses.

LES OISEAUX NECTARIVORES DE L'ÉTAGE ALPIN DES HAUTES MONTAGNES TROPICALES

JEAN DORST

Au contraire des régions tempérées et froides, les tropiques ont permis la différenciation de nombreux oiseaux nectarivores. Les fleurs riches en nectar y sont en effet beaucoup plus abondantes et mettent à la disposition des animaux pendant une bonne partie de l'année, sinon en permanence, un aliment de haute valeur énergétique. Le nectar, riche en sucres, est en fait recherché par de nombreux oiseaux anthophiles, qui le disputent à d'innombrables insectes.

A côté de consommateurs occasionnels, les espèces nectarivores sont toutes nettement spécialisées sur le plan alimentaire et appartiennent à des groupes systématiques bien définis. Dans le Nouveau-Monde, elles constituent les familles des Trochilidae et des Coerebidae; dans l'Ancien-Monde, celles des Nectariniidae, des Meliphagidae, des Drepanididae et des Trichoglossidae. En Afrique, les oiseaux véritablement nectarivores appartiennent tous aux Nectariniidae (à l'exception des *Promerops),* particulièrement bien différenciés dans ce continent.

Tous sont hautement adaptés à la préhension d'aliments liquides, de deux manières nettement distinctes. Les colibris et les soui-mangas aspirent le nectar grâce à leur langue protractile formant un tube allongé, alors que les loris (Trichoglossidae) et dans une certaine mesure la plupart de méliphages le lèchent grâce à leur langue se terminant par un abondant pinceau de filaments kératinisés. Il est permis de penser que ces structures constituent chacune une adaptation à la forme des fleurs les plus fréquemment rencontrées dans chaque région. Alors que beaucop de plantes africaines ou sud-américaines procurant le nectar aux nectariniens et aux colibris ont des fleurs aux corolles tubulaires, celles de beaucoup de plantes océaniennes, telles que les eucalyptus et les autres Myrtaceae, forment de petites coupes, où il est plus facile de puiser à l'aide d'une petite brosse qu'avec une pipette.

On connait par ailleurs le rôle que jouent les oiseaux nectarivores dans la pollinisation des fleurs qu'ils fréquentent: en venant prélever leur nourriture, ils heurtent les étamines et se chargent le bec et le plumage de pollen qu'ils transportent ensuite sur d'autres fleurs, assurant ainsi la fécondation croisée si importante pour beaucoup de végétaux.

On remarquera toutefois qu'aucun oiseau n'est jamais strictement inféodé à un régime nectarivore, car tous se nourrissent aussi de très nombreux insectes, notamment ceux qu'ils capturent dans les fleurs nectarifères. Beaucoup les chassent même au vol à la manière des gobemouches. Leur alimentation est ainsi le plus souvent mixte, la partie animale leur permettant d'équilibrer leurs besoins en protéines que ne couvre pas le nectar.

Contrairement à ce que l'on pourrait penser en considérant la faible taille, l'apparente fragilité et les exigences écologiques très strictes des oiseaux nectarivores, ceux-ci ne se sont pas étroitement confinés aux zones tropicales chaudes d'où ils sont à coup sûr originaires.

Quelques uns ont colonisé des biomes qui leur sont à première vue hostiles. C'est en particulier le cas des Trochilidés dans le Nouveau Monde. Deux espèces sont remontées jusqu'aux Etats-Unis et au Canada, l'une dans l'est *(Archilochus colubris),* l'autre dans l'ouest *(Selasphorus rufus),* où il atteint l'Alaska. Cette extension les oblige bien entendu à des migrations saisonnières de grande amplitude: ils vont hiverner au Mexique et en Amérique centrale, ne pouvant subsister pendant la mauvaise saison dans des régions devenues trop froides et totalement dépourvues d'aliments susceptibles de leur convenir.

Dans le sud du continent, les Trochilidés ont également étendu leur distribution presque jusqu'à la limite des terres. 6 espèces habitent le Chili, et l'une d'entre elle, *Sephanoides sephaniodes,* la plus commune de toutes, se rencontre du désert d'Atacama à la Terre de Feu où elle représente à elle seule la famille. Les mouvements saisonniers de ces oiseaux sont mal connus dans la partie la plus méridionale de leur habitat. On sait qu'au Chili central, ils vont nicher dans des zones relativement élevées, puis qu'ils reviennent à basse altitude, notamment dans la vallée centrale et sur la côte où une riche flore de type méditerranéen leur procure une abondante nourriture pendant l'hiver.

D'une manière tout aussi surprenante, les Trochilidae ont colonisé les zones les plus élevées des Andes. L'étage tempéré est habité par de nombreuses espèces, notamment par celles des genres *Metallura, Helianthea, Lafresnayea, Ensifera, Pterophanes, Aglaeactis, Eriocnemis, Chalcostigma, Ramphomicron* et *Psalidoprymna.* Il est vrai que la végétation buissonnante dense des secteurs les plus humides de cette zone leur offre une nourriture abondante et des abris contre les intempéries. Plus étonnante encore est la présence de colibris dans les étages les plus élevés, non seulement dans les paramos humides, mais aussi dans les zones plus sèches, à la végétation rase du fait d'un climat plus rude. Plusieurs colibris, notamment ceux du genre *Oreotrochilus,* sont propres à l'étage haut-andin, où ils ont été observés jusqu'à 5400 m d'altitude notamment par TROLL (1948) et par nous-même, soit à la limite des communautés vivantes.

Les nectariniens, véritables équivalents écologiques des colibris dans l'Ancien Monde, ont eux aussi peuplé l'étage alpin des hautes montagnes d'Afrique, où une espèce, *Nectarinia johnstoni,* habite les formations de séneçons et de lobélies jusqu'aux environs de 4600 m. Plusieurs autres espèces se trouvent dans les étages montagnards, notamment *N. kilimensis, N. famosa, N. reichenowi* et *N. tacazze* (MOREAU 1966). En revanche, aucun Nectariniidae n'a peuplé les étages les plus élevés des chaines himalayennes pour des raisons difficiles à comprendre, alors que quelques espèces du genre *Aethopyga* se rencontrent dans les étages montagnards moyens. Les homologies si frappantes entre les écosystèmes alpins des hautes montagnes de la zone tropicale du monde entier et entre les communautés aviennes qui y participent, ne se retrouvent donc pas dans le continent asiatique, moins encore en Australie où cet étage fait pour ainsi dire défaut.

1. EVOLUTION DES OISEAUX NECTARIVORES MONTAGNARDS

Divers groupes d'oiseaux nectarivores ont donc réussi à coloniser les hautes montagnes des tropiques et d'y atteindre les limites mêmes des communautés vivantes. Cette extension est d'autant plus surprenante qu'il s'agit d'oiseaux de très petite taille, souvent même minuscules, dont la thermorégulation est difficile du fait des basses températures régnant à ces altitudes. Peu d'espèces ont en fait réussi à pénétrer cet univers hostile, car un sévère filtrage a éliminé la plupart de ceux qui tentèrent cette extension d'habitat au cours de l'évolution récente. Ces formes sont, selon toutes probabilités, venues des régions basses limitrophes. Beaucoup se sont établies dans les étages montagnards sub-tropicaux et tempérés. Seules quelques-unes ont réussi à s'adapter à l'étage alpin. Cette décroissance de la densité spécifique est parallèle à celle que l'on observe parmi tous les autres groupes animaux. Elle s'explique par la sélection par les conditions du milieu et par la constitution d'écosystèmes simplifiés, aux éléments réduits, en accord avec la rigueur des facteurs physiques. Cet appauvrissement est très net en Amérique du Sud où les milieux haut-andins sont incomparablement plus pauvres que ceux des régions amazoniennes basses qui s'étendent à leur piémont. Il en est de même en Afrique et en Asie. Cela est particulièrement vrai des oiseaux nectarivores, plus exigeants encore que beaucoup d'autres du fait de leur régime alimentaire. Seules quelques espèces ont réussi à atteindre les limites de la vie dans la région néotropicale, une seule en Afrique et aucune en Asie. Leur présence, même en nombre réduit, atteste néanmoins les extraordinaires facultés d'adaptation d'oiseaux fragiles et en apparence inaptes à s'adapter à des milieux extrêmes.

Dans leur cas, comme dans celui de tous les oiseaux, il existe une différence importante entre la région néotropicale et l'Afrique, liée à une évolution dans des milieux ayant une histoire géologique distincte, bien que dans les deux cas, celle-ci soit relativement récente. Dans les Andes, la surélévation actuelle se produisit du Pliocène au Pléistocène. Il en est de même en Afrique, où d'amples remaniements sont intervenus au cours des dernières périodes géologiques. Les habitats ont été partout profondément modifiés au cours des amples fluctuations climatiques du Pléistocène, traduites notamment dans l'hémisphère boréal par les grandes glaciations, phénomènes selon toute probabilité concommitants à travers le monde entier.

Ce laps de temps de durée sensiblement égale a permis une évolution très différente des avifaunes montagnardes. Les oiseaux peuplant l'étage le plus élevé des Andes, comprennent 153 espèces, oiseaux aquatiques exclus (VUILLEUMIER 1969), alors que leurs équivalents africains n'en comptent que 74 (MOREAU 1966). Cette plus grande diversification des oiseaux andins résulte de plusieurs facteurs.

Hormis l'Asie centrale, aucun autre continent n'a été le théâtre d'une orogénèse aussi puissante que l'Amérique du Sud. Au contraire des boucliers guyanais et brésilien, la région andine est caractérisée par sa grande instabilité pendant que se différenciait l'avifaune moderne. La conséquence directe fut d'augmenter dans des proportions considérables la diversité écologique à travers la chaine, selon des gradients longitudinaux, latitudinaux et altitudinaux tout à la fois. Les Andes constituent encore aujourd'hui un univers à trois dimensions au point de vue géographique, climatologique et écologique.

Le soulèvement des cordillères s'accompagna de fluctuations climatiques contemporaines des grandes glaciations du Pléistocène, affectant à la fois les températures et l'humidité. Pendant les périodes froides et humides, les zones montagnardes étaient continues et s'étendaient vers des altitudes plus basses. Au contraire pendant les périodes chaudes et sèches, ces zones avaient une distribution discontinue et les populations se trouvaient alors fractionnées. La situation actuelle donne une idée de ce qui s'est passé jadis. Pas moins de 5 barrières divisent présentement les Andes en secteurs relativement isolés, du nord de la Colombie au Chili central (VUILLEUMIER 1969). De profondes vallées et des barrières écologiques scindent les populations animales en entités distinctes, au sein desquelles peuvent se produire des dérives géniques et des phénomènes évolutifs susceptibles de mener à une spéciation active. Ces fluctuations de grande amplitude se sont produites dans un massif complexe et gigantesque, mais constituant une entité géographique unique de la Patagonie au Vénézuela, du monde sub-polaire jusqu'au delà de l'Equateur.

La spéciation y aura été très active, en dépit de la difficulté des oiseaux, et des animaux en général, à coloniser les étages andins les plus élevés. Parmi ceux de l'étage haut-andin, pas moins d'un tiers appartiennent à des super-espèces, ce qui montre combien la différenciation fut active. Cette évolution est particulièrement nette parmi les Trochilidae, comme le démontrent les espèces du genre *Oreotrochilus*, propres aux zones élevées, le plus souvent arides, des Andes du Chili à l'Ecuador. La répartition du genre comporte des taches isolées, chaque espèce étant séparée de ses congénères par des hiatus très importants. Seule deux espèces cohabitent partiellement en Bolivie *(estella, adela)*. Une autre *(chimborazo)* ne niche même que sur les plus hauts sommets de l'Ecuador entre 4 000 et 4 600 m (Chimborazo, Cotopaxi, Iliniza, Corazon, Antisana, Pichincha), en taches discontinues, ce qui a d'ailleurs permis une différenciation subspécifique. Des cas similaires sont offerts par les *Oxypogon* et les *Chalcostigma*. Ils sont encore plus nombreux parmi les colibris des étages tempérés d'altitude inférieure.

La situation est notablement différente en Afrique, continent où les hautes montagnes sont largement isolées les unes des autres, formant des «îles» de faible superficie au milieu d'habitats de basse altitude couverts d'une végétation notablement différente. Elles furent sans doute à plusieurs reprises, au cours des périodes humides du Pléistocène, réunies entre elles par des associations végétales de type montagnard, ce qui permit des émigrations faunistiques suivies de différenciations après la rupture de la continuité. Mais ces montagnes formèrent toujours des taches de faible superficie, et jamais un bloc montagneux continu analogue aux Andes. Cela explique sans doute dans une large mesure que l'avifaune des étages les plus élevés, et notamment celui de l'étage alpin, est d'une pauvreté manifeste, et qu'il comporte des lacunes étonnantes, laissant de nombreuses niches écologiques vacantes. Seuls les hauts plateaux éthiopiens auraient pu, du fait de leur surface, constituer le lieu de différenciation d'une avifaune montagnarde prospère. Ils ne l'ont pas été d'une manière inexpliquée, car les absences de certains oiseaux montagnards ne proviennent certainement pas de leur élimination au cours des périodes les plus défavorables du Pléistocène, celles-ci n'ayant jamais eu une amplitude suffisante. Des refuges suffisamment vastes auraient de toutes manières permis la survie des souches et la recolonisation ultérieure des territoires voisins (DORST et ROUX 1972, 73).

La situation est particulièrement évidente en ce qui concerne les Nectariniidae. Quelques espèces sont établies dans les forêts d'altitude. Une seule, *Nectarinia johnstoni*, s'est différenciée dans la zone afro-alpine, mais n'habite que les hautes montagnes du Kénya, du Zaire, du Tanganyika et du Nyasaland, à l'exclusion de celles d'Ethiopie, où seuls *N. tacazze* et *N. famosa* remontent dans les étages montagnards sans toutefois pénétrer dans l'étage alpin. Cette pauvreté des hautes montagnes africaines se retrouve parmi les autres groupes aviens.

On soulignera une fois de plus qu'aucun Nectarinidae n'a colonisé l'étage alpin des chaines asiatiques. Les conditions de la différenciation faunistique furent cependant favorables au Pléistocène, par suite d'un ensemble de circonstances analogues à celles qui provoquèrent l'évolution des faunes andines. Des facteurs écologiques qu'il conviendrait de mettre en évidence sont peut-être responsables de cette lacune.

2. ADAPTATIONS ECOLOGIQUES

Comme tous les animaux, les oiseaux nectarivores des hautes montagnes eurent à surmonter la résistance d'un milieu particulièrement hostile.

Il leur fallut tout d'abord vaincre les effets de l'altitude elle-même, entrainant une raréfaction de la tension en oxygène. On sait que cette adaptation met en œuvre des mécanismes métaboliques très précis au niveau des processus d'échanges gazeux. Cella n'a apparemment pas posé de sérieux problèmes aux oiseaux, en dépit d'un métabolisme très élevé lié à des activités intenses. Beaucoup d'oiseaux vivant à grande altitude ont un cœur nettement plus développé que celui de leurs homologues de régions basses (DORST 1972). Ce n'est pas nécessairement le cas des colibris andins dont le cœur n'est pas toujours significativement plus grand. Le poids de cet organe atteint 2,59 % en moyenne du poids du corps chez *Oreotrochilus estella,* alors qu'il est inférieur à 2 % chez la plupart des colibris de Panama. Mais chez d'autres espèces, surtout celles de petit taille, son poids relatif est du même ordre. On sait que cet organe atteint un développement considérable chez les oiseaux de cette famille du fait d'un rythme d'activité très élevé et des exigences du vol vibré mettant en jeu une énorme dépense d'énergie. Il semble qu'il n'ait pas besoin d'augmenter encore de volume chez les espèces de grande altitude.

Les adaptations au milieu montagnard sont beaucoup plus d'ordre écologique qu'anatomique et physiologique. C'est au prix de modifications écologiques et comportementales que les oiseaux ont réussi à coloniser cet habitat. Il faut d'ailleurs remarquer que ce ne sont jamais les facteurs relatifs à l'altitude elle-même qui déterminent la limite supérieure de l'aire de répartition des oiseaux rencontrés jusqu'à la limite de la vie végétale.

Les adaptations se traduisent tout d'abord par la recherche des milieux les plus favorables, où les oiseaux se concentrent avec une forte densité (Rappelons que cette répartition en taches eut des conséquences profondes sur la différenciation des espèces montagnardes).

Le milieu le plus favorable au niveau de l'étage alpin est incontestablement constitué par les formations végétales typiques des zones les plus humides. En Amérique, ce milieu est celui des p a r a m o s, formations réparties dans les secteurs andins les plus arrosés, du Vénézuela à l'Ecuador. Les températures y sont fraiches, bien que les écarts de variation journalière soient de grande amplitude. L'humidité y est toujours très élevée en raison de l'abondance des précipitations pendant une bonne partie de l'année; la nébulosité est forte et les brouillards fréquents. Une végétation très particulière s'est établie dans ce milieu. Les plantes les plus typiques sont les Compositae du genre *Espeletia,* les «f r a i l e j o n e s» des Colombiens. Si quelques-unes de leurs espèces sont des plantes herbacées de taille moyenne, beaucoup d'autres atteignent cinq ou six mètres de hauteur et comportent un énorme bouquet de longues feuilles lancéolées sous lesquelles pendent les feuilles mortes formant un manchon autour du tronc. De nombreuses plantes herbacées ou buissonnantes accompagnent les *Espeletia* pour constituer une association très caractéristique, favorable au développement d'une faune proportionnellement bien diversifiée. Les insectes y sont particulièrement nombreux. Quelques colibris se rangent parmi les oiseaux les plus typiques de ce milieu. Les *Oxypogon* s'y rencontrent communément jusqu'à 4800 m et *Chalcostigma stanleyi* niche dans des ravins à moins de 200 m des champs de glace qui couvrent en permanence le sommet du volcan Sangay. La nourriture est relativement abondante toute l'année grâce à l'humidité. Les basses températures et l'humidité elle-même semblent aisément surmontées. Quelques colibris, comme *Metallura tyrianthina* ont un plumage mou et relativement épais pour un Trochilidae, sans doute une adaptation pour lutter contre le froid humide. *Metallura williami* a été trouvé nichant sur le Sangay dans des ravins d'une humidité constante, édifiant son nid parmi les herbes au dessus d'un torrent et paraissant ne pas souffrir de l'eau qui imprègne la construction. *Oreotrochilus chimborazo* niche lui aussi dans les ravins où se réfugie une végétation buissonnante jusque vers 4400 m.

C'est dans un milieu très semblable, véritable équivalent écologique, que vit le nectarinien *Nectarinia johnstoni* sur les hautes montagnes d'Afrique orientale (COE, 1967). Dans un habitat froid et très humide, du fait d'une forte pluviosité et de brouillards fréquents, s'est différenciée une végétation de même physionomie que celle de paramos. Les espèces de *Senecio* et de *Lobelia,* exacts équivalents des *Espeletia,* donnent au paysage son aspect caractéristique et dominent une flore herbacée et buissonnante dense. Tout comme les colibris, *N. johnstoni* met ces plantes gigantesques à profit pour y chasser les insectes et pour y construire son nid. Il le place volontiers à l'abri des feuilles mortes qui pendent en manchon sous la rosette des feuilles vivantes des *Senecio,* bénéficiant ainsi d'un abri contre les pluies et d'un microclimat thermique plus favorable. Ce comportement a son équivalent dans les Andes. Les colibris des paramos font de même et l'on a signalé des *Metallura* abrités sous des feuilles mortes d'*Espeletia* auxquelles ils s'accrochent avec leurs doigts munies d'ongles particulièrement crochus. Un exemple encore plus démonstratif est offert par les colibris mettant à profit les *Puya Raimondii* du Pérou méridional et central. Ces Bromeliaceae gigantesques, atteignant une dizaine de mètres de hauteur, comportent un énorme bouquet de longues feuilles raides, munies de crochets acérés sur leurs bords. Les feuilles mortes se dessèchent, mais restent pendues sous les feuilles vivantes en formant un manchon. De nombreux oiseaux les mettent à profit pour nicher dans un habitat où les végétaux de grande taille sont rares; ils y bénéficient en plus de la protection des feuilles et de leurs crochets contre les prédateurs. Les colibris *Oreotrochilus estella* entre autres nichent volontiers dans l'étroit intervalle séparant les feuilles mortes du tronc du puya. Leur nid se trouve à l'abri de la pluie, dans une ambiance thermique ayant souvent plusieurs degrés de plus que le milieu extérieur pendant la nuit. Des oiseaux d'origine très différente comme les Nectariniidae et les Trochilidae ont ainsi répondu par un comportement de nidification identique en mettant à profit des végétaux eux-mêmes très éloignés dans la classification, mais ayant le même habitus et établis dans un milieu caractérisé par les mêmes facteurs physiques.

Ces divers oiseaux vivent certes dans des conditions particulièrement dures. Ils bénéficient néanmoins d'une végétation dense qui leur offre des abris satisfaisants et permet le développement d'une faunule de proies capables de les sustenter. Il n'en est pas de même des colibris habitant les parties les plus sèches des hautes Andes, notamment les plateaux de grande altitude du Pérou et de la Bolivie. Sur cet altiplano, le climat, extrêmement rude, se caractérise par de grands écarts de température journaliers pouvant atteindre 25° (max. + 22°; min. – 3°) même pendant la saison des pluies; par une sécheresse très marquée pendant une bonne partie de l'année; et par des vents violents qui contribuent au dessèchement de l'atmosphère. Un tel climat inhibe le développement de toute végétation arborescente. Le paysage végétal le plus typique est le pajonal de puna, formé de graminées steppiques. Ce n'est que dans les milieux les plus abrités, pentes de vallées bien exposées, fonds de petites vallées, pieds de falaises rocheuses, que l'on trouve une végétation buissonnante dense et quelques arbres, notamment les «queñuas» (*Polylepis,* Rosaceae).

Les colibris établis dans ce milieu sont plusieurs espèces d'*Oreotrochilus, Colibri coruscans, Chalcostigma olivaceum* et *Patagona gigas.* Aucun représentant d'un autre genre n'a pénétré sur l'altiplano, bien que plusieurs soient bien diversifiés aux étages inférieurs, aux environs de 3500 m. Certains sont propres à ce milieu par exemple les *Oreotrochilus;* d'autres, comme *Colibri coruscans,* témoignent de facultés d'adaptation beaucoup étendues, car on les trouve de la zone subtropicale, aux environs de 1850 m, jusque sur l'altiplano.

Ces colibris ne peuplent de loin pas l'ensemble des hauts plateaux péruviens. Ils sont en particulier totalement absents des grandes pampas ouvertes, où la nourriture et les emplacements de nidification convenant à ces oiseaux sont rares. Leur optimum écologique se trouve sur les pentes bien abritées, entrecoupées de falaises et d'éboulis, et dans les ravins jouissant d'un microclimat favorable. Leur distribution est de ce fait même largement discontinue, comme celle de la plupart des espèces haut-andines.

La recherche des milieux les plus favorables, première réponse de ces oiseaux au milieu andin a obligé les colibris andins à s'y concentrer, ce qui fait que leurs populations peuvent atteindre localement de fortes densités. Les nids d'*Oreotrochilus estella* sont souvent placés à courte distance les uns des autres, parfois à moins de 20 m. Des faits semblables ont été rapportés pour *Lampornis clemenciae* et *Hylocharis leucotis* dans les sierras du Mexique (WAGNER 1952). Cette tendance est encore beaucoup plus accentuée chez *Oreotrochilus chimborazo* qui niche en véritables colonies. SMITH (1969) rapporte entre autres avoir observé 5 nids occupés dans un rayon de 2 mètres dans une cavité au pied d'une falaise. Tout se passe comme si, du fait de la rareté des emplacements de nidification, les colibris montagnards étaient contraints de réduire considérablement la dimension de leurs territoires et de modifier leurs comportements de défense spatiale. Cette habitude contraste fortement avec le tempérament volontiers intraitable que manifestent ces oiseaux. Il ne semble pas que cette modification du comportement territorial s'observe chez les espèces des paramos, ni en tous cas chez le nectarinien *Nectarinia johnstoni,* du fait que les emplacements de nidification sont plus nombreux et plus largement répartis dans ces associations végétales.

C'est dans l'emplacement des nids que les colibris montrent le mieux à quel point ils se sont adaptés au milieu andin en tirant parti des conditions les plus favorables de manière à diminuer les pertes thermiques par radiation et par convection[1]). Ces nids sont en effet, dans la très grande majorité des cas, placés au pied ou contre des parois rocheuses, parfois même à l'intérieur de véritables grottes. Sur 143 nids d'*Oreotrochilus estella* découverts sur les hauts plateaux du Pérou méridional, à une altitude moyenne de 4000 m, 75,5 % étaient placés contre des falaises rocheuses, 10,5 % dans des arbustes croissant au pied de falaises, 12,5 % dans des *Puya Raimondii* et seulement 1,5 % dans des arbustes non protégés directement par une falaise rocheuse. La plupart des nids sont associés directement au rocher, bénéficiant pour l'accrochage d'une quelconque fissure.

Les conditions écologiques sont beaucoup plus favorables dans ces habitats privilégiés, protégés du vent et jouissant dans l'ensemble d'une bonne exposition au soleil. Les heures les plus froides du jour sont, comme toujours, celles qui précédent et suivent le lever du soleil. Le thermomètre descend alors fréquemment en dessous de zéro. Or le soleil, bien dégagé à ces heures même pendant la saison des pluies, permet un réchauffement sensible de toutes les surfaces qui lui sont exposées. Les conditions thermiques deviennent par conséquent bien plus rapidement favorables que partout ailleurs. Le refroidissement de l'aube est en quelque sorte «escamoté» par l'exposition.

Si l'oiseau a le libre choix de l'emplacement, d'une manière très significative les nids fixés au rocher se trouvent en grande majorité dans des falaises orientées à l'Est. Cette circonstan-

[1]) La sélection des microhabitats les plus favorables a été mise en évidence dans d'autres habitats montagnards, notamment en Amérique du Nord (CALDER 1973).

ce permet l'action la plus bénéfique du soleil au lever du jour. On remarquera cependant que la plupart des nids d'*Oreotrochilus* se trouvent placés de telle manière qu'ils sont protégés du rayonnement direct dès le milieu de la matinée par quelque avancée rocheuse en surplomb. Le soleil pourrait être alors néfaste aux œufs et surtout aux oisillons. L'emplacement des nids de ces colibris est ainsi déterminée très exactement de manière à les faire bénéficier du rayonnement calorifique des premières heures du jour, ce qui évite un refroidissement pendant les heures les plus froides, et à les mettre à l'abri dès que le rayonnement devenu trop violent est au contraire défavorable.

Notons par ailleurs que les *Oreotrochilus* n'hésitent pas à construire leurs nids dans de véritables grottes ou dans des galeries de mines désaffectées où règne une complète obscurité. Ce milieu leur offre des conditions manifestement favorables, et notamment des variations thermiques d'amplitude réduite.

Il convient aussi de rappeler que les colibris andins fréquentent volontiers les rochers et les falaises pour y chasser les insectes et les petites araignées qui constituent une faunule prospère le long des parois, attirée par la chaleur et par des suintements d'eau. Il n'est pas rare de voir ces oiseaux voleter au flanc des falaises rocheuses ou les parcourir à la manière d'un tichodrome en s'arrêtant aux lieux les plus favorables. Les insectes sont souvent saisis par les colibris qui se sont au préalable posés sur une aspérité du rocher ou sur un rameau. Leurs pattes et leurs doigts sont d'une manière générale plus développés que ceux des espèces de régions chaudes ne présentant pas ces commportements.

Une autre réponse des colibris des hautes Andes aux facteurs du milieu est donc d'être devenus nettement rupicoles. Les rochers sont plus favorables du fait qu'ils déterminent des conditions plus clémentes. Comme l'a défà dit WEBERBAUER, ils constituent des oasis de chaleur dans un univers froid. De les avoir choisis pour y nicher et s'y alimenter, en établissant leurs nids à des emplacements déterminés avec grande précision, montre l'opportunisme des Trochilidae. Cette adaptation écologique explique sans nul doute en grande partie le succès de la colonisation des hautes Andes.

3. LÉTHARGIE

On sait que certains colibris de l'ouest de 'Amérique du Nord (*Calypte annae, Selasphorus sasin* entre autres) sont capables d'entrer en léthargie journalière. Au cours des nuits fraiches dans leurs habitats désertiques, ils se réfugient dans une retraite et tombent en torpeur. Leur température interne s'abaisse alors aux environs de 19°, à peine supérieure à celle du milieu ambiant. Le métabolisme se ralentit considérablement comme en témoigne la diminution de la consommation d'oxygène de 10–16 cm^3 par gramme de poids et par heure à l'état de repos éveillé (et jusqu'à 85 $cm^3/g/h$ pendant le vol), à 0,84 $cm^3/g/h$ à l'état léthargique. L'oiseau est alors inerte et sans aucun réflexe; il s'éveille pourtant en quelques minutes au matin. Cette particularité physiologique permet à des oiseaux dont la faible taille rend difficile et onéreux le maintien de la température interne à un niveau constant dans une ambiance froide, au plumage peu isolant, dépourvus de réserves et incapables de s'alimenter pendant la nuit, de mettre leur organisme au ralenti et de réaliser une notable économie d'énergie.

Une léthargie nocturne identique a été mise en évidence chez *Oreotrochilus estella,* qui se réfugie dans des anfractuosités de rocher et même dans de véritables grottes pour se soustraire aux effets du froid vif à ces altitudes (PEARSON 1953). D'autres tombent en léthargie dans leurs nids qui constituent une enceinte thermique très efficace. La température interne de l'oiseau tombe de 39°5 à 14°5, soit à peine 0,5° de plus que celle de l'abri ou l'oiseau s'est réfugié. Aucun battement du cœur n'est perceptible, et la respiration est extraordinairement lente.

Il est possible que cette torpeur intervienne chaque nuit dans les parties les plus froides de l'habitat, surtout pendant l'hiver austral où la léthargie est plus fréquente et sa durée plus longue, peut-être en rapport avec les variations de la photopériode (CARPENTER 1974). Les femelles en train de couver ne semblent pas tomber en torpeur nocturne, en tous cas pas d'une manière régulière, contrairement à ce qui se passe chez *Selasphorus platycercus* dans les montagnes du Colorado (CALDER et BOOSER 1973). Le réveil est rapide et matinal, car il est fréquent que les colibris andins chassent dès les premières lueurs du jour, même quand les températures sont encore au voisinage ou au dessous de zéro et quand la végétation est couverte de la gelée nocturne. Les colibris sont certes alors obligés de dépenser une énergie considérable pour maintenir leur température interne à un niveau élevé. Mais ils sont capables de trouver déjà des aliments et donc de compenser ces pertes.

La possibilité d'entrer en léthargie journalière, peut-être suivant un rythme annuel, permet donc aux colibris andins de réaliser une économie notable de leur énergie, à une phase du cycle nycthéméral pendant laquelle ils ne peuvent compenser les pertes par la prise de nourriture. Cette particularité ne leur est pas propre. Mise en évidence d'abord chez des colibris propres aux déserts nord-américains, elle a été retrouvée aussi chez diverses espèces habitant les milieux humides et chauds du Brésil (RUSCHI 1949). *Clytolaema rubricauda* entrerait en léthargie chaque nuit, d'autres espèces seulement quand la baisse de température est plus marquée que de coutume ou que les oiseaux n'ont pu s'alimenter suffisamment pendant la journée. Le phénomène parait ainsi assez général parmi les Trochilidae, étant lié aux caractéristiques mêmes de leur métabolisme et aux exigences alimentaires très élevées d'oiseaux minuscules incapables d'accumuler des réserves. Il n'en reste pas moins vrai que cette faculté est particulièrement utile aux colibris des hautes Andes auxquels elle permet de faire face à des conditions extrêmement difficiles du fait du refroidissement nocturne très marqué.

On a lieu de penser depuis peu qu'il pourrait exister un autre type de léthargie chez les colibris andins et chez ceux de la partie la plus méridionale du continent américain. Il s'agirait cette fois ci d'une sorte de léthargie saisonnière. D'après JOHNSON (1967), l'état de léthargie profonde de *Sephanoides sephanoides* se prolongerait pendant de longues périodes. Un individu a été rencontré à Santiago du Chili, dans une torpeur profonde, accroché par les pattes à un rameau au milieu d'une végétation dense constituant un abri thermique satisfaisant. Cet état persista au moins pendant une dizaine de jours et sans doute beaucoup plus. D'autres individus ont été observés dans les Andes de Santiago, cachés dans des anfractuosités de rocher sous la neige, et ne se réveillèrent pas même quand ils étaient manipulés.

Cette léthargie se prolongeant pendant de longues périodes constituerait une adaptation très différente de celle des *Oreotrochilus*. Il s'agirait d'une réponse à des conditions rigoureuses, empêchant les colibris de se nourrir d'une manière satisfaisante pendant tout l'hiver. Certains observateurs ont remarqué que dans les parties les plus méridionales de leur habitat, les *Sephanoides* apparaissent soudain aux premiers beaux jours, au moment où les fleurs s'épanouissent et où les insectes éclosent. Ils se demandent si ces oiseaux ne passeraient pas l'hiver en état de torpeur, ce qui expliquerait le manque d'observations attestant une véritable migration de ces oiseaux vers le nord à l'approche de l'hiver. Des observations plus précises sont nécessaires avant que l'on puisse conclure. A priori il parait improbable que ces colibris puissent passer tout l'hiver en léthargie. Plus vraisemblablement on peut admettre que leur léthargie est entrecoupée de périodes d'éveil, quand les conditions sont favorables, à la manière de ce qui se passe chez l'engoulevent *Phalaenoptilus nuttalli* des déserts nord-américains. On sait que celui-ci se réfugie dans des anfractuosités de rocher où il entre en torpeur profonde, mais qu'il se réveille de temps en temps quand la température se réchauffe et qu'il peut alors chasser. Le fait mériterait d'être précisé.

4. RÉGIME ALIMENTAIRE

La plupart des oiseaux nectarivores ont en réalité un régime mixte. S'ils prélèvent une quantité importante de nectar, équivalent parfois à deux fois leur propre poids par jour, ils complètent cette nourriture par de nombreux insectes et des araignées qu'ils capturent au vol ou dans les fleurs nectarifères. La proportion d'aliments d'origine animale varie selon les espèces.

Ce régime mixte se retrouve chez les oiseaux nectarivores des étages montagnards. Dans les hautes Andes du Pérou, les colibris mettent à profit toutes les fleurs riches en nectar, et notamment les *Loasa* (Loasaceae), petites plantes en touffes aux fleurs rouge vif, aux nectaires énormes; *Chuquiragua spinosa* (Compositae), buissons croissant en peuplements denses, aux fleurs rouges; *Siphocampylus tupaeformis* (Campanulaceae) dont les épis rouges eux aussi colorent le pied des falaises; et diverses espèces du genre *Nototriche* (Malvaceae) aux grandes fleurs diversement colorées selon les espèces. En Ecuador SMITH (1969) a noté l'étroite association entre *Oreotrochilus chimborazo* et *Chuquiragua acutifolia.* Les colibris jouent très certainement un rôle important dans la pollinisation de ces espèces végétales.

Dans l'ensemble cependant les plantes susceptibles de procurer du nectar aux oiseaux-mouches sont peu abondantes sur les hauts plateaux andins. De ce fait la partie la plus importante de leur alimentation, dépassant largement celle que représente le nectar, consiste en arthropodes, dont la biomasse consommable, plus élevée et bien diversifiée, est disponible tout au long de l'année ou presque, alors que les plantes ne fleurissent qu'à une certaine saison. L'analyse des contenus stomacaux d'*Oreotrochilus* et de *Colibri coruscans* nous a confirmé l'importance des arthropodes dans leur régime. Les Diptères forment au moins la moitié des proies, les araignées une part substantielle (notamment celles de petite taille qui abondent sur les parois rocheuses encombrées d'une végétation rase); les Coléoptères sont plus rares et ne comprennent guère que des espèces minuscules faisant partie du «plancton aérien». Ces insectes sont capturés au vol, à la manière des gobe-mouches, parmi la végétation, ou comme nous l'avons déjà mentionné le long des parois rocheuses où les colibris chassent à la manière des tichodromes.

Le nectarinien *Nectarinia johnstoni* a un régime similaire dans les hautes montagnes d'Afrique. Bien qu'il apprécie hautement les *Protea* et leur nectar, surtout en dehors de la période de reproduction, il trouve surtout sa nourriture dans les inflorescences des *Lobelia* et des *Senecio* arborescents. Les proies principales sont des insectes, notamment des Diptères qui en constituent jusqu'à 95 %, capturés parmi la végétation et au vol à la manière d'un gobe-mouche. Des analyses de contenus stomacaux ont montré que sa nourriture comprend parfois jusqu'à 90 % de Bibionides qui vivent et se reproduisent à la base des feuilles de *Lobelia*. Les Chironomides dont les larves se développent dans l'eau stagnant à la base appréciés (COE 1967). Des papillons sont souvent aussi ses proies et l'on a rapporté que quand le petit Lycaenidae *Harpendireus aequatorialis* est abondant, l'oiseau nourrit ses jeunes presqu'exclusivement à ses dépens.

Les oiseaux nectarivores des hautes étages montagnards témoignent ainsi d'un remarquable opportunisme. Ils ont exagéré la tendance insectivore observée chez leurs congénères des régions basses, de manière à compenser la pauvreté relative en plantes nectarifères de ces milieux et au contraire mettent à profit les insectes, ressource alimentaire plus abondante et disponible toute l'année.

5. REPRODUCTION

La réussite des couvées dans des habitats aussi hostiles exige un soin tout particulier de la part des oiseaux. Le choix de l'emplacement du nid est la première d'entre elle et les *Oreotrochilus* montrent combien celui-ci peut être précis.

D'une manière générale les nids des colibris andins sont de très grandes dimensions, ce qui exige un travail considérable de la femelle, la seule responsable de cette construction et de l'élevage des jeunes comme chez tous les Trochilidae. En dépit de variations importantes dans la taille, consécutives entre autres à la position par rapport au support et aux possibilités d'amarrage (les dimensions peuvent varier de 75 x 75 x 50 mm (hauteur, largeur, épaisseur) à 100 x 140 x 55 mm chez *Oreotrochilus estella* et les nids d'*O. chimborazo* sont de même taille), leurs nids sont toujours beaucoup plus grands que ceux des colibris nichant dans les régions tropicales chaudes, atteignant très souvent le double ou même plus du volume de ceux-ci. La coupe intérieure qui a toujours sensiblement la même taille, est bordée de matériaux d'un pouvoir isolant très élevé, fines brindilles, herbes, mousses, duvet végétal, et surtout flocons de laine abandonnés par les moutons dans les pâturages.

Ces particularités sont en rapport évident avec la nécessité d'assurer aux œufs et aux jeunes une isolation thermique aussi efficace que possible. Cette tendance, déjà notée par WAGNER (1959) dans le cas de certains colibris des hauts plateaux mexicains, est encore beaucoup plus accentuée chez leurs homologues du Pérou, tout comme chez d'autres oiseaux des hauts plateaux, notamment les Fringillidae et les Furnariidae *(Asthenes, Leptasthenura).*

Nectarinia johnstoni construit lui aussi un nid volumineux fait de fines brindilles, d'herbes et de poils de mammifères, notamment ceux que perdent les damans *(Procavia).* Le plus souvent ce nid est placé dans un buisson ou une bruyère arborescente, ou caché sous les feuilles mortes des *Senecio,* un abri idéal contre la pluie et le froid.

Les colibris andins pondent deux œufs, ce nombre étant fixé génétiquement dans toute la famille. En revanche on observe une diminution de la ponte chez *Nectarinia johnstoni* ainsi d'ailleurs que chez quelques autres nectariniens montagnards tels que *N. tacazze* d'Ethiopie. La ponte comporte en général 2 ou 3 œufs chez la plupart des Nectariniidae de régions basses. L'œuf unique devient règle courante chez ces espèces montagnardes, ce que l'on peut considérer comme une adaptation à un milieu pauvre en ressources alimentaires. Une nichée plus nombreuse serait plus difficile à élever et les réussites seraient sans doute inférieures, ce qui à long terme porterait préjudice à l'espèce.

Les diverses phases du développement et de la croissance sont nettement ralenties chez les espèces montagnardes, ce qui apparait avec une particulière netteté chez les colibris des hautes Andes, et notamment *Oreotrochilus estella.* Chez cette espèce, les œufs éclosent au bout de 20 à 21 jours d'incubation, durée notablement plus longue que chez les colibris des plateaux mexicains (*Lampornis clemenciae:* 17–18 jours; *Hylocharis leucotis:* 14–16 jours, d'après WAGNER), et surtout par rapport aux colibris nord-américains (*Selasphorus rufus:* 12–14 jours; *Archilochus colubris:* 11–14 jours).

Au cours de la croissance, on ne peut manquer d'être frappé par les grandes différences que l'on observe dans l'augmentation pondérale journalière. Certains jours cette augmentation est considérable et atteint 24 % du poids de la veille; parfois elle est quasiment nulle et dans certains cas peut même être négative. Ces variations sont essentiellement en rapport avec les conditions météorologiques. Le mauvais temps ralentit considérablement la fréquence des nourrissages et même les arrête complètement, ne serait-ce que par suite de la disparition des proies. En revanche, la persistance du beau temps pendant l'après-midi favorise les nourrissages dont la fréquence ne diminue pas pendant la seconde moitié de la journée comme par temps pluvieux. La comparaison des accidents de la courbe de croissance et même des simples variations journalières avec les relevés météorologiques démontre une nette corrélation. Bien que celle-ci se décèle aussi chez les jeunes oisillons dans d'autres parties du monde, notamment chez ceux des régions tempérées, elle n'est jamais aussi nette que chez les colibris andins, étroitement tributaires des conditions météorologiques.

Dans l'ensemble, et au delà de ces variations journalières, le développement des jeunes est beaucoup plus lent dans le cas des colibris andins que chez leurs homologues de régions plus chaudes. L'ouverture des fentes palpébrales n'intervient que le 16ème jour chez *Oreotrochilus estella,* mais dès le 10ème jour chez *Lampornis clemenciae,* le 11ème chez *Colibri thalassinus* et entre le 9ème et le 12ème chez *Hylocharis leucotis,* trois espèces mexicaines étudiées par WAGNER. L'envol se situe entre le 30ème et le 40ème jour chez l'espèce andine, entre le 19ème et le 29ème chez les espèces mexicaines mentionnées ci-dessus et dès le 20ème jour chez *Selasphorus rufus* de l'ouest des Etats Unis.

L'ensemble du développement accuse donc un retard notable chez les colibris des hautes Andes. Ce phénomène est manifestement en relation avec le climat de leur habitat. L'œuf et le jeune oiseau se comportent comme de véritables poecilothermes, chez lesquels les phénomènes métaboliques dépendent directement des conditions physiques du milieu. Par ailleurs la quantité de nourriture disponible est fonction des conditions météorologiques, et les jours défavorables sont fréquents, ce qui freine les comportements de nourrissage.

En dépit de ce ralentissement de la croissance la réussite des couvées de colibris andins parait très satisfaisante, et est semblable à celle de leurs homologues d'habitats plus chauds.

6. REMARQUES FINALES

Les étages montagnards des divers secteurs de la zone tropicale ont donc été peuplés d'une manière aussi différente que ne le sont les conditions géographiques. La composition et la richesse spécifique diffèrent très largement en ce qui concerne les oiseaux nectarivores comme les autres groupes aviens.

Il n'en demeure pas moins que partout, sauf en Asie, quelques-uns de ces oiseaux ont réussi à coloniser l'étage alpin en dépit de la rigueur du climat consécutif à l'altitude. Ils l'ont fait grâce à une série d'adaptations écologiques précises, et l'on observe à ce point de vue un parallélisme évident dans l'évolution des Trochilidae et des Nectariniidae, d'autant plus remarquable que ces deux familles sont d'origine nettement distincte.

Ces adaptations concernent partout les choix des habitats en fonction des microclimats et de la disponibilité de la nourriture, la recherche d'abris et de sites de nidification adéquats, le régime alimentaire et les comportements de la reproduction. Il est possible qu'il faille y ajouter des migrations altitudinales, et que notamment les colibris nichant dans les parties les plus sèches des Andes évacuent celles-ci en dehors de la saison des pluies.

Cette remarquable convergence entre colibris et nectariniens en fait de véritables équivalents écologiques. Sans doute leur rôle dans les écosystèmes montagnards est-il minime. La biomasse que représentent leurs populations est très faible. Ils n'en occupent pas moins une niche écologique bien définie et jouent un rôle non négligeable dans la pollinisation des plantes ornithophiles des hautes montagnes. D'une manière plus générale, ils témoignent de l'extraordinaire plasticité des oiseaux et de leurs facultés d'adaptation aux conditions les plus rudes d'un milieu extrême.

BIBLIOGRAPHIE

CALDER, W.A. (1973): An estimate of the heat balance of a nesting hummingbird in a chilling climate. Comp. Biochem. Physiol. 46 A: 291–300.

– (1973): Microhabitat selection during nesting of hummingbirds in the Rocky Mountains. Ecology, 54: 127–134.

– und BOOSER, J. (1973): Hypothermia of Broad-tailed Hummingbirds during Incubation in Nature with Ecological Correlations. Science, 180: 751–753.

CARPENTER, F.L. (1974): Torpor in an Andean Hummingbird: Its Ecological Significance. Science, 183: 545–547.

COE, M.J. (1967): The Ecology of the Alpine Zone of Mount Kenya. Mon. Biol. 17.

DORST, J. (1956): Etude biologique des Trochilidés des hauts plateaux péruviens. Oiseau R.F.O., 26: 165–193.

– (1962): Nouvelles recherches biologiques sur les Trochilidés des hautes Andes péruviennes (Oreotrochilus estella). Ibid. 32: 95–126.

– (1967): Considérations zoogéographiques et écologiques sur les oiseaux des hautes Andes. Biol. Amérique australe. 3: 471–504.

– (1972): Poids relatif du coeur chez quelques oiseaux des hautes Andes du Pérou. Oiseau R.F.O., 42: 66–73.

– Historical factors influencing the richness and diversity of South American avifauna. Proc. XVI Int. Cong. Orn. (sous presse).

– Adaptations of Andean and Tibetan Birds. A brief comparison. Salim Ali Festschrift (sous presse).

– und ROUX, F. (1972): Esquisse écologique sur l'avifaune des monts du Balé, Ethiopie. Oiseau R.F.O., 42: 203–240.

– (1973): L'avifaune des forêts de Podocarpus de la province de l'Arussi, Ethiopie. Ibid, 43: 269–304.

JOHNSON, A.W. (1967): The Birds of Chile. Vol. 2. Buenos Aires.

MOREAU, A.W. (1966): The Bird Faunas of Africa and its Islands. New York, Londres.

PEARSON, O.P. (1953): Use of caves by Humming-birds and other species at high altitudes in Peru. Condor, 55: 17–20.

RUSCHI, A. (1949): Bol. Mus. Biol. Santa Teresa. 7.

– (1972): Beija-Flores. Santa Teresa (Mus. Biol. Mello Leitao).

SMITH, G.T.C. (1969): A high altitude hummingbird on the volcano Cotopaxi. Ibis, 111: 17–22.

TROLL, C. (1948): Der asymmetrische Aufbau der Vegetationszonen und Vegetationsstufen auf der Nord- und Südhalbkugel. Ber. Geobotanischen Forschungsinstituts Rübel (1947): 46–83.

VUILLEUMIER, F. (1969): Pleistocene Speciation in Birds living in the High Andes. Nature, 223: 1179–1180.
WAGNER, H.O. (1952): Beitrag zur Biologie des Blaukehlkolibris Lampornis clemenciae (Lesson). Veröff. Mus. Bremen, 2, A. 1: 5–44.
– (1955): Einfluß der Poikilothermie bei Kolibris auf ihre Brutbiologie. J. Orn: 96: 361–368.
– (1959): Beitrag zum Verhalten des Weißohrkolibris (Hylocharis leucotis Vieill.) Zool. Jahrb. Syst. 86: 253–302.

LIMNOLOGIE UND BINNENWASSERFAUNA DER GEMÄSSIGTEN ZONE DER SÜDHALBKUGEL IM VERGLEICH ZU DEN TROPENGEBIRGEN

HEINZ LÖFFLER

Mit 14 Figuren

Mit kaum viel mehr als 11 Mio km² ist der Umfang der kühlgemäßigten und warmgemäßigten Subtropenzonen auf der Südhalbkugel unserer Erde nur ein Bruchteil der entsprechenden Flächen, die sich auf der Nordhemisphäre befinden. Zusätzlich wird diese Fläche für Binnengewässer durch 50 % arheischer Gebiete eingeschränkt, wo die Aridität jenes Ausmaß erreicht, daß höchstens größere Flüsse solche Zonen zu queren vermögen (Oranje in Afrika, Rio Salado in Südamerika), aber keinerlei beständige Fließgewässer ihren Anfang nehmen oder permanente Seen existieren *(Fig. 1)*. Ein bekanntes Beispiel dafür stellt der Eyre-See in Australien mit seinen Zuflüssen dar, übrigens die größte Kryptodepression der Südhalbkugel überhaupt. Der Anteil von Gebieten mit astatischen und daher auch meist salinaren Gewässern ist demzufolge relativ hoch, doch liegen über den Großteil dieser Gewässer in Chile, Argentinien und Südwestafrika kaum Ergebnisse vor. Lediglich von Australien und Neuseeland (Otago) sind in letzter Zeit zahlreiche Daten bekannt geworden (BAYLY und WILLIAMS 1973), die erkennen lassen, daß z.B. im Gegensatz zur nördlichen Halbkugel, aber auch im Gegensatz zu den tropischen Salzgewässern Ostafrikas Soda-Seen nur in vergleichsweise geringer Zahl vorkommen: dies gilt übrigens auch für Südafrika und Südamerika, soweit es jetzt schon zu überblicken ist. Lediglich unter den südafrikanischen "pans", winderosionsbedingte flache (Deflations-)Wannen, sind sodahältige Gewässer, aber bereits außerhalb der ariden Zonen, zu finden (HUTCHINSON, PICKFORD und SCHUURMAN 1932). In den arheischen Gebieten mit periodischen Gewässern, die zumeist fischlos sind, kommen deshalb vorzugsweise größere Krebse – vor allem Anostraken und Conchostraken – vor. Da auch in jungen Hochgebirgsseen (ebenso wie übrigens vielen polaren Gewässern) Fische nur sehr selten auftreten, sind hier oft Parallelen hinsichtlich der genannten, übrigens ausbreitungsökologisch begünstigten Krebse gegeben.

So hat die Gattung *Branchipodopsis* in Südafrika ihr Mannigfaltigkeitszentrum und tritt mit einer Art auf dem Mt. Elgon auf und ähnliche Verbreitung läßt sich auch für Südamerika erwarten, wenngleich Anostraken auf diesem Kontinent vorwiegend aus dem subantarktischen, nicht aber tropischen Andenbereich (Ausnahme: Rassenkreis *Artemia salina*) bekannt sind, doch ist freilich erst ein Bruchteil der tropischen Andengewässer untersucht worden.

Im Gegensatz zu den kühlgemäßigten Zonen der Nordhalbkugel nehmen hochozeanische und ozeanische Klimate einen hohen Prozentsatz dieses Raumes ein, dessen Umfang weniger als ein Fünftel der gesamten südlichen gemäßigten Kontinental- und Inselfläche beträgt. Gleichzeitig ist aber der Anteil der Landflächen mit hochozeanischen Klimaten innerhalb der kühlgemäßigten Zone auf der Südhalbkugel um ein mehrfaches größer als jener auf der

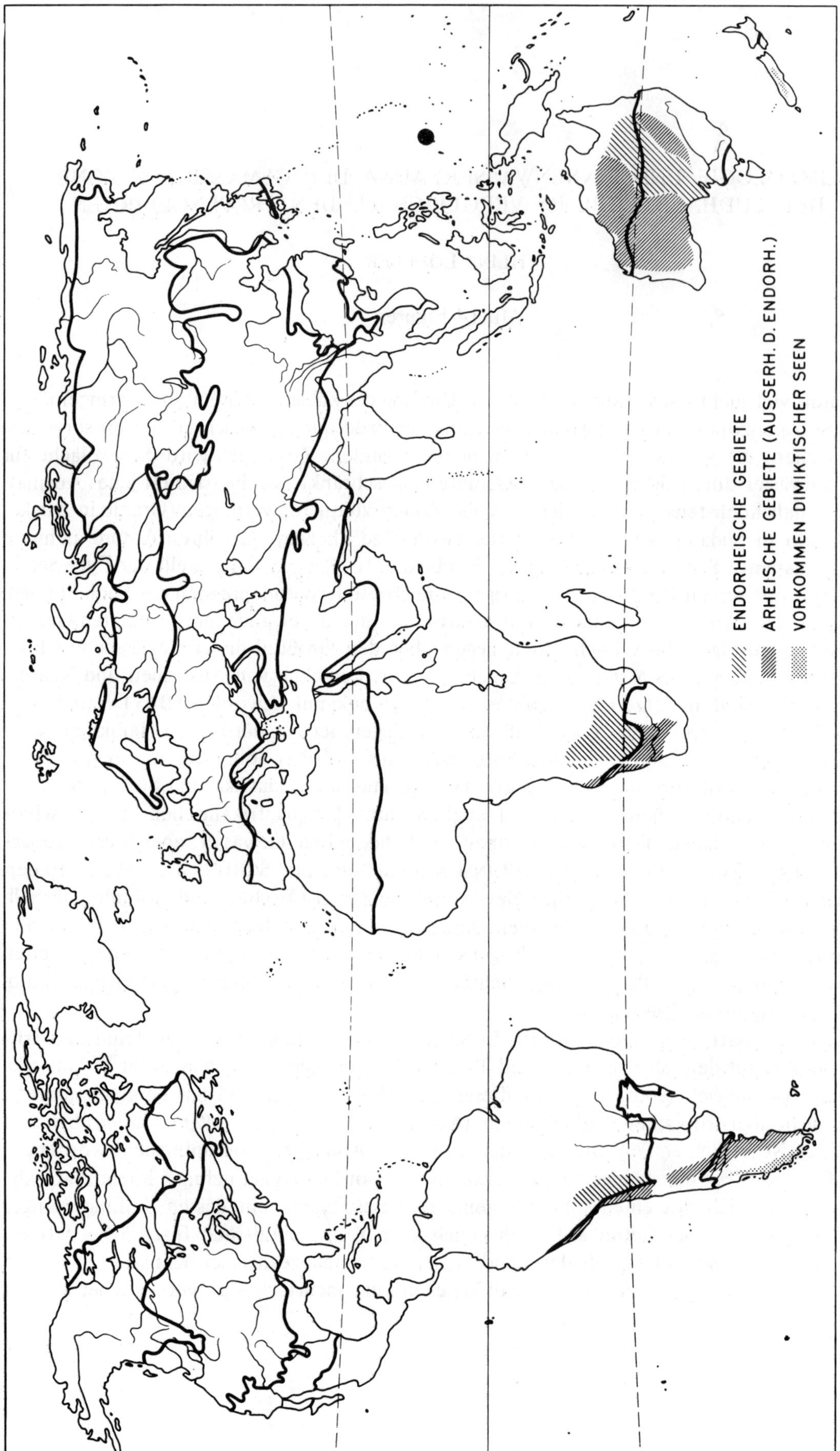

Fig. 1: Verteilung endorheischer, arheischer Gebiete und Zonen mit möglichem Vorkommen dimiktischer Seen (Neuseeland fraglich) auf der Südhalbkugel.

Nordhalbkugel. In Europa entspricht diesen hochozeanischen Klimaten Chiles, Tasmaniens und Neuseelands am ehesten noch die Südwestküste Irlands, wo unter dem Einfluß der „atlantischen Warmwasserheizung" (TROLL 1955) immergrüne Wälder entstehen. Hier wie dort nähern sich die Verhältnisse thermostatischen Bedingungen, wie sie sonst nur noch in den Paramoklimaten der äquatorialen Anden, der ostafrikanischen Hochberge und der Hochberge Borneos, Javas, Sumatras und Neu Guineas zu finden sind. Daß diese Gemeinsamkeit gleichmäßiger und niedriger Temperaturen trotz verschiedenen Lichtregimes zu ähnlichen terrestrischen pflanzlichen Wuchsformen (z.B. Polsterwuchs) führt, wurde vielfach hervorgehoben (RAUH 1930, TROLL 1960 u.a.).

Die warmgemäßigten Subtropenzonen, die den weitaus größeren Anteil der außertropischen Landklimate auf der Südhalbkugel darstellen, sind durch die bereits erwähnten Trokkengürtel in winterfeuchte Steppen und Etesienklimate im Südwesten einerseits und sommerfeuchte Grasländer im Osten andererseits gegliedert. Letztere haben ihre Entsprechungen auf der nördlichen Hemisphäre nur im Südosten der USA und in Ostasien (Südchina, südliches Korea und Südjapan).

Wie in mehreren Arbeiten hervorgehoben (HUTCHINSON und LÖFFLER 1956, LÖFFLER 1957, 1958), entsprechen den Großklimaten der Erde bestimmte Zirkulationstypen holomiktischer – also zeitweilig vollzirkulierender Seen. Der latitudinalen Anordnung kalt monomiktischer, dimiktischer und warm monomiktischer Seen außerhalb der Tropen steht eine oligomiktischer, warm polymiktischer und kalt polymiktischer Seen in den Tropen gegenüber. Streng genommen, sind kalt polymiktische Seen der tropischen Hochgebirge (zumeist oberhalb 3800 m) – durch häufige Vollzirkulation bei niedriger Temperatur (unterhalb 10 – 12 °C) und niemals auftretender direkter Schichtung auch innerhalb der hochozeanischen subpolaren Klimate zu erwarten, also einerseits auf den Falklandinseln, den Kerguelen und den Macquarie-Inseln, andererseits im südwestlichsten Alaska und auf den Aleuten. Sie haben dort nur ein jahreszeitlich geprägtes Lichtklima: hier wie dort aber nähern sie sich dem kalten thermostatischen Gewässertypus.

Zufolge der hohen Ozeanität kühlgemäßigter Klimate auf der Südhalbkugel – es fehlen hier sowohl winterkalte Nadelwaldklimate als auch winterkalte Steppen – ist der z.B. für Mitteleuropa so charakteristische dimiktische Seentypus mit herbstlicher und Frühjahrs-Vollzirkulation wahrscheinlich überhaupt nur in Südamerika, vielleicht auch in Neuseeland, von einer bestimmten Höhenstufe an, zu finden (LÖFFLER 1961, BAYLY und WILLIAMS 1973). Dies war wohl mit Anlaß, daß jüngst wieder von Australiern versucht wurde, Zirkulationstypen auf Grund morphometrischer Seedaten und Windverhältnisse zu erarbeiten (WALKER und LIKENS 1974), die aber naturgemäß niemals den Großklimaten entsprechen können, sondern vielfach – was meromiktische Seen anbelangt – dynamische Ursachen haben, also vor allem schwache oder fehlende Zuflüsse. Ein Seensystem, das sich nicht nach den Großklimaten orientiert, entbehrt jeder regionalen Vergleichsmöglichkeit und muß, erstellt auf Grund von Seebeckenformen und lokalen meteorologischen Daten, zu verwirrender Vielfalt führen.

In Südamerika sind bei 40° z.B. dimiktische Seen erst oberhalt 1 000 m anzutreffen, dürften aber spätestens von Pt. Aysen an südwärts schon auf Meereshöhe auftreten, doch dürfte ihre Eisbedeckung, soweit überhaupt vorhanden, von vergleichsweise kurzer Dauer sein. Die große Zahl tiefer Fjordseen entlang der, ähnlich wie in Westkanada und NW-Europa reich gegliederten Küste, die zum Teil Kryptodepressionen darstellen, ist noch kaum eingehenderer Bearbeitung unterzogen worden.

Wenig Daten sind hinsichtlich der Zirkulationsverhältnisse von den feuchten warmgemäßigten Subtropenzonen bekannt: doch ist für Seen solcher Gebiete der warm monomiktische, fallweise vielleicht warm polymiktische (Südbrasilien, Südchina) Typus zu erwarten.

Was die Fließgewässer anbelangt, so sind der orographischen Gegebenheiten der südlichen gemäßigten Klimazone wegen, immerkalte Bäche und Flüsse in größerer Anzahl vorhanden und finden sich in Gebirgslandschaft zufolge der Fließgeschwindigkeit und erhöhter Verdunstung oft noch um 500 bis 1 000 m niedriger als ebenso kalte stehende Gewässer.

Zusammenfassend ist besonders hervorzuheben, daß der geographische Raum, innerhalb dessen sich die Bedingungen für kalt stenotherme Gewässer befinden, gegenüber der Nordhalbkugel stark eingeschränkt ist, aber teilweise wenigstens, wie noch zu zeigen sein wird, von hohem Alter sein muß.

Der nach Norden zu anschließende Tropengürtel hat auf dreierlei Weise für die Zusammensetzung der Binnenwasserfauna gemäßigter Klimate auf der Südhalbkugel wichtige Funktionen: einmal für ausbreitungsökologisch begünstigte Formen, die mehr oder weniger weltweit ihre thermischen Ansprüche verwirklichen können, als Barriere, eingeschaltet zwischen den kühlen Klimaten. Sie wird durch den transkontinentalen Gebirgszug Amerikas stark, durch die Hochlandsachse Afrikas (TROLL 1973) weitgehend abgeschwächt. Zum anderen für ausbreitungsökologisch wenig erfolgreiche Formen als Hindernis für den Zuzug apomorpher, hinsichtlich Konkurrenz möglicherweise erfolgreicher Formen aus dem Norden: dies ist wahrscheinlich mit ein Grund, warum sich nicht nur terrestrisch, sondern auch in Binnengewässern ein vielfach plesiomorpher („urtümlicher") Formenschatz erhalten konnte, wie er zumindest durch bestimmte Copepoden, z.B. *Calamoecia (Fig. 2),* und Syncariden unter den Krebsen, durch bestimmte Plecopteren, Ephemeriden und Chironomiden unter den Insekten, gegenwärtig besteht. Zum dritten, wenigstens entlang der genannten Hochgebirgsachsen, als wechselseitigen Immigrationsraum zwischen gemäßigten Süd- und tropisch montanen Klimaten.

Während die Binnenwasserfauna der meist kurzlebigen Seen und stehenden Binnengewässer ausbreitungsökologisch begünstigt – also vor allem für passive Verbreitung eingerichtet ist, weist die Grundwasser- und Fließwasserfauna vorwiegend Formen auf, die palaeogeographische Ereignisse widerspiegelt, im konkreten Fall Kontinentaldrift, Gebirgsbildung und pleistozäne Klimaschwankungen. Die Benthalfauna stehender Binnengewässer nimmt hier eine Zwischenstellung mit sowohl leichtverbreitbaren Tiergruppen (u.a. Protozoen, Nematoden, Rotatorien, Targigraden, teilw. Cladoceren) als auch solchen, die bestenfalls eine begrenzte aktive Verbreitungsmöglichkeit besitzen, ein. Dies freilich im Gegensatz zu alten, bis ins Tertiär oder frühe Pleistozän zurückreichenden Seen, wie sie von der nördlichen Hemisphäre und in den Tropen bekannt sind, auf der gemäßigten südlichen Halbkugel jedoch fehlen dürften (Kraterseen in Victoria sollen angeblich mehr als 100000 Jahre alt sein, doch beruhen diese Angaben nur auf groben Schätzungen).

Für die ausbreitungsökologisch begünstigten Arten des kalt stenothermen Formenschatzes spielen die erwähnten, durch Gebirge bzw. Hochländer gebildeten Klimabrücken eine entscheidende Rolle, soweit es sich nicht überhaupt um ständig, hauptsächlich durch Luftströmungen, weltweit verfrachtete Formen handelt, wie Protozoen, Algen etc. Trotzdem ist es auffällig, daß amphitropische Arten, wie noch zu zeigen sein wird, relativ selten sind (THOMASSON 1964): als Beispiel aus Afrika wäre hier *Daphnia magna* zu nennen *(Fig. 3),* vielleicht auch die Copepodengattung *Maraenobiotus,* die Afrika bis in südliche gemäßigte Klimazonen in Südamerika und Neuguinea aber nur die tropischen Hochgebirge erreicht. Überdies läßt sich in den tropischen Hochanden Südamerikas eher eine Gemeinsamkeit der

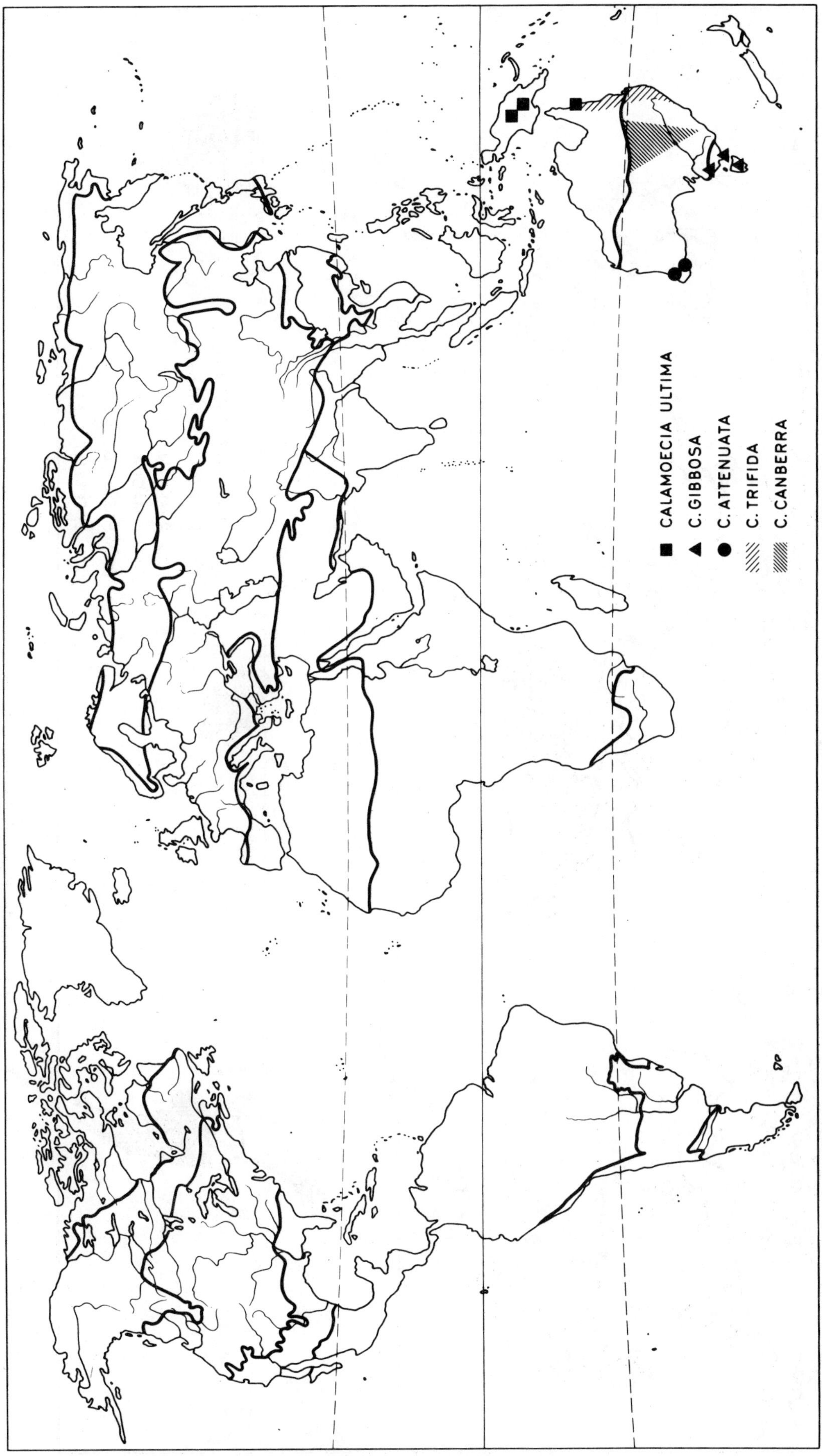

Fig. 2: Verbreitung der Gattung *Calamoecia* in Australien, Neuseeland und Neuguinea.

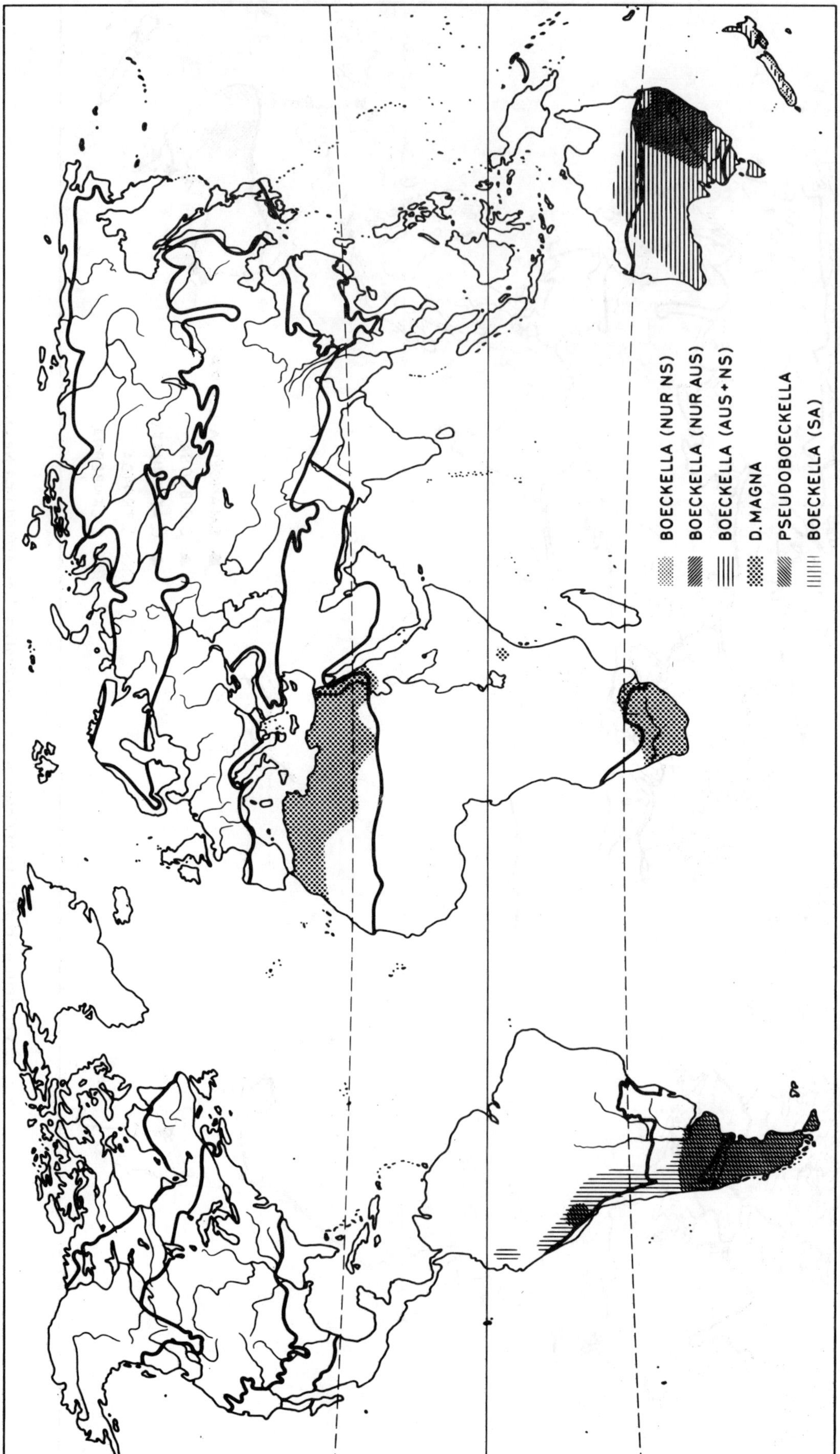

Fig. 3: Verteilung der Boeckelliden und Verteilung von *Daphnia magna* in Afrika.

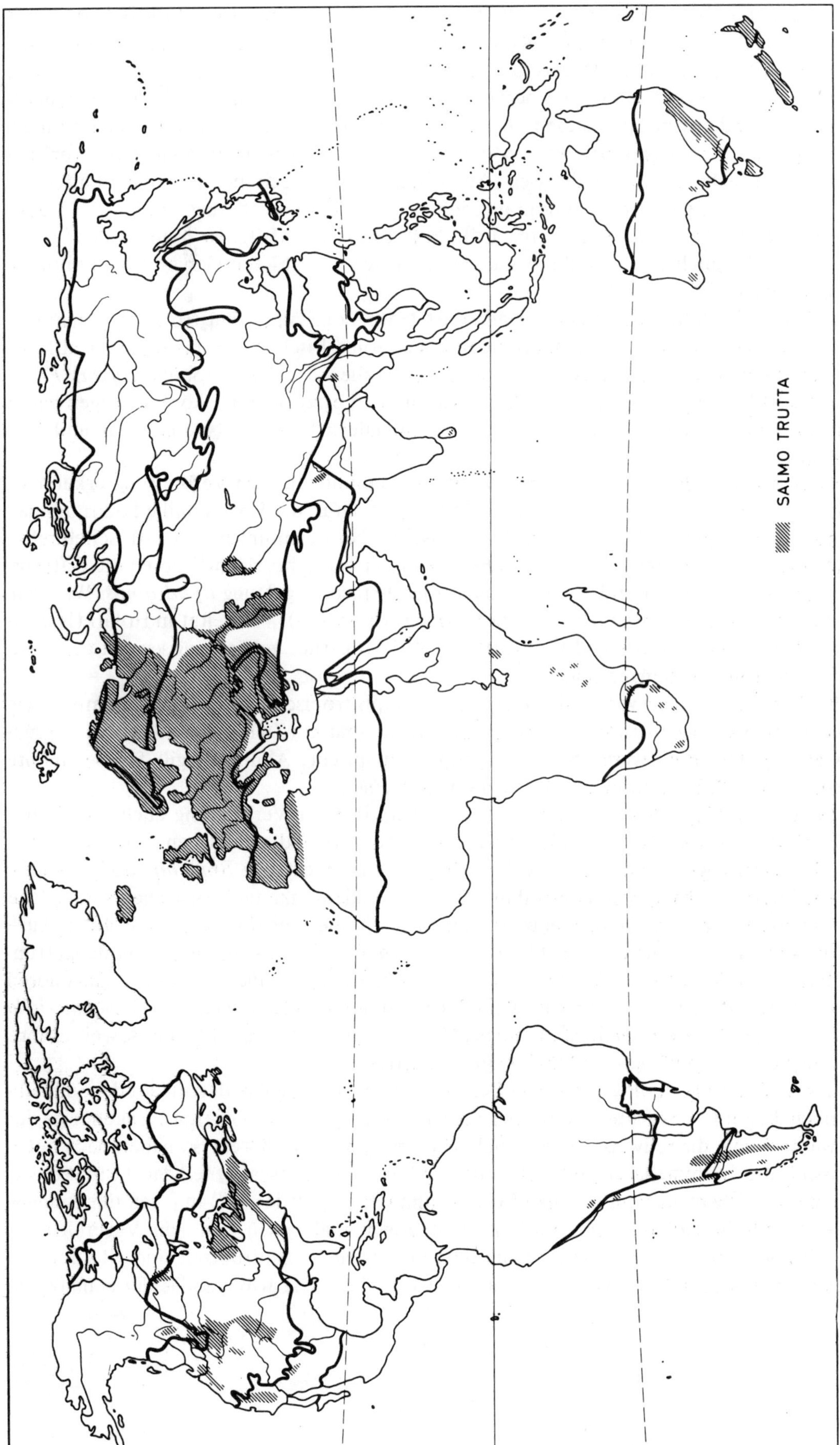

Fig. 4: Gegenwärtige Verbreitung von *Salmo trutta*.

ausbreitungsökologisch begünstigten Kaltwasserfauna mit jener der subantarktischen als mit der der nördlichen kühlgemäßigten Klimate feststellen (Arten der Gattungen *Boeckella, Pseudoboeckella, Delachauxiella* und *Chappuisiella* unter den Copepoden, *Fig. 3*). Daß es sich hier um ausbreitungsökologisch begünstigte Formen handelt, läßt die Besiedlung jüngst entstandener Andenseen mit diesen Krebsen erkennen (LÖFFLER 1968). Sie kommen, vorwiegend Kaltwasserbewohner, nur in den südlichen kühl gemäßigten Gebieten vor und sind daher von Südafrika ausgeschlossen. Auch sich aktiv verbreitende Bewohner kalter Gewässer lassen bevorzugt tropischmontane subantarktische Verbreitung erkennen (Vogelgattungen *Merganetta, Chloëphaga* etc., LÖFFLER 1968). In Afrika ist dagegen der %-Satz von Formen, die auch in nördlichen oder in südlichen gemäßigten Gebieten vorkommen, eher ausgeglichen (LÖFFLER 1973).

Amphitropische Verbreitungsbilder sind sonst trotz Vogelzuges und trotz der genannten Klimabrücken hauptsächlich auf katadrome und anadrome Fische (Petromyzonidae), auf Tiere, die durch den Menschen verbreitet wurden, wie vor allem die Forelle *(Salmo trutta), Fig. 4* (MACCRIMMON und MARSHALL 1968) beschränkt. Letztgenannte kommt gegenwärtig freilich auch bereits im Titicaca-Gebiet, auf Hochländern Ceylons, Neu Guineas und Ostafrikas vor.

Häufiger lassen höhere systematische Kategorien amphitropische Verbreitung erkennen: die schon erwähnten Petromyzonidae sind ein Beispiel dafür, die Unterfamilie Podonominae (Chironomiden, Diptera, BRUNDIN 1966), ebenso die Notodromini mit den Muschelkrebsgattungen *Notodromas* und *Newnhamia (Fig. 5),* unter den syncariden Krebsen die Gattung *Bathynella* (NOODT 1964) und vielleicht auch die Ostracodengattung *Ilyodromus*. Wie weit *Lepidurus apus* mit seinen Unterarten (Notostraka, Crustacea), verbreitet in Holarktis, Südamerika, Australien, Neu Seeland (LONGHURST 1955) hierher gehört, müssen erst genauere systematische Untersuchungen zeigen.

Vielfach lassen auch eng verwandte Tiergruppen amphitropische Verbreitung erkennen, wie die Plecopterengattungen *Antarctoperlaria* und *Arctoperlaria* (ZWICK 1969), wobei die südliche Gattung der primitiveren Schwestergruppe entspricht. Ähnliches gilt für bestimmte Chironomiden (z.B. Podonominae, BRUNDIN 1966), *Fig. 6*.

Ausbreitungsökologisch begünstigte Arten spiegeln in ihrer Verbreitung auch die Verteilung fischloser Gewässer tropisch montaner Lage einerseits und astatischen Typus in ariden Berg- oder Tiefenlagen andererseits wider: Die Anostrakengattung *Branchipodopsis* wurde in diesem Zusammenhang bereits erwähnt. Auch für Südamerika und Australien sind solche Verbreitungstypen zu erwarten. Wenig ist derzeit noch über anhaline Tiere mit guter Ausbreitungsökologie bekannt: es ist nicht ausgeschlossen, daß die genannten Copepodengattungen (Harpacticoida) *Maraenobiotus, Delachauxiella, Chappuisiella* teilweise dazugehören und auf elektrolytarme Gewässer vor allem der Südanden und Neuseelandes (*Delachauxiella* und *Chappuisiella*), sowie der Drakensberge *(Maraenobiotus)* beschränkt sind, soweit es ihre Verbreitung auf der gemäßigten Südhalbkugel betrifft.

Zu den ausbreitungsökologisch wenig Begünstigten gehören, außer derzeit auf der Südhalbkugel noch kaum untersuchten Bewohnern des Benthals (u.a. Oligochaeten), Angehörige der Grundwasserfauna, die teilweise altertümlichen Tiergruppen zugehören. So haben nach neuerer Ansicht die Bathynellacea mit den Bathynellidae und Parabathynellidae (Unterklasse Syncarida) den Übergang vom marinen Lebensraum (Palaeocaridacea ?) in jenen der Binnengewässer bereits im Paläozoikum (Karbon ?) vollzogen und lassen nunmehr Verbreitungsbilder erkennen, die zum Teil, wie bereits hervorgehoben, amphitropisch sind (Bathynellidae) und vielfach als reliktär gedeutet werden. Unter den Parabathynellidae der gemäßigten

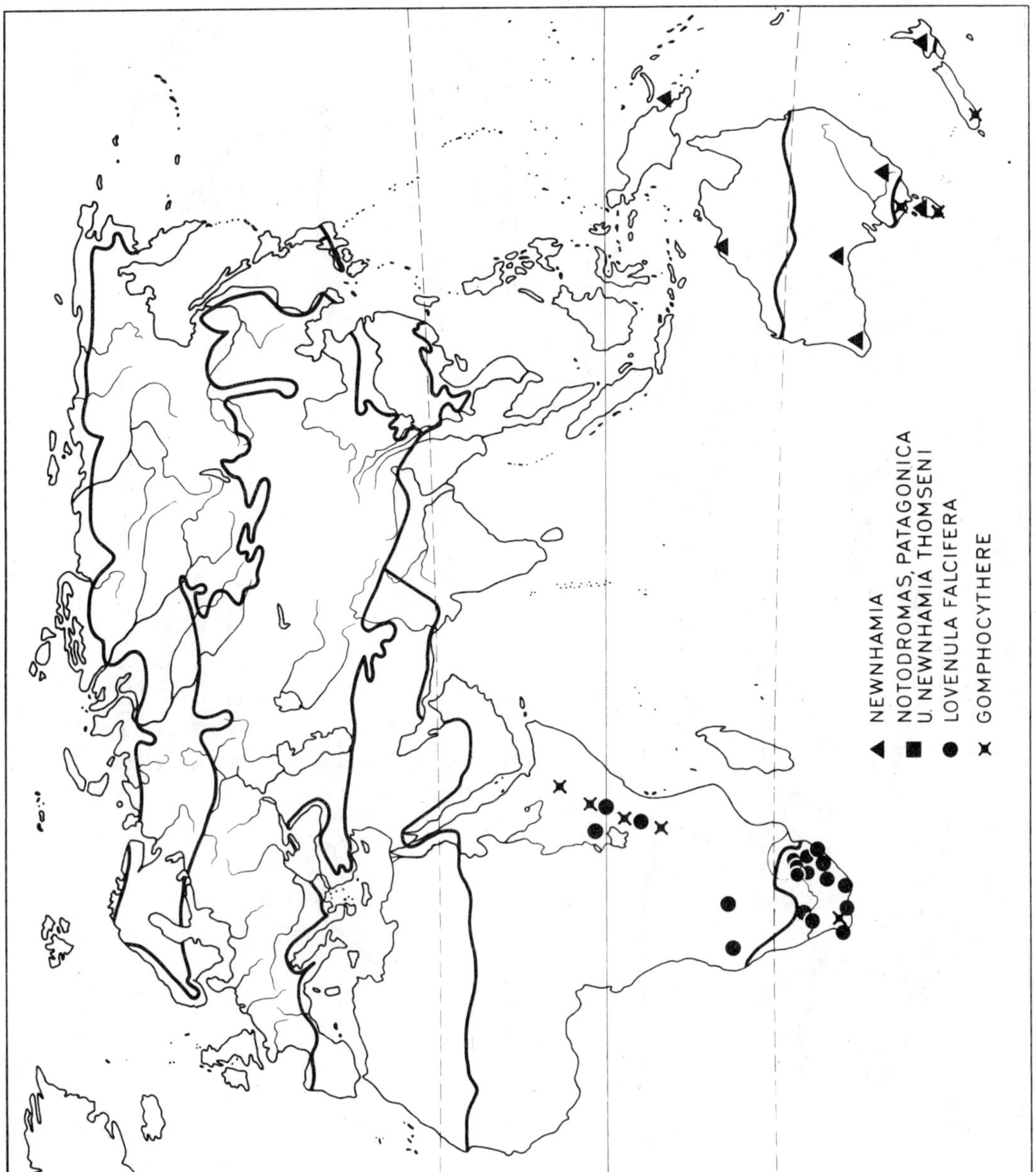

Fig. 5: Vorkommen einiger Ostrakoden (*Notodromas patagonica*, *Newnhamia*, *Gomphocythere*) und des Copepoden *Lovenula falcifera* mit hauptsächlicher Verbreitung auf der Südhalbkugel.

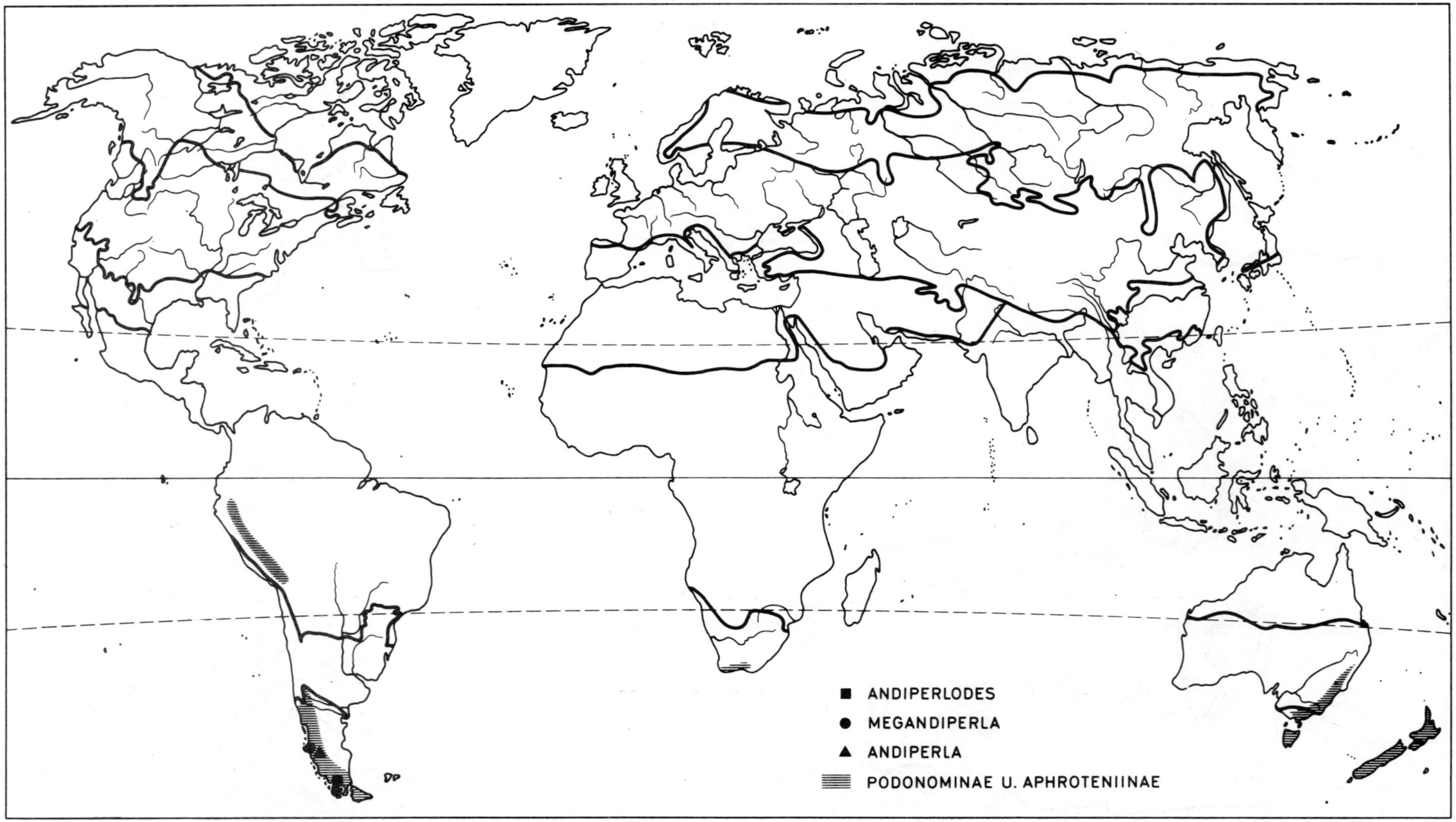

Fig. 6: Verteilung einiger Chironomiden-Unterfamilien und flügelloser Plecopteren auf der Südhalbkugel.

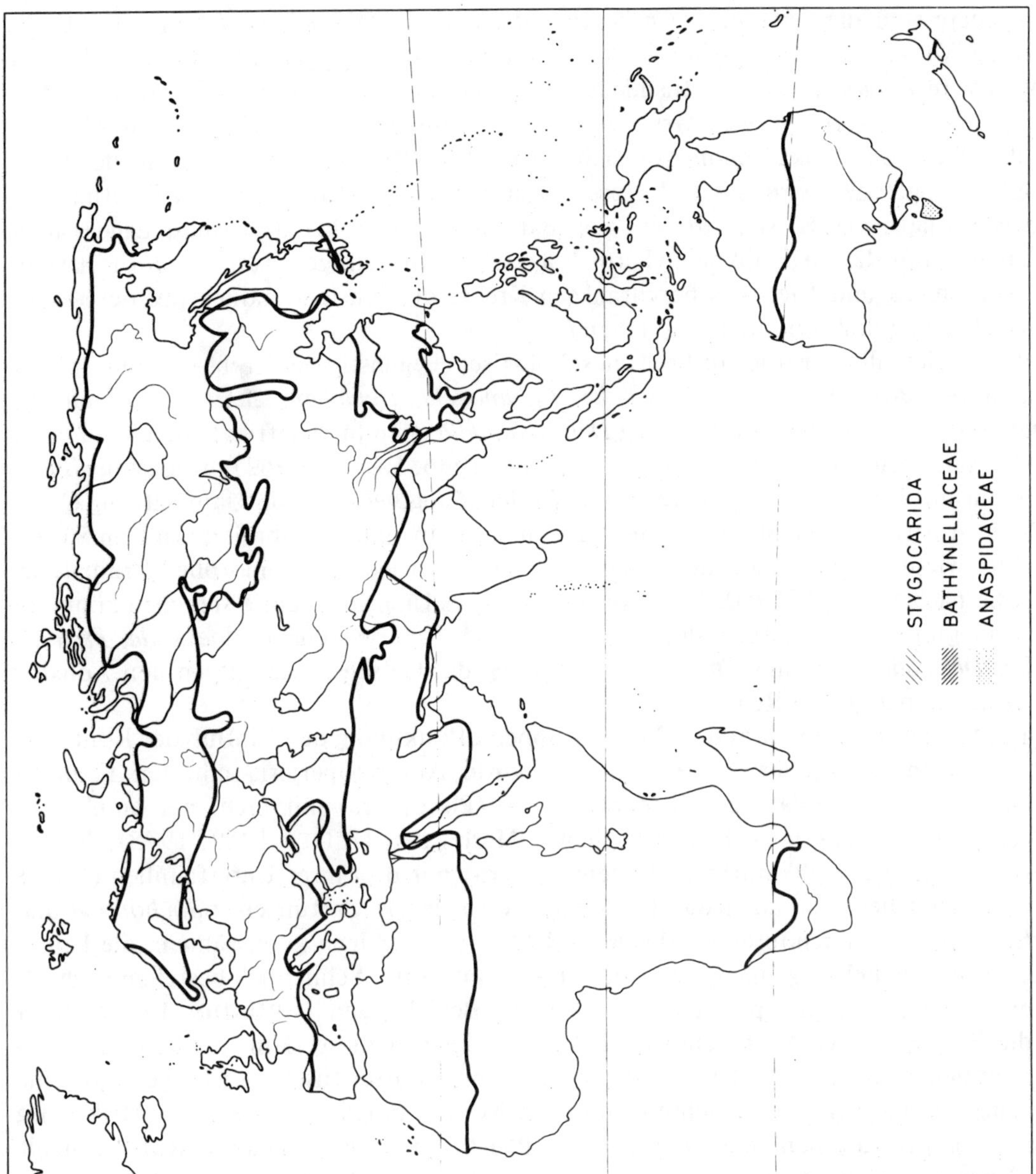

Fig. 7: Gegenwärtiges Vorkommen syncarider Krebse auf der Südhalbkugel (Stygocarida ausschließlich Patagonien, Anaspidaceae auf Tasmanien und in Victoria).

Südhemisphäre sind die Gattungen *Chilibathynella* und *Atopobathynella* transantarktisch, die Gattung *Notobathynella* lediglich in Australien und Neuseeland verbreitet. Für alle drei Gattungen wird Einwanderung via Insulinde angenommen (SCHMINKE 1973), während *Parvulobathynella* („*Ctenobathynella*-Gruppe"), derzeit aus dem südlichen Südamerika bekannt, den Weg von Afrika genommen haben soll, das als Entwicklungszentrum der Parabathynellidae angesehen wird. Beide Verbreitungstypen lassen sich gut mit der Kontinentaldrift in Einklang bringen. Auch die mit den Bathynellacea verwandten Anaspidacea, auch fossil lediglich von der Südhalbkugel (Perm ?, Trias) bekannten, gegenwärtig auf offene Gewässer Tasmaniens und Victorias beschränkten Krebse dürften letztendlich mit der Kontinentalverschiebung in Zusammenhang stehen *Fig. 7.*

Ob dies gleichfalls für die ausbreitungsökologisch begünstigten Krebs-Gattungen und Untergattungen *Boeckella, Pseudoboeckella, Calamoecia, Delachauxiella, Antarctobiotus, Newnhamia* (davon nur die Untergattung *Delachauxiella* auch in Südafrika) etc. gilt, *(Fig. 2, 3, 4),* wäre noch nachzuweisen (vgl. bereits BREHM 1936, ROUCH 1962): wenigstens *Boekkella* kommt auch in einem begrenzten Areal in der Mongolei vor. Die Untergattung *Chappuisiella,* in Amerika bis Guatemala, von Australien bis Insulinde verbreitet, läßt im Süden, sowohl hier wie dort, plesiomorphe, gegen den Norden zu jedoch apomorphe Merkmale erkennen, die nach HENNIG (1950, 1960) für ein südliches Ursprungsgebiet sprechen könnten. Von der möglichen Ausbreitung der Gattungen und Untergattungen *Boeckella, Pseudoboeckella, Delachauxiella* und *Chappuisiella* entlang der Gebirgsachsen gegen den Äquator zu, war zum Teil bereits die Rede.

Auch unter den Insekten lassen mehrere Gruppen offenkundig den Einfluß der Kontinentaldrift erkennen: so die bereits erwähnte Subordo Antarctoperlaria mit den Familien Eustheniidae, Austroperlidae und Gripopterygidae (Plecoptera) mit nicht nur amphinotischer Verbreitung, sondern auch ursprünglichen Merkmalen (ILLIES 1969, 1973), desgleichen die Familie der Siphlonuridae (Ephemeroptera) mit drei ihrer Unterfamilien (ILLIES 1968) und möglicherweise auch die Triplectininae sowie die Gattungen *Psilochorema* und *Smicridea* unter den Trichopteren (MALICKY 1973), um nur jene zu erwähnen, die hauptsächlich auf die südlichen gemäßigten Zonen beschränkt sind. Schließlich bestehen auch bei mehreren Chironomidengruppen transantarktische Beziehungen (BRUNDIN 1966), unter denen die Podonominae, Aphroteniinae und Diamesinae in dieser Hinsicht besondere Beachtung verdienen *(Fig. 6).* Vielen der genannten Binnenwasser-Insekten ist zweifellos eine Ausbreitung entlang der Gebirgsachsen und nach Norden möglich gewesen: in Afrika mag dabei die Temperaturabsenkung während des Pleistozäns eine besondere Rolle gespielt haben. Übrigens verdient es hier erwähnt zu werden, daß sowohl in Patagonien als auch Neuseeland mehrere aquatische Arthropoden zu semiterrestrischer Lebensweise übergegangen sind (Larven flügelloser Plecopteren, Harpacticoida und Ostracoda). ILLIES (1969) ist der Ansicht, daß dies (Plecoptera) nur durch hohes Alter eines humiden subantarktischen Klimas zu erklären sei ("about the entire Tertiary"). Es darf aber nicht übersehen werden, daß viele der genannten Tiergruppen in ihrer gegenwärtigen Verbreitung, Ökologie und letztlich auch Phylogenie so wenig bekannt sind, daß ihre geographische Analyse mit großen Unsicherheiten belastet erscheint. Noch unsicherer wird die Interpretation der Verbreitung kaum bearbeiteter Tiergruppen, wie etwa den Aschelminthes (z.B. ob die amphinotische Verteilung der Nematodengattung *Iotonchus* (ANDRASSY 1967) nur ein Ergebnis der zufällig erfolgten Aufsammlungsaktivität ist), oder gar den Plathelminthes, ganz zu schweigen von Protozoen und zahlreichen kleinen Tiergruppen.

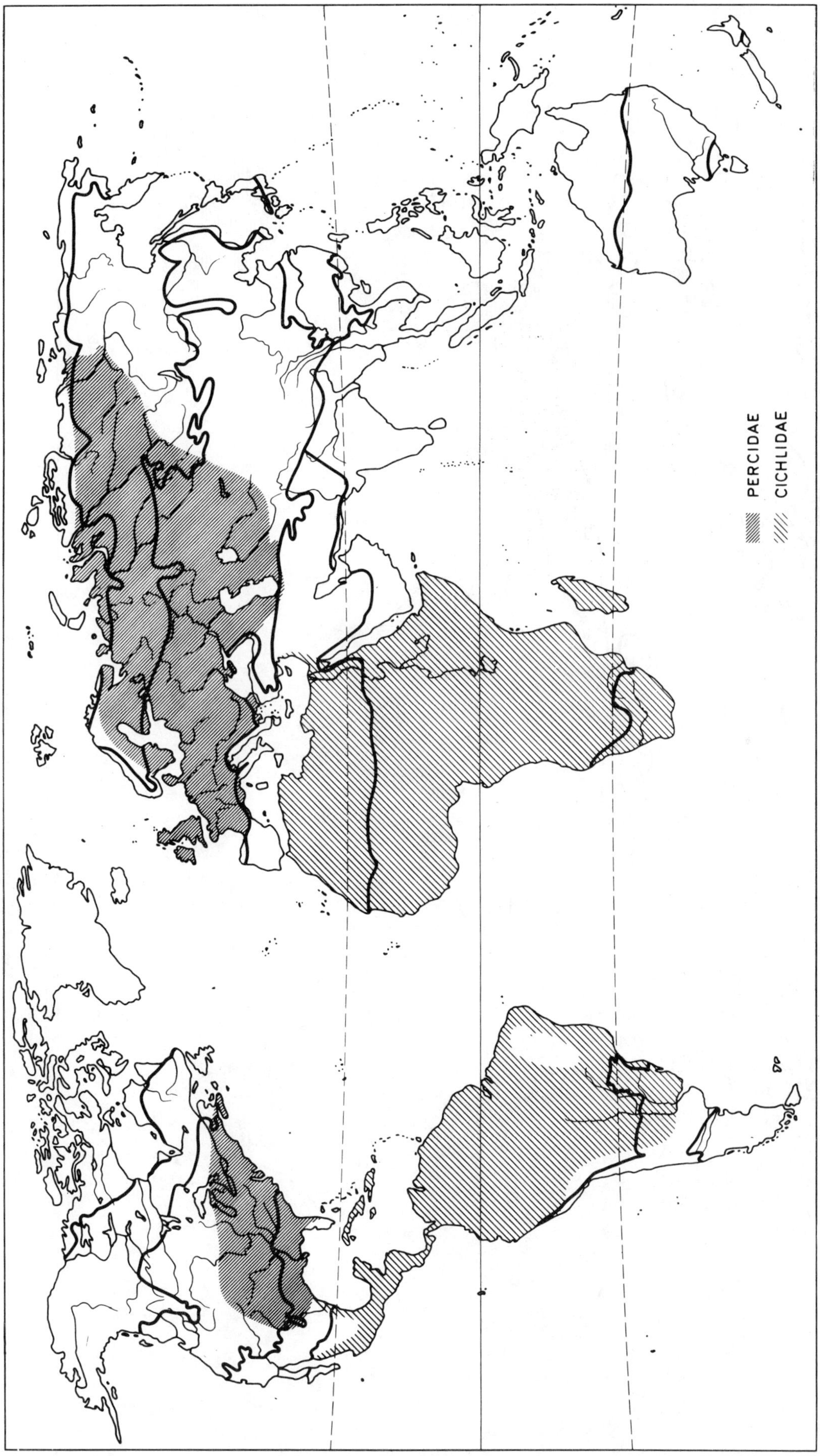

Fig. 8: Verbreitung von Percidae (Beispiel ausschließlich holarktischer Verbreitung) und Cichlidae.

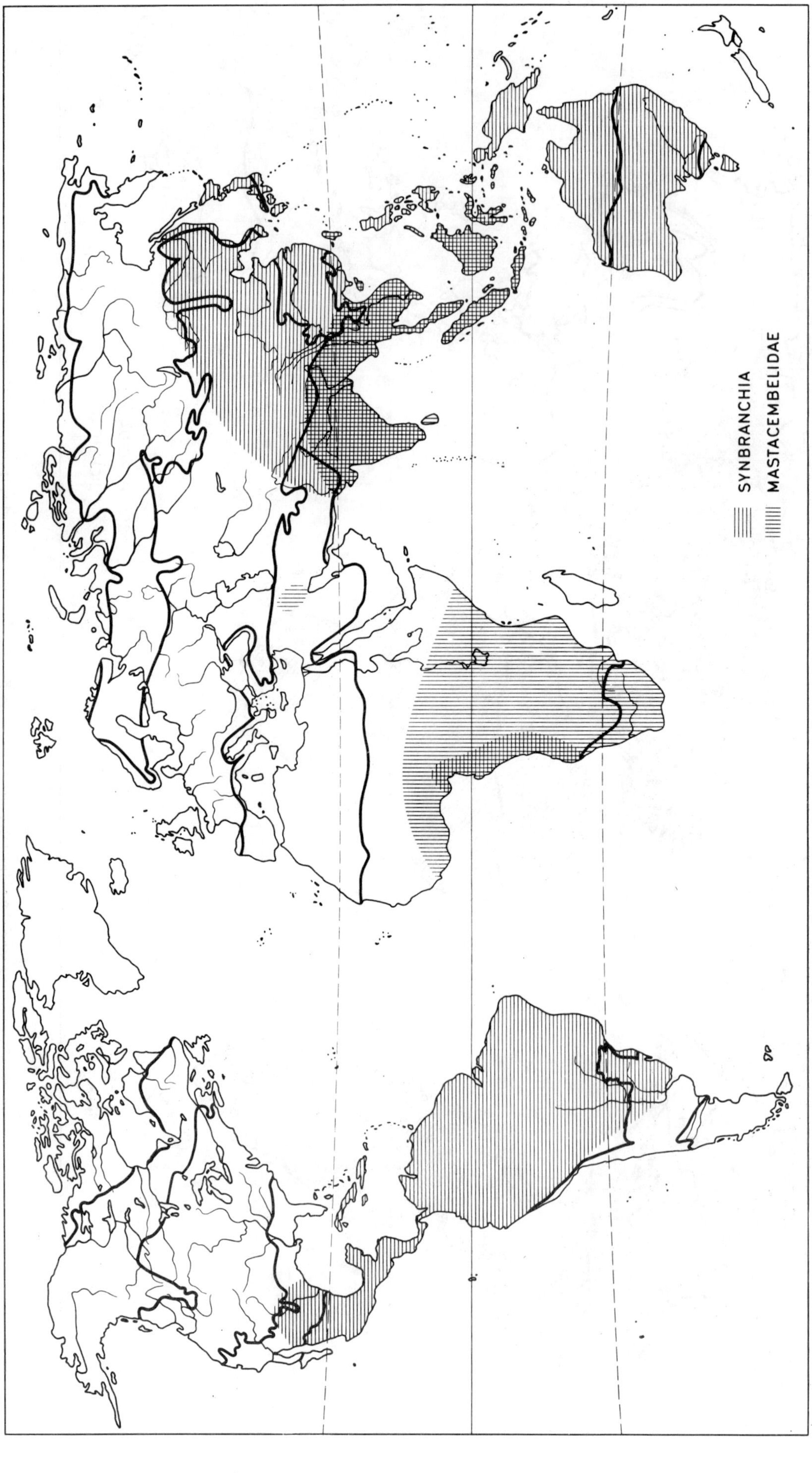

Fig. 9: Verbreitung von Synbranchia und Mastacembelidae.

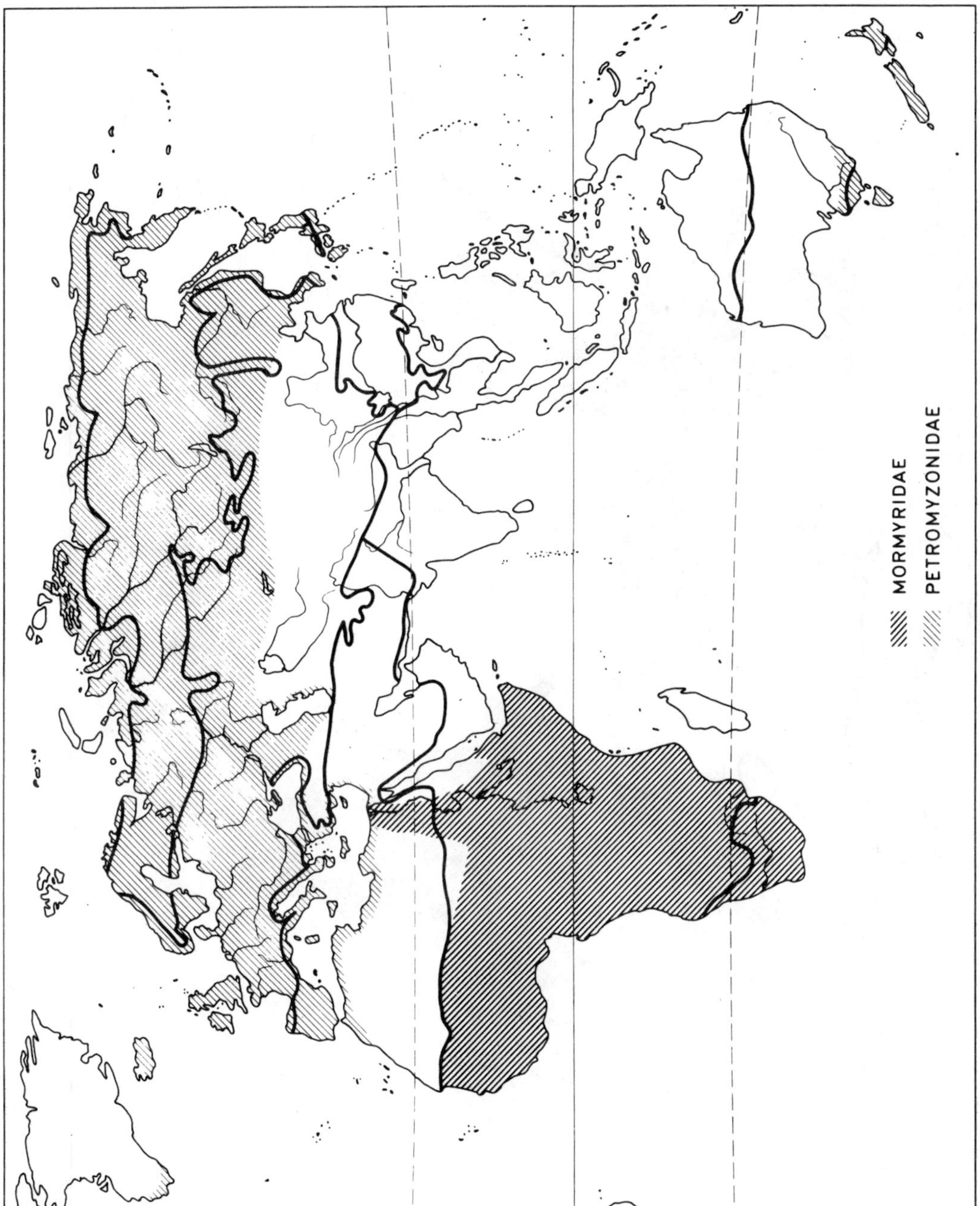

Fig. 10: Verbreitung von Mormyridae und Petromyzonidae.

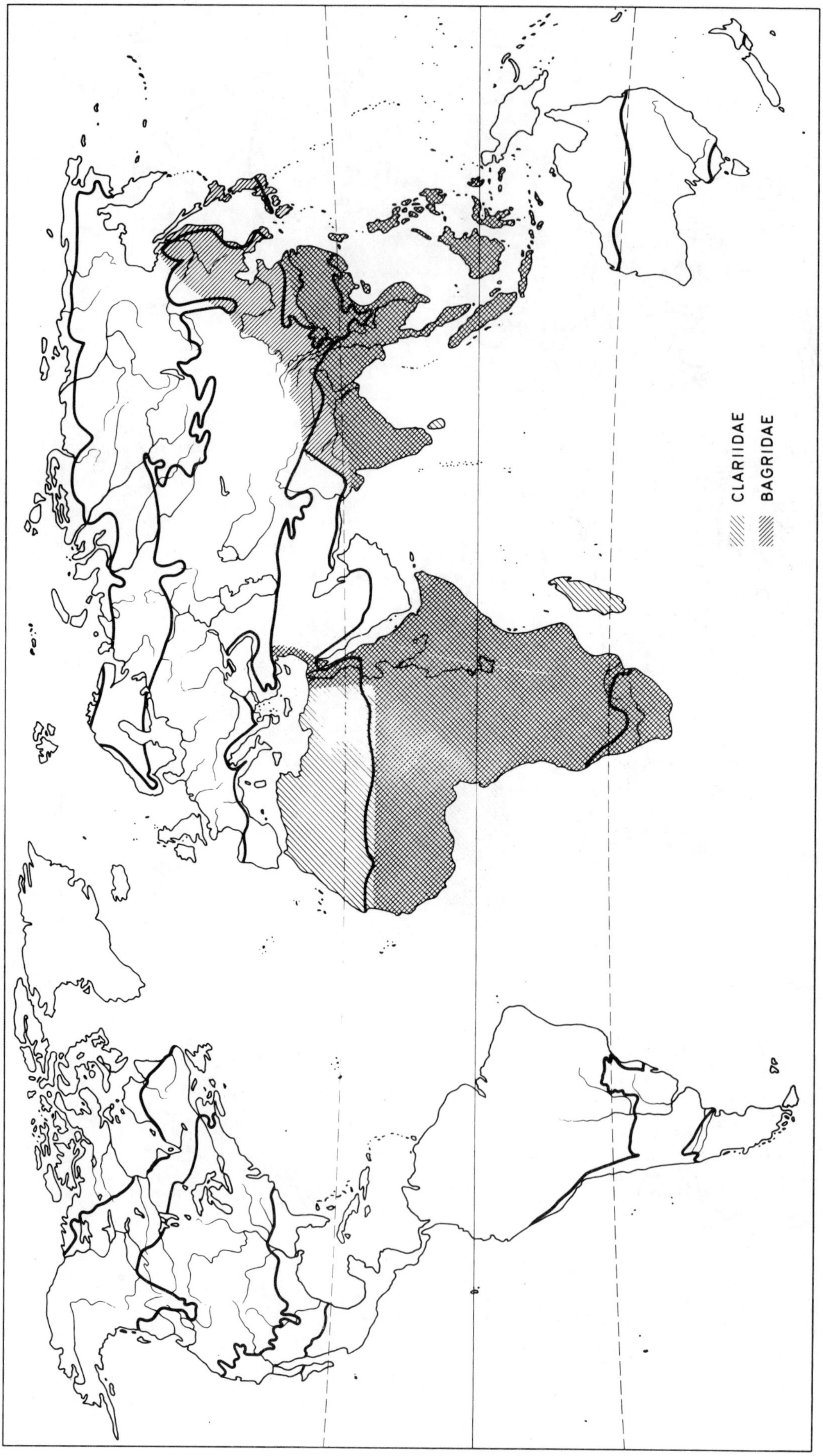

Fig. 11: Verbreitung von Clariidae und Bagridae.

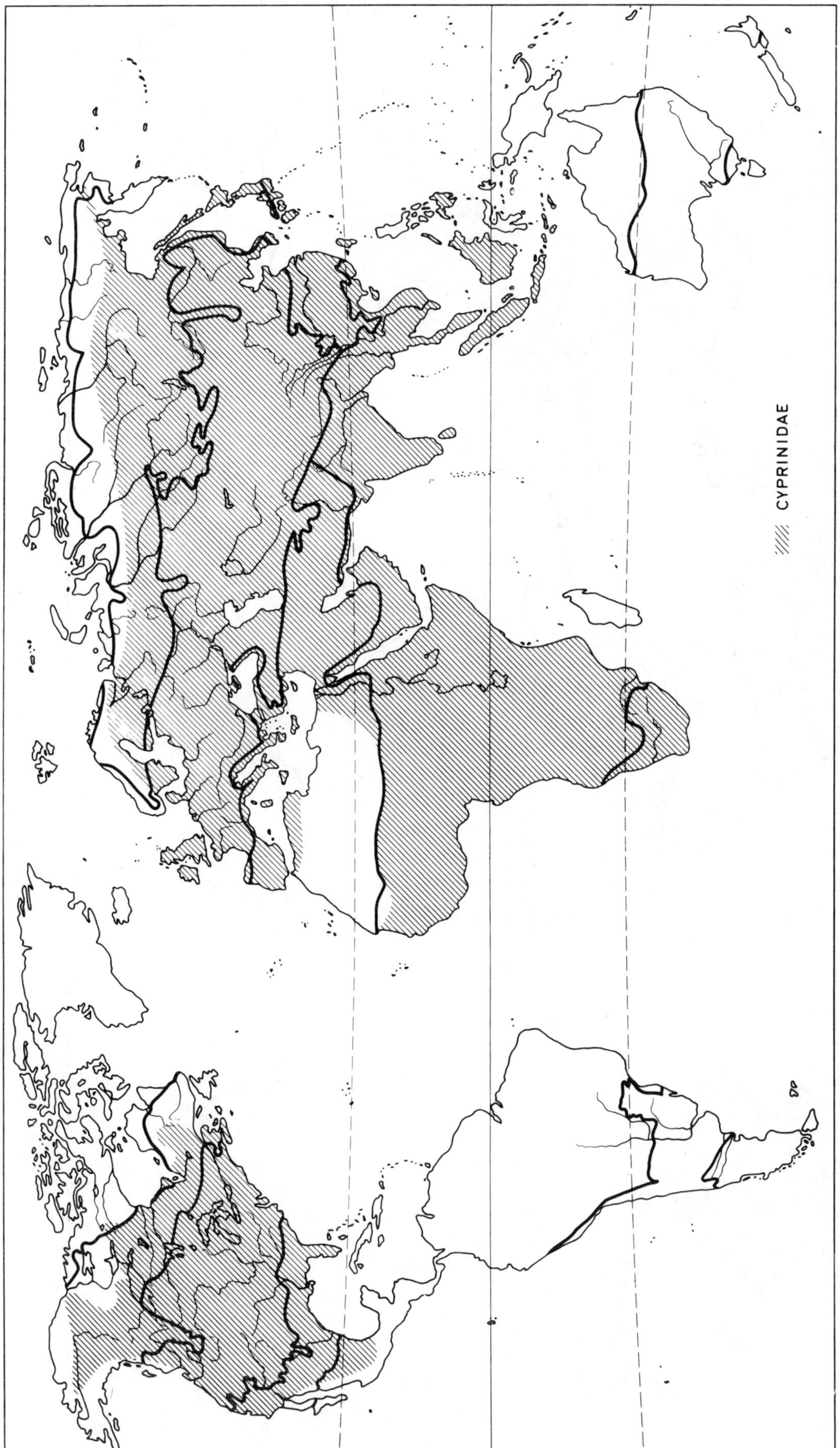

Fig. 12: Verbreitung von Cyprinidae.

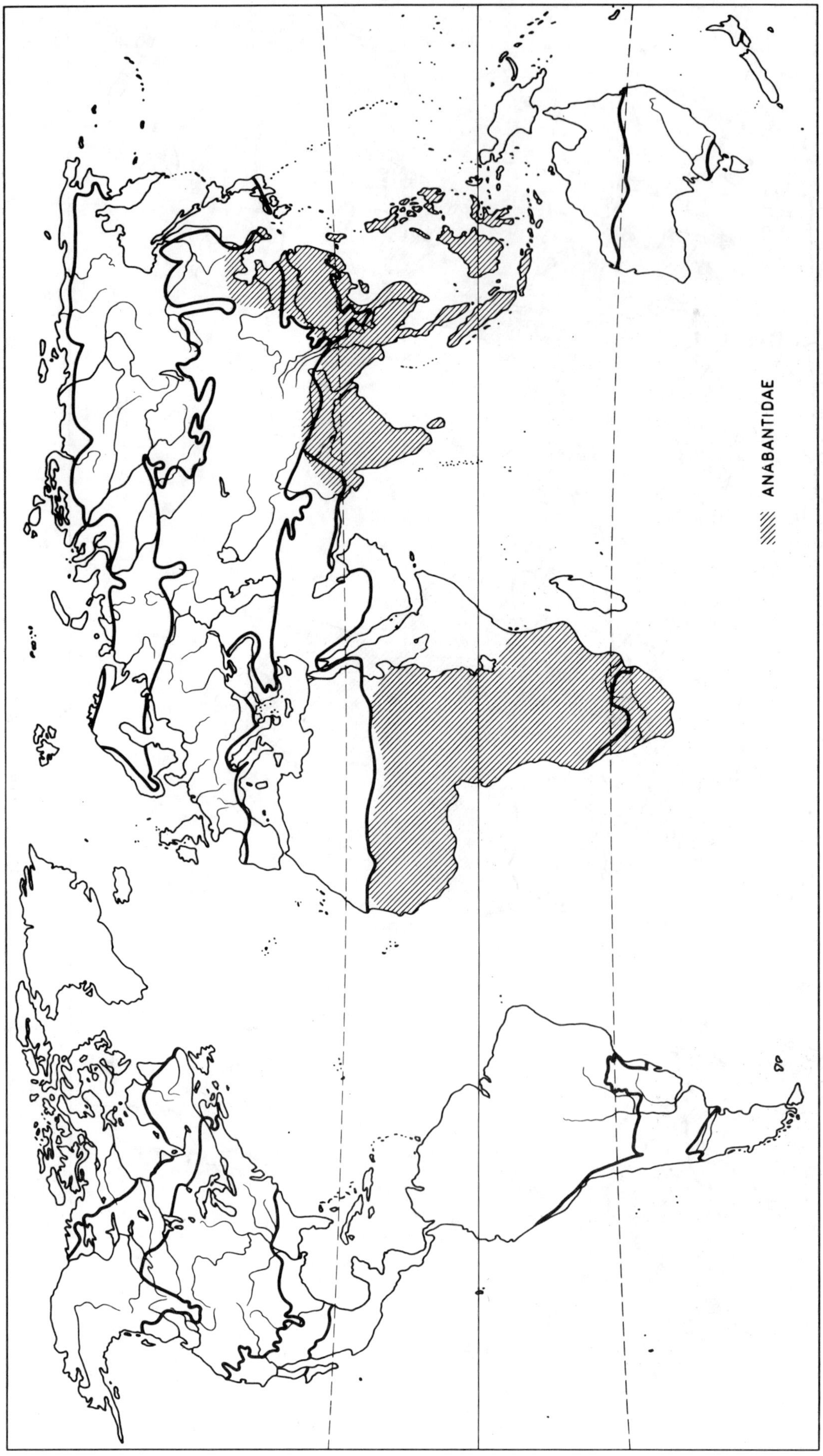

Fig. 13. Verbreitung von Anabantidae.

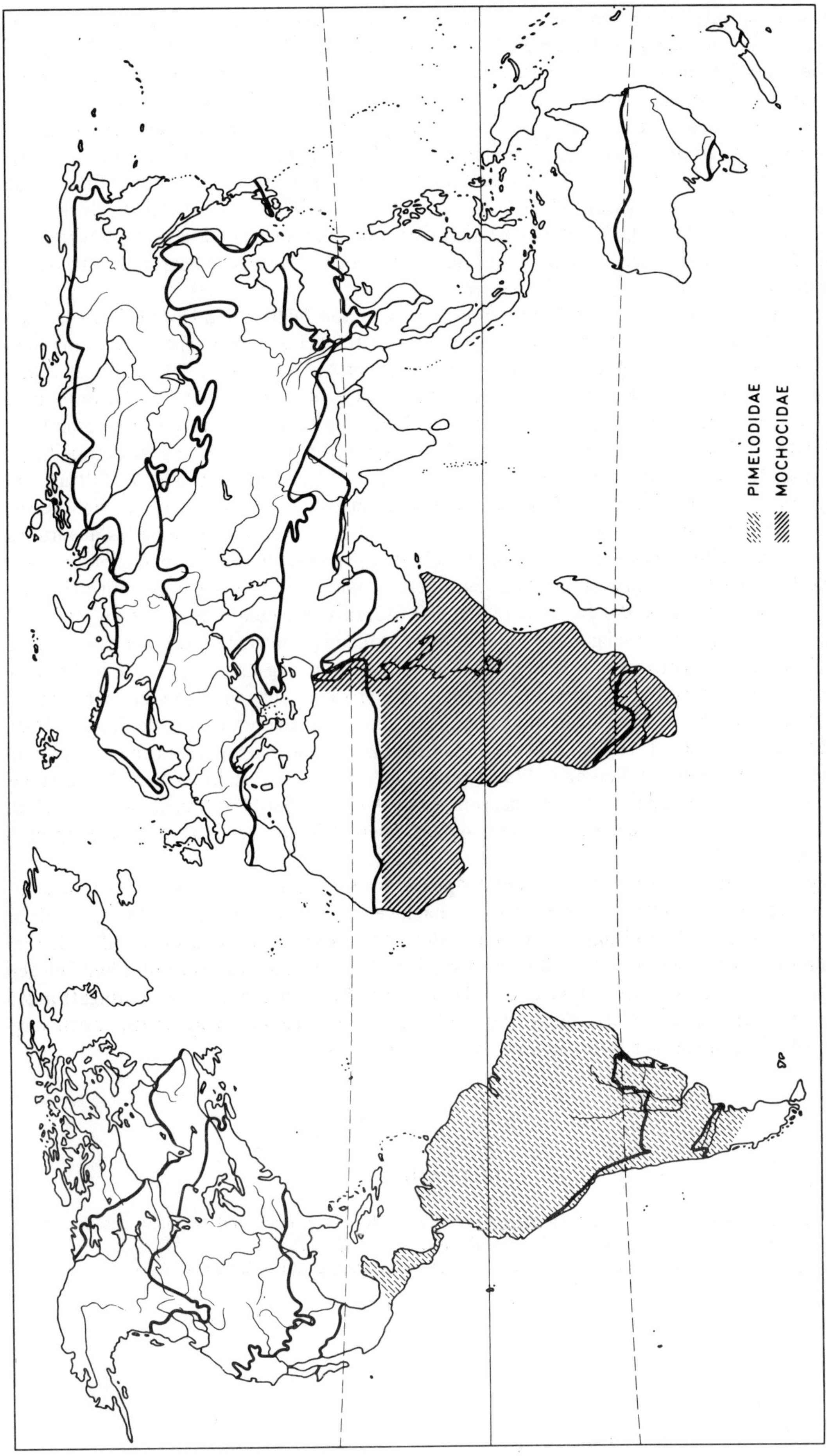

Fig. 14: Verbreitung von Pimelodidae und Mochocidae. (Fig. 8 – 14 nach STERBA (1970), Fig. 8, 9 verändert).

An den Südspitzen der Südkontinente fehlen primäre Süßwasserfische fast völlig und sind dort durch anadrome und katadrome Einwanderer vom Meer her ersetzt, doch sind offenbar vor allem auch Cichliden und Characinidae *(Fig. 8)* vom Norden her in die südlichen gemäßigten Zonen eingewandert. Beide Familien, auf Afrika und Amerika beschränkt (Cichlidae auch Madagaskar und Indien), sind ein weiterer Hinweis für die Kontinentaldrift. In Afrika ist die zweifellos dort nach Trennung der Südkontinente hervorgegangene Familie der Mormyridae *(Fig. 10)* bis zur Südspitze ausgebreitet, ebenso die der Mochocidae (Fiederbartwelse), Clariidae (Kiemensackwelse) *(Fig. 11* und *14)* und Bagridae (Stachelwelse) sowie Mastacembelidae (Stachelaale), die zusätzlich ostasiatische und südostasiatische Verbreitung haben *(Fig. 9)*. Schließlich sind für Südafrika auch noch die sonst paläarktisch-äthiopisch verbreiteten Cyprinidae *(Fig. 12)* zu nennen.

In Südamerika ist die Einwanderung in den gemäßigten Südteil den Dornwelsen (Doradidae) und Antennenwelsen (Pimelodidae), ferner den teilweise parasitischen Trichomycteridae (Schmerlenwelsen) gelungen. Letztere sind längs der Anden bis etwa 50° südlicher Breite zu finden. Auch in der Fischfauna drückt sich übrigens die erstaunliche Tierarmut Chiles (NOODT 1961) aus, das lediglich 23 Binnenfische aufweist (Südamerika insgesamt ca. 2500 Arten!). Diese Tierarmut wird teils mit der durch die Auffaltung der Anden bedingte Isolierung, teils mit klimatischen Ursachen begründet. Sicher ist mit der Auffaltung der Anden ein Isolationseffekt für den pazifischen Einzugsraum entstanden, der sich gegenwärtig in der hohen Zahl von Endemismen im nördlichen Teil dieses Gebietes ausdrückt. Inwieweit das Klima hier eine Rolle spielt, läßt sich gegenwärtig schwer entscheiden: eher ist hier die langfristige Entwicklung seit dem Tertiär oder noch früher von Bedeutung: gerade sie aber soll auf Grund der Befunde mancher Autoren sehr gleichmäßig gewesen sein.

Die Auffaltung der Hochgebirge und Bildung vulkanischer Hochberge hat für ausbreitungsökologisch günstige Arten sicher den Nord-Süd-Durchgang kalt stenothermer Organismen durch die Barriere der Tropen begünstigt. In Afrika mochte in besonders verstärktem Ausmaß dazu noch das Pleistozän mit seinen Kaltzeiten beigetragen haben, da die Erhebung des "Backbone" (TROLL 1973) großenteils nicht für kalt stenotherme Organismen ausreicht. Wahrscheinlich haben die Eis- bzw. Pluvialzeiten überhaupt stark zu einer Verschiebung der Kaltwasserfaunen entlang der Gebirgsachsen gegen den Äquator beigetragen, wie dies schon HUTCHINSON (1933) gelegentlich seiner Arbeit über afrikanische aquatische Hemipteren vermutet.

Insgesamt läßt sich, was die Beziehung tropisch-montaner zu subantarktischer Binnenwasserfauna anbelangt, vielfach Gemeinsamkeit nachweisen. Sie ist im Gegensatz zu häufigen transantarktischen Verbreitungstypen unter den Binnengewässerorganismen auf höherem systematischem Niveau auch artmäßig geprägt. Um die Herkunft aus Nord und Süd belegen zu können, wie dies etwa auf Grund pollenanalytischer Studien für die Baumgattungen *Podocarpus, Dacrydium, Nothofagus, Phyllocladus* u.a. gelungen ist, wird es aber noch sorgsamer paläolimnologischer Untersuchungen bedürfen.

LITERATUR

ANDRASSY, I. und BERCZIK, A. (1967): Nematoden aus Chile, Argentinien und Brasilien, gesammelt von Prof. Dr. H. Franz. Opusc. Zool. Inst. Zoos. Univ. Budapest, 7, 1–32.

BAYLY, I.A.E. und WILLIAMS, W.D. (1973): Inland waters and their ecology. Longman Australia, 316pp.

BREHM, V. (1936): Über die tiergeographischen Verhältnisse der circumantarktischen Süßwasserfauna. Biol. Rev. 11, 477–493.
– (1958): Crustacea: Phyllopoda und Copepoda Calanoida. South American Animal Life, 5, 10–39.
BRUNDIN, L. (1966): Transantarctic relationships and their significance, as evidenced by Chironomid midges. Kungl. Svensk. Vet. Akad. Handl., 11, 472pp.
– (1972): Circum-Antarctic distribution patterns and continental drift. In: Congr. Int. Zool. Monte-Carlo 1972, 1–15.
CAMPOS, H. (1973): Migration of *Galaxias maculatus* (Jenyns) (Galaxiidae, Pisces) in Valdivia Estuary, Chile. Hydrobiol. 43, 301–312.
CRACRAFT, J. (1972): Mesozoic dispersal of terrestrial faunas around the southern end of the world. In: Congr. Int. Zool. Monte-Carlo 1972, 1–35.
FITTKAU, E.J., ILLIES, J., KLINGE, H., SCHWABE, G.H. und SIOLI, H. (1968): Biogeography and ecology in South America. Junk Hague, 445pp.
GERY, J. (1969): The freshwater fishes of South America. In: Biogeography and ecology in South America, 2, 828–848.
GOSLINE, W.A. (1972): A reexamination of the similarities between the freshwater fishes of Africa and South America. – In: Congr. Int. Zool. Monte-Carlo 1972. 1–12.
HENNING, W. (1950): Grundzüge einer Theorie der phylogenetischen Systematik. – Deutscher Zentralverlag, Berlin, 370pp.
– (1960): Die Dipterenfauna von Neuseeland als systematisches und tiergeographisches Problem. – Beitr. Ent. 10, 221–329.
HUTCHINSON, G.E. (1933): The Zoo-geography of the African Aquatic Hemiptera in Relation to Past Climatic Change. – Int. Rev. Hydrobiol., 28, 435–468.
– und LÖFFLER, H. (1956): The termal classification of lakes. – Proc. Nat. Acad. Sci, 42, 84–86.
–, PICKFORD, G.E., und SCHUURMAN, J.F.M. (1932): A contribution to the hydrobiology of pans and other inland waters of South Africa. – Arch. Hydrobiol. 24, 1–136.
ILLIES, J. (1961): Gebirgsbäche in Europa und in Südamerika – ein limnologischer Vergleich. – Verh. Int. Ver. Limnol., 14, 517–523.
– (1963): The Plecoptera of the Auckland and Campbell Islands. – Rec. Domin. Mus. New Zealand, 4, 255–265.
– (1965): Die Wegenersche Kontinentalverschiebungstheorie im Lichte der modernen Biogeographie. – Naturwiss., 18, 505–511.
– (1966): Katalog der rezenten Plecoptera. – Tierreich, 82, 1–632.
– (1968): Ephemeroptera (Eintagsfliegen). – Handb. Zool. Kükenthal, 4, 1–63.
– (1969): Biogeography and ecology of neotropical freshwater insects, especially those from running waters. – In: Biogeography and ecology in South America, 2, 685–708.
JUBB, R.A. (1967): Freshwater Fishes of Southern Africa. A.A. Balkema, Amsterdam, 248pp.
LAGLER, K.F., BARDACH, J.E. und MILLER, R.R. (1962): Ichthyology: The Study of Fishes. – John Wiley & Sons, Inc., 545pp.
LAKE, J.S. (1971): Freshwater Fishes & Rivers of Australia. – Thomas Nelson (Australia), 61pp.
DE LATTIN, G. (1967): Grundriß der Zoogeographie. – VEB Gustav Fischer Verlag Jena, 602pp.
LEWIS, M.H. (1972): Freshwater Harpacticoid Copepods of New Zealand. 1. Attheyella and Elaphoidella (Canthocamptidae). – N.Z. J. Marine Freshw. Res. 6, 23–47.
– (1972): Freshwater Harpacticoid Copepods of New Zealand. 2. Antarctobiotus (Canthocamptidae). – N.Z. J. Marine Freshw. Res. 6, 277–297.
LÖFFLER, H. (1957): Die klimatischen Typen des holomiktischen Sees. – Mitt. Geogr. Ges. Wien, 99, 35–44.
– (1960): Limnologische Untersuchungen an chilenischen und peruanischen Binnengewässern. – Ark. Geof., 3, 155–254.
– (1965): Die Crustaceenfauna der Binnengewässer ostafrikanischer Hochberge. – Hochgebirgsforschung, 1, 107–170.
– (1968): Tropical high mountain lakes. – Proc. UNESCO Mexico Symp. 1966, 6, 57–75.
– (1971): Geographische Verteilung und Entstehung von Alkaliseen. – Sitz. Ber. Österr. Akad. Wiss., math.-nat. 179, 163–170.
– (1973): Tropical high mountain lakes of New Guinea and their zoogeographical relationship compared with other tropical high mountain lakes. – Arctic Alpine Res. 5, 193–199.

LONGHURST, A.R. (1955): A review of the Notostraca. – Bull. Brit. Mus. 3, 1–57.

MALICKY, H. (1973): Trichoptera (Köcherfliegen). – Handb. Zool. Kükenthal 4, 1–114.

MARGALEFF, R. (1955): Los organismos indicadores en la limnologia. – Publ. Minist. Agricultura Madrid, 12, 1–300.

MACCRIMMON, H.R. und MARSHALL, T.L. (1968): World Distribution of Brown Trout, *Salmo trutta*. – J. Fish. Res. Bd. Canada, 25, 2527–2548.

–, MARSHALL, T.L. und GOTS, B.L. (1970): World Distribution of Brown Trout, *Salmo trutta:* Further Observations. – J. Fish. Res. Bd. Canada, 27, 811–818.

MCKENZIE, K.G. (1968): Relevance of a Freshwater Cytherid (Crustacea, Ostracoda) to the Continental Drift Hypothesis. – Nature, 220, 1–6.

– (1971): Palaeozoogeography of Freshwater Ostracoda. – In: Colloque Pau (1970) Paléoécologie des Ostracodes, 5, 207–237.

– (1973): Cenozoic Ostracoda. – Atlas of Palaeobiogeography. Elsevier, 477–487.

MÜLLER, P. (1972): Die Bedeutung der Ausbreitungszentren für die Evolution neotropischer Vertebraten. – Zool. Anz. 189, 121–159.

NOODT, W.: Über Tierarmut in Chile. – Verh. Deutsch. Zool. Ges., 433–437.

– (1964): Natürliches System und Biogeographie der Syncarida (Crustacea Malacostraca). – Gewässer und Abwässer, 37/38, 77–186.

– (1969): Die Grundwasserfauna Südamerikas. – In: Biogeography and ecology in South America, 2, 659–684.

NORMAN, J.R. (1966): Die Fische. – Paul Parey, 458pp.

PATTERSON, C. (1972): The distribution of Mesozoic freshwater fishes. – In: Congr. Int. Zool. Monte-Carlo 1972, 1–22.

RAUH, W. (1930): Über polsterförmigen Wuchs. – Nova Acta Leopoldina, 7, Halle.

ROUCH, R. (1962): Harpactiocoides (Crustacés Copépodes) d'Amerique du Sud. – Biol. L'Amér. Austral. 1, Publ. Rech. Sci. Paris 7, 237–280.

SCHMINKE, H.K. (1972): Mesozoic intercontinental relationships as evidenced by Bathynellid Crustacea. – In: Congr. Int. Zool. Monte-Carlo 1972, 1–15.

SNEATH, P.H.A. und MCKENZIE, K.G. (1973): Statistical methods for the study of biogeography. – Organisms and continents through time, 12, 45–60.

STERBA, G. (1970): Süßwasserfische aus aller Welt. – J. Neumann-Neudamm, 1, 2, 687pp.

THOMASSON, K. (1956): Reflections on arctic and alpine lakes. – Oikos, 7, 117–143.

– (1964): Plankton and environment of north patagonian lakes. – Ann. Soc. Tart. 4, 9–28.

TROLL, C. (1955): Der jahreszeitliche Ablauf des Naturgeschehens in den verschiedenen Klimagürteln der Erde. – Studium Generale, 8, 713–733.

– (1959): Die tropischen Gebirge. – Bonner geogr. Abh. 25, 1–33.

– (1964): Karte der Jahreszeiten-Klimate der Erde. – Erdkunde, 18, 5–28.

– (1973): Das „Backbone of Africa" und die afrikanische Hauptklimascheide (Erläuterungen zu einer Karte). – Bonner meteor. Abh., 209–222.

WALKER, K.F. und LIKENS, G.E. (1974): The influence of morphometry on lake circulation patterns, with particular reference to meromixis. – Abstr. Cong. Int. Assoc. Limnol., 221.

ZWICK, P. (1973): Insecta: Plecoptera. Phylogenetisches System und Katalog. – Tierreich, 1–465.

VERWANDSCHAFTSBEZIEHUNGEN ANDINER VERTEBRATENFAUNEN

PAUL MÜLLER

Mit 11 Figuren

1. EINLEITUNG

Jeder Organismus, jede Population und jedes lebendige System enthalten Informationen, deren Erhellung Kriterien für eine genetische und/oder ökologische Bewertung von Landschaften liefert. Morphologische, ökophysiologische oder ethologische Ähnlichkeiten unterschiedlicher phylogenetischer Gruppen können zum Verständnis gleicher oder ähnlicher Herausforderungen führen, denen ein Organismus oder eine Population an einer bestimmten Erdstelle ausgesetzt sind. Ähnliche Lebensformen von Organismen, vergleichbare Diversität von Ökosystemen sowie Strukturen von Populationen und Biozönosen werden herangezogen, wenn es gilt, die ökologische Verwandtschaft von Räumen zu verdeutlichen. Sie reichen jedoch als „Verwandtschafts"-Kriterien allein nicht aus, können sogar, wenn die Zusammenhänge zwischen Form und Funktion nicht hinlänglich bekannt sind, zu schwerwiegenden Fehldeutungen führen. Verwenden wir Organismen, Biozönosen und Ökosysteme als Indikatoren für Raumqualitäten und zur Typologisierung von Raum-Verwandtschaften, so muß sowohl deren ökologische als auch genetische Struktur gleichrangig berücksichtigt werden. Das setzt voraus, daß nur Zeiträume analysiert werden, in denen eine definierbare, artspezifische „Konstanz" der ökologischen Valenz eines Taxons angenommen werden darf. Zahlreiche Beispiele zeigen, daß grundlegende phylogenetische Neuerungen im allgemeinen mit einem einschneidenden Wechsel der Lebensräume und damit einer Veränderung der ökologischen Valenz von Populationen oder Populationsteilen ablaufen. Bei Vertebraten, insbesondere bei den poikilothermen Reptilien und homoeothermen Vögeln, gehören innerhalb einer Art oder nahe verwandten Artengruppe allopatrisch verbreitete Sub- oder Semispezies in den meisten Fällen gleichen oder ähnlichen Biomen an (MOREAU 1966, MÜLLER 1973, 1974, KEAST 1961), während auf Gattungs- und Familienniveau oftmals ökologische Pluripotenz vorliegt. Da „Ähnlichkeit" noch keine Verwandtschaft sein muß, eignen sich zur Erhellung und phylogenetischen Rekonstruktion von Verwandtschaften höherer Taxa im allgemeinen nur Gruppen mit möglichst komplizierten und merkmalsreichen Strukturkomplexen, um Synapomorphien von Konvergenzen zu unterscheiden (HENNIG 1949, 1960, 1969, ILLIES 1965, BRUNDIN 1972, SCHMINCKE 1974, ZWICK 1974).

Analog liegen auch die Verhältnisse bei Arealen. Während jedoch z.B. eine monotypische Gattung für die Rekonstruktion der Phylogenese, d.h. der Reihenfolge der Merkmalsentstehung und damit der Taxa-Entstehung herangezogen werden kann, ist die geographische Herkunft des möglicherweise völlig isolierten Areals dieser Gattung mit chorologischen Mitteln allein ebensowenig zu klären wie mit phylogenetischen. Das Alter des Vor-

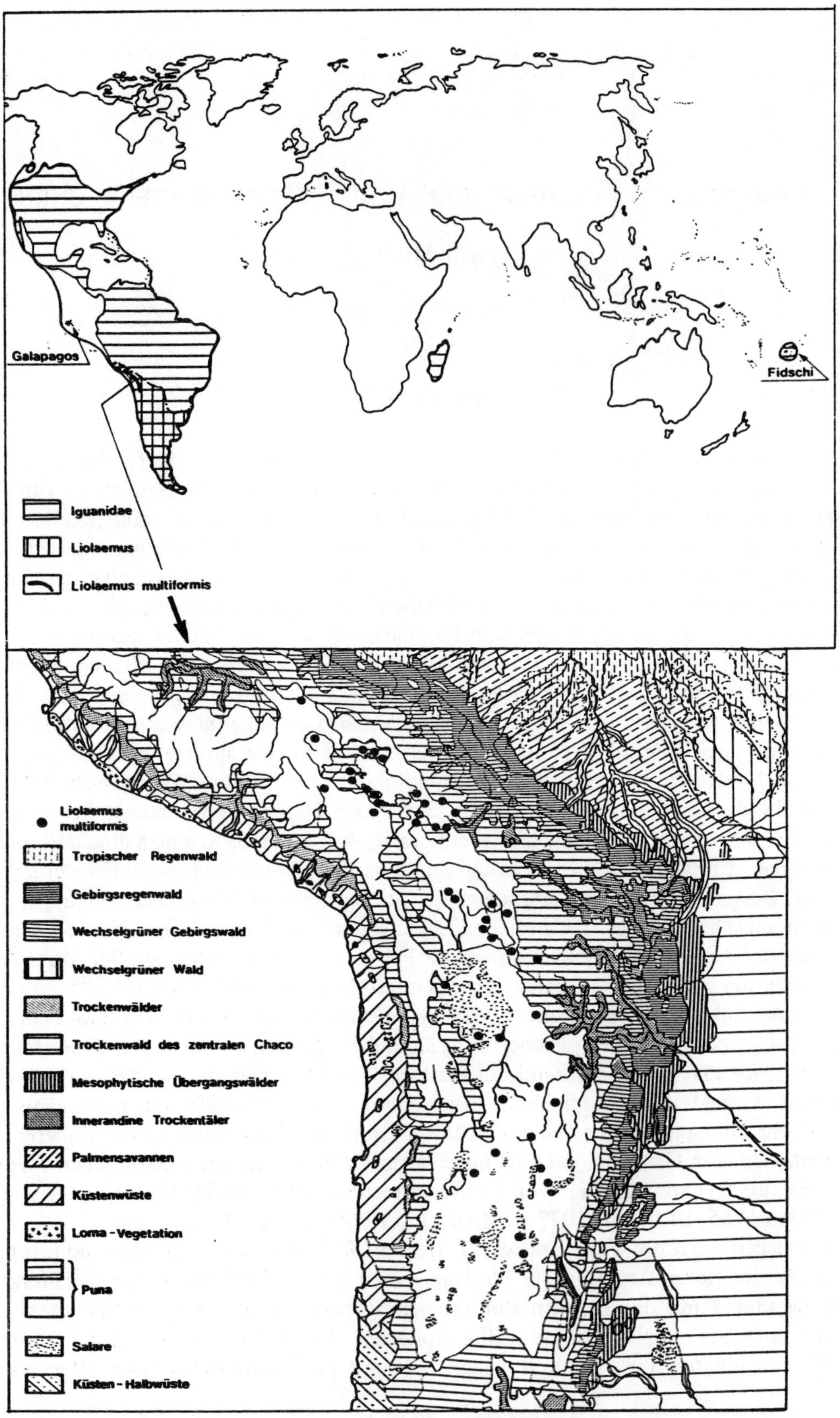

Fig. 1: Verbreitung der Familie der Leguane (Iguanidae), der Erdleguangattung *Liolaemus* (oben) und der Puna-Leguanart *Liolaemus multiformis.* Vordergründig überwiegt im Familienareal scheinbar die genetisch-historische, im Artareal die ökologische Information. Das darf jedoch nicht darüber hinwegtäuschen, daß jedes Areal – ob Art- oder Familienareal – eine genetische und ökologische Struktur besitzt. Nur bei gleichwertiger Berücksichtigung dieser ökogenetischen Arealstruktur ist es im allgemeinen möglich „Raumverwandtschaften" abzuleiten.

kommens einer Art an einer bestimmten Erdstelle ist nur in den seltensten Fällen mit dem geologischen Alter dieser Erdstelle verknüpft. Die Annahme, daß das rezente Areal eines Taxons – unabhängig vom Vorhandensein apomorpher oder plesiomorpher Merkmale – homotope Strukturen zu seinem Entstehungszentrum oder einem der vielen im Verlauf seiner Evolution möglichen Ausbreitungszentren besitzt, muß durch sorgfältige Strukturanalysen im Einzelfalle erst bestätigt werden.

2. AUSBREITUNGSZENTRENANALYSE ALS VERWANDTSCHAFTSKRITERIUM VON RÄUMEN

Versuchen wir die Verwandtschaften andiner Tierarten und -gemeinschaften zu erhellen, so müssen Methoden verwandt werden, deren Ergebnisse über die Kenntnis der Evolution und rezenten Ökologie der Taxa zur Entwicklungsgeschichte und ökologischen Verwandtschaft von Landschaften führen. Möglichkeiten hierzu liefert die Aufklärung und lagemäßige Erfassung von Ausbreitungszentren. Es scheint zum besseren Verständnis der folgenden Ausführungen wichtig zu sein, an dieser Stelle näher auf die Problematik der Analyse von Ausbreitungszentren einzugehen, da die Ergebnisse, die durch ihre Untersuchung und Aufklärung erhalten werden, zu einem tieferen Verständnis der jüngeren Entwicklungsgeschichte der Lebewesen und zu einer Klärung erd- und klimageschichtlicher Tatsachen beitragen können. Sie führen damit zu einem tieferen Verständnis der gegenwärtigen landschaftlichen Verhältnisse. Die Bedeutung der Ausbreitungszentren für die Evolutionsforschung ist damit ebenso groß wie ihre Bedeutung für die Geographie.

Ausbreitungszentren sind Räume, in denen Populationen für sie ungünstige Umweltbedingungen überdauerten. Ein Raum kann naturgemäß nur dann als Ausbreitungszentrum fungieren, wenn die Gesamtheit seiner Lebensbedingungen keine Extinktion der in ihm vorhandenen Lebensgemeinschaften bewirkte. In Ausbreitungszentren befinden sich die Populationen während der Dauer der ungünstigen Umweltbedingungen zugleich in einem von anderen Räumen und anderen Populationen abgeschlossenen Gebiet.

Damit kann eine für die Art- und Rassenbildung wichtige Kraft, die geographische Isolation (Separation), wirken. Um Mißverständnisse zu vermeiden, muß jedoch darauf hingewiesen werden, daß Ausbreitungszentren keine homologen Strukturen zu Entstehungszentren sein müssen. Will man entsprechende Aussagen machen, so ist es notwendig, die Verbreitungsgebiete daraufhin zu untersuchen, ob sie in der Nähe des Entstehungsgebietes einer Art liegen (= plesiochor), oder ob sie sich im Verlauf der Entwicklungsgeschichte einer Art sehr weit von dem Entstehungszentrum entfernt haben (= apochor; vgl. MÜLLER 1972, 1974). Da die Klärung dieser Fragen für höhere systematische Einheiten (Gattungen, Familien) von einer lückenlosen Darstellung ihrer Entwicklungsgeschichte abhängig ist, die jedoch für wenige Tiergruppen bisher befriedigend gelöst wurde, erscheint es vorerst sinnvoll, die Untersuchung von Ausbreitungszentren nur auf Arten, Superspezies und Subspezies zu beschränken. Bei Sub- und Semispezies ist der Nachweis der Apo- bzw. Plesiochorie ihres Areals zum letzten funktionsfähigen Ausbreitungszentrum wesentlich leichter zu erbringen (allopatrische Verbreitung u.a.) als bei Arten, doch muß betont werden, daß die Ausbildung von Rassen nicht ausschließlich an geographische Isolation ursprünglich einheitlicher Populationen gebunden ist (MÜLLER 1974).

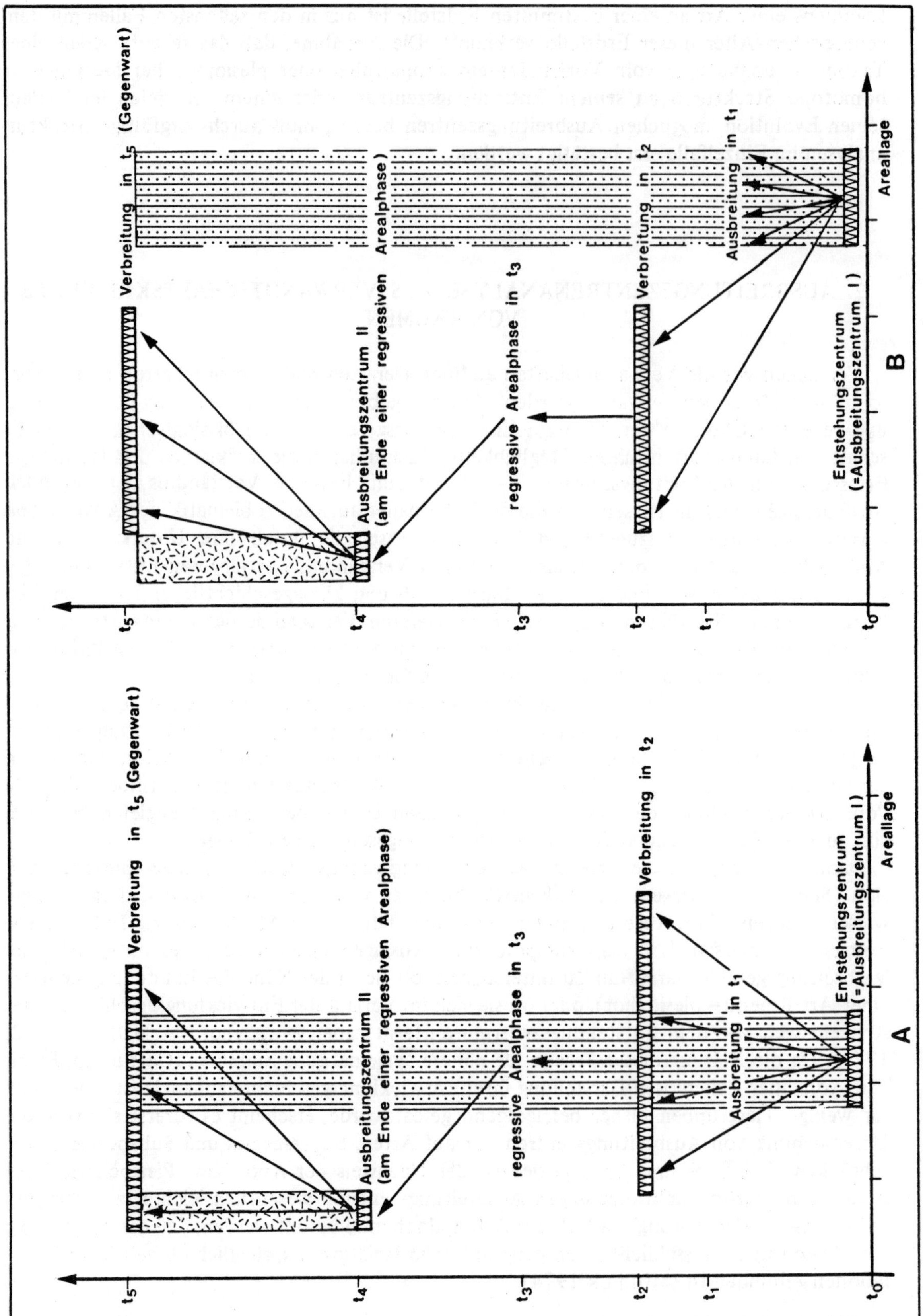

Fig. 2: Mögliche Beziehungen zwischen rezentem Areal (Verbreitung in t_5), Ausbreitungszentren und Entstehungszentrum eines Taxons. Jede Art besitzt ein Ausbreitungszentrum (= Ausbreitungszentrum 1 in t_0) das eine homotope chorologische Struktur zum Entstehungszentrum darstellt. Im Verlauf der weiteren Entwicklungsgeschichte können sich jedoch beide Gebiete voneinander entfernen. Die mit der in Fig. 3 beschriebenen Analyse erhaltenen Ausbreitungszentren stellen somit lediglich Räume dar, in denen Populationen, die zuletzt auf sie einwirkenden ungünstigen Umweltbedingungen überdauerten (Ausbreitungszentrum 2 in t_4). Das Ausbreitungszentren und Entstehungszentrum plesiochor oder apochor zum rezenten Areal sein können, wurde in A und B schematisch dargestellt (nach MÜLLER 1974).

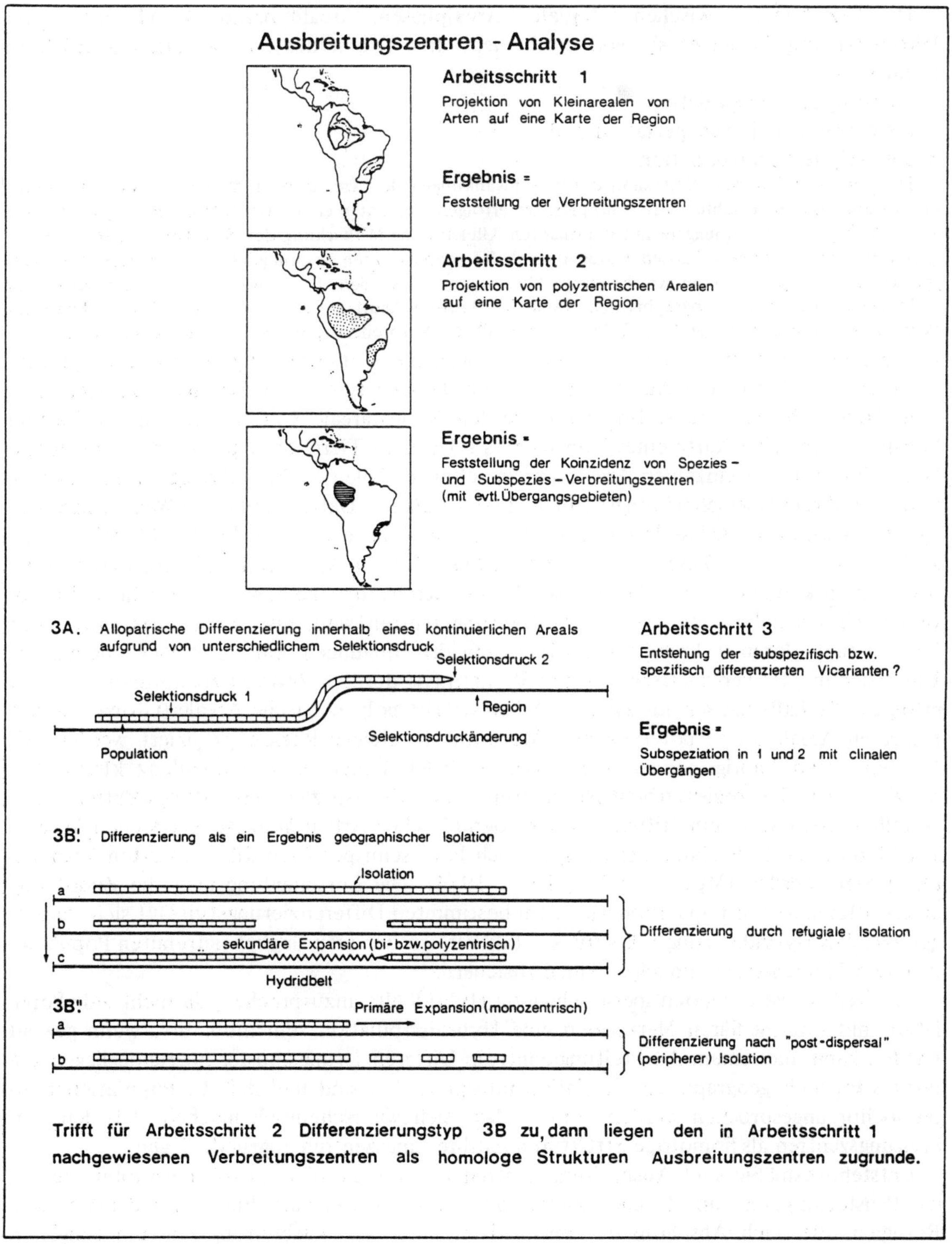
Ausbreitungszentren - Analyse
Arbeitsschritt 1
Projektion von Kleinarealen von Arten auf eine Karte der Region
Ergebnis =
Feststellung der Verbreitungszentren
Arbeitsschritt 2
Projektion von polyzentrischen Arealen auf eine Karte der Region
Ergebnis =
Feststellung der Koinzidenz von Spezies - und Subspezies - Verbreitungszentren (mit evtl. Übergangsgebieten)
3A. Allopatrische Differenzierung innerhalb eines kontinuierlichen Areals aufgrund von unterschiedlichem Selektionsdruck
Selektionsdruck 2
Selektionsdruck 1
Region
Selektionsdruckänderung
Population
Arbeitsschritt 3
Entstehung der subspezifisch bzw. spezifisch differenzierten Vicarianten ?
Ergebnis =
Subspeziation in 1 und 2 mit clinalen Übergängen
3B'. Differenzierung als ein Ergebnis geographischer Isolation
Isolation
a
b
c
sekundäre Expansion (bi- bzw. polyzentrisch)
Hydridbelt
Differenzierung durch refugiale Isolation
3B''. Primäre Expansion (monozentrisch)
a
b
Differenzierung nach "post-dispersal" (peripherer) Isolation
Trifft für Arbeitsschritt 2 Differenzierungstyp 3B zu, dann liegen den in Arbeitsschritt 1 nachgewiesenen Verbreitungszentren als homologe Strukturen Ausbreitungszentren zugrunde.

Fig. 3: Schematische Darstellung der drei Arbeitsschritte zur Ermittlung von Ausbreitungszentren.

Die Beziehungen zwischen refugialen Arealphasen, Arealdynamik, Wanderungen und Differenzierung lassen es sinnvoll erscheinen, drei Typen der Subspeziation deutlich zu trennen:
1. die refugiale Subspeziation,
2. die extrarefugiale Subspeziation und
3. die periphere Subspeziation.

Die periphere Subspeziation kann durch Schwankungen der Arealgrenzen aber auch, worauf REINIG (1970) aufmerksam machte, durch Suppression erfolgen, worunter er die Unterdrückung phylogenetisch älterer Subspezies durch jüngere mit dominanten Allelen ohne Mitwirkung der Selektion versteht. Phylogenetisch ältere periphere Rassen wären danach Restpopulationen ursprünglich weiter verbreiteter Subspezies, die von jüngeren im Arealzentrum „überwandert" wurden. Diese älteren Typen müssen jedoch nicht ausschließlich am geographischen Rand des Areals gehäuft auftreten, sondern können ebenso im Bereich ökologischer Grenzen (z.B. Gebirge) innerhalb des Verbreitungsgebietes erhalten geblieben sein.

Diese einschränkenden Hinweise sind notwendige Voraussetzung für die richtige Einschätzung des Wertes von Ausbreitungszentren. Die Analyse von Ausbreitungszentren setzt drei Arbeitsschritte voraus. Im ersten werden Kleinstareale von Arten, Semispezies und Subspezies auf eine Karte eines Kontinentes oder eines Tierreiches projiziert. Gemeinsamkeiten besitzen die einzelnen Areale nur in seltenen Fällen in ihren Arealgrenzen, dagegen immer in ihrem Überschneidungsbereich, dem Arealkern. Daß die auf diese Weise erhaltenen Verbreitungszentren keine Ausbreitungszentren sein müssen, wurde durch zahlreiche Untersuchungen bewiesen. Diese Zentren sind Räume höchster Arealdiversität. Auf diesem Analysestadium können sie sowohl ökologische als auch historische bzw. ökologische und historische Ursachen besitzen. Ob sie Ausbreitungszentren sind, also Erhaltungszentren von Faunen und Floren während ungünstiger Umweltbedingungen, kann erst über eine weitere Untersuchung der verwandtschaftlichen Verhältnisse der den Zentren zuzuordnenden Taxa erfolgen. Deshalb müssen im zweiten Arbeitsschritt polyzentrische Areale (Großareale mit mehreren Arealkernen) polytypischer Arten auf die gleiche Region projiziert werden. Als Ergebnis kann häufig, jedoch keineswegs in allen Fällen, eine Koinzidenz kleinarealer Spezies- und Subspeziesverbreitungszentren (bzw. Semispezies-Verbreitungszentren) festgestellt werden. In einem dritten, bei tiergeographischen Arbeiten meist vergessenen Arbeitsschritt muß die Entstehung der subspezifisch bzw. semispezifisch differenzierten Vikarianten geklärt werden (MÜLLER 1972, 1973, 1974). Die Entscheidung über die Zuordnung einer differenzierten Population zu einem bestimmten Differenzierungstyp läßt sich, vorausgesetzt, daß Hybridisierungsbelts im Kontaktbereich der ursprünglich getrennten Populationen ausgebildet werden, im allgemeinen absichern.

Im Freiland ist es jedoch meist schwierig Hybridbelts anzusprechen, da nicht jede Population mit intermediären Merkmalen eine Hybridpopulation sein muß. Erst wenn gezeigt werden kann, daß einem Ausbreitungszentrum Differenzierungsmuster zugrunde liegen, die nur als Ergebnis geographischer Isolation interpretierbar sind und daß die Populationen als plesiochor angesprochen werden können. läßt sich wahrscheinlich machen, daß den Verbreitungszentren als homotope Strukturen Ausbreitungszentren zugrunde liegen.

Entstehungsmäßig sind Ausbreitungszentren keineswegs, obwohl oft behauptet, nur an das Pleistozän gebunden. Zu allen Zeiten, auch in der Gegenwart, bildeten und bilden sich Refugien, die nach Abschluß der ungünstigen Phase als Ausbreitungszentrum fungieren können.

Jede Art besitzt mindestens ein Ausbreitungszentrum, das mit dem Entstehungszentrum übereinstimmt. Im Verlauf ihrer Entwicklungsgeschichte können sich jedoch beide Gebiete erheblich voneinander entfernen. Die nachgewiesenen Ausbreitungszentren stellen somit

Fig. 4: Verbreitung der Ausbreitungszentren orealer Vertebratenfaunen in der Neotropis. Es bedeuten: Nr. 7 Talamanca-Paramo Zentrum, Nr. 15 Nordandines Zentrum, Nr. 27 Puna-Zentrum (nach MÜLLER 1973).

lediglich Räume dar, in denen Populationen die zuletzt auf sie einwirkenden ungünstigen Umweltbedingungen überdauerten.

3. DIE AUSBREITUNGSZENTREN DES NEOTROPISCHEN OREALS

Eine Analyse der Ausbreitungszentren terrestrischer Vertebraten in der Neotropis (Näheres bei MÜLLER 1973) zeigte, daß mindestens 40 Zentren erfaßbar sind. Eine Verwandtschaftsanalyse der einzelnen Zentren, basierend auf der Phylogenie ihrer Faunenelemente (auf semi- und subspezifischem Niveau), zeigte, daß sie sich drei Großgruppen zuordnen lassen.

Die Faunenelemente der Gruppe I (non-forest) zeichnen sich durch Adaptationen an waldfreie oder zumindest teilweise waldfreie Biome (im allgemeinen unterhalb 1 500 m) aus. Sie fehlen in den Regenwaldbiomen, die von Faunenelementen der Gruppe II (forest and montan-forest) bewohnt werden, während jene der Gruppe III ökologisch streng an die waldfreie Hochgebirgsregion (Oreal) angepaßt sind. Innerhalb dieser drei Gruppen lassen sich die einzelnen Zentren zu engeren Verwandtschaftsgruppen ordnen (u.a. die Montanwaldzentren) oder zu Verwandtschaftskreisen mit Beziehungen zu anderen Gruppen oder Zentren außerhalb der neotropischen Region.

Im Folgenden sollen die orealen Zentren makroökologisch und genetisch definiert und ihre Verwandtschaftsbeziehungen dargestellt werden.

3.1. DAS TALAMANCA-PARAMO-ZENTRUM

Das Zentrum ist kongruent mit der Verbreitung der Paramos von Costa Rica und besitzt enge floristische Beziehungen zum Nordandinen Zentrum (WEBER 1958). Diese Verknüpfung läßt sich zwar deutlich auch bei den Faunenelementen nachweisen, doch handelt es sich dabei um Faunenkreise, die häufig auch im Oreal von Mittelamerika und von Mexiko leben. Von den 758 in Costa Rica vorkommenden Vogelarten (440 Gattungen; nach SLUD 1964) können 21 als Faunenelemente des Talamanca-Paramo-Zentrums angesprochen werden:

1. *Zenaida macroura turtilla*
2. *Otus clarkii*
3. *Glaucidium jardini costaricanum*
4. *Aegolius ridgwayi ridgwayi*
5. *Caprimulgus saturatus*
6. *Colibri thalassinus cabanidis*
7. *Lampornis hemileucus*
8. *Philodice bryantae*
9. *Selasphorus simoni*
10. *Philydor rufus panerythrus*
11. *Pachyramphus versicolor costaricensis*
12. *Myiodynastes hemichrysus*
13. *Contopus ochraceus*
14. *Arcrochordopus zeledoni zeledoni*

15. *Cistothorus platensis lucidus*
16. *Tangara dowii*
17. *Chlorospingus zeledoni*
18. *Spodiornis rusticus barrilescensis*
19. *Melozone biarcuatum cabanisi*
20. *Melozone leucotis leucotis*
21. *Acanthidops bairdi*

Nur 2 Populationen (*Philydor rufus panerythrus* = Furnariidae, *Pachyramphus versicolor costaricensis* = Cotingidae) gehören zu Familien, die nach Auffassung von MAYR (1964) südamerikanischen Ursprung besitzen. Die anderen lassen sich nearktischen oder mittelamerikanischen Arealverknüpfungen zuordnen. Die Taube *Zenaida macroura* kommt in den *turtilla* nächstverwandten Subspezies *carolinensis* und *marginella* in Nordamerika vor und ist aus den columbianischen Gebirgen nur durch ein Belegexemplar bekannt. Die isolierte Population des Zaunkönigs *Cistothorus platensis lucidus* besitzt nahverwandte Rassenkreise, die sich nordwärts bis in den Süden von Kanada, südwärts bis zu den Falkland-Inseln erstrecken. Dabei ist eine deutliche vertikale Verschiebung der Areale von den Tropen zu den Außertropen feststellbar. Die Eule *Glaucidium jardini costaricanum* zeigt Verwandtschaft zu weiteren isolierten Populationen in den Paramos von Columbien. Gleiches gilt für *Philydor rufus* und *Pachyramphus versicolor,* während die übrigen Faunenelemente nähere mittel- oder nordamerikanische Verwandtschaft besitzen. Das steht in völligem Widerspruch zu unseren Ergebnissen aus dem basimontanen Costa-Rica-Regenwaldzentrum, dessen Faunenelemente überwiegend neotropischen Verwandtschaftskreisen angehören (MÜLLER 1973). Von sechs Artendemiten der Avifauna von Costa Rica sind drei Faunenelemente des Talamanca-Paramo-Zentrums (*Selasphorus simoni, Chlorospingus zeledoni, Acanthidops bairdi*). Auch die Subspezies *Melozone biarcuatum cabanisi* und *Melozone leucotis leucotis* sind Endemiten der Paramos von Costa Rica, während die übrigen Faunenelemente in Lokalpopulationen noch die nördlichen Ausläufer der Gebirgszüge von Panama erreichen. Die dortigen Populationen sind jedoch gegenüber jenen von Costa Rica nicht subspezifisch differenziert, woraus geschlossen werden kann, daß Genaustausch besteht. Die bisher aus dem Zentrum bekannten Amphibien, Reptilien und Mammalia zeigen ähnlich wie die Vögel nächste Verwandtschaft zu nearktischen oder mittelamerikanischen Zentren. Bei den Reptilien ist ein Einwanderungsweg vom Mexikanischen Zentrum (im Sinne von DE LATTIN 1957) über die Kiefernbestände im Zentralamerikanischen Hochland zum Talamanca-Paramo-Zentrum nachweisbar (vgl. die Areale von *Gerrhonotus viridiflavus, Gerrhonotus moreletti, Gerrhonotus monticola, Sceloporus formosus* und *Sceloporus malachiticus* bei MÜLLER 1973).

3.2. DAS NORDANDINE ZENTRUM

Dieses Zentrum kann durch die Areale der Säugetiere *Pudu mephistophiles, Sylvilagus brasiliensis andinus, Thomasomys paramorum, Anatomys leander, Nasuella olivacea* und *Marmosa dryas,* der Vögel *Hemispingus verticalis, Cisthothorus meridae, Schizoeaca fuliginosa, Schizoeaca griseomurina, Asthenes virgata, Cinclodes excelsior, Chalcostigma olivaceum* und *Nothoprocta curvirostris* sowie durch mehrere Reptilienarten gekennzeichnet werden, die ausschließlich zu den Familien Iguanidae und Teiidae gehören. Letztere Aussage läßt sich auf die Hochanden von Südamerika allgemein übertragen:

HOCHANDINE REPTILIENARTEN

Iguanidae

1. *Stenocercus chrysopygus* – oberhalb 3400 m ; Cordillera Blanca, Peru.
2. *Stenocercus marmoratus* – oberhalb 3500 m; Zentralanden von Bolivien.
3. *Stenocercus variabilis* – Hochland von Nordwest-Bolivien (Zentralperu?)
4. *Ophryoessoides trachycephalus* – Hochland der kolumbianischen Ostanden.
5. *Phenacosaurus heterodermus* – Hochland von Cundinamarca und Boyaca.
6. *Phenacosaurus nicefori* – Hochland von Nord-Santander (Kolumbien) und Sierra Perija (Venezuela)
7. *Phenacosaurus richteri* – Hochland von Cundinamarca und Caldas (Kolumbien).
8. *Phymatura palluma* – Chilenische und argentische Anden.
9. *Anolis altae* – oberhalb 2000 m in Costa Rica (Barba Vulkan).
10. *Anolis sminthus* – San Juanito, Honduras (oberhalb 2300 m).
11. *Anolis solitarius* – Sierra de Santa Marta (Kolumbien).
12. *Anolis andianus* – oberhalb 2000 m; Milligalli (Ecuador).
13. *Ctenoblepharis jamesi* – Anden von Tarapaca (Chile) oberhalb 3000 m.
14. *Ctenoblepharis nigriceps* – Hochkordillere von Atacama, Chile.
15. *Ctenoblepharis schmidti* – Hochanden von Antofagasta zwischen Chile und Bolivien.
16. *Ctenoblepharis stolzmanni* – Hochanden von Peru und Chile.
17. *Ctenoblepharis reichei* – Hochanden von Peru und Chile.
18. *Liolaemus altissimus* – Hochanden zwischen 32° bis 42°S.
19. *Liolaemus alticolor* – Altiplano von Chile, Bolivien, Peru und Argentinien.
20. *Liolaemus leopardinus* – Hochanden von Chile.
21. *Liolaemus mocquardi* – Altiplano von Peru, Bolivien und Chile.
22. *Liolaemus monticola* – Hochanden von Chile.
23. *Liolaemus multiformis* – Altiplano von Peru, Bolivien und Argentinien.
24. *Liolaemus ornatus* – Altiplano von Chile, Argentinien und Bolivien.
25. *Liolaemus pantherinus* – Altiplano von Peru, Bolivien und Chile.
26. *Liolaemus signifer* – Altiplano von Chile, Bolivien und Argentinien.

Teiidae

1. *Euspondylus acutirostris* – Hochlagen von Rancho Grande und Pico Naiguata (Venezuela).
2. *Euspondylus brevifrontalis* – Hochanden von Merida.
3. *Euspondylus leucostictus* – Roraima (Venezuela).
4. *Euspondylus rahmi* – Anden von Cuzco, Peru.
5. *Euspondylus simonsii* – Anden von Peru.
6. *Opipeuter xestus* (monotypische Gattung) – Ostanden von Zentralbolivien.
7. *Neusticurus racenisi* – Auyantepui (Venezuela).
8. *Bachia bicolor* – Sierra de Perija (Venezuela) und Umgebung von Bogota (Kolumbien).
9. *Cnemidophorus vittatus* – oberhalb 2500 m bei Paratani (Bolivien).
10. *Anadia bitaeniata* – Anden von Venezuela und Kolumbien.
11. *Anadia bogotensis* – Umgebung von Bogota und venezulanische Anden.
12. *Anadia pulchella* – Sierra de Santa Marta (Kolumbien).

Anguidae

Die Familie fehlt in den südamerikanischen Hochanden. In den Gebirgen von Mittelamerika kommen die Arten

1. *Gerrhonotus monticolus,*
2. *Gerrhonotus moreletii* und
3. *Gerrhonotus viridiflavus* vor (vgl. MÜLLER 1973).

Die Faunenelemente des Nordandinen Zentrums lassen eine deutliche Stauungszone im südlichen Ecuador erkennen (vgl. auch die Verbreitung des Insectivoren-Genus *Cryptotis* in MÜLLER 1973; p 46, Fig. 21). Einige Säugetiere und Vögel dringen jedoch weiter nach Süden in die Paramos des nördlichen Peru (westlich des Marañon) vor (bis zum Junin-See) oder sind hier durch nahverwandte Arten oder subspezifisch differenzierte Populationen vertreten. Deshalb fassen wir das Paramo-Gebiet im nordwestlichen Peru als Sekundärzentrum auf (= Peruandines Sekundärzentrum) und stellen es dem Bogota-Sekundärzentrum gegenüber (= Hochanden von Ecuador, Kolumbien und Venezuela). Das Peruandine Sekundärzentrum besitzt darüber hinaus die Funktion einer „Transition Zone" zwischen dem Bogota-Sekundärzentrum und dem Puna-Zentrum. Vor allem die lokomotionsfähigeren Taxa (u.a. *Tremarctos ornatus, Anthus bogotensis, Troglodytes solstitialis*) stellen die Verbindung zwischen Nordandinem und Puna-Zentrum her.

Die starke orographische Gliederung des Nordandinen Zentrums erhöht den Isolationsgrad der Populationen. Das Auftreten von Artendemiten und subspezifisch differenzierten Populationen in den Paramos der Sierra Nevada de Santa Marta (u.a. *Ramphomicron dorsale*) und der Sierra von Merida (u.a. *Cistothorus meridae*) deuten tertiäre und quartäre Untergliederungen des Zentrums an. Natürliche Barrieren, die entscheidend für die Diskontinuitäten zwischen geographischen Isolaten verantwortlich sind, bestimmen oder beeinflussen zumindest die Dispersionsrate der Taxa. Diese kann, als Maßstab für die Qualität der Isolation einer Population, von ersten experimentell-biogeographischen Ansätzen abgesehen (u.a. WILSON und SIMBERLOFF 1969), meist nur indirekt aus dem Differenzierungsniveau der räumlich isolierten Populationen erschlossen werden. Für die Faunenelemente des Nordandinen Zentrums wirken folgende Räume als Verbreitungsbarrieren:

Nicaragua

1. Nicaragua-Senke

Panama

2. Panamá Senke

Kolumbien

3. Tuira-Senke
4. Atrato-Tal
5. Cauca-Graben
6. Patia-Graben
7. Magdalena-Graben
8. Cesar-Tal (zwischen den bewaldeten Serrania de Perijá und der Sierra Nevada de Santa Marta)
9. Südostkolumbianisches Tiefland

Venezuela

10. Cristobal-Senke
11. Barquisimento-Senke
12. Unare-Senke
13. Paria-Senke
14. Drachen-Enge
15. Llanos

Peru

16. Nordperuanische Senke
17. Marañon-Graben.

Die Präferenzbiotope der Nordandinen Faunenelemente sind die Paramos der Nord- und Zentralanden (oberhalb 3000 m). Die vorliegenden Fundorte der Avifauna zeigen jedoch, daß die Faunenelemente vor allem außerhalb der Brutzeit auch in den fast vegetationslosen Felsgebieten, in den Hart- und Dornpolster-Gebirgsformationen und in vereinzelten Fällen sogar in der obersten Montanwaldstufe angetroffen werden können. Der Kolibri *Oxypogon guerinii* ist auf die feuchten Paramos der Nordanden beschränkt.

Die Verwandtschaftsbeziehungen zum Puna-Zentrum sind sehr eng, während nur wenige Arten verwandte Populationen im Talamanca-Paramo-Zentrum und im Roraima-Zentrum besitzen. Das Roraima-Zentrum umfaßt die Hochlandgrasfluren des Roraima, Uei-tepui, Cerro Cuquenan, Chimanta-tepui bis Pauraitepui. Vom Nordandinen Zentrum aus ist es nur zwei Arten, offensichtlich zu sehr verschiedenen Zeiten, gelungen, auch ins Roraima-Gebiet vorzustoßen. Es handelt sich dabei um den Zaunkönig *Troglodytes rufulus* (ableitbar von *Troglodytes solstialis*), der in fünf unterschiedlich differenzierten Populationen in der waldfreien Gipfelzone des Roraima-Zentrums vorkommt *(rufulus, wetmorii, duidae, yavii* und *fuligularis)* und den Finken *Catamenia homochroa* (mit dem endemischen Roraima-Faunenelement *duncani*).

Bogota Faunenelemente

1. *Phalcoboenus carunculatus* (Falconidae)
2. *Eriocnemis vestitus* (Trochilidae)
3. *Eriocnemis derbyi* (Trochilidae)
4. *Ramphomicron dorsale* (Trochilidae)
5. *Metallura williami* (Trochilidae)
6. *Chalcostigma heteropogon* (Trochilidae)
7. *Oxypogon guerinii* (Trochilidae)
8. *Cinclodes excelsior* (Furnariidae)
9. *Schizoeaca fuliginosa* (Furnariidae)
10. *Schizoeaca griseomurina* (Furnariidae)
11. *Cistothorus apolinari* (Troglodytidae)
12. *Cistothorus meridae* (Troglodytidae)
13. *Hemispingus verticalis* (Thraupidae)
14. *Catamenia homochroa* (Fringillidae)
15. *Spinus spinescens* (Fringillidae)

Peruandine Faunenelemente

1. *Nothoprocta curvirostris* (Tinamidae)
2. *Phalcobaenus megalopterus* (Falconidae)
3. *Metriopelia melanoptera* (Columbidae)
4. *Oreotrochilus estella* (Trochilidae)
5. *Chalcostigma olivaceum* (Trochilidae)
6. *Chalcostigma stanleyi* (Trochilidae)
7. *Leptasthenura andicola* (Furnariidae)
8. *Asthenes virgata* (Furnariidae)
9. *Phacellodromus striaticeps* (Furnariidae)

In beiden Sekundärzentren vorkommende Arten

1. *Metallura tyrianthina* (Trochilidae)

Fig. 5: Verbreitung des andinen Paramo- und Puna-Zaunkönigs *Troglodytes solstitialis* und seiner Schwesterart *Troglodytes rufulus* in den Hochgebirgssavannen des Roraima-Zentrums. Dieser disjungierte Verbreitungstyp tritt besonders häufig bei Vertretern der Montanwaldfauna auf (MÜLLER 1973).

2. *Asthenes flammulata* (Furnariidae)
3. *Agriornis montana* (Tyrannidae)
4. *Muscisaxicola alpina* (Tyrannidae)
5. *Myiotheretes erythropygius* (Tyrannidae)
6. *Troglodytes solstialis* (Troglodytidae)
7. *Anthus bogotensis* (Motacillidae)
8. *Diglossa carbonaria* (Coerebidae)
9. *Catamenia analis* (Fringillidae)
10. *Catamenia inornata* (Fringillidae)
11. *Phrygilus unicolor* (Fringillidae)

Betrachten wir die Mammalia, so kann gesagt werden, daß von den bisher bekannten 37 Nordandinen Faunenelementen über 75 % (28 Arten) zu Familien mit mittel- oder nordamerikanischer Herkunft gehören.

Die Reptilien (ausschließlich Iguanidae und Teiidae) spielen im Nordandinen Zentrum entsprechend den dort herrschenden klimatischen Bedingungen eine untergeordnete Rolle. Das Iguanidengenus *Phenacosaurus* kommt in drei Arten *(heterodermus, richteri, nicefori)* in den kolumbianischen Paramos vor. *Phenacosaurus heterodermus,* die häufigste Art in den Paramos bei Bogota, besitzt wie die drei anderen Arten einen Greifschwanz und hält sich bevorzugt in *Espeletia, Rubus* und *Chusquea*-Büschen auf. Aufgrund anatomischer und ethologischer Merkmale läßt sich *Phenacosaurus* von *Anolis*-Arten des tropischen Flachlandes ableiten und dürfte mit *Norops* (nördliches Südamerika und Panama) gemeinsame Vorfahren besitzen. Auch die Gattung *Anadia,* die in drei Arten im Nordandinen Zentrum vorkommt, besitzt nächste Verwandte im tropischen Tiefland *(Anadia steyeri, Anadia vittata)* und in den Gebirgen von Costa Rica *(Anadia metallica). Bachia bicolor* kommt in den Paramos von Venezuela und Ostkolumbien vor. 19 weitere Arten der Gattung *Bachia* sind überwiegend im Tiefland verbreitet. Während *Ophryoessoides trachycephalus* eine Art der ostkolumbianischen Hochanden ist, leben 13 weitere Arten in basimontaneren Biomen. Auch innerhalb des Microteiiden-Genus *Euspondylus* (10 bekannte Arten) sind fünf Arten als Faunenelemente anzusprechen. Das gilt insbesondere für den eierlegenden *Euspondylus brevifrontalis* (vgl. FOUQUETTE 1968). Dagegen sind die Arealgrenzen der in den Paramos von Bogota vorkommenden Schlangenarten *Atractus nigricaudus* und *Dendrophidion bivittatus* noch unzureichend bekannt. Innerhalb der Amphibien sind folgende Arten (bzw. Rassen) als Faunenelemente des Nordandinen Zentrums anzusprechen:

1. *Bufo sternosignatus* (Bufonidae)
2. *Atelopus ebenoides ebenoides* (Atelopodidae)
3. *Eleutherodactylus bogotensis* (Leptodactylidae)
4. *Eleutherodactylus elegans*
5. *Eleutherodactylus flavomaculatus*
6. *Eleutherodactylus lehmanni*
7. *Niceforonia nana*
8. *Telmatobius niger*
9. *Telmatobius vellardi*

Besonders interessant ist *Niceforonia nana* (= monotypisches Genus, die erst 1963 beschrieben wurde; GOIN und COCHRAN 1963, Proc. California Acad. Sci., San Francisco *31:* 500. Terra typica: Paramo de La Russia). Ihre Phylogenie und Ökologie ist jedoch noch weitgehend unbekannt.

Mit Ausnahme der andin-verbreiteten Telmatobius-Arten besitzen die anderen Amphibien nahe Verwandte in den andinen Montanwaldzentren.

3.3. DAS PUNA-ZENTRUM

Die Lage des Zentrums kann durch die Areale von *Pterocnemia pennata garleppi, Lama vicugna, Tinamotis pentlandii, Felis jacobita, Hippocamelus antisiensis, Conepatus rex rex, Plegadis ridgwayi* und *Phoenicoparrus jamesi* gekennzeichnet werden. Die Namengebung des Zentrums wurde in Anlehnung an die Hochebene gewählt. Expansive Faunenelemente dringen jedoch vom Süden her in das Peruandine Sekundärzentrum (vgl. Nordandines Zentrum) ein. Da diesem Eindringen keine besonderen morphologischen Differenzierungen der entsprechenden Populationen als Ergebnis einer Adaptation zugrunde liegen, nehmen wir an, daß das Eindringen erst in jüngster Zeit erfolgte und ökologisch die Paramogebiete des Peruandinen Sekundärzentrums Übergänge zwischen dem Bogota-Sekundärzentrum und dem Puna-Zentrum besitzen.

Von den 153 in den südamerikanischen Paramo- und Puna-Gebieten lebenden Vogelarten (VUILLEUMIER 1968, 1969) gehören 35 dem Puna-Zentrum als Faunenelemente an:

1. *Pterocnemia pennata garleppi*
2. *Tinamotis pentlandii*
3. *Podiceps taczanowskii*
4. *Plegadis ridgwayi*
5. *Phoenicoparrus andinus*
6. *Phoenicoparrus jamesi*
7. *Anas puna*
8. *Buteo poecilochrous*
9. *Fulica gigantea*
10. *Fulica cornuta*
11. *Charadrius alticola*
12. *Phegornis mitchellii*
13. *Gallinago andina*
14. *Recurvirostra andina*
15. *Metriopelia aymara*
16. *Cinclodes atacamensis*
17. *Schizoeca helleri*
18. *Asthenes wyatti*
19. *Asthenes maculicauda*
20. *Muscisaxicola rufivertex*
21. *Muscisaxicola juninensis*
22. *Petrochelidon andecola*
23. *Mimus dorsalis*
24. *Anthus furcatus*
25. *Sicalis lutea*
26. *Sicalis uropygialis*
27. *Diuca speculifera*
28. *Idiopsar brachyurus* (zur Ökologie vgl. VUILLEUMIER 1969)
29. *Compsospiza garleppi* (zur Ökologie vgl. VUILLEUMIER 1969)

30. *Phrygilus atriceps*
31. *Phrygilus fruceti*
32. *Phrygilus dorsalis*
33. *Phrygilus erythronotus*
34. *Spinus crassirostris*
35. *Spinus atratus*

Bei ihnen fällt auf, daß nur 6 (17,1 %) Arten im Sinne von MAYR (1964) zu Familien mit südamerikanischer Herkunft gehören:

1. *Pterocnemia pennata garleppi* (Rheidae)
2. *Tinamotis pentlandii* (Tinamidae)
3. *Cinclodes atacamensis* (Furnariidae)
4. *Schizoeca helleri* (Furnariidae)
5. *Asthenes wyatti* (Furnariidae)
6. *Asthenes maculicauda* (Furnariidae)

Die Familien der übrigen Arten sind mit hoher Wahrscheinlichkeit aus dem Norden eingewandert (10 der aufgeführten Genera kommen auch in Mitteleuropa vor).

Die Passeriformes haben zum Teil bemerkenswerte Anpassungen an die Hochanden entwickelt. Ihre Siedlungsdichte ist, von Ausnahmen abgesehen (vgl. VUILLEUMIER 1969), niedrig. Die Neigung, kurzfristigen Wetterstürzen durch vertikale Wanderungen auszuweichen, scheint gering zu sein.

NIETHAMMER (1953) beobachtete den großen Kolibri *Patagonia gigas* an Kantuta-Blüten, die unter Schnee versteckt waren. Ähnliche Beobachtungen wurden auch an *Diglossa*-Arten gemacht. Diese Gattung ist andin verbreitet (von der oberen Montanwaldstufe bis zur Schneegrenze), fehlt jedoch in den südostbrasilianischen Gebirgen, obwohl auch dort Melastomaceen, Onagraceen, Labiaten und Campanulaceen vorkommen (z.B. auf dem Itatiaia), die von *Diglossa* zum Nektarsammeln aufgesucht werden. Bei diesen Coerebiden treten zahlreiche Konvergenzentwicklungen zu den afrikanischen Nectariniiden (70 Arten; MOREAU 1966, p. 220) auf, mit entsprechenden Parallelentwicklungen zu den jeweils aufgesuchten Pflanzenarten.

Die Herkunft der 39 Puna-Faunenelemente der Mammalia ist noch nicht in allen Fällen aufgeklärt (vgl. HERSHKOVITZ 1969, SIMPSON 1969).

Interessant ist allerdings, daß die in der Holarktis weitverbreiteten Cricetiden allein 18 Faunenelemente stellen. Die Rodentia sind insgesamt mit 24 Faunenelementen im Puna-Zentrum vertreten:

1. *Thomasomys ladewi* (Cricetidae)
2. *Thomasomys oreas* (Cricetidae)
3. *Akodon andinus lutescens* (Cricetidae)
4. *Akodon pacificus* (Cricetidae)
5. *Akodon puer* (Cricetidae)
6. *Akodon amoenus* (Cricetidae)
7. *Akodon berlepschii* (Cricetidae)
8. *Akodon jelskii* (mit 9 Subspezies) (Cricetidae)
9. *Oxymycterus paramensis* (Cricetidae)
10. *Calomys frida* (Cricetidae)
11. *Calomys lepidus* (mit 7 Subspezies) (Cricetidae)
12. *Phyllotis caprinus* (Cricetidae)
13. *Phyllotis osilae* (mit 5 Subspezies) (Cricetidae)

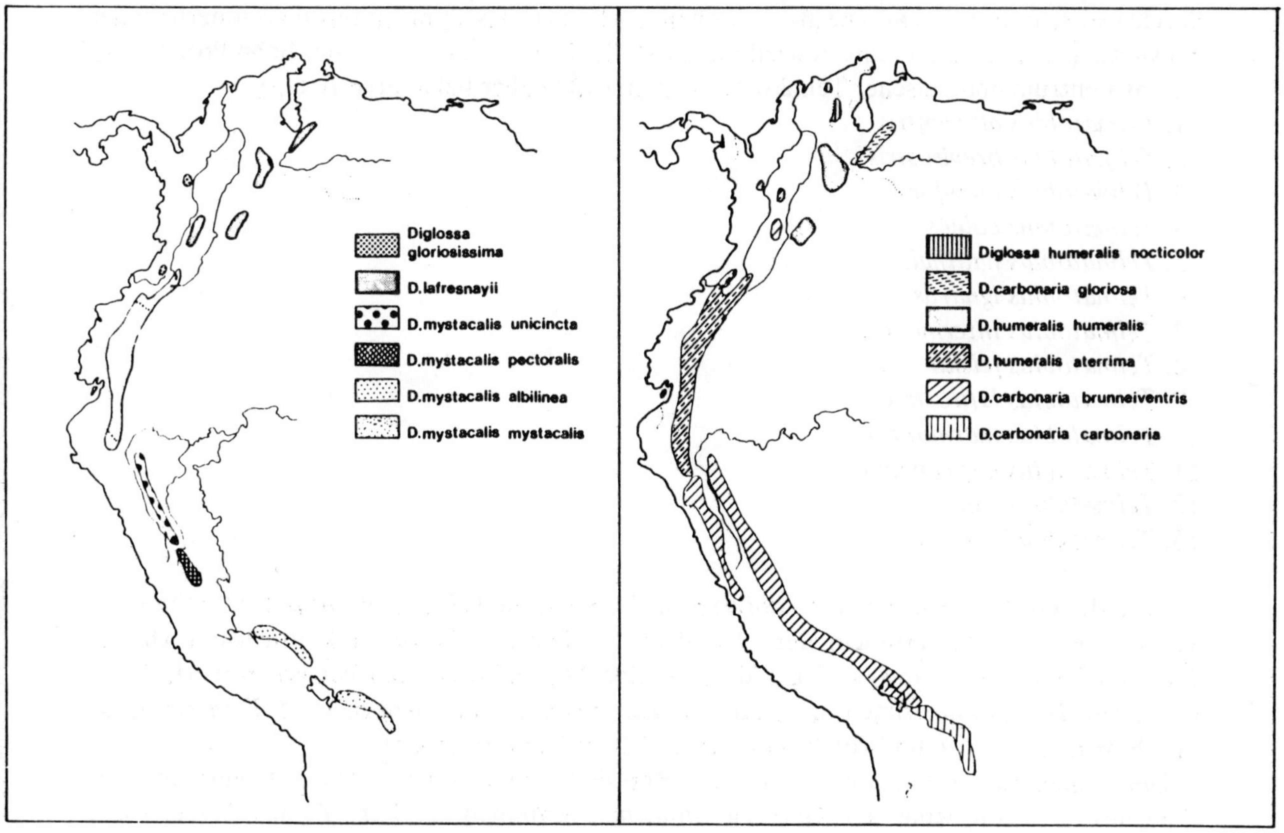

Fig. 6: Verbreitung andiner *Diglossa*-Arten (Aves, Coerebidae; nach VUILLEUMIER 1969). Diese Vogelarten ernähren sich von Nektar und Insekten und besetzen in den andinen Paramos und in der obersten Montanwaldstufe ökologische Nischen, die in den Paramos ostafrikanischer Hochgebirge von Nectariiden eingenommen werden. Deutlich ist zu erkennen, daß korreliert zu einzelnen Gebirgsregionen Differenzierungsmuster der *Diglossa*-Populationen auftreten.

14. *Phyllotis sublimis* (Cricetidae)
15. *Andinomys edax* (Cricetidae)
16. *Chinchillula sahamae* (Cricetidae)
17. *Punomys lemminus* (Cricetidae)
18. *Neotomys ebriosus* (Cricetidae)
19. *Ctenomys opimus* (Ctenomyidae)
20. *Ctenomys peruanus* (Ctenomyidae)
21. *Lagidium peruanus* (Chinchillidae)
22. *Chinchilla brevicauda* (Chinchillidae)
23. *Microcavia niata* (Caviidae)
24. *Galea musteloides musteloides* (Caviidae).

Bei den Amphibia sind von den 27 Puna-Faunenelementen nur *Bufo spinolosus spinolosus* und die mit ihr verwandten südamerikanischen Subspezies vom Norden her eingewandert (im Gegensatz zu *Bufo marinus* muß *B. spinolosus* als junger Einwanderer angesehen werden; vgl. MÜLLER 1968). Gleiches gilt wahrscheinlich auch für *Bufo veraguensis*, obwohl sie durch mehrere morphologische Besonderheiten (Fehlen des Tympanums u.a.) innerhalb der neuweltlichen Bufoniden eine Ausnahme darstellt. Erwähnenswert ist der hohe Prozentsatz für das Zentrum endemischer Telmatobius-Arten (50 % aller bekannten Arten):

1. *Telmatobius albiventris*
2. *Telmatobius brevirostris*
3. *Telmatobius crawfordi*
4. *Telmatobius culeus*
5. *Telmatobius hauthali*
6. *Telmatobius ignavus*
7. *Telmatobius intermedius*
8. *Telmatobius jelskii*
9. *Telmatobius latirostris*
10. *Telmatobius marmoratus*
11. *Telmatobius oxycephalus*
12. *Telmatobius rimac*
13. *Telmatobius simonsi*

Von diesen 13 Arten sind *T. albiventris, T. culeus* und *T. marmoratus* Endemiten des Titicacasees. Für das Problem der „Intralakustrischen Speziation" im Titicacasee (KOSSWIG und VILLWOCK 1964) sind gerade diese drei Wasserfroscharten bemerkenswert, da sie von allen *Telmatobius*-Arten am stärksten zur Rassenbildung neigen (von *T. marmoratus* sind 8, von *T. culeus* 6 und von *T. albiventris* 4 Subspezies bekannt).

Die Puna-Faunenelemente unter den Reptilien sind ausnahmslos südamerikanischer Herkunft. 5 Erdleguane der Gattung *Liolaemus* kommen im Puna-Zentrum vor. Diese Erdleguane sind im südlichen Südamerika weit verbreitet. Während Arten, die in Strandnähe leben, eierlegend sind (u.a. *L. occipitalis;* vgl. MÜLLER 1974), sind die Punaarten (u.a. *L. multiformis, L. alticolor*) als Anpassung an den Lebensraum ovovivipar. Das gilt ebenso für den im gleichen Lebensraum vorkommenden *Ctenoblepharis jamesi* und findet eine Parallele bei Hochgebirgsreptilien Ostafrikas und des Himalayas. Ökophysiologische Untersuchungen, wie sie von hochspezialisierten Andenpflanzen (u.a. *Espeletia;* vgl. PANNIER 1971) vorliegen, fehlen bisher für die hochandinen Reptilien. Von den Puna-Arten ist bekannt, daß sie selbst bei Temperaturen zwischen 4°–10° noch aktiv sein können. Die hohe Zahl von Frostwechseltagen in den tropischen Hochgebirgen und die Tatsache, daß sich der Frostwechsel im allgemeinen in einer hauchdünnen oberflächlichen Schicht abspielt, führt dazu, daß die meisten Reptilien tiefer gelegene Erdbauten besitzen oder Höhlen von Rodentiern zum Übernachten benutzen. Von der Gattung *Ctenoblepharis* sind bisher 11 Arten bekannt, von denen 5 als Faunenelemente des Puna-, 2 als Faunenelemente des Patagonischen und eine Art als Faunenelement des andinpazifischen Zentrums aufgefaßt werden kann.

Auch die Iguanidengattung *Stenocercus* (14 Arten) ist durch 3 Arten aus dem Puna-Zentrum bekannt. Die übrigen Arten besiedeln tiefergelegene Lebensräume. Analoge Verhältnisse liegen bei *Phymatura palluma* und *Proctoporus ventrimaculatus* vor. Nächste Verwandtschaftsbeziehungen der Faunenelemente des Puna-Zentrums bestehen zum Nordandinen und zum Patagonischen Zentrum. Über das Patagonische Zentrum ergeben sich weitere Verwandtschaften zu dem Monte- und Pampa-Zentrum sowie zu dem Parana-Zentrum, dessen Ausdehnung weitgehend übereinstimmt mit den isolierten Campoinseln innerhalb der Araucarienwälder von Südbrasilien.

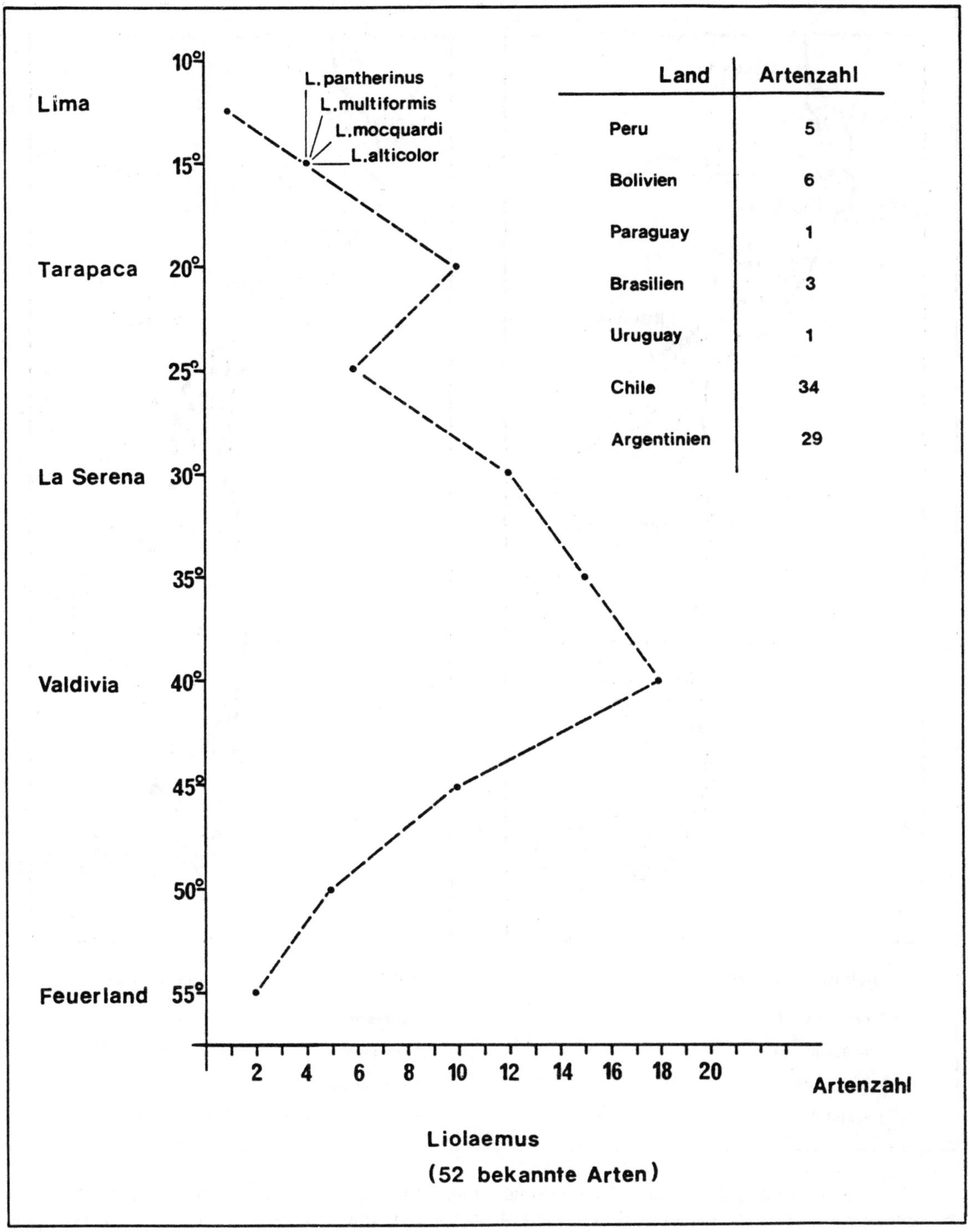

Fig. 7: Südliche Breitenlage und Artenzahlkurve der neotropischen Erdleguangattung *Liolaemus*. Im Puna-Zentrum kommen die Arten *pantherinus*, *multiformis*, *mocquardi* und *alticolor* vor. Nahe Verwandte leben in den Kaltsteppen Patagoniens (bis Feuerland) und den Restingas der brasilianischen Staaten Rio Grande do Sul, Santa Catarina, Parana und Rio de Janeiro.

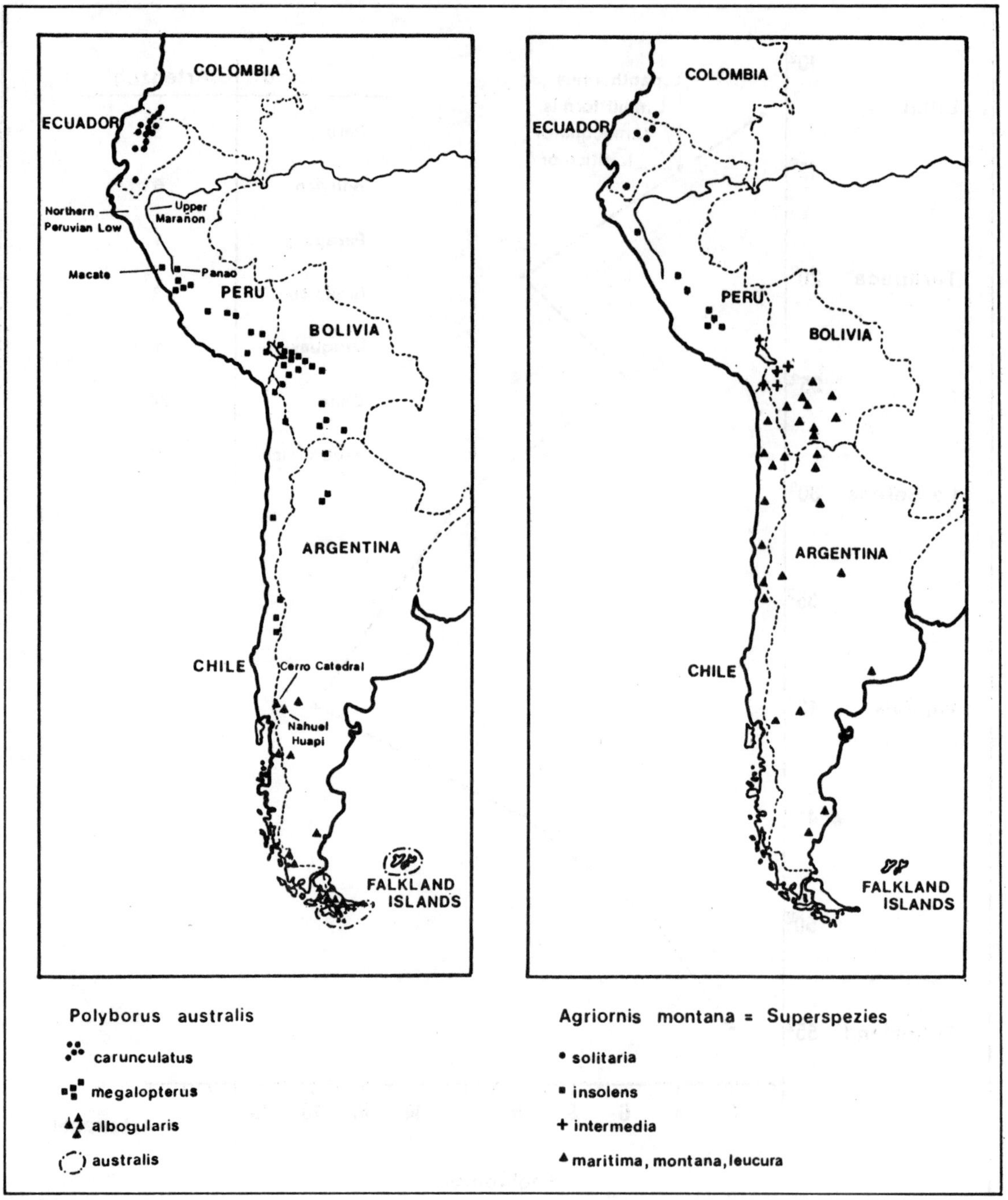

Fig. 8: Andine und patagonische Verbreitungs- und Differenzierungsmuster der Vogel-Superspezies *Polyborus australis* (Falconidae) und *Agriornis montana* (Tyrannidae; nach SMITH und VUILLEUMIER 1971). Dieser Arealtyp belegt die nahe Verwandtschaft zwischen dem andinen Oreal und den Steppen Patagoniens.

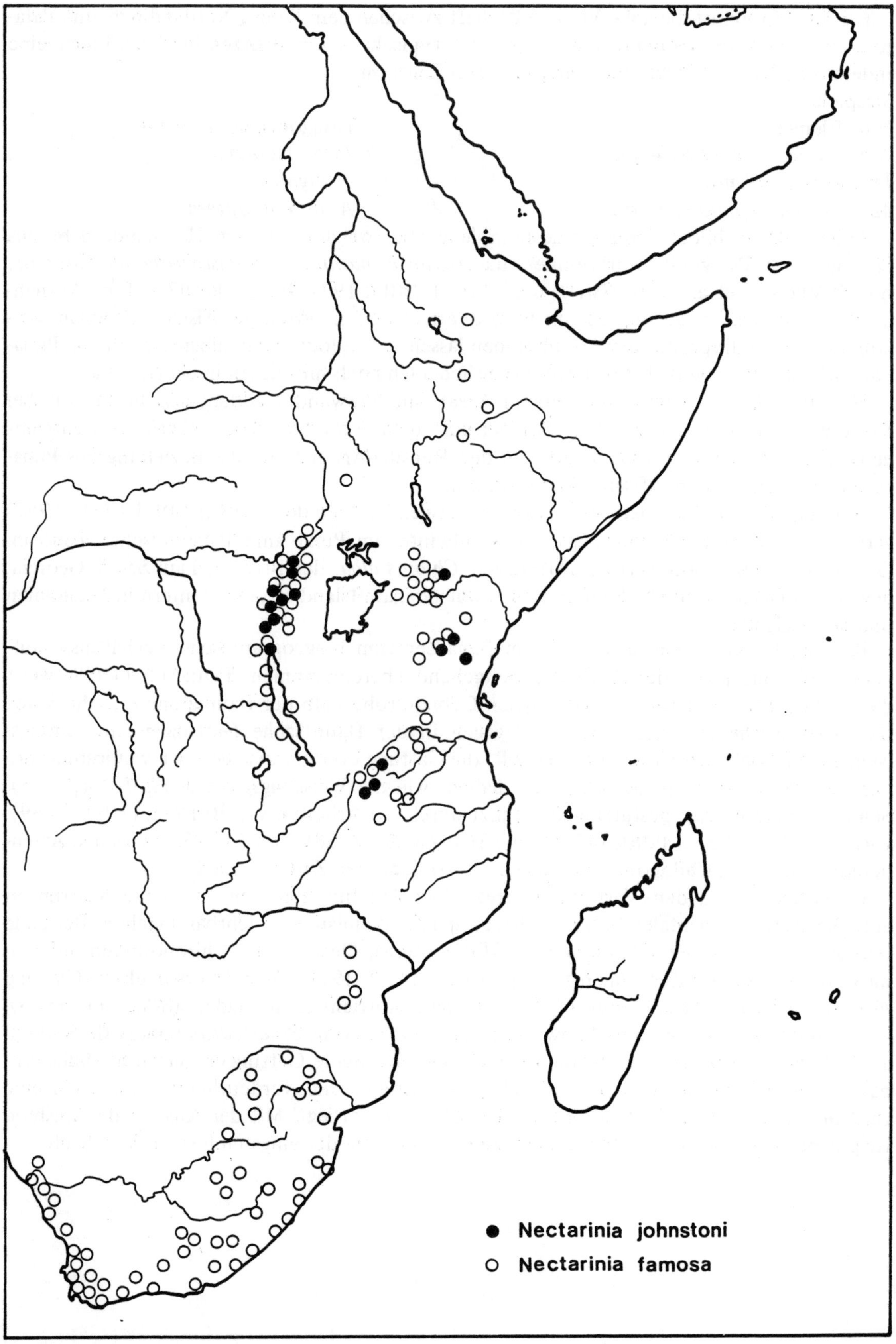

Fig. 9: Verbreitung der beiden in ostafrikanischen Hochgebirgen lebenden Nektarvögel *Nectarinia johnstoni* und *Nectarinia famosa* (nach MOREAU 1966). Während *N. johnstoni* ein Hochgebirgsendemit ist, kommt *N. famosa* auch im Süden von Afrika in Küstennähe vor. Das Areal zeigt eine vertikale Verschiebung, wie sie auch bei zahlreichen hochandinen Taxa auftritt (Puna-Patagonien).

Bei den Vögeln ist die nahe Verwandtschaft zwischen dem Puna-, Nordandinen und Patagonischen Zentrum besonders ausgeprägt. Polytypische Arten besitzen in vielen Fällen eine endemische Rasse im Puna- und Patagonischen Zentrum.
Beispiele:

Puna-Element	Patagonisches Element
Pterocnemia pennata garleppi	*Pt. p. pennata*
Tinamotis pentlandii	*T. ingoufi*
Agriornis microptera andecola	*A. m. microptera*

Andere Arten bilden Superspezieskomplexe, die von den andinen Hochländern bis ins Flachland von Patagonien vorkommen (u.a. *Agriornis montana, Muscisaxicola maculirostris;* vgl. HUMPHREY et al. 1970, SMITH und VUILLEUMIER 1971, MÜLLER 1973). Eine Ausnahme bildet *Plegadis ridgwayi,* der im Puna-Zentrum und im Andinpazifischen Zentrum vorkommt. Die Andinpazifischen Populationen lassen sich jedoch nicht subspezifisch von Puna-Populationen trennen und stehen offensichtlich auch noch mit diesen in Genaustausch.

Plegadis ridgwayi deutet mit seinem Areal eine Verwandtschaftsbeziehung an, die bei Säugern und Reptilien wesentlich häufiger auftaucht. Von den Mammaliern des Zentrums deuten 6, von den Amphibia 4 und von den Reptilia-Arten 6 auf die Beziehung des Puna- zum trockenen Andinpazifischen Zentrum hin.

Brutvögel der alasko-, neo- und atlantotundralen Zentren der Nearktis (DE LATTIN 1957) verbringen als Zugvögel bevorzugt den Nordwinter im Puna- und Patagonischen Zentrum (JOHANSEN 1969). Antarktische Arten, wie *Chionis alba,* der Brutvogel auf South Georgia, den South Orkneys, South Shetlands und auf Graham-Island ist, überwintern in Patagonien und den Südanden.

Bei den Lepidopteren lassen sich im Puna-Zentrum biogeographische Verhältnisse aufzeigen, die mit jenen der Avifauna weitgehend übereinstimmen. FORSTER (1958) weist darauf hin, daß die Fauna der waldfreien Gebiete (oberhalb der Baumgrenze) „sehr wenig südamerikanische Elemente enthält, dagegen in der Hauptsache Gattungen, die vorzugsweise holarktisch verbreitet sind, wie z.B. die Gattung *Colias,* oder die doch wenigstens ihre nächsten Verwandten in der Holarktis haben, wie die Weisslingsgattung *Phulia*“ (p. 845). Seine Befunde werden gestützt und ergänzt durch die Arbeiten von BREYER (1936, 1939), URETA (1936–1937), TURK (1955) und HOVANITZ (1958). TURK (1955) wies u.a. Artendemiten unter den Chilopoden im Puna- und Nordandinen Zentrum nach.

Im Gegensatz zu den Vertebraten treten bei den Invertebraten Arten und Gattungen auf, die interkontinentale Zusammenhänge der Südhemisphäre sichtbar machen. Beispiele finden wir u.a. bei den Chrysomeliden (Coleoptera), Plecopteren, Chironomiden und primitiven Crustaceen (Zusammenstellung bei MÜLLER 1974). Die Chrysomeliden-Gattung *Foresterita* lebt oberhalb von 4000 m in den bolivianischen Anden (SCHERER 1973), während ihre nächstverwandte Schwestergruppe, die Gattung *Sjoestedtinia* oberhalb 3000 m am Kilimandscharo und Mt. Elgon in Ostafrika lebt. Beide Gattungen zeigen ähnliche Anpassungserscheinungen an den Hochgebirgslebensraum und verdeutlichen, daß auch eine zeitliche Hierarchie der Verwandtschaftsbeziehungen vorliegt. Mit der Analyse der Ausbreitungszentren der orealen Wirbeltiere bewegen wir uns auf der jüngsten historischen Stufe.

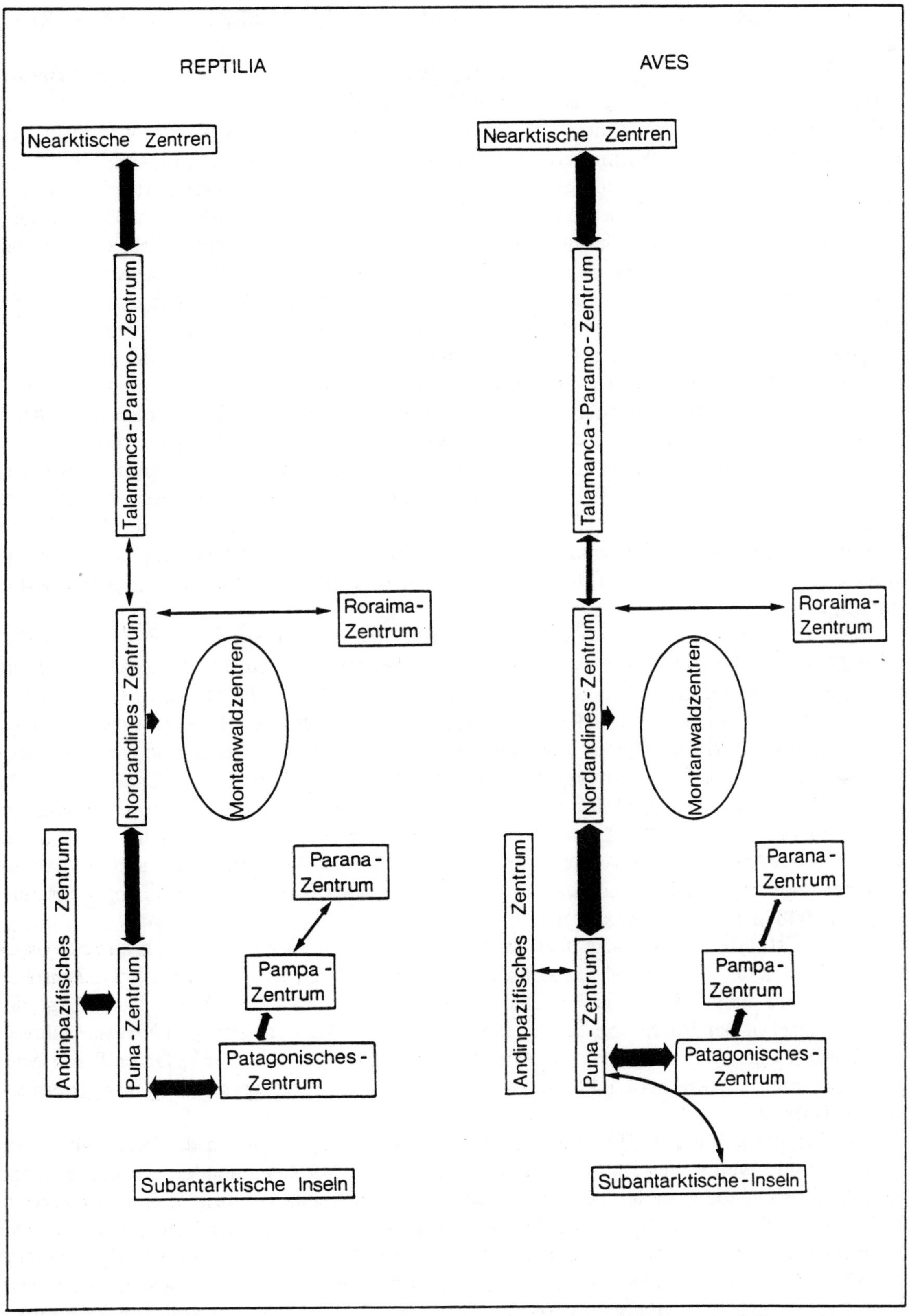

Fig. 10: Schematische Darstellung der Verwandtschaftsbeziehungen hochandiner Reptilien- und Vogelfaunen nach Ergebnissen der Ausbreitungszentren-Analyse. Das Talamanca-Paramo-Zentrum besitzt nächste Verwandtschaft (dargestellt durch die Pfeildicke) zu nordamerikanischen Zentren. während das Nordandine- und Puna-Zentrum enge Beziehungen zum Patagonischen Zentrum aufweisen.

4. DIE WÜRMGLAZIALE GESCHICHTE DER OREALEN AUSBREITUNGSZENTREN

Die Entwicklung der orealen Ausbreitungszentren und damit der Verwandtschaftsbeziehungen ihrer Faunen, ist eng verknüpft mit der Genese des andinen Systems und seiner palaeoklimatischen Entwicklung. Die rezente Lage der orealen Ausbreitungszentren verdeutlicht, daß auch im Würmglazial, trotz Vergletscherung der Anden, Paramo- und Punaformationen existierten, allerdings basimontan verschoben. Durch diese vertikale Verschiebung war den orealen Elementen ein Überbrücken der rezent wirksamen Verbreitungsbarrieren (s. Besprechung Nordandines Zentrum) erleichtert. Die unterschiedliche ökologische Valenz einzelner Taxa (z.B. poikilotherme Reptilien oder homoeotherme Vögel) führte jedoch dazu, daß diese Barrieren Filterfunktion besaßen. Das drückt sich in teilweise abweichenden Verwandtschaftsverhältnissen zwischen den Ausbreitungszentren aus.

GRISCOM (1932) hat als erster die Auffassung vertreten, daß während der pleistozänen Abkühlung „the avifauna of the Subtropical Zone in Central America descended to sea-level and had consequently a chance to pass continuously from Mexico to Colombia". Auch HAFFER (1968) hat für die Evolution der Montanwaldvögel die Meinung von GRISCOM (1932) übernommen und DUELLMAN (1960, p. 45) fordert, daß „in southern Mexico and northern Central America climatic fluctuation during the Pleistocene was of sufficient magnitude to cause vegetational shifts, both vertically and latitudinally, resulting in the establishment of alternating continuous and discontinous lowland and highland environments, although this climatic fluctuations was not so great as to eliminate tropical lowland environments from the region".

Die Untersuchungen von VAN DER HAMMEN und seinen Mitarbeitern (1966, 1973) zeigen, daß im Pleistozän bereits in 500 bis 700 Metern Höhe im östlichen Kolumbien ein subtropisches Klima herrschte (weitere Belege in MÜLLER 1973). MOREAU (1966, 1969) zeigte Ähnliches für Afrika (MOREAU 1966, p. 59: To summarize the most salient features of the ecological vicissitudes of the Pleistocene, it can be said that during the glaciations a continuous block from Abyssinia to South Africa had a montane climate ... This situation was fully developed for the last time from about 25000 to 18000 years ago, but during of the last 70000 years the ecological picture presented by Africa has been nearer to that associated with the glacial maximum than to that of the present day; and the balance between montane and lowland that we now see in Africa is the result of changes between about 16000 and 8000 years ago").

An der Ostküste Südamerikas liegt der Meeresspiegel vor 11000 ± 150 Jahren noch ungefähr 115 m tiefer als gegenwärtig (FRAY und EWING 1963, BIGARELLA 1965). Zwischen 7327 ± 1300 und 7803 ± 150 v.Chr. (nach BIGARELLA 1965, HURT 1964) liegt der Meeresspiegel in der Bucht von Santos noch 30 Meter unter dem heutigen Niveau, während um 5800 v.Chr. (Submergencia Alexandrense nach BIGARELLA 1965; Older Peron oder Littorina nach FAIRBRIDGE) bereits eine starke marine Transgression in Südostbrasilien nachweisbar ist.

Wir sind deshalb der Auffassung, daß noch vor 11 – 12000 Jahren die Oreal- und Montanwaldbiome weiter bergfußwärts verschoben waren. Mit beginnender Erwärmung fand eine Arealverschiebung in der Vertikalen statt. Diese führte zwangsläufig zu einer verstärkten Isolation der Oreal- und Montanwald-Populationen und damit zu den Lagebeziehungen der nachweisbaren orealen Ausbreitungszentren. GRISCOM (1932), HAFFER (1968), SKUTCH (1967) und MONROE (1968) machen wahrscheinlich, daß während des Pleistozän die vertikale Verbreitung der Hochlandvögel in Mittelamerika und dem nördlichen Kolumbien

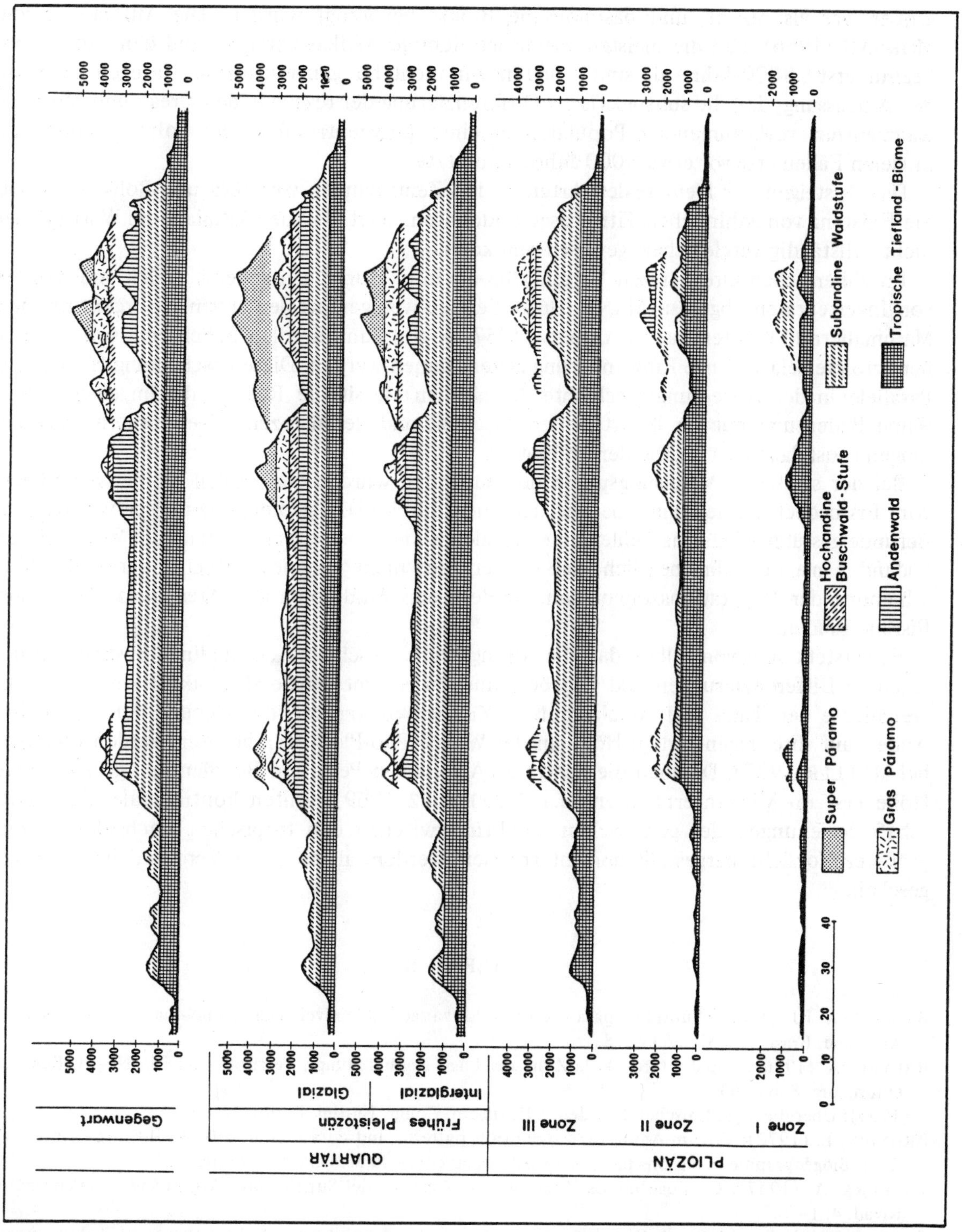

Fig. 11: Vertikale Verbreitung der Vegetationsstufen im Plio-, Pleisto- und Holozän der ostkolumbianischen Anden (bei Bogota; nach VAN DER HAMMEN et al. 1973). Während der Glazialzeiten waren die orealen Biome untereinander schwächer isoliert als in der Gegenwart und den Interglazialen. Zu Beginn des Pliozäns hatten die Ostanden ihre gegenwärtige Höhe noch nicht erreicht, und Paramo-Arten fehlte ein entsprechender Lebensraum.

größer war als rezent, und basimontane Biome bevorzugt wurden. Die Auffassung von MOREAU (1966), daß die meisten Arten der Gebirge Afrikas entsprechend dem Isolationsbeginn erst „8000 Jahre alt sind", halten wir nicht für generalisierbar. Dagegen sind wir der Auffassung, daß die subspezifische Differenzierung der rezent in den Oreal- und Montanwaldzentren vorkommenden Populationen einer polyzentrischen und polytypischen Art in vielen Fällen erst vor etwa 8000 Jahren einsetzte.

Das Ansteigen der kleinarealen Arten in den Zentralanden von Peru und Bolivien, sowie die Existenz von zahlreichen Titicacasee-Endemiten, zeigt, daß der Altiplano im Würmglazial nicht vollständig vergletschert gewesen sein kann.

Im chilenischen Oreal treten Vertebraten als Indikatoren weitgehend zurück und werden von Invertebraten abgelöst (MANN 1968). Bei den wenigen orealen chilenisch-argentinischen Mammaliern (11 Arten nach CABRERA 1957–1961) kann in allen Fällen eine von Norden her erfolgte relativ junge Einwanderung angenommen werden. Diese Erscheinung findet eine Parallele in der Besiedlungsgeschichte der alpinen Massifs de Refuge, die im eigentlichen Sinne Bedeutung nur für Invertebraten besaßen, und deren rezente Vertebratenfauna aus jungen (postglazialen) Einwanderern besteht.

Bei der stärkeren Vereisungsphase der Südanden wurden die orealen Biome weitgehend vom Eis bedeckt, eine Annahme, die u.a. auch durch glazialgeologische und palynologische Befunde gestützt wird. Das Fehlen eines orealen Zwischenstreifens während des Würm in den Südanden macht wahrscheinlich, daß es hier auch nicht zu einer einfachen vertikalen Verschiebung der Vegetationszonen kam, sondern daß Waldbiome ihre Arealgrenze direkt am Eisrand fanden.

Es versteht sich von selbst, daß die würmglaziale Geschichte des andinen Systems für die rezenten Differenzierungen und Lagebeziehungen ein entscheidender Faktor war. Die ältere Geschichte der Taxa und Areale muß in Zusammenhang mit der Hebung der nördlichen Anden auf ihre gegenwärtige Höhe an der Wende Plio-Pleistozän gesehen werden (Näheres bei MÜLLER 1973). Da auch die zentralen Anden von Peru und Bolivien ihre gegenwärtige Höhe erst im Miozän erreichten (u.a. MENENDEZ 1969), sollten kontinentale Verwandtschaftsbeziehungen der genetischen Struktur zwischen den tropischen Hochgebirgen mit größerer Vorsicht hergestellt und interpretiert werden, als es in der Vergangenheit oftmals geschah.

LITERATUR

BIGARELLA, J.J. (1965): Subsidios para o estudo das variações de nivel oceanico no quaternario brasileiro. An. Acad. Brasil. Co. 37, 263–278.

BREYER, A. (1936): Lepidopteros de la Zona del Lago Nahuel Huapi, Territorio del Rio Negro. Rev.soc. entom. arg. 8, 61–63.

– (1939): Über die argentinischen Pieriden. VII. Intern. Congr. Entom. Berlin 26–55.

BRUNDIN, L. (1972): Circum-Antarctic distribution patterns and continental drift. XVII Congrès internat. Zool. Biogéographie et liaisons intercontinentales au cours du Mésozoique. Monte Carlo.

CABRERA, A. (1957): Catalogo de los Mamiferos de America del Sur.Rev.Mus.Argent.Cienc.Nat.Bernard. Rivad. 4, 1–307.

DUELLMANN, W.E. (1960): A Distributional study of the Amphibians of the Isthmus of Tehuantepec, Mexico. Univers.Kansas Publ. 13, 21–71.

FORSTER, W. (1958): Die tiergeographischen Verhältnisse Boliviens. Proc.tenth int.Congr.Entomol. 1, 843–846.

FOUQUETTE, M.J. (1968): Observations on the Natural History of Microteiid Lizards from the Venezuelan Andes. Copeia 4/881–884.

FRAY, CH. und EWING, M. (1963): Pleistocene sedimentation and Fauna of the Argentine Shelf. Proc.Acad. Nat.Sci.Phil. 115, 113–126.

GRISCOM, L. (1932): The distribution of bird-life in Guatemala. Bull. Amer.Mus.Nat.Hist. 64, 1–439.

HAFFER, J. (1968): Über die Entstehung der nördlichen Anden und das vermutliche Alter columbianischer Vogelarten. J.Ornith. 109 (1) 67–69.

– (1970): Entstehung und Ausbreitung nord-andiner Bergvögel. Zool.Jb. Syst. 97, 301–337.

HAMMEN, T. VAN DER (1966): The Pliocene and Quaternary of the Sabana de Bogotá (the Tilatá-and Sabana formations). Geol. en Mijnbouw 45, 102–109.

– et al. (1973): Palynological record of the Upheaval of the Northern Andes: A study of the Pliocene and lower Quaternary of the Colombian Easter Cordillera and the early Evolution of its High-Andean Biota. Rev.Palaeobot. Palynology 16, 1–122.

HENNIG, W. (1949): Zur Klärung einiger Begriffe der phylogenetischen Systematik. Forsch. Fortschr. 25, 137–139.

– (1960): Die Dipteren-Fauna von Neuseeland als systematisches und tiergeographisches Problem. Beitr. Entomol. 10, 221–329.

– (1969): Die Stammesgeschichte der Insekten. W. Kramer, Frankfurt.

HERSKOVITZ, PH. (1969): The evolution of mammals on southern continents. VI. The recent mammals of the neotropical region: A Zoogeographic and ecological review. Quart.Rev.Biol. 44, 1–70.

HOVANITZ, W. (1958): Distribution of Butterflies in the New World. Zoogeography, Amer.Assoc.Adv. Science.

HUMPHREY, PH.S., BRIDGE, D., REYNOLDS, P. und PETERSON, R.T. (1970): Birds of Isla Grande (Tierra del Fuego). Prel.Smiths. Manual, Univ. of Kansas, Lawrence.

HURT, W.R. (1964): Recent radiocarbon dates for Central and Southern Brasil. Amer.Antiq. 30, 25–33.

ILLIES, J. (1965): Entstehung und Verbreitungsgeschichte einer Wasserinsektenordnung (Plecoptera). Limnologica 3, 1–10. Berlin.

JOHANSEN, H. (1969): Nordamerikanische Zugvögel in der Südhälfte Südamerikas. Bonner Zool. Beitr. 1/3, 182–190.

KEAST, A. (1961): Bird speciation on the Australian continent. Bull.Mus.Comp.Zool.Harvard Coll. 123, 305–495.

KOSSWIG, C. und VILLWOCK, W. (1964): Das Problem der intralakustrischen Speziation im Titicaca- und im Lanaosee. Verhdl. Zool.Ges. Kiel.

LATTIN, G. DE (1957): Die Ausbreitungszentren der holarktischen Landtierwelt. Verhdl. Dtsch.Zool. Ges. Hamburg.

MANN, G. (1968): Die Ökosysteme Südamerikas. In: Biogeography and Ecology in South America 1, 171–229.

MAYR, E. (1964): Inferences concerning the Tertiary American bird faunas. Proc.Nat.Acad.Sci. 51.

MENENDEZ, C.A. (1969): Die fossilen Floren Südamerikas. In: Biogeography and Ecology in South America 2, 519–561.

MONROE, B.L. (1968): A Distributional Survey of the Birds of Honduras. Americ.Ornith.Union., Allen Press, Lawrence.

MOREAU, R.E. (1966): The Bird Faunas of Africa and its Islands. London and New York.

– (1969): Climatic changes and the distribution of forest vertebrates in West Africa. J.Zool. 158, 39–61.

MÜLLER, P. (1972): Biogeography and Evolution in South America. Int.Geogr.Congr. Montréal.

– (1973): The Dispersal Centres of Terrestrial Vertebrates in the Neotropical realm. Biogeographica 2, 1–243.

– (1974): Aspects of Zoogeography. Verl. Junk, Den Hague.

NIETHAMMER, G. (1953): Zur Vogelwelt Boliviens. Bonner Zool.Beitr. 4, 105–303; 7, 84–150.

PANNIER, F. (1971): Hochspezialisierte Anden-Pflanzen im Phytotron. Umschau 71, 172–173.

REINIG, W.F. (1970): Bastardierungszonen und Mischpopulationen bei Hummeln (Bombus) und Schmarotzerhummeln (Psithyrus). Mitt. Münch.Entomol.Ges. 59, 1–89.

SCHERER, G. (1973): Ecological and Historic-Zoogeographic Influences Concepts of the Genus as demonstrated in certain Chrysomelidae (Coleoptera). Zool.Scripta 2, 171–177.

SCHMINCKE, K.H. (1974): Mesozoic Intercontinental Relationships as evidenced by bathynellia, Crustacea (Syncarida: Malacostraca). Syst.Zool. 23, 157–164.

SIMPSON, G.G. (1969): South American mammals. In: Biogeography and Ecology in South America 2, 879–909.

SKUTCH, A.F. (1967): Life histories of Central American highland birds. Mitt.Ornith. Club 7.
SLUD, P. (1964): The Birds of Costa Rica. Bull.Amer.Mus.Nat.Hist. 128.
SMITH, J.W. und VUILLEUMIER, F. (1971): Evolutionary, Relationships of some South American Ground Tyrants. Bull.Mus.Comp. Zool. 141 (5), 179–268.
TROLL, C. (1962): Die dreidimensionale Landschaftsgliederung der Erde. Hermann von Wissmann-Festschr. Tübingen.
– (1968): Geo-Ecology of the Mountainous Regions of the Tropical Americas.Coll.Geogr. 9.
TURK, F.A. (1955): The Chilopods of Peru with descriptions of new species and some zoogeographical notes on the Peruvian chilopod fauna. Proc.Zool.Soc. London 125, 469–504.
URETA, E. (1936/1937): Lepidopteros de Chile. Rev.Chilena Hist.Nat.
VUILLEUMIER, F. (1968): Population Structure of the Asthenes flammulata Superspecies (Aves: Furnariidae). Breviora 297, 1–21.
– (1969): Pleistocene Speciation in Birds living in the High Andes. Nature 223, 1179–1180.
– (1969): Field notes on some birds from the Bolivien Andes. Ibis 111, 599–608.
– (1969): Systematics and Evolution in *Diglossa* (Aves, Coerebidae). Americ.Mus. Novit. 2381, 1–44.
WEBER, H. (1958): Die Paramos von Costa Rica und ihre pflanzengeographische Verkettung mit den Hochanden Südamerikas. Akad.Wiss.u.Lit., Abhdl. Math.-Nat. Kl. 3, 121–195.
WILSON, E.O. und SIMBERLOFF, D.S. (1969): Experimental Zoogeography of Islands: defaunation and monitoring techniques. Ecology 50, 267–278.
ZWICK, P. (1974): Das phylogenetische System der Plecopteren. Entomologica Germanica 1, 50–57.

DISKUSSION ZUM BEITRAG MÜLLER

Prof. Dr. H. Franz:

Die von Herrn Müller aufgezeigten Zentren bestätigen sich in der Invertebratenfauna. Es erscheint mir wichtig, diese Zentren ökologisch zu charakterisieren. Tut man dies, so hat man Wald-Zentren, Steppen-Halbwüstenzentren und Hochgebirgszentren zu unterscheiden. Die Hochgebirgszentren sind durch Vertebraten nicht ausreichend belegbar, sehr wohl aber duich Arthropoden. Nach dieser Gliederung erklären sich die engen Beziehungen zwischen Puna, Pampa, Monte und Patagonien, die auch in der Tucumanfauna sehr deutlich in Erscheinung treten. Die Hochgebirgsfauna zeigt dagegen einen englokalen Endemismus. Zwischen der tropischen Waldfauna und der valdivianisch-magellanischen Waldbodenfauna besteht überhaupt keine faunistische Beziehung. Zwischen den beiden Bereichen muß geologisch gesehen schon lange, wohl schon seit dem Tertiär keine Waldbrücke mehr bestanden haben. Die Faunen dieser beiden Gebiete verhalten sich auch genetisch sehr verschieden. Im valdivianisch-magellanischen Waldgebiet ist eine sehr starke subrezente bis rezente Artenaufsplitterung mit weitgehenden morphologischen Übergängen auf engem Raum zu beobachten. Die Populationen der tropischen Waldgebiete Südamerikas sind dagegen relativ sehr stabil. Die Waldfauna der Tropen verarmt in den südlichen Randgebieten stark, z.B. in der Sierra de Aconquija bei Tucuman und in der Sierra de Avinea in Uruguay. An der Schneckenfauna der Sierra de Aconquija hat Weyrauch nachgewiesen, daß sie z.T. deutliche Beziehungen zur Steppenfauna des offenen Geländes aufweist. Es scheint somit, daß diese Gebiete erst in junger Zeit von Waldbewohnern erobert wurden.

Prof. Dr. P. Müller:

Für die ergänzenden Hinweise von Herrn Franz danke ich. Sie bestätigen erfreulicherweise das, was ich in meinem Buch "The Dispersal Centres of Terrestrial Vertebrates in the Neotropical Realm" (Biogeographica 1973, *1*: 1–244) ausführlich dargelegt und diskutiert habe. Ein Reichtum an „Lokalendemiten" ist auch bei Vertebraten in isolierten andinen Gebirgssystemen (u.a. Sierra de Santa Marta) nachweisbar, doch läßt sich darüber hinaus eine Vertebraten-Hochgebirgsfauna kennzeichnen, deren Verwandtschaftsbeziehungen zwar komplexer Natur sind, jedoch bestimmte allgemeine Beziehungen zwischen den Biomen der südlichsten Südhalbkugel und den tropischen Hochgebirgen erlauben. Die "Dispersal Centres of Terrestrial Vertebrates" besitzen sowohl eine genetische als auch eine ökologische Struktur. Was Herr Franz über die Invertebraten der valdivianischen und tucumanischen Waldgebiete sagte, läßt sich auch bei den Vertebraten voll bestätigen. Dagegen ist seine Bemerkung, daß „die Populationen der tropischen Waldgebiete Südamerikas relativ sehr stabil sind" regional differenziert zu betrachten.

DIE ÖKOLOGISCH WICHTIGEN CHARAKTERISTIKA DER KÜHL-GEMÄSSIGTEN ZONE SÜDAMERIKAS MIT VERGLEICHENDEN ANMERKUNGEN ZU DEN TROPISCHEN HOCHGEBIRGEN

WOLFGANG WEISCHET

Mit 14 Figuren

1. CHARAKTERISTISCHE WACHSTUMSBEDINGUNGEN

Zur Diskussion steht die Breitenzone beiderseits der polaren Baumgrenze, also ungefähr der Breitenausschnitt zwischen 45 und 60° S. Das Problem ist: 1.) Auf welche klimatischen Eigenschaften kann man die im Vergleich zu ozeanischen Gebieten gleicher Breitenlage der Nordhemisphäre ungünstigen Wachstumsbedingungen der Pflanzen zurückführen, und 2.) welche klimatologischen Gesichtspunkte lassen sich für die auffallende habituelle und floristische Ähnlichkeit im Pflanzenkleid der südhemisphärischen kühl-gemäßigten Zone und den Höhenstufen beiderseits der oberen Waldgrenze in den Tropengebirgen anführen?

Ausgangspunkt der Überlegungen muß m.E. die für die gesamte Westwindzone besonders charakteristische südhemisphärische topoklimatische Differenzierung der Wachstumsbedingungen in Abhängigkeit von der Windexposition sein. Der Unterschied zwischen windgeschützten und -exponierten Standorten wird mit wachsender Breite bis zur Südspitze Südamerikas (ca. 56°) immer deutlicher und ist besonders kraß in Küstennähe und auf den subantarktischen Inseln. Wegen dieser geographischen Koinzidenz und in Anbetracht der Tatsache, daß überall auf der Erde nahe der Küste ähnliche Effekte beobachtet werden, sie auf der „Wasserhalbkugel" aber besonders markant und regional am weitesten verbreitet sind, sah man darin die pflanzengeographische Auswirkung der extremen Ozeanität der Klimate. Aber es ist wohl mehr als nur die Folge der Tatsache, daß in dem fraglichen Klimagebiet die Meere fast 100 % des Breitengürtels einnehmen; denn der topoklimatische Einfluß der Windexposition bleibt in der südhemisphärischen Westwindzone – im Gegensatz zur nordhemisphärischen – auch in jenen – flächenmäßig begrenzten – Klimaräumen ökologisch signifikant, die auf Grund ihrer geographischen Lage im Lee der patagonischen Kordillere thermisch wie hygrisch nicht mehr als hochozeanisch oder auch nur als ozeanisch charakterisiert werden können. D.h. der Wind als ökologischer Faktor ist auch abseits der direkten Auswirkung großer Wasserflächen wesentlich wirksamer als in den nordhemisphärischen hohen Mittelbreiten. In einer Arbeit über Ultima Esperanza habe ich dafür eine Reihe von belegenden Beobachtungen veröffentlicht (WEISCHET, 1957). Charakteristisch für die ökologische Gesamtwirkung des Klimas und aufschlußreich bezüglich der entscheidenden klimatischen Einflußfaktoren und Wirkungsmechanismen scheint mir folgende typische Situation vor dem Verwalterhaus der ehemaligen Estancia Bories etwas nördlich der kleinen Stadt Puerto Natales (ca. 51° 45′ S) zu sein. Die Lokalität liegt in der topographischen Längssenke, die als

Subsequenzzone zwischen den Plateaubergen des Ostrandes der patagonischen Kordillere und den Schichtstufenhöhen des westlichen Patagonischen Tafellandes ausgebildet ist (sh. Übersichtsskizze in WEISCHET, 1957). Dort ist auf einer ebenen Fläche vor nunmehr fast 30 Jahren eine Pflanzung mit Apfelbäumen angelegt worden. Die frei stehenden Exemplare sind inzwischen nicht mehr als mannshoch, in ihrer Wuchsform buschig-dicht und zeigen deutliche Windverformung. Sie blühen nur ausnahmsweise und tragen nie Früchte. Nur einer bildet eine Ausnahme. Er ist wesentlich größer und liefert auch kleine Äpfelchen. Aber er steht dicht an der Hauswand und außerdem hinter einem hohen Bretterzaun, so daß er der unmittelbaren Einwirkung des Windes entzogen ist. Einen kleinen Hausgarten hat man später auf Grund der bei der Apfelbaumpflanzung gesammelten Erfahrungen gleich in einer flachen Geländemulde angelegt und ringsherum mit einem Bretterzaun und einer Pappelreihe als Windschutz versehen. Hier lassen sich fast alle europäischen Gemüse- und anspruchslose Obstsorten ziehen. Auf frei exponierten Flächen wäre das unmöglich.

Für die Gebiete polwärts der Baumgrenze sind bezeichnend Hartpolsterformationen, Polstergrasfluren, wollhaarige Stauden, Stamm-Schopf-Pflanzen (Kerguelenkohl) und Halbstrauchheiden, die in ihrer Gesamtheit große habituelle und floristische Übereinstimmung mit der Paramo-Vegetation tropischer Hochgebirge aufweisen und in ihrer standörtlichen Verbreitung noch krasseren geländeklimatischen Restriktionen als den vorauf beschriebenen unterliegen.

Ob für die äquatornahe Lage der Baum- und Waldgrenze der Wärmemangel allgemein, die Häufigkeit des Frostwechsels speziell oder die Windwirkung des „hochozeanischen Klimas" ausschlaggebend sind, ist eine offene Frage (SCHMITHÜSEN, 1968). TROLL (1961) vermutet einen „Komplex von Faktoren, die in ihrer Gesamtheit den Klimacharakter ausmachen", nachdem er früher die Vermutung ausgesprochen hatte, „daß für die Grenze des Waldes die Häufigkeit der Frostwechsel ausschlaggebend sei".

Für die noch besiedelten Gebiete im natürlichen Verbreitungsgebiet der Südbuchenwälder hatte ich aus der Beobachtung der starken geländeklimatischen Wachstumsdifferenzierungen in Ultima Esperanza den Schluß gezogen, daß der Hauptgrund für die Wachstumsbenachteiligung im Vergleich der Nordhalbkugel darin zu suchen sei, daß sich abseits von lokal eng begrenzten, windgeschützten Stellen in der sommerlichen Wachstumsphase der Pflanzen keine autochthonen, allein vom Wärmehaushalt über dem Festland bestimmten, thermischen Bedingungen ausbilden können. Die thermische Wirklichkeit wird über freien Flächen auch in den meerfernsten Teilen permanent von den außenbürtigen Fernwirkungen der Kältequelle über der Antarktis unter Zwischenschaltung des thermischen Ausgleichsmechanismus des subantarktischen Ozeans beherrscht. Die Permanenz der Beeinflussung wurde belegt durch neuere dynamisch-klimatologische Erkenntnisse über die Energie der südhemisphärischen Westwindzirkulation und das Fehlen der für die Nordhalbkugel typischen Blockadesituation, welche erst die dynamische Voraussetzung für das Zustandekommen autochthoner Witterungsabschnitte liefern würde (WEISCHET, 1968). Bei der Argumentation wurde als ökologischer Wirkungsfaktor der Wärmemangel in den Vordergrund gestellt. Der Wind ging nur indirekt als Transport- und Austauschmechanismus in die Ableitung ein.

Mit der thermischen Ungunst ist aber nur *ein* Faktor der ungünstigen Wachstumsbedingungen in den südhemisphärischen kühl-temperierten hohen Mittelbreiten erfaßt. MITSCHERLICH (1973) machte mich darauf aufmerksam, daß doch z.B. die auch weit abseits der Küste im Norddeutschen Tiefland häufig zu beobachtende Tatsache der Windecken in Kiefernpflanzungen auf die direkte Einwirkung des Windes hinweise und zwar nicht im Sinne einer mechanischen Beeinflussung als vielmehr einer Einwirkung auf die Produktion der Biomasse über die Photosynthese, da an den betreffenden Ecken die windexponierten Exemplare gemeinhin nur geringfügige mechanisch bedingte Schädigungen aufweisen, der entscheidende Unterschied zum Bestandsinneren vielmehr im geringeren Höhen- und Dickenwachstum der Stämme liege.

Nun, Phänomene wie das für das kontinentale Übergangsklima der nordhemisphärischen Westwindzone angeführte, lassen sich im Einflußbereich der südhemisphärischen Westdrift in ausgeprägter Form allenthalben beobachten. Der Zwergwuchs der freistehenden Apfelbäume auf dem vorhin beschriebenen Standort bei der Estancia Bories kann man ohne weiteres in der gleichen Weise wie bei den Windecken einer direkten Produktionsbeeinflussung durch den Wind zuschreiben.

2. EXPERIMENTELLE ERFAHRUNGEN

Wenn auch aus dem Gebiet beiderseits der südhemisphärischen Waldgrenze selbst keine experimentellen Untersuchungen über den Zusammenhang von Wachstums- und Witterungsablauf zur Verfügung stehen, ist es m.E. für eine zielgerichtete Überlegung wichtig, vorhandene Ergebnisse von solchen Experimenten heranzuziehen, die zwar irgendwo anders gemacht worden sind, die aber als grundlegend und verallgemeinerungs- bzw. extrapolationsfähig anzusehen sind. Dabei sollte gleichzeitig das Gesamtproblem Klimaeinfluß und Wachstum in folgende beiden Teilfragen aufgelöst werden:

1. Welche meteorologischen Umweltfaktoren beeinflussen im Sinne ausschlaggebender Steuerungsfaktoren (forcing factors) den Ablauf der Photosynthese (bei der Produktion der notwendigen Biomasse) zum Aufbau der Pflanzen?
2. Welche meteorologischen Ereignisse wirken sich im Sinne einer Schädigung bereits vorhandener Pflanzenorgane aus?

Die erste Frage zielt in Richtung auf Klimafaktoren mit Dauercharakter, während die zweite nur auf solche episodischen Auftretens gerichtet sein kann.

Aus Untersuchungen von KÜNSTLE und MITSCHERLICH (1975) über die Netto-Photosynthese in einem Mischwaldbestand am Schwarzwaldrand in Abhängigkeit von Beleuchtungsstärke, Lufttemperatur und Luftfeuchte einerseits und von TRANQUILLINI (1969) über die Photosynthese einiger Holzarten bei verschieden starker Windbeeinflussung in einem klimatisierten Windkanal (Phytocyclon) andererseits muß man bezüglich der atmosphärischen Einflußfaktoren folgende grundsätzlich wichtigen Hinweise entnehmen.

„Außer dem endogenen Rhythmus der Photosynthese im Ablauf der Vegetationszeit wurde eine für die einzelnen Baumarten typische Verlagerung der Optimaltemperatur in den verschiedenen Monaten gefunden“ und „eine artspezifisch unterschiedliche Anpassung der Photosynthese an die zu- und abnehmenden Wärmeverhältnisse des Jahres“ festgestellt (KÜNSTLE und MITSCHERLICH, 1975). Die Optimaltemperaturen liegen bei den untersuchten Baumarten mit einer Ausnahme (Douglasien) im Frühjahr und Sommer zwischen 20 und 25°. Die Abhängigkeit von den thermischen Bedingungen demonstriert die *Fig. 1*, die den Produktionsablauf während der von Kaltlufteinbrüchen und antizyklonalen Erwärmungsperioden bestimmten, sehr unbeständigen Aprilwitterung des Jahres 1972 wiedergibt. Bei der Birke, die am 10.4. bereits die ersten Blätter aufwies, folgt mit der Entfaltung der Blattspreiten die Photosynthese in allen Einzelheiten dem Temperaturgang. Auch bei der Douglasie, bei der die vorjährigen Triebe zur Untersuchung standen, ist die Dominanz des Temperaturein-

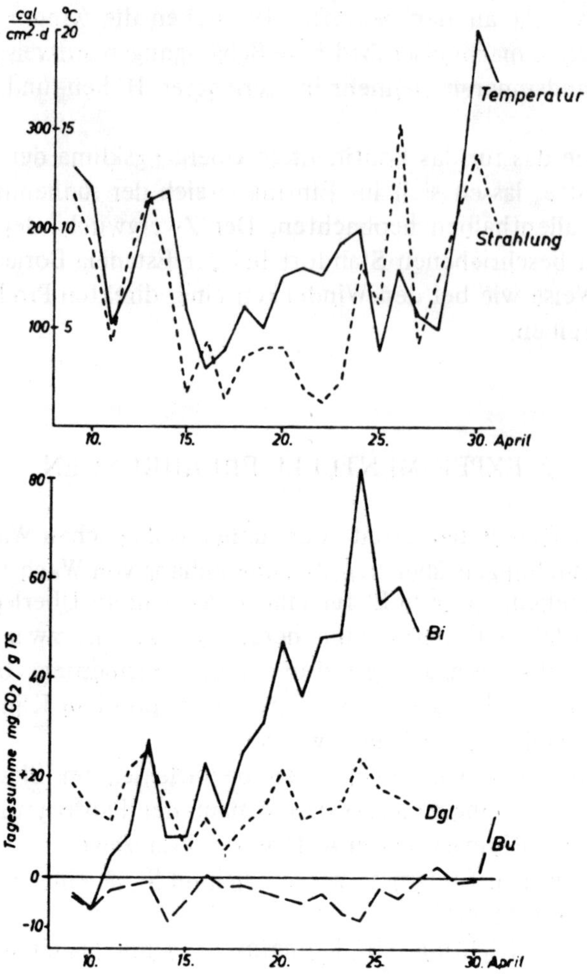

Fig. 1: Frühjahrsentwicklung von Netto-Photosynthese (+) und Atmung (–) von 1-jährigen Knospen und Trieben der Buche und Birke, sowie 2-jährigen der Douglasie am Schwarzwaldrand im Jahr 1972.

Über der Tagessumme der Photosynthese ist die Zirkum-Globalstrahlung und die Lufttemperatur aufgetragen.

Die Buche ist zwischen dem 10. und 24. April noch im Knospenstadium. Während des Knospenstadiums führt ein Anstieg der Strahlung und der Temperatur zu einer Atmungszunahme, nach Beginn des Austreibens zu einem Anstieg der Photosynthese.

Die Birke hat am 10.4. schon teilweise entfaltete Blätter, die rasch an Größe zunehmen. Die Photosynthese vollzieht sich bei ihr im Gleichlauf mit Strahlung und Temperatur. Sie nimmt mit der Entwicklung der Blätter rasch zu.

Die Photosynthese der 2-jährigen Triebe der Douglasie reagierte im Frühjahr gleichfalls auf die Temperatur.

(Nach KÜNSTLE u. MITSCHERLICH, 1975)

flusses oberhalb 5° klar zu verfolgen. Besonders interessant im Hinblick auf die in Frage stehenden südhemisphärischen kühl-gemäßigten Temperaturbedingungen ist der jeweilige Syntheserückgang als Reaktion auf die Kälterückfälle von 10 bis 12° auf Mitteltemperaturen um 5° am 11., 14. bzw. 24. April.

Der Einfluß der Strahlung ist wesentlich weniger streng. Das ist sicher die Konsequenz der Tatsache, daß von einer (im Sommer der Mittelbreiten selbst bei bedecktem Himmel noch erreichten) Beleuchtungsstärke von 20 000 Lux an der Anstieg der Photosynthese mit wachsender Luxzahl nur noch sehr langsam bis zur Lichtsättigung bei ca. 60 000 Lux erfolgt.

Bezüglich der Luftfeuchte als Einflußfaktor sind die statistischen Ergebnisse unklar und mit einer Reihe von Widersprüchen behaftet, so daß die Verfasser nur die allgemeine Feststellung treffen können: „Günstige Bedingungen findet man vor allem im Bereich zwischen 50 und 70 % relativer Luftfeuchte". Nun, das sind also die in ozeanischen Mittelbreiten normalerweise auftretenden Werte.

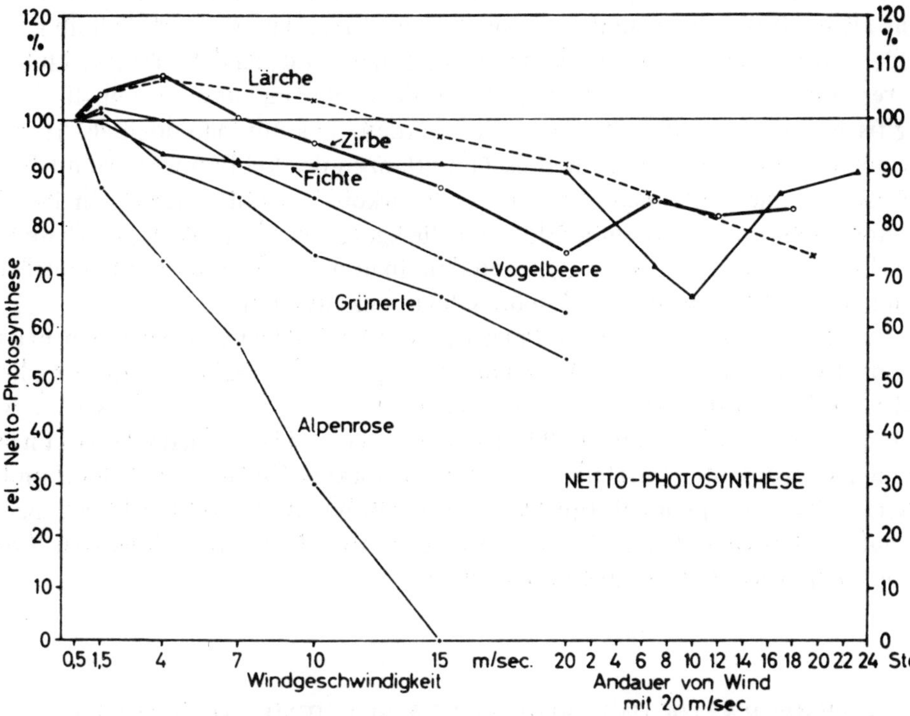

Fig. 2: Netto-Photosynthese verschiedener subalpiner Holzarten unter konstanten Bedingungen (30.000 lux, 300 ppm CO_2, 20° Lufttemperatur, 50 % relative Luftfeuchte, 15° Bodentemperatur), bei zunehmender Windgeschwindigkeit, in Prozent des Ausgangswertes bei 0.5 m/sec. Jede Windstufe wurde 3 Std., die höchste Windstärke (20 m/sec.) fallweise bis zu 24 Std. lang konstant gehalten. Der Boden war stets mit Wasser gesättigt. Jeder Meßpunkt stellt das Mittel von 2 – 3 Parallelversuchen mit 3 – 5 Einzelpflanzen dar. Der CO_2-Gaswechsel wurde gleichzeitig mit der Transpiration bestimmt.
(Nach TRANQUILLINI, 1969)

Bei den Experimenten von TRANQUILLINI (1969) über den Einfluß des Windes auf den Gaswechsel verschiedener Arten wurden jeweils 3–5 Versuchspflanzen von 10 bis 20 cm Höhe bei 300 ppm CO_2-Gehalt, 30 000 Lux, 20 °C Lufttemperatur, 50 % relativer Feuchte, 15° Bodentemperatur und optimaler Wasserversorgung nach sechsstündiger stabilisierender Ausgangslage mit 0,5 m/sec Windgeschwindigkeit stufenweise je 3 Stunden Geschwindigkeiten von 1,5, 4, 7, 10, 15 und 20 m/sec ausgesetzt. Die letztgenannte Bedingung (20 m/sec) wurde dann noch weitere 24 Stunden beibehalten. Das Ergebnis der Netto-Photosynthese ist in der *Fig. 2* wiedergegeben. „Zwar ist die CO_2-Aufnahme bei 1,5 m/sec bei 3 Arten (Zirbe, Lärche, Vogelbeere) etwas höher als bei 0,5 m/sec, doch nur bis 4 m/sec, dann geht auch sie bei diesen Arten zurück. Viel stärker nimmt die Photosynthese der Laubhölzer ab". Allerdings ist der Rückgang auch bei Vogelbeere und Grünerle bei 7 m/sec mit ca. 10 % im ganzen noch als relativ klein anzusetzen, was sie zusammen mit den noch wesentlich weniger beeinflußbaren Nadelhölzern für die Standorte der subalpinen Stufe besonders geeignet macht. Experimente von SATOO (1955) mit Zweigen von Tieflandsbäumen (*Quercus acutissima*, bzw. *Robina pseudoacacia*) hatten wesentlich stärkere Assimilationseinbußen schon bei Windstärke unter 4 m/sec ergeben und unter Freilandsbedingungen „fand HOLMSGAARD (1955) an einem dem Wind ausgesetzten Buchenaltbestand aus Dänemark, daß der Radialzuwachs in der Nähe des luvseitigen Waldrandes in sturmreichen Jahren bis zu einem Drittel geringer war als in sturmarmen, und zwar ganz unabhängig davon, ob es sich im ganzen um ein gutes oder ein schlechtes Zuwachsjahr gehandelt hat" (Zit. nach MITSCHERLICH, 1973).

Nun, so verschieden die Randbedingungen der Versuche sind und so sehr die Ergebnisse von artspezifischen Eigenschaften mitbestimmt werden, so kann man doch als Arbeitshypothese erst einmal nehmen, daß die einheimischen Pflanzen der kühl-temperierten Klimate der Südhemisphäre bei aller Anpassung an die windstarken Umweltbedingungen bei Windgeschwindigkeiten über 4 m/sec einem merklichen Rückgang der Netto-Photosynthese unterliegen müssen. Bei eingeführten Exoten (wie den Apfelbäumen z.B.) setzt die Beeinträchtigung sicher schon bei wesentlich geringeren Windgeschwindigkeiten ein.

Als Konsequenz aus den experimentellen Untersuchungen muß man die ziehen, daß man aus dem Gesamtkomplex der Klimaeigenschaften, welche den Klimacharakter eines Gebietes darstellen, insbes. Augenmerk auf die thermischen Bedingungen und die Windverhältnisse legen muß. Beleuchtung und Luftfeuchte sind ohne stärkere Einflußmöglichkeit und für die Mittelbreiten der Südhemisphäre als optimal anzusehen. Wenn man seine Überlegungen dann auch noch auf die Feuchtwaldgebiete zunächst konzentriert, so läßt sich für den Normalfall auch noch optimale Wasserversorgung voraussetzen.

3. TEMPERATUR UND WIND IN DEN SÜDHEMISPHÄRISCHEN HOHEN MITTELBREITEN

Um die Beeinflussung der Wachstumsbedingungen abschätzen zu können, müssen die meteorologischen Parameter so weit wie möglich im wahren Ablauf erfaßt und so wenig wie möglich durch zeitintegrierte Repräsentationswerte (Monatsmittel z.B.) ausgeglichen sein. Entsprechendes Beobachtungsmaterial steht für Punta Arenas zur Verfügung. Die Station liegt vor dem Ostfuß der Patagonischen Kordillere an der Magallan-Straße im natürlichen Verbreitungsgebiet der laubwerfenden Nothofagus-Wälder.

Im Verlauf der Tagesmittel- und Minimaltemperaturen von Punta Arenas *(Fig. 3)* fällt im Vergleich mit denjenigen von dem fast in der gleichen Breite auf der Nordhalbkugel gelegenen Hamburg-Fuhlsbüttel *(Fig. 4)* vor allem der grundsätzlich andere Periodenaufbau der Kurvenzüge auf, vom tieferen thermischen Niveau und der geringeren Jahresschwankung in Punta Arenas erst einmal abgesehen. Für Hamburg sind im Sommer Wärmeperioden in der Länge von ein paar Wochen typisch (z.B. 28.4. bis 10.5., 24.5. bis 7.6., 6.7. bis 1.8., 9.8. bis 12.9.), die von Kälterückfällen unterbrochen sind, deren Dauer im Hochsommer kürzer als

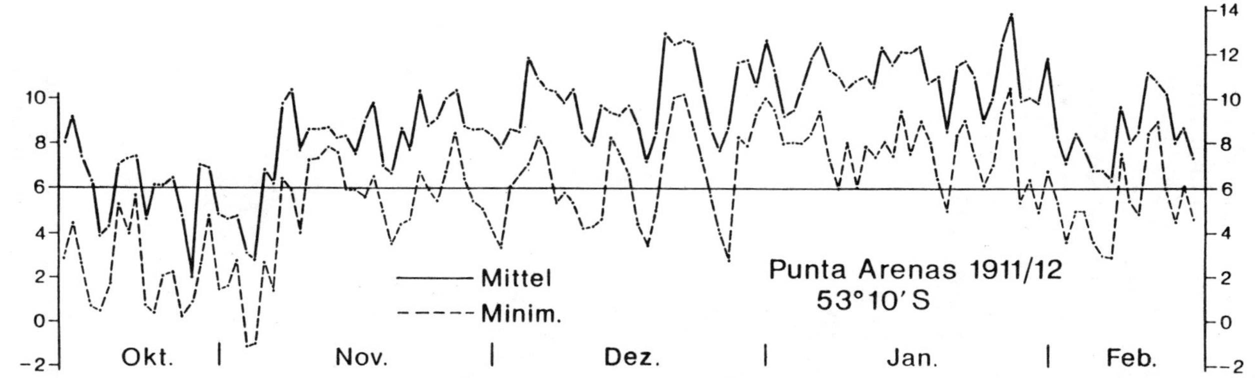

Fig. 3: Verlauf der Tagesmittel- und -minimaltemperatur während der Vegetationszeit in Punta Arenas. Charakteristisch ist der kurzperiodische Temperaturwechsel bei relativ niedrigem thermischem Niveau und das Fehlen von langperiodischen, witterungsabhängigen Wärmeperioden (vgl. dazu Fig.4 für eine Station in vergleichbarer Situation auf der Nordhalbkugel).

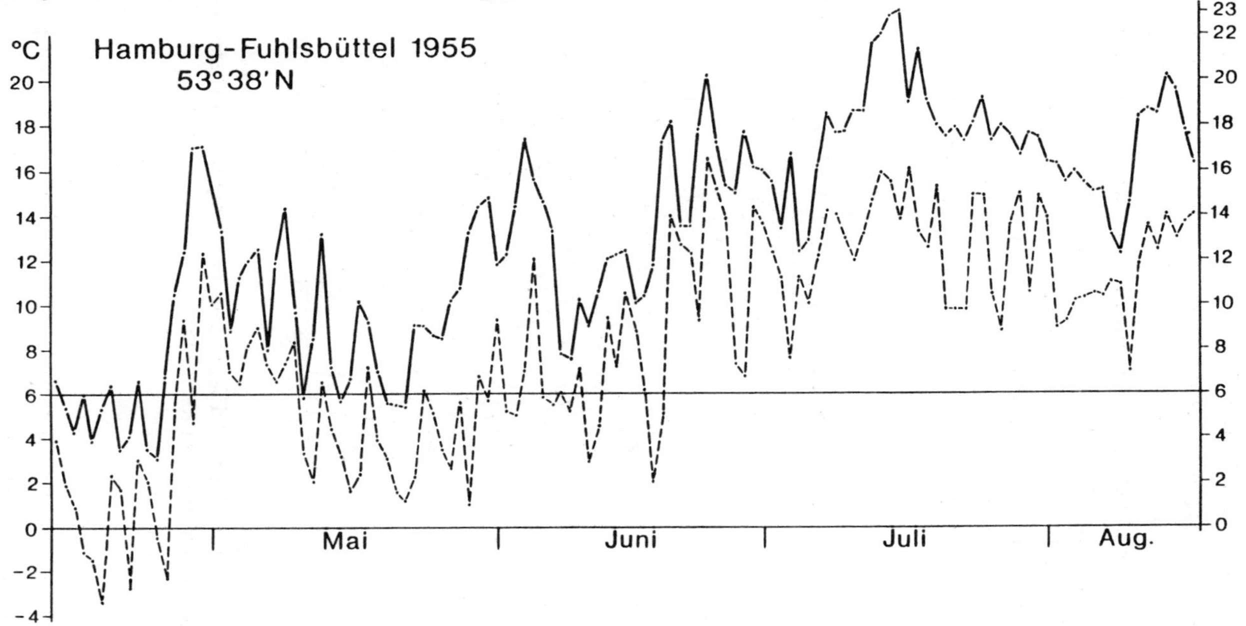

Fig. 4: Verlauf der Tagesmittel- und -minimaltemperatur während der Vegetationsperiode in Hamburg. Zum Unterschied zu dem entsprechenden kühlgemäßigten Klima der Südhalbkugel wird der Temperaturgang neben den kurzperiodischen Änderungen bestimmt von länger andauernden Wärmeperioden und Kälterückfällen.

im Frühling und Frühsommer sind. Die Amplitude der Tagesmitteltemperatur dieser Perioden liegt um 10 °C. Dem witterungsbedingten langperiodischen Wechsel ist der kurzperiodische wetterabhängige in der Größenordnung weniger (meist 4 oder 5) Tage überlagert, deren Amplituden in den Sommermonaten normalerweise zwischen 2 und 4° betragen, in der Übergangsjahreszeit aber etwas größer sind.

Anders in Punta Arenas. Dort fehlen im Früh- und Hochsommer die längerperiodischen Wärmewellen und Kälterückfälle. Der Ablauf des thermischen Geschehens wird beherrscht von einem kurzperiodischen Rhythmus, bei dem schon nach 3 bis 6 relativ milden Tagen (Mitteltemperaturen um 10 bis 12°) jeweils ein Rückfall eintritt, der sehr häufig mit den Mitteltemperaturen bis nahe an, mit den Minima bis wesentlich unter 6° reicht.

Bemerkenswert sind noch im Jahresgang die abrupten Wechsel vom thermischen Winter- zum Frühjahrs- bzw. vom Frühjahrs- zum Sommerniveau Anfang September bzw. Anfang November und der rasche Übergang vom Herbst zum Winter Anfang Mai. Die Art des Überganges vom Sommer zum Herbst ist dadurch verschleiert, daß der Februar 1912 mit 8,5° Mitteltemperatur um fast 2 1/2° unter dem langjährigen Normalwert von rund 11° lag.

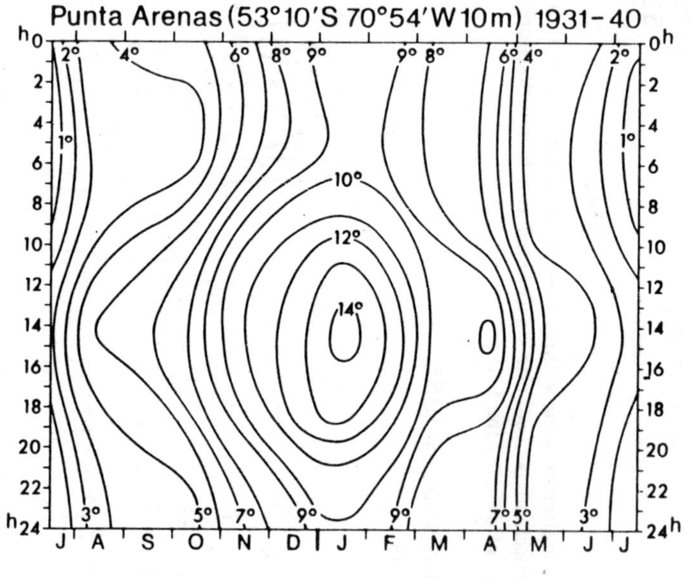

Fig. 5: Tages-und Jahresgang der Temperatur (Thermoisoplethen) für Punta Arenas. (Werte nach RE, 1945)

Das Thermoisoplethendiagramm der *Fig. 5* mit den gemittelten Tages- und Jahresgängen macht deutlich, daß normalerweise Ende Februar der Übergang zum fast isothermen Herbst (Temperaturen 10 bis 7°) stattfindet, der merkwürdigerweise Mitte April abrupt vom Temperaturrückgang in den Winterabschnitt (4 bis 1°) beendet wird. Im Frühwinter erhält sich unter den ozeanischen Einflüssen relativ lange das Niveau zwischen 4 und 3°. Auf diesem bleibt charakteristischerweise am Ende des Winters lange die Temperatur stehen und ergibt so für September und Oktober das thermisch retardierte nachtfrostreiche Frühjahr, das dann

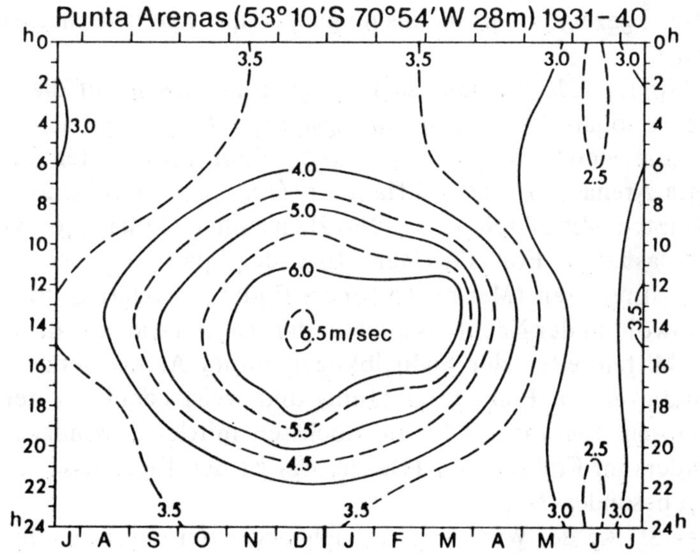

Fig. 6: Tages- und Jahresgang der Windgeschwindigkeit (Anemoisoplethen) für Punta Arenas. Charakteristisch ist für das kühlgemäßigte Klima der südhemisphärischen Westwindzone ist das Maximum der Windgegeschwindigkeit während der Sommermonate.
(Werte nach RE, 1945)

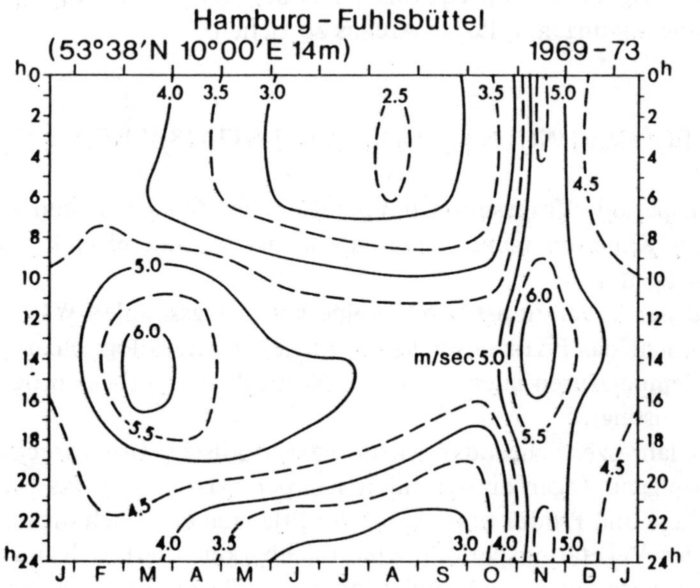

Fig. 7: Tages- und Jahresgang der Windgeschwindigkeit am Flughafen in Hamburg-Fuhlsbüttel. Im Gegensatz zu den vergleichbaren Breiten der südhemisphärischen Westwindzone fallen die Maxima der Windgeschwindigkeit auf die Frühjahrs- und Herbstmonate.
(Werte nach Deutscher Wetterdienst, 1975)

mit dem an der Fig. 2 gezeigten Sprung ins im ganzen niedrige, aber nachtfrostfreie Sommerniveau beendet wird.

Bezüglich der Windverhältnisse läßt sich bei aller Rücksicht auf die sehr begrenzte Vergleichbarkeit und regionale Verallgemeinerungsfähigkeit von Beobachtungswerten an Einzelstationen aus dem Vergleich der Tages- und Jahresgänge in den Anemoisoplethendiagrammen für Punta Arenas *(Fig. 6)* und Hamburg *(Fig. 7)* doch folgendes feststellen: In den ozeanisch beeinflußten Mittelbreiten der Nordhemisphäre fallen die Maxima der Windgeschwindigkeit auf das zeitige Frühjahr (März) bzw. den Spätherbst (November). In den Sommer- und Frühherbstmonaten (Mai bis Oktober) findet ein relativer Rückgang der Windgeschwindigkeiten sowohl in der Nacht als auch in den Tagesstunden statt.

Anders in den Mittelbreiten der Südhalbkugel: Punta Arenas verzeichnet das Minimum der Windgeschwindigkeit im Frühwinter (Juni) und weist gerade in den Sommermonaten November bis Februar Tag wie Nacht die höchsten mittleren Windgeschwindigkeiten des Jahres auf. Besonders im Frühsommer (Dezember) ist der Tagesausschnitt mit hohen Windgeschwindigkeiten besonders lang.

Hinsichtlich der Stärke des Windes lassen sich wegen der unterschiedlichen Meßumstände (Station auf einem Flughafen, Windmast mit der geforderten Höhe 10 m über dem höchsten Hindernis in Hamburg; Beobachtungsstation in der Stadt, Windmast von allenfalls 2 m Höhe auf einem turmartigen Ausbau des Salisianer-Kollegs in einer Gesamthöhe von 18 m über dem Erdboden in Punta Arenas) keine anderen Aussagen machen, als daß die höheren Werte von Punta Arenas keinesfalls die Folge besonders freier Exposition sind. Im Gegenteil, sie repräsentieren einen relativ windgeschützten Standort. Die normalen Rahmenbedingungen, von welchen die Beurteilung der standortabhängigen Lokalwerte der Winstärke auszugehen hat, müssen aus der großräumigen Zirkulationsenergie (sh. 5.2) abgeleitet werden. Hier sind erst einmal die ökologischen Konsequenzen aus den gefundenen thermischen und anemometrischen Klimabedingungen in Punta Arenas zu ziehen.

4. FOLGERUNGEN FÜR DIE WACHSTUMSBEDINGUNGEN

a) Die Vegetationsperiode (Tagesmitteltemperatur über 6°) ist in den südhemisphärischen kühl-gemäßigten Klimaten nicht kürzer als in den nordhemisphärischen vergleichbaren geographischen Breiten.

b) Da es während der Vegetationsperiode keine witterungsstabilen Wärmeperioden längerer Dauer gibt, erreicht das Pflanzenwachstum nie jenen physiologischen Wirkungsbereich, in welchem bei Temperaturen über 15 °C die Netto-Photosynthese progressiv bis zur Optimaltemperatur ansteigt.

c) Die ohne jede jahreszeitliche oder witterungsperiodische Unterbrechung permanent im Abstand von wenigen Tagen eintretenden Temperaturstürze bis ins Niveau um 6 °C müssen Photosynthese und Produktionsablauf der Pflanzen erheblich drosseln.

d) Bei gleich langer Vegetationsperiode, Unerreichbarkeit thermisch optimaler Synthesebedingungen und permanenten Assimilationsrückschlägen durch kurzperiodische Kälterückfälle kann in der Summe übers Jahr nur eine bedeutend niedrigere Brutto-Assimilation resultieren als in vergleichbaren Klimagebieten der Nordhalbkugel.

e) Das Verhältnis bei der Nettoprimärproduktion ist wahrscheinlich etwas weniger ungünstig, da relativ niedrige Nachttemperaturen einen relativ geringeren Atmungsverlust bewirken.

f) Zur thermisch bedingten Assimilationseinschränkung kommt auch im Tiefland für alle frei dem Wind ausgesetzten Situationen eine zusätzliche als Folge der Tatsache hinzu, daß die Hauptwachstumszeit der Pflanzen gleichzeitig diejenige maximaler Windbewegung ist und dabei Windstärken erreicht werden, die weit oberhalb der von den windhärtesten Baumarten der Nordhemisphäre physiologisch ohne Syntheseeinbuße tolerierten liegen.

g) Der zuletzt genannte Effekt muß sich überall da am stärksten bemerkbar machen, wo die bisher angenommene optimale Wasserversorgung der Vegetation nicht durchgehend gesichert ist, da dann die durch die hohen Windgeschwindigkeiten kräftig angeregte Transpiration am ehesten dazu führen kann, daß nicht genügend Wasser aus dem Boden nachgeführt wird, die Schließzellen ihren Turgor verlieren, die Spaltöffnungen verengt werden und damit der Gasaustausch für die Photosynthese eingeschränkt wird. Aus dieser Tatsache muß man weiter folgern, daß der größte ökologische Anreiz zur Ausbildung von winddefensiven Wuchsformen (Polster, Kugelbuschform, Teppichwuchs, aerodynamisch angeglichene Ränder und Ecken an Waldstücken und Baumgruppen z.B.) in den relativen Trockengebieten der südhemisphärischen Mittelbreiten und vor allen Dingen auch im Übergangsbereich von den laubwerfenden Wäldern zur patagonischen Steppe besteht.

h) TRANQUILLINI (1969) hat bei den voraus zitierten Experimenten aus dem Vergleich der unterschiedlichen Reaktion der transpirativen und assimilatorischen Tätigkeit der Testpflanzen auf die verschiedenen Windgeschwindigkeiten den Schluß gezogen, daß unter den Bedingungen optimaler Feuchteversorgung bei niedrigen Pflanzen für den Syntheserückgang nicht die Transpirationseinschränkung, sondern wahrscheinlich eine Austrocknung der Blattoberflächen die wesentliche Ursache des verminderten Gasaustausches sei. Das heißt doch, daß der Austausch auch bei hohen Windgeschwindigkeiten effektiver bliebe, wäre die Oberfläche der Blätter vor der Austrocknung bewahrt. Unter diesem Gesichtspunkt könnte man die Organisation der Wollblatt-, der Büschel- und Frailejon-Gewächse mit ihrem Haarüberzug und (oder) dem hohen Anteil an einhüllenden abgestorbenen Blättern besser verstehen, als unter den normalerweise angeführten Gesichtspunkten des Transpirationswiderstandes und Frostschutzes. Ein behaartes Blatt schützt nämlich die eigentliche Blattoberfläche vor Austrockung und gewährt gleichzeitig die Möglichkeit großen Gasaustausches zu der mit hoher Geschwindigkeit über die Haaroberfläche hinwegstreichenden Luft. Büschel- und Frailejon-Gewächse schützen die gefährdeten produzierenden vegetativen Organe durch die Umgebung mit abgestorbener Pflanzenmaterie vor der Austrocknung, ohne daß bei den hohen Windgeschwindigkeiten der Gasaustausch an den vegetativen Organen unterbunden wird. Ohne den starken Wind müßten Frailejon-Gewächse mit ihrer dichten Blattbehaarung und dem zusätzlichen Behang mit verdorrten Blättern m.E. ersticken. Sie können den starken Wind verkraften, bedürfen seiner aber auch gleichzeitig.

5. DYNAMISCH-KLIMATOLOGISCHE BEGRÜNDUNG DER THERMISCHEN UND ANEMOMETRISCHEN BEDINGUNGEN

Nach der Darlegung einiger ökologischer Konsequenzen muß nun die Frage nach der dynamisch-klimatologischen Begründung und den Ursachen für die herausgestellten Charakteristika des kühl-gemäßigten Klimas der Südhemisphäre behandelt werden. Zu erklären ist vor allem:

a) das relativ tiefe thermische Niveau der Sommermonate,
b) das Fehlen länger anhaltender relativer Wärmeperioden von ein bis drei Wochen Dauer,
c) statt dessen die Permanenz des kurzperiodischen Wetterwechsels mit den regelmäßig alle paar Tage auftretenden Kälterückfällen,
d) die ganzjährig relativ hohe Windgeschwindigkeit und
e) warum das Maximum der mittleren Windbewegung ausgerechnet auf den Sommer fällt.

All das sind spezielle Bedingungen der südhemisphärischen Westwinddrift. Allgemein bekannt ist, daß diese besonders energisch und stürmisch ist, haben doch die entsprechenden Breiten als "roaring forties" oder "roaring fifties" schon seit der Zeit der Segelschiffahrt entsprechende Eigennamen. Aber die Quantifizierung dieser allgemeinen Beobachtungstatsache und eine geographisch differenzierte Betrachtung wurde erst nach dem Ausbau des meteorologischen und besonders des aerologischen Meßstellennetzes in den letzten drei Jahrzehnten möglich.

5.1. ZONALZIRKULATION, ANTARKTISCHER UND OZEANISCHER EFFEKT

In der *Tab. 1* sind die Werte der Zonalkomponente des Gradientwindes zwischen dem Meeresniveau und 500 mb (das entspricht ungefähr 5.5 km Höhe) und in der *Fig. 8* die Verteilung der Temperatur und der Windgeschwindigkeit im Meridionalschnitt für den Monat Januar nach den von JENNE, VAN LOON, TALJAARD und CUTCHER (1968) errechneten Daten dargestellt. Daraus ergibt sich, daß in der gesamten unteren Troposphäre vom Meeresniveau bis über 5000 m im Breitenabschnitt zwischen 45° und 55° S ganzjährig eine

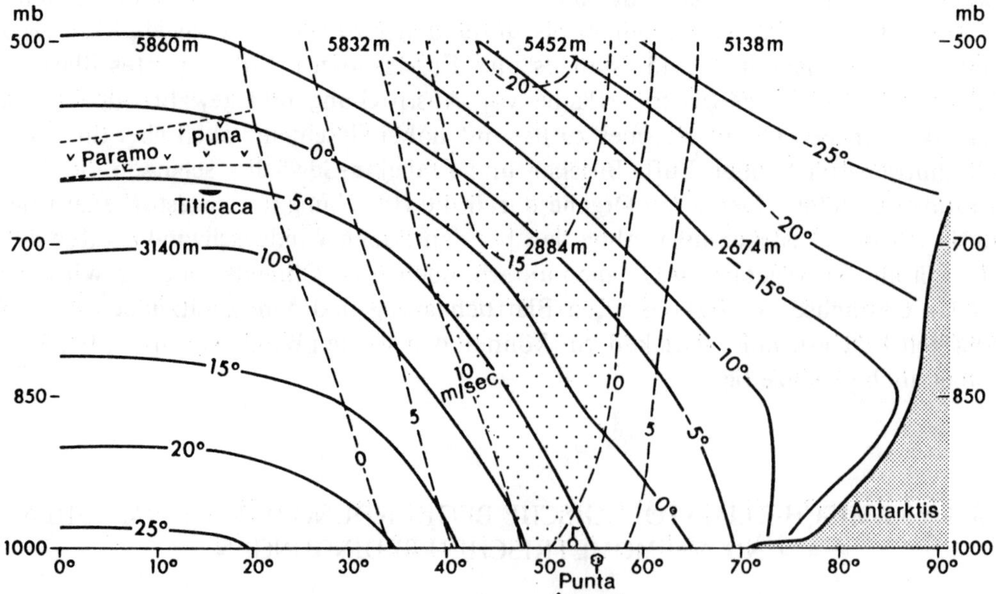

Fig. 8: Meridionalprofil der Temperatur und der Zonalkomponente des Westwindes für den Sommer (Januar) der Südhalbkugel.
(Werte nach JENNE, VAN LOON, TALJAARD u. CUTCHER, 1968)

	Meeresniveau				700 mb					500 mb					
	30°	40°	50°	60°	20°	35°	40°	50°	60°	15°	20°	30°	40°	50°	60°
I	–2.5	5.1	10.3	4.3	–1.5	7.6	12.3	16.3	7.1	–2.5	1.0	8.9	18.2	22.2	10.9
II	–3.4	4.2	10.1	7.1	–1.1	6.1	10.6	15.9	10.6	–1.3	1.3	7.8	16.4	21.4	14.0
III	–3.3	4.3	10.2	7.7	–0.3	6.8	10.5	16.2	12.5	0.6	3.0	8.7	16.5	21.4	16.7
IV	–1.8	5.6	9.6	7.0	1.9	8.2	11.6	15.6	11.7	3.3	7.8	11.4	17.5	20.4	15.7
V	–0.2	6.2	9.5	5.7	4.4	9.8	11.5	14.5	10.9	7.7	12.2	14.9	16.6	19.1	14.9
VI	1.2	7.3	10.0	3.8	4.5	11.4	12.7	14.7	9.9	8.1	12.9	17.6	17.6	19.2	14.5
VII	1.4	7.3	9.3	5.8	4.8	10.9	12.2	14.1	11.5	8.4	14.0	18.5	16.6	19.0	14.7
VIII	1.0	6.7	9.5	6.1	5.0	10.6	11.9	14.8	11.9	6.6	13.6	17.7	16.7	19.9	16.1
IX	–0.1	5.9	9.6	8.5	4.4	10.3	11.5	15.0	13.8	6.6	12.2	16.6	16.9	19.8	17.9
X	–0.9	5.9	9.6	8.4	3.7	9.3	11.1	15.4	13.4	4.7	10.4	15.7	16.3	20.2	18.3
XI	–1.6	6.4	10.0	6.4	2.7	9.8	13.2	15.4	9.8	4.5	8.5	12.6	19.3	20.1	13.6
XII	–2.2	5.8	9.7	4.3	0.3	8.6	12.7	15.4	7.8	0.8	3.9	10.3	18.6	20.9	12.1

Tab. 1
Mittlere monatliche zonale Windgeschwindigkeit für das Meeresniveau, 700 und 500 mb auf der Südhalbkugel. Das Maximum der Windgeschwindigkeit liegt im Breitenabschnitt 45° bis 55°. Die höchsten Werte treten im Hoch- und Spätsommer auf. In den Wintermonaten dehnt sich der Gürtel mit Zonalgeschwindigkeiten über 10 m/sec in den Niveaus oberhalb 700 mb (ca. 3000 m) gegen die niederen Breiten aus. Im 500 mb-Niveau reichen sie von Mai–Oktober bis jenseits von 20° S, also bis in die äußeren Tropen. (Werte nach JENNE, van LOON, TALJAARD und CUTCHER, 1968)

Zone maximaler Windgeschwindigkeit ausgebildet ist. Darin erreichen die Absolutbeträge im Meeresniveau um 10 m/sec. Im Jahresgang fällt das leichte Maximum mit 10.1 bis 10.3 m/sec bemerkenswerterweise auf den Hoch- und Spätsommer.

Im Vergleich dazu beträgt das Breitenkreismittel des geostrophischen Windes in der gleichen Breite auf der Nordhalbkugel nach einer Darstellung van LOON's (1974) im Juli ungefähr 2 m/sec, also nur den fünften Teil. Und auch im Winter bleibt der entsprechende Wert unter 3 m/sec.

Nun muß man allerdings berücksichtigen, daß das Breitenkreismittel der Südhalbkugel für einen Wassergürtel gilt und daß über den Landflächen, wo solche vorhanden sind, die Windbewegung als Folge der erhöhten Reibung in Bodennähe erheblich abgebremst wird. Die in Punta Arenas gemessenen langjährigen Mittelwerte *(vgl. Fig. 6)* machen aber deutlich, daß auch über Land der mittlere Bodenwind im Sommer um mindestens das Dreifache stärker ist als in den entsprechenden Klimaregionen der Nordhalbkugel. Hinzu kommt noch, daß die durch die Reibung am Boden hervorgerufene Abbremsung in Bodennähe bei den hohen geostrophischen Windstärken mit einer sehr starken vertikalen Windscherung verbunden ist, so daß für alle topographischen Erhebungen eine extrem große Zunahme der Windexposition mit wachsender Höhe zu erwarten ist. Und außerdem intensiviert die Windscherung den dynamischen Austausch zwischen den bodennahen und höheren Luftschichten. Dadurch wird eine stärkere Aufheizung der Luftschichten direkt über dem Boden oder im Pflanzenbestand in wesentlich stärkerem Maße verhindert als in den Mittelbreiten der Nordhalbkugel.

Fragt man nach den Ursachen der vielfach stärkeren Westwinddrift und dem ökologisch so wichtigen Geschwindigkeitsmaximum im Sommer der Südhalbkugel, so ist die Tatsache, daß es sich um eine Wasserhalbkugel handelt, nur von sekundärer Bedeutung (Verminderung der Reibung). Entscheidender Grund ist die Existenz des antarktischen Eiskontinentes. Im

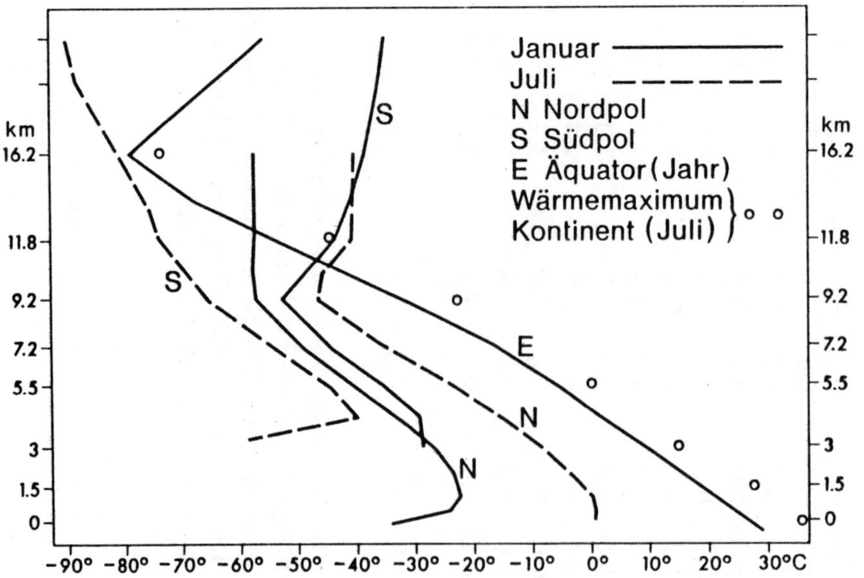

Fig. 9: Mittlere vertikale Temperaturverteilung über dem Äquator (Jahr) und beiden Polen (Januar und Juli), sowie höchste Temperatur-Monatsmittel über den Kontinenten (Juli).
(Nach FLOHN, 1967)

Vergleich zu den Meereisdecken über dem Nordpolarbecken wirkt nämlich die bis fast 4000 m hoch aufragende Eiskappe der Antarktis wegen der hohen Albedo des Firneises (80–90 %), der extremen Wasserdampfarmut der Luft und des fehlenden Wärmenachschubes von unten her das ganze Jahr über als exzessive Kältesenke. Die Konsequenz für die thermischen Bedingungen über dem Süd- und Nordpolargebiet ist aus der *Fig. 9* (nach FLOHN, 1967) abzulesen. Der Einfluß auf die Gesamthemisphäre läßt sich aus Meridionalschnitten der mittleren Temperaturverteilung über den beiden Halbkugeln entnehmen, die BURDECKI (1955) entworfen hat (vgl. auch WEISCHET 1968). Danach ergeben sich für die verschiedenen Niveaus und Breitenabschnitte im Vergleich der beiden Hemisphären folgende Werte:

Temperatur (in ° Kelvin) im Sommer (Januar bzw. Juli)

Niveau	in 40–50° Breite				in 70–80° Breite				in 80–90° Breite			
	1000	700	600	500 mb	1000	700	600	500 mb	1000	700	600	500mb
N-Halbkugel	297	277	272	260	282	269	262	250	278	266	260	248
S-Halbkugel	290	268	264	252	270	256	253	242	263	254	252	241
isobare Temperatur-Differenz	7	9	8	8	12	13	9	8	15	12	8	7

In den unteren Schichten der Troposphäre ist die südhemisphärische Polarzone (70–90°) um 12–13 °C*), der Ausschnitt der hohen Mittelbreiten (40–50°) noch um 7–9 °C kälter. Das thermische Defizit schwächt sich also zu den niederen Breiten hin etwas ab. Trotzdem bleibt der Temperaturunterschied zwischen der Kalotte polarer Kaltluft (70–80°) und der äquatorwärts anschließenden Westwindzone (40–50°) auf der Südhalbkugel bis 700 mb um 4–5° größer als auf der Nordhemisphäre (20 und 12° bzw. 15 und 8°). Da dafür bei Annahme einer Wasserhalbkugel kein geophysikalischer Grund vorhanden wäre, kann das größere Temperaturgefälle nur die Auswirkung des ungünstigeren Wärmehaushaltes des antarktischen Eisschildes sein.

Das tiefe thermische Niveau der südhemisphärischen Westwindzone ist also keine Frage der hohen Ozeanität, sondern eindeutig auf die Fernwirkung der Antarktis zurückzuführen. Es ist der antarktische Effekt im Klima der südhemisphärichen Mittelbreiten. Der ozeanische Effekt beschränkt sich darauf, daß die kalten antarktischen Luftmassen nicht auch mit negativen Temperaturen während der Sommermonate im südlichsten Südamerika ankommen.

Um sich ein realistisches Bild von der Situation zu machen, muß man noch berücksichtigen, daß im Sommer die Packeisgrenze und damit die Luftkalotte mit Temperaturen unter dem Gefrierpunkt bis zu einer mittleren Breite von 64° S, d.h. bis auf 8 Breitengrade an die Südspitze Südamerikas heranreicht *(sh. Fig. 10)*. Und außerdem hat die antarktische Kaltluft

*) Die Werte für 1000 mb sind für die zentrale Antarktis unsicher, da die in Fig. 9 dargestellte starke Bodeninversion keine verlässliche Reduktion der in 2680 m NN beobachteten wahren Temperaturen auf den Meerespiegel gestattet.

wegen der mittleren Höhe des Eisschildes von 2000 m eine erhebliche Lageenergie, mit der sie mit den bekannten katabatischen Schwerewinden vom Kontinent herabdrängt. Damit hängt sicher auch die synoptische Erfahrung zusammen, daß der Abfluß der polaren Kaltluft nicht, wie auf der Nordhalbkugel, in Form markanter Ausbrüche großen Stils in gewissem zeitlichen Abstand vor sich geht, sondern sich mehr als permanentes radiales Ausfließen vollzieht, wobei allerdings gewisse Sektoren ostwärts Neuseeland und im Südatlantik ostwärts von Patagonien bevorzugt sind. Dort liegen die Zentren maximaler Zyklonenneubildung (TALJAARD, 1955). Für das südlichste Südamerika hat das die Konsequenz, daß im ozeanischen Westen die Kaltluft normalerweise auf weitem Weg über den Südpazifik herangeführt wird, während in Ostpatagonien die Einzugsbahn wesentlich direkter sein kann. Die Frostgefahr muß also für das Gebiet ostwärts der Anden höher angesetzt werden als für das Gebiet westlich der Kordillere, in dem ja auch der immergrüne Wald bis zur Südspitze des Kontinentes reicht.

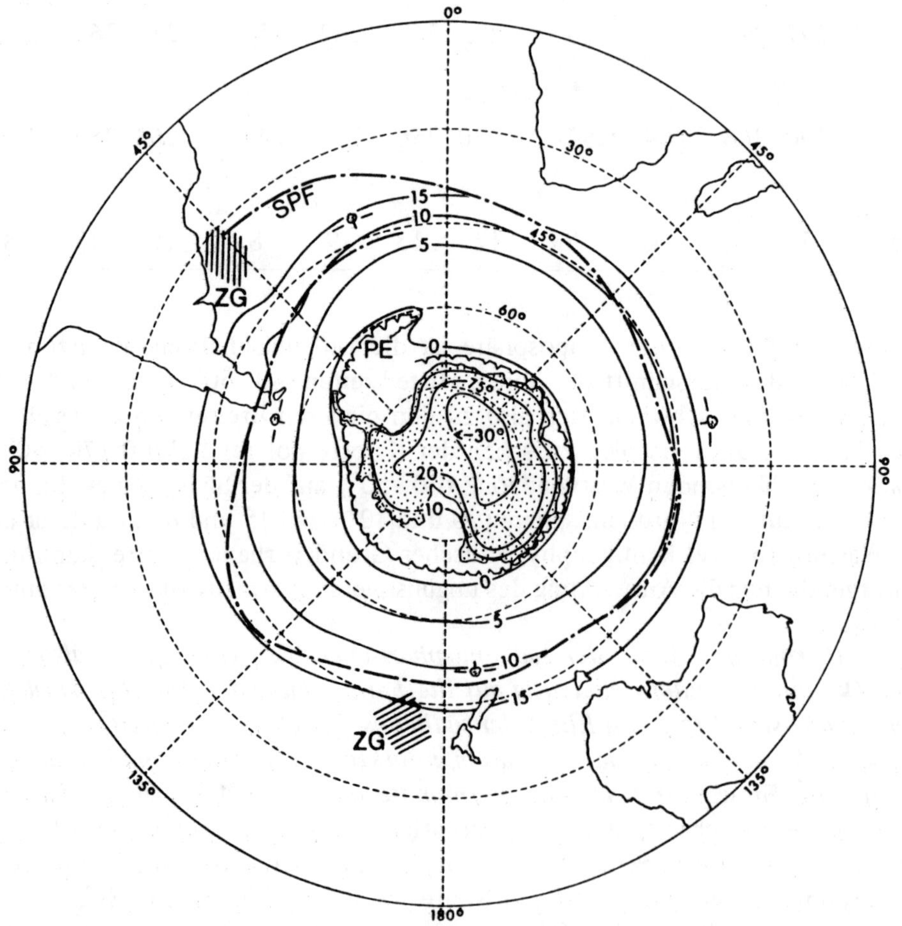

Fig. 10: Die thermischen Bedingungen (nach TALJAARD, 1968 bzw. SCHWERDTFEGER, 1970) beiderseits der polaren Baumgrenze (nach SCHMITHÜSEN, 1968), die Lage der Polarfront (SPF) als Zone maximaler Frontalzonenfrequenz im Sommer (nach TALJAARD, 1968) und die für Südamerika entscheidenden Gebiete der Zyklonenbildung (ZG) (nach TALJAARD, 1953).

Aus dem größeren meridionalen Temperaturgefälle von der Polarluftkalotte zu den kühlgemäßigten und weiter zu den tropischen Luftmassen resultiert für die Südhalbkugel ein entsprechend größerer mittlerer Luftdruckunterschied zwischen dem Subtropenhoch und der subpolaren Tiefdruckrinne (ASSUR, 1949; RAETHJEN, 1953; Abb. 3 in WEISCHET, 1968) und dementsprechend die stärkere Westwinddrift als auf der Nordhalbkugel. Da Temperatur und Luftdruck im Bereich der südhemisphärischen subtropischen Antizyklone nicht wesentlich verschieden von den nordhemisphärischen sind, ist die Ursache des stärkeren Druckgefälles und damit des Motors für die roaring forties und fifties wieder die Kältesenke über der Antarktis. Die Rolle der subantarktischen Wasseroberfläche liegt darin, daß sie außer eines relativ zu Festlandsgebieten kleinen Geschwindigkeitsverlustes durch Reibung vor allem die für die Südhalbkugel charakteristische Verstärkung der Zonalzirkulation in den Sommermonaten veranlaßt. MEINARDUS (1940) hatte schon darauf hingewiesen, daß in den südhemisphärischen Mittelbreiten die Jahresschwankung der Temperatur polwärts abnimmt und daß die größten meridionalen Temperaturunterschiede während der Sommermonate auftreten. Dadurch ist auch das Luftdruckgefälle und damit die zonale Windgeschwindigkeit während dieser Zeit am größten. Van LOON (1966) hat die Ursache für die polwärts abnehmenden Temperaturamplituden aus dem Wärmehaushalt der oberflächennahen Wasserschichten des Meeres abgeleitet und außerdem 1974 dargestellt, daß sich der Effekt im Breitenabschnitt 40 bis 60° S durch die ganze untere Troposphäre bemerkbar macht. Im Vergleich dazu ist auf der Nordhalbkugel von 30 bis 70° eine durchgehende Zunahme der Jahresamplitude mit den entsprechend gegensätzlichen Konsequenzen gegeben (van LOON, 1974).

Als Zwischenresultat kann also festgehalten werden, daß *der antarktische Einfluß in der kühl-gemäßigten Zone der südhemisphärischen Mittelbreiten neben dem tiefen thermischen Niveau auch die hohen Windgeschwindigkeiten bewirkt, und daß der ozeanische Effekt in der Verminderung der Frostgefahr, der geringeren Jahresamplitude der Temperatur sowie in der Ausbildung des sommerlichen Windmaximums besteht.*

5.2. FRONTALZONE, ZYKLONENFREQUENZ UND BLOCKING ACTION

Im engen Zusammenhang mit der extrem schnellen Zonalzirkulation zeichnet sich die südhemisphärische Westwinddrift noch durch relative Lagekonstanz der Polarfront, hohe Zyklonenfrequenz und äußerst seltene Unterbrechung der Zonalzirkulation durch Blockierung der Westwinddrift im Laufe des Jahres aus. BARKOW hatte bereits 1924 auf die hohe Zyklonenfrequenz und damit zusammenhängende Luftdruckschwankungen mit einer mittleren Periode von ca. 4 Tagen, MEINARDUS (1928) auf die hohe Verlagerungsgeschwindigkeit von Zyklonen im Winter wie im Sommer hingewiesen. Nach LAMB (1958, 1959) ist die Intensität der Zyklonen im Jahresmittel 1,6 mal größer als auf der Nordhalbkugel und selbst die Zyklonen des Sommers sind in der Regel noch stärker als die nordhemisphärischen des Winters.

Hinzu kommt nach den Untersuchungen von TALJAARD (1968), daß die Polarfront als die Verbindung der Orte mit maximaler Frontenfrequenz auf der Südhalbkugel im Laufe des Jahres nur eine relativ geringe Breitenverlagerung erfährt. Südamerika quert sie ganzjährig bei ungefähr 50°, wobei noch besonders interessant ist, daß im Gegensatz zu den anderen Sektoren, auf die südamerikanische Westküste im Sommer die Zyklonen auf einer wesentlich südlicheren Bahn herangeführt werden als im Winter. Aus beiden Fakten muß man für das Klima des äußersten Südens Südamerikas einen außerordentlich häufigen Luftmassen-wechsel mit den thermischen Konsequenzen folgern, wie sie als Beispiel der Verlauf der Temperaturkurve in Punta Arenas *(Fig. 3)* mit den beschriebenen Charakteristika zeigt.

Bleibt noch das Problem, warum in Vergleich zur Nordhalbkugel die längeren Wärmeperioden und Kälterückfälle fehlen. Das hängt mit der extremen Persistenz reiner Zonalzirkulation in der südhemisphärischen Westdrift zusammen. Für die zyklonale Westwindzone der Nordhalbkugel ist der langperiodische Wechsel zwischen zwei wesentlich verschiedenen Zirkulationsanordnungen im planetarischen Polarwirbel charakteristisch. Bei dominierender Zonalzirkulation (high-Index-Typ nach ROSSBY und WILLETT, 1948) zeigen das Druck- und Höhenströmungsfeld im wesentlichen eine zonale, breitenparallele Anordnung mit flachen Mäanderbögen der Westdrift. Dementsprechend herrscht im großräumigen Mittel am Boden eine starke westliche Luftströmung mit großer Zyklonenfrequenz in den höheren Mittelbreiten vor. Das andere Extrem (Meridionalzirkulation, Low-Index-Typ) ist ausgezeichnet durch Vorstöße der warmen subtropischen Antizyklone in Form von Höhenhochdruckrücken weit polwärts und als Kompensation dazu trogförmige Ausbuchtungen der kalten Polarzyklone äquatorwärts. Im Zuge der Meridionalvorstöße des subtropischen und polaren Systems werden an den extremen Stellen Warmluft- bzw. Kaltluftkörper abgeschnitten, die dann geschlossene Hoch- bzw. Tiefdruckzellen mit den entsprechenden geschlossenen antizyklonalen bzw. zyklonalen Wirbeln bilden. Die Westwinddrift ist damit im Bereich der Höhendruckkeile und -tröge blockiert, die Wanderungsrichtung der Wetterzyklonen an der Polarfront wird vor den Hochdruckrücken auf Nordrichtung umgesteuert, im Kernbereich des Hochdruckrückens kann sich bei absinkender Luftbewegung wolkenarme, windschwache Strahlungswitterung mit autochthonen thermischen Bedingungen ausbilden. Im Sommer sind das Wärme-, im Winter Kälteperioden. (Die Zirkulationstypen mit ihren Varianten für Europa sind entsprechend den Großwettertypen nach BAUR (1963) in BLÜTHGEN (1966, S. 433) dargestellt).

Nach einer Auswertung von 82 klimatologisch wirksamen Blocksituationen über dem Nordatlantik der Jahre 1932–1950 durch REX (1950) beträgt die mittlere Andauer 12 bis 16 Tage mit einem Maximum bei 14 Tagen und einer Streubreite von wenigstens 10 bis höchstens 41 Tagen. (Vgl. dazu die Perioden im Temperaturverlauf von Hamburg in *Fig. 6)*.

Wenn entsprechendes nun auch für die Südhalbkugel gelten würde, wo der mittlere Zonalindex im Sommer ungefähr die Größenordnung desjenigen im Winter der Nordhalbkugel hat, so wäre immer noch eine gewisse Möglichkeit für die Ausbildung von Perioden mit autochthoner Witterungsgestaltung über den Landmassen des außertropischen Südamerikas gegeben.

Ein Beispiel für den Winter ist in der Höhen- und Bodenwetterkarte des 11. Juli 1963 des südafrikanischen Wetterbureaus (Notos 1968) in der *Fig. 11* dargestellt. Man sieht deutlich in der absoluten Topographie 500 mb den Höhenhochdruckkeil über Südamerika zur Antarktis hin mit der abgeschlossenen Hochdruckzelle.

Im Sommer treten solche Situationen aber äußerst selten auf. Zunächst hatte VOHWINKEL (1955) an einigen extremen Beispielen (21. und 26. Dezember 1952) im Vergleich zur Nordhalbkugel (9. Januar und 1. März 1949) gezeigt, daß beim sommerlichen Low-Index-Typ auf der Südhemisphäre lediglich eine Verringerung der Westdrift gegenüber dem High-Index-Typ eintritt, hingegen keine fundamentale Veränderung der Massen- und Strömungsverteilung. In der *Fig. 12* sieht man in der Kurve C, daß die Druckdifferenz in den Mittelbreiten beim Low-Index-Typ immer positiv, die Westwinddrift also immer erhalten bleibt. (Auf der Nordhalbkugel kehrt sich hingegen bei diesem Zirkulationstyp das Druckgefälle um, wie die Kurve A zeigt).

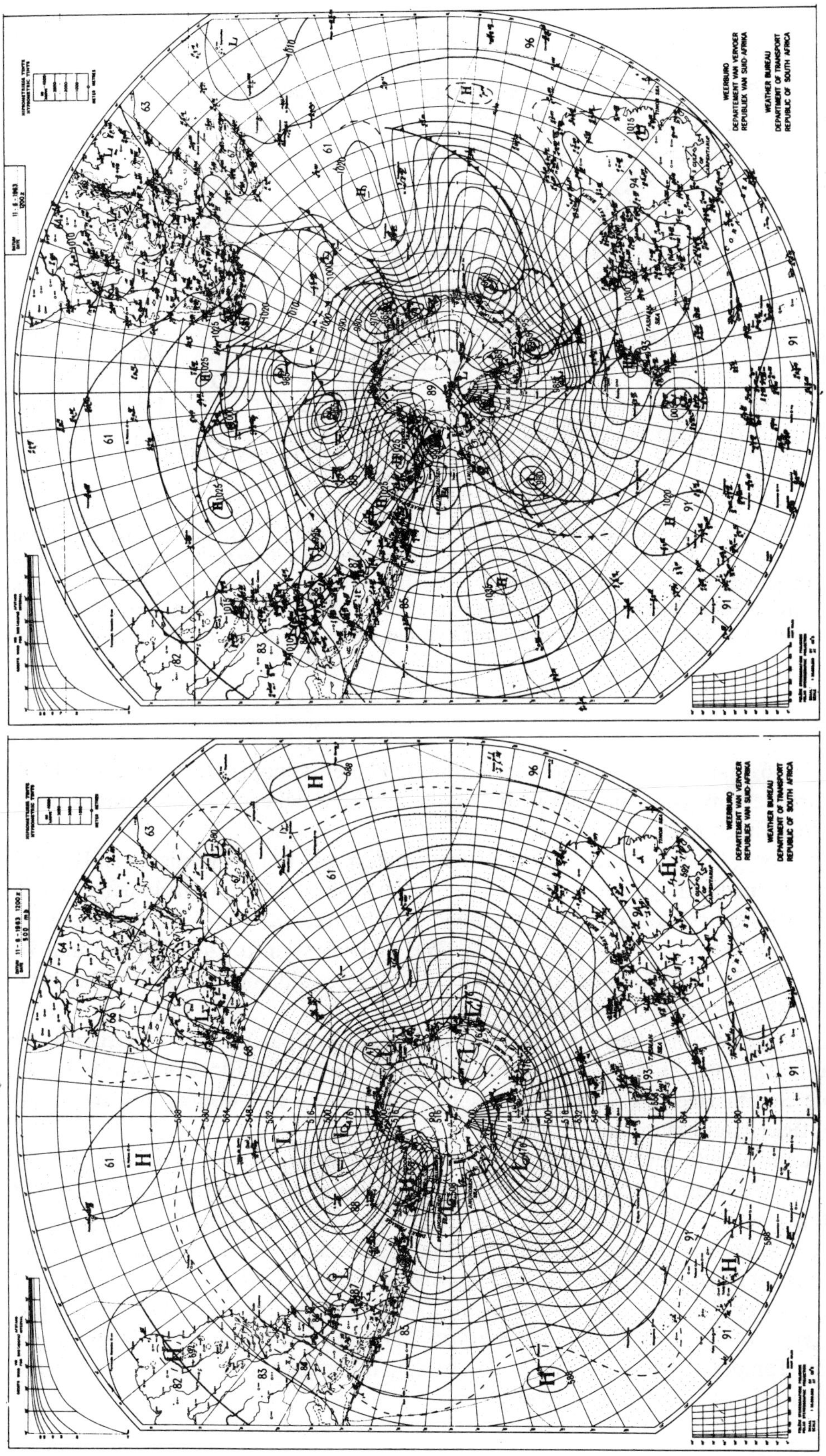

Fig. 11: Synoptische Situation im zirkumantarktischen Bereich am 11.6. 1963 (South African Weather Bureau). Die Lage zeigt einen der seltenen Fälle, in denen die Westwinddrift im Sektor vom südlichsten Südamerika bis zur Antarktis durch einen Vorstoß der subtropischen Antizyklone blockiert ist. Im Bereich des Hochdruckgebietes kann sich über Patagonien eine Witterungsperiode mit autochthoner Temperaturgestaltung ausbilden. Im Sommer sind vergleichbare synoptische Situationen noch seltenere Ausnahmen. Den Normalfall zeigt die Wetterlage der Fig. 13. (Notos, 1968)

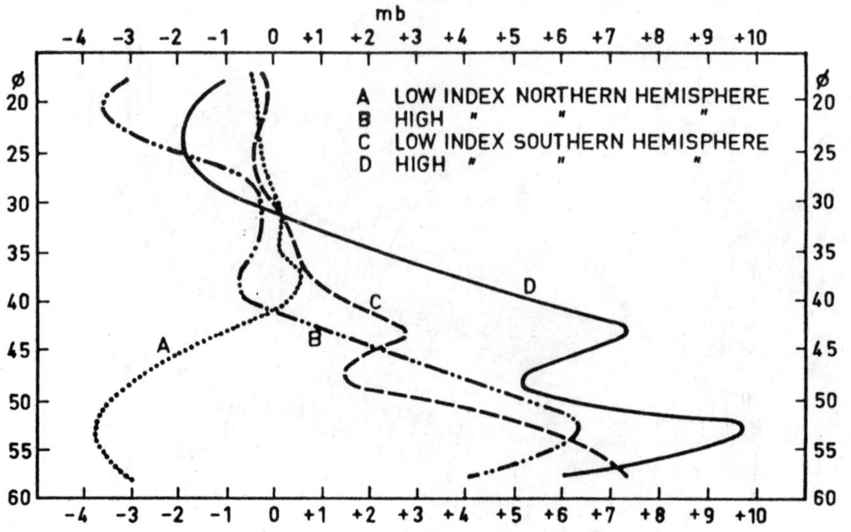

Fig. 12: Druckdifferenz für 5°-Breitenintervalle bei unterschiedlichen Zirkulationstypen für Süd- und Nordhalbkugel im Vergleich. (Nach VOWINCKEL, 1955). Bemerkenswert ist, daß auf der Südhemisphäre auch beim sog. Low-Index-Typ polwärts 35° ein durchgehendes Druckgefälle in Richtung auf die subpolare Tiefdruckrinne und damit durchgehende Westwinddrift erhalten bleibt. (Kurve C). Auf der Nordhemisphäre kehrt sich normalerweise bei dem entsprechenden Zirkulationstyp das Druckgefälle um, die Westwinddrift wird blockiert (Kurve A).

Van LOON (1956) hat unter Verwendung umfangreicheren synoptischen Materials blokkadeähnliche Zirkulationsbedingungen auf der Südhemisphäre näher analysiert und kommt dabei zu folgenden Ergebnissen:

1. das Auftreten von „blockierenden" Hochdruckgebieten am Boden wenigstens 10° polwärts von der normalen Lage der subtropische Antizyklone (eine sehr großzügige Bedingung für eine Blockadesituation) ist weitgehend beschränkt auf drei klar begrenzte Bereiche: Australien–Westpazifik (170 bis 180° W), Südwestatlantik (40–60° W) und Indischer Ozean von 40–60° O. Über dem Ostpazifik vor der südamerikanischen Westküste wurden solche Situationen nicht gefunden.
2. Hinsichtlich des jahreszeitlichen Ganges fällt über dem Westpazifik und Südatlantik ein relatives Maximum mit 30 % aller Tage für die vorauf definierte Blocksituation auf das Frühjahr. Die Sommermonate Dezember bis Februar weisen mit weniger als 10 % aller Tage das Häufigkeitsminimum auf.

Wenn unter dem bereits sehr großzügig angesetzten Kriterium – 10° polwärts von der normalen Lage des Subtropenhochs entspricht nur einer Breite von ungefähr 45° S – in den Sommermonaten trotzdem nur weniger als 10 % aller Tage die Bedingung in eng begrenzten Gebieten erfüllen, so kommt darin ganz deutlich zum Ausdruck, daß *die zyklonale Westwinddrift in den höheren Mittelbreiten (45 bis 55°) praktisch permanent fortbesteht. Während der Wachstumszeit der Pflanzen erlauben also die Zirkulationsbedingungen keine Wetterberuhigung und großräumige Ausbildung autochthoner Witterungsbedingungen.* Dementsprechend fehlen im Temperaturgang die länger dauernden Wärmeperioden, wie es am Beispiel der Station Punta Arenas *(vgl. Fig. 3)* dargestellt ist.

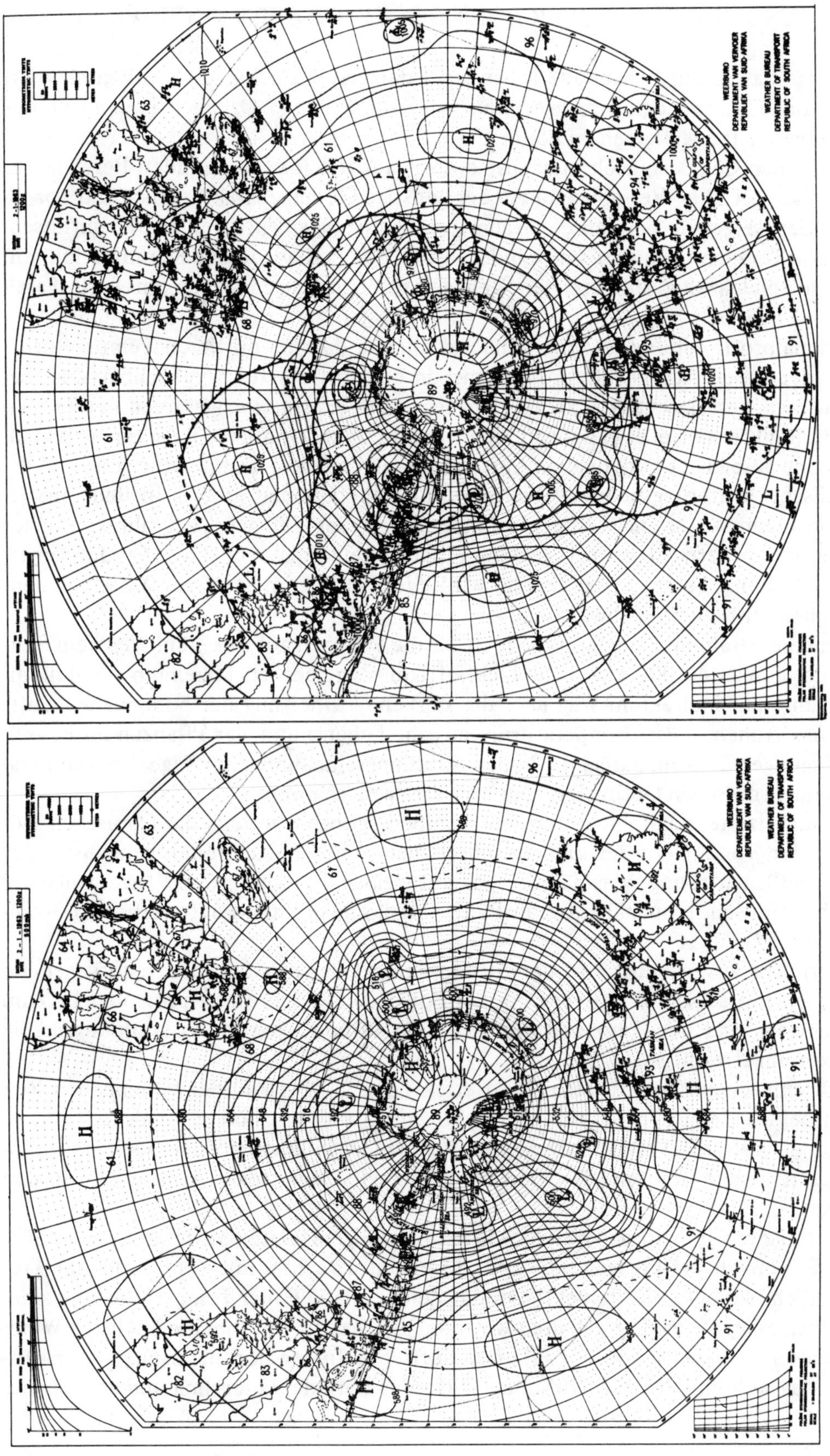

Fig. 13: Eine normale sommerliche synoptische Situation rund um die Antarktis. Die Höhenströmung zeigt im 500 mb-Niveau eine durchgehende starke Westdrift. Die Bodenwetterkarte verzeichnet über dem Pazifischen Sektor eine Zyklonenfamilie an der Polarfront, die in Breiten zwischen 40 und 50° das südlichste Südamerika quert. Die Zyklonenfamilie bringt bei ihrem Durchzug das thermisch wechselhafte, stürmische Wetter. Gebiet der Zyklonenentstehung ist für den pazifischen Sektor das Meeresgebiet nordöstlich von Neuseeland. (South African Weather Bureau. In Notos, 1968)

6. ANMERKUNGEN ZUM VERGLEICH MIT DEN TROPISCHEN HOCHGEBIRGEN

Ein Klima wie das vorauf behandelte scheint auf den ersten Blick kaum ökologisch wirksame Gemeinsamkeiten mit demjenigen weitab von Antarktis und Ozeanen in den Gebirgsregionen der inneren Tropen haben zu können.

Konzentriert man den Vergleich zunächst einmal auf die jeweils humiden Bereiche, so ergeben sich aber bei aller Verschiedenheit der sonstigen Klimacharakteristika und vor allem auch der Genese gerade bei den die Wachstumsbedingungen entscheidend beeinflussenden Parametern Temperaturniveau und -änderung in der Zeit sowie der Kombination von thermischen mit gleichzeitig auftretenden Ventilationsbedingungen bemerkenswerte Parallelen.

Das Meridionalprofil der *Fig. 8* zeigt zunächst einmal, daß die mittleren Temperaturbedingungen in der freien Atmosphäre im Sommer in beiden Gebieten vergleichbar sind, besonders wenn man berücksichtigt, daß die Isothermen über den Hochgebirgen der Tropen relativ zum Breitenkreismittel etwas angehoben werden. Dann resultiert für Paramo und kühltemperierte Zone abseits der bodennahen Luftschicht eine mittlere Temperatur von rund 8°.

Langperiodische, witterungsbedingte Wärme- und Kälteperioden gibt es in den inneren Tropen nur ausnahmsweise. Die Temperaturänderung in der Zeit wird bei jahreszeitlicher Isothermie absolut beherrscht vom Tagesgang (Tageszeitenklima nach TROLL), der seinerseits von den Strahlungsbedingungen geprägt wird, die allerdings in extremer Weise von denjenigen der hohen Mittelbreiten abweichen.

Die viel größere Strahlungsenergie ist jedoch für die Pflanzen auf direktem Weg kein Synthesevorteil, da jenseits 40 000 Lux bald Lichtsättigung erreicht ist. Man kann allenfalls an eine Begünstigung auf indirektem Weg über die stärkere Aufheizung der bodennahen Luftschicht und das Anheben des Temperaturniveaus im Lebensraum der Pflanzen an bessere Synthesebedingungen denken, zumal die hohen Strahlungseinnahmen am Tage die Temperatur nahe an den thermischen Optimalbereich heranbringen könnten.

Aber der Aufheizeffekt kommt unter den Windbedingungen, welche die tropischen Höhenstufen mit den Tiefländern der südhemisphärischen hohen Mittelbreiten gemeinsam haben, nicht zur vollen Wirkung. Was nämlich passiert, zeigen die „geköpften" Tagesgänge der Temperatur bei (in den Tropen häufig, in Punta Arenas gelegentlich auftretendem) Strahlungswetter *(Fig. 14)*.

Mit der Vormittagserwärmung wird der Austausch zwischen den dem Boden aufliegenden und den höheren Luftschichten aktiviert mit der Folge, daß kältere Massen von oben bis zum Boden durchgreifen und den Temperaturanstieg dort stoppen, bevor das strahlungsmäßig mögliche Maximum erreicht ist.

Der Austauschmechanismus ist deshalb so effektiv, weil oberhalb der bodennahen Reibungszone in beiden Bereichen permanent ein Strömungsfeld mit hohen Windgeschwindigkeiten ausgebildet ist: die vorauf dargestellte Westwindzirkulation in den südhemisphärischen Mittelbreiten, der tropische Ostwind als Höhenwind der freien Atmosphäre in den inneren Tropen.

So resultiert also im Prinzip das gleiche wie in den kühlgemäßigten Mittelbreiten der Südhalbkugel, daß nämlich bei kurzperiodischem Temperaturwechsel mit – im Falle der Tropen– tageszeitlich bedingten Kälterückfällen die Zeiten relativ hoher Temperatur kurz sind, das Temperaturmaximum niedrig gehalten wird und gleichzeitig mit ihm die höchsten Windgeschwindigkeiten im Lebensraum der Pflanzen auftreten. In den nordhemisphärischen Mittelbreiten ist das während der autochthonen Witterungsperiode wesentlich anders. Abgese-

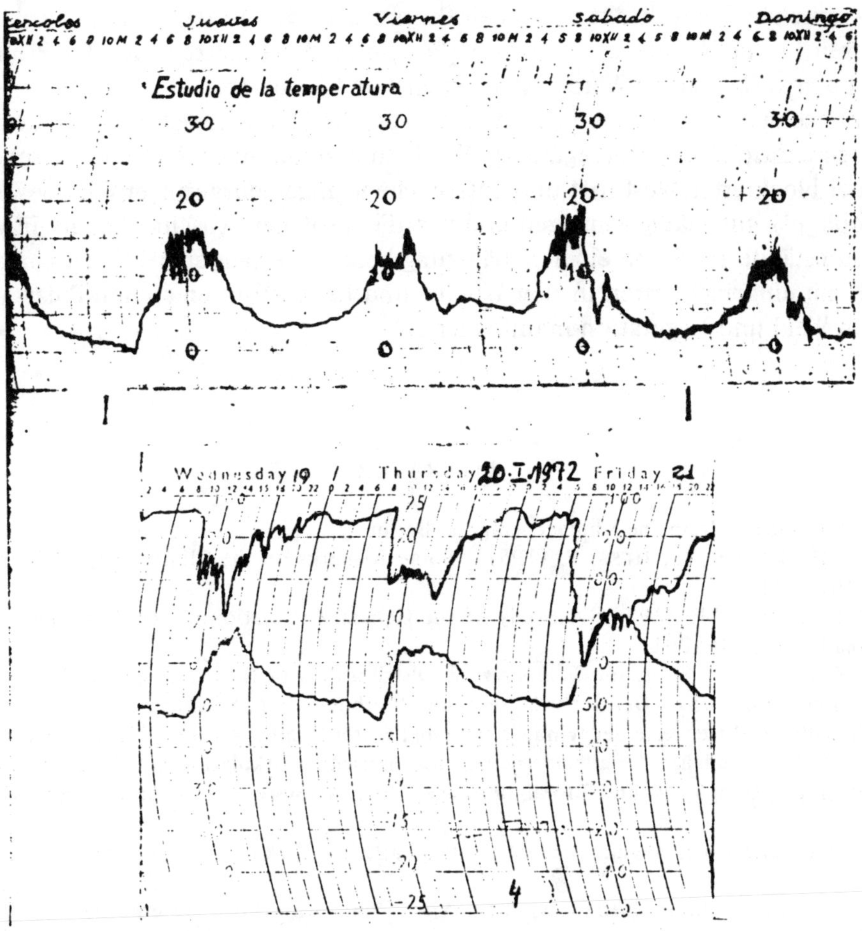

Fig. 14: Tagesgang der Temperatur bei sommerlichem Strahlungswetter in Punta Arenas (oben). Bei den gleichzeitig herrschenden hohen Windgeschwindigkeiten (vgl. Fig. 6) wird durch den sehr effektiven Vertikalaustausch der Temperaturgang geköpft, bevor das strahlungsmäßig mögliche Maximum erreicht ist. (Nach RE, 1945). Ähnliche Verhältnisse herrschen in den Höhen der tropischen Hochgebirge, wie das Beispiel der Temperaturganges am Tatio zeigt (unten).

hen davon, daß der Wind oberhalb der bodennahen Reibungszone im ganzen schwächer ist, wird er während der autochthonen Wärmeperioden durch Blockierung der Westdrift noch besonders reduziert.

Die südhemisphärischen kühl-gemäßigten hohen Mittelbreiten haben mit dem innertropischen Höhenstufen beiderseits der jeweiligen Baumgrenze als ökologisch wirksame Klimacharakteristika vor allem gemeinsam, daß

1. *bei permanenter kurzfristiger (nach Tagen messender) Temperaturveränderung wenig oberhalb der vegetativen Grenztemperatur keine länger anhaltenden (nach Wochen messenden) Wärmeperioden auftreten, in welchen optimale Synthesebedingungen auftreten, und daß*
2. *mit den relativ günstigsten thermischen Bedingungen eine starke Benachteiligung der Synthese durch große Ventilation bei hohen Windgeschwindigkeiten regelhaft verbunden ist.*

Die klimatischen Umweltfaktoren beeinflussen also die Vegetation in Form von Steuerungsfaktoren in der Hauptsache in der *Aufbauphase* der Pflanzen, bei der Produktion der Biomasse, beim aufbauenden Werden der Lebens- und Wuchsform.

Zum Unterschied dazu wechseln in dem entsprechenden Klimagürtel bzw. den Höhenstufen der Nordhemisphäre synthesegünstige Wachstumszeiten nach Wochen messender Wärmeperioden bei blockierter Westdrift und entsprechend allgemein geringer Windbewegung (auch im Hochgebirge!) mit mäßig günstigen und vor allem solchen Abschnitten ab, in welchen die Witterungsumstände im Sinne einer Schädigung bereits vorhandener Pflanzenorgane wirken, wie es sich am eindringlichsten in den Wuchs- und Lebensformen an den Polar- und Höhengrenzen von Wald und Vegetation manifestiert.

LITERATUR

BLÜTHGEN, J. (1966): Allgemeine Klimageographie. Berlin.

BREZOWSKY, H., FLOHN, H., HESS, P. (1951): Some Remarks on the Climatology of Blocking Action. Tellus 3, 191–194

BRITTON, G.P., LAMB, H.H. (1956): A Study of the General Circulation of the Atmosphere over the far South. Weather 11, 281–291

BURDECKI, F. (1955): A Study of Temperature Distributions in the Atmosphere. Notos 4, 192–203

Deutscher Wetterdienst (1957): Deutsches Meteorolog. Jahrbuch 1955. Kissingen

– (1975): Stündliche Mittelwerte der Windgeschwindigkeit für Hamburg 1969–73. Offenbach.

FLOHN, H. (1950): Grundzüge der allgemeinen atmosphärischen Zirkulation auf der Südhalbkugel. Archiv für Meteorologie, Geophysik und Bioklimatologie, Serie A: Meteorologie und Geophysik, II, 17–64. Wien

– (1967): Bemerkungen zur Asymmetrie der atmosphärischen Zirkulation. Annalen der Meteorologie, 3, 76–80

– (1967): Thermische Unterschiede zwischen Arktis und Antarktis. Meteorologische Rundschau 5, 147–149

GENTILLI, J. (1949): Air Masses of the Southern Hemisphere. Weather 4, 258–297

HOLMSGAARD, E. (1955): Årrnigsanalyser af Danske skovtraer. Det Forstlige Forsøgsvacsen i Danmark 22, 1–246.

JAMES, P.E. (1939): Air masses and fronts in South America. Geogr. Review 29, 132–134

JENNE, R.L., van LOON, H., TALJAARD, J.J., CRUTCHER, H.L. (1968): Zonal means of climatological analysis of the southern hemisphere. Notos 17, 35–52

KORFF, H.C., FLOHN, H. (1969): Zusammenhang zwischen dem Temperaturgefälle Äquator-Pol und den planetarischen Luftdruckgürteln. Annalen der Meteorologie 4, 163–164

KÜNSTLE, E. u. MITSCHERLICH, G. (1975): Photosynthese, Transpiration und Atmung in einem Mischwaldbestand im Schwarzwald. Allg. Forst- und Jagdzeitung 146, 45–63 und 88–100.

LAMB, H.H. (1952): South Polar Atmospheric Circulation and the Nourishment of the Antarctic ice-cap. Met. Magazine 81, 33–42

– (1959): The Southern Westerlies: a preliminary survey; main characteristics and apparent associations. Quarterly Journal of the Royal Meteorol. Soc., London, 85. 1–23

LAUSCHER, F. (1951): Über die Verteilung der Windgeschwindigkeit auf der Erde. Arch. f. Met., Geophys. u. Bioklim. Ser. B, Bd. 2.

LOON, H. *van* (1955): Mean Air-Temperature over the Southern Oceans. Notos 4, 292–294

– (1955): A Note on Meridional Atmospheric Cross Sections in the Southern Hemisphere. Notos 4, 127–129

– (1956): Blocking Action in the Southern Hemisphere. Part I. Notos 5, 171–178

– (1974): A description of the geostrophic wind in the Southern hemisphere. Klimatol. Forschung, Festschr. f. H. Flohn, Bonner Met. Abh. 17, Bonn.

– (1966): On the annual temperature range over the Southern oceans. Geogr. Rev. 56, 497–515.

MECKING, L. (1928): Die Luftdruckverhältnisse und ihre klimatischen Folgen in der atlantisch-pazifischen Zone südlich von 30 °S. Br. Deutsche Südpolarexpedition 1901 bis 1903. III. Meteorologie I, II. Hälfte, 2. Teil. Berlin

MEINARDUS, W. (1928): Die Luftdruckverhältnisse und ihre Wandlungen südlich von 30° S. Br. Deutsche Südpolarexpedition 1901 bis 1903. III. Meteorologie I, II. Hälfte, 3. Teil. Berlin

– (1940): interdiurne Veränderlichkeit der Temperatur und verwandte Erscheinungen auf der südlichen Halbkugel. Meteorol. Zeitschr. 1940. 165–175 und 219–233.

MITSCHERLICH, G. (1970): Wald, Wachstum und Umwelt. Frankfurt/M. 3 Bde.

– (1973): Wald und Wind. Allg. Forst- und Jagdzeitung 144, 76–81.

NAMIAS, J. (1950): The Index Cycle and its Role in the General Circulation. Journal of Meteorology 7, 130–139

RE, J. (1945): El clima de Punta Arenas (21 años de observaciones meteorologicas. 1919 bis 1949). Observatorio Meteorologico „Jose Fagnano", Punta Arenas, Magallanes (Chile)

REX, D.F. (1950): Blocking action in the middle troposphere and its effect upon regional climate. Tellus 2. 196–211; 275–301

ROSSBY, C.G. (1939): Relations between variations in the intensity of the zonal circulation and the displacements of the semiparmanent centers of action. Journal of Marine Res. 2. 38–55

RUBIN, M.J. (1955): An Analysis of Pressure Anomalies in the Southern Hemisphere. Notos 4, 11–16

– LOON, H. van (1954): Aspects of the circulation of the Southern Hemisphere. Journal of Meteorology 11, 68–76

SATOO, T. (1948): Effect of wind and soil moisture on growth of seedlings of Robinia pseudoacacia. Bull. Tokyo Univ. Forests 36, 35–40.

– (1955): The influence of wind of dry matter increase in leaves of Quercus acutissima. Bull. Tokyo Univ. Forests 50, 21–26.

SCHWERDTFEGER, W. (1970): The Climate of the Antarctic. World Survey of Climatology 14, New York

TALJAARD, J.J. (1968): Climatic frontal zones of the Southern Hemisphere. Notos 17, 23–34

– (1969): Air masses of the Southern Hemisphere. Notos 18, 79–104

TRANQUILLINI, W. (1969): Photosynthese und Transpiration einiger Holzarten bei verschieden starkem Wind. Centralblatt für das gesamte Forstwesen 86, 35–48.

TROLL, C. (1948): Der asymmetrische Vegetations- und Landschaftsaufbau der Nord- und Südhalbkugel. Göttinger Geogr. Abh., 1, 11–27

– (1955): Der jahreszeitliche Ablauf des Naturgeschehens in den verschiedenen Klimagürteln der Erde. Studium Generale 8, 113–133

– (1957): Der Klima- und Vegetationsaufbau der Erde im Lichte neuer Forschungen. Jahrbuch 1956 der Akad. d. Wiss. u. d. Literatur, Mainz. 216–229

– (1961): Klima und Pflanzenkleid der Erde in dreidimensionaler Sicht. Die Naturwissenschaften, 9, 332–348

– u. PAFFEN, K.H. (1964): Karte der Jahreszeitenklimate. Erdkunde 18, 5–28

– (1968): The Cordilleras of the Tropical Americas. Aspects of climatic, phytogeographical and agrarian ecology. Colloquium Geographicum 9, 15–15

VOWINCKEL, E. (1953): Zyklonenbahnen und zyklogenetisches Gebiete auf der Südhalbkugel. Notos 2, 28–36

– (1955): Southern Hemisphere Weather Map Analysis: Five-Year Mean Pressures. Notos 4, 17–26

– (1955): Southern Hemisphere Weather Map Analysis: Five-Year Mean Pressures (Part II). Notos 4, 204–216

– (1956): Das Klima des antarktischen Ozeans. I. Nord-Süd-Schnitt zwischen 20 und 40° E. Archiv für Meteorologie, Geophysik und Bioklimatologie 7, 316–341

– (1956): Das Klima des antarktischen Ozeans. II. West-Ost-Schnitt zwischen 50° W und 150° E. Archiv für Meteorologie, Geophysik und Bioklimatologie 7, 342–369

– , LOON, H. *van* (1958): Das Klima des antarktischen Ozeans. III. Die Verteilung der Klimaelemente und ihr Zusammenhang mit der allgemeinen Zirkulation. Archiv für Meteorologie, Geophysik und Bioklimatologie 8, 75–102

WEISCHET, W. (1957): Ultima Esperanza. Die Erde 88, 128–138.

– (1968): Die thermische Ungunst der südhemisphärischen hohen Mittelbreiten im Sommer im Lichte neuer dynamisch-klimatologischer Untersuchungen. Regio Basiliensis IX, 170–189.

– (1970): Chile. Darmstadt.

DISKUSSION ZUM BEITRAG WEISCHET

Prof. Dr. W. Lauer:

In Tropengebirgen treten am Übergang von Gebirgsnebelwäldern zu trockeneren Hochflächen sehr häufig starke bis orkanartige Winde auf, die einen Teil ihrer Energie sicher auch aus der frei werdenden Kondensationswärme aus dem Bereich der Wolkenstufe am Gebirgsabfall beziehen. Nach Beobachtungen in Mexico werden nämlich die hohen Windstärken nur unmittelbar am und hinter dem Gebirgskamm auf den ersten 30–50 km des Plateaus beobachtet mit Windgeschwindigkeiten, die nach eigenen Messungen bis zu 25–30 m/sec. in Böen erreichen. Spätestens 50–100 km hinter dem Plateaurand gehen sie wieder auf ihre normale Stärke zurück. Genetisch gehören sie zu den täglichen Tal- und Hangaufwinden zwischen Tiefland und der überhitzten Hochfläche, die ihre Hauptenergie freilich aus darüber liegenden synoptischen Winden beziehen. Die orkanartige Verstärkung am Rand der Plateaus läßt sich aber sicherlich nur aus einem zusätzlichen Energielieferanten erklären. Hierbei bietet sich die Kondensationsenergie als Erklärungsansatz an.

NEBELKLIMATE UND NEBELWÄLDER*

Ein Beitrag zu ihrer Klassifikation.

INGRID HENNING

Mit 5 Figuren und 8 Photos

1. EINFÜHRUNG

Die vergleichende Betrachtung der in der Literatur eindeutig als Nebelwald angesprochenen Formation zeigt zunächst, daß es sich um einen nur in bergigem Gelände auftretenden Waldtyp handelt, der je nach Berghöhe und Lage innerhalb der planetarischen Zirkulation in Höhen zwischen 300 m und rd. 4000 m anzutreffen ist[1]), wo er entweder die jeweils höchste Lage oder eine bestimmte Hangstufe einnimmt. Das für die Ausbildung eines Nebelwaldes offenbar notwendige Zusammentreffen von Nebel, Wald und Berg weist darauf hin, daß es sich um orographischen Nebel handeln muß, über den man von KEIL, 1950, folgendermaßen informiert wird: *„Hangnebel, Abkühlungsnebel entsteht bei der Temperaturerniedrigung feuchter, an Gebirgshindernissen aufsteigender Luft infolge adiabatischer Abkühlung; er tritt an fast allen Gebirgen der Erde auf und ist oft von großer Mächtigkeit. Die zu seiner Entstehung erforderliche Aufwindströmung muß stabil geschichtet sein, damit die Nebelbildung nicht durch vertikale Mischung verhindert wird."* Die aus LILJEQUIST, 1974: Bild 128, übernommene *Figur 1* zeigt, daß ggf. auch bei labiler Schichtung die Wolken dem Gelände aufliegen können, dabei kommt es jedoch gleichzeitig zu Niederschlägen, was bei stabiler Schichtung nicht unbedingt der Fall ist. Orographische Nebel entstehen sowohl bei advektiver Witterung, Hinderniswirkung des Gebirges *(vgl. Fig. 1* und *2b links),* als auch bei konvektiver Witterung, im Zusammenhang mit lokalen Windsystemen *(vgl. Fig. 2b rechts).* Wesentlich für die Ausbildung eines Nebelklimas ist, daß das Auftreten von Nebel am gegebenen Ort eine sich mehr oder weniger regelmäßig wiederholende Wettererscheinung ist. Dabei ist es prinzipiell unwichtig, ob der Nebel während eines ganzen Jahres oder nur während einer bestimm-

* Herrn Prof. Dr. sc.h.c. Dr. phil. h.c. Dr. Carl TROLL zum 75. Geburtstag.

1) Montane Nebelwälder der Kleinen Antillen (KNAPP 1965:298) bzw. Anden, Osthimalaya.

ten Jahreszeit und ob er permanent oder nur sehr häufig während dieser Zeit auftritt. Diese Unterschiede bewirken jedoch eine Differenzierung der Nebelklimate sowie auch ihrer Waldtypen.

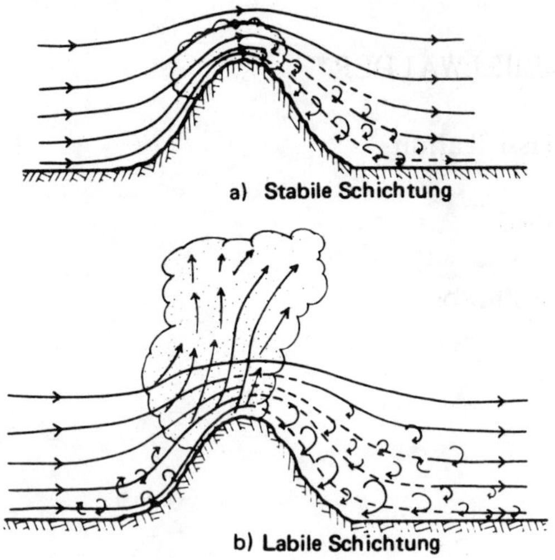

Fig. 1: Wolkenbildung bei der Hebung der Luft durch Überströmung einer Bergkette. Bei stabiler Schichtung (a) wird die Wolke nicht sehr hochreichend; kommt es zu keinem Niederschlag, bleibt die Wolke mehr oder weniger symmetrisch zum Bergrücken, dann wird ihr Hauptteil auf die Luvseite verlagert. Bei labiler oder fast labiler Schichtung (b) kann die Hebung mächtige konvektive Wolkenformen über dem Hindernis auslösen. (Aus LILJEQUIST, 1974: Bild 128.).

Die unterschiedliche Verwendung von hier interessierenden Begriffen in der Literatur macht es notwendig voranzustellen, was im folgenden unter Nebel, Wald und Nebelwald verstanden wird:

„*Unter Nebel versteht man zunächst Wolken, die dem Erdboden aufliegen*" (KEIL 1950). *"A fog ist a cloud on the ground"* (BYERS 1951).

„*Wald, Vegetationstyp, dessen wichtigste Bestandsbildner die Bäume sind, Holzgewächse, die mindestens zwei Meter hoch werden und in eine Hauptachse (Stamm) und viele Seitenachsen (Äste) gegliedert sind*" (NEEF 1956). Ob es sich dabei um eine geschlossene (Forest) oder offene (Woodland, Gehölz) Formation handelt, soll hier nicht berücksichtigt werden.

Den einleitenden Ausführungen entsprechend wird ein *Nebelwald* von mir als *Wald in einem Nebelklima* definiert.

Da der Nebel nur eins der zahlreichen Elemente ist, die ein Klima bestimmen, ist es verständlich, daß es nicht nur ein Nebelklima und dementsprechend nicht nur einen Nebelwald schlechthin gibt. Vielmehr sind nebelreiche Lagen in ganz verschiedenen Klimaten anzutreffen (vgl. KÖPPEN 1931), doch nur in einem Teil aller Nebelklimate gedeiht zugleich auch eine Waldformation. Die Gemeinsamkeit aller Nebelklimate beruht auf der geoökologischen Wirkung des Nebels, die äußerst vielseitig ist: Die Einstrahlung wird gedämpft, zugleich aber auch die Ausstrahlung, so daß die Maxima der Boden- und Lufttemperaturen niedriger und die Minima höher sind als in benachbarten nebelfreien Lagen; damit sind die interdiurnen Schwankungen vergleichsweise gering. Abschirmung der Einstrahlung bewirkt einen der wesentlichsten Effekte bezüglich der Pflanzenwelt, nämlich die Herabsetzung der Evapotranspiration, was zwar eine Wachstumshemmung bedeutet, jedoch ggf. Bodenwassermangelzeiten zu überbrücken hilft. Hinzu kommen die rein hygrischen Effekte: hohe Luftfeuchtigkeit als allgemeine Erscheinung und unter bestimmten Bedingungen auch Nebelniederschlag. Nebel beeinflußt demnach den örtlichen Strahlungs-, Wärme- und Wasserhaushalt in entscheidendem Maße, wobei das Ausmaß der Wirkung von der Nebelhäufigkeit abhängt. Hinsichtlich des Pflanzenlebens können die Auswirkungen sowohl positiv als auch negativ sein. *„Der Nebel, die auf der Erde aufliegende Wolke, kommt klimatographisch nicht bloß deshalb in Betracht, weil er die Insolation wie auch die nächtliche Wärmeausstrahlung hemmt, sondern auch als Quelle atmosphärischer Feuchtigkeit, die allerdings in den meisten Fällen keine meßbare Niederschlagsmenge gibt, aber für die Vegetation dennoch letztere zum Teil ersetzen kann. Unter Bäumen kann bei stärkerem Nebel die Traufe wie ein leichter Regen den Boden tränken"* (HANN 1908:71). Die „nicht meßbaren", d. h. mit einem gewöhnlichen Niederschlagsmesser nicht erfaßbaren Nebelniederschläge können außerordentlich bedeutsam sein. So hat MARLOTH am Tafelberg (1082 m) bei Kapstadt während eines Sturms innerhalb von sechs Tagen aus orographisch entstandenen Stauwolken in einem normalen Regenmesser 4 mm gesammelt, während mit aufgesteckten Riedgrasbüscheln versehene Regenmesser in freier Exposition 539 mm und in einem Grasbestand, der ebenso hoch war wie der Nebelfänger, immerhin noch 155 mm auffingen. Als maximale Jahressumme einer Beobachtungsstation ermittelte KÄMMER, 1974, auf Teneriffa mit einem Nebelniederschlagsmesser nach GRUNOW (vgl. GRUNOW 1952) 5090 mm Nebelniederschlag. Derart hohe Werte sind natürlich nur lokale Ausnahmen (vgl. S. 299 und Photo 126, Tafel XXXII), die mehr prinzipielles als geoökologisches Interesse verdienen, zumal sie in einem Gebiet mit recht bedeutender Hangneigung auftreten.

Höchst eindrucksvolle Beispiele der Nebelwirkung verdanken wir TROLL: *„Solange die Nebelfeuchtigkeit gering bleibt, beschränkt sich ihre Wirkung auf eine epiphytische Vegetation von Bartflechten, Tillandsien, Orchideen usw., die bei zunehmender Feuchtigkeit in unglaublich dicken Massen die Säulenkakteen und die Äste der trockenkahlen Bäume einhüllen. Bei stärkster Nebelfeuchtigkeit aber sind auch sie allein imstande, Regenwälder zu erzeugen",* heißt es in einer Schilderung der Verhältnisse im Küstengebirgsland von Ecuador (1930:398). Man vergleiche auch *Photo 123,* Tafel XXXI, mit dem TROLL freundlicherweise eine höchst eindrucksvolle Aufnahme von einem bolivianischen Dorn- und Sukkulentenwald in Nebellage zur Verfügung gestellt hat. Vom westlichen Randgebirge des Rotmeergrabens erfährt man: *„Im Bergland Nordabessiniens . . . gedeiht der Golqual-Baum (Kandelaber-Euphorbie) auf Grund sommerlicher Niederschläge von etwa 400–600 mm . . . Kommen zu den sommerlichen Regen winterliche Nebel (Ostabfall Eritreas), so kann bei schwacher Nebelentwicklung die Formation als solche erhalten bleiben und die Luftfeuchtigkeit nur in größerem Epiphytenreichtum sich äußern. Bei starker winterlicher Nebelausbildung aber verschwindet der Golqual-Busch, und immergrüner Nebelwald tritt an seine Stelle"* (1935:267–268, vgl. auch 1939 und 1970). Noch extremer vollzieht sich der Übergang bei 18° 50'N, wo man auf einer Entfernung von nur 16 km aus einer Vollwüste in die Nebeloase von Erkowit gelangt. Obwohl die Jahressumme von Regen und Nebelniederschlag zusammen von TROLL mit nur 150 mm angegeben wird, vermag doch ein immergrünes *„N e b e l g e h ö l z"* mit Schild-, Strauch- und Bartflechten sowie Moosen, Farnen und phanerogamen Epiphyten zu gedeihen. Hier liegt eins der aridesten Nebelwaldklimate vor mit sommerlicher Regen- und winterlicher Nebelperiode *(vgl. Photo* 124, Tafel XXXI[2]). Im kleinen Norden Chiles *„wächst der berühmte Nebelwald von Fray Jorge, über den viel geschrieben wurde. Aufsehen erregte dieser Wald, weil er in einem Klima mit im Mittel nur*

[2] Die innerhalb arider Landschaften gelegenen Nebelwaldoasen unterliegen seit langem anthropogener Beeinflussung, so daß die heute zumeist recht offenen Formationen sicher nicht die natürliche Bestandesdichte anzeigen. Vgl. auch Diskussionsbeitrag GOLTE.

etwa 150 mm Niederschlag pro Jahr eine Zusammensetzung aufweist, wie wir sie sonst erst im feuchten Südchile bei Valdivia finden, in einem Klima mit 1000–2500 mm Regen" (WALTER 1968:187). Von den in einer nur aperiodisch im Sommer überregneten vollariden Klimazone mit winterlich periodischem und sommerlich aperiodischem Nebel gelegenen peruanischen Loma-Nebelwäldern heißt es bei HUECK (1966:383): *„Und wenn die Gehölze auch nur kümmerlich gedeihen, so überdauern sie doch die lange Trockenperiode bis zum nächsten ‚nassen' Jahr. Sogar ein schwacher Epiphytenwuchs von Flechten, Moosen und Peperomia crystallina hat sich an den schiefen und krummen Stämmen ansiedeln können."*

Wenn man u. a. diese Lehrbuch-Beispiele von Nebelwäldern – d. h. von Wäldern, die im wahrsten Sinne des Wortes vom Nebel abhängig sind, da sie praktisch ausschließlich von der Nebeltraufe leben, – vor Augen hat, überrascht es, im lexikalischen Teil von NEEF, 1970, recht einseitig wie folgt informiert zu werden: *„Nebelwald – eine Höhenstufe des tropischen Regenwaldes und der Feuchtsavanne"*. Im vierbändigen Westermann-Lexikon der Geographie (TIETZE 1970) fehlt das Stichwort Nebelwald überhaupt, und dieser wird nur unter dem Stichwort Regenwald als zum tropisch-montanen Regenwald gehörig angeführt. Im lexikalischen Teil von DANSEREAU, 1957:321, heißt es dagegen allgemeiner: *"Cloudforest – the usually broadleaved evergreen forest that occupies the mountain tier in massivs where a regular condensation occurs; e.g. the laurel forest in the Canaries"*. Dieses Beispiel weist also bereits auf das Auftreten von Nebelwäldern auch in den Subtropen hin.

Detaillierter sind die Angaben, die man aus SCHMITHÜSEN (1959, 1961, 1968) entnehmen kann. Hier werden unterschieden: 1. *Tropische und subtropische immergrüne Gebirgs-Nebelwälder* (1968:167–168) in einer über immergrünen Bergwäldern (Gebirgs-Regenwäldern) gelegenen Höhenstufe von etwa 3000–4000 m. Beispiele: Java, Hawaii, ostafrikanische Vulkane, Ceja de la montaña am Osthang der Anden. 2. *Lorbeer-Nebelwälder*[3]). Hierzu heißt es: *„Lorbeerwald nennt man einen hauptsächlich in Nebellagen subtropischer Gebirge verbreiteten Typus von Pflanzenformationen"* (1959:105). Sie entsprechen den 1968 näher spezifizierten Winterregen-Lorbeerwäldern in Nebellagen. Die Bezeichnung Lorbeer-Nebelwald wird vom Autor, jedoch an anderer Stelle (bereits 1959:202), auch direkt gebraucht. Beispiele: Ost-Himalaya, Azoren, westliche Kanaren, Chile (Mittelchile und Kleiner Norden), Kapland, Südaustralien, Tasmanien (temperierte Zone). 3. *Hartlaub-Nebelwald,* belegt durch ein eindrucksvolles Photo (bereits 1959: Abb. 11) aus Mittelchile. Nach 1959: Abb. 71 und 1968: Abb. 247, 248 gehört auch die Fayal-Brezal-Formation der Kanaren zu diesem Typ. 4. *Nadel-Nebelwald.* Dieser Begriff ist m.W. vom Autor selbst nicht gebraucht worden, und wurde hier, terminologisch angepaßt, hinzugefügt, und zwar zunächst bereits auf Grund folgender Angaben: *„Wo zu den Winterregen sommerliche Nebelbefeuchtung kommt wie im Luv des Passat in den höheren Lagen der westlichen Kanaren und der Juan Fernandez-Inseln wird die Hartlaubvegetation durch üppige Lorbeerwälder abgelöst z. T. auch durch ökologisch ähnliche Nadelwälder wie z. B. die Bestände von Pinus canariensis auf Tenerife und die Redwoodwälder (Sequoia sempervirens) in der kalifornischen Küstenkordillere. Die letzten wachsen . . . auf der pazifischen Abdachung in einem Nebelklima mit relativ kühlen Sommern und erhöhten Niederschlägen. Über der Nebelgrenze schließt sich . . . wieder der Chaparral an"* (1968:361, ähnlich bereits 1959). Hartlaub- und Nadel-Nebelwälder treten auch in gemischten Beständen auf: *„Vom südlichen Oregon ermöglichen regelmäßige Sommernebel an der Küste das Vorkommen üppiger Nadel- (Redwood-) und*

[3]) SCHMITHÜSEN schreibt die Begriffe in einem Wort; hier wird eine getrennte Schreibweise zur stärkeren Betonung im Sinne der Themenstellung bevorzugt.

Mischwälder bis weit nach Süden (35°) in das Winterregengebiet" (bereits 1959:219). *"The landward extension of redwood Sequoia sempervirens is determined by the width of the coastal fog belt"* (DAUBENMIRE 1947:90). Noch 1973 wagte ERN den am Nordostabfall des mexikanischen Hochlands im oberen Passatstaugebiet in Nebellage wachsenden *Pinus patula*-Wald jedoch nur in Anführungsstrichen als „Nebel-Nadelwald" zu bezeichnen.

In dem von ELLENBERG und MUELLER-DOMBOIS, 1967, veröffentlichten Entwurf einer physiognomisch-ökologischen Klassifikation der Pflanzenformationen werden folgende Nebelwaldtypen angeführt: *I.A.1.e. Feuchttropen-Nebelwald (Tropical ombrophilous cloud-forest), (1) breitblättrig, (2) nadelig oder kleinblättrig; I.A.3.b. Tropischer oder subtropischer halbimmergrüner Berg- oder Nebelwald (Tropical or subtropical semi-deciduous montane or cloud forest); I.B.1.b. Trockenkahler Berg- (und Nebel-) wald (Drought-deciduous montane and cloud forest).* Damit sind drei hygrisch recht unterschiedliche Typen erfaßt und der „klassische" Nebelwald der tropischen montanen Region (I.A.1. e.) ergänzt um den physiognomisch so völlig abweichenden Typ der Trocken-Nebelwälder. Doch m. E. geht aus diesen Typisierungen noch nicht die wirkliche Vielfalt der Nebelwälder hervor, und es ist Anliegen dieses Beitrages, auf diesbezügliche Erweiterungsmöglichkeiten der Klassifikation hinzuweisen.

In einer Abhandlung über den Nebel als pflanzengeographischen Faktor hat TROLL (1956, in 1966:321 ff.) bereits Nebelklimate nach dem *Verhältnis der Nebelfeuchtigkeit zu den Regenniederschlägen* in fünf hygrisch abgestufte Gruppen gegliedert. Danach können Nebelklimate von Gebieten mit ganzjähriger Regen- und Nebelperiode bis zu solchen von nur aperiodisch überregneten Gebieten mit ganzjähriger oder halbjähriger Nebelperiode unterschieden werden. Im einzelnen sei auf die eingehende Beschreibung von TROLL verwiesen. In Erweiterung der aus den Klimazonen (Horizontale) abgeleiteten Niederschlags- und Nebelregime müssen auch die Regime der Klimastufen (Vertikale) eingeordnet werden, wobei es Abweichungen vom zonalen Typ gibt. So erhält z. B. der in einem Winterregen-Sommernebel-Klima gelegene subalpine Nadel-Nebelwald von Teneriffa regelmäßigere Nebelniederschläge im Winterhalbjahr, wenn die Entfernung zum Hochdruckzentrum größer als im Sommer ist, so daß die Passatinversion allgemein höher liegt; überdies sind in dieser Jahreszeit auch alle Gratlagen unabhängig von der Höhe häufig eingenebelt. Im östlichen Indonesien zeigt der montane Feuchttropen-Nebelwald Regen und Nebel während des ganzen Jahres, der subalpine hingegen kann in ausgeprägten Passatperioden jahreszeitlichen Trockenzeiten ausgesetzt sein, auf die seine Flora durchaus eingestellt ist, denn es fehlen hier bereits die hygrophilen Arten der unteren immerfeuchten Waldstufe. Im folgenden sollen die Nebelwaldklimate in ihrer meso- und makroklimatischen Differenzierung in dreidimensionaler Anordnung, die zu sehen mich der Jubilar gelehrt hat, betrachtet werden.

2. MESOKLIMATISCHE DIFFERENZIERUNG

Auf den Hawaii-Inseln *"there is a mossy or cloud forest . . . characterized by gnarled, spreading, much-branched trees, an abundance of shrubs, and great masses of epiphytic mosses, hepatics, ferns and vascular epiphytes . . . , that in ravines, gulches, and other sheltered places is of forest stature, while on exposed slopes, ridges, and crests it may be dwarfed and wind-sheared to a tangle scrub. In some places on wet crests it may be reduced to grassy boggy spots . . . The cloud forest is confined to areas where cloud layers rest or blow by the greater part of the time, mostly on the windward slopes, upper ridges, crests and tops of the cliffs that face the trade winds. It is likely to be underlain by a grey clay soil not found in other situations and probably resulting from the low temperatures and percolating humic acids characteristic of this situation* (FOSBERG 1972: 20–21, auch 1961). Diese Charakterisierung von FOSBERG[4]) weist wie viele Schilderungen aus anderen Gebieten darauf hin, daß der Nebelwald selbst innerhalb eines enger begrenzten Gebietes in seiner Physiognomie uneinheitlich ist. Das gilt sowohl für den Baumwuchs als auch für den Epiphytenreichtum. *"But since a great abundance of epiphytic bryophytes is not a universal characteristic of this formation it is better to call it Mountain Rain forest"* (RICHARDS 1952:352). Diesem Vorschlag ist in der Literatur verbreitet gefolgt worden. So kann man z. B. bei WALTER, 1964:199, lesen: *„Schließlich kommen wir in die Wolkenstufe, . . . es ist die Höhenstufe des unteren und oberen montanen tropischen Regenwaldes"*. TROLLs Begriffe *„Berg- und Nebelwald"* sowie *„Höhen- und Nebelwald"*, die offensichtlich als Einheit verstanden sein wollen (vgl. Photos in 1959 und 1967), deute ich als Kompromiß, um den ökologisch so aussagekräftigen Nebelwald-Begriff beizubehalten; denn prinzipiell ist jeder Nebelwald ein Bergwald, doch nicht jeder Bergwald ein Nebelwald. Das geht auch aus der o.a. Typisierung von SCHMITHÜSEN, 1968, eindeutig hervor, während die Begriffe in der Klassifikation von ELLENBERG und MUELLER-DOMBOIS weniger klar sind. Unter dem Begriff *montaner Feuchttropenwald (I.A.1.c.)* wird u. a. auch Baumfarn als Charakteristikum angeführt, und eine Untergruppe wird als bambusreich typisiert, beides aber sind ggf. auch Charakterpflanzen der feuchttropischen Nebelwälder (vgl. TROLL 1959: Abb. 7). Der *Feuchttropen-Nebelwald* wird von den Autoren wie folgt geschildert: *"Tree crowns, branches and trunks as well as lianas burdened with epiphytes, mainly chamaephytic bryophytes . . . Trees often gnarled with rough bark and rarely exceeding 20 m in height."* Diese Charakterisierung stimmt m. E. mehr mit dem Typ überein, der in der englischsprachigen Literatur als *elfin, mossy, goblin, ghost* und *mist forest* sowie *elfin woodland* angesprochen wird und dem einseitig physiognomisch betonenden *„klassischen"* Nebelwaldbegriff entspricht: *"In many places, especially on exposed ridges and isolated peaks, the Mountain Rain forest consists of dwarf, crooked trees smothered with an overwhelming abundance of epiphytes, especially hepaticae and mosses"* (RICHARDS 1952:346). *„Je höher man steigt, um so verkrüppelter werden die Bäume, bis der sehr niedrig gewordene Hochwald durch Krummholzwäldchen ersetzt wird . . . Die eigenartigen Baumgestalten dieses Gipfelwäldchens sehen, wenn die naßkalten Nebel durch sie jagen, gespenstig aus"* (SCHIMPER-FABER 1935:1302). Starker Wind, häufig Nebel, der die Lichtintensität bedeutend herabsetzt, und allmähliche Versumpfung durch üppige Entwicklung von Moosen werden von SCHIMPER-FABER als Faktoren aufgeführt, die die Verkrüppelung mitbedingen. Dazu kommt, daß auf den schmalen Bergkämmen verbreitet eine ausreichend mächtige Bodendecke fehlt, so daß die Bäume unter Nahrungsmangel leiden (v. STEENIS 1962).

Wie das o.a. Zitat von FOSBERG zeigt, kann im Englischen ganz allgemein von *cloud forest* und ggf. vom Untertyp *mossy* oder *elfin forest* gesprochen werden, um den in einer Formation bestehenden physiognomischen und geoökologischen Gegebenheiten gerecht zu werden. Moos- oder Geisterwald haben sich in der deutschen Fachliteratur keinen festen Platz sichern können, und der Begriff Wolkenwald darf, wenn man die Priorität der wissenschaftlichen Nomenklatur respektiert, nicht gebraucht werden, da aufliegende Wolken defi-

[4]) Es ist das einzige Nebelwald-Ökosystem, das FOSBERG auf den Hawaii-Inseln als solches anspricht – sehr im Gegensatz zur hier vertretenen Auffassung.

nitionsgemäß als Nebel zu bezeichnen sind. So bleibt im Deutschen nur eine weitere Spezifizierung des Nebelwaldbegriffs. In diesem Sinne unterscheidet KNAPP, 1965, einen *montanen Nebel-Wald* und einen *Krummholz-Nebel-Wald (vgl. Fig. 3).* Doch da letzterer auch in der montanen Stufe gelegen sein kann, reicht diese Differenzierung noch nicht aus.

Eine weitergehende Spezifizierung erhält man bei einer vergleichenden Geoökotopen-Betrachtung[5]). Bei gleicher Andauer von Nebel ist zwar der Effekt hinsichtlich Strahlung, Luftfeuchtigkeit und dementsprechend Transpiration von der Orographie unabhängig, nicht jedoch hinsichtlich der Feuchtigkeitszufuhr, die dem Geoökosystem insgesamt zukommt. Hier tritt der Wind dominant hervor, von dessen Stärke die Menge der herangeführten Luft, d.h. auch die Menge der herangeführten Feuchtigkeit, abhängt. Nebeltreiben ist die Grundvoraussetzung für die effektive Wassereinnahme eines Geoökosystems durch den Vorgang der Nebeltraufe. Da die Mehrzahl der Nebelwaldklimate zudem in Gebieten mit ganzjährig oder zumindest jahreszeitlich recht hoher Richtungsbeständigkeit des Windes liegt – das gilt sowohl für die Großraum- als auch für die Lokalzirkulation –, vermag der Wind ggf. auch aktiv Einfluß auf die Physiognomie der Bäume zu erlangen. Durch die Orographie eines Bergmassivs kann die Windgeschwindigkeit nun sowohl stark abgeschwächt als auch wesentlich erhöht werden. Bei advektiver Wetterlage nimmt ein Bergmassiv zunächst als reines Hindernis Einfluß auf den Wind: *„An der Luvseite wird der Luftstrom abgebremst (Stau), wodurch der Luftdruck ansteigt . . . . Das Druckgefälle kehrt sich also vor dem Gebirge in der untersten Schicht um. Die Luft wird zurückgesaugt, so daß es zur Wirbelbildung kommt"* (CONRAD 1936:306). Im luvseitigen Hangwald herrscht daher zumeist ein schwacher Wind, in der Nebelstufe nur leichtes Nebeltreiben; die herausgefilterten Wassermengen bleiben bescheiden, was sich in dem vergleichsweise geringen Epiphytismus anzeigt. In der *Hanglage* ist der Boden zudem gut drainiert. Die Wuchsformen der Bäume sind normal, doch kann der Hochwald in Nebellage seinen Habitus ändern, wenn er bis an die obere Waldgrenze hinaufreicht. Die am Hang zum Aufsteigen gezwungene Luft überwindet das Hindernis durch konzentriertes Überströmen der nächstliegenden *Pässe* oder *Grate*; wo diese fehlen und die atmosphärische Schichtung es zuläßt, wird die *Gipfelregion* mit verstärkter Horizontalkomponente überströmt. Im Leebereich ist die Strömungsverteilung ganz ähnlich, der Leewirbel am Hang ist sogar noch ausgeprägter als der luvseitige, so daß auch hier die größten Windgeschwindigkeiten nicht am Hang, sondern ggf. im Bereich der Pässe und Grate herrschen. Nebeltreiben ist daher jeweils in den exponierten Lagen und im Paßbereich besonders ausgeprägt, die Nebeltraufe hier am effektivsten, und eine Überfülle an Epiphyten überwuchert die vielfach krummwüchsigen Bäume (solange den Epiphyten keine thermischen Grenzen gesetzt sind). Auf einem Paß kann allerdings der Baumwuchs offensichtlich infolge konzentrierter Windwirkung ganz zurücktreten, der Nebelwald findet sich dann nur in den angrenzenden tieferen und höheren Hanglagen. Die Nebeltraufe erreicht auch bei einem Grat oder Gipfel ein Maximum in der unmittelbar angrenzenden luvseitigen Hanglage, da sich hier die Baumkronen praktisch übereinander anordnen. Dennoch ist der Wald hochwüchsiger als in der freien Gipfel- und Gratlage, was auf einen Zusammenhang mit dem Bodenwasserhaushalt hindeutet. Auf kleineren Geländeverebenungen kann bei wenig oder undurchlässigem Untergrund Staunässe mit Versumpfung oder Vermoorung eintreten, den Übergang zum

[5]) Zum Begriff Geoökotop vgl. HENNING 1974:12.

Plateautyp bildend *(vgl. auch Fig. 3).* Ein Nebelwald in Gipfel- und Gratlage wird also häufig vom Typ des *Mossy or Elfin Forest* sein, wie es auch die o. a. Zitate belegen *(vgl. auch Photo 127–130,* Tafeln XXXII u. XXXIII). Die dritte orographische Raumeinheit, die in einem makroklimatisch einheitlichen Nebelklima hervortritt, sind das *Plateau* im Gipfelniveau oder im Niveau der Grate sowie ausgedehntere Hangverflachungen. Am Rande einer solchen Verebenung endet die erzwungene Vertikalbewegung einer großräumig horizontalen Luftströmung. Der Wind kann ein Plateau ungehindert überströmen, wird allerdings durch die horizontale Ausdehnung des Waldes innerhalb des Bestandes stark gebremst, so daß das Nebeltreiben waldeinwärts rasch an Heftigkeit verliert. Hinzu kommt das hinsichtlich der Filterwirkung weniger effektive Nebeneinander der Baumkronen. Man vergleiche hierzu auch die Beobachtungen von LINKE, 1916 und 1921. Wo immer der Untergrund wenig durchlässig ist, kommt es zu Versumpfungs- und Vermoorungserscheinungen mit krüppeligem Waldwuchs bzw. mit waldfreien Arealen; wo jedoch die Erosion gegen das Plateau-Innere vordringen konnte, sind besser drainierte Lagen vorhanden, und der Nebelwald ist wiederum hochwüchsig. In Auswertung des o. a. Zitats von FOSBERG kann noch ein weiteres Nebelwald-Geoökotop herausgestellt werden, nämlich die *Tal-* bzw. *Schluchtlage.* Bei guten Bodenwasserabflußverhältnissen und vergleichsweise geschützter Lage gedeiht hier ein normalwüchsiger Nebelwald, der dem Hanglagentyp nahe steht, gegenüber diesem jedoch eine größere Nebeltraufe und dementsprechend größeren Epiphytenreichtum aufweist, weil der Wind häufig relativ konzentriert den Erosionsrinnen aufwärts folgt. Die orographisch bedingte Anordnung der Baumkronen erzielt einen maximalen Filtereffekt, und hierin dürfte mit ein Grund liegen, weshalb der Nebelwald z. B. in den tropischen Anden gerade in den Tallagen höher hinaufreicht als in den freien Grat- und Hanglagen; denn wo in dieser Höhe der Bereich der klimatologischen Trockengrenze (s. u.) erreicht wird, muß der Feuchtigkeitsfaktor in der Vegetationsanordnung hervortreten.

Junge Vulkane sind wohl die einzigen Gebiete, an denen der Hanglagentyp besonders markant hervortritt. Alle älteren vulkanischen und nichtvulkanischen Berge und Gebirge sind gerade in den vollhumiden Klimaten stark von der Erosion gegliedert, so daß Schluchtlagen- und Gratlagentypen global gesehen wohl die dominanten Nebelwald-Geoökotope sind. Verstärktes Nebeltreiben in den exponierten Lagen eines zerschluchteten Hanges basiert auf einem Zusammentreffen der beiden angrenzenden hangauf gerichteten Luftströmungen, und zwar unabhängig davon, ob es sich um eine primär horizontale Großraumzirkulation oder um eine primär vertikale Lokalzirkulation handelt. Die Entstehung von Gipfelplateaus wird in vulkanischen Massiven begünstigt, wo die horizontal lagernden Calderenschichten sich gegenüber der Erosion als besonders resistent erweisen. Die Differenzierung in vorwiegend hochwüchsige Formationen der Hang-, Plateau- und Schluchtlage und in vorwiegend krummwüchsige der Grat- und Gipfellage, ggf. auch der Paßlage, weist darauf hin, daß häufiger Nebel allein keinen Krüppelwuchs zur Folge hat, weswegen die Herausstellung einer Nebelwaldformation nach vorzugsweise physiognomischen Merkmalen – wie sie dem „klassischen" Nebelwald-Begriff zugrunde liegt – als einseitig betonend und den geoökologischen Gegebenheiten nicht gerecht werdend bezeichnet werden muß. Zur Ausbildung krummwüchsiger Bestände neigen auch nicht alle Baumarten, und insbesondere sind Koniferen viel häufiger selbst in exponierten Nebellagen hochwüchsig. Auch der Reichtum an kryptogamen Epiphyten kann prinzipiell nicht ausschlaggebend für die Herausgliederung einer Nebelwaldformation sein, sondern zeigt lediglich eine vom speziellen Feuchtigkeitsdargebot und von den Wind-, Temperatur- und Strahlungsverhältnissen abhängige Differenzierung.

3. MAKROKLIMATISCHE DIFFERENZIERUNG IN DER VERTIKALEN

Während sich die angeführte mesoklimatische Differenzierung innerhalb eines bestimmten Nebel-Makroklimas nahtlos in die bisherige Literatur einfügen läßt, kann das nicht gleichermaßen von der vertikalen Differenzierung gesagt werden. Hier ist der im Sinne des *Mossy or Elfin Forest* gebrauchte „klassische" Nebelwaldbegriff so fest verankert, daß selbst diejenigen von einer weiteren Typisierung Abstand genommen haben, die dem Wald der sogenannten Nebeloasen die Bezeichnung Nebelwald durchaus zuerkennen, obwohl sich dieser physiognomisch vom *Mossy or Elfin Forest* recht wesentlich unterscheidet. So werden in der Klassifikation von ELLENBERG und MUELLER-DOMBOIS der *Feuchttropen-Nebelwald* und der *trockenkahle Nebelwald* als Typen sich diametral gegenüberstehender hygrischer Klimazonen unterschieden. Doch daß sich eine entsprechende hygrische Differenzierung auch in den Klimastufen der Tropen und Subtropen zeigt, bleibt unberücksichtigt. Aus klimatologischer Sicht muß der von den Genannten ausgeschiedene *subalpine Feuchttropenwald (tropical ombrophilous subalpine forest I.A.1.d.)* ein Nebelwald sein und ebenso der *tropische bzw. subtropische subalpine immergrüne Saisonwald (tropical or subtropical evergreen dry subalpine forest I.A.2.d.),* von welchem es heißt: *"Usually occurring above the cloud forest (I.A.1.e.)"*[6]). Der hier gestellten Fragestellung entsprechend soll die englische Bezeichnung des zuletzt genannten Typs wörtlicher als *subalpiner*[7]) *Trockenwald* übersetzt werden. Ein Trockenwald kann nun allerdings nicht unmittelbar an den Feuchttropen-Nebelwald angrenzen, sondern hier muß sich noch eine Übergangsformation einschieben. *Fig. 2* soll veranschaulichen, wie sich eine solche Differenzierung aus den Schichtungsverhältnissen in der Atmosphäre erklären läßt.

Gegeben sei ein Bergmassiv inmitten einer großräumig horizontalen, ungestörten, maritimen Luftströmung, die sich durch hohe Richtungsbeständigkeit auszeichnet (Passat). In einem solchen Fall spiegelt sich der Schichtungsaufbau der Troposphäre unmittelbar im Landschaftsbild einer markanten Geländeerhebung wider. Das Kurvenpaar im linken Abildungsteil *(Fig. 2a)* veranschaulicht eine typische Dreigliederung der Troposhäre in eine Grundschicht mit höhenwärts abnehmender Lufttemperatur und zunehmender relativer Luftfeuchtigkeit, in eine Inversionsschicht mit zunehmender Lufttemperatur und abnehmender Luftfeuchtigkeit und in eine Oberschicht mit schwacher Temperaturabnahme bei etwa gleichbleibend niedriger Feuchtigkeit. Diese Dreigliederung ergibt sich im wesentlichen aus den weiträumigen Absinkbewegungen der Luft (Hochdrucklage) und dem Effekt der bodennahen Turbulenz. Wenn eine in der turbulenten Grundschicht feuchtereiche Luft gegen ein Bergmassiv strömt und durch dieses Hindernis zum Aufsteigen gezwungen wird *(vgl. Fig. 1a),* dann findet oberhalb des Kondensationsniveaus Wolkenbildung statt. Die Wolken können jedoch nur bis zur Untergrenze der Inversion hinaufreichen. Erhebt sich das Berghindernis über die Inversion hinaus, dann nimmt die Inversion dadurch, daß sie trockene und feuchte Luft von einander abgrenzt, Einfluß auf das Landschaftsbild. Nach der in der Einleitung angeführten Nebelwald-Definition von DANSEREAU sollte man die Existenz einer Nebelwaldformation in der gesamten Wolkenstufe erwarten, da die sich vor dem Berg bildenden Wolken

[6]) Ergänzt sei hier, daß er wohl auch über dem *tropischen (oder subtropischen) halbbimmergrünen Nebelwald (I.A.3.b.)* auftreten kann.

[7]) Der Begriff *subalpin* wird hier mit allen dem Begriff innewohnenden Vorbehalten in Anlehnung an die Verwendung in der Klassifikation von ELLENBERG und MUELLER-DOMBOIS (dort in Anführungsstrichen) für jedwede die obere klimatische Waldgrenze bildende Formation gebraucht.

gegen den Hang geführt werden. Doch infolge Turbulenz und Heizung liegen die Wolken im unteren Teil noch nicht auf, sondern sie tun das erst in einem oberen Staubereich, wo die aufwärts gerichtete Luftbewegung durch die Inversion allmählich gestoppt und die horizontale durch den Berghang hangparallel umgelenkt wird. Die wolkenerfüllte Luft nimmt dann das gesamte ihr verbleibende Volumen bis hinab zur Erdoberfläche ein; die Mächtigkeit dieses Bereichs wächst mit zunehmender Windgeschwindigkeit. Dieser obere Staubereich ist die Nebelstufe.

Bei konstanter Höhenlage der Inversion und für eine effektive Niederschlagsbildung ausreichend großem Vertikalabstand zwischen Kondensationsniveau und Inversion würde sich folgende geoökologische Dreigliederung des Luvseitenhanges einstellen: Unterhalb der Stauwolke würde ein Regenwald stehen, also ein Wald, der vom Regenwasser lebt; höhenwärts würde sich ein Nebelwald anschließen, also ein Wald, der ausschließlich von Nebelniederschlägen lebt, da es hier infolge zu geringer vertikaler Wolkenerstreckung nicht mehr zu Regenfällen kommt; an der Untergrenze der Inversion fände dann ein scharfer Wechsel vom Nebelwald zur Wüste statt, da die Oberschicht der Troposphäre ausgesprochen trocken ist und infolge Wolkenlosigkeit maximale Einstrahlung erfolgt. Eine entsprechende schematische Vertikalgliederung gibt SCHNEIDER-CARIUS mit einer Herausgliederung der folgenden drei Stockwerke (1948:312, vgl. Fig. 5): 1. wolkenfreier Raum an der Erdoberfläche mit zonalerVegetation; 2. Wolkenraum der Grundschicht mit Gebirgsklima und Bergwald oder Nebelwald; 3. Luftraum oberhalb der Grundschicht mit Hochgebirgsklima und alpiner Wüste und alpiner Grasflur[8]). Als Grenze zwischen den beiden oberen Stockwerken wird die durchschnittliche Lage der Obergrenze der Grundschicht (d. h. die Untergrenze der Inversion), angegeben. Diese Gliederung erscheint jedoch durch die Verwendung der *„durchschnittlichen Lage“* allzu stark schematisiert. Eine detailliertere Auswertung der Vegetationsstufen weist vielmehr auf die Notwendigkeit einer dynamischen Betrachtungsweise hin, wozu eine witterungsklimatologische Auswertung erforderlich ist.

Die theoretisch zu erwartende Gliederung eines Hanges in Regen-, Nebel- und Wüstenstufe ist nirgends entwickelt, weil die Inversion keine statische Erscheinung ist. Witterungsbedingt verändert sie ihre Stärke und Höhenlage, was sich in der Ausbildung markanter Übergangsstufen widerspiegelt. Schon bei gleichbleibender Stärke und Höhenlage der Inversion über dem unbeeinflußten Meeresgebiet kommt es im Staubereich zu Veränderungen, die vom großräumigen Druckgefälle, d. h. von der daraus resultierenden Windgeschwindigkeit hervorgerufen werden. Ein stärkerer Wind führt pro Zeiteinheit mehr Luft und damit auch mehr Feuchtigkeit heran als ein schwacher. Bei stärkerem Wind staut sich daher mehr Luft vor dem Hindernis, was dazu führt, daß die Inversion im hangnahen Staubereich gleichsam hochgedrückt wird, ggf. um mehrere hundert Meter. Bei schwachem großräumigem Durckgefälle hingegen liegt die Inversion am Hang im wesentlichen in der gleichen Höhenlage wie in der ungestörten Atmosphäre, und diese Situation soll im folgenden als tiefste Lage der Untergrenze der Inversionsschicht verstanden werden. Weitere Veränderungen der Höhenlage der troposphärischen Schichten treten mit dem wechselnden Abstand zur strömungsbestimmenden Hochdruckzelle ein. In den extremen Fällen liegt diese entweder direkt über dem betrachteten Gebiet oder sie ist so weit entfernt, daß sie praktisch wetterunwirksam ist. Im ersten Fall herrscht bis hinab zur bodennahen Luftschicht absinkende Luftbewegung, so daß eine Wolkenbildung gar nicht möglich ist. Im zweiten Fall ist die Inversion gar nicht vorhanden oder nur sehr schwach ausgebildet, so daß sich lokale Zirkulationssysteme (Gebirgswin-

[8]) Die Feuchtigkeitszufuhr für diesen Graswuchs ergibt sich erst aus den nachfolgenden Ausführungen.

de, Land-Seewinde) ausbilden, die feuchte Luft bis in große Höhen hinaufführen und den gesamten Berg oberhalb des Kondensationsniveaus in Wolken einhüllen. Zwischen diesen Extremen gibt es alle Übergänge. Die von der Höhenlage der Inversion abhängige Mächtigkeit der Staubewölkung sowie ihre von der Geschwindigkeit und Richtung des Windes abhängige Persistenz bestimmen Menge und Art der Niederschläge, nach denen sich die folgende, *in Fig. 2* dargestellte geoökologische Vertikalgliederung einstellt.

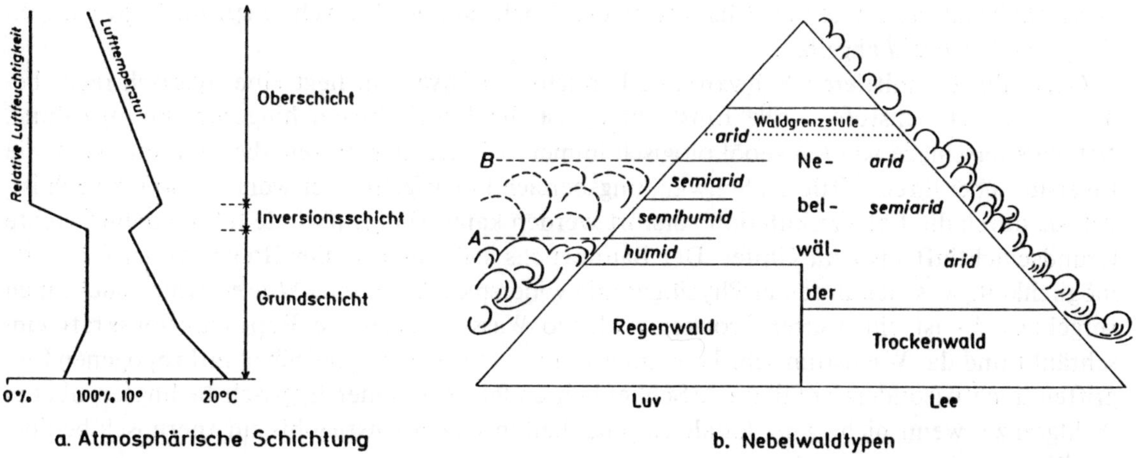

Fig. 2: Atmosphärische Schichtung und Nebelwaldtypen in den maritimen Randtropen.

Unterhalb des Bereichs größter Wolkenmächtigkeit, im Bereich maximaler Regenmenge, liegt die Stufe des Regenwalds. Höhenwärts schließt sich eine Stufe an, in der es reichlich regnet, aber in der doch schon Nebel auftreten; diese Übergangsstufe kann man als nebeligen Regenwald, als Nebel-Regenwald, bezeichnen. Wo die Nebel geoökologisch effektiv sind, beginnt der Nebelwald, der typischerweise auch in der Vertikalen differenziert ist. Unterhalb der tiefsten mittleren Lage der Untergrenze der Inversion fällt immer noch ausreichend Regen, um den existierenden Baumwuchs zu erklären; hier wachsen durchaus noch Arten, die man auch im tiefer gelegenen, wesentlich regenreicheren Regenwald treffen kann. Häufiges Nebeltreiben wirkt sich positiv nur auf den Epiphytenreichtum aus. Das ist die Höhenstufe des „klassischen" Nebelwalds, in der man den *Mossy or Elfin Forest* antreffen kann, wenn Grate oder Gipfel windexponiert liegen. Diesen Waldtyp kann man charakterisierend als *Regen-Nebelwald* ansprechen. Ganzjährig unperiodischer Wechsel von Regen und Nebel, hohe Luftfeuchtigkeit und nur vergleichsweise geringe Sonnenscheindauer charakterisieren sein Klima.

Oberhalb der tiefsten mittleren Lage der Untergrenze der Inversionsschicht schließt sich der mittlere Schwankungsbereich der Inversion an. Er ist gekennzeichnet durch einen aperiodischen Wechsel von Regen, Nebel und voller Einstrahlung. Hygrische Jahreszeiten, die in der unteren, vollhumiden Stufe ohne Auswirkung bleiben, treten in dem Maße hervor, wie höhenwärts die Zahl der Regentage sowie die Intensität und Menge des Regens abnehmen. Da gleichzeitig die Sonnenscheindauer zunimmt, wird der Nebel zum geoökologischen Hauptfaktor, von dessen Feuchtigkeitszufuhr hier sogar der Baumwuchs abhängig ist, und der bei vermindertem Wasserdargebot als Evapotranspirationsschutz wirkungsvoll ist. In dieser Stufe werden die Pflanzen des Regen-Nebelwalds durch Arten ersetzt, die an längere Strahlungsperioden adaptiert sind. Noch ausreichend große Feuchtigkeitszufuhr bei immer wieder zwischengeschalteter voller Einstrahlung schaffen in der unteren, semihumiden Stufe ein für den Baumwuchs offenbar günstiges Klima, denn der Hochwaldtyp herrscht vor, von Gratlagen abgesehen. Wo zunächst noch Bäume gedeihen, die auch im Regenwald wachsen, unterscheiden sie sich von jenen durch schönere Wuchsform. Epiphytische Moose treten zurück, Bartflechten unterstreichen den Wechsel von hoher Luftfeuchtigkeit und hohem Strahlungsgenuß und geben dem Wald sein charakteristisches Gepräge. Im Trockengrenzbereich ändert der Nebelwald erneut seinen Charakter: der Hochwald wird durch einen niedrigwüchsigen *Trocken-Nebelwald* abgelöst.

Oberhalb des mittleren Schwankungsbereichs der Inversion liegt eine hygrisch recht benachteiligte Höhenstufe. Volle Einstrahlung ist die Regel, Regen hingegen die Ausnahme. Nebelniederschläge werden geoökologisch immer bedeutender, treten aber nur auf, wenn die Inversion über ihren mittleren Schwankungsbereich hinaufgeht oder wenn sie so schwach ist, daß sie durch die Lokalzirkulation zerstört werden kann. Hangaufwinde führen dann feuchte Grundschichtluft bis zum Gipfel. Der Baumwuchs steht hier an der Grenze seiner Existenzmöglichkeit, was sich in seiner Physiognomie widerspiegelt: schöne Wuchsformen sucht man vergebens. Es ist ein wahrer Trockenwald, wo Wassermangel die Reproduktionskraft einschränkt und das Wachstum sehr langsam erfolgt, weswegen er gegenüber anthropogenen Eingriffen auch besonders anfällig ist. Schließlich endet er an einer hygrisch bedingten oberen Waldgrenze, wenn nicht ganz lokale Gegebenheiten seinen Anstieg bis zur thermisch bedingten Wachstumsgrenze ermöglichen.

Nebelwälder unterschiedlichen Feuchtigkeitsgrades gedeihen auch an der Leeabdachung, wo ihre Nebelbedingtheit besonders markant hervortritt, da hier dem Großraumklima entsprechend zunächst nur ein vollarides Klima herrscht. Von einigen nur gelegentlich auftretenden Wetterlagen abgesehen, entwickeln sich jedoch an diesem von der Großraumzirkulation abgeschirmten Hang lokale Zirkulationssysteme, die tagsüber feuchte Meeresluft bis zur Gipfelregion hinaufführen. Oberhalb des Kondensationsniveaus liegt zunächst noch eine turbulenz- und heizungsbedingte nebelfreie Stufe, die jedoch weniger mächtig ist als auf der Luvseite; dann schließt sich höhenwärts die ausgedehnte Nebelstufe an. Im Gipfelniveau werden die Hangwinde von der horizontalen Großraumströmung gekappt, so daß sich die Nebel rasch auflösen. Der Hangwind weht hangparallel, daher stehen Wolkenmächtigkeit und Hangneigung in engem Zusammenhang, und zwar derart, daß mit zunehmender Steilheit die Wolkenmächtigkeit zunimmt. Aus vertikal geschlossenen Wolkensystemen kann es zu Regenniederschlag kommen. In einem solchen Falle gedeihen ausnahmsweise in der Stufe maximalen Regens auch Regen-Nebelwälder, die denjenigen der Luvabdachung durchaus entsprechen. Alle flacheren Hanglagen hingegen profitieren ausschließlich von der Nebeltraufe, die allgemein hier nur zur Entwicklung eines Nebelwaldes vom Trockenwaldtyp ausreicht.

Das anhand *Fig. 2* vorgeführte Beispiel (Mauna Kea, Hawaii, 4205 m, vgl. HENNING 1974) ist bewußt ohne Angabe spezieller Daten gebracht worden, um eine Übertragung auf andere Gebiete zu erleichtern, wo diese Daten nicht mehr zutreffen würden, während die Koppelung von troposphärischen Schichten mit den entsprechenden Klimastufen prinzipiell erhalten bleibt, ohne daß allerdings in jedem Fall die gleiche Skalenbreite erreicht wird. Es soll zusammenfassend herausgestellt werden, daß die in *Fig. 2* aufgezeigte Vertikalgliederung sich erklärt aus einem Zusammentreffen von vergleichsweise wenig veränderlichen troposphärischen Strömungsverhältnissen und orographisch markanter Erhebung bei zudem ausreichend großer mittlerer Entfernung vom Kern des großraumklimabestimmenden Hochdruckzentrums, so daß durch den erzwungenen Hebungseffekt bereits niederschlagswirksame Wolken entstehen können.

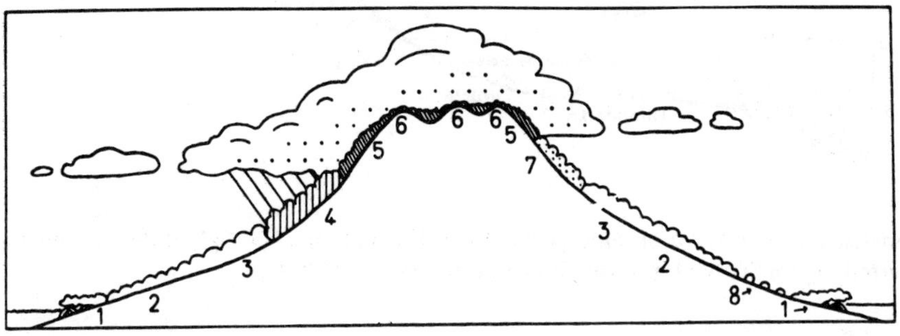

Fig. 3: Schema für ein Vegetationsprofil durch eine im Bereich der Passatwinde gelegene Insel im Gebiet der Antillen. *1* = Mangrove-Gehölze und andere Vegetationseinheiten der Meeresküste. *2* = Trocken-Wälder, zum größten Teil mit mehr oder weniger hohem Anteil oder vorherrschendem Bestand an regen-grünen Arten. *3* = Halb-immergrüne Feuchtwälder mit deutlichen Unterschieden im Aussehen in der Regen- und Trockenzeit. *4* = Immergrüne Regenwälder der tieferen Lagen. *5* = Montane Nebel-Wälder. *6* = Krummholz-Nebel-Wälder z.T. mit Inseln baum-freier Vegetation (Moore usw.). *7* = Bei allgemein trockenerem Klima oder sonst ungünstiger Wasserversorgung: Montane immergrüne klein-blättrige Gebüsche. In feuchterem Klima: Besondere Ausbildungsformen der montanen Nebel-Wälder, im unteren Grenzbereich auch der immergrünen Regenwälder der tieferen Lagen. *8* = Dorn-Gehölze in extrem trockenen Lagen. Links: Richtung, aus der Passatwinde kommen (Luv-Seite), meist Nordosten. Rechts: Lee-Seite (aus KNAPP, 1965: Abb. 140).

Luv- wie Leeseiteneffekt nehmen mit Verringerung von absoluter Höhe und Volumen des orographischen Hindernisses ab. In Bergmassiven, deren höchste Erhebungen wenig unterhalb der Inversion bleiben, ist bei gleicher Großraumzirkulation nur noch der humide Regen-Nebelwald anzutreffen *(vgl. Fig. 3).* Er überzieht die gesamte Gipfelregion und die unmittelbar angrenzenden Hanglagen. Wo die Stauwirkung geringer ist, fallen insgesamt weniger Niederschläge, und wenn der Luvhang wenig steil ist, kann sich unter dem Regenwald auch noch eine trockenere Waldformation anschließen. Mit abnehmender Berghöhe keilt schließlich der Regenwald mit und ohne Nebel ganz aus. Der hinsichtlich der hier verfolgten Nebelwaldklimastufen schwächste Luvseiteneffekt zeigt sich bei gleicher Großraumzirkulation in einem Massiv, welches das Kondensationsniveau nur wenig überragt. Infolge der ausgeprägten Horizontalkomponente der Großraumströmung wird die durch den luvseitigen Staueffekt eingeleitete vertikale Luftverlagerung im Gipfelniveau unterbrochen. Es kommt daher nicht zur Ausbildung einer Niederschlagswolke; aber das im oberen Hangabschnitt mehr oder weniger permanente Nebeltreiben ermöglicht die Existenz eines xerophilen Gehölzes, oder geoökologisch spezifizierend, eines immergrünen Trocken-Nebelwaldes, in welchem man genau wie im o. a. subalpinen und leeseitigen Trocken-Nebelwald den Prototyp eines Nebelwaldes sehen kann, da die Existenz des gesamten Pflanzenlebens allein auf der Nebeltraufe beruht, welche infolge des häufigen Auftretens des Nebels nicht allzu rasch wieder durch die Evapotranspiration aufgezehrt wird.

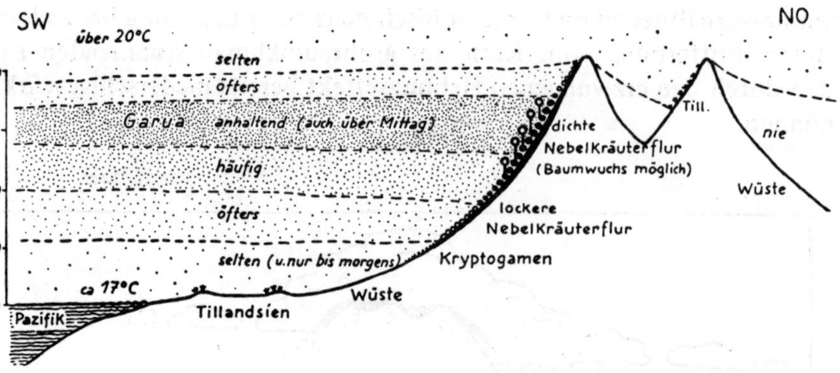

Fig. 4: Schematischer Schnitt durch eine peruanische Küstenloma. Häufigkeit des Hochnebels (Garua) und Vegetationsverteilung im Südwinter. (Aus ELLENBERG, 1959: Abb. 1.).

Luv- wie Leeseiteneffekt nehmen zudem auch mit Annäherung an das Kerngebiet der Antizyklone ab. Wo die Inversion nur wenige hundert Meter oberhalb des Kondensationsniveaus liegt, kann sich nur eine geringmächtige Wolkendecke bilden. Als Beispiel ist in *Fig. 4* eine instruktive Darstellung des peruanischen Küstengebirges (etwa bei Lima) aus ELLENBERG, 1959:50, übernommen. Die Obergrenze der eingetragenen Stufe mit anhaltendem Nebel (Garua)[9]) zeigt etwa die tiefste mittlere Inversionsuntergrenze, die Obergrenze der eingetragenen Stufe mit öfterem Nebel zeigt die mittlere Inversionsuntergrenze; die Obergrenze der Stufe mit seltenem Nebel (ca. 900–1000 m) spiegelt die höchste mittlere Inversionsuntergrenze wider. In der Literatur wird angeführt, daß die Nebel im Mittel von April bis November auftreten, wenn sich über dem benachbarten Kaltwassergebiet durch Warmluftadvektion Meeresnebel bilden; infolge bodennaher Turbulenz sind die unteren Hektometer jedoch nebelfrei, so daß sich, genauer gesagt, eine Wolkendecke vom Stratustyp bildet; diese unmittelbar unterhalb der Inversion liegende Stratusdecke dehnt sich landeinwärts aus und wird zur Abgabe ihrer Feuchtigkeit dort veranlaßt, wo sie an ein orographisches Hindernis stößt. Dieser Darstellung folgend, werden allgemein die Kaltwasser-Meeresnebel und die Landnebel als genetisch identisch angesehen. Eine detaillierte Auswertung von Einzelbeobachtungen aus der angeführten Literatur, von mündlichen Mitteilungen der Herren Prof. Dr. LETTAU, Madison, und Dr. W. GOLTE, Bonn, sowie von eigenen Geländeerfahrungen führt mich jedoch dazu, diesen genetischen Zusammenhang in seiner Allgemeingültigkeit in Frage zu stellen. Zunächst muß herausgestellt werden, daß sich in der sogenannten nebelfreien Zeit Dezember–März tiefliegende Meeresnebel bilden, die sich offensichtlich nicht landeinwärts ausbreiten. Allerdings sind Küstennebel bekannt, doch handelt es sich hierbei eher um Bodennebel, die infolge der nächtlichen Ausstrahlung entstehen (BYERS 1959:507). Ein räumlicher Zusammenhang mit den Meeresnebeln ist durchaus vorstellbar. Mit Beginn der Einstrahlung am frühen Morgen trocknen diese Nebel über Land wegen der Erwärmung der Luft wieder ab. Eine gleiche Situation zeigt *Fig. 4* auch für das Winterhalbjahr in der untersten Nebelstufe. Interessanterweise wird häufig erwähnt, daß in der Nebelperiode – zumindest während der tageszeitlichen Beobachtungszeit – eine der Küste folgende nebel- bzw. wol-

[9]) Auch in den folgenden Ausführungen wird Nebel und Garua zusammengefaßt betrachtet.

kenfreie Zone auftritt, d. h., Land- und Meeresnebel stehen offensichtlich nicht bzw. nicht immer in räumlichem und damit potentiell auch genetischem Zusammenhang. Ein räumlicher und genetischer Zusammenhang zwischen Meeres- und Landnebel ist am Tage nur dann vorstellbar, wenn bei bedeutender Windstärke permanent so große Mengen von Meeresnebel zum Land geführt werden, daß eine unmittelbare Abtrockung nicht mehr möglich ist. Viel typischer ist für diese Breitenlage bei schwacher Großraumzirkulation die Entwicklung von Lokalzirkulationen. Land-Seewind- und Hangwind-Phänomene überlagern sich hier in gleicher Weise, wie das anhand *Fig. 2* für die Leeseite dargestellt ist, und nur die tiefe Lage der Inversion, das peruanische Nebelklima befindet sich in Luvlage, verhindert ein Aufsteigen der Hangwolken über den um 1000 m gelegenen Höhenbereich.

Die von KOEPCKE, 1961, kritiklos von RAUH übernommene Darstellung der jahreszeitlichen Niederschlagsverhältnisse an der Westseite der Anden von Mittel- und Südperu wäre in der Darstellung der Sommersituation hinsichtlich der Lokalzirkulation etwas zu verfeinern; denn es ist unvorstellbar, daß vom Seewind hangauf geführte Meeresluft erst oberhalb von 4000 m das Kondensationsniveau erreicht. Es muß sich vielmehr um einen Hangaufwind handeln, der nur Luft aus dem oberhalb der Inversion gelegenen Raum mit sich führt, die so trocken ist, daß sie erst in großer Höhe zur Kondensation gelangen kann. Die Land-Seewind-Zirkulation geht nicht über die Inversion hinaus, da diese normalerweise sehr markant ausgebildet ist: KOEPCKE führt nach GARCIA sogar für den Winter den ganz enormen Wert von 10,5° Temperaturzunahme in der Inversion an.

Unterhalb der Inversion stellt sich tagsüber eine meerwärts gerichtete Ausgleichsströmung zum Seewind ein. Über dem küstennahen Meeresgebiet ist sie abwärts gerichtet, bedingt dadurch die wolkenfreie Zone und verhindert zudem den Kontakt von Berg- und Meeresnebel. Überdies kann die Absinkbewegung durch den entsprechenden Zirkulationszweig des sich oberhalb der Inversion ausbildenden Systems verstärkt werden. Nachts kehrt sich die Lokalzirkulation um, ist aber normalerweise wie auch andernorts weniger ausgeprägt. Im Bereich katabatischer Luftströmungen, die man sich nicht hangbedeckend vorstellen darf, wird die Bodennebelbildung verhindert. Die landeinwärts gerichtete Ausgleichsströmung führt hingegen feuchte Meeresluft – z.T. auch bereits Wolken, die durch den küstennahen jetzt aufwärts gerichteten Zirkulationszweig entstehen, – gegen das Küstengebirge, so daß unmittelbar unterhalb der Inversion auch nächtliches Nebeltreiben herrschen kann. Ein Zusammenhang mit der Stratusdecke des Meeresraumes ist nachts möglich, besonders wenn die Großraumzirkulation eine gewisse landeinwärts gerichtete Komponente hat. Mit Beginn der tageszeitlichen Einstrahlungsperiode beginnt die Nebeldecke da abzutrocknen, wo sie am wenigsten mächtig ist. In der Höhenstufe der Loma-Nebelwälder sind die nächtlichen ausgleichswindbedingten Nebel noch nicht abgetrocknet, wenn der kombinierte Hangauf-Seewind und damit die tageszeitliche Hangnebelbildung einsetzt, und die Hangnebel haben sich nach der Einstrahlperiode noch nicht aufzulösen vermocht, wenn der nächtliche Ausgleichswind effektiv wird.

Die Genese von Lokalzirkulationen ist abhängig von den großräumigen Luftdruckverhältnissen: sie wird zwar bei Hochdrucklage begünstigt, doch eine antizyklonale Kernlage unterbindet jedwede Zirkulationssysteme. Daher wird die Nebelperiode unterbrochen, wenn sich eine zentrale Hochdrucklage einstellt, was bei Lima im Mittel zwischen Dezember und März der Fall ist. Die o.a. tiefliegenden Meeresnebel weisen auf eine windstille bis windschwache Wetterlage mit recht tiefer Inversionslage hin. Trotz aller Beständigkeit, die diese ostpazifische Antizyklone auszeichnet, ist die Lage des Kerngebietes doch jederzeit gewissen Schwankungen unterworfen, und wenn immer das Hochdruckzentrum ausreichend weit von einem bestimmten Gebiet entfernt ist, kann dort die Lokalzirkulation wieder effektiv werden. So erklären sich Beobachtungen[10]) über eingenebelte Lomawälder in der als nebelfrei bezeichneten Periode. Hangnebel sind demnach prinzipiell ganzjährig zu erwarten, wenn auch im Sommer nur aperiodisch. Daher ist in der Stufe maximaler Nebelhäufigkeit ein Baumwuchs möglich, obwohl z.B. in den Lomas von Lachay nur 168 mm meßbarer Niederschlag im 11jährigen Mittel (1944–1954 nach ROESSL aus ELLENBERG, 1959) im Freiland ermittelt wurden. Ein Regenmesser in der benachbarten Eucalyptuspflanzung erbrachte jedoch 676 mm. Der Strahlungsschutz des Nebels läßt diese Menge für die Vegetation prinzipiell ausreichend sein. Der natürliche Loma-Nebelwald vom Typ eines Hartlaubwaldes (nach ELLENBERG 1959) hat seine optimale Entwicklung zwischen 500 und 700 m und lichtet sich mit abnehmender Nebelhäufigkeit, höhenwärts selten noch die 1000 m-Isohypse erreichend. Seine vertikale Differenzierung zeigt sich also in der Bestandesdichte. Er ist anthropogen so stark degradiert, daß man ihm die Bezeichnung Wald häufig nicht zuerkennt. Das muß ursprünglich anders gewesen sein, wenn auch die räumliche Ausdehnung immer auf eine relativ schmale Höhenstufe beschränkt war, die zudem mesoklimatisch bedingt auch von Natur aus in einzelne Schwerpunkte gegliedert gewesen sein muß. Die Bestände sind auch heute noch in Südperu geschlossener als in Mittelperu, was sich aus der geringeren Häufigkeit zentraler Hochdrucklagen im Süden erklären läßt. Wesentlich üppiger sind die südwärts anschließenden oasenartigen Lorbeer-Nebelwälder im nördlichen Chile, da sie bereits zumeist außerhalb des Hochdruckzentrums liegen, so daß sich keine periodische Trockenzeit mehr einstellt. Das für die Entstehung von Nebelwäldern notwendige Zusammentreffen von Nebel, Wald und Berg zeigen diese südamerikanischen Nebelwaldoasen besonders deutlich; denn wo bei sonst vergleichbarer Situation in der Namib der Faktor Berg fehlt, ist ein Baumwuchs nicht möglich, obwohl nach WALTER, 1964, hier etwa 200 Nebeltage pro Jahr auftreten.

Im Bereich der Äquatorialzone ist die Inversion häufig nicht mehr wetterwirksam: sie ist entweder so schwach, daß sie von jedweder Vertikalbewegung zerstört werden kann oder sie liegt weit oberhalb der Berggipfel oder sie ist auch bereits ganz aufgelöst. Der *„idealisierte Tropenberg"* von TROLL *(vgl. Fig. 5)* zeigt ein Bergmassiv in kontinentaler Lage mit advektiver Großraumzirkulation. Nachts liegt eine inversionsbedingte Stratusdecke in der Höhe der nebeligen Regenwald- und Regen-Nebelwaldstufe, der kontinentalen Lage entsprechend liegt das Kondensationsniveau vergleichsweise hoch. Die tageszeitliche Erwärmung führt zur Auflösung der nur schwach ausgebildeten Inversion, cumuliforme Wolken entstehen und hüllen den gesamten Gipfelbereich ein, so daß Nebel auch noch oberhalb des Regen-Nebelwaldes eine regelmäßige Erscheinung sind und sich der obere Waldbereich nach der zeitlichen Andauer von Nebel, Regen und Sonnenschein differenziert (falls die nächtliche Inversion nicht bereits in der Höhe der klimatischen oberen Waldgrenze liegt). So schließt sich oberhalb des auch nachts eingenebelten Regen-Nebelwaldes an der Ostabdachung der Anden die Ceja de la Montaña an (vgl. TROLL 1959: Bild 1, 2), und am Kilimandscharo folgt eine Nebelwaldstufe, in der *Podocarpus, Erica* und *Hagenia* stärker hervortreten, und wahrscheinlich schon jenseits der klimatologischen Trockengrenze (vgl. dazu Kap. 5) bilden dann von Flechten reichlich behangene *Erica arborea* kleinere Haine innerhalb der alpinen Grasflur. Aus 3300–3600 m werden entsprechende *Erica*-Wäldchen von den Ruwenzoris als moosreich und krummwüchsig beschrieben.

10) Freundliche mündliche Information von Herrn Dr. W. GOLTE, Bonn.

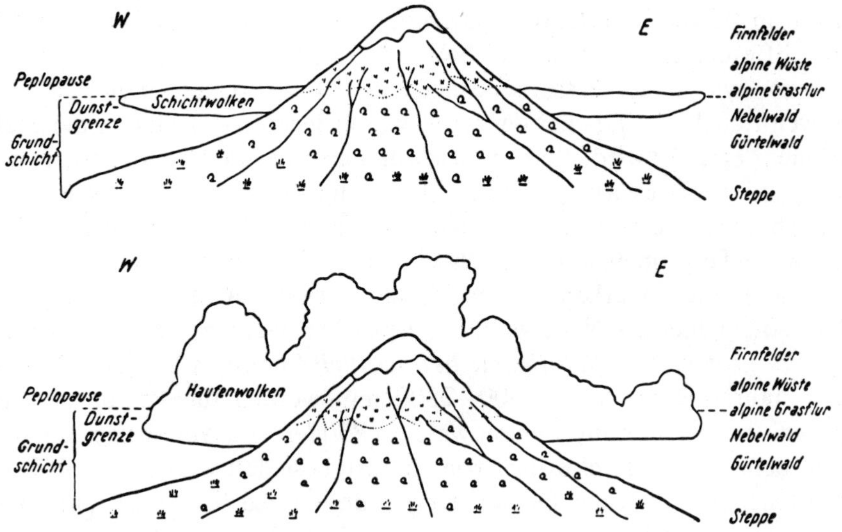

Fig. 5: Idealisierter Tropenberg unter der Wirkung des täglichen Witterungswechsels: oben bei Nacht, unten um die Mittagszeit.
(Nach TROLL, 1941, ergänzt durch SCHNEIDER-CARIUS, 1951, aus WALTER, 1960: Abb. 43.).

Wo die horizontale Großraumzirkulation im Bereich der Innertropischen Konvergenzzone zurücktritt, kommen Lokalzirkulationen allein zur klimabestimmenden Entfaltung. Die in *Fig. 2* gezeigten Verhältnisse von der Leeseite stellen die hinsichtlich der Nebelentwicklung günstigste Gegebenheit dar, da unter Hochdruckeinfluß ein Aufquellen der Hangwolken durch die Absinkbewegung der Großraumströmung verhindert wird, das Kondensationsniveau mit 600 m recht niedrig liegt und wegen der Insellage eine kombinierte Hang-Seewind-Zirkulation für den Herantransport feuchter Luft sorgt. Bei gleichen Gegebenheiten, jedoch ohne Hochdruckeinfluß und ohne Advektion, entwickeln sich in einer labil geschichteten Troposphäre die Wolken unabhängig von Höhe und Hangneigung des Berges hauptsächlich in die Vertikale *(vgl. Fig. 1b)*, dabei ggf. mehrere Kilometer – maximal bis zur Tropopause – hinaufreichend. Alltäglich ergiebige Regenfälle sind charakteristisch im Bereich größter Wolkenaufquellung. Die Nebelstufe liegt in einem solchen Fall erst in höheren Hanglagen, wo sich die um das Massiv ggf. zunächst als separate Konvektionszellen entwickelnden Cumuli im Laufe des Tages, durch die Hangwindzirkulation verstärkt, zusammenschließen. Nachts ist ein solches Massiv wolkenlos wie die o.a. Passat-Leelage. Diese Situation tritt witterungsbedingt aperiodisch auch in der randtropischen Passatzone auf, ist jedoch der normale tagesperiodische Witterungsablauf im Bereich der Innertropischen Konvergenzzone.

Für zahlreiche äquatoriale Bergmassive ist im Zusammenhang mit der globalen Verlagerung der Luftdrucksysteme ein jahreszeitlicher Wechsel von ausschließlich konvektiver Lokalzirkulation und advektiver Großraumzirkulation typisch. Beiden ist ein vertikaler Niederschlagstrend gemeinsam, wie er anhand des Beispiels von *Fig. 2* aufgezeigt wurde. Die Stufe maximalen Niederschlags ist zwar witterungsbedingten Schwankungen unterworfen, kann jedoch an einer einheitlichen Abdachung im Mittel mit 600–900 m für die Randtropen[11])

[11]) Nach S. PRICE, Honolulu (freundliche schriftliche Information), liegt die Stufe maximalen Regens an der Luvabdachung von Hawaii zwischen 450 m und 1350 m, wo über 5000 mm im Jahresmittel fallen; das Maximum liegt um 800 m mit über 6000 mm.

und 900–1400 m für die Innertropen angegeben werden (vgl. dazu WEISCHET 1969). Dementsprechend differenzieren sich die Nebelwälder auch in den äquatorialen Feuchttropen in gleicher Weise wie in der Passatzone nach dem Feuchtigkeitsgrad bzw. dem Einstrahlungsgenuß, wenn auch ein Trockenheitsgrad wie in Passatlagen hier in der Höhe des Waldklimas nicht mehr erreicht wird. Verbreitet kann man eine wolken- und regenreichere untere, vorwiegend durch Laubhölzer und eine strahlungsreichere obere, vorwiegend durch Nadelhölzer charakterisierte Nebelklimastufe voneinander unterscheiden. Koniferen bilden z.B. in den venozolanischen Anden die „anerkannte" Waldgrenze. Doch auch die noch höher gelegenen Paramowälder sollen hier als Nebelwald angesprochen werden; denn *„der Epiphytenreichtum ist dank der großen Nebelhäufigkeit beträchtlich"* heißt es bei HUECK, 1966:105. Bei 500–700 mm Jahresniederschlag (2000–2500 mm werden für den unteren Regen-Nebelwald angegeben) bevorzugen die Paramowälder *(Polylepis)* grobkörnige, bodenarme Standorte, während benachbarte feinkörnige von Gräsern besiedelt werden. Diese Differenzierung ist charakteristisch für ein arides Gebiet. Kryopedologische Vorgänge und unterschiedliche Bodenlufttemperaturen mögen zwar zu gleicher Differenzierung Anlaß geben, doch da die klimatologischen Meßdaten bereits auf aride Zeiten hinweisen (vgl. Kap. 5), sollen die *Polylepis*-Wälder, und zwar des gesamten Andenraums, als Trocken-Nebelwaldtyp angesprochen werden. Eine vergleichbare ganzjährig oder nur jahreszeitlich aride Höhenstufe ist auch in anderen Gebirgen der Feuchttropenzone ausgebildet, wobei die Höhenlage sich nach dem mittleren troposphärischen Schichtungsaufbau richtet. So lassen sich z.B. die von PAIJMANS und LÖFFLER, 1972, vom Mt. Albert Edward (3990 m) auf Neuguinea mitgeteilten Beobachtungen über Waldinseln hochwüchsiger *Dacrycarpus*-Bäume auf den steilsten (feinerdearmen) Hängen inmitten des ausgedehnten alpinen Tussokgraslands ebenfalls als Geoökotopen-Differenzierung eines Trockenklimas interpretieren.

Feuchter als in den Innertropen kann das subalpine Nebelwaldklima in den Subtropen sein, wenn sich tropische Sommerniederschläge im Bereich der (nördlichen) Innertropischen Konvergenzzone und bei Staulage mit außertropischen Winterniederschlägen im Bereich des Subtropenjet (Konvektionsniederschläge zusätzlich zu zyklonalen Niederschlägen, vgl. REITER 1961) überlagern, wie das im Monsunstaugebiet des östlichen bis mittleren Himalaya der Fall ist. Auch hier zeigt sich eine Dreigliederung der Nebelwaldstufe, doch gehört wohl die oberste Stufe noch einem humiden Nebelklima an. Regenreichster Typ ist die von SCHMITHÜSEN als Lorbeer-Nebelwald angesprochene Formation, die von TROLL als *Höhen- und Nebelwald* bzw. *evergreen upper montane forest* und *cloud forest* bezeichnet wird. Höhenwärts schließt sich eine durch Koniferen hervortretende Stufe an, die TROLL mit der andinen Ceja de la Montaña (1967:362) parallelisiert und sie gleichfalls dem *Höhen- und Nebelwald* zuordnet, sie auch als *wet coniferous-Rhododendron forest* ansprechend. Merkwürdigerweise hat der Autor in 1959: Abb. 7 bzw. 1961 (in 1966: Abb. 35) nur die untere Laubwaldstufe als *cloud forest* bzw. *Nebelwald* hervorgehoben, womit ein Zurückgreifen auf den „klassischen" Nebelwaldbegriff erfolgt ist. Höhenwärts geht dieser Nadel-Nebelwald in eine Formation über, die TROLL als *Rhododendron-Nebelbuschwald,* auch *subalpine Krummholzstufe,* bezeichnet, und Schilderung sowie Photobeleg (TROLL 1967) weisen auf den eindeutigen Nebelwaldcharakter dieser Formation im Übergangsbereich zur alpinen Höhenstufe hin. SCHWEINFURTH, 1957, der den Bezeichnungen von TROLL für die unteren beiden Nebelwaldstufen im wesentlichen folgt, nennt die obere Stufe jedoch einfach *subalpinen Wald: Rhododendron sp.,* ohne auch für diese die Beifügung Nebel zu verwenden.

Wesentlich weniger humid sind die Nebelwaldtypen in denjenigen Subtropengebieten, die von der Innertropischen Konvergenzzone bzw. von der äquatorialen Westdrift nicht mehr erreicht werden, sondern im Sommer auf Passatstaunebel bzw. Hangnebel angewiesen sind. BOBEK führt ein Beispiel von der Nordabdachung des Elburs-Gebirges an, wo eine kombinierte Hang-Seewind-Zirkulation tagsüber feuchte Luft vom Kaspischen Meer bis zur Inversionsuntergrenze in 2000–2500 m hinaufführt, und schreibt: „*Während in den höchsten Teilen des Gebirges die Zwerggehölz- und Staudenvegetation der Trockenseite nach Norden überlappt, greift an tiefen Lücken und über niedrige Kämme der Nebelwald der Nordflanke herüber*“ (1934:368). Eine vergleichbare sommerliche Hang-Seewind-Zirkulation beschreibt LEMBKE, 1939, aus dem Gebiet von Trabzon, wo feuchte Luft vom Schwarzen Meer unter Hochdruckeinfluß zu regelmäßigen tageszeitlichen Nebeln in der Bergwaldstufe führt. Anstelle von Hartlaubwald eines typischen Winterregengebiets gedeihen sommergrüne Laubhölzer in der montanen und Nadelhölzer in der subalpinen Nebelwaldstufe.

Montaner Laub-Nebelwald und subalpiner Nadel-Nebelwald sind auch auf der Kanareninsel Teneriffa anzutreffen, wo eine der *Figur 2* recht ähnliche Situation gegeben ist *(vgl. Photo 125)*. Allerdings ist infolge größerer mittlerer Nähe zum subtropischen Hochdruckzentrum die gesamte aride Höhenstufe im wesentlichen wohl nebelfrei und heute auch baumfrei. Ein *Juniperus*-Trockengehölz, auf das fossile Funde hinweisen[12]), hat hier offenbar von den zyklonalen Winterniederschlägen zu leben vermocht. In Passatleelage zeigen die lokalwindbedingten Hangnebel nicht die Häufigkeit und bei zudem geringerer absoluter Vertikalerstreckung der abschirmenden Hangzone auch nicht die Niederschlagsergiebigkeit, die ihnen anhand *Fig. 2* durch das Beispiel von der Insel Hawaii zugesprochen wurde. Lokal fallen auf Teneriffa jedoch ganz erhebliche Nebelniederschläge: auf dem Gebirgskamm der Cumbre, in der subalpinen Stufe, konnten 1971 zusätzlich zu 650 mm gewöhnlichem Niederschlag noch 5090 mm Nebel-Niederschlag und auf dem Gebirgskamm des Anaga-Gebirges zusätzlich zu 1120 mm noch 2990 mm Nebel-Niederschlag gemessen werden (KÄMMER 1974). Das sind zwei Gratlagen, in denen die Passatstaubewölkung quasi kanalisiert quer über die Hauptwasserscheide getrieben wird, wasserfallartig im Lee absteigt und sich dabei zunehmend auflöst *(vgl. Photo 126)*. Doch nicht die Nebel-Niederschlagsmenge allein bedingt eine Nebelwaldformation, sondern unter geoökologischen Gesichtspunkten muß von einem Nebelwald selbst dann gesprochen werden, wenn der Nebel nur einen mehr oder weniger regelmäßigen Evapotranspirationsschutz während einer Trockenperiode bietet. Der Begriff Nebelwald wird von KÄMMER allerdings weder gebraucht noch diskutiert.

Zusammenfassend kann festgestellt werden, daß die vertikale Differenzierung der Nebelwälder in einem Gebiet mit markant geschichteter Troposphäre besonders ausgeprägt ist; dabei bestimmt der Abstand zwischen Kondensationsniveau und Inversion die Existenzmöglichkeit einer Waldformation schlechthin sowie aber auch den hygrisch feuchtesten Typ der Nebelwald-Makroklimate, weil die Niederschlagsmenge im Zusammenhang steht mit Mächtigkeit und Häufigkeit eines Wolkensystems über einem bestimmten Ort.

[12]) Freundliche mündliche Information von Herrn Prof. Dr. P. HÖLLERMANN, Bonn.

4. MAKROKLIMATISCHE DIFFERENZIERUNG IN DER HORIZONTALEN

Die astronomisch mögliche Sonnenscheindauer und der Einfallswinkel der Sonnenstrahlen bestimmen die Menge an Sonnenstrahlung, die einem Ort prinzipiell zukommen kann. Diese mögliche Strahlungseinnahme ändert sich mit der geographischen Breitenlage, was z.B. ein Vergleich zwischen mittleren Monatswerten der Globalstrahlung bei wolkenlosem Himmel zeigen kann (Werte in Kcal/cm² x Monat, nach BUDYKO 1963): 0° –20,1, 20°–19,5, 40°–16,4, 60°–11,2, 80°–8,4. Von wesentlicher Bedeutung für den Landschaftshaushalt ist dabei die Tatsache, daß die Jahresschwankung der Globalstrahlung vom Äquator zu den Polen hin zunimmt. In Prozenten der o.a. Mittelwerte ausgedrückt, ergeben sich folgende Werte 0°–13, 20°–42, 40°–99, 60°–195, 80°–300. Dabei erfolgt die Änderung der Jahresamplitude hauptsächlich infolge geänderter monatlicher Minima (vgl. dazu auch KESSLER 1973). Für die hier verfolgte Fragestellung ist zunächst von Bedeutung, daß zwischen den Breitenlagen 0° und 20° zwar nur eine unwesentliche Differenz zwischen den mittleren Monatswerten der Globalstrahlung auftritt, die Jahresschwankungen jedoch schon eine beachtliche Differenz aufweisen, und zwar bedingt sowohl durch ein höheres Maximum als auch durch ein niedrigeres Minimum. Den Einstrahlungsverhältnissen entsprechend zeigen die Lufttemperaturen in globaler Sicht eine Abnahme der Jahresmittel und eine Zunahme der Jahresschwankung (vgl. hierzu besonders TROLL 1943) vom Äquator (26° und 1°) zu den Polen (N: –30° und 40°, S: –33° und 35°). Von besonderem Interesse bezüglich der Nebelwälder in außertropischen Breiten ist die Tatsache, daß zwischen 30° und 50° N die Breitenmittel der Jahresschwankung 13°–25° betragen, in gleicher Südbreite jedoch nur 5°–7°, wobei diese Südbreite bis zu 2° kühler ist (Werte aus HANN-SÜRING 1940:180). Jahresschwankungen im Strahlungs- und Wärmehaushalt bleiben nicht ohne Einfluß auf die Vegetation, sie bedingen vielmehr eine polwärts immer schärfer hervortretende thermisch bedingte Wachstumsperiodizität. Daher weisen ELLENBERG und MUELLER-DOMBOIS auf die Notwendigkeit hin, Vegetationsformationen im Übergangsbereich von den tropischen zu den gemäßigten Breiten als subtropisch anzusprechen, auch wenn sie den tropischen Formationen floristisch noch sehr nahe stehen: *"The subtropical ombrophilous forest should however not be confused with the tropical ombrophilous montane forest, which occurs in a climate with a similar mean annual temperature, but with less pronounced temperature differences between summer and winter. Consequently, seasonal rhythmus are more evident in all subtropical forests, even in the ombrophilous ones"* (1967:25). Es soll daher in der Klassifikation der Punkt *I.A.4.*, wie von den Autoren angedeutet, ausgebaut werden, indem, terminologisch angepaßt, *Feuchtsubtropen-Nebelwälder (subtropical ombrophilous cloud forests)* ergänzt werden, die sich wiederum in montane und subalpine Untertypen differenzieren. Diese Wälder gehören den sehr verbreiteten Passatstaulagen sowie einigen Monsunstaulagen an. So führt DANSEREAU, 1957, als Beispiel eines subtropischen Regenwaldes die Hawaii-Inseln an, die sich unmittelbar höhenwärts anschließende Nebelklimastufe muß dementsprechend dem Typ des Feuchtsubtropen-Nebelwaldes zugeordnet werden. Weitere Beispiele von montanen, vorwiegend aus Laubhölzern bestehenden Typen, sind die von SCHMITHÜSEN genannten subtropischen Lorbeer-Nebelwälder von den Kanaren, Azoren, von Chile und dem mittleren östlichen Australien. Diesem Typ gehört aber auch der subtropische Lorbeer-Nebelwald des Monsunstaugebietes des östlichen Himalaya an, über dem sich eine hochmontane Nadel-Nebelwaldstufe anschließt, die ebenfalls als feuchtsubtropisch bezeichnet werden muß ebenso wie die subalpine *Rhododendron*-Nebelwaldstufe. TROLL und SCHWEINFURTH sprechen die Laub- und Nadelwaldformation als tropisch an, andere Autoren hingegen auch als temperiert (vgl. dazu die Zusammenstellung in SCHWEINFURTH 1957). Der Übergang von den ganzjährig humiden zu den wechselfeuchten bis ariden subtropischen Nebelwaldklimaten kann an der Südabdachung des Himalaya verfolgt werden. Obwohl man hier im genannten Monsunstaugebiet Nebelwälder erwarten muß, findet sich nach der Literaturzusammenstellung von SCHWEINFURTH keine diesbezüglich klare Formationsbezeichnung. Hinweise auf häufigen Nebel sowie auf entsprechenden Epiphytenwuchs fehlen allerdings nicht; vom Vegetationstyp *temperierter Eichen- und Koniferenwald – obere Stufe* heißt es jedoch deutlicher: „*Nach den Schilderungen* HESKES's *bereits als Nebelwald zu bezeichnen*!" (SCHWEINFURTH 1957:287). Die hygrisch am stärksten benachteiligte Formation, den Zedernwald des Hindukusch, spricht RATHJENS, 1972:212, jedoch eindeutig als Nebelwald an, wenn er schreibt: „*Es handelt sich um eine echte Wolkenwaldstufe, die gerade so weit entwickelt ist, wie die sommerliche Wolkenbildung des indischen Monsuns reicht, durch die die enorme Einstrahlung herabgesetzt wird.*" Den Gebrauch des Begriffs Wolkenwald interpretiere ich als Suche nach einem Ausweg, eine Nebelwaldformation als solche anzusprechen, ohne Assoziationen zum feuchttropischen *Mossy or Elfin Forest* hervorzurufen. In Anlehnung an SCHMITHÜSEN könnte man ihn als subtropischen *Nadel-Trocken-Nebelwald* bezeichnen. Strahlungsschutz, wie ihn RATHJENS hervorhebt, wird in allen Subtropengebieten zum geoökologischen Hauptfaktor des Nebels, wo sich außertropische Winterregen und Sommertrockenheit unter dem Einfluß der subtropischen Hochdruckzelle überlagern. So macht auch BYERS, 1953, bezüglich der Nadel-Nebelwälder von *Sequoia sempervirens* auf Folgendes betont aufmerksam: *"Those who have spent a great deal of time in these forests find it difficult to recall examples of fog drip on the better stands of redwood during the summer dry season .... The effect of the so-called fog belt is to be found in factors other than fog drip. They are those associated with reduced evapotranspiration, namely, 1) reduction of the number of hours of sunshine and 2) reduction of daytime temperature."* Diese Aussage darf allerdings nicht darüber hinwegtäuschen, daß hier lokal auch ganz bedeutende Nebel-Niederschläge gemessen wurden, wobei der Exposition zum Nebeltreiben die entscheidende Bedeutung zukommt (vgl. OBERLANDER 1956). In nebelreichen subalpinen Wäldern in Kalifornien kommt der sommerliche Nebel darin zum Ausdruck, daß in ihnen andere Kiefernarten wachsen als in den weiter landeinwärts gelegenen nebellosen. Die wohlgegliederte Zusammenfassung von KÄMMER, 1974, mag über den Nebeleffekt auf Teneriffa ein falsches Bild vermitteln, obwohl der Autor diesen im Text vielseitig behandelt. In den bereits überregneten Gebieten ist es nämlich gar nicht so entscheidend, wieviel Wasser wirklich herausgefiltert wird, sondern daß dieser Vorgang – und sei es nur gelegentlich – auch in der Trockenperiode stattfindet. Bedeutung kommt also mehr den aperiodischen als den mittleren Verhältnissen zu.

In den humiden Außertropen tritt eine positive Bedeutung der Nebeltraufe für den Baumwuchs ebenso zurück wie in den Regen-Nebelwäldern der Tropen und Subtropen, und wie in diesen wirkt sich auch hier die Strahlungsabschirmung negativ auf den Baumwuchs aus. *"If it is realized that for 200 days out of each 365 the intensity of illumination is reduced by about 1000 times compared with the direct sunlight and that sunny days do not exceed 75 in a year, it is not difficult to see that many plants in such places must be very close to the point of starvation"* (ZOTOV 1938:480). Unter diesen klimatischen Gegebenheiten fand der Autor in der Tararua Range, Nordinsel Neuseeland bei 40,5°–41° S, eine auffallende Übereinstimmung zwischen dem Verlauf der oberen Waldgrenze und der

Untergrenze der Stufe maximaler Nebelhäufigkeit. Die obere Waldgrenze wird bis zu mehreren Hektometern hinabgedrückt, weil die waldgrenzbildende Baumart, *Nothofagus menziesii*, unter den nebelbedingten geoökologischen Verhältnissen gegenüber den Sträuchern nicht mehr ausreichend konkurrenzfähig ist. So konnte in einer nebelarmen Lage an der thermisch bedingten Waldgrenze in 1200 m bei der genannten Baumart eine mittlere Dicke der Jahresringe der höchsten Äste von 1 mm festgestellt werden, in einer nebelreichen Lage an der nebelbedingten Waldgrenze in 900 m jedoch nur eine solche von 0,2 mm. Der Einfluß des Nebels auf die Vegetation zeigt sich nach ZOTOV auch in anderen Gebirgen Neuseelands. Aus dem Waldgrenzbereich vom Mt. Manuoha, 1402 m, der höchsten Erhebung in der Huiarau Range, Nordinsel Neuseeland bei 38° 40′, zeigen die Photos 127–129 Ausschnitte aus einem Gratlagen-Nebelwald (bzw. Krummholz-Nebelwald nach KNAPP), der wie folgt charakterisiert wird: *"Weird moss-hung ghost or goblin forest of stunted Beilschmidia or Nothofagus"* (Urewera National Park Board 1968:83). Der mittlere Jahresniederschlag beträgt hier ca. 3200 mm. Ähnliche Nebelwälder anderer floristischer Zusammensetzung werden vom Mt. Egmont wie folgt erwähnt: *"Moss-festooned trees, the gnarled, dwarfed trees of the 'goblin' forest of the 3000-foot level . . . "* (SCANLAN 1970:9), und aus dem Fiordland National Park, der sich bereits um den 45. Breitenkreis erstreckt, erfährt man von HALL-JONES 1971:54: *"On valley flats they (Nothofagus menziesii and N. solandri var. cliffortioides) can rival Nothofagus fusca in size, but they also cling gnarled and sprawling upon the steep rock walls, and towards the tree limit (3000–3500 feet) form low elfin woodland with trunks and branches thickly coated in moss."* SCHWEINFURTH, 1966:205, weist auf die *„auffallende Übereinstimmung z.B. des Egmont-Bergwaldes mit den tropischen Höhen- und Nebelwäldern"* hin, erwähnt auch die Bezeichnung *goblin forest*, gebraucht aber selbst nicht den Begriff Nebelwald, sondern wählt die neutrale Bezeichnung *gemischte Bergwälder*. An anderer Stelle (S. 125) wird ein Gratlagen-Nebelwald vom Genannten als *„topographische Variante"* bezeichnet. Die Schilderung des Aufstiegs auf den Mt. Holdsworth über die Ostabdachung der Tararuas (S. 124–126) unterstreicht recht anschaulich, daß die in Kap. 2 angeführte Geoökotopen-Gliederung selbst in weniger exponierten Lagen hervortritt, wenn auch die Bäume (nach eigenen Beobachtungen) hier nicht gleichermaßen krummwüchsig und moosüberladen sind wie in den exponierten Grat- und Gipfellagen.

Die Nebelwälder Neuseelands liegen bereits ganzjährig im Bereich der außertropischen Westdrift: *"The basic weather pattern is a succession of anticyclones (or ridges) and troughs"* (MAUNDER 1971:215). Winde aus praktisch allen Richtungen führen feuchtereiche Meeresluft heran, die an orographischen Hindernissen gestaut wird, und je nach Wetterlage stellt sich der Nebeltyp mit oder ohne größere Regenmengen ein *(vgl. Fig. 1)*. *"Prolonged fog and cloud cover"*, *"much cloud, fog and drizzle"* und *"fog is frequent and wind is strong and persistent"* gehören zu den Charakteristika der neuseeländischen Gebirgsklimate (COULTER 1973:45, 48).

Entsprechende Nebelwaldklimate gibt es auch auf Tasmanien und in Chile. Die südhemisphärischen, außertropischen Nebelwälder liegen oberhalb von Regenwäldern und sind dementsprechend Regen-Nebelwälder, d.h., die Existenz der Bäume ist durch einen ganzjährigen Regenniederschlag gesichert, während der Reichtum an Epiphyten von der Nebelfeuchtigkeitszufuhr abhängt, sich allerdings auch nach den Strahlungs-, Temperatur- und Windverhältnissen differenziert. Auch trifft man in weniger dem direkten Feuchtestrom exponierten Hanglagen eher flechtenbehangene als moosbeladene Bäume *(vgl. Photo 130, Tafel 33)*. Diese südhemisphärischen Regen-Nebelwälder sind vorzüglich geeignet, eine Brücke zwischen den tropischen und außertropischen Typen zu schlagen, da sie zwar bereits in der außertropischen Westwindzone gelegen sind, aber floristisch und daher auch physiognomisch den Feuchttropen-Nebelwäldern so nahe stehen. Man vergleiche hierzu besonders die Ausführungen von TROLL, 1948 (in 1966:163 ff.) zusammen mit dem nach DU RIETZ wiedergegebenen Vegetationsprofil von Neuseeland nach Neuguinea. Die floristische Zusammensetzung hat allerdings Anlaß gegeben, in Neuseeland Waldformationen und dementsprechend sogar Klimate in effektiven Klassifikationen als subtropisch anzusprechen. DANSEREAU jedoch führt bereits den der Tieflandstufe angehörenden Kauriwald *(Agathis australis)* Nord-Neuseelands als Beispiel für einen temperierten Regenwald an, während andere Autoren sogar geneigt sind, diesbezüglich von einer tropischen Formation zu sprechen. Die Besonderheit der südhemisphärischen Regen-Nebelwälder innerhalb der Außertropen liegt in ihrer Lage im hochozeanischen Klima begründet.

Aus klimabetonter geoökologischer Sicht berechtigt allerdings nichts, nur noch sie zu den tropischen und subtropischen Nebelwaldtypen zu ergänzen und nicht zugleich auch die Waldformationen in vergleichbaren Nebelklimaten auf der Nordhalbkugel. Diese Nebelklimate hebt bereits auch TROLL, 1956, in seiner o.a. Klassifikation hervor. Und da nach der hier vorgelegten Definition ein Wald in einem Nebelklima als Nebelwald bezeichnet werden soll, müssen konsequenterweise auch Bergwälder nebelreicher Lagen in Mittel- und Hochgebirgen der nordhemisphärischen Außertropen als Nebelwälder angesprochen werden. So vermerken z.B. die meteorologischen Beobachtungsstationen Schneekoppe, Brocken und Fichtelberg im Mittel 287, 277 und 237 Nebeltage pro Jahr (Reichsamt für Wetterdienst 1942). 261 Nebeltage im Mittel und 302 als Maximum (1951–1965) wurden auf dem Kahlen Asten gezählt, von denen 46 % auf das Sommerhalbjahr entfielen (KIRWALD 1969). Wo der Nebel ein Häufigkeitsmaximum im Winterhalbjahr erreicht, mag er für das Pflanzenwachstum von untergeordneter Bedeutung sein, doch da sich der Nebel häufig als Rauhreif, Raufrost bzw. Raueis niederschlägt und dadurch ggf. zu Bruchschäden führt, muß auch in diesen Wäldern der Nebel durchaus als geoökologischer, wenn auch destruktiv wirkender Faktor angesehen werden. Die geringe *Elfin-Forest-Natur* der nordhemisphärischen außertropischen Nebelwälder versteht sich wohl aus der floristischen Zusammensetzung, wachsen hier im wesentlichen doch Nadelhölzer, die auch in „anerkannten" Nebelwäldern zumeist hochwüchsig sind. Im Waldgrenzbereich werden einige Arten auch krummwüchsig bzw. zeigen andersartige Verformungen, weshalb man in der englisch-sprachigen Literatur die Bezeichnung *elfin forest* auch für den subalpinen Wald der Außertropen findet. Die geringere *Mossy-Forest-Natur* versteht sich wahrscheinlich sowohl aus der geringeren Feuchtigkeitszufuhr der im Mittel kälteren Luft sowie aus den winterlichen Temperaturverhältnissen und der vergleichsweise geringeren Andauer der Nebellagen.

Temperierte Regenwälder, d.h. Regenwälder in den gemäßigten Klimaten der außertropischen Breiten, sind in der Literatur als solche angesprochen, wenn sie in einem Gebiet mit besonders hohen Jahresniederschlägen liegen. Doch der Begriff der temperierten Nebelwälder, d.h. Nebelwälder der gemäßigten Klimate, ist m.W. noch nicht gebraucht worden, wenn man auch von WECK, 1957: Abb. 25, ein schönes Beispiel eines Hochwaldes aus Chile vorgeführt erhält mit der Bildunterschrift: *„Nebelzone des temperierten Regenwaldes nahe der Baumgrenze ostw. Osorno bei 1000 m; typisch ist der starke Flechtenbehang sowohl am Stamm der herrschenden Nothofagus dombeyi als auch an der unterwüchsigen Nothofagus pumilio."* Überdies weist SCHMITHÜSEN, wie oben angeführt, beiläufig darauf hin, daß der tasmanische Lorbeerwald in Nebellage der temperierten Zone angehört. In der Klassifikation von ELLENBERG und MUELLER-DOMBOIS sind die außertropischen Nebelwaldtypen nicht mehr berücksichtigt und müßten, terminologisch angepaßt, ggf. als *Feuchttemperier-*

ten-Nebelwälder mit montanen bzw. subalpinen und Laub- bzw. Nadelwald-Untertypen ergänzt werden. Es empfiehlt sich auch, einen wintermilden und einen winterkalten Untertyp besonders hervorzuheben und eine Differenzierung nach der Niederschlagsmenge vorzunehmen. Eine Feuchtigkeitsdifferenzierung in der Vertikalen wie in den Tropen und Subtropen ist in den feuchttemperierten Klimazonen nicht vorhanden, zumal sich die Nebelwaldstufe in zyklonal bestimmten Klimaten nur auf eine vergleichsweise schmale Gebirgsstufe beschränkt: wenige hundert Meter stehen hier den 1900 m, 2200 m bzw. 2600 m der Nebelwaldstufen der nördlichen Anden, des östlichen Himalaya bzw. Malaysiens gegenüber.

5. DIFFERENZIERUNG NACH DER KLIMATOLOGISCHEN WASSERBILANZ

Unter klimatologischer Wasserbilanz soll die Differenz von Niederschlag und potentieller Evapotranspiration verstanden werden. Wo beide Größen einander entsprechen, liegt die klimatologische Trockengrenze[13]). Klimate, in denen der Niederschlag größer ist als die potentielle Evapotranspiration, werden als humid und solche, in denen das umgekehrte Verhälnis vorliegt, werden als arid bezeichnet. Übergangsgebiete sind semihumid, wenn zwar das Jahr insgesamt humid ist, Einzelmonate jedoch bereits arid sind, und sie sind semiarid, wenn bei negativer Jahreswasserbilanz einzelne humide Monate auftreten. Das in *Fig. 2* gegebene Vertikalprofil vom Mauna Kea, umfaßt Nebelwälder aller Feuchtigkeitsstufen. In der vollhumiden Stufe steht ein Regen-Nebelwald mit *Metrosideros, Cheirodendron* und Baumfarnen der Gattung *Cibotium*; in der semihumiden Stufe, oberhalb der mittleren tiefsten Lage der Inversionsuntergrenze, steht ein Nebelwald mit der Phyllodienakazie *Acacia Koa*; im Bereich der Trockengrenze, bei ca. 1200 mm Jahressumme von Niederschlag und potentieller sowie aktueller Evapotranspiration, übernimmt die immergrüne Leguminose *Sophora* die Vorherrschaft, bildet den Trocken-Nebelwald der semiariden Stufe, erreicht in der mittleren höchsten Lage der Inversionsuntergrenze die vollaride Stufe und findet bei 600 mm Jahresniederschlag in dieser ihre hygrisch bedingte Wachstumsgrenze. Nur im Bereich einer häufig existierenden Wolkenfront zwischen Großraum- und Lokalzirkulation vermag sie weitere 300 m anzusteigen, um bei 3200 m ihre thermisch bedingte Wachstumsgrenze zu erreichen. Auf der Leeseite bleiben die Niederschläge in jeder Höhenstufe unter dem Trockengrenzwert. Im Bereich einer Hangversteilung, die eine größere Wolkenmächtigkeit bedingt, werden bei 2270 m im langjährigen Jahresmittel 500 mm erreicht, spezielle Nebelniederschlagsmessungen liegen hier nicht vor. In diesem als semiaride Stufe anzusprechenden Höhenbereich steht ein *Sophora-Myoporum*-Nebelwald. Während in der höhenwärts angrenzenden vollariden Stufe *Sophora* praktisch alleine gedeiht, besteht der Trocken-Nebelwald der unteren vollariden Stufe aus zahlreichen Baumarten; *Pelea, Alectryon* und *Hibiscadelphus,* von denen ROCK, 1915, Flechtenbehang von *Usnea australis* erwähnt, seien genannt sowie der Drachenbaum *Dracaena aurea*. Bartflechten sieht man auch in den montanen und subalpinen semihumiden bis vollariden Nebelwäldern. Ein leeseitiger vollhumider Regen-Nebelwald ist auf Grund eines besonderen Zusammentreffens von Exposition und Hangneigung am benachbarten Mauna Loa entwickelt, so daß hier auch in Leelage die gesamte hygrische Nebelwaldskala angetroffen werden kann. Am Luvhang des Mauna Loa werden derzeit im

[13]) Die klimatologische Trockengrenze ist in der geographischen Literatur als PENCK'sche Trockengrenze bezeichnet.

Rahmen des Internationalen Biologischen Programms Nebel-Niederschlagsmessungen durchgeführt. Erste Beobachtungsergebnisse zeigen, daß von den vier Stationen (610 m, 1580 m, 2530 m und 3415 m) diejenige in 1580 m die größte Nebel-Niederschlagsmenge liefert (638 mm in 28 Wochen, d.i. 49 % des Gesamtniederschlags), während diejenige in 2530 m den größten prozentualen Anteil des Nebel-Niederschlags am Gesamtniederschlag hat (293 mm, d.i. 65 %, gleicher Zeitraum). Die höchste Station erbrachte nur 40 mm Nebelniederschlag, die niedrigste gar keinen (JUVIK, PERREIRA 1973). Für die hier angestrebte Differenzierung kann man von diesen wenigen Stationen jedoch kein ausreichendes Datenmaterial erwarten.

Die Vegetationshöhenstufen der Insel Teneriffa lassen sich recht ähnlich in die durch die atmosphärische Schichtung bedingten hygrischen Makroklimastufen einordnen. Ein Vergleich von Niederschlags- und Evapotranspirationsangaben[14]) (aus HUETZ DE LEMPS) zeigt, daß der Lorbeer-Nebelwald einem vollhumiden, der Hartlaub-Nebelwald[15]) einem semihumiden und der Nadel-Nebelwald einem semiariden Makroklima zugeordnet werden kann. Die meteorologische Beobachtungsstation Izaña, oberhalb des subalpinen Nadel-Nebelwaldes in 2367 m gelegen, hat eine negative Jahreswasserbilanz[16]) bei vier humiden Monaten im Winterhalbjahr.

Aus einem äquatorialen humiden Nebelwaldklima mit einem Jahresniederschlagsmittel von 3300 mm liegen vom Pangerango, Java – 3023 m, Beobachtungsdaten vor, die die Aussage erlauben, daß selbst hier in einem Monat (Juli) die potentielle Evapotranspiration[16]) höher ist als der Niederschlag. Das Defizit kann auf Grund des in den anderen Monaten überreichen Feuchtigkeitsdargebots noch ausgeglichen werden, so daß ein typischer feuchttropischer Gratlagen-Nebelwald zu gedeihen vermag. Eine höher gelegene meteorologische Beobachtungsstation fehlt in Indonesien, doch gibt die Vegetationsdifferenzierung höherer Berglagen Hinweise (vgl. Kap. 3), daß im Einflußbereich des Südostpassats diese gerade angedeutete Trockenzeit, besonders Juli bis September, mit zunehmender Höhe stärker hervortritt. Die Trockengrenze wird infolge der allgemeinen vertikalen Niederschlagsabnahme sogar im Jahresmittel von den höchsten Lagen überschritten. *„Die Baumgrenze der ostjavanischen Vulkane wird vielleicht durch das aride Klima hervorgerufen"* vermuteten bereits SCHIMPER-FABER, 1935:1308.

Im innertropischen Andenbereich[16]) haben Bogotá (2547 m) und Quito (2818 m) im langjährigen Mittel ein semihumides Klima, während die Station Cotopaxi (0° 37′ S, 3560 m) bereits semiarid, mit fünf humiden Monaten, ist und damit die in Kap. 3 vorgenommene Zuordnung der Paramo-Nebelwälder bestätigt. Der immer wieder hervorgehobene xerophile Habitus der Paramovegetation steht mit dieser Feststellung in guter Übereinstimmung. In der peruanischen subalpinen Nebelwaldstufe treten schließlich sogar nur noch drei humide Monate auf (Station Cusco, 13° 33′ Süd, 3312 m). Im Detail gibt es je nach orographischen Gegebenheiten Unterschiede. So hat z.B. Cerro de Pasco (10° 55′ S) in 4500 m bei noch positiver Jahreswasserbilanz gleiche Anzahl humider und arider Monate. Die Auswertung von entsprechendem Datenmaterial im Bereich des submontanen Nebelklimas in den peruanischen Küstengebirgen zeigt, daß hier in jedem Einzelmonat extrem aride Verhältnisse vorliegen, so daß die Existenz des Loma-Nebelwaldes nur durch das besondere Zusammentreffen von langanhaltender Feuchtigkeitszufuhr und Evapotranspirationsschutz durch die Hangnebel zu ver-

14) Evapotranspiration nach THORNTHWAITEs Methode errechnet.

15) Begriffe in Anlehnung an SCHMITHÜSEN, 1968: Abb. 247.

16) Evapotranspiration aus den Strahlungs- und Wärmehaushaltsgrößen berechnet von D. HENNING (unveröff.).

stehen ist. Wo sich im Bereich des ecuadorianischen Küstengebirges die von TROLL beschriebene, oben angeführte hygrische Vielfalt von Nebelwaldtypen findet, läßt sich zwischen dem Andenhang und Salinas eine vollständige Abstufung von 12 humiden bis zu 12 ariden Monaten aufzeigen.

Diese Differenzierung nach der klimatologischen Wasserbilanz ist derzeit jedoch nur für Klimazonen und nur zum Teil auch für Klimastufen möglich. Zur exakten Differenzierung müßte nicht nur die Anzahl der Nebeltage, sondern auch die genaue Andauer des Nebels, und zwar aufgeteilt nach Tages- und Nachtstunden, bekannt sein. Stattdessen konzentriert sich die Aufmerksamkeit häufig immer noch allein auf die mengenmäßige Erfassung des Nebel-Niederschlags. Damit wird leider nur eine von mehreren Komponenten des Nebeleffekts erfaßt. Im Nebelwald von Fray-Jorge, Chile, hat jedoch KUMMEROW gleichzeitige Registrierungen von Strahlung, Benetzung und Niederschlag vorgenommen. Die Daten zeigen, daß sich die Nebel zu fast 90 % auf die Nachtstunden konzentrieren (Angaben aus WALTER 1968). Das muß als besonders hohe Nebelwirksamkeit herausgestellt werden: nächtliche Feuchtigkeitszufuhr und tageszeitliche Transpirationsmöglichkeit erlauben ggf. ein uneingeschränktes Pflanzenwachstum. Mit ihrem Moos- und Flechtenbehang kann diese Formation als vergleichsweise üppig angesprochen werden. Das vierjährige Mittel der Wassereinnahme betrug 845 mm/Jahr bei einem Anteil der Nebel-Niederschläge von 78 %. Infolge der hohen potentiellen Verdunstung stellt diese Nebeloase dennoch ein semiarides Gebiet dar.

6. ZUSAMMENFASSENDE SCHLUSSBETRACHTUNG

Bei einem Zusammentreffen von Nebelklima und Waldformation wird hier von einem Nebelwald gesprochen. Ein solches Zusammentreffen findet typischerweise nur in bergigem Gelände statt, ist allerdings von der submontanen bis zur hochmontanen (subalpinen) Stufe möglich. Ein solches Zusammentreffen findet überdies sowohl in humiden Klimaten der Tropen, Subtropen und Außertropen als auch in ariden Klimaten der Tropen und Subtropen statt. Grundsätzlich kann man daher die Nebelwälder in zwei hygrisch ganz verschiedene Gruppen einteilen, nämlich in diejenigen eines regenreichen und in diejenigen eines regenarmen Nebelwaldklimas.

Regenreiche Nebelwälder oder Regen-Nebelwälder gedeihen in vollhumiden und semihumiden Nebelklimaten. Ihr Baumwuchs wird durch die Regenniederschläge bzw. auch durch das Schmelzwasser des Schnees ermöglicht. Es gibt zwei Untertypen dieses Nebelwaldes: In dem einen wechseln Regen und Nebel aperiodisch miteinander ab; hier ist der Nebel nur für die Epiphyten existenzfördernd, während er sich auf den Baumwuchs häufig bereits negativ auswirkt, und zwar zum einen durch zu große Strahlungsabschirmung – besonders in permanenten Staulagen – und zum anderen in winterkalten Klimaten, wenn es in seinem Gefolge zu Eisbruch kommt. In dem zweiten Untertyp wechseln Regen und Nebel periodisch miteinander ab; hier ist der Nebel auch für den Baumwuchs von positiver Bedeutung, und zwar neben der direkten Feuchtigkeitszufuhr besonders als Transpirationsschutz. Übergänge vermitteln zwischen diesen beiden Untertypen.

Regenarme Nebelwälder gedeihen in semiariden und vollariden Nebelwaldklimaten. In ihnen reichen Regen und Schneeschmelzwasser für den existierenden Baumwuchs nicht mehr aus, sondern dieser bedarf des Nebel-Niederschlags. In der Mehrzahl der Fälle kann man diese Formation als nebelreiche Trockenwälder oder Trocken-Nebelwälder bezeichnen.

Untertypen differenzieren sich nach der Länge der Nebelperiode, die maximal ganzjährig ist; Menge und Häufigkeit des Nebel-Niederschlags sowie die Nebelandauer während der tageszeitlichen Einstrahlungsperiode lassen hygrisch unterschiedliche Typen entstehen, die sich in der Bestandsdichte (geschlossen: Nebelwald, offen: Nebelgehölz) sowie im Epiphytenreichtum zu erkennen geben. Es muß hervorgehoben werden, daß auch die größte Nebel-Niederschlagsmenge nicht ausreicht, um die Üppigkeit eines Regen-Nebelwaldes entstehen zu lassen, der in einem thermisch entsprechenden humiden Nebelklima gedeiht.

Zusätzlich kann eine Nebelwaldtypisierung durch Angaben über die Klimazone (Tropen, Subtropen, wintermilde bzw. winterkalte Außertropen), die Klimastufe (submontan, montan, hochmontan oder subalpin), die Geoökotopenlage (Grat, Gipfel, Paß, Hang, Schlucht, Plateau) und durch Aufführung floristischer Details ergänzt werden. Zu Details dieser Art gehören Merkmale wie trockenkahl und kältekahl, immergrün und halbimmergrün; flechtenreich und/oder moosreich; Nadel- oder Laub-Nebelwald, Dorn- und Sukkulenten-Nebelwald, Lorbeer-Nebelwald, Hartlaub-Nebelwald; auch die vorherrschende Baumart kann zur Spezifizierung des Nebelwaldtyps Verwendung finden.

LITERATUR

BOBEK, H. (1934): Reise in Nordwestpersien. Z. Ges. Erdkunde Berlin 1934, 359–369

BUDYKO, M.I. (1963): Atlas der Wärmebilanz der Erdkugel. Moskau

BURROWS, C.J., Ed. (1974³): Handbook to the Arthurs Pass National Park. o.O. (New Zealand).

BYERS, H.R. (1930): Summer sea fogs of the central California coast. Univ. Calif. Publ. Geogr. 3, 291–338.

– (1953): Coast redwoods and fog drip. Ecology 34, 192–193.

– (1959³): General Meteorology. New York.

CONRAD, V. (1936): Die klimatologischen Elemente und ihre Abhängigkeit von terrestrischen Einflüssen. In: W. KÖPPEN und R. GEIGER (Hrsg.): Handbuch der Klimatologie I, B.

COULTER, J.D. (1973): Ecological aspects of the climate. In: G.R. WILLIAMS, (Ed.): The natural history of New Zealand. Wellington. 28–60.

DANSEREAU, P. (1957): Biogeography. New York.

DAUBENMIRE, R.F. (1947): Plants and environment. New York.

ELLENBERG, H. (1959): Über den Wasserhaushalt tropischer Nebeloasen in der Küstenwüste Perus. Ber. Geobot. Forsch. Inst. Rübel Zürich f. 1958, 47–74.

– and D. MUELLER-DOMBOIS (1967): Tentative physiognomic-ecological classification of plant formations of the earth. Ber. Geobot. Inst. Eidg. Techn. Hochschule Stiftung Rübel 37, 21–55.

ERN, H. (1973): Bedeutung und Gefährdung zentralmexikanischer Gebirgsnadelwälder. Umschau 73, 85–86.

FLOHN, H. (1965): Klimaprobleme am Roten Meer. Erdkunde 19, 179–191.

FOSBERG, F.R. (1961¹): A classification of vegetation for general purpose. Tropical Ecology 2, 1–28.

– (1961, 1972): Field guide to excursion III, Tenth Pacific Science Congress. Hawaii.

GEIGER, R. (1956): Das Wasser in der Atmosphäre als Nebel und Niederschlag. In: W. RUHLAND (Hrsg.): – Handbuch der Pflanzenphysiologie, Bd. 3: Pflanze und Wasser. Berlin. 43–63.

– (1961⁴): Das Klima der bodennahen Luftschichten. Braunschweig.

GRANT, P.J. (1963): Forests and recent climatic history of the Huiarau Range, Urewera Region, North Island. Trans. Roy. Soc. New Zealand. Botany, 2/12, 143–172.

GRUNOW, J. (1952): Nebelniederschlag. Ber. Deut. Wetterdienstes US-Zone 42, 30–34.

HALL-JONES, G., Ed. (1971²): Handbook to the Fiordland National Park. Invercagill (New Zealand).

HANN, J. (1908³): Handbuch der Klimatologie. Bd. 1: Allgemeine Klimalehre. Stuttgart.

HANN-SÜRING (1939⁵): Lehrbuch der Meteorologie Bd. 1. Hrsg. R. SÜRING. Leipzig.

Hawaii Water Authority (1959): Water resources in Hawaii. Honolulu.

HEDBERG, O. (1951): Vegetation belts of the east African mountains. Svensk Bot. Tidskrift 45, 140–202.

HENNING, I. (1974): Geoökologie der Hawaii-Inseln. Erdwissenschaftliche Forschung 9. Wiesbaden.
– und D. HENNING (1976): Die klimatologische Trockengrenze. Meteorol. Rdsch. 29, 142–151.
HUECK, K. (1966): Die Wälder Südamerikas. Stuttgart.
HUETZ de LEMPS, A. (1969): Le climat des Iles Canaries. Publ. Fac. Lettres et Sciences Humaines de Paris-Sarbonne. Ser. Recherches 54, 135–224.
JUVIK, J.O. and D.J. PERREIRA (1973): The interception of fog and cloud water on windward Mauna Loa, Hawaii. Island Ecosystems IRP, U.S. Biol. Progr., Techn. Rep. 32.
KÄMMER, F. (1974): Klima und Vegetation auf Tenerife, besonders im Hinblick auf den Nebelniederschlag. Scripta Geobotanica 7.
KEIL, K. (1950): Handwörterbuch der Meteorologie. Frankfurt.
KESSLER, A. (1973): Zur Klimatologie der Strahlungsbilanz an der Erdoberfläche. Erdkunde 27, 1–10.
KIRWALD, E. (1964): Wasserhaushalt und Einzugsgebiet. Essen.
KNAPP, R. (1965): Die Vegetation von Nord- und Mittelamerika und der Hawaii-Inseln. Stuttgart.
– (1973): Die Vegetation von Afrika. Stuttgart.
KNOCHE, W. (1931): Nebel und Garua in Chile. Z. Ges. Erdkunde Berlin, 1931, 81–95.
– (1933): Die westliche Wolkenbank an der Chilenischen Küste. Met. Z. 50, 70.
KOEPCKE, H.-W. (1961): Synökologische Studien an der Westseite der peruanischen Anden. Bonner Geogr. Abh. 29.
KÖPPEN, W. (1931[2]): Grundriß der Klimakunde. Berlin.
– und R. GEIGER, Hrsg. (1930–1939): Handbuch der Klimatologie. Berlin.
KUMMEROW, J. (1962): Quantitative Messungen des Nebelniederschlags im Walde von Fray-Jorge an der nordchilenischen Küste. Die Naturwissenschaften 49, 203–204.
– , V. MATTE und F. SCHLEGL (1961): Zum Problem der Nebelwälder an der zentralchilenischen Küste. Ber. Deut. Botan. Ges. 74, 135–145.
LANDSBERG, H.E., Ed. (ab. 1969): World survey of climatology. Amsterdam.
LEMBKE, H. (1939): Klima und Höhenstufen im Nordanatolischen Randgebirge. Z. Ges. Erdkunde Berlin 1939, 171–184.
LILJEQUIST, G.H. (1974): Allgemeine Meteorologie. Braunschweig.
LINKE, F. (1916): Niederschlagsmessungen unter Bäumen. Met. Z. 33, 140–141.
– (1921): Niederschlagsmessung unter Bäumen. Met. Z. 38, 277.
LOON, H. *van*, J.J. TALJAARD, T. SASAMORI, J. LONDON, D.V. HOYT, K. LABITZKE, and C.W. NEWTON (1972): Meteorology of the southern hemisphere. Meteorological Monographs 13/35.
MARLOTH, S. – Ref. J. HANN (1906): Über die Wassermengen, die die mit den SE-Winden treibenden Wolken und Nebel am Tafelberg (im Kapland) abgeben. Met. Z. 23, 547–553.
MARTIN, C. (1923[2]): Landeskunde von Chile. Hamburg.
MAUNDER, W.J. (1971): The climate of New Zealand. In: H.E. LANDSBERG (Ed.): World survey of climatology 13. Amsterdam.
NEEF, E., Hrsg. (1970): Das Gesicht der Erde. Brockhaus-Taschenbuch der Geographie. Leipzig 1956[1].
OBERLANDER, G.T. (1956): Summer fog precipitation on the San Fransisco Peninsula. Ecology 37, 851–852.
PATTON, C.P. (1956): Climatology of summer fogs in the San Fransisco Bay area. Univ. Calif. Publ. Geogr. 10/3, 113–200.
PAIJMANS, K. and E. LÖFFLER (1972): High-altitude forests and grasslands of Mt. Albert Edward, New Guinea.
RATHJENS, C. (1972): Fragen der horizontalen und vertikalen Landschaftsgliederung im Hochgebirgssystem des Hindukusch. In: C. TROLL (Hrsg): Landschaftsökologie der Hochgebirge Eurasiens. Erdwissenschaftliche Forschung 4, 205–219. Wiesbaden.
Reichsamt für Wetterdienst (1942): Mittlere Zahl der Nebeltage im Deutschen Reich. Forsch. u. Erfahr. Ber. Reichsamt f. Wetterd. R.A. (Sonderheft).
REITER, E.R. (1961): Meteorologie der Strahlströme. Wien.
RICHARDS, P.W. (1952): The tropical rain forest.
ROCK, J.F. (1913): The indigenous trees of the Hawaiian Islands. Honolulu. Deut. Übers. Hauptkap. K. KRAUSE (1915): Vegetation der Hawaii-Inseln. Bot. Jb. Syst., Pflanzengesch. und Pflanzengeogr. 53, 275–311.
SCANLAN, A.B., Ed. (1970[2]): Egmont National Park. New Plymouth (New Zealand).

SCHIMPER, A.F.W. – F.C. FABER (1935): Pflanzengeographie auf physiologischer Grundlage. Jena.
SCHMITHÜSEN, J. (1956): Die räumliche Ordnung der chilenischen Vegetation. Bonner Geogr. Abh. 17.
– (1959, 1961, 1968): Allgemeine Vegetationsgeographie. Berlin.
SCHNEIDER-CARIUS, K. (1948): Klimazonen und Vegetationsgürtel in tropischen und subtropischen Gebirgen. Erdkunde 2, 303–313.
– (1951): Die Grundschicht der Atmosphäre als Lebensraum. Arch. Meteorologie, Geophysik u. Bioklimatologie Ser. B, 2, 174–187.
– (1953): Die Grundschicht der Troposphäre. Leipzig.
SCHÜTTE, K. (1968): Untersuchungen zur Meteorologie und Klimatologie des El Niño-Phänomens in Ecuador und Nordperu. Bonner Met. Abh. 9.
SCHWEIGGER, E. (1949): Der Perustrom nach zwölfjährigen Beobachtungen. Erdkunde 3, 121–132, 229–241.
SCHWEINFURTH, U. (1957): Die horizontale und vertikale Verbreitung der Vegetation im Himalaya. Bonner Geogr. Abh. 20.
– (1962): Studien zur Pflanzengeographie von Tasmanien. Bonner Geogr. Abh. 31.
– (1966): Neuseeland. Beobachtungen und Studien zur Pflanzengeographie und Ökologie der antipodischen Inselgruppe. Bonner Geogr. Abh. 36.
STEENIS, C.G.G.J. *van* (1962): Die Gebirgsflora der malesischen Tropen. Endeavour 21/83–84, 183–194.
TREWARTHA, G.T. (1962): The earth's problem climates. London.
TIETZE, W., Hrsg. (1970): Westermann Lexikon der Geographie. Braunschweig.
TROLL, C. (1930): Die tropischen Andenländer. In: F. KLUTE (Hrsg.): Handbuch der geographischen Wissenschaften. Bd. Südamerika, 309–461. Potsdam.
– (1935): Wüstensteppen und Nebeloasen im südnubischen Küstengebirge. Z. Ges. Erdkunde Berlin 1935, 241–281.
– und R. SCHOTTENLOHER (1939): Ergebnisse wissenschaftlicher Reisen in Äthiopien. Petermanns Geogr. Mitteil. 85, 217–238, 265–277.
TROLL, C. (1943): Thermische Klimatypen der Erde. Petermanns Geogr. Mitteil. 89, 81–89.
– (1948): Der asymmetrische Aufbau der Vegetationszonen und Vegetationsstufen auf der Nord- und Südhalbkugel. Jahresber. Geobot. Forsch. Inst. Rübel Zürich f. 1947, 46–83, (auch in 1966).
– (1952): Die Lokalwinde der Tropen und ihr Einfluß auf Niederschlag und Vegetation. Bonner Geogr. Abh. 9, 124–182.
– (1956): Das Wasser als pflanzengeographischer Faktor. In: W. RUHLAND (Hrsg.): Handbuch der Pflanzenphysiologie, Bd. 3: Pflanze und Wasser. Berlin. 750–786, (auch in 1966).
– (1959): Die tropischen Gebirge. Ihre dreidimensionale klimatische und pflanzengeographische Zonierung. Bonner Geogr. Abh. 25.
– (1961): Klima und Pflanzenkleid der Erde in dreidimensionaler Sicht. Die Naturwissenschaften 48, 332–348, (auch in 1966).
– (1964): Karte der Jahreszeitenklimate der Erde. Mit einer farbigen Karte von C. TROLL und KH. PAFFEN. Erdkunde 18, 5–28.
– (1966): Ökologische Landschaftsforschung und vergleichende Hochgebirgsforschung. Erdkundliches Wissen 11. Wiesbaden.
– (1967): Die klimatische und vegetationsgeographische Gliederung des Himalaya-Systems. Khumbu Himal 1/5, 353–388.
– (1970): Die naturräumliche Gliederung Nord-Äthiopiens. Erdkunde 24, 249–268.
Urewera National Park Board (1968^{2}): Handbook to the Urewera National Park. o.O. (New Zealand).
WADE, L.K. and D.N.Mc. VEAN (1969): Mt. Wilhelm Studies I. The alpine and subalpine Vegetation. Research School of Pacific Studies, Dept. Biogeogr. Geomorph. Publ. BG/1. Canberra.
WALTER, H. (1960^{2}): Einführung in die Phytologie. Bd. 3: Grundlagen der Pflanzenverbreitung. 1. Teil: Standortslehre. Stuttgart.
– (1964^{2} u. 1968): Die Vegetation der Erde. 2 Bd. Stuttgart.
WARDLE, P. and A.F. MARK (1956): Vegetation and climate in the Dunidin District. Trans. Roy. Soc. New Zealand 84/1, 33–44.
WECK, J. (1957): Die Wälder der Erde. Berlin.
WEISCHET, W. (1965): Der tropisch-konvektive und der außertropisch-advektive Typ der vertikalen Niederschlagsverteilung. Erdkunde 19, 6–14.

– (1966): Zur Klimatologie der nordchilenischen Wüste. Met. Rdsch. 19, 1–7.
– (1969): Klimatologische Regeln zur Vertikalverteilung der Niederschläge in Tropengebirgen. Erde 100, 287–306.
ZOTOV, V.D. (1938): Some correlations between vegetation and climate in New Zealand. The New Zealand J. Sci. Techn. 19, 474–487.

DISKUSSION ZUM VORTRAG HENNING

Prof. Dr. H. Franz:

Die Abgrenzung der echten Nebelwälder von den Regen-Nebelwäldern ist bodenbiologisch wichtig. In ihnen wird der Boden nur bis zu geringer Tiefe befeuchtet. Er ist daher nur bis zu geringer Tiefe biologisch aktiv und auch nur bis zu geringer Tiefe durchwurzelt. Im Gegensatz hat der Regennebelwald einen mindestens zeitweilig tief durchfeuchteten Boden. Hier kann es zur Ausbildung einer typischen euephischen Fauna kommen, im echten Nebelwald nicht. Ein Beispiel eines echten Nebelwaldes ist das Naturschutzgebiet Bosque Fray Jorge im Norte Chice Chiles.

Prof. Dr. F.-K. Holtmeier, Münster:

Wir wissen, daß durch den Wald große Mengen Wasser ausgefiltert werden. Die Beiträge dieser Wassermengen können das 4–5-fache (auch mehr) der in den Ombrometern gemessenen Weite betragen. Meine Frage schließt jetzt an die Diskussionsbemerkung von Herrn Franz an über die sehr geringe Durchfeuchtung des Nebelwaldbodens – mit allen ihren Konsequenzen für die Entwicklung des Bodentierlebens. Haben Sie nun eine Vorstellung darüber (oder gibt es Arbeiten), wie groß die Wassermenge (vielleicht in Prozent) wirklich ist, die in den Wurzelraum gelangt und somit der produktiven Verdunstung (Wasserstrom Transpiration) zur Verfügung steht.

Dr. W. Golte:

1. Man kann im Bereich der peruanischen Lomas durchaus von „Lomawäldern" sprechen. Solche sind zumindest im Bereich der Lomas de Lachay vorhanden. Wenn heute diese Wälder als lockere Gehölze erscheinen, so dürfte das auf den seit früh-präkolumbischer Zeit bestehenden anthropogenen Einfluß zurückzuführen sein.
2. Welchem Typ des Nebelklimas sind die Bartflechten zuzuordnen?

Prof. Dr. A. Kessler:

Ich möchte anregen, schärfer zu unterscheiden zwischen Einheitskondensationsniveau und Kondensationsniveau bei erzwungener Strömung, weil sie verschiedene Höhen einnehmen.

Prof. Dr. W. Weischet:

1. Im schematischen Profil von Hawaii ist es unwahrscheinlich, daß aus so limitierten Wolken Niederschlag (genannt wurden 8m/Jahr) fällt.
2. Nebel und Wolken sind in Genese und folglich im Tröpfchenspektrum verschieden. Da sich regional typische wolken- und niederschlagsarme Nebelklimate von wolken- und niederschlagsreichen Klimaten, die nur wenig echten Nebel aufweisen, ist es m.E. für geogr. und für ökol. Kausalbetrachtungen sachlicher, „Nebelwälder" und „Wolkenwälder" zu unterscheiden.

Prof. Dr. W. Czajka:

Die Zuordnung der zu beobachtenden Nebelwälder zu den differenzierten meteorologischen Erscheinungen kann mitunter vor Fragen stellen. Die Serra Negra, ein kleiner isolierter Gebirgsstock im Dornsavannen-Gebiet NE-Brasiliens, trägt unter dem Einfluß von Bergnebel eine tropische Waldformation, in der sich abträufelndes Wasser in Gefäßen auffangen läßt. Die Feuchtigkeitszufuhr geschieht durch den landeinwärts absinkenden NE-Passat. Meine Frage ist, ob auch unter diesen Umständen mit einer Inversion zu rechnen ist. – Die Nebel, dessen Zone schon über dem Meer beginnen und sich landeinwärts über Lima bis zum Andenhang hinziehen und dort stark befeuchtend wirken (von Ellenberg studiert) kann man durchaus mit dem geläufigen Ausdruck Hochnebel bezeichnen. Einige Anflüge im November ließen dies deutlich erkennen. Die Fauna-Vegetation, die dort in der Hangwüste auftritt (nicht als eine Begrünung einzelner Hügel, wie der Name besagen könnte), ist nicht auf die Höhenlage der Hochnebeldecke beschränkt. In einzelnen Leisten wächst sie weit hangabwärts, hier und da, wo offenbar Hang-Bodenwasser austritt. Die Hochlandbevölkerung nutzt zeitweise, dann dort zeltend, in einer Art Transhumanz diese niederwüchsige Vegetation als Weide. – In NW-Argentinien bildet am Anden-Osthang bis 2 300 m aufwärts ein Erlenwald die Fortsetzung der tropischen Bergwald-Nebelzone, besonders auffällig in der südsommerlichen Regenzeit als Stauerscheinung. In einer wenig tieferern Lage bildet sich hier aber auch im Winter Hangnebel, die nicht auf Wolkenstau zurückgehen, sondern auf eine Inversion, entstanden bei Wolkenfreiheit und nächtlicher Ausstrahlung in der Bergfußzone. Hierbei kann Reif ausfallen. – Für NE-Brasilien wird in der Literatur berichtet, daß Hangfeuchtigkeit sich auch durch Kapillaren im Boden bei Nebel anreichern kann. Ich gebe das berichtend wieder, kann aber hinzufügen, daß ich in oberen Teilen der Serra do Triumfo am späten Vormittag eine triefende Roterde antraf, und zwar an steiler Wand ohne wesentlichen Bewuchs.

Prof. Dr. K. Heine:

In Queensland (Australien) sind viele isolierte Nebelwaldvorkommen Reliktareale, die als Reste einer früher wesentlich weiter verbreiteten Nebelwaldformation angesehen werden. Unter heutigen klimatischen Verhältnissen würde sich dieser Wald nicht weiter ausbreiten. Muß man daher nicht den Faktor Zeit bei einer Typisierung der Nebelwälder berücksichtigen?

Prof. Dr. W. Lauer:

Nebelwälder sind ursprünglich ökologisch definiert, etwa im Sinne der Darlegungen von Troll in verschiedenen Publikationen. Dabei zeigen die von ihm als Nebelwälder gekennzeichneten Vegetationsformen – durch aufliegende, nässende, z. T. vom Wind bewegte Nebel verursacht – Kugelschirmform bei bestimmten Arten oder nebelkämmende Eigenschaften (z.B. *Pinus patula* in Mexico) oder typischen Epiphytenbewuchs (z. B. *Usnea barbata*). In der Stufe solcher Nebelwälder schlägt sich der Niederschlag besonders in regenarmen Perioden in feinster Tropfenform nieder, meist in einer Höhenstufe, die keineswegs die maximalen Niederschläge verzeichnet. Solche Nebelwälder im engeren Sinne sind nicht so häufig wie die in diesem Referat beschriebenen. Nicht alle in der „Wolkenstufe" von Gebirgen vorkommenden Wälder sind auch Nebelwälder dieser Art.

In den feuchten Tropen beispielsweise sind die Höhenstufen bereits ab 1000 m äußerst wolkenreich. Echte Nebelwälder finden sich aber nur als schmale Streifen in Höhen, an denen die klimatischen Spezialbedingungen vorhanden sind, wie oben geschildert. Solche Bedingungen sind z. B. in der Ceja de la montaña von Peru, in den Nebelnadelwäldern Mexikos oder den Nebeloasen Eritreas etc. gegeben. Die häufig in Wolken befindlichen unteren Stufen tropischer Wälder oder der temperierten Regenwälder (z. B. im valdivianischen Regenwald) sind keine Nebelwälder in diesem strengen Sinne.

Dr. I. Henning:

Zu FRANZ: Der Diskussionsbeitrag von Herrn Prof. Dr. FRANZ, für den ich besonders danken möchte, unterstreicht die Notwendigkeit, unterschiedliche Nebelwald-Geoökosysteme mit spezifizierenden Termini zu belegen, zumal gerade die von ihm als „echte" Nebelwälder angesprochenen Geoökosysteme dem verbreitet allein für die montanen Feuchttropen verwendeten Nebelwald-Begriff diametral gegenüberstehen.

Zu HOLTMEIER: Nach ELLENBERG, 1959 (vgl. auch WALTER 1964:423 f.), wird in den Lomas von Lachay der Boden bis zu 1,50 m durchfeuchtet, wobei die Bodenfeuchtigkeit von 30 % im oberflächennahen Bereich auf 5 % in der Tiefe abnimmt. Die Evapotranspiration ist an nebeligen Tagen kaum meßbar, beträgt an mäßig wolkigen Tagen maximal 0,45 ccm/h und erreicht in der Trockenzeit, solange der Wasservorrat reicht, bei einer Temperatur von fast 28° über 0,7 ccm/h.

Zu GOLTE: Der erste Teil der Diskussionsbemerkung galt einer Antwort nach der Berechtigung, Baumformationen in den Lomas auch als Wälder anzusprechen. Man vgl. dazu bes. KOEPCKE, 1961, der den Typ der Waldloma (geschlossene Formation) neben dem der Parkloma (offene Formation) herausstellt; auch wird vom Lomawald gesprochen, jedoch nicht vom Loma-Nebelwald, obwohl er als Nebelvegetationstyp angeführt wird. – Bartflechten scheinen besonders in Nebelwäldern hervorzutreten, die einem Wechsel von Nebel und ungehinderter Einstrahlung unterliegen. Sie vertragen im Gegensatz zu Moosen starkes Austrocknen. *„Jäher Wechsel des Sättigungsdefizits der Luft ist für die Standorte charakteristich"*

(SCHIMPER-FABER 1935:604): KÄMMER, 1974, beobachtete auf Teneriffa, daß Bartflechten nicht zu windige Lagen und Nebelgebiete ohne häufigen Nebel-Niederschlag bevorzugen.
Zu WEISCHET: Die bei 1700 m gelegene Wolkenobergrenze zeigt, wie auch angeführt, nur die synoptische Situation bei der tiefsten mittleren Lage der Passatinversion. – Mikrophysikalisch gesehen ist die Genese von Wolken und Nebel identisch. *„Es gibt keinen prinzipiellen Unterschied zwischen Wolken und Nebel"* (LILJEQUIST 1973:133). *„Im Nebel kommt ein ganzes Spektrum von Tropfengrößen vor"*, und zwar von unter 5 bis zu 50 Mikron (a.a.O.:131). Nach BRICARD (aus KEIL 1950) beträgt die Tropfengröße: Nebel im Entstehen 4,3 Mikron, beständiger Nebel 6,1 Mikron, Nebel in Auflösung 4,7 Mikron; Stratuswolke 4,2 Mikron, Stratus im Übergang zu Stratocumulus 5,0–6,5 Mikron, Cumulus 5,4 Mikron (vgl. dazu auch LILJEQUIST 1973:113). – Nach dem vorgebrachten Vorschlag müßten ja gerade die „klassischen" Nebelwälder der Feuchttropen in Wolkenwälder umgetauft werden, was sicher keinen Widerhall finden wird. Ich ziehe es vor, die in der Meteorologie aufgestellten Definitionen der Begriffe Wolke und Nebel beizubehalten; da aufliegende Wolken demzufolge als Nebel zu bezeichnen sind, kann es keine Wolkenwälder, sondern nur Nebelwälder geben.
Zu CZAJKA: Die Passatströmung in Nordostbrasilien ist ebenfalls durch eine Inversion in eine Unter- und eine Oberschicht getrennt.
Zu HEINE: Die Aussage ist nicht einleuchtend. Wo sich Nebelwälder höhenwärts unmittelbar an eine humide Regenwaldstufe anschließen, muß eine Regeneration jederzeit stattfinden können. Weniger selbstverständlich ist das bei einer ariden Nebelwaldformation. Nach ELLENBERG, 1959, können sich allerdings sogar die Loma-Nebelwälder prinzipiell wieder bilden. Der Begriff Reliktareal mag sich in Queensland auf den Reichtum an tropischer Flora, jedoch nicht auf einen Baumwuchs an sich beziehen.

REMARKS ON THE STABILITY OF TIMBERLINE

JACK D. IVES

With 1 figure and 6 photos

SUMMARY

The conventional approch to equating timberline with present-day climate is, at best, approximate and frought with danger since the life span of high-altitude trees will substantially exceed the period of secular climate change. The prospect of great age (< 1,000 to 3,000 years) of ecotonal trees, surviving by the process of layering is introduced with specific examples from the Colorado Front Range. It is concluded that, since predominantly natural timberlines in Colorado must be considered as deriving, in part at least, from the Hypsithermal period of 3,500 to 5,000 BP, especial care must be taken when discussing timberlines in other parts of the world. They will be controlled by a composite not only of present and past climates, but also of extensive anthropogenic processes.

Biogeographers and ecologists have long sought to select environmental parameters to fit the position of timberline (polar timberline, or upper alpine timberline) and to show by inference a causal relationship between present-day climate and this dramatic vegatational limit. Köppen's, Nordenskjold's, and Thornthwaite's attempts are among the better known and have proven the most durable in textbook popularity.* References to the 10 °C isotherm for the warmest month are particularly frequent in discussions on the "causes" of timberline. TROLL (1973a and b) has adequately stressed the complexities of the relationship between timberline and environmental parameters. Perhaps an elaboration of one aspect of this problem may prove useful, particularly since palaeoecologists, working in mountain areas, rightly regard evidence of former timberline, higher or lower than that of the present, as especially strong indications of changing climatic conditions through time.

While the theme of this symposium has been a comparison of tropical and southern hemisphere timberlines, the information upon which the present discussion is based is derived largely from the Colorado Rocky Mountains. This can perhaps be justified partly because, as pointed out by WARDLE (1973, 1974), their timberlines are among the least influenced by anthropogenic processes of any in the world, and partly because ideas derived from study of this area may be applicable to world treelines in general.

The Front Range of Colorado extends north-south for a distance of some 120 km and rises to over 4000 m within 30 km of the High Plains. Since the strong prevailing westerly winds, accentuated in winter by fierce downslope storms, cross the range perpendicularly, a degree of timberline asymmetry between the west and east slopes might be expected. Late-Cenozoic glaciation was restricted to producing a series of cirques and glacial troughs,

* Different approaches have been used by HARE (1950), BRYSON (1966), BARRY (1967), BARRY and KREBS (1970); and HUSTICH (1966) has made an important contribution to our understanding of the arctic timberline and forest tundra ecotone in Northern Europe.

generally not more than 15 km in length, so that the landform assemblage is a combination of the hochgebirge forms (TROLL, 1972) close to the divide, with wide interfluve and plateau remnants displaying the gentle slopes of unglaciated mountains subject for long periods to cold climate (or periglacial) processes.

Timberline (defined as the upper limit of symmetrically formed tall trees) occurs at approximately 3,350 m on the east slope of the Front Range, with the forest-tundra ecotone extending to about 3,500 m and individual cushion-krummholz forms occasionally reaching as high as 3,730 m (WARDLE, 1968). Four climatological stations, maintained continuously since 1951 through an altitudinal range of 2,200 m to 3,750 m (BARRY, 1973), indicate that the 10 °C July mean air isotherm lies within the forest-tundra ecotone, although there is still no adequate micro-climatic cross-section through the ecotone.

A single, quite simple theme will form the main focus of these remarks: discussion of the hypothesis that much of the forest-tundra ecotone is a relic of a warmer climate in the distant past; that it was established more than 3,500years ago. *Photos 131–135 (Plates XXXIII/XXXIV)* provide a transect across the forest-tundra ecotone on the east slope of the Front Range.

Let us consider the question of the form and age of the individual tree species in the Front Range. Four species of conifer form the timberline and extend upwards as the forest components of the ecotone, although several deciduous shrubs and junipers are found in close association. They are, in decreasing order of numerical superiority, Engelmann spruce, *Picea engelmannii;* subalpine fir, *Abies lasiocarpa;* limber pine, *Pinus flexilis:* and bristlecone pine, *Pinus aristata.* The upper limit of fullgrown, symmetical, tall trees contains individual firs and pines that have been dated at 900 years (*pers. comm.* W.S. OSBURN, for *Pinus flexilis*), 700–800 years (*pers. comm.* Doris LÖVE, for *Abies lasiocarpa*), and 1650 years (KREBS, 1973, for *Pinus aristata*). Attempts to date individuals in the upper limits of the forest-tundra ecotone (cushion krummholz) by dendrochronology have not been particularly successful, yet at least suggest that firs and pines in the characteristic shrub form probably exceed 600 to 700 years in age.

As is well known, the trees of the forest-tundra ecotone rarely produce viable seeds, but maintain themselves by the process of layering. The severe westerly winds, at least on the east slope of the Front Range, largely restrict the layering process to the lee side, which in turn induces down-wind migration of the entire tree, since the west-facing side is progressively killed off. With progressive down-wind migration sections of the main stem die, weather, and become separated from the living tree. Examination of the upper forest-tundra ecotone has revealed the existence of snags, or remnants of stems, up to at least 5 m distance from the living tree. An initial attempt, with the assistance of Dr. Val LAMARCHE of the Geochronology Laboratory, Tucson, Arizona, to date such a remnant through cross-correlation with the increment record of upright trees at lower elevations failed. Another approach was to date the deadwood through ^{14}C assay. While this was still not completely satisfactory, it permitted, as a first approximation, the statement that the tree's rate of down-wind migration was of the order of 2.5 cm/yr (5 m in 200 years) (IVES, 1973). Measurement of shoot elongation on krummholz forms produced an annual growth figure average of 20–25 mm (MARR and MARR, 1973). Extrapolation through 200 years would indicate that the rough indication derived from the ^{14}C assay is reasonable (MARR, *pers. comm.*, 1972). From this it is also reasonable to assume that a krummholz tree 7 m long will have a minimum age of about 300 years. If we now consider the long-term migration, then the krummholz clone may well have persisted for more than 1,000 years.

Let us now turn to the question of regeneration of conifers near timberline. A large area of upper subalpine forest and forest-tundra ecotone on Niwot Ridge, east slope of the Front Range, was burned over in 1901. The upper two-thirds of the burned area shows no regeneration, with the exception of occasional seedlings surviving downwind from mature krummholz forms. Even below the former limit of tall trees, regeneration is extremely slow. The obvious question therefore arises: When was the forest-tundra ecotone established?

If survival of trees in the ecotone through the last 100 years or so has depended upon the species' ability to propagate through layering, it would seem unlikely that timberline and the ecotone would have been established during the last phase of the Neoglacial. Thus we must look at least as far back as the sub-hypsithermal, or in North Atlantic parlance, the Viking Period. So far no evidence has been found to support the contention that the Colorado Rocky Mountains experienced a significant warm period between 800 and 1 200 A.D. The few data available (MAHER, 1972; ANDREWS *et al,* 1973) indicate for the Front Range and San Juan Mountains that the most recent period of higher timberline occurred between 3,500 and 5,000 BP. The stratigraphic, macrofossil and radiocarbon data of ANDREWS *et al* (1973) for the San Juan Mountains, only 250 km distance from the Front Range, indicate that treeline was somewhat higher or equal to its present elevation from about 5,500 to 3,500 BP. Their inferences are based upon analysis of peat sections close to present timberline that were taken from valley-bottom, potentially wet sites, where even today krumm-

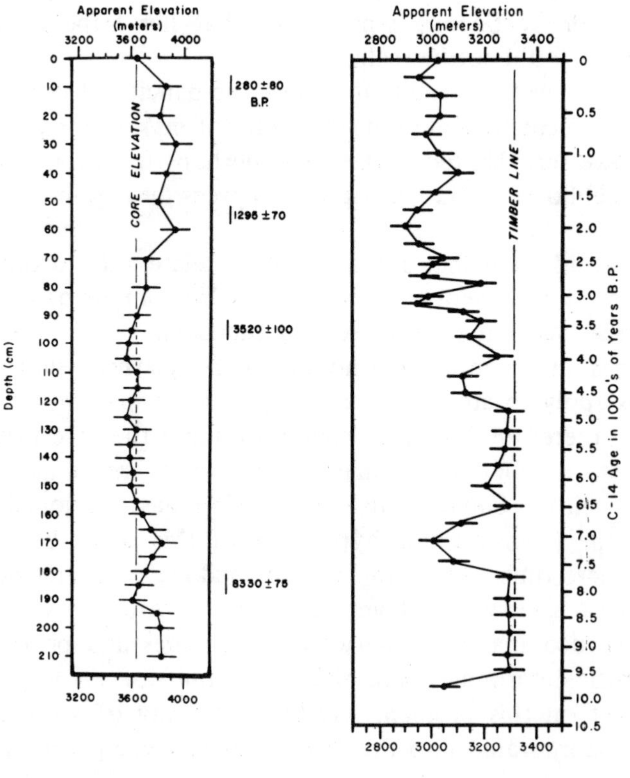

Fig. 1: Two profiles showing interpretations of treeline fluctuations through time based upon micro- and macro-fossil analysis of peat cores, together with radiocarbon dates. The left-hand diagram is from the San Juan Mountains; the right-hand diagram is from the Colorado Front Range. Collected by ANDREWS/ CARRARA and MAHER, respectively. Note that the two trends are essentially out of phase (see text).

holz forms exist 50–100 m higher on nearby relatively dry interfluves. The Front Range interpretations of MAHER (1972) would indicate treeline fluctuations synchronous with those interpreted for the San Juan Mountains but with an opposite sign. The two profiles are compared in *Figure 1.* MAHER's conclusions are based upon variations in spruce/pine pollen ratios with altitude and through time and may not be so reliable as the stratigraphic sections and macrofossils of trees. On the other hand, timberline variations in the two mountain areas may have occurred out of phase. Despite these uncertainties, the macrofossil evidence of ANDREWS *et al.* (1973) indicates a warmer climate and a higher timberline some 3,500 to 5,500 years ago. It also indicates that trees were growing on the floors of high cirques nearly 10,000 years ago, close after the end of the last major glacial stade (Pinedale).

In the Mt. Washington area of Nevada, LAMARCHE and MOONEY (1972) provided substantial evidence of timberline fluctuations and persistence of dead snags of bristlecone pine, *Pinus longaeva,* from the period 2,000 to 4,000 years ago. Their conclusion is that during this period timberline, as well as the ecotone altitude, was approximately 150 m higher than today. This would require a *wet* hypsithermal since *P. longaeva* at high altitude is dependent at least as much on moisture availability as upon temperature of the growing season. More recently BRADLEY (1974) has shown that within the period of instrumental record (1870–1970) climatic fluctuations across the southwestern United States most emphatically do not match fluctuations in eastern United States and Northwest Europe. Furthermore, KREBS (1972) concluded that individual mountain ranges, and even individual sites within 50 km distance in Colorado, have not shown synchrony in climatic change over the longer period of the life span of her bristlecone pines, such that her hopes of constructing a master chronology for the state could not be realized.

From the foregoing, it would seem that despite the paucity of palaeoecological data, two considerations must be recognized: (1) the difficulty of making long-distance palaeoclimatic correlations in southwestern United States, and perhaps in mountainous areas in general, and (2) the strong likelihood of the persistence of trees far beyond the timescale of secular climatic change.

In conclusion, it would seem that any attempt to relate natural timberlines in Colorado to climatic parameters of the twentieth century will have an air of unreality in face of the trees' ability to persist through perhaps several thousand years. If timberline and present climate are not in equilibrium in an area noted for the relatively slight impact of man, how much more will this apply to areas that have experienced massive anthropogenic impacts? Is it not appropriate, therefore, to regard timberlines and the forest-tundra ecotones above them, in part at least, as relics of a former warm climate, or climates? In the case of the arctic timberline of central Canada, NICHOLS (1976) has developed a similar thesis. To what extent would the main working hypothesis of this paper be applicable to tropical and southern hemisphere timberlines? In terms of making comparisons, would it not prove worth-while to attempt assessment of anthropogenic impacts as well as determination of the degree of causal incompatibility between timberlines and present climate? To what extent would systematic determination of altitudinal limits of seedlings and sexually propagating trees throw light on this problem? Systematic study of these and related problems could be profitably incorporated into the developing research program of the IGU Commission on Mountain Geoecology.

ACKNOWLEDGEMENTS

The writer is indebted to Dr. Harvey NICHOLS, Institute of Arctic and Alpine Research, for extensive discussions on the problems raised in this paper.

REFERENCES

ANDREWS, J.T., CARRARA, P.E., BARTOS, F., and STUCHENRATH, R. (1973): Holocene stratigraphy and geochronology of four bogs (3,700 m a.s.l.) San Juan Mountains, SW Colorado, and implications to the Neoglacial record. Geol. Soc. Amer., Abstracts with Programs, 5(6): 460–461.

BARRY, R.G. (1967): Seasonal location of the arctic front over North America. Geogr. Bull., Ottawa, Vol. 9(2): 79–95.

– (1973): A climatological transect along the east slope of the Front Range, Colorado. Arctic and Alpine Research, 5(2): 89–110.

BRADLEY, R.S. (1974): Secular changes of precipatation in the Rocky Mountains and adjacent western states. Ph.D. thesis, University of Colorado, 444 pp.

BRYSON, R.A. (1966): Air masses, streamlines, and the boreal forest. Geogr. Bull., Ottawa, Vol. 8(3): 228–269.

HARE, F.K. (1950): Climate and the zonal divisions of the boreal forest formations in Eastern Canada. Geogr. Rev., 40: 615–635.

HUSTICH, I. (1966): On the forest-tundra and the northern tree-lines. Ann. Univ. Turku., A, II, 36 (Rep. Kevo Subarctic Sta. 3), 7-47.

IVES, Jack D. (1973): Studies in high altitude geoecology of the Colorado Front Range: A review of the research program of the Institute of Arctic and Alpine Research, University of Colorado. Arctic and Alpine Research, 5(3, Pt. 2): A67–A75.

MARR, J.W., and MARR, R.E. (1973): Environment and phenology in the forest-tundra ecotone, Front Range, Colorado (Summary). Arctic and Alpine Research, 5(3, Pt. 2): A65–A66.

KREBS, J.S., and BARRY, R.G. (1970): The arctic front and the tundra-taiga boundary in Eurasia. Geogr. Rev., 60: 548–554.

KREBS, P.V. (1972): Dendrochronology and the distribution of the bristlecone pine (Pinus aristata Engelm.) in Colorado. Unpub. Ph. D. dissertation, University of Colorado, 211 pp.

KREBS, P.V. (1973): Dendrochronology of the bristlecone pine (Pinus aristata Engelm.) in Colorado, Arctic and Alpine Research, 5(2): 149–150.

MAHER, L.J., Jr. (1972): Absolute pollen diagram of Redrock Lake, Boulder County, Colorado. Quaternary Research, 2(4): 531–553.

LAMARCHE, V.C., and MOONEY, H.A. (1972): Recent climatic change and development of the bristlecone pine (P. longaeva Bailey) krummholz zone, Mt. Washington, Nevada. Arctic and Alpine Research, 4(1): 61–72.

NICHOLS, H. (1976): Historical aspects of the northern Canadian treeline. Arctic, 29(I): 38–47.

TROLL, C. (1972): Geoecology and the world-wide differentiation of high-mountain ecosystems, Geoecology of the High-Mountain Regions of Eurasia. Ed. Carl Troll, F. Steiner, Verlag GBMH, Wiesbaden, 1–16.

– (1973a): The upper timberlines in different climatic zones. Arctic and Alpine Research, 5(3, Pt. 2): A3–A18.

– (1973b): High mountain belts between the polar caps and the equator: Their definition and lower limit. Arctic and Alpine Research, 5(3, Pt. 2): A19–A27.

WARDLE, P. (1968): Englemann spruce (Picea engelmannii Engel.) at its upper limits on the Front Range, Colorado. Ecology, 49: 483–495.

ZUR KLIMATISCHEN DIFFERENZIERUNG VERGLEICHBARER HÖHENLAGEN IN DER ARGENTINISCHEN ZENTRALKORDILLERE UND PUNA

WOLFGANG ERIKSEN

Mit 3 Figuren

1. EINFÜHRUNG UND PROBLEMSTELLUNG

Eine der markantesten physisch-geographischen Erscheinungen im langgestreckten meridionalen Verlauf des Andenzuges Südamerikas ist der relativ steile Abstieg der klimatischen Schneegrenze südl. des 26. Breitengrades. Sie fällt – sofern im Bereich der Puna de Atacama überhaupt noch von einer Schneegrenze gesprochen werden kann – auf einer Distanz von nur 14 Breitengraden von über 6200 m Höhe im Bereich des Wendekreises in Nordargentinien auf unter 2000 m in Nordpatagonien (40° s.Br.) ab. Schon auf halber Distanz, im Bereich des Co. Aconcagua in der Zentralkordillere Argentiniens, sinkt die Grenze auf ca. 4600 m ab (HERMES 1955, FERUGLIO 1957, WILHELMY/ROHMEDER 1963). Zwar läßt sich mangels Baumvegetation ein parallellaufender Abfall der Baumgrenze nicht konstatieren, doch deutet das Absinken der Höhenstufe mit rezenter Bildung von Frostmusterböden von oberhalb 4600 m in der Puna auf die Höhenlage zwischen 3400 m und 4000 m in der Zentralkordillere in gleicher Weise einen rapiden klimatischen Wechsel in diesem Bereich der nordargentinischen Anden an. Damit unterscheidet sich dieser Abschnitt der Anden deutlich vom nördlich anschließenden Andenzug, der durch eine relativ einheitliche Höhenlage aller bekannten Höhengrenzen im Stockwerkbau des tropischen Hochgebirges gekennzeichnet ist (TROLL 1959).

Worin liegen die Ursachen dieses starken klimatischen Wandels im Meridionalschnitt und welche Konsequenzen hat er in physisch- und kulturgeographischer Hinsicht?

2. VERGLEICHENDE ANALYSE DER KLIMASTATIONEN VON CRISTO REDENTOR UND LA QUIACA

Für eine Beantwortung dieser Frage bietet sich naturgemäß ein Vergleich von Klimastationen an, die eine möglichst ähnliche Höhenlage aufweisen und die zugleich im Zentrum der untersuchten Hochgebirgseinheiten liegen. Als einzige Stationen, die diesen Bedingungen entsprechen und die zugleich relativ zuverlässiges Datenmaterial liefern, sind die Stationen von La Quiaca in der Puna Nordargentiniens und von Cristo Redentor an der argentinisch-chilenischen Grenze im Bereich der Zentralkordillere anzusehen *(Fig. 1)*. Die Meß- und Beobachtungsdaten dieser Stationen können und müssen mangels weiterer Stationen als repräsentativ für die trockene Puna bzw. für die Höhenregionen der außertropischen Zentralkordillere Argentiniens angesehen werden (PROHASKA 1956, 1961; CAPITANELLI 1967). Grundlage des Vergleichs bilden die vom Servicio Meteorólogico Nacional, Buenos Aires, veröffentlichten Klimadaten für den Zeitraum 1951–1960.

2.1. ATLANTISCHES UND PAZIFISCHES REGIME

Ausgangspunkt der vergleichenden Betrachtung hat die Lage der Stationen im weiteren Rahmen der atmosphärischen Zirkulation zu sein. Hier zeigen sich zunächst rela-

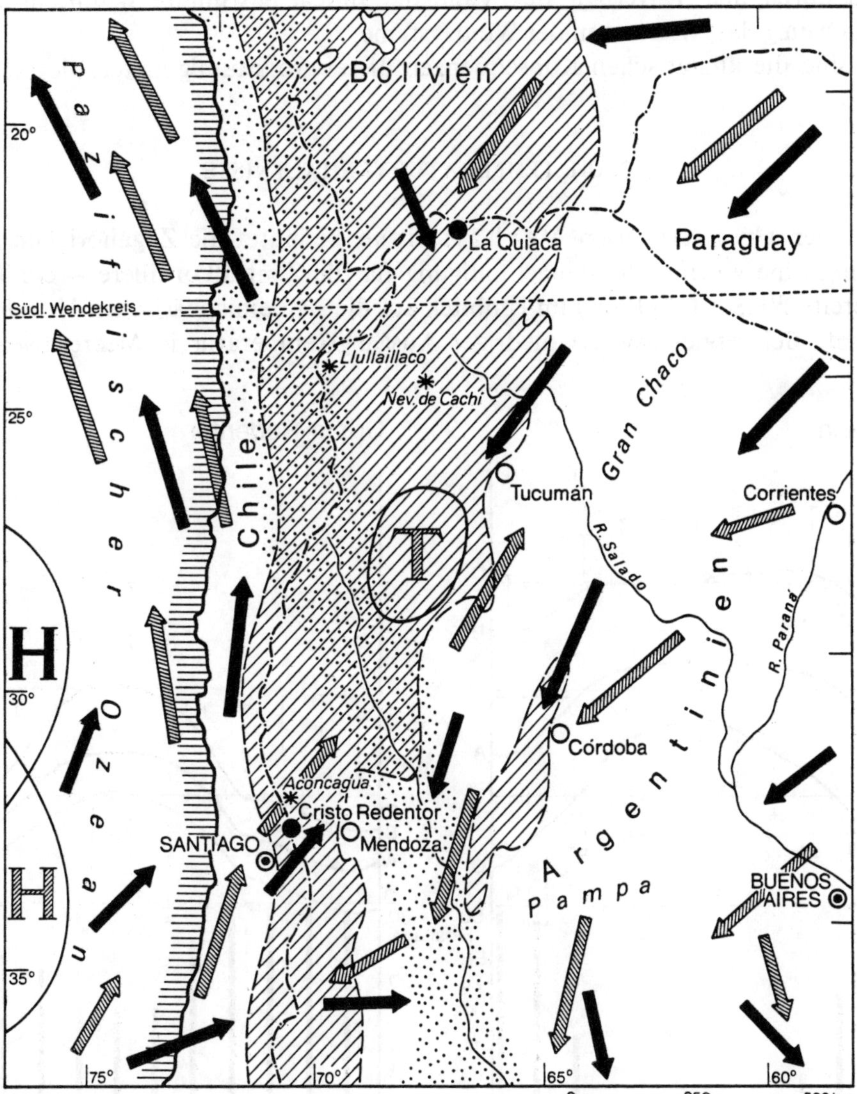

Fig. 1: Lage der untersuchten Stationen von La Quiaca und Cristo Redentor im großräumigen Strömungsfeld (Sommer: schraffiert, Winter: schwarz).

tive Ähnlichkeiten: Beide Teilräume liegen im Einflußbereich der südhemisphärischen Hochdruckzellen und damit passatischer Strömungen *(Fig. 1)*. Allerdings wird die Puna im wesentlichen vom „atlantischen Regime" mit überwiegend nördlichen Winden beeinflußt, deren Richtung in einzelnen Monaten durch Entwicklung von thermischen Tiefs im Nordwesten Argentiniens modifiziert wird, während die Zentralkordillere dem „pazifischen Regime" mit passatischer Strömung aus südlicher Richtung unterliegt (PROHASKA 1961). Letztere Strömung hält jedoch nur etwa zwei Drittel des Jahres an, da der südlich gelegene Raum im Winter bereits in den Einflußbereich der Westwindzone auf der Rückseite der pazifischen Antizyklone gerät, so daß hier nunmehr starke westliche Luftströmungen im Nahbereich der Frontalzone dominieren. Die in Cristo Redentor ganzjährig vorherrschende, weitgehend durch den Talverlauf des Valle del Juncal bestimmte Windrichtung SW verschleiert ein wenig das Alternieren der Windsysteme.

Welches sind die klimatischen Konsequenzen dieser großräumig-meteorologischen Zuordnung?

2.2. DIE TEMPERATURVERHÄLTNISSE

Bezüglich der thermischen Verhältnisse bedeutet die Zugehörigkeit zum pazifischen Regime eine wesentliche Benachteiligung für die Zentralkordillere – ein Tatbestand, auf den bereits WEISCHET (1968) im Hinblick auf die südhemisphärischen Mittelbreiten hingewiesen hat. Bei vergleichsweise niedriger Ausgangstemperatur in Meeresniveau liegt die

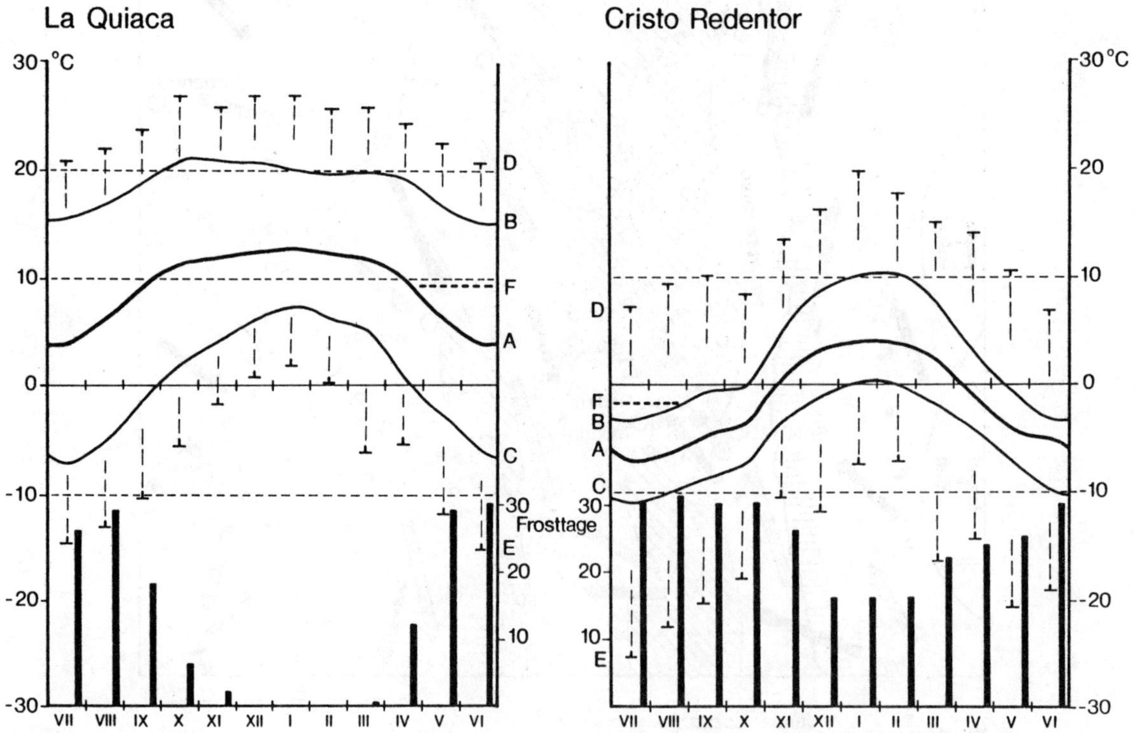

Fig. 2: Temperaturverhältnisse der Vergleichsstationen in Puna und Zentralkordillere, einschl. Anzahl der Frosttage. A: monatl. Mitteltemperaturen, B: mittl. Maximum, C: mittl. Minimum, D: absolutes Minimum, F: Jahresmitteltemperatur.

Mitteltemperatur von Cristo Redentor unter dem Einfluß der Höhenlage zu etwa zwei Drittel des Jahres unter dem Gefrierpunkt *(Fig. 2)*, so daß CAPITANELLI (1967) etwas pointiert formuliert, es gäbe nur eine Jahreszeit in den Höhenlagen der Hochkordillere: den Winter, der unter der Herrschaft von Frost, Schnee und stetigen, starken Winden als besonders unangenehm empfunden werde. Von April bis Oktober ist täglich mit Eistagen (bei absoluten Minima von – 25 °C), in allen anderen Monaten zumindest aber mit Frosttagen zu rechnen. Die Gesamtzahl der Tage mit Frost (Frostwechsel- und Eistage) beläuft sich auf 296. Allein in den Monaten Dezember bis Februar, in denen absolute Maxima von + 16 bis + 19 °C erreicht werden können, wird nur in der Hälfte der Zahl der Tage Frost registriert.

Im Vergleich zu dieser Situation ist das Temperaturniveau der etwa gleich hoch gelegenen Puna bei La Quiaca wesentlich höher, im Mittel um 10,8 °C. Da zugleich die mittlere Tagesschwankung (18 °C, im Winter bis über 23 °C) beträchtlich größer ist als die Jahresschwankung (8,7 °C), ist an der Zugehörigkeit dieser Station zu den Tropen nicht zu zweifeln, während die Zentralkordillere bereits eindeutig jenseits der Gleichgewichtslinie Tages/Jahresschwankung liegt (8,2 °C bzw. 11,2 °C).

Natürlich ist bei dem im Vergleich zum tropischen Tiefland doch relativ niedrigen mittleren Temperaturniveau der Puna infolge der strahlungsbedingten überdurchschnittlichen Tagesschwankungen mit einer verhältnismäßig großen Zahl von Tagen mit Frost zu rechnen, doch bleibt diese Zahl (152) beträchtlich hinter derjenigen von Cristo Redentor (296) zurück, wobei im Raum La Quiaca bei einer absoluten Tiefsttemperatur von – 18 °C im Juni und Juli nur sehr wenige Eistage registriert worden sein dürften. Erstaunlicherweise sind trotz der bedeutenden Höhenlage von über 3400 m drei Sommermonate (Dezember – Februar) auf der Puna im Bereich von La Quiaca absolut frostfrei und auch der März und November können mit Werten von 0,1 bzw. 2 Frosttagen als nahezu frostfrei angesehen werden.

Worin liegt die Ursache für diese Situation relativer thermischer Gunst? Es handelt sich bei den genannten Sommermonaten um jene Zeit des Jahres, in der von den passatischen Strömungen des atlantischen Regimes relativ feuchte Luftmassen (bis 8,0 mb Dampfdruck und 60 % r.F.) aus nordöstlicher Richtung herangeführt werden *(Fig. 1 und 3)*. Der Stau am Osthang der Anden führt zu kräftiger Wolkenbildung, wie es Satellitenbilder immer wieder beweisen (BREUER 1974). Die Aufnahmen zeigen zugleich, daß das Wolkenfeld jedenfalls randlich über den östlichen Punarand hinausgreift bis in dem Raum der Trockenpuna. Diese wird durch die sommerliche Strahlung sehr intensiv aufgeheizt, so daß sich unter kräftigen Konvektionsvorgängen in einem zweiten Stockwerk der tropischen Troposphäre (WEISCHET 1965 und 1969) relativ mächtige Cumulus- und Cumulonimbuswolken bilden. Die Zahl der heiteren Tage (3–4 im Monat) ist dadurch sehr gering, die Anzahl der trüben Tage (13–16) und Tage mit Gewitter (9–12) relativ hoch. Aus dem Strömungs- und Temperaturfeld der freien Atmosphäre über den Anden schließt SCHWERDTFEGER (1961) für den Sommer sogar auf die Ausbildung eines stationären thermischen Höhenhochs über dem subtropischen Hochland der Anden. Da sich die mittleren Temperaturmaxima mehrere Monate lang um etwa 20 °C halten, ist zu vermuten, daß die sommerliche Bewölkung offenbar die weitere Aufheizung der Hochfläche behindert und damit die Temperaturkurve „kappt" *(Fig. 2)*.

Die Situation ändert sich sprunghaft ab April, wenn über N (April, Mai) auf NW (Juni/August) und W (August), zeitweise auch S (Juni) drehende Winde ausgesprochen trockene Luftmassen (2–3 mb Dampfdruck bzw. 20–30 % r.F.) heranführen. Die Bewölkung lockert stark auf, die Zahl der heiteren Tage steigt auf über 20 im Monat. Es ist dies die Zeit des

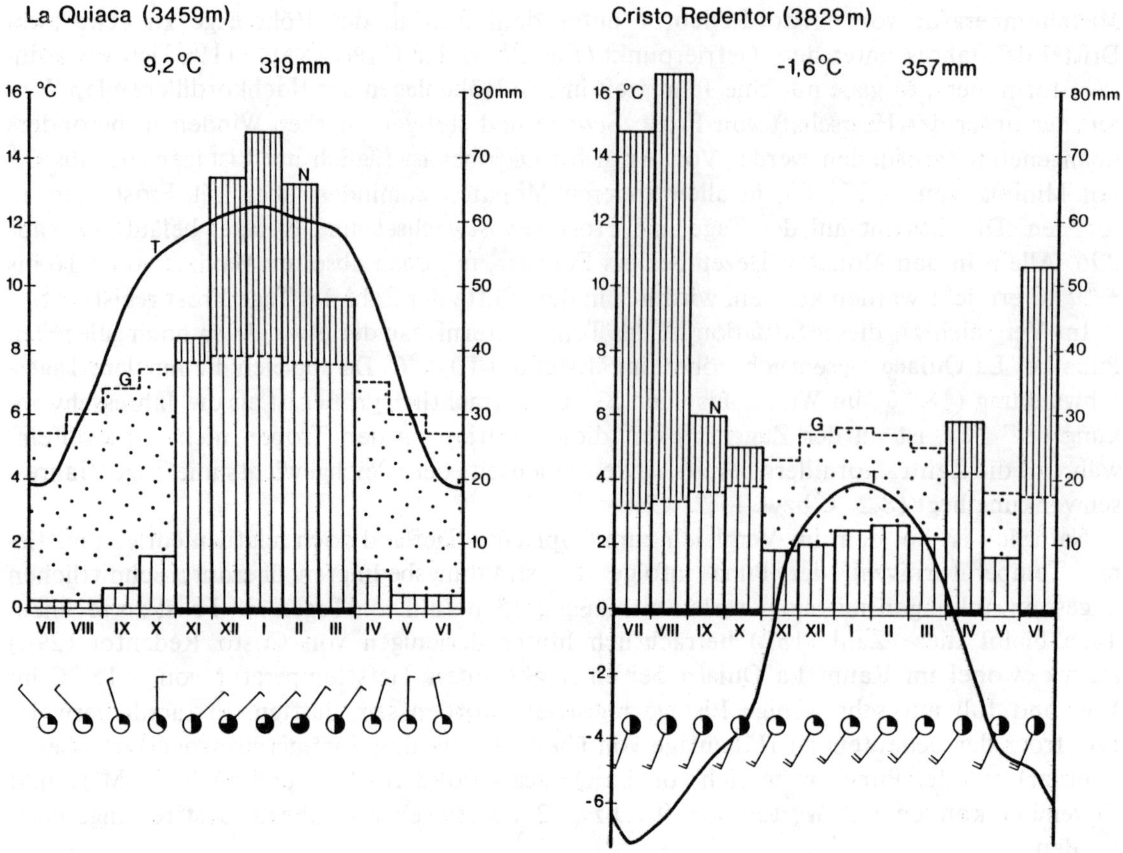

Fig. 3: Klimadiagramme von La Quiaca (Puna) und Cristo Redentor (Zentralkordillere): Niederschlag, Temperatur, Aridität/Humidität, mittlere Bewölkung und häufigste Windrichtung.
T: Temperatur, N: Niederschlag, G: nach Trockengrenzformel von T.Ch. Wang bestimmte „Grenzniederschlagswerte". Eng schraffiert: überschüssige Niederschlagsmengen (humid), punktiert: Niederschlagsdefizit (arid).

wolkenlosen, dunkelblauen Hochandenhimmels, unter dem bei sehr geringer Luftbewegung (6–8 km/h und 45–49 % Calmentermine) eine ungehinderte Ein- und Ausstrahlung erfolgen kann, so daß sich nunmehr das bekannte autochthone Hochflächenklima der Puna voll entwickelt. Leider fehlen statistische Angaben über die Intensität der Strahlung in diesem Raum, doch wird ihr Einfluß über die Temperaturwerte klar erkennbar. Die mittlere Tagesschwankung steigt auf über 22 °C, im Einzelfall auf 27 °C (CABRERA 1968), die Zahl der monatlichen Frosttage schnellt auf 25–30 empor mit absoluten Minima von unter – 15 °C.

Offenkundig unter dem Einfluß eines gegenläufigen Luftmassentransportes und einer im Vergleich zur Zentralkordillere spiegelbildlichen Bewölkungsverteilung im Verlaufe des Jahres weist die Frostwechselhäufigkeit in diesem Bereich der Trockenpuna einen ausgeprägten Jahresgang auf, der sich kaum mit dem insgesamt gedämpften Jahresgang der Temperatur in tropischen Breiten deckt und der auch die jahreszeitliche Schwankung der Frostwechselhäufigkeit in der Hochkordillere übertrifft.

Im Bereich von Cristo Redentor ist zwar die mittlere Bewölkung des Jahres (3,2) ähnlich gering wie über der Puna von La Quiaca (3,3) und damit in erster Annäherung auch die Strahlung, doch trägt hier sowohl die jahreszeitlich gegenläufige Bewölkungsverteilung als auch die starke Luftbewegung in allen Jahreszeiten (Mittel 32 km/h und nur 7 % Calmentermine) zu einer ausgesprochen fremdbürtigen, allochthonen Prägung des Klimas bei. Nur kurzfristig im Winter, insbesondere im August, herrschen auch auf der Puna ähnlich rauhe, unwirtliche Bedingungen vor, wenn an etwa 10 % der Termine der kühle Westwind als Teil des hochtroposphärischen Westwindgürtels mit hoher Geschwindigkeit über die Hochebene bläst und den ausgetrockneten Sand aufwirbelt.

Zwischenzeitlich zusammenfassend kann festgehalten werden, daß die argentinische Trockenpuna thermisch eindeutig gegenüber einer etwa gleich hohen Lage der subtropischen Hochandenregion begünstigt ist. Dieses ist zwar auf Grund der Breitenlage durchaus zu erwarten, hat jedoch zugleich zur Folge, daß die Ausbildung von thermischen Jahreszeiten im Bereich der randtropischen Puna deutlicher ist als in der Zentralkordillere. Diese Aussage fügt sich kaum in die allgemeine Vorstellung von der ökologisch wirksamen Jahreszeitengliederung in den Tropen und Außertropen ein. Das Verhältnis von geringem zu großem Einfluß der thermischen Verhältnisse auf die Jahreszeitengliederung in den Tropen bzw. Außertropen kehrt sich in den Höhenlagen der Hochgebirge dieser Zone offenbar um, indem – wie bereits betont – in der außertropischen Zentralkordillere thermisch gesehen nur eine Jahreszeit, der Winter, vorherrscht, während auf der randtropischen Trockenpuna deutlich zwei thermische Jahreszeiten mit einem relativ warmen, absolut frostfreien, luftfeuchten und bewölkungsreichen Sommer sowie einem relativ kühlen, frostreichen, lufttrocknen und wolkenarmen Winter zu unterscheiden sind.

2.3. DIE NIEDERSCHLAGSVERHÄLTNISSE

Wie gestaltet sich im Vergleich dazu die Situation bezüglich der hygrischen Verhältnisse, d.h. der Niederschlagsmenge und -verteilung im Jahresgang?

Bedauerlicherweise steht hier streng vergleichbares Datenmaterial nicht zur Verfügung, da die Totalisatormessungen am Zentralandenpaß bei Cristo Redentor nur sehr fehlerhaft erfolgen und daher Niederschlagswerte nicht in die amtliche Statistik aufgenommen werden. Insbesondere in den gefürchteten Schneestürmen, den *„vientos blancos"*, mit Geschwindigkeiten von über 80 km/h (bis max. 250 km/h) werden die Schneemassen sehr häufig und intensiv umgelagert, so daß die Messungen kaum reelle Werte ergeben können. Ersatzweise können jedoch Niederschlagsdaten aus einer Untersuchung CAPITANELLI's (1967) über das Klima der Provinz Mendoza herangezogen werden. Sie müssen zwar aus den genannten Gründen durchaus kritisch bzgl. ihrer Aussagekraft gewertet werden, dürften jedoch sowohl nach der Größenordnung als auch in bezug auf die jahreszeitliche Verteilung näherungsweise brauchbar sein. Ein strenger Vergleich verbietet sich bereits auf Grund der unterschiedlichen Meßperioden (bei CAPITANELLI nicht angegeben).

Die von CAPITANELLI genannte Jahresmenge des Niederschlags beläuft sich auf 357 mm und ist damit nur unwesentlich größer als die Menge in der Puna bei La Quiaca (319 mm). Dabei ist natürlich zu berücksichtigen, daß gerade die Niederschlagsmenge durch die Reliefgestaltung im Hochgebirge starken regionalen Unterschieden unterliegt.

Sowohl die relative Übereinstimmung der Niederschlagsmenge in den beiden Tailräumen, als auch das absolut geringe Maß von weniger als 400 mm erklärt sich zwanglos aus der gemeinsamen Lage im Randbereich antizyklonaler, passatischer Zirkulationssysteme. Da die zwei verglichenen Gebiete jedoch eindeutig dem Einflußbereich verschiedener Hochdruckzellen und damit unterschiedlicher Zirkulationseinheiten zuzuordnen sind, kann die jahreszeitliche Verteilung arider und humider Monate nicht gleich sein. Beide Stationen sind durch die bekannte südamerikanische Trockendiagonale voneinander getrennt und liegen jeweils an ihrem östlichen bzw. westlichen Rande *(Fig. 1)*.

Die Puna erhält den Niederschlag entsprechend ihrer Lage in den Randtropen fast ausschließlich im Sommer (November bis März) aus den passatischen Ostströmungen der atlantischen Antizyklone, wobei sie bereits im Lee der stärker beregneten subandinen Sierren des bolivianisch-argentinischen Andenblocks liegt. Die Wintermonate des Jahres sind bei Lufttransport aus nördlicher, nordwestlicher und westlicher Richtung fast niederschlagsfrei (vgl. auch die geringe Bewölkung, *Fig. 3*).

Im scharfen Kontrast hierzu fällt die überwiegende Menge (59 %) des Niederschlags der Zentralkordillere in den Wintermonaten Juni bis August, so daß sich der Raum hygrisch eindeutig als Teil des außertropischen Winterregenbereiches mit Kern in Mittelchile zu erkennen gibt. Dabei ist es bemerkenswert, daß die Grenze zum atlantisch geprägten Sommerregenregime östlich von Cristo Redentor noch innerhalb der Anden, also westlich Mendozas, liegt (CAPITANELLI 1967).

Mit der Verlagerung der pazifischen Hochdruckzelle nach Norden gelangt, wie schon erwähnt, die Zentralkordillere in den Einflußbereich der südhemisphärischen Westwindzone mit dem unregelmäßigen Durchzug von Tiefdruckausläufern (HUSEN 1967). Schon ab April verdichtet sich die Bewölkung, die in den Wintermonaten an den Westhängen und im Zentrum der Kordillere unter meist sehr stürmischer Luftbewegung ausregnet bzw. ausschneit. Bei den gegebenen tiefen Temperaturen fällt der Niederschlag in der Höhe von ca. 3800 m nur in fester Form. Gegen Osten lockert die Bewölkung in der Regel rasch auf, und der in die Täler der Andenostabdachung absinkende Westwind macht sich als gefürchteter Föhn der argentinischen Anden *(„Zonda")* mit beträchtlicher Erwärmungs- und Austrocknungstendenz bis weit in das östliche Andenvorland hinein bemerkbar (GEORGII 1951, CAPITANELLI 1967).

Wenn hier die Frage nach der jahreszeitlichen Gliederung des Klimas in den beiden Vergleichsräumen der Randtropen und Außertropen wieder aufgegriffen wird, so meine ich, daß die bereits herausgestellte Zweigliederung des Jahres im Bereich der Puna seca durch die hygrischen Verhältnisse klar unterstrichen wird: Einem relativ humiden wolkenreichen, luftfeuchten und thermisch milden Sommer steht ein fast absolut arider, lufttrockner, strahlungsintensiver und frostreicher Winter gegenüber. Diese hygrische Jahreszeitengliederung entspricht durchaus den sonst für das Tropenklima charakteristischen Gliederungsprinzipien, auch wenn die Gesamtsumme des Niederschlags im semiariden Punabereich nur relativ klein ist und der Niederschlag nur unregelmäßig, episodisch fällt.

Etwas anders liegen die Verhältnisse dagegen im Zentralandenbereich. Hier fällt zwar auch im Sommer sporadisch Schnee bis in Höhen unterhalb der Paßregion von Cristo Redentor, doch wird der Jahresgang sehr klar durch den relativ intensiven, von starkem Sturm begleiteten Schneefall *(„viento blanco")* im Winter geprägt.

2.4. KLIMATOLOGISCHE SCHLUSSFOLGERUNGEN

Zieht man nunmehr die Betrachtungen über die thermischen und hygrischen Verhältnisse zusammen, so scheint zumindest für den Nahbereich der untersuchten Anden-Höhenstationen eine Umkehr der sonst für das Tiefland gültigen Prinzipien der Jahreszeitengliederung vorzuliegen: Statt der im Tiefland vorherrschenden hygrischen Jahreszeitengliederung der Tropen und der thermischen Gliederung in den Außertropen, deutet sich für den Bereich der randtropischen Hochanden über 3000 m eine Tendenz zu stärker thermisch bedingter Gliederung in den Tropen (Trockenpuna) und zu einer eher hygrischen Gliederung in den Außertropen (Zentralkordillere) an.

Auf jeden Fall wird deutlich, daß sich die Klimaregionen von Puna und Zentralkordillere klar voneinander unterscheiden. Die südamerikanische Trockendiagonale trennt die beiden Regionen sehr scharf voneinander, so daß es schwerfällt, Übergänge oder „Beziehungen" zwischen den tropischen und außertropischen Höhenbereichen aufzuzeigen.

Man muß auch hier unterstreichen, wie wenig sinnvoll es ist, das Klima dieser Teilregionen in Klimaklassifikationen durch übereinstimmende Signaturen miteinander gleichzusetzen, wie es in zahlreichen Veröffentlichungen und Klassifikationen geschieht. Viel sinnvoller ist es, die Höhenklimate als Höhenvarianten der entsprechenden Tieflandsklimate oder der jeweiligen Klimazone einzustufen (TROLL/PAFFEN 1964). Erst dann wird es möglich, die teilweise beträchtlichen Unterschiede der physisch- und kulturgeographischen Konsequenzen zu verstehen und einzuordnen.

3. KONSEQUENZEN DER KLIMATISCHEN DIFFERENZIERUNG

Es sollen hier nur zwei Konsequenzen der oben herausgearbeiteten klimatischen Differenzierung zwischen Puna und Zentralkordillere herausgestellt werden: die Lage der einleitend erwähnten Schneegrenze und die Besiedlung.

Das bereits angesprochene Phänomen des starken Absinkens der Schneegrenze von über 6000 m auf der Breite von La Quiaca auf ca. 4500 m im Bereich von Cristo Redentor ist kaum auf höhere Niederschläge im Süden zurückzuführen, da sich nördlich des Co. Aconcagua die fast niederschlagsfreie Trockenachse quer über die Anden legt und da auch im Bereich der betrachteten Stationen jährlich etwa gleiche Niederschlagsmengen fallen. Eher ist anzunehmen, daß die unterschiedliche Höhenlage der klimatischen Schneegrenze die völlig konträre jahreszeitliche Kombination von Niederschlag, Strahlung, Temperatur und Verdunstung widerspiegelt: Die extrem hohe Lage der Schneegrenze im Bereich der Puna resultiert aus dem geringen Gesamtniederschlag (Sommerregen), der unter dem Einfluß relativ hoher Sommertemperaturen bis in Höhen von 4300 m nicht als Schnee, sondern als Regen fällt (CABRERA 1968). Im Winter fällt kein Niederschlag, vielmehr wird in dieser Zeit durch die sehr intensive Strahlung und Verdunstung (Lufttrockenheit!) der im Sommer gefallene Schnee weitgehend wieder aufgezehrt. Die Schneegrenze wandert hier also, wie auch sonst im Bereich der tropischen Hochgebirge, in der kälteren Jahreszeit nach oben statt nach unten (TROLL 1955).

Konträr dazu ist die Situation in der außertropischen Zentralkordillere, wo die Zeit der maximalen Niederschläge zugleich die Periode niedrigster Temperaturen und geringster Strahlungsintensität ist, so daß die Schneedecke im Winter ein beträchtliches Ausmaß erreicht und die Schneegrenze im Winter von der Höhe herabrückt. Das niedrige Niveau der Sommertemperatur reicht nicht aus, um die Schneegrenze in der relativ wärmeren Jahreszeit bis in größere Höhen zurückweichen zu lassen, so daß sie insgesamt weit unterhalb der Höhenlage im Punabereich verbleibt. Die Strahlungs- und Schmelzprozesse im Sommer sind jedoch immer noch so intensiv, daß sich gerade im Bereich der Zentralkordillere, insbesondere zwischen 32° und 35° s.Br., aus der mächtigen winterlichen Schneedecke herrliche

Büßerschneefelder entwickeln (TROLL 1942), ein Phänomen, das auf Grund der skizzierten klimatischen Bedingungen im Punabereich kaum vorgefunden werden kann.

Auch in kulturgeographischer Hinsicht, insbesondere in der Besiedlung der Höhenlage, spiegelt sich die Verschiedenartigkeit der Klimate in Puna und Zentralkordillere deutlich wider. Während die im Sommer milde und frostfreie Puna im Bereich der recht lebendigen Grenzstädte La Quiaca (Argentinien) und Villazón (Bolivien) relativ dicht von hauptsächlich indianischer Bevölkerung besiedelt ist, die hier eine extensive Viehwirtschaft (Lamas, Schafe) auf der Grundlage der vergleichsweise artenreichen xerophytischen Vegetation der Trockenpuna (vorherrschend Zwergsträucher und harte Büschelgräser, vgl. CABRERA 1968 und WERNER 1974) betreibt, ist die unwirtliche argentinische Zentralandenregion im Bereich von Cristo Redentor praktisch siedlungsleer (CAPITANELLI 1967). Auf den trocknen Geröllflächen mit sehr lückiger Zwergstrauch- und Grasvegetation ist eine viehwirtschaftliche Nutzung, wenn überhaupt, dann nur für wenige Wochen im Jahr möglich (Sommerweide von tiefer gelegenen Betrieben). Allein die mit dem transandinen Grenzverkehr auf Schiene und Straße verbundenen Aufgaben haben zur Gründung einer kleinen Siedlung nahe Cristo Redentor geführt: Las Cuevas in der Quebrada de Matienzo, ein Ort, der im Winter meist wochenlang von der Außenwelt abgeschnitten ist und der bereits mehrfach schwere Zerstörungen durch Lawinenabstürze von flankierenden Berghängen erlitten hat – ein anschaulicher Beweis für die klimatische Ungunst der Hochgebirgslagen dieser außertropischen Klimazone.

4. ZUSAMMENFASSUNG

Der Vergleich der hochandinen Klimastationen von La Quiaca (argentinische Puna) und Cristo Redentor (argentinische Zentralkordillere) ergibt eine grundlegende Differenzierung der thermischen und hygrischen Verhältnisse in den betrachteten randtropischen bzw. außertropischen Andenbereichen.

Zugleich deuten die Klimawerte dieser Höhenstationen eine Umkehr der sonst für das Tiefland gültigen Prinzipien der Jahreszeitengliederung an: Für den Bereich der randtropischen Hochanden (Puna) wird eine Tendenz zu stärker thermisch bedingter Gliederung, für die außertropische Zentralkordillere zu einer eher hygrischen Gliederung des Jahres erkennbar. Beobachtungen zum Schneegrenzverlauf und zur Besiedlung der Räume unterstreichen die Bedeutung dieser klimatischen Differenzierung in den Hochlagen der Anden.

LITERATUR

BREUER, A. (1974): Die Bewölkungsverhältnisse des südhemisphärischen Südamerika und ihre klimageographischen Aussagemöglichkeiten. Diss. Bonn.

CABRERA, A.L. (1968): Ecología vegetal de la Puna. Coll. Geogr. 9. Bonn, 91–116.

CAPITANELLI, R.G. (1967): Climatología de Mendoza. Bol. de Estud. Geogr. XIV, Mendoza.

DAUS, F.A. (1972): Geografía de la Argentina. Parte física. Buenos Aires.

FERUGLIO, E. (1957): Los glaciares de la Cordillera Argentina. GAEA, Geogr. de la Rep. Argentina, T. VII, 1. Buenos Aires.

GARCIA, C.V. (1967): Análisis de las clasificaciones climáticas del Territorio Argentino. Centro de Estud. Geogr. Ser. A. 24. Buenos Aires.

GEORGII, W. (1951): El Zonda mendocino según sondeos realizados con avión. Actas de la Semana de Geografía. Mendoza. 403–415.

GUTMAN, G.J. and W. SCHWERDTFEGER (1965): The role of latent and sensible heat for the development of a high pressure system over the subtropical Andes, in the summer. Met. Rdsch. 18. Jg. 3. 69–75.

HERMES, K. (1955): Die Lage der oberen Waldgrenze in den Gebirgen der Erde und ihr Abstand zur Schneegrenze. Kölner Geogr. A. 5.

HUSEN, Ch. v. (1967): Klimagliederung in Chile auf der Basis von Häufigkeitsverteilungen der Niederschlagssummen. Freib. Geogr. H. 4.

PROHASKA, F. (1956): Über die meteorologischen Stationen der Hohen Cordillere Argentiniens. 51.–53. Jahresber. Sonnblick-Verein, 1953–1955. Bd. 51–53. Wien.

– (1961): Algunos aspectos del clima de la Alta Cordillera y de la Puna Argentina. Bol. de Estud. Geogr. VIII, Mendoza. 21–30.

SCHWERDTFEGER, W. (1961): Strömungs- und Temperaturfeld der freien Atmosphäre über den Anden. Met. Rdsch. 14. Jg. 1. 1–6.

SERVICIO MET. NAC. (1965): Estadisticas climatológicas 1951–1960. Publ. B. No. 6. Buenos Aires.

TROLL, C. (1942): Der Büßerschnee in den Hochgebirgen der Erde. Pet. Mitt. Erg.-H. 240. Gotha.

– (1955): Die Klimatypen an der Schneegrenze. Actes du IV. Congr. Int. du Quat. Rome–Pise 1953. Rom. 1–11.

– (1959): Die tropischen Gebirge. Bonner Geogr. Abh. 25.

– und KH. PAFFEN (1964): Karte der Jahreszeiten-Klimate der Erde. Erdkunde XVIII. 1. 5–28.

WEISCHET, W. (1965): Der tropisch-konvektive und der außertropisch-advektive Typ der vertikalen Niederschlagsverteilung. Erdkunde XIX, 1. 6–14.

– (1968): Die thermische Ungunst der südhemisphärischen hohen Mittelbreiten im Sommer im Lichte neuer dynamisch-klimatologischer Untersuchungen. Regio Basil. IX, 1. 170–189.

– (1969): Klimatologische Regeln zur Vertikalverteilung der Niederschläge in Tropengebirgen. Die Erde. 2–4. 287–306.

WERNER, D.J. (1974): Landschaftsökologische Untersuchungen in der argentinischen Puna. Tag.-ber. u. wiss. Abh. Dt. Geogr.-Tag. Kassel 1973. Wiesbaden. 508–528.

WILHELMY, H. und W. ROHMEDER (1963): Die La Plata-Länder. Braunschweig.

DISKUSSION ZUM BEITRAG ERIKSEN

Prof. Dr. W. Weischet:

Es ist sicher interessant, den Einfluß der unterschiedlichen thermischen Jahreszeiten auf den raschen Abstieg der Schneegrenze genau zu analysieren. Nur würde ich vorsichtig sein mit der vorausgeschickten Feststellung, daß das Absinken nicht auf die Zunahme der Niederschläge zurückzuführen ist. Im subtropischen advektiven Winterregengebiet können die Niederschläge noch über der Stationshöhe von Cristo Redentor zunehmen, während das bei der randtropischen Station von La Quiaca sicher nicht der Fall ist.

Später zum Problem Schneegrenze.

Auch wenn es im Kleinen und Großen Norden keine Schneegrenze im Sinne einer Haushaltsgrenze gibt, so bleibt das Problem (in anderer Formulierung) dasselbe: Bei Cristo Redentor gibt es auf den Gletschern eine Haushaltsgrenze. Die Frage ist dann, warum sie nördlich nicht mehr vorhanden ist, wenngleich die Gipfelhöhen z.B. am Ojos del Salado über 6 500 m steigen.

Prof. Dr. W. Czajka:

Der Ableitung, daß die Hochlandniederschläge von La Quiaca (3 500 m) von den sommerlichen Regenwetterlagen herrühren, die sich im atlantischen Bereich im Zusammenhang mit der meridional gerichteten Tiefdruckrinne über dem südamerikanischen Festland bilden, würde ich gern beitreten. Mit nicht völliger Sicherheit habe ich bisher der pazifischen Wasserdampfzufuhr Einfluß einräumen wollen, gestützt auf Flohn, Schwerdtfeger und Prohaska. Nach ihnen liegt über dem Hochland bei sommerlicher Aufheizung ein Höhenhoch mit Neigung zu Konvektionsvorgängen; auch werden die Gipfel hier in die Westwinde der mittleren Troposphäre hineinreichen. Die Windbeobachtungen von La Quiaca sprechen nicht für ein überwiegend antizyklonales Windsystem. Aber Anzeichen für die Wirksamkeit von Westwinden sind im Hochland vorhanden; die feuchtere Westseite des Cō. Socompa, die ostwärtige Anhäufung von Flugsanden, auch im Lee von überwehten Bergketten.

Das Auftreten von orkanstarken Westwinden, wohl mit Schneetreiben verbunden, wird für 27° 20′ im Niveau 4 500 – 5 000 m am südlichen Punarand durch große Windschliff-Blöcke bewiesen, die in relativ dichter Lage nebeneinander auftreten und ihre Spitze alle gleichmäßig nach WNW ausgerichtet haben. Der Sturm setzt dort im unbewachsenen Gelände ein natürliches, sehr effektives Sandstrahlgebläse in Tätigkeit. Abbildungen als Beleg hierfür wurden von mir 1972 in der Zeitschr. f. Geomorphologie veröffentlicht.

Dr. K. Garleff:

Unter Berücksichtigung vegetationsgeographischer Beobachtungen kann angezweifelt werden, daß die Station Cristo Redentor repräsentativ für die weitere Umgebung, d.h. für die Hochkordillere von Mendoza und San Juán ist. So tritt z.B. gerade im Rio Mendoza-Tal in Höhen zwischen ca. 2 600 und ca. 3 300 m eine lückenhafte Mattenstufe auf, die den Nachbartälern weitgehend fehlt und auf höhere Humidität im Mendoza-Tal hinweist. Diese höhere Humidität dürfte durch verstärktes Übergreifen der winterlichen zyklonalen Westwindniederschläge im Zuge des Aconcagua-Tales bedingt sein, das auch an der Reihe meteorologischer Stationen zwischen Cristo Redentor und dem Vorland bei Mendoza zu erkennen ist und offensichtlich einige Zehner von Kilometern nach E über den Paß hinwegreicht.

Prof. Dr. W. Lauer:

Die Station La Quiaca als Repräsentant einer randtropischen Hochfläche zeigt – ähnlich wie z.B. die zentralmexikanische Meseta – deutlich, daß ihr Klimaregime besonders im Sommer noch tropisch genannt werden kann. Im Winter ist aber das thermische Verhalten, angezeigt durch das starke Absinken der winterlichen Minimumtemperaturen, schon deutlich außertropisch geprägt. Für die randtropische Puna gilt wie für die randtropische Meseta Mexikos, daß man das hygrische Regime tropisch nennen kann, das thermische aber nur noch mit Einschränkungen, da es vielen Einflüssen der außertropischen Witterungserscheinungen unterliegt, die besonders im Winter durch niedrige Minimumtemperaturen und eine stärkere interdiurne Veränderlichkeit der Temperatur wirksam werden.

Prof. Dr. W. Eriksen:

Zu Weischet: Der Zusammenhang zwischen Schneegrenzlage und Niederschlagsmenge im untersuchten Gebiet wird erst abschließend geklärt werden können, wenn exaktere Klimadaten – insb. aus dem schneegrenznahen Bereich – vorliegen, so daß Haushaltsuntersuchungen möglich werden. Die vermutete Zunahme der Niederschläge oberhalb von Cristo Redentor ist durchaus wahrscheinlich, sie dürfte sich jedoch nach DE FINA (Zit. bei CAPITANELLI, 1967) im Bereich des Co. Aconcagua nur auf den relativ geringen Betrag von ca. 150 mm belaufen (Jahresmenge insgesamt also ca. 500 mm).

Auch für die Höhenzüge um La Quiaca dürfte im übrigen noch eine geringfügige Niederschlagszunahme im Vergleich zum angegebenen Stationswert zu erwarten sein, da die Gipfel teilweise in das Kondensationsniveau über der Puna hineinragen.

Insgesamt scheint eine Untersuchung des Komplexes Niederschlag/Schneegrenze/Gletscherhaushalt im Bereich der Anden am südlichen Wendekreis sehr wünschenswert zu sein.

Zu Czajka: Am gelegentlichen Auftreten heftiger Westwinde im Bereich der Puna von La Quiaca besteht kein Zweifel. WILHELMY/ROHMEDER (1963) sprechen von eisigen Weststürmen im Winter, die Orkanstärke erreichen könnten. Nach der Klimastatistik haben die Westwinde ihre größte Häufigkeit (10 %) und Stärke (durchschnittlich 20 km/h) im August, abgeschwächt im Juli und September. In allen übrigen Monaten des Jahres treten sie nach Häufigkeit und Stärke weit hinter den anderen genannten Windrichtungen zurück.

Die Existenz des thermischen Höhenhochs im Sommer scheint nach den Untersuchungen von SCHWERDTFEGER gesichert zu sein.

Zu Garleff: Es entspricht dem Charakter des Hochgebirges, daß die Stationswerte von Cristo Redentor nicht für einen weiteren Bereich der Zentralkordillere repräsentativ sein können, zumal es sich um eine Paßlage handelt, an der ein gelenktes Übergreifen pazifischer Luftmassen über den Andenkörper sehr erleichtert wird. Aus den im Referat genannten Gründen konnte jedoch allein diese Station in die vergleichende Untersuchung einbezogen werden.

LA VEGETACION DE PATAGONIA Y SUS RELACIONES CON LA VEGETACION ALTOANDINA Y PUNEÑA

ANGEL LULIO CABRERA

Con 4 figuras gráficas y 16 photos

En el extremo sur de America, al este de los Andes, se encuentra un extenso territorio de clima árido y vegetación pobre, conocido con el nombre de Patagonia *(Fig. 1)*. Esta denominácion se debe a estar primitivamente poblado por los ,,patagones", nombre dado por Magallanes a los indígenas de la región debido a sus largas piernas.

El concepto geográfico incluye en la Patagonia todo el territorio argentino que se halla al sur del rio Colorado, entre los paralelos 36 y 52° S aproximadamente. Pero, desde el punto de vista de la vegetación, en tan extensa area deben diferenciarse tres territorios diferentes, a los que fitogeográficamente se les asigna la categoría de Provincias: el Monte, al NE, la Patagonia, en el centro y sur, y los Bosques Subantárticos sobre la Cordillera austral. Estas tres provincias botánicas parecen tener muy poca relación entre sí y se colocan en Dominios diferentes (CABRERA 1971). La Provincia del Monte, caracterizada por el predominio de Zigofiláceas y Leguminosas-Mimosoideas arbustivas, está relacionada genéticamente con el Dominio Chaqueño. Los bosques de *Nothofagus* que constituyen la Provincia Subantártica, pertenecen al Dominio de igual nombre y sus mayores afinidades son con los bosques de Nueva Zelandia. La Provincia Patagónica, con dominancia de Gramíneas, Compuestas y Verbenáceas, está floristicamente ligada a las provincias Puneña y Altoandina, formando con ellas el Dominio Andino-Patagónico.

Veremos a continuación las caracteristicas ambientales de la Provincia Patagónica.

1. FISIOGRAFIA

El paisaje patagónico es muy característico: mesetas no muy elevadas, a veces de gran extensión, y, de vez en cuando serranías bajas que se hacen más frecuentes hácia el W en las cercanías de la Cordillera. Geológicamente la región es muy heterogenea, con sedimentos paleozoicos, mesozoicos y terciarios, manifestaciones de vulcanismo cuaternario y restos de morrenas glaciares. Son frecuentes los mantos de basalto y, en ciertas zonas, los rodados y bloques erráticos.

La hidrografía es muy pobre. Si bien varios rios caudalosos corren de oeste a este, cruzando Patagonia, son todos alóctonos y originados en la Cordillera austral. Los arroyos y riachos que nacen en las serranías y mesetas patagónicas tienen escasa importancia y estan secos la mayor parte del año.

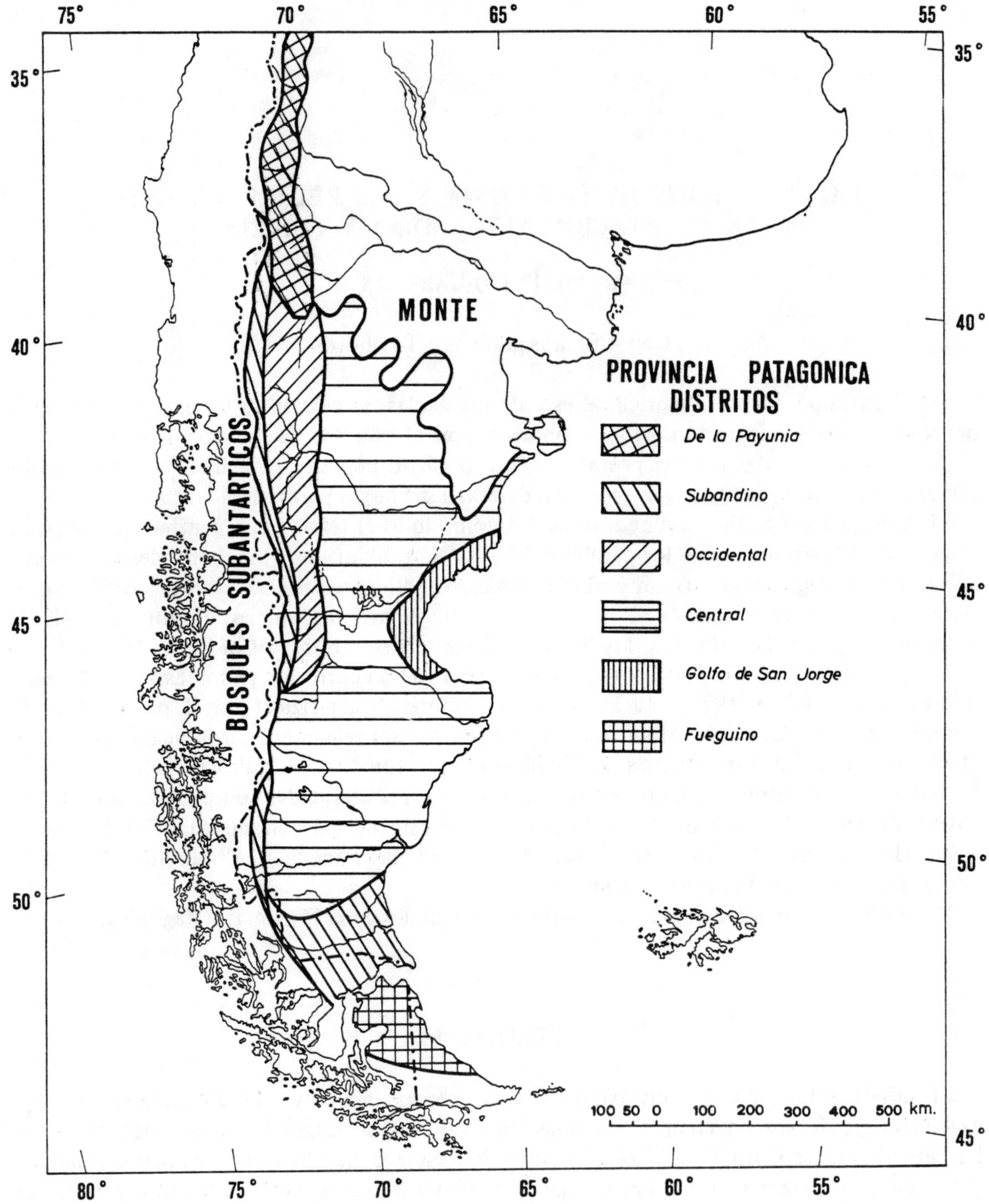

Fig. 1: Esquema del area ocupada por la Provincia Patagónica y su división en distritos (modificado de SORIANO, 1956).

2. SUELOS

Los suelos son muy variables, pero en general pedregosos o arenosos, con escasos materiales finos y muy pobres en materia orgánica. Hacen excepción los suelos de los „mallines" o zonas húmedas próximas a los rios, más ricos en humus, pero frecuentemente ricos tambien en sales solubles.

3. CLIMA

Templado-frio y seco, con nieve durante el invierno y heladas durante gran parte del año *(Fig. 2–4, s. S. 339/340).*

	T.med. °C	Max med.	Min. med.	Max. abs.	Min. abs.	Heladas meses	Lluvia mm
Chos Malal (Neuq.)	13.4	22.2	6.0	39.5	–11.3	III–XI	267
Maquinchao (R.N.)	9.3	16.8	2.2	37.0	–24.5	I–XII	173
Sarmiento (Chubut)	10.9	17.0	5.9	38.3	–18.9	III–X	129
Comodoro Rivadavia (Chubut)	12.7	18.2	7.9	37.5	– 5.4	IV–X	189
Perito Moreno (Santa Cruz)	8.3	14.0	3.6	33.0	–17.5	I–XII	116
Puerto Deseado (Santa Cruz)	9.8	15.3	4.9	35.6	– 8.6	IV–XI	202
Rio Gallegos (Santa Cruz)	7.0	12.6	1.7	29.0	–14.8	II–XI	222

La temperatura media es muy variable debido a la amplitud latitudinal del territorio, desde 13.4 °C en Chos Malal (Neuquén) hasta 5 °C en Rio Grande (Tierra del Fuego). La lluvia es escasa en las zonas oriental y centrál de la Provincia (Colonia Sarmiento 129 mm anuales; Piedra Clavada, Santa Cruz: 155 mm), aumentando hácia el oeste y hácia el sur, hasta llegar a cerca de 500 mm anuales en Esquel (W de Chubut) y en Rio Pico (Chubut). Las precipitaciones pueden producirse en cualquier mes y son sumamente irregulares. Durante los meses de invierno suele haber nevadas. La escasez de lluvia se agrava con el fuerte viento característico del territorio patagónico. Sopla casi continuamente del sector W, llegando en algunos dias vel verano a velocidades superiores a los 100 km por hora. Este viento no solo actua desecando la superficie del suelo y acelerando la transpiración de los vegetales, sino que, al arrastrar partículas de arena produce una acción mecánica lesiva para los órganos tiernos de las plantas.

4. FAUNA

Desde el punto de vista de la vegetación los elementos más importantes de la fauna patagónica son los herbívoros. Existen numerosas especies indígenas, como el guanaco *(Lama guanicoe)*, el mara o liebre patagónica *(Dolichotis australis)*, y muchos otros roedores. Tambien son herbivoras las avutardas *(Cloephaga leucoptera)* aves de gran tamaño muy frecuentes. Pero el impacto más severo sobre la vegetación lo ejerce sin duda el ganado ovino[1]) y la liebre europea *(Lepus europaeus)* que se ha naturalizado y es abundantísima. Existen pocos datos sobre las especies vegetales más comidas por los animales. Segun SORIANO (1952) las gramíneas tienen gran importancia como forrajeras, pero tambien los sufrutices y arbustos proporcionan alimento a las ovejas que ramonean y, en algunos casos comen toda la planta hasta su base, como ocurre con *Junellia ligustrina, Atriplex sagittifolia* y *Baccharis darwinii.* Causuras establecidas por SORIANO (1959) no mostraron al cabo de cuatro años modificaciones en la estructura de la comunidad de mayor importancia.

5. TIPOS DE VEGETACION

En la Provincia Patagónica el tipo de vegetación más frecuente es la estepa de gramíneas, formada por especies perennes que forman matas de menos de 50 cm de altura, con hojas rígidas enroscadas o subuladas. Entre las matas de gramíneas crecen especies arbustivas de porte muy diverso segun las zonas, o bien terófitos y hemicriptófitos pertenecientes a diferentes familias. Otro tipo de vegetación frecuente es la estepa mixta de gramíneas y arbustos o bien de gramíneas y caméfitos pulvinados. En otras zonas aparecen estepas arbustivas o estepas de caméfitos, donde las gramíneas solo desempeñan un papel secundario. No existen bosques: solo aparecen árboles en el ecotono de Patagonia con la Provincia Subantártica.

En las vegas próximas a los rios, o en depresiones muy húmedas, aparecen praderas de gramíneas y ciperáceas.

6. FORMAS BIOLOGICAS

Las formas biológicas de la vegetación patagónica son muy similares a las que se hallan en las provincias Puneña y Altoandina (CABRERA 1957, 1968). De acuerdo al sistema de RAUNKIAER (1907) pueden ordenarse como sigue:

I. Nanofanerófitos. Arbustos con yemas de renuevo a más de 25 cm de altura. Frecuentes en Patagonia. Pueden diferenciarse los siguientes tipos:

1. Arbustos con hojas relativamente grandes, generalmente coriáceas o subcoriáceas: *Colliguaya integerrima.*
2. Arbustos con hojas pequeñas, coriáceas: *Schinus sps., Berberis sps., Lycium sps., Chuquiraga avellanedae, Prosopis denudans, Prosopis patagonica,* etc.
3. Arbustos con crecimiento diblástico, es decir con ramas dimorfas: ramas normales con hojas espiniformes y ramas abreviadas (braquiblastos) con hojas reducidas: *Junellia tridens, Nassauvia axillaris, Nassauvia glomerulosa,* etc.
4. Arbustos con hojas transformadas en espinas: *Chuquiraga hystrix.*
5. Arbustos áfilos o semiáfilos: *Trevoa patagonica, Stillingia patagonica,* etc.

[1]) En Patagonia se crian cerca de 12 milliones de ovejas que se alimentan exclusivamente de la vegetación natural.

6. Arbustos con hojas escamiformes muy densas: *Lepidophyllum cupressiforme, Nardophyllum obtusifolium,* etc.

II. Caméfitos. Plantas leñosas o sufruticosas con yemas de renuevo a pocos centímetros sobre el suelo. Hay varios tipos:

1. Sufrútices, con base leñosa y ramas caducas: *Grindelia chiloensis, Haplopappus diplopappus,* etc.

2. Arbustos rastreros, con yemas casi al nivel del suelo: *Baccharis magellanica, Pleurophora patagonica,* etc.

3. Caméfitos pulvinados, con ramas muy apretadas formando cojines chatos o hemisféricos. Forma biológica frecuente en Patagonia: SKOTTSBERG (1916) menciona cerca de 60 especies pertenecientes a 14 familias. La densidad de los cojines varía desde los muy compactos de *Brachycladus caespitosus* y *Nierembergia patagónica,* hasta los cojines flojos de *Mulinum spinosum* y *Chuquiraga aurea.*

III. Hemicriptófitos. Plantas herbáceas perennes, con yemas al nivel del suelo. Existen numerosos tipos de hemicriptófitos.

1. Hemicriptófitos graminiformes, como la mayor parte de las Gramíneas, ciperáceas y juncáceas.

2. Hemicriptófitos arrosetados, con hojas en roseta basal: *Hypochoeris incana, Nastanthus patagonicus, Phacelia magellanica,* etc.

3. Hemicriptófitos caulescentes, con tallos rastreros o erectos, como *Acaena caespitosa, Lecanophora ameghinoi* y otras.

IV. Helófitos. Con yemas de renuevo bajo un suelo inundado. En esta categoría entran diversas ciperáceas y juncáceas palustres.

V. Hidrófitos, con yemas de renuevo en el agua. Muy escasos en la región: *Potamogeton strictus, Hippuris vulgaris.*

VI. Suculentos. Vegetales crasos, generalmente sin hojas. Forma vegetativa escasa en Patagonia: cactáceas del género *Maiguenia.*

VII. Geófitos. Con yemas de renuevo sobre órganos subterráneos. Pueden diferenciarse los tipos siguientes:

1. Geófitos rizomatosos, con rizomas sobre los que aparecen los renuevos: *Distichlis spicata, Alstroemeria patagonica,* etc.

2. Geófitos bulbíferos, con yemas sobre bulbos subterraneos: diversas especies de *Tristagma, Habranthus, Rhodophiala,* etc.

3. Geófitos tuberíferos, con yemas de renuevo sobre tubérculos o raices tuberosas: *Euphorbia portulacoides.*

4. Terófitos. Plantas anuales, generalmente de ciclo vegetativo corto. Numerosas especies de diversas familias: *Doniophyton patagonicum, Duseniella patagonica, Gilia patagónica,* etc.

No existe todavía un estudio de conjunto sobre las formas vegetativas de la flora patagónica pero es indudable el predominio de los hemicriptófitos, caméfitos y terófitos.

7. ECOLOGIA

Como en otras provincias del Dominio Andino-Patagónico, la vegetación muestra una alta adaptación a la defensa contra la sequía, contra el viento y contra los herbívoros. En las especies arbustivas es frecuente la espinescencia y la afilia, así como la presencia de pelos, de resinas o de ceras protectoras. Son muy abundantes las gramíneas cespitosas con hojas plegasdas, convolutas o subuladas, provistas de gruesa cutícula. Tambien son frecuentes las especies de dicotiledóneas con hojas reducidas, apretadas contra el tallo y los arbustos con crecimiento diblástico como *Junellia tridens* y *Nassauvia glomerulosa.* En regiones muy expuestas al viento hay un neto predominio de especies pulvinadas y de arbustos bajos con tendencia a formar matas hemisféricas. Matas muy compactas presentan *Azorella caespitosa, Nierembergia patagonica,* diversas especies de *Benthamiella* y de *Xerodraba* y el ya mencionado *Brachycladus caespitosus.* Sin embargo esta forma biológica no siempre aparece en ambientes muy desfavorables, pues algunas especies de *Azorella* que forman cojines o placas, vegetan en los „mallines" húmedos próximos a los rios.

La anatomia de las especies patagónicas ha sido estudiada por DUSÉN (1903), por PYYKKÖ (1966), por ANCIBOR (1969) y por BÖCHER y LYSHEDE (1972).

8. FITOGEOGRAFIA

La Provincia Patagónica puede dividirse en seis distritos fitogeográficos *(Fig. 1)* (SORIANO 1956; CABRERA 1971):

8.1. DISTRITO DE LA PAYUNIA

Ocupa el extremo septentrional de la Provincia, en la región de los volcanes del sur de Mendoza y norte de Neuquén, caracterizándose por las estepas arbustivas de *Ephedra* y de *Chuquiraga.* El suelo está formado por mantos de basalto, escorias y tobas volcánicas y es sumamente permeable. Las comunidades más frecuentes son las siguientes (CABRERA 1971; MÉNDEZ 1971):

Estepas de *Ephedra ochreata* („solupe"), arbusto achaparrado en el cual se acumula la arena formando montículos (RUIZ LEAL 1960). Otras especies frecuentes son *Lycium chilense, Grindelia chiloensis, Panicum urvilleanum, Mulinum spinosum, Oligaclados patagonicus, Junellia seriphioides,* etc. Segun RUIZ LEAL (1960) esta comunidad tendria caracter de ecotono entre las provincias Patagónica y del Monte.

Estepas de *Chuquiraga rosulata,* compuesta arbustiva irregularmente ramosa cubierta de hojas subuladas espinosas.

Estepas de *Mulinum spinosum,* que forma matas hemisféricas flojas de 50–80 cm de altura.

Estepas de *Adesmia pinifolia,* leguminosa con espinas trífidas.

Estepas graminosas de *Poa sp.* y *Stipa chrysophylla,* o bien *Stipa speciosa.* Otra especie frecuente en estos pastizales es *Senecio filaginoides.*

8.2. DISTRITO OCCIDENTAL

Forma una estrecha faja, continua o fragmentada, en el borde occidental de la Provincia Patagónica. Posee suelos arenosos con abundantes contos rodados. La vegetación dominante es la estepa mixta de gramíneas y arbustos. Son muy frecuentes los cojines hemisféricos de 20 cm a 1 m de altura, entre los que sobresalen de tanto en tanto arbustos algo más elevados.

En este distrito existen según SORIANO (1956) una serie de especies que se combinan en diferentes formas dando lugar a numerosas asociaciones y consociaciones. Algunas de estas se anotan a continuación:

Estepa de *Mulinum spinosum* (neneo) que forma matas hemisféricas flojas y espinosas. Se trata de una especie con gran tolerancia para la humedad que invade los suelos desmontados de la Provincia Subantártica. Integran la asociacián *Senecio filaginoides, Adesmia campestris, Nassauvia glomerulosa, Stipa speciosa, Colliguaya integerrima, Haplopappus pectinatus,* etc.

Estepa de *Trevoa patagonica* (malaspina) y *Colliguaya integerrima* (duraznillo), frecuente sobre suelos rocosos. Acompañan a las dominantes *Mulinum spinosum, Chuquiraga oppositifolia, Hordeum comosum, Loasa bergii, Senecio canchahuinganquensis, Stipa speciosa,* etc.

Estepa de *Nassauvia axillaris.* Se halla en la parte septentrional del distrito predominando *Nassauvia axillaris,* arbusto con crecimiento diblástico de 30–80 cm de altura. Suele hallarse asociada con *Nassauvia glomerulosa* (colapiche), *Colliguaya integerrima, Junellia connatibracteata, Junellia succulentifolia, Mulinum spinosum, Haplopappus pectinatus, Grindelia chiloensis* y otras especies.

Estepa de Stipa. Predominan especies del género *Stipa* (coirón amargo), como *Stipa humilis, Stipa neaei* y *Stipa speciosa,* acompañadas por *Poa huecú* (huecú), *Bromus macranthus, Poa ligularis, festuca argentina* yndiversos arbustos y sufrútices enanos o en cojines, como *Junellia connatibracteata, Satureja darwinii, Senecio filaginoides, Colliguaya integerrima, Mulinum spinosum, Lippia foliolosa, Grindelia chiloensis, Fabiana patagónica, Adesmia campestris, Nassauvia glomerulosa, Tetraglochin alatum,* etc.

Estepa de *Senecio bracteolatus,* muy frecuente en el oeste de Neuquén, Rio Negro y Chubut, e integrada por otros elementos frecuentes en las communidades del distrito.

Además existen diversas comunidades edáficas: vegas de *Juncus leuseurii* (junquillo), *Carex gayana* y *Carex nebularum,* en los valles húmedos y orillas de rios. Integran la asociación *Polypogon interruptus, Agrostis pyrogea, Deschampsia elegantula, Hordeum comosum, Poa annua, Colobanthus quitensis, Colobanthus subulatus, Acaena magellanica, Azorella trifurcata* y varias especies más. En las charcas se hallan consociaciones de *Scirpus californicus* (junco) y colonias de *Hippuris vularis* y *Myriophyllum elatinoides.* En los lugares bajos y salitrosos predominan *Distichlis scoparia* y *Distichlis spicata,* acompañados por *Poa pugionifolia, Nitrophila australis, Suaeda patagonica* y *Lycium repens.*

8.3. DISTRITO CENTRAL

Este distrito se extiende desde el centro de Rio Negro y Chubut, ensanchandose hácia el S y occupando casi todo el N de Santa Cruz. Comprende la región más árida de Patagonia y se caracteriza por la abundancia de tres especies arbustivas que tienen caracter secundario en otros distritos: *Chuquiraga avellanedae* (quilenbai), arbusto de 0.5–1 m de altura, con hojas coriáceas lanceoladas, terminadas en una espina, y abundantes capítulos dorados; *Nassauvia glomerulosa* (colapiche), con tallos normales ramificados, totalmente cubiertos de ramitas cortísimas (braquiblastos) con hojitas diminutas formando glomérulos; y *Junellia tridens* (mata negra), verbenácea de medio a un metro de altura, de color verde obscuro, con hojas muy apretadas, diminutas y trífidas.

Existen dos comunidades que pueden considerarse climáxicas:

Estepa de *Chuquiraga avellanedae, Nassauvia glomerulosa* y *Stipa.* Es característica de la parte septentrional del Distrito, cubriendo mesetas y serranías del centro de Rio Negro y Chubut, generalmente por encima de los 400 m de altura sobre el mar. Las *Stipa* (coirón amargo) presentes suelen ser *S. humilis, S. neaei* o *S. speciosa.* Además son frecuentes *Poa ligularis, Ameghinoa patagonica, Lippia foliolosa, Junellia ligustrina, Pleurophora patagonica, Hoffmansegia trifoliolata, Acaena platyacantha,* etc. A veces aparecen arbustos algo más elevados, como *Prosopis denudans,* el algarrobo de Patagonia, *Lycium ameghinoi* (mata laguna), *Berberis cuneata* (calafate), etc. Otras veces *Nassauvia glomerulosa* es substituida por una especie parecida: *Nassauvia ulicina,* o bien aparecen grupos de *Nardophyllum obtusifolium* (mata torcida) o cojines de *Brachyclados caespitosus.*

Estepas de *Junellia tridens, Nassauvia glomerulosa* y *Stipa.* Characteristica del norte de Santa Cruz y muy parecida en su composición a la comunidad anterior de la que difiere por la ausencia de *Chuquiraga avellanedae* y la abundancia de *Junellia tridens.*

Además, en este distrito, existen algunas comunidades edáficas: consociaciones de *Chuquiraga aurea,* que forma cojines espinosos en cañadones y valles salitrosos; matorrales de *Anarthrophyllum rigidum* (mata guanaco, mata amarilla) y *Berberis cuneata* (calafate) en quebradas protegidas, asociados frecuentemente con otros arbustos, como *Senecio filaginoides* (mata mora), *Lycium chilense* (yaoyin), *Atriplex sagittifolia* (zampa) y *Schinus marchandii;* stepas de *Salicornia ambigua, Atriplex sps.* y *Frankenia microphylla* en suelos bajos y salobres próximos al mar; y varias otras comunidades determinadas por la naturaleza del suelo.

8.4. DISTRITO DEL GOLFO DE SAN JORGE

Cubre las mesetas que rodean el Golfo de San Jorge, desde Cabo Raso hasta Punta Casamayor, y en el alternan las estepas arbustivas con estepas predominantemente graminosas. Existen dos comunidades bastante bien definidas que pueden considerarse climáxicas:

Estepa de *Colliguaya integerrima* (duraznillo) y *Trevoa patagonica* (malaspina), arbustos de cierta altura que suelen estar acomañados por Stipa humilis, Poa ligularis, Festuca argentina y otras gramíneas xerófilas. Arbustos frecuentes son Mulinum spinosum, Adesmia campestris (mamuel-choique), *Junellia ligustrina, Ephedra ochreata, Anarthrophyllum rigidum* (mata guanaco) y varias otras especies comunes en todos los distritos. Dos especies adventicias son muy abundantes: *Erodium cicutarium* (alfilerillo) y *Vulpia bromoidea.*

Estepa de *Festuca argentina* (coirón negro), *Festuca pallescens* (coirón dulce) y *Poa ligularis,* acompañadas por *Stipa speciosa* y *Stipa humilis* (coirones amargos). Varios arbustos y sufrutices aparecen dispersos en la comunidad: *Adesmia campestris, Nardophyllum obtusifolium, Senecio filaginoides, Brachyclados caespitosus, Mulinum microphyllum, Benthamiella patagonica, Ephedra frustillata, Oreopolus glacialis* y la interesante *Larrea ameghinoi,* representante austral de este género característico del Monte.

8.5. DISTRITO SUBANDINO

Forma este distrito una estrecha faja a lo largo de los contrafuertes de la Cordillera austral, limitando con la Provincia Subantártica con la que forma frecuentemente ecotonos. En su parte norte este distrito no es continuo, sino que forma manchones entre los cuales penetra hasta los bosques el distrito Occidental, pero al sur del paralelo 43°25' S forma una faja continua muy uniforme. Al sur del lago Buenos Aires se hace nuevamente discontinua, hasta cerca del paralelo 51°S donde se ensancha hácia el este ocupando todo el territorio patagónico hasta el Atlántico y hasta el estrecho de Magallanes (SORIANO 1956).

Los suelos de este distrito son ricos en materiales finos y poseen bastante materia orgánica. El clima es más frio y húmedo que en el resto de la Provincia Patagónica, con 200 a 350 mm de lluvia por año y una temperatura media anual inferior a 8 °C.

La vegetación característica es la estepa de gramíneas, pura o con arbustos aislados o en pequeños grupos. La comunidad climáxica es la estepa de *Festuca pallescens* (coirón blanco, coirón dulce), graminea cespitosa de 20 a 60 cm de altura, con hojas plegadas. Esta especie constituye, segun SORIANO (1956), del 50 al 90 por ciento de la vegetación.

En la parte septentrional del distrito (BOELCKE 1957) la comunidad está constituida por *Festuca pallescens, Poa lanuginosa, Bromus macranthus, Stipa speciosa* y otras especies herbáceas, entre las cuales aparecen matas de *Mulinum spinosum, Acaena pinnatifida,* etc.

SORIANO (1956) menciona como especies acompañantes de *Festuca pallescens: Poa ligularis, Agrostis pyrogea, Agrostis leptotricha, Bromus macranthus, Hordeum comosum, Elymus patagonicus, Festuca argentina, Festuca ovina, Deschampsia elegantula, Deschampsia flexuosa, Phleum commutatus, Danthonia collina* y diversas dicotiledóneas.

En la porción austral del distrito penetran no solo muchas especies del Distrito Central, sino tambien algunas especies de la Provincia Altoandina, como *Empetrum rubrum* y *Stipa hirtiflora.*

Existen varias comunidades edáficas: suelos arenosos con *Senecio patagonicus* y *Plantago maritima;* suelos alitrosos con matorrales de *Lepidophyllum cupressiforme* y *Atriplex reichei;* y vegas similares a las de otros distritos.

8.6. DISTRITO FUEGINO

Se extiende por el norte de Tierra del Fuego, hasta un poco al S de Rio Grande, donde comienzan los bosques de *Nothofagus.* Los suelos son bastante arenosos y el clima frio y húmedo.

La composición y aspecto de la vegetación son bastante parecidos a los de la porción austral del Distrito Subandino, pero la especie dominante es aqui *Festuca gracillima,* con caracteristicas similares a *F. pallescens.*

En las depresiones mas húmedas aparecen vegas donde domina una cebada silvestre: *Hordeum comosum,* asociado con otras gramíneas. Otras veces aparecen colonias de *Empetrum rubrum* o de *Chiliotrichum diffusum,* o bien comunidades edáficas similares a las del sur de Santa Cruz.

9. AFINIDADES DE LA PROVINCIA PATAGONICA

Como es lógico las mayores afinidades de la Provincia Patagónica se establecen con las provincias Puneña y Altoandina, pertenecientes al mismo Dominio. Las relaciones con la limítrofe Provincia del Monte son muy remotas, a pesar de existir en Patagonia dos especies endémicas del género *Prosopis,* una especie de *Larrea,* y especies de los géneros *Lycium* y *Schinus.* Considero que la presencia en Patagonia de estos géneros caracteristicos del Dominio Chaqueño, con especies que nunca tienen aqui caracter dominante, indicaría que la Provincia del Monte ocupó un area más amplia en épocas geológicas recientes. Las especies patagónicas de *Prosopis, Larrea,* etc., tendrían caracter de relictos.

El Dominio Andino-Patagónico se caracteriza por la total o casi total ausencia de árboles, predominando netamente los hemicriptófitos, los nanofanerófitos y los caméfitos. El espectro biológico varía segun las provincias y, dentro de estas, según las zonas. Existen pocos datos al respecto y es dificil deducir porcentajes de formas vegetativas de los estudios florísticos, donde generalmente no se dan datos suficientes.

Resumo a continuación los espectros biológicos publicados:

	Nº de especies	S	E	MM	M	N	Ch	H	G	HH	Th
Prov. Puneña (CABRERA 1957)	518	3	1	.	1	16	10	39	13	2	14
Prov. Altoandina (CABRERA 1957)	221	.	.	.	.	5	19	48	21	.	5
Prov. Altoandina (BÖCHER et al. 1972)	59	.	.	.	.	2	32	52	7	2	5
Prov. Patagónica (BÖCHER et al. 1972)	56	.	.	.	.	23	16	36	9	.	16
Prov. Patagónica (ROQUERO 1968)	162	1	.	.	1	11	14	25	9	6	33
Espectro normal	1000	2	3	8	18	15	9	26	4	2	13

En general parece que tanto en la Provincia Puneña, como en la Provincia Patagónica hay una mayor abundancia de nanofanerófitos (arbustos) y una disminución de los caméfitos. Los caméfitos parecerían ser característicos de la Provincia Altoandina. Pero faltan en realidad datos que permitan deducciones verosímiles. De hecho muchas zonas de Patagonia recuerdan a la Puna por la abundancia de arbustos, pero otras, especialmente la porción austral, muestran una fisonomia semejante a la Provincia Altoandina y posiblemente se trata de la Provincia Altoandina que en tales latitudes desciende hasta el nivel del mar.

Los datos climáticos no permiten tampoco una diferenciación neta. Si bien en Patagonia el periodo más seco es el verano, mientras en la Puna lo es el invierno, ello se compensa con la época de desarrollo y floración de las plantas: en octubre y noviembre en Patagonia y en enero y febrero en la Puna *(Figs. 2, 3).* El clima de Puente del Inca *(Fig. 4),* con sequía en verano se asemeja mucho al de Patagonia.

Desde el punto de vista floristico, las tres provincias están estrechamente relacionadas. No existen familias endémicas, si se exceptuan las Malesherbiáceas, pero en cambio hay un

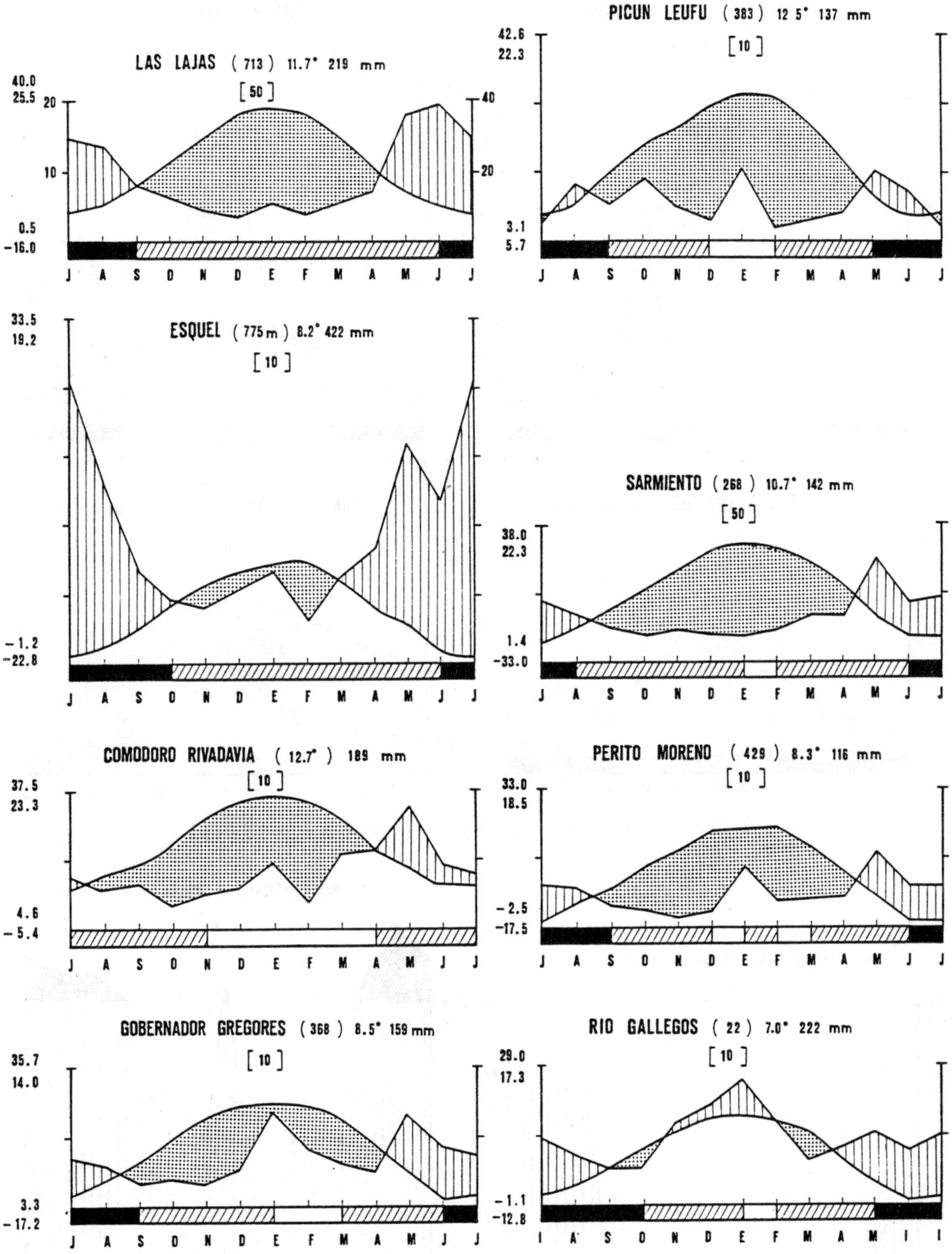

Fig. 2: Climatogramas de ocho localidades de la Provincia Patagónica.

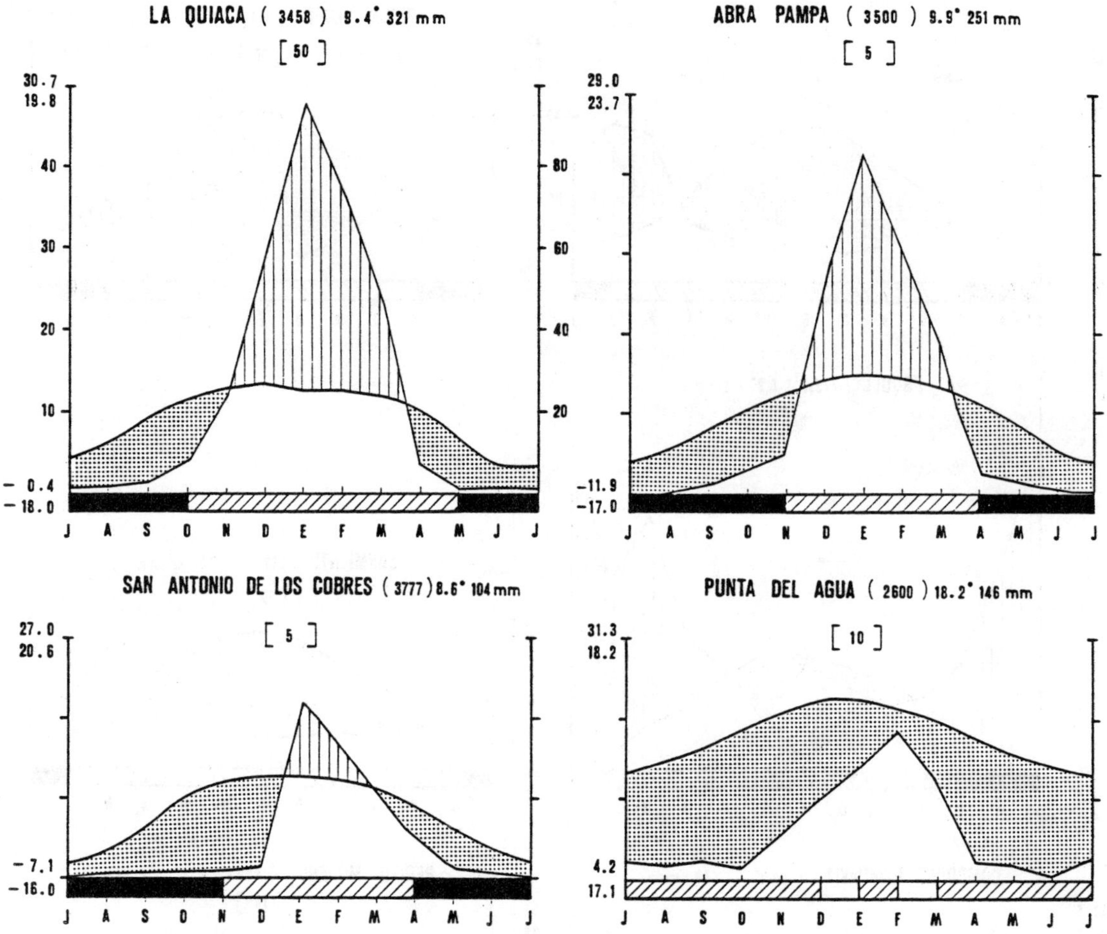

Fig. 3: Climatogramas de cuatro localidades de la Provincia Puneña.

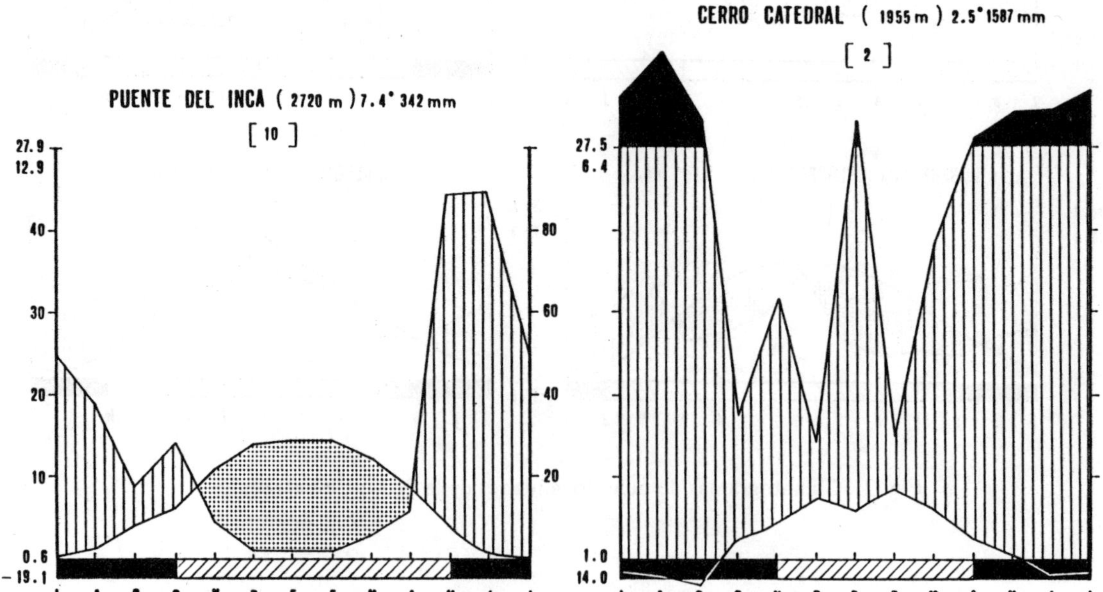

Fig. 4: Climatogramas de dos localidades de la Provincia Altoandina.

gran endemismo a nivel genérico, y todavía mayor a nivel específico. Mencionaré a continuación algunos géneros endémicos:

Provincia Puneña	Provincia Altoandina	Provincia Patagónica
Hemimunroa	*Anthochloa*	*Philippiella*
Munroa	*Patosia*	*Xerodraba*
Crocopsis	*Oxychloe*	*Anarthrophyllum*
Eustephiopsis	*Andesia*	*Magallana*
Neocracca	*Lenzia*	*Microsteris*
Hypsocharis	*Haylockia*	*Benthamiella*
Wendtia	*Reicheella*	*Saccardophyton*
Tarassa	*Pycnophyllum*	*Pantacantha*
Anthobryum	*Barneoudia*	*Combera*
Juelia	*Aschersoniodoxa*	*Lepidophyllum*
Lampaya	*Parodiodoxa*	*Duseniella*
Parastrephia	*Brayopsis*	*Ameghinoa*
Chiliotrichiopsis	*Weberbauera*	*Eriachaenium*
Luciliopsis	*Mancoa*	*Maihuenia*
Chersodoma	*Hexaptera*	*Austrocactus*
Plazia	*Acaulimalva*	*Neobaclea*
Oreocereus	*Nototriche*	
	Urbania	
	Kurzamra	
	Stangea	
	Werneria	
	Pachylaena	
	Huarpea	
	Urmenetea	

Algunos géneros son comunes a dos o más provincias: *Nassauvia, Leuceria, Chaetanthera, Chiliophyllum, Nardophyllum, Tetraglochin, Azorella, Mulinum, Argylia, Oreopolus, Gamocarpha, Moschopsis, Nastanthus,* etc.

Incluso existen especies comunes a todo el Dominio, como *Nassauvia axillaris, Junellia seriphioides,* y otras.

La familia más rica en especies es la de las Compositae, que en algunas zonas llega a constituir el 25 % de la vegetación vascular. La siguen las Gramineae, las Leguminosae-Papilionoideae, las Solanaceae y las Verbenaceae. Algunas Familias, al parecer de origen holártico, como las Cruciferae y las Caryophyllaceae, son importantes en este Dominio.

10. ORIGEN DE LA FLORA PATAGONICA

Es un hecho bien conocido que, en épocas geológicas pasadas, la Patagonia ha estado cubierta por una vegetación muy diferente de la actual, bajo un clima más cálido y húmedo. Así, durante el Mesozoico, en Patagonia crecian bosques de Gimnospermas de los cuales se hallan abundantes restos fósiles, especialmente troncos y conos del género *Araucaria.* A fines del Cretácico y principios del Terciario aparecen los primeros bosques de Angiospermas, representadas por géneros tipicamente megatérmicos: Anonáceas, Lauráceas, Monnimiaceas, Menispermáceas, Esterculiáceas, etc., demostrando que en esas épocas el clima era muy diferente del actual. Al final del Eoceno y durante el Oligoceno las floras tropicales fueron reemplazadas por vegetales de clima templado, y en el Plioceno, al alcanzar la Cordillera su altura máxima y constituir una barrera para los vientos húmedos del Pacífico, la Patagonia debió adquirir su presente caracter desértico (MENENDEZ 1972). La incognita es de donde procedía la flora actual que substituyó a los bosques del Mesozoico y de comienzos del Terciario.

En un trabajo anterior me he referido al probable origen de la flora Andino-Patagónica (CABRERA 1957: 326–330), llegando a la conclusión de que es errónea la idea de algunos autores que vinculan este territorio con la Región Antártica. De hecho las relaciones florísticas del Dominio con la limítrofe Provincia Subantártica, son muy escasas. Las familias más importantes, como Gramíneas, Compuestas, Leguminosas y Verbenáceas, están representadas en el Dominio Andino-Patagónico bien por géneros cosmopolitas, como *Poa, Festuca, Stipa, Astragalus, Gnaphalium* y *Senecio,* bien por géneros holárticos como *Erigeron, Saxifraga, Gentiánella* y otros, o por géneros de origen probablemente neotropical, como *Mutisia, Perezia, Baccharis, Junellia,* etc. Considero que la flora Andino–Patagónica es fundamentalmente de origen neotropical, con elementos adaptados a condiciones ambientales muy extremas y diversificados por los numerosos microambientes creados por la elevación de la Cordillera andina y la desertización de las regiones bajas del extremo austral del continente Americano. El origen de estos elementos tropicales deberá buscarse en los antiguos escudos Guayano y Brasileño, que han permanecido emergidos desde épocas remotas, o bien en regiones destruidas por los movimientos epirogénicos y las catástrofes volcánicas. De segunda importancia son los géneros de origen holártico que han emigrado hácia el sur a lo largo de la Cordillera de los Andes, como las Crucíferas, las Cariofiláceas, y géneros como *Saxifraga, Artemisia, Antennaria, Gentiana, Gentianella,* etc. Solo unos pocos géneros pueden considerarse de origen Antártico: *Colobanthus, Acaena, Azorella, Schizeilema, Lagenophora, Abrotanella* y algunos más, que han penetrado en Patagonia y emigrado hácia el norte a lo largo de la Cordillera.

BIBLIOGRAFIA

ANCIBOR, E. (1969): Notas sobre la anatomía de Xerodraba. Bol. Soc. Argent. Bot. 11, 227–234.

BEETLE, A.A. (1943): Phytogeography of Patagonia. The Bot. Rev. 9, 667–679.

BÖCHER, T.W., J.P. HJERTING and K. RAHN (1972): Botanical Studies in the Atuel Valley Area, Mendoza Province, Argentina. Part III. Dansk Bot. Arkiv, 22, 3, 195–358.

– and O.B. LYHSHEDE (1972): Anatomical studies in xerophytic apophyllous plants. II. Additional species from South American shrub steppes. Biol. Skr. Dan. Vid. Selsk. 18, 4, 1–137, Pl. I–XXIII.

BOELCKE, O. (1957): Comunidades herbáceas del norte de Patagonia y sus relaciones con la ganadería. Rev. Invest. Agric. Buenos Aires, 11, 5–98, Lám. 1–18.

CABRERA, A.L. (1957): La vegetación de la Puna Argentina. Rev. Invest. Agric. Buenos Aires, 11, 317–412, Láms. 1–16.

– (1968): Ecología vegetal de la Puna. Colloquium Geographicum, 9, 91–116.

– (1971): Fitogeografía de la República Argentina. Bol. Soc. Argent. Bot. 14; 1–42, Láms. I–VIII.

– y A. WILLINK (1973): Biogeografía de America Latina. O.E.A. Washington, 1–117.

DUSÉN, P. (1903): The vegetation of western Patagonia. Rep. Princeton Univ. Exped. Patag. 1896–1899, 8, 1, 1–33.

HAUMAN, L. (1920): Un viaje botánico al Lago Argentino. An. Soc. Cient. Argent. 89, 179–281, Tab. I–XI.

– (1926): Étude phytogéographique de la Patagonie. Bull. Soc. Roy. Bot. Belgique, 58, 105–179, Tab. I–XIII.

MENDEZ, E. (1971): Relación botánica de un viaje al Payun, en el sud mendocino. Deserta, 2, 1971, 99–105.

MENENDEZ, C.A. (1972): Paleofloras de la Patagonia, en M.J. DIMITRI, La región de los bosques andino-patagónicos. Buenos Aires, 129–184.

PYYKKÖ, M. (1966): The leaf anatomy of East Patagonian xeromorphic plants. Ann. Bot. Fenn. 3, 453–622.

ROQUERO, M.J. (1969): La vegetación del Parque Nacional Laguna Blanca. Anal. Parques Nacionales, 11, 2, 129–207.

RUIZ LEAL, A. y F.A. ROIG (1960): Erial de vegetación en montículos. Bol. Estud. Geogr. Mendoza, 25, 161–209.

– A. (1972): Los confines boreal y austral de las provincias Patagónica y Central respectivamente. Bol. Soc. Argent. Bot. 13 (Supl.), 89–118.

SKOTTSBERG, C. (1916): Die Vegetationsverhältnisse längs der Cordillera de los Andes S. von 41° S.Br. Kungl. Svensk. Vet. Akad. Handlingar, 56, 5, 1–366, Taf. I-XXIII.

SORIANO, A. (1950): La vegetación del Chubut. Rev. Argent. Agron, 17, 30–66.

– (1952): El pastoreo en el territorio del Chubut. Rev. Argent. Agron, 19, 1–20.

– (1956): Los distritos florísticos de la Provincia Patagónica. Rev. Invest. Agric. Buenos Aires, 10, 4, 323–347.

– (1959): Síntesis de los resultados obtenidos en las clausuras instaladas en Patagonia en 1954 y 1955. Rev. Agron. Noroeste Argent. 3, 163–176, Láms. 1-4.

FORMENSCHATZ, VEGETATION UND KLIMA DER PERIGLAZIALSTUFE IN DEN ARGENTINISCHEN ANDEN SÜDLICH 30° SÜDLICHER BREITE

KARSTEN GARLEFF

Mit 5 Figuren und 10 Photos

RESUMEN

Se investiga – correspondiente al tema del simposio – las relaciones geoecológicas de la zona templada del hemisferio sur con las altas montañas tropicales, en el caso concreto del piso criopedológico en la Argentina, al sur del paralelo 30. Se describe tres regiones diferentes de procesos criopedológicos, tomando en cuenta la geomorfología, la vegetación y el clima:

1. Tipo A. El piso criopedológico en las altas cordilleras de Cuyo, bajo un clima semiárido con temperaturas invernales muy bajas y numerosos congelamientos y descongelamientos. Esta región se caracteriza por predominio de pendientes aplanadas (Glatthänge), congelifractación muy intensa, crioflucción y escurrimiento superficial sobre pendientes sin vegetación. La intensidad de los procesos criopedológicos causa una transformación muy considerable de las formas glaciales de la última glaciación.
2. Tipo B. El piso criopedológico en las cordilleras patagónicas por encima del limite superior de los bosques, bajo un clima húmedo con temperatures invernales menos bajas y congelamiento casi estacional. Esta región se caracteriza por predominio de pendientes escalonadas, congelifractación intensa, nivación y soliflucción diferenciada, lo que causa microformas de escaleras, parcialmente influenciadas por la vegetación. Los procesos criopedológicos efectúan una transformación solamente menor de las formas de la última glaciación, y conforme a eso se encuentra circos, morenas y otras formas glaciales en buena conservación, igual que en los Alpes en Europa.
3. Tipo C. La región de procesos criopedológicos de poca profundidad, en las áreas de mayor altitud de los semidesiertos patagónico y cuyano, bajo un clima semiárido a árido, con temperaturas templadas y congelamientos ocasionales. Los procesos criopedológicos de esta región quedan casi sin consecuencias geomorfológicas y, por esto, no se puede contar la misma entre las regiones periglaciales.

Las regiones con procesos criopedológicos de la Argentina, al sur del paralelo 30, no se parecen a las altas montañas tropicales, más son comparables a las correspondientes regiones del hemisferio norte, húmedas y áridas respectivamente.

1. EINLEITUNG

Unter dem Thema dieses Symposiums „Geoökologische Beziehungen zwischen der temperierten Zone der Südhalbkugel und den Tropengebirgen" beschäftigen sich zahlreiche Beiträge mit den klimatischen Bedingungen sowie mit den Floren- und Vegetationsverhältnissen der angesprochenen Räume. Klima und Vegetation sind wesentliche Faktoren der Höhenstufendifferenzierung und der Morphodynamik der Höhenstufen. Dementsprechend wird im folgenden die Frage nach Ähnlichkeiten oder Übereinstimmungen morphologischer Höhenstufen in den genannten Gebieten untersucht. Als Beispiel dient die periglaziale oder subnivale Stufe, d.h. der Höhenbereich, in dem die Formungsvorgänge von Frost und Frostwechsel geprägt oder zumindest deutlich beeinflußt werden.

Die Untersuchungen umfassen Gebiete vom Rande der Subantarktis auf Feuerland über die Mittelbreiten Patagoniens bis in die subtropischen Kordilleren von San Juan und Mendoza (Cuyo)[1]). Dementsprechend treten starke Abwandlungen der klimatischen Bedingungen auf *(vgl. Fig. 1 und 2).* In gleicher Richtung ist eine regionale Differenzierung des Formenschatzes der Periglazialstufe zu beobachten.

2. DAS ERSCHEINUNGSBILD DER PERIGLAZIALSTUFE IN VERSCHIEDENEN TEILEN DER ARGENTINISCHEN ANDEN SÜDLICH 30° S.BR.

2.1. DIE PERIGLAZIALSTUFE DER SUBTROPISCH-SEMIARIDEN HOCHKORDILLEREN VON CUYO MIT VORHERRSCHENDEN GLATTHÄNGEN UND UNDIFFERENZIERTER SCHUTTVERLAGERUNG

In den cuyanischen Hochkordilleren – zwischen 30 und etwa 35° s.Br. – herrscht in Höhenlagen von 4000 bis über 5000 m im N, 3000 bis über 4000 m im S *(vgl. Fig. 1 und Tab. 1 A1–4)* intensive mechanische Verwitterung. Sie führt zu Schuttdecken mit scherbigen Grobkomponenten sowie einem hohen Anteil an Feinmaterial im Schluffbereich. Die Schuttdecken überziehen glatte Hänge unterschiedlicher Neigung *(vgl. Photo 153, Tafel XXXIX).* Diese glatten Hänge weisen in den ausgedehnten mittleren Segmenten gestreckte Profillinien bei meist 25–35° Hangneigung auf. Die unteren Hangsegmente bilden konkav geschwungene Schleppen soweit die Hangfüße nicht von größeren Gerinnen unterschnitten werden. Die oberen Hangsegmente sind meist konvex gewölbt und leiten zu oft völlig gerundeten Kuppen und Rücken über. Wände und klippenreiche Felshänge fehlen weitgehend.

Die Zusammensetzung, die Struktur und der Kleinformenschatz der Schuttdecken weisen auf Verlagerungsprozesse durch Gravitation, Solifluktion und Abspülung hin. Im Niveau der Schuttdecken werden herausragende Klippen durch intensive Verwitterung eliminiert. Die Gesteinsaufbereitung und der Schutttranport bewirken somit Hangglättung bzw. Glatthangbildung. Die Schuttmächtigkeit auf den Glatthängen wechselt und beträgt – besonders in den oberen Hangpartien – oft nur wenige Zentimeter bis Dezimeter.

Die Intensität der Schuttaufbereitung und -verlagerung wird durch das Vorherrschen derartiger Schuttglatthänge auch in der Stufe vorzeitlicher Glazialerosion mit entsprechender vorzeitlicher Versteilung, d.h. durch die weitgehende Verschuttung letztkaltzeitlicher glazigener Formen dokumentiert. So sind z.B. die letztkaltzeitlichen Kare überwiegend zu Schutttrichtern überformt *(Photo 154, Tafel XXXIX),* die vorzeitlichen Moränen durch Schuttkegel und -fächer überfahren bzw. durch Einbeziehung in die Schutthänge weitgehend ausgelöscht. Erst in den höchsten Lagen im Umkreis der rezenten Gletscher sind schroffe Felsformen erhalten. Andererseits treten in einem tieferen Stockwerk ohne rezente periglaziale

[1]) Die folgenden Darlegungen resultieren aus großräumigen Untersuchungen zur Höhenstufung an der Ostabdachung der argentinischen Anden. Sie wurden gemeinsam mit Dr. H. STINGL durchgeführt, dem ich für zahlreiche Hinweise und Anregungen bei der Geländearbeit sowie bei Diskussionen vor Ort und beim Entwurf des Manuskripts danke. Der Deutschen Forschungsgemeinschaft danke ich für die großzügige Finanzierung des Forschungsvorhabens.

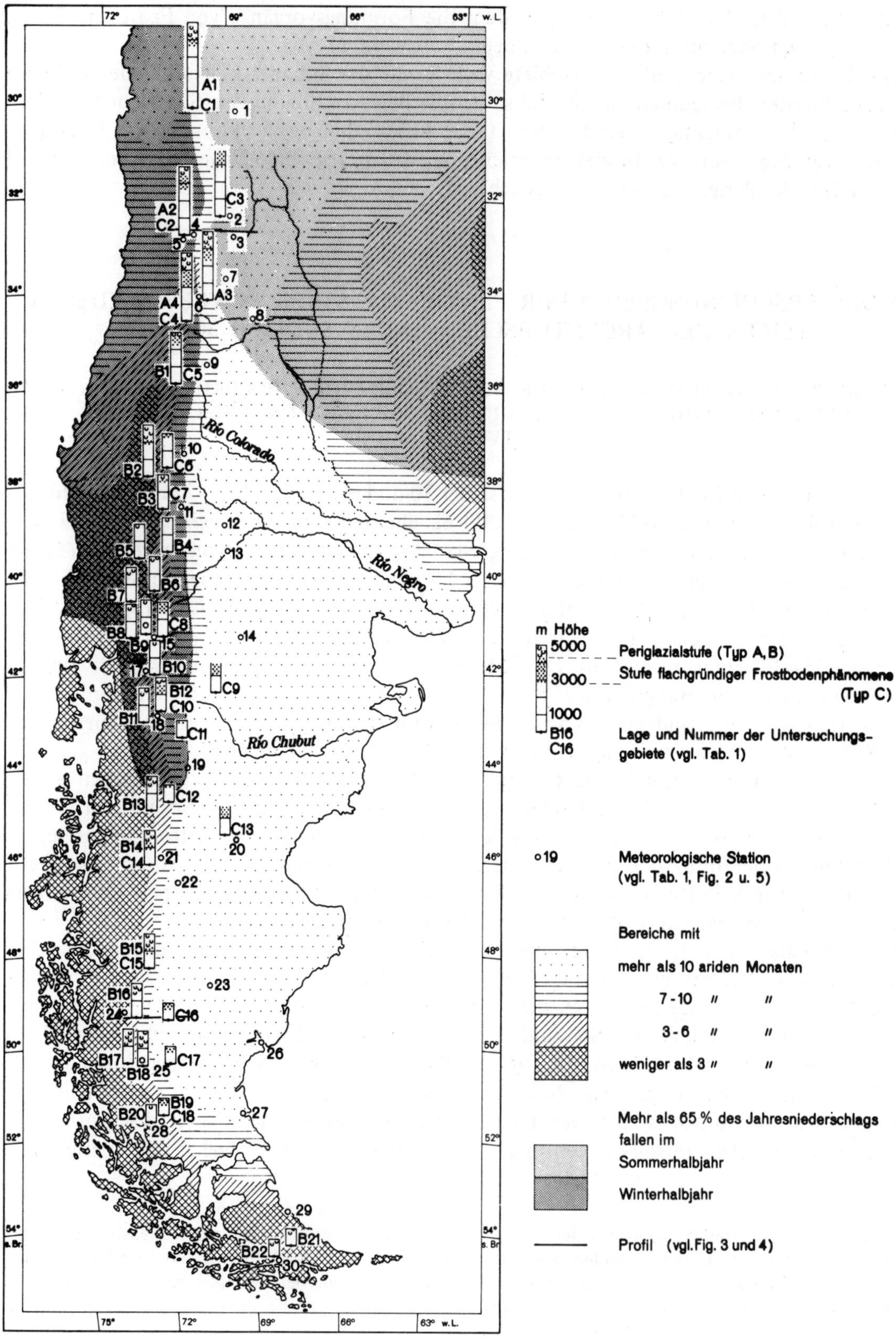

Fig. 1: Übersichtskarte zur Lage der Untersuchungsgebiete und meteorologischen Stationen sowie zur Höhenlage der Periglazialstufe.

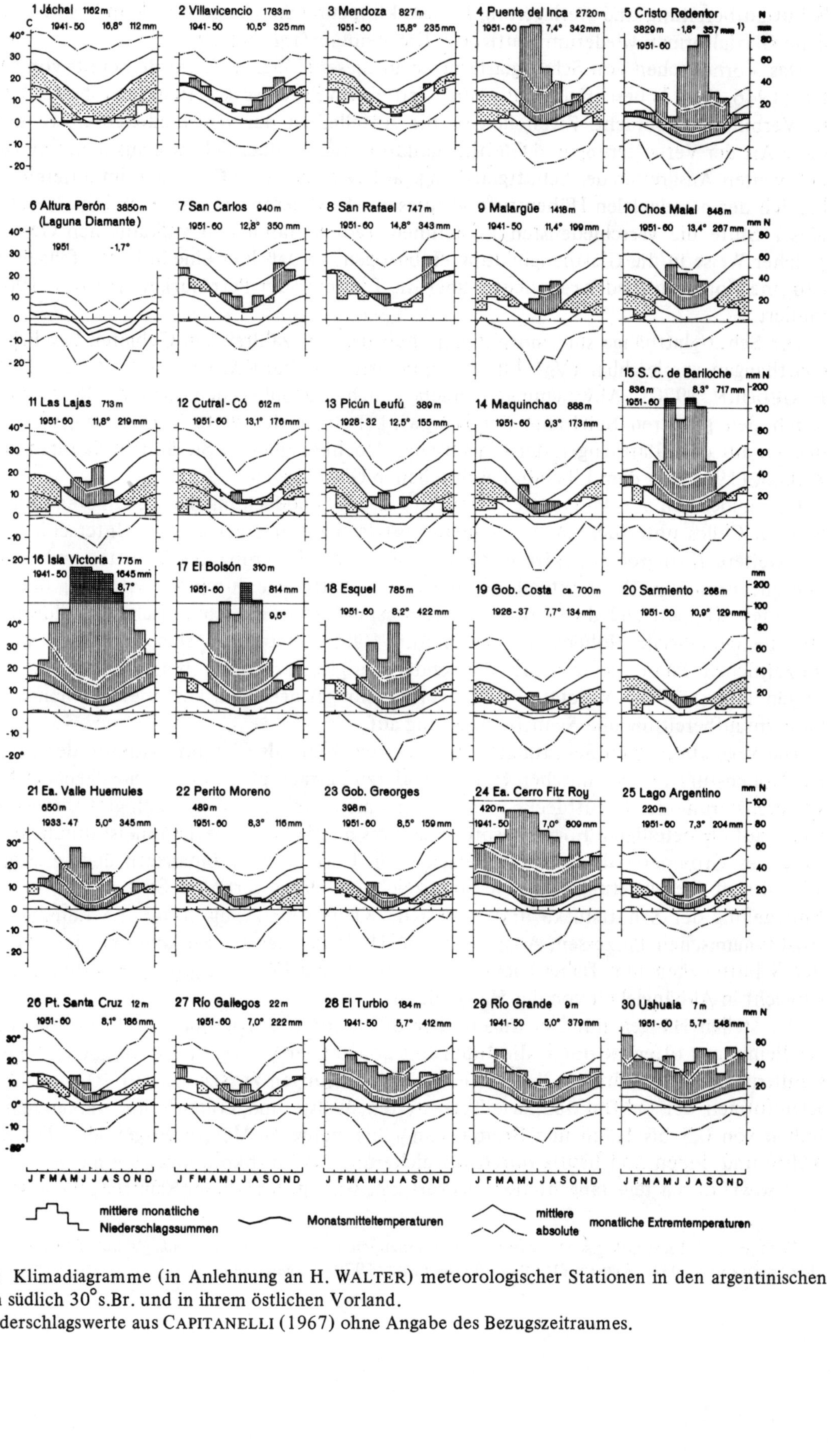

Fig. 2: Klimadiagramme (in Anlehnung an H. WALTER) meteorologischer Stationen in den argentinischen Anden südlich 30°s.Br. und in ihrem östlichen Vorland.

1) Niederschlagswerte aus CAPITANELLI (1967) ohne Angabe des Bezugszeitraumes.

Schuttaufbereitung und -verlagerung felsige, klippenreiche Hänge und Wände sowie vorzeitliche Glazialformen wiederum häufiger in Erscheinung *(vgl. Fig. 3)*.

Das Vorherrschen von Schuttglatthängen in dieser Höhenstufe wurde bereits von FERUGLIO (1946, S. 113) beschrieben, allerdings mit einem Stockwerk geringer resistenter Gesteine in Verbindung gebracht. Zweifellos ist die Anfälligkeit der verschiedenen Gesteine gegen diese Art der Verwitterung und Glatthangbildung nicht einheitlich, wie aus dem unterschiedlich weiten Ausgreifen der Schuttglatthänge auf verschiedenen Gesteinen im unteren Grenzbereich der periglazialen Höhenstufe abzulesen ist. Andererseits sind jedoch im Kernbereich dieser Stufe die verschiedensten kristallinen, sedimentären und vulkanischen Gesteine in gleicher Weise in die Glatthangbildung einbezogen, so daß hier eine höhenstufengebundene exogene Formungstendenz eindeutig über die Einflüsse der Petrovarianz (BÜDEL 1961) dominiert.

Die Schuttglatthänge sind morphographisch den aus zahlreichen Gebieten beschriebenen Glatthängen vergleichbar (Vgl. Lit.-Zusammenstellung bei KARRASCH 1970, S. 220ff. und HAGEDORN 1970). Abweichungen ergeben sich gegenüber den meisten Beschreibungen durch den größeren Spielraum der Hangwinkel sowie die weite Verbreitung von Schuttdecken auf den Glatthängen der cuyanischen Hochkordilleren. Sie ähneln dadurch den von KAISER (1965) aus dem Libanon beschriebenen Glatthängen.

Gegenüber den von WEISCHET (1969) auf der Westabdachung der Kordilleren im Kleinen Norden Chiles untersuchten Akkumulations-Glatthängen ergeben sich Unterschiede durch das weitere Korngrößenspektrum, durch die lockere Lagerung des Schuttes und durch die aktuelle Formung. Diese aktuelle Formung der Glatthänge durch Verwitterung der herausragenden Klippen und durch den Schutttransport ist in den cuyanischen Hochkordilleren auf die periglaziale Höhenstufe beschränkt. Häufig erstrecken sich Glatthänge aus einer vorzeitlichen Phase tiefer herab reichender Periglazialdynamik bis in tiefere Lagen. Sie tragen hier spärliche Vegetation und weisen nur geringe oder keinerlei Zeichen aktueller Gesteinsaufbereitung und Schuttverlagerung auf.

Die vegetationslosen Schuttglatthänge können somit als Charakteristikum der periglazialen Höhenstufe der cuyanischen Hochkordilleren betrachtet werden. Demgegenüber tritt die Differenzierung der Schuttdecken im Mikroformenbereich zurück. Doch gibt gerade sie Hinweise auf die beteiligten Formungsprozesse. So sind die Schuttdecken meist durch Anreicherung des Grobmaterials an der Oberfläche in Form von Steinpanzern über grusigem bis schluffigem Verwitterungsmaterial ausgezeichnet. Diese vertikale Sortierung[2]) sowie die Einregelung der Schuttstücke und zahlreiche Kleinformen weisen auf die Beteiligung von frostdynamischen Prozessen, Abspülung und Deflation bei der Bildung und dem Transport der Schuttdecken hin. Dabei haben die verschiedenen Formungsprozesse unterschiedliches Gewicht in Abhängigkeit von der Hangneigung.

An steilen Hängen mit Neigungen über 30° werden Sortierungs- und Differenzierungserscheinungen offenbar durch die Intensität gravitativer Verlagerungsprozesse und Trockenschuttrutschen unterdrückt. Bei mittleren Hangneigungen zwischen etwa 10° und 30° sind Kleinformen der Solifluktion, wie Terrassetten, Wülste und Loben[2]) mit maximalen Stirnhöhen von 0,5 bis 1,5 m und Breiten von 1 bis mehreren Metern ausgebildet. Die Schuttwülste und -loben sind häufig durch Anreicherung der Grobkomponenten an der Stirn sortiert sowie durch teils tangentiale, teils vertikale Einregelung dieser Schuttstücke ausgezeich-

[2]) Ohne auf terminologische Fragen weiter einzugehen, sei auf die diesbezüglichen Erörterungen bei HÖLLERMANN (1964), STINGL (1969) und GARLEFF (1970) hingewiesen.

net (Meßverfahren und entsprechende Ergebnisse vgl. POSER und HÖVERMANN 1951, FURRER und BACHMANN 1968). Die Grobmaterial-Anreicherungen der Lobenstirnen erstrecken sich oft als Steinstreifen mit 1–2 m Abstand einige Meter hangaufwärts.

In schwach geneigten und ebenen Lagen sind Steinnetze und Steinstreifen, meist mit Maschenweiten bzw. Streifenabständen[3]) von 0,2–0,4 m, als Sortierungsformen zu beobachten. Daneben treten Steininseln auf, die stellenweise Übergänge zu Steinpolygonen mit 1–2 m Durchmesser erkennen lassen. Gut ausgebildete Steinringe und -polygone dieser Größenordnung wurden mehrfach beobachtet und bereits von CORTE (1953, 1955) beschrieben und abgebildet.

In windgefegten Sattellagen mit Lockermaterialmächtigkeiten über 0,5–1 m sind Rißpolygone mit Durchmessern von 2–3 m zu finden *(vgl. Photo 155, Tafel XXXIX).* Die Risse haben an der Oberfläche Weiten bis 25 cm und Tiefen von 10–15 cm. Sie setzen sich – kenntlich an der Einregelung der Schuttstücke – bis über 0,5 m Tiefe im Schutt fort. Im Bereich der Rißpolygone ist meist durch vertikale Sortierung Grobschutt oberflächlich und z.T. auch an den Rissen angereichert. Die Innenräume der Rißnetze sind häufig mit Steinstreifen und -polygonen von 0,2–0,4 m Weite besetzt. Bei zunehmender Hangneigung erscheinen die Rißnetze klinotrop verzerrt. Möglicherweise sind die Rißnetze mit lokalen Vorkommen von Dauerfrostboden verknüpft. Das Auftreten von Dauerfrostboden in diesen Höhenlagen ist durch die Beobachtung eines über 20 m mächtigen Vorkommens in der 4200 m hoch gelegenen Schwefelmine am Volcán Overo belegt (Angaben der örtlichen Mineningenieure).

Im Bereich der Periglazialstufe der cuyanischen Hochkordillere sind Büßerschneefelder weit verbreitet *(vgl. Photo 154, Tafel XXXIX).* Zwischen den einzelnen Schneefiguren herrscht im ausgeaperten, durchfeuchteten Schutt kräftige Solifluktion und Vertikalsortierung. Am Rande der Büßerschneefelder staut sich der solifluidal bewegte Schutt stellenweise zu großen Loben. Typische Nivationsformen, wie Nischen usw., wurden allerdings nicht beobachtet. Der Schmelzwasseranfall der Büßerschneefelder ist offenbar auf Grund der intensiven Strahlung und Ablation so gering, daß keinerlei oberflächlicher Schmelzwasserabfluß zu beobachten ist.

Im unteren Grenzbereich der periglazialen Höhenstufe sind Kleinformen der gehemmten Solifluktion, wie Vegetationsgirlanden und Rasensicheln sowie Schuttstau oberhalb von Vegetationspolstern und größeren Schuttstücken, ausgebildet *(Photo 156, Tafel XXXIX).* Daneben sind Kleinformen der Bodenmusterung verbreitet. Die Vegetation besteht aus Horstgräsern und meist dornigen Spalier- und Zwergsträuchern sowie Polsterpflanzen. Der Artenbestand weist regional, kleinräumig-topographisch und edaphisch bedingte Differenzierungen auf (vgl. z.B. HAUMANN 1918, ROIG 1960, 1969, BÖCHER, HJERTING und RAHN 1963, 1968, 1972, RUIZ LEAL 1969a, b). Weiteste Verbreitung haben unter den Horstgräsern *Poa*-Arten, insbesondere *Poa holciformis,* unter den Zwergsträuchern *Berberis empetrifolia, Adesmia obovata, A. schneideri* und andere *Adesmia*-Arten sowie *Chuquiraga oppositifolia,* unter den Polstern *Senecio-, Haplopappus-* und *Hypochoeris*-Arten sowie *Mulinum ovalleanum.* Der Deckungsgrad ist in Abhängigkeit von der Wind- und Strahlungsexposition sowie den edaphischen Verhältnissen sehr unterschiedlich und geht im allgemeinen kaum über 10 % hinaus. Er verringert sich mit zunehmender Höhenlage bis zum vereinzelten Auftreten kleiner Polster an begünstigten Kleinstandorten. Unter Berücksichtigung der Phy-

[3]) Der Abstand zwischen den Mitten benachbarter Steinstreifen bzw. Steinrahmen wird im folgenden der Kürze halber als „Weite" der Strukturböden bezeichnet.

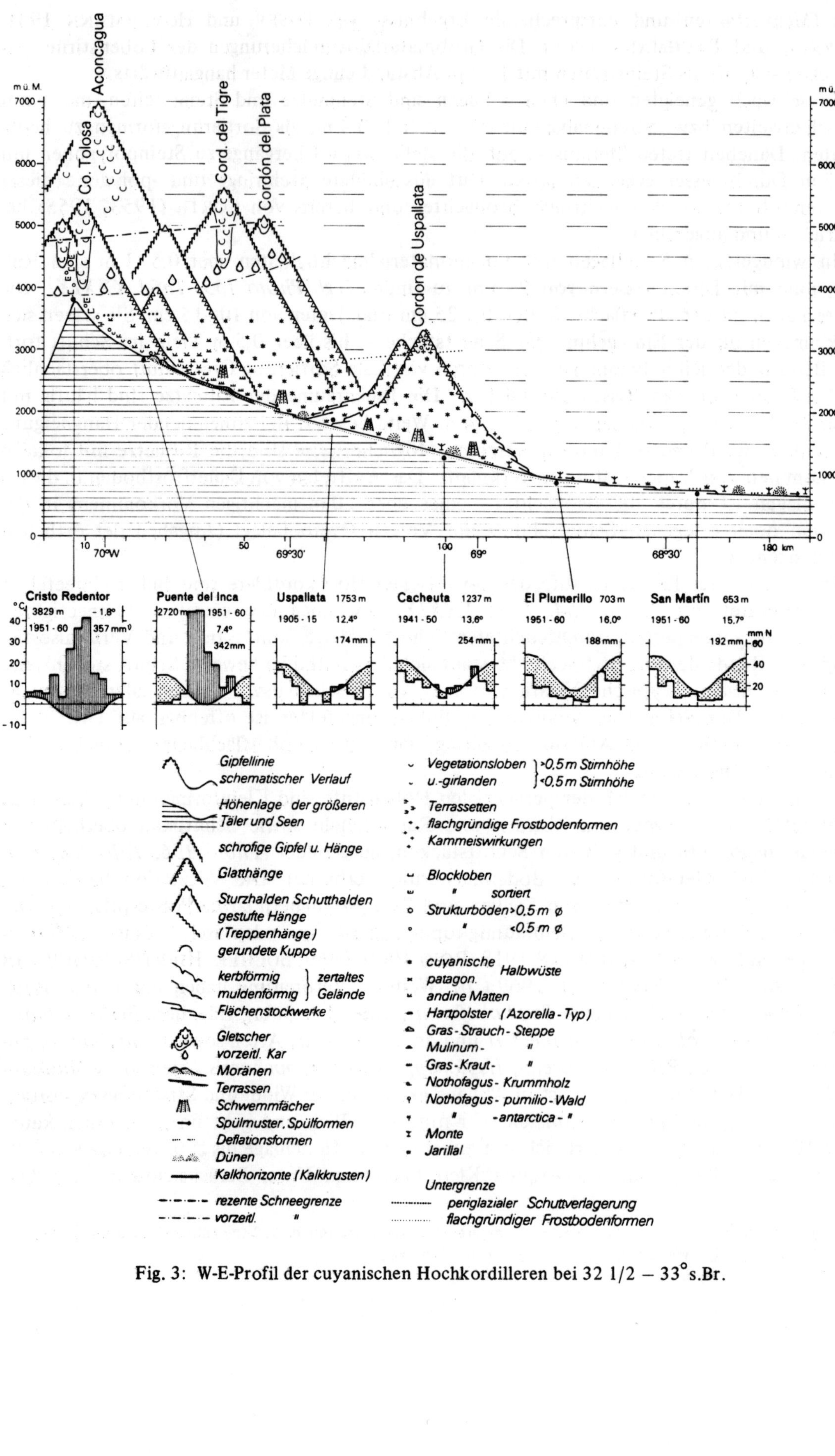

Fig. 3: W-E-Profil der cuyanischen Hochkordilleren bei 32 1/2 – 33°s.Br.

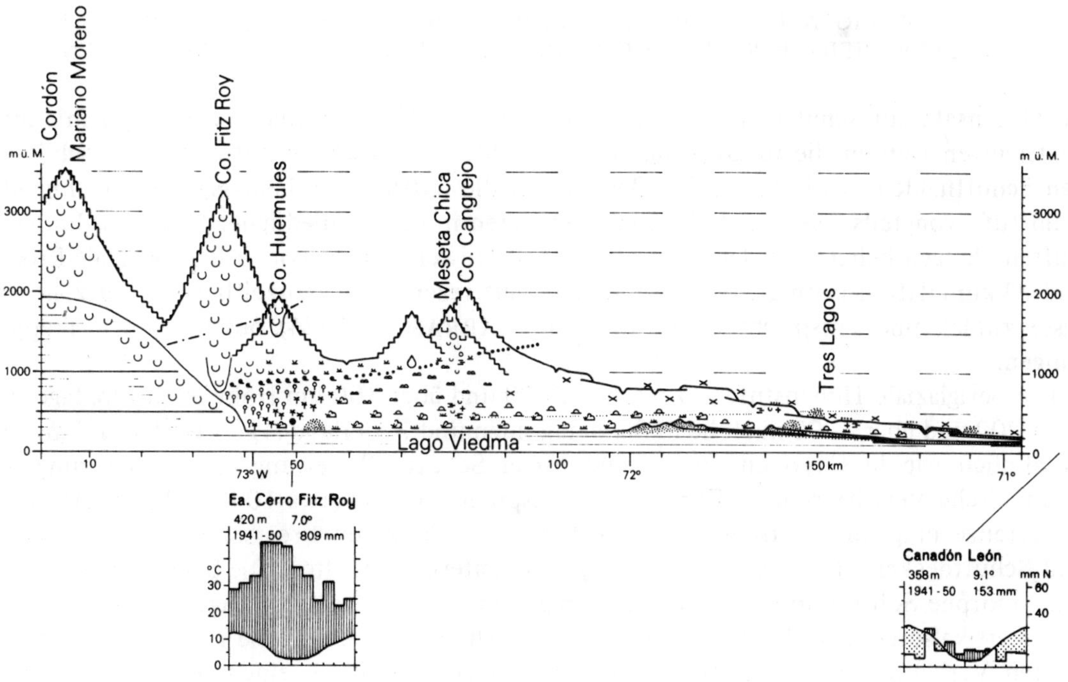

Siehe hierzu auch die Legende von Fig. 3.

Fig. 4: W-E-Profil der E-Abdachung der patagonischen Kordilleren bei etwa 49 10/2 s. Br.

siognomie und insbesondere des Deckungsgrades wird diese Vegetation hier zur cuyanischen Halbwüste gezählt *(vgl. Fig. 3)*. Lediglich an windgeschützten und hygrisch begünstigten Standorten treten annähernd geschlossene gras- und kräuterreiche Matten oder Zwergstrauchgesellschaften auf (vgl. auch BÖCHER, HJERTING und RAHN 1972).

In tieferen Lagen geht die Vegetation in Halbwüste mit Vorherrschaft von zunächst niedrigen Sträuchern und Sukkulenten über. Auf den vegetationsfreien Flächen treten in talwärts abnehmendem Maße Mikroformen flachgründiger Schuttverlagerung und -sortierung auf, deren geringer Tiefgang und Effekt durch Aufgrabungen, durch die Größe der mitbewegten Schuttstücke und durch die stellenweise zu beobachtende Kappung bzw. Überschüttung von Bodenbildungen belegt werden. In diesem Bereich konnte stellenweise in den Morgenstunden flächenhaft Kammeis beobachtet werden. Die Auswirkungen derartiger Kammeisbildungen sind häufiger zu finden, und zwar in Form von Auffriererde, Kuchenboden (TROLL 1944 S. 609), Erdknospen und Erdstreifen, Schuttauflaufen an Vegetationsinseln und an größeren Blöcken, Mikrovegetationsgirlanden und Vegetationsringen. Auch Sortierungserscheinungen fehlen nicht mit Steinringen, -streifen und -polygonen mit meist 10–20 cm Weite. Die Häufigkeit dieser auf flachgründige Frostwirkungen zurückzuführenden Formen nimmt abwärts ab. Vereinzelt wurden sie allerdings auch in den tiefgelegenen Becken und in der Fußstufe in Höhenlagen um und unter 1 200–1 500 m gefunden. Im allgemeinen weist jedoch der Kleinformenschatz in abwärts zunehmendem Maße auf Abspülung und äolische Prozesse als Formungsfaktoren hin.

2.2. DIE PERIGLAZIALSTUFE MIT VORHERRSCHAFT GESTUFTER HÄNGE UND DIFFERENZIERTER SOLIFLUKTION IN DEN FUEGO-PATAGONISCHEN ANDEN

Im Gegensatz zur schuttverhüllten, halbwüstenhaften Hochkordillere von Cuyo mit ihren Glatthängen werden die fuego-patagonischen Anden von Wänden mit abwärts anschließenden Schutthalden, sowie bis in den Bereich der die mittleren Höhenlagen kennzeichnenden Waldstufe von teils felsigen, teils schuttbedeckten in unterschiedlicher Größenordnung gestuften Hängen beherrscht. Die Hangstufung ist teilweise durch vorzeitliche glaziale Erosion und Akkumulation bedingt, teilweise geht sie auf rezente und vorzeitliche periglaziale Prozesse zurück und entspricht damit den von KARRASCH (1974) beschriebenen Treppenhängen.

Die periglaziale Höhenstufe – zwischen 2000 und über 3000 m Höhe in Nordpatagonien, etwa 700 und über 1200 m Höhe in Südpatagonien und Feuerland *(vgl. Fig. 1 und Tab. 1)* – ist ähnlich wie in Cuyo ein Bereich intensiver Schuttaufbereitung und -verlagerung. Die mechanische Verwitterung in Form der Frostsprengung tritt etwa 100–200 m oberhalb der Waldgrenze prägend in Erscheinung. Sie liefert den kantigen Frostschutt der Sturzhalden und Schuttdecken, die meist relativ wenig Feinmaterial enthalten. Die Schuttmassen bilden z.T. amorphe Solifluktionsdecken mit Einregelung, schuppenartiger Lagerung, Frosthebung und Vertikalsortierung der Grobkomponenten. Überwiegend sind sie jedoch im Gegensatz zu den Verhältnissen in der cuyanischen Periglazialstufe durch einen sehr differenzierten solifluidalen Formenschatz charakterisiert, der eine Treppung der Hänge im Mikroformenbereich ergibt. Diese periglaziale Hangstufung umfaßt unterschiedliche Größenordnungen von solifluidalen Kleinformen, wie Terrassetten mit wenigen Zentimetern Stirnhöhe, über Solifluktionswülste, -loben und -girlanden mittlerer Abmessungen bis zu komplexen Gebilden, wie Kryoplanationsterrassen mit mehrere Meter hohen Stirnen und Frostkliffs sowie Breiten von etlichen Dekametern.

Größte Verbreitung besitzen Solifluktionsterrassen mit Stirnhöhen zwischen 0,5 und 2 m, die sich einige Meter bis Dekameter isohypsenparallel erstrecken und deren annähernd ebene Flächen meist 5–20 m breit sind. Diese Stufenflächen sind stellenweise von kleineren Terrassetten gegliedert, von Strukturböden – meist mit 0,2–0,5 m, oft aber auch mit 1–2 m Weite – besetzt oder von Pflasterböden bedeckt. Der konkave Knick am Fuße der Stirn bzw. am hangseitigen Ende der Stufenflächen ist ein Bereich bevorzugter Schneeansammlung und entsprechender Durchfeuchtung des Schuttes *(vgl. Photo 157, Tafel XL)*.

Im unteren Teil der Periglazialstufe sind die Stirnen der Solifluktionsformen meist von Vegetation bedeckt – überwiegend Zwergstrauchrasen aus *Empetrum rubrum*, seltener *Pernettya mucronata* und im untersten Grenzbereich der Stufe auch *Nothofagus pumilio*-Spaliersträucher und -Krummholz. Im höheren Teil der periglazialen Stufe sind entsprechende Formen im unbewachsenen Schutt ausgebildet. An den Stirnen der Solifluktionsformen ist fast immer eine teils tangentiale, teils vertikale Einregelung, häufig auch eine Anreicherung der Grobkomponenten festzustellen. Damit ergeben sich Übergänge zu Steingirlanden oder sortierten Schuttloben. Daneben sind Steinstreifen, -ringe und -polygone als Sortierungserscheinungen, meist mit Weiten zwischen 0,4 und etwa 3 m, häufig anzutreffen. Aber auch Kleinformen der Bodenmusterung haben weite Verbreitung.

Die Schneefelder und -flecken im Bereich der fuego-patagonischen Anden lassen keine büßerschneeartigen Formen erkennen. Sie sind meist als Leisten und inselhafte Vorkommen an kleine Stufen und Unebenheiten im Wind- und Strahlungsschatten angelehnt. In ihrer unmittelbaren Nachbarschaft ist der Formenschatz der Nivationsnischen und -leisten mit

Schuttglättung bis zu Pflasterböden, gesteigerter Solifluktion am Fuße und erhöhter Frostverwitterung am oberen Rande der Schneeflecken ausgebildet (vgl. RUDBERG 1974, SCHUNKE 1974). Dabei sind verschiedene Glieder einer Entwicklungsreihe zu erkennen, die von Schneeflecken an kleinen Unebenheiten ausgeht und bis zu breiten Kryoplanationsterrassen mit Solifluktionsschutt, schwebenden Blockfeldern und Strukturböden am Fuße mehrere Meter hoher Frostkliffs führt.

Fast regelhaft findet die Stufe tiefgründiger solifluidaler Materialversetzung ihre untere Grenze an der Obergrenze der Wald- bzw. Krummholzstufe. Dabei wird die Gehölzvegetation in einem wechselnd breiten Grenzsaum durch die solifluidalen Prozesse in Mitleidenschaft gezogen *(vgl. Photo 158, Tafel XL)*. Das *Nothofagus pumilio*-Krummholz ist in seinem oberen Grenzbereich häufig in isohypsenparallele Streifen aufgelöst, die Stauwülste für den von oben einwandernden Solifluktionsschutt bilden. Augenscheinlich bildet die meist sehr geradlinige Wald- oder Krummholzgrenze eine Kampfzone bzw. Gleichgewichtslinie zwischen der abwärts abnehmenden Tendenz zu solifluidaler Materialverlagerung und der aufwärts abnehmenden Tendenz der Festlegung des Lockermaterials durch die Gehölzvegetation.

Andererseits reicht die solifluidale Formenbildung und Materialverlagerung auf vegetationsfreien Stellen häufig 100–200 m unter die Waldgrenze herab. Derartige vegetationsfreie Stellen oder Standorte mit sehr geringer Vegetationsdichte sind z.T. durch geringe Lockermaterialmächtigkeit, d.h. edaphisch bedingt; häufiger geht die Vegetationsfreiheit jedoch auf anthropogene oder zoogene Eingriffe zurück. So hat sich stellenweise in unmittelbarer Nachbarschaft neben glatt durchziehenden Hängen mit ungestörten humosen Böden unter geschlossenem *Nothofagus pumilio*-Wald nach anthropogener Vernichtung von Waldbeständen in wenigen Jahrzehnten der Formenschatz der gehemmten Solifluktion unter Zerstörung des ehemaligen Waldbodens weit hangabwärts ausgedehnt – auf der Peninsula Magallanes am Lago Argentino z.B. bis in Höhenlagen von 550–650 m, d.h. bei einer Waldgrenzlage in 1000 m Höhe um 350–450 Höhenmeter *(vgl. Photo 159, Tafel XL)*.

Das fleckenhafte Auftreten von Solifluktionserscheinungen, die oft mit Sortierungsmustern vergesellschaftet sind, innerhalb der Wald- oder Krummholzstufe läßt meist Zeichen junger Ausweitung auf ehemals von Vegetation und Bodenbildung geprägte Bereiche erkennen. Da nur selten Anzeichen der Regeneration der Vegetation gefunden wurden, bleibt zu untersuchen, ob diese Ausweitung allein auf Eingriffe des Menschen und seiner Haustiere oder auch auf jüngste klimatische Tendenzen zurückgeht (vgl. z.B. AUER 1946).

In einem relativ breiten unteren Bereich der Periglazialstufe der fuego-patagonischen Anden tritt Vegetation an den Stirnen der Solifluktionsformen und an anderen Kleinstandorten auf. Eine Stufe mit annähernd geschlossener Vegetation oberhalb der Waldgrenze – Matten oder Grasheiden – mit entsprechenden Formen der gebundenen Solifluktion, wie Vegetationsloben und -wülsten, Bülten und Wanderblöcken, ist dagegen nur selten ausgebildet. Sie wurde nur in Nordpatagonien im Bereich besonders hoher, vor allem winterlicher Niederschläge in größerer Verbreitung festgestellt, ist im übrigen immer eng begrenzt auf Quellmulden, lee- und schattseitige Hangteile und geschützte Tälchen. Die Ränder dieser Vegetationsflecken zeigen meist unterschiedliche Stadien der Vegetationszerstörung durch die kombinierte Wirkung von Kammeisbildung, äolischen Prozessen und Abspülung. Im Zuge dieser Gelideflation entstehen bis über 1 m hohe Rasenkliffs, insbesondere in Bereichen vulkanisch-äolischer Feinmaterialdecken.

Sowohl die regionale Differenzierung als auch die kleinräumige Verteilung im Relief weisen darauf hin, daß die Mattenvegetation an Standorte mit höherer Feuchtigkeit gebunden ist. So wird insbesondere die Lage im Wind- und Strahlungsschatten bevorzugt. Dabei spielen offenbar die verminderte Evapotranspiration, das erhöhte Feuchtigkeitsangebot aus leeseitigen Schneeakkumulationen und der geringere mechanische Angriff durch den Wind entscheidende Rollen.

2.3. DER BEREICH FLACHGRÜNDIGER FROSTBODENPHÄNOMENE IN DEN HÖHEREN LAGEN DER HALBWÜSTEN CUYOS UND OSTPATAGONIENS

Formen flachgründiger Materialverlagerung und Sortierung sind in einem Höhenbereich zu beobachten, der sich von den Hochlagen der ostpatagonischen Mittelgebirge und Meseten – im S oberhalb 400–600 m, im N oberhalb 1000–1500 m *(vgl. Fig. 4 und Tab. 1)* – bis in die mittleren Höhenlagen der cuyanischen Kordilleren – im S oberhalb 2000 m, im N oberhalb 3000 m *(vgl. Fig. 3 und Tab. 1)* – erstreckt. Dieser Bereich ist durch Halbwüsten und Trockensteppen mit Vorherrschaft dorniger Polster, Zwergsträucher und Sträucher sowie niedriger harter Horstgräser gekennzeichnet. Der Deckungsgrad der Vegetation bleibt meist unter 30–40 %; er überschreitet nur in den subandinen Bereichen Ostpatagoniens sowie lokal an hygrisch begünstigten Standorten 50 %.

Als kennzeichnende Arten sind in der patagonischen Halbwüste *Nassauvia glomerulosa, Chuquiraga avellanaedae* und weitere *Nassauvia-* und *Chuquiraga*-Arten weit verbreitet. Daneben treten besonders in den höheren Lagen niedrige Sträucher auf, wie *Berberis cuneata, Verbena ligustrina, Adesmia campestris, Senecio filaginoides* sowie verschiedene *Ephedra-* und *Fabiana*-Arten. In den westlichen, feuchteren Teilen Patagoniens nimmt der Anteil an Horstgräsern, wie *Stipa speciosa* oder *Festuca pallescens* zu. Im gleichen Bereich erlangen die halbkugeligen Dornsträucher von *Mulinum spinosum* sehr weite Verbreitung (vgl. SORIANO 1950, 1956, BOELCKE 1957, WALTER 1968). In den Gebirgshalbwüsten Cuyos treten andere Arten der genannten Gattungen sowie Gattungen mit nördlicheren Verbreitungsschwerpunkten auf, darunter auch verschiedene Kakteen (vgl. S. 351 und BÖCHER, HJERTING und RAHN 1972).

Die aktuellen Formungsvorgänge sind aus Mikroformen, wie Terrassetten mit Stirnhöhen unter 0,2–0,3 m, solifluidalem Ausbiegen von Viehgangeln und Übergängen zu kleinen Vegetationsgirlanden zu erschließen. Daneben ist amorphe Solifluktion festzustellen, die zu Stauerscheinungen von Feinschutt oberhalb von Vegetationspolstern und größeren Schuttkomponenten führt *(vgl. Photo 160, Tafel XL)*. Die geringe Größe und der Tiefgang dieser Hindernisse zeigen die Flachgründigkeit der Verlagerungsvorgänge an. Als Kennzeichen für die Beteiligung frostdynamischer Prozesse sind in enger Nachbarschaft Auffriererscheinungen an Steinen, windgestreifte Auffriererde, Erdknospen und Erdstreifen sowie kleine Strukturböden mit Weiten um 0,1–0,2 m, seltener bis 0,4 m, zu beobachten. Weite Verbreitung hat eine Lockerung der obersten Bodenschicht, die offensichtlich auf Kammeisbildung zurückzuführen ist.

Die Häufigkeit und die Intensität dieser flachgründigen Frostbodenformen nehmen mit wachsender Höhenlage zu. Darüber hinaus zeigt ihre räumliche Verteilung starke Abhängigkeit von edaphischen und vermutlich mikroklimatischen Differenzierungen. So sind die flachgründigen Frostbodenphänomene besonders im unteren Grenzbereich ihrer Verbreitung bevorzugt auf schluffigen und tonigen Sedimenten mit hohem Kalk-, Gips- oder Salzgehalt anzutreffen. Unter derartigen Lagebedingungen ergeben sich räumliche und möglicherweise auch genetische Überschneidungen mit Schuttverlagerungs- und Sortierungserscheinungen auf der Grundlage von salzbedingten Quellungs- und Schrumpfungsvorgängen und von Trockenrißnetzen *(vgl. Photos 161 und 162, Tafel XLI).*

Obwohl die Verteilung der flachgründigen Frostbodenerscheinungen im einzelnen von edaphischen und mikroklimatischen, wahrscheinlich sogar von kurzfristig witterungsabhängigen Faktoren bestimmt wird, ist doch ihre größere Häufigkeit und Intensität mit zunehmender Höhenlage evident. Dementsprechend kann eine Höhenstufe abgegrenzt werden, in der die Bedingungen für ihre Bildung räumlich und zeitlich gehäuft auftreten. Daneben sind in dieser Höhenstufe Kleinformen der äolischen Umlagerung und der Abspülung verbreitet, wie Deflationspflaster, Vegetationskliffs, kleine Kupsten, Spülstufen und Spülmuster. Stellenweise ist der Anteil der einzelnen Prozesse an der Entstehung der Mikroformen nicht eindeutig abzugrenzen.

3. DIE REGIONALE DIFFERENZIERUNG DER PERIGLAZIALSTUFE IN CUYO UND PATAGONIEN ALS AUSDRUCK UNTERSCHIEDLICHER KLIMATISCHER UND MORPHO-DYNAMISCHER VERHÄLTNISSE

Die in den Abschnitten 2.1. bis 2.3. beschriebenen Bereiche mit Periglazialerscheinungen sind durch Unterschiede im Formeninventar und im Formungseffekt der periglazialen Vorgänge charakterisiert:

A. Periglazialstufe der semiariden Hochkordilleren von Cuyo mit Vorherrschaft von Schuttglatthängen, starker mechanischer Verwitterung, gravitativer Schuttverlagerung und weitgehend undifferenzierter Solifluktion und Abspülung auf vegetationsfreien Hängen. Abwärts geht diese Stufe ohne scharfe Grenze in den Bereich C über. Die Intensität der periglazialen Formungsvorgänge hat zu weitgehender Auslöschung des letztkaltzeitlichen glazialen Formenschatzes geführt.

B. Periglazialstufe der humiden fuego-patagonischen Waldkordilleren mit weiter Verbreitung von Wänden und Sturzhalden, gestuften Hangprofilen und reich gegliedertem, tiefgündigem solifluidalem Formenschatz, der meist seine scharfe untere Grenze an der oberen Wald- bzw. Krummholzgrenze findet. Trotz der im einzelnen auffälligen periglazialen Kleinformen ist die periglaziale Umgestaltung des letztkaltzeitlichen glazigenen Reliefs verhältnismäßig gering, so daß dieses ähnlich wie in entsprechenden Höhenlagen der Alpen relativ gut erhalten ist.

C. Bereich flachgründiger Materialverlagerung und Sortierung in den Gebirgshalbwüsten Cuyos und Ostpatagoniens ohne wesentliche Umgestaltung vorzeitlicher Formen. Periglaziale Mikroformen und Schuttdecken, die durch – teilweise gekappte – Bodenbildungen als vorzeitlich gekennzeichnet sind, belegen den geringen oder sogar fehlenden Formungseffekt dieser flachgründigen frostdynamischen Materialverlagerung.

Die Erörterung der klimatischen Bedingungen und der Formungsprozesse in den verschiedenen Bereichen ist wegen des Mangels an langfristigen Beobachtungen und Meßreihen nur näherungsweise möglich. So muß sich die Untersuchung der klimatischen Bedingungen aufgrund des weitgehenden Fehlens klimatologischer Daten aus den entsprechenden Höhenlagen im wesentlichen auf Extrapolationen von den Meßreihen der meteorologischen Stationen in der Fußstufe des Gebirges stützen. Hinsichtlich der hygrischen Verhältnisse wird davon ausgegangen, daß die Hochlagen höhenwärtige Abwandlungen der entsprechenden Daten der Fußstufe aufweisen. Zur Abschätzung der Temperaturverhältnisse wurden die regional und jahreszeitlich schwankenden Werte der Höhengradienten der Temperatur berücksichtigt. Diese Extrapolationen bleiben mit zahlreichen Unsicherheitsfaktoren belastet. Dennoch soll im folgenden der Versuch gewagt werden, Näherungswerte für das Temperaturniveau und den Jahresgang der Monatsmitteltemperaturen an der Untergrenze der Periglazialstufe zu ermitteln sowie die Verbreitung der verschiedenen Typen der Periglazialstufe mit den hygrischen Verhältnissen in Beziehung zu setzen.

Die Höhengradienten der Temperatur wurden nach LAUTENSACH und BÖGEL (1956) monatlich ermittelt und betragen für die cuyanischen Hochkordilleren in den Sommermonaten 0,6–0,9 °C/100 m, in den Wintermonaten 0,5–0,7 °C/100 m; für die patagonischen Kordilleren in den Sommermonaten 0,4–0,6 °C/100 m, in den Wintermonaten 0,3–0,5 °C/100 m. Die Berechnung der Monatsmittel der Temperatur für die Höhenlage der Untergrenze verbreiteter Periglazialerscheinungen[4]) ergibt für 4 Untersuchungsgebiete in den Hochkordilleren von Cuyo *(Fig. 1 und Tab. 1 A1–4)*, 22 Untersuchungsgebiete in den fuego-patagonischen Anden *(Fig. 1 und Tab. 1 B1–22)* sowie 18 Untersuchungsgebiete mit flachgründigen Frostbodenerscheinungen *(Fig. 1 und Tab. 1 C1–18)* jeweils relativ gut übereinstimmende Werte, insbesondere hinsichtlich der tiefsten winterlichen Monatsmittel. Diese liegen für den ersten Bereich (A) zwischen – 3,5 und – 7 °C, für den Bereich der patagonischen Kordilleren (B) zwischen – 0,5 und – 3,5 °C und für die allerdings nur mit größerer Unsicherheit zu fassende Untergrenze des Bereichs flachgründiger Frostdynamik (C) zwischen + 1,5 und – 1,5 °C *(Fig. 5)*. Die sommerlichen Monatsmitteltemperaturen zeigen größere Schwankungsbreiten, dürften allerdings für die periglaziale Morphodynamik in den meisten Gebieten auch keine entscheidende Rolle spielen (vgl. CORTE 1955 S. 86).

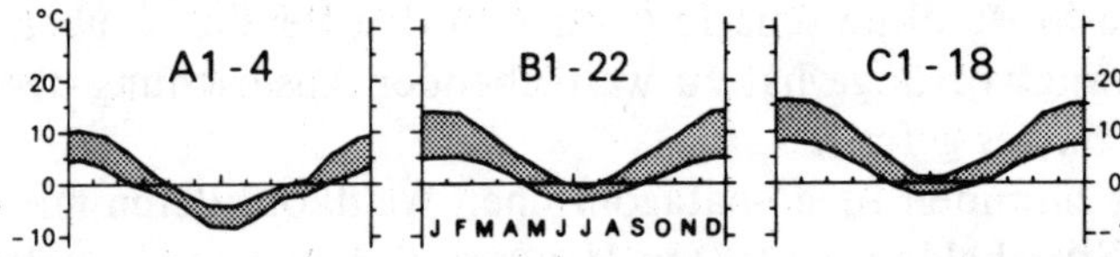

Fig. 5: Schwankungsbereiche der extrapolierten Monatsmittel der Lufttemperatur an den Untergrenzen verschiedener Typen der Periglazialstufe und des Bereiches flachgründiger Frostdynamik in den argentinischen Anden südlich 30°s.Br. und in ihrem östlichen Vorland: Numerierung und Lokalisation der Untersuchungsgebiete (A1–4, B1–22, C1–18) und der meteorologischen Stationen vgl. *Fig. 1 u. 2* sowie *Tab. 1.*

Die extrapolierten Werte der Monatsmitteltemperaturen vermögen zwar gewisse Anhaltspunkte für den regionalen Vergleich zu geben, doch sind für die frostdynamischen Prozesse die Extremwerte, die Frostwechsel und ihre Häufigkeit sowie insbesondere die Bodentemperaturen entscheidend. Messungen der Bodentemperaturen und Vergleiche mit dem Gang der Lufttemperatur liegen aus dem untersuchten Bereich bisher lediglich von der Station Altura Perón in der cuyanischen Hochkordillere unter 34° 10′ s.Br. vor (CORTE 1953, 1955). Leider sind hier die hinsichtlich der extremen Abkühlung und damit der Frostwechsel sicher wichtigen Nachtstunden nicht erfaßt, so daß kein vollständiges Bild des Temperaturganges konstruiert werden kann.

[4]) Zur Problematik der Untergrenze der Periglazialstufe vgl. HÖLLERMANN (1967, 1972a, b, 1974), STINGL (1969), GARLEFF (1970).

Anhand der täglichen Extremwerte der Lufttemperatur der Station Altura Perón kann die monatliche Zahl der Frostwechsel mit den mittleren monatlichen Extremwerten in Beziehung gesetzt werden. Danach ist die Zahl der Frostwechsel der Lufttemperatur bei mittleren monatlichen Minima zwischen 0° und – 5 °C besonders groß. Dieser Bereich der mittleren Minima wird bei Monatsmitteltemperaturen zwischen 0° und + 5 °C erreicht *(vgl. Fig. 2 Nr. 4–6)*. Unter Berücksichtigung der Verringerung der täglichen Temperaturamplituden mit zunehmender Höhenlage kann angenommen werden, daß an der Untergrenze der Periglazialstufe des Typs A 7–12 Monate, des Typs B 6–9 Monate und des Typs C 4–6 Monate negative mittlere Minima aufweisen. Davon haben an den Untergrenzen der Stufen A und B jeweils 4–6 Monate, der Stufe C 3–5 Monate mittlere Minima zwischen 0° und – 5 °C.

Diese Ableitungen beziehen sich lediglich auf die Lufttemperaturen. Es ist jedoch zu berücksichtigen, daß in den strahlungsreichen semiariden Bereichen die Temperaturschwankungen der Gesteins- und Schuttoberflächen wesentlich größer sind als die der Lufttemperatur (vgl. z.B. WEISCHET 1970 S. 259). Dementsprechend dürften auch bei durchgehend negativen Lufttemperaturen an den Gesteinsoberflächen Frostwechsel in großer Zahl auftreten, die vermutlich für die Art und die hohe Intensität der semiarid-periglazialen Gesteinsaufbereitung verantwortlich sind.

Der regionalen Differenzierung des Formenschatzes, der Vegetation und der extrapolierten Temperaturwerte geht eine räumliche Differenzierung der hygrischen Verhältnisse in der Fußstufe des Gebirges hinsichtlich der Dauer humider und arider Phasen sowie hinsichtlich der jahreszeitlichen Verteilung der Niederschläge parallel *(vgl. Fig. 1 und 2)*. Zu einer detaillierten Betrachtung der Beziehungen zwischen dem Temperaturniveau und -gang sowie den hygrischen Verhältnissen einerseits, ihren Auswirkungen auf Formenschatz und Morphodynamik der periglazialen Höhenstufe andererseits fehlen leider zuverlässige Meßdaten des Niederschlags aus den interessierenden Höhenlagen. Unter der Annahme, daß die hygrischen Verhältnisse der periglazialen Höhenstufe jeweils Abwandlungen der am Fuße des Gebirges registrierten darstellen, ergibt sich, daß bei zunehmender Aridität tiefere winterliche Monatsmittel der Temperatur an der periglazialen Untergrenze herrschen. Das zeigt sich einerseits beim Vergleich der Werte aus den humiden Waldkordilleren Fuego-Patagoniens mit denen der semiariden Hochkordilleren Cuyos *(vgl. Fig. 5 A und B)*. Andererseits tritt das gleiche Phänomen in den östlichen Gebirgsgruppen der patagonischen Anden auf, die bei hinreichender Höhenerstreckung gegen das ostpatagonische Trockengebiet vorgeschoben sind. Hier wurde die Untergrenze der periglazialen Höhenstufe in größerer Höhenlage festgestellt als in den westlich benachbarten humideren Gebirgsteilen. Die Untergrenze der Periglazialstufe B steigt in allen untersuchten Bereichen zum Trockengebiet hin an. Dementsprechend ergeben die Extrapolationen tiefere Temperaturen an dieser Untergrenze in den östlichen trockeneren Gebirgsgruppen. Gleichzeitig treten hier sowie in kennzeichnender Weise auch auf edaphisch trockenen Standorten Anklänge an den Formenschatz der semiariden cuyanischen Hochkordilleren – Typ A der Periglazialstufe – auf, ein weiterer Hinweis darauf, daß die unter A beschriebene Formengemeinschaft einen semiariden Typ der Periglazialstufe repräsentiert. Die Differenzierung des Erscheinungsbildes der periglazialen Höhenstufe in die Typen A und B kann demnach in erster Linie auf Unterschiede in den hygrischen Bedingungen zurückgeführt werden. Die Unterschiede im Temperaturniveau dürften dagegen sekundär sein. Darauf deutet auch die Beobachtung hin, daß die extrapolierten Temperaturwerte für die Untergrenze der Periglazialstufe B in den nordpatagonischen Anden, einem Bereich besonders hoher, vor allem winterlicher Niederschläge, sämtlich im oberen Teil des Schwankungsbandes der *Fig. 5B* liegen, d.h. ein höheres Temperaturniveau ergeben als es für die übrigen Untersuchungsgebiete in den fuego-patagonischen Anden charakteristisch ist. Die gleichen Beziehungen zwischen dem Niveau der Wintertemperaturen an der periglazialen Untergrenze und den hygrischen Bedingungen spiegeln sich auch in dem von TROLL (1944) verfolgten großräumigen Verlauf dieser Grenze.

Besondere Beachtung verdienen die klimatischen Verhältnisse im Bereich flachgründiger Frostdynamik (Typ C). Die kennzeichnenden Formen sind unterhalb der semiariden Periglazialstufe der cuyanischen Hochkordilleren und in den höheren Lagen der ostpatagonischen Mittelgebirge und Meseten östlich der Trockengrenze des Waldes verbreitet, d.h. jeweils in Bereichen halbwüstenhafter bis trockensteppenartiger Vegetation (Vgl. S. 351 u. 354). Hinweise auf die klimatischen Grenzbedingungen ergeben sich aus den Verhältnissen in einigen Gebirgsgruppen, die relativ weit gegen das ostpatagonische Trockengebiet vorgeschoben sind. Hier tritt in Fortsetzung der nach E auskeilenden Waldstufe eine Höhenstufe annähernd geschlossener gras- und kräuterreicher Matten mit Hartpolstern des *Azorella*-Typs auf *(Fig. 4)*. Die auskeilende Wald- und die Mattenstufe sind in ihren Kernbereichen weitgehend frei von periglazialen Kleinformen. Sie werden in ihren oberen Grenzbereichen von Formen der gehemmten Solifluktion und von Sortierungserscheinungen, in ihrem unteren Grenzsaum im Übergang zu den ostpatagonischen Steppen und Halbwüsten dagegen von den Formen flachgründiger Frostdynamik beeinflußt. Die Wald- und die Mattenstufe zeigen humidere Bedingungen an, als die abwärts und östlich anschließenden Vegetationsformationen der ostpatagonischen Steppen und Halbwüsten. Demnach wird hier das Verbreitungsgebiet flachgründiger Frostbodenerscheinungen durch Bereiche höherer Humidität mit entsprechend dichterer Vegetation bei ähnlichem oder sogar tieferem Temperaturniveau begrenzt. Die gleiche Erscheinung zeigt sich im Ausklingen der flachgründigen Frostbodenphänomene gegen die humideren strauchreichen Steppen im südlichsten Patagonien und Feuerland *(vgl. Fig. 1 und 2 Nr. 25, 28, 29)*. Das sporadische Vorkommen flachgründiger Frostbodenerscheinungen auf anthropogen oder aus edaphischen Gründen vegetationsfreien Standorten innerhalb der Steppen- und auch der Waldstufe dokumentiert, daß die thermischen Bedingungen für die frostdynamischen Vorgänge ausreichen. Der begrenzende Faktor ist demnach in der hygrisch gesteuerten Vegetationsdichte zu suchen.

Andererseits setzen die flachgründigen Frostbodenerscheinungen in den arideren Tieflagen mit sehr schütterer Vegetationsdecke weitgehend aus, obwohl auch hier über einen großen Teil des Jahres gelegentlich Fröste auftreten *(vgl. Fig. 2 Nr. 19, 20, 22, 23)*, die für das vereinzelte Vorkommen frostdynamischer Kleinformen in diesen Lagen verantwortlich zu machen sind. Demnach ist offenbar ein spezifisches Maß der Semiaridität, das ein Zusammentreffen hinreichender Bodenfeuchtigkeit bei lückenhafter Vegetationsdecke mit Frösten ermöglicht, für die Ausbildung des Bereiches flachgründiger Frostdynamik (Typ C) notwendig.

Das weite Ausgreifen flachgründiger Frostbodenphänomene in Ostpatagonien ist mit den speziellen südhemisphärisch-ostpatagonischen Klimabedingungen in Verbindung zu bringen. Insofern als hier im Vergleich zu entsprechenden Breiten der Nordhalbkugel eine geringe jährliche Temperaturamplitude bei relativ starken kurzfristigen Schwankungen im Rahmen eines interdiurnen Wechselklimas (vgl. WEISCHET in diesem Bande) herrscht. Dieses interdiurne Wechselklima bei relativ niedrigem Temperaturniveau ermöglicht während großer Teile des Jahres gelegentliche Frostwechsel und begünstigt damit die Entstehung der flachgründigen Frostbodenerscheinungen.

Ähnliche Überschneidungen semiarider und periglazialer Bedingungen wurden bereits mehrfach beschrieben (vgl. z.B. CZAJKA 1958, HÖLLERMANN 1972a, 1974). Im einzelnen bedarf es allerdings noch weiterer Untersuchungen, insbesondere langfristiger Meßreihen, um detaillierte Aussagen über die klimatischen Bedingungen und ihre Beziehungen zu Vegetation und Morphodynamik in diesem semiarid-periglazialen Übergangsfeld und in der periglazialen Stufe im allgemeinen zu erlauben.

Aus dem Formeninventar und seiner regionalen Differenzierung kann jedoch unter Berücksichtigung der klimatischen Bedingungen auf eine klimatisch gesteuerte räumliche Differenzierung der periglazialen Morphodynamik geschlossen werden. Danach ist die Periglazialstufe der cuyanischen Hochkordilleren (Typ A) durch die intensive Gesteinsaufbereitung und Schuttproduktion mit einem charakteristischen Korngrößenspektrum gekennzeichnet und zwar aufgrund der aus den semiariden strahlungsreichen Bedingungen folgenden häufigen und hohen Temperaturschwankungen an den Gesteinsoberflächen. Der Schutt wird in Abhängigkeit von der Hangneigung mit wechselnder Vorherrschaft gravitativer oder solifluidaler Prozesse, durch Trockenschuttrutschen oder durch Abspülung transportiert. Dabei erfolgt die solifluidale Verlagerung infolge der geringen Bodendurchfeuchtung offenbar vorwiegend als Regelationsbewegung mit relativ geringem Tiefgang aber großer Häufigkeit ("creep" i.S. v. WASHBURN 1973 S. 170ff.). Das Trockenschuttruschen ("dry creep") ist vermutlich durch Verringerung der inneren Reibung der Schuttdecken aufgrund des hohen Schluffanteils gefördert. Die Abspülung geht auf gelegentliche Starkregen zurück, die in der Fußstufe des Gebirges und in den intramontanen Becken zu kräftiger flächenhafter Spülung und Fußflächenformung führen (vgl. GARLEFF und STINGL 1974). Die genannten Prozesse tendieren in ihrer räumlich und zeitlich wechselnden Kombination zur Schaffung glatter Hänge unter Eliminierung vorgegebener Reliefunterschiede und petrographischer Resistenzdifferenzierungen. Gegen diese Glättungstendenz kann sich die differenzierte Verwitterung und Abtragung im Umkreis der Büßerschneefelder infolge der hohen Ablation und des geringen Schmelzwasseranfalls nicht durchsetzen. Die Häufigkeit und Amplitude der Temperaturschwankungen führen in Kombination mit dem geringen Feuchtigkeitsangebot zu weitgehender Vegetationsfreiheit der semiariden Periglazialstufe.

In der Periglazialstufe der fuego-patagonischen Anden (Typ B) bewirken die selteneren, aber tiefer greifenden Frostwechsel bei im allgemeinen hinreichender Feuchtigkeit die Entstehung gröberen, kantigen Frostschuttes. Dabei bleibt die Schuttproduktion hinter den Ergebnissen der semiarid-periglazialen Schuttaufbereitung zurück. Der Schutt wird bei entsprechender Hangneigung durch Absturz in Schutthalden mit Sturzschuttsortierung angehäuft. Am Fuße der Schutthalden und allgemein bei geringerem Gefälle herrscht die solifluidale Verlagerung vor, und zwar aufgrund der höheren Humidität insbesondere in Form tiefgründigen Durchtränkungsfließens, das offenbar die Entstehung der verschiedenen solifluidalen Kleinformen bewirkt. Stellenweise spielen auch Abspülung und Deflation – allerdings untergeordnete – Rollen. Verwitterung und Solifluktion erfahren im Umkreis der Schneeflecken eine erhebliche Intensitätssteigerung und führen hier zur Entstehung ausgeprägter Nivationsformen, wie Nischen, Leisten und Kryoplanationsterrassen. Die Prozesse tendieren zur Schaffung gestufter Hänge unter Verstärkung bzw. Herausarbeitung vorgegebener Reliefunstetigkeiten und petrographischer Resistenzunterschiede. Die Differenzierung im Mikroformenbereich wird in einem relativ breiten Höhengürtel durch die Vegetation verstärkt, die bei entsprechendem Schwellenwert des Temperaturniveaus und hinreichender Feuchtigkeit die Untergrenze der Periglazialstufe bedingt.

Der Bereich flachgründiger Frostbodenphänomene (Typ C) ist infolge der geringen Intensität und Häufigkeit der Frostwechsel bei meist fehlender Bodendurchfeuchtung gegenüber den periglazialen Höhenstufen durch das weitgehende Fehlen aktueller mechanischer Verwitterung und entsprechender frischer Schuttdecken ausgezeichnet. Als Prozesse der Materialverlagerung werden durch die Kleinformen Solifluktions- und Sortierungsvorgänge, Feinmaterialabspülung und Deflation dokumentiert, doch sind sie alle nur in geringer Ausprägung vertreten. Die jeweiligen Mikroformen werden durch die anderen Prozesse offenbar gelegentlich wieder zerstört oder verwischt. Die frostdynamischen Vorgänge treten bei gelegentlichem Zusammentreffen hinreichender Feuchtigkeit mit den ebenfalls relativ seltenen Frösten auf. Sie beruhen überwiegend auf Kammeisbildung und sehr flachgründiger Regelation. Sämtliche Prozesse werden durch die schüttere Vegetation behindert und können aufgrund ihrer geringen Intensität hinsichtlich ihrer Formungstendenz nicht eindeutig beurteilt werden.

4. VERGLEICH DER PERIGLAZIALEN HÖHENSTUFE DER MITTEL- UND SÜDARGENTINISCHEN KORDILLEREN MIT DER TROPISCHER HOCHGEBIRGE UND NORDHEMISPHÄRISCHER MITTELBREITEN

Der Vergleich südhemisphärischer Mittelbreiten mit tropischen Hochgebirgen auf der Grundlage der Beobachtungen aus der Periglazialstufe der argentinischen Kordilleren muß die überwiegend hygrisch bestimmte Differenzierung dieser Periglazialstufe berücksichtigen. Engt man den Vergleich zunächst auf die humiden fuego-patagonischen Anden und humide tropische Hochgebirge ein, so treten Unterschiede in Formenschatz und Morphodynamik deutlich zutage (vgl. z.B. TROLL 1944), insbesondere hinsichtlich der Tiefgründigkeit der Verlagerungsvorgänge oder hinsichtlich der Regelmäßigkeit und der vorherrschenden Weite der Sortierungsmuster. Vermutlich wirken sich hier im Gegensatz zu den ausgeprägten Tageszeitenklimaten tropischer Hochgebirge die thermischen Jahreszeiten der Untersuchungsgebiete in der Tiefgründigkeit der Frostdynamik aus, während andererseits die Regelmäßigkeit und Häufigkeit tageszeitlicher Frostwechsel in den Tropengebirgen die regelmäßigen Strukturboden-Kleinformen begünstigen.

Der Formenschatz der Periglazialstufe in den fuego-patagonischen Anden legt dagegen den Vergleich mit den Verhältnissen in den Hochgebirgen der humiden nordhemisphärischen Mittelbreiten nahe (vgl. z.B. POSER 1954, HÖLLERMANN 1964, 1967, FURRER 1965, STINGL 1969). Der Bestand an periglazialen Kleinformen ist weitgehend ähnlich, ihre Vergesellschaftung und relative Häufigkeit läßt jedoch Unterschiede erkennen, wie z.B. die weite Verbreitung großer Solifluktionsstufen oder der weitgehende Mangel an Erscheinungen der gebundenen Solifluktion in Übereinstimmung mit der geringen Verbreitung einer Mattenstufe in den fuego-patagonischen Anden zeigen. Es wird erst durch Sammlung weiterer Beobachtungen und insbesondere mikroklimatischer Meßreihen möglich sein, zu prüfen, ob es sich hierbei um einen speziellen patagonischen Typ der periglazialen Höhenstufe handelt. Er ist möglicherweise an einen gemäßigten Jahresgang der Temperatur bei relativ geringem Feuchtigkeitsangebot und hohen Windgeschwindigkeiten während der Vegetationsperiode gebunden. Diese Bedingungen sind kennzeichnend für südhemisphärische Mittelbreiten. Allerdings ist die in diesen Breiten der Südhalbkugel im allgemeinen stärkere ozeanische Komponente im Lee der fuego-patagonischen Kordilleren sowohl im Temperatur- als auch im Niederschlagsgang abgeschwächt, d.h. es liegt eine patagonische Variante eines südhemisphärischen Klimatyps vor.

Vergleichsmöglichkeiten für die Periglazialstufe der semiariden cuyanischen Hochkordilleren bieten die Hochgebirge des altweltlichen Trockengürtels, insbesondere des circummediterranen und vorderasiatischen Bereichs (vgl. z.B. MENSCHING 1953, 1955, POSER 1957, HÖVERMANN 1954, 1960, 1972, KLAER 1962, KAISER 1965, HAGEDORN 1969), sowie die semiariden Hochgebirge Nordamerikas (vgl. z.B. HÖLLERMANN 1972a, b). Die intensive Gesteinsaufbereitung, das Vorherrschen von Glatthängen und das Zurücktreten von Kleinformen der solifluidalen Materialverlagerung und der Sortierung sind der periglazialen Höhenstufe in den semiariden Räumen gemeinsam und kennzeichnen einen semiariden Typ dieser Höhenstufe.

Auch die Formengemeinschaft der Stufe flachgründiger Frostbodenphänomene (Typ C) hat nach zahlreichen Untersuchungen (in jüngster Zeit z.B. von HÖVERMANN 1972, HÖLLERMANN 1972a, b 1974) Entsprechungen in anderen semiariden Räumen und wurde von HÖLLERMANN (1974) mit ähnlichen morphodynamischen und klimatischen Verhältnissen parallelisiert. Es bleibt zu prüfen, wieweit es sich dabei um Beispiele einer – der hier beschriebenen ähnlichen – morphodynamisch wenig effektiven Höhenstufe handelt, die von einer Stufe kräftiger periglazialer Morphodynamik in größerer Höhe überlagert wird.

Im patagonischen Raum wird die Stufe flachgründiger Frostbodenerscheinungen in ihrem westlichen humiden Grenzbereich durch eine Höhenstufe annähernd geschlossener Vegetation – Wald- und/oder Mattenstufe – ohne frostdynamische Erscheinungen von der darüber liegenden Periglazialstufe getrennt. Danach erscheint es nicht sinnvoll, den Bereich der flachgründigen Frostbodenerscheinungen (Typ C) der Periglazialstufe zuzurechnen bzw. die flachgründigen Frostbodenerscheinungen zur Abgrenzung der periglazialen Höhenstufe heranzuziehen. Falls in anderen semiariden Gebieten entsprechende Verhältnisse vorliegen, müssen diese Gesichtspunkte z.B. bei der Diskussion um den Verlauf der periglazialen Untergrenze in den Trockengebieten berücksichtigt werden.

Tabelle 1: Untersuchungsgebiete von Periglazialerscheinungen in den argentinischen Anden und Ostpatagonien

		Breitenlage	Höhenlage der Untergrenze	Ausgangsstationen der Extrapolation (vgl.Fig. 1 u. 2)
A. Hochkordilleren von Cuyo				
A.1.	Port. de Agua Negra	ca. 30° S	4200 m	1
A.2.	Port. Cristo Redentor	32°30′	3600 m	2, 3, 4, 5
A.3.	Laguna Diamante	34°	3400 m	6, 7, 8
A.4.	Río Atuel/Vn. Overo	35°	3000 m	7, 8, 9
B. Fuego-patagonische Anden				
B.1.	Co. Campanario	36°	2700 m	9
B.2.	Vn. Copahue	38°	2000 m	10
B.3.	Port. Pino Hachado/ Co. Bayo	38°30′	1800 m	11, 12

Fortsetzung *Tabelle 1*

		Breitenlage	Höhenlage der Untergrenze	Ausgangsstationen der Extrapolation (vgl. Fig. 1 u. 2)
B.4.	Sierra de Catán-Lil	39° 20′	1 800 m	12, 13
B.5.	Vn. Lanín	39° 30′	1 750 m	12, 13
B.6.	Cord. Chapelco	40° 15′	1 700 m	
B.7.	Port. Puyehue	40° 30′	1 650 m	16
B.8.	Mte. Tronador	41° 10′	1 650 m	15, 16
B.9.	Co. Catedral	41° 10′	1 750 m	15
B.10.	Cord. Piltriquitrón	42°	1 700 m	17
B.11.	Co. Tres Uñas	43°	1 500 m	18
B.12.	Cord. Esquel	43°	1 550 m	18
B.13.	Co. Katterfeld	45°	1 400 m	19, 20
B.14.	Co. Rojo/Pampa Guenguel	46° 30′	1 250 m	21, 22
B.15.	Tucu-Tucu/Meseta de la Muerta	48° 30′	1 200 m	23
B.16.	Meseta Desoccupada/Lago Viedma	49° 30′	1 200 m	24
B.17.	Sierra Buenos Aires/Lago Argentino	50° 30′	1 000 m	25
B.18.	Co. del Fraile/Lago Argentino	50° 30′	1 050 m	25
B.19.	Cord. Chica/Meseta Latorre	51° 30′	900 m	27, 28
B.20.	Sierra Dorotea	51° 30′	750 m	28
B.21.	Co. Atukoyak/Lago Fagnano	54° 30′	800 m	29, 30
B.22.	Mte. Martial/Ushuaia	55°	650 m	30
C. Höhere Lagen der Halbwüsten Cuyos und Ostpatagoniens				
C.1.	Cord. de Agua Negra	30°	3 600 m	1
C.2.	Puente del Inca	32° 30′	2 600 m	4
C.3.	Cord. Uspallata	32° 30′	3 000 m	2, 3
C.4.	Río Atuel	35°	2 300 m	7, 8, 9
C.5.	Co. Campanario	36°	2 200 m	9
C.6.	El Huecu	38°	1 700 m	10, 11
C.7.	Co. Haichol	38° 30′	1 500 m	11, 12
C.8.	Cord. Ñirihuau	41°	1 300 m	14, 15
C.9.	Pampa de Gastre	42° 30′	1 000 m	14, 17
C.10.	Cord. Esquel	43°	1 000 m	18
C.11.	Cord. Tecka	43° 30′	900 m	14, 18, 19
C.12.	Lago Fontana	45°	900 m	19
C.13.	Sierra de San Bernardo	45° 30′	1 000 m	19,20
C.14.	Pampa Guenguel/Lago Buenos Aires	46° 30′	900 m	20, 21
C.15.	Tucu-Tucu	48° 30′	750 m	23
C.16	Lago Viedma/Tres Lagos	49° 30′	500 m	23, 26
C.17.	Cord. de los Escarchados/ Lago Argentino	50° 30′	600 m	25, 26
C.18.	Meseta Latorre	51° 30′	500 m	27,28

LITERATUR

AUER, V. (1946): The Pleistocene and Post Glacial Period in Fuego-Patagonia. Preliminary Informations. Publ. Inst. Geogr. Univ. Helsinki Nr. 12, S. 1–20.

BÖCHER, T.W., HJERTING, J.P. and RAHN, K. (1963, 1968, 1972): Botanical Studies in the Atuel Valley Area, Mendoza Province, Argentina. Dansk Botanisk Arkiv, B. 22, Nr. 1–3.

BOELCKE, O. (1957): Comunidades herbáceas del norte de Patagonia y sus relaciones con la ganadería. Rev. Invest. Agric., T. XI, No. 1, Bs. Aires.

BÜDEL, J. (1961): Die Morphogenese des Festlandes in Abhängigkeit von den Klimazonen. Die Naturwissenschaften, 48, S. 313–318.

CAPITANELLI, R.G. (1967): Climatología de Mendoza. Bol. Estud. Geogr., Vol. XIV, No. 54–57, Univ. Nac. Cuyo, Mendoza.

CORTE, A.E. (1953): Contribución a la morfología periglacial de la Alta Cordillera con especial mención del aspecto criopedológico. Anales del D.I.C., T. I, 2, Mendoza.

–, (1955): Contribución a la morfología periglacial especialmente criopedológica de la República Argentina. Acta Geogr. 14, No. 8 Helsinki, S. 83–102.

CZAJKA, W. (1958): Lage und Materialbestimmtheit von Frostmusterböden. Schlern-Schriften 190, Festschr. z. 60. Geb.-Tag v. H. Kinzl, S. 31–43.

ESTADÍSTICAS CLIMATOLÓGICAS 1941–50, 1951–60, Ser. B_1, No. 3, Ser. B, No. 6, Bs. Aires 1958, 1972.

FERUGLIO, E. (1946): Los sistemas orográficos de la Argentina. Geografía de la República Argentina, T. IV, Hrsg. GAEA, Bs. Aires.

FURRER, G. (1965): Die subnivale Höhenstufe und ihre Untergrenze in den Bündner und Walliser Alpen. Geographica Helvetica, 20, S. 185–192.

–, und BACHMANN, F. (1968): Die Situmetrie (Einregelungsmessung) als morphologische Untersuchungsmethode. Geographica Helvetica, 23, S. 1–14.

GARLEFF, K. (1970): Verbreitung und Vergesellschaftung rezenter Periglazialerscheinungen in Skandinavien. Göttinger Geogr. Abh. 51, S. 7–66.

–, und STINGL, H. (1974): Flächenhafte Formung im südlichen Südamerika. Abh. Akad. Wiss. Göttingen, Math.-Phys. Kl., III. F., Nr. 29, S. 161–173.

HAGEDORN, J. (1969): Beiträge zur Quartärmorphologie griechischer Hochgebirge. Göttinger Geogr. Abh. 50.

–, (1970): Zum Problem der Glatthänge. Z. f. Geomorphol., N. F. 14, S. 103–113.

HAUMANN, L. (1918): La végétation des Hautes Cordillères de Mendoza. An. Soc. Cient. Argent. 86, S. 121–188 und 225–348.

HÖLLERMANN, P. (1964): Rezente Verwitterung, Abtragung und Formenschatz in den Zentralalpen am Beispiel des oberen Suldentales (Ortlergruppe). Z. f. Geomorphol., N.F., Suppl. Bd. 4.

–, (1967): Zur Verbreitung rezenter periglazialer Kleinformen in den Pyrenäen und Ostalpen (mit Ergänzungen aus dem Apennin und dem Französischen Zentralplateau). Göttinger Geogr. Abh. 40.

–, (1972a): Zur Frage der unteren Strukturbodengrenze in Gebirgen der Trockengebiete. Z.f. Geomorphol., N.F., Suppl. Bd. 15, S. 156–166.

–, (1972b): Beiträge zur Problematik der rezenten Strukturbodengrenze. Göttinger Geogr. Abh. 60, Hans-Poser-Festschr., S. 235–260.

–, (1974): Aride und periglaziale Prozesse in der subtropischen Gebirgs-Halbwüste von Hoch-Teneriffa. Abh. Akad. Wiss. Göttingen, Math.-Phys. Kl., III. F., Nr. 29, S. 333–353.

HÖVERMANN, J. (1954): Über glaziale und „periglaziale" Erscheinungen in Erithrea und Nordabessinien. Veröff. Akad. f. Raumforschung u. Landesplanung, Abh. 28, Festschr. Hans Mortensen, S. 87–112.

–, (1960): Über Strukturböden im Elburs (Iran) und zur Frage des Verlaufs der Strukturbodengrenze. Z. f. Geomorphol., N.F. 4, S. 173–174.

–, (1972): Die periglaziale Region des Tibesti und ihr Verhältnis zu angrenzenden Formungsregionen. Göttinger Geogr. Abh. 60, Hans-Poser-Festschr., S. 261–283.

KAISER, K. (1965): Ein Beitrag zur Frage der Solifluktionsgrenze in den Gebirgen Vorderasiens. Z. f. Geomorphol., N.F. 9, S. 460–479.

KARRASCH, H. (1970): Das Phänomen der klimabedingten Reliefasymmetrie in Mitteleuropa. Göttinger Geogr. Abh. 56.

–, (1974): Hangglättung und Kryoplanation an Beispielen aus den Alpen und kanadischen Rocky Mountains. Abh. Akad. Wiss. Göttingen, Math.-Phys. Kl., III. F., Nr. 29, S. 287–300.

KLAER, W. (1962): Die periglaziale Höhenstufe in den Gebirgen Vorderasiens. Z. f. Geomorphol., N.F. 6, S. 17–32.

LAUTENSACH, H. und BÖGEL, R. (1956): Der Jahresgang des mittleren geographischen Höhengradienten der Lufttemperatur in den verschiedenen Klimagebieten der Erde. Erdkunde X, S. 270–282.

MENSCHING, H. (1953): Morphologische Studien im Hohen Atlas von Marokko. Würzburger Geogr. Arb. 1.

–, (1957): Das Quartär in den Gebirgen Marokkos. Peterm. Geogr. Mitt. Erg.-H. 256.

POSER, H. (1954): Die Periglazial-Erscheinungen in der Umgebung der Gletscher des Zemmgrundes (Zillertaler Alpen). Göttinger Geogr. Abh. 15, S. 125–180.

–, (1957): Klimamorphologische Probleme auf Kreta. Z. f. Geomorphol., N.F. 1, S. 113–142.

–, und HÖVERMANN, J. (1951): Untersuchungen zur pleistozänen Harzvergletscherung. Abh. Braunschw. Wiss. Ges. III, S. 61–115.

ROIG, F.A. (1960): Bosquejo fitogeográfico de las provincias de Cuyo. Publ. No. 3 Facultad Cienc. Agrar. Mendoza, S. 1-33.

–, (1969): Descripción de un viaje botánico desde Mendoza hasta Uspallata por los Paramillos. X. Jorn. Argent. Bot.

RUDBERG, S. (1974): Some observations concerning Nivation and Snow Melt in Swedish Lapland. Abh. Akad. Wiss. Göttingen, Math.-Phys. Kl., III. F., Nr. 29, S. 263–273.

RUIZ LEAL, A. (1969a): Notas Panerogámicas Mendocinas II. Rev. Facultad Cienc. Agrar. Mendoza 12, S. 181–200.

–, (1969b): Guía botánica del viaje desde Uspallata hasta Cristo Redentor. X. Jorn. Argent. Bot.

SCHUNKE, E. (1974): Formungsvorgänge an Schneeflecken im isländischen Hochland. Abh. Akad. Wiss. Göttingen, Math.-Phys. Kl., III. F., Nr. 29, S. 274–286.

SORIANO, A. (1950): La vegetación del Chubut. Rev. Argent. de Agronomía T. 17, No. 1, S. 30–66.

–, (1956): Los distritos florísticos de la Provincia Patagónica. Rev. Invest. Agric., T. 10, No. 4, S. 323–347.

STINGL, H. (1969): Ein periglazialmorphologisches Nord-Süd-Profil durch die Ostalpen. Göttinger Geogr. Abh. 49.

TROLL, C. (1944): Strukturböden, Solifluktion und Frostklimate der Erde. Geol. Rundschau, 34, S. 545–694.

WALTER, H. (1968): Die Vegetation der Erde in öko-physiologischer Betrachtung. Bd. II, Stuttgart.

WASHBURN, A.L. (1973): Periglacial processes and environments. London.

WEISCHET, (1969): Zur Geomorphologie des Glatthang-Reliefs in der ariden Subtropenzone des Kleinen Nordens von Chile. Z. f. Geomorphol., N.F. 13, S. 1–21.

–, (1970): Chile, Seine länderkundliche Individualität und Struktur. Darmstadt.

DISKUSSION ZUM BEITRAG GARLEFF

Prof. Dr. K. Heine:

1. Wo gibt es Dauerfrostboden?
2. Können Sie immer ausschließen, daß es sich bei den für klimatische Aussagen herangezogenen Frostbodenformen (z.B. Steinringe mit mehr als 1,5 m Durchmesser, etc.) nicht auch um fossile bzw. subfossile Formen handelt?

Dr. K. Garleff:

zu Heine: Frage 1 wurde im Manuskript berücksichtigt. Zu Frage 2: Es wurden nur solche Frostbodenformen als Kennformen des rezenten Periglazialbereichs gewertet, die eindeutige Zeichen junger Verlagerungsvorgänge, zumindest des Feinschuttes, aufwiesen. Dabei wurden nicht in erster Linie Strukturböden, sondern Solifluktionserscheinungen herangezogen und zwar wiederum nicht Einzelvorkommen, sondern die allgemeine Verbreitung auf allen geeigneten Lagen im Sinne Höllermanns berücksichtigt. Dabei kann im allgemeinen sehr gut beurteilt werden, ob frostdynamische Vorgänge in jüngster Zeit aktiv waren.

Hinsichtlich der großen Strukturbodenvorkommen kann meist nicht sicher erschlossen werden, wann die Sortierung der groben Bestandteile begann, zumal nach einmal erfolgter Sortierung auch bei hinreichenden klimatischen Bedingungen nach den Untersuchungen Ohlsons in N-Finnland die Verlagerungsvorgänge stagnieren können. Im übrigen ist bei der Heranziehung von Strukturboden-Großformen für klimatische Aussagen besondere Zurückhaltung geboten, solange die klimatischen Bedingungen dieser Formen im einzelnen nicht hinreichend bekannt sind.

CHARACTERISTICS OF NEOTROPICAL PARAMO VEGETATION AND ITS SUBANTARCTIC RELATIONS

ANTOINE M. CLEEF

With 5 figures and 17 photos

1. INTRODUCTION

The first observations of neotropical páramo-vegetations came from VON HUMBOLDT (1817), GOEBEL (1891), HETTNER (1892), WEBERBAUER (1911), HEILBORN (1925), JAHN (1931) and ESPINOSA (1932).

In 1934 for the first time comprehensive ecological and phytosociological data on Colombian páramo-vegetation were published by CUATRECASAS in his excellent and classical work "Observaciones geobotánicas en Colombia". On several occasions afterwards he reported additional information, e.g. in his "Aspectos de la vegetación natural de Colombia" (1958). In 1968 CUATRECASAS summed up his expert knowledge in this field in "Paramo-vegetation and its life forms", as a contribution to the 1966 UNESCO Mexico-symposium on the geo-ecology of the mountainous regions of the tropical Americas.

Further ecological and phytosociological data concerning neotropical páramos were provided by DIELS (1934, 1937), BENOIST (1935), SEIFRIZ (1937), FOSBERG (1944), VARESCHI (1953, 1955, 1956, 1970), WEBER (1958), VAN DER HAMMEN & GONZALEZ (1963), GONZALEZ, VAN DER HAMMEN & FLINT (1965), WALTER & MEDINA (1969), SMITH (1972) and JANZEN (1973).

The Quaternary history of climate and vegetation of the Colombian tropical Andes was thoroughly studied by VAN DER HAMMEN and his associates (1960 and onwards). First evidence of páramo-vegetation described so far, is from the Pliocene-Pleistocene boundary in lake sediments from the Sabana de Bogotá (VAN DER HAMMEN, WERNER & VAN DOMMELEN 1973).

We have spent almost two years in Colombia to study the páramo-vegetation of the Cordillera Oriental. Although this paper is mainly concerned with the physiognomical, floristical and phytogeographical relationship between páramos and the Subantarctic vegetation, a short characterization of the páramos may be given first. For a more extensive description the reader is referred to the publications of CUATRECASAS.

The term Subantarctic zone is used according to the geographically widest delimitation of the area as defined by SKOTTSBERG (1960) and GODLEY (1960). WACE (1960) and GREENE (1964) however proposed a Subantarctic zone, having its northernmost boundary much more to the South.

The floristic data in this account are based on the identifications of our collections by various specialists and by the writer, using the scattered taxonomic monographs existing.

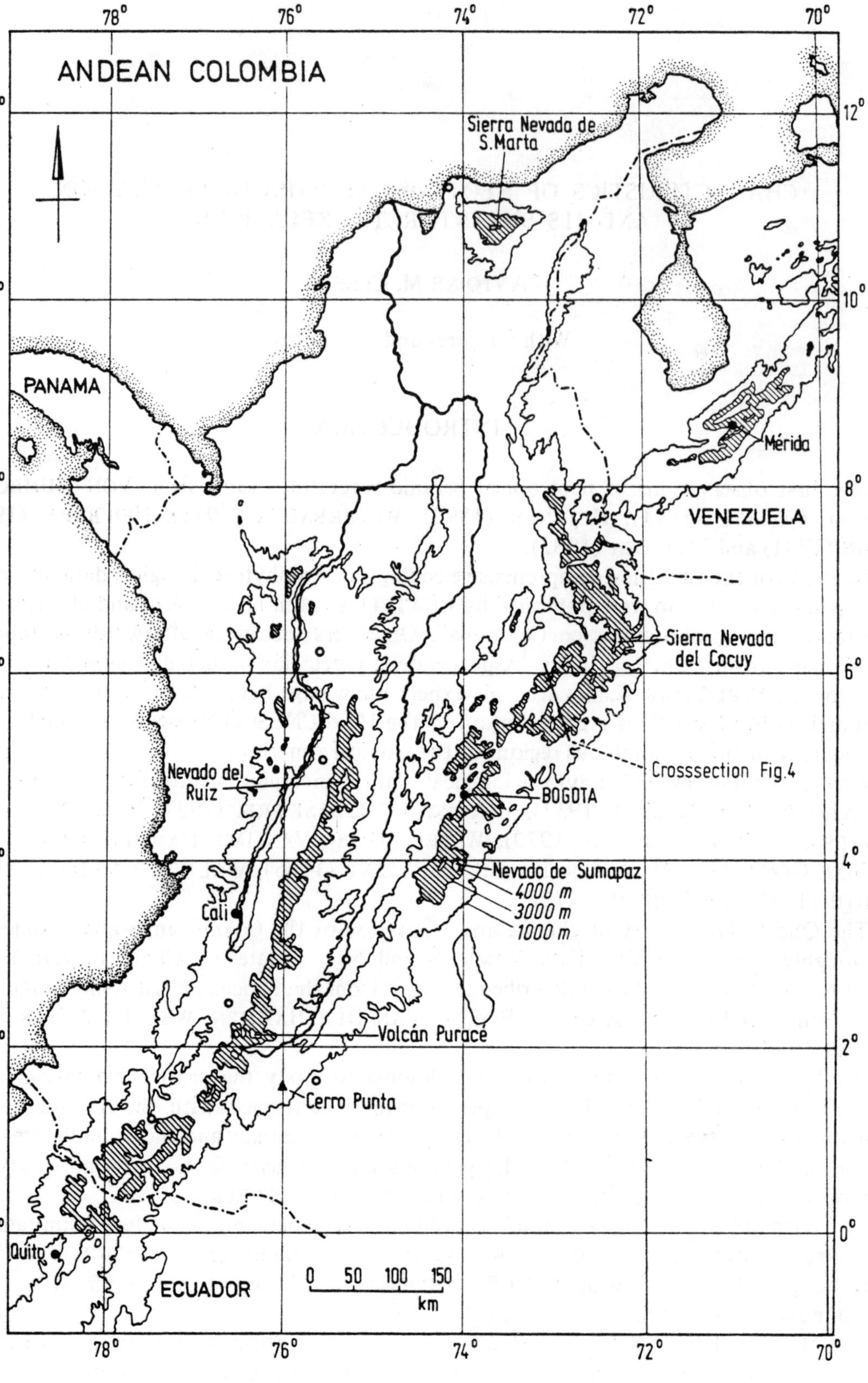

Fig. 1: Map of the referred Colombian and Venezuelan localities.

Wherever determination is lacking, my collectors number will be the reference. Because of practical reasons the scientific names are listed here without the author indication. In a following study complete nomenclature will be given. The geographical position of the relevant Colombian and Venezuelan localities are mapped in *Fig. 1*.

Finally the pH-values were electrometrically determined by my wife, Mieke Cleef – van Rens, who also greatly took part in the numerous expeditions and the fieldwork involved.

2. CHARACTERIZATION OF NEOTROPICAL PÁRAMO VEGETATION

Páramos are open vegetations, generally occurring above the upper forest-line in the mountains of the humid Tropics of Latin America.

They are presently confined to the tropical Andes from Venezuela, Colombia, Ecuador and Northern Peru ("jalca"), with outliers in Costa Rica, Panamá and the humid Eastern slopes of the Andes in Peru and Bolivia. Páramo-like vegetations also cover the summit-areas of the isolated Guayana table mountains or Tepuyes between Amazonas and Orinoco, but they are in many respects floristically different from the Andean páramos.

Páramos have a humid climate, with annual precipitation-rates between about 750 and 2500 mm. In some localities, especially on the outer slopes precipitation-values of even over 3000 mm have been recorded. Humidity is reflected also in the high rate of cloudiness and of almost continuous high values of relative moisture. Precipitation is almost evenly distributed throughout the year, except for a short dry period, generelly in December and January ("verano"). Because of considerable differences between day and night temperatures, páramos are said to have a tropical diurnal climate.

Regarding prominent life forms of the Andean páramos main information was given by CUATRECASAS (1934, 1968) and is summarized below (*see also Fig. 2 and Photo 163, Plate XLI*).

Tussock-grassland dominated by *Calamagrostis effusa* is most common in the proper páramo-belt (*Photo 164, Plate XLI*). Other tussocks or bunchgrasses like *Festuca dolicho-*

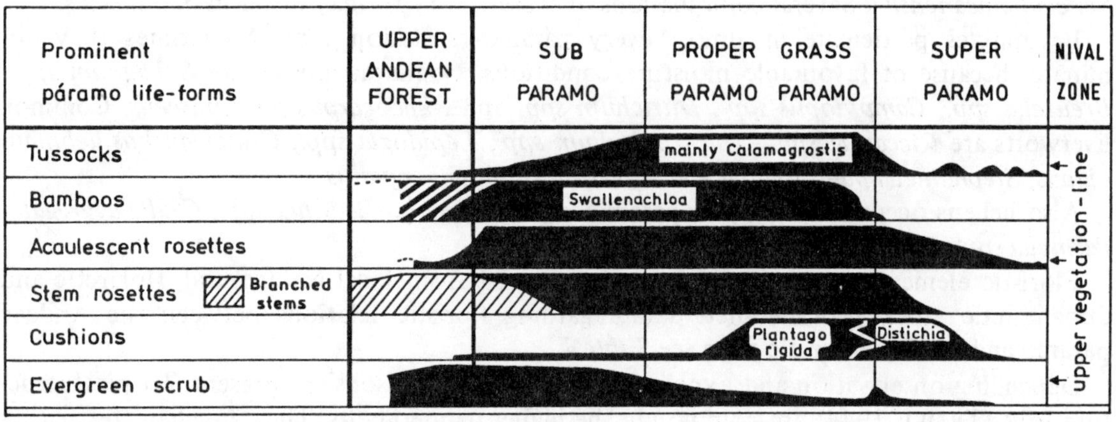

Fig. 2: Altitudinal distribution and optimal development of some prominent páramo life forms. Data are mainly based on fieldwork in the Colombian Cordillera Oriental.

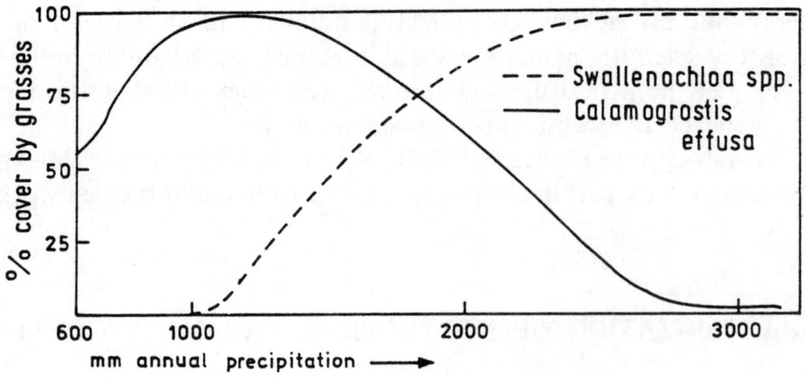

Fig. 3: Estimated relation between humidity (expressed in mm annual precipitation) and grass cover percentage in páramos of the Colombian Cordillera Oriental at c. 3. 700 m.

phylla, Festuca tolucensis, Lorenzochloa erectifolia, Calamagrostis spp. and *Cortaderia spp.* are locally important.

Sclerophyllous flat-leaved dwarf-bamboos of the Neotropical high altitude genus *Swallenochloa* (* *Chusquea p.p.*; fide McClure 1973) play a very important role in the most humid páramos (*Fig. 3 and Photo 165, Plate XLII*). In very humid subpáramo-shrub large, broad-leaved bamboos of the related Neotropical genus *Neurolepis* are locally seen.

Rosette-plants are quite common in all Andean páramos. The most characteristic and striking feature are the stemrosettes of the endemic composite genus *Espeletia.*

Cushionplants and cushionplant communities are particularly common in moist localities of the Colombian páramos. Some taxa, e. g. *Plantago rigida* and *Distichia*, constitute compact cushions floating on water in tarns and glacial lakes.

Also prominent is evergreen shrub and dwarfshrub with all kinds of small-sized xeromorphic leaves, e. g. coriaceous leaves (*Baccharis tricuneata, Gaultheria ramosissima, Miconia summa*), revolute leaves (*Miconia salicifolia, Diplostephium revolutum, Baccharis revoluta*), imbricate leaves (*Loricaria complanata, Aragoa cupressina*), aciculate leaves (*Senecio abietinus, Hypericum tetrastichum*) and tomentose-pubescent leaves (*Brachyotum, Senecio guicanensis*). Several combinations of these leaf-types may occur in one species.

Bryophytes participate in almost every páramo-vegetation type. Sometimes they dominate, because of favourable moisture conditions. Common mosses are *Sphagnum spp., Breutelia spp., Campylopus spp., Ditrichum spp.* and *Rhacocarpus purpurascens.* Common liverworts are *Riccardia spp., Anastrophyllum spp., Lepidozia spp., Gongylanthus liebmannianus, Stephaniella paraphyllina* and *Adelanthus lindenbergianus.*

Also lichens occur frequently in páramo vegetation e. g. *Cladonia spp., Cladia aggregata, Parmelia spp., Siphula spp., Glossodium aversum*, etc.

Floristic elements in recent páramos are derived from local Neotropical, Holarctic and Subantarctic stock. For detailed data regarding floristic relations between the Andean páramo and the Subantarctic zone see *Table 1.*

Depending on elevation and exposure different kinds of soils are present. Tropical structure soils (Troll 1944) are common in the higher páramo belts. They are characterized by the presence of soilmoving phenomena, e. g. frost-heaving, thawing and sorting of material can be observed. In lower páramo-belts acid black zonal soils are developed, frequently with an important content of raw humus and other organic matter. The rhizosphere pH-value generally is lower than in structure-soils and averages in acid zonal soils between 4.0 and 5.5.

CUATRECASAS (1954, 1958, 1968) distinguished three main páramo-belts.

The lower belt is the subpáramo (FOSBERG 1944, CUATRECASAS 1954, 1958), which is chiefly situated between 3000 and 3500 m. It forms the transition between the upper Andean forest and the open páramo. The subpáramo is characterized by bushes of *Compositae* and *Ericaceae* at lower altitudes, whereas at higher altitudes dwarfshrub of *Arcythophyllum nitidum (Rubiac.)* dominates, mixed up with grasses and dwarfshrub of *Gaylussacia buxifolia* (*Ericac.*).

The middle belt, occurring chiefly between 3500 and 4100 m (locally up to 4300 m!), is the proper páramo or grasspáramo ("páramo propiamente dicho"), which is covered by tussock grasses, mainly belonging to the genus *Calamagrostis*. Stem rosettes of the Composite genus *Espeletia* are very conspicuous and characterize great parts of the Andean páramos. Small thickets of *Hypericum spp.* or *Senecio vaccinioides* and isolated dwarf-forests of *Polylepis spp. (Rosac.)* are seen on protected sites in this belt.

The upper belt is the superpáramo, which occurs from 4100 m up to 4750 m at the border of snow and ice, where plant life ceases to exist almost entirely. Vegetation cover in superpáramos generally is sparse and discontinuous, due to the daily climatical extremes. Structure soils are very common here.

At present superpáramos have an island-like distribution along the tropical Andean chain. Superpáramos have a relatively high rate of floristical endemism, caused by repeated geographical isolation during the Quaternary (VAN DER HAMMEN, WERNER & VAN DOMMELEN 1973).

Generally certain species of the genus *Draba, Lycopodium, Lachemilla, Poa* and *Agrostis* are characteristic plants in the superpáramo. Also Composites, e. g. *Erigeron chionophilus, Oritrophium cocuyense, Senecio (sect. Reflexus, Hypsobates, Culcitium* and *Latiflorus), Diplostephium colombianum, Diplostephium sect. Rupestria, Werneria crassa* etc. Among the most common bryophytes and lichens are species of the genera *Ditrichum, Polytrichum, Distichium, Marsupella, Anastrophyllum, Thamnolia, Stereocaulon* and *Cladonia*. Low shrub of the peculiar Andean endemic *Loricaria (Compos.)* is frequently met on moraines or rocks in the lower part of the superpáramo.

3. RELATIONSHIP BETWEEN PÁRAMO AND SUBANTARCTIC VEGETATION, IN PARTICULAR THE VASCULAR CUSHION PLANT COMMUNITIES

Several authors, e. g. GOEBEL (1891) and TROLL (1948, 1959, 1960, 1968), noted the similarities in climate and plant-life of the Neotropical páramos and cool Subantarctic vegetations. The climatical similarities, e. g. humidity and temperature conditions, were particularly studied by TROLL (l. c.). His well known thermo-isopleth-diagrams excellently reflect isothermic conditions in the two regions.

Notable climatological differences between the two regions are the prevailing strong winds in the oceanic parts of the Subantarctic zone. In the Neotropical páramos strong winds may occur as well, especially in the highest parts only during several hours. Further differences are e. g. the atmospherical pressure, energy budget and photoperiodism. The

Table 1. Preliminary list of plant taxa with páramo and Subantarctic distribution. Included are both geographical and genetical flora elements according various sources.

vascular plants

Acaena (Rosac.)
Azorella (Umbellif.)
Baccharis tricuneata (Compos.)
Blechnum sect. Lomaria (Polypod.)
Calceolaria (Scrophul.)
Caltha sect. Psychrophila (Ranuncul.)
Colobanthus quitensis (Caryoph.)
Cortaderia (Gramin)
Cotula (Compos.)
Desfontainia spinosa (Logan.)
[*Distichia (Juncac.)*]
Escallonia (Escall.)
Gaiadendron (Loranthac.)
Gaultheria p. p. (Ericac.)
Geranium sect. Andina (Geran.)
Gunnera (Halorag.)
Hypsela (Campanulac.)
Lagenophora (Compos.)
Lilaeopsis (Umbellif.)
Limosella australis (Scroph.)
Luzula gigantea (Juncac.)
Lycopodium saururus (Lycopod.)
Muehlenbeckia (Polygon.)
Myriophyllum elatinoides (Halorag.)
Myrteola (Myrtac.)
Nertera (Rubiac.)
[*Noticastrum marginatum (Compos.)*]
Oreobolus (Cyperac.)
Oreomyrrhis (Umbellif.)
[*Oreopanax (Araliac.)*]
Ophioglossum crotalophoroides (Ophiogloss.)
[*Oritrophium (Compos.)*]
Orthrosanthus (Iridac.)
Ourisia (Scrophul.)
Pernettya (Ericac.)
Plantago sect. Oliganthos (Plantaginac.)
Ugni (Myrtac.)
Uncinia (Cyperac.)

mosses*

Andreaea nitida
Andreaea subulata
Andreaea wilsonii
Blindia magellanica var. inundata
Breutelia integrifolia
Bryum laevigatum
Cheilothela chilensis
Chorisondontium
Conostomum pentastichum
Ditrichum strictum
Fissidens rigidulus
Leptodontium longicaule var. microruncinatum
Lepyrodon
Philonotis scabrifolia
Rhacocarpus purpurascens

liverworts*

Adelanthus lindenbergianus
Clasmatocolea
Colura patagonica
Cryptochila grandiflora
Hymenophytum flabellatum
Isotachis sect. Subaequifolia
Jamesoniella sect. Coloratae
Jensenia
Lepicolea
Marchantia berteroana
Pseudocephalozia quadriloba
Triandrophyllum subtrifidum
Tylimanthus

lichens*

Neuropogon
Siphula

mushrooms (according to DENNIS 1970)

Arthrinium ushuvaiense
Crepidotus brunswickianus
Dasyscyphus lachnodermis

*) The data of the mosses provided Dr. P.A. Florschütz and the author; the liverworts Dr. S.R. Gradstein and the lichens Mr. H.J.M. Sipman.

absence in the tropics of seasonal influenced length of day differences and its effect on plant development, as are common in higher latitudes, are very remarkable indeed.

Let us now discuss the physiognomic and floristic relations between Neotropical páramos and Subantarctic vegetation.

Our discussion focusses on three important páramo lifeforms: tussocks, rosettes and cushions. We shall consider their geographic and altitudinal distribution, ecology and phytosociology and we shall compare them with analogous Subantarctic lifeforms, taxa and communities. Special emphasis is dedicated to the vascular cushion plant communities of the páramos.

3.1 TUSSOCK AND ROSETTE VEGETATION

TROLL (1948 and onwards) and HEDBERG (1964, 1973) considered tussocks or bunchgrasses as the most common adaptive lifeform of the high tropical mountains and Subantarctic regions.

In the Cordillera Oriental from Colombia the most common, widely dispersed tussock is that of *Calamagrostis effusa*. It is characteristic for dry and slightly humid páramos ("pajonales") of the upper subpáramo and proper páramo, where it is mostly associated with (stem-) rosettes of *Espeletia (Fig. 2* and *3; Photo 164, Plate XLI).* Locally other tussocks prevail, e.g. *Festuca dolichophylla* and *Cortaderia spp. Festuca dolichophylla* constitutes big dense tussocks in marshy sites. Species of *Cortaderia* especially occur along rivulets and in moist rock-crevices. The genus *Cortaderia* is mainly South American, but some species occur in New Zealand and at least one species grows at high altitudes in New Guinea (CONNOR & EDGAR 1974). Small tussocks of the grass *Lorenzochloa erectifolia* occur between 3600 and 4300 m in the Colombian Cordillera Oriental. The genus *Lorenzochloa* generally is found associated with other plants, but it also occurs in pure stands in sheltered, slightly humid places in the *Calamagrostis effusa*-páramo. *Lorenzochloa erectifolia* ranges along the Andean chain from Venezuela towards Northern Argentina. It has the same distribution as the related hummockgrass *Aciachne pulvinata.*

On Subantarctic islands tussocks of *Poa spp.* are predominant at sea-level, whereas in New Zealand and its shelf islands at higher elevations tussocks of *Danthonia spp.* are more common. The latter genus is represented in the Neotropical páramos only by *Danthonia secundiflora*. This is an inconspicuous species, which grows dispersed amongst tussocks of *Calamagrostis effusa*.

Thus, it appears that mainly different floristic elements constitute the tussocks so characteristic for páramos and Subantarctic regions.

Rosettes occur in all páramos. They are to be subdivided in caulescent (= stem) and acaulescent rosettes.

The stem rosettes are very conspicuous in the páramos; many species of the endemic tropical-Andean composite genus *Espeletia* exhibit this peculiar life form. Examples of columnar stemrosettes in the Colombian Cordillera Oriental are: *Espeletia lopezii, E. oswaldiana, E. murilloi, E. jaramilloi, E. uribei, E. incana, E. brachyaxiantha, E. arbelaeziana, E. discoidea, E. grandiflora* etc. Some caulescent *Espeletia* species are branched: *Espeletia tamana, E. jimenez-quesadae. E. pleiochasia, E. garciae* etc. Almost acaulescent are Espeletia *argentea, E. boyacensis* and *E. santanderensis.*

The genus *Espeletia* has an altitudinal distribution mainly from the upper part of the Andean forest up to the lower belt of the superpáramo, although recently several *Espeletia* species were described from lower altitudes (down to 2400 m) in Venezuela, growing as little trees in forests in the Sierra Nevada de Mérida (CUATRECASAS 1975). In superpáramos *Espeletia* species only occur in the lower zone, which is transitional to the grasspáramo. The highest record of *Espeletia* in Venezuela is from the Páramo de las Piedras Blancas at 4600 m (VARESCHI 1970). In Colombia the highest record is from the Sierra Nevada del Cocuy, where stands of *Espeletia lopezii* were observed by the author at c. 4700 m in sheltered, slightly humid rock-crevices near the so called Púlpito del Diablo.

Geographically this genus is presently confined to the Andean páramos of Venezuela and Colombia, except for one species, which ranges into the Northern part of Ecuador.

In the Andean páramos taxa of the genus *Espeletia* now show a wide variation in geographical and altitudinal distribution, ecological vicariism and specialisation. *Fig. 4* shows the geographical and altitudinal distribution, and specialized ecological preference of species of *Espeletia* in a relatively short transect through the Colombian Cordillera Oriental in the Sogamoso-Duitama area (Dept. of Boyacá). *Photo 166 (Plate XLII)* shows *Espeletia* species from the transect area between 3600 and 3700 m in the Páramo de La Rusia. Impressive communities of the 2–5 m tall columnar *Espeletia incana* are growing here in wet bogs on the bottom of the valley, while stands of the nearly acaulescent *Espeletia congestiflora*

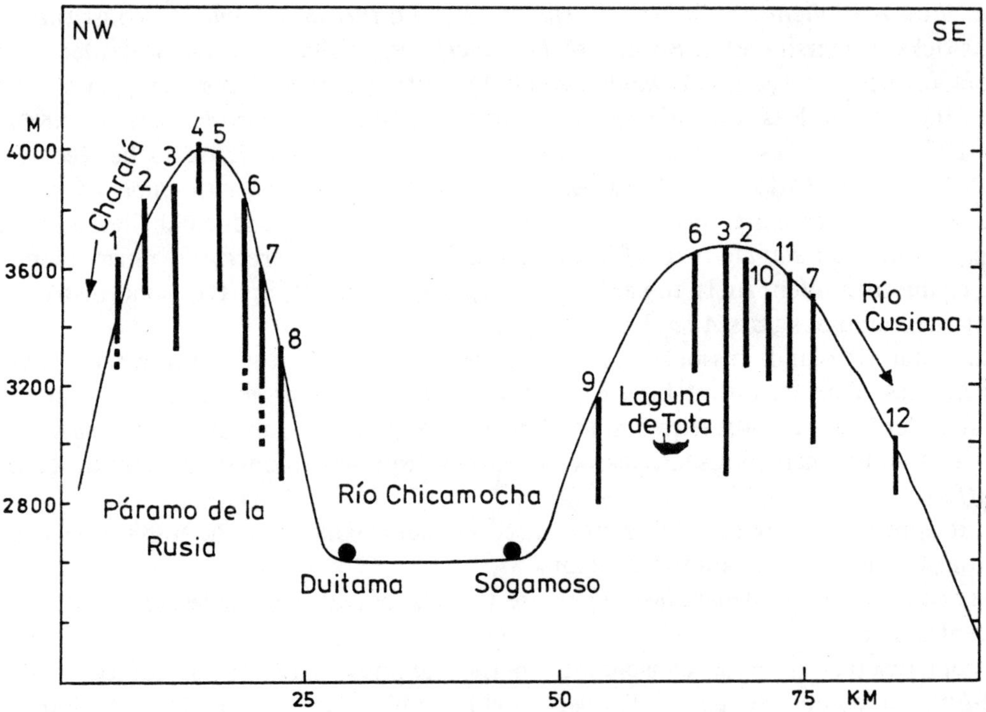

Fig. 4: Schematic cross-section of the Cordillera Oriental in the Duitama-Sogamoso area (Dept. of Boyacá). Altitudinal distribution and ecological preference of the genus *Espeletia (Compos.)*.

1. *E. glandulosa*	(d)	7. *E. murilloi*	(w)
2. *E. congestiflora*	(d-h)	8. *E. pleiochasia*	(d)
3. *E. guacharaca*	(d)	9. *E. tunjana*	(d)
4. *E. grandiflora var. boyacana*	(d)	10. *E. lopezii var. major*	(h)
5. *E. incana*	(w)	11. *E. annemariana*	(d-h)
6. *E. boyacensis*	(d)	12. *E. oswaldiana*	(d-h)

(d) dry: occurring in dry habitats
(h) humid: occurring in humid habitats
(w) wet: occurring in wet habitats

prefer stony, slighly humid habitats. The caulescent *Espeletia guacheraca* occurs here on steep, dry, well aerated, coarse textured moraines and outcrops.

TROLL (1948 etc.) and HEDBERG (1964, 1973) considered the stemrosettes of *Espeletia* (tribe *Heliantheae*) in the Northern Andes and those of *Senecio subg. Dendrosenecio* in tropical Africa as perfect examples of parallel evolution in the tropical high-mountain environment. Slender stemrosettes are also found in the endemic Composite genera of the tribe *Mutisieae (Chimantaea, Eurydochus, Duidaea* etc.) from the isolated high Tepuyes between Orinoco and Amazonas. The convergency to the Andean *Espeletia* is sometimes expressed in plant name, e. g. *Chimantaea espeletoidea* (MAGUIRE,STEYERMARK & WURDACK 1957 in *Mem. N. Y. Bot. Gard. 9, 3: 433).*

Of interest are stem rosettes of other plant groups in the Colombian páramos, e. g. the impressive endemic *Rumex tolimensis* branching from the base, *Draba spp., Paepalanthus spp. (Eriocaulac.), Puya spp. (Bromeliac.)* and *Blechnum subg. Lomaria.*

Blechnum spp. with real trunks are also present on the Islas Malvinas (Falklands), Tristan da Cunha & Gough Island, Juan Fernandez and the New Zealand shelf islands, where they are rather important elements in the vegetation (TROLL 1958, 1960; WACE 1960). In the humid tropical Andes trunks of *Blechnum spp.* optimally occur in the upper Andean forest and lower subpáramo. *Blechnum loxense* for example is characteristic in the *Sphagnum* bogs of the lower páramo and upper Andean forest.

TROLL (1948, 1960) compared the curious stemcrucifer *Pringlea antiscorbutica*, growing in cold springs on most islands of the Kergueles-archipel (HUNTLEY 1971), with stem rosettes of *Espeletia* and *Senecio subg. Dendrosenecio* of the high tropical mountains in South America resp. Africa.

Acaulescent rosettes are now to consider. TROLL (1960) also pointed out the physiognomical resemblances between large-leaved, acaulescent Composite rosettes in Neotropical páramos, e. g. *Senecio canescens*, and in Subantarctic herbfield, e. g. *Pleurophyllum hookeri* from Macquarie Island. *Senecio canescens* vegetation in the páramos of the Colombian Cordillera Oriental is uncommon, although the rosettes are found in all páramos. In my opinion the "acaulescent" *Espeletia-grasspáramos* which are very common here, are in fact very similar to the Subantarctic *Pleurophyllum hookeri* communities, studied by TAYLOR (1955).

Another common acaulescent rosette in the Neotropical páramos is that of *Acaena cylindristachya (Rosac.).* Species of this ample tropical (equatorial Africa excepted) and Southern hemisphere distributed genus occur in America as far north as to California (BITTER 1911, MOORE 1972). At least 2 species are found in Andean Colombia. *Acaena cylindristachya* occurs here mainly between 2900 m (in open, degraded upper Andean forest) and 4350 m, preferably on relatively thin mineral soil. In lower páramos *Acaena cylindristachya* is sometimes predominant in the vegetation. VAN DER HAMMEN & GONZALEZ (1963) described an „*Acaenetum*" from the Alto de Onzaga in Boyacá from 3450 m. Resembling *Acaena cylindristachya*-vegetation was studied by the author in the Páramo de Pisva (Boyacá) at equal elevation. In the Subantarctic zone *Acaena* is an important element in the vegetation. HUNTLEY (1971) described an *Acaena adscendens* herbfield from Marion Island. This species, now called *Acaena magellanica* according WALTON (1975), is widely distributed in the Subantarctic zone. *Polylepis*, the peculiar endemic high-Andean Rosaceous tree, seems to have certain taxonomical relationship with *Acaena* (BITTER 1911). The pollengrains for instance are very similar (VAN GEEL & VAN DER HAMMEN 1973).

Acaulescent rosettes are abundant in Neotropical páramos, and they occur in species of the genus *Valeriana, Castratella (Melastomat.), Oreomyrrhis (Umbellif.), Hypochoeris, Acaulimalva (Malvac.), Rhizocephalum (Campanul.), Moritzia (Boraginac.), Oritrophium (Compos.),* etc. The latter genus, which has a tropical high Andean distribution is closely related to the genus *Celmisia* from New Zealand, Australia and Tasmania. SOLBRIG (1960) considered *Oritrophium* a section of the genus *Celmisia*, but CUATRECASAS (1969) treated them as separate genera.

3.2. CUSHION VEGETATION

According to SCHROETER & HAURI (1914) more than 50% of all cushion-plant species of the world grow in the Andes, whereas about 14 % occur in Subantarctic regions and in alpine New Zealand. Very few cushionplant taxa, only 2 till 3 %, grow in North America and the Arctic.

In the neotropical páramos a dozen cushion-plant-species occur. They represent only a small portion of all Andean cushion-plantspecies, which mostly are confined to the drier high Andes of Peru and Bolivia. Six taxa constitute common vegetation types in Colombian páramos: *Plantago rigida (Plantag.), Distichia muscoides (Juncac.), Distichia tolimensis, Oreobolus sp. (Cyperac.), Azorella multifida (Umbellif.)* and *Aciachne pulvinata (Gramin.).* Except for *Aciachne* the species listed here, or their nearest relatives, also occur in Subantarctic regions. Thus they exhibit the most obvious relationship between the páramos and the Subantarctic regions. In Colombian páramos are further present as virtual cushions: *Paepalanthus lodiculoides var. floccosus, Paepalanthus karstenii, Paepalanthus polytrichoides var. densus, Werneria humilis (Compos.),* an undescribed species of *Draba (Crucif.)* (Cleef no. 5748 and 9014) in the Sierra Nevada del Cocuy, *Raouliopsis seifrizii (Compos.)* only know from the Sierra Nevada de Santa Marta, and *Lysipomia muscoides* with *subspecies muscoides* in the Cordillera Central and with *subspecies simulans* in the Cordillera Oriental.

From Ecuadorian páramos the following cushion-plants were referred by HEILBORN (1925); *Plantago rigida, Werneria humilis, Draba benthamiana, Arenaria dicranoides* and *Azorella sp.*

I shall now give a short account on the main cushion-plant-communities of the Colombian páramos e. g. those of *Plantago rigida, Distichia spp., Oreobolus sp., Azorella multifida* and *Aciachne pulvinata.* I will deal primarily with aspects of phytogeography, altitudinal distribution, ecology and floristics. A more complete study, which is focussed on phytosociology and palynology of the cushion-bogs, will be published later.

3.2.1. Plantago rigida cushion vegetation

The most common cushion vegetation in the páramos of the Colombian Cordillera Oriental is constituted by *Plantago rigida.*

Plantago rigida belongs to the section *Oliganthos* of the genus, which has its distribution area in the Andes, Subantarctic, New Zealand, Tasmania, Australia and the New Guinea mountains. Using chromosome data MOORE (1972) assumed a historical migration of the section from the Australia-New Zealand-region to southern South America. In the Neotropical páramos 2 species of *Plantago sect. Oliganthos* occur: *Plantago rigida* and *Plantago tubulosa*. The latter species, being apparently restricted to the Ecuadorian páramos, ranges south to Chile (PILGER 1937, DIELS 1937).

Cushions of *Plantago rigida* are wide-spread in the tropical Andes between the Cordillera Real (Bolivia) and the Sierra Nevada de Mérida (Venezuela). The altitudinal distribution of the species ranges between 3000 and 5200 m.

In the Colombian páramos *Plantago rigida* occurs between 3000 and 4300 m, but it usually forms cushion communities between 3400 and 4250 m approximately *(Fig. 2)*. *Plantago rigida* cushions are particularly characteristic for protected sites on the bottom of valleys, where they form shallow cushion bogs on gently sloping, damp soil. Drainage is slow here, except during or after heavy rains *(Photo 167, Plate XLII)*. In the Cordillera Oriental of Colombia *Plantago rigida* cushion bog is common in all grasspáramos, but its optimal development is in the climatically most humid páramos. The *Plantago rigida* cushion bogs are almost permanently kept waterlogged here. Rainfall determines the water-level in the often sinuously arranged wet hollows in the *Plantago rigida* carpet, in which the lax rosettes of *Werneria pygmaea* are common, as well as the pleurocarpous moss *Drepanocladus spp.* and *Algae*. Sometimes *Isoetes sp.* and *Oritrophium limnophilum spp. mutisianum* are found here. *Isoetes triquetra*, a rigid species, was also seen completely buried in firm *Plantago rigida* cushions.

Young vital *Plantago rigida* cushions are compact and firm, scarcely bearing epiphytes. The first epiphytes, that get established on them usually are *Gentiana sedifolia* and small grasses. Upon decreasing vitality of the *Plantago rigida* cushions, the oldest parts decay and dy off. Bryophytes and small vascular plants gradually appear on the bare places. *Oreobolus sp.*, a Cyperaceous cushion plant (see also 3.2.3.), and the leafy moss *Breutelia spp.* are frequently found *(Photo 168, Plate XLII)*. Also common are *Hypochoeris sessiliflora, Gentiana sedifolia, Lachemilla spp. (Rosac.), Geranium spp., Carex spp., Lysipomia sphagnophila spp. minor, Campylopus spp. (Musci), Riccardia (Hepatic.)* and some tiny grasses. From *Plantago rigida* cushions in Ecuador HEILBORN (1925) listed: *Werneria disticha, Hypochoeris sonchoides, Baccharis caespitosa var. alpina, Gnaphalium sp.* (all *Compositae*), *Ourisia muscosa (Scroph.), Azorella sp., Oreomyrrhis andicola, Ranunculus sp.*, and *Lachemilla sp.* With increasing richness and diversity in epiphytes, the vegetation gets a more heterogenous appearance and the *Plantago* cushions become more strongly degraded.

In several places in the Páramo de Sumapaz it was observed that *Breutelia sp.* "flattens" the *Plantago* cushions by filling up the interstices. The *Breutelia* cover increases gradually and finally extensive mats of *Breutelia* dominate over the strongly reduced *Plantago rigida* plants.

It is most likely that several processes of succession are acting upon these terrestric *Plantago rigida* vegetations. Edaphic conditions also will be important factors determining the succession, e. g. depth and composition of the soil profiles and water supply. Soil profiles below terrestric *Plantago rigida* cushion vegetation are usually less than 1 m deep. BENOIST (1935) found c. 1 m peat below *Plantago rigida* cushion bog on the Ecuadorian volcano Pichincha. This peat was seen by him deposited on volcanic material, probably dating back to 1660, which is the date of the last eruption of the Pichincha. In Colombia much deeper peat below the *Plantago rigida* cushions is found generally in the climatically most humid páramos. Presumably that means the end of the succession in a former páramo lake, as described below. Rhizosphere pH values in Colombian terrestric *Plantago rigida* cushion bogs in the Cordillera Oriental oscillate generally between 5.0 and 5.6 (excepted two localities with 6.4 records in the Páramo de La Rusia.).

Sphagnum spp. are nearly always absent in terrestric *Plantago rigida* cushion bog. *Sphagnum* bogs only occur at lower altitudes: from the lower páramo down into the shelter of the upper Andean cloud forest. These bogs, denominated *Sphagnum medium* bogs by CUATRECASAS (1934), are very conspicuous in the landscape by the presence of giant rosettes of *Puya goudotiana (Bromeliac.)* for example. Higher up in the páramos the *Sphagnum* bogs are replaced by vascular plant cushion bogs: at first those of *Plantago rigida*, which with increasing elevation subsequently are replaced by those of *Distichia (Juncac.); see Fig. 2.* In this connection it is interesting to note that in the southern end of South America and in other parts of the Subantarctic zone vascular plant cushion bogs and *Sphagnum* bogs also mostly occupy geographically different areas (WACE 1960). GODLEY (1960) used the presence of vascular plant cushion bog and the absence of *Sphagnum* bogs as fundamental for defining a homogenous Subantarctic region.

Plantago rigida vegetation was reported from Peru by WEBERBAUER (1945) and from Ecuador by HEILBORN (1925) and BENOIST (1935). BENOIST (l.c.) described two distinct *Plantago rigida* habitats from the volcano Pichincha near Quito: 1) wet bottoms of valleys between 4100 and 4700 m, covered by *Plantago* cushion bog, (similar to the bogs described here), and 2) drier tussock grasspáramo at about 4000 m, with scattered *Plantago* cushions. In Colombia we observed the latter type only in the upper grasspáramo at 4000–4100 m on the slopes of the volcano Nevado del Ruiz (Cord. Central). From this stand a marvellous characteristic photograph was taken by CUATRECASAS (1958).

Aquatic growth of *Plantago rigida* is seen at the Andabobos watershed (3800 m) in the humid Páramo de Sumapaz near Bogotá. Here we found cushions of *Plantago rigida* floating in great masses on the surface of former glacial lakes *(Photo 169, Plate XLIII).* This vegetation is of considerable interest because aquatic *Plantago rigida* cushion vegetations have apparently not been reported before.

Preliminary to a detailed account of phytosociology and palynology a short description of the supposed succession is presented here.

Vital, floating *Plantago rigida* cushions grow with numerous white roots, which often descend 1 m down into the water below the cushions. Like in terrestric *Plantago rigida* cushion vegetation degeneration starts with the central (oldest) parts of the cushions. Through continued growth of the very cohesive younger peripheric parts of the cushions ringlike patterns develop. Fusion of these rings leads to development of a large, floating *Plantago rigida* carpet. The remnants of the older parts accumulate on the lake bottom.

Vegetation succession continues in the open water inside the *Plantago rigida* rings, where the water depth may be 5 m or more (!). Here peatmosses (mainly *Sphagnum cyclophyllum*) start growing, accompanied by other aquatic mosses, e. g. *Drepanocladus spp.* and *Calliergon sp.*, and by *algae*, liverworts and some weeds, e. g. *Callitriche sp.*, *Elatine sp.* and *Tillaea paludosa (Crassul.) (Photo 170, Plate XLIII).*

Upon this floating *Sphagnum*-herb layer large rosettes of *Oritrophium limnophilum* and even small tufts of *Calamagrostis effusa* get established. Water pH values measured here were 4.5 and 4.9. In the meantime the first epiphytes arrive on the *Plantago rigida* cushions: *Gentiana sedifolia, Calliergon sp., Breutelia sp.* and small grasses. In shallow *Plantago rigida* interstices submerged plants may be found: e. g. *Potamogeton sp., Isoetes brasiliensis,* and the helophytes *Hydrocotyle ranunculoides* and *Ranunculus limoselloides.*

Gradually an increasing amount of peat is deposited. Eventually the lake may become entirely filled up with peat and ceases its existence. At that time the *Plantago rigida* rings have become flattened, although their ringlike structure remains conspicuous for some time. At this stage of the succession lots of plants settle on the peaty *Plantago rigida* vegetation e. g. *Isoetes triquetra, Carex spp., Swallenochloa sp., Werneria spp., Hypericum sp.,* and the mosses *Campylopus spp., Rhacocarpus purpurascens, Chorisodontium sp.*, the liverworts *Anastrophyllum spp.* and *Adelanthus lindenbergianus*, and the lichen *Cladia aggregata.*

A climax in the succession seems to be the final development of a dwarf forest of the Páramo Composite shrub *Diplostephium revolutum*, which at first has a rather open aspect, but at last becomes densely closed. The light requiring *Plantago rigida* cushions hardly persist and gradually dy off in the shadow of the spherical umbrella *Diplostephium* dwarf trees with their dense, evergreen foliage (cf. TROLL 1959).

According to Professor C. TROLL (in litt.), who has a long-standing Andean experience, the floating *Plantago rigida* vegetation should exclusively occur in páramo lakes. It is interesting to note that floating cushion vegetation of *Distichia spp. (see 3.2.2.)* are known to occur in the páramo *(Photo 171, Plate XLIII)* as well as in the puna of Peru and Bolivia.

3.2.2. Distichia cushion vegetation

When climbing in the upper reaches of the Colombian páramos one commonly observes the hard cushions of the Juncaceous genus *Distichia.* This genus is exclusively Andean in distribution and occurs from Colombia towards northern Argentina at about 28° S (BARROS 1953).

It seems closely related to *Oxychloe* and *Patosia,* which are found together with *Distichia* in the southern part of its area of distribution. *Distichia* also has taxonomic affinity to *Marsippospermum* and *Rostkovia*, which are indigenous to the southern end of South America, the Islas Malvinas and New Zealand. All Juncaceous genera referred to above are distinct in having a terminal inflorescence with one flower (BUCHENAU 1906, HAUMAN 1915, BARROS 1953).

In Colombian páramos 2 species of *Distichia* occur: *Distichia tolimensis* only inhabiting the Northern Andes of Ecuador and Colombia, and the widely distributed *Distichia muscoides* ranging towards northern Chile and Argentina. Our Colombian collections of *Distichia* however are not still identified, so that at present we will only refer to the ecology of the genus.

Distichia was noted in the Colombian Cordillera Oriental and Cordillera Central between 3800 and 4500 m, occurring either as big cushions on damp soil frequently in moist valleys, or floating in masses on water in glacial lakes. Its optimal development is as cushion-bogs near the lower limit of the superpáramo *(Photo 172, Plate XLIII).* Here *Distichia* constitutes the altitudinally highest cushionplant-communities in the Colombian páramos and apparently occupies physiographically similar habitats as at lower altitudes are preferred by *Plantago rigida (Fig. 2).*

HERZOG (1916, 1923), WEBERBAUER (19145) and RAUH & FALKE (1959) provided a lot of data concerning floristics, phytosociology and succession of *Distichia* vegetations in Bolivia and Peru, where similar *Distichia* bogs occur between 3800 and 4750 m. They recognized a cyclic hummock-hollow succession pattern in those *Distichia* bogs, as well known from the ombrotrophic bogs in the Holarctic. In Colombian páramos the vascular plant cushionbogs probably have the same succession pattern.

On the East slope of the Sierra Nevada del Cocuy at 4285 m near Patio Bolos I observed that firm *Distichia* cushions are first colonized by *Gentiana sedifolia,* hepatics and small grasses, e. g. *Agrostis breviculmis.* Later join e. g. *Oritrophium limnophilum ssp. mutisianum, Erigeron paramensis, Castilleja fissifolia, Lachemilla paludicola, Lachemilla spp., Montia sp., Floscaldasia hypsophila, Carex sp., Ourisia muscosa (Scroph.)* and *Campylopus spp.* Finally the rather dry, decayed cushions are invaded by *Luzula sp.* and lichens, e. g. *Cladonia sp.* and *Peltigera pulverulenta. Werneria pygmaea* and *Drepanocladus sp.* grow with *algae* in the water-loaded depressions between the *Distichia* cushions *(Photo 173, Plate XLIV).* WEBERBAUER (1945) also refers to *Werneria pygmaea* as characteristic for small *Distichia* pools.

At 4100 m in the Bocatoma valley on the West slope of the Sierra Nevada del Cocuy we studied vegetation of *Distichia* cushions floating in an old glacial lake. GONZALEZ, VAN DER HAMMEN & FLINT (1965) carried out a palynological study of the about 3 m thick holocene lake deposits here. In open water several species of *algae, Werneria crassa var. minor,* and submerged liverworts, e. g. *Riccardia sp.* and *Isotachis serrulata* grow abundantly around the *Distichia* cushions. On the humid lowermost parts of the cushions the same reddish-shining *Isotachis* species (now fertile) are found, accompanied by smaller hummocks of *Oreobolus sp., Calliergon sp., Pseudocephalozia quadriloba (Hepat.)* and *Riccardia sp.* Old, ring-shaped floating *Distichia*-cushions at the driest parts are inhabited by high grasses *(Calamagrostis, Cortaderia)* and by *Cladonia, Campylopus, Bartsia (Scroph.)* and occasionally dwarfscrub of *Senecio flos-fragrans var. frigidophilus.* Lakewater pH-values oscillated between 5.1 and 5.4.

Striking is the presence of several austral taxa as the *Pseudocephalozia quadriloba* (here newly recorded for the Sierra Nevada del Cocuy), which was recently treated by SCHUSTER & ENGEL (1974), *Oreobolus sp.* and *Ourisia muscosa. Ourisia muscosa* also seems to be a new record for Colombia. This tiny inconspicuous rosette with its whitish flowers is common in the climatically humid superpáramos of the Páramo de Sumapaz and the East slope of the Sierra Nevada del Cocuy. Its northernmost station is now close to the Venezuelan frontier. Finally we may mention the occurence of two austral species of *Haloragaceae* in a *Distichia tolimensis* cushion bog, covering a former lake at the base of the volcano Puracé in the Colombian Cordillera Central: *Gunnera magellanica* and *Myriophyllum elatinoides. Gunnera* grows here as small plants on the *Distichia* cushions, whereas *Myriophyllum,* a common weed of páramo lakes, was found in shallow interstices together with *Drepanocladus sp.*

3.2.3. Oreobolus-cushion vegetation

The Cyperaceous genus *Oreobolus* was characterized by VAN BALGOOY (1971) as a Pacific-Subantarctic taxon *(Fig. 5).*

At present information on geographic and altitudinal distribution, ecology and altitudinal distribution, ecology and habitat of *Oreobolus* in Neotropical páramos is still scarce. So far 3 species of *Oreobolus* are known from Latin America. Two of them are limited in distribution. The third species *Oreobolus obtusangulus* is widely distributed and occurs as far south as Tierra del Fuego almost at sea-level, as well as in the high elevated neotropical páramos.

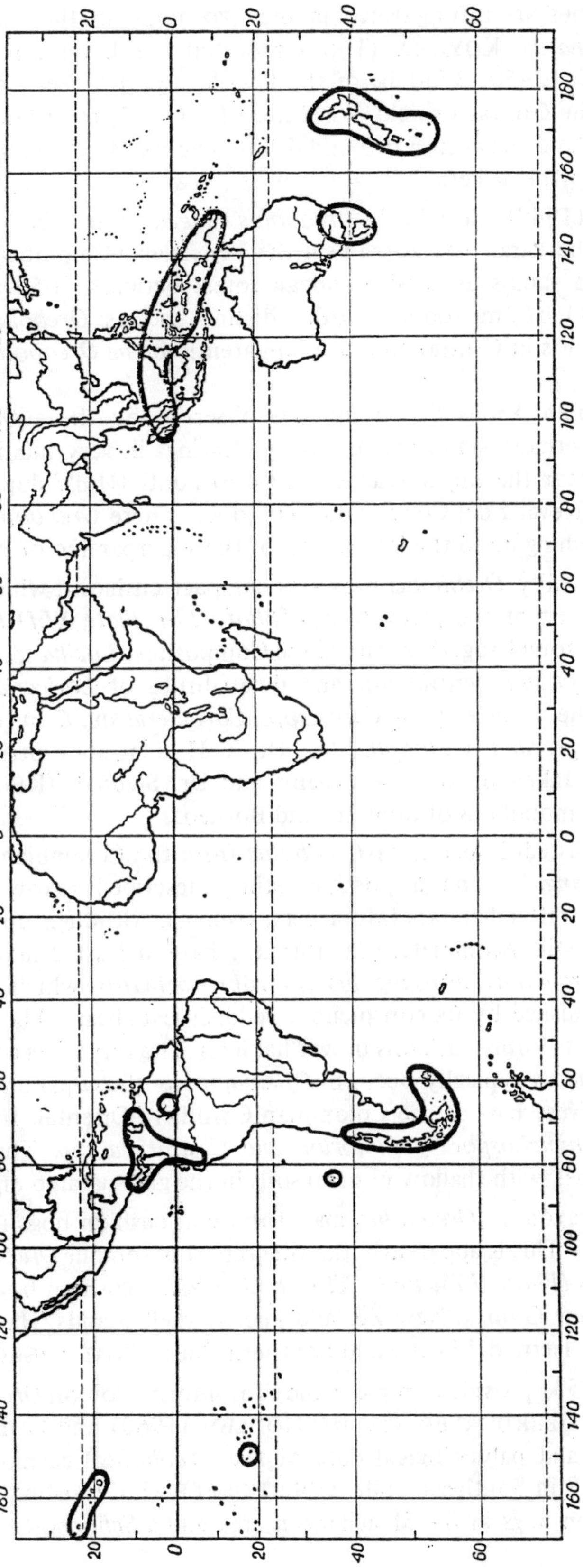

Fig. 5: Map of the distribution area of the genus *Oreobolus (Cyperaceae)* after VAN BALGOOY (1971).

Different subspecies are distinguished in the two areas. In the páramos we find the *subspecies rubrovaginatus*. KOYAMA (1969) reported the latter taxon also from the upper slopes and summit (2450–2750 m) of the Brazilean part of Serra da Neblina in the Southwestern part of the Guayana shield. WEBERBAUER (1945) recorded *Oreobolus obusangulus* from closed grassland between 3700 and 4000 m above Monzón (about 9° S) in the Cordillera Oriental of Northeast Peru.

STEYERMARK (1949) described *Oreobolus venezuelensis* from 2500 m in swampy meadows below the Páramo de Tamá near the Venezuelan-Colombian border. An additional record came from stands in humid Andean forest between 2650 and 3290 m in Azuay, Ecuador. WEBER (1958) mentioned another distinct species: *Orebolus goeppingerii* from the Costa Rican páramos in Central America, apparently being *Oreobolus* northernmost station in the Neotropics.

In the Colombian Andes *Oreobolus* was observed by the author between 2670 and 4400 m. The lowermost stand was in boggy clearings in very humid *Weinmannia-Quercus* forest on crests near the upper reaches of Cerro Punta (Huila-slope). The highest locality was in the Sierra Nevada del Cocuy (Boyacá-slope), where *Oreobolus* occurs in humid and moist habitats reaching up to the lower limit of the superpáramo of Páramo Cóncavo.

In the latter locality *Oreobolus* grows as compact cushions, which become ring-shaped, when the oldest part of the plant decays *(Photo 174, Plate XLIV)*. Here on moist glacial sand *Oreobolus* is found together with three Composites: *Lucilia sp.* (also growing as rings), rosettes of *Oritrophium peruvianum* and dwarfshrubs of *Loricaria complanata*. We may further mention the occurrence of *Carex spp., Cortaderia sp., Campylopus richardii (Musci)* and *Aphanocapsa grevillei (Cyanoph.*; det. Dr. G.H. Schwabe). Striking are the similarities with photographs taken by Dr. van Steenis and Dr. Sleumer (KERN 1974) of *Oreobolus* species in the high mountains of Sumatra and Borneo.

MORA (1966) listed 2 species of *Oreobolus* from the Colombian páramos near Bogotá: *(Oreobolus obtusangulus* and a possibly still indescribed taxon (species?), growing as cushions in much wetter habitats (Mora pers. comm.). Although up to now my collections of *Cyperaceae* are still incompletely identified, I have at least 2 taxa of *Oreobolus*. One of them should be *Oreobolus obtusangulus ssp. rubrovaginatus*, which is a very common small tuft, easily distinguished by its conspicuous reddish leaf-sheats. The other taxon, for which I have no name yet, forms cushions in wet habitats. The tiny tufts of *Oreobolus obtusangulus ssp, rubrovaginatus* typically occur in *Calamagrostis effusa*-páramo vegetation, which are very common in every part of the Colombian Cordillera Oriental. In this sward it is mostly associated with *Rhynchospora paramorum* and *Castratella spp.* They have preference for slightly humid slopes with shallow mineral soils in the grasspáramo and upper subpáramo.

The unknown taxon of *Oreobolus* may form real cushion bogs in grasspáramo and the lower superpáramo. This is apparently the first report of genuine *Oreobolus* cushion bog from the tropical Andes *(Photo 175, Plate XLIV)*. *Oreobolus* cushion bogs are known from the Malaysian area, New Guinea, New Zealand and its shelf islands, Hawaii, the Islas Malvinas (Falkland Islands), Tierra del Fuego and Southern Chile (SKOTTSBERG 1960).

ROIVAINEN (1954) provided ample ecological information on *Oreobolus* cushion bogs in Tierra del Fuego. OBERDORFER (1960), GODLEY (1960) and GODLEY & MOAR (1973) recorded floristic and palynological data of the *Oreobolus* cushion bogs on the Isla de Chiloé, about 42° S in Southern Chile. OBERDORFER (l. c.) distinghuished a *Caltho-Oreoboletum* for cushion bogs in the Magellanean area and a *Schoeno-Oreoboletum* for cushion bogs in the more northern Chiloéioisland. The associations were grouped in the *Astelio-Oriobolion* Oberdorfer (*Myrteolo-Sphagnetea* Oberd.).

The *Oreobolus* cushion bogs, which I observed in the Colombian páramos, are not frequent and occupy rather restricted areas. This might account for the fact that they were not reported earlier. The pure *Oreobolus* bog, with its characteristic sinuous cushion-pattern, has only few accompanying species *(Photo 176, Plate XLIV)*. The wet habitat-condition is reflected by the presence of *Werneria spp.*, which grow partially submerged with *Sphagnum sp.* in shallow interstices, mixed up with *Rhacocarpus purpurascens (Musci)*. *Rhacocarpus* also spreads over the *Oreobolus* cushions. Rosettes of *Oritrophium peruvianum ssp. lineatum* are nearly always present on the *Oreobolus* hummocks, as well as *Cladia aggregata (Lich.)* which has an inflated thallus, because of the moist environment. It should be noted that *Rhacocarpus, Oritrophium* and *Cladia* are taxa with supposed Subantarctic origin.

Oreobolus cushion bog occurs in páramos on gently sloping ground with peaty profiles. Rhizosphere pH-values oscillate between 4.6 and 5.1, reaching their optimum at 4.8. ROIVAINEN (1. c.) reported almost the same values from Fuegian *Oreobolus obtusangulus* stands.

A close floristic and ecological relation exists between Colombian cushion bogs of *Plantago rigida* and those of *Oreobolus (see also 2.3.1.)*. In one páramo bog I studied a gradual situation from *Oreobolus* cushion bog towards *Plantago* cushion bog. Here the cushions are flattened, *Oritrophium peruvianum ssp. lineatum* rosettes are very prominent and the number of accompanying plant species is high. At present it is not yet clear to me which ecological conditions determine the presence or absence of *Oreobolus* resp. *Plantago rigida* cushion bogs in páramos. The possibility that *Oreobolus* cushions temporarily replace those of *Plantago rigida* after decaying of the latter should not be ruled out.

2.3.4. Azorella multifida cushions

The genus *Azorella (Umbelliferae)* has an Andean-Subantarctic distribution (MOORE 1972), with its main centre of diversification and speciation in South America. Some species have diffusely, branched, creeping rhizomes, whereas others have a more compact cushion-like lifeform. Cushions of *Azorella selago* are found in the Subantarctic islands and in Tierra del Fuego. A dozen of *Azorella* species grow as cushions in the Peruvian Andes, mostly above 4000 m. The cushions are commonly used here as fuel by the autochtonous inhabitants. HEILBORN (1925) reported large *Azorella* cushions from above 4000 m in the Pichincha páramo in Ecuador. DIELS (1937) recorded *Azorella corymbosa* and *Azorella pedunculata* from above 4000 m on several Ecuadorian volcanoes, the former species reaching up to 5000 m on the Chimborazo.

Several *Azorella* species occur in the Colombian páramos. Cushions of *Azorella* were only found by the author in the humid highest parts of the Páramo de Sumapaz above 3900 m. The large, dense cushions present here belong to *Azorella multifida* (det. Dr. L. Constance), a species, which according to MATHIAS & CONSTANCE (1962) ranges from Colombia to Bolivia and is quite common in the Peruvian Andes between 3100 and 4800 m. It occurs "in moist localities in grass steppes or puna or among rocks" (MATHIAS & CONSTANCE l. c.). WEBERBAUER (1945) reported Peruvian *Azorella multifida* from sub-páramo like grassland between 3000 and 3700 m near Monzón and from rosette and cushion plant-communities between 4400 and 4600 m in the Junín Department. In the Colombian Cordillera Oriental creeping lax plants of *Azorella multifida* are common between 3475 and c. 4000 m, as reveal our botanical collections, just identified by Dr. M.E. Mathias and Dr. L. Constance. Since *Azorella* cushion-vegetations were not yet described from Colombia, some data might be provided here from the Sumapaz-locality.

The habitat in the Sumapaz floristically and physiognomically resembles the latter Peruvian habitat. In both habitats *Oreomyrrhis andicola* (a southern circumpacific genus of *Umbelliferae), Draba spp., Hypochoeris, Valeriana, Geranium* and *Lysipomia* are present.

In the humid Páramo de Sumapaz *Azorella multifida* cushions abound in the lower super-páramo between 3900 and 4250 m, reaching the peak of the Nevado de Sumapaz (limestone!). At 4100 m an *Azorella multifida* cushion vegetation, is optimally developed between calcareous rocks in rather small, humid, wind-protected valleys *(Photo 177, Plate XLV)*. Its soils are rather deep, often more than 1 m and brownish-yellow. Occasionally another subfossil soil is included. The raw humus layer is rather thick and is completely covered by the cushions. Rhizosphere pH was determined at 5.4.

A relevé of the *Azorella multifida* cushion-vegetation in this locality revealed some 19 vascular plants, among them some hummocks of *Plantago rigida*. Conspicuous are *Draba spp.* with white and yellow petals, shining rosettes of *Senecio niveo-aureus* and *Senecio summus*, and scattered dwarfshrub of *Diplostephium rupestre*. The latter two species are new to the Colombian Cordillera Oriental. Several plants grow on the cushions of *Azorella*, e. g. *Gentiana sedifolia, Lysipomia sphagnophila ssp. minor* and the tiny rosettes of *Ourisia muscosa*, a Southern element *(see 3.2.2)*. The cushions are densely covered by bryophytes and lichens. Most common is the moss *Breutelia sp.*, furthermore we may mention *Herbertus subdentatus (Hepat.), Zygodon sp. (Musci.)* and *Cetraria islandica (Lich.)*. Somewhat lower, in sheltered localities at 4050 m, a low green-grayish *Senecia vernicosus*-thicket may develop on top of the *Azorella* cushions, which subsequently decay and are largely replaced by bryophytes, e. g. *Campylopus cf. subconcolor (Musci)* and *Plagiochila triangulifolia*. The rhizosphere pH attains 5.0 here.

In the summit-area of the Nevado de Sumapaz at 4250 m, *Azorella multifida* grows as young solitary, rather firm cushions, which are hardly overgrown by other plants *(Photo 178, Plate XLV)*.

The higher parts of the Sumapaz-páramo are climatically rather humid. Pluviometric records on the Alto Caicedo in the Páramo de Sumapaz near *Azorella multifida* cushions at about 3900 m yielded 1250 mm precipitation in 1970, according the Boletín Informativo Hidrometeorológico 1970 of the Empresa de Acueducto y Alcantarillado de Bogotá, D. E.

The presence of limestone is not necessarily determinative for the occurence of *Azorella* here, because the species was collected in Peru also in various non-calcareous habitats.

The actual presence of *Azorella multifida* cushion-vegetation in the upper Sumapaz-páramo can be explained by assuming a Southern (Central Andean?) origin and its persistance in the Sumapaz region because of favourable environmental conditions.

Although *Azorella multifida* is according Dr. L. Constance (in litt.) “a very widespread and variable taxon”, the species was not detected by the author as cushions in the extensive páramos around the Sierra Nevada del Cocuy further North in the Colombian Cordillera Oriental.

3.2.5. Aciachne pulvinata cushion vegetation

The endemic Andean cushion grass *Aciachne pulvinata* (monotypical!) occurs from the Venezuelan Andes to the northern part of Andean Argentina. It has about the same geographical range as the related grass *Lorenzochloa erectifolia*, which was treated earlier *(see 3.1.)*. Both taxa belong to the tribe *Stipeae*.

Although *Aciachne pulvinata* does not occur in the Subantarctic, for comparison's and completeness' sake a short survey of ecology, phytosociology and altitudinal distribution of the species is presented here. Pertinent data are provided by HERZOG (1923), CHASE (1924), CUATRECASAS (1934), WEBERBAUER (1945), VARESCHI (1953, 1970), SMITH (1972) and ASTEGIANO (1973).

In the Venezuelan Andes *Aciachne* is found between 3500 and 4500 m (VARESCHI 1970). The tiny grass cushions, which are rather frequent in the relatively dry páramos around Mérida, may locally constitute a community, which was described by VARESCHI (1953) as the *Aciachnetum pulvinatae*.

Similar *Aciachne* cushion communities apparently were unknown from the Colombian páramos. I found the *Aciachnetum* between 3800 and 4100 m in several dry páramos in the Boyacá Department *(Photo 179, Plate XLV)*, especially in the Sierra Nevada del Cocuy. Here the *Aciachne* hummock vegetation is optimally developed in dry depressions, surrounded by dry *Calamagrostis effusa* páramo, in which bamboos of *Swallenochloa* are virtually lacking. Mineral soil depths below the *Aciachnetum pulvinatae* are not exceeding 70 cm and rhizosphere pH oscillates between (3.9 –) 4.6 and 5.5. Floristically the Colombian *Aciachnetum* resembles the Venezuelan community by the absolute dominance of *Aciachne* and constant presence of *Acaulimalva purdiaei (* Malvastrum acaule)*. The Colombian *Aciachne* community apparently stands out by the common presence of *Calandrinia acaulis (Portulaccac.)*. It is remarkable, that both *Acaulimalva* and *Calandrinia acaulis* have acaulescent rosettes with an impressive large penroot and short pedicelled flowers in the shelter of leaves.

Solitary cushions or flat mats of *Aciachne* were noted between 3250 and 4300 m. The lowermost records are from trails, frequently used by men and cattle. Probably the minute *Aciachne* fruits came here with them from the higher páramo, because we noted horses, mules and sheep grazing on *Aciachne* cushions. From Peru it was reported that *Aciachne* is grazed by alpacas in the Department of Cuzco and used as fuel in the Junín Department (ASTEGIANO 1973).

Further occurrences of *Aciachne pulvinata* in the Cordillera Oriental of Colombia are in páramos of the Santander Department and in the Sumapaz páramo, where we observed the species growing scattered between 3700 and 4250 m. In the Colombian Cordillera Central *Aciachne* grows as cushions between 3800 and 4320 m on the Nevado del Tolima in the *Espeletietum hartwegianae Calamagrostiosum* described by CUATRECASAS (1934).

In Peru *Aciachne pulvinata* is known to occur in cushion and rosette vegetation at about 4400 m (WEBERBAUER 1945), often associated with *Acaulimalva spp., Calandrinia acaulis* and *Lachemilla pinnata*, a. o. WEBERBAUER (l. c.) also reported the species from dry grassland between 3100 and 4000 m near Sandia (about 14° S), north of Lake Titicaca. HITCHCOCK (quoted by CHASE 1924) observed that *Aciachne* in Peru "in some places is the dominant or even the only grass on whole hills."

In Bolivia HERZOG (1923) noted *Aciachne* vegetation mainly at 4300–4800 m, where it occurs as a terminal phase in the succession of high Andean *Distichia* cushion bog.

In Argentina *Aciachne pulvinata* was found at 3700–3800 m in the Sierra de Ambato, 28° S (ASTEGIANO 1973).

Recently SMITH (1972) investigated the ecology of *Aciachne pulvinata* in the Venezuelan Andes. He found that *Aciachne* is probably able to retain moisture from the daily fogs. SMITH (l. c.) concluded that growth of *Aciachne* on drier slopes strongly depends on the direction of the prevailing, often fog saturated wind, because the windward side of the *Aciachne* hummocks showed pronounced growth and vitality, whereas the leeward side showed reduced vitality.

4. DISCUSSION AND CONCLUDING REMARKS

GODLEY (1960) already put forward that "the closest degrees of relationship are attained when both ecological conditions and taxa involved are similar", From the foregoing it appears, that Subantarctic relationship is quite evident with respect to physiognomy and floristics of the Andean páramos. In the Colombian páramos the Subantarctic relationship appears most clearly in the *Oreobolus* cushion bog *(see 3.2.3.)*, a community not yet reported previously from the páramos. The other páramo vascular cushion-plant communities discussed here, also indicate Subantarctic relationship, except for the *Aciachnetum pulvinatae*, which is exclusively Andean in distribution. The tussock and rosette vegetations of the páramos are physiognomically and ecologically very similar to those of the Subantarctic zone, but floristically the relationship is rather limited (at least with respect to the dominant taxa).

HEDBERG (1965), in a study of the phytogeography of the upper vegetationbelt of the equatorial East African mountains, distinguished geographic and genetic flora-elements. The geographic flora-element concerns the total area of distribution of a taxon, whereas the genetic flora-element indicates its presumable area of origin. Subantarctic flora-elements in the Neotropical páramos are listed in *table 1* of this paper. They are geographic flora-elements, although most of them are genetic flora-elements as well. Taxa, which do not occur in the Subantarctic, but are supposed to be derived from Subantarctic ancestors, are placed between brackets. It must be emphasized that the data of *table 1* are provisional, because our present knowledge of the phytogeography of the regions concerned is still very limited. A great number of vast páramos are not yet visited by botanists. Similarly we need much more floristic data from the Andes in between the páramos and the Subantarctic. Therefore it is more appropiate to consider the Subantarctic (páramo) taxa in *table 1* as geographic elements; the Pantemperate and Cosmopolitan flora-elements are excluded.

It is interesting to compare the Neotropical páramos with the mountains of Africa and Malesia.

From the upper vegetationbelt of the East African volcanoes HEDBERG (1965) recorded 278 taxa of vascular plants, belonging to 103 genera. 11 taxa (= 4 %), belonging to 7 different genera, were recognized by him as genetical "South hemispheric temperate elements". Thus it appears that c. 7 % of the genera concerned belong to this flora-element. Comparing these data with *table 1* leads to the conclusion that in the Latin American páramos the Subantarctic flora-element is much stronger represented than in the East African mountains.

The vascular flora of the upper vegetionbelt of New Guinea apparently has the strongest Subantarctic relationship in Malesia (Prof. C. KALKMAN pers. comm.). Relevant phytogeographic data, as HEDBERG (1965) provided for Africa, are still lacking.

As was stated before vascular cushion plant communities, mostly derived from Subantarctic ancestors, are conspicuous in Neotropical páramos. Apparently they are far less represented in the upper vegetationbelt of the equatorial East African mountains (HEDBERG 1964). From 5 vascular cushion plants indigenous here, only one *(Myosotis keniensis)* might be derived from relatives in the Subantarctic zone (HEDBERG 1965).

The upper vegetationbelt of the Malesian mountains with its rich flora apparently harbours a greater number of vascular cushion plant taxa than the high equatorial African mountains. Several of the Malesian taxa belong to the Subantarctic flora-element (VAN STEENIS 1938, KERN 1974).

On the basis of our studies in Neotropical páramos it appears to be certain that immigration took place from the Subantarctic, the southern and Central Andes. The vascular cushion plants and their communities were supposed by HEILBORN (1925), BENOIST (1935), TROLL (1959) and HEDBERG (1964) to have migrated from southern latitudes to the Neotropical páramos.

It was to be expected that the number of Subantarctic taxa in the Neotropical páramos is higher than that in Africa and Malesia, because in Africa and Malesia the tropical high mountains are geologically rather isolated from the Subantarctic source area.

At least from the beginning of the Quaternary (dating back 2–3 millions of years) the cool high Andes served as a cool pathway for Subantarctic taxa. During the Pleistocene speciation of the migrating taxa took place (VAN DER HAMMEN, WERNER & VAN DOMMELEN 1973). On the basis of palynological evidence VAN DER HAMMEN (1974) demonstrated a significant lowering of the páramo belt towards 2000 m in the Colombian Cordillera Oriental during the coldest Pleistocene periods. In this way possibilities were created for easier plant and animal dispersal. Subsequent retirement of the páramo belts towards higher elevations during warmer interstadials and interglacials provoked strong isolation of the plant and animal populations inhabiting the páramos. Dry stadials, humid interstadials and northward displacement of the Subantarctic zone may have influenced the present distribution of páramo taxa as well.

In conclusion, it appears that the similarity of the Subantarctic and the tropical high mountain climate and environment favoured the occurrence of similar life forms, resulting in physiognomically similar vegetationtypes. Among the upper tropical mountain belts, the Neotropical páramos probably demonstrate the highest rate of Subantarctic relationship regarding taxonomy, physiognomy and ecology of the inhabiting plants.

An integrated survey of the tropical Andean biota is of the utmost importance. It will provide fundamental data on origin, evolution and the actual functioning of the tropical Andean ecosystems.

ACKNOWLEDGEMENTS

I am most grateful to Dr. T. van der Hammen and Dr. S.R. Gradstein, who critically read and discussed the manuscript. Moreover to Dr. S.R. Gradstein for improving the English text.

Special thanks for identification of part of our botanical collections are due to many friends and colleagues in Bogotá, Utrecht, Washington, D.C., and elsewhere. Highly appreciated technical assistence was rendered by Mr. A. Kuiper (photographs) and Mr. T. Schipper (drawings).

The author is greatly indebted to the Netherlands Foundation for Tropical Research (WOTRO) for financial support of the fieldwork in the Colombian páramos (1971–1973), which was carried out in close collaboration with the Instituto de Ciencias Naturales/Herbario Nacional Colombiano from the Universidad Nacional in Bogotá, D.E.

REFERENCES

ASTEGIANO, M.E. (1973): Sobre la presencia del género Aciachne (Gramineae) en la Argentina. Kurtziana 7, 43–47.

BALGOOY, M.M.J. VAN (1971): Plant-Geography of the Pacific. Leiden.

BARROS, M. (1953): Las Juncáceas de la Argentina, Chile y Uruguay, Darwiniana 10, 3, 279–460.

BENOIST, R. (1935): Le Pantago rigida H.B.K., sa structure, sa biologie. Bull. Soc. Bot. France 82, 462–466; 604–609.

BITTER, G. (1911): Die Gattung Acaena. Bibl. Bot. 71. Stuttgart.

BUCHENAU, F. (1906): Juncaceae. Das Pflanzenreich IV, 36. Leipzig.

CHASE, A. (1924): Aciachne, a cleistogamous grass of the high Andes. Journ. Wash. Acad. Science 4, 364–366.

CONNOR, H.E. and E. EDGAR (1974): Names and types in Cortaderia Stapf (Gramineae). Taxon 23, 4, 595–605.

CUATRECASAS, J. (1934): Observaciones geobotánicas en Colombia. Trab. Mus. Nac. Cienc. Nat. Ser. Bot. 27. Madrid.

– (1954): Outline of vegetation types in Colombia. 8. Congr. Int. Bot. Rapp. & Comm. Sect. 7, 77–78.

– (1958): Aspectos de la vegetación natural de Colombia. Rev. Acad. Col. Cienc. E.F. Nat. 10, 40.

– (1968): Paramo vegetation and its life forms. In: Geo-ecology of the mountainous regions of the tropical Americas. Colloquium Geogr. 9, 163–186.

– (1969): Prima Flora Colombiana: 3. Compositae – Astereae. Webbia 24, 1, 1–335.

– (1975): Miscellaneous notes on Neotropical Flora VI. Phytologia 29, 5, 369–385.

DENNIS, R.W.G. (1970): Fungus flora of Venezuela and adjacent countries. Kew Bull. Add. Ser. 3.

DIELS, L. (1934): Die Paramos der äquatorialen Hoch-Anden. Sitzungsber. Preuss. Akad. Wiss., Physik.-Math. Kl., 57-68.

– (1937): Beiträge zur Kenntnis der Vegetation und Flora von Ecuador. Bibl. Bot. 116. Stuttgart.

ESPINOZA, R. (1932): Oekologische Studien über Kordillerenpflanzen. Bot. Jahrb. 65, 120–211.

FOSBERG, F.R. (1944): El Páramo de Sumapaz, Colombia. Journ. N. Y. Bot. Gard. 45, 226–234.

GEEL, B. VAN and T. VAN DER HAMMEN (1973): Upper Quaternary vegetational and climatic sequences of the Fuquene area (Eastern Cordillera, Colombia). Palaeogeogr. Palaeoclim. Palaeo ecol. 14, 9–92.

GODLEY, E.J. (1960): The botany of Southern Chile in relation to New Zealand and the Subantarctic. Proc. Royal Soc., B., 152, 457–475.

– and N.T. MOAR (1973): Vegetation and pollen analysis of two bogs on Chiloé. New Zealand J. Bot. 11, 255–268.

GOEBEL, K. (1891): Die Vegetation der Venezolanischen Paramos. In: Pflanzenbiologische Schilderungen. 2, 1, 4. Marburg.

GONZALES, E. and T. VAN DER HAMMEN and R.F. FLINT (1965); Late Quaternary glacial and vegetational sequence in Valle de Lagunillas, Sierra Nevada del Cocuy, Colombia. Leidse Geol. Med. 32, 157–182.

GREENE, S.W. (1964): Plants of the land. Antarctic Research (Eds. Adie, R.J., R. Priestley and G. de Q. Robin) London, 240–253.

HAMMEN, T. VAN DER and E. GONZALEZ (1960): Holocence and late Glacial climate and vegetation of Páramo de Palacio. (Eastern Cordillera, Colombia, S. America). Geol. en Mijnbouw 39, 12, 737–746.

– et E. GONZALEZ (1963): Historia de clima y vegetación del Pleistoceno superior y del Holoceno de la Sabana de Bogotá. Bol. Geol. 11, 189–266.

–, J.H. WERNER and H. VAN DOMMELEN (1973): Palynological record of the upheaval of the Northern Andes: a study of the Pliocene and Lower Quaternary of the Colombian Eastern Cordillera and the early evolution of its high-andean biota. Palaeogeogr. Palaeoclim. Palaeoecol. 16, 1–24.

– (1974): The Pleistocene changes of vegetation and climate in tropical South America. Journal of Biogeography 1, 3–26.

HAUMANN, L. (1915): Note sur les Joncacées des petits genres Andins. Ann. Mus. Nac. Hist. Nat. Buenos Aires 27, 285–306.
HAURI, H. und C. SCHROETER (1914): Versuch einer Übersicht der siphonogamen Polsterpflanzen. Engl. Bot. Jahrb. 50 (Suppl.), 618–656.
HEDBERG, O. (1964): Features of afroalpine plant ecology. Act. phytogeogr. suec. 49. Uppsala.
– (1965): Afroalpine flora elements. Webbia 19, 2, 519–529.
– (1969): Evolution and speciation in a tropical high mountain flora. Biol. J. Linn. Soc. 1, 135–148.
– (1973): Adaptive evolution in a tropical-alpine environment. Taxonomy and Ecology (ed. V.H. Heywood): 71–92. London–New York.
HEILBORN, O. (1925): Contribution to the ecology of the Ecuadorian paramos with special reference to cushion-plants and osmotic pressure. Svensk. Bot. Tidskr. 19, 2, 157–164.
HERZOG, TH. (1916): Die Bryophyten meiner 2. Reise durch Bolivia. Bibl. Bot. 87. Stuttgart.
– (1923): Die Pflanzenwelt der Bolivianischen Anden und ihres östlichen Vorlandes. Die Vegetation der Erde 15. Leipzig.
HETTNER, A. (1892): La Cordillera de Bogotá. (Ed.: E. Guhl 1966) Bogotá, D.E.
HUMBOLDT, A. VON (1817): De Distributione Geographica Plantarum secundum coeli temperiem et altitudinem montium. Prolegonema. Paris.
HUNTLEY, B.J. (1971): Vegetation. In: Marion and Prince Edward Islands (ed. E.M. van Zinderen-Bakker, J.M. Winterbottom and R.A. Dyer): 98–160.
JAHN, A. (1931): Los Páramos Venezolanos. Sus aspectos físicos y su vegetación. Bol. Soc. Ven. Cienc. Nat. 1, 3, 93–127.
JANZEN, D. (1973): Rate of regeneration after a tropical high elevation fire. Biotropica 5, 2, 117–122.
KERN, J.H. (1974): Oreobolus. Flora Malesiana 1(7,3), 681–688. Leiden.
KOYAMA, T. (1969): Cyperaceae. The Botany of the Guyana Highland 8. Mem. N. Y. Bot. Gard. 18, 2, 27.
MCCLURE, F.A. (1973): Genera of Bamboos native to the New World (Gramineae: Bambusoideae). Smithsonian Contr. to Botany 9. Washington, D.C.
MATHIAS M.E. and L. CONSTANCE (1962): Umbelliferae. Flora of Peru. Field Mus.Nat.Hist.Bot.Ser. XIII, Va, 1.
MOORE, D.M. (1972): Connections between cool temperate floras, with particular reference to Southern South America. Taxonomy, Phytogeography and Evolution (ed. D.H. Valentine): 115–138. London–New York.
MORA O., L.E. (1966): Cyperaceae. Catálogo Ilustrado de las plantas de Cundinamarca. Bogotá, D.E.
OBERDORFER, E. (1960): Pflanzensoziologische Studien in Chile. Flora et vegetatio mundi; R. Tüxen edit. Weinheim.
PILGER, R. (1937): Plantaginaceae. Das Pflanzenreich IV, 269(102). Leipzig.
RAUH, W. (1939): Über polsterförmigen Wuchs. Nov. Act. Leopold., N.F. 7, 49, 267–508. Halle.
– und H. FALKE (1959): Stylites E. Amstutz, eine neue Isoëtacee aus den Hochanden Perus. Sitzungsber. Heidelb. Akad. Wiss., Math. naturwiss. Kl. 1.
ROIVAINEN, H. (1954): Studien über die Moore Feuerlands. Ann. Bot. Soc. „Vanamo" 28, 2, 1–205.
SCHUSTER, R.M. and J.J. ENGEL (1974): A monograph of the genus Pseudocephalozia (Hepaticae). Journ. Hattori Bot. Lab. 38, 665–701.
SEIFRIZ, W. (1937): Die Höhenstufen der Vegetation in der Sierra Nevada de Santa Marta. Bot. Jahrb. 68, 107–125.
SKOTTSBERG, C. (1960): Remarks on the plant geography of the southern cold temperate zone. Proceed. Royal Soc., B, 152, 447–456.
SMITH, A.P. (1972): Notes on wind-related growth patterns of paramo-plants in Venezuela. Biotropica 4, 1, 10–16.
SOLBRIG, O.T. (1960): The South American sections of Erigeron and their relation to Celmisia. Contr. Gray Herb. 188, 85.
STEENIS, C.G.G.J. VAN (1938): Exploraties in de Gajo-Landen. Algemeene Resultaten der Losir-expeditie 1937. Tijd. Kon. Ned. Aardr. Gen. 55, 728–801.
STEYERMARK, J.A. (1949): The genus Oreobolus in South America. Bol. Soc. Ven. Cienc. Nat. 11, 74, 306–311.
TAYLOR, B.W. (1955): The flora, vegetation and soils of Macquarie Islands. Australian National Antarctic Research Expeditions Reports, Botany 1, 1–92.

TROLL, C. (1944): Strukturböden, Solifluktion und Frostklimate der Erde. Geol. Rundschau 34, 545–694.
– (1948): Der asymmetrische Aufbau der Vegetationszonen und Vegetationsstufen auf der Nord- und Südhalbkugel. Ber. geobot. Forschungsinst. Rübel 1947, 46–83. Zürich.
– (1958): Zur Physiognomik der Tropengewächse. Jahresber. d. Ges. d. Freunde u. Förd. Univ. Bonn.
– (1959): Die tropischen Gebirge, ihre dreidimensionale klimatische und pflanzengeographische Zonierung. Bonner Geogr. Abhandl. 25, 1–93 (Bonn).
– (1960): The relationship between the climates, ecology and plantgeography of the southern cold temperate zone and the tropical high mountains. Proc. Royal Soc., B, 152, 529–532.
– (1968): The Cordilleras of the tropical Americas. Aspects of climatic, phytogeographical and agrarian ecology. Geo-ecology of the Mountainous regions of the tropical Americas. Colloquium Geographicum 9, 15–56. Bonn.
VARESCHI, V. (1953): Sobre las superficies de asimilación de sociedades vegetales de Cordilleras tropicales y extra tropicales. Bol. Soc. Venez. Cienc. Nat. 14, 121-173.
– (1955): Monografías Geobotánicas de Venezuela I. Rasgos geobotánicas sobre el Pico de Naiguatá. Acta Cient. Ven. 6, 2–23.
– (1956): Algunos aspectos de la Ecología vegetal de la zona más alta de la Sierra de Mérida. Rev. Fac. Cienc. Forest 3, 12. Mérida, Vjnezuela.
– (1970): Flora de los páramos de Venezuela. Mérida. ULA.
WACE, N.M. (1960): The Botany of the southern oceanic Islands. Proc. Royal Soc. B, 152, 475–490.
WALTER, H. et MEDINA, E. (1969): La temperatura del suelo, como factor determinante para la caracterización de los pisos subalpino y alpino en los Andes de Venezuela.
Bol. Soc. Ven. Cienc. Nat. 28, 115–116, 201–210.
WALTON, D.W.H. (1975): Nomenclatural notes on South Georgian vascular plants. Brit. Antarct. Survey Bull. 40, 77–79.
WEBER, H. (1958): Die Páramos von Costa Rica und ihre pflanzengeographische Verkettung mit den Hochanden Südamerikas. Abh. Akad. Wiss. Lit. Mainz, math. naturw. Kl. 3.
WEBERBAUER, A. (1911): Die Pflanzenwelt der Peruanischen Anden. Die Vegetation der Erde 12. Leipzig.
– (1945): El mundo vegetal de los Andes Peruanos. Lima.

DISCUSSION TO PAPER CLEEF

Dr. R.J. Hnatiuk:

It is true that rosette plants are common to the tropical high mountains of South America and Africa and the sub-Antarctic islands. However, rosette plants with large stems are virtually absent from the sub-Antarctic islands. From your work in the Andes, can you comment on any *ecological preferences* for these stemmed and stemmless rosette plants that may help explain why the formes are absent from the southern islands?

Prof. Dr. W. Weischet:

Im Anschluß an die Bemerkung von Herrn Troll bezüglich des Frostwechselfaktor könnte man die Formulierung von Herrn Cleef „similar climatic condition en paramo and subantarctic islands" dahingehend präzisieren „ähnliche Häufigkeit kurzzeitigen Frostwechsels". Dann wäre der ökologisch entscheidende Faktor festgestellt, der tatsächlich ähnlich ist, während viele andere unterschiedliche klimatische Charakteristika ausgeklammert bleiben.

So wären die Rosetten-und cushionformen als mit häufig kurzzeitigen Frostwechsel zusammenhängend interpretiert. Wind käme demnach in den feuchten Innertropen als bestimmender ökologischer Faktor nicht in Frage.

Dr. W. Golte:

1. Es wurden in der Hauptsache die – physiognomisch auch am meisten in Erscheinung tretenden – phanerogamischen Lebensformen vorgeführt. Welches sind die Lebensformen der zahlreichen Lycopodiaceen, die im Páramo vorkommen und wodurch unterscheiden sie sich von denen der an anderen Standorten vorkommenden Lycopodiaceen?

2. Bei der großen Bedeutung und Häufigkeit von Frösten muß ein Vorteil der im Páramo vorkommenden, mit einem Stamm (z.B. Espeletia) versehenen Pflanzen darin liegen, daß sie sich über den Bereich stärkster und häufigster Fröste, der sich unmittelbar an der Bodenoberfläche befindet, hinausheben.

Dr. A. M. Cleef:

To Hnatiuk: Indeed rosette plants with large stems of some meters, as exhibited by several Espeletia species in the tropical Andean páramos, are nearly absent in the Subantarctic zone. The crucifer-Pringlea antiscorbutica, endemic to most islands of the Kergueles-archipel, however seems to have real (probably fleshy) stems (TROLL 1948, 1959; HUNTLEY 1971).

In Neotropical páramos the common stem and acaulescent rosettes generally no show ecological preferences. Interesting is that most Espeletia species in Colombia have stem rosettes in wet habitats, whereas both stem and "acaulescent" rosettes occur in dry habitats.

The common occurrence of stem rosettes in Neotropical páramos seems to account for its relative calm climate with strong winds occurring occasionally. The continuously strong winds prevailing in the Subantarctic zone probably inhibit widely common development of stem rosettes. It becomes clear, that if such permanent strong winds, as in the Subantarctic, should occur in Neotropical páramos, the stem rosette populations of Espeletia with their limited rootsystems, would be soon destroyed and vanish.

To Weischet: Über die klimatischen Verhältnisse haben Sie recht; es wäre jedenfalls deutlicher gewesen, wenn ich gesprochen hätte von "the common climatic similarities in páramo and Subantarctic islands". Rosettenpflanzen gibt es natürlich fast überall in der Welt, aber Stammrosetten nirgendwo so häufig und mit so vielen Arten wie in den tropischen Hochgebirgen.

Polsterpflanzen gibt es am meisten (sehr häufig und viele Taxa) in den Anden und der Subantarktis. Im tropischen Hochgebirge von Afrika gibt es kaum Polsterpflanzen, obwohl es dort gleiche klimatologische Verhältnisse gibt wie in den tropischen Hochanden.

Man kann hier deshalb nicht nur das Klima („häufig-kurzzeitigen Frostwechsel") als entscheidenden ökologischen Faktor feststellen, sondern man sollte auch gewisse historisch-genetische Aspekte mitbetrachten, um die Anwesenheit der Polster in den Páramos zu erklären.

To Golte:

1. In den Kolumbianischen Páramos begegnet man zwei ausgeprägten Gruppen Lycopodiaceae (nach J.G. Baker 1887: Handbook of the Fern-allies. London):
   - Eine Gruppe, die hauptsächlich Arten umfaßt, die dem Subgenus Selago von Lycopodium angehören, z.B. L. crassum, L. brevifolium, L. rufescens, L. cruentum, L. attenuatum usw. Die Arten dieses Subgenus haben foveolate Sporen (Murillo, M.T. and M.J.M. Bless 1974: Spores of recent Colombian Pteridophyta. I Trilete spores. Rev. Palaeobot. Palynol. 18, 223–269). Sie wachsen im allgemeinen in den oberen Stufen des Páramo bis an die Schneegrenze als aufrecht stehende, manchmal zylindrisch, auffallend dunkelrot-farbige, fleischige Pflanzen.
   - Die anderen Lycopodium-Arten (von Subgenus Lepidotis und Subgenus Diphasium) sind hauptsächlich beheimatet in den unteren Bereichen der Páramos; niemals im Superpáramo. Die meist liegenden und kriechenden grünen Pflanzen haben gewöhnlich reticulate Sporen (Murillo and Bless l.c.). Die Arten der Andenwälder (epiphytische Lycopodium spp. einbegriffen) gehören meist zum Subgenus Lepidotis.
2. Die zweite Feststellung von Dr. Golte kann ich ganz unterschreiben (siehe auch Hedberg 1964).

ADDENDUM

After finishin up this paper in 1975, Dr. J. Cuatrecasa, who actually monographed the genus *Espeletia,* published recently*) a new subtribe in the Heliantheae: the Espeletiinae. Seven genera were recognized by him to belong to the Espeletiinae: *Libanothamnus, Ruilopezia, Tmania, Carramboa,* all mainly small trees or shrub; and *Coespeletia, Espeletiopsis* and *Espeletia* having unbranched stemrosettes.

In Venezuela and the Colombian Cordillera Oriental including the Sierra Nevada de Santa Marta occur branched *Libanothamnus spp.* reaching its southernmost limit on the humid SE slopes of the Sierra Nevada del Cocuy. More to the North in the Páramo de Tamá on the Colombian-Venezuelan border grow small trees of the monotypic *Tamania,* being unique, because the seads bear pappus! In all páramos of the Colombian Eastern Cordillera occur species of *Espeletiopsis* and *Espeletia.* In other parts of Colombia and northern Ecuador apparently the genus *Espeletia* is present.

Thus, in my contribution some species of the Espeletiinae now have changed nomenclature. They are:

Espeletiopsis garciae (Cuatr.) Cuatr.
Espeletiopsis glandulosa (Cuatr.) Cuatr.
Espeletiopsis guacharaca (Diaz) Cuatr.
Espeletiopsis jimenez-quesadae (Cuatr.) Cuatr.
Espeletiopsis pleiochasia (Cuatr.) Cuatr.
Espeletiopsis santanderensis (A.C. Smith) Cuatr.

Libanothamnus tamanus (Cuatr.) Cuatr.

*) CUATRECASAS, J. (1976): A new subtribe in the Heliantheae (Compositae): Espeletiinae. Phytologia 35, 1, 43–61.

DIE LÄNGSTÄLER AM RAND DES ARGENTINISCHEN PUNA-HOCHLANDES UND IHRE STELLUNG IM SÜDAMERIKANISCHEN TROCKENGÜRTEL

WILLI CZAJKA

Mit 6 Figuren und 16 Photos

1. DIE VIER LÄNGSTÄLER

In NW-Argentinien verläuft der Ostrand des Puna-Hochlandes von NNE nach SSW. Dieser ist kein einheitliches tektonisches Lineament. Vielmehr weicht er in westlicher Richtung mehrfach gestaffelt zurück, und zwar in vier Abschnitten. Oro- und hydrographisch prägt sich diese östliche Begrenzung des Puna-Hochlandes im Wechsel von Längsgebirgen und Längstälern aus. *Fig. 1* läßt erkennen, daß sich infolge der Staffelung die Abfolge der vier Längstäler nicht ausschließlich eine ostwestliche sondern auch eine nordsüdliche ist. Diese Anordnung zieht sich von 23° bis 27° s.Br. hin. Die Haupttäler sind durch stärkere zeichnerische Hervorhebung der Gewässer in *Fig. 1* kenntlich.

1.1. DIE QUEBRADA DE HUMAHUACA

Das ostwärts äußere und nördlichste Längstal ist die Quebrada de Humahuaca, durchflossen vom Río Grande de Jujuy, der seinerseits in den Río San Francisco übergeht und so über den Río Bermejo zum Stromgebiet des Paraná gehört. Die Sierra de Jujuy und die Sierra de Zenta begrenzen die Quebrada de Humahuaca im Osten, ein Zug von Erhebungen ohne zusammenfassenden Namen (Sa. sin Nombre nach *Fig. 1*) im Westen, nach Süden fortgesetzt durch die Sierra de Chañi mit dem Chañigipfel von 6200 m Höhe.

In gleicher Breitenlage mit diesem Gipfel fließt der Río Grande bei etwa 2000 m. Der Hochlandrand macht daher vom Tal aus gesehen den Eindruck einer Längskette. Hingegen ist der Abstieg nach W zum Hochland weit weniger gewaltig; dort breiten sich flächenhaft Höhenlagen zwischen 3500 bis über 4000 m aus. Der immer wasserführende Río Grande nimmt seinen Ursprung in weit über 3000 m Höhe und tritt aus dem Talraum in das Becken von Jujuy bei 1200 m ein.

Die Quebrada de Humahuaca kennzeichnet gut den Typus der Puna-Randtäler: Alle sind wasserführend und werden beiderseits von hohen Längsgebirgen eingefaßt; die relativen Höhen sind infolge des erheblichen südwärtigen Gefälles im Talraum bis zum Austritt in intramontane Becken im Vergleich zwischen N- und S-Abschnitt des Tales sehr unterschiedlich; dieser Unterschied wird zugleich dadurch bestimmt, daß der obere Talraum jeweils weiträumig und flächenhaft mit Sedimenten ausgefüllt ist *(Photo 191, Tafel XLVIII).* Weiter abwärts wird der Talraum enger und zeigt bei seitlich asymmetrischem Flankieren der

Bergfüße zuweilen kleine epigenetische Durchbrüche im festen Gestein *(Photo 183, Tafel XLVI)*.

1.2. DIE QUEBRADA DE TORO

Die Quebrada de Toro ist das zweite Längstal. Sie ist an sich etwas kürzer als die von Humahuaca, jedoch in ihren Merkmalen im Vergleich mit jener gleichartig gegliedert. Die flächenhaft entwickelte Sedimenteinlagerung wurde in der oberen Quebrada de Toro durch die Einmündung des Valle de Tastil in erweitertem Raum möglich *(Photo 188, Tafel XLVII)*. Allgemein entspricht deren Lage im Obertal derjenigen in der Quebrada de Humahuaca. Jedoch ist die Eintiefung des Flußgerinnes und damit der Grad der Ausräumung bei der Toro bedeutender. Im Unterschied zum Humahuaca-Tal ist aber ihr unterer Abschnitt auf längere Erstreckung eine wahrhafte Quebrada, d.h. Schlucht, also ein Durchbruch im festen Gestein *(Photo 182, Tafel XLVI)*. Die Entwicklung dieses Durchbruches aus ehemals höherem Niveau ist durch Fortsetzung jenseits der Ausmündung in den Westteil des Beckens von Salta in Gestalt von zwei hochgelegenen, sichtbaren Terrassenleisten am Gebirgshang belegt.

Der Durchbruch durch das ältere kristalline Gestein kam dadurch zustande, daß der heutige Talweg ostwärts abbiegend aus den eingefalteten tertiaren Sedimenten hinaustrat. Das vorliegende geologische Blatt 1:200000, Rosario de Lerma, läßt dies deutlich erkennen (S.R. VILELA 1956). Nach Ausweis der geologischen und geomorphischen Befunde liegt ein epigenetischer Durchbruch vor. In gleichem Ausmaß kommt dies in keinem anderen der Längstäler vor. Dagegen finden sich kleinere epigenetische Durchbrüche bei ins Tal vorspringenden Nasen festen Gesteins auch in anderen Tälern. *Photo 183 (Tafel XLVI)* zeigt solch einen lokalen Durchbruch im innersten Längstal, genannt El Cajón . Das oft einseitige und schon in der Quebrada de Humahuaca beobachtbare Herantreten der Flußgerinne zumeist an den östlichen Gebirgsrahmen, ursprünglich durch Kippschollenbewegung in asymmetrisch verteilter Folgewirkung veranlaßt, ist auch für dieses Beispiel maßgebend gewesen.

Die Quebrada de Toro wird im Osten von der Sierra de Chañi, im Westen von Gebirgszügen im Bereich des Cumbre de Obispo und, in einiger Entfernung, von der Sierra de Lampasillo begleitet, letztere mit dem Gipfel des Nevado de Acay von 6340 m Höhe.

1.3. DAS DRITTE LÄNGSTAL

Die beiden soeben genannten Gebirgszüge scheiden das *Valle Calchaquí,* ein Teil des dritten Tales, von der Quebrada de Toro. Die Hauptbegrenzung gegen Westen ist die Sierra de Cachi mit 6280 m Gipfelhöhe. Zu diesem großen Talzug wird hier als seine Fortsetzung das im Vergleich kürzere *Längstal von Santa María* gerechnet, gelegen zwischen den Cumbres Calchaquies und Muños im Osten und der Sierra de Quilmes im Westen. Diese Fortsetzung fällt nicht mehr in das gleiche tektonische Lineament wie das Valle Calchaqui. Jedoch sind beide Täler gleichsinnig gerichtet, aber ihre Streichrichtungen sind gegeneinander versetzt. Hydrographisch stehen sie miteinander in Verbindung. Der Fluß des Tales Calchaquí biegt wie auch die Gewässer des ersten und zweiten Längstales abschließend nach SE aus. Hierbei fließt ihm der Río de Santa María zu *(Fig. 1)*. Dann führt ein enges Durchbruchstal über Alemanía *(Photo 193, Tafel XLIX)* zum Río Juramento, der im übrigen auch die Entwässerung aus dem Toro-Tal aufnimmt.

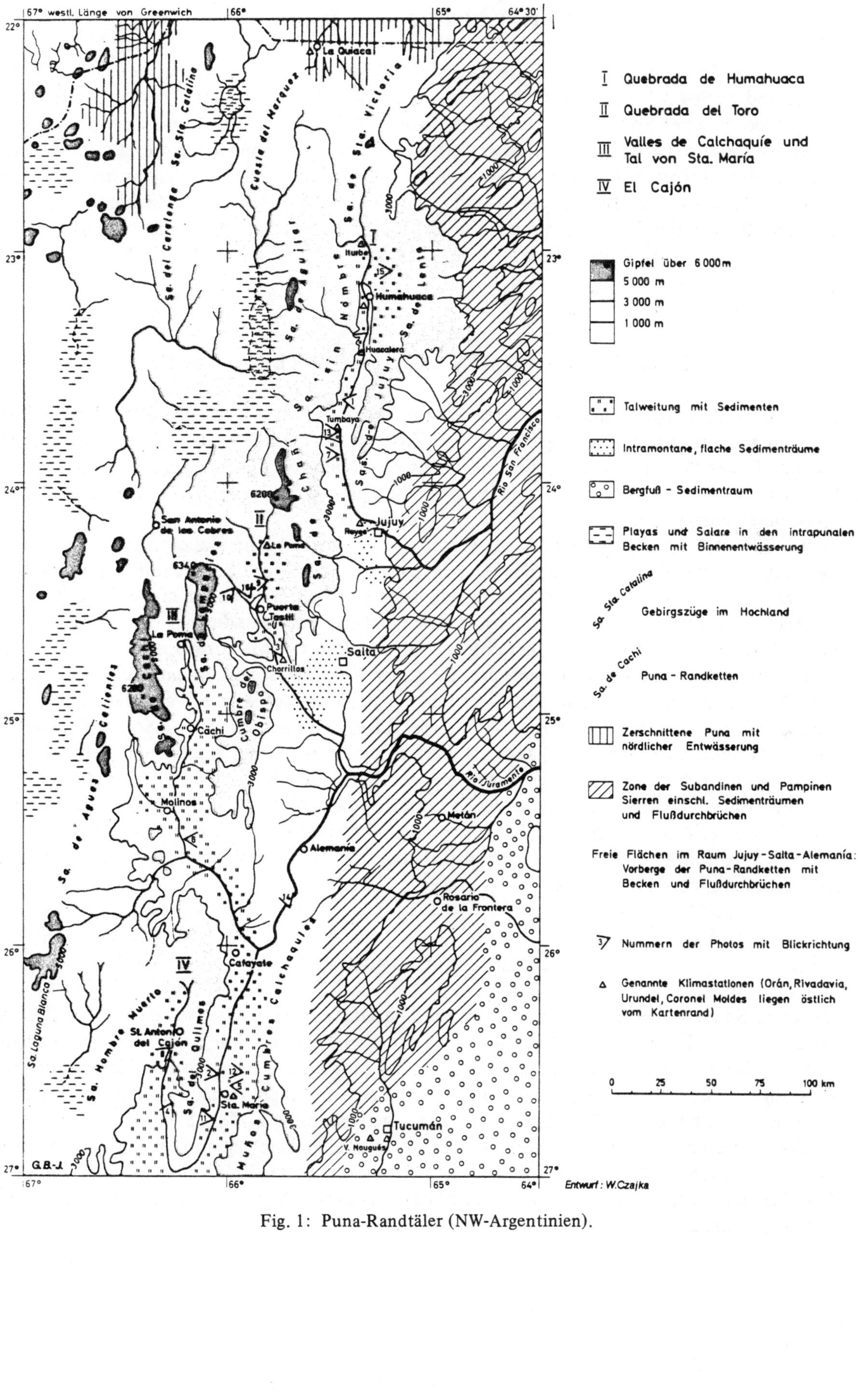

Fig. 1: Puna-Randtäler (NW-Argentinien).

1.4. EL CAJÓN DE SAN ANTONIO

El Cajón de San Antonio, das vierte Längstal, ist nur kurz, weist aber in den morphologischen und geologischen Teilerscheinungen die gleichen Grundzüge auf wie die übrigen drei Längstäler. In einer Sonderveröffentlichung wurde der Cajón, was treffenderweise „Kasten“ bedeutet, bereits der Reihe der nordwestargentinischen Längstäler zugeordnet (W. CZAJKA 1957). Diese Arbeit beschreibt alle wesentlichen Erscheinung der Längstäler und erläutert auch die Kleinformen. Diese werden daher im Folgenden meist nur aufzählend erwähnt. Die Großformen der Täler wurde in ihrer Abfolge im ostwestlichen Gesamtrelief in Profilen dargestellt (vgl. hierzu Profil III bis IX in W. CZAJKA – F. VERVOORST 1956).

2. DIE VIER LÄNGSTÄLER ALS SYNKLINALTÄLER

Die Täler am Punarand sind nicht reine Erosionstäler. Sie entwickelten sich vielmehr überwiegend in synklinalen Senkungsräumen im Zusammenhang mit tektonischen Bewegungen am Rande des Punahochlandes. Sie sind daher eine über 450 km hinziehende regionale Formenserie, die in ihrer Entstehung auf den großen Zusammenhang der andinen Gebirgsphasen zurückgeht.

Die Längstäler und ihre Randgebirge sind jeweils tektonische Teileinheiten. Der nordwestargentinische Rand des Puna-Hochlandes ist eine Folge von Klippschollen, teils nach W geneigte Pultschollen des Präkambrinns, teils Monoklinalkämme von zusammengesetztem Schichtbau, wie beim Ostrand der Quebrada de Humahuaca. Hierbei sind dem alten Gestein – und mit ihm aufgerichtet, aber ungefaltet – die sogenannten oberen Sandsteine *(Areniscas superiores)* aufgelagert. Sie gehören dem Mesozoikum an, wohl der Kreidezeit. Mit ihren ockerfarbenen, rötlichen und auch grünlichen Farben werden sie auf den äußeren Felshängen sichtbar (*Photo 180, Tafel XLV;* vgl. hierzu P. SGROSSO, 1943, Karte). Die Pultscholle zwischen dem Cajón als viertem und innerstem Längstal und dem Tal von Santa Maria zeigt dagegen auf der Ostseite einen deutlichen Bruchrand, der stellenweise in dreieckigen Facette-Hängen, die durch trennende Schluchten diese Form erhielten, die alten Harnischflächen direkt vererbte (*Photo 181, Tafel XLVI;* die Facette-Hänge liegen erst rechts der Aufnahme). Auch hier tritt also das Gestein ohne wesentliche Bodenbildung und Vegetation unmittelbar zu Tage.

2.1. DIE PUNA-RANDSIERREN

Die Puna-Randsierren erhielten vom Verfasser bereits in älteren Arbeiten diese Bezeichnung (W. CZAJKA – F. VERVOORST, 1956), um sie eindeutiger von den nach E folgenden Subandinen Sierren und den an sie südlich anschließenden Pampinen Sierren abzuheben. Zusammen mit den Längstälern war vorher von der „östlichen Punarandzone“ gesprochen worden (W. CZAJKA, 1952, Zone 5 in der Kartenskizze), F. DAUS (1953) hebt sie als *cordones orientales de la Puna* von den Sierras Subandinas ab. Auch die Bezeichnung *precordillera salta-jujeña* (Vorkordillere in den Provinzen Salta und Jujuy) ist in Gebrauch. Mit den beiden inneren Längstälern, dem Tal von Santa María und dem Cajón, geht der Puna-Ostrand zu Ende.

2.2. BOLSONE

Hier setzt in westlicher Richtung der Puna-Südrand ein (W. PENCK 1920). Über diesen Rand reichen südwärts ausstreichende, „aufgesetzte“ Sierren des Punahochlandes als Pampine Sierren hinaus. Diese gliedern dann dort die großen Bolsone mit ihren sedimentären Einlagerungen gegeneinander ab. Der kleine Bolson des Campo del Arenal südwärts vom Cajón und Tal von Santa María macht den Anfang. Das Südende der Sierra de Quilmes und die dortige Flußbiege erreichen ihn gerade noch, ohne daß ihn *Fig. 1* aufzeichnet. Die Bolsone vor dem Südrand der Puna sind von oblonger Gestalt. Die genannten vier Längstäler haben mit ihnen gemeinsam, daß auch sie gleich jenen Senkungsräume sind, beide mit Serien verschieden alter Sedimentpakete ausgefüllt. Daher führte J. FRENGUELLI (1930, 1936/37, 1946) für die Längstäler die Bezeichnung *lineare Bolsone* ein.

2.3. HYDROGRAPHIE

Daß alle vier Längstäler fließende Gewässer haben, die im übrigen außerhalb von Zeiten starker Regen torrential verwildert in weitem Bett und bei geringer Wassertiefe pendeln, ist kein Widerspruch zum Begriff des geomorphologischen Bolson. Auch die oblongen Bolsone haben meist in randlicher Lage ein fließendes Gewässer. Aus den vier Längstälern sammelt sich das Flußwasser in zwei Hauptadern, dem Río San Francisco und dem Río Juramento *(Fig. 1)*. Nach dem Austritt aus dem Bereich der Puna-Randgebirge werden von ihnen zuerst intramontane Becken gequert. Dann geben ihnen nach weiteren Durchbruchstälern, die man als transversal bezeichnen kann, Lücken zwischen den Subandinen und Pampinen Sierren Raum für den Weg ins Andenvorland.

2.4. STRUKTURFORMEN AN EINGELAGERTEN SEDIMENTEN

Die jeweilige tektonische Sonderstellung mit den spezifischen Folgen für die Formgebung der Randgebirge und der Subandinen bzw. Pampinen Sierren ist hier nicht ausführlich zu erörtern (vgl. hierzu CZAJKA – VERVOORST 1956). In dem jetzt zu verfolgenden Zusammenhang interessiert das Zusammenwirken von Tektonik und der synklinalen Sedimentanhäufung vom Tertiär, mit der sichtbaren diskordanten Trennung von Miozän und Pliozän, über das Pleistozän bis zur Gegenwart mit ihren Schwemmfächern (W. CZAJKA 1958), darüber hinaus im Valle Calchaquí mit den unteren Sandsteinen *(Areniscas inferiores)*, die in die Trias gestellt werden. Tektonische Hebung löste immer neue Sedimenteinlagerungen aus; aber auch die vermehrte Schuttzufuhr aus dem periglazialen Höhenbereich während der Kaltzeiten des Pleistozäns wurde wirksam.

Kippungs- und teilweise Überschiebungsvorgänge an den Gebirgsflanken verlagerten die älteren Sedimente in den Synklinen derart, daß ihre aufgerichteten Schichten nach Freilegung, d.h. nach Abräumung der jüngeren Sedimente, über ihnen Strukturformen in Art von *Schichtkämmen* ausbildeten. Das geschah bevorzugt im unteren Teil der Täler, so im Valle Calchaquí mit den bizarren Formen der *Areniscas inferiores (Photo 185, Tafel XLVII)* und im Tal von Santa María an den farbigen miozänen Tonen *(Photo 184, Tafel XLVI)*.

Am Südausgang des Cajón treten ähnliche Strukturformen in bescheidenem Ausmaß auf (W. CZAJKA 1957). Auch hier ist am Ausgang des Tales älteres tektonisch bewegtes Material durch Ausräumung freigelegt worden. Im oberen Teil des Tales ist das Pliozän noch weithin oberflächenbildend, obgleich es auch dort nachweislich in seiner Mächtigkeit vermindert worden ist. Auf der Wende vom Pliozän zum Pleistozän wird allgemein eine Hebung des Gebirgskörpers angesetzt. Die heutigen Gefällsverhältnisse der Täler können also für die damalige Ausräumung nicht den Maßstab abgeben.

Jedoch ist das Gefälle auch heute in allen Tälern erheblich. Die Quellen der Längstälergewässer liegen allenthalben über 3000 m an verschiedenen Teilen des Punarandes. Die ersten beiden Quebradas münden bei etwa 1200 m in intramontane Becken aus. Das Valle Calchaquí vereinigt seinen Fluß mit dem von Santa María bei 1800 m, um in das Durchbruchstal von Alemanía einzutreten. Der Cajón reicht in über 2000 m an den Campo Arenal heran. Die Erosionsbasen, vor allem auch für die Seitentäler, liegen überall derart, daß die Formengestaltung auch in der Gegenwart weiterläuft.

2.5. KLEINFORMEN AN SEDIMENTEN DURCH PARTIELLE ABTRAGUNG UND KLIMATISCHE STEUERUNG

Kleinformen besonderer Art ergaben sich durch partielle Abtragung im Verlauf der Ausräumung innerhalb der eingelagerten pliozänen Sedimente im Cajón als *Kegelberge (Photo 187, Tafel XLVII).* Da diese Zeugenbergform in Trockengebieten als Form charakteristisch ist, wiederholt sie sich auch in anderem Material. In der Quebrada de Humahuaca entstanden *Pfeilerwände* an groben Schottern, wohl den *Estratos* (= Schichten) *de Jujuy* pleistozänen Alters *(Photo 186, Tafel XLVII).* Diese Form, die als ephemere Erscheinung bei der Abtragung ebenfalls in klimatischen Trockengebieten nicht selten ist – aber auch sonstwo bei nur edaphischer Trockenheit auftreten kann – findet sich in der gleichen Quebrada ferner an fossilen Schwemmfächern; sie fehlt auch nicht in eindrucksvoller Größe in der Quebrada de Toro.

2.6. FORMEN AN FESTEM GESTEIN IN SINGULÄRER VERTEILUNG

Neben die regelhafte Wiederholung von Kleinformen an Sedimenten aus klimatischen Gründen treten Singularitäten: In der obersten Quebrada de Humahuaca ragt isoliert aus den noch flächenhaft erhaltenen Sedimenten metamorphes Gestein auf, Zeuge eines alten Reliefs *(Photo 194, Tafel XLIX).* Kleine Felspedimente mit rudimentären Inselbergen werden am Bergfuß der Sierra del Hombre Muerto im Cajón sichtbar. Talaufwärts hiervon häufen sich, örtlich, verkittete große Rundblöcke alten Gesteins, die die Ausmündung einer Schlucht erheblich überhöhen. Sie entsprechen möglicherweise den von W. PENCK (1920) als Zeugen einer tektonischen Phase angesprochenen Puna-Schottern. In mehr lockerer Lagerung wiederholt sich das im mittleren Valle de Tastil. Eine Singularität ist auch eine kleinere Kippscholle im Talverlauf des oberen Cajón, und zwar mit der Folge der Trockenlegung der pliozänen Sedimente an dieser Stelle des Talzuges, weil der Bach der tektonischen Sprunglinie im festen Gestein in besonderer Form epigenetisch folgt. Am Abschluß dieses Talabschnittes entstand ein Ausmündungs-Talberg von kegelförmiger Gestalt (W. CZAJKA 1957). Über seinen festen Gesteinskern, der ihn zu den Umlaufbergen stellen ließen, sind keine sicheren Aussagen möglich. Festes Gestein liefert weitere Sonderformen, so die Eckflur in der Ausmündungsschlucht der Quebrada de Toro *(Photo*

183, Tafel XLVI). Daselbst finden sich ferner schuttüberfahrene Glatthänge. Nischen und Schluchten in höheren Lagen der Talrandgebirge sind häufig, teils von individueller Gestalt.

Besonders das ältere Gestein eröffnet Spielraum für Formsingularitäten. Dies ist an dieser Stelle hervorzuheben, wo die regelhaften Formen an den Sedimenten zur Behandlung stehen, regelhaft nicht nur durch *Wiederholung,* sondern auch im *alternierenden Nebeneinander* (vgl. nächsten Abschnitt), in *Auswechselung der Serien* im Talverlauf von oben nach unten (vgl. oben unter „Strukturformen") und in der nicht seltenen *asymmetrischen Verteilung* der Erscheinungen auf linke und rechte Talseite (vgl. epigenetisches Tal auf *Photo 183 (Tafel XLVI)* und Erläuterung zu *Photo 194, Tafel XLIX).*

2.7. ALTERNIERENDE ABFOLGEN VON ABTRAGUNGSFORMEN AN SEDIMENTEN UND AKTUELLEN AUFSCHÜTTUNGEN

Auffallende Kleinformen im regelhaften Nebeneinander sind innerhalb der mittleren, aber auch oberen Abschnitte der Längstäler die *Querriedel* als Abtragungsformen und die *Schwemmfächer* als rezente Aufschüttungsformen. Zu Querriedeln wurden eingelagerte Sedimente jüngeren Ursprungs (und daher nicht erkennbar tektonisch verkantet) durch partielle Ausräumung unter Bewahrung von übereinstimmenden Schotterniveaus. Die Zertalung der Sedimente erfolgte aus Richtung der Randsierren bzw. deren Hängen. Die entstandenen Formen wurden Querriedel benannt, weil sie sich in Wiederholung quer zu dem Haupttalweg der Gegenwart anordnen (W. CZAJKA 1957, 1958. *Photo 188, Tafel XLVII*). Querriedel entstanden auch im pliozänen Material des oberen Cajón.

Die weiterwirkenden Erosionsrinnen zwischen den Querriedeln bauen aus dem von den höheren Gebirgshängen stammenden Material rezent fortlaufend Schwemmfächer auf *(Photo 188, Tafel XLVII,* Mittelgrund; *Photo 181, Tafel XLVI,* Vordergrund als Detail). Sie führen Schuttmaterial stoßweise den heutigen Talwegen zu. Eine ältere, flächenhafte und geneigte Schuttmasse demonstriert im Valle de Tastil die erhebliche Schuttzufuhr nach den Tälern in älteren Zeitabschnitten, wenn auch durch gleichsinnig verlaufende Rinnen bzw. Spülflächen rezente Umbildung ersichtlich ist *(Photo 189, Tafel XLVIII).* Zeitweise bewegen sich auf Schwemmfächerformen auch *Schlammströme.* Das bedeutendste Beispiel ist der Volcán in der Quebrada de Humahuaca. (W. CZAJKA 1972). Ein besonders breit entwickelter Schwemmfächer, von zusammengesetzter Form und damit schon älterer Anfangsanlage, befindet sich auf der Ostseite des mittleren Valle de Calchaquí.

Zu den rezenten Veränderungen in den Tälern gehören auch die *Flugsande.* Die Lagerung an den Ostseiten der Täler weist auf das Einfallen von Westwinden hin (*Photo 194, Tafel XLIX;* vgl. W. CZAJKA 1957). Mitunter vereinigen sich verschiedenartige Abtragungsformen auf engem Raum. So liegen auf *Photo 195, Tafel XLIX,* Querriedel, sowie unterhalb des Querriedelniveaus eine Terrasse und auch der Ansatz eines Kegelberges. Alle diese Kleinformen sind als *verschiedene Stadien* des Ausräumungsvorganges zu verstehen. Die *aktuelle Aktivität* wird durch die Talsohle mit ihren groben Schottern repräsentiert. In Konsequenz von deren gelegentlichen Bewegungen und der klimatischen Trockenheit wird die Ansiedlung einer Pioniervegetation weitgehend unterbunden.

2.7. ANALOGE ANORDNUNGEN DER RELIEFFORMEN IN ALLEN VIER LÄNGSTÄLERN

Obgleich alle Längstäler individuelle Besonderheiten in ihren Formen und deren Verteilung aufweisen – eine Uniformität wäre auch gar nicht zu erwarten – bestimmen doch die Reliefeinheiten mittlerer und kleinerer Dimensionen in ihrer räumlichen Anordnung und – genetisch gesehen – zeitlichen Abfolge sowie deren Wiederholung, je nach den regionalen wie lokalen Verhältnissen und in deren natürlicher Spielbreite, die *Gliederung der Längstäler als wesentliche Grundlage für die Entfaltung der gesamten geoökologischen Wechselwirkungen.*

Rezente Aufschüttungsformen in Gestalt der *Schwemmfächer,* mitunter als Gelände für *Schlammströme,* liegen neben Abtragungsformen, die innerhalb der pleistozänen und zuweilen pliozänen Sedimente als *Querriedel* oder *Pfeilerwände* entstanden. Im leicht verfestigten, pliozänen Material des Cajón wurden *Kegelberge* ausgeformt, während in mehr lockerem Material ähnliche Formen nur rudimentär entstanden oder bei entsprechender Hangneigung durch Pfeilerwände ersetzt sind. Hierzu treten in den unteren Abschnitten der Täler *Strukturformen* an älteren und wieder aufgedeckten Sedimenten, die tektonisch verkantet wurden und aus dem Miozän oder der Trias herrühren.

Die Ausräumung von Sedimenten verbindet sich mit der Entstehung *epigenetischer Durchbrüche* im kristallinen Gestein der Talflanken. Sie bildeten sich mehrfach, wenn auch nicht ausschließlich, auf der Ostseite der Talräume. Diese *asymmetrische* Anordnung im Talzuge fällt auch wiederholt bei Strukturformen und Schwemmfächer- bzw. Querriedelserien auf *(Photo 194, Tafel XLIX).* Diese Art der Zuordnung hängt, wie auch immer, mit den tektonischen Kippbewegungen im Zuge der Randgebirge zusammen. Die Sukzession der tektonischen Bewegungen war überhaupt Anlaß für die Anlage der synklinalen Längstäler vom Charakter linearer Bolsone mit ihrem Inhalt an Kleinformen. Die *Großformen,* Längstäler wie Puna-Randsierren, bilden mit den *Kleinformen* in den sedimentären Nachfolgegesteinen durch ihre *genetische Verknüpfung* ein System miteinander. Dieses wirkt in den gesamten geoökologischen Erscheinungen dieser Region weiter, einschließlich Klima, und seiner gesamten und lokalen Effektivität sowie der Vegetation. Bevor hiervon ausführlicher gesprochen wird, ist aber vorläufig dieser Abschnitt mit der Aussage abzuschließen, daß im Fall der Längstäler *schon dem Gesamtsystem der Reliefgestaltung* als anorganisches Phänomen wegen der vielfachen Wechselwirkungen *geoökologische Valenz* zukommt. Die Wiederholung der Formanordnungen und Formungsabläufe macht dies deutlich.

Der Besprechung der klimatischen Verhältnisse im Bereich der Längstäler ist aber bei Abschluß des geomorphologischen Kapitels vorauszuschicken, daß die Verschiedenheit der *Sedimentmaterialien* und ihrer lokalen Lagerung, wie auch die aktuelle Verlagerung von Schottern und Flugsanden die direkten ökologischen Effekte der *Trockenheit ebenso verstärken* können wie die *ständige Wasserführung* der Haupttäler sie partiell *aufhebt.* Es ist Aufgabe der Betrachtung eines Gebietes, das sich über nur 450 km erstreckt, die *Kleinformen und lokalen Erscheinungen als Gegenstand geoökologischer Untersuchungen* ins Blickfeld zu rücken. Denn bei erdteilweiten Vergleichen zwischen den tropischen Hochgebieten und den temperierten Gebirgsvorländern kann der Einfluß des Reliefs notwendigerweise auf die Berücksichtigung dieser Höhenlagen (Hochland und Gebirgsvorland) beschränkt bleiben. Die Längstäler sind ein Übergangsgebiet zwischen den beiden genannten kontinentalen Großräumen und dienen daher der *Erfassung der Übergangssituation* zwischen ihnen.

3. ART UND ENTSTEHUNG DER ARIDITÄT IN DEN LÄNGSTÄLERN

Der Andenostrand empfängt seine Niederschläge innerhalb des atlantischen Wettergeschehens, indem im Sommer der südlichen Halbkugel Kaltluftmassen aus antarktischen Breiten sich mit feuchter tropischer Luft begegnen, die von NE herangeführt wird (K. WÖLKEN 1954, 1962). Stauwirkung an den Ostflanken der nordwestargentinischen Gebirge verstärkt dort die Niederschlagsmengen. Davon werden nicht nur die Subandinen und Pampinen Sierren südwärts bis etwa 27° s.Br. betroffen, sondern auch die Puna-Randgebirge. Durch *Regenschattenwirkung* der Längsgebirge nehmen jedoch die Niederschlagsmengen in westlicher Richtung von Bergkulisse zu Bergkulisse ab. Besonders einschneidend werden hiervon die Längstäler betroffen. Die jahreszeitliche Periodizität der Niederschlage, d.h. die *südwinterliche Trockenzeit* haben sie mit dem Flachland des unmittelbaren Andenvorlandes, d.h. der Bergfußzone, sowie der Ebene des anschließenden Gran Chaco gemeinsam.

3.1. ATLANTISCHE UND MÖGLICHE PAZIFISCHE EINFLÜSSE

Die jahreszeitliche Verteilung, bzw. die Periodizität der Niederschläge sowie deren Zunahme am äußeren Andenosthang werden durch *Fig. 2* belegt. Die Diagramme wurden nach der Darstellungsmethode von H. WALTER entworfen und damit die Verwendung der Kurvenzeichnung für die mittleren Monatsniederschläge anstelle der Zeichnung von Säulen in

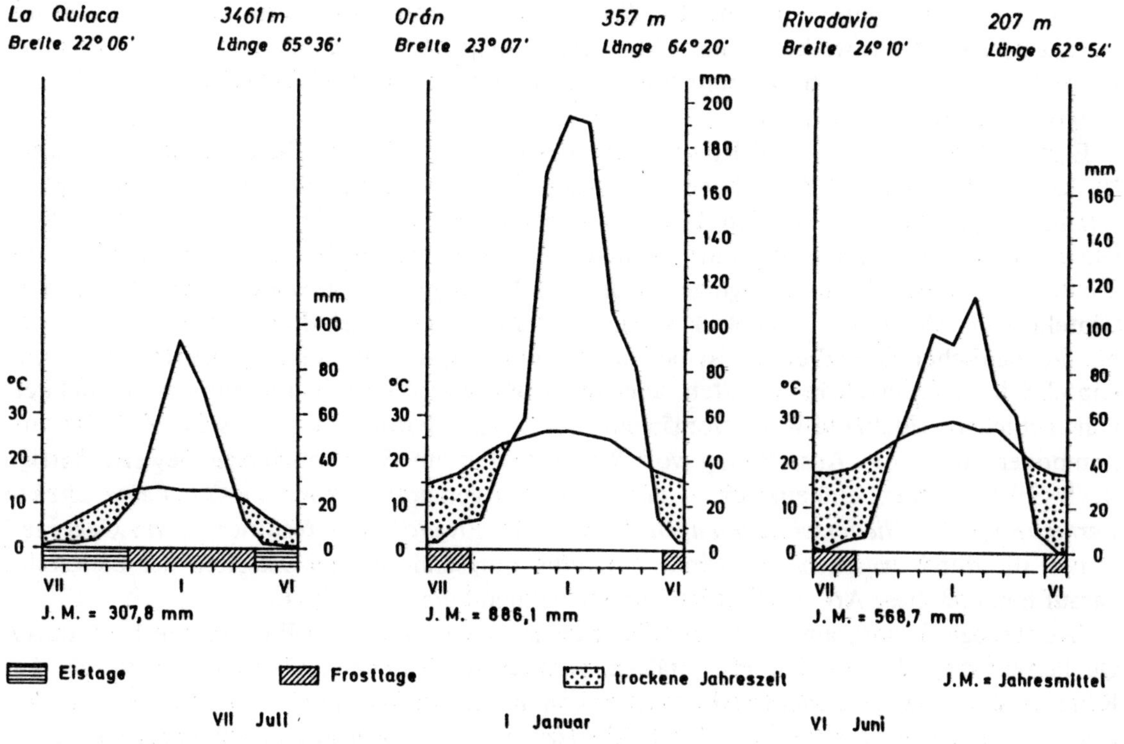

Fig. 2: Klimastationen im Profil NW-SE vom Punahochland über die subandine Sierrenzone zum Flachland des Gran Chaco 1928–1937.

Kauf genommen. Die drei Diagramme ordnen sich in einem von NW nach SE verlaufenden Profil an. Sie gestatten für eine zehnjährige Periode das Puna-Hochland (La Quiaca, 3461 m) mit einem Talbereich der Subandinen Sierren (Oran, 357 m) und der Gran Chaco-Ebene (Rivadavia, 207 m) zu vergleichen. Übereinstimmend liegt das Niederschlagsmaximum in den Monaten Dezember bis Februar. Die winterliche Trockenzeit ist allgemein. Die Doppelgipfligkeit der Niederschlagskurve nach Monaten im Chaco ist für das Andenaußenland mehrfach belegt (vgl. *Fig. 3:* Tucumán), jedoch nicht für den subandinen Bereich und das Puna-Hochland. Die Ausprägung des außerandinen Mechanismus im Wetterablauf entspricht also *nicht* völlig demjenigen des montanen Bereichs.

Hierbei kann eine Rolle spielen, daß das außerandine Wolkenfeld *wenig hochreichend* ist und vorwiegend bis 3000 m niederschlagswirksam ist. Das gilt vor allem für die Zyklonenbeeinflussung durch das *thermische Tief* im Raum der südlich der Puna gelegenen Bolsone (W. SCHWERDTFEGER 1951, 1954). Da aber auch auf den Gipfeln Schnee fällt, wird ein Wettergeschehen in *zwei Stockwerken* wahrscheinlich (W. CZAJKA – F. VERVOORST 1956). Inwieweit pazifische Wettereinflüsse durch Winde aus westlichen Richtungen, bzw. in Verbindung hiermit ein *regionales Höhenhoch* mit antizyklonaler Strömung über dem Puna-Hochland – entstanden durch intensive Aufheizung – eine Rolle spielen, ist bisher auf Grund von Beobachtungswerten auf Stationen nicht klar zu verfolgen. Jedoch sprechen allgemeine Überlegungen (H. FLOHN 1951, 1953, 1955), die Interpretation von einzelnen Tatsachen (F. PROHASCA 1956, 1962) und dynamische Gesamtanalysen (W. SCHWERDTFEGER 1961) dafür. Obgleich das Jahresmittel der Hochlandstation La Quiaca bei nur 307,8 mm lag, fällt doch auf, daß in der Beobachtungsperiode nur ein Monat ganz ohne Niederschlag war. Von den Talstationen *(Fig. 5)* weicht das Hochland damit ab. Außerdem überwiegen in La Quiaca N- und NE-Winde von November bis April, was der atlantisch gesteuerten Wetterentwicklung im Südsommer entspricht, während für Mai bis Oktober W- und NW-Winde das Übergewicht haben. Dieser jahreszeitliche Wechsel tritt im Sub- und außerandinen Bereich nicht auf.

Eigene Beobachtungen auf Reisen weisen darauf hin, daß im Puna-Bereich auf hohen Vulkangipfeln im April Neuschnee fiel. Auch die Schneefälle auf den isolierten Gipfeln Chañi, Acay, Cachi, die in den Puna-Randketten liegen und kleine Schneeflecken ganzjährig bewahren, können erwähnt werden, beweisen aber nichts über den Einfluß von Sonderwetterlagen. Immerhin ginge es um die Möglichkeit von Schauerniederschlägen im Gipfelniveau, die von F. PROHASCA allgemein für möglich gehalten werden. Im argentinisch-chilenischen Grenzbereich ist beobachtet worden, daß die westexponierten Hänge der Gipfel Schneeniederschläge erhalten, aber nicht bewahren. Unabhängig von der Möglichkeit von örtlichen Hochland-Wettervorgängen bei Eingliederung in pazifische Zirkulationskomponenten – die Ausrichtung von Windschliffen im 5000 m-Niveau beweist heftige *WNW-Schneestürme,* einheimisch *el viento blanco* genannt – kann hieraus *keine direkte Vermehrung der Niederschlagsmengen in den Puna-Randtälern* resultieren. Im Gegenteil weisen die durch westliche Fallwinde bewegten Flugsande in den Ostseiten der Längstäler darauf hin, daß diese Art von Winden nur abtrocknend einwirken kann.

Geoökologisch wirksam wird der Niederschlag, der in den Puna-Randsierren fällt, durch Quellenspeisung der in den Haupttälern permanent fließenden Gewässer, wodurch den Rändern der Talwege Bodenfeuchtigkeit zukommt. Das *Übergewicht der atlantischen Wetterlagen* für die atmosphärische Feuchtigkeitszufuhr am argentinischen Punarand geht aus dem Verlauf der Niederschläge während dreier aufeinader folgender Jahre hervor (1942–45, *Fig. 3*), Rhythmus und relative Niederschlagsverknappung im Jahre 1944 befinden sich in

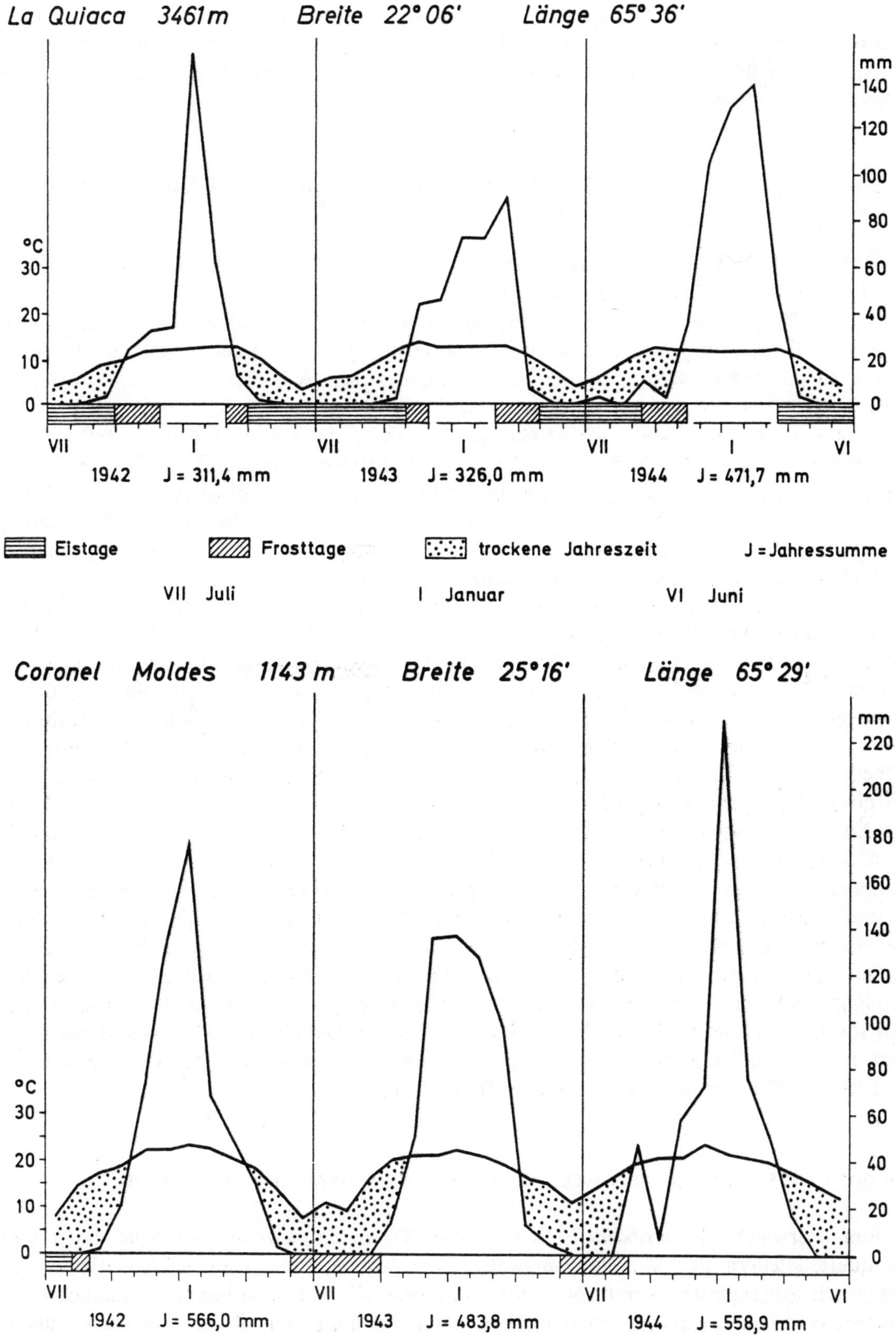

Fig. 3: In der Abfolge von Einzeljahren zeigt La Quiaca im Hochland das Überwiegen des atlantischen Wettereinflusses.

Übereinstimmung bei einem Vergleich zwischen der Punastation La Quiaca und der Station Coronel Moldes im subandinen Bereich. Daraus kann aber nicht zwingend abgeleitet werden, daß die Gipfel des Hochlandes und seines Ostrandes ihre Niederschläge *ausschließlich* aus atlantischen Wettereinflüssen erhalten.

3.2. VERSCHÄRFUNG DER PERIODISCHEN TROCKENHEIT IN DEN LÄNGSTÄLERN DURCH ABREGNUNG AN DEN OSTHÄNGEN

Fig. 4 bezieht in ein W/E-Profil das Diagramm der Talstation Santa María, 1957 m, ein. Die mittlere jährliche Niederschlagsmenge von 184,8 mm ist außerordentlich niedrig. In der gesamten Längstalzone ist in den Talräumen die Niederschlagsabnahme von N nach S eine allgemeine Erscheinung. Santa María liegt im äußersten Südbereich der Längstäler. Hier wird aber auch die Regenschattenwirkung hoher Pampiner Sierren wirksam (bis 5550 m Gipfelhöhe in den Nevados del Anconquija, als deren Fortsetzung auf *Fig. 1* der Cerro Muños erscheint). Landschaftsökologisch ist das Tal von Santa María so arid, daß nur mit künstlicher Bewässerung im Anschluß an den Río – nach mitteleuropäischen Begriffen ein Bach – begrenzt Landbau möglich wird. Im gesamten Profil der Niederschlagsstationen von *Fig. 4* bewirkt schon die mäßige Berglage von Villa Nougés am Andenosthand bei 1388 m durch Stau (wie für Orán in *Fig. 2*) eine mittlere Niederschlagshöhe von 1437,6 mm gegenüber dem unmittelbaren Gebirgsvorland bei Tucumán (427 m) mit 899,7 mm.

Das südsommerliche *Regenmaximum* gilt für alle Längstäler, ebenso aber das erhebliche *Zurückbleiben* der Niederschlagsmengen gegenüber dem Andenaußenland. Damit bleibt die zu erwartende bioökologische Effektivität der Talniederschläge, die während der winterlichen Trockenperiode sowieso ausfallen, gegenüber der ebenfalls nicht sehr reichlichen Befeuchtung der Chaco-Landschaft bedeutend zurück. Das vorhandene Beobachtungsmaterial ist gering. Für die Quebrada de Toro ermittelte die Station Chorillos trotz der Höhenlage von 2731 m nur 160,9 mm *(Fig. 5)*. Die mehrfache Abschirmung durch die einzelnen Längsgebirge gegenüber den atlantischen Wetterlagen macht sich geltend. Für das äußerste Längstal, die Quebrada de Humahuaca, stehen u.a. in der Reihenfolge von N nach S die Stationen Iturbe (3343 m, 252 mm), Humahuaca (2939 m, 212,4 mm) und Huacalera (2642 m, 177,0 mm) zur Verfügung *(Fig. 5)*. Iturbe liegt am Beginn der Quebrada und belegt durch seine vergleichsweise geringe Niederschlagsmenge, daß nur flächenhaft ausgedehntes Einzugsgebiet am Hochlandsrand die permanente Wasserführung des Río Grande hervorrufen kann. Talabwärts nimmt die mittlere Niederschlagsmenge ab, wie diese Tendenz erklärlicherweise für die Längstäler allgemein gilt. Die Verknappung steigert sich also sowohl in Richtung W von Tal zu Tal, wie auch im Gefälle von N nach S. Bemerkenswert ist, daß die mittlere Niederschlagsmenge der ausgesprochenen Hochlandsstation La Quiaca mit 307,8 mm über derjenigen von Iturbe liegt.

3.3. DIE LÄNGSTÄLER IM GESAMTEN SÜDAMERIKANISCHEN TROCKENGÜRTEL

In ihm überwiegt die *meriodinale* Erstreckung. Wo er als *planetarische* Zone die Anden überquert, *gliedern sich ihm die Längstäler* – an sich in ihrer Niederschlagsverknappung wesentlich orographisch beeinflußt – *nur seitlich an.* Die kartographische Zusammenschau zahlreicher Niederschlags-Stationen in Diagrammdarstellung, wie sie für Argentinien zuerst

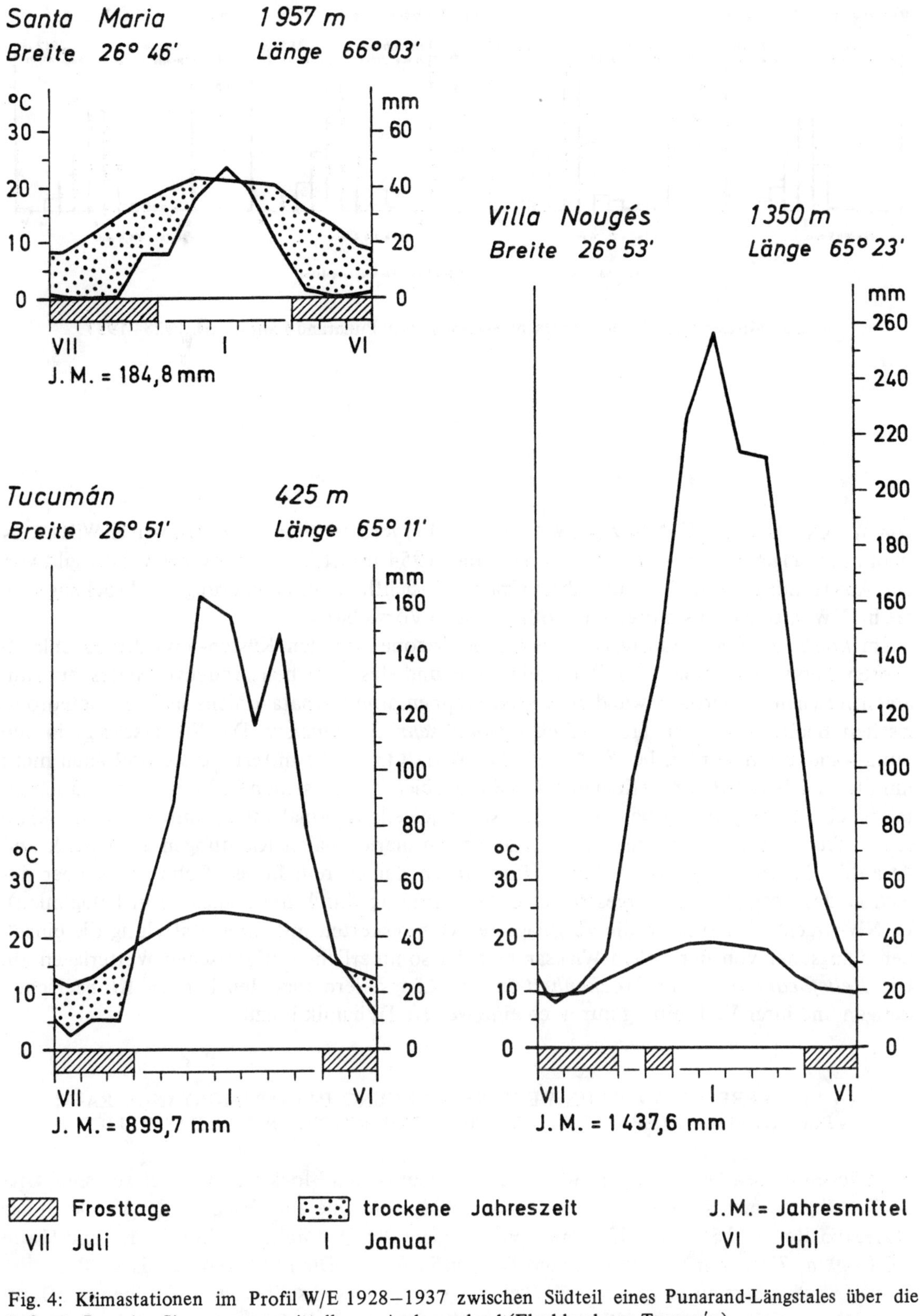

Fig. 4: Klimastationen im Profil W/E 1928–1937 zwischen Südteil eines Punarand-Längstales über die äußerste Pampine Sierra zum unmittelbaren Andenvorland (Flachland von Tucumán).

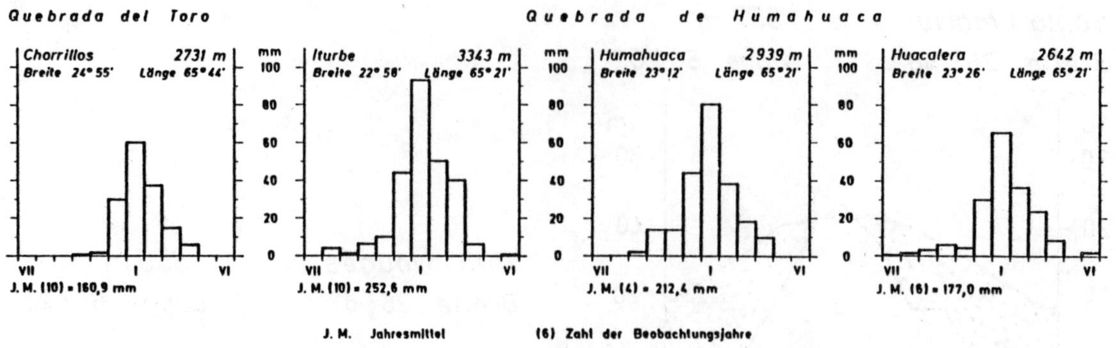

Fig. 5: Mittlerer jährlicher Niederschlagsgang in zwei Punarand-Längstälern 1928–1937.

von W. KNOCHE und V. BORZACOW (1947, S. 19) veröffentlicht und auch von K. WÖLCKEN (wohl dem eigentlichen Autor der Darstellung, 1954 und 1962) wiederholt wurde, gibt von der Ausdehnung der Aridität und ihres Grades hinsichtlich der Gliederung des Trockengebietes im NW Argentiniens nur eine unvollkommene Vorstellung.

Im *kontinentalen Gesamtverlauf* der Trockenzone von den Küsten- und den Hochlandwüsten Perus und Chiles, der Puna allgemein und des östlichen Andenvorlandes bis zum argentinischen Mendoza sowie dem weiten Steppenraum Ostpatagoniens sind die meteorologischen Bedingungen der Trockenheit *regional sehr differenziert.* Die Niederschläge in den Puna-Randketten werden bei KNOCHE bzw. WÖLCKEN nicht miterfaßt; sie sind auch nicht hinreichend bekannt. Im östlichen Puna-Randgebiet ist mit seinen Gebirgszügen und Längstälern ein *Sonderfall* gegeben, wie auch sonst jeweils regional im gesamten südamerikanischen Trockengürtel mit seinen Fortsetzungen in meridionalen Richtungen am Pazifik und Atlantik (Passatwurzelzone in Perú, Hinausragen der extrem hohen Gebirgsteile über das Niveau des normalen Wettergeschehens, Abschirmung durch die Südanden in Patagonien). In NW-Argentinien sperren die vorgelagerten Gebirgsketten mit ihrer Staffelung die einzelnen Längstäler von der vollen Wirksamkeit der sommerlichen atlantischen Wetterlagen ab. Die *Reliefbedingtheit der Trockenheit* in den Längstälern fügt den übrigen Klimaerscheinungen und ihrer Verbreitung nur noch eine weitere Dynamik hinzu.

3.4. STÄRKERE ATLANTISCHE WETTEREINWIRKUNG IM INTRAMONTANEN RAUM BEI LOKALEM AUSFALLEN DER SCHATTENWIRKUNG DURCH DAS RELIEF

Wo Lücken in den Gebirgszügen infolge ihres tektonischen Blockcharakters es zulassen, tritt an Osthängen auch intramontan eine Niederschlagszunahme ein. Das zeigt der Vergleich der Stationen Reyes (1364 m, 975,0 mm) am Ausgang der Quebrada de Humahuaca und Urundel (349 m, 750,1 mm) im subandinen Bereich in *Fig. 6.* Die phytogeographische Reaktion hierauf wird später zu erwähnen sein (vgl. 4.4.); hingewiesen sei bereits auf früher veröffentlichte Vegetationsprofile für NW-Argentinien (W. CZAJKA – F. VERVOORST 1956, Prof. V).

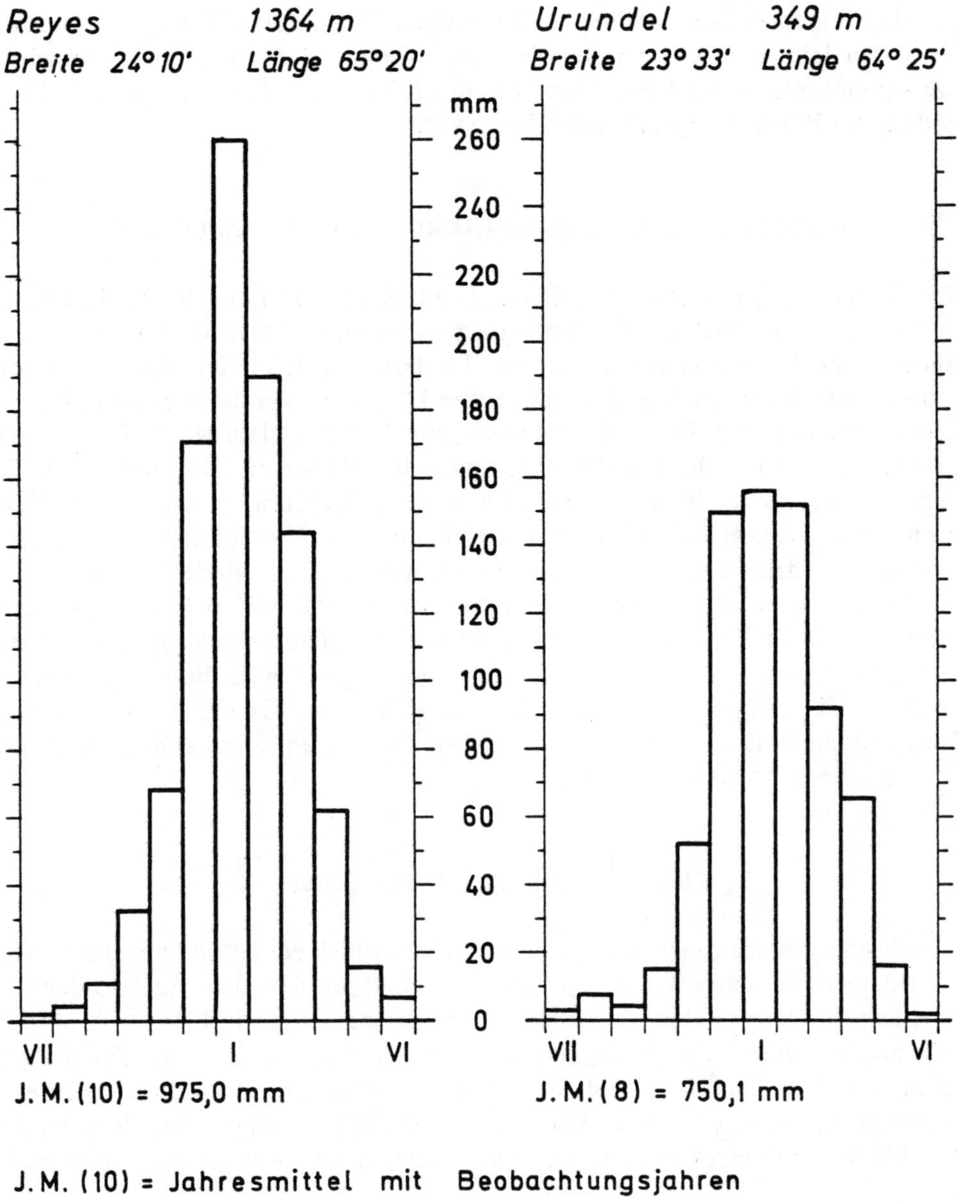

Fig. 6: Stauregen erhöht am Südausgang der Quebrada de Humahuaca bei Reyes den Sommerniederschlag gegenüber dem äußeren Bereich der subandinen Sierren bei Urundel.

3.5. ÖRTLICHE UND ZEITLICHE VARIANTEN IN NIEDERSCHLAGSMENGEN UND -VERTEILUNG

Die Akzentuierung der Trockenheit in den Längstälern ist noch mit weiteren Erscheinungen in Verbindung zu bringen. Die typische Niederschlagsart in den Tälern ist der *Schauer*, häufig von Gewitterart und in starker Ausprägung. Sie sind weder räumlich noch während der einzelnen Jahre gleichmäßig verteilt. Zum Beispiel hatte die Station Tumbaya in der mittleren Quebrada de Humahuaca bei einem zehnjährigen Mittel von 176,8 mm *Schwankungen* in den absoluten Jahresmengen zwischen 97 und 294 mm. Bioökologischen Rückwirkungen auf die Zusammensetzung und Physiognomie der Pflanzengesellschaften sind zu erwarten. Die Humidität hat Priorität gegenüber der Temperatur.

3.6. AUFTROCKNUNG UND ERWÄRMUNG DURCH FALLWINDE

Neben der Unregelmäßigkeit in der lokalen und zeitlichen Verteilung der Niederschlagsmengen wird geoökologisch noch die Luftbewegung wirksam. F. PROHASCA (1962) hat durch den Vergleich der Windbeobachtungen von La Poma, gelegen im Valle Calchaquí bei 3015 m, und Santa María, am Südende des dritten Längstales, gezeigt, daß die Luftbewegung jahreszeitlich gesteuert wird. Berg- und Talwinde, sonst im Tageslauf wechselnd, werden hier zu *Jahreszeitwinden.* Im Calchaquí-Tal überwiegen im Winter die Nordwinde, im Tal von Santa Maria die Südwinde. Beide entsprechen in ihrer Richtung dem örtlichen Talgefälle und werden mit der Ausstrahlung in größeren Höhenlagen in Verbindung gebracht. Im Sommer schlägt die Windrichtung um. Die genannten winterlichen Winde bewirken durch ihr Fallen im Gelände erwärmend, so daß den Tälern, soweit die beiden Beispiele diese Folgerung zulassen, *in der kühleren Jahreszeit eine höhere Temperatur* zukommt als ihnen nach der Höhenlage entspricht. Zudem ist die Abtrocknung groß, weil diese Fallwinde nahezu trocken-adiabatisch ankommen. Hinzu treten die Fallwinde, die bei Absinken der *hohen pazifischen Westwinde* auf das Hochland ausgelöst werden, und die bei den Flugsanden im Ostteil der Täler bereits erwähnt wurden.

3.7. RELIEF UND KLIMATISCHE STELLUNG

Die Längstäler und ihre Hänge können mithin als *Trockengebiete besonderer Art* im Gesamtraum des südamerikanischen Trockengürtels angesehen werden. Die Wetterdynamik wird hier maßgeblich durch das Relief, durch Hochland, Längsgebirge wie Täler, gesteuert. Haben sich die Längstäler schon unter geologischen und geomorphologischen Befunden als besondere Region von ihrer Umgebung abheben lassen, so wird nun in Rückwirkung der Großformen dasselbe Gebiet auch klimatisch relativ einheitlich bestimmbar, ein Grund mehr, schon den *Wechselwirkungen im anorganischen Bereich* geoökologische Valenz zuzusprechen.

4. BIOÖKOLOGISCHE EFFEKTIVITÄT DER STANDORTE

Die pflanzenökologische Effektivität der Niederschlagsverknappung und der sonst dynamisch gegebenen atmosphärischen Trockenheit kann sich in den Längstälern nicht ausschließlich in größeren, zusammenhängenden Flächenarealen einheitlich entfalten. Sie wird durch das Mosaik der *Kleinformen* graduiert, wie sie oben beschrieben und in ihren Interdependenzen genetisch verstanden wurden.

4.1. ORILLA-VEGETATION UND BAUM-MONTE

Die Bodenhumidität an den wasserführenden Talwegen ist für die Pflanzengesellschaften eine aus dem klimatischen Rahmen herausfallende *Standortqualität.* A.L. CABRERA (1953) spricht von der Orilla = (Ufer=) Vegetation. *Photo 188, Tafel XLVII* zeigt im Mittelgrund u.a. einen Streifen von *Cortaderia*-Grasbüscheln (obere Quebrada de Toro). Selbst trockene Bachläufe begünstigen durch ihren Grundwasserstand die bescheidenen Feuchtigkeitsansprüche einzelner Bäume (*Prosopis ferox* = Algarrobo) auf *Photo 184, Tafel XLVI,* aus dem Tal von Santa Maria oder kleine Akazienbestände *(Acacia visco)* auf gröberem Material in der Quebrada de Humahuaca *(Photo 192, Tafel XLVIII).* Da diese Bäume und Gehölze in der weitverbreiteten Strauchvegetation des *Monte* vorkommen, wird hier von Baum-Monte gesprochen. Im Durchbruchstal oberhalb Alemania kam es im unmittelbaren Flußbereich zu einem Algarrobo-Auenwald, den man hier wegen seiner Dichte als geradezu luxurierend bezeichnen möchte *(Photo 193, Tafel XLIX;* die Vermutung einer Anpflanzung ist vielleicht angebracht). Orilla-Vegetation und Baum-Monte wurden hier nebeneinandergestellt, ö k o l o g i s c h s i n d s i e z u t r e n n e n.

4.2. DIE BEGEGNUNG VON STRAUCH-MONTE UND TROCKENPUNA-VEGETATION

Beide gehören großräumigen Verbreitungsarealen an. Hier werden die Benennungen von Vegetationseinheiten gebraucht, die früher angewandt wurden (W. CZAJKA – F. VERVOORST 1956) und weitgehend auf C. TROLL (1966) zurückgehen. Die floristische Zusammensetzung dieser durch ihre Wuchsformen physiognomisch einheitlich geprägten Gesellschaften, ist ausführlich bei A.L. CABRERA (1953) gegeben. Neuere Einzelangaben für Testareale aus der Quebrada de Humahuaca sind von D. WERNER zu erwarten, der vorläufig (1972) für den Campo Arenal detaillierte Listen vorlegte, also für ein Gebiet, das südlich an den Cajón und das Tal von Santa Maria anschließt.

Die herkömmlich *Strauch-Monte* benannte Pflanzengesellschaft ist charakteristisch für die g r o ß e n B o l s o n e, auch dort örtlich von Baum-Monte durchsetzt. Diese lockere Buschvegetation tritt in Fortsetzung der großen Bolsone von Süden her in die Längstäler ein und zieht auf dem Standort der häufig weiten T a l s o h l e weit bergan bis über 3000 m *(Photos 187, Tafel XLVII, 191, Tafel XLVIII).* Im Cajón *(Photo 187, Tafel XLVII)* ist sie als J a r i l l a r ausgeprägt, bestimmt durch Jarilla-Büsche (3 Arten von *Larrea*). Tiefer liegende Bestände von Strauch-Monte zeigen die *Photos 181* und *184 (Tafel XLVI) 185* und *186 (Tafel XLVII).* Vielfach handelt es sich in den Längstälern um dieselben Arten, wie sie südwärts in den großen Bolsonen vorkommen. *Bulnesia* hat endemische Arten in den Längstälern aufzuweisen.

Dieser mit südlichen Gebieten verknüpften Gesellschaft der Talsohlen entspricht auf den Talhängen die in entgegengesetzter Richtung hinabziehende *Trockenpuna*-Formation auf sandigem und blockreichem Untergrund mit Sträuchern wie *Fabiana, Baccharis, Acantholippia* und *Verbena.* Die beiden sich gegenläufig begegnenden Gesellschaften sind auf *Photo 190 (Tafel XLVIII)* zu beobachten. Die Trockenpuna ist von den Giganten der Säulen-, bzw. Kandelaber*kakteen* begleitet *(Trichocereus terschecki, pasacana* und *poco).* Auf der großen Schuttschleppe an der SW-Flanke des mittleren Valle de Tastil ist die Trockenpuna ebenfalls von Kakteen durchsetzt *(Photo 189, Tafel XLVIII).* Die Kakteen dringen auch in höhere Lagen des S t r a u c h m o n t e ein *(Photo 186, Tafel XLVII).* Südwärts in den großen Bolsonen fehlen diese Kakteen im Strauchmonte. Wo an den Hängen das feste Gestein ohne Schuttauflage zu Tage tritt, fehlt naturgemäß der Bewuchs *(Photos 180–183, Tafeln XLV* und *XLVI)*. Ebenso wird die Vegetation schütter, wo durch Starkregen und den anschließenden Abfluß oder durch Windwirkung Umlagerungsvorgänge episodisch ablaufen und das *Pionierstadium* kaum einsetzen kann *(Photo 195, Tafel XLIX* bzw. *191, Tafel XLVIII)*.

4.3. KEINE SPEZIFISCHE VEGETATIONSEINHEIT DER TÄLER NACH WUCHSFORM – PHYSIOGNOMIE ODER HÖHENLAGE

Es wurde die Frage aufgeworfen, ob für die hier behandelten Längstäler die Bezeichnung *Valle-Vegetation* anwendbar ist. Deshalb sei hier bei der schriftlichen Fassung ergänzend darauf eingegangen. Ursprünglich galt dieser Benennungsvorschlag für eine Höhenstufe der äquatorialen Tropenzone (C. TROLL 1966). Die Bezeichnung Valle-Vegetation ist für die Täler und Hänge der Tierra templade gedacht, oberhalb der dann der Typus der Sierra-Vegetation der Tierra fria folgen soll. Es war also an ein „Gerüst" für Gliederung nach Höhenstufen gedacht.

Die Trocken-Puna-Vegetation zieht mit ihren Sträuchern, wie die Belege nachweisen, an den Hängen der Längstäler weit hinab. A. CABRERA (1953) spricht von einer Provincia prepuneña, die er im Bereich der politischen Provinzen Salta und Jujuy zwischen 3400 bis 2300 m als gegeben erachtet. Diese Gruppierung schließt etwa die Gesellschaft ein, die hier im Anschluß an C. TROLL Trocken-Puna genannt wird. Das Hinabziehen der Trocken-Puna an den Hängen der Längstäler gleicht einem *Rückläufigwerden der Trockenpuna-Verbreitung* gegenüber der Feuchtpuna-Vegetation. Während die klimatisch bedingte reine Zonengliederung von E nach W auf die Feucht- die Trocken-Puna folgen läßt, treten im oberen Bereich der Längstäler die Bestände der Feucht-Puna in Abwandlung *oberhalb* und *westlich* der Trocken-Puna auf (vgl. Profil I bis VII bei W. CZAJKA – F. VERVOORST 1956).

Außerdem ziehen sich die Strauchbestände des Monte in den Talflächen weit hinaus, wie weiter oben gezeigt wurde. Wahrscheinlich sind es unterschiedliche Mischungen des Lockermaterials nach Korngrößen, die dieses Nebeneinander auf Standortsqualitäten zurückführen läßt. Eine Spezialuntersuchung wäre erwünscht. Vorerst sprechen die Verbreitungstatsachen selbst gegen die Anwendung des Konzepts der Valle-Vegetation in dieser Region, zumal die Windbewegungen die *Temperaturen* in den Talräumen dynamisch *positiv* beeinflussen. Die durch Bodenhumidität oder Grundwasser beeinflußten Standorte der Orilla-Vegetation bzw. des Baum-Monte lassen sich außerdem nicht als klimatische Differenzierung nach der Beregnung im Sinne einer Unterteilung nach dem Konzept der Valle-Vegetation auslegen.

4.4. AUSLIEGER VON HÖHENSTUFEN DER SUBTROPISCHEN REGENWÄLDER AM HANG IM INTERMONTANEN RAUM

Es gibt auch westwärts ausliegende Vegetationseinheiten. Sie treten aber nicht in die eigentlichen Längstalräume ein, vor allem sind sie dann nach Höhenstufen nicht vollständig. Es fehlt das untere Stockwerk. Die äußeren Ostflanken der Anden werden bis etwa 27° südwärts infolge starker Beregnung im Sommer von den Höhenstufen des *subtropischen Hangwaldes* (laubwerfend, mit immergrünen Elementen in der unteren Stufe) eingenommen. Stauniederschläge kommen wegen vorhandener Lücken in den Kulissen der Bergketten intramontan weiter nach W voran. So wächst isoliert zwischen Jujuy und Salta in der Höhenlage von etwa 1200 m die *Bergwaldstufe* des Hangwaldes. Ein räumlicher Zusammenhang mit den Hangwaldstufen weiter östlich besteht nicht. Die untere Höhenstufe fehlt.

Noch weiter westlich, und völlig auf ein Seitental des Río Grande am Südausgang der Quebrada de Humahuaca bei Reyes beschränkt, wächst ebenfalls der Bergwald und darüber noch die *Nebelwaldstufe* der Erlenbestände *(Alnus jorulensis).* Da die Obergrenze der geschlossenen Wälder hier sehr tief (bei etwa 2300 m) liegt, folgen oberhalb die *Pajonales* (Grasmatten). *Fig. 6* zeigt, daß bei Reyes höhere Niederschläge fallen als im subandinen Bereich. – In einem weiteren Fall überspringt im vorletzten Längstal, von E nach W gedacht, die Erlenstufe mit einem kleinen Vorkommen die Trockengebiete, weil eine orographische Einsattelung in der vorangehenden Gebirgskette die Feuchtigkeitszufuhr zum Osthang der Sierra de Quilmes begünstigt.

4.5. BERÜHRUNG MIT ELEMENTEN DER CHACO-VEGETATION

Weniger weit westwärts kommen Elemente der Chaco-Vegetation voran. Zwar besteht räumlich kein direkter Kontakt mit der Chaco-Ebene. Aber auch im Regenschatten der Subandinen Sierren und der nördlichsten und äußersten Pampinen Sierren bilden sich trockene Räume, beispielsweise in der breiten Längssenke, die unmittelbar nördlich Tucumán beginnt (vgl. W. CZAJKA 1952, Karte, Einheit 8). In diesen Trockengebieten haben Elemente der Chaco-Vegetation Fuß gefaßt. Soweit bekannt, treten solche Arten auf Steilhängen in das Durchbruchstal eines Zuflusses vom Río Juramento ein, womit sie sich dem Längstalbereich angenähert haben. *Entscheidend* aber bleiben für die Vegetation der Längstäler nicht die lokalen Auslieger östlicher Gesellschaften, sondern die *Begegnung* von Monte- und Trockenpuna-Vegetation, zu denen die übrigen bereits erwähnten *Standortsmodifikationen* in ihren vegetationsgeographischen Auswirkungen hinzutreten.

5. DIE LÄNGSTÄLER ALS SIEDLUNGS- UND VERKEHRSRÄUME

Dieses Thema wird hier wegen der Oasenvegetation angeschnitten. Die fließenden Gewässer der Längstäler haben der bodenständigen Bevölkerung schon in vorspanischer Zeit die Besiedlung der Täler ermöglicht. In den äußeren Tälern sind stellenweise Ruinen aus dieser ältesten Besiedlungszeit erhalten. Iturbe in der Quebrada de Humahuaca ist ein kontinuierlich bewohnter Platz geblieben. Humahuaca ist ein Ort, wo ältere Folklore gepflegt wird. In besonderem Maße gilt die Siedlungsplatzkontinuität für das Calchaqui-Tal. Archäologische Befunde liegen auch aus dem Cajón und dem Tal von Santa Maria vor. Im Tal von Tastil liegt bei Santa Rosa, wenig talabseits, eine größere Ruinenstadt.

Die neuzeitliche Inanspruchnahme der Täler als Siedlungs- und Wirtschaftsraum ist unterschiedlich. Im Cajón gibt es fast ausschließlich Einzelsiedlungen. Anbau und künstliche Bewässerung lassen die Talwege der drei übrigen Täler grüner erscheinen, vor allem auch durch Baumanpflanzungen, als ihnen klimatisch an natürlicher Vegetation zusteht *(Photo 180, Tafel XLV, 195, Tafel XLIX).* Talzug 4 wird aufwärts zur *Sackgasse,* allenfalls heute von den Nachkommen der bodenständigen Bevölkerung kollektiv in größeren Zeit-abständen erstiegen, um in den Salaren des Hochlandes Salzplatten für den Hausgebrauch abzubauen. Vom Tal von Calchaquí erreicht immerhin ein *fahrbarer Weg* das Hochland. Längstal 1 und 2 waren bereits im 16. Jahrhundert *Durchgangsrouten* für die spanischen Eroberer, im besonderen Maße die Quebrada de Humahuaca. Später wurde sie von den Lasttieren in Richtung Perú benutzt. Heute bestimmen die beiden äußersten Täler die Trassen von internationalen *Eisenbahnstrecken* von Salta aus, einmal über das Punahochland ab der Quebrada de Toro nach Chile, zum anderen aus der Quebrada de Humahuaca über La Quiaca nach Bolivien.

6. DER ANTEIL DER LÄNGSTÄLER AN DEN GEOÖKOLOGISCHEN FRAGEN DES VERGLEICHS ZWISCHEN TROPISCHEM HOCHGEBIET UND TEMPERIERTER ZONE

Innerhalb des weiträumig gestellten Hauptproblems dieses Symposiums, hier im besonderen für Südamerika zu behandeln, bezieht sich vorliegende Studie lediglich auf ein *kleines Teilgebiet* des Gesamtraumes, auf 450 km in N/S=Erstreckung. Bei dieser Beschränkung treten besondere Fragen in den Vordergrund: Reliefentstehung, im Großen wie im Kleinen, die Art der regionalen Trockenheit, die floristische Verknüpfung der Vegetationseinheiten nach Wuchsformengesellschaften und teilweise auch nach der Artenverteilung – insbesondere im Kontakt zum Puna-Hochland und zu den südlichen Bolsonen – sowie die Zuordnung der Vegetationsauswechselungen zu dem Mosaik der kleinräumigen Ökotope. Unter diesen Gesichtspunkten wurde versucht, die *reale Landschaftsdifferenzierung* eines Teilgebietes innerhalb des weiträumig angesetzten Untersuchungsfeldes zu erfassen. Die allgemeinen Ergebnisse liegen hierbei in den *Regeln der sich entfaltenden Anordnungen* nach Dimensionen und Verteilung, interpretiert nach sich wiederholenden *räumlichen und zeitlichen Sukzessionen.* Die Beziehungen zu den *Nachbarräumen* waren zu beachten. Die *wechselseitige Abhängigkeit* der geomorphologischen, hydrographischen, klimatischen und vegetationsgeographischen Befunde, wie sie sich in einer *Teilregion der südamerikanischen Trockenzone* darstellen, waren das verfolgte Anliegen. Die Angabe der wichtigsten Teilfragen erfolgt im Folgenden nochmals mit den acht *Hauptthemen,* nach denen die Photos geordnet sind.

7. ANGABEN

Die eigenen Beobachtungen beruhen auf wiederholten Reisen in den Jahren 1949 bis 1954. Eine übersichtliche Wiederholung geschah 1966. Die Photos stammen vom Autor. Sehr nützlich wurden mir die eingehenden floristischen Kenntnisse des argentinischen Botanikers Dr. FEDERICO VERVOORST.

8. TEXTE ZU DEN PHOTOS (TAFELN XLV BIS XLIX) – GEORDNET NACH ACHT ZUSAMMENFASSENDEN GEO-ÖKOLOGISCHEN THEMEN

Thema I: Die Längstäler als Senkungsräume mit Sedimenteinlagerungen.

Photo 180: Oase am Río Grande in der Quebrada de Humahuaca bei Maimará, die gegen Osten durch den Monoklinalkamm einer Kippscholle begrenzt wird. Auf kristallinem Gestein liegen ungefaltet, aber mit der Scholle aufgerichtet, buntfarbige Sandsteine, deren Zusammenhang durch Schluchten unterbrochen wird. Aus einer Schlucht tritt ein rezenter Schwemmfächer aus (Aufnahme Cz 2823). Tafel XLV.

Photo 181: Östlicher Bruchrand der Sierra de Quilmes (oder Sierra del Cajón) am Senkungsraum des Tales von Santa María. Ostwärts wird das breite Tal vom Horstblock des Cerro Muños (über 4000 m) begrenzt. Im Vordergrund Ausschnitt aus der ausgedehnten Schwemmfächerzone mit Spülrinnen und Strauch-Monte-vegetation (Cz 2218). Tafel XLVI.

Thema II: Epigenetische Durchbrüche

Photo 182: Das Durchbruchstal am unteren Ende der Quebrada de Toro verläuft durch kristallines Gestein, nachdem der breite Talzug das eingelagerte und eingefaltete Tertiär verlassen hat. Die Eckflur hinter der Einmündung des Seitentales deutet auf einen alten Talboden hin (Cz 14826). Tafel XLVI.

Photo 183: Einer von zwei kleinen epigenetischen Durchbrüchen innerhalb des Längstales El Cajón de San Antonio, hier durch eine Felsnase der Sierra de Quilmes. Der Bach läuft im weiten Talraum asymmetrisch an der Ostflanke. Sonst ist dieses Längstal wie alle übrigen Längstäler mit Sedimenten ausgefüllt. Zwischen den miozänen, roten Schichten und den weißgrauen des Pliozäns liegt eine Diskordanz. Strauch-Monte mit Kakteen an den Hängen (Cz 3402). Tafel XLVI.

Thema III: Aufgerichtete ältere Sedimente mit Schichtkämmen inmitten der Talräume (Strukturformen).

Photo 184: Der miozäne Untergrund des Tales von Santa María bildet nach erfolgter Ausräumung jüngerer Deckschichten auf der Ostseite des Talraumes einen Schichtkamm, der an dieser Stelle durch transversale Einsattelung bogenförmig zurückweicht und dadurch den Durchbruch eines lokalen Talweges (jetzt Trockenbett) begünstigte. Im Grundwasser des Trockenbettes wurzelt schütterer Baum-Monte *(Prosopis ferox)*, im übrigen herrscht Strauch-Monte vor (Cz 2426). Tafel XLVI.

Photo 185: Steil aufgerichtete Untere Sandsteine *(Areniscas inferiores)*, die zur Trias gehören, bilden im unteren Abschnitt des Valle Calchaquí einen Schichtkamm von langer Erstreckung. Die eingefaltete Trias deutet an, daß geochronologisch die Senkungsräume sich von W nach E phasenhaft anreihten. Das nächste Längstal, die Quebrada de Toro, enthält jüngere, tertiäre, Sedimenteinlagerung. Rezente Überschwemmungserosion hat den Strauch-Monte des Vordergrundes teilweise vernichtet und damit ein neues Pionierstadium der Vegetation eingeleitet (Cz 15302). Tafel XLVII.

Thema IV: Sonderformen an Sedimenteinlagerungen der Längstäler.

Photo 186: Pfeilerwände – auch sonst in Trockengebieten häufig anzutreffen – an älteren Schotterlagen, hier vermutlich altpleistozäner Herkunft und in horizontaler Lagerung, in der mittleren Quebrada de Humahuaca. Sie belegen als zeugender Rest die erhebliche Ausräumung des Tales an dieser Stelle. Im Gegensatz hierzu ist die obere Quebrada noch flächenhaft mit Schutt erfüllt (vgl. *Photo 194*). Strauchmonte-Vegetation mit *Trichocereus* und *Opuntia* (Cz 2807). Tafel XLVII.

Photo 187: Kegelberg westlich San Antonio del Cajón, eine wiederholt dort in der pliozänen Talausfüllung auftretende Abtragungsform. Diese kann sonst gleichartig auch an anderen Gesteinen auftreten, sofern es sich um Trockengebiete handelt. Die pliozänen Schichten, stark mit vulkanischer Asche durchsetzt, füllten im Cajón-Längstal einige km weiter oberhalb das Tal ehemals noch bis zu 200 m über dem Talgrund aus, wie durch Schichtzwickel am Hang belegt wird. Das graue Pliozän liegt diskordant über rötlicher, miozäner Talausfüllung. Der Strauch-Monte besteht hier aus Jarilla = *(Larrea-)* Sträuchern. Die Nähe des Cajón-Baches bewirkt Erosionserscheinungen, sobald die seltenen Starkregen den Feinsand unter Spülwasser setzen. Im Hintergrund die Sa. del Hombre Muerto (Cz 2511). Tafel XLVII.

Thema V: Abtragungs- und Auflagerungsformen.

Photo 188: Oberer Teil der Quebrada de Toro (Gefälle nach links) bei der Einmündung des Valle de Tastil von oben rechts. Das Haupttal ist wasserführend. Die ursprüngliche Schuttfüllung ist im Talweg durch Tiefenerosion weitgehend ausgeräumt, es blieb aber allseits die pleistozäne Talausfüllung hochreichend erhalten. Diese Terrasse wurde vom Punarand her, der sichtbar ist, in Querriedel zerlegt. Zwischen ihnen ziehen rezente Schwemmfächer ins Haupttal hinunter. Den Bach des Talweges begleiten im Mittelgrund *Cortaderia* – Horste als Uferrand-(Orilla-) Vegetation; in höherer Lage (Niederterrasse) im Vordergrund Strauchmonte, auf den Querriedeln und ihren Hängen Trockenpuna-Vegetation. Vor Einsetzen der Tiefenerosion war die Quebrada hier ein weites, mit Sedimenten erfülltes Becken, von denen erhebliche Teile noch heute flächenhaft erhalten sind (Cz 3625). Tafel XLVII.

Photo 189: Schuttschleppe älterer Anlage im Gefälle zum mittleren Valle de Tastil, das in die Quebrada de Toro einmündet (vgl. *Photo 188*). Trockenpuna-Vegetation mit Säulenkakteen. Die Materialverlagerung geht rezent in Spülrinnen und flächenhaft weiter, der Punarand im Hintergrund (Cz 6403). Tafel XLVIII.

Thema VI: Strauchmonte auf den Talsohlen, Trockenpuna auf den Hängen.

Photo 190: Trockental an der Ostabdachung der Sierra de Quilmes. Es mündet auf die Schwemmfächerzone im Westteil des Tales von Santa María aus (vgl. *Photo 181*). Der Strauchmonte zieht auf der Talsohle weit hinauf, auf den oberen Hängen Trockenpuna-Vegetation, von der aus die Kakteen auch in den Strauchmonte hinabsteigen (Cz 3313). Tafel XLVIII.

Photo 191: Der Strauchmonte erreicht im weiten, von Sedimenten noch ausgedehnt erfüllten oberen Talraum der Quebrada der Humahuaca über 3000 m. Das Gesteinsscherben-Pflaster entsteht durch Windwirkung. Im eingesenkten, wasserführenden Tal Baumanpflanzungen. Der durch die Sedimente aufragende Hügel ist metamopher Fels und damit Teil eines alten Reliefs (Cz 14701). Tafel XLVIII.

Thema VII: Baumgruppen inselartig im Strauchmonte der Talräume.

Photo 192: Akazienbestand *(Acacia visco)* an einem Trockenrinnsal, das in der Quebrada de Humahuaca zum wasserführenden Río Grande hinführt. In einem von den Hängen gespeisten Grundwasserstrom kann der Baummonte gedeihen (Cz 14526). Tafel XLVIII.

Photo 193: Torrentiales Bett des Río de las Conchas mit Algarrobo-*(Prosopis-)* Auenwald auf der Niederterrasse. Über dieses Durchbruchtal fließt der aus dem Valle Calchaquí kommende Fluß und vereint sich weiter unterhalb mit der Entwässerung der Quebrada de Toro. Es war nicht zu entscheiden, ob dieser massierte Bestand eines Baummonte auf eine Anpflanzung zurückgeht (Cz 15106). Tafel XLIX.

Thema VIII: Vollentwickeltes Tal und Taloberteil am Punarand.

Photo 194: Tal von Santa María, im W ist die Sierra de Quilmes sichtbar (vgl. *Photo 181*). Ihr Bergfuß ist eine Schwemmfächerzone. Sie führt zum Fluß hinab, wo Siedlungen und bewässerte Felder sich als Flußoase hinziehen. Das Tal ist asymmetrisch gebaut. Die Höhenlage des Standpunktes beruht auf den Erhebungen des steilgestellten miozänen Materials. Der Flugsand im Vordergrund wird durch Westwinde hangaufwärts bewegt. Der Fluß fließt im Mittelgrund von links nach rechts, also nach N (vgl. *Fig. 1*). Strauch- und Baummonte im Vordergrund (vgl. *Photo 184*). Die Schwemmfächerzone am Bergfuß ist ausschließlich von Strauchmonte bestanden (Cz 2408). Tafel XLIX.

Photo 195: Schotterfeld im unteren Valle de Tastil, das zur Quebrada de Toro hinabzieht. Die ursprünglich eingelagerten Sedimente befinden sich in verschiedenen Stadien der Ausräumung. Dadurch entstehen Sonderformen, Querriedel, Erosionsterrassen und ein rudimentärer Kegelberg. Die Trockenpuna-Vegetation, von Kakteen durchsetzt, überzieht die Hänge. Der spärliche Strauchmonte ist hier Pioniervegetation auf den mitunter bewegten Schottern. Meist jedoch liegt das Tal trocken (Cz 14835). Tafel XLIX.

LITERATUR

BONORINO, F.G. (1950): Geología y petrografía de las Hojas 12 d (Capillitas) y 13 (Andalgalá). Bol. 70, Dir. Gen. de Ind. Minera, Buenos Aires. (Karte 1 : 200000).

CABRERA, A.L. (1953): Esquema fitogeográfico de la Rep. Argentina. Rev. Museo de La Plata (N.S.) 8 Eva Perón (La Plata). 87–168.

CZAJKA, W. (1952): Geomorphologische Reiseergebnisse aus der argentinischen Puna und ihren Randgebieten. Proceedings, VIIIth General Assembly – XVIIth Congress International Geographical Union, Washington. 319–323.

–, F. VERHOORST (1956): Die naturräumliche Gliederung NW-Argentiniens. Pet. Geogr. Mitt. 100, Gotha. 89–102, 196–208.

– (1957): Das innerste Längstal am Ostrand der argentinischen Puna. (El Cajón de San Antonio), Jb. Geogr. Ges. Hannover 1956/57. Hannover. 153–177.

– (1958): Schwemmflächenbildung und Schwemmfächerformen. Mitt. Geogr. Ges. Wien 100. Wien. 18–36.

– (1972): El Volcán. Ein Bergfuß-Schwemmfächer mit Schlammströmen in einer ariden Tallandschaft NW-Argentiniens. Göttinger Geogr. Abhn. 60 (J. HÖVERMANN – G. OVERBECK: Hans POSER-Festschrift). Göttingen. 125–139.

DAUS, F.A. (1953): Geografía de la República Argentina, I (2. Aufl.). Buenos Aires.

DIRECCIÓN de Meteorología, etc. (1944): Estadísticas climatológicas, 1928–37. Serie B Nr. 1. Buenos Aires.

DIRECCIÓN General del Servicio Meteorológico Nacional (1946, 1947, 1952): Anales climatológicos, Año 1942, 1943, 1944. Serie B, 1ª Sección, 1ª Parte – Nº 7, 8, 12. Buenos Aires.

FERUGLIO, E. (1946): Los sistemas orográficos de la Argentina. – Geografía de la Rep. Arg., Tomo IV. Buenos Aires.

FLOHN, H. (1951): Hochgebirge und allgemeine Zirkulation. Berichte Deutscher Wetterdienst U.S.-Zone 31.

– (1953): Hochgebirge und allgemeine Zirkulation 2. Die Gebirge als Wärmequelle. Arch. Met., Geophys., Bioklim., A 5. 265.

– (1955): Zur vergleichenden Meteorologie der Hochgebirge, ebenda B 6. 193.

FRENGUELLI, J. (1930): Geosinklinali continentali. Boll. Soc. Italiana 49. Roma. 1–24.

– (1936/37): Investigaciones geológicas en la zona salteña del Valle de Santa María. Obra del Cincuentinario de Museo de La Plata, II. Buenos Aires. 215–272.

– (1946): Las grandes unidades físicas del territorio argentino. – Geogr. de la Rep. Argentina, Tomo III. Buenos Aires. 1–114.

GERTH, H. (1955): Geologie von Südamerika, II. Berlin.

KNOCHE, W.-V., BORZACOW (1947): Clima de la Rep. Argentina. Geogr. de la Rep. Arg., Tomo VI. Buenos Aires.

KÜHN, F. (1911): Beiträge zur Kenntnis der Argentinischen Cordillere zwischen 24 und 26° s. Br. Z. Ges. Erdk. Berlin. 147–172.

– (1924): Die Tallandschaft von Humahuaca im nordwestlichen Argentinien. Geogr. Z. 30, 7–17.

– (1927): Argentinien. Text- und Beilagenband. Breslau.

PENCK, W. (1920): Der Südrand der Puna de Atacama (NW-Argentinien). Abh. Sächs. AK. d. Wiss., Math.-Phys. Kl., 37. 1. Leipzig.

PROHASCA, F. (1956): Über die meteorologischen Stationen d. Hohen Cordillere Argentiniens. 51.–53. Jahresber. Sonnblick-Verein f. d. Jahre 1953–1955. Wien.

– (1962): Algunos aspectos del clima de Alta Cordillera y de la Puna Argentina. Inst. Nac. de Tecnología Agropecuaria (INTA). Inst. de Suelo y Agranomía. Nº 79. Buenos Aires.

ROHMEDER, W. (1943): Argentinien. Buenos Aires.

SCHMIEDER, O. (1922): Zur eiszeitlichen Vergletscherung des Nevado del Chañi. Z. Ges. Erdk. Berlin. 292f.

– (1923): Contribución al conocimiento del Nevado de Chañi y la Alta Cordillera de Jujuy. Bul. de la Acad. Nacional de Ciencias en Córdoba (Rep. Arg.) Tomo 27. Córdoba. 135–166.

– (1919–1935): Die Cordillere de Chañi. Deutsche Geogr. Blätter 39. Bremen. 255–286.

SCHWERDTFEGER, W. (1951): Das thermische Tief im Nordwesten Argentiniens. Met. Rdsch. 4. 1–4.

– (1951): La depresión térmica del NW Argentino. Anales de la Soc. Cientifica Argentina. 151, E. VI. Buenos Aires. 255–275.

– (1954): Análisis sinóptico y aspecto climático de dos distintos tipos de depresiones báricas en el Norte de la Argentina. Meteoros IV (4). Buenos Aires. 301–323.

– 1961): Strömungs- und Temperaturfeld der freien Atmosphäre über den Anden. Meteor. Rdsch. 14. 1–6.

SERVICIO Meteorológico Nacional (1947): Anales hidrológicos, Datos pluviométricos (Einzeljahre 1928–37). Serie B. 3ª Seccion – 1ª Parte. Nº 1. Buenos Aires.

SGROSSO, P. (1943): Contribución al conocimiento de la minería y geología del Noroeste Argentino. Minist. de Agricultura de la Nacion, Dir. de Minas y Geología. Bol. 53. Buenos Aires.

TROLL, C. (1966): Das Pflanzenkleid der Tropen in seiner Abhängigkeit von Klima, Boden und Mensch. Ökolog. Landschaftsforschung und vergleichende Hochgebirgsforschung. Erdkundl. Wissen 11. (Neudruck). Wiesbaden. 194–230.

VIERS, G. (1967): La Quebrada de Humahuaca (province de Jujuy, Argentine) et les problèmes morphologiques des Andes sèches. Ann. de Géogr. 75, 411–433.

VILELA, C.R. (1956): Descripción geológico de la Hoja 7ᵈ, Rosario de Lerma (Prov. de Salta). Carta geológico – económica de la Rep. Arg. 1 : 200000. Buenos Aires.

WERNER, D.J. (1972): Campo Arenal (NW-Argentinien). Eine landschaftsökologische Detailstudie. Biogeographica I: Vorträge einer Arbeitssitzung des 38. Deutschen Geogr. Tages, Erlangen – Nürnberg 1971. The Hague. 75–86.

WILHELMY, H. – W. ROHMEDER (1963): Die La Plata-Länder. Braunschweig.

WÖLCKEN, K. (1954): Algunos aspectos sinópticos de la lluvia en la Argentina. Meteóros IV, 4. Buenos Aires. 327–366.

– (1962): Regenwetterlagen in Argentinien. Spieker 12. Münster i.W.

ÜBER VERBREITUNG UND KLIMATISCHE VORAUSSETZUNGEN DES TEEANBAUES IM AUSTRAL-ASIATISCHEN RAUM UND AUF DEN INSELN DES INDISCHEN OZEANS

HEIDRUN SCHWEINFURTH-MARBY

Mit 5 Figuren

SUMMARY

The tea plant, *Camellia sinensis*, considered to have originated from the river gorge country of South Eastern Tibet, through cultivation by man has spread to various parts of Asia, Africa, America and Australia. Although tea cultivation and culture is an ancient and traditional activity in China and Japan, it was colonial initiative, starting in the 19 th century, and involving mainly the British, French and Dutch, which was responsible for the extended distribution of tea, into Australasia and to the islands of the Indian Ocean. Today, tea growing enterprises of diverse size and history may be found (within the Australasian and Indian Ocean areas) in China, Japan, Taiwan, Burma, Thailand, Vietnam, Philippines, India, Ceylon, Indonesia, Eastern Timor, New Guinea, Queensland (Australia), Fiji; Seychelles, Mauritius and Réunion (now closed down). Tea enterprises of East and South Africa have been also mentioned to complete the picture. In Australasia and on the Indian Ocean Islands tea is grown from sea level to about 2800 m, north and south of the equator. Due to geographical position (equatorial to subtropical and temperate), elevation and exposition, various climatic influences affect tea cultivation, resulting in differences of crop pattern, organisation and quality. Crop patterns have been chosen to demonstrate regional differentiations in tea cultivation, over the large geographical area covered. In the vicinity of the equator tea is harvested throughout the year, and in these areas (Ceylon, South India, Java, Sumatra, Malaysia, New Guinea, Seychelles, Kenya) crop pattern shows little variation month to month. In the following northern and southern areas (Bangla Desh, Mauritius, Malawi, Queensland) tea is harvested all year round also, but amount of crop varies considerably month to month. To the north of this (Kangra, Darjeeling, Assam, China, Taiwan, Japan) tea production seizes up in winter (as it does also in South Africa). This very general pattern has been supplemented by a detailed study of regional differentiation in Ceylon. In a short analysis, a number of climatic influences on tea cultivation are discussed: enduring rain with cloud covering, drought, wind (especially foehnwind), low temperature and frost, with regional examples being quoted. Insufficient rainfall and frost are discussed as limiting factors for tea cultivation in the above mentioned areas, especially the differing reaction to frost in tea cultivation, in the northern temperate zone and in tropical mountains.

1. EINLEITUNG

Es soll sich hier handeln um den Anbau von *Camellia sinensis* zum Zwecke der Herstellung schwarzen und grünen Tees, wobei das Übergewicht im austral-asiatischen Raum und auf den Inseln des Indischen Ozeans[1]) bei der Herstellung schwarzen Tees liegt; es kann sich hier nur handeln um die Verbreitung des Anbaues, plantagenmäßig und kleinbäuerlich, d. h.

um die vom Menschen für wirtschaftliche Zwecke vorgenommene Verbreitung der Teepflanze. Die genaue Herkunft der wilden Teepflanze ist ungeklärt. (EDEN 1965, KINGDON WARD 1950; WIGHT 1959; SCHWEINFURTH and SCHWEINFURTH-MARBY 1975.)

1.1. BOTANIK DER TEEPFLANZE

Von LINNE wurde die Teepflanze 1753 als *Thea sinensis* klassifiziert, später unterschied er zwei Spezies: *Thea viridis* und *Thea bohea*. Erst 1843 wurde durch R. FORTUNE (1853) geklärt, daß nicht *Thea viridis* die „schwarze" und *Thea bohea* die „grüne" Teepflanze war, sondern daß schwarzer und grüner Tee von derselben Pflanze durch verschiedenartige Verarbeitungsmethoden gewonnen wurde. Heute wird die Teepflanze, *Camellia sinensis*, der Familie der *Theaceae* zugeordnet. Innerhalb dieser Spezies gibt es eine große Zahl von Varietäten durch Züchtung und regionale Unterschiede.

Unter ungestörten Bedingungen wird die Teepflanze im Unterwuchs bis zu 10 m hoch und entwickelt einen schlanken Stamm, der eine Krone immergrüner Blätter trägt. Aus wirtschaftlichen Gründen wird die Teepflanze durch periodisches Beschneiden zu einem etwa 1 m hohen Busch gestutzt, dessen junge Triebe in bestimmten zeitlichen Abständen geerntet und verarbeitet werden. Die Lebensdauer der Teepflanze wird allgemein mit 50 Jahren angegeben; jedoch sind Teefelder in Indien, Ceylon und Indonesien 80 Jahre alt und älter und immer noch produktiv.

1.2. VORKOMMEN

Von der vermuteten Ursprungsgegend, dem Gebirgsland zwischen Irrawaddy, Salween, Mekong und Yangtsekiang aus (KINGDON WARD 1950), wurde die Teepflanze als Wirtschaftspflanze vom Menschen weiter ausgebreitet, zunächst durch Chinesen und Japaner, seit dem 18. Jahrhundert durch Franzosen, Briten und Holländer in deren jeweilige Kolonialgebiete, was fast immer mit großen Arbeiterwanderungen verbunden war. Nicht jeder zum Teeanbau geeignete Raum wurde als solcher genutzt; Kolonialpolitik und einzelne Persönlichkeiten spielten eine große Rolle bei der Ausbreitung des Teeanbaues. Kommerzielle Teeanbaugebiete verschiedenster Größe liegen heute zwischen 40° N und 30° S in Asien, Afrika, Amerika und Australien.[2])

[1]) Im vom Thema umschriebenen Raum wurden eigene Feldforschungen mit Unterstützung einer von der Deutschen Forschungsgemeinschaft gewährten Reisebeihilfe unternommen (1972/73): in Ceylon (frühere Feldforschungen 1967/68), den Nilgiris, den Cameron Highlands, Sumatra, Java, Queensland, Neuseeland, Seychellen, Mauritius und Réunion.

[2]) In folgenden Ländern wird kommerzieller Teeanbau unterschiedlicher Größenordnungen betrieben: Bangla Desh, China, Indien, Indonesien, Iran, Japan, Malaysia, Sri Lanka (Ceylon), Taiwan, Türkei, UdSSR, Vietnam, Cambodia; Burundi, Kamerun, Kenia, Madagaskar, Mauritius, Mozambique, Rhodesien, Ruanda, Seychellen, Südafrika, Tansania, Uganda, Zaire; Argentinien, Brasilien, Ekuador, Peru; Neuguinea, Australien; Fiji.

1.3. LEBENSBEDINGUNGEN DER TEEPFLANZE UND DES TEEANBAUES

Die Teepflanze stellt bestimmte Anforderungen an ihre Umwelt („Kamelienklima" nach KOEPPEN 1900); sie fordert mittlere Jahrestemperaturen um 18 °C; keinen oder nur seltenen und mäßigen Frost; jährliche Niederschläge von mindestens 1600 mm, gleichmäßig über das ganze Jahr verteilt; ein Jahresmittel der Sonnenscheindauer von etwa vier Stunden täglich; gut drainierte, durchlässige, saure Böden. (HARLER 1971; SPRECHER VON BERNEGG 1936; WEDDIGE 1926; CARR 1972.) Unter diesen Bedingungen ist die Teepflanze ausdauernd, was das bloße Überleben angeht. Sie erträgt dann auch gelegentlichen Frost; sie übersteht auch mehrere Monate anhaltende Regen- und Trockenzeiten; sie geht auch bei einem weniger sauren Boden nicht ein – aber sie produziert wenige oder gar keine frischen Triebe während ungünstiger Wachstumsperioden, d. h. sie ist wirtschaftlich nur bedingt nutzbar, etwa für die Eigenproduktion in Hausgärten. Aus Gründen der Wirtschaftlichkeit und der internationalen Konkurrenz müssen im kommerziellen Teeanbau hohe Erträge über möglichst viele Monate jeden Jahres regelmäßig erzielt werden, d. h. die Pflanze muß möglichst ganzjährig gleichbleibend in einem blattproduzierenden Zustand gehalten werden. Deshalb müssen die oben genannten Minimalforderungen ersetzt werden.[3]) Diese lassen sich beim Anbau nur einer Spezies – *Camellia sinensis* – in unterschiedlich ausgestatteten Räumen über die Analyse wechselnder Anbau- und Verarbeitungsmethoden erfassen, wobei die hochspezialisierte Arbeitsroutine im kommerziellen Teeanbau Rückschlüsse auf die Faktoren zuläßt, die in einer bestimmten Region wirksam sind (MARBY 1971 und 1972; SCHWEINFURTH 1966 und 1970; SCHWEINFURTH-MARBY 1974, 1975 (1), 1975 (2), 1975 (3); SCHWEINFURTH-MARBY und SCHWEINFURTH 1975). Die Möglichkeit, die Maximalforderungen zu verwirklichen, bestimmt die Ausbreitung des Teeanbaues.

1.4. KLIMATISCHE FAKTOREN ALS BEGRENZUNG DER LEBENSBEDINGUNGEN

Die Möglichkeit, das ganze Jahr über gleichbleibende Erntemengen einzubringen, wird eingeschränkt im Wesentlichen durch klimatische Faktoren. Es ergibt sich dabei eine Abnahme der Erträge während bestimmter Monate oder saisonaler Ernteausfall und schließlich die Aufgabe des Teeanbaues überhaupt. Die Tendenz zur Saisonalität des Ernterhythmus vollzieht sich vom Äquator nach Norden und Süden und innerhalb der Tropen zur Höhe hin.

Die das Wachstum der Teebüsche und damit die Wirtschaftlichkeit des Teeanbaues einschränkenden Faktoren in Räumen, die sich grundsätzlich zum Teeanbau eignen, sind in erster Linie: lange Trockenzeiten, die zum Austrocknen und Verdorren der Büsche und zum Auftreten bestimmter Ungeziefer und Krankheiten (z. B. Milben) führen; geringe Temperaturen oder Frost, die kurzzeitigen oder jahreszeitlichen Ernteausfall

[3]) In der hochspezialisierten Form des Anbaues, mit Auswahl bestimmter Varietäten und Anwendung diffiziler Anbaupraktiken ist die Teepflanze freilich dann auch besonders anfällig. Bei Auftreten einer neuen Krankheit, von Ungeziefer oder bei Vernachlässigung der Felder sind Ausfälle unter den Büschen besonders groß. Auch kann im kleinbäuerlichen Anbau traditioneller Art, wie z. B. in Ceylon, diese Spezialisierung nicht im gleichen Maße wie auf den Plantagen durchgeführt werden; Kleinbetriebe dieser Art werden in der Folge immer weniger konkurrenzfähig. In den neuangelegten kleinbäuerlichen Teeanbaugebieten, z. B. Kenyas, wird – durch systematische Ausbildung der Kleinbauern – versucht, die Kleinbetriebe konkurrenzfähig zu gestalten.

oder Dauerschäden an den Büschen verursachen; starke Winde, entweder trocken, mit hoher Einstrahlung und geringer Luftfeuchtigkeit verbunden, oder feucht, verbunden mit ausgedehnter langanhaltender Bewölkung und geringer Sonnenscheindauer, was neben Ertragsrückgang zum Auftreten bestimmter Krankheiten (z. B. *Exobasidium vexans*, 'blister blight') führt.[4])

1.5. BEEINFLUSSUNG DURCH LANDWIRTSCHAFTLICHE METHODEN

Die Einwirkung ungünstiger Klimafaktoren kann bis zu einem gewissen Grade durch Züchtung resistenter Varietäten oder durch angepaßte Kultivierungsmethoden ausgeglichen werden. So ist z. B. in frostgefährdeten Gebieten wie Darjeeling, China und Japan, traditionell die *„China-Varietät“* verbreitet, eine kleinblättrige, kleinwüchsige und bis zu einem gewissen Grade frostresistente Varietät, die freilich den Nachteil hat, durch Kleinblättrigkeit geringe Erträge zu liefern und die eher zu einer jahreszeitlichen Vegetationsruhe neigt als andere Varietäten.[5])

Es sind Versuche zur Züchtung großblättriger, frostresistenter Varietäten im Gange. Auch wurden Varietäten entwickelt, die länger andauernde Trockenheiten ohne Dauerschäden überstehen oder die gegen den Befall bestimmter Ungeziefer oder Krankheiten resistent sind. Diese Entwicklung setzte wesentlich nach dem zweiten Weltkrieg ein, als durch die Aufgabe der Vermehrung durch Samen zugunsten vegetativer Vermehrung eine gezieltere Varietätenzüchtung und -Verbreitung möglich wurde, als jemals zuvor. (Frühere Versuche der Holländer in Indonesien mit vegetativer Vermehrung, die bereits zu beachtlichen Erfolgen geführt hatten, waren durch die Kriegsereignisse zunichte gemacht worden.) Neben der gezielten Auswahl besonders geeigneter Varietäten der Teepflanze in den neuen Anpflanzungen,[6]) variieren die Anbaupraktiken der verschiedenen Teeanbaugebiete, um ungünstigen klimatischen Einflüssen entgegenzuwirken. Zur Überwindung langanhaltender Trockenzeiten werden (z. B. in einigen afrikanischen Teeanbaugebieten) die Teefelder bewässert; es werden (z. B. in den Nilgiris) Frostschutzmaßnahmen vorgenommen; es werden (z. B. in Ceylon) Windschutzhecken angelegt; Krankheiten wird mit chemischen Mitteln vorgebeugt (z. B. Sprühen von Kupferlösung gegen *Exobasidium vexans*).

[4]) Bei einem so weitgespannten Vergleich, der sehr verschiedenartige Teeanbaugebiete und Organisationen umfaßt, die verschiedenwertige Unterlagen liefern, können die klimatischen Faktoren nur sehr allgemein gefaßt werden. Für Vergleiche effektiver Temperaturen, der Windgeschwindigkeiten, Wasserbilanz etc. liegt ungenügendes und nicht vergleichbares Material vor. Das Material, das für den genannten Raum gesammelt werden konnte, ist von durchaus unterschiedlicher Beobachtungsdauer. Die Unterlagen in Ceylon wurden kontinuierlich geführt; in Mauritius unterlagen sie seit dem Beginn des Teeanbaues großen Schwankungen; in den Cameron Highlands sind die Aufzeichnungen, um 1924 begonnen, von 1941–1946 unterbrochen, danach bis 1960 nur unvollständig; in Indonesien wurde nahezu das gesamte Vorkriegsmaterial vernichtet; in Queensland, Neuguinea, Réunion, auf den Seychellen und in den meisten afrikanischen Teeanbaugebieten hat die Geschichte des kommerziellen Teeanbaues erst vor wenigen Jahren begonnen.

[5]) Nach H.J. von LENGERKE neigen die Teebüsche der „China-Varietät“ auch in den Nilgiris in den kühleren und trockeneren Monaten zur Vegetationsruhe, im Gegensatz zur *„Assam-Varietät“*.

[6]) In Bezug auf besonders geeignete, neue Varietäten sind die neuen Teeanbaugebiete z. B. in Afrika, gegenüber den traditionellen Teeanbauländern insofern im Vorteil, als sie zwar auf deren langjährige Erfahrungen aufbauen können – und diese auch erheblich weiterentwickelt haben – aber nicht mit einem Bestand alter, qualitativ sehr gemischter Teefelder belastet sind.

2. VERBREITUNG DES TEEANBAUES IM AUSTRAL-ASIATISCHEN RAUM UND AUF DEN INSELN DES INDISCHEN OZEANS *(Fig. 1.)*

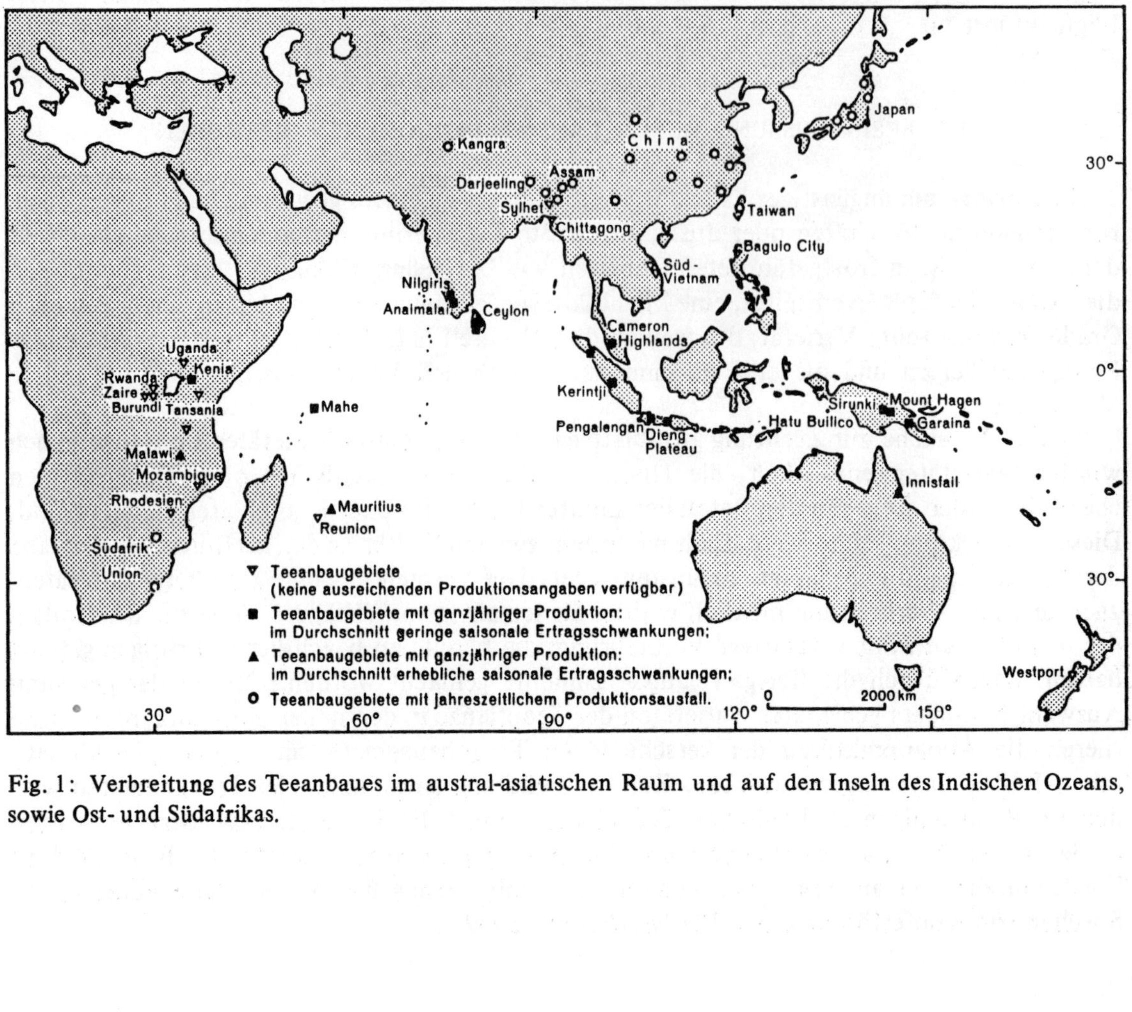

Fig. 1: Verbreitung des Teeanbaues im austral-asiatischen Raum und auf den Inseln des Indischen Ozeans, sowie Ost- und Südafrikas.

2.1. CHINA

Die ältesten und traditionellen Teeanbaugebiete liegen in Ostasien, in C h i n a und J a p a n , bis zu 40° nördlicher Breite. Sowohl in China als auch in Japan ist die Wachstumsphase auf die Sommermonate beschränkt, d. h. es wird nur von März (April) bis (September) Oktober Tee produziert. Da keine Produktionsstatistiken aus China bekannt sind, ist der gegenwärtige Stand des Teeanbaues weitgehend unbekannt. In der vorrevolutionären Zeit fand er wesentlich in kleinbäuerlichen Betrieben statt, auf denen der Tee ohne größere Maschinerie zu grünem oder schwarzem Tee verarbeitet wurde. Der Anbau reichte bis auf 36° N (Schantung im Westen, Kansu im Osten) und wurde vor allem betrieben in den Provinzen Hupeh, Hunan, Kiangsi, Anhwei, Chekiang, Fukien, Yünnan und Szechwan. Während der Bürgerkriegsjahre wurden zahlreiche Teegärten aufgegeben oder zerstört; seit 1949 werden alte Teegärten rehabilitiert und neue angelegt. (TSAO 1929; CARDEW 1953; CHINA RECONSTRUCTS 1973; WANG 1957.)

2.2. JAPAN

Von China aus gelangte die Teepflanze nach Japan, ebenso die mit ihr verbundene Kultur. Bei einem Anbau bis zu etwa 40° N (Aktia im Westen; bis 39° N bei Ivate im Osten) bestimmen Jahreszeiten den vorwiegend kleinbäuerlichen Teeanbau. Von April bis Dezember werden die Büsche gepflückt und zu meist grünem Tee verarbeitet; der Rest des Jahres fällt für die Teeproduktion aus. Späte und frühe Fröste können die Erträge erheblich drükken. (AONO 1956; SPRECHER VON BERNEGG 1936.)

2.3. TAIWAN

In Taiwan (um 24° N), wo erst um die Mitte des 19. Jahrhunderts mit Teesamen aus Fukien und Ahnsi die Teeindustrie begründet wurde, beschränkt sich der Teeanbau wesentlich auf den nördlichen Teil der Insel, der keine langen Trockenzeiten aufweist. Der Anbau der Teepflanze und die Herstellung grünen, schwarzen und Oolong Tees (einer besonderen Art von halbfermentiertem Tee) geht nahezu ausschließlich in kleinbäuerlichen Betrieben vor sich. Bei einer Breitenlage unmittelbar am nördlichen Wendekreis erstreckt sich die Ernte von März bis Mitte Oktober. (HO 1966; KAFFEE UND TEE MARKT IV, 11, 1954.)

2.4. AN CHINA ANGRENZENDE GEBIRGSGEGENDEN

Kleinbäuerlicher Teeanbau, der selten über die Eigenproduktion hinausgeht, fand hier und da Ausbreitung durch chinesische Siedler, durch Bergstämme in an China angrenzende Räume, z. B. in Burma, Thailand, Vietnam und im nordöstlichen Indien, oder vollzog sich in der jeweiligen einheimischen Landwirtschaft auf an Plantagen angrenzendem Gelände. Alle anderen Teeanbaugebiete des umschriebenen Raumes entstanden auf koloniale Initiative.

2.5. INDIEN

2.5.1. Kangra

Das nördlichste Teeanbaugebiet Indiens liegt bei etwa 32° N in Kangra, in etwa 800 m Höhe. Nach anfänglichem Erfolg des um die Mitte des 19. Jahrhunderts begonnenen Teeanbaues fristet das Teeanbaugebiet von Kangra ein mühsames Dasein, seitdem es von Erdbeben zum Beginn des 20. Jahrhunderts schwer getroffen wurde. Der Bestand ist lückenhaft und der Anbau wird meist nur als Nebenerwerb betrieben. Das Pflücken der Teebüsche ist auf die Zeit von März bis (September) November beschränkt. Lokal wird die Ernte zu einfachem grünen Tee verarbeitet, der nach Afghanistan, Iran und Ladakh exportiert wird. Politische Spannungen an den Grenzen vergrößern von Zeit zu Zeit die Probleme. Die Teefläche ist im Abnehmen begriffen. (BHATNAGAR 1966; SANDMU 1959.)

2.5.2. Nordöstliche Grenzgebiete

Aus dem nordöstlichen Indien kamen seit dem Beginn des 19. Jahrhunderts Berichte über die Entdeckung wilden Tees. Es wird jedoch angenommen, da sich alle sogenannten „wilden" Teebüsche an Handelswegen oder in der Nähe von Siedlungen fanden, daß es sich um verwilderte, vormals kultivierte Exemplare handelte. (KINGDON WARD 1950; WIGHT 1959.) Im indisch-burmesisch-chinesischen Grenzbereich ist der Teebusch seit jeher bekannt, ebenso die Herstellung einfacher Teesorten. Von Bergstämmen in den Naga und Khasia Hills ist zudem bekannt, daß sie andere Kamelienarten, z. B. *Camellia drupifera*, zur Herstellung von Tee verwendeten. (BALD 1957. 132.) Die Ausbreitung der Teekultur über den Subkontinent geschah im letzten Jahrhundert durch die britische Kolonialverwaltung, die zunächst Samen und Pflanzen aus China einführte (FORTUNE 1853), später auch Pflanzmaterial aus Assam verwendete.

2.5.3. Darjeeling und Assam

Das nordöstliche Teeanbaugebiet Indiens (75 % der indischen Gesamtteefläche) besteht aus zwei sehr verschiedenen Regionen: Darjeeling (27° N), mit Teeanbau von den Hügeln des Terai bis auf über 2000 m; und Assam (25–28° N) mit Teeanbau in der Ebene des Brahmaputra um 200 m über NN (Tocklai 26°27' N; 86 m über NN) und auf angrenzendem Hügelgelände, von etwa Gauhati bis Dibrugarh. Für diese Gebiete beginnt die Teegeschichte um 1830; beides sind typische Plantagengebiete, in denen ausschließlich schwarzer Tee hergestellt wird.

Das Teeanbaugebiet Assam zeichnet sich durch extrem hohe Luftfeuchtigkeit und reichliche Niederschläge aus, die besonders hoch im März bis Mai sind. Die starken Regen sind häufig verbunden mit Winden und Hagelschlag, der Schäden im Teeanbaugebiet und lokal Ernteausfall für die ganze Saison verursachen kann (BALD 1957. 245.). Ausschlaggebend sowohl für den Teeanbau in Darjeeling als auch in Assam ist die kühle Jahreszeit von Oktober bis Februar, mit gelegentlichen Schneefällen und Frost.[7]) Von Dezember bis März befinden sich die Teebüsche in Vegetationsruhe. Schon im November ist die Wuchsgeschwindigkeit merklich verringert; es wird der *"autumnal tea"* geerntet, der ein ausgeprägtes Aroma aufweist. Die höchsten Preise erzielen die Frühjahrstees, die sogenannten *"first"* und *"second flush"*. (THE JOURNAL OF INDUSTRY AND TRADE, Sept. 1967; BALD 1957; GOKHALE 1954; HARLER 1969; BARKATI 1969.)

2.5.4. Südindien

25 % des Teeanbaues von Indien liegen zwischen 10–12° N in Südindien, in den Teeanbaugebieten der Nilgiris und Anaimalais, mit Plantagen und kleinbäuerlichen Teebetrieben, auf denen schwarzer Tee hergestellt wird. Der Teeanbau erstreckt sich von 900 bis auf über 2400 m. Vor allem die Nilgiris unterliegen saisonalen Schwankungen der

[7]) "Moderate frost and snow have no ill effects upon tea; which although evergreen, is practically dormant in North-East India during the winter season. Frost has a beneficial effect in killing off eggs or grubs of insect pest. . ." BALD 1957. 66.

Temperatur und der Niederschläge; Frost tritt in Frostlöchern oberhalb 1800 m jährlich auf. 1971/72 war ein besonders ausgeprägtes Frostjahr, in dem Frost bis auf 1400 m herunterreichte.[8]) Zwar können die Teefelder ganzjährig gepflückt werden, sofern es nicht lokal zu Frostschäden kommt, aber die Erträge sind während der kühleren Periode von Dezember bis Februar und während der nahezu anhaltend bewölkten Südwestmonsunperiode geringer als für das übrige Jahr.

2.6. BANGLA DESH

Die Teeanbaugebiete von B a n g l a D e s h liegen zwischen 22–25° N im nordöstlichen Surma-Tal bei Sylhet und im südöstlichen Chittagong, auf hügeligem Gelände, wenig über Meereshöhe. Trotz hoher Jahresniederschläge (über 3000 mm) haben die Teebüsche eine nahezu produktionslose Periode von Januar bis März, den Monaten mit geringen Niederschlägen und niedrigeren Temperaturen. In diesen drei Monaten werden nur etwa 2 % der Jahresernte eingebracht; die Haupterntezeit ist von Mai bis Oktober. (CARRUTHERS and GWYER 1963; KHAN 1956; THOMAS und AHMAD 1964.)

2.7. CEYLON

In C e y l o n breitet sich der Teeanbau unter ca. 6–7° N von nahezu Meereshöhe im feuchten südwestlichen Tiefland bis auf über 2200 m im zentralen Hochland aus. Er erfolgt in erster Linie auf Plantagen, die schwarzen Tee produzieren. Daneben gibt es kleinbäuerliche Betriebe, die sich – vor allem in unmittelbarer Nähe der Plantagen – verstärkt seit 1920 auftaten. Durch das zentrale Hochland ergeben sich gravierende Expositions- und Höhenunterschiede; über dem ganzjährig feuchten südwestlichen Tiefland steigt das ganzjährig feuchte westliche Hochland auf; im Osten folgt das südwestmonsunal trockene östliche Hochland; darüber liegt das ganzjährig feuchte, kühle zentrale Hochplateau *('top-country')*. auf dem mit Frost gerechnet werden muß. Der Tee wird überall in Ceylon ganzjährig geerntet, aber die Erträge schwanken bei wechselnden klimatischen Einflüssen. (MARBY 1971, 1972.)

2.8. SÜDVIETNAM UND CAMBODIA

In S ü d v i e t n a m ist der kleinbäuerliche Teeanbau unter der einheimischen Bevölkerung sowohl im Bergland als auch an der Küste schon alt.[9]) (Angaben für Nordvietnam fehlen.) Seit 1925 bestehen neben dieser kleinbäuerlichen Grünteeproduktion Plantagen französischer Gründung, nach holländisch-indonesischem Beispiel, im Küstentiefland und auf den Terres Rouges in 600–1200 m Höhe. 1954 und in den darauffolgenden Jahren sind wesentliche Teile der Plantagenanlagen zerstört worden. (TEULIERES 1961; ALLAVENA 1936 u. 1943.) In Cambodia wurde 1963 mit der Anlage kommerzieller Teebetriebe begonnen, die

[8]) Vgl. LENGERKE 1977.

[9]) "Celle --- (la culture) -- - des paysans est trop diversifiée et trop anarchique pour qu'on puisse l'analyser. Elle est le plus souvant laissée au hasard, les jeunes arbres étant mis en place sans un examen prélable de la valeur marchande de leurs feuilles." TEULIERES 1961. 196.

grünen und schwarzen Tee für den einheimischen Konsum herstellen. (MINISTERE DE L'AGRICULTURE 1972; CARTE INTERNATIONALE DU TAPIS VEGETAL ET NOTICE DE LA CARTE CAMBODGE 1972.)

2.9. PHILIPPINEN

Auf den Philippinen wurde 1930 in Baguio City, Luzon, in etwa 1000 m Höhe eine Teeversuchsstation begründet, von der aus sich kleinbäuerlicher Teeanbau verbreitete. In vielen Hausgärten stehen Teebüsche, vielfach auch als Hecken. Von den Igorots der Mountain Province wird berichtet, daß sie auf eigene Art Tee herstellen, der einen festen Platz in ihren kultischen Handlungen einnimmt. (RAMOS 1968.)

2.10. MALAYSIA

In Malaysia wird Tee (abgesehen von zwei Plantagen im Tiefland bei Klang) in den Cameron Highlands (4°30' N) in etwa 1000–1650 m Höhe auf der höchsten erschlossenen Region der malaiischen Halbinsel angebaut. Die Cameron Highlands wurden – 1886 von W. CAMERON entdeckt – seit 1926 erschlossen; 1928 entstanden die ersten Teefelder. 1941–1946 wurde die Entwicklung durch die Kriegswirren unterbrochen, darauf folgte die malaiische "Emergency" bis 1960. Neben den Plantagen, die schwarzen Tee produzieren, gibt es kleinbäuerliche Teebetriebe der Chinesen, die grünen Tee herstellen (500 ha; weitere 750 ha ehemaliger chinesischer Teefläche wurden in Gemüseland umgewandelt). Die jährliche Mitteltemperatur liegt um 18 °C mit geringen monatlichen Schwankungen; der Niederschlag beträgt 2648 mm (NIEUWOLT 1969, 115.). Frost ist nicht bekannt (absolute Minimumtemperatur in Tanah Rata, 1400 m, 2,2 °C). Klimatische Extreme treten in den Cameron Highlands nicht auf; Ertragsschwankungen werden verursacht durch langanhaltende Niederschläge oft im Zusammenhang mit heftigen Winden. (NIEUWOLT 1969; CLARKSON 1968; SCHWEINFURTH-MARBY 1975 (2).)

2.11. INDONESIEN

Nach Indonesien wurden die ersten Teepflanzen aus Japan von dem deutschen Arzt Dr. P.F. SIEBOLD (1796–1866) eingeführt; jedoch erst 1878 begann mit der Einfuhr der *"Assam-Varietät"* der kommerzielle Anbau unter holländischer Kolonialverwaltung. Die größten Teeanbaugebiete liegen in etwa 2° S und 3° N auf Sumatra und in etwa 7° S in Westjava, in 200 bis 2300 m Höhe. Auf den Plantagen wird schwarzer Tee produziert; daneben finden sich kleinbäuerliche Betriebe, auf denen wesentlich grüner Tee hergestellt wird. Durch die Wirren des zweiten Weltkrieges und die nachfolgenden Jahre der Unsicherheit haben die indonesischen Plantagen schwer gelitten. Seit 1970 werden einige von ihnen mit Hilfe der Weltbank rehabilitiert.

Teeareale geringerer Größe und fast nur auf kleinbäuerlichen Anbau beschränkt, gibt es in Zentral- und Ostjava, auf Borneo, Celebes und Bali (CENSUS OF AGRICULTURE 1963).

2.11.1. Pengalengan

Da das Teeanbaugebiet in Sumatra große lokale Schwierigkeiten aufweist, dagegen das Teeanbaugebiet im westlichen Java, vor allem im Hochland von Pengalengan, für besonders gute Teesorten bekannt ist, wandte sich das Interesse für eine Rehabilitation in den letzten Jahren dem Tee in Westjava zu. Das Teeanbaugebiet von Pengalengan liegt in 1500–1900 m Höhe, auf dem nahegelegenen Patuahmassiv reicht der Teeanbau bis auf 2300 m hinauf. Bestimmte Lagen (Patuahwatte, Kertasarie) sind erheblich frostgefährdet.[10]) Besonders in trockenen Jahren tritt Frost von Juli bis Oktober auf, während feuchterer Jahre nur von Juli bis August. Während dieser Jahreszeit liegen die Temperaturen allgemein unter den Durchschnittswerten; der Wuchs ist verlangsamt; es ist, wie in Ceylon, ein besonderes Aroma im Tee festzustellen.

2.11.2. Dieng-Plateau

Als interessanter Sonderfall soll der Teeanbau auf dem Dieng-Plateau (über 2000 m) angeführt werden. Als Feld- und Hausgartenhecken werden Teebüsche gehalten, die zur Herstellung einer Art grünen Tees gepflückt werden, zum Eigenverbrauch und zum lokalen Verkauf: eine durchaus ostasiatisch anmutende Form kleinbäuerlichen Teeanbaues, betrieben von der auf dem Dieng-Plateau ansässigen Bevölkerung, ursprünglich in Anlehnung an die nahegelegene Teeplantage Tambi.

2.12. TIMOR

Ein weiteres Vorkommen von kleinbäuerlichem Teeanbau findet sich nach J. METZNER im östlichen Timor unter etwa 9° S, bei Hatu-Builicu am Tataimalau in 1900 m Höhe. (Station mit den höchsten Niederschlägen Osttimors: 1947 mm im Mittel von 1920–1930; 1957–1963. METZNER 1977.)

2.13. NEUGUINEA

In Neuguinea haben sich nach anfänglichen Versuchen in Garaina, 8° S in 600 m über NN, die ganzjährig hohe Erträge einbrachten, und auf Anregung aus dem queensländischen Teeanbau, seit 1966 Plantagen im oberen Wahgi-Tal (6° S) aufgetan, die auch die Produktion umliegender, in der gleichen Zeit angelegter kleinbäuerlicher Teebetriebe mitverarbeiten. Die Teeplantagen sind auf der tischebenen sumpfigen Talfläche mit ausgedehnten Drainagegräben ausgerüstet worden. Der Jahresniederschlag (Mt. Hagen in 1650 m über NN) beträgt 2550 mm; die Temperaturen schwanken im Durchschnitt nur gering. Frost ist im oberen Wahgi-Tal nicht bekannt (1500 m), wohl aber auf Versuchsfeldern bei

[10]) VAN STEENIS 1968. 155: Frostmessungen in Kertasarie 1909–1922 erbrachten jedes Jahr Frost, bis zu 38 Frostnächte im Jahr, mit Temperaturen bis – 5 °C.

Sirunki (2800 m). Über die Ertragskurve im Teeanbau sind nähere Angaben noch nicht greifbar. Ganzjährige Erträge werden mit Sicherheit möglich sein.[11]) (SCHWEINFURTH 1970; GRAHAM et al. 1963.)

2.14. QUEENSLAND

Der südlichste Teeanbau im austral-asiatischen Raum, sieht man ab von dem Versuch, den Teeanbau an der Westküste der Südinsel Neuseelands (42° S) anzusiedeln, findet heute in Queensland statt, an der Ostküste des nördlichen Queensland in der Fußzone des hier über 1600 m aufsteigenden Küstengebirges bei Innisfail (17°32' S), in etwa 80 m über NN, in einem Gebiet, das jährlich etwa 3750 mm Niederschläge erhält, 70 % davon von November bis April. Die Monate Mai bis Oktober werden häufig durch ausgedehnte, unperiodisch auftretende Trockenheiten heimgesucht, von denen bisher in jedem Jahrzehnt dieses Jahrhunderts ein bis zwei auftraten (BUREAU OF METEOROLOGY 1966 u. 1969). Seit 1960 entstehen Teefelder, geplant für ganzjährige Produktion. Für den Teeanbau im nördlichen Queensland konnte man auf die von F. v. MUELLER[12]) im vorigen Jahrhundert eingeführten Pflanzen zurückgreifen, sowie auf Anbauversuche in der South Johnstone Agricultural Station. Auch aus Garaina, Neuguinea, wurden Samen verwandt. Ganz neu ist die völlige Mechanisierung im Feld und in der Fabrik. Der Teeanbau in Queensland ist jung, aber es traten gleich zu Beginn der Produktion Probleme auf. Um regelmäßige Erträge das ganze Jahr über zu erzielen und den wenigen noch notwendigen Arbeitern regelmäßige Arbeit zu garantieren, war ein Pflückrhythmus von 14 Tagen vorgesehen. Von August bis Dezember aber ließ die Wachstumsrate so stark nach, daß nur noch einmal monatlich gepflückt werden konnte. Als jedoch vom 20. April bis 7. Dezember 1971 überhaupt kein Niederschlag fiel (Messungen auf Nerada Estate), wurde der Wuchs nicht nur stark gehemmt, sondern im Oktober fingen die Blätter der Teebüsche an zu verdorren, im November waren die Büsche kahl. Obwohl die Büsche sich ohne wesentliche Dauerschäden erholten, war die Ernte von fünf Monaten ausgefallen. Da Trockenheiten dieser Art im nördlichen Queensland relativ häufig auftreten, muß mit einer starken Einschränkung des ganzjährigen Teeanbaues gerechnet werden, es sei denn, man greift zum Mittel der künstlichen Bewässerung. (GRAHAM 1956/57; BUREAU OF METEOROLOGY 1966 u. 1969; SCHWEINFURTH-MARBY, H. 1975 (1).)

2.15. SEYCHELLEN

Auf den Seychellen, etwa 4° S, wurde der Teeanbau auf Initiative ostafrikanischer Teepflanzer um 1960 mit Unterstützung der britischen Regierung begonnen, um der alarmierenden Arbeitslosigkeit abzuhelfen. Das Unternehmen ist in kleine Feldstücke aufgeteilt, die sich von Meereshöhe bis auf 500 m erstrecken. Bei nahezu gleichbleibenden Temperatu-

[11]) "Rainfall is generally adequate in all months of the year . . . climate is conducive to continuous tea production." GRAHAM et al. 1963. 121.

[12]) Baron Sir F.J.H. v. MUELLER (1825–1896), geb. in Rostock, studierte Botanik in Kiel; 1847 nach Australien ausgewandert, führte zahlreiche große botanische Expeditionen durch alle Teile Australiens durch; zahlreiche Veröffentlichungen über die australische Flora; von 1857–1873 Direktor des Botanischen Gartens in Melbourne.

ren und ausreichenden Niederschlägen das ganze Jahr über, kann ganzjährig geerntet werden. Schwierigkeiten, die lokale Bevölkerung zu regelmäßiger Arbeit zu gewinnen, wurden vergrößert durch die Anlage eines internationalen Flughafens (1971) und die damit einsetzende Touristenindustrie, die der Bevölkerung jetzt Gelegenheitsarbeiten jeder Art bietet. Das Teeunternehmen hatte danach Schwierigkeiten, überhaupt noch Arbeitskräfte zu bekommen und wird jetzt mehr oder weniger als Touristenattraktion geführt. (SCHWEINFURTH-MARBY 1974 und 1975 (3).)

2.16. MAURITIUS

In Mauritius, etwa 20° S, begannen Teeanbauversuche der französischen Kolonialregierung bereits um 1770, Plantagen wurden jedoch erst seit dem Ende des 19. Jahrhunderts gegründet. Durch die lange Teegeschichte unter verschiedenen kolonialen Verwaltungen bis hin zur Selbständigkeit 1968, ergibt sich heute ein differenziertes Bild der Organisation auf kleinem Raum; neben Plantagen gibt es selbständige Kleinbetriebe verschiedener Größe, dazu Kleinbauern staatlicher Genossenschaften und Kleinbauern als Métayers (einer spezifischen Art von 'share cropping'). Die Teefläche erstreckt sich von 150 m bis auf über 600 m über NN, in einem Gebiet, das über 2500 mm Niederschlag durchschnittlich im Jahr erhält. Der Niederschlag ist über das ganze Jahr verteilt, jedoch fällt er in den Südwintermonaten auf dem zentralen Hochplateau, das das Hauptanbaugebiet für Tee stellt, in der Form langanhaltender Nieselregen, verbunden mit niedrigen Temperaturen und heftigen, konstanten Winden. Die Erträge sinken während der Monate Juli und August auf lediglich 2 % der Jahresernte. Von Dezember bis März, wenn über 50 % der Jahresernte erwartet werden, treten die Mauritius-Orkane auf, die Teile der Ernte oder die gesamte Ernte vernichten können und die auch Dauerschäden in den Feldern hinterlassen. (SCHWEINFURTH-MARBY und SCHWEINFURTH 1975; SCHWEINFURTH-MARBY 1974 und 1975 (3).)

2.17. RÉUNION

Ein vielversprechender Beginn des Teeanbaues auf Réunion, etwa 21° S, in etwa 1200 m auf der Plaine des Palmistes, ausgerüstet mit hervorragendem Pflanzmaterial aus Ostafrika und einer modernen Teefabrik, scheiterte nach nur wenigen Jahren 1971 an lokalpolitischen Schwierigkeiten. (SCHWEINFURTH-MARBY 1974 und 1975 (3); ATLAS DES DEPARTEMENTS FRANÇAIS D'OUTRE MER. I, LA REUNION, 1975.)

2.18. MADAGASKAR

Auf Madagaskar wurden seit 1955 Versuche unternommen, Teeanbau einzuführen, die bisher aber von wenig Erfolg gekrönt waren. (BARAT, M.H. 1958.)

2.19. AFRIKA

Die Teeanbaugebiete Afrikas sollen hier nur genannt werden; sie liegen außerhalb des vom Thema umschriebenen Raumes und verdienen eine gesonderte Abhandlung: Azoren,

Burundi, Kamerun, Kenia, Malawi, Mozambique, Rhodesien, Ruanda, Südafrika, Tansania, Uganda, Zaire. (BLUME 1971; BROWN and COCHEMÉ 1973; BONTE 1967; GAMBLE 1962; HAINSWORTH 1971; MWAI 1970; CLAYTON 1961; ETHERINGTON 1971; RUTHENBERG 1966; DUPRET 1956.)

3. REGIONALE UNTERSCHIEDE IM TEEANBAU IM AUSTRAL-ASIATISCHEN RAUM UND AUF DEN INSELN IM INDISCHEN OZEAN

Mit der kurzen Charakterisierung der Teeanbaugebiete im austral-asiatischen Raum und auf den Inseln des Indischen Ozeans kann nur angedeutet werden, welche Vielfalt im Teeanbau des genannten Raumes herrscht, aufgrund n a t ü r l i c h e r V o r a u s s e t z u n g e n und m e n s c h l i c h e n E i n f l u s s e s. Dabei wird hier nicht eingegangen auf Unterschiede der Feldpraktiken (wie Art und Zeit oder Abstände des Pflückens, Stutzens, Neupflanzens, Düngens, Jätens etc.) oder auf Unterschiede in der Verarbeitung: zu dem grundsätzlichen Unterschied zwischen der Verarbeitung zu grünem oder schwarzem Tee kommen Unterschiede der Maschinerie, verschiedene Welkvorrichtungen und Welkzeiten, unterschiedliche Roll-, Fermentierungs- und Röstpraktiken, bis hin zum speziellen Verarbeitungsprogramm für die Aromajahreszeiten (MARBY 1971 u. 1972.).

3.1. REGIONALE UNTERSCHIEDE DARGESTELLT AM BEISPIEL DER ERTRAGSSCHWANKUNGEN

3.1.1. Teeanbaugebiete mit geringen durchschnittlichen monatlichen Ertragsschwankungen

Bei Auslassung kleinräumiger regionaler Besonderheiten fällt zunächst die unterschiedliche Länge der Erntesaison auf, sowie unterschiedliche Monatserträge[13]). In Lagen unmittelbar nördlich und südlich des Äquators liegen T e e a n b a u g e b i e t e, in denen g a n z j ä h r i g g e e r n t e t wird, bei r e l a t i v g e r i n g e n d u r c h s c h n i t t l i c h e n m o n a t l i c h e n E r t r a g s s c h w a n k u n g e n: Ceylon, Südindien, Cameron Highlands (Malaysia), Sumatra, Java, Neuguinea, Seychellen, Kenia[14]) *(Fig. 1 und 2).*

[13]) Für die folgenden Vergleiche wurden eigene Erhebungen mit Angaben aus Veröffentlichungen anderer Autoren verglichen. Da Länge und genaue Lokalität, sowie Art der einzelnen Beobachtungen durchaus verschieden bzw. unbekannt sind, werden Prozentzahlen nur genannt, um bestimmte, sehr allgemeine Trends in den verschiedenen Anbaugebieten anzuzeigen.

[14]) Für Sumatra, Neuguinea und Seychellen liegen keine Prozentangaben vor; für Ceylon und Kenia (Kericho) sind die Angaben entnommen: HARLER 1969, 98; die Zahlen aus den Nilgiris hat LENGERKE aus dem Mittel 1956–1972 von 30 Nilgiris und einer Anaimalai-Plantage berechnet; die der Cameron Highlands stammen aus eigenem Material: Boh Estate, Mittel 1968–1972, die aus Java sind ebenfalls aus eigenem Material berechnet: 11 Plantagen aus dem Hochland von Pengalengan, Mittel 1968–1972.

			J	F	M	A	M	J	J	A	S	O	N	D	%
Ceylon	(7°N)	:	8	7	9	12	10	5	7	7	7	7	9	9	
Südindien	(10–12°N)	:	6	6	9	10	12	11	7	7	8	10	8	6	
Cameron Highlands	(4°N)	:	6	8	10	9	10	9	7	6	9	10	9	7	
Java	(7°S)	:	7	9	9	10	10	8	7	7	6	8	9	10	
Kenia	(0°)	:	9	8	9	9	7	7	8	8	8	9	9	9	

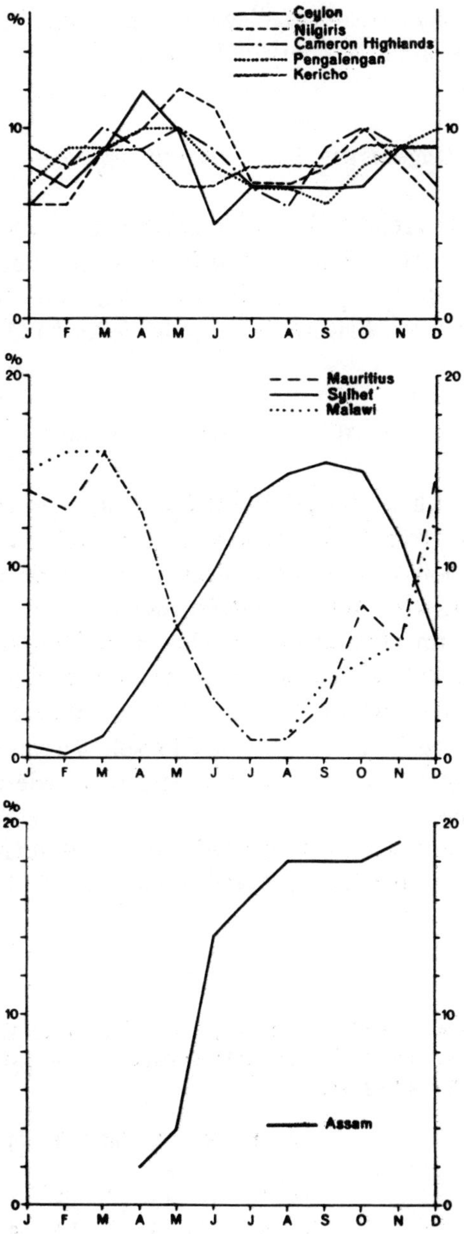

Fig. 2: Durchschnittliche monatliche Erträge (in %).

3.1.2. Teeanbaugebiete mit erheblichen durchschnittlichen monatlichen Ertragsschwankungen

Auf die ganzjährig produzierenden Teeanbaugebiete mit geringen durchschnittlichen monatlichen Ertragsschwankungen folgen nach Norden und nach Süden Teeanbaugebiete mit erheblichen durchschnittlichen monatlichen Ertragsschwankungen, mit Perioden, regelmäßig oder unregelmäßig auftretend, während derer die Ernte auf einen sehr geringen Prozentsatz sinkt: Mauritius, Bangla Desh (Sylhet), Queensland, Malawi[15]) *(Fig. 1 und 2).*

3.1.3. Teeanbaugebiete mit jahreszeitlichem Produktionsausfall

Auf die ganzjährig produzierenden Teeanbaugebiete mit erheblichen durchschnittlichen monatlichen Ertragsschwankungen folgen nach Norden und nach Süden solche mit Zeiten völliger Vegetationsruhe, d. h. mit Monaten ohne Produktion: Kangra, Darjeeling, Assam, China, Taiwan, Japan, Südafrika[16]) *(Fig. 1 und 2).*

3.2. DETAILBEISPIEL CEYLON

Nach einem solchen Überblick, der die Differenzierung nach der Höhe außer Acht läßt, muß die kleinräumige regionale Differenzierung innerhalb der großräumigen aufgezeigt werden. Ausgehend von Ceylon, das von allen Teeanbaugebieten die größte Vielfalt an natürlichen Voraussetzungen auf engem Raum aufweist, soll versucht werden, die klimatische Abhängigkeit des Teeanbaues im umschriebenen Raum an Beispielen zu belegen, wobei im Auge behalten werden muß, daß es sich selten um nur einen Klimafaktor handelt, der z. B. Schwankungen der Erträge verursacht, sondern daß es meist eine Kombination mehrerer Faktoren ist, deren Auswirkungen zudem der Mensch verringern oder verstärken kann. Menschliche Einflüsse können u. U. ausschlaggebend sein, wie am Beispiel der Seychellen und Réunions gezeigt wurde.

Vier typische Lagen Ceylons seien vorangestellt, die als Ausgangsbasis zum Vergleich mit anderen Teeanbaugebieten dienen können (MARBY 1971 u. 1972).

[15]) Für Queensland liegen keine Prozentangaben vor; die für Mauritius sind dem ANNUAL REPORT OF THE MINISTRY OF AGRICULTURE 1972, 24–25, entnommen; die für Sylhet aus THOMAS 1964 (aufgerundet); die für Malawi aus HARLER 1969, 98.

			J	F	M	A	M	J	J	A	S	O	N	D	%
Mauritius	(20°S):	:	14	13	16	13	7	3	1	1	3	8	6	15	
Bangla Desh	(25°N)	:	0,5	0,5	1	4	7	10	14	15	15	15	12	6	
Malawi	(16°S)	:	15	16	16	13	7	3	1	1	4	5	6	13	

[16]) Für Darjeeling, Kangra und China liegen keine Prozentangaben vor; für Assam wurden sie von HARLER 1969, 98, übernommen; für Taiwan gibt der KAFFEE UND TEE MARKT IV, 11, 1954, 15–17, an: März bis Mitte Mai: 30–35 %, Mitte Mai bis Mitte August: 45–50 %, Mitte August bis Mitte Oktober: 20–25 %; in Japan werden nach AONO 1956, 41, im Mai 40 %, im Juni und Juli 30 %, im August 20 %, im September 10 % geerntet; nach brieflicher Mitteilung des DEPT. OF AGRIC. TECHNIC. SERV., Nespruit, O-Transvaal vom 9. 7. 1974, herrscht in den Teeanbaugebieten im Transvaal von Juni bis September, und in Natal von Juni bis August Vegetationsruhe.

			J	F	M	A	M	J	J	A	S	O	N	D	%
Assam	(25–28°N)	:	–	–	–	2	4	14	16	18	18	18	19	–	

3.2.1. Südwestliches Tiefland

M a d a m p e E s t a t e *(Fig. 3)* liegt im feuchten südwestlichen Tiefland in etwa 300 m Höhe über NN. Die Plantage erhält 2518 mm Niederschläge jährlich. Auch der regenärmste Monat (Januar) erhält im Mittel noch 122 mm. Die Bewölkung ist selten anhaltend, die Niederschläge fallen meist als Schauer. Die Temperaturen variieren kaum. Die Plantage ist gegen die direkten südwestlichen Winde durch das Sabaragamuwa Bergland geschützt; den nordöstlichen Winden gegenüber liegt sie im Schutz des zentralen Berglandes. Bei wenig extremen klimatischen Bedingungen schwanken die Monatserträge kaum *(Fig. 4)*. Alle Feldarbeiten können zu jeder Jahreszeit ausgeführt werden; die Fabrikroutine ist das ganze Jahr über gleichbleibend (MARBY 1971 u. 1972).

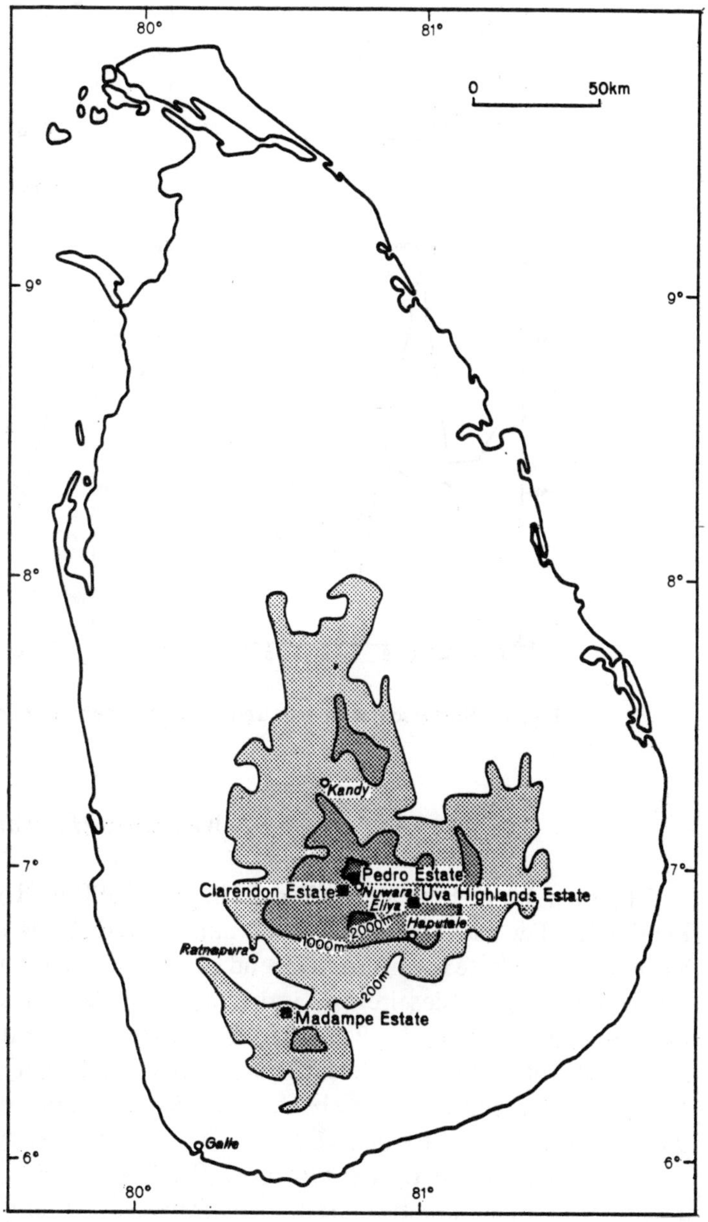

Fig. 3: Beispiel: Ceylon.

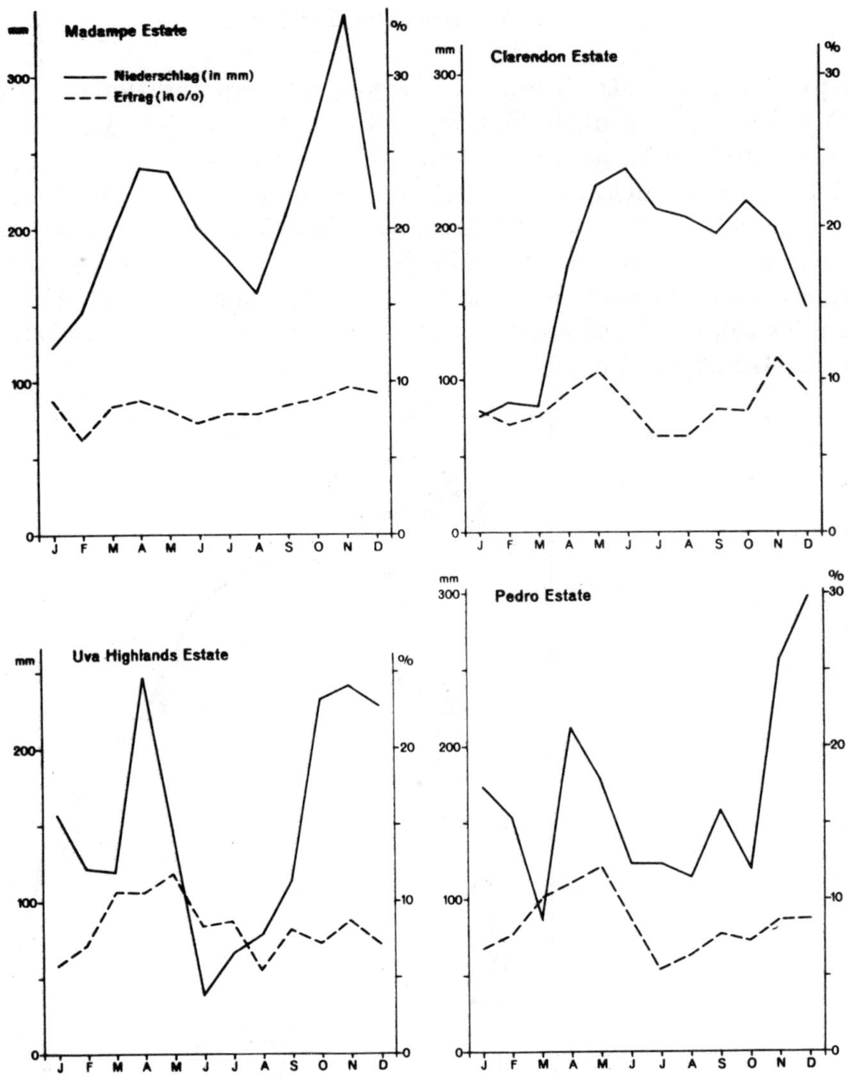

Fig. 4: Niederschlag in mm und Ertragsprozent vier ceylonesischer Teeplantagen.

3.2.2. Westliches Hochland

Clarendon Estate *(Fig. 3)* liegt in 1500 m Höhe im westlichen Teil des zentralen Berglandes. Die Plantage erhält 2060 mm Niederschläge jährlich; die Hauptniederschläge fallen bei voller Westexposition während des Südwestmonsuns (z. B. 237 mm im Juli) in Form oft wochenlanger Nieselregen, verbunden mit langanhaltender Bewölkung. Während des Nordostmonsuns liegt die Plantage im Schatten des zentralen Plateaus und erhält zu dieser Jahreszeit nur geringe Niederschläge (76 mm im Januar). Bei ausgeprägten Nordostmonsunlagen von Dezember bis Februar streicht der Föhnwind über die Plantage *(„Dimbula Blowing“)*, der zur Ausbildung des für diese Jahreszeit typischen Aromas führt. Die Ertragskurve von Clarendon Estate wird beeinflußt von feuchten südwestlichen Winden und langanhaltender Bewölkung während der Südwestmonsunmonate und leicht austrocknenden

Winden zu einer Zeit niedriger Temperaturen während des Nordostmonsuns *(Fig. 4)*. Von den Feldarbeiten können nur das Pflücken und Düngen das ganze Jahr über ausgeführt werden; alle anderen Feldarbeiten sind auf den Südwestmonsun beschränkt. Die Fabrikroutine wird während der „Aromamonate" leicht variiert (MARBY 1971 u. 1972).

3.2.3. Östliches Hochland

Uva Highlands Estate *(Fig. 3)* in 1200 m im östlichen Teil des zentralen Hochlandes gelegen, erhält 1796 mm Niederschläge im Jahr, davon drei Monate im Durchschnitt weit unter 100 mm (Minimum 39 mm im Juni). Hier im Osten erreicht der Teeanbau seine Trockengrenze in Ceylon. Der Nordostmonsun tritt als Hauptregenbringer auf, mit ähnlich langanhaltender Bewölkung wie der Südwestmonsun im Westen. Wesentlich stärker ist im Osten jedoch der jahreszeitliche Föhnwind ausgeprägt, der hier während des Südwestmonsuns auftritt *("Uva Blowing", "Kachchan")*. Als starker, austrocknender Wind streicht er unmittelbar über Uva Highlands Estate hinweg. Heftige Windgeschwindigkeiten verstärken die austrocknende Wirkung und verursachen einen Rückgang der Erträge, gleichzeitig aber die Ausbildung eines besonders starken, geschätzten Aromas im Tee *(Fig. 4)*. Von den Feldarbeiten kann nur das Pflücken – in saisonal verschieden langen Intervallen – ganzjährig durchgeführt werden. Alle anderen Feldarbeiten müssen während der hier trockenen Südwestmonsunperiode ausgesetzt werden. Von Juni bis September wird die Fabrikroutine auf *"flavour manufacture"* umgestellt (MARBY 1971 u. 1972).

3.2.4. "Top-country"

Pedro Estate *(Fig. 3)*, in bis zu 2200 m Höhe gelegen, auf dem *"top-country"* Ceylons, gehört zu den höchsten Teeplantagen der Insel. Es fallen jährlich 2000 mm Niederschläge. Die Plantage wird – abgeschwächt – von beiden Monsunen beeinflußt; besonders der Südwestmonsun und die ersten Nordostmonsunmonate schlagen sich mit anhaltender Bewölkung auf dem Plateau nieder. In der Zeit vom Oktober an – vor allem aber von Januar bis März – kann Frost auftreten, der in Frostlöchern (Depressionen im Gelände oder auch nur an einzelnen, unterhalb der allgemeinen Feldoberfläche liegenden Büschen) zu erheblichen Schäden führen kann; intensive Strahlung am darauffolgenden Tag vergrößert den Schaden. Auch hier ist die Zeit des durch niedrige Temperaturen verringerten Wachstums (vor allem Januar und Februar) mit der Ausbildung eines besonderen Aromas verbunden *(Fig. 4)*. Neupflanzungen werden im November und Dezember angelegt; während des Südwestmonsuns und nach dem Auftreten von Frösten auch im Januar und Februar werden die Büsche gestutzt. Während Januar und Februar wird der Aromatee auf besondere Art verarbeitet (MARBY 1971 u. 1972).

Diese vier Beispiele aus Ceylon lassen auch die kleinräumige Differenzierung des Teeanbaues anschaulich werden: Differenzierung erfolgt nach Exposition und Höhe. Die damit verbundenen klimatischen Besonderheiten beeinflussen Erträge, Aroma und Arbeitsroutine im Teeanbau.

4. DEN TEEANBAU BEEINFLUSSENDE KLIMAFAKTOREN

Im Folgenden können einige den Teeanbau beeinflussende Klimafaktoren – mit regionalen Beispielen belegt – noch vorgestellt werden.

4. 1. LANGANHALTENDE REGENFÄLLE MIT DICHTER BEWÖLKUNG

Langanhaltende Regenfälle mit dichter Bewölkung, d. h. geringer Sonnenscheindauer, mit meist niedrigeren Temperaturen und steten Winden verbunden, führen zum Ertragsrückgang. Die Photosynthese wird unter den gegebenen Bedingungen erschwert, die Wuchsgeschwindigkeit verringert. Es treten zudem bestimmte Krankheiten auf, durch deren Einwirkung die Erträge weiter gedrückt werden.

Zu den Teeanbaugebieten, in denen die genannten wachstumshemmenden Bedingungen während bestimmter Monate auftreten, gehören Ceylon (mit Ausnahme des südwestlichen Tieflandes), die Nilgiris, die Cameron Highlands, das Hochland von Pengalengan, Mauritius *(Fig. 5.).*

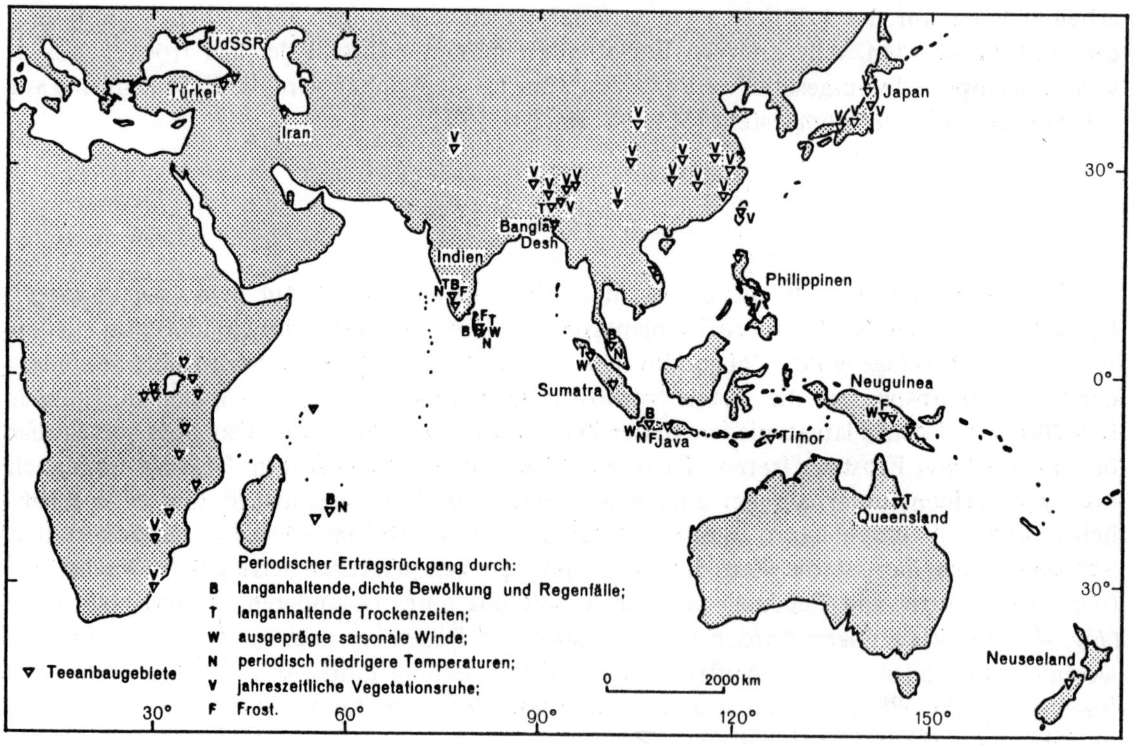

Fig. 5: Klimatische Einflüsse und Ertragsrückgang.

4.2. LANGANHALTENDE TROCKENZEITEN

Langanhaltende Trockenzeiten, verbunden mit geringer Luftfeuchtigkeit, schränken das Wachstum der Teebüsche ein, bei entsprechender Dauer verdorren die

Blätter und schließlich ganze Büsche. Es kommt je nach Intensität und Dauer der Trockenperiode zu geringeren Erträgen, zu periodischem Ernteausfall, oder zum Absterben ganzer Büsche.

Von saisonalen Trockenzeiten verschiedener Intensität und Dauer werden betroffen Teeanbaugebiete in Ceylon (vor allem im östlichen Hochland), in den Nilgiris, in Bangla Desh, in Sumatra und in Queensland *(Fig. 5)*.

4.3. AUSGEPRÄGTE SAISONALE WINDE

Die Wirkung ausgeprägter saisonaler Winde in Verbindung mit anhaltenden Niederschlägen wurde bereits erwähnt. Eine besondere Bedeutung kommt trockenen Fallwinden zu, die auch während nicht unbedingt ausgeprägter Trockenperioden ihr Auftreten manifestieren in verlangsamtem Wuchs, d. h. in geringfügigeren Erträgen und ausgeprägtem, konzentriertem Aroma. Ihr Auftreten während längerer Trockenperioden verstärkt ihre Wirkung; es kommt zu erheblichem Ernterückgang und zur Ausbildung eines besonders kräftigen Aromas.

Von saisonalen trockenen Winden beeinflußte Teeanbaugebiete liegen in Ceylon (vor allem im östlichen Hochland, weniger stark auch im westlichen Hochland), in Java (Hochland von Pengalengan), im nordöstlichen Sumatra und in Neuguinea (oberes Wahgi-Tal) *(Fig. 5.)*.

4.4. JAHRESZEITLICH NIEDRIGE TEMPERATUREN

Jahreszeitlich niedrige Temperaturen (aber nicht Frost) führen zu verlangsamtem Wuchs und Rückgang der Erträge, wobei möglicherweise die Bodentemperaturen ausschlaggebender sind als die Lufttemperaturen[17]).

a) Periodisch geringfügig niedrige Temperaturen führen zum periodischen Rückgang der Erträge in Ceylon (mit Ausnahme des südwestlichen Tieflandes), in den Nilgiris, den Cameron Highlands, in Java und in Mauritius *(Fig. 5.)*

b) Jahreszeitlich größere Schwankungen (während derer auch gelegentlich leichter Frost auftreten kann) führen zu einer völligen Vegetationsruhe des Teebusches. In solchen Gebieten kann nur während der Sommermonate Tee geerntet werden: Assam, Darjeeling, Kangra, China, Taiwan, Japan, Südafrika *(Fig. 5.)*.

4.5. FROST

Es fehlen genaue Versuchsreihen, bei welchen Temperaturen die Blattzellen der Teebüsche geschädigt werden. Erfahrungen aus frostgefährdeten Gebieten in den Tropen deuten jedoch darauf hin, daß schon sehr geringe Frostgrade junge Blattzellen beschädigen. Da Frost in tropischen Gebirgen immer während Perioden intensiver Strahlung auftritt, werden die durch Frost beschädigten Blätter durch nachfolgende starke Strahlung verbrannt. Je nach Stärke des Frostes und der nachfolgenden Strahlung werden die jüng-

[17]) Information von H.J. von LENGERKE über Erfahrungen in den Nilgiris.

sten Triebe oder ganze Büsche geschädigt. Bei besonders starken Frösten treten Dauerschäden auf, ganze Büsche sterben ab.

Frostgefährdete Teeanbaugebiete in den Tropen liegen in Ceylon im *"top-country"* um Nuwara Eliya in 1900 m Höhe), in den Nilgiris (oberhalb 1500 m), in Java (um 1500 m bei Kertasarie, um 2000 m in Patuahwatte) und in Neuguinea (Versuchsfelder bei Sirunki 2800 m) *(Fig. 5.)*.

Die nördlich des nördlichen Wendekreises in Darjeeling, Assam, Kangra, China, Taiwan und Japan angebauten Varietäten befinden sich während der Frostmonate in Vegetationsruhe. Es treten keine Frostschäden ähnlichen Ausmaßes wie in den tropischen Gebirgen auf *(Fig. 5.)*.

5. GRENZEN DES TEEANBAUES

Zwei der genannten Klimafaktoren führen zunächst zu geringen bis erheblichen Schwankungen der Erträge; im Extrem wirken sie sich als begrenzend für den Teeanbau aus:

Trockenheit, sowohl in Form geringer absoluter Niederschläge, als auch in Form langanhaltender Trockenzeiten und geringe Temperaturen.

Dabei kann aus dem vorausgegangenen Vergleich gefolgert werden, daß der Teeanbau in Asien nördlich des nördlichen Wendekreises auch in Gebieten mit regelmäßig auftretendem jahreszeitlichen Frost betrieben wird, dort aber einer jahreszeitlichen Vegetations- und damit Produktionsruhe unterliegt; d. h. der Teeanbau geht horizontal von Süden nach Norden über die absolute Frostgrenze hinaus, letztlich begrenzend für den Teeanbau nach Norden ist demnach nicht das Auftreten von Frost, sondern wohl der jahreszeitliche Mangel an Wärme (v. WISSMANN 1948).

In vertikaler Sicht innerhalb der Tropen bildet das häufige Auftreten von Frösten eine Grenze für den Teeanbau; sie liegt im durch Teeanbau genutzten austral-asiatischen Raum in Becken und Gebirgsfußzonen niedriger als auf den umliegenden Hängen und Gipfeln und ist deshalb nicht als durchgehende Linie im Gelände zu verfolgen (v. WISSMANN 1948). Beim Auftreten von Frösten in tropischen Höhenlagen, bei nur geringer oder gar nicht reduzierter vegetativer Phase der Teebüsche treten in Verbindung von nächtlichem Frost mit nachfolgender starker Strahlung am Tage derartige Schäden an den Teebüschen auf, daß der Teeanbau unrentabel wird, vor allem bei entsprechender Frosthäufigkeit.

Da südlich des südlichen Wendekreises im austral-asiatischen Raum und auf den Inseln des Indischen Ozeans kein Tee angebaut wird, muß die Frage offen bleiben, wie der Teeanbau in der südhemisphärisch temperierten Zone auf Frostauftreten reagieren würde.

LITERATUR

ALLAVENA, (1936): Le thé en Indochine. Agronomie Coloniale 217 and 218, 1–16.
– (1943): Le thé en Annam. Agronomie Coloniale 195, 1–4.
AONO, G. (1956): Japan meets new Export Patterns. Tea and Coffee Trade Journal 79, 9, 41.
ATLAS DES DÉPARTEMENTS FRANÇAIS D'OUTRE-MER (1975): I. La Réunion. Paris.
BALD, C. (1957): Indian Tea. Rewritten by C.J. HARRISSON.

BARAT, M.H. (1958): Le problème du thé à Madagaskar. Bull. Madagaskar 8, 150, 969–972.
BARKATI, S. (1969): Assam. New Delhi.
BHATNAGAR, I. (1966): Economics of Tea Farming in Kangra. Agric. Situation in India, 451–454.
BLUME, H. (1971): Organisational Aspects of Agro-Industrial Development Agencies. I.F.O. München.
BONTE, E. (1967): La culture de théier au Burundi. Ann. Gembloux 72, 3, 105–111.
BROWN, L.M. and COCHEME, J. (1973): A Study of the Agroclimatology of the Highlands of Eastern Africa. W.M.O. Techn. Note 125. Genf.
Bureau of Meteorology (1966): Rainfall Statistics in Queensland. Melbourne.
Bureau of Meteorology (1969): Climatic Averages Australia. Melbourne.
CARDEW, J. (1953): China's Tea Industry. Eastern World 7, 2, 40–41.
CARR, M.K.V. (1972): The Climatic Requirements of the Tea Plant. Exper. Agric. Rev. 8, 1–14.
CARRUTHERS, I.D. and GWYER, G.D. (1963): Prospects for the Pakistan Tea Industry. The Pakistan Dev. Rev. VIII, 3, 431–451.
Carte International du Tapis Végétal Cambodge 1 : 1000000 et Notice de la Carte Cambodge (1972). Pondichéry.
Census of Agriculture (1963): Indonesia. Jakarta.
China Reconstructs (1973): Keemum- a Famous Tea. China Reconstructs XXII, 5. May, 23–26.
CLARKSON, J.D. (1968): The Cultural Ecology of a Chinese Village: Cameron Highlands, Malaysia. Michigan.
CLAYTON, E.S. (1961): Cash Crop for Smallholders. World Crops 13, 8, 295–297.
DOMRÖS, M. (1974): The Agroclimate of Ceylon. Geoec. Res. Vol. II. Wiesbaden.
DUPRET, R. (1956): Le thé au Congo Belge. Bull. Bimestr. 173. Soc. Belge d'études d'expansion, 945–948
EDEN, T. (1965): Tea. London.
ETHERINGTON, D.M. (1971): Economics of Scale and Technical Efficiency. A Case Study in Tea Production. E. Afric. J. of Rural Dev. 4, 1, 72–87.
FORTUNE, R. (1853): Two Visits to the Tea Countries of China and the British Tea Plantations in the Himalayas. London.
GAMBLE, G. (1962): Tea Planting in Kenya by African Farmers. Span 5, 1, 45–47.
GOKHALE, N.G. (1954): Natural Factors and their Influence on Tea Production. World Crops 6, 7, 280–283.
GRAHAM, G.K., CHARLES, A.W., SPINKS, G.R. (1963): Tea Production in Papua and New Guinea. Papua and New Guinea Agricultural Journal 16, 2–3, 117–138.
GRAHAM, T.G. (1956 and 1957): Tea Growing Experiments in North Queensland. Reprint from: Queensland Agricultural Journal, Dec. 1956 and Jan. 1957.
HAINSWORTH, E. (1970): The Meru Tea Scheme, Kenya. J. Tea Boards Kenya, Uganda, and Tanganyika 10, 4, 98–100.
HARLER, C.R. (1969): A Tea Planting Calender for Assam. Investors' Guardian 213, 98–100.
– (1971): The Soils. World Crops 23, 5, 275.
HO, YHI-MIN (1966): Agricultural Development of Taiwan 1903–1960. Vanderbuilt University Press.
HOBMAN, F.R. and NIMMO, R.G. (1972): Economics of Tea Growing. Queensland Agricultural Journal, April, 202–207.
HOBMAN, F.R. (1972): Tea Growing in North Queensland. Manuscript: A.I.A.S. (N.Q. sub-branch)
Journal of Industry and Trade (1967): India's Tea Industry. Journal of Industry and Trade, 1072–1077.
Kaffee und Tee Markt (1954): Entwicklung der Teewirtschaft Formosas. Kaffee und Tee Markt IV, 11, 15–17.
KHAN, A.S. (1956): Pakistan Tea. Tea and Coffee Trade Journal 73, 9, 39 and 80.
KINGDON WARD, F. (1950): Does Wild Tea Exist? Nature 165, 297.
KOEPPEN, W. (1900): Versuche eine Klassifikation der Klimate vorzugsweise nach ihren Beziehungen zur Pflanzenwelt. G. Z., 593–611, 657–679.
LENGERKE, H.J. v. (1977): The Nilgiris. Weather and Climate of a Mountain Area in South India. Wiesbaden.
MARBY, H. (1971): Die Teelandschaft der Insel Ceylon. Erdkundliches Wissen 27, 23–101.
– (1972): Tea in Ceylon. Geoec. Res. Vol. I. Wiesbaden.
MARUFF, A.P. (1971): A New Concept of Tea Culture – from Nerada, Queensland. Food Technology in Australia 23, 11, 560–563.

METZNER, J.K. (1977): Man and Environment in Eastern Timor. Monograph no 8. Dev. Studies Centre, ANU, Canberra.
Ministère de l'Agriculture (1972): Monographie des Cultures au Cambodge. Phnom Penh, Pondichéry.
Ministry of Agriculture (1972): Annual Report. Port Louis, Mauritius.
MWAI, J.K. (1970): Smallholder Tea and its Development in Kenya. World Crops 22, 5, 308–310.
NIEUWOLT, S. (1969): Klimageographie der malaiischen Halbinsel. Mainzer Geogr. Studien 2. Mainz.
RAMOS, E.B. (1968): The Culture in Baguio. The Philippine Journal of Plant Industry 33, 1–2, 37–47.
RUTHENBERG, H. (1966): African Agricultural Production Development Policy in Kenya 1952–1965. Berlin–Heidelberg.
SANDMU, A.S. (1959): Tea Cultivation in Kangra. Indian Farming 8, 31–34.
SCHWEINFURTH, U. (1966): Die Teelandschaft im Hochland der Insel Ceylon als Beispiel für den Landschaftswandel. Heidelberger Studien zur Kulturgeographie, 297–310.
– (1970): Der Teeanbau in Neuguinea. Erdkunde XXVI, 3, 220–229.
SCHWEINFURTH, U. and SCHWEINFURTH-MARBY, H. (1975): Exploration in the Eastern Himalayas and the River Gorge Country of Southeastern Tibet. Francis (Frank) Kingdon WARD (1885–1958). Geoec. Res. Vol. III. Wiesbaden.
SCHWEINFURTH-MARBY, H. (1974): Tee-Anbau und Tee-Anbauversuche im westlichen Indischen Ozean: Seychellen, Mauritius, Réunion. Kaffee und Tee Markt XXIV, 19, 10–13. Hamburg.
– (1975 (1)): Der Teeanbau im nördlichen Queensland (Australien). Kaffee und Tee Markt XXV, 3, 8–11. Hamburg.
– (1975 (2)): Plantagen und kleinbäuerlicher Teeanbau in den Cameron Highlands, Malaysia. Kaffee und Tee Markt XXV, 20, 8–12, Hamburg.
– (1975 (3)): Tea Cultivation and Attempts at Tea Cultivation in the Western Indian Ocean: Seychelles, Mauritius and Réunion. Appl. Sciences and Dev. 5, 107–115. Tübingen.
SCHWEINFURTH-MARBY, H. und SCHWEINFURTH, U. (1975): Der Teeanbau auf Mauritius. G.Z. 63, 1. 31–55. Wiesbaden.
SPRECHER VON BERNEGG, A. (1936): Tropische und subtropische Weltwirtschaftspflanzen, III. Teil, 3. Band, Stuttgart.
Statistical Pocketbook (1970/71): Indonesia.
STEENIS, C.G.G.J. van (1968): Frost in the Tropics. Proc. Symp. Recent Adv. Trop. Ecol. Benares, 154 168.
TEULIERES, R. (1961): Le thé au Sud Viet-Nam. Les Cahiers d'Outre Mer 54, 14, 182–209.
THOMAS, P.S. and AHMAD, I. (1964): Some Factors Affecting Tea Production in Pakistan. The Pakistan Development Review IV, 1, 404–461.
TSAO, Kuo-Ching (1929): Der chinesische Tee auf dem europäischen und amerikanischen Markte. Diss. Engelsdorf–Leipzig.
WANG, Ming-Yuan (1957): Le thé de Chine. Rev. Int. Prod. Trop. 32. 329, 61 and 63.
WEDDIGE, L.W. (1926): Über die Bodenpflege auf den Tropenpflanzungen des südasiatischen Anbaugebietes. Beiheft zum Tropenpflanzer XXIII.
WIGHT, W. and BARUA, P.K. (1957): What is Tea? Nature
– (1959): Nomenclature and Classification of the Tea Plant. Nature 183, 1726–1728.
WISSMANN, H. v. (1948): Pflanzenklimatische Grenzen der warmen Tropen. Erdkunde II, 81–92.

DISKUSSION ZUM BEITRAG SCHWEINFURTH-MARBY

Prof. Dr. M. Domrös:

Die klimatischen Wachstumsansprüche der Teepflanze werden in der einschlägigen Literatur vorzugsweise durch hygrische und thermische Indices festgelegt, z. B. durch so beliebte, aber wenig qualifizierte und quantitative Kriterien wie „hohe" Niederschläge, „gleichmäßige" Niederschlagsverteilung über das Jahr und „Frostempfindlichkeit". Im Hinblick auf klima- und agrarökologische Aussagen – gerade zum Zwecke einer kritischen Analyse der gegenwärtigen und potentiell möglichen Verbreitung der Teekultur – bedarf es unbedingt einer möglichst genauen Kenntnis der klimatischen Ansprüche des Teestrauches. Aus hygrischer Sicht liegen ideale Wachstumsbedingungen für die Teepflanze im ganzjährig humiden

Klima vor, wobei aus neueren Arbeiten von BROWN und COCHEME (1973), CARR, (1972) und WILLATT (1971) folgende Grundregel über den Wasser-, nicht jedoch Niederschlagsanspruch der Teepflanze abgeleitet werden kann: Der minimale Wasserbedarf des Teestrauches ist gedeckt, wenn in jedem Monat des Jahres der Niederschlag einen Wert von 0,80 bis 0,85 E_0 erreicht, wobei E_0 die potentielle Evaporation (nach der PENMAN-Formel zu berechnen) darstellt. Das heißt, daß schon im Falle eines einzigen Monats mit einer Niederschlagsmenge von unter 80–85 % der potentiellen Evaporation ungünstige Wachstumsbedingungen der Teepflanze vorliegen. Aus hygrischer Sicht interessiert insbesondere noch ein zweiter Aspekt, nämlich die Niederschlagsverteilung über das Jahr, der ebenfalls über die Wasserbilanz erfaßt werden kann, obgleich er bis jetzt in der Regel durch die Forderung nach mindestens 2 Inches (51 mm) Monatsniederschlag zu definieren versucht wird.

In thermischer Hinsicht wird übereinstimmend der Frost, in den niederen Breiten speziell der nächtliche, strahlungsbedingte Depressionsfrost, als wachstumsbegrenzend für die Teepflanze erklärt und daraus die Frostgrenze zugleich als Höhengrenze des Teeanbaus abgeleitet. Diese Beziehung bedarf allerdings noch einer genaueren wissenschaftlichen Untersuchung: Die Teeblatt-Nekrosen, für die in Kreisen der Teepflanzer der „Frost“ verantwortlich gemacht wird, können bislang noch nicht bewiesenermaßen auf das Phänomen des echten, meteorologischen Frostes (mit dem Unterschreiten des Gefrierpunktes) zurückgeführt werden. Das Gegenteil wird z. B. durch exakte Messungen der Minimumtemperatur auf Teeplantagen in Ceylon bewiesen, wo selbst Temperaturen über dem Nullpunkt den unrichtigen Namen „Frost“ erhalten haben, – eben auf Grund von Teeblatt-Nekrosen. Unbezweifelbar ist jedoch, daß diese Teeblatt-Nekrosen immer als Folge großer Abkühlung in der Nacht und kräftiger Erwärmung am darauffolgenden Tage auftreten; sie resultieren somit aus der großen täglichen Temperaturamplitude und sind somit eine typische Erscheinung des thermischen Tageszeiten-Klimas der Tropen, sofern dieses eine außergewöhnlich große Amplitude mit zugleich ungewöhnlich niedrigen Temperaturen (Frost?) mit einschließt. Frost als thermischer Ungunst- und Grenzfaktor für die Teekultur ist immer ein geländeklimatologisches Phänomen, räumlich beschränkt auf Depressionen etc., die als sogenannte Kaltluftseen fungieren. Unter diesem Vorbehalt kann auch der Begriff „Frostgrenze“ – als Höhengrenze des Teebaus – nicht als eine durchgehende, linienartige Grenze (wie z. B. die Waldgrenze) verstanden werden; vielmehr ist es die Höhenstufe in der in Depressionen etc. unregelmäßige Nachtfröste in der strahlungsarmen Jahreszeit auftreten.

LITERATUR

BROWN, L.N. und J. COCHEME 1973: A Study of the Agroclimatology of the Highland of Eastern Africa. World Meteorol. Organization: Technical Note 125, Genf.

CARR, M.K.V. 1972: The Climatic Requirements of the Tea Plant: A Review. In: Experimental Agric. Rev. 8, S. 1–14.

DOMRÖS, M. 1974: The Agroclimate of Ceylon. = Geoecological Research, Vol. 2, Wiesbaden.

WILLATT, S.T. 1971: Model of Soil Water Use by Tea. In: Agric. Meteorol. 8, S. 341–351.

Prof. Dr. W. Czajka:

Für das Aroma wurden an einer Stelle des Vortrages klimatische Einflüsse geltend gemacht. Während meines Aufenthaltes in Argentinien kamen in den Nachkriegsjahren die ersten Tee-Sorten aus der Provinz Misionis auf den Markt. Der Tee ist wohlschmeckend, aber gegenüber dem asiatischen Tee aromatisch von anderem Charakter. Vielleicht, um das so vom bisher importierten Tee abweichende Getränk marktfähig zu halten (der Import wurde eingestellt), konnte man gelegentlich Artikel lesen, die allgemein auf die beschränkten Möglichkeiten unveränderter Erhaltung des Aromas, bzw. der Bildung der charakteristischen ätherischen Öle bei Überführung von Ursprungsgebieten in neue Anbaugebiete eingingen. Hierbei wurden die Bodeneinflüsse des neuen Standorts besonders geltend gemacht.

Dr. H. Schweinfurth-Marby:

Zu DOMRÖS; Im vorliegenden Aufsatz konnte es nicht um Grundlagen für die potentiell mögliche Verbreitung des Teeanbaues gehen, sondern vielmehr um eine Bestandsaufnahme der gegenwärtigen Verbreitung, zu der eigene Feldforschungen und Literatur ausgewertet wurden. Wie erwähnt, ist die Quellenlage für die Teeanbaugebiete sehr unterschiedlich; für einzelne Teeanbaugebiete existieren gar keine wissenschaftlich quantifizierbaren Aussagen. Es wurde deshalb auf die Benutzung von Formeln, wie z.B. der Penman Formel verzichtet, da ein Vergleich in diesem räumlichen Umfang dann nicht möglich gewesen wäre, oder aber eine Exaktheit vorgetäuscht worden wäre, die beim gegenwärtigen Stand der Grundlagenforschung nicht möglich ist. Selbst in wissenschaftlich gut untersuchten Gebieten wie Ceylon (Tea Research Institute, Talawakelle), den Nilgiris (UPASI) oder Assam (Toklai Tea Research Institute), wurden lediglich Niederschläge, Temperaturen und höchstens noch Sonnenscheindauer über längere Perioden gemessen und aufgezeichnet. Für Indonesien und Malaysia fehlen z. B. schon jegliche vergleichbaren Werte, ganz abgesehen von den neu entstehenden Teeanbaugebieten.

Auf das Fehlen exakter Daten zur Frage der Frostschäden wurde im Vortrag hingewiesen. Die Teeanbaugebiete, die als frostgefährdet erwähnt wurden, sind sämtlich durch Temperaturmessungen als „echte" Frostgebiete ausgewiesen. Auf die unterschiedliche Wirkung von Frost in Verbindung mit hoher nachfolgender Einstrahlung bei nahezu uneingeschränkter vegetativer Phase der Teebüsche in tropischen Höhen im Gegensatz zu jahreszeitlich auftretendem Frost bei Vegetationsruhe in randtropischen oder außertropischen Teeanbaugebieten wurde ebenfalls eingegangen. Zur Frostgrenze in den Tropen wurde auf WISSMANN, H. v. 1948, hingewiesen.

Die Aussagen über Frosttemperaturen auf Teeplantagen in Ceylon sind allerdings mit Vorsicht zu bewerten. Die Temperaturmessungen werden auf den meisten Plantagen in der Nähe oder unmittelbar an der Fabrik vorgenommen, die zumeist auf einer Kuppe in relativ exponierter Lage liegt. Treten dort über Nacht Temperaturen in der Nähe des Nullpunktes auf, wird auf Frost in den durch Erfahrung ausgewiesenen Frostlöchern geschlossen, diese Schätzungen können im Einzelfall durch Frostschäden belegt werden.

Zu CZAJKA: Obwohl die Frage des Aromas im Teeverkauf und bei der Bestimmung der Teepreise eine große Rolle spielt, gibt es kaum Arbeiten, die sich mit der chemischen Analyse des Aromas im Tee befassen. Teepflanzer und Teeschmecker berufen sich stets auf ihre Erfahrung.

Jedes Teeanbaugebiet erzeugt einen Tee mit einem spezifischen Aroma, das bis hin zu speziellen „Lagen" unterschieden werden kann. So unterscheiden sich z. B. die „malzigen" Assam Tees von den „blumigen" Darjeeling Tees und von den „frischen" Ceylon Tees. Innerhalb z. B. Ceylons bringen die „Lagen" von Uva, Dimbula oder Nuwara Eliya wieder spezielle Aromate hervor. Unterschiedliches Pflanzenmaterial ist sicher nur einer der Faktoren, die zur Ausbildung eines spezifischen Aromas führen; ebenso wird es nicht ausreichen, eine Begründung in unterschiedlichen Böden zu suchen, da z. B. die aus Ceylon erwähnten „Lagen" auf chemisch gleichen Böden wachsen.

Von den regional unterschiedlichen Aromaten wurde, nicht zuletzt wegen mangelndem wissenschaftlichen Grundlagenmaterial, hier abgesehen, vielmehr war im Vortrag die Rede von Aromajahreszeiten, die im wesentlichen klimatisch bedingt sind. Auslösend für ein spezifisches jahreszeitliches Aroma sind Trockenheiten, niedrige Temperaturen oder austrocknende Winde.

DIE SUBNIVALE HÖHENSTUFE AM KILIMANDJARO UND IN DEN ANDEN BOLIVIENS UND ECUADORS

GERHARD FURRER und KURT GRAF

Mit 8 Figuren

1. EINLEITUNG UND PROBLEMSTELLUNG

Zur vergleichenden Erforschung der subnivalen Höhenstufe von verschiedenen Hochgebirgen und deren solifluidalen Formen dehnte das Geographische Institut der Universität Zürich seine Feldarbeiten auf Gebirge der inneren Tropen aus. So hat G. FURRER mit einigen Assistenten über die Jahreswende 1970/71 am Kilimandjaro gearbeitet, während sein Schüler K. GRAF 1971 und 1973–1974 umfangreiche Untersuchungen in niedern Breiten der Anden durchführte. Ergebnisse dieses Programms sind bereits in mehreren Publikationen veröffentlicht worden (GRAF 1971, 1973; FREUND 1971, 1972; FURRER & FREUND 1973; KASPER 1975).

In der vorliegenden Arbeit werden Beobachtungen über Temperaturwerte sowie Bodenfrost dargelegt, und die subnivale Höhenstufe in den innern Tropen der Südhemisphäre wird bezüglich Formenschatz, Lage und vertikaler Ausdehnung an ausgewählten Beispielen behandelt.

2. ARBEITSGEBIET KILIMANDJARO

Der Kilimandjaro trägt drei verschieden alte Vulkane – Shira, Mawenzi und Kibo –, die Kegelform ist noch bei den zwei letztgenannten, den jüngeren, vorhanden. Der Kibo als jüngster und höchster scheint vor allem im Pleistozän tätig gewesen zu sein, Fumarolen zeugen heute noch von dieser jungen Phase. Seine 6000 m Höhe erreichende Spitze ist die einzige verfirnte Stelle des Kilimandjaros, einige Gletscherzungen reichen bis in rd. 4700 m Höhe hinab. Die Verbreitung des glazialen Formenschatzes bis etwa zur Kote 3700 m belegt eine eiszeitliche Vergletscherung in rd. 3° südlicher Breite, die etwa 1000 m weiter hinab reichte.

Der montane Regenwald steigt als geschlossener Gürtel bis in rd. 3000 m Höhe; vereinzelte, gelegentlich in Gruppen auftretende *Dendro-Senecionen*, die zu den Bäumen gerechnet werden müssen, steigen bis ca. 4400 m Höhe hinauf und können beinahe bis an die obere Grenze der Gefäßpflanzen reichen. Diese baumförmigen Compositen gehören zu einer spezifischen Lebensform, die nicht mit den Bäumen der europäischen subalpinen Stufe verglichen werden kann (nach KLÖTZLI, 1958).

Unser Arbeitsgebiet lag zwischen Kibo und Mawenzi, seine Hauptfläche im Sattel in Höhen von 4000 bis 4500 m.

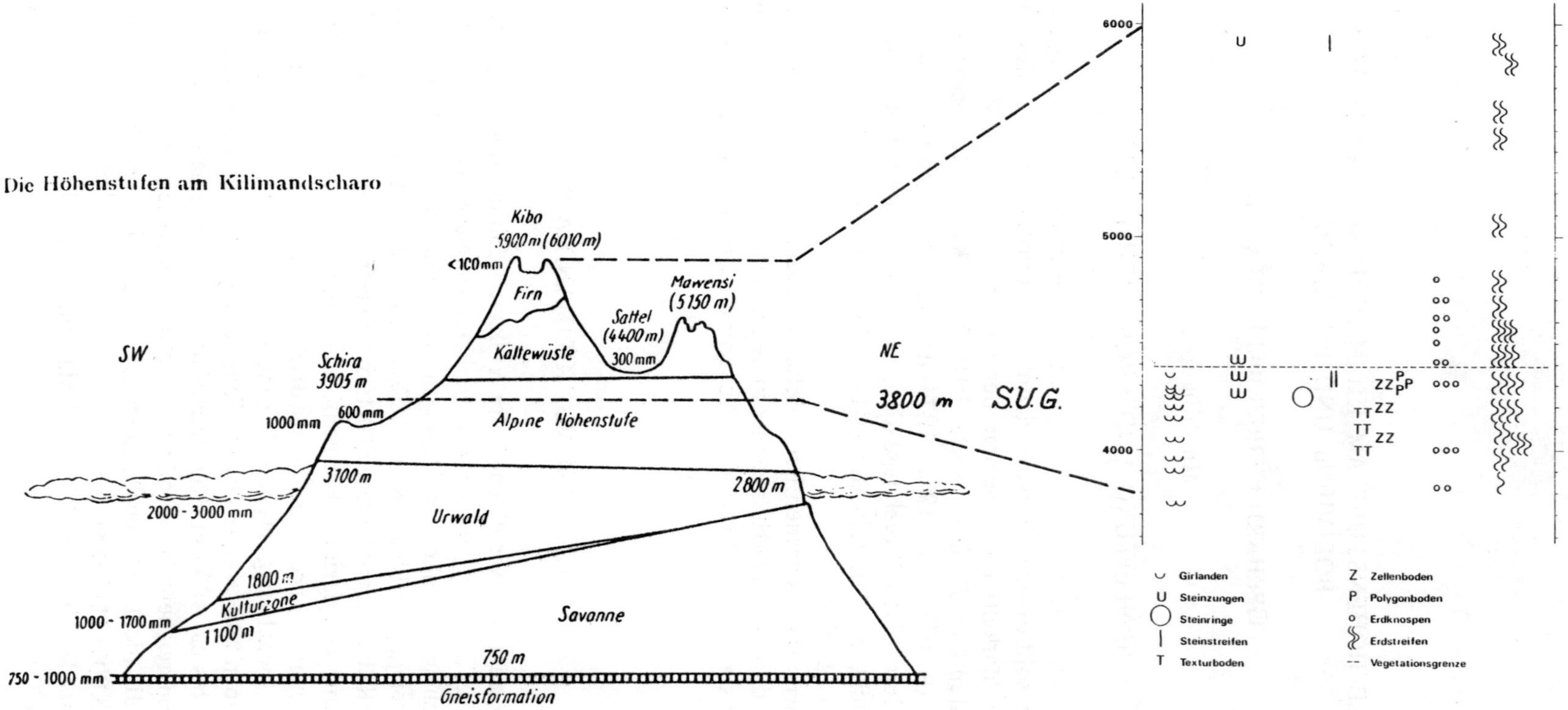

Fig. 1: Schematisches Vegetationsprofil mit Angaben der ungefähren jährlichen Niederschlagsmengen (in Millimetern). S.U.G. = Solifluktions(unter)grenze. Rechts: Resultat einer Kartierung der höhenwärtigen Verbreitung von subnivalen Bodenformen. Bei der Isohypse 3 800 m beginnt das Hauptverbreitungsgebiet dieses Formenschatzes. Aufgrund dieser Beobachtung wurde die S.U.G. festgelegt, über der die subnivale Höhenstufe liegt.

3. TAGESGANG DER TEMPERATUR, KAMMEISWIRKUNG UND KLEINRÄUMIGES DURCHTRÄNKUNGSFLIESSEN

3.1. BEMERKUNGEN ZUM KLIMA IN DER SUBNIVALEN HÖHENSTUFE

Nach den Angaben von *Figur 1* und von KLÖTZLI (1958) stehen lediglich geringe Niederschlagsmengen der Solifluktion zur Verfügung: Im Sattel 30, im Krater weniger als 10 cm/Jahr. Diese fallen zu allen Jahreszeiten, infolge der zwei Regenzeiten allerdings nicht gleichmäßig verteilt. Die geringen Niederschläge erklären die Quellenarmut, welche jede längerdauernde Feldarbeit belastet. – Die mittlere jährliche Höhenlage der 0 °C Minimumtemperatur liegt bei 3'500 m und soll mit den tiefstgelegenen Vorkommen von Kammeis und Rasenschälen zusammenfallen (HASTENRATH, 1973).

Ein Vergleich von verschiedenen Tagesgängen der Luftfeuchtigkeit und der -temperatur mit Hilfe von Terminbeobachtungen während unserer Feldarbeit (24. 12. 1970–7. 1. 1971) ergibt, daß zwischen den einzelnen Tagen wesentliche Unterschiede bestehen, obwohl die allgemeine Luftdruckverteilung über Ostafrika damals nicht stark wechselte (Tiefdruckzone Abessinien-Tanganjikasee, gelegentlich bis Njassasee vorrückend). Besonders starken Veränderungen war der tägliche Gang der Luftfeuchtigkeit unterworfen: Beispielsweise lag das Minimum des 2. 1. und 7. 1. 1971 am Abend (16 bzw. 12 %), des 28. 12. 1970 und 6. 1. 1971 dagegen am Mittag zur Zeit des Temperaturmaximums (45 bzw. 33 %). Andererseits kann das Luftfeuchtigkeitsmaximum sogar mit dem Temperaturmaximum zusammenfallen (so am 31. 12. 1970 mit 94 %); solche Fälle dürften dann eintreten, wenn die Grundschicht der Atmosphäre mit den mittäglichen Aufwinden bis zum Stationsniveau auf 4330 m gehoben wird.

Tägliche Temperaturschwankungen um den Gefrierpunkt führten zu nächtlicher Bodenfrostbildung. Diese Schwankungen bewegten sich in der Luft (1 1/2 m über Grund) zwischen - 4 und + 8°, erreichten 10 cm über Grund Werte von – 3 bis + 8° (27./28. 12.).

Permafrost wurde innerhalb der gesamten Höhenerstreckung der subnivalen Stufe nirgends nachgewiesen. Beobachtungen zum Temperaturverlauf im Boden belegen für denselben Höhenbereich, daß der Tagesgang sich bis in 30 cm Tiefe auswirkt.

3.2. TEMPERATURVERLAUF 27./28. 12. 1970 UND KAMMEISWACHSTUM

Sehr schön läßt sich auf der linken Seite von *Figur 2* ein Temperaturgang verfolgen (stündlich durchgeführte Ablesungen). Die breiten Nachtminima in 150 und 10 cm Höhe werden von einem Frühminimum (knapp – 5 °C) in den ersten Morgenstunden am Boden abgelöst. Diese Beobachtung dürfte auf die langsame Bewölkungsabnahme im Laufe der Nacht zurückzuführen sein (beachte Wettersymbole). Die Temperatur bis in 1 cm Bodentiefe sinkt erst nach Mitternacht knapp unter den Gefrierpunkt, während an der Meßstelle in 5 cm Tiefe keine negativen Werte registriert wurden. Eine solche ‚tangentiale' Lage der Nullgradisothermenfläche an die Bodenoberfläche bildet die temperaturmäßige Voraussetzung für Kammeiswachstum (*Figur 2*, Mitte), ein Zustand also, bei dem wachsende Eisnadeln mit Wasser aus dem Boden versorgt werden können. – Um die vom Kammeis bewirkten Bodenbewegungen zu erfassen, bediente sich KASPER (1975) der Nahbereichsphotogrammetrie. Die mittlere Hangneigung der 50 X 70 cm messenden Testfläche betrug 3°. Auf dieser wurden die Bewegungen von 138 Punkten beobachtet. – Auf das Absinken der Temperatur

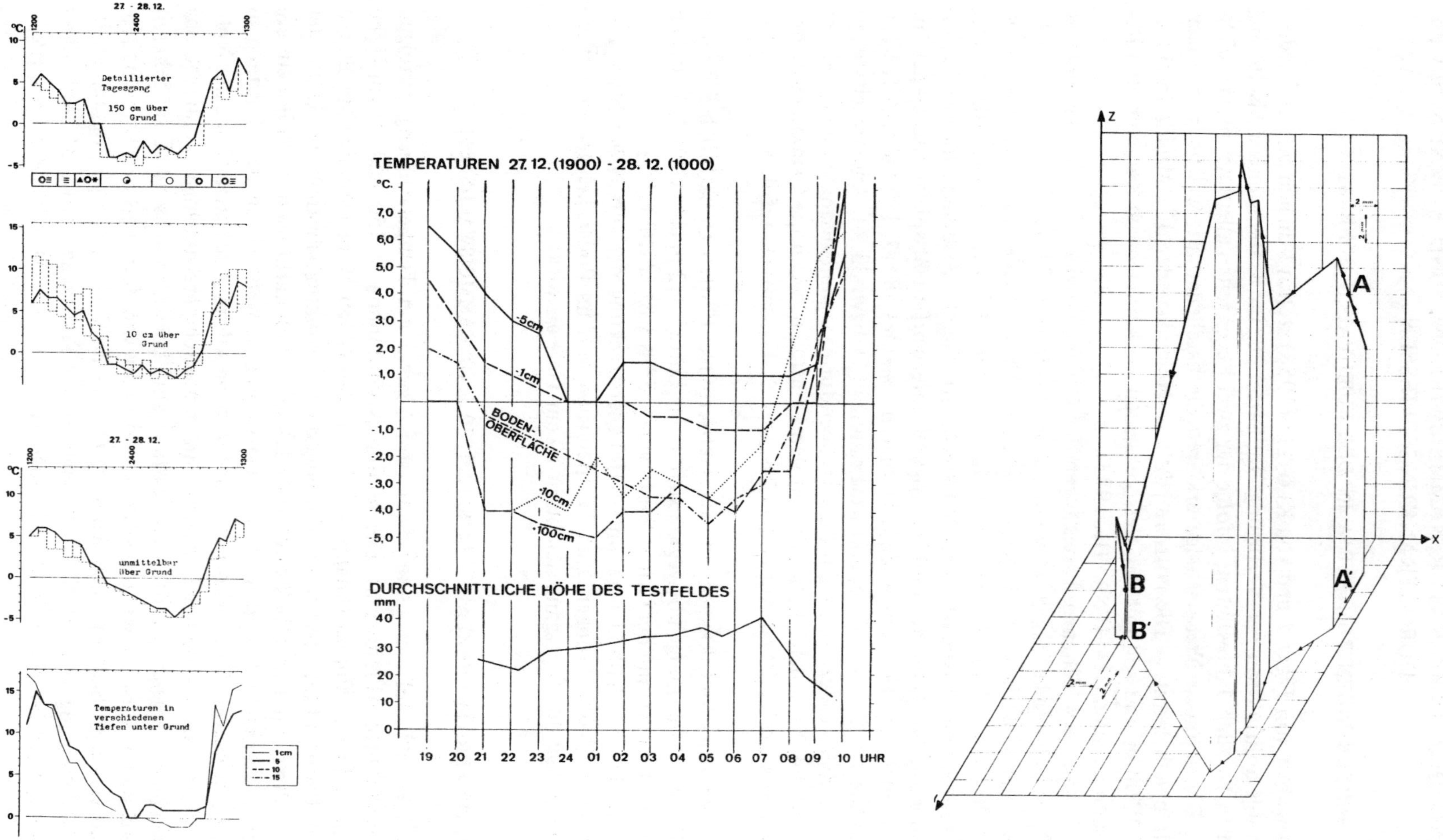

Fig. 2: Kolonne links: Temperaturgang im Bereiche eines 50 x 70 cm messenden Testfeldes während einer Nacht; verschiedene Meßstellen über, an und unter der Bodenoberfläche (stündliche Ablesungen). 4 330 m ü M, Sattelplateau am Fuß des Mawenzi.

Mitte: Temperaturkurven dieser Messungen und gleichzeitige vertikale Kammeiswachsbewegungen. Die dadurch bedingten Veränderungen der Höhenlage unserer Testfeldoberfläche ist unten eingetragen (Durchschnittswert von 138 Punkten des Testfeldes).

Rechts: Die Lageveränderungen eines dieser Testpunkte (A bis B) sowie dessen Spur A'-B' im Grundriß (Grundrißebene horizontal, Testfeld 3° gegen Betrachter geneigt).

Nahbereichphotogrammetrische Aufnahme und Auswertung G. KASPER.

an der Bodenoberfläche unter den Gefrierpunkt reagiert meßbares Kammeiswachstum erst zwei Stunden später. Der Temperaturunterschied zwischen Bodenoberfläche und 1 cm Tiefe ist relativ groß (rd. 4° zur Zeit des Temperaturminimums). Sobald die Bodenoberflächentemperatur zu steigen beginnt (0700), setzt das Kammeiswachstum aus, und kurz nachdem die Sonne das vegetationsfreie, feinkörnige Testfeld erreicht, beginnt der Abschmelzprozeß und das Umfallen von Eisnadelbüscheln.

Vergleichen wir den Lageunterschied unserer 138 Testpunkte vor beginnendem Kammeiswachstum und nach dessen Abschmelzung, so resultiert eine durchschnittliche hangabwärts gerichtete Verlagerung von 2 mm auf einer fast horizontalen Fläche. Dieser Betrag mag klein erscheinen, die flächenhaften, vom Kammeis hervorgerufenen Bewegungen erhalten aber einen andern Stellenwert, wenn wir uns die allnächtliche Wiederholung vor Augen halten.

3.3. KLEINRÄUMIGES DURCHTRÄNKUNGSFLIESSEN

Während das kurzlebige Kammeis über weite Flächen am Boden Bewegungen von Feinerde und Skelett hervorrief, konnten durch Schmelzwasser von Kammeis oder Schnee hervorgerufene, räumlich engbegrenzte Fließbewegungen von wenigen Millimetern mächtigen und skelettarmen „Miniatur"-Zungen beobachtet werden (*Figur 3*). Bei diesen beiden Arten von Solifluktion stellt sich die Frage des Wasserangebotes: Nachmittags war die Bodenoberfläche in der Regel trocken, oft wurde sogar Staub aufgewirbelt. Praktisch täglicher Schneefall – von dem jeweilen nur wenige Stunden lang Schnee zurückblieb – vermochte aber offenbar, das notwendige Wasser zu liefern.

4. DIE LAGE DER SOLIFLUKTIONS(UNTER-)GRENZE

In ein schematisches Vegetationsprofil aus SE Blickrichtung mit Angaben der ungefähren jährlichen Niederschlagsmengen (beides entnommen aus WALTER, 1964) ist das Ergebnis einer Kartierung der höhenwärtigen Verbreitung der hauptsächlichen Vertreter von subnivalen Bodenformen eingetragen (*Figur 1*). Kartiert wurde ein Streifen wechselnder Breite entlang der Aufstiegsroute von Süden kommend über den Sattel zum Kibogipfel (Uhuru Peak). Die Anzahl der eingezeichneten Symbole soll den mengenmäßigen Anteil der Fundstellen widerspiegeln. Da der Kibo-Aufstieg nachts bewältigt werden muß, ist jener Abschnitt lükkenhaft kartiert. Die eingetragenen Formen belegen aber, daß das potentielle Verbreitungsgebiet der Strukturböden (Typ: Erdstreifen) bis zum Gipfel reicht.

Die in unsere Bestandesaufnahme einbezogenen Formenvertreter sind denjenigen der Alpen in ihren formtypischen Merkmalen soweit adaequat, daß von gleichen Formtypen gesprochen werden darf.

Zur Feststellung der Untergrenze der Solifluktion bedienen wir uns der in *Figur 1* wiedergegebenen Kartierung: Die kartierten Formen fassen wir als deutlich sichtbare Äußerung der Solifluktion auf. Wo das Hauptverbreitungsgebiet dieser Formen beginnt, setzen wir die Solifluktionsgrenze an. Wir sind uns dabei bewußt, daß beispielsweise Kammeis noch in tieferer Lage wirkt (vgl. auch HASTENRATH, 1973).

Die vorliegende Kartierung ergibt nun, daß die Hauptverbreitungsgebiete freier wie gehemmter/gebundener Solifluktionsformen praktisch in derselben Höhenlage einsetzen. Es

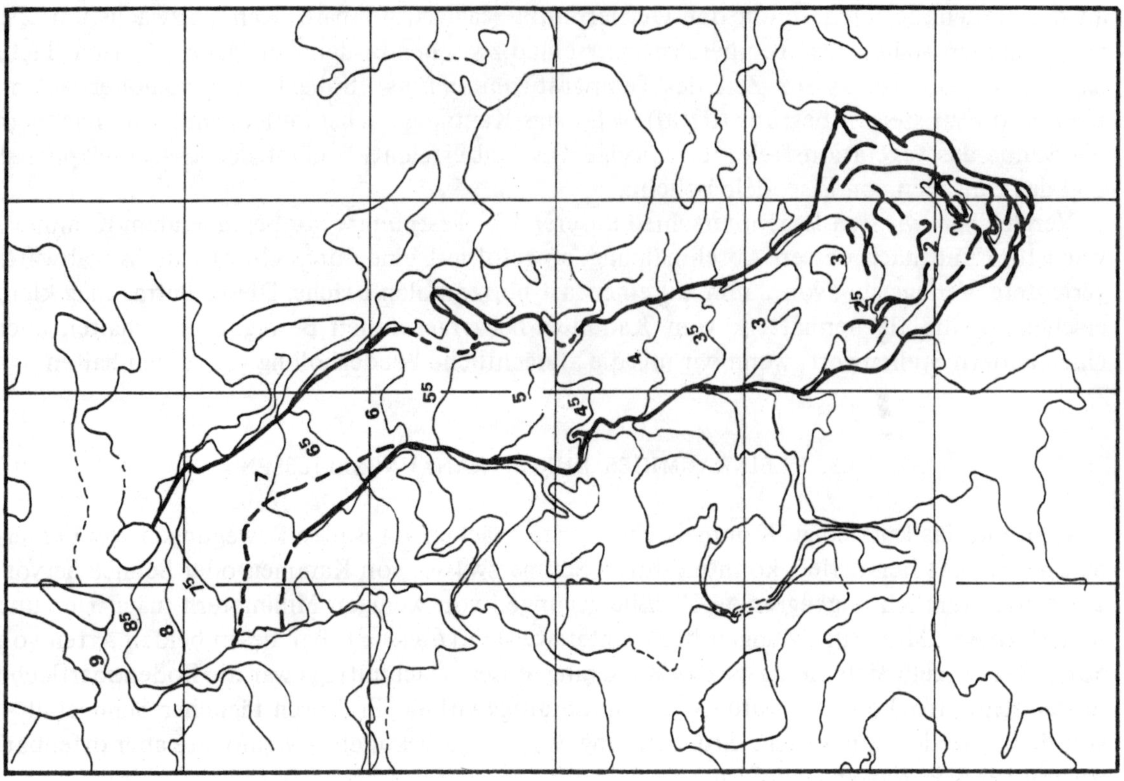

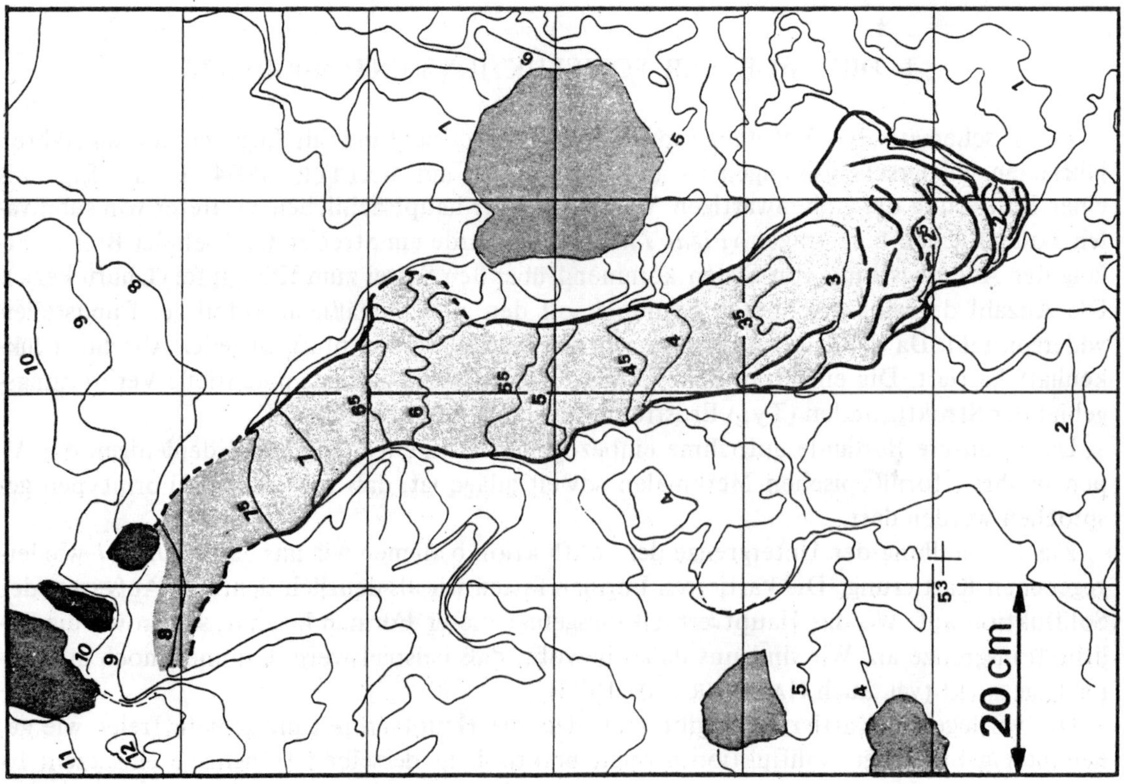
20 cm
53

sind dies in unserem Falle die meterlangen Erdstreifen und die schlecht sichtbaren, nur wenige cm Durchmesser aufweisenden Erdknospen einerseits bzw. die Girlanden mit ihrem in der Regel vegetationsfreien Rücken und vegetationsbestandener Stirnstufe andererseits. Da wir die Erdstreifen den Strukturböden zuordnen und diese Formen unter den Strukturböden mengenmäßig stark dominieren, erfassen wir mit ihrer untern Verbreitungsgrenze gleichzeitig die Strukturbodengrenze. *Somit fällt in unserem äquatornahen Untersuchungsgebiet die Solifluktionsgrenze mit der Strukturbodengrenze zusammen.*

5. SÜDAMERIKANISCHE ARBEITSGEBIETE

Die Arbeitsgebiete in Bolivien und Ecuador sind einander recht ähnlich: Es handelt sich um interandine Hochflächen mit je zwei randlichen Gebirgsketten. Das knapp 4000 m hohe Altiplano Boliviens liegt randtropisch (15°–23° südliche Breite). Im E wird es durch die Zentralkordillere mit mehreren Granitmassiven begrenzt, im W durch die teils noch aktiven Vulkane der Westkordillere. Bei 17–18 °S erhebt sich eine flache Schwelle, welche das weite Becken des Uyuni-Salars im S vom Titicacaseeraum im N trennt. Die natürliche Waldgrenze am Andenosthang liegt auf ca. 3500 m/M (s. TROLL 1959, S. 38), wobei *Polylepis*-bestände und *Eucalyptus*aufforstungen nicht dazu zählen. Diese Höhe stimmt ungefähr mit der Obergrenze einer üppigen, 300–500 m mächtigen Sträucherstufe überein, der „*Ceja*".

Zum Untersuchungsgebiet in Ecuador (1 °N bis 2 °S) gehören zwei Kordilleren mit teilweise noch aktiven Vulkanen und ein relativ schmaler, kleinräumig gekammerter Zwischenstreifen (dieses interandine Gebiet ist die Sierra). Jungvulkanische Gesteine herrschen vor. Die Sierra erstreckt sich auf Höhen von rund 2500–3000 m/M. Wo sich die Ceja natürlich erhalten konnte, erhebt sie sich auf Höhen von 2800 bis 3300 m/M (ACOSTA-SOLIS 1968, S. 135). Man findet die natürliche Waldgrenze bei 3300–3400 m/M (HERMES 1955, S. 157/158), wenn man wiederum von baumähnlichen Großsträuchern wie *Polylepis* und *Gynoxis* absieht.

6. KLIMATISCHE VORAUSSETZUNGEN IN BOLIVIEN UND ECUADOR

6.1. TEMPERATURVERHÄLTNISSE

Es soll hier versucht werden, hauptsächlich mit Hilfe von Temperaturdaten die Solifluktion näher zu ergründen. Erste Hinweise liefern die Thermoisoplethendiagramme von Boden-

Fig. 3: Eine Miniaturfließzunge 0715 Uhr in gefrorenem (links) und 3 3/4 Stunden später (rechts) in vollständig aufgetautem Zustand aufgenommen (Photogrammetrische Aufnahme und Auswertung: G. KASPER). Die gefrorene Zunge und größere Steine sind mit einem Raster belegt, die kräftig ausgezogenen Striche geben den Zungenrand und Wülste auf der Zungenstirn wieder. Fein eingetragene Linien sind Isohypsen, Aequidistanz im Zungenbereich 1/2 cm (daneben 1 cm). – Man beachte das „Höherwandern" der einzelnen Isohypsen als Folge des Fließvorganges und Materialtransportes während und nach dem Auftauen sowie die Verbreitung der Zungenwurzel im Bereiche der 7 und 7,5 cm-Isohypsen.

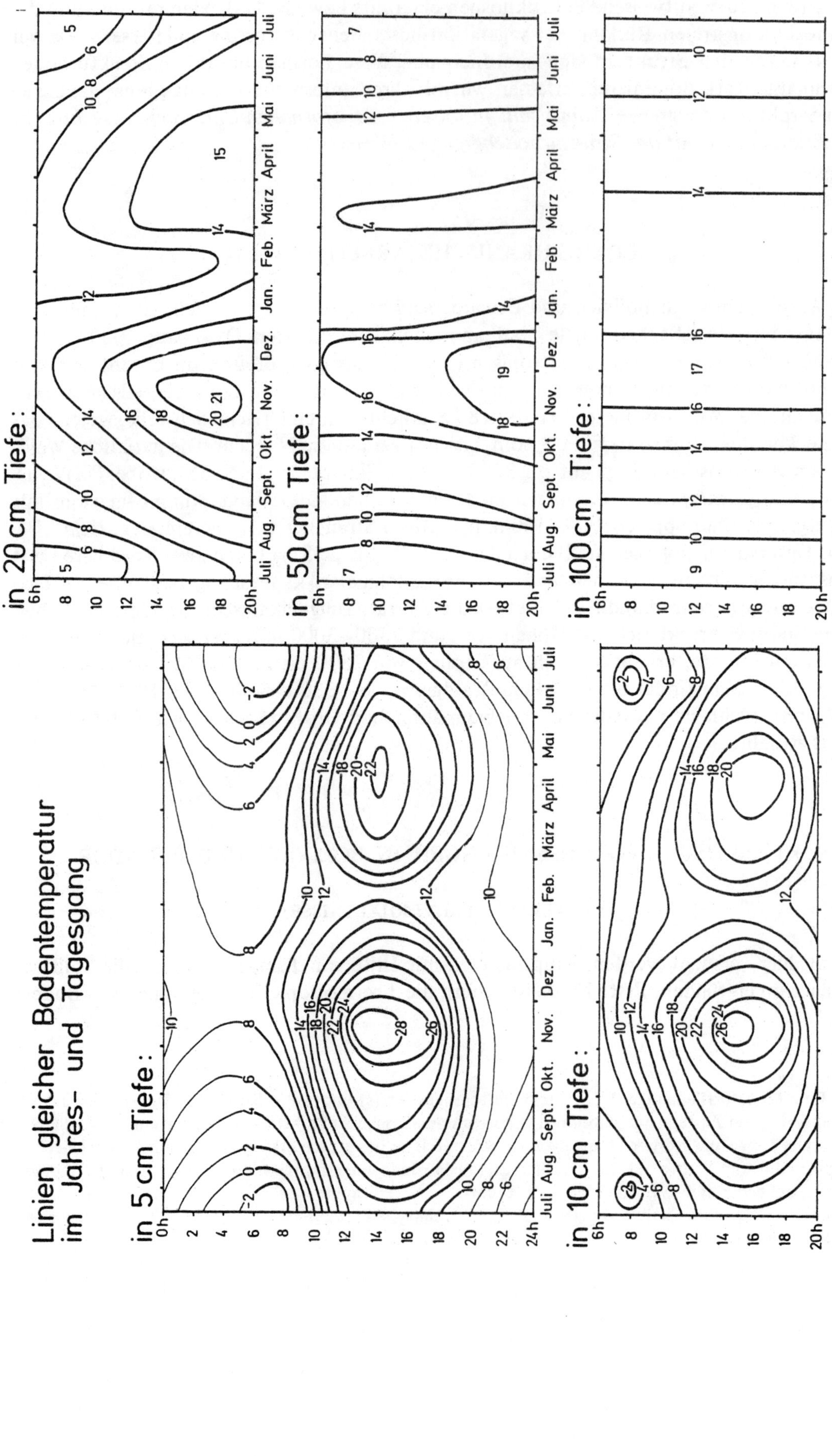

Fig. 4: Thermoisophlethendiagramme von Bodentemperaturmessungen in 5 cm, 10 cm, 20 cm, 50 cm und 100 cm Tiefe in Patacamaya (Bolivien, 17°15'S/67°55'W, 3 790 m/M), 1. 3. 1973 – 28. 2. 1974.

temperaturmessungen (*s. Figur 4*). Sie basieren auf Meßreihen des Servicio Nacional de Meteorología e Hidrología in La Paz, welche täglich 4 Temperaturablesungen um 8 h, 12 h, 14 h und 18 h enthalten. Es wurden jeweils die Wochenmittel aufgetragen, wobei im Fall von 5 cm Bodentiefe noch Erfahrungswerte von Lufttemperaturen miteinbezogen worden sind. Das Beispiel Patacamaya (Bolivien) zeigt, daß sich die täglichen Temperaturschwankungen bis in 20 cm Bodentiefe noch einigermaßen fortpflanzen, in Tiefen von 50 cm und v. a. 100 cm aber ganz abflachen. Das mittägliche Temperaturmaximum im Oktober/November (Sommer) tritt dabei stets deutlicher in Erscheinung als jenes im April. Bemerkenswert ist auch die zeitliche Verzögerung der Maxima gegen den Nachmittag hin, die mit der Bodentiefe zunimmt. Das winterliche Temperaturminimum in den frühen Morgenstunden im Juni/Juli wirkt sich auch nicht viel tiefer hinunter als 20 cm aus. Damit kann man die Beobachtung begründen, daß sich Solifluktionsvorgänge in den Tropen nur oberflächennah abspielen, bis in höchstens 30–40 cm Bodentiefe. Die Temperaturschwankungen im Jahresgang wirken sich überraschend deutlich auch noch in 1 m Bodentiefe aus: 8 °C Differenz. Sie sind aber weniger wichtig für die Bildung tropischer Solifluktionsformen.

Mit Hilfe der Mitteltemperaturen von interandinen Stationen[1)] konnten großräumige Klimaunterschiede belegt werden. Der Temperaturgradient beträgt aufgrund dieser Daten in Ecuador zwischen 2200 und 3800 m/M im Jahresmittel 0,6–0,7 °C/100 m[2)], in Bolivien für Sommertemperaturen (Okt.–März) zwischen 2500 und 3500 m/M ebenfalls 0,6–0,7 °C/100 m und weiter oben 0,75°/100 m[3)]. Die Mitteltemperaturen der verschiedenen Stationen wurden mit den betreffenden Temperaturgradienten reduziert und miteinander verglichen. Für Ecuador ergab sich dabei, daß die einzelnen Kammerungen der Sierra (die „Hoyas") 2–3 °C wärmebegünstigt sind gegenüber dem randlichen Gebirge. Als besonders kalt erwies sich die Region Chimborazo/Carihuairazo. Die Jahresmitteltemperatur auf 3000 m/M liegt knapp über 11 °C. Für Bolivien kamen nur die Sommertemperaturen zur Untersuchung, da sie in diesem wechselfeuchten Gebiet den entscheidenden Einfluß auf die Solifluktion ausüben. Als temperaturbegünstigte Region erwies sich die Schwelle bei 17–18° südlicher Breite, u. z. mit 4–5 °C wärmeren Sommertemperaturen als am Titicacasee. Außerdem sind gegen S hin die Sommer relativ warm, gegen E hingegen relativ kalt.

6.2. NIEDERSCHLAGSVERHÄLTNISSE

Zwei Haupteinflüsse prägen die Feuchtigkeitsverhältnisse der untersuchten Tropenregion: die Passatwinde und der Humboldtstrom. Beim Passat handelt es sich hier um NE-Winde, welche ihre Feuchtigkeit am Andenosthang abgeben. Daraus ergibt sich sowohl für Bolivien als auch für Ecuador eine starke Niederschlagsbegünstigung im NE. Die interandinen Kammerungen Ecuadors sind mit 50 cm Jahresniederschlag relativ trocken und v. a. im südlichen Abschnitt zwischen 0° und 2 °S betont. Zu Boliviens extremen Trockengebieten zählen das südliche Altiplano (Uyuni-Salar) und die ganze Westkordillere, welche im S weniger als 5 cm

1) Es wurden für Ecuador jene 34 Stationen oberhalb 2000 m/M berücksichtigt, welche 1968–1972 mindestens von 2 Jahren vollständige Temperaturdaten aufweisen. Für Bolivien betraf es die 35 Stationen oberhalb 2500 m/M, welche 1960–1970 mindestens in 4 Jahren vollständige Temperaturdaten lieferten.

2) WOLF (1892, S. 390) gibt für ganz Ecuador einen mittleren Temperaturgradienten von o,5 °C/100 m an.

3) Nach Angaben von HASTENRATH (1971, S. 103) steigt dieser Wert im Sommerhalbjahr zwischen La Paz und Chacaltaya bis o,9 °C/100 m (1959–1964), bei einem Jahresmittel von o,75 °C/100 m.

Jahresniederschlag erhält. Hier wirkt sich hauptsächlich die kalte Meeresströmung an der Pazifikküste aus. Dieser Seitenast des Humboldtstroms kommt von S und bewirkt daher im S Boliviens stärkere Trockenheit als im N, und in Ecuador ist in abgeschwächter Form der S ebenfalls trockener als der N.

6.3. PERMAFROSTVORKOMMEN IN BOLIVIEN

In den bolivianischen Anden wurde an verschiedenen Orten nach Permafrost gesucht. Dabei konnten zwei Vorkommen mit Sicherheit festgestellt werden, beide auf ca. 21 °S. In der Westkordillere liegt der Fundort am Nordhang des Cerro Tapaquilcha (21°36'S/67°58'W) auf 5500 m/M. Zwischen Schwefelschichten sind 20–50 cm mächtige Eislinsen eingelagert. Sie können bis 6 m lang werden und setzen ab rund 1 m Bodentiefe ein. Am Eingang und im Innern eines Minenstollens sind sie zahlreich aufgeschlossen. Das grauweiße, massive Eis enthält keine Blasen und ist teilweise würgebodenähnlich verkrümmt. Nach Aussagen der Minenarbeiter muß ganzjährlich neben Schwefel auch Eis in beträchtlichen Mengen abgebaut werden.

Das zweite Vorkommen liegt in der Zentralkordillere, am SW-Hang des Cerro Chorolque (20°55'S/66°2'W) auf 5200 m/M. Es handelt sich um 5–10 cm große Eiskristalle, die dicht gepackt als kompakte Schicht den Minenstollen „Franke" ab 10 m im Innern auskleiden. Auch hier muß auf Permafrost geschlossen werden aufgrund der Aussagen von Minenarbeitern, welche hier während des ganzen Jahres Zinnerz und Eis absprengen.

Möglicherweise liegt ein weiteres Permafrostvorkommen der Zentralkordillere am Cerro Chacaltaya (16°17'S/68°8'W) auf 5300 m/M[4]. 20 m im Innern eines verlassenen Minenstollens sind Meßgeräte des Instituto de Física Cósmica mit Thermostat auf 15 °C konstant gehalten. Die armdicken Eissäulen, welche sich durch das im Fels herabrinnende Wasser in der Nähe des Stolleneingangs bilden, schmelzen in den Spätsommermonaten Oktober/November kurz ab. Ohne die künstliche Wärmequelle würden sie aber wahrscheinlich das ganze Jahr überdauern, was auch durch die unmittelbare Nähe des Chacaltayagletschers bestärkt wird.

Insgesamt kann man bei den gefundenen Permafrostvorkommen festhalten, daß sie in recht großer Höhe auftreten, aber unterhalb der Firnlinie naher Gletscher.

Im ariden Süden Boliviens (Beispiel auf 21 °S in *Figur 8*) ist es wohl zweckmäßig, statt der klimatischen Schneegrenze lediglich die Untergrenze von Permafrostvorkommen festzulegen. Bodeneis unterliegt nämlich weniger stark der extremen Evaporation als oberflächliches Gletschereis oder Schnee. Die Schneegrenze bzw. Firnlinie sind als allgemeine Klimaindikatoren in Wüsten- und Steppengebieten unbrauchbar (vgl. MESSERLI 1966, S. 131–134), weil die Trockenheit gegenüber den anderen Klimaelementen viel zu stark ins Gewicht fällt. Außerdem ist fossiler Permafrost aus Kaltzeiten in den untersuchten Höhenlagen der Tropen nicht zu erwarten, da der intensiven Sonneneinstrahlung keine starke winterliche Unterkühlung gegenübersteht, welche eine Konservierung ermöglichen könnte. Somit kann uns die Permafrostgrenze als Untergrenze der nivalen Stufe in den Tropen dienen. Sie wird durch die untersten Vorkommen von Bodeneis bestimmt, welches während mindestens zwei Jahren im Bereich eines Gletscher-Nährgebiets oder in nicht vergletschertem Gebiet auftritt.

[4]) Die Jahresmitteltemperatur in Chacaltaya (5230 m/M) beträgt – 1,1 °C (1959–1965), die sommerliche Mitteltemperatur – 0,2 °C (1960–1965).

7. HÖHENSTUFUNG

7.1. ECUADOR

Figur 5 gibt zur Höhenlage der Strukturbodengrenze in Ecuador Auskunft. Sie kann hier als ungefähre Untergrenze der Subnivalstufe gelten, da die wenigen Vorkommen von Formen der gehemmten Solifluktion (Girlanden) selten weiter hinunter reichen. Die hohe Lage der Strukturbodengrenze im NE (Vulkan Cayambe) fällt mit dem Niederschlagsreichtum zusammen und kann v. a. mit den relativ hohen Temperaturen begründet werden. Im leicht gebrochenen Profil Chimborazo – Cotopaxi – Cayambe *(Figur 6)* sind die Strukturboden-

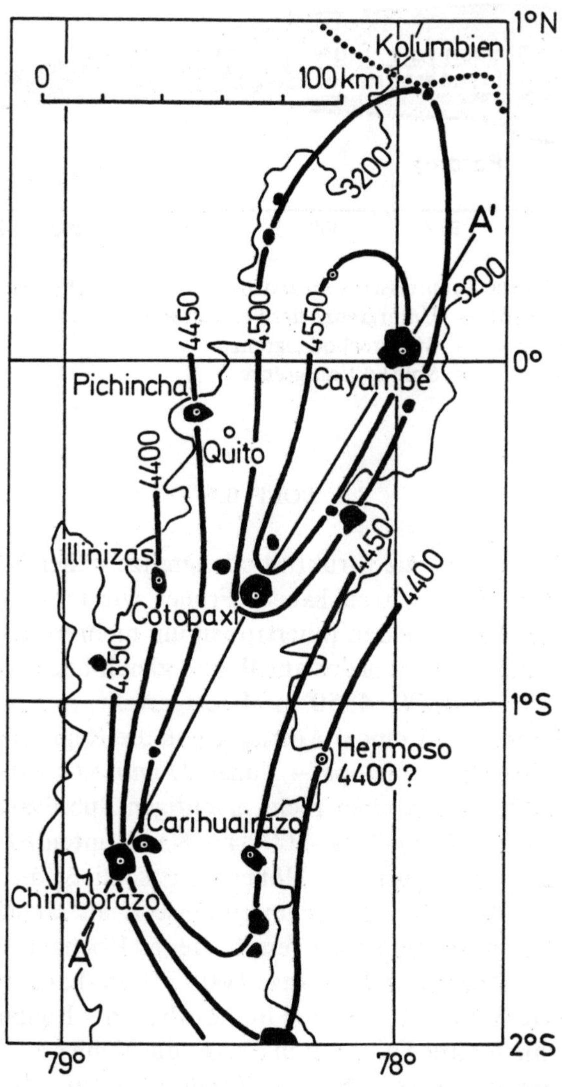

Fig. 5: Die Höhenlage der Strukturbodengrenze in den zentralen und nördlichen Anden Ecuadors. A-A′ gibt die Profillinie von Figur 6 an. Weitere Höhenangaben: Isohypse 3 200 m/M am Außenrand der Anden (= untere Grenze der Páramos); höhere Gebiete als 4 500 m/M sind schwarz eingetragen.

grenze (hier mit der Solifluktionsgrenze identisch)[5] und die Permafrostgrenze (hier mit der Firnlinie identisch) eingetragen. Sie begrenzen das Grasland der Páramos, die Subnivalstufe und das vergletscherte Gebiet. Es fällt auf, daß die Subnivalstufe im trockenen SW mächtig entwickelt ist. Die tiefe Lage der Strukturbodengrenze liegt weitgehend in den tiefen Temperaturen am Chimborazo begründet, währenddem die Permafrostgrenze stärker auf die Trockenheit anspricht und hier entsprechend hoch liegt. Im NE liegen die Klimaverhältnisse umgekehrt, sodaß die Subnivalstufe bis auf ca. 100 m zusammenschrumpft.

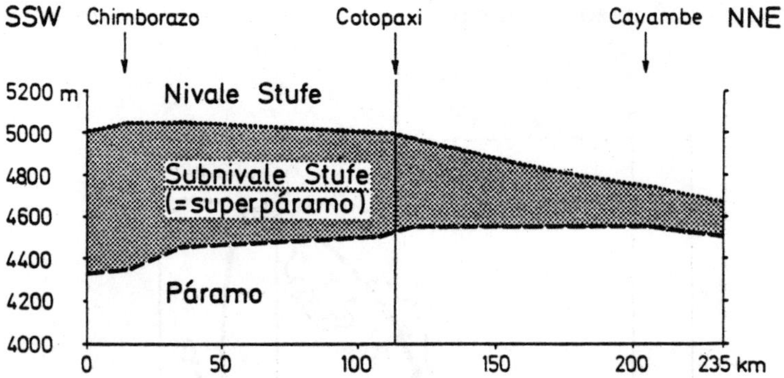

Fig. 6: Höhenprofil zur Subnivalstufe im zentralen und nördlichen Ecuador. Legende:
punktierte Linie (oben) = Untergrenze des Permafrosts
gestrichelte Linie = Strukturbodengrenze
ausgezogene Linie = Solifluktionsgrenze

7.2. BOLIVIEN

Auch im Beispiel Bolivien wird die Strukturbodengrenze näher beleuchtet (*Figur 7*), um zu Ecuador einen direkten Vergleich zu haben. Früher wurde nämlich angenommen, daß diese Untergrenze von den Rand- zu den Innertropen um mehrere 100 m absinke (s. TROLL 1947, S. 164). Sie liegt indessen in Ecuador annähernd gleich hoch wie in Bolivien. Auf dem Altiplano wurde sie meist auf 4500–4550 m/M festgestellt, mit einem leichten Absinken gegen die zwei großen Becken und einem Anstieg gegen die Regionen größter (lokaler) Massenerhebung. Das Profil Ollagüe – Tunupa – Tunari *(Figur 8)* zeigt, daß in der semiariden bis ariden Hochregion Boliviens mit einer recht mächtigen Subnivalstufe zu rechnen ist. Sie umfaßt stets ein Höhenintervall von 800–1000 m. Nach unten ist sie durch die Solifluktionsgrenze gegen die Puna hin abgegrenzt. Höhenwärts schließt die nivale Stufe an, welche im Innern des Altiplanos 200–300 m tiefer unten einsetzt als randlich. Ihre Depression im Altiplanoraum muß als Charakteristikum der verschiedenen Hochgebirgsgrenzen angenommen werden. Sie beträgt bei der Strukturbodengrenze 100–150 m, bei der Solifluktionsgrenze im südlichen Altiplano ebenfalls 100–150 m und im nördlichen Altiplano 200 m. Als Ursachen dafür kommen hauptsächlich zwei Faktoren in Frage: die Nähe großer Seen und die Massenerhebung. Die Nähe großer Seen entspricht ungefähr dem Faktor „Ozeanität". Es handelt sich

5) Die Solifluktionsgrenze kann nicht zuverlässig festgestellt werden, da Girlanden auf den Vulkanböden vielfach fehlen. Sie liegt jedenfalls kaum mehr als 50 m tiefer als die Strukturbodengrenze.

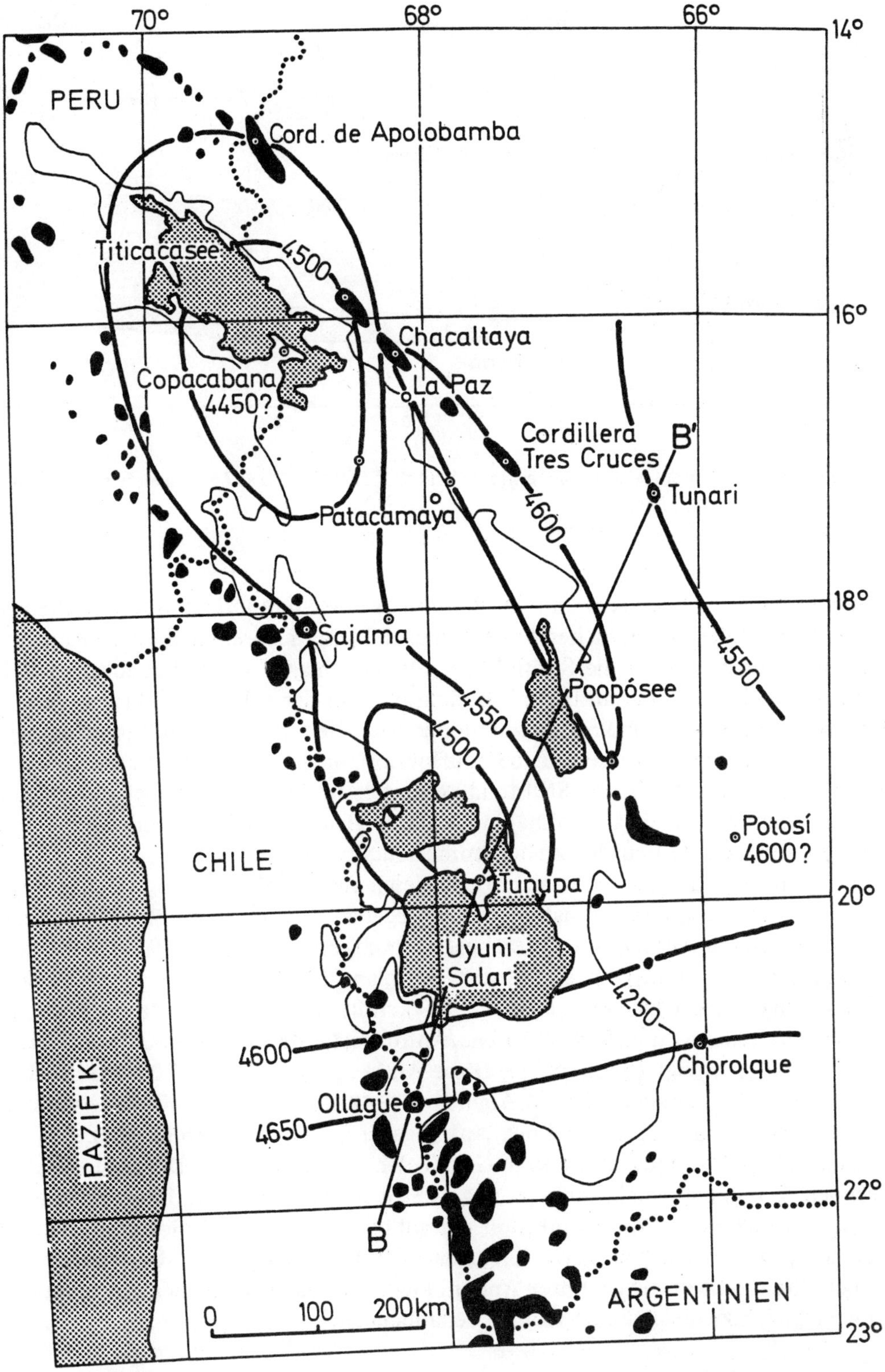

Fig. 7: Die Höhenlage der Strukturbodengrenze in Bolivien. B-B′ gibt die Profillinie von Figur 8 an. Weitere Höhenangaben: Isohypse 4 250 m/M am Innenrand der Anden (= Altiplanogrenze); Gebirge über 5 000 m/M sind schwarz eingetragen.

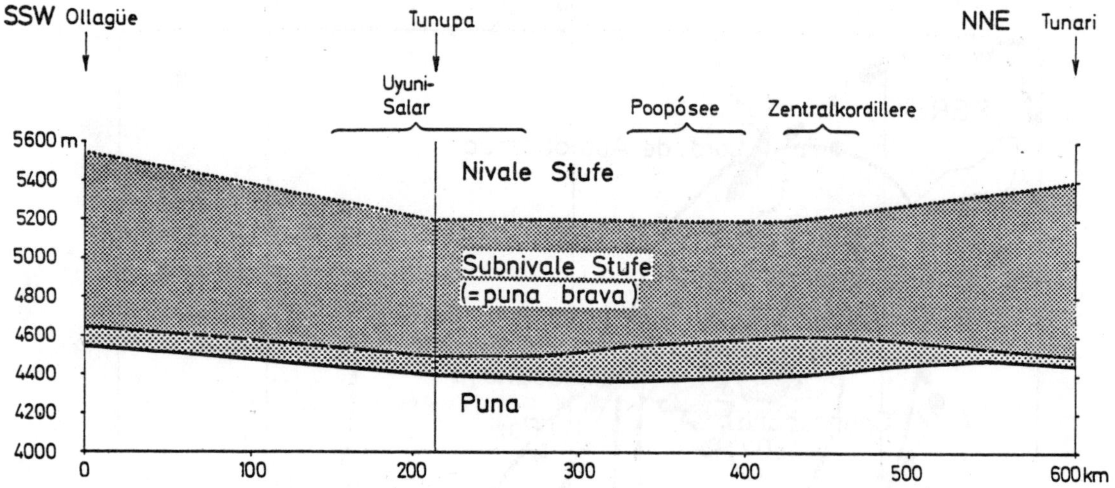

Fig. 8: Höhenprofil zur Subnivalstufe im zentralen und südlichen Bolivien. Zur Legende siehe Figur 6.

um den Einfluß des Titicacasees und des Poopósees sowie temporärer Wasserflächen, welche sich im S während der sommerlichen Regenzeit großflächig ausbreiten. Sie setzen die Sommertemperaturen herab, was für die Solifluktion von ausschlaggebender Bedeutung ist. Tiefere Temperaturen bei wasserdurchtränktem Boden, d. h. in der solifluidal aktiven Zeit, senken nämlich die Solifluktions- und Strukturbodengrenze. Die relativ milden Wintertemperaturen haben in Bolivien wenig Einfluß auf die Solifluktion, da dann die Böden ausgetrocknet sind und die Bewegung praktisch zum Stillstand kommt[6]. Im interandinen Gebiet Ecuadors fehlen größere Seen. Sie hätten aber ohnehin nicht den gleich starken Einfluß wie in den bolivianischen Randtropen, da Ecuador zu den immerfeuchten Tropen zählt.

Auch die Massenerhebung wirkt sich nicht gleich aus in Bolivien und in Ecuador. In Bolivien liegt die stärkste Zusammenballung hochgelegener Gebiete des ganzen Kontinents beim 200–300 km breiten Altiplano und den beiden Randketten. TROLL (1959, S. 34) weist auf die Hebung der Temperaturgrenzen auf dem Altiplano hin, deren Ursache er in der großen Massenerhebung sieht. KESSLER (1963, S. 167) stellt fest, daß die mittlere jährliche Nullgradgrenze der freien Atmosphäre von Lima/Antofagasta (4800 bzw. 4600 m/M) gegen Chacaltaya hin stark ansteigt (5300 m/M). Diese Ausbeulung von 500–700 m schreibt er der Massenerhebung des Andenblocks zu. Auch HASTENRATH (1971, S. 104) bestimmt die Höhe der 0 °C-Mitteltemperatur von Lima/Antofagasta und La Paz: 4680 m bzw. 4715 m/M (1965 und 1968). Man muß indessen auch mit der topographischen Depression des Altiplanos rechnen. Die geringere Massenerhebung des Altiplanos gegenüber den randlichen Kordilleren widerspiegelt sich in der Depression der subnivalen Stufe. Im bloß 60–70 km breiten Streifen der ecuadorianischen Sierra hingegen ändert die allgemeine Massenerhebung nicht wesentlich. Sie erscheint als gesamter Andenblock, und daher liegt hier die subnivale Stufe hoch im Vergleich zu den äußeren Kordillerenabhängen.

[6]) KESSLER (1963, S. 167) weist auf den besonderen Heizflächeneffekt des Altiplanos hin. Diese Erwärmung spielt sich wohl hauptsächlich im Winterhalbjahr ab, da dann die abschirmende Wolkendecke fehlt. Insgesamt kann man diesen Einfluß zum Problemkreis „Ozeanität" zählen.

Die Einflüsse der „Ozeanität“ und der Massenerhebung sind in unseren südamerikanischen Beispielen nicht scharf zu trennen. Es kann aber als sicher angenommen werden, daß „ozeanisches“ Klima und geringere Massenerhebung hier die Hochgebirgsgrenzen senken.

8. SCHLUSSFOLGERUNGEN

Besondere Aufmerksamkeit schenkten wir dem *Frost*. Insbesondere im oberen Abschnitt der subnivalen Höhenstufe, also im Bereiche des Frostschuttes, werden kurzfristige Frostwechsel häufig morphologisch aktiv. Sie bewirken in den allerobersten Zentimetern des Bodens Solifluktionsvorgänge in tageszeitlichem Rhythmus (nach TROLL, 1947: kurzperiodische wetterhafte bzw. Tageszeitensolifluktion). In der Nacht nämlich wird Kammeis gebildet oder dann dringt der Frost einige Millimeter tief in den Boden ein. Die erstgenannte Form des Bodenfrostes ruft deutlich wahrnehmbare Verlagerungen der Bodenoberfläche hervor. Gegen Mittag, wenn Eisnadeln und Schnee abschmelzen, bzw. nachdem die wenige Millimeter mächtig gefrorene Bodenoberfläche aufgetaut ist, kann kleinräumiges ‚Fließen‘ von wasserdurchtränkter Feinerde auftreten (Durchtränkungsfließen).

Nur bis in 20 (–30) cm Tiefe ließen sich im Boden die täglichen Temperaturschwankungen nachweisen, was den geringen Tiefgang der Tageszeitensolifluktion erklärt. – Im Jahresgang der Temperatur dagegen sind Unterschiede auch noch in 1 m Tiefe festzustellen. Permafrost wurde im afrikanischen Arbeitsgebiet trotz Sondiergrabungen bis in 6000 m Höhe abseits von Gletschern nicht nachgewiesen; zwei sichere Vorkommen in Höhen ab 5200 m konnten in den Anden als dezimetermächtiges Eis in Minenstollen untersucht werden.

Die beschriebene Solifluktion spielt sich indessen über ungefrorenem Boden und in Regionen mit erstaunlich *geringen Niederschlägen* ab. Obwohl das Wasserangebot der limitierende Faktor dieses Vorganges darstellt, messen wir wiederholt und kurzfristig wirkendem Frost die entscheidende Bedeutung zu. Es sind also u. E. in ariden Bereichen die Temperaturen bzw. temperaturbestimmenden Faktoren, welche letztlich maßgebend sind. Die Beurteilung von Wirkung und Ausmaß der kurzfristigen Solifluktion hat weniger die nur kleinen Bewegungsbeträge als vielmehr die dank „steter“ Wiederholung resultierende Summation zu würdigen. Zu beachten sind die große Zahl der jährlichen Frostwechsel als auch häufige, teilweise nur kurze Niederschläge, die im Verlaufe eines Jahres noch und noch morphologisch wirksam werden.

Unter den kartierten subnivalen *Bodenformen* dominieren die Miniaturformen der Strukturböden vom Typ der Erdstreifen, welche weite Flächen mustern. Vereinzelt sind aber auch von Großformen gemusterte Strukturbodenfelder nachgewiesen worden (z. B. Steinpolygone von 3–5 m Durchmesser: 21° 28’ S/68° 5’ W, 5350 m in der Serranía de Cañapa sowie am Osthang der Illinizas 0° 39 1/2’ S/78° 42 1/2’ W auf 4800 m ü. M.; aus Afrika sind kräftig entwickelte Steinringe in Äquatornähe des Mt. Kenya (4800 m bei der Austriahütte) zu nennen). Von den Formen der gehemmten Solifluktion sind v. a. die Girlanden vertreten. Im Bereiche der geschlossenen Vegetation sind die seltenen Vorkommen von Wanderblöcken in den tropischen Anden hervorzuheben (z. B. beim Lago Allka Kkota, 16° 8’ S/68° 16’ W, 4650 m oder bei San Juan de Cotapata, 15° 13’ S/69° 4 1/2’ W, 4500 m).

Das Verbreitungsgebiet der Girlanden und Wanderblöcke beginnt in derselben Höhenlage wie jenes der Erdstreifen, weshalb die Strukturbodengrenze in Äquatornähe mit der Solifluktionsgrenze zusammenfällt. In den bolivianischen Randtropen können diese beiden Untergrenzen bereits 150–200 m auseinanderweichen.

Die Solifluktionsgrenze liegt in den andinen Arbeitsgebieten 600–800 m höher als am Kilimandjaro. Dieser Unterschied gilt auch für die W-Seiten der alten und neuen Welt in den gemäßigten Breiten. In den Rocky Mountains befindet sich die Solifluktionsgrenze in größeren Höhenlagen als auf gleicher Breite in Europa: 3000 m ü. M. in 40 °N und 2200 m ü. M. in 48–49 °N (KAISER 1966, S. 275/276) gegenüber 1900–2000 m ü. M. in Spanien (BROSCHE 1971, S. 43–50) und extrapoliert 1700 m/M (48°) in 200–300 km Distanz von der europäischen Atlantikküste (GRAF 1971, S. 68). HÖLLERMANN (1973, S. A 151) belegte einen mehr oder weniger kontinuierlichen Anstieg der Solifluktionsgrenze in der Cascade-Sierra Nevada/USA von 2500 m/M auf 42° nördlicher Breite bis 3700 m/M auf 36 °N. Die entsprechenden Werte in Europa verlaufen ungefähr linear von 1700 m/M (KELLETAT 1969, S. 71–76, Italien) bis 2200 m/M (HAGEDORN 1969, S. 129, Griechenland). All diese Höhenangaben für Europa betreffen Gebiete mit relativ geringer Massenerhebung, im Gegensatz zu den Beispielen aus den Kordilleren Nord- und Südamerikas. Für die amerikanischen Tropen liegt der Schluß nahe, daß die allgemein große Massenerhebung eine mittlere Höhenlage der Solifluktionsgrenze von ca. 4500 m/M festlegt. Sie erfährt allerdings Höhenverschiebungen bis 100 m, und zwar gegen oben bei höheren feuchtzeitlichen Temperaturen oder bei deutlichen Hochgebirgsballungen (Altiplanorand im Bereich des Titicacasees und des Uyuni-Salars). Sie sinkt dagegen an den Außenrändern der Anden (Vulkane Chimborazo und Pichincha in Ecuador, Cerro Tunari in Bolivien). – In der Regel liegt die Solifluktionsgrenze in den Tropen deutlich unterhalb der Vegetationsgrenze, aber um rund 1000 m über der Grenze des geschlossenen Waldes. Baumähnliche Großsträucher (Anden) und Dendro-Senecionen (Kilimandjaro) steigen indessen wesentlich höher als der Wald. Diese bilden aber kaum größere geschlossene Bestände. Einen Zusammenhang der Obergrenze ihres Verbreitungsgebietes mit der Solifluktionsgrenze konnten wir nicht nachweisen.

LITERATUR

ACOSTA-SOLIS, M. (1968): Divisiones fitogeográficas y formaciones geobotánicas del Ecuador. Publ. Casa de la Cultura Ecuadoriana, Quito, 271 S.

BROSCHE, H.-U. (1971): Beobachtungen an rezenten Periglazialerscheinungen in einigen Hochgebirgen der Iberischen Halbinsel. Die Erde 102, H. 1, 34–52.

FREUND, R. (1971): Die Kleinformen der Frostmusterböden: Vergleich Arktis – Alpen – Tropische Hochgebirge. Geographica Helvetica 3, 142–147.

– (1972): Vergleichende Betrachtung von Kleinformen der Solifluktion im Raume Mittelbünden (Schweiz), auf Westspitzbergen und am Kilimandjaro. Zürich.

FURRER, G. und FREUND, R. (1973): Beobachtungen zum subnivalen Formenschatz am Kilimandjaro. Z. Geomorph. N.F. Suppl. Bd. 16, 180–203.

GRAF, K. (1971): Beiträge zur Solifluktion in den Bündner Alpen (Schweiz) und in den Anden Perus und Boliviens. Zürich.

– (1971): Die Gesteinsabhängigkeit von Solifluktionsformen in der Ostschweiz und in den Anden Perus und Boliviens. Geographica Helvetica 3, 160–162.

– (1973): Vergleichende Betrachtungen zur Solifluktion in verschiedenen Breitenlagen. Z. Geomorph. N.F. Suppl. Bd. 16, 104–154.

HAGEDORN, J. (1969): Beiträge zur Quartärmorphologie griechischer Hochgebirge. Göttingen.

HASTENRATH, S. (1971): Beobachtungen zur klima-morphologischen Höhenstufung der Cordillera Real (Bolivien). Erdkunde 25, Lfg. 2, 102–108.

– (1973): Observations on the periglacial morphology of Mts. Kenya and Kilimanjaro, East Africa. Z. Geomorph. N.F. Suppl. Bd. 16, 161–179.

HERMES, K. (1955): Die Lage der oberen Waldgrenze in den Gebirgen der Erde und ihr Abstand zur Schneegrenze. Kölner Geogr. Arb., 277 S.

HOELLERMANN, P. (1973): Some Reflexions on the Nature of High Mountains, with special Reference to the Western United States. Arctic and Alpine Research 5, No. 3, Pt. 2, A149–A160.

KAISER, K. (1966): Probleme und Ergebnisse der Quartärforschung in den Rocky Mountains (i.w.S.) und angrenzenden Gebieten. Z. Geomorph. N.F. 10, H. 3, 264–302.

KASPER, G. (1975): Untersuchungen an Solifluktionsformen mit Hilfe der Nahbereichsphotogrammetrie. Zürich.

KELLETAT, D. (1969): Verbreitung und Vergesellschaftung rezenter Periglazialerscheinungen im Apennin. Gött. Geogr. Abh. 48, 1–114.

KESSLER, A. (1963): Über Klima und Wasserhaushalt des Altiplano (Bolivien, Peru) während des Hochstandes der letzten Vereisung. Erdkunde 17, Lfg. 3/4, 9 S.

KLOETZLI, F. (1958): Zur Pflanzensoziologie des Südhanges der alpinen Stufe des Kilimandscharo. E. Rübel und W. Lüdi, 33–59, Zürich.

MESSERLI, B. (1966): Die Schneegrenzhöhen in den ariden Zonen und das Problem Glazialzeit-Pluvialzeit. Mitt. Nat. f. Ges. N.F. 23, 117–145.

Servicio Nacional de Meteorología e Hidrología (1973/74): Registro Mensual de Observaciones Climatológicas, Estación Patacamaya, Bolivien.

TROLL, C. (1947): Die Formen der Solifluktion und die periglaziale Bodenabtragung. Erdkunde 1, Lfg. 4/6, 163–175.

– (1959): Die tropischen Gebirge, ihre dreidimensionale klimatische und pflanzengeographische Zonierung. Bonner Geogr. Abh. 25, 93 S.

WALTER, H. (1964): Die tropischen und subtropischen Zonen. Die Vegetation der Erde, Bd. I, Jena, 592 S.

WOLF, T. (1892): Geografía y Geología del Ecuador. Tipografía de F.A. Brockhaus, Leipzig, 671 S.

ON THE THREE-DIMENSIONAL DISTRIBUTION OF SUBNIVAL SOIL PATTERNS IN THE HIGH MOUNTAINS OF EAST AFRICA

STEFAN HASTENRATH

With 9 figures and 12 photos

ZUR DREIDIMENSIONALEN ANORDNUNG SUBNIVALER BODENFORMEN IN DEN OSTAFRIKANISCHEN HOCHGEBIRGEN

ZUSAMMENFASSUNG:

In den Jahren 1971 und 1973–74 wurden Geländearbeiten in den Hochgebirgen Ostafrikas, in Hoch-Semyen und im Hochland von Lesotho durchgeführt.

Kammeis, Rasenschälen, und Vegetationsterrassetten kommen an den meisten der ostafrikanischen Hochberge gemeinhin oberhalb 3 500 m vor, wobei der bevorzugte Höhenbereich in den Ruwenzoris eher höher liegt. Steinpolygone und -Streifen, Feinerdepolygone und -Bänder erscheinen im allgemeinen oberhalb 4 200 m und werden oberhalb 4300–4400 m häufiger; Feinerdeknospen und Wurmerdestreifen nehmen einen etwas höheren Höhenbereich ein. Die meisten der letzteren Formtypen scheinen in den Ruwenzoris zu fehlen; lediglich Steinpolygone und -Streifen in unvollkommener Ausbildung wurden oberhalb 4350 m beobachtet. Die Einengung der Höhenstufen für die verschiedenen Subnivalformen von den trockeneren nach den feuchteren Hochregionen – in der Abfolge vom Kilimandscharo über Mt. Elgon, Aberdares, Mt. Kenya zu den Ruwenzoris – entspricht der vertikalen Auffächerung zwischen Obergrenze der geschlossenen Pflanzendecke und Region des ganzjährigen Eises, die nämlich am Kilimandscharo am weitesten und in den Rowenzoris am geringsten ist.

Es ist bemerkenswert, daß auch die Tagesamplitude der Temperatur nach den stärker bewölkten Gebieten zu abzunehmen pflegt, und sich infolgedessen der Höhenbereich mit häufigem tageszeitlichen Frostwechsel einengt. Die Höhenstufung an den extrem feuchten Hochbergen von Neu-Guinea – in vergleichbarer Nähe zum Äquator – ist den Verhältnissen in den Ruwenzoris ähnlich, aber in bezug auf Niederschlag, Bewölkung, und das vertikale Zusammenrücken der Höhenstufe mit ausgeprägter Frosteinwirkung eher noch extremer. In den Hochanden von Ekuador – der dritten Hochgebirgsregion unter dem Äquator – erscheint die dreidimensionale Verteilung von Frostbodenformen wohl wegen der besonderen edaphischen Verhältnisse (vulkanische Aschen) wesentlich komplexer.

Unterschiede im subnivalen Formenschatz zwischen verschiedenen Sektoren eines Gebirges stehen mit aus kräftigen Tageszeitenströmungen sich ergebenden Strahlungsasymmetrien in Beziehung. Es gibt Anzeichen für einen „episodischen" Formprozeß, abgesehen von der herkömmlichen Vorstellung von „tageszeitlichem" gegenüber „jahreszeitlichem" Frostwechselzyklus. Längerfristige Änderungen im periglazialen Formenschatz am Mt. Kenya sind möglicherweise den dürftigeren Niederschlägen im Laufe der letzten Jahre zuzuschreiben.

Beobachtungen in Hoch-Semyen und Lesotho lassen einen Vergleich mit den äußeren Tropen und den Subtropen innerhalb Afrikas zu. Gegensätze in subnivalem Formenschatz und Höhenstufung zwischen Gebirgen innerhalb des äquatorialen Ostafrika sind verglichen mit der bloßen Breitenabhängigkeit beträchtlich.

SUMMARY

During 1971 and 1973–74 field work was undertaken on most of the high mountains of East Africa, and also in High Semyen and the highlands of Lesotho.

Needle ice, turf exfoliation, and vegetation terracettes occur commonly above 3500 m on most East African mountains, with the preferred altitudinal domain being rather higher in the Ruwenzoris. Stone polygons and stripes and fine material polygons and bands generally appear upward of 4200 m, becoming more abundant above 4300–4400 m; fine earth buds and ribbons occupy a somewhat higher altitudinal domain. Most of the latter form types seem to be absent in the Ruwenzoris; only stone polygons and stripes in incomplete development were sighted upward of 4350 m. The narrowing of altitudinal domains for the various subnival forms from the drier towards the wetter high regions – in a progression from Kilimanjaro, over Mt. Elgon, Aberdares, Mt. Kenya, to the Ruwenzoris – has its corollary in the vertical separation between upper limit of plant cover and region of perennial ice, being largest on Kilimanjaro and smallest in the Ruwenzoris.

It is also noted that the diurnal temperature range tends to be reduced towards the more cloudy regions, as a direct result of which the altitudinal belt with frequent daily change of frost narrows. Altitudinal zonation in the hyper-humid high mountains of New Guinea – in comparable vicinity to the Equator – is similar to conditions in the Ruwenzoris, but even more extreme in terms of wetness and the vertical shrinking of the geomorphic zone with substantial frost action. In the High Andes of Ecuador – the third high mountain region under the Equator – the three-dimensional distribution of subnival soil forms is rather more complex, presumably due to the particular edaphic conditions (volcanic ashes).

Differences in the complex of subnival forms between various sectors of a mountain are related to insolation asymmetries resulting from vigorous diurnal circulations. These are indications for en "episodic" forming process, apart from the conventional concepts of a "diurnal" versus a "seasonal" freezethaw cycle. Long-term variations in periglacial morphology on Mt. Kenya may be due to deficient precipitation in recent years.

Observations in High Semyen and Lesotho provide a comparison with the Outer Tropics and the Subtropics on the African Continent. Contrasts in complex of subnival forms and altitudinal zonation between mountains within equatorial East Africa are found to be considerable, when viewed in perspective with the mere latitudinal control.

1. INTRODUCTION

Climatic geomorphology embraces as a central concern the study of soil frost phenomena in a spectrum of environments. Much attention has been paid to the large soil patterns prevalent in higher latitudes, both in field observations and laboratory experiments (cf. WASHBURN, 1973). Concerning the small frost features indigenous to the high mountains of the Tropics, however, work since TROLL's (1944) classical treatise has been more limited. Within the frame of lithological-edaphic and vegetational conditions, development, size, and spatial arrangement of individual from types would essentially reflect the climatic control. For the recognition of large-scale atmospheric factors governing the behaviour of soil frost phenomena, East Africa is of particular interest: high mountains extend in immediate vicinity of the Equator, with precipitation, glaciation, and vegetation conditions in the peak regions contrasting and ranging from semi-arid to hyper-humid; th highlands of Northern Ethiopia and of Lesotho *(Fig. 1)*, respectively, may span the bridges for a comparison towards the Outer Tropics and the Subtropics of the African Continent.

The periglacial morphology of Mts. Kenya and Kilimanjaro could first be studied on short field trips in June–July 1971 (HASTENRATH, 1973). A pilot survey of the highlands of Lesotho, Southern Africa, was completed in April–May of the same year (HASTENRATH and WILKINSON, 1973). Field reports contain a review of earlier literature. Excellent topographic maps are now available (Directorate of Overseas Surveys, 1962, 1964, 1965; Forschungsunternehmen Nepal-Himalaya, 1967; Survey of Kenya, 1967–1972; Department of Lands and Surveys, Uganda, 1958–1971, 1967, 1970); used in conjunction with an aneroid-

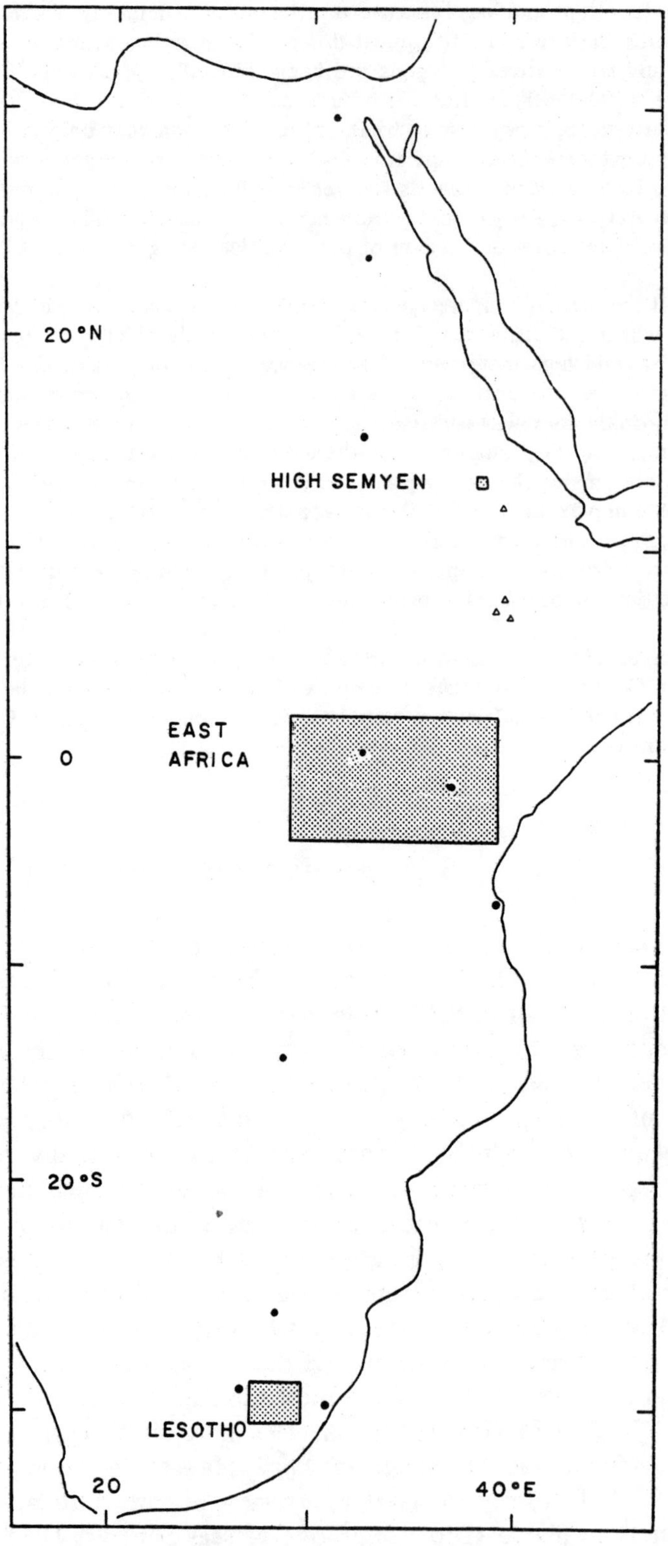

Fig. 1: Location of orientation map for East Africa, Fig. 2, and of regions studied in Northern Ethiopia and Southern Africa. Mountains above 4 000 m and not visited are also entered as triangles, and radiosonde stations used in Fig. 3 as dots.

altimeter read continuously and set at well identifiable points in the terrain, these warrant height accuracy fully adequate for the present purposes. Affiliation with the University of Nairobi in 1973–1974 gave the opportunity for field studies of recent glacier recession and pleistocene glaciation, and of more extensive visits to the high mountains of East Africa *(Fig. 2)*. The glacial and periglacial morphology of High-Semyen, Northern Ethiopia, was also explored during this period (HASTENRATH, 1974).

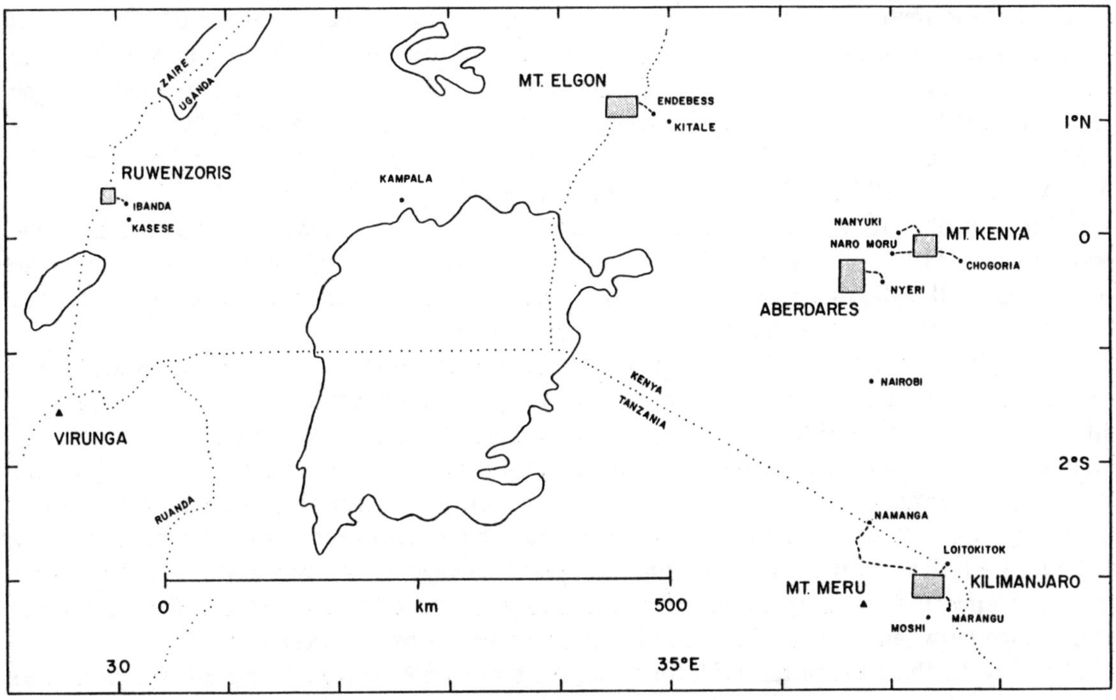

Fig. 2: Orientation map of East Africa, showing partial travel routes (broken) and location of maps, Figs. 4 to 8.

The High Andes of Ecuador were visited in 1969, 1974 and again in 1975, in connection with glaciological studies and mapping of glacial morphology. A field trip to the mountains of Papua New Guinea finally materialized in 1975. An inventory of the complex of subnival forms and a picture of spatial consistency are emerging; field observations in the course of 1971 and 1973–1975 form the basis for the present attempt at a synopsis.

2. REVIEW OF CLIMATIC CONDITIONS

Within equatorial East Africa, the average large-scale thermal conditions are horizontally rather uniform. On the small scale appreciable contrasts are conceivable, as a result of radiation asymmetry associated with diurnal circulations, aspect of slopes, and insolation geometry. Direct measurements of temperature and other meteorological elements in the high mountain regions are scarce. Several weeks' observations taken during various expeditions on Mt. Kenya (BRINKMAN et al., 1968) are too short to be representative of the mean conditions. However, the East African Meteorological Department (1970) has published long-term mean maximum and minimum temperatures at numerous stations up to more than 3,000 m, and on this basis has derived regression formulae to calculate temperature as a function of altitude with a probable error of 1.5 °C. From these formulae the annual mean elevations of the 0 °C minimum, mean, and maximum temperatures were computed to be 3,520, 4,750, and 5,980 m respectively. It is recognized that these values exceed the altitude range of stations available for the regression formulae. The elevation of the 0 °C isothermal surface varies seasonally by about 300 m, with lowest monthly mean values in March–April, and highest values in July–August. The daily temperature range is largest in January–February and smallest in July–August, varying between about 20 and 12 °C, respectively. Additionally, the daily 12 Z radio soundings during the five-year period 1958 to 1962 (U.S. Weather Bureau, 1958–1963) were evaluated, yielding elevations of 4,700, 4,740, and 4,630 m, for the 0 °C mean annual isotherm over Dar es Salaam, Nairobi, and Entebbe, respectively. Within the limits of spatial and temporal representativeness values compare reasonably well with those computed from surface stations. Available data are not adequate for assessing a possible heating effect of the high plateau.

Although average temperature is horizontally rather uniform all over East Africa, large spatial contrasts can be anticipated in the daily temperature range, as a result of large-scale differences in average cloudiness. Model calculations on the surface radiation budget were carried out for a horizontal mountain surface at 4700 m and at the Equator, with precipitable water representative of Mount Kenya. Computations (not shown here) indicate that the daily range in the surface net radiation may vary by a factor of three between clear and overcast days. Without attempting to quantitatively relate the daily marches of net radiation and surface temperature, it is realized that the difference in the diurnal temperature range between regions of contrasting cloudiness can be substantial.

Contrary to the horizontal uniformity of the large-scale average thermal field, cloudiness and precipitation conditions differ considerably between the various mountain regions of East Africa. Kilimanjaro rises out of the dry Masai steppe that has annual rainfall as low as 500 mm. The Kenya highlands harbouring Mt. Kenya, the Aberdares, and Mt. Elgon, are on the whole moister, with annual precipitation totals from around 700 to more than 1300 mm. Western Uganda at the base of the Ruwenzoris is likewise rather abundant in rainfall, with annual totals of 1000 to more than 1400 mm (JACKSON, 1961; BROWN and COCHEMÉ, 1969; East African Meteorological Department, 1971). However, of particular interest here are the very mountains, in particular the peak areas. As a rule, an altitudinal belt of maximum rainfall is found on the slopes, whereas the higher portions of the mountains remain typically drier. An extended stratiform cloud deck frequently hovers between about 3,000 and 3,500 m, visibly separating the lower troposphere from the peak regions. Commonly, diurnal circulations are vigorously developed – perhaps especially so on the large massifs of Mt. Kenya and Kilimanjaro – with wind blowing down the mountain from evening throughout the night into the middle of the morning, and a reversal to upslope flow from then into the afternoon. This meso-scale circulation mechanism dominates atmospheric events, liability of cloudiness, mist, and precipitation being largest in the afternoon hours.

Table 1. summarizes information on the altitudinal zonation of East African mountains as manifested in precipitation, glaciation, and vegetation conditions. A precipitation con-

Table 1. Altidutinal zonation of East African mountains.
1. Precipitation: belt of maximum rainfall and high regions, elevation (m), aspect, and annual total (mm). Source: THOMPSON, 1966; BROWN and COCHEMÉ, 1969; COUTTS, 1969; MÖRTH, 1970; East African Meteorological Department, 1971; OSMASTON and PASTEUR, 1972; Water Department, Republik of Kenya, unpublished records.
2. Glaciation: snow line and glacier snouts, elevation (m) and aspect. Source: WHITTOW et al., 1963; HUMPHRIES, 1972; field observations 1973–74.
3. Vegetation belts: altitudinal limits (m). Source: HEDBERG, 1951.

	Kilimanjaro	Mt. Elgon	Aberdares	Mt. Kenya	Ruwenzoris
Precipitation					
high regions					
elevation (m)	4500			4500 – 4800	3500 – 4500
annual total (mm)	*< 200*			*< 900*	*2000 – 3000*
belt of max rainfall				S, W, E N	
elevation (m)	S 1800		E	2500 – 300 m	
annual total (m)	*2000*	*1200 – 1400*	*2000*	*> 200* *1000*	
Glaciation					
snow line (m)	W 5600 ,E > 5675			SW 4700, NE 4800	4600
elevation of	W 4800 ,E > 5675			SW 4520–4640,	
				NE 4600–4700	4500
glacier snouts (m)					
Vegetation belts					
Alpine Belt					
Ericaceous B. (m)	4100	3550	3650	3600	3800
Montane Forest B. (m)	2200	2900	3450	N 2900 , S 3400	W 2700 , E 2850

trast between flanks of different aspects is indicated on Kilimanjaro, Mt. Kenya, and in the Aberdares, in particular; annual totals in the high regions differ considerably between the various mountains. Only the present glaciation is considered in Table 1; secular glacier behaviour and pleistocene glaciation in the mountains of East Africa shall be discussed in more detail elsewhere. Ice on the southern side of Kibo reaches to lower elevations than at the Northern Ice Field, which can be understood from insolation geometry at this slight southern latitude. A West-East asymmetry resulting from the vigorous diurnal circulations is especially pronounced on Kilimanjaro and Mt. Kenya. The absence of comparable zonal contrasts in the Ruwenzoris may be due to weaker meso-scale circulations. Whereas snout positions could in most instances be accurately determined in the terrain, snow line elevations entered in *Table 1.* are only crude estimates. Altitudinal limits of vegetation belts proposed by HEDBERG (1951) are also entered in *Table 1.* Edaphic and biotic conditions aside, HEDBERG considers thermal pattern vs. precipitation amount and frequency of clouds and mist, as major climatic factors accounting for similarity and differences, respectively, of vegetation zonation between mountains. Whereas the Montane Forest Belt may contrast appreciably between different sides of the same mountain, the two highest belts seem to be more uniform and allow a gradational arrangement from "dry" (Kilimanjaro) towards "wet" (Ruwenzoris) as in *Table 1,* in qualitative agreement with the limited precipitation records.

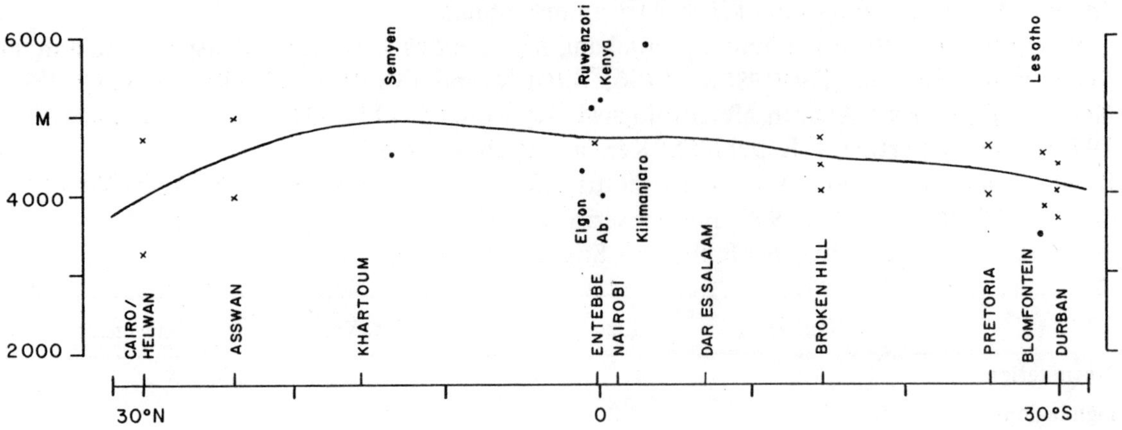

Fig. 3: Latitudinal temperature pattern in the free atmosphere over Africa. 0 °C mean annual isotherm, solid line; elevations during the winter and summer half years, crosses (breakdown May–October, November–April; period 1958–62; source: U.S. Weather Bureau, 1958–63).

High Semyen in Northern Ethiopia provides a reference to the Outer Tropics. The elevation of the 0 °C mean annual isotherm is about 4,900 m, the range between elevations during the winter and summer half years being of the order of 100 m (THOMPSON, 1965). Marked seasonality becomes also apparent in the insolation geometry. Northern Ethiopia is on the whole more arid than East Africa (JACKSON, 1961); annual totals in the high regions of Semyen may lie around 1000–1400 mm, although information is poor. The highlands of Lesotho represent the Subtropics of the Southern Hemisphere. The elevation of the 0 °C isotherm is at 3,880, 4,520, and 4,200 m respectively, for the winter (May–October), and summer (November–April) half years and the year as a whole, (U.S. Weather Bureau, 1958–1963). Seasonality in insolation geometry is appreciable. Annual precipitation totals in the highlands of Lesotho range around 700–1400 mm. The latitudinal temperature pattern in the free atmosphere over Africa is illustrated in *Fig. 3.* Comparison of Equatorial East Africa with Northern Ethiopia and Southern Africa displays appreciable climatic differentiation within the African Continent.

3. TENTATIVE NOMENCLATURE OF SUBNIVAL FORMS

During field studies of soil frost phenomena in low latitude mountain regions distinct form types tend to recur. Communication between field workers is made difficult by the lack of established nomenclature, although a useful reference is provided by TROLL (1944, 1958), NANGERONI (1952), and WASHBURN (1973). For purposes of the present synopsis terms shall be proposed for various form types, along with a brief descriptive account; this is supported by reference to the pertinent literature.

3.1. NEEDLE ICE (GERMAN: KAMMEIS).

Needle ice (TROLL, 1944, Figs. 11, 13, 16; HASTENRATH, 1973, Photo 1; HASTENRATH and WILKINSON, 1973, Pl. 1; FURRER and FREUND, 1973, Photo 9) is among the more widely observed soil frost phenomena. With nighttime frost, ice needles grow in bundles of an asbestos-like structure perpendicular to the cooling surface. Fine earth material with some moisture seems to be prerequisite. Sub-zero surface temperatures are evidently needed, but needles do not seem to form at excessively low temperatures. In the diurnal freeze-thaw cycle of tropical mountain regions, needles reach a few cm, whereas in temperate latitudes they have been observed to grow to 20 cm and more. Under conditions of daily change of frost the ice needles lift crumbs of fine earth off the subsoil; with the morning thaw these crumbs sink back to the surface and arrange themselves in stripes oriented in the direction of local sunrise.

3.2. TURF EXFOLIATION (GERMAN: RASENABSCHÄLUNG)

Needle ice is a powerful agent in destroying the vegetation cover in mountain regions. Its effect in causing vegetation scars and turf exfoliation (TROLL, 1944, Figs. 7, 19, 33; 1973; HASTENRATH, 1973, Photo 2; HASTENRATH and WILKINSON, 1973, Pl. 4), can be enhanced by human activity and excessive grazing.

3.3. VEGETATION TERRACETTES (GERMAN: VEGETATIONSTERRASETTEN)

Micro-terracettes whith typical dimensions of tens of cm occur on occasionally very gentle slopes; (HASTENRATH, 1973, Photo 3; HASTENRATH and WILKINSON, 1973, Pl. 3). Circular and crescent-shaped growth of plants (German: Pflanzenrosette, Sichelrasen) is frequently encountered in the mountains of lower latitudes, (FURRER and FREUND, 1973, Photo 3; HASTENRATH and WILKINSON, 1973, Pl. 2; present paper Photo 196, Plate XLIX), and may be a related phenomenon.

3.4. THUFUR

Vegetation covered mounds with dimensions of tens of cm (TROLL, 1944, Fig. 8; HASTENRATH and WILKINSON, 1973, Pl. 5) have long been known from subpolar regions, whence the Icelandic name "thufur". Similar forms have been observed in the mountains of Southern Africa.

3.5. STONE POLYGONS (GERMAN: STEINPOLYGONE)

Miniature stone nets (TROLL, 1944, Figs. 35, 36; HASTENRATH and WILKINSON, 1973, Pl. 8–10; present paper, Photo 198, Plate L; 202, Plate LI), occur in a variety of appearances and dimensions ranging around 5 to 20 cm; they are only a few cm deep. With pebbles contained in a fine material matrix of great water holding capacity, stones tend to develop an arrangement around an occasionally watch-glass shaped core of fine earth nearly devoid of large pebbles. The sorting extends to a few cm depth. With a more continuous spectrum of grain size in the basic material, net patterns tend to be less distinct. There are indications for the dimensions of the net pattern to increase with the prevalent grain size.

3.6. STONE STRIPES (GERMAN: STEINSTREIFEN)

In sloping terrain, stone polygons gradually deform, and pass into stripe patterns following the gradient (TROLL, 1944, Figs. 30, 31; HASTENRATH, 1973, Photos 7, 10, 11, 13; present paper, Photos 199, Plate L; 203, Plate LI), overall dimensions being similar to the polygons. There are indications for either polygons or stripes to predominante in certain areas, despite the seeming availability of both horizontal and sloping surfaces. A variety of sorting arrangements and dimensions occur, apparently in response to grain size distribution and depth of penetration of the freeze-thaw cycle. Large particle size and deeper-reaching freezing and thawing seem to contribute towards larger overall dimensions of the pattern.

3.7. FINE MATERIAL (MUD) POLYGONS AND BANDS (GERMAN: FEINERDEPOLYGONE, FEINERDEBÄNDER)

In contrast to the stone polygons and stripes, these patterns (HASTENRATH, 1973, Photos 4–6; FURRER and FREUND, 1973, Photos, 7, 8, 11; LÖFFLER, 1970, Photo 48; present paper, Photos 200, Plate L; 204, Plate LI) consist predominantly of fine material and contain very few larger pebbles. Overall horizontal and vertical dimensions are similar though not identical to the stone polygons/stripes. Dimensions can vary remarkably between different regions. Again, a gradual transition can be observed in the field from near-symmetric polygon nets on horizontal terrain to elongated polygons and plain bands on slopes. Embryonal forms display a sort of crack pattern with a near-absence of stones in the crack, or "net" portion. Needle ice has apparently not been observed under this pattern, but macroscopically amorphous ice can be found within the mud cake. Some ideas of BREMER (1965) may be pertinent here, namely that processes active in gilgai-phenomena and a conventional frost mechanism may overlap in the mountains of the Tropics and Subtropics.

3.8. FINE EARTH BUDS AND RIBBONS (GERMAN: FEINERDEKNOSPEN, WURMERDESTREIFEN)

Bulges of moist fine earth protrude from within a body of much coarser and seemingly drier material (TROLL, 1944, Fig. 42; HASTENRATH, 1973, Photos 8, 14, 15; present paper, Photo 201, Plate LI). These protuberances take the form of "buds" on horizontal surfaces, and of irregular-shaped "ribbons" on slightly sloping terrain. Buds have a typical diameter and height of a few cm, ribbons are about one cm wide and high and some dm long. Invariably, abundant moisture supply is available, often derived from patches of melting snow. A relative deficiency of fine material vs. abundance of coarse particles has been suggested as an essential factor in the origin of this feature (TROLL, 1944).

3.9. CAKE POLYGONS (GERMAN: KUCHENBÖDEN)

Fine material plates of high water holding capacity and devoid of coarse particles are raised above a net of stones; horizontal dimensions are of the order of 20 cm (TROLL, 1944, Fig. 38; HASTENRATH, 1971, Photo 6; present paper, Photo 205, Plate LII). Sites are characterized by an abundance of soil moisture. Furthermore, abundance of fine material and selective scarcity of large particles, with lack of intermediate grain sizes seems essential.

3.10. MUD GOOVES (GERMAN: SCHLAMMRILLEN)

On mountain slopes with appreciable restriction of the horizon, the morning thaw may begin at the higher elevations. With abundance of soil moisture, mud may start flowing from the higher portions of the slope down to ground portions that thaw out only later. The melting mud tracks are highest at their rims, providing channels for mud flow in subsequent daily cycles (HASTENRATH, 1973, Photo 16; present paper, Photo 206, Plate LII). Abundant soil moisture is apparently a prerequisite of this phenomenon.

3.11. GENERAL

Needle ice occurs in a wide altitudinal range; turf exfoliation, vegetation terracettes, and the latitudinally restricted thufur belong to altitudinal belts with more or less continuous vegetation cover; towards higher elevations, they give way to a variety of sorting patterns and other soil frost forms. The proposed partial nomenclature may provide a frame of reference for the present regional comparisons.

4. KILIMANJARO

Three field trips were undertaken to the Kibo cone of Kilimanjaro *(Fig. 4)*. For earlier observations reference is made to MEYER (1900), JAEGER (1909), LANGE (1912), KLUTE (1914, 1920), and FLÜCKINGER (1934). In June 1971 the conventional route from Marangu on the South side over the saddle plateau between Kibo and Mawenzi to Gillman's Point was chosen. The excursion in August 1973 extended from Loitokitok on the North flank up the eastern slope of Kibo tu Uhuru Peak; the South side was explored subsequently. In April 1974 the approach was over the Shira Plateau up the western slope of Kibo. Thus observations could be gathered in the various sectors of the mountain massif.

Lowest elevations of observed sites were around 3 500 m for needle ice, 3 500–3 600 m for turf exfoliation as a result of frost action, and 3 600–3 700 m for micro-terracettes in the vegetation cover. Crescent-shaped and circular growth of plants was found near 3 600m on the Shira Plateau, and above 3 800 m on the southern and northern flanks of the massif

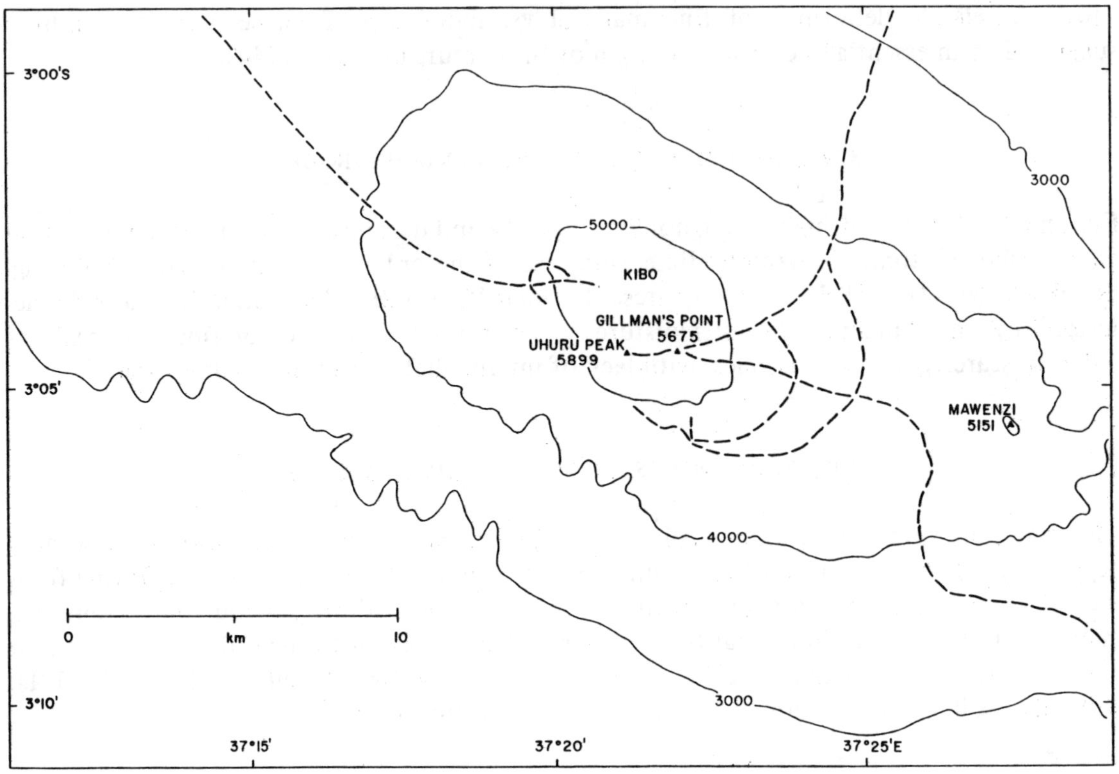

Fig. 4: Mt. Kilimanjaro. Field routes entered as heavy broken, and height contours as thin solid lines. Refer to Fig. 2 for locations.

(Photo 196, Plate XLIX). The various features just mentioned become on the whole most prominent at 3 800–4 200 m. Differences in the lowest elevation of observed sites between the various sectors of the massif are not regarded as significant; possibly altitudinal limits are somewhat higher on the South side of Kilimanjaro.

Stone polygons are remarkably rare on the saddle plateau and the South flank of Kibo. During the 1971 field trip (HASTENRATH, 1973) they were observed in the vicinity of a tarn (Photo 197, Plate L) on the saddle plateau at 4300–4350 m at localities with abundant soil moisture and also partly under water. They do occur more abundantly on the Shira side of Kibo.

Stone stripes can be encountered on Kilimanjaro in varying dimensions. Lowest observed sites were at 4 250 m on the South side and around 4 200 m on the North and West sides of the mountain. On the saddle plateau, stone stripes become abundant above 4400 m, and they are of small dimensions. As described in the 1971 field report, stone stripes are made up of rock fragments with a typical size around 1 cm; they are 1–2 cm wide and 1–2 cm higher than the bands of fine material separating them; the latter have a width of 2–5 cm. These dimensions are only meant to indicate the characteristic magnitude; the stripe width appears to increase with the coarseness of the material. Cuts across this stripe pattern show that it is at most a few cm deep. The stone stripes follow closely the irregularities in the terrain, and benu smoothly around obstacles such as larger boulders (Photo 199, Plate L). Near the lowest elevations of occurence stone stripes were found only on slopes of more than 20°, whereas on the saddle plateau between 4,450 to 4,460 m they are common on large surfaces of only 1–2° slope.

Stone stripes of comparable size occur also on the Shira side of Kibo at sites with fine material. However, stone stripes of somewhat larger dimensions prevail. Well-developed features abound from about 4200 m upward. Stone stripes in the crater of Kibo at about 5880 m on a slope with northerly aspect, are also of large dimensions. It is recalled that insolation on the West side of Kilimanjaro is reduced as a consequence of diurnal circulations. Thawing may be a less frequent and deeper-reaching event; this would also hold for the much higher elevations of Kibo crater, which is situated well above the mean annual 0 °C isothermal surface. A similar suggestion of pattern size to increase with more episodic change of frost in locations of lower overall temperatures arises from observations at Mt. Kenya and in High Semyen.

Fine material polygons and bands (Photo 200, Plate L) were encountered in the ascent towards the saddle plateau at lowest elevations of 4100 m on the Loitokitok and at 4250 m on the Marangu route. Upward of 4400 m they cover vast areas of the plateau, alternating with the miniature stone stripe patterns discussed above. Fine material polygons have been reported by KLUTE (1914) and FLÜCKINGER (1934). Elevated flat plates consisting of fine material, with a thickness of about 2–4 cm and a diameter of 20 cm or more are separated by wide cracks; these are somewhat lower and are filled with small stones. On sloping terrain the polygons become more and more elongated, and tha pattern degenerates into parallel mud and stone stripes with relative proportions similar to the polygen net. Cuts across such a pattern identify it as a surface phenomenon of less than 5 cm depth. Below that depth the plates of fine material and the stone-filled cracks are underlain by unsorted debris material. In contrast to the saddle plateau, fine material polygons and bands do not belong to the more conspicuous features on the Shira side and in the crater of Kibo.

Fine earth buds and ribbons were found at 5200 m on the eastern slope (Photo 200, Plate L), at 4800 m on the southern flank, and above 4450 m on the Shira side of Kibo. Abundant soil moisture, often derived from melting snow, is characteristic. A limitation to higher altitudes is also apparent in other mountain regions to be discussed later.

5. MOUNT KENYA

Of all regions, Mount Kenya could be studied most extensively *(Fig. 5)*. For earlier observations reference is made to TROLL (1944) and ZEUNER (1949). In July 1971 the Naro Moru Track from the West was used. An excursion in July 1973 covered the eastern and northern sectors of the massif, approximately along the Chogoria and Sirimon tracks. In the course of 1973–1974, all sectors of the peak region were visited repeatedly, and the approch from the West was commonly used on the frequent field trips in connection with the study of mass budget and secular behaviour of Lewis Glacier. The various sectors of the massif display appreciable contrasts in precipitation and vegetation conditions *(Table 1)*. Since all three approach routes entered in *Fig. 5* were covered within a few weeks' span in June–July 1973, an immediate spatial comparison of periglacial forms is facilitated.

Needle ice, turf exfoliation, and micro vegetation terracettes are again the soil frost phenomena occurring at the lowest elevations. In the 1971 field report (HASTENRATH, 1973) a lower limit around 3900 m and a preferred distribution domain from 3950 to

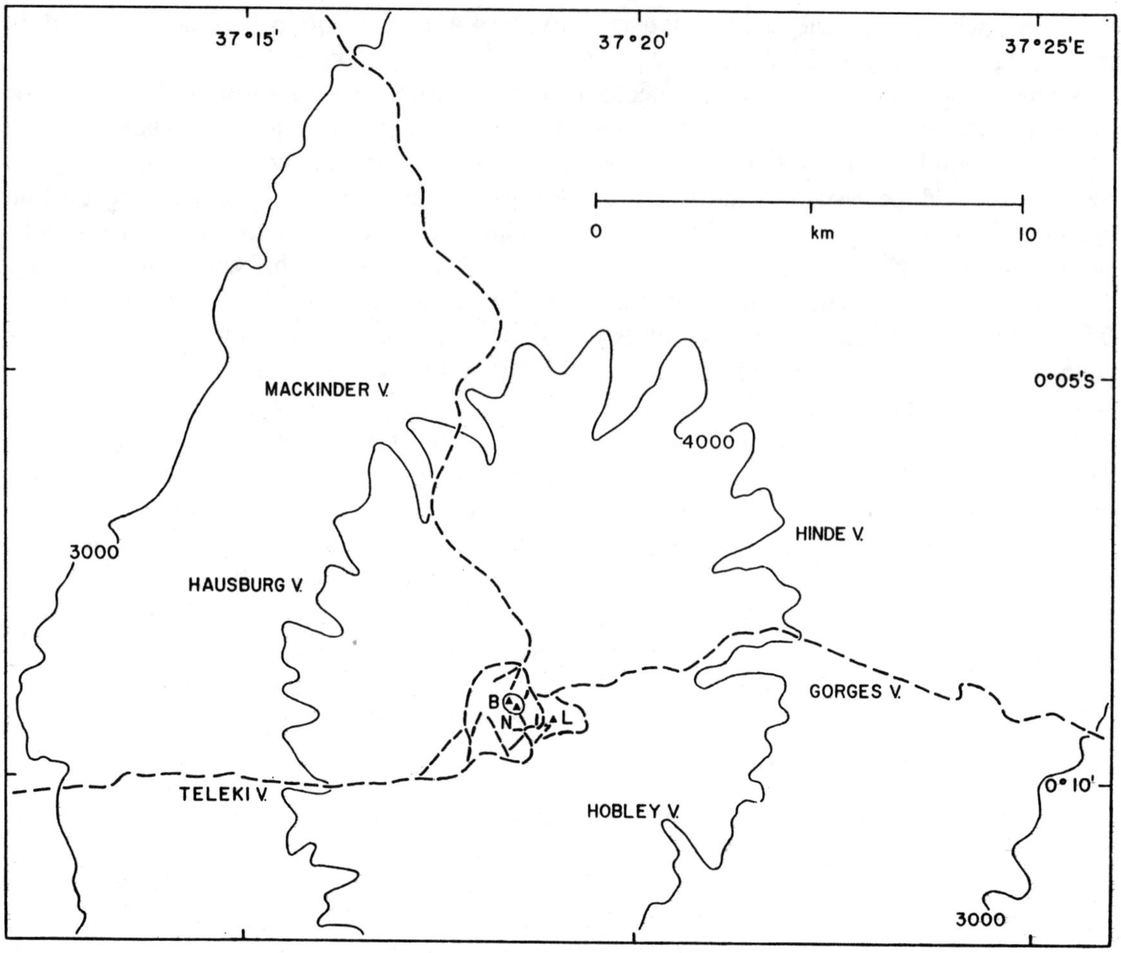

Fig. 5: Mt. Kenya; as Figs. 4 to 8.

more than 4200 m was given for the western side of the mountain massif. Observations at the same season, in June–July 1973 are in approximate agreement with this altitudinal distribution, although some weak remnants of needle ice were already found below 3800 m. On the Eastern flank (Chogoria route) these phenomena could be observed in good development down to 100 m lower. The preferred altitudinal domain, however, was found to be around 3900–4200 m in all sectors of the massif. The preferred altitudinal domain may warrant a more reliable spatial comparison than singular lowest occurences of a certain form type, the latter being more easily dependent on accidental circumstances along the travel route. Accordingly, differences in vertical distribution between the various sectors of the massif are considered to be small. However, the form types just discussed are unmistakably best developed along the Naro Moru track in the West, where needle ice plots and crescent-shaped and circular vegetation patterns occupy large surfaces. The Naro Moru track is presently the most frequented route for tourists and mountaineers; human interference very conspicuously combines with soil frost in a progressive destruction of the vegetation cover. In the high regions of Kenya, grazing is precluded by nature conservation.

Other subnival soil forms, such as stone polygons (Photo 202, Plate LI) and stripes (Photo 203, Plate LI), fine material (mud) polygons (Photo 204, Plate LI) and bands, fine earth buds and ribbons, cake polygons (Photo 205, Plate LII), occur with preference upward of 4300–4400 m. No systematic differences in terms of development and altitudinal domain of these form types could be detected between the different sectors of the mountain. Climatic differentiation between the various quadrants presumably tends to fade out anyhow in the high regions.

Some vertical differentiation is apparent in that stone stripes and polygons and fine earth polygons and bands begin to appear at elevations as low as about 4200 m, whereas fine earth buds and ribbons seem to stay essentially above 4700 m, although TROLL (1944; *Fig. 42*) has described such features from the vicinity of Hall Tarn on the eastern side of Mt. Kenya at elevations of 4,400 m.

In the prevalent stone stripe patterns, the typical overall band width is about 10 cm, the bands of stone fragments being mostly about three times as wide, but at least about equally wide as the bands of fine material separating them. Stripes tend to bend around obstacles such as boulders, and flags of fine earth appear in their lee. Sorting extends down to a depth of 2–3 cm. The fine material has a grain size of 2–4 mm compared to 5–20 mm for the light and coarse material. The fine material mostly has a fresh moist appearance, and is darker than the stone stripes (Photo 203, Plate LI). Then, the bands of fine material are higher than the stone stripes, much in contrast to the features described for Kilimanjaro. In some instances, the fine material is dry and has a lighter colour; then the stone stripe portion of the pattern is generally higher. Stone stripes of substantially large dimensions with overall band width of up to about 30 cm and proportionally larger depth were repeatedly observed.

Mud polygons in the vicinity of 4,200–4,400 m were less abundant and conspicuous than on Mt. Kilimanjaro. Stone polygons resulting from a radial sorting were found at several sites between 4,200 and 4,300 m, with diameters between about 5 and 15 cm. The largest and best developed polygons were found in places with abundant soil moisture around ponds, and also under water.

In the earlier field report, mud grooves were described for Mt. Kenya on slopes near Lewis Glacier at elevations between about 4500 and 4700 m. An inactive specimen from the upper Gorges Valley around 4350 m is shown in Photo 206, Plate LII.

Seasonal variations could be studied on the West side of the massif, since the Naro Moru track was frequented as an approach route for field work on Lewis Glacier in the course of 1973–1974. Most conspicuous changes were in the lower limit and preferred altitudinal domain of needle ice stripes and active turf exfoliation. The relatively low elevations during June and July have been described above. From January to April needle ice is not of common occurence below 4200 m, and plots with strictly linear fine earth stripes decay to dust. However, upward of 4300 m it is commonly encountered at all seasons. During the great dry season, from January to April, soil moisture and atmospheric humidity are comparatively small. At the same time, however, temperature at these altitudes increases by a few degrees, so that nighttime frost does not occur regularly below 4200 m. Stone polygons and stripes and fine material (mud) polygons can be found all year round, although climatic conditions may not be equally favourable for development during all months.

Wide areas of the massif were visited in July 1971 and again in the course of 1973–1974. Furthermore, TROLL's (1944) observations from 1934 are available. This allows some idea on longer-term variations in characteristic soil frost phenomena. Most form types were encountered in good development both in July 1971 and during 1973–1974; however, there were some surprising exceptions. In July 1971, beautiful stone stripes covered large surfaces on the steep northwestward facing inner slope of the innermost large moraine of Lewis Glacier above the Teleki Valley (Photo 203, Plate LI). The site was easily located two years later, but the large and exceedingly regular stripe pattern had disappeared, and until April 1974, it had not yet re-formed. Despite extensive search, no such pattern could be detected in the area in June 1973. Mud grooves observed on the large Lewis Glacier moraine in June 1974 had likewise disappeared by July 1973, and had not re-formed by April 1974. Soil moisture conditions are considered essential in the origin of both form types. It is suggested that the relative dryness of recent years has caused the disappearance of certain soil frost phenomena.

A seasonal development of material sorting was observed at the steep slopes between Thomson's Flake and Lewis Glacier. The slopes above the Lewis Glacier carry a snow cover during the season of abundant precipitation through January. This is later ablated or buried by scree. From January to March 1974, a distinct material sorting developed, with nearly one m wide bands of coarse rock fragments. It is believed that change of frost may play a role in the sorting process.

6. ABERDARES

The Aberdares were visited in May 1973 with an approch from the East to the high areas of Oldoinyo Lesatima *(Fig. 6)*.

Remnants of needle ice and incipient terracette formation in the vegetation cover were observed upward of about 3 500 m, and circular growth of plants at about 3950 m. Cryogenic sorting of material was not detected.

7. MOUNT ELGON

An excursion to the Kenyan side of Mount Elgon was undertaken in June 1973 *(Fig. 7)*.

Weak remnants of needle ice were observed at lowest elevations of around 3 800 m and incipient micro-terracettes in the vegetation cover upward of 4000 m. Incipient sorting of small stone material is limited to the highest regions above 4 150 m.

8. RUWENZORIS

A field trip to the Ruwenzoris finally materialized in January 1974, under optimal weather conditions *(Fig. 8)*. Periglacial phenomena have been mentioned for the Ruwenzoris by DE HEINZELIN (1952), but without details on specific form types and altitude.

Needle ice remnants and frost scars in the vegetation cover were observed at lowest elevations of 4150 m and up to more than 4300 m in the Stuhlmann and Freshfield Pass areas. There is no stripe arrangement of needle ice remnants, presumably because of a

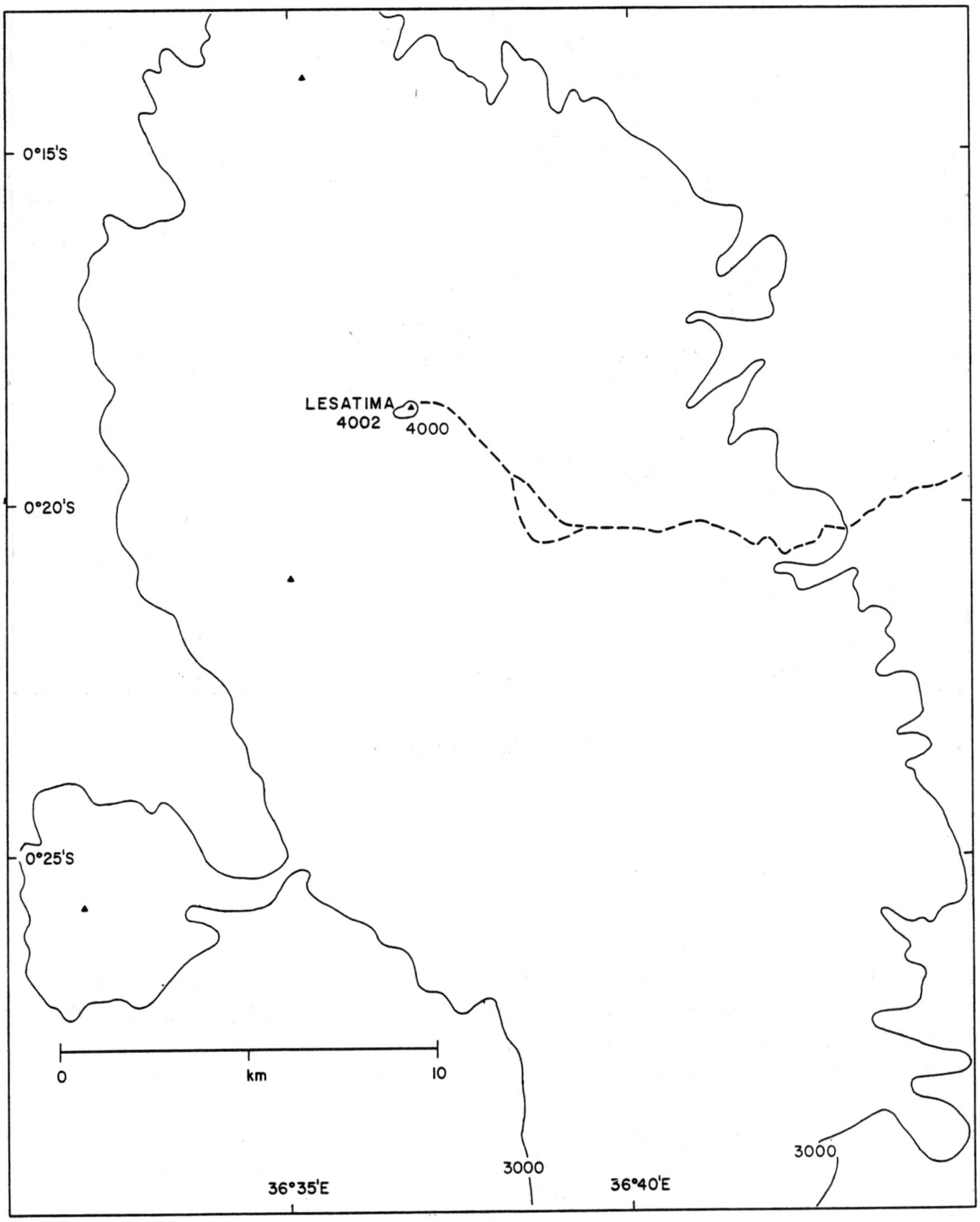

Fig. 6: Aberdares; as Figs. 4 to 8.

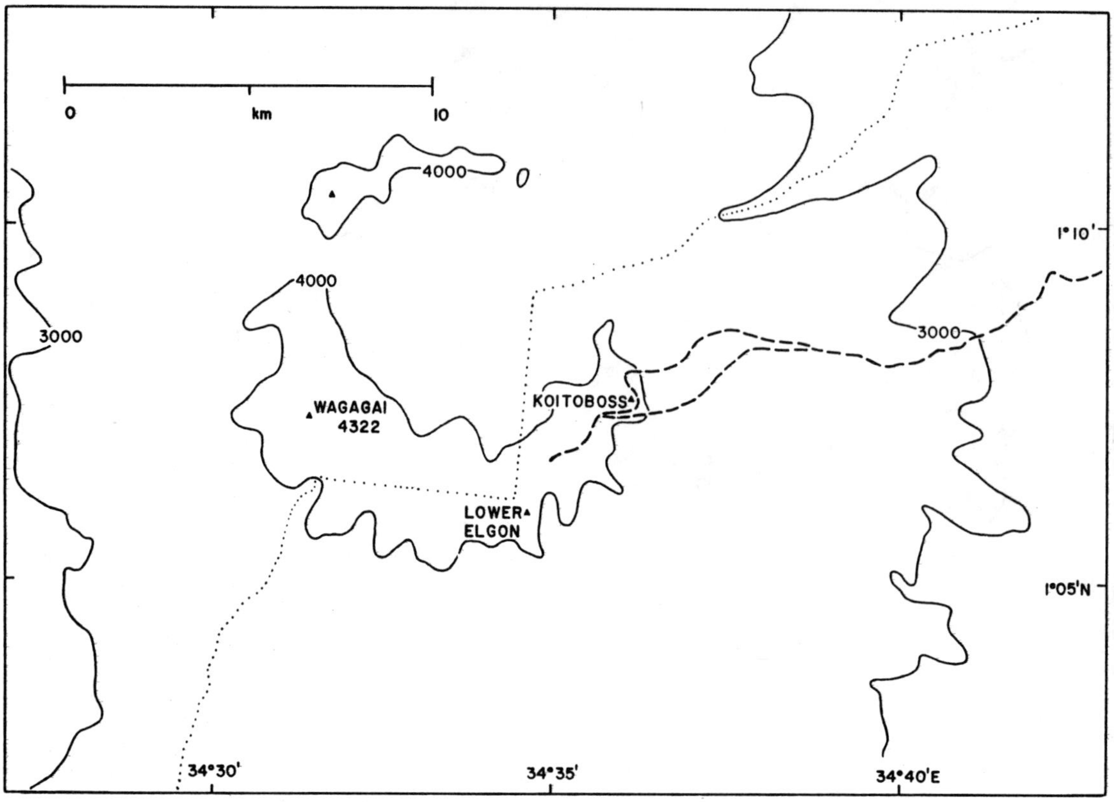

Fig. 7: Mt. Elgon; as Figs. 4 to 8.

distinct diurnal cycle of direct radiation lacking as a consequence of excessive cloudiness. Sorting of stone material was found in the region of the Scott-Elliot Pass around 4350 m.

Most characteristic of the Ruwenzoris is the vertical contraction of altitudinal belts. In this hyper-humid mountain region, ice fields and glaciers clash with exuberant plant life over a narrow vertical distance. Polished rock surfaces vacated by ice in the not too distant past are occupied by a shallow moss cover, in absence of any soil formation. In contrast to the other high mountains of East Africa, periglacial processes are poor in the variety of form types and they show little vertical differentiation. Thus frost scars in the plant cover, and vegetation terracettes, form types characteristically occupying a low altitudinal domain – are confined to comparatively high elevations; material sorting embryonal to stone polygons and stripes is found in a narrow altitudinal range between vegetated surfaces and bare rock in vicinity of the glaciers, and is poor in development; fine material polygons and bands – as well as apparently fine earth buds and ribbons – lack altogether. In perspective with complex of subnival soil forms and altitudinal zonation in the other high mountains of East Africa, the extreme end of a spectrum is reached in the Ruwenzoris.

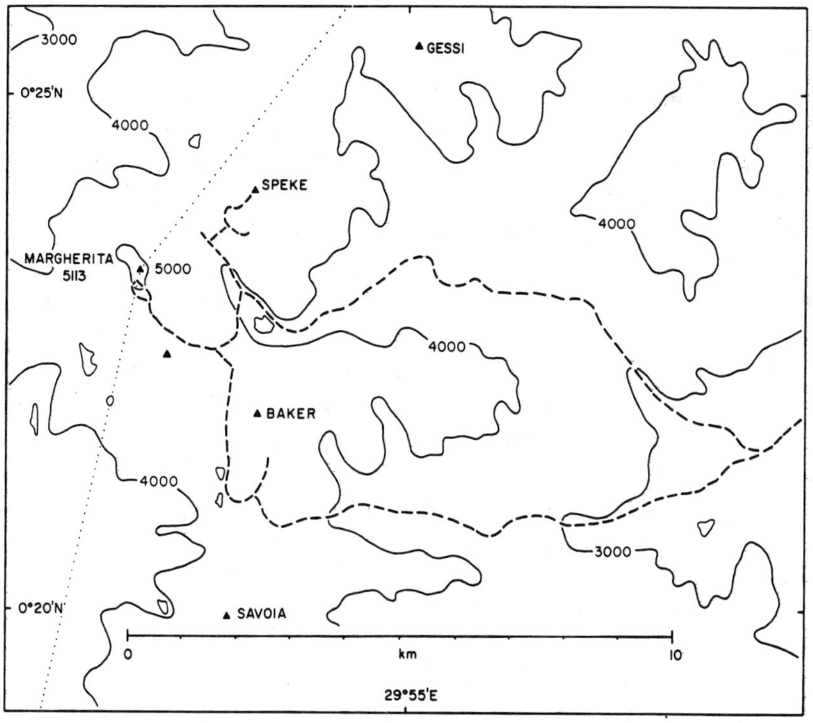

Fig. 8: Ruwenzoris; as Figs. 4 to 8.

9. HIGH SEMYEN

Mapping of pleistocene glacial morphology in High Semyen in December 1973 (HASTENRATH, 1974) gave the opportunity for observation of subnival soil forms.

Weak remnants of needle ice were found at lowest elevations around 3700 m. Turf exfoliation and micro vegetation terracettes occur upward of about 3750 m, and can be found up to more than 4350 m. This indicates the preferred altitudinal domain of these soil frost forms. Stone stripes, fine material polygons and bands, and cake polygons, are the most conspicuous form types upward of 4250 m. Fine material polygons and bands are similar in overall appearance to their counterparts at, for example, Kilimanjaro, but they are considerably smaller, typical diameters being 3–5 cm as opposed to 10–20 cm.

In contrast to the mountains of equatorial East Africa, periglacial forms in High Semyen in the Outer Tropics of the Northern Hemisphere, display a pronounced dependence on aspect. Thus, turf exfoliation, stone stripes, and fine material polygons and bands are better developed and of rather larger dimensions on northward as compared to southward facing slopes. A preference of the westerly over the easterly quadrant is less important, and may be related to insolation asymmetries associated with diurnal circulations.

10. LESOTHO

Field work in the highlands of Lesotho and the Natal Drakènsberge was carried out during April–May 1971 (HASTENRATH and WILKINSON, 1973).

Needle ice was found in better development and more commonly at elevations above 2,800 m. Circular growth of plants could be observed on gentle slopes above 3,000 m. Terracette formation in the vegetation cover occurs from elevations of less than 2,000 m to more than 3,300 m. Especially at lower elevations, one has the impression that grazing cattle and sheep play a major role in the origin of these terracettes. From about 3,000 m upward, needle ice has been observed to be an important agent in breaking up the vegetation cover, thus contributing to the origin of scars and terracettes. However, even at higher elevations, the destructive frost action is seemingly aided by the intensive grazing, which is known to have reached extreme proportions since the turn of the century, in wide areas of Lesotho.

Little vegetation-covered mounds of about 20–50 cm height (thufur) are characteristic of sites with abundant soil moisture, at elevations between about 2,900 and more than 3,100 m. A clear tendency was observed for the vegetation cover to break up on the northward facing side of the mounds (HASTENRATH and WILKINSON, 1973, Pl. 5; present paper, Photo 207, Plate LII). On steep slopes, the mounds show some asymmetry, with a deformation following the gradient. A cross-section was cut through some of these mounds. The vegetation is limited to a relatively thin superficial coat, and the interior of the mound is made up of a dark, heavy clay-like material.

Stone polygons were observed at elevations above about 3200 m. Two somewhat different patterns were distinguished. In situations with a discontinuous grain size distribution, say with pebbles of up to about 2 cm embedded in a matrix of fine grained clay-like material, the mesh width was of the order of 20 cm, and depth of sorting extended to a few cm. Contrarywise, with a continuous grain size distribution varying from 1 to 10 mm, and absence of soil in the proper sense, a net-like sorting was commonly observed with a typical mesh width of only about 5–10 cm. The sorting appeared to extend downward only to a few mm.

A more unusual arangement of rocks presumably also due to frost action was found in the area of Letseng-La-Draai on a slightly sloping plateau at 3,100 m. The basalt rock in this location has a plate-like structure. Basalt plates were found strongly tilted, sticking out of the ground. Excavation showed that the strongly tilted plates apparent at the surface could be traced to nearly horizontal plate-like layers in the ground, from where they had been dislocated. Distribution and horizontal displacement at this site was found to have taken place in a counterclockwise turning. A similar configuration has been described by MOHAUPT (1932, *Fig. 5*) from the Alps and interpreted as a soil frost phenomenon.

11. CONCLUSIONS

A wide spectrum of high mountain environments could be studied in East Africa, although ascents of Mt. Meru and the Virunga Volcanoes did not materialize in 1971 and 1973–1974. The complex of soil frost forms and its altitudinal zonation is summarized in *Fig. 9;* for precipitation, glaciation, and vegetation conditions, reference is made to *Table 1.*

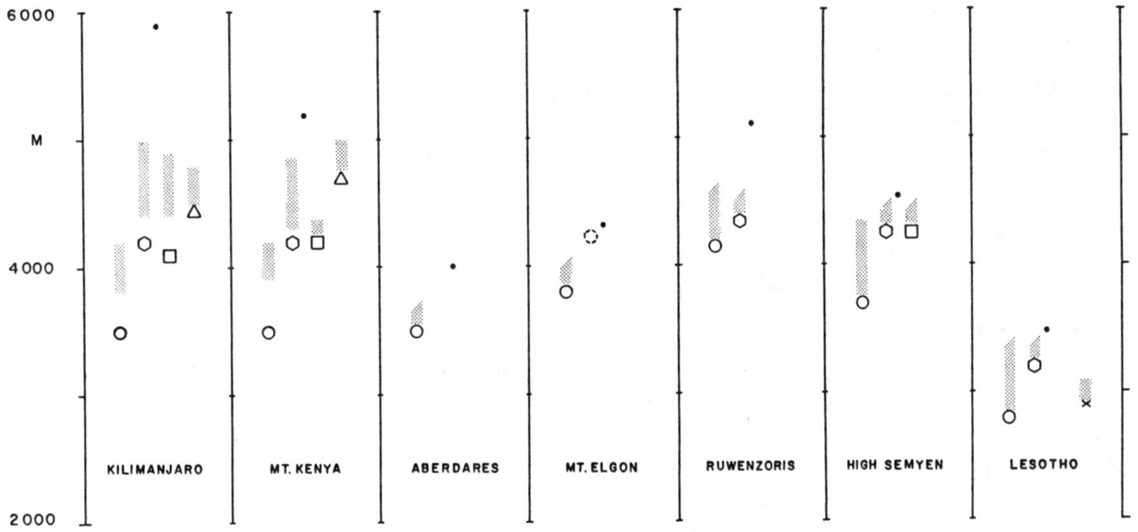

Fig. 9: Altitudinal zonation ob subnival soil forms: Kilimanjaro, Mt. Kenya, Aberdares, Mt. Elgon, Ruwenzoris, High Semyen, Lesotho. Complexes of form types: 1. needle ice, turf exfoliation, vegetation terracettes, circular or crescentic growth of plants, circle; 2. stone polygons and stripes, hexagon; 3. fine material polygons and bands, square; 4. fine earth buds and ribbons, triangle; 5. thufur, cross. Lower distribution limit is denoted by center of symbol, and preferred altitudinal domain. Elevation of highest peak is indicated by dot.

A large-scale climatic control is apparent in the three-dimensional distribution of subnival soil forms. The large-scale average thermal pattern in the free atmosphere over equatorial East Africa is horizontally rather uniform, but conspicuous contrasts between the various mountains exist in the precipitation and cloudiness conditions, also reflected in glaciation and vegetation. Associated with the spatial contrasts in average cloudiness, a decrease of the diurnal temperature range is visualized from the drier towards the wetter mountains. As a consequence, the altitudinal belt with frequent daily change of frost – extending vertically from somewhere below to somewhere above the average 0 °C isothermal surface – narrows.

In the high regions of Kilimanjaro, which are the driest of all mountains studied, a great variety of form types is developed, with a wide differentiation in the vertical. As a corollary, the vertical distance between the upper limit of plant cover and the region of perennial ice is largest on Kilimanjaro.

Vertical separation of altitudinal domains for specific form types is smaller on Mt. Kenya, which represents an intermediate situation. At the other extreme of the spectrum, subnival forms in the Ruwenzoris are confined to a comparatively narrow altitudinal belt, and there is little variety in form types. This is paralleled by the relatively high upper limit of plant cover, and the low-reaching glaciation.

Differences in the periglacial morphology between various sectors of the same mountain are in general not pronounced. In this connection it is recalled that precipitation contrasts between different sides of a massif tend to fade out towards the high regions, to which soil frost forms are typically confined. There are weak indications for altitudinal domains of some form types to be lower on the northern than on the southern side of Kilimanjaro. More significant is the prevalence of stone stripe patterns of large dimensions on the Shira side of Kibo. Afternoon cloudiness associated with powerful diurnal circulations reduce insolation on the West side of the mountain. As a consequence thawing may be a more episodic deep-reaching event, in contrast to the shallow diurnal frost change cycle conventionally thought of in the Tropics. It is recalled that stone stripe patterns of large dimensions also prevail in the crater of Kibo, which is situated well above the 0 °C mean annual isothermal surface. Observations at Mt. Kenya also point to the importance of episodic processes at particular locations, as opposed to the conventional concepts of a "diurnal tropical" vs. a "seasonal polar" forcing. It seems that polygon patterns are scarce in some regions, such as in wide areas on Kilimanjaro, despite the seeming availability of horizontal surfaces. Contrarywise, in the highlands of Lesotho stripe patterns are rare, whereas polygons are found more frequently. This leads to the speculation that factors other than slope may play a role in the origin of polygon vs. stripe patterns.

In the Ruwenzoris, needle ice remnants do not display the regular approximately East-West oriented stripe-like arrangement common in other mountain regions. It is known that this pattern is determined by the direction of solar rays at local sunrise, when the melting of ice needles sets in. The continuously cloudy skies in the Ruwenzoris may not allow for this effect of direct radiation in the early morning hours. Fine earth buds and ribbons are regarded as high altitude features, although they are found on a range of elevations in the various sectors of Kilimanjaro and Mt. Kenya. They were not observed in the Ruwenzoris.

The distributional pattern of fine material polygons and bands may deserve particular attention. These form types determine the aspect of wide areas on the saddle plateau, but not on the Shira side of Kibo. They occur on Mt. Kenya, and in smaller dimensions also in High Semyen. However, they are conspicuously absent in the hyper-humid Ruwenzoris. The embryonal stage of these form types shows a crack pattern suggestive of processes related to desiccation. The picture by LÖFFLER (1970; *Fig. 48*) from Northeastern Anatolia, referred to in section 3, almost certainly represents essentially in the same feature. A photograph of SCHENK (1955; *Fig. 7, 2*) from Spitzbergen is reminiscent of the fine material polygons described here, but it should remain open, whether it is the same phenomenon. Concerning the origin and climatic significance of these features, a suggestion by BREMER (1965) may be pertinent, namely that gilgai phenomena and frost structure soils may overlap genetically in the mountain regions of lower latitudes. The possibility of episodic dryness playing a role in the development of fine material polygons and stripes may deserve attention in further studies.

Height limits of form types in High Semyen are similar to equatorial East Africa, but a marked preference for the poleward and western quadrants appears in the Outer Tropics. Consistent with the thermal regime of the Subtropics, altitudinal domains in the highlands of Lesotho are displaced to lower elevations, and specific form types believed to be related to the more marked temperature seasonality of the extratropical caps appear, such as thufur and the large arrangements of tilted rock plates described by MOHAUPT (1932) for the Alps.

The mountains of New Guinea, likewise near the Equator, are of interest for comparison with East Africa. LÖFFLER (1975) has given the first comprehensive account of soil frost phenomena based on an extensive survey in all high regions of Papua New Guinea. I feel grateful to him for enlightening discussions, and I was fortunate enough to visit the two highest mountains of Papua New Guinea, Mts. Wilhelm and Giluwe, on a field trip in 1975. Comparing the climate of the New Guinea highlands with the mountains of East Africa, the closest corollary emerges in the Ruwenzoris, although conditions in the high regions of New Guinea are even more extreme in terms of abundant precipitation and cloudiness, and pressumably the small diurnal temperature range. As shown by LÖFFLER, the altitudinal belt with frequent diurnal change of frost – as resulting from the elevation of the average 0 °C isothermal surface around 4730 m and the small diurnal temperature range – has a rather small vertical extent. Only small areas of the highest mountains attain this geomorphologically interesting altitudinal zone, and recent subnival soil forms are accordingly rare and poorly developed. Both climatically and in terms of periglacial morphology, the peaks of New Guinea appear to exhibit conditions both similar but even more extreme than the Ruwenzoris.

The High Andes of Ecuador are the third region of the World with high mountains in immediate vicinity of the Equator. During the 1974 and 1975 field work, a wide range of altitudes was covered in various parts of the Ecuadorian Andes. A comprehensive evaluation of field notes and photographs of soil frost phenomena is intended. However, a preliminary appraisal indicates that the three-dimensional distribution of periglacial morphology is somewhat complicated by edaphic conditions, namely the ubiquitous cover of fine volcanic ashes up to all but the younger moraine stages.

The inventory on a large scale of subnival soil forms is expected to provide the observational basis for the design of laboratory experiments aimed at a simulation of processes believed instrumental in the origin of various form types. The comparison with the Outer Tropics and the Subtropics on the African Continent indicates the magnitude of variations with latitude; and the high mountains of New Guinea and the High Andes of Ecuador further exemplify the wide range of altitude and form characteristics within the immediate equatorial belt. In conclusion, the systematic contrasts in complex of subnival forms and altitudinal zonation between mountains within equatorial East Africa are found to be no less important than the apparent latitudinal control.

REFERENCES

BREMER, H. (1965): Musterböden in tropisch-subtropischen Gebieten und Frostmusterböden. Z. Geomorph. N.F., 9, 222–236.

BRINKMAN, S.E., P. WURZEL, R. JAETZOLD (1968): Meteorological observations on Mount Kenya. East African Meteor. Dept. Mem. 4, 42 pp.

BROWN, L.H., J. COCHEME (1969): A study of the agroclimatology of the highlands of Eastern Africa. FAO-UNESCO-WMO Interagency Agroclimatology Project, FAO Rome, 430 pp.

COUTTS, H.H. (1969): Rainfall of the Kilimanjaro area. Weather, 24, 66–69.

DE HEINZELIN, J. (1952): Glacier recession and periglacial phenomena in the Ruwenzori range. J. Glaciol. 2(12), 137–140.

Department of Lands and Surveys, Uganda (1958–71): Ruwenzoris 1:50.000, sheets Sempaya 56/1, Bundibugyo 56/3, Margherita 65/2, Nyabirongo 65/4, Mubuku 66/1.

– (1967): Mt. Elgon 1:125.000.

– (1970): Central Ruwenzori, 1:25.000. USD 15, Edition 2-U.S.D., 2000-5/70. Entebbe.

Directorate of Overseas Surveys (1962): Mount Elgon, 1:50.000. Sheets Kanyarkwat 74/2 Kenya, 55/2 Uganda; and Elgony, 74/3 Kenya, 55/3 Uganda.
– (1964): Kilimanjaro, 56/2; 1:50.000. Ed. 1-DOS.
– (1965): Kilimanjaro, 1: 100.000, DOS S22, Ed. 1-DOS.
East African Meteorological Department (1970): Temperature data for stations in East Africa. Part I–III, Nairobi.
– (1971): Mean annual rainfall map of East Africa (based on all available data at 1966). Scale 1:2.000.000. Survey of Kenya, Nairobi.
FLÜCKINGER, O. (1934): Schuttstrukturen am Kilimandscharo. Petermanns Mitt., 80, 321–324, 357–359.
Forschungsunternehmen Nepal Himalaya (1967): Mount Kenya 1:5.000. Kartographische Anstalt Freytag-Berndet und Artaria, Wien.
HASTENRATH, S. (1971): Beobachtungen zur klima-morphologischen Höhenstufung der Cordillera Real Bolivien). Erdkunde, 25, 102–108.
– (1973): Observations on the periglacial morphology of Mts. Kenya and Kilimanjaro, East Africa. Z. Geomorph. N.F., Supp. Vol. 16, 161–179.
– (1974): Glaziale und periglaziale Formbildung in Hoch-Semyen, Nord-Äthiopien. Erdkunde, 28, 176–186.
– ,J. WILKINSON (1973): A contribution to the periglacial morphology of Lesotho, Southern Africa. Biuletyn Peryglacjalny, 22, 157–167.
HEDBERG, O. (1951): Vegetation belts of East African mountains. Svensk Botanik Tidskrift, 45, no. 1, 140–202.
HUMPRIES, D.W. (1972): Glaciology and glacial history. p. 31–71, in C. Downie and P. Wilkinson: The geology of Kilimandjaro. Geology Department, University of Sheffield, 253 pp.
JACKSON, S.P. (1961): Climatological atlas of Africa. Government Printer, Pretoria.
JAEGER, F. (1909): Forschungen in den Hochregionen des Kilimandscharo. Mitt. a d. Dtsch. Schutzgebieten, 22, part 2, 113–146, 161–197.
KLUTE, F. (1914): Forschungen am Kilimandscharo im Jahre 1912. Geogr. Z., 20, 496–505.
– (1920): Ergebnisse der Forschungen am Kilimandscharo 1912. Dietrich Reimer, Berlin, 136 pp.
LANGE, M. (1912): Eine Kibo-Besteigung. Z. Ges. f. Erdkunde, Berlin., 47, 513–522.
LÖFFLER, E. (1970): Untersuchungen zum eiszeitlichen und rezenten klimagenetischen Formenschatz in den Gebirgen Nordostanatoliens. Heidelberger Geogr. Arbeiten, Heft 27, 162 pp.
– (1975): Beobachtungen zur periglazialen Höhenstufe in den Hochgebirgen von Papua New Guinea. Erdkunde, 29, 285–292.
MEYER, H. (1900): Der Kilimandscharo. Dietrich Reimer, Berlin, 436 pp.
MOHAUPT, W. (1932): Beobachtungen über Bodenversetzungen und Kammeisbildungen aus dem Stubai und dem Grödener Tal. Diss. Hamburg 1932.
MÖRTH, H.T. (1970): Rainfall measured on the slopes of Mount Kilimanjaro. East African Meteor. Dept. mimeographed, 3 pp., Nairobi.
NANGERONI, G. (1952): I fenomeni di morfologia periglaciale in Italia. p. 213–220 in Proc. 8th gen. assembly and 17th Internat. Congr., Internat. Geogr. Union. Washington, D.C., Aug. 8–15, 1952. Commis. on periglacial morphology. p. 207–226; U.S. Nat. Comm. of IGU.
OSMASTON, H.A., D. PASTEUR (1972): Guide to the Ruwenzori. Mountain Club of Uganda, Alden Press, Oxford, 200 pp.
SCHENK, E. (1955): Die Mechanik der periglazialen Strukturböden. Hessisches Landesamt für Bodenforschung, Abhandlungen No. 13, 92 pp.
Survey of Kenya (1967–72): Aberdares, 1:50.000 sheets, Ndaragwa 120/1, Ongobit 120/2, Kipipiri, 120/3, Nyeri 120/4.
– (1971): Mount Kenya, 1:25.000. Ser. SK 75, Edition 4-SK.
THOMPSON, B.W. (1965): The climate of Africa. Oxford University Press. Nairobi, London–New York, 132 pp.
– (1966): The mean annual rainfall of Mount Kenya. Weather, 21, 48–49.
TROLL, C. (1944): Strukturböden, Solifluktion und Frostklimate der Erde. Geol. Rundsch., 34, 545–694.
– (1958): Structure soils, solifluction, and frost climates of the Earth. U.S. Army Snow, Ice and Permafrost Establishment, Translation No. 43, 121 pp.
– (1973): Rasenabschälung (Turf exfoliation) als periglaziales Phänomen der subpolaren Zonen und der Hochgebirge. Z. Geomorph. N.F., Suppl. Bd. 17, 1–32.

U.S. Weather Bureau (1958–63): Monthly Climatic data for the World, 1958–62. Asheville, N.C.
WASHBURN, A.L. (1973): Periglacial processes and environments. Edward Arnold, London, 320 pp.
WHITTOW, J.B., A. SHEPHERD, J.E. GOLDTHORPE, P.H. TEMPLE (1963): Observations on the glaciers of the Ruwenzori. J. Glaciol., 4, 581–616.
ZEUNER, F.E. (1949): Frost soils on Mount Kenya, and the relation of frost soils to aeolian deposits. J. Soil Science, 1, 20–30.

PHYTOGEOGRAPHICAL ASPECTS OF THE MONTANE FORESTS OF THE CHAIN OF MOUNTAINS ON THE EASTERN SIDE OF AFRICA

JOHANNA ALIDA COETZEE

With 1 figure and 1 photo

SUMMARY

The forest of the Afro-montane Region which occurs on the disjunct chain of mountains from Ethiopia to the Cape, contains species which are variously widespread.

The discussion on the possible explanation of the distribution patterns is based on species, which for the Malawi forests, have been assigned by CHAPMAN and WHITE to genetical elements. Most of the Afro-montane endemics with no relatives in the humid tropics are the most widerspread, have the widest ranges of tolerances to temperature and moisture and are thought to be of ancient origins and distributions. Most of them are characteristic of the *Dry montane* forests in the equatorial regions. Another category of Afro-montane endemics in the tropical regions belongs to the *Moist montane* forests and are considered to be related to lowland seasonl rain forests and to have envolved more recently.

Fossil pollen evidence shows the profound effect which Quaternary climates had on forest migrations, especially in the equatorial regions. During a dry cold period coeval with the Upper Pleniglacial of Europe, *Moist montane* and lowland forests retreated to refugia from which they spread out again in the ensuing warm wet period, probably establishing widespred connections. The *Dry montane* forests seem to have remained more or less isolated. The species-richness of the impenetrable forest in south-west Uganda could be attributed to a number of such alternating cycles.

No pollen analytical data are available for the mountain regions in South Africa. However, at the southern coast where probably cold-dry and warm-wet periods alternated, there is evidence on these grounds that the Knysna forests spread during the warmer wet cycles.

1. INTRODUCTION

The remarkable patterns of distribution of the biota along the disjunct chain of mountains on the eastern side of Africa and the degrees of endemism and vicariism are manifestations of a long complex and interesting history. The explanations of some of the phenomena of plant distribution have been the pre-occupation of many plantgeographers for a number of decades in spite of the fact that most of the studies of vegetation types have not extended beyond the descriptive stage. Most of the vegetation of the mountains is even up to now not well known and phytogeographic affinities have often been assigned subjectively on the basis of similar geographical distributions only.

The many isolated mountains from Ethiopia to the Cape are of different age, origin and geological composition and are exposed to different macro- and microclimatic regimes. Yet they harbour a vegetation which differs sharply from the surrounding plateaux and which contains certain species common to most of them. The presence of a number of these species proves that at some periods in the past vast migrations of forests must have occurred. Exchange of species between the different forest biota is at present hampered in certain regions by the existance of profound topographic and associated climatic barriers. The most important among these are the well known Limpopo Valley Interval, the Zambezi Valley Interval and the Kenya – Ethiopia gap.

The task of resolving the manifold distribution patterns in time and space along the mountains in the north – south profile of this enormous continent cannot be underestimated. The phytogeographic distribution of some taxa in the Southern Hemisphere is probably related to distributional patterns which existed in the Cretaceous prior to the fragmentation of Gondwanaland and according to WILD (1968) these patterns "are not necessarily the result of elongated paths of migration".

Besides this certain occurrences of genera and species seem to be related to Tertiary times when the overall climate was more equable and the topography more even and these plants had a wider distribution. After the origin of some of the highlands in East Africa in Miocene and Pliocene times and climatic change, many of these species became restricted to the mountains.

Increasing evidence from geological, palynological, oceanographical and taxonomical studies is revealing the profound impact of subsequent Quaternary climatic changes on the distribution of the biota along these mountains, especially in East Africa where most of the research had been done. Particular attention will be paid to the migrations of forests in these regions during this period.

To understand and explain the present phytogeographical phenomena the consideration of the climatic evolution exposed by the above-mentioned disciplines will have to receive more and more prominence. Profound speciation, endemism and vicariism have taken place in some areas along this chain of mountains as a result of these climatic and geological vicissitudes in the past. Gene pools of populations have become segmented by isolating barriers, preventing gene exchange and causing genetical drift. Rates of speciation can be relatively rapid and could fall within the time span of the Quaternary (MOREAU, 1966; VANZOLINI, 1973), while endemisms require much longer periods of isolation of enclaves. For more objective phytogeograptical studies it is also becoming increasingly important to establish genetical relationships by new sound methods in plant taxonomy (HESLOP-HARRISON, 1973).

2. THE AFRO-MONTANE REGION

The forest vegetation of the mountains under discussion has been variously described by a number of workers. However, as pointed out by CHAPMAN and WHITE (1970) it appears that these studies do not always give adequate information. The terminology for the classification of the forests and their zonation is in a chaotic state, phytogeographic regions are seldom recognised and taxonomic relationships and the autecology of the forest species do not receive enough attention. The forest vegetation of some of the mountains has not even been described.

Recently, however, more in depth studies have been published which will serve as important frameworks for future phytogeographical investigations. In this connection the new objective delimitation of phytogeographic regions for Africa (CHAPMAN and WHITE, 1970) based on the pioneer work of Lebrun and Monod (in: CHAPMAN and WHITE, 1970) is of fundamental importance. For the montane forests of Africa an Afro-montane Region, separate from the Afro-alpine Region is recognised for the first time and this Region can be traced from Ethiopia to the Cape *(Fig. 1)*. A second important initiative by the same authors is the first phytogeographic analysis of forest trees in which 196 dominant species in Malawi have been assigned to genetic elements on the basis of the degree of taxonomical relationships to their closest relatives in certain other Regions and Domains. In this way

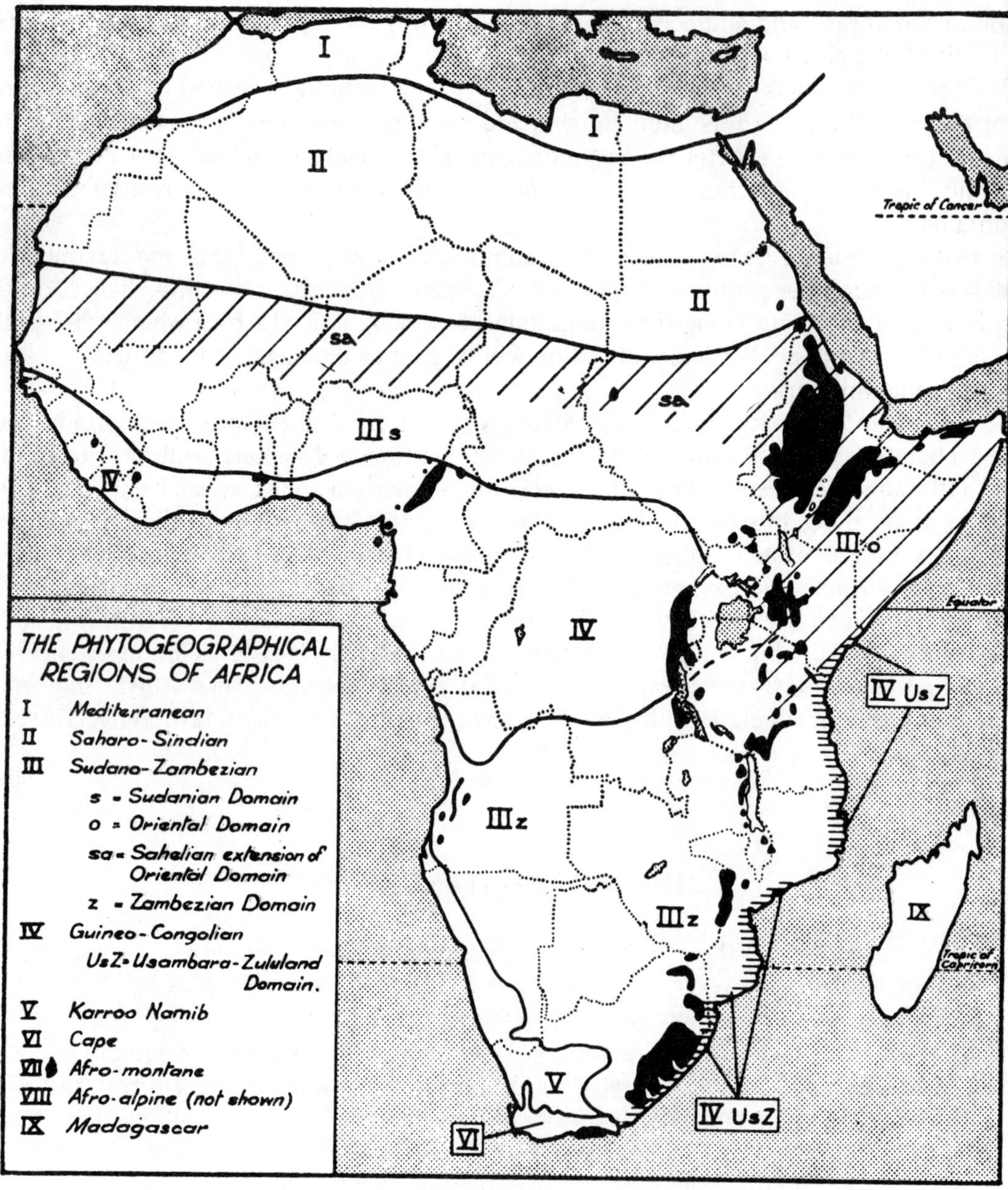

Fig. 1: Map of Africa showing Phytogeographical Regions (CHAPMAN and WHITE, 1970).

Afro-montane endemics could be resolved into the following three distinct categories, which immediately bring certain phenomena of distribution into perspective:

The Afro-montane element of the Guineo-Congolian "nephews"(Afr M (a)). This is the largest group of Afro-montane endemics of Malawi which has the strongest affinities with the Lowland forests of the Guineo – Congolian Region and which is considered to have been evolved more recently.

The Afro-montane "orphans" (Afr M (b)) which have no relatives at present in the humid tropics of Africa, although they have relatives elsewhere in the tropics.

The Afro-montane flora sensu stricto (Afr M (c)) or the eu-Afro-montane element which never had relatives in the humid tropics of Africa or elsewhere. Many of the species are endemic to the African mountains and others are either of Boreal origin or have south temperature affinities.

Analyses of this kind are very important for phytogeographical and palaeoecological considerations. Since many of the species in the forests of the southern mountains are considered to have originated in the tropics and migrated southwards (Aubréville, 1949), it was decided to use the phytogeographic analyses of Malawi as a framework for the discussions in this paper.

The classification of forest types and the zonation of the mountain vegetation have become well known in tropical East Africa, and have been very important in the pollen analytical work carried out in Kenya and Uganda in connection with past vegetation shifts and climatic changes.

In tropical Africa the highland vegetation is demarcated from the lowland forest at an altitude between 1300 and 1500 m (CHAPMAN and WHITE, 1970; HAMILTON, 1974). The lowland forests clearly belong to the Guineo – Congonlian Region. HEDBERG (1951) has divided the highland vegetation in East Africa into broad belts which can mostly be traced from one mountain to the other. These three belts viz. the Montane Belt and its zones, the Ericaceous and Afro-alpine Belts can, however, not all be traced to the south where the longest stretch of mountains occurs. The reduction in number of belts already starts in Malawi where the Afro-alpine Belt is absent and where only traces of the Ericaceous Belt are evident on Mt Mlanje (3000 m). Most of the mountains in Malawi are not of sufficient altitude for these upper belts to occur. Only the Montane Belt extends further southward and its altitudinal delimatation decreases with increasing latitude. Zonation in this belt becomes less evident than in the East African mountains and Malawi. In the Drakensberg range an Austro-afro-alpine Belt above the montane limit at 1980–2130 m can be distinguished (COETZEE, 1967). Further in the south western regions the Montane Belt descends further until it reaches sea level at Knysna in the Cape. This three dimensional pattern fits will with the ideas developed by TROLL (1948) on the asymmetry of the vegetation zones of both hemispheres.

This Montane Belt which can be traced along the whole eastern side of Africa has, because of floristic relationships, been assigned to the Afro-montane Region as previously mentioned. It is, however, at present strikingly fragmented and reduced to insular entities separated by a wide variety of drier types of vegetation below their lower altitudinal limits. Different topographical intervals mentioned before, have set some of these entities further apart than others. These isolated forests have in recent times been further reduced to different extents by the activities of man. In spite of the many species common to most of these mountains the Afro-montane vegetation along this long stretch is also very diverse in floristic composition, physiognomy and ecology and shows varying relationships with other phytogeographic regions. It is also interesting that, although many species of trees are endemic to the whole Afro-montane Region, very few are endemic to a single mountain and hardly any vicariism is evident (CHAPMAN and WHITE, 1970).

Detailed descriptions of distribution patterns of plants along this chain of mountains have been given by AUBRÉVILLE (1949). He mentions the interesting fact that 51 families and 101 genera are common to the Knysna forests and the tropical mountains. He furthermore points out that 41 genera are typical of the tropical mountains and 17 genera belong to the southern temperate forest.

By using the phytogeographic genetical analysis of the forests of Malawi, many of the species mentioned by AUBRÉVILLE will not be referred to, as only a limited number of trees have been assigned to genetic elements by CHAPMAN and WHITE. However, these analyses will form a good starting point for phytogeographic studies of the Afro-montane Region.

Of the 196 forest trees of Malawi 82 (41'8 %) are Afro-montane endemics, which are variously widespread on the mountain ranges to the north as far as Ethiopia and to the south of Malawi as far as the Knysna forests. A list of these endemics which are common to most, or only to some, of these mountains is given below and they are grouped according to the genetical element to which they belong.

Afr M (c) group:

Cussonia spicata
Kiggelaria africana
Xymalos monospora
**Olea africana*
Pittosporum viridiflorum
Nuxia floribunda
Podocarpus spp.
Hagenia abyssinica
°*Juniperus procera*
Pterocelastrus echinatus
Halleria lucida
Trichocladus ellipticus
Calodendrum capense
Pygeum africanum
°*Myrica serrata*
Widdringtonia spp.
Arundinaria alpina
Afrocrania volkensii

Afr M (b) group:

Apodytes dimidiata
Rapanea melanophloeos
°*Ilex mitis*

Afr M (a) group:
(most of the species are common to the mountains of the equatorial regions and will further be alluded to as a group.)

Diospyrus whyteana

Species not assigned to genetic elements:

Maytenus undata
M. acuminatus
Myrsine africana
**Leucosidea sericea*
Rhamnus prinoides

Celtis africana, which has a wide range of distribution, is a "transgressor" in the tropical montane forests which is often associated with the Afro-montane endemics. This species is included because of its importance in the interpretation of pollen diagrams in the East African mountains.

* – typical south-temperate

^{o} – from Boreal regions (AUBRÉVILLE, 1949)

The following discussion concerns the general ranges of distribution of these species, some ecological aspects and some palaeoecological considerations.

3. GENERAL RANGES OF DISTRIBUTION

Comparing the occurrence of some of the important abovelisted Afro-montane species in this long stretch of mountains, it is evident that most of them belong to the Afr M (c) category and that

a) some have a more northerly distribution ie. from Malawi to Ethiopia (*Arundinaria alpina, Hagenia abyssinica, Afrocrania volkensii* and *Juniperus procera,* although one specimen has been found in Rhodesia)

b) others are more restricted to regions southwards from Malawi *(Pterocelastrum echinatus, Widdringtonis spp.* and *Leucosidea sericea).*

c) many besides those mentioned above in (a) and (b) are variously widespread on either side the Limpopo and Zambezi valleys and in Ethiopia. *(Cussonia spicata, Kiggelaria africana, Rapanea melanophloeos* (not beyond Malawi), *Olea africana, Pittosporum viridiflorum, Rhamnus prinoides, Halleria lucida, Calodendrum capense, Nuxia floribunda, Diospyros whyteana, Maytenus undata, M. acuminatus, Myrica serrata, Celtis africana)*

d) some species have a remarkably extensive range on all the mountains stretching from Ethiopia to the Cape. *(Apodytes dimidiata, Pygeum africanum* (now *Prunus africana*), *Xymalos monospora, Ilex mitis* and *Myrsine africana).*

The genus *Podocarpus* is present along the whole mountain range. The South African species *P. latifolius, P. falcatus* and *P. henkelii* are so closely related to their respective counterparts in East Africa, *P. milanjianus, P. gracilior* and *P. ensiculus* that it is doubtful whether the three pairs should not be considered as three species (CHAPMAN and WHITE, 1970).

Many of the above Afro-montane species also occur in the coastal tropical and dune forest of South Africa, as well as in the narrow belt of rolling country above the coastal strip at an altitude between 460 and 900 m, from Zululand to the Eastern Province (ACOCKS, 1953). These forests, which according to CHAPMAN and WHITE (1970), belong to the Usambara – Zululand Domain of the Guineo-Congolian Region *(Fig. 1)* are sufficiently humid and cooler in the higher parts to maintain these Afro-montane species even during dry periods. The following species regularly occur in these forests: *Cussonia spicata, Kiggelaria africana* (in higher parts), *Apodytes dimidiata, Podocarpus latifolius* (in higher parts), *Rapanea melanophloeos, Xymalos monospora, Olea africana* (mostly in higher parts), *Pittosporum viridiflorum, Halleria lucida* (higher parts) and *Celtis africana.*

In the more tropical regions both the lowland forests which occur inland and the coastal lowland forests belong to the Guineo – Congolian Usumbara – Zululand Domain and are sharply delimited from the Afro-montane region. Many of the Afr M (a) group of endemics occur in these forests while *Apodytes dimidiata* (Afr M (b)), *Maytenus undata* and *Celtis africana* have also been recorded. In the East Usambaras, known for their rich lowland forests, an exceptional number of Afro-montane species are present (CHAPMAN and WHITE, 1970).

4. ECOLOGICAL ASPECTS

The vast Afro-montane Region maintains its forest flora in a wide variety of habitats often with extreme ecological conditions. Obviously many of the species with extensive latitudinal ranges of distribution must have developed adaptations in ancient times to survive great amplitudes of climatic conditions.

So far hardly any autecological studies in this connection have been done and the synecology of the associations in these biomes has not been analysed according to modern recognised methods. A first contribution in both these fields has been made by VAN ZINDEREN BAKKER JR (1973) on the ravine forests in the eastern Orange Free State in South Africa in which the phytosociological methods of Braun-Banquet were used. These relict forests are outliers of the montane forests under discussion and are related to the *Podocarpus latifolius* forests of the Drakensberg described by KILLICK (1963). Experimental data indicate the intricate relationships existing between the plant communities, the soil and microclimate. *Olea africana* and *Maytenus undata,* for instance, show strong xeromorphic features which may assist them to survivc severe dry macroclimatic conditions. The latter species is the most xeromophic of the ravine forest types. Steroscan electronmicrographs reveal the extremely intricate protection of the thick leaves by a thick wax layer *(Photo 208, Plate LIII).* This species was also shown to transpire very slowly and its cell sap in winter has double the osmotic pressure compared to that of the summer. *Maytenus acuminata,* another tree with a wide distribution northwards as far as Kenya and Uganda, contains more sugar in its cell sap in winter than in the summer and is well adapted to drought and lower temperatures. *Ilex mitis, Kiggelaria africana* and *Leucosidea sericea* are mesophytic in appearance but have xeromorphic characters. They can only grow where there is a sufficient supply of ground water and they are widely distributed along the eastern range of mountains. *Diospyros whyteana* has thin crisp and glossy leaves. It appears to be xeromorphic but transpires very heavily. However, the osmotic pressure of its cell sap is higher in winter than in summer. This species is the only Afr M (a) endemic which is widely spread and according to CHAPMAN and WHITE (1970) its relationship with the lowland forests, in contrast to the others of this group, is not clear although the genus belongs to the Guineo-Congolian Region.

The importance of this type of work for the understanding of forest biomes and the survival and distribution of species cannot be underestimated in explanations concering phytogeography and palaeoecology.

In East Africa and Malawi, in the absence of autecological data, the evergreen forests have mainly been delimited on the basis of temperature and moisture availability. Lowland seasonal rain forests (CHAPMAN and WHITE, 1970; Lowland rain forest, GREENWAY, 1973) are sharply demarcated from two types of montane forests, the wetter type (Submontane, CHAPMAN and WHITE, 1970; Upland rain forest, GREENWAY, 1973; Moist montane, HA-

MILTON, 1974.) and the drier type (Montane forest sensu stricto, CHAPMAN and WHITE, 1970; Upland dry evergreen forest, GREENWAY, 1973). These two types of forest will be referred to as *Moist montane* forest and *Dry montane* forest in the following discussions of Afro-montane species occurring in these regions.

The species under consideration which are present in the above types of montane forest display varying degrees of tolerances to temperature and humidity especially in these tropical regions. It is interesting to note the distribution patterns of the species of the three categories of Afro-montane endemics with regard to variations in these parameters in these areas.

The *Moist montane* forest contains the largest group of Afro-montane endemics belonging to category Afr M (a), which are closely related to the lowland species and, as mentioned before, are considered to have evolved relatively recently. Many of the characterstic species are wide-spread in the same type of forest facing rainbearing winds in Ethiopia, East Africa, Malawi and Rhodesia (CHAPMAN and WHITE, 1970).

The *Dry montane* forest types in these regions contain most of the Afro-montane endemics belonging to the older categories Afr M (b) and Afr M (c), some of the species of which are wide-spread along the whole chain of mountains. Among the most important species are:

Juniperus procera, Podocarpus gracilior, Olea africana, Maytenus undata, Pygeum africanum, Apodytes dimidiata, Halleria lucida and *Myrsine africana.* The *Dry montane* forests occur above the *Moist montane* forests in the mountains of Malawi, but in East Africa can grow at altitudes similar to those of the *Moist montane* forests or higher. The species of the *Dry montane* forest have a wider range of tolerance to temperature and rainfall variations than those typical of the *Moist montane* forest, and when rainfall becomes insufficient at lower altitudes, the *Dry montane* forest can descend quite far down.

The altitudinal ranges of many forest trees in Uganda have been closely studied by HAMILTON (1972) and he has shown that the upper altitudinal extent of a species is determined by temperature, while the lower limit is very much under the influence of moisture availability. High altitude trees belonging to the older Afro-montane endemics under discussion such as *Hagenia abyssinica, Pygeum africanum, Rapanea, Podocarpus gracilior, Juniperus procera* and *Ilex mitis,* can grow in climatically wet and dry regions and can descend to very low altitudes as long as sufficient moisture is available. *Juniperus procera,* however, does not occur below 1 500 m and will not grow at this altitude if there is too much moisture (KERFOOT, 1964). HAMILTON has also pointed out that species of the *Dry montane* forests are frquent in secondary vegetation in disturbed forest at low altitudes. Characteristic drought tolerant species like *Celtis africana* and *Olea africana* are sometimes pioneers in lava and ash fields. It is also interesting that *Xymalos monospora* a moisture loving tree, growing in *Moist montane* forest, is strongly drought resistant.

COETZEE (1967) has discussed the extreme conditions of the diurnal climate at the tree line in the equatorial East African mountains where most of the above species can grow and which further illustrates their wide tolerance ranges. The humidity at this altitude and the xeromorphic adaptations of the trees protect them from the severe frosts at night and overheating in the morning. *Juniperus* forests are always associated with mist and fog where rainfall is suboptimal or where soil moisture would be critical in a dry season. The xeromorphic leaves of *Juniperus* and *Podocarpus* can strain out droplets from the mist. This phenomenon can have an advantageous effect on the water economy of these plants. The same applies to *Widdringtonia* which is also associated with mist and fog (KERFOOT, 1964a).

The lack of vicariism and the low degree of endemism of the Afro-montane flora to a particular mountain could be attributed to the wide range of tolerances of the forest species. Some of these species, because of their xeromorphic characteristics, could migrate to varying degrees during major climatic changes. KERFOOT (1964a) is of the opinion that the great resistance of the heartwood of *Juniperus* to extreme environments could account for its wide distribution in Africa.

5. PALAEOECOLOGICAL CONSIDERATIONS

Afro-montane endemics, in particular *Juniperus procera, Widdringtonia spp.* and *Podocarpus,* as well as others belonging to the Afr M (c) category, with their wide range of tolerances, xeromorphic characteristics and with their lack of relatives in Africa, must primarily owe their existance and latitudinal distribution pattern to ancient events. It is possible that the major vicissitudes of the Pleistocene could have contributed to subsequent migrations as they certainly did in the case of the more recently evolved Afr M (a) group of endemics.

According to KERFOOT (1964a) the Cupressaceae were present in Southern Africa before volcanism, in Miocene and Pliocene times, gave rise to the great mountain massifs which caused the origin of great intervals in vegetation. He is of the opinion that *Juniperus procera* migrated as a boreal species from Western Asia through Saudi Arabia to Africa in late Miocene and Pliocene times, before the separation of Arabia from Africa. He maintains that it spread along the mountains in spite of gaps and intervals mainly by seed dispersal through the agency of birds and animals because of the palatability of the cones. This species, having no soil requirements, reached its southern-most limit in the Inyanga district in Rhodesia at 18°08′S.

The origin of *Widdringtonia* on the otherhand, is more difficult to explain as chemotaxonomically it is related to the northern Cupressaceae. KERFOOT (1966) suggests that it entered Africa in the late Mezozoic along the Lemuria route from Australia. He has also suggested a northern origin for this genus and has indicated that it probably disappeared north of Mt Mlanje in Malawi, its present northern-most limit, on account of competition with *Juniperus procera.* He believes that a further southern migration of *Juniperus procera* was either inhibited by fire-making iron-age man or by the effect of "climatic radiation on germination" at high latitudes. *Podocarpus,* which displays a northern and southern distribution, is thought to have entered Africa by the same route as *Widdringtonia* from Australia.

As mentioned before most of the montane forest trees common to the mountains of the southern and northern regions are considered to have had a tropical origin (AUBRÉVILLE, 1949; PHILLIPS, 1931). It is possible that they crossed the wide barriers of the Zambezi and Limpopo valleys in suitable climates before the deep erosion of these now dry areas.

A much closer view of the phenomena and mechanisms of plant migrations and speciation is now available from the studies of the Late Quaternary by means of palynological and geomorphological methods, as well as from investigations of the relationships of montane avifauna and of other animals.

Pollen analytical investigations in East-, South Central- and South Africa as well as Angola have shown that, contemporaneous with the cold Upper Pleniglacial of Europe, the temperature in these regions dropped by at least 5 °C, which is substantial enough to have caused profound changes in vegetation in many regions. These vegetational shifts have been well studied in East Africa and for this reason the discussion concerning these phenomena will be mainly focussed on these regions.

In East Africa it has been shown that a cool dry period existed between 29,000 BP and 12,000 BP. This was followed after 12,000 BP by a gradual change to a much warmer and wetter climate (COETZEE, 1967; VAN ZINDEREN BAKKER and COETZEE, 1972; HAMILTON, 1972). During this period the zones of mountain vegetation were depressed, the tree line descending by 1 000 m on Mt Kenya (COETZEE, 1967) on Cherangani Hills (VAN ZINDEREN BAKKER, 1964; COETZEE, 1967) and in the mountains of Uganda (HAMILTON, 1972), while lowland forest in Uganda almost completely disappeared (KENDALL, 1969; HAMILTON, 1974).

In his extremely valuable assessment of the interesting distribution patterns of the montane and lowland forests in Uganda, HAMILTON (1974) has shown that a refuge area existed in the species – rich Impenetrable – Kayonza forest in South West Uganda and its neighbourhood, for both *Moist montane* and lowland forests during the cold dry period. Drier types of forest had replaced the lower altitude *Moist montane* forests and grassland replaced the lowland forests. After 12,000 BP, in warmer and wetter conditions, *Moist montane* and lowland forests spread out over Uganda again. The many relicts of this type of forest occurring at present in the lowland forests are proof that the migration of the *Moist montane* and lowland forests took place from west to east.

Evidence based on the study of forest mammals (KINGDON, 1971 in: HAMILTON, 1974) supports the contention of HAMILTON that a refuge area for lowland forest existed in the neighbourhood of the Impenetrable – Kayonza forest. This Central Refuge was one of the three lowland forest refugia for forest mammals in tropical Africa indicated by KINGDON. The other two were the Upper Guinea and Cameroon – Gaboon refugia. Further proof of the former extent of the arid climate during these times is found in the present disjunct distributions of animals (KINGDON, 1971 in: HAMILTON, 1974) and birds (MOREAU, 1966) characteristic of arid and semi-arid areas.

The phenomenon of the species-richness of the refuge area of the Impenetrable – Kayonza forest is of special interest. It can probably be explained by referring to the mechanism of species multiplication during long alternating dry and wet cycles during the Quaternary in the Amazon basin in South America (VANZOLINI, 1973). The extreme richness in species of birds and lizards in this basin can, according to VANZOLINI, be ascribed to the fragmentation and retreat of the forest to refugia in the peripheral mountains during the dry cycle. In these refugia the creatures that followed the retreat of the forest segments, speciated and differentiated. A mixing of populations took place when the forest spread out from the refugia during the wet cycle and coalesced. This fragmentation and subsequent re-establishment of the forest have probably taken place three times during the Quaternary and these cycles have been suggested to be the cause of the enrichment of these species of animals in the forest. It is possible that the recent evolution of the Afr M (a) endemics can be ascribed to such cycles in East Africa and could also explain their affinities to the lowland forests. Pollen diagrams from Mt Kenya (COETZEE, 1967) clearly show that refugia for montane forests must also have existed somewhere at lower altitudes during the cool period before 12,000 BP.

The present disjunct *Moist montane* forests in Ethiopia, East Africa, South Central Africa, Mozambique and Rhodesia could, on the basis of their recent evolution and relationships with lowland forest, have established connections during Quaternary times. Evidence from isolated patches of lowland forest in Zambia containing species similar to those of the *Moist montane* forest in the East African mountains also shows that these forests were connected in the recent past (LAWTON in: VAN ZINDEREN BAKKER, 1972). MOREAU (1966) in his study of the relationships of the montane avifauna in these regions has come to the same conclusion. He, however, was of the opinion that these contacts were made during cool wet periods. It has now, on the otherhand, been shown that the parallel spread of *Moist montane* and lowland forests occured during warm wet periods, at least in East Africa (HAMILTON, 1974).

The disjunct nature of the *Dry montane* forests, as fas as Uganda is concerned, is more difficult to explain. HAMILTON is of the opinion that the wide ranges of the species of the *Juniperus – Podocarpus gracilior* zones point either to the antiquity of the zones or to a much wider distribution in the past. Many high-altitude tree line species common to most of the mountains in East Africa, typically occur in the *Dry montane* forest and must also belong to an ancient distribution. In warm wet periods they would be more isolated at higher altitudes and during cool dry periods they were, according to HAMILTON, not depressed sufficiently far downwards to be able to migrate from one mountain to the other.

Various possibilities for the spread of forests over great distances in the above regions have been suggested. One of these is the cyclone hypothesis by HEDBERG (1969), which does not seem to be totally feasible. The possibility for seeds, especially of high altitude species, to reach comparatively small areas, is rather remote. Because of the nature of the fruits of most of these trees, long distance dispersal by faunal agencies has also been suggested. This could be possible for the not so widely separated mountains in East Africa, Ethiopia and South Central Africa, but would not be possible over the large topographic barriers such as the Limpopo and Zambezi valleys. Dispersal of the older Afro-montane endemics over these barriers must have taken place prior to the Quaternary, which seems likely in the light of the lack of taxonomic relationships of the Afr M (b) and Afr M (c) groups in Africa.

As far as migrations of the Afro-montane species in South Africa during the Pleistocene are concerned, practically nothing is known, since no pollen diagrams are available for the montane region itself. Evidence, however, from palynological studies on the plateau (COETZEE, 1967: VAN ZINDEREN BAKKER, 1957), geomorphological research in the interior (VAN ZINDEREN BAKKER SR and BUTZER, 1973) and investigations on the periglacial features in the Drakensberg (HARPER, 1969), shows that cold wet periods alternated with warm dry periods in these regions. The last cold period was at least 5 °C cooler than at present and was coeval with the Upper Pleniglacial of Western Europe. Pollen analytical studies at Florisbad (VAN ZINDEREN BAKKER SR, 1957) and at Aliwal North (COETZEE, 1967) indicate that during this period the lower part of the Austro-afroalpine grassland from the Lesotho mountains had replaced the karroid vegetation, which grows in these regions during maxima of interglacials. On the otherhand, WILLCOX (1974) suggests that an impenetrable forest existed in the Natal Drakensberg and extended on the eastern slopes from 1220–1520 m to below 2226 m during the cold period. This forest could have prevented Middle Stone Age man from occupying shelters above the montane limit. He bases this contention on the fact that no MSA material is found above 1220 m along the

Drakensberg in Natal and Griqualand East, although a shelter at 2226 m shows evidence of having been occupied by these people. The extent of this forest, however, is altitudinally higher than that of the present forest which extends between 1280 m and 1980–2130 m.

The drop in temperature on this side of the escarpement, could on account of the oceanic climate, have been less than that on the plateau, and even under these circumstances the forest must have been depressed to lower altitudes. There is no evidence for moisture conditions during this phase on this side of these mountains and it is therefore not possible to assess the development of the forest at lower altitudes.

Evidence from pedological studies (VAN ZINDEREN BAKKER and BUTZER, 1973) in the southern coastal regions of the continent points to dry conditions during the same cold period and the prevalence of wet conditions during warm phases. In connection with the latter, pollen analytical data have shown that during the transgression of Atlantic age, forest spread in the southern coastal regions of the continent (MARTIN, 1968).

REFERENCES

ACOCKS, J.P.H. (1953): Veld Types of South Africa, Bot. Surv. S. Afr. Mem., *28*, pp. 182.

AUBRÉVILLE, A. (1949): Climats, Forêts et Désertification de L'Afrique Tropicale, Soc. D'Edit. Géogr., Maritimes et Coloniales, Paris, pp. 351.

BADER, F.J.W. (1965): Some Boreal and Subantarctic Elements in the Flora of the High Mountains of Tropical Africa and their Relation to other Intertropical Continents, Webbia, *19*, 531–544.

BRENAN, J.P.M. and GREENWAY, P.J. (1949): Check-lists of the Forest Trees and Shrubs of the British Empire: Tanganyika Territory, Part 2(5), Oxford, pp. 653.

CHAPMAN, J.D. and WHITE, F. (1970): The Evergreen Forests of Malawi, Commonwealth Forestry Institute, University of Oxford, pp. 190.

COETZEE, J.A. (1967): Pollen Analytical Studies in East and Southern Africa, in:Palaeoecology of Africa, *3* (ed. E.M. van Zinderen Bakker Sr.), Balkema, Cape Town, pp. 140.

DALE, I.R. and GREENWAY, P. J. (1961): Kenya Trees and Shrubs, University Press, Glasgow, pp. 654.

EGGELING, W.J. and DALE, I.R. (1952): Indigenous Trees of the Uganda Protectorate, 2nd ed., University Press, Glasgow, pp. 491.

GREENWAY, P.J. (1973): A classification of the Vegetation of East Africa, Kirkia, *9* (1), 1–68.

HAMILTON, A.C. (1972): The Interpretation of Pollen Diagrams from Highland Uganda, in: Palaeoecology of Africa, *7* (ed. E.M. van Zinderen Bakker Sr), Balkema, Cape Town, 46–149.

– (1974): Distribution Patterns of Forest Trees in Uganda and their Historical Significance, Vegetatio, *29*, 21–35.

HARPER, G. (1969): Periglacial Evidence in Southern Africa during the Pleistocene Epoch, in: Palaeoecology of Africa, *4*, (ed. E.M. van Zinderen Bakker Sr), Balkema, Cape Town, 71–80.

HEDBERG, O. (1951): Vegetation Belts of the East African Mountains, Svensk Bot. Tidskr., *45*, 140–202.

– (1969): Evolution and Speciation in a Tropical High Mountain Flora, Biol. Journ. Linn. Soc., *1*, 135–148.

HESLOP-HARRISON, J. (1973): New Concepts in Flowering Plant Taxonomy, Heineman, London, pp. 134.

KEAY, R.W.J. (1959): Vegetation Map of Africa South of the Tropic of Cancer, Oxford University Press, pp. 24.

KERFOOT, O. (1964a): The Distribution and Ecology of Juniperus procera Endl. in East Central Africa, and its relationship to the genus Widdringtonia Endl., Kirkia, *4*, 75–86.

– (1964b): A Preliminary Account of the Vegetation of the Mbeya Range, Tanganyika, Kirkia, *4*, 191–205.

– (1964c): Vegetation of the South-West Mau Forest, E. Afr. Agric. For. Journ., *29*,(4) 295–318.

– (1966): Distribution of the Coniferae: the Cupressaceae in Africa, Nature, 212 (5065), page 961.

– (1972): Le Genre Juniperus en Afrique au Sud du Sahara Bull. Soc. étud. de l'Afr. Orient., no. 9, 3–11.

KILLICK, D.J.B. (1963): An Account of the Plant Ecology of the Cathedral Peak Area of the Natal Drakensberg, Bot. Surv., S. Afr. Mem. No. 34, pp. 146.

LAWTON, R.M. (1972): A Vegetation Survey of Northern Zambia, in: Palaeoecology of Africa, *6* (ed. E.M. van Zinderen Bakker Sr), Balkema, Cape Town, 253–256.

MARTIN, A.R.H. (1968): Pollen Analysis of Groenvlei Lake Sediments, Knysna, Rev. Palaeobot. Palyn., *7*, 107–144.

MOLL, E.J. (1968): An Account of the Plant Ecology of the Hawaan Forest, Journ. S. Afr. Bot., *34*,(2), 61–76.

MOREAU, R.E. (1966): The Bird Faunas of Africa and its Islands, Academic Press, London and New York, pp. 424.

PHILLIPS, J.F.V. (1931): Forest Succession and Ecology in the Knysna Region, Bot. Surv. S. Afr. Mem. 14, pp. 327.

PHIPPS, J.B. and GOODIER, R. (1960–1961): A Revised Check-list of the Vascular Plants of the Chimanimani Mts., Kirkia, *1*, 44–66.

PICHI-SERMOLLI, R.E.G. (1957): Una Carta Geobotanica Dell'Africa Orientale (Eritrea, Etiopia, Somalia), Webbia, *13*, 15–132.

SCHEEPERS, J.C. (1966): An Ecological and Floristic Account of the Vegetation of Westfalia Estate on the Northeastern – Transvaal Escarpment, M.Sc. – thesis (unpublished), Part 1 and 2 University of Pretoria, pp. 293 and pp. 136.

TROLL, C. (1948): Der asymmetrische Aufbau der Vegetationszonen und Vegetationsstufen auf der Nord- und Südhalbkugel, in: Erdkundliches Wissen, *11*, Franz Steiner, Wiesbaden, 152–180, *9*, 1969.

VANZOLINI, P.E. (1973): Palaeoclimates, Relief, and Species Multiplication in Equatorial Forests, in: Tropical Forest Ecosystems in Africa and South America: A Comparative Review (eds. B.J. Meggers, E.S. Ayensu, and W.D. Duckworth), 255–258.

VENTER, H.J.T. (1972): An annotad check-list to the Vascular Flora of the Ubisana Valley, Mtzunzi, Zululand, Journ. S. Afr. Bot., *38* (4), 215–235.

WHITE, F. (1962): Forest Flora of Northern Rhodesia, Oxford University Press, pp. 454.

WILD, H. (1963–1964): The Endemic Species of the Chimanimani Mountains and their Significance, Kirkia, *4*, 125–156.

– (1968): Phytogeography in South Central Africa, Kirkia, *6* (2), 197–222.

WILLCOX, A.R. (1974): Reasons for the non-occurence of Middle Stone Age Material in the Natal Drakensberg, S. A. Journ. Sci., *70* (9), 273–274.

ZINDEREN BAKKER, E.M. VAN JR. (1973): Ecological Investigations of the Forest Communities in the Eastern Orange Free State and the Adjacent Natal Drakensberg, Vegetatio, *28*, (5–6), 299–334.

ZINDEREN BAKKER, E.M. VAN, Sr. (1957): A pollen analytical investigation of the Florisbad deposits (South Africa), in: Third Pan-African Congress on Prehistory, Livingstone, 1955 (ed. J.D. Clark), Chatto and Windus, London, 56–67.

– (1964): A Pollen Diagram from Equatorial Africa: Cherangani, Kenya, Geol. en Mijnb. *43* (3), 123–128.

– (1973): Quaternary Environmental Changes in Southern Africa. Soil Sci., *116* (3), 236–248.

– (1972): A Re-appraisal of Late-Quaternary Climatic Evidence from Tropical Africa, in: Palaeoecology of Africa, *7* (ed. E.M. van Zinderen Bakker Sr) Balkema, Cape Town, 151–181.

GEOECOLOGY OF THE MARION AND PRINCE EDWARD ISLANDS
(Subantarctic)

EDUARD MEINE VAN ZINDEREN BAKKER SR

With 7 figures, 2 photos and 3 tables

SUMMARY

The subantarctic islands Marion and Prince Edward have an isothermal, hyper-oceanic, humid climate with annual variations in temperature of only 6 °C. The average monthly temperature in midsummer is about 7,3 °C and in midwinter 3,3 °C. The periodic daily variations in temperature at sea level are in the order of 0,9° to 2,7 °C, while the grass-minimum temperature annually drops below zero during 116 nights. Because of the heavy cloud cover only 20–33 % of the possible sunshine reaches the island's surface. These subantarctic islands are exposed to very strong winds and gales.

At altitudes above 200 m periglacial features such as miniature sorted polygons, sorted stone stripes, frost heaving and small solifluction terraces, occur widespread.

The temperature and rainfall regimes and the soil frost features found on the islands show a great resemblance to those of the high cold biomes of the tropical mountains.

The vegetation complexes of the islands are strongly influenced by salt spray, leaching by excessive rainfall and local mineral enrichment by millions of sea birds and thousands of seals. The treeless vegetation consists of such extremes as salt spray communities, oligotrophic, ombrogenous bogs, soligenous swamps, fjaeldmark and hypolithic communities.

The volcanic islands are of Late Pleistocene age and the palaeoclimatic history of the islands is described shortly in connection with their glaciation, which was of Würmian age.

The biota of the islands are fairly young and originated by long distance dispersal processes. The degree of endemism is still low and is correlated with the age and the geological history of the islands.

1. INTRODUCTION

Because of their origin, evolution and ecology the subantarctic islands Marion and Prince Edward belong to a distinct type of biomes which, however, show certain resemblances to other cold temperate regions of the world. By the *'subantarctic'* we will here understand that ecological zone in the southern middle latitudes which is characterised by a treeless vegetation of closed phanerogamic plant communities (WACE, 1965). As a consequence of the asymmetry of the two hemispheres the subantarctic biome has no counterpart in the Northern Hemisphere where the extensive landmasses are covered with arctic tundras, boreal coniferous and deciduous forests (TROLL, 1960).

The ecological setting of the subantarctic islands is unique and for this reason it is preferred not to apply the term tundra for the description of their vegetation in the same context as it is used for the Arctic vegetation. The isothermal climate of the subantarctic islands which is hyper-oceanic distinguishes them from the arctic continental regions with their extreme seasonal temperature changes and with their daylight pattern. The islands have more in common with the tropical alpine biomes which also experience a very characteristic diurnal climatic regime with a very slight seasonal variation in temperature. Notwithstanding certain resemblances fundamental differences exist between the arctic, alpine, tropical-alpine, subantarctic and antarctic cold biomes in the physio-ecological characteristics of their biota, the origin of their cryophytes and in their environments. From the ecological point of view these islands are distinct because of their equable low temperature, wet climate, low incoming radiation and extreme exposure to wind. The biogeographic setting of the subantarctic islands is one of isolation, poverty of species and of very limited endemism as a consequence of their comparatively young geological age. As previously mentioned their vegetation is characterised by the absence of trees and by the occurrence of closed communities of perennial herbs, low shrubs, cushion plants and moss carpets.

In this contribution the historic, climatic and biotic factors concerning the environment of the biota of the subantarctic islands Marion and Prince Edward will be discussed and a comparison will be made with the cold biome of the high tropical mountains.

Biological research has been carried out on these islands since 1963. Initially the research was concentrated on the geological history of the islands and on the taxonomy of their biota (VAN ZINDEREN BAKKER SR, *et al*, 1971). The ecological studies have in later years been directed at the energy flow and mineral cycling in the islands' ecosystems. Research teams work on the islands every year and are based at the South African Meteorological Station which has been operating permanently since 1948 on the E.N.E. side of Marion Island.

2. PHYSIOGRAPHY OF THE ISLANDS

The islands Marion and Prince Edward are situated in the southwestern Indian Ocean (resp. at Lat. 46° 53′S, Long. 37° 52′E and Lat. 46°38′S, Long. 37° 57′E.) at a distance of about 1 600 km southeast of the African continent. The islands are fairly small, Marion (290 km^2) is separated by 22 km from Prince Edward (44 km^2) *(Figure 1)*.

Seen from the ocean Marion Island has the appearance of a low dome and consists of a central highland with an elevation of 700–1 000 m. The slopes terminate especially on the southwestern side in an escarpment which delimits a coastal plain. The highest of the mountains on the highland, State President Swart Peak (1 230 m), is flanked on the northern side by a permanent ice plateau. The topography is further characterised by about 130 volcanic cones which are distributed all over the island, while a number of radially arranged volcanic ridges dissect the peripheral lowland. Intermittent streams run through slightly eroded valleys, from the central highland to the coast. The coast-line is in part very irregular with vertical cliffs of 15–20 metres high and escarpments of several hundred metres have been formed by marine erosion (LANGENEGGER and VERWOERD, 1971).

The smaller island, Prince Edward, consists of a northwestern coastal plain which is delimited from the Central Highland by a magnificent 400 metres high escarpment. The highest cone (van Zinderen Bakker Peak) has a altitude of 672 metres. The highland slopes down to the southeast and ends in another coastal plain. This island is drier than Marion Island and has about 14 volcanic cones.

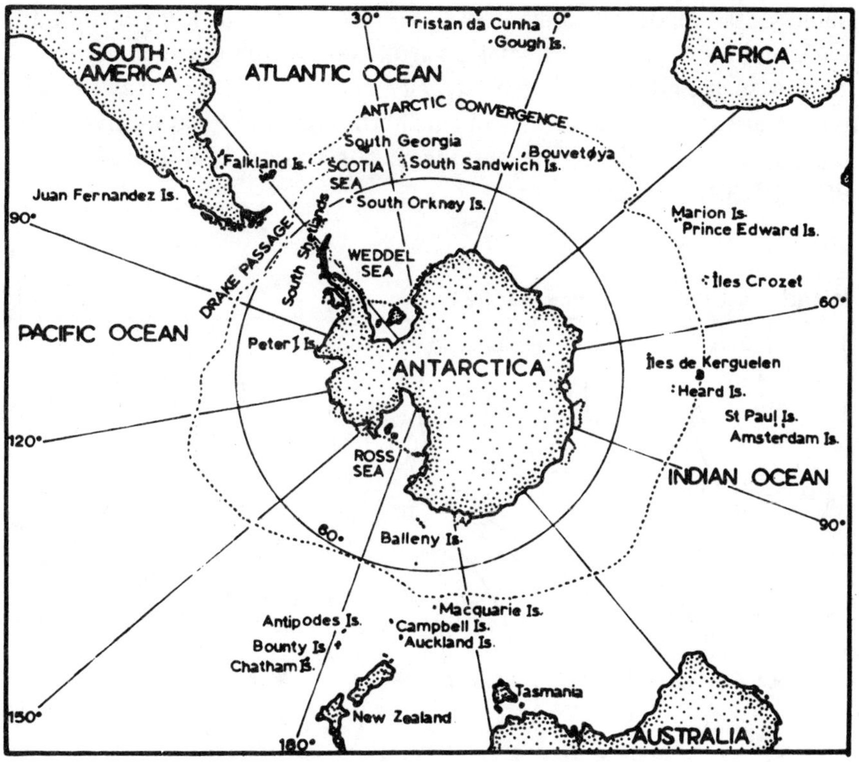

Fig. 1: The position of the sub-Antarctic Islands.

3. CLIMATIC FACTORS OF BIOLOGICAL IMPORTANCE IN THE SUBANTARCTIC ZONE

The vegetation of these islands is treeless mainly as a consequence of the low incoming energy and the stormy climate. The lower parts of the islands up to an altitude of 300 m are covered with closed communities of vascular plants. Cryptogamic communities and isolated vascular plants grow at much higher altitudes. The highest record for a flowering plant is 765 m for *Azorella selago* (HUNTLEY, 1970).

	Febr.–March	Aug.–Sept.
Average sea surface temperature (record for 14 years)	6,1°	4,0°
Mean daily maximum air temperature (record for 4 years)	10,2°–10,6°	6,0°–6,1°
Mean daily minimum air temperature (record for 4 years)	4,7°– 5,0°	1,0°–1,2°
Diurnal change in air temperature	2,2°– 2,5°	1,3°–1,6°

Table 1. Temperature data for Marion Island, according to SCHULZE (1971).

The available data, recorded since 1948, indicate that the temperature regime of the islands depends mainly on the latitudinal position and on the oceanic environment which is regulated by the surrounding cool *Subantarctic Surface Water*. The important temperature data are given in *Table 1*, while a thermoisopleth-diagram has been made which represents the hourly temperature measurements for Marion Island based on the records of the years 1969–1973 *(Figure 2).*

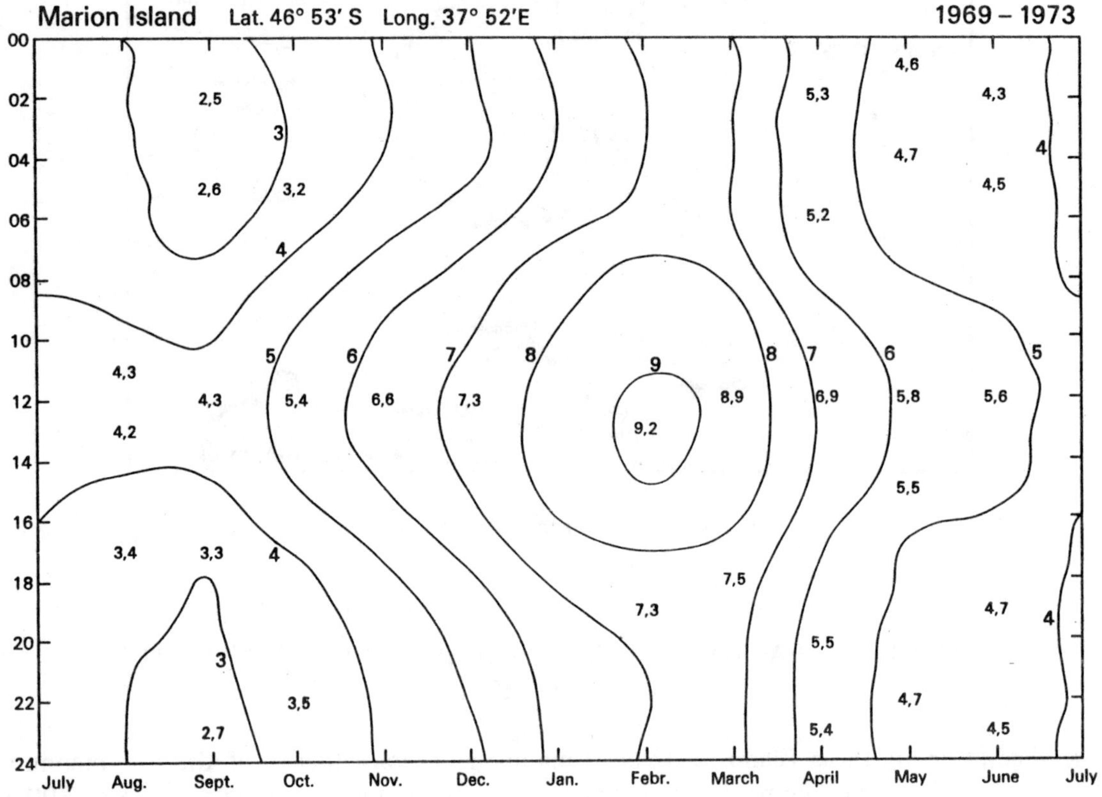

Fig. 2: Thermoisopleth-Diagram of Marion Island (Subantarctic).

This representation which makes it possible to compare the annual trend of the temperature regime with similar diagrams of the Kerguelen and Macquarie Island (TROLL, 1944, 1955), has been made by Mr J.S. DU PLESSIS with the assistance of Mr J.M. VENTER, both from the University of the Orange Free State.

The termoisopleth-diagram shows that on this cold island the diurnal and seasonal changes in temperature are very small. The temperature conditions are even more equable than on the Kerguelen and are very similar to those on Macquarie Island, which has the most isothermal climate on earth (TROLL, 1944, 1955). Macquarie Island is situated further south than Marion Island, viz. at 54°3′S and the diurnal changes in temperature there are of the order of 0,5–2 °C, as compared to 0,9°–2,7 °C for Marion Island. The coldest and the warmest average hourly temperatures recorded on Macquarie Island are respectively 2,8 and

7,7 °C, while these figures for Marion Island (five year period 1969–1973) are 2,5 and 9,2 °C.

The thermoisopleth-diagram of these islands resembles in many respects the daily and seasonal pattern of the equable climate of the alpine regions of the high tropical mountains (TROLL, 1944, p. 605).

A typical oceanic feature of the temperature trend of the subantarctic islands is the extended lag period in seasonal change. The coldest period on the Kerguelen, Macquarie and Marion Island is in mid-September, three months after the southern hemisphere solstice. On Macquarie the warmest period occurs in January, and on the Kerguelen and Marion in mid-February, which means a lag period of two months. These seasonal changes are closely correlated with the temperature of the surrounding water masses as can be inferred from the data given in *Table 1*. The influence of this phenomenon on the periodicity of the flora and fauna is well known.

The influence of sunshine on the temperature over the island is limited as an analysis of 17 years sunshine records indicates that during summer the island's surface only receives 33 % and during winter not more than 20–25 % of the possible sunshine. Days with full sunshine are very rare sothat the dominant cloud cover of the humid climate has a pronounced influence on the incoming and outgoing radiation and provides a low energy budget for plant growth.

Temperature recordings on the eastern slope on Marion Island have shown that several hours of sunshine have, however, an important effect on the phytomicroclimatic conditions, as is illustrated by the following example (sunshine from 9.00 to 14.00 h. on 17th January, 1965):

	rise in temperature:	lapse rate:
inside *Azorella* cushion	2.7 °C	2 1/2–3 hours
air between *Blechnum* leaves (10 cm high)	12.0 °C	0 hours
air temperature at 40 cm	8.0 °C	0 hours
moss carpet in swamp	12.0 °C	0 hours

The aspect of the site and the direction and force of the wind have a great influence on the capture of energy and it is mostly not possible to explain the physio-ecological effect of the interacting factors involved. It is, however, well established that cushion plants, moss carpets and algal mats in shallow water are very effective energy traps. Cushion plants of *Azorella* retain the absorbed heat for a long time and conserve a balanced temperature inside. During overcast days the microclimatic temperature curves show a much smaller amplitude.

The reaction of plants to climatic influences is very different. *Azorella* cushions grow towards the wind, if the force does not exceed a certain limit as is the case on very exposed ridges. The hard front of the solid cushion is extremely well adapted to mechanical impacts of wind blown material and to the chilling and drying influence of gales. The moss *Rhacomitrium,* as I saw it on the grey lava ridge of the Kerguelen Rise, faces northward which shows that it reacts mainly to the energy of the sun *(Figure 3).*

The high rainfall right through the year is another typical characteristic of the hyperoceanic environment of Marion Island. The precipitation which falls roughly on 25 days per month and never on less than 17 days (15 years record), comes down as long light rains,

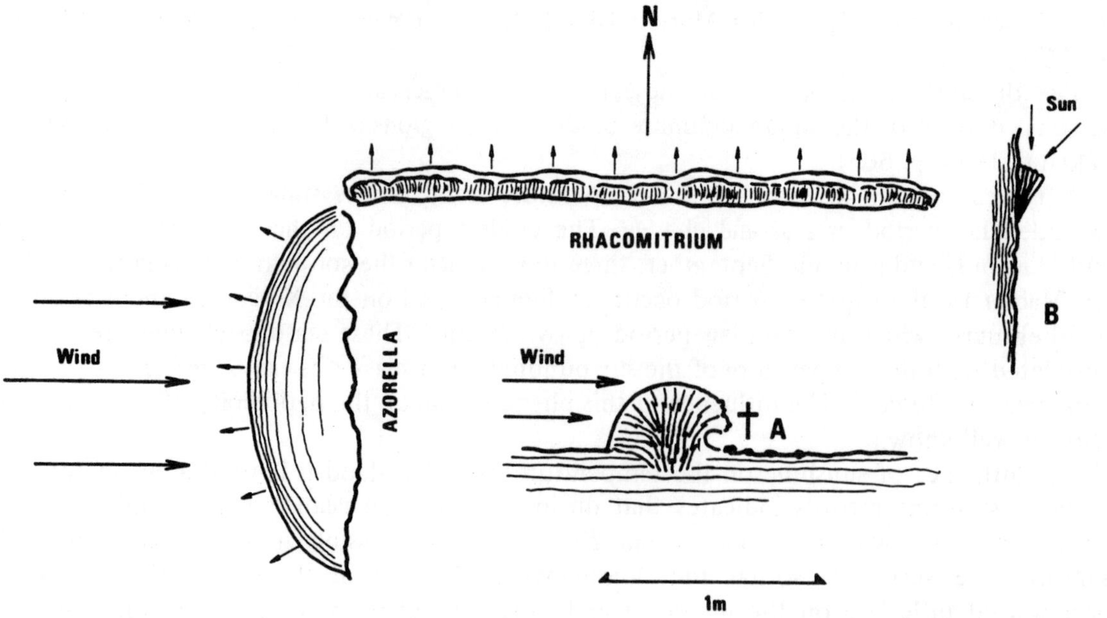

Fig. 3: Influence of wind and sun on plant growth on exposed site on Kerguelen Rise, 250 m altitude, 6–2–1965. *Azorella* cushion growing against prevailing wind, A: section. *Rhacomitrium* aligned in long strands facing the sun, B: section.

while heavy downpours are rare. The annual total precipitation on the E.N.E. side of the island near the Weather Station varies between about 2400 and 2700 mm. The western side of the island, which is exposed to the prevailing winds, may receive considerably more rain.

The average relative humidity on the island, which is about 80 %, only rarely drops to lower levels. Drought stress may however, occur during dry spells under anticyclonic conditions or may be caused by Föhn. Physiological drought will certainly prevail in habitats exposed to strong gales.

The generally low temperature of the island often drops below freezing point and this freezing, which can occur right through the year even at sea level, has a limiting effect on the distribution and growth of the island vegetation.

Besides the equable low temperature and the high humidity, wind is an extremely important factor especially on the volcanic cones and elevated lava ridges. The predominant northwesterlies are the strongest winds. The physical influence of the wind can be judged from the fact that over a 10 year period winds with moderate gale force and a duration of at least one hour (34 mph) occurred on 106,8 days per year. Full gales of more than 41 mph were registered during the same period on 42,7 days per annum (SCHULZE, 1971). Such gales have a profound influence on exposed soils, on the distribution of salt spray from the ocean, on the water potential of plants and they also reduce the leaf temperature and consequently the rate of primary production.

The high intensity of the prevailing winds is considered to have been the major cause of the origin of the brachypterous taxa which occur among the insect fauna of the islands. MANI (1968) attributes the reduction of wing size in general not only to isolation on very windy small islands or on high exposed mountains, but also to low temperatures and consequently cryptozoic life. The brachypterous moths *Pringleophaga, Embryonopsis* and the flies found on the Marion and Prince Edward Islands are typical examples of this adaptation on cold stormy islands.

4. VEGETATION TYPES OF THE ISLANDS

A detailed description of the plant associations of the islands according to the principles of Braun Blanquet is unter preparation. The vegetation has previously been classified into five major complexes by HUNTLEY (1971). These vegetation types differ in their mineral status, water relations and microclimatic setting. The five broad complexes, which give a clear general picture of the physiognomy and ecology of the vegetation, are the

salt spray complex,
swamp complex,
slope complex,
wind desert, and the
biotic complex

The system of mineral cycling in the island ecosystems results in the development of important ecological gradients and abrupt changes *(Figure 4)*. The small islands are exposed to the influence of the ocean, either directly by dense salt laden mist penetrating from the ocean, by spray or continuous rains which also transports salt. The salt concentration of the ground water can as a consequence vary greatly especially near the coast. The general tendency is, however, that the excessive rain has a leaching effect on the mineral content of the soil (J.U. GROBBELAAR, personal communication). Another important factor which changes the mineral status of the soils is the considerable enrichment caused locally by the

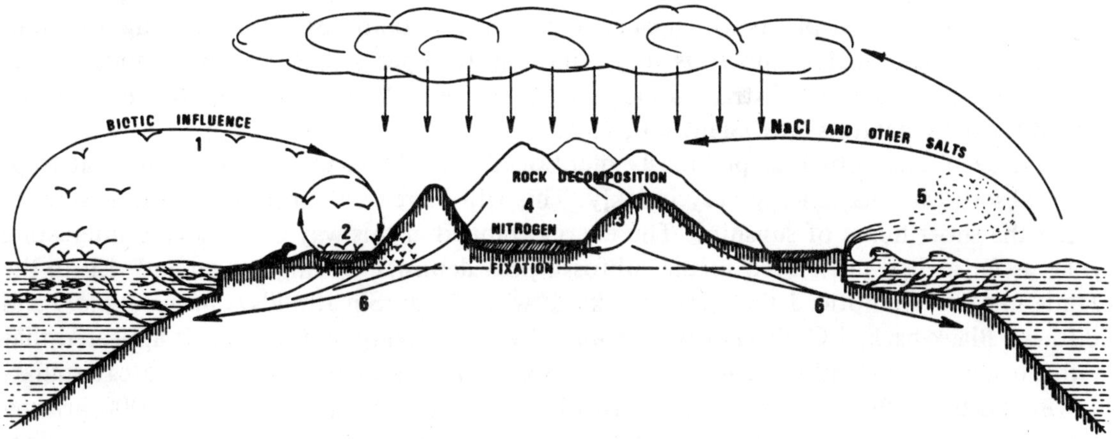

Fig. 4: General scheme of mineral cycling
1. Kelp and pelagic community → birds and seals → organic and inorganic enrichment → vegetation, etc.
2. Mire vegetation → organic debris → soil microflora, -fauna, macrofauna → oligochaetes and caterpillars → birds, etc.
3. Rock decomposition → plankton → and vegetation → soil, etc.
4. Atmospheric nitrogen → Cyanophyta and Bacteria → nitrogen compounds → vegetation, etc.
5. Sea spray and rain → soil and vegetation, etc.
6. Drainage to the ocean.

thousands of birds and seals which concentrate on the coastal plain. The third source of minerals for the soil is the slow decomposition of the rocks which adds certain ions to the ground water.

The sea has the greatest influence on the salt spray complex which consists of reddish patches and strips of *Tillaea moschata* and lush green fields of the feathery leaves of *Cotula plumosa.* The soil of both these plant communities is, according to HUNTLEY (1971), shallow and very rich in organic matter. The dense carpets of the *Tillaea moschata* community are typically halophytic and grow on sites which receive very heavy salt spray. The *Cotula plumosa* herbfield, which also grows near the sea, requires besides salt from the ocean, manuring by animals to reach its optimum development.

As a consequence of the heavy rains the vegetation changes completely at a little distance from the coast. The lowlands of the islands, especially of Marion Island, and also the hummocky lava flows are occupied by various types of swamps. Most of these swamps are of a soligenous type. These so-called mires extend over several hectares and are covered with the grass *Agrostis magellanica,* which grows in a dense moss carpet. The extensive swamps with their many shallow lakelets form a typical part of the landscape of the islands.

Thick peat deposits have accumulated in these swamps in the course of time. As a consequence of the low temperature the annual deposition does not exceed 0,02 cm with the result that the oldest swamps of about 16000 years contain some 3 m of clayey peat.

The number of vascular plants species growing in these mires is very limited. Along the drainage lines the endemic sedge *Uncinia dikei* is very common. The only other vascular plant, which is very conspicuous, is *Lycopodium magellanicum.*

Typical oligotrophic bogs which are ombrogenous are less common. They do not form raised bogs as in the Northern Hemisphere, probably as a consequence of the absence of *Sphagnum.* On the island the hepatic *Blepharidophyllum densifolium* is dominant on the anaerobic watterlogged bogs (pH 4.5–5.1) Some typical mosses are *Drepanocladus uncinatus, Campylopus arboricola* and *Bryum laevigatum,* while the grass *Agrostis magellanica* is one of the few vascular plants which can survive here. A comparison with the oligotrophous bogs of the Northern Hemisphere is very tempting. It appears that besides desmids, special Rhizopoda, such as the austral species *Nebela certesi, N. martiale* and *N. playfairi* are typical for these habitats (GROSPIETSCH, 1971).

It has been established, as previously mentioned, that these moss carpets are heat traps which absorb the solar energy very quickly. This will increase their photosynthetic activity during the short hours of sunshine. The energy trapped in this way enters a very interesting cycle, as far as it is not stored in the subfossil peat deposits. During our second visit to the islands in 1965 we noticed that large flocks of white birds, Sheathbills *(Chionis minor)* and Southern Black-backed Gulls *(Larus dominicus)* were foraging on the bogs. It appeared that in the living mosses and hepatics extremely large numbers of oligochaetes and caterpillars of wingless butterflies occurred. Later investigations showed that more than 1000 invertebrates could be found per square metre. These animals eat their way through the moss carpets and are a considerable source of food for the scavenger birds, which do not leave the island in winter. These birds otherwise live on food they find along the shore and in the big penguin rookeries. The primary production of the bog therefore forms an interesting link with the foodweb of these birds *(Figure 5).*

Another very important plant community is the complex which grows on the many hillslopes and ridges protected against cold southern winds. In its typical form it is either dominated by the small fern *Blechnum penna-marina* or the rosaceous small shrub *Acaena*

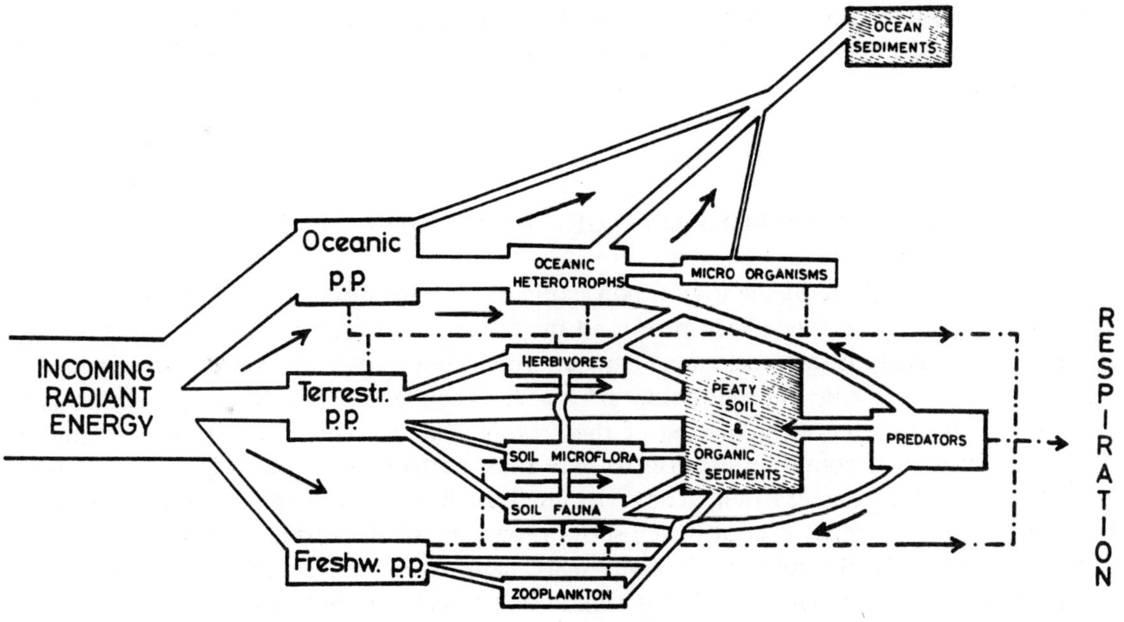

Fig. 5: Diagram of Compartments and Pathways of Energy Flow. (p.p. = primary production)

adscendens. Blechnum prefers the warmer habitats of the lowlands and especially the northern aspects, while *Acaena* is more sensitive to wind as such (HUNTLEY, 1971). Both communities require well-drained slopes and cannot grow well in salt spray or under biotic influences.

The most characteristic plant community of the islands is certainly the fjaeldmark of wind-desert which grows under very adverse climatic conditions on lava ridges and plateaux. The *Azorella selago* fjaeldmark is predominant between altitudes of 200–300 m but also occurs at lower and higher elevations. In the fjaeldmark the *Azorella selago* cushions, which usually grow into the wind, are surrounded by a deflated "hamada"pavement and are extremely hard and solid. Several species of mosses and also higher plants live epiphytically in these cushions with their basal parts protected by the more equable microclimatic conditions inside the fibrous wet decomposed plant debris. *Azorella* lives under great climatic stress because of the gale force winds with their mechanical impact and their drying and chilling influence, combined with frequent night frost and upfreezing. It may well be that the nitrogen deficiency discussed by HUNTLEY (1971) and the inhibition of bacterial growth add to the severity of the edaphic conditions.

Above the *Azorella* fjaeldmark only scattered lichens and bryophyte carpets are found on the screes and rock surfaces. These cryptogamic communities live under the most adverse climatic conditions. In this altitudinal zone extreme windforce and low night temperatures combined with desiccation make life on the surface of the high scoria cones impossible during most of the day. A very peculiar community exists here underneath the loose scoria blocks, where mosses and filmy ferns live together with spiders, Collembola, mites and other microfauna in great numbers. These hypolithic niches provide refugia which are well protected against the inhospitable conditions prevailing outside. Similar niches have been described by MANI (1968, p. 34–35) from the northwest Himalaya. Considerable environmental changes occur on the tops of these volcanic cones during cold storms, but also during periods of sunshine, when rapid heating of the dark rock surface will change the temperature and humidity drastically while the space underneath the rocks has a much more stable microclimate.

5. BIOTIC INFLUENCES ON THE VEGETATION OF THE ISLANDS

The very rich animal life of the islands consisting of millions of penguins and other sea birds and thousands of seals, has a very profound influence on the vegetation. The most obvious impact of animal life is the mechanical damage which they cause. The trampling of penguins along certain routes kills the vegetation after a short while and in hilly sites leads to gully erosion. A large continuous gathering of these birds as in the rookeries of over 1/2 million animals, results in a complete erosion to bare rock bottom. The soft peaty soil is washed into the sea by the constant rain. Rookeries such as those on Bullard Beach and Kildalkey Bay and even on the small Trypot Beach show a lowering of the surface of up to 2 metres.

Seals, particularly the mighty elephant seals, depress the soil by their sheer weight and form shallow basins or wallows as they remain on the same place to moult for long periods. The females arrive in early summer when the pups are born and then return to sea. The long moulting process takes place from January until April.

The wallows which occur in the lowland near the sea are often filled with water which, because of the excretions of the animals, is extremely rich in nutrients. The water in the occupied wallows initially has a high pH value and a very high nitrogen, chloride and phosphorus content. Those depressions are often occupied by coprophyllous plants and by a dense algal growth which has an extremely high primary production rate of up to 6000 mg $C. m^{-3}$, day^{-1}. (J.U. GROBBELAAR, 1975).

During my first visit to Marion Island it struck me that the robust grass *Poa cookii* has a very peculiar distribution. It is often found near nests of Skuas *(Stercorarius skua)*, Albatrosses *(Diomedea exulans)* and gaint petrels *(Macronectes giganteus* Gmelin and *M. halli* Mathews). Skuas and Petrels often choose a site on a rough black lava flow while Albatrosses nest on the surface of mires and bogs. In the neighbourhood of occupied nests the grass shows a great vitality and the leaves have a blueish green colour. An intensive study of the effect of burrowing birds on the nutrient status of *Poa cookii* tussock grassland on the island is being carried out by V.R. SMITH (1975). Extensive stands of such grassland occur on well drained slopes exposed to sea spray, but also at a distance of several kilometres away from the coast. This type of grassland surrounds the burrows of nesting prions and petrels (fam. Procellaridae). Millions of these birds occur on the islands and their burrows are found in peat banks at lower altitudes and in countless numbers in the loose scoria slopes at high elevations (VAN ZINDEREN BAKKER JR. 1971). The influence these birds have on the vegetation must be considerable judging from the chemical composition of bird guano as determined by Mr SMITH *(Table 2)*. It appears that the Marion soils are deficient in nitrogen and phosphorus and that the guano encourages the luxuriant growth of *Poa cookii*. Once the grass is established near a nest site it is able to hold its ground for a long time.

The biotic influence of other animals on the vegetation of the island, such as that of the mice and cats is difficult to assess and is perhaps of minor importance. The rodents, which have been introduced accidently by shipwrecks, live on the vegetation but have a very limited effect on the plant cover.

	% H_2O	Total N	NH_4 N	NO_3-N	PO_4	Ca	Mg	Na	K	Cl
Wandering Albatross	2670–2923	11,4–15,4	2,9–7,2	0,0–0,5	0,1–0,8	0,4–1,9	0,3–1,3	0,6–0,7	0,1–0,5	1,0– 6,3
Giant Petrel	N.D.	N.D.	0,4–2,0	0,0–1,0	N.D.	1,2–5,8	0,4–2,3	0,7–3,1	0,6–2,4	4,6–14,4
King Penguin	1040–1800	14,3–23,4	4,0–6,7	0,0–0,2	0,9–1,5	N.D.	N.D.	N.D.	N.D.	N.D.
Rockhopper Penguin	128–1427	14,4–25,1	1,2–3,5	0,0–0,1	0,8–3,7	N.D.	N.D.	N.D.	N.D.	N.D.

N.D. – not determined.

Table 2. Excreta Analysis of some Marion Island bird species.
The figures represent concentration as a percentage of the excreta dryweight. Data supplied by Mr V.R. SMITH.

6. GEOLOGICAL AND OCEANOGRAPHIC HISTORY

The origin of the volcanic islands Marion and Prince Edward is closely correlated with the rifting of the ocean floor as the islands are situated only a few hundred kilometres away from the Mid-Indian Ocean Ridge.

The oldest volcanic sequence has an age of 276000 ± 30000 to 100000 years. This phase was followed by tectonic movements which ended with another volcanic event (VERWOERD, 1971). The outcrops or the first of grey lava are smoothly rounded and on these *'roches moutonnèes'* polished and striated surfaces of glacial origin have been found. The second volcanic sequence or black lava covers extensive areas of the islands in the form of lava flows consisting of irregular angular blocks with no sign of glaciation. The scoria cones, which are distributed all over the islands, are associated with this second sequence.

The black lava has been dated between 20000 and 13500 ± 7000 years. The end and the beginning of the two lava flows (ca. 100000 to 15000 years ago) provide a *'terminus post'* and *'ante quem'* for the duration of the glaciation. Pollen analysis of peat deposits with an age of about 16000 years has indicated that prior to ca. 14500 B.P. 'cold' *Azorella selago* vegetation of high altitudes was dominant at sea level, from which a decrease in temperature of 2 to 3 °C can be inferred. The climate ameliorated since then and ca. 12000 years ago the present vertical zonation of the vegetation originated (SCHALKE and VAN ZINDEREN BAKKER SR., 1971; VAN ZINDEREN BAKKER SR., 1973). These pollen analytical results are in agreement with the geological evidence for a glaciation of Würmian-Wisconsin age which was coeval with the Kenya glaciation of the East African mountains (COETZEE, 1967).

This very important correlation has been further substantiated by recent oceanographic evidence advocated by VAN ZINDEREN BAKKER SR. (1971). The islands are viz. situated about 2° latitude north of the Antarctic Polar Front where the cold *Antarctic Upper Water* sinks underneath the warmer *Subantarctic Surface Water*. South of this boundary the surface water is 2 °C colder than North of it. Recent analyses of ocean sediments in the Atlantic and western Indian Ocean sectors of the Antarctic Ocean have indicated that the position of the Antarctic Polar Front has shifted considerably in recent geological times. Approximately 18000 years B.P. this Front had a more northern position (10° in the western Atlantic, and somewhat less in the eastern Atlantic and western Indian Ocean) so that Marion Island must then have just been surrounded by cold *Antarctic Upper Water* (HAYS *et al*, in press). During this glacial maximum sea ice had a much more northern extension even in summer. These changes in the oceanic environment had a catastrophic effect on the climatic conditions of the islands. The air temperature will have decreased as a consequence of the cold surrounding water and also because of a shift in the wind system, while winds with a southerly component will have been much more frequent. These winds which accompany the many depressions, are 3–4 °C colder than those with a northerly component (SCHULZE, 1971). The islands may also have received slightly more precipitation as the dry anticyclones passed further to the North. The result of these changes will have been that the islands were glaciated roughly during a period coeval with the last glaciation of the northern hemisphere.

7. THE ORIGIN OF THE ISLAND BIOTA

The subantarctic islands are very remote from any big landmass and are perhaps the most isolated specks of land on earth. Because of this isolation and their relative young age and geological history, the biota of these islands are very poor in species.

The disjunct distribution of the Antarctic flora has been a subject of much discussion since the controversy between Darwin and Hooker, the former advocated trans-oceanic dispersal, while the latter was a protagonist of greater land connections. Our knowledge of the physical background of the evolutionary processes and the migrations in the southern region has developed considerably in recent years. Unfortunately too little is still known about the Tertiary floras of the Antarctic continent and the climates under which they lived (WACE, 1965; CRANWELL, 1969). The available evidence allows us to make the assumption that a temperate flora of gymnosperm and *Nothofagus* forests existed in certain parts of Antarctica before the advent of the continental glaciation in Miocene times. This flora may partly have been able to 'escape' especially to South America and perhaps to Australasia (VAN ZINDEREN BAKKER, SR, 1970).

The relationship between these floral elements is mainly of generic or higher taxon level and indicates that their disjunct distribution is of great age (DAWSON, 1958). The biogeography of the Arctic flora cannot be compared with its southern counterpart as continental drift, the predominance of vast land masses and the repeated glaciations in the North have caused a much wider distribution of the Arctic cryophytes which survived the rigorous climate with greater numbers of species (LÖVE and LÖVE, 1974).

In discussing the flora of the Antarctic region WACE (1965) and other authors distinguish the old 'continental' elements from the 'insular' plants which have a much more recent distribution, as the small volcanic islands are of late Tertiary or Quaternary age. The relatively new immigrants of these islands have been able to cross the wide expanses of water with the aid of wind and birds and are therefore often circumpolar in distribution. Especially the cryptogams and many invertebrates can easily be dispersed by wind, while the dispersal of the few species of seed plants depends on birds such as the Giant Petrel *(Macronectes giganteus)* and the Wandering Albatross *(Diomedea exulans)*, which migrate in a circumpolar fashion.

In his study of the flora of the Marion and Prince Edward Islands, HUNTLEY (1971) has shown that the 23 indigenous vascular plants have strong affinities with the subantarctic region stretching from Tierra de Fuego to New Zealand, while the contacts with the African and Australian continents are very limited. In his discussions of the 'Antarctic' elements of the present flora of the Southern Lands, WACE (1965) mentions *Cotula* subgenus *Leptinella* and *Colobanthus* as examples of this type of distribution pattern which is centred mainly around New Zealand *(Figure 6)*. The cushion forming genus *Azorella*, which has the same growth form as *Colobanthus*, has its greatest species diversity on and around New Zealand. Only very few species of these genera are found on the subantarctic islands. The maritime tussock-forming *Poa* species are distributed in a circumpolar temperate to subantarctic region and show more differentiation on the islands with eg. *Poa flabellata* in the S.W. Atlantic Ocean and *Poa cookii* on the islands in the S.W. Indian Ocean, while other taxa are concentrated in the Australian-New Zealand region.

The distribution of the primitive Hepaticae, which are supposed to be of Gondwana origin (SCHUSTER, 1969), must be explained with caution as several primitive genera have now been recorded from the 'young' volcanic island Marion (VAN ZINDEREN BAKKER SR,

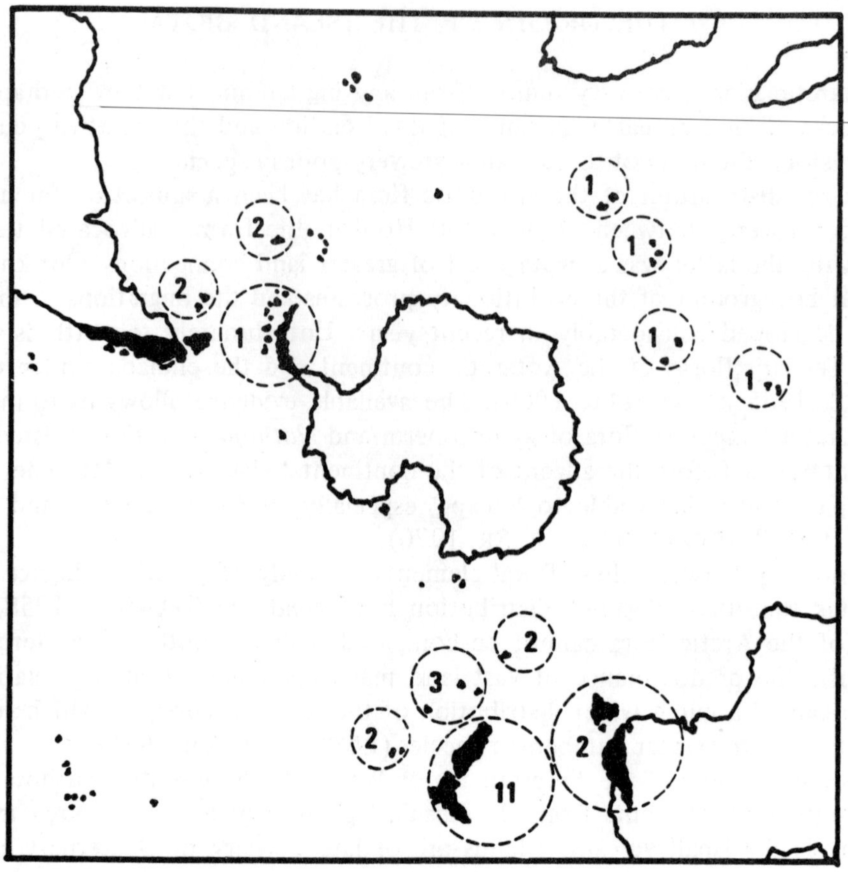

Fig. 6: Distribution of *Colobanthus* Bartl. Modified after WACE (1965). The figures indicate the number of species.

1971, p. 10). This pattern strongly indicates the long distance dispersal of these hepatics by wind.

The small, subantarctic islands have not developed to important centres of plant evolution although the Kerguelen Province possesses an interesting endemic Crucifer in the Kerguelen Cabbage, *Pringlea antiscorbutica.* It would be worthwile to study the incidence of polyploidy in the flora and the associated pre-adaptation (LÖVE and LÖVE, 1974).

C. SKOTTSBERG has divided the Subantarctic Zone into three provinces: the Magellanian-, Kerguelen- and New Zealand Provinces. From a floristic (GREENE and GREENE, 1963) and faunistic point of view the islands of the Kerguelen Province show much coherence. These islands are: Macquarie, Marion, Prince Edward, the Crozet and Kerguelen archipelagos, South Georgia and Heard Island.

The biogeographic unity of the Kerguelen Province is also demonstrated by the distribution of the planktonic Entomostraca (SMITH and SAYERS, 1971). The occurrence of the land snail *Notodiscus hookeri* and the spiders *Myro kerguelenensis* and *M. paucispinosus* in the Kerguelen Province and on New Amsterdam, which is situated further North, point to the influence of the former glaciation of the southern islands (DELL, 1964; HOLDGATE, 1960; LAWRENCE, 1971).

DREUX (1971) in describing the insect fauna of the Marion and Prince Edward Islands, discusses the zoogeographic affinities inside the Kerguelen Province. It appears that the Crozet Archipelago possesses the largest species diversity and shows strong affinities with the African insect fauna, while species such as the brachypterous Diptera of the genus *Paractora* and some Curculionidae and Colembola point to South American relationship. A number of species are related to the New Zealand fauna.

The Kerguelen Province is characterised by some endemic insect taxa (DREUX, 1971). The most remarkable of these are the three species of brachypterous Lepidoptera (SÉQUY, 1971; VARI, 1971) and the short-snouted weevils Ectemnorrhinini. These weevils have apparently evolved on the different islands after isolation of small populations (GRESSITT, 1965). They are incredibly plastic in morphology, anatomy and habit sothat speciation can take place rapidly. In describing the four endemic species of the Marion and Prince Edward Islands, KUSCHEL suggests that these weevils, because of the terricole life of their larvae, could have survived the glaciation (1971).

The islands Marion and Prince Edward are fairly small, their species diversity is very limited and their ecological niches are not all occupied sothat competition does not engender evolutionary tendencies. The fairly constant influx of migrants also prevents isolation of the gene pools on the islands.

From these data it appears that a typical cryobiontic flora and fauna with cold stenothermic adaptations during the short geological period available have not yet developed on the islands. The experiments with temperature adaptations of planktonic algae by GROBBELAAR (1975) substantiate this assumption.

8. PERIGLACIAL PHENOMENA

During my stay on the islands in 1965/1966 I made some observations on solifluction, stone stripes, polygons and land slides which occur widespread. It is well possible that fossil periglacial features also occur on the islands.

The conditions for the development of patterned ground are very favourable on the islands as can be concluded from the incidence of daily freeze-thaw cycles. The grassminimum temperatures have been recorded at sea level on Marion Island at 2,5 cm above a moss surface near the Weather Station on the E.N.E. side of the island. The mean values are about 1,5 to 2,0 °C lower than those recorded with a minimum thermometer in a Stevenson screen (SCHULZE, 1971). During the period 1969–1973 the grassminimum temperatures dropped below zero on 116 nights per annum *(Table 3)*. This record is considerably higher than the number of 38 for Macquarie, but only half the number of 238 for the Kerguelen. It is not possible to make an accurate assessment of the number of frost cycles at higher elevation on Marion Island, but using the known temperature gradient of 4,0 to 4,5 °C per 1 000 m, it can be assumed that at 250 m altitude frost will occur on about 50 % of the nights. Under these circumstances patterned soil features can be formed on exposed surfaces.

The estimate of the number of frost cycles gives a conservative value as it is based on data from the more protected E.N.E. side of the island. On the southern exposed slopes and at higher altitudes the microclimate is considerably colder. It can be assumed that even permafrost occurs at higher altitudes. The existence of a small permanent ice field at 1 000 m altitude is a proof for these cold periglacial conditions (VERWOERD, 1971, p. 55).

Month	Jy	A	S	O	N	D	J	F	M	A	M	J	Jy	Year
N	15,0	17,0	15,8	15,2	10,4	4,8	1,6	1,2	2,4	8,2	12,2	12,2	15,0	116,0

Table 3. Average number of days on which the grass-minimum temperature drops below 0 °C computed from hourly temperature records for the years 1969–1973, obtained from the South African Weather Bureau, Pretoria.

Sorting of soil by frost-heaving is a very common feature at exposed sites on grey lava ridges at altitudes of 200 m and more. The uplift by the freezing results in the displacement of all the coarse material from the top layer of the profile to the surface where it forms a hamada pavement. Wind force deflates the fines from between the coarse material, but the primary action of the frost-heaving explains the sorting which takes place.

The formation of needle ice is most probably also responsible for the occurrence of thousands of moss balls which were especially found on the exposed plateau between Wolkberg and Platkop on the eastern side of Prince Edward Island. The balls are similar to those described from the high East African mountains, Norway and Jan Mayen (HEDBERG, 1964) and they originate through uplifting by needle ice and the subsequent action of the wind.

Only miniature polygons of the sorted type with a diameter of 10–15 cm were found, such as those known from regions without permafrost. These polygons were similar to those I saw in the afroalpine zone of Mt Kenya and in the austro-afroalpine zone of Lesotho, which have been described by TROLL (1944), VAN ZINDEREN BAKKER SR. (1965), HEDBERG (1964) and COE (1967).

Stone stripes were studied on some grey lava ridges, eg. Stony Ridge and on the western slope of Johnny's Hill, both on the south eastern side of Marion Island at 250 m altitude. The stone stripes and the strips of fines in between were both about 10 cm wide, while the furrows were about 7 cm deep. The fines were covered with a thin layer of small sorted gravel *(Figure 7).* The stipes were elongated down the slopes and were only 2–4 m long. I found an enormous field of stone stripes, 270 m long, on a scree on the eastern side of van Zinderen Bakker Peak on Prince Edward Island at 500 m latitude. It seems most likely that the stone stripes are primarily developed by frost action and that running water also plays a part in their direction and conservation.

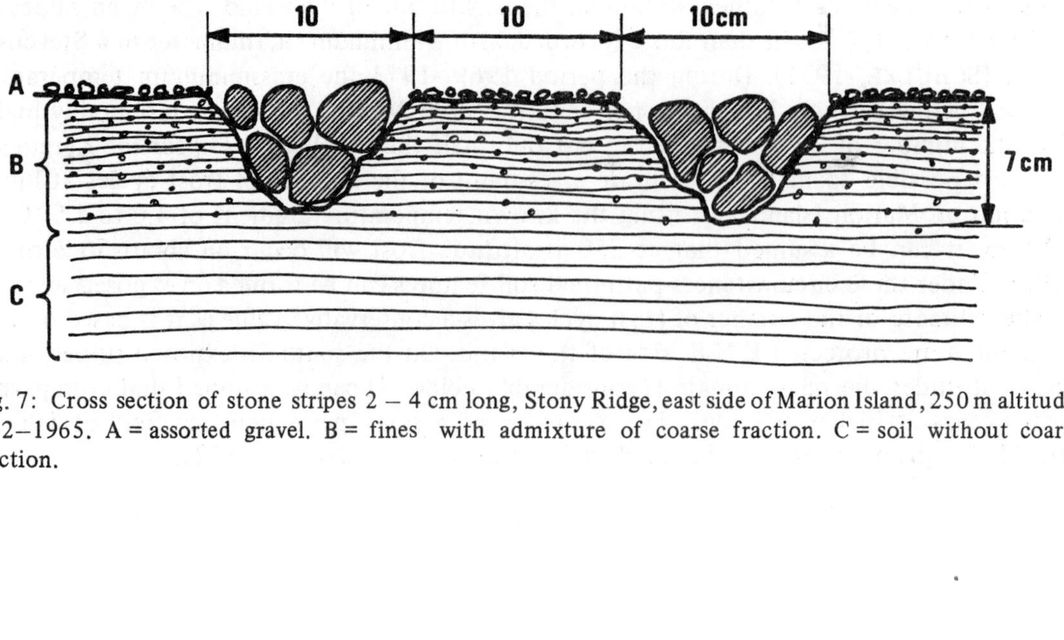

Fig. 7: Cross section of stone stripes 2 – 4 cm long, Stony Ridge, east side of Marion Island, 250 m altitude, 7–2–1965. A = assorted gravel. B = fines with admixture of coarse fraction. C = soil without coarse fraction.

On considering the temperature data it appears that frost action is the cause of the above described features and that they are not the result of deflation over bare grounds or that they are connected with basaltic flows at shallow depth (BELLAIR, 1969).

Small solifluction patterns are found on many sites where bare soil is exposed. Miniature terraces which are probably caused by needle ice and solifluction are very common at higher altitudes and are similar to features encountered in the alpine regions of Lesotho and the East African mountains.

Land slides which occur on many steep slopes on the island should probably not be described here as they are caused by the damming up of water-filled swamps behind a ridge of *Azorella* cushions or other obstructions. As soon as the barrier is eroded the sorf soil slips downward over big areas.

The periglacial features both active and fossil, which occur on the islands, deserve a detailed study.

9. COMPARISON BETWEEN THE BIOMES OF THE SUBANTARCTIC ISLANDS AND THOSE OF THE ALPINE REGIONS OF THE TROPICAL MOUNTAINS

It is tempting to enlarge on the comparison made in a very elucidating way by TROLL (1944) between the subantarctic region, as defined by WACE (1965), and the high altitude biomes of the tropical mountains.

Comparisons of this kind lead to a better understanding of the evolution and the ecology of such biomes and their biota as they bring out points of resemblance and also characteristics which indicate the uniqueness of certain situations in nature. We will limit our assessment on the one hand to the subantarctic islands, which are discussed in this contribution and on the other hand to the highest vegetation belt of the tropical East African mountains. Many similarities exist in the physical, biological and even historical aspects of these widely separated biomes.

In very recent geological times extensive glaciers covered most of these biotopes at the same time as is known from Mt Elgon, the Ethiopian mountains, Kilimanjaro, Mt Kenya, Ruwenzori and also Marion Island. After the last glacial maximum about 14000 to 14500 years ago, the first amelioration of climate set in simultaneously in these widely separated areas and the glaciers started to melt away (LIVINGSTONE, 1962; COETZEE, 1967; VAN ZINDEREN BAKKER, 1973) The age of the present afroalpine biotopes is therefore practically the same as that of the subantarctic counterpart on Marion Island. The history of their biota is, however, completely different, as the floras and faunas on the tropical mountains had been in existence for a long period of time and only moved to higher altitudes in response to a more congenial climate, while the subantarctic islands depended for their biota mostly on the haphazard dispersal of propagules over vast expanses of ocean. The afroalpine biota are of Tertiary age and are classical examples of old adaptations and endemisms, as is demonstrated by their extraordinary megaphytic growth forms, such as those of the *Senecios* and *Lobelias.* On the contrary the endemism of the southern islands is only of very limited extent and of young age.

The most typical concurrence between the high tropical mountain biomes and the subantarctic islands are of a climatic nature. They both have seasonal temperature changes of a few degrees centigrade, while the diurnal temperature amplitude is of more ecological importance. As the general temperature is only a few degrees above freezing point, cooling through outgoing radiation leads frequently to ground frost, which is a decisive ecological factor.

Another important point of climatic similarity is the constant high humidity. On Marion Island (SCHULZE, 1971) and on the higher parts of the tropical mountains (COE, 1967; COETZEE, 1967) only a limited seasonal variation in precipitation, exists although the variations from year to year may be considerable. On the other hand rainfall diminishes rapidly at higher altitudes on the tropical mountains, but occult precipitation in the form of mist, dew and water from melting ice add much to the water balance.

The climates of the two biomes are different in respect to insolation. The intense radiation of ultraviolet light on clear days on the high mountains has a strong morphogenetic influence on the growth form of plants and on xeromorphic features, while the vegetation on the southern islands generally does not receive more than 30 % of the possible sunshine filtered through a humid atmosphere. These two light regimes with their totally different intensity and spectral composition effect the physiology of the vegetation in different ways as the one will inhibit primary production on the high mountains, while the other favours this process in the Subantarctic. It seems, however, that the low temperature has an overriding controlling influence in both biomes and limits biomass production.

A very important factor in connection with plant ecology is the sudden changes in temperature which occur in both biomes, but with a much larger amplitude on the tropical mountains than on the subantarctic islands. The over-heating and over-insolation which occurs regularly on the tropical mountains in the morning after a cold night with frost, favours adaptations for temperature insulation. On the islands heating of this kind is not excessive and rather beneficial as it does not reach the maximum which subantarctic plants can endure. Here short periods of sunlight even effect optimal productivity. The interaction of these processes is not yet fully understood and merits detailed physioecological studies.

Another ecological factor which differs in the two biomes under discussion is wind. The vegetation and the fauna of the subantarctic islands is exposed to the most rigorous wind force which could affect any biome on earth. These storms and gales have a dominating influence on the waterpotential and growth of plants, on aptery in insects and on many other life processes. The biomes of the high tropical montains are not as affected by constant gales as the 'wind-deserts' of the southern islands, except for such exposed areas as the saddle on Kilimanjaro.

The consequence of these differences in environment is that the life forms of the subantarctic islands do not show adaptations to radiation and temperature insulation as have been described for the afroalpine belt (HEDBERG, 1964). The reduced longitudinal growth, the occurrence of the cushion growth form and of moss balls, the absence of tall bushes and tree growth are, however, features which occur in both regions and are related to the generally low temperatures and the high frost incidence of the diurnal climate. The result of these climatic influences is that the general physiognomy of the vegetation of the high tropical mountains and the southern islands is very similar. Of the most important life-forms described for the afroalpine belt of Mt Kenya by HEDBERG (1968) three, viz. tussock grasses, acaulescent rosette plants and cushion plants, also occur on the subantarctic islands.

The soils of the two biomes, we are comparing, show a number of interesting similarities. They are practically all derived from volcanic rocks which have been exposed to glacial activity and a humid climate. The soils of the lower parts not only contain volcanic ash and dust but can be rich in humus. On exposed sites with a high incidence of night frost patterned ground is found widespread. On Mt Kenya these conditions prevail between altitudes of 4000 and 4600 m and on Kilimanjaro between 4300 and 5000 m (TROLL, 1944). I found similar features on exposed ridges and in cold valleys on Marion Island above an altitude of 200 m. Needle-ice and the associated frost heaving and solifluction occur widespread, while miniature polygons (8–15 cm diamter) and narrow stone stripes are very common features in the tropical mountains and on the subantarctic islands.

All these phenomena which occur in both these geographically widely separated biomes have received much attention in recent years. Their study has been greatly stimulated by the investigations of Professor Dr. Carl TROLL.

ACKNOWLEDGEMENTS

The author wishes to express his gratitude to the South African Department of Transport at Pretoria which sponsors the scientific research being done under his direction on the Marion and Prince Edward Islands. He is most grateful to Mr J.M. VENTER and Mr J.S. DU PLESSIS from the University of the Orange Free State for drawing the thermo-isopleth-diagram of Marion Island and to the South African Weather Bureau, Mr J.M. VENTER and Mr B.R. SCHULZE for valuable data and discussions on climatic problems. Mr V.R. SMITH, biological researcher for the Marion and Prince Edward Islands, kindly provided the chemical data.

LITERATURE

BELLAIR, P. (1969): Soil Stripes and Polygonal Ground in the Subantarctic Islands of Crozet and Kerguelen, in: The Periglacial Environment (Ed. T.L. Péwé), Mc Gill-Queen's Univ. Press, 217–222.

COE, M.J. (1967): The ecology of the alpine zone of Mount Kenya, Junk, the Hague, 136 pp.

COETZEE, J.A. (1967): Pollen analytical Studies in East and Southern Africa, in: Palaeoecology of Africa, *III*, Balkema, Cape Town, 146 pp.

CRANWELL, L.M. (1969): Palynological Intimations of some Pre-oligocene Antarctic Climates, in: Palaeoecology of Africa, *V*, Balkema, Cape Town, 1–19.

DARLINGTON, PH.J. (1965): Biogeography of the Southern End of the World, Harvard Univ. Press, 53–61.

DAWSON, J.W. (1958): Inter-relationship of the Australasian and South American floras, Tuatara, *7*, 1–6.

DELL, R.K. (1964): Land Snails from Subantarctic Islands, Transact. Roy. Soc. N. Zealand, *4* (11), 167–173.

DREUX, PH. (1971): Insecta, in: Marion and Prince Edward Islands (Eds.: E.M. van Zinderen Bakker Sr, J.M. Winterbottom, R.A. Dyer) Balkema, Cape Town, 335–343.

GREENE, S.W. and GREENE, D.M. (1963): Check list of the sub-Antarctic and Antarctic vascular flora, Polar Record, *11* (73), 411–418.

GRESSITT, J.L. (1965): Biogeography and Ecology of Land Arthropods of Antarctica, in: Biogeography and Ecology in Antarctica (Eds. P. van Oye and J.V. Mieghem), Junk, the Hague, 431–490.

GROBBELAAR, J.U. (1975): A contribution to the limnology of the sub-Antarctic Island Marion, D. Sc. thesis (not published), University O.F.S., Bloemfontein, 127 and 10 pp.

GROSPIETSCH, TH. (1971): Rhizopoda, in: Marion and Prince Edward Islands (Eds.: E.M. van Zinderen Bakker Sr, J.M. Winterbottom, R.A. Dyer), Balkema, Cape Town, 411–419.

HAYS, J.D., LOZANO, J., SHACKLETON, N., IRVING, G. (1975): An 18000 years B.P. reconstruction of the Atlantic and western Indian sectors of the Antarctic Ocean (manuscript).

HEDBERG, O. (1957): Afroalpine Vascular Plants, Symbolae Bot. Upsaliensis, *IX:* 1, 411 p., 12pl.

– (1964): Features of Afroalpine Plant Ecology, Acta Phytogeogr. Suecica, *49,* 66–69.

– (1968): Taxonomic and ecological studies on the afroalpine flora of Mt. Kenya. Hochgebirgsforschung, *1,* 171–194.

HOLDGATE, M.W. (1960): The fauna of the mid-Atlantic islands, Proc. Roy. Soc., B. *152,* 550–571.

HUNTLEY, B.J. (1970): Altitudinal Distribution and Phenology of Marion Island Vascular Plants, Tydskr. vir Natuurwet., *10* (4), 255–262.

– (1971): Vegetation, in: Marion and Prince Edward Islands, (Eds.: E.M. van Zinderen Bakker Sr, J.M. Winterbottom, R.A. Dyer), Balkema, Cape Town, 98–160.

KUSCHEL, G. (1971): Curculionidae, in: Marion and Prince Edward Islands, (Eds.: E.M. van Zinderen Bakker Sr, J.M. Winterbottom, R.A. Dyer), Balkema, Cape Town, 355–359.

LANGENEGGER, O. and VERWOERD, W.J. (1971): Topographic Survey, in: Marion and Prince Edward Islands (Eds.: E.M. van Zinderen Bakker Sr, J.M. Winterbottom, R.A. Dyer), Balkema, Cape Town, 32–39.

LAWRENCE, R.F. (1971): Araneida, in: Marion and Prince Edward Islands, (Eds.: E.M. van Zinderen Bakker Sr, J.M. Winterbottom, R.A. Dyer), Balkema, Cape Town, 301–313.

LIVINGSTONE, (1962): Age of Deglaciation in the Ruwenzori Range, Uganda, Nature, *194,* (4831), 859–860.

LÖVE, A and LÖVE, D. (1974): Origin and evolution of the arctic and alpine floras, in: Arctic and Alpine Environments (Eds.: J.D. Ives, R.G. Barry), Methuen, London, 571–603.

MANI, M.S. (1968): Ecology and Biogeography of High Altitude Insects, W. Junk, the Hague, 527 pp.

SCHALKE, H.J.W.G. and ZINDEREN BAKKER, E.M. VAN SR (1971): History of the Vegetation, in: Marion and Prince Edward Islands (Eds.: E.M. van Zinderen Bakker Sr, J.M. Winterbottom, R.A. Dyer), Balkema, Cape Town, 89–97.

SCHULZE, B.R. (1971): The climate of Marion Island, in: Marion and Prince Edward Islands (Eds.: E.M. van Zinderen Bakker Sr, J.M. Winterbottom, R.A. Dyer), Balkema, Cape Town, 16–31.

SCHUSTER, R.M. (1969): Problems of Antipodal Distribution in Lower Land Plants, Taxon, *18* (1), 46–91.

SÉQUY, E. (1971): Diptera, in: Marion and Prince Edward Islands, (Eds.: E.M. van Zinderen Bakker Sr, J.M. Winterbottom, R.A. Dyer), Balkema, Cape Town, 344–348.

SMITH, V.R. (1975): The effect of burrowing species of Procellariidae on the nutrient status of inland tussock grassland on Marion Island (manuscript in preparation).

SMITH, W.A. and SAYERS, R.L. (1971): Entomostraca, in: Marion and Prince Edward Islands, (Eds.: E.M. van Zinderen Bakker Sr, J.M. Winterbottom, R.A. Dyer), Balkema, Cape Town, 361–367.

TROLL, C. (1944): Strukturböden, Solifluktion und Frostklimate der Erde, Geologische Rundschau, *34* (7/8), 545–694.

– (1948): Der asymmetrische Aufbau der Vegetationszonen und Vegetationsstufen auf der Nord- und Südhalbkugel, Jahresber. Geobot. Forschungs-institutes Rübel, Zürich, 46–83.

– (1955): Der jahreszeitliche Ablauf des Naturgeschehens in den verschiedenen Klimagürteln der Erde. Studium Generale, *8,* 713–733.

– (1960): The relationship between the climates, ecology and plant geography of the southern cold temperate zone and of the tropical high mountains, Proc. Royal Soc. B *152,* 529–532.

VARI, L. (1971): Lepidoptera (Heterocera: Tineidae, Hyponomeutidae, in): Marion and Prince Edward Islands (Eds.: E.M. van Zinderen Bakker Sr, J.M. Winterbottom, R.A. Dyer), Balkema, Cape Town, 349–354.

VERWOERD, W.J. (1971): Geology, in: Marion and Prince Edward Islands, (Eds.: E.M. van Zinderen Bakker Sr, J.M. Winterbottom, R.A. Dyer), Balkema, Cape Town, 40–62.

WACE, N.M. (1965): Vascular plants, in: Biogeography and Ecology in Antarctica, (Eds.: J. van Mieghem and P. van Oye), Junk, the Hague, 201–266.

WINTERBOTTOM, J.M. (1971): The position of Marion Island in the Sub-Antarctic Avifauna, in: Marion and Prince Edward Islands (Eds.: E.M. van Zinderen Bakker, J.M. Winterbottom, R.A. Dyer), Balkema, Cape Town, 241–248.

ZINDEREN BAKKER, E.M. VAN JR (1971): Comparative Avian Ecology, in: Marion and Prince Edwards Islands, (Eds.: E.M. van Zinderen Bakker Sr, J.M. Winterbottom, R.A. Dyer), Balkema, Cape Town, 161–172.

ZINDEREN BAKKER, E.M. VAN SR (1965): Über Moorvegetation und den Aufbau der Moore in Süd- und Ost-Afrika, Bot. Jb., *84* (2), 215–231.

– (1970): Quaternary Climates and Antarctic Biogeography, in: Antarctic Ecology *1*, Academic Press, London, 31–40.

– (1971): Introduction, in: Marion and Prince Edward Islands (Eds.: E.M. van Zinderen Bakker Sr, J.M. Winterbottom, R.A. Dyer), Balkema, Cape Town, p. 6.

– (1973): The Glaciation(s) of Marion Island (Sub-Antarctic), Palaeoecology of Africa *VIII*, 161–178.

–, WINTERBOTTOM, J.M. and DYER, R.A. (Eds.) (1971): Marion and Prince Edward Islands, A.A. Balkema, Cape Town, 427 pp. 24 colourpl., 89 photos, 3 maps.

STEWART ISLAND – NEUSEELAND: NATUR UND LEBENSRAUM IN DEN 'ROARING FORTIES'

ULRICH SCHWEINFURTH

Mit 4 Figuren und 10 Photos

SUMMARY

Stewart Island – nature and environment in the 'Roaring Forties'

The nature of Stewart Island is characterised as depending on the island's geographical position below 47° S in the circumsubantarctic ocean, open to the southern, i.e. (sub) antarctic, influences and the island's topography. The topography of the island leads to a sharp differentiation into an exposed western slope and a comparatively less exposed, if not to say sheltered, eastern side.

Though due to the highly oceanic environment climate is comparatively even throughout the year, it is also quite unpredictable during the course of a day and this means that the climatic situation of the southern temperate latitude is an entirely different one compared to the northern temperate climes, and, in general, much cooler.

Vegetation displays the effect of exposure: on the exposed slopes and habitats compact canopies are displayed by bush and scrub, which – if single – take on a ball – like appearance, and cushions.

Floristically Stewart Island occupies an intermediate position between the flora of the main islands of New Zealand to the north and the subantarctic islands further south. Endemic species are mostly found in the open and exposed areas above the scrubline.

The peculiarities of the environment seem to be vividly indicated by the somewhat surprising contiguity of parrots, which we usually connect with warmer, if not to say tropical climates, living in the Stewart Island rain forest, and penguins, which we commonly connect with a bleak and cold antarctic environment, nesting here amongst the surface rooting of the trees in the rain forest. This vertical differentiation in the avifauna finally collapses on the subantarctic islands further south, where, in the absence of tree growth and forest, parrots are reported to be living on the ground – so to say as horizontal neighbours of the penguins – on the Bounty Islands and the Antipodes. Thus, in a way, this hint of the peculiar ecological situation to be found on these far away islands in the circumsubantarctic ocean seems to provide a fitting conclusion to the overall topic of the Symposium.

Unter 47° S liegt Stewart Island voll im Bereich der „Ewigen Westwinde", den 'Roaring Forties', d. h. voll und ganz in der temperierten Zone der Südhalbkugel. Der 47. Breitenkreis geht durch den Table Hill (Zentralkette); folgen wir ihm nach W, so erreichen wir erst wieder Land im Golf von San Jorge an der südamerikanischen Ostküste; folgen wir dem 47. Breitenkreis nach E, so erreichen wir Land erst an der chilenischen Westküste bei Taitao, Golf von Peñas; d. h. unter 47° S ist das circumsubantarktische Meer nur durch die geringfügige Landmasse von Stewart Island und den in dieser Breitenlage bereits recht schmalen südamerikanischen Kontinent unterbrochen. Die „Umwelt" von Stewart Island wird also von dem großen, kalten Meere bestimmt, das die ungehinderte Entfaltung der „ewigen Westwinde" erlaubt. Die circumsubantarktische Meereswüste ist ferner ein Hinweis darauf, daß wir hier unter 47° S auf Stewart Island im Ganzen mit kühlen Temperaturen zu rechnen haben.

Stewart Island ist von der neuseeländischen Südinsel getrennt durch die *Foveaux Strait*, eine 30 km breite, meist stürmische Meerenge. Nach S von Stewart Island aus finden sich im Ozean verstreut nur kleine Inselgruppen: Snares, Auckland Islands, Campbell Island, Bounty Islands, die Antipodes; nach SW Macquarie Island *(fig. 1)*. Stewart Island besitzt in Halfmoon Bay, in einer Bucht der geschützten Nord-Ostküste, die südlichste Dauersiedlung Neuseelands – abgesehen von der Wetterstation auf Campbell Island und dem neuseeländischen base champ McMurdo Sound auf dem antarktischen Festland.

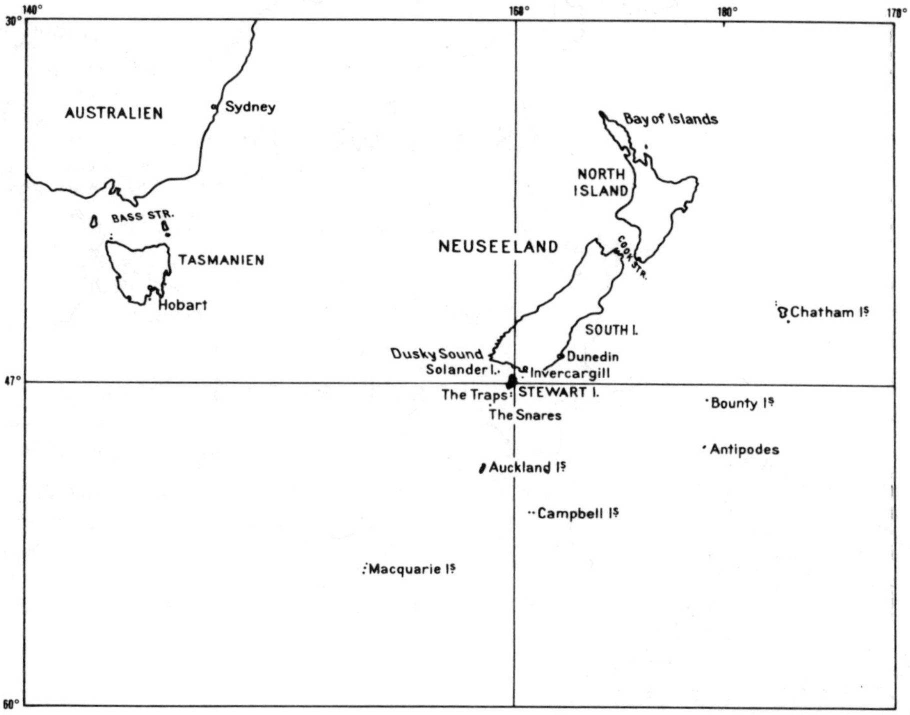

Fig. 1: Stewart Island: Lage gegenüber dem Subantarktischen Ozean.

Stewart Island ist *Gebirgsland*. Die Insel, 1750 qkm groß, setzt sich aus verschiedenen Massiven zusammen; im N: Mt. Anglem – 980 m; im Zentrum isoliert: Rakeahua – 665 m; Zentralkette: Table Hill – 704 m; Mt. Allen – 738 m; im S: Smith's Lookout – 527 m. Diese Erhebungen erscheinen mäßig, sind aber unter den obwaltenden Bedingungen der "Roaring Forties" von beträchtlicher Wirking, indem sie zu drastischer Differenzierung in Luv- und Leeseite führen, denn alle diese Massive liegen als Hindernisse in der generell W-E verlaufenden Zugrichtung der vorherrschenden Luftströmungen, so insbesondere auch die Zentralkette in ihrem SW-NE-Verlauf *(fig. 2)*.

Die vorhandenen klimatischen Daten stammen einzig vom Postamt Halfmoon Bay; in der geschützten Lage dieser Bucht im E wird Niederschlag gemessen, mit einem Durchschnitt von 1450 mm/Jahr. Diese Angaben sind repräsentativ höchstens für Halfmoon Bay. Einen

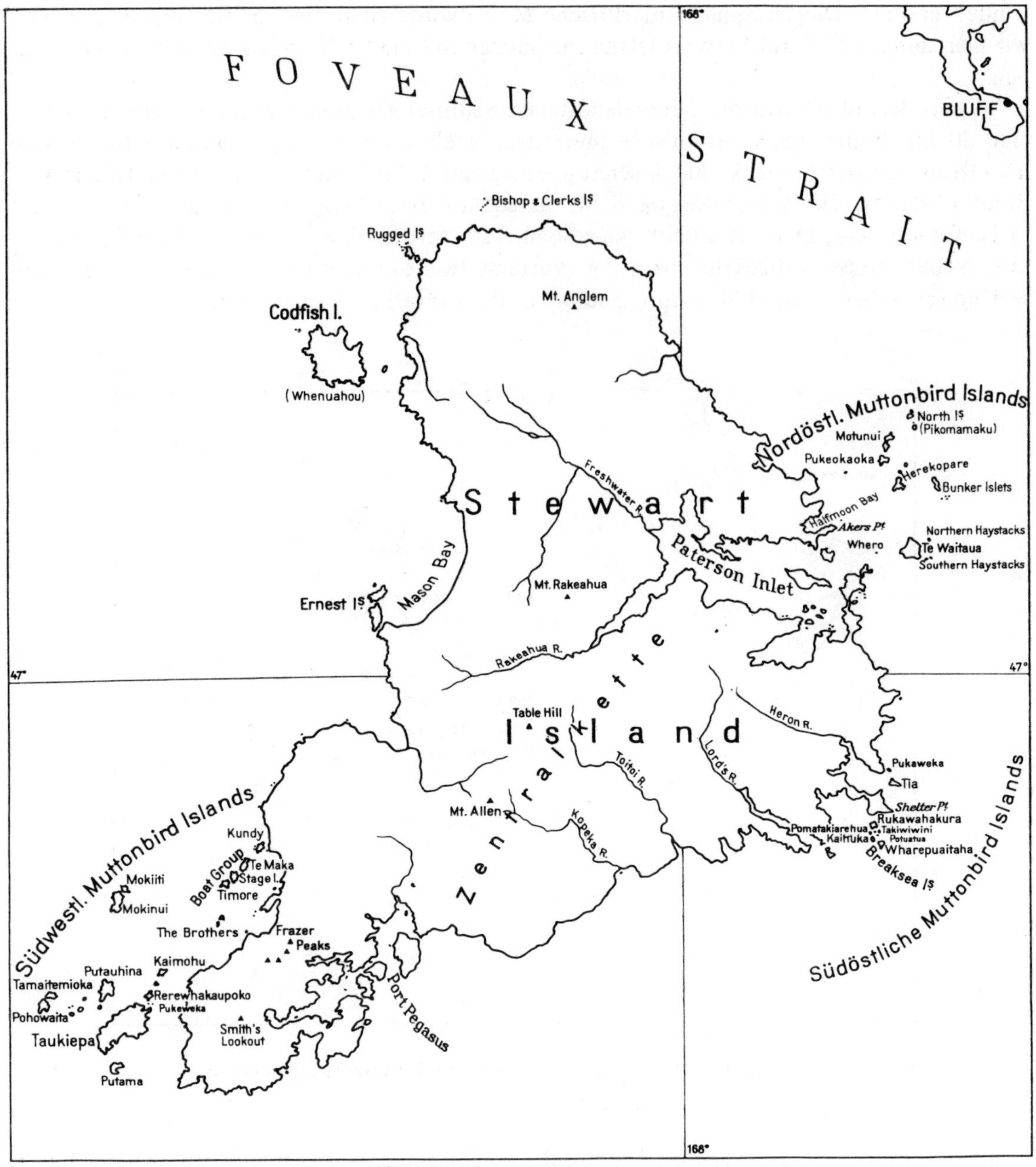

Fig. 2: Stewart Island, Neuseeland: Übersichtsskizze.

besseren Eindruck vom *Klima* der Insel, den klimatischen Möglichkeiten, erfährt man auf der Zentralkette. Die eigenen Erfahrungen auf der Insel umfassen die Zeit September bis März (z. T. mehrfach), nicht den eigentlichen „Südwinter“: April–August. Diese Erfahrungen besagen: die Niederschläge für den größten Teil der Insel müssen viel höher sein als am Postamt in Halfmoon Bay gemessen; ferner: wenig, wenn überhaupt, jahreszeitliche Differenz im Niederschlag. Entsprechendes kann für die Temperaturen angenommen werden –

im Ganzen also eine sehr gleichmäßige Verteilung über das Jahr, wie für so hochozeanische Verhältnisse auch zu erwarten ist.

Ein anderes Bild ergibt sich, wenn wir die Bedingungen im Verlauf eines Tages berücksichtigen. Hier eröffnet der Aufenthalt auf der Zentralkette Einblicke, von denen man in der geschützten Buch von Halfmoon keine Ahnung hat, und die auf jeden Fall für die exponierte Westflanke der Insel Geltung haben, ganz abgesehen davon, daß das klimatische Erleben auf der Zentralkette von hinreißender Dramatik ist im ständigen Wechsel von Wolken, Hagelschauer, klarstem, unverstelltem Himmel mit „harter" Sonnenstrahlung, und dann wieder heftigen Regenschauern, ständigem Wind und dicken Nebellagen – und auch Frost bei Nacht.

Die Erfahrungen, auch wenn sie nicht einen ganzjährigen Ablauf umfassen, besagen: an jedem Tage des Jahres ist Schneefall möglich, wenigstens auf den Höhen; ebenso unter entsprechenden Bedingungen Frost; nur scheinen Schneefälle im Südwinter mit größerer Häufigkeit aufzutreten. Der 980 m hohe Mt. Anglem, das Nordmassiv der Insel, trägt regelmäßig eine leichte Schneedecke im Juli/Oktober – diese kann bei guter Sicht schon vom Bluff Hill (Südküste der Südinsel) aus beobachtet werden. Doch ist auch diese relativ regelmäßige Schneedecke nie von langer Dauer. Wir dürfen aber annehmen, daß die Vegetation in den höheren, exponierten Lagen davon beeinflußt, darauf eingerichtet ist. Fällt jedoch auch einmal Schnee in tieferen Lagen, im geschützten Osten, so ist dort der Schaden in den immergrünen Regenwäldern groß: der nasse Schnee bleibt auf dem immergrünen, lederblättrigen Laub liegen und wird dann bald so schwer, daß die Bäume unter dieser ungewohnten Last zusammenbrechen. Solche Schneefälle im Umkreis von Halfmoon Bay, dem einzigen Bereich der Insel, wo sie normalerweise auch in ihrer Wirkung beobachtet werden können, sind Ereignisse, die in Erinnerung bleiben – so 1916 (TRAILL 1917) und Mai 1959.

Was sich außerhalb Halfmoon Bay auf der Insel abspielt, weiß der Insulaner nicht, es interessiert ihn auch im Grunde nicht – er blickt nach dem ‚Mainland', nach der Südinsel, d. h. die Insulaner sind keine guten Informanden, man kann von ihnen kaum etwas über die Insel erfahren: der Bewohner von Halfmoon Bay lebt ja auch in einer Art von Gefängnis; wenn er nicht im Besitz eines seetüchtigen Fahrzeuges ist und damit Meer und Meeresarme queren kann, ist sein Aktionsradius einerseits durch das Meer und andererseits durch den dichten, immergrünen Regenwald und die schwierige Topographie der Insel eng umgrenzt (SCHWEINFURTH 1962).

Es ist irreführend für die Beurteilung der Insel allgemein und des Klimas der Insel im besonderen, sich auf die Erfahrungen von Halfmoon Bay allein zu beschränken. Schon der Blick von Halfmoon Bay zur Zentralkette hoch zeigt, daß das Wetter dort oben häufig ganz anders ist – d. h.: hat man von Halfmoon Bay aus einmal klaren Blick, liegt die Zentralkette z. B. in den meisten Fällen unter Wolken. Auf der Zentralkette selbst kann man am besten erfahren, was Wetter in den 'Roaring Forties' bedeutet – es läßt sich auf einen Nenner bringen: das ganze Jahr hindurch gleichmäßig, im Laufe eines Tages aber schneller, oft dramatischer Wechsel.

Stewart Island ist überall vegetationsbedeckt, es ist deshalb als Zufall zu bezeichnen, daß auf dem Gipfel des Mt. Allen (738 m) – wahrscheinlich durch vorherige Wildeinwirkung – eine wenige Quadratmeter große vegetationsfreie Fläche vorhanden war, auf der im sogenannten Südsommer (15. 2. 1959) ein Polygonboden angetroffen wurde (SCHWEINFURTH 1964). Es lag eine Folge von drei niederschlagsfreien Tagen und Nächten vor. Abgesehen von diesem Befund wurde wenig später (Ende Februar 1959) nächtliche Eisbildung in kleinen Moorblänken zwischen den Polstern auf der Westflanke der Zentralkette in 300–400 m

Höhe beobachtet. Gerade diese Hangpartien waren am Nachmittag des 15. 2. 1959 von der Höhe der Zentralkette aus als deutlich „streifenüberformt“ aufgefallen, was auf das Zusammenspiel von Frost und Wind zurückgeführt wird[1]). Eine solche Beobachtung ist abhängig von den Sichtverhältnissen auf der Zentralkette, insbesondere auch vom Sonnenstand *(Photo 211, Tafel LIV)*.

Allgemein gilt der Februar wettermäßig als der stabilste Monat des Jahres – und als südhemisphärischer Hochsommer. Der Vollständigkeit halber sei angemerkt, daß bei Rückkehr nach Halfmoon Bay die Frage nach dem Wetter dort für die entsprechende Zeit keinerlei vergleichbare Beobachtungen für diese Ostküstenbucht erbrachte.

Das vorherrschende hochozeanische, ganzjährig gleichmäßig kühltemperierte Klima der Insel mit reichlichem Niederschlag das ganze Jahr hindurch erlaubt grundsätzlich *Waldwuchs*. Wie sehr unter den klimatischen Bedingungen der Insel der Waldwuchs gefördert wird, zeigt die schnelle Regenerationsfähigkeit des Waldes dort, wo er vom Menschen vorübergehend zurückgedrängt wurde. Sogar der in Neuseeland allgemein so aggressive atlantische Ginster *(Ulex europaeus)*, der im Umkreis von Halfmoon Bay vom „weißen Manne“ eingeführt wurde, hat demgegenüber keine Chance (SCHWEINFURTH 1962). Wo im Bereich der Insel tatsächlich Wald nicht auftritt, ist das auf andere Gründe zurückzuführen: edaphische, dem Waldwuchs nicht günstige Verhältnisse oder zu starke Exposition. Generell aber gilt: es gibt praktisch keine vegetationsfreien Flächen auf der Insel, es sei denn unmittelbar am Meeresstrand oder dort, wo blanker Granitfels ansteht.

Jeder, der einige Zeit auf der Insel außerhalb der geschützten Halfmoon Bay verbracht hat, weiß, daß *Wind* – und alles, was das einschließt – der auffälligste, spürbarste klimatische Faktor ist. Das zeigt sich überall auf der Insel in den exponierten Partien, besonders aber im Süden der Insel, wo die Landmasse ganz allgemein abnimmt und gegen den circumsubantarktischen Ozean hin offenliegt.

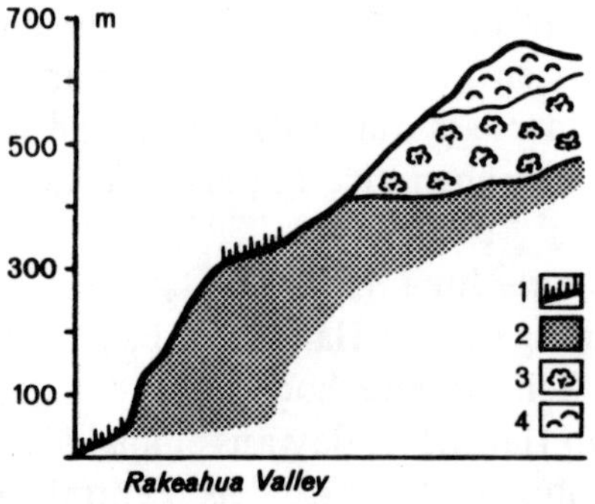

Fig. 3: Stewart Island, Neuseeland: Profil Mt. Rakeahua, 665 m. Im Rakeahua-Tal: *Leptospermum scoparium* – Gestrüpp (1), darüber Lorbeer-Coniferen-Wald (2), lokal von *Leptospermum scoparium* (1) abgelöst; Übergang in die Strauchstufe (3), offene Gipfelflur mit Polstermoor (4); Ansteigen der Höhengrenzen von W nach E.

[1]) vgl. dazu SCHWEINFURTH 1966; TROLL 1973.

Das isoliert im Zentrum der Insel aufragende Massiv des *Rakeahua*, 665 m, zeigt die charakteristische Vegetationsstufung der Insel *(fig. 3)*. An der Küste zur Mason Bay ist ein Dünengürtel vorhanden – unterbrochen von „Windkanälen" mit stromlinienförmigem *Leptospermum scoparium*-Gesträuch *(Photo 212, Tafel LIV)*; dahinter folgt landein ein Moorgebiet mit Hartpolstern, wie *Gaimardia ciliata, Oreobolus strictus,* auch *Sphagnum*-Polster, dazu *Drosera spathulata, Utricularia monanthos* u. a. Wo immer etwas trockener Boden, tritt *Gleichenia circinnata var. alpina,* meist zusammen mit *Hypolaena lateriflora* auf. Das Tussockgras *Chionochloa rubra* ist weit verbreitet.

Wo das Gelände zum Rakehua-Massiv ansteigt, beginnt unmittelbar der üppige *Stewart Island-Regenwald* (Lorbeer-Coniferen-Wald) mit *Weinmannia racemosa* und *Metrosideros lucida* und den Coniferen *Dacrydium cupressinum, Podocarpus hallii* und *P. ferrugineus.* Auffallend ist das geschlossene, dichte Kronendach, das diesen Wald nach oben abschließt; es fehlt hier die – in den geschützten Buchten im Osten der Insel – vorhandene Stockwerkgliederung mit den über der Masse des Waldes aufragenden *Dacrydium cupressinum*-Exemplaren (vgl. SCHWEINFURTH 1962 für Mt. Egmont). Der Unterwuchs ist sehr dicht, vor allem Baumfarne, insbesondere *Dicksonia squarrosa.* Zwischen den Stämmen schlingt sich die holzige Liane *Ripogonum scandens.* Das Innere dieses Regenwaldes ist eine üppig wuchernde Vegetationsmasse. Alles ist von Pflanzenwuchs wie von einem großen Teppich überzogen und zwar nicht nur von Moosen und Flechten, sondern auch Hautfarnen und zumal den diesen Teppich verdichtenden Blütenpflanzen *Luzuriaga marginata (Liliac.)*, auffällig durch weiße beerenartige Früchte, und *Nertera depressa (Rubiac.)* mit roten Früchten. Dazwischen finden sich Moospolster von 50, 60 cm Höhe, die vollständig aus Moosmasse bestehen, nicht etwa mit Moos überzogene Baumstümpfe sind: *Dicranoloma billardieri.* Solche Riesenmoospolster sind für den neuseeländischen Bereich nur aus den Regenwäldern von Stewart Island bekannt. Diese üppige Vegetation und vor allem das massenhafte Auftreten der Hautfarne sind die besten Klimaindikatoren.

Weinmannia racemosa zeigt an den besonders exponierten Flanken des Rakehua eine auffällige Stamm- bzw. Wurzelentwicklung (COCKAYNE 1909: 'root trunk'), von ganz unregelmäßiger Form und oft von beträchtlichen Ausmaßen (dieselbe Erscheinung läßt sich am Mt. Egmont im Bergwald, 800–900 m Höhe, beobachten).

In 300 m Höhe erscheint am Rakeahua als eine lokale Variante in der Vegetation ein *Buschwald* von *Leptospermum scoparium*, bis 10 m hoch *(Photo 213, Tafel LV).* Diese Unterbrechung des normalen Regenwaldes ist die Folge einer lokalen Depression am Hang, die sofort unter den vorherrschenden klimatischen Verhältnissen zur Moorbildung führt und damit als edaphische Variante lokal zur Ablösung des Regenwaldes durch den *Leptospermum scoparium*-Buschwald. Es ist dies dieselbe Species, die wir als stromlinienförmiges Gebüsch in den Dünentälern an der Küste kennengelernt haben, hier in reinen Beständen bis 10 m hoch, mit dichter, endständiger Beblätterung und zusammen für diesen Buschwald eine geschlossene, dichte, „kugelschirmkronige" Oberfläche bildend. Mit erneutem Anstieg wird dieser *Leptospermum scoparium*-Buschwald sofort wieder vom normalen Regenwald abgelöst.

Wir setzen den Beginn der *Strauchstufe* am Rakeahua mit 400 m an (Südwest-Flanke). Schon am Rakeahua selbst gibt es expositionsbedingte Abweichungen – und das gilt für Stewart Island ganz allgemein. Dazu kommt, daß gerade in den exponierten Positionen der Übergang vom Wald in die Strauchstufe „nahtlos" vor sich geht und jeder Zahlenwert als konventionell anzusehen ist.

Als Hauptträger der Strauchstufe muß *Olearia Colensoi* gelten, und das Attribut „undurchdringlich“, das stets mit Vorsicht angewandt werden soll, scheint hier einmal vollauf gerechtfertigt. Diese Strauchstufe entwickelt sich aus dem Regenwald heraus, nimmt an Höhe ab, bis sie in Form von mattenartig, dicht den Hängen anliegendem Gesträuch endet. Im Überblick erscheint die Oberfläche dicht, „kugelschirmkronig“, also leicht gewellt und in der typischen Farbskala von Stewart Island in einem monotonen Grüngrau, nur hier und da von den olivfarbenen Büscheln der grasartigen Blätter von *Dracophyllum longifolium* unterbrochen. Innerhalb dieser Strauchstufe ist alles ein dichtes Geflecht vom Stämmen und Zweigen, die wesentlich „nach außen“ gerichtet sind und die endständige Beblätterung tragen. *Olearia Colensoi* zeigt dabei die vielfachsten Übergänge von niederliegenden Stämmen und solchen, die baumförmig aufrecht stehen. Da die Fortbewegung durch die Strauchstufe unter den Stämmen und Zweigen hindurch äußerst schwierig ist, bietet sich die Überwindung der Strauchstufe über das mehr oder weniger feste Kronendach hinweg an.

In 500 m bleibt die Strauchstufe am Rakeahua zurück; von da an überzieht eine *Polsterflur* die oberen Partien des Massivs, nach dem Gipfel (665 m) zu immer stärker von blanken Granitfelsen unterbrochen. Diese Polsterflur ist bei trockenem Wetter gut gangbar, bei feuchtem aber, wie zumeist, ist alles schwammartig mit Wasser vollgesogen und gibt bei jedem Schritt entsprechend nach[2]). Die wichtigsten Vertreter dieser Polsterflur sind: *Donatia novaezelandiae, Phyllachne Colensoi, Oreobolus pectinatus, Carpha alpina, Dracophyllum politum* etc. Die meisten Species sind *Polsterpflanzen.* Aber dadurch, daß die verschiedenen Polster eng zusammenwachsen und ineinanderübergehen, tritt der Polstercharakter zurück gegenüber dem einer zusammenhängenden, polsterartigen, dichten Vegetationsdecke. Hier und da ragt aus dieser Vegetationsdecke das Stewart Island-eigene Tussockgras *Chionochloa pungens* hervor. Wo etwas trockener, finden wir die silber-filzig behaarten Polster von *Celmisia argentea* und *C. linearis* oder *Senecio scorzoneroides* und die Umbellifere *Aciphylla Traillii.* Gelegentlich ist *Celmisia linearis* flächenbedeckend und dann besonders auffällig. Als inzwischen kleiner, ganz darniederliegender Strauch wird *Leptospermum scoparium* angetroffen.

Zwischen den Granitfelsen am Gipfel des Rakeahua, d. h. an den exponiertesten Standorten, tritt das "vegetable sheep" von Stewart Island auf, die Hartpolster von *Raoulia Goyeni (Composit.)* – auf den ersten Blick, und noch dazu im Nebel, garnicht gleich vom Granitfels zu unterscheiden.

Je stärker die Exposition, desto intensiver auch der Gegensatz zwischen Luv und Lee, desto intensiver die Ausnutzung jedes kleinsten Windschutzes durch die Vegetation. So treffen wir im Lee der Granitfelsen auch die höchsten Vorposten von Gesträuch, *Olearia Colensoi*, tatsächlich fast am Gipfel an. Dies ist zugleich ein Hinweis für die allgemeine Beobachtung, daß die Höhengrenzen der einzelnen Vegetationstypen auf der am stärksten exponierten Westseite von Stewart Island deutlich niedriger liegen, als auf der weniger stark exponierten Ostflanke. Das läßt sich ohne weiteres auch beim Überblick vom Gipfel des Rakeahua aus feststellen. Das Rakeahua-Massiv kann in den Grundzügen als repräsentativ für Stewart Island insgesamt gelten.

Das „Rückgrat“ der Insel ist die SW-NE verlaufende *Zentralkette.* Mit ihren prominentesten Erhebungen erreicht sie über 700 m, Mt. Allan 738 m, Table Hill 704 m; sie

[2]) COCKAYNE (1909, 30): 'There is little difference between actual bog and the ordinary open ground of a Stewart Island mountain'.

steigt zunächst aus dem Paterson Inlet im N bzw. Pegasus Inlet im S ziemlich steil auf 300–400 m auf und hält dann eine durchgehende Höhe von 500–600 m ein. Nirgendwo reicht auf der Zentralkette der Wald von W nach E hinüber, er bleibt im W an der exponierten Flanke weit unterhalb der Kammlinie zurück, abgelöst zunächst von einer Strauchstufe *(Olearia Colensoi),* die eng der Gebirgsflanke aufliegend sich nach der Höhe zu in einzelne 'patches', 'clumps' auflöst, die wie große „Polster" an den Hängen erscheinen. Doch gibt es auch eine mehr streifenförmige Auflösung der Strauchstufe, abhängig mehr von lokaler Topographie. Auf der exponierten Westflanke sind beträchtliche Flächen von Tussockgras bedeckt, jenem Stewart Island eigenen, „kurzen", „hartborstigen" Tussockgras *Chionochloa pungens*, das so wenig an die sonst in Neuseeland bekannten großen, im Winde wehenden Tussockbüschelgräser erinnert. *Chionochloa pungens* erscheint geradezu als das Charaktertussockgras unter den besonderen Bedingungen der exponierten Westflanke von Stewart Island, vor allem in der Vergesellschaftung mit den charakteristischen Polsterpflanzen zur weithin endemischen, inseleigenen Polsterflur.

Tussockgrasflächen dieser Art fehlen auf der Ostabdachung der Zentralkette anscheinend ganz. Jenseits, östlich des Kammes der Zentralkette, reicht gelegentlich sogar der Wald fast bis an den Kamm herauf, auf jeden Fall aber die Strauchstufe. Es liegt hier also ein deutlich „verschobenes" Vegetationsprofil vor (vgl. oben für Rakeahua), wofür aus dem Süden von Stewart Island noch viele drastische Beispiele zitiert werden könnten. Es gibt hier Standorte, wo die obersten Kronen der aufrechten, stämmigen, gedrungenen Bäume in geringer Höhe wie abgeschnitten erscheinen, ganz entsprechend der Kammhöhe. Man kann darin einen klaren Hinweis auf die Verschiedenartigkeit der Standortbedingungen westlich und östlich des Kammes sehen – dort, im W, bei voller Exposition, der Wald weit unten zurückbleibend, hier, im E, der Wald bis unmittelbar unter die Kammhöhe aufsteigend.

Im *Süden* von Stewart Island bildet der Smith's Lookout die südwestlichste Gebirgsbastion gegenüber dem riesigen Meeresraum. Auch die blankgefegten, in der Sonne glänzenden, nackten Granitflächen der Fraser Peaks ('Gog and Magog') geben diesem abgelegenen Endland unseres Gesamtthemas im australasiatischen Sektor einen urweltlichen Charakter. Wald ist hier im Süden nur noch im absoluten Windschutz anzutreffen in den tiefeingeschnittenen Schluchttälern, oder auch im Schutz von Granitfelsen. Während auf der freien Hochfläche der Wind heult, bilden die Schluchttäler mit ihren üppigen, dichten Lorbeer-Coniferen-Wäldern und einem reichen Vogelleben bei absoluter Windstille richtige *„Windoasen"*. Die windgepeitschten offenen Flächen tragen Polsterflur, Tussockgras und Gesträuch von *Leptospermum scoparium, Olearia Colensoi, Dracophyllum longifolium* und *Phormium Colensoi.* Was dazwischen hier, ungefähr in Meereshöhe, im Süden der Insel an „Moor" vorhanden ist, so etwa im Bereich des Crooked Reach, erinnert in seiner floristischen Zusammensetzung an die Polsterfluren um den Gipfel des Rakeahua oder auf der Zentralkette: *Oreobolus pectinatus, Donatia novaezelandiae, Gaimardia ciliata, Carpha alpina, Gleichenia alpina var. circinnata, Dracophyllum politum* etc. Kein Teilgebiet von Stewart Island bietet einen besseren Anschauungsunterricht für Windwirkung auf die Vegetation als der Süden: jeder Granitfels, der Windschutz bietet, wird sofort in der Vegetation „reflektiert" *(Photo 214, Tafel LV),* im Großen wie im Kleinen.

Menschlicher Einfluß ist hier, von Port Pegasus her, wo vorübergehend auch eine Art Siedlung bestand (SCHWEINFURTH 1962), nicht auszuschließen. Die Bucht von *Port Pegasus*, der Pegasus Inlet, ist auch heute noch bei Sturm auf hoher See für die Fischer mit ihren Booten ein beliebter Zufluchtshafen – und je länger die Sturmperiode auf dem freien Ozean dauert, je größer die Langeweile in den geschützten, friedlichen Buchten von Pegasus Inlet

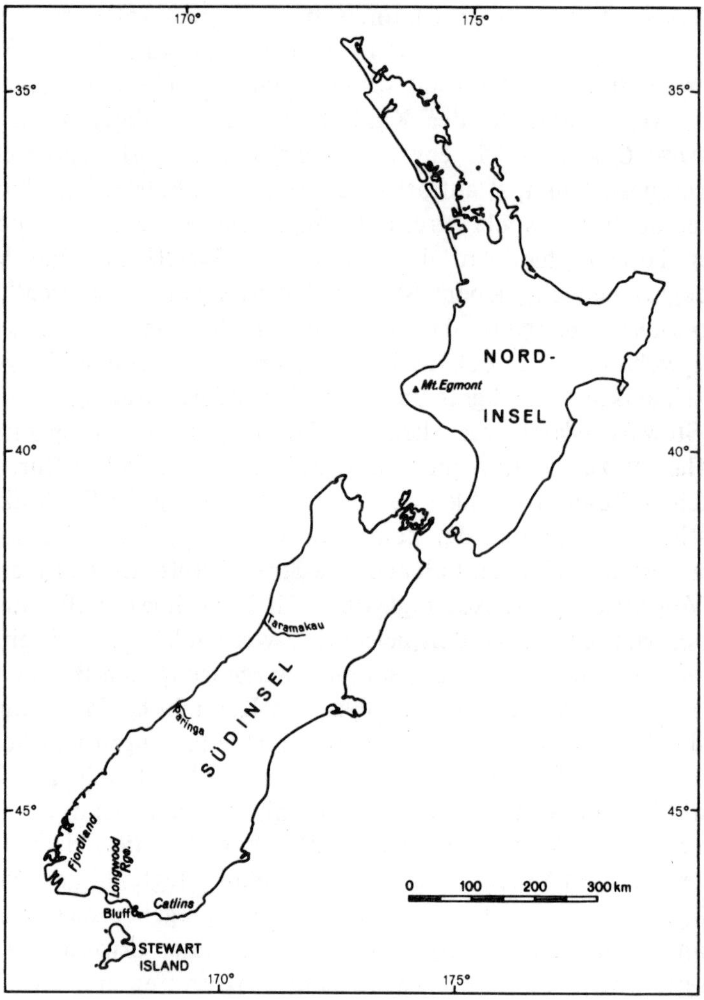

Fig. 4: Neuseeland: Übersichtsskizze.

währt, desto unwiderstehlicher anscheinend ist auch die Versuchung, mit dem Feuer zu spielen, Brand anzulegen und zur Vegetationsvernichtung, zumindesten Veränderung, beizutragen – Spuren davon sind nicht zu übersehen, so z. B. flächenmäßige Ausdehnung von *Leptospermum scoparium*, was hier in solchem Ausmaße nur auf Feuer zurückzuführen ist.

Floristisch behauptet Stewart Island auch innerhalb der neuseeländischen Inselgruppe durchaus eine Sonderstellung. *Nothofagus*, die Südbuche, reicht bis an die Südküste der Südinsel; sie ist im Fjordland überall vertreten, auch in der Longwood Range und den Catlins – nicht aber auf Stewart Island *(Fig. 4)*. Auch das kleine Wäldchen an der geschützten Ostflanke von Bluff Hill weist bereits keine Südbuchen mehr auf. Das völlige Fehlen von Südbuchen auf Stewart Island, bei einer Entfernung von nur rund 30 km bis zum nächsten Standort, ist eine der bis heute ungeklärten Fragen der Südbuchen-Verbreitung in Neuseeland insgesamt (so auch die *Nothofagus*-Lücke an der Westflanke der neuseeländischen Alpen zwischen Paringa und Taramakau und das Fehlen von *Nothofagus* am Mt. Egmont bei Vorhandensein in den Taranaki Uplands). Im Ganzen muß der 'bush', der Lorbeer-Coniferen-Wald auf Stewart Island, als ärmer gelten – im Vergleich zu den Lorbeer-Coniferen-Wäldern (nicht den *Nothofagus*-Wäldern!) des übrigen Neuseeland. Doch abgesehen von der floristischen Zusammensetzung erscheint der Regenwald auf Stewart Island als außerordentlich üppig in seiner Ausbildung, was allein schon das massenhafte Auftreten von Moosen, Flechten, Farnen anzeigt.

Die besondere Eigenart der *Flora* von Stewart Island aber zeigt sich erst in der *Polsterflur* der höheren Lagen und im Süden der Insel. Hier bietet die Insel Standorte, für die innerhalb der neuseeländischen Inselgruppe i. e. S. nicht viel Vergleichbares zu finden ist, eher schon auf den subantarktischen Inseln. Das prominenteste Beispiel von Endemismus auf Stewart Island ist die schon erwähnte *Raoulia Goyeni (Composit.)* auf den Höhen des Rakeahua und anderen exponierten Standorten (Smith's Lookout, Table Hill etc.). Für die Polsterfluren der Insel charakteristisch ist das endemische Tussockgras *Chionochloa pungens (Gramin.)*, das seine Hauptverbreitung auf der exponierten Flanke der Zentralkette besitzt. Besonders im Süden der Insel wird das endemische *Dracophyllum Pearsoni (Epacridac.)* auf den offenen Flächen westlich von Pegasus Inlet angetroffen.

Floristisch nimmt Stewart Island eine Übergangsstellung zwischen der Flora der neuseeländischen Inselgruppe i. e. S. ein (besonders durch die Wälder) und den subantarktischen Inseln (besonders durch Moor und Polsterflur).

Überall auf Stewart Island beobachten wir compakte *Lebensformen* in der Vegetation: das zeigt der Wald mit seinem festen, geschlossenen Kronendach in West-Exposition[3]), das demonstriert die festgefügte Oberfläche der Strauchstufe, und das zeigen die Polsterflur und schließlich auch die individuellen Polster einzelner Pflanzen. Ja sogar die kleinen Inseln im Paterson Inlet wirken insgesamt wie große Polster mit einer Oberfläche, die durchgehend vom Küstenbuschwall in West-Exposition über den Regenwald die gesamte Außenfläche der Vegetation einer solchen Insel umfaßt *(Photo 215, Tafel LV)*.

An den Westfronten dieser kleinen Inseln im *Paterson Inlet* findet sich die auffallende Ausbildung des *Küstenbusches (Olearia angustifolia)* zum geschlossenen „Wall", mit nach außen gestellter, endständiger, dichter Beblätterung, getragen von der ebenfalls nach außen gestellten, vielfachen Verzweigung, die jeden Versuch des Eindringens zu einem höchst mühseligen Unterfangen werden läßt. Aufschlußreich ist dazu die Beobachtung, daß sich diese „wallartige" Ausbildung des Küstenbusches an den Küsten entlang nach E zu auflöst, der Küstenbusch also nur an der Front nach W zu so compakt, geschlossen ausgebildet ist. Entsprechende Beobachtungen ermöglichen die Stewart Island und der Mündung des Paterson Inlet im E vorgelagerten Inseln (z. B. Bench Island, Te Waitaua). Erst im Schutz dieses Küstenbuschwalles kommt inseleinwärts der normale Regenwald zur Ausbildung unter einem compakten, geschlossenen Kronendach, das „nahtlos" aus dem Küstenbuschwall überleitet *(Photo 216–219, Tafeln LV u. LVI)*.

Dieser Übergang vom geschlossenen Küstenbuschwall zum Regenwald im Inneren der Inseln erinnert durchaus an den Übergang vom Regenwald in die Strauchstufe mit der Höhe. Hier hilft eine dreidimensionale Betrachtungsweise, von der aus gesehen die Waldfläche insgesamt an ihren exponierten Rändern – nach der (West-) Küste und nach der Höhe zu – gesäumt von einer geschlossenen, kompakten Strauchstufe erscheint. Eine solche *dreidimensionale Betrachtungsweise* erleichtert uns auch das Verständnis der Standorte, wo die Strauchstufe der Küste und die Strauchstufe der „höheren Lagen" ineinanderübergehen und

[3]) Nur in den geschützten Bereichen im Osten der Insel ragt z. B. *Dacrydium cupressinum* als ein oberstes Stockwerk über der Masse des Waldes auf.

Wald überhaupt nicht mehr auftritt (z. B. Bluff Hill, verschiedene Muttonbird Islands). Während *Olearia angustifolia* im Küstenbusch an den exponierten Standorten dominiert, herrscht *Olearia Colensoi* in der Strauchstufe der höheren Lagen vor; vielfach treten jedoch beide Species zusammen auf und zeigen damit auch floristisch das Zusammenfallen der Strauchstufen ursprünglich verschiedener Ausprägung an.

Der Befund scheint klar: wo Wald und Baumwuchs nicht mehr möglich sind, übernimmt die Strauchstufe die Führung – in der Höhe sprechen wir ohne Zögern von der *„oberen" Waldgrenze;* entsprechend sollten wir hier, unter den Verhältnissen auf Stewart Island, auch von einer *„maritimen" Waldgrenze* sprechen. Es sind die außergewöhnlichen geoökologischen Verhältnisse im klimatischen Bereich der 'Roaring Forties', die die Verbreitung, aber auch die Physiognomie von Einzelpflanze und Vegetation beeinflussen. Eine dreidimensionale Betrachtungsweise hilft uns zum Verständnis.

Was Natur und Lebensraum auf Stewart Island aufs Ganze gesehen angeht, so ist nichts auffallender als der *Gegensatz von West- und Ostflanke*, d. h. – unter den Bedingungen der 'Roaring Forties' – von Luv- und Leeseite. *Windexposition* und *Windschutz* und all das, was damit zusammenhängen mag an Veränderungen klimatischer Art, sind die entscheidenden Standortfaktoren auf der Insel. Unsere Vorstellungen von „normaler" Abfolge, Wechsel mit der Höhe (also „von unten nach oben") bekommen unter dem dominierenden Einfluß „von einer Seite her", also von Westen, durch die Exposition „Schlagseite" („Exposition ersetzt Meereshöhe").

Stewart Island bietet a priori ein *Waldklima* an; aus edaphischen Gründen – Sumpf, Moor – kann der Wald ausfallen; wo er aber sonst noch ausfällt, ohne daß menschlicher Einfluß vorliegt und die natürlichen Verhältnisse gestört sind und statt des – erwarteten – Waldes sich Küstenbusch ausbreitet, und weiter, wo der Wald zwischen *Olearia angustifolia*, als dem salztolerantesten Gesträuch, und *Olearia Colensoi* ausfällt, da liegt eine natürliche Waldgrenze vor, die wir als *„maritime Waldgrenze"* den Besonderheiten der klimatischen Situation der Roaring Forties zuzuschreiben haben. Stewart Island liefert eine Fülle von Beispielen dafür, daß in diesen Breiten die Exposition auf Waldwuchs und -verbreitung einwirkt: so wechseln an der Südküste exponierte Kaps ohne Wald und Baumwuchs mit geschützten Buchten mit ganz normalem üppigem Regenwald.

Als die äußersten Waldvorposten im australasiatischen Sektor – allerdings sehr reduzierten Umfanges – sind die Gehölze von *Metrosideros umbellata* anzusehen, über die GODLEY 1965 von den *Auckland Islands* (50°54'S) berichtet: z. B. auf Enderby Island, Rose Is., Ewing Is. – nie jedoch auf der exponierten Westseite, sonderns stets an geschützten Standorten, in Buchten im E, wie es nach den Beobachtungen auf Stewart Island auch zu erwarten ist.

Der *Gegensatz in der Inselnatur* auf Stewart Island unter 47°S ist kurz zusammengefaßt, wie folgt: Luvseite (W-Flanke): Lorbeer-Coniferen-Wald, Strauchstufe, Polsterflur bzw. Polstermoor – alles mit durchgehender, compaktdichter Oberfläche; Leeseite (E-Flanke): üppiger Lorbeer-Coniferen-Wald bis dorthin, wo kein Windschutz mehr gegeben – nach N, nach S und nach der Höhe zu; d. h.: unter 47°S auf Stewart Island entscheidet die Exposition über die Standortbedingungen, was wesentlich bedeutet: Windschutz – oder volle Exposition. Wind unter 47°S aber bedeutet – ganz vorwiegend – dauernde West-Winde über weite, freie Meeresräume, also Wind mit entsprechend entwickelter Dynamik, was wiederum bedeutet, daß alles das, was diese Winde mitführen – Niederschläge, Schnee, Hagel, Sand, Salze, zumal in Form von Eis- und Sandgebläse – auf der Insel selbst eine entsprechende Wirkung ausüben kann.

Der *Mensch* hat auf Stewart Island bisher wenig Einfluß ausgeübt (SCHWEINFURTH 1962); sporadischen Einschlag hat der Wald unter den günstigen Wachstumsbedingungen hier stets schnell wieder ausgeglichen – jedenfalls im Bereich der geschützten Buchten des Ostens.

Nachhaltiger hat der Mensch, der „weiße Mann", allerdings über die auf der Insel absichtlich und unabsichtlich freigelassenen, also *inselfremden, Tiere* auf Natur und Landschaftshaushalt eingewirkt. Hier sind an erster Stelle Rotwild *(Cervus elaphus)*, ab 1901 freigelassen, und Virginia-Wild *(Odocoileus virginianus)* ab 1905, zu nennen, deren Wirkung sich in erster Linie in einer auffälligen Veränderung (und Verarmung) der Krautflora auf Stewart Island zeigt, denn heute dominiert überall ein Farn, *Blechnum discolor*, den das Wild nicht annimmt, also eine negative Auslese auf Grund des ursprünglich der Insel fremden Wildeinflusses.

Der unberührte Lorbeer-Coniferen-Wald von Stewart Island ist heute nur noch auf den kleinen Inseln im Paterson Inlet zu sehen. Diese sind weit genug vom Land, also der Küste der Hauptinsel, entfernt, daß Rotwild sie nicht erreicht. Erst die Kenntnis dieser noch ungestörten Wälder vermittelt eine wirkliche Vorstellung – quantitativ und qualitativ – von der Auswirkung inselfremder Faktoren auf den Wald von Stewart Island selbst in den vergangenen Jahrzehnten – seit Freilassung der Tiere „zur Belebung der Landschaft". Neben der Veränderung der Vegetation ist vor allem die allgemeine Auflockerung des Unterwuchses durch zahlreiche Wildpfade auffallend, aber nichtsdestoweniger wirkt der Wald auf der Insel auch heute noch düster und abweisend. Auch das Opossum *(Didelphys)* ist auf der Insel ausgesetzt worden und kann bis weit oberhalb der Waldgrenze (600 m am Table Hill) angetroffen werden; Schwein, Hund, Katze, Ratte ergänzen die Liste ursprünglich inselfremder Einflüsse in der Fauna der Insel heute.

Von Natur aus ist Stewart Island ein *Vogelparadies*; als solches kann die Insel auch heute noch, trotz mancher Einbußen, gelten. Die inseleigene Kiwi-Art, *Apteryx australis lawryi*, ist die größte aller Kiwi-Arten überhaupt und kommt südlich von Paterson Inlet und Freshwater River in den abgelegensten Teilen der Insel vor, wird jedoch wegen ihrer scheuen, nächtlichen Lebensweise nur selten gesehen, doch ist ihr charakteristischer krächzender Ruf des Nachts hörbar.

Es soll hier keine Aufzählung der Vogelwelt der Insel versucht, vielmehr mit dem Blick auf das Gesamtthema abschließend nur noch auf einige Besonderheiten des Insellebensraumes in Bezug auf die Vogelwelt hingewiesen werden.

Die für Neuseeland charakteristischen honey-eaters, *Honigvögel*, treten auf bis in die „Windoasen" im Süden der Insel hinein. Das sind allen voran ‚Tui' – *Prosthemadera novaezealandiae* und ‚bell-bird' – *Anthornis melanura*. Als bevorzugte Nektarquelle auf der Insel gilt *Fuchsia excorticata (Photo 220, Tafel L VI)*, von der auch die süßen, purpurfarbenen Früchte beliebt sind, ferner *Metrosideros tormentosa* ('rata'), 'flowers dropping with honey', die ebenfalls weit verbreitet ist im Stewart Island 'bush' und besonders auffallend, wenn in Blüte (alle 7 Jahre, so heißt es, ist ein 'rata'-Jahr, in dem der bush, zumal um die Weihnachtszeit herum, von den zinnoberroten 'rata'-Blüten strahlt – ein solches rata-Jahr war 1972/73). Auch der neuseeländische Flachs, *Phormium tenax*, der bis in die entlegensten Teile im Süden der Insel vorkommt, ist mit seinen Blüten eine gesuchte Honigquelle. Darüber hinaus sind die auf der Insel vorkommenden Honigvögel durchaus fähig, ihre Diät zu ändern, zur Insektennahrung überzugehen und besitzen somit eine gewisse Unabhängigkeit von den Blütezeiten. Doch auch wenn es eine jahreszeitliche Bindung gibt, wie es die rata-Blüte anzeigt, sind andere, wie *Phormium tenax* und *Fuchsia excorticata*, in ihrer Blüte nicht so streng jahreszeitlich gebunden, wie man das aus nordhemisphärischer Erfahrung für die temperierte Zone erwarten könnte.

Aber nicht nur die Honigvögel, auch die neuseeländischen *Papageien* reichen bis Stewart Island und beleben den Kronenraum des Regenwaldes in den geschützten Buchten der Ostküste. 'Kaka' – *Nestor meridionalis*, um die verbreitetste Form zu nennen, tummelt sich mit zahlreichen anderen 'parakeets' *(Cyanorhampus novae-zealandiae, C. auriceps)* unter tropisch anmutendem Gekrächze und Gezeter in den Kronen der Bäume.

Während Papageien und Honigvögel in den Baumkronen ihr Wesen treiben und hier unter 47°S an tropische Verhältnisse erinnern mögen, huschen nur einige „Stockwerke" tiefer *Pinguine* durch das Wurzelwerk der Bäume, vorwiegend *Metrosideros* und *Weinmannia racemosa*, das wohl wegen der notwendigen Verankerung oft ganz außergewöhnlich entwickelt ist, zu ihren Nisthöhlen. Am durchdringenden Standortgeruch sind die Nisthöhlen der Pinguine leicht erkennbar. Es kommen hier vor *Eudyptes pachyrhynchus* (crested penguin), *Eudyptula novaehollandiae* (little blue penguin) und *Megadyptes antipodes* (yellow-eyed penguin): ein völlig anderer Lebensraum, das Wurzelwerk der Regenwälder auf Stewart Island, als wir im allgemeinen in unserer Vorstellung mit Pinguinen zu verbinden pflegen. Kleine, tunnelartige Pfade, die, einmal erkannt, leicht wiedergefunden werden, benutzen die Pinguine von ihren Landeplätzen an der Küste, um durch den Unterwuchs zu ihren Nisthöhlen zu gelangen.

Wir stellen also auf Stewart Island eine *faunistisch-ornithologische Stockwerksgliederung* fest in die aus antarktischen Breiten unter den besonderen Bedingungen der temperierten Zone der Südhalbkugel nach N reichenden Pinguine im „Erdgeschoß" und darüber Papageien und Honigvögel in den oberen Stockwerken, die aus wärmeren Breiten – unter den besondeeren Bedingungen der temperierten Zone der Südhalbkugel – bis hierher nach S reichen. Auf den vor der Küste von Stewart Island liegenden Muttonbird Islands, z. B. auf Te Waitaua (Bench Is.), aber auch an einigen Standorten auf Stewart Island selbst, gesellen sich noch die Seelöwen im unteren Stockwerk dazu, die keineswegs nur die Felsküste bevorzugen, sondern sich überraschend behende auf regelmäßig benutzten Pfaden von der Küste inseleinwärts bewegen, wo ihre Lagerplätze als typische Lägerfluren erkennbar sind mit spezifischer Vegetation *(Pteridium acquilinum, Stilbocarpa Lyallii, Mühlenbeckia complexa* u. a. – z. B. auf Bench Is.).

Und weit draußen auf den vom Menschen unbewohnten und nur sporadisch von Expeditionen der neuseeländischen Museen angelaufenen *Bounty Islands* und *Antipodes* finden sich noch für diese Inselstandorte endemische Papageien, die nun mangels Wald und Baumwuchs auf dem Boden leben – „horizontal neben den Pinguinen". Die uns sonst so selbstverständliche zonale Gliederung in antarktische und tropische Breiten mit allen horizontalen und vertikalen Übergängen, die wir am Beispiel der genannten Vertreter der Avifauna in den südlichen temperierten Breiten auf Stewart Island unter 47°S bereits im selben Wald in Stockwerken übereinander angeordnet vorfanden, ist nun auf den kleinen subantarktischen Inseln – Bounty Is., 47°20'S, und Antipodes, 49°40'S – unter noch extremerer Ozeanität auf Meereshöhe zusammengefallen. In gewisser Weise setzen diese Inseln somit einen adäquaten Schlußstrich unter – oder ein großes Ausrufungszeichen hinter – das Gesamtthema.

„Geoökologische Beziehungen zwischen den Tropengebirgen und den temperierten Breiten der Südhalbkugel" – die *hohe Ozeanität*, die der circumsubantarktische Ozean vermittelt und die alle diese Inselstandorte bis ins Letzte hinein prägt, wirkt dahin, daß – wofür wir Beispiele brachten, aber noch keine „letzte Klarheit" haben – große Übereinstimmungen im Klimacharakter zwischen den temperierten Breiten der Südhalbkugel und den Tropengebirgen im australasiatischen Sektor bestehen. *Stewart Island* hat sich für diese Fragestellung als ein besonders anziehendes Forschungsfeld ergeben, weil es selbst groß genug ist, ein gewisses Maß an räumlicher Differenzierung zu bieten, als „*Endland*" im australasiatischen Sektor in das circumsubantarktische Meer hinaus ragt, somit voll-exponiert ist – und darüber hinaus durch seine abweisende Natur bis zum heutigen Tage alle Störungsversuche des Menschen zurückgewiesen und ihn auf den „Brückenkopf" Halfmoon Bay beschränkt hat. Diese abweisende Natur der Insel in den „stürmischen Vierzigern" der Südhalbkugel ist bis zum heutigen Tage auch ihr bester Schutz geblieben, uns Natur und Lebensraum möglichst ungestört für die Zukunft zu erhalten.

LITERATUR

BROCKMANN-JEROSCH, H. (1919): Baumgrenze und Klimacharakter. Zürich.

COCKAYNE, L. (1909): Report on a Botanical Survey of Stewart Island. N.Z. Department of Lands. Wellington.

GODLEY, E.J. (1965): Notes on the Vegetation of the Auckland Islands. Proc. N. Z. Ecol. Soc., 12: 57–63.

JOHNSON, P.N. and CAMPBELL, D.J. (1975): Vascular Plants of the Auckland Islands. N. Z. J. Bot. 13, 4, 665–720.

SCHWEINFURTH, U. (1961): Die Muttonbird Islands. Erdkunde, 110–121.

– (1962): Mt. Egmont-Taranaki. Neuseeland. Erdkunde, 34–48.

– (1962): Stewart Island, eine Insel am Rande der Welt. Natur u. Museum 92, 1, Frankfurt a.M., 13–20.

– (1964): Ein Polygonboden auf Mt. Allen, Stewart Island (Neuseeland), Z. Geomorph. N.F. 8/1, 1–6.

– (1962): Stewart Island, Neuseeland, Entwicklungsversuche am Rande der Ökumene in anderthalb Jahrhunderten. Die Erde, 279–306.

– (1966): Neuseeland. Beobachtungen und Studien zur Pflanzengeographie und Ökologie der antipodischen Inselgruppe. Bonner Geogr. Abh. H. 36.

– (1966): Some Observations on the Timberline in New Zealand. 11th Pacif. Sc. Congr., Proceedings Vol. 5: Ecol. Basis of Nature Conservation of Alpine and Subalpine Zones; p. 7.

– (1975): Observations on Cushions, Ballshrubs, and Umbrella Canopies in the Southern Temperate Zone and Tropical Mountain Areas. XII. Internat. Botanical Congress, Abstr. Vol. I, 167. Leningrad.

TRAILL, W. (1917): Effects of the snowstorm of the 6th September, 1916, on the vegetation of Stewart Island. Transact. New Zealand Inst. 49, 518.

TROLL, C. (1948): Der asymmetrische Vegetations- und Landschaftsaufbau der Nord- und Südhalbkugel. Göttinger Geogr. Abh., H. 1, Göttingen, 11–27.

– (1973): Rasenabschälung (Turf Exfoliation) als periglaziales Phänomen der subpolaren Zonen und der Hochgebirge. Z. Geomorph. N.F. Suppl. Bd. 17, 1–32, Okt. 1973.

KARTEN: Stewart Island – 1: 126, 720 (N.Z. Cadastral Map – County Series) 4th edition, 1955.
Stewart Island – 1: 126, 720 (N.Z.M.S. 219), 2nd edition, Jan. 1968.

DISKUSSION ZUM BEITRAG SCHWEINFURTH

Prof. Dr. W. Weischet:

1. Die Anwendung des Begriffes „Tageszeitenklima" auf die hochozeanische Subantarktis ist unzweckmäßig und genetisch irreführend. Die Hochregion der Tropen hat ein Tageszeitenklima. Die kurzzeitigen Veränderungen in der Subantarktis gehen auf die interdiurnen Wechsel als Folge des raschen Luftmassenwechsels zurück. Es ist ein „interdiurnes Wechselklima".
2. Bezüglich der Qualifizierung der Windexposition von Standorten herrscht zu große Verwirrung. Messungen liegen meist nicht vor und sind in Form von Kurzzeitmessungen nicht repräsentativ. Deshalb sollten wir es einmal mit der Qualifizierung nach Wertigkeit und Grad der Deformation von Baumkronen versuchen. (Vergl. Weischet, Freiburger Geogr. Hefte 1, Freiburg 1964.).

Prof. Dr. H. Franz:

Die Windwirkung ist offenbar an Flachküsten anders als an Steilküsten. In Japan konnten wir südlich von Tokyo feststellen, daß an einer Flachküste an einem gepflanzten Pinus-Gürtel Windschäden, offenbar durch Salzwasserzufuhr, festzustellen waren. Sie stiegen im Bestand von der Küste gegen das Landinnere höhenmäßig allmählich an. Zuletzt waren nur noch die äußersten Wipfel geschädigt.

Prof. Dr. U. Schweinfurth:

zu Weischet:

1. Einverstanden; ich gehe von der an der Pflanze sichtbaren Wirkung aus. Entscheidend ist:
   a) der Unterschied zum Jahreszeitenklima der nordhemisphärischen temperierten Breiten;
   b) daß die Auswirkungen des Tageszeitenklimas der tropischen Höhenregionen und die des Klimas der südhemisphärischen temperierten Breiten, jedenfalls an den voll exponierten Standorten, offensichtlich „ähnlich" sind.
   Diese letzteren beiden Klimabereiche stellen dem Pflanzenleben viel härtere Bedingungen als das Jahreszeitenklima der nordhemisphärischen temperierten Breiten. Dabei scheint es mir für unsere Problemstellung unwesentlich, ob tatsächlich 365(366)mal pro Jahr Frostwechsel eintreten kann – oder weniger oft. Wir müssen in dreidimensionalen Übergängen denken: von 0 m auf 1000 m auf Stewart Island und weiter in Übergängen auf 3000, 4000 m in den Tropengebirgen. Ich erinnere an die 200 Frostwechseltage pro Jahr, die aus dem Gebiet des Mt. Kosciusco gemeldet worden sind – einem der wenigen Gebiete, wo wir zahlenmäßige Unterlagen haben. Entscheidend für unsere Themenstellung ist, daß sich die Klimate an den vollexponierten Standorten der südhemisphärischen temperierten Breiten und in den Tropengebirgen in der Wirkung auf die pflanzlichen Lebensformen so nahe kommen.
2. Die erwähnten Beispiele liegen *jenseits* des Begriffes der allgemein anerkannten Deformation von Baumkronen. Vielleicht hätte klarer herausgestellt werden müssen, daß deformierte Baumkronen („Windfahnen") als allgemein anerkannte Zeugnisse von Windwirkung hier nicht zu diskutiert werden brauchen. Der Windeinfluß wird für uns dort zum Problem, wo er nicht als die Windrichtung angebende Deformation sofort klar greifbar ist. Die klassischen Übergangsbeispiele sind für mich: die der vorherrschenden Windrichtung entsprechenden stromlinienförmigen, compakten, – um nicht zu sagen comprimierten! – Sträucher von *Leptospermum scoparium* an der Mason Bay, Westküste, Stewart Island.

zu Franz: Selbstverständlich besteht ein Unterschied, ob Wind auf Flachküste oder auf ein 1000 und mehr Meter steil aus dem Meere aufragendes Gebirge trifft. Die ganze Westküste der neuseeländischen Inselgruppe – von Stewart Island, 47°S, bis Cape Maria van Diemen, 34° S – liefert Anschauungsmaterial in allen Übergängen.

ECOLOGICAL AND GEOGRAPHICAL SIGNIFICANCE OF SOME NEW ZEALAND GROWTH FORMS

PETER WARDLE

With 5 photos

SUMMARY

Trees with small, sclerophyll leaves, low dome-shaped canopies and crooked trunks, which feature in the cloud forest of tropical mountains occur also in the montane, subalpine and southern coastal vegetation of New Zealand, especially on sites exposed to fog and wind. There is further stunting to heath-like vegetation on infertile soils. *Nothofagus* trees in upland habitats tend to be taller, deeper-crowned and faster-growing than podocarps and other hardwoods, and unlike the latter possess ectotrophic mycorrhizae.

Trees with unbranched or sparingly branched stems bearing terminal rosettes of large leaves which protect the bud during their development are prominent in many New Zealand forests, with some species ascending to the alpine tree limit. Stemless herbaceous equivalents occur in several genera. Other peculiarities include shrubs and juvenile trees with tiny, sparse leaves and divaricating branchlets, and the prevalence of periodic flowering.

INTRODUCTION

From the earliest days of their science, plant geographers have regarded the different growth forms of plants as an expression of the climate in the region in which they occur. In New Zealand lowland forest, forms prevail which are typical of the humid tropics – lianes, vascular epiphytes, the palm form and others, and the significance of this has given rise to considerable discussion (e.g. DAWSON, 1962). TROLL (1948 and subsequent papers) has drawn special attention to similarities between life forms and climates of tropical mountains and those occurring at lower altitude in parts of the South Temperate Zone, including New Zealand. He describes one prevalent form, occurring in many diverse families, in these words: "their crowns are very often dome-shaped, with very dense and relatively small and hard foliage restricted to the superficial part of the umbrella. They represent a fascinating convergent life form which I have described as 'immergrüne Kugelschirmbäume' (evergreen spherical umbrella trees)" (TROLL, 1973). These trees stand in contrast to the deep-crowned conifers and hardwoods that prevail in North Temperate regions.

In this paper, I first compare the ecology of these dome-shaped trees in tropical mountains and in New Zealand, and go on to discuss some other New Zealand growth forms which are unusual in a temperate setting.

The Cloud Forest of Tropical Mountains

The forest of the cloud belts of tropical mountains, also referred to as "mossy forest" and "elfin forest" is characterised by low stature and prevalence of dome-shaped trees. Its appearance and ecology is discussed by HOWARD and others (1968 and subsequent papers). Usually, thought not always, cloud forest forms the uppermost forest belt, but it is met at much higher altitudes on large land masses than on isolated, oceanic mountains. For example, on the central ranges of New Guinea, tall forest can extend to over 3,000 m before it gradually merges into cloud forest, whereas in the Fijian islands, cloud forest with similar appearance and some of the same genera (e.g. *Podocarpus, Cyathea*) occurs as low as 500 m. On some summits, such as that of Mt Victoria (1,324 m) in Fiji, the canopy is close and even, and seemingly has been moulded by wind. Wind is not a universal factor, however, for on other mountains trees can be of uneven height, and individual crowns symmetrical even where fully isolated; their shape would seem to provide maximum exposure to light in a foggy, light-deficient environment. This view is reinforced by the prevalence of crooked, leaning trunks, which appear to carry the crowns towards the direction of strongest light.

The slow growth and low stature of the trees and the xeromorphy of the leaves may reflect nutrient deficiency. GRUBB (1971) suggests that persistent fog decreases mean temperatures and increases soil water content, thereby slowing the rate of mineralisation of organic matter and decreasing the availability of nitrogen, phosphorus, and perhaps of other elements as well.

Woody vegetation without Nothofagus in New Zealand

Tropical or subtropical affinities are most commonly discerned in those New Zealand mixed forests of podocarps and hardwoods, from which *Nothofagus* is absent. At higher altitudes and latitudes, such forests grade into lower-growing forest and scrub communities, which in turn resemble, in some respects, the woody vegetation at high altitudes on tropical mountains. TROLL (1973) instances dome-shaped trees, and gives *Metrosideros, Olearia, Pseudopanax* and *Dracophyllum* as examples. The nearest approach to the cloud forest of the tropics is found on high ridges and spurs of coastal ranges. Soils tend to be mature and leached (in contrast to the immature soils of steep intervening gullies), and the trees are shrouded in bryophytes and lichens, reflecting the prevalence of fog, but the close, even forest canopy also reveals the influence of wind.

Among larger trees, *Metrosideros umbellata* best exhibits the combination of small, hard, glossy leaves, dense, rounded canopy, bare branches and crooked, leaning stems *(Photo 221, Plate LVII)*. The crown shape results from repeated false dichotomy, in which the apical buds abort each winter, to be replaced by shoots from opposing lateral buds. The trunks produce adventitious roots freely, and seedlings grow phototropically rather than directly upwards; it may be noted that most other members of the genus in New Zealand are root-climbing lianes. Similar growth forms are developed by other trees of the montane belt, such as *Weinmannia racemosa* and *Podocarpus hallii,* where there is stronger exposure to wind. *Libocedrus bidwillii,* which is also characteristically montane, has a monopodial habit of growth *(Photo 222, Plate LVII)* and tends to develop a flag form under exposed conditions.

The domed habit is very well exemplified by many large shrubs of the subalpine belt, above the limits of the forest *(Photo 223, Plate LVII)*. The best example is *Olearia colensoi;*

its growth form and morphology are possibly adaptations towards efficient use of radiant energy in a cool, cloudy environment (WARDLE, 1965). The tendency of stems to lean can take an extreme form, which I have called "downhill layering" (WARDLE, 1963). In this the shrubs grow outwards because of shading by plants further upslope, and the lower branches become appressed to the ground by snow and the action of soil creep, so that they take root. For some species, including *Olearia colensoi* and *Dracophyllum longifolium,* layering seems to obviate the need to reproduce from seed in closed stands.

The gradual decrease in height of woody vegetation through the sequence from lowland to subalpine largely results from replacement of taller species by lower-growing ones. The limit of small trees and tall shrubs defines the subalpine-alpine transition, but small shrubs of various genera ascend high into the alpine belt (WARDLE 1964).

Altitudinal decrease in height of vegetation or stunting by wind are greatly exaggerated on wet, infertile soils. Under extremely infertile conditions, even lowland forest is replaced by heath-like vegetation of undemanding herbs, shrubs and stunted trees – as an example of the latter, *Dacrydium cupressinum* which is capable of growing to 60 m can be reduced to a 2 m-tall shrub. The most extensive soils of this kind are gley podsols, often developed on fluvio-glacial outwash, moraine and raised beaches dating back to the last glaciation and beyond, but much the same kind of vegetation also grows where there is very little soil over resistant granites, quartzites and other hard rocks, on acidic swamps, and on toxic soils derived from ultramafic rocks. The few published analyses show these soils to be extremely low in all major nutrients (New Zealand Soil Bureau, 1968). The effects of nutrient deficiency are compounded where functioning of roots is inhibited by poor drainage. Thus, *Leptospermum scoparium* on rolling, infertile terrain can vary from a shrub 2 m tall on rises to a creeping mat 2 cm tall in depressions where the water table is at the surface (WARDLE et al. 1973).

Trees and tall shrubs with dense, rounded canopies and crooked stems also form low forest and scrub on the coasts of southern New Zealand, from Foveaux Strait to the Auckland Islands. The main components are *Metrosideros umbellata* and species of *Olearia* and *Senecio.*

Nothofagus Forest

The four species of *Nothofagus* stand somewhat apart from other New Zealand trees in their growth habits and ecological characteristics. They were slower to spread than most of the conifers and other hardwoods after the last major Pleistocene glaciation and after volcanic eruptions in the North Island, and are still absent from large areas of suitable habitat. Beeches scarcely compete in warm temperate rain forest, although there are pockets of *N. truncata,* apparently of relict status, even on the North Auckland peninsula. On the lower slopes of the mountains in the wet, western part of the South Island, on the other hand, there are large areas where podocarps, beeches and other hardwoods co-exist, more or less in equilibrium.

In the upper montane and subalpine belts, the beeches tend to be taller and faster growing than their competitors, which are reduced to scattered trees or sparse understoreys. On the drier, eastern ranges, stands of beech can almost completely lack other vascular species. On sheltered slopes, *Nothofagus* trees have deep crowns, and show little diminution in stature with increasing altitude; indeed, comparative giants of *N. menziesii* occur at sheltered timberlines. At wind-swept timberlines, *Nothofagus* can develop flag-and-mat forms through winter desiccation of shoots exposed above the snow pack, although since growth is not strongly monopodial, there are not the erect flags that are seen in *Picea, Abies* and, for that matter, the Tasmanian *Athrotaxis cupressoides*. Wind training without winter desiccation also occurs in *Nothofagus* and other New Zealand genera at timberline, resulting in dense, low, domed canopies, and under extreme conditions, in plants growing as mats.

It is tempting to relate the success of *Nothofagus* at high altitudes, and likewise that of Fagaceae, Pinaceae and Betulaceae in north temperate and subarctic regions and *Eucalyptus* in Australia, to the possession of ectotrophic mycorrhizae. Mycorrhizae assist in uptake of phosphorus, and although it has not been proved that ectotrophs are more effective than endotrophs in this respect, there seems no doubt that trees possessing the former grow faster and larger in seasonally cold climates and on infertile soils. Significantly, the main genera managed for rapid production of timber in New Zealand are *Pinus, Eucalyptus, Pseudotsuga* and, it is intended, *Nothofagus*.

Palm-like growth forms among New Zealand trees

Trees with erect, unbranched stems, terminal rosettes of large leaves, and large apical buds in which the growing point is protected by developing leaves are an important feature of New Zealand vegetation, and one which imparts a decidedly tropical aspect. The growth form is found in the palm *Rhopalostylis sapida*, which is confined to the warm temperature belt, in tree ferns of the genera *Cyathea* and *Dicksonia* and the mountain cabbage tree *Cordyline indivisa* which ascend well into the montane belt, and in *Dracophyllum fiordense* which occurs at the upper tree limit in the southwest of the South Island. Sparingly branched stems with similar terminal rosettes occur in adult specimens of *Cordyline australis* and several species of *Dracophyllum*, including the subalpine *D. traversii*. The occurrence of these plants in a temperate region indicates mildness of climate, and even within New Zealand they are absent from areas with relatively low rainfall and humidity and severe winters, *Cordyline australis* being the hardiest in this respect.

It may be noted at this point that large herbs with perennial leaves which protect the apical bud while they are developing are the stemless equivalent of the preceding growth form. These herbs are also very characteristic of New Zealand vegetation. They include forest ferns, such as species of *Blechnum* and *Polystichum* which can have trunks up to 0.5 m tall, and grassland forbs which ascend to the alpine belt, in the genera *Celmisia* and *Aciphylla*. The latter in turn have similarities to large tussocky, evergreen monocots, including *Chionochloa* and *Cortaderia* (Gramineae), *Phormium* (Agavaceae), *Astelia* and *Collospermum* (Liliaceae), and *Gahnia* (Cyperaceae), which represent another growth form that is widespread in the tropics and subtropics but rare in north temperate regions *(Photo 224, Plate LVII)*.

Some other morphological features with phytogeographical significance

Some features in which New Zealand species differ from relatives elsewhere can be convincingly related to environmental differences. For example, *Cyathea* tree ferns appear to have similar roles in the forests of New Zealand, Fiji, Australia and New Guinea. Most of the species have rough tubercles on their stipes, but only in some of the Australian and New Guinean species are these produced into sharp thorns, and only in these two countries are there native mammalian herbivores. *Nothofagus cunninghamii* and *N. menziesii* are very similar species inhabiting moist forests in south-eastern Australia and New Zealand respectively, but whereas the former freely produces basal coppice shoots, the New Zealand species shows almost no ability to do so. The coppicing habit in *N. cunninghamii* is very likely an adaptation to fires sweeping into the Australian rain forest from sclerophyll vegetation.

One of the most obvious and frequently discussed features of New Zealand vegetation is the abundance of shrubs and juvenile trees with tiny, sparse leaves and divaricating branchlets (e.g. COCKAYNE, 1911). Shrubs with this habit occur, for example, in Rubiaceae, Violaceae, and Myrsinaceae, and the juvenile trees are in families as diverse as Podocarpaceae and Papilionaceae. Some genera have species with and species without the divaricating, microphyllous habit, while in *Sophora* there is a species that remains divaricating and microphyllous throughout its life, one that often shows the habit in the juvenile form, and one that lacks it at all stages. No strictly equivalent phenomenon has yet been described from other regions, and one must assume that an as yet unidentified and perhaps unique component of the New Zealand environment has selected for the habit.

Periodic flowering

Probably, most species in most lands show some year-to-year variation in intensity of flowering and fruiting, but relatively few are reported to show more conspicuous periodicity. The best known north temperate example is *Fagus silvatica,* in which the floral primordia are initiated when an especially warm summer precedes the summer of actual flowering and fruiting. Similar mast-years occur in three of the New Zealand beeches, *Nothofagus fusca, N. truncata* and *N. solandri.* A cycle of approximately three years has been described, although in subalpine forests of *N. solandri,* hazards between flowering and germination of seed has led to 15 years elapsing between successive bumper crops of seedlings.

Well defined periodicity of flowering is perhaps more prevalent in New Zealand than in other parts of the world. Further examples are *Metrosideros umbellata, Olearia colensoi, Phormium,* and species of *Celmisia, Aciphylla* and *Chionochloa.* In at least some of these plants, including *Chionochloa* (MARK 1965), the primordia are initiated during the growing season preceding flowering. Mass flowering tends to be at three-year intervals, but in the high alpine *Celmisia viscosa,* the interval is very much longer. Synchroneity of flowering is especially marked in *Aciphylla,* and alpine grassland studded with the giant inflorescences of these plants is an impressive spectacle.

A limit to the climatic relevance of growth form

Although environment determines prevalent growth forms to a large degree, it should also be remembered that nature permits very different growth forms to grow side by side, and similar growth forms to exist in very different environments. Thus, the tall spires of *Abies* and *Picea* would seem obvious adaptations to snowy winter climates, yet the ultimate in monopodial conifers must be the araucarias of the New Guinea montane rain forest *(Photo*

225, Plate LVIII). In the New Zealand podocarp-hardwood forest, the two components are so dissimilar in growth form and autecology that ROBBINS (1962) has regarded them as different plant formations in process of fusion. One must also consider the success in New Zealand – albeit not in direct competition with native forest – of many introduced trees with diverse growth forms.

REFERENCES

COCKAYNE, L. (1911): Observations concerning evolution derived from ecological studies in New Zealand. Transactions of the N. Z. Institute 44: 1–50.

DAWSON, J.W. (1962): The New Zealand lowland podocarp forest. Is it subtropical? Tuatara 9: 98–116.

GRUBB, J.P. (1971): Interpretation of the „Massenerhebung“ effect on tropical mountains. Nature 229 (5279): 44–5.

HOWARD, R.E. (1968): The ecology of an elfin forest in Puerto Rico, 1. Introduction and composition studies. Journal of the Arnold Arboretum 50: 225–67.

MARK, (1965): Flowering, seeding and seedling reproduction in narrow-leaved snow tussock, *Chionochloa rigida.* N. Z. Journal of Botany 3: 180–93.

New Zealand Soil Bureau (1968): General survey of the soils of the South Island, New Zealand. Soil Bureau Bulletin 27, N. Z. Department of Scientific and Industrial Research, Wellington, 404pp.

ROBBINS, R.G. (1962): The podocarp-broadleaf forests of New Zealand. Transactions of the Royal Society of N. Z. Botany 1: 33–75.

TROLL, C. (1948): Der asymmetrische Aufbau der Vegetationszonen und Vegetationsstufen auf der Nord- und Südhalbkugel. In: Rübel, E. and Lüdi, W. Bericht über das Geobotanische Forschungsinstitut Rübel in Zürich für das Jahr 1967. Zürich. 46–83.

– (1973): The upper timberlines in different climatic zones. Arctic and Alpine Research 5: A3–A19.

WARDLE, P. (1963): Growth habits of New Zealand subalpine trees and shrubs. N. Z. Journal of Botany 1: 18–47.

– (1964): Facets of the distribution of forest vegetation in New Zealand. N. Z. Journal of Botany 2: 352–66.

– (1965): Significance of xeromorphic features in humid subalpine environments in New Zealand. N. Z. Journal of Botany 3: 342–3.

–, BAYLIS, G.T.S. and MARK, A.F. (1973): Vegetation and landscape of the West Cape district, Fiordland, New Zealand. N. Z. Journal of Botany 11: 599–626.

HÖHENSTUFUNG VON ZENTRAL-OTAGO (NEUSEELAND) – GEOÖKOLOGISCHER ÜBERBLICK

KLAUS HEINE

mit 12 Figuren, 3 Tabellen und 7 Photos

1. EINLEITUNG

Der Distrikt Otago befindet sich auf der Südinsel Neuseelands etwa zwischen 44 und 46° südlicher Breite und 168 und 171° östlicher Länge. Den größten Teil Otagos nehmen altmesozoische bis jungpaläozoische mehr oder weniger stark gefaltete Chloritschiefer ein. Die Otago-Halbinsel bei der Distrikt-Hauptstadt Dunedin wird von jungtertiären basischen Vulkaniten aufgebaut. Jungtertiäre, vor allem aber quartäre Sedimente finden wir in den SW–NE-streichenden großen Talungen, die zusammen mit Gebirgsketten von Mittelgebirgscharakter Zentral-Otago gliedern.[1]) Die neuseeländischen Südalpen begrenzen den hier betrachteten Raum im Westen, die Randgebirge am südpazifischen Ozean im Osten *(Fig. 1)*.

Die durchschnittliche jährliche Niederschlagshöhe beträgt am Westabfall der Alpen infolge der regenbringenden Westwinde über 5 000 mm; die Niederschläge verringern sich aber auf der Ostseite der Gebirgskette sehr schnell auf unter 1 000 mm/a und erreichen im trockensten Gebiet Neuseelands, nämlich Zentral-Otago, oft nicht einmal mehr 400 mm/a. Als Folge vorherrschender Winde aus südwestlichen Richtungen sind die Niederschlagsverhältnisse zur pazifischen Ostküste hin wieder höher; in Dunedin werden rund 1 000 mm/a gemessen. In großen Gebieten Zentral-Otagos werden über 250 Tage/a mit Frost registriert.

Eine Vegetationskarte, in der die Verhältnisse vor der Besiedlung durch Europäer wiedergegeben werden (MCLINTOCK 1959), zeigt in Zentral-Otago kurze Tussock-Grasländer und in den Gebirgszügen subalpine Gras- und Strauchvegetation. Nach Osten – mit zunehmenden Niederschlägen – wird das kurze Tussock-Gras durch das lange Tussock-Gras abgelöst; in Küstennähe schließlich sind Mischwälder aus *Podocarpus* und *Hardwood* eingetragen. – Die grobe Großgliederung der heutigen Vegetation lassen die von SCHWEINFURTH (1966) beschriebenen Profile aus Otago erkennen.

1) Vgl. Map of parent rocks of New Zealand Soils 1:1 000 000. N.Z. Soil Bureau, N.Z. Soil Surv. Rep. *5*, Wellington 1973, und Geological Map of New Zealand 1:1 000 000, South Island, N.Z. Geol. Surv., D.S.I.R., Wellington 1972.

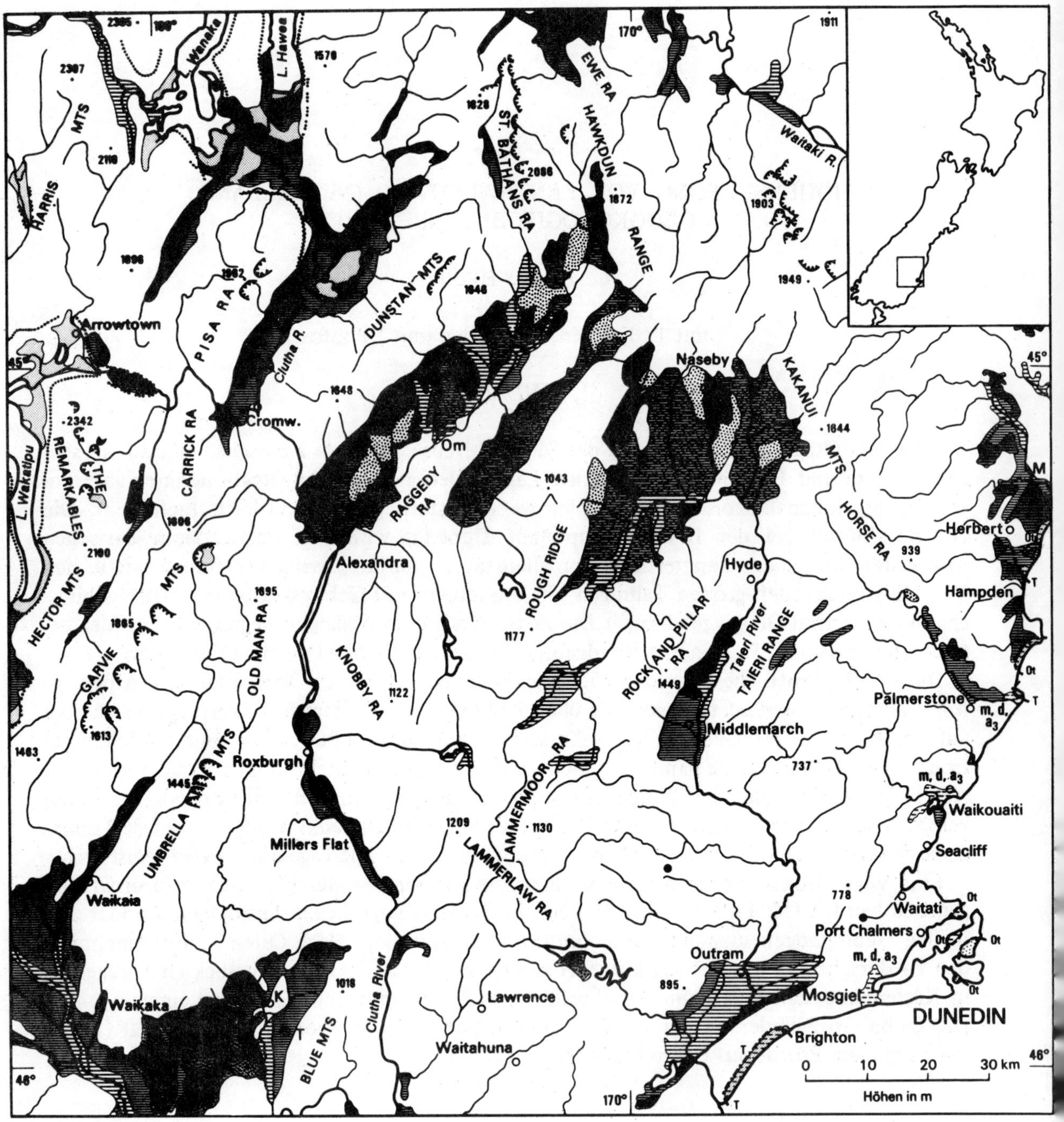

2. DIE RANDGEBIRGE IM OSTEN

Wenn man von Dunedin aus ins zentrale Otago vordringt, erkennt man im Bereich der Küstengebirge verschiedene Vegetationszonen, deren Anordnung durch die unterschiedliche Verteilung von Niederschlag, Sommer-Evaporation, Bewölkung und Temperaturen bedingt wird *(Fig. 2)*. Aber auch die Aktivitäten des Menschen haben einen nachhaltigen Einfluß auf

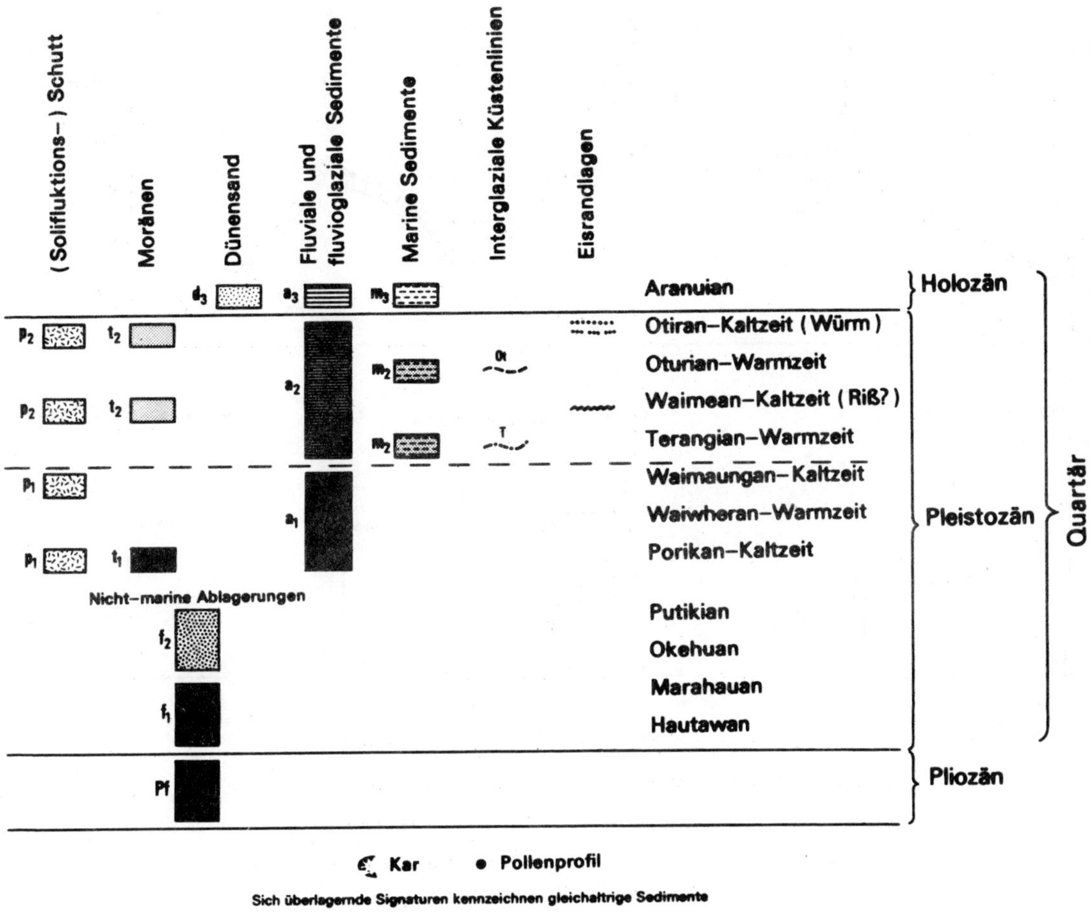

Fig. 1: Quartärgeologische Übersichtskarte von Zentral-Otago (nach: New Zealand Geological Survey, 1973, ‚Quaternary Geology – South Island', 1 : 1 000 000 (1st ed.), N. Z. Geological Survey Miscellaneous Series Map 6, D.S.I.R., Wellington, New Zealand).

die Vegetationsanordnung ausgeübt. In tieferen Lagen bis ca. 400 m Höhe bedecken Wälder mit *Dacrydium cupressinum, Podocarpus ferrugineus, P. hallii,* durchsetzt von vielen Baumfarnen die Hänge der Gebirge um den Meeresarm Otago Harbour (SCHWEINFURTH 1966; frdl. mdl. Mitt. MARK). Dieser Wald geht in 400 m Höhe – etwa an der Untergrenze der häufigen Nebel – in einen Bergwald über, der von *Libocedrus bidwillii* beherrscht wird; dazu gesellen sich *P. hallii* und Bodenfarne.

Das Tussock-Grasland wird oft nur vom schmalblättrigen *Chionochloa rigida* gebildet; an seewärtigen Hängen und an Waldrändern sowie im Gebiet des Swampy Summit *(Photo 226, Tafel LVIII)* gesellt sich oft der neuseeländische Bergflachs *(Phormium cookianum)* dazu. Beide Pflanzen sind sehr tolerant gegenüber Feuer. Weiterhin finden wir aber auch niedrige Büsche im Tussock-Grasland (z.B. *Hebe odora, Cassinia, Coprosma* und *Dacrophyllum longifolium);* an Hängen unterhalb ca. 500 m Höhe sind zwei Arten des Strauches *Leptospermum* die häufigsten Eindringlinge in das Tussock-Grasland. Auf weniger gut drainierten Hochflächen, wie beispielsweise dem Swampy Summit (742 m Höhe, 1 350 mm N/a),

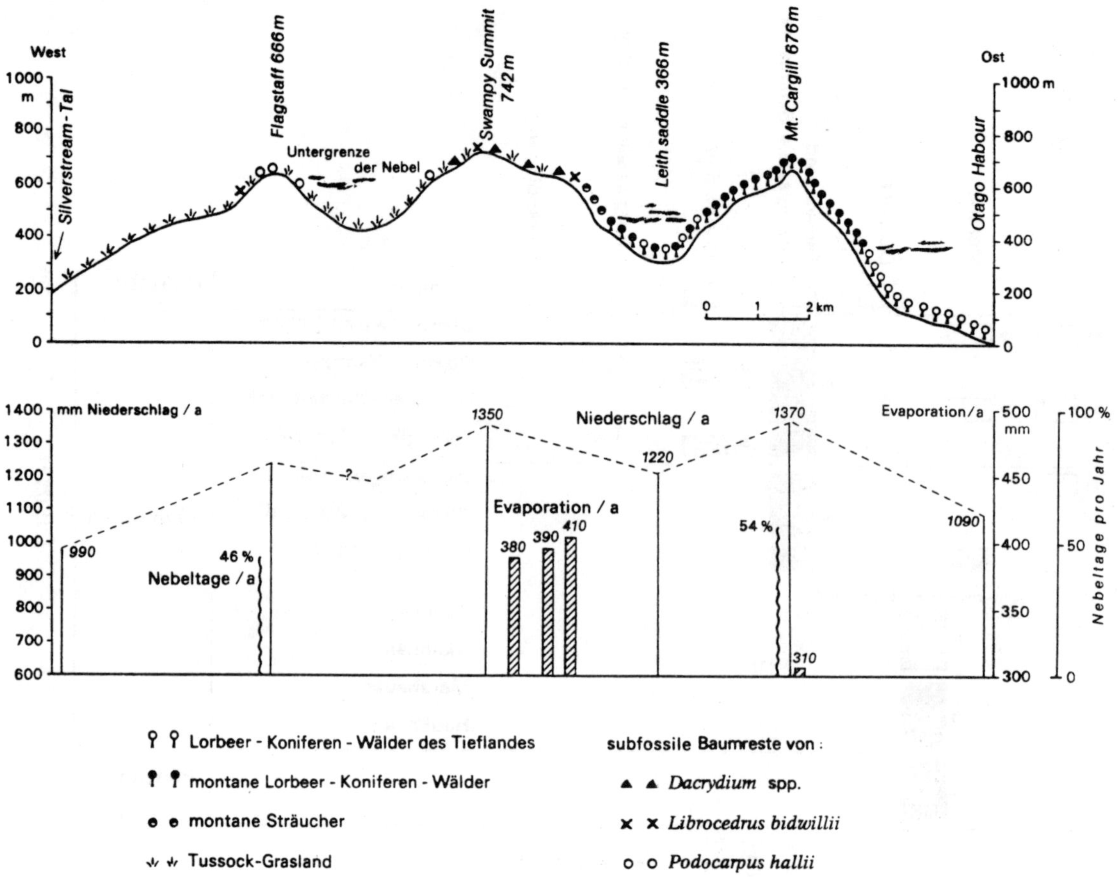

Fig. 2: Klima- und Vegetationsprofil der küstennahen Gebirge von E-Otago (aufgrund frdl. mdl. Mitt. MARK).

konnten sich Moore ausbilden, die oft von mächtigen Torfen unterlagert werden *(Photo 226, Tafel LVIII* und *Fig. 12).* Torfe befinden sich oft auch unter dem Tussock-Grasland in Höhenlagen. Subfossile Baumreste wurden darin häufig gefunden. Stämme von *Dacrydium*-Arten, besonders *D. biforme,* sind für die schlecht drainierten Plateaus charakteristisch, während bei günstigeren Bodenwasserverhältnissen Reste von *P. hallii* und – allerdings seltener – von *Libocedrus* auftreten. Radiokarbon-Datierungen belegen, daß um 1300 A.D. die Waldzerstörung besonders stark voranschritt. Es wird daher vermutet, daß eine ursprüngliche Waldvegetation durch Feuereinwirkung vernichtet wurde; die Europäer fanden um 1840 A.D. nur noch kleinere Waldareale im Gebiet des Swampy Summit und Flagstaff vor (frdl. mdl. Mitt. MARK). Damals wie heute leitet das Tussock-Grasland aus *Chionochloa rigida* (MARK 1969) aus dem Gebiet der Küsten- und Randgebirge von Ost-Otago in die Tussock-Landschaft von Zentral-Otago über, die für neuseeländische Verhältnisse bedeutende Ausdehnung hat, sehr gleichförmig ist und deren Vegetationsdecke gegen das Innere zu an Dichte und Zusammenhang verliert.

3. ZENTRAL-OTAGO

„Zentral-Otago tritt uns als eine Landschaft von bemerkenswerter Eigenart innerhalb Neuseelands entgegen. Trotz nur geringer Entfernung von den Küsten ergibt die Topographie des Landes eine klimatische Differenzierung von großer Gegensätzlichkeit. Über Küstenkette und Randgebirge, die mauerartig aufsteigen und die Flüsse nur in engen Schluchten aus dem Innern entlassen, trifft man auf verschiedene, jeweils stärker abgeschlossene, von hohen Gebirgen umgebene Becken, die untereinander kaum in Verbindung stehen, während das Clutha-Karawau-Flußsystem in tiefer Schlucht die gesamte Ausdehnung der Landschaft durchsägt" (SCHWEINFURTH 1966).

Beckenlandschaften und Gebirgszüge, die diese Becken umgeben, bestimmen den besonderen Charakter des zentralen Otagos *(Fig. 1)*. Beide Landschaftsteile müssen immer im Zusammenhang gesehen werden. Eine vertikale Vegetations- und Bodenabfolge erlaubt daher am besten einen Einblick in das geoökologische Gefüge von Zentral-Otago *(Fig. 3)*. Die physisch-geographischen Verhältnisse der in *Fig. 3* gezeigten Old Man Range sind für alle Gebirgszüge von Zentral-Otago charakteristisch. Eingehende Untersuchungen zur vertikalen Vegetationsgliederung zeigen (frdl. mdl. Mitt. MARK; MARK 1965, 1970), daß die Anordnung der sieben Hauptvegetationszonen mit bestimmten Faktoren, die die gegenwärtigen klimatischen Verhältnisse auszeichnen, in Zusammenhang gebracht werden können. Doch betrachten wir zunächst die geologisch-geomorphologisch-bodenkundlichen Besonderheiten der Beckenlandschaften *(Fig. 1* und *9)*.

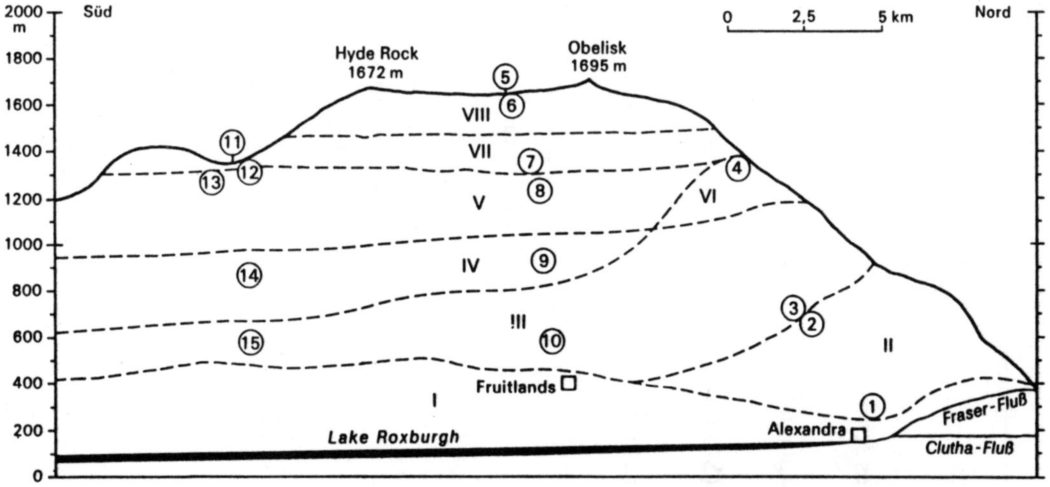

Fig. 3: Die Höhenstufen der Old Man Range (nach MARK, frdl. mdl. Mitt.; MARK 1965, 1970).

3.1. DAS IDA VALLEY

Am Beispiel des Ida Valleys wird deutlich, daß das Relief der Beckenlandschaften mehrere Erosions- und Akkumulationsphasen widerspiegelt (MCCRAW 1965, 1966; *Tab. 1*). Die benachbarten Gebirgszüge des Ida Valleys hatten keine Vergletscherung während der Perioden maximaler Gletscherausdehnung in Neuseeland; jedoch lag das Gebiet zur Zeit der Hoch-

		Geomorphologische Vorgänge	Böden
Aranuia (Holozän)		Fraser-Terrassen-Bildung durch Zerschneidung der Patearoa-Terr. Torf-Bildung	Rezente Böden (Fraser) Organische Böden (Sowburn)
	Postglaziales Klima-optimum	Patearoa-Terrassen-Bildung	Rezente Böden (Patearoa)
	Frühes Postglazial	Aride Phase: Löß, Dünenbildung, Zerschneidung der Linnburn-Terrasse	Braungraue Böden (Younghill)
Otira-Eiszeit (Würm)	Kumara 3 (Stadial)	Lößauswehung von Linnburn-Terr. Lößanwehung an älteren Reliefteilen	Braungraue Böden (Becks, Poolburn)
	Kumara 2 (Stadial)	Linnburn-Terrassen-Bildung Solifluktion an Hängen	Braungaue Böden (Linnburn, Pigburn)
Oturia-Interglazial (Eem)		Tiefen- und Seitenerosion Stabilitätsphase mit Bodenbildung	Braungraue Böden (Drybread)
Waimea-Eiszeit (Riß?)	Kumara 1	Drybread-Terrassen-Bildung über älteren Sedimenten. z.T. geringe Erosion (Einschneiden)	
Terangia-Interglazial		Stabilitätsphase mit Bodenbildung	Gelbgraue Böden (Matakanui)
Waimauga-Eiszeit		Lokale Schwemmfächer-Bildung	
Waiwhera-Interglazial		Tiefe Verwitterung nach bzw. mit Phase der Tiefenerosion	Braungraue Böden (Clare)
Porika-Eiszeit		Grauwacken-Sedimente (als Folge der Hangabtragung i.w.S.)	

Tab. 1: Reliefentwicklung und Bodenbildung im Ida Valley. Die stratigraphische Stellung der verschiedenen Prozesse ist z.T. hypothetisch. Nach McCRAW 1966 und frdl. mdl. Mitt. D.M. LESLIE.

glaziale in der periglazialen Zone. Die zyklische Abtragung und Ablagerung der Schuttmassen, die für die Beckenlandschaften nachgewiesen werden konnte, verkörpert einerseits Perioden verstärkter solifluidaler Aktivität an den das Becken umgebenden Hängen, andererseits wärmere Perioden, in denen nur wenig Schutt in das Tal geliefert wurde (vgl. auch LEAMY 1973; LEAMY et al. 1973). Aus der dichten, feinen Kerbtalzerschneidung vorwiegend altpleistozäner Sedimente wird auf feuchtere Klimaverhältnisse im Mittel- und Altpleistozän geschlossen (LEAMY 1972); zumindest eine Phase wesentlich stärkerer Niederschläge ist nachgewiesen.

Die Beziehungen zwischen den quartärgeologischen und geomorphologischen Verhältnissen und den Bodenbildungen in den Becken Zentral-Otagos veranschaulicht das Profil von *Fig. 4 (vgl. Tab. 1).* Aus der vorletzten Eiszeit (Waimea) stammen die Drybread-Terrassenablagerungen mit den entsprechenden Böden; es sind graubraune Erden mit mäßiger illuvialer Tonanreicherung im B-Horizont. Der letzten Eiszeit (Otira) werden die Ablagerung der Linnburn-Sedimente zugeschrieben sowie die Bildung der Schuttfächer an den Hängen mit den Pigburn-Böden; in diesen Böden ist die Tonanreicherung im B-Horizont geringer als in den älteren Drybread-Böden. Aus tertiären und prätertiären Gesteinsausbissen, die eine geringmächtige Lößbedeckung tragen, bildeten sich die Becks- und Poolburn-Böden mit mäßiger illuvialer Tonanreicherung im B-Horizont. Die Younghill-Böden sind für nacheiszeitliche äolische Sandablagerungen (Dünen) typisch, die rezenten Patearoa-Böden für die während des holozänen Klimaoptimums ausgebildeten Terrassen. Die Fraser-Böden schließlich verkörpern die Bodenbildungen auf der jüngsten Terrasse; die zuletzt genannten Böden können auch oft torfig ausgebildet sein. Die Böden unterscheiden sich hinsichtlich der Bodenart und des Verwitterungsgrades und damit des Tongehaltes.

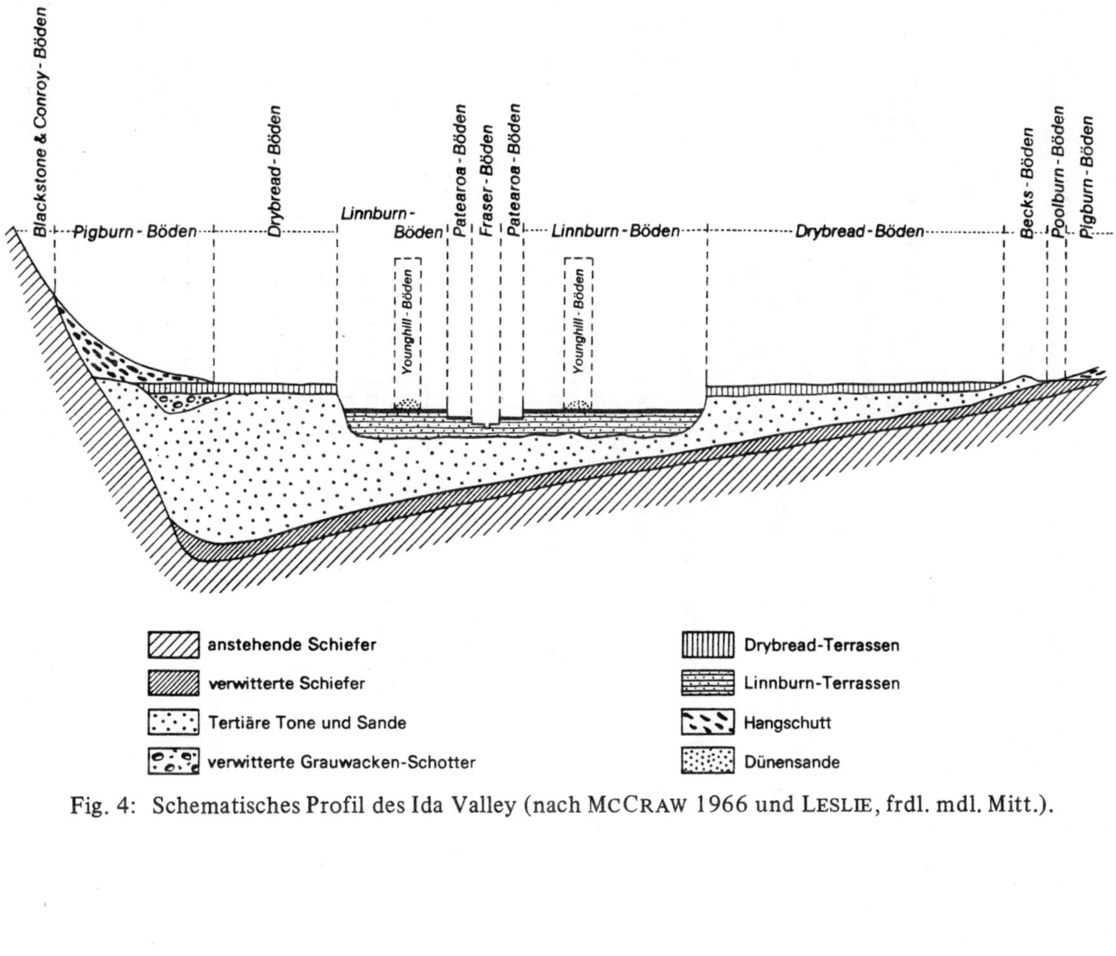

Fig. 4: Schematisches Profil des Ida Valley (nach MCCRAW 1966 und LESLIE, frdl. mdl. Mitt.).

Höhe	Symbol	Zone	Vegetations-Typ	Charakteristische Pflanzen	Böden	Stations-Nr. und Höhe in m	Mittlerer N/Jahr in mm	Mittlere Lufttemperatur in °C Jahr	Jan.	Juli	Geschätzte mittlere Wasserbilanz in mm im Sommer (Dez.–März) N	PE	Bilanz
150 m	I	Montane	Exotic	Gräser der Gattung Vulpia und Aira, Thymus vulgaris	Brown-grey earth (Siltic soil	Alexandra 158	335	10.3	16.5	2.4	142	305	−163
	II	Montane	Scabweed semidesert	Raoulia australis, Small native and exotic grasses and herbs, Scabweed	Brown-grew earth (Silitic soil)	(1) 335	370	9.2	14.9	1.8	128	497	−369
	III	Montane	Fescue tussock grassland	F. novae-zelandiae, Exotic grasses, Discaria toumatou, Poa laevis	Brown-grey/ yellow-grey earth (siti-pallic soil)	(10) 610	500	7.2	11.6	1.7	185	287	−102
750 m	IV	Sub-alpine	Mixed Fescue-snow tussock grassland	F. novae-zelandiae, Chionochloa rigida	Yellow-grey earth (Pallic soil)	(9) 910	770	5.9	9.7	0.5	266	231	+35
1 000 m	V	Low alpine	Snow tussock grassland	Chionochloa rigida, Aciphylla aurea, Festuca matthewsii, Poa colensoi, Raoulia subsericea, Hypochaeris radicata, Rumex acetosella	Upland yellow-brown earth (Upland fulvic soil)	(8) 1 220	1 060	5.0	8.7	−1.1	314	241	+73
	VI	Low alpine	Fescue tussock grassland	Festuca matthewsii, Poa colensoi, Aciphylla aurea, Raoulia subsericea	Yellow-grey/ Upland yellow-brown earth intergrade (?)	(4) 1 330	660	–	7.0	–	238	264	−26
	VII	Low alpine	Blue tussock grassland	Poa colensoi, Chionochloa macra	Upland yellow-brown earth (?)	(7) 1 340	1 030	–	8.6	−2.7	322	270	+52

1450 m												
	VIII	High alpine	Alpine cushion and herbfield	Epacridaceae (Dracophyllum), Compositae (Raoulia, Abrotanella, Cotula, Celmisia), Scrophulariaceae (Pygmea, Euphrasia), Umbelliferae (Anisotome, Schizeilema), Boraginaceae (Myosotis), Stylidiaceae (Phyllachne), Hectorellaceae (Hectorella), Thymelaeaceae (Drapetes), Dwarfed grasses (Poa, Agrostis, Trisetum), Lichens, Celmisia vascosa	High country yellow-brown earth (Eldefulvic soil)	(6) 1590	1620	0.2	5.1	−7.7	248	246	+0.2

N = Niederschlag, PE = potentielle Evaporation

Tab. 2: Vertikale Vegetations- und Bodenabfolge der Old Man Range (nach MARK 1965, 1969, 1970; MCCRAW 1965; MARK, frdl. mdl. Mitt.)

3.2. DIE OLD MAN RANGE

Die Beckengebiete und auch die untersten Teile der sie rahmenden Gebirgshänge müssen wir nach MARK (1965 u. frdl. mdl. Mitt.) der Zone I, der montanen Zone, zurechnen (vgl. *Tab. 2*). Der Vegetationstyp ist exotisch; dahinter verbirgt sich die weite Spanne der Pflanzendecke von äußerst produktivem Weideland über Obstgärten auf bewässerten Böden bis hin zu einer spärlichen Vegetationsbedeckung aus Gräsern der Gattung *Vulpia* und *Aira,* aus Kräutern und niedrigen Büschen wie z.B. dem europäischen Thymian *(Thymus vulgaris).* Sofern der Mensch die Böden nicht künstlich beeinflußt hat, herrschen graubraune, meist schluffhaltige Böden vor (WILDE 1972). Über die klimatischen Bedingungen geben die Werte der Station Alexandra in 158 m Höhe Auskunft: Die mittleren jährlichen Niederschläge betragen 335 mm, die mittlere jährliche Lufttemperatur wird mit 10.3 °C angegeben, die des Januars mit 16.5 °C und die des Julis mit 2.4 °C. Die Zone I liegt im Bereich des charakteristischen semi-ariden Klimas Zentral-Otagos mit warmen und trockenen Sommern und kalten Wintern; Zentral-Otago ist in Neuseeland bekannt durch seine sonnenüberglänzten, wolkenarmen und trockenen Beckenlandschaften. Die geschätzte mittlere Wasserbilanz, ermittelt aus den Niederschlägen und der potentiellen Verdunstung, beträgt in Alexandra für die Monate Dezember bis März (Sommer) – 163 mm.

Innerhalb der montanen Zone läßt sich als Zone II die „scabweed semi-desert" ausgliedern (frdl. mdl. Mitt. MARK). Hier haben die graubraunen Böden während langer Perioden, vor allem aber während der Wachstumszeit, einen negativen Wasserhaushalt *(Tab. 1),* da die Niederschläge gering (im Jahr unter 400 mm, im Sommer unter 150 mm) und die potentielle Verdunstung recht hoch (im Sommer um 500 mm) sind. In der Vegetation dominieren die vereinzelten dichten Polster von *Raoulia australis* („scabweed"); dazu gesellen sich, sofern der Boden nicht bis auf ein Steinpflaster erodiert ist, einheimische und eingeschleppte Gräser und Kräuter. Diese Scabweed-Vegetation hat im nördlichen Teil der Old Man Range in Höhen zwischen 250 und ca. 800 m, in einem Bereich also, der relativ warm und trocken ist, das *Festuca*-Tussock-Grasland verdrängt. Die Ursachen dafür liegen in der Überbeweidung durch Kaninchen und Vieh während der Zeit von etwa 1880 bis 1960 (MARK 1969; frdl. mdl. Mitt. MARK). Seither hat die strenge Kontrolle der Kaninchen-Populationen und des Vieh-Weideganges zu einer erneuten Ausbreitung des Tussock-Graslandes geführt, das jedoch die trockensten und von der Erosion am stärksten betroffenen Gebiete noch nicht zurückerobern konnte.

Das *Festuca*-Tussock-Grasland wird als Zone III genannt (frdl. mdl. Mitt. MARK). Hier dominiert das gemeine „Hard Tussock"-Gras *(Festuca novae-zelandiae),* dazu kommen exotische Gräser, vereinzelte Büsche, wie der Dornstrauch *Discaria toumatou,* und an feuchten Stellen auch das Silber-Tussock-Gras *Poa laevis.* Während der Wachstumsperiode ist die Wasserbilanz negativ, jedoch zeigen Untersuchungen über die Bodenfeuchte *(Fig. 5)* günstigere – wenn auch im Sommer für das Wachstum nicht ausreichende – Bedingungen als in der Zone II.

Die subalpine Zone zwischen 750 und 1 000 m Höhe wird vom Vegetationstyp des gemischten *Festuca*- und Schnee-Tussock-Graslandes eingenommen. *F. novae-zelandiae* und das schmalblättrige Schnee-Tussock-Gras *Chionochloa rigida* (MARK 1969) bilden einen gut erkennbaren, ca. 300 m Höhendistanz überbrückenden Streifen oberhalb des montanen *Festuca*-Tussock-Graslandes. Als Folge von Brand und Weidegang ist die Zone IV am Nordabfall der Old Man Range nicht ausgebildet, sondern wird dort vom Tussock-Grasland aus *F. novae-zelandiae* in tieferen Lagen und *F. matthewsii* in höheren Lagen abgelöst. Das an

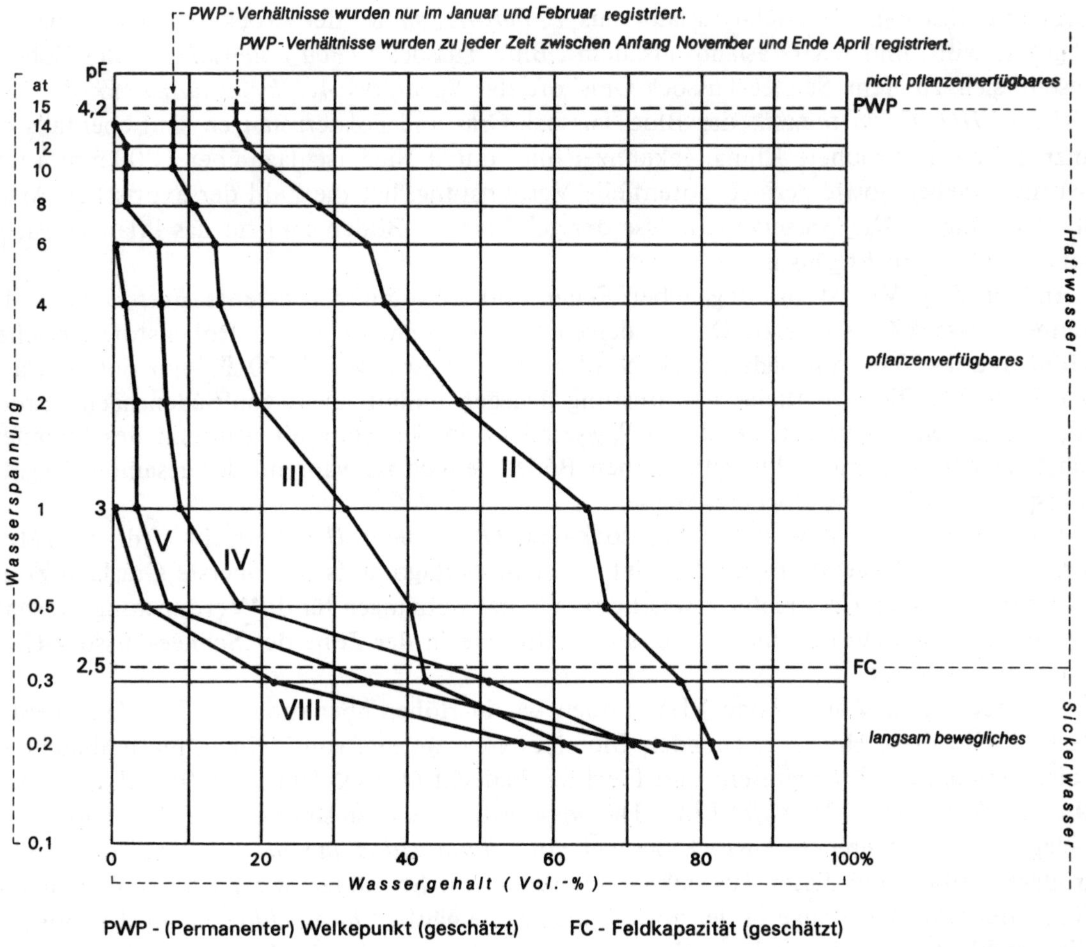

Höhenstufe	Lage (vgl. Fig. 3)	Boden
VIII	6	gelbbrauner hochalpiner Boden
V	8	gelbbrauner alpiner Boden
IV	9	gelbgrauer Boden
III	10	braungrauer bis gelbgrauer Übergangsboden
II	1	braungrauer Boden

Fig. 5: Wasserspannungskurven von Oberböden verschiedener Höhenstufen der Old Man Range (nach MARK, frdl. mdl. Mitt.). Dreijährige Periode: Dezember 1959 – November 1962.

höhere Feuchtigkeit gebundene Schnee-Tussock-Gras fehlt hier. Im Gegensatz zu den zuvor genannten Zonen hat die Zone IV einen positiven Wasserhaushalt, was aus den erhöhten Niederschlägen und den verringerten Temperaturen resultiert. Wasserspannungskurven der gelbbraunen Böden erreichen nur äußerst selten den permanenten Welkepunkt.

Die tief gelegene alpine Zone zwischen 1 000 und 1 450 m Höhe wird von drei Vegetationstypen eingenommen (MARK 1965, 1969; frdl. mdl. Mitt. MARK): Das Schnee-Tussock-

Grasland, das vom Tussock-Grasland aus *F. matthewsii* an den trockeneren Nordhängen abgelöst wird, und das Grasland aus dem „Blue Tussock“ *(Poa colensoi)*. In der Zone V gesellt sich zu dem Schnee-Tussock-Gras oft das Speergras *Aciphylla aurea (Photo 228, Tafel LVIII)*. *F. matthewsii*, das Blue Tussock-Gras und Polsterpflanzen sind ebenfalls oft anzutreffen. Das rauhere Klima, gekennzeichnet durch Niederschläge über 1000 mm/a und häufigen Nebel, sowie geringe potentielle Verdunstung, hat die Zahl der exotischen Arten stark verringert. Die Wasserverhältnisse der gelbbraunen Böden sind für das Pflanzenwachstum ganzjährig recht günstig.

In der Zone VI hat das gegenüber Feuer und Beweidung resistente *Festuca*-Gras das Schnee-Tussock-Gras ersetzt. Die Niederschlagswerte nehmen in der Höhenstufe zwischen 1000 und 1450 m von Süden nach Norden ab, und zwar von 1200 auf nur 660 mm/a in der Zone VI. Die potentielle Verdunstung dagegen nimmt leicht von Süden nach Norden zu, was zu einer geringen negativen Wasserbilanz in der Zone VI während des Sommers führt; in den gelbgrauen bis gelbbraunen Böden jedoch ist während der gesamten Vegetationsperiode pflanzenverfügbares Wasser.

Die Zone VII wird vom Blue Tussock-Gras *(Poa colensoi)* beherrscht (frdl. mdl. Mitt. MARK). Dieser Vegetationsgürtel bildet in Zentral-Otago stets die oberste Grasland-Zone. Das kurze Tussock-Gras bietet etwas bessere Voraussetzungen für die Verdunstung, weshalb der Bodenwasserhaushalt nicht ganz so günstig wie in der Zone des Schnee-Tussock-Graslandes (Zone V) ist.

Die hochalpine Zone (Zone VIII) finden wir in Höhen über rund 1450 m. Die größten Teile der in diese Höhen reichenden Gipfelbereiche werden von kleinen, mattenbildenden Polstergewächsen, Zwerggräsern und Flechten bedeckt (MARK 1965, 1970; frdl. mdl. Mitt. MARK; *Photo 229–231, Tafel LIX*). Die wichtigsten Pflanzen sind in der *Tab. 2* aufgeführt. Gelegentlich auftretende Tussock-Büschel von *Chionochloa macra* lassen auf eine früher größere Verbreitung dieser Tussock-Gräser schließen. So finden wir auch im Westen und Süden der Old Man Range in der hochalpinen Zone häufig *Chionochloa macra*. Die höheren Niederschläge im Süden haben sehr wahrscheinlich einerseits die Vegetationszonen etwas herabgedrückt und andererseits diese vor anthropogenen Modifikationen weitgehend geschützt. Wichtige geoökologische Faktoren der hochalpinen Zone sind die niedrigen Temperaturen während der gesamten Wachstumsperiode, die häufigen Frostwechseltage, eine sehr kurze frostfreie Periode (maximal 8–11 Tage während der 5 Beobachtungssommer), häufiger Nebel (58 % der Tage des Jahres haben für mindestens 2 Stunden eine Nebeldecke) und schließlich das stets pflanzenverfügbare Haftwasser im Boden.

3.3. MORPHOLOGISCHE ERSCHEINUNGEN DER HOCHALPINEN STUFE (OLD MAN RANGE)

In Zentral-Otago reichen die obersten, flach-welligen Gipfelregionen der Gebirgszüge bis in oder bis nahe an die Zone periglazialer Prozesse. Ökologische und geoökologische Forschungen haben vor allem BILLINGS and MARK (1961), MARK and BLISS (1970), MARK (1965, 1970) und BROCKIE (1965, 1967, 1972, 1974) in dieser Höhenstufe durchgeführt; die folgenden Ausführungen beruhen auf ihren Arbeiten, z.T. auf bisher unveröffentlichten Ergebnissen, die mir von den Autoren freundlicherweise zur Verfügung gestellt wurden.

Klimabeobachtungen über kurze Zeiträume (maximal 6 Jahre) zeigen eine mittlere Jahrestemperatur um 0 °C. Die Monatsmittel schwanken nur um ca. 12 °C (Februarmittel:

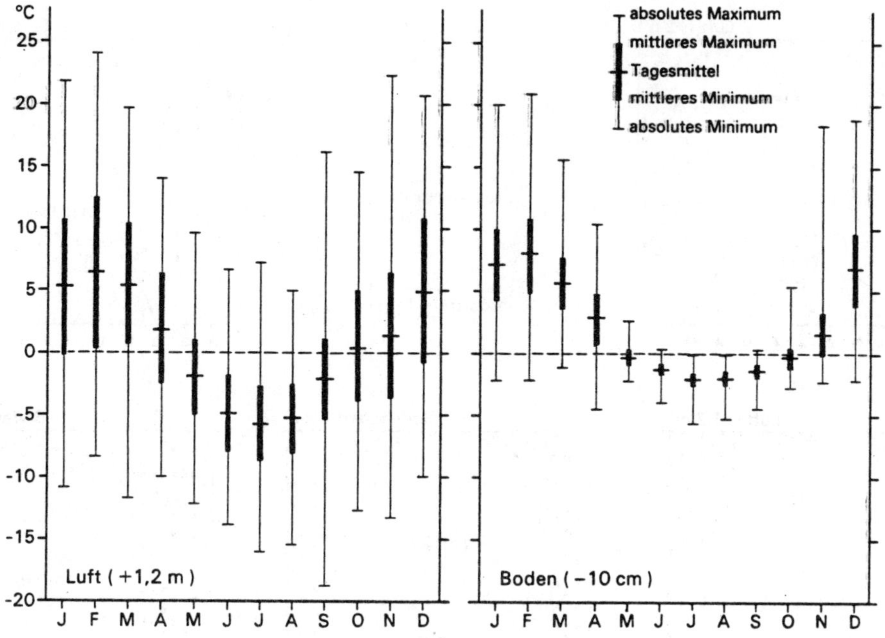

Fig. 6: Monatliche Luft- (+ 1,2 m) und Boden- (– 10 cm) Temperaturen der Old Man Range (in 1 590 m Höhe) für eine fünfjährige Periode (Mai 1963 – April 1968). Dargestellt sind die monatlichen Extremwerte, die mittleren täglichen Maxima und Minima und die Tagesmitteltemperaturen $(= \frac{\text{mittl. Max.} + \text{mittl. Min.}}{2})$ (nach MARK & BLISS 1970).

5–6 °C, Julimittel: –7 – –8 °C) *(Fig. 6* und *7).* Betrachtet man die Wachstumsperiode, so fällt auf, daß in der hochalpinen Stufe Zentral-Otagos ähnlich strenge Klimabedingungen herrschen wie in alpinen Höhenstufen anderer Hochgebirge (Mitteleuropa, Skandinavien, Nordamerika). Ein Vergleich zeigt auch auf, daß der Inseleffekt in Neuseeland die Sommertemperaturen niedrig hält, die Wintertemperaturen dagegen relativ mild ausfallen läßt. Die temporäre Schneegrenze schwankt von Jahr zu Jahr sehr, doch wird die hochalpine Zone Zentral-Otagos im Jahr gewöhnlich von einer geschlossenen Schneedecke bis zu sechs Monaten bedeckt; während aller Jahre wurde eine Schneedecke während mehr als 100 Tage/a beobachtet. Einzelne Schneefelder können mehrere Sommer überdauern.

Die ungünstigen Temperaturverhältnisse während der Wachstumsperiode in der hochalpinen Zone Zentral-Otagos werden wohl am besten durch die äußerst kurze frostfreie Zeitspanne von nur 8–13 Tagen im Sommer charakterisiert; diese Zeit ohne Temperaturen unter dem Gefrierpunkt scheint kürzer zu sein als in fast allen anderen alpinen Gebieten der Welt, mit Ausnahme der tropischen Hochgebirge. Die Bodentemperaturen bleiben für 2–3 Monate unter dem Gefrierpunkt; infolge der winterlichen Schneedecke sinken die Temperaturen im Boden (– 10 cm) wohl kaum unter – 5 °C. Jahreszeitliche Fröste können bis 50 cm in den Boden eindringen, sofern die schützende Schneedecke zeitweise fehlt. Bisher wurden detaillierte geländeklimatologische Untersuchungen in der Old Man Range (MARK und BLISS 1970; MARK 1970) und in der Rock and Pillar Range (MARK 1970; BROCKIE, frdl. mdl. Mitt.) ausgeführt *(Fig. 7).* Die Ergebnisse lassen erkennen, daß in der rd. 220 m höheren Old Man Range die Klimabedingungen etwas rauher sind.

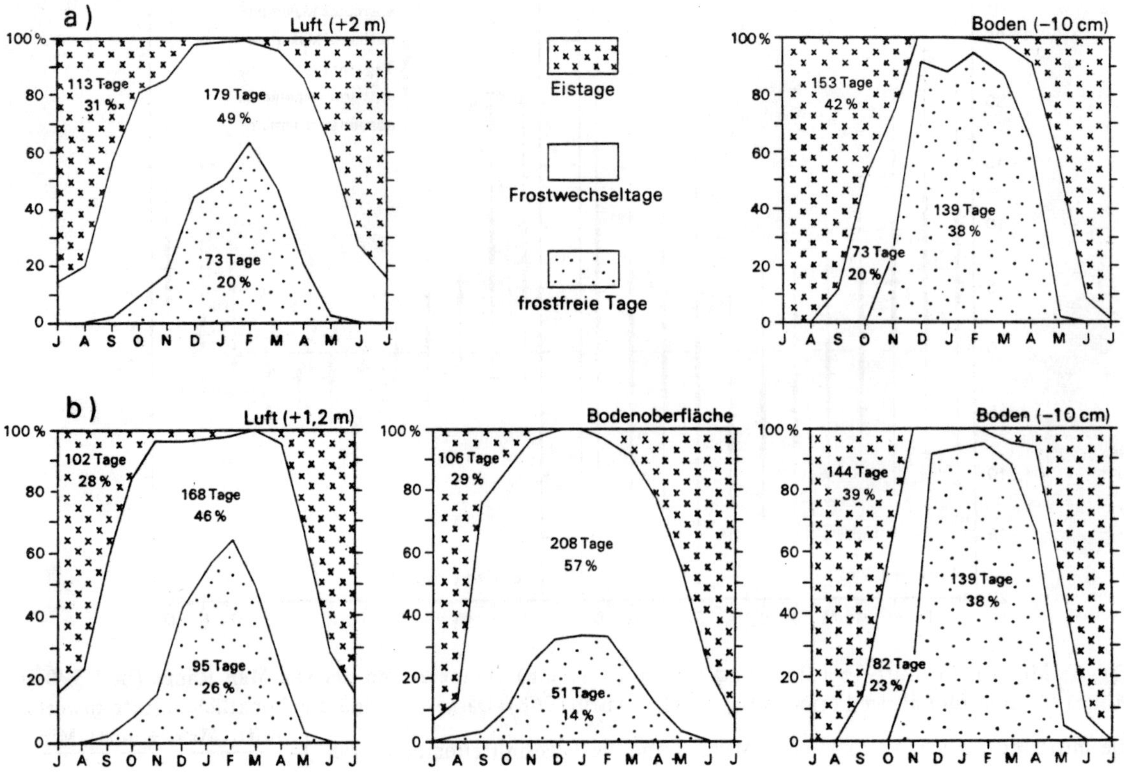

Fig. 7: Eistage, Frostwechseltage und eisfreie Tage:
(a) Old Man Range, 1 590 m Höhe, für Luft (+ 2 m) und Boden (− 10 cm), fünfjährige Periode (Mai 1963 – April 1968), nach MARK & BLISS 1970, (b) Rock and Pillar Range, 1 410 m Höhe, für Luft (+ 1,2 m), Bodenoberfläche und Boden (− 10 cm), 1965 – 1969, 1971 – 1972, nach BROCKIE (frdl. mdl. Mitt.).

Aus verschiedenen Gebieten Zentral-Otagos sind große, bis zu 3 m Durchmesser messende Steinringe und Steinnetze bekannt. An ihren Rändern hat sich Vegetation angesiedelt, weshalb sie als fossile Formen angesehen werden. Die Feinmaterialkerne scheinen oft heute noch aktiv zu sein. Manchmal sind die reaktivierten Zentren von einem Netz aus Miniaturpolygonen überzogen (MARK und BLISS 1970; BROCKIE, frdl. mdl. Mitt.). Miniaturpolygone mit einem Durchmesser von 12–20 cm sind weit verbreitet. Die Austrocknung des oberflächennahen Materials scheint für die erste Anlage der Netzstrukturen verantwortlich zu sein; zusätzlich – so nimmt BROCKIE an – üben auch Kammeis und Wind einen Einfluß auf ihre Bildung.

Verschiedene Formen an Miniatur-Steinstreifenböden sind aus Zentral-Otago bekannt. Ihr Streifenabstand beträgt 10–15 cm. Oft sind die Streifenböden mit Miniatur-Polygonen vergesellschaftet; sie sind dann mit geringfügigen Änderungen der Hangneigung in Verbindung zu bringen. Ein zweiter Typ zeigt stromlinienartig gewundene Steinstreifen, die sich ebenfalls hangabwärts erstrecken (BROCKIE 1967). Die dritte Form der Steinstreifen ist weniger gut ausgebildet; ihre Entstehungsursachen sieht man in einer bestimmten Kombination von Hangorientierung und den heftigen NW-Winden, die eine bevorzugte Längsachsenanordnung der Schiefergesteinsbruchstücke bewirken. Neben den genannten Miniatur-Streifen kommen auch etwa 1 m breite Steinstreifen vor, die als fossile Formen gedeutet werden, wenn sie auch zur Zeit selten eine Vegetation tragen; die Flechte *Umbillicaria cylindrica* findet man allerdings nach MARK und BLISS (1970) häufig auf den Gesteinen der Streifen; die Autoren sehen darin ein Indiz für fehlende rezente Bewegungen. Im Bereich der Steinpackungen wird mit abfließendem Schmelz- und Niederschlagswasser viel Feinmaterial transportiert. Sie werden deshalb auch "stone drains" genannt (BROCKIE 1965).

In Gebieten mit steinfreiem und möglicherweise äolisch transportiertem Bodenmaterial und mit schlechter Dränung sind oft bestimmte Bodenmuster zu beobachten, die auf den ersten Blick den nordhemisphärischen Thufur-Auffrier-Hügelchen ähneln. In den neuseeländischen Formen fehlt immer torfiges Material *(Fig. 8, Photo 229, Tafel LIX)*. Auf geneigten Hängen von 2–7° bilden sich aus den unregelmäßig angeordneten Hügelchen, die 25–40 cm hoch und 150 cm Abstand haben, wohlgeordnete Bodenstreifen von ca. 40 cm Höhe und ca. 150 cm Abstand. Aus verschiedenen Gebirgszügen Zentral-Otagos sind aber auch kleinere Formen bekannt (BILLINGS und MARK 1961; MARK und BLISS 1970). Das Alter dieser Streifen konnte bisher nicht bestimmt werden; sie tauchen unter rezente Torfmoore. Die regelmäßige Anlage der Hügelchen auf ebenem Gelände wird auf die Windeinwirkung in Verbindung mit einer differenzierten Vegetationsanordnung auf einem Mikrorelief, das durch ein Mikroklima charakterisiert ist, erklärt (BILLINGS und MARK 1961; MARK und BLISS 1970; *Fig. 8*). Die Vermutung, daß der Vorgang der Gelideflation i.S. TROLLs (1973) bei der Ausbildung der Formen einen entscheidenden Anteil hatte, zumal es sich um fossile bzw. subfossile Bildungen handelt, bei deren Entstehung sicherlich die Aktivitäten der Kaninchen und der Viehweidegang noch keine Rolle gespielt haben dürften, wird von MARK und BLISS (1970) verneint, denn für die Gebiete mit den Erdhügeln und Erdstreifen können – entgegen COCKAYNE (1928) – keine torfigen Ablagerungen nachgewiesen werden.

Die Böden, die aus Schiefern hervorgegangen und daher gewöhnlich sandig-lehmig ausgebildet und von Gesteinsstückchen durchsetzt sind, zeigen auf Hängen über 2° Neigung fast

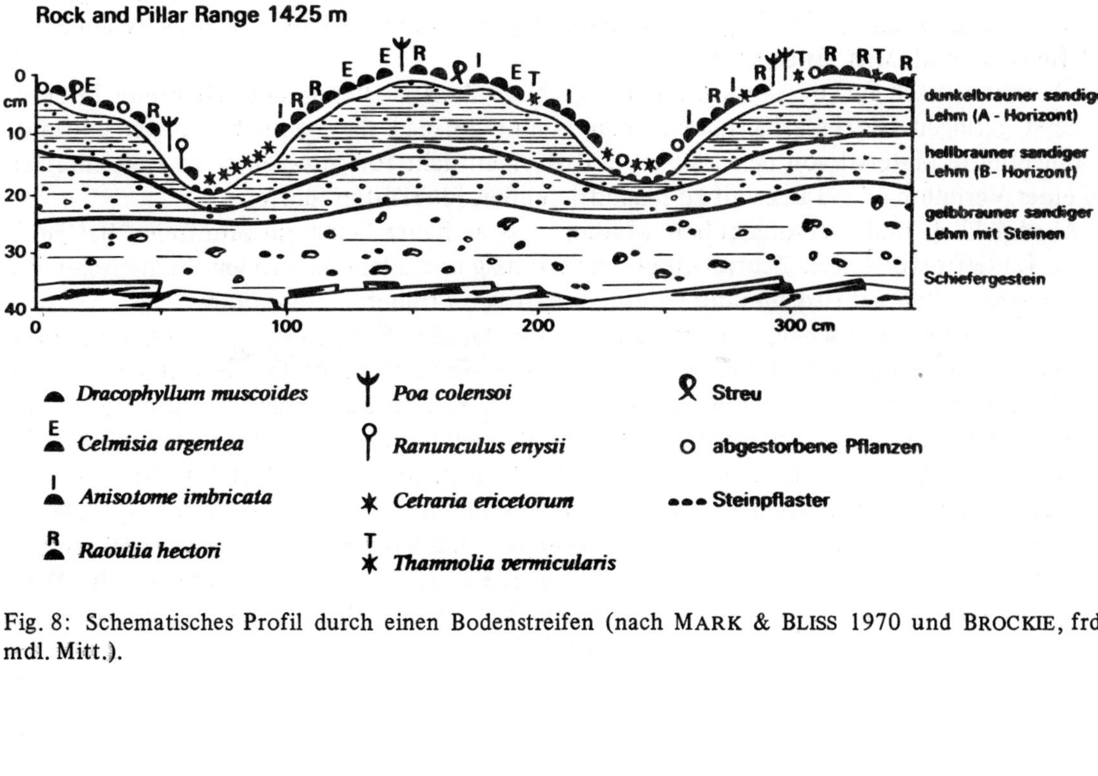

Fig. 8: Schematisches Profil durch einen Bodenstreifen (nach MARK & BLISS 1970 und BROCKIE, frdl. mdl. Mitt.).

immer solifluidale Bewegungen. Die alpinen gelbbraunen erdigen Böden haben – abgesehen von einigen wenigen Ausnahmen – fast immer steinfreie A- und B-Horizonte. Diese Beobachtung stützt die Vermutung, daß die Böden zum großen Teil aus Löß hervorgegangen sind. Kleine Steinchen sind aber oft an der Oberfläche angereichert, besonders an exponierten und (vom Wind) erodierten Gebieten. Die Entwicklungstiefe der Böden (A- und B-Horizonte) nimmt von weniger als 3 cm unter Polsterpflanzen bis auf 50 cm unter Krautvegetation zu. Unter Erdhügelchen und Erdstreifen *(Fig. 8)* verläuft die Grenze des steinfreien B-Horizontes zum steinigen C-Horizont fast horizontal. Das Mikrorelief an der Oberfläche wird von einer unterschiedlichen Mächtigkeit der A- und B-Horizonte bestimmt. Die Möglichkeit, daß tiefgreifende Frostwirkungen das oberflächliche Relief verursachten, ist daher so gut wie ausgeschlossen (MARK und BLISS 1970; MCCRAW 1962).

Solifluktionsterrassen, die reihenförmig angeordnet sind, kommen häufig an Hängen von 5–10° Neigung vor *(Photo 230, Tafel LIX)*. An ihren inneren Rändern kann der Gesteinsuntergrund zutage treten; die höher gelegene Oberfläche der Terrassen ist oft vegetationsfrei und von Miniaturpolygonen eingenommen. Die Terrassenstirn vermittelt häufig den Eindruck rezenter Bewegungsvorgänge, und unter der Terrassenfront begrabene Böden sind erste Belege für ein aktives Vorrücken der Terrassen (MARK und BLISS 1970). Quantitative Messungen werden zur Zeit durchgeführt (frdl. mdl. Mitt. BROCKIE).

Sichelförmige Solifluktionsloben sind auf Hänge mit über 15° Neigung beschränkt; sie befinden sich fast immer unterhalb von Nivationsnischen und perennierenden Schneefeldern. Die Solifluktionsloben können aus sehr unterschiedlichem Material bestehen, das jedoch stets eine Orientierung, aber nie eine Sortierung aufweist.

An Hängen über 10° Neigung, die von Schiefer-Tors überragt werden, finden sich vielerlei Beweise für einen hangabwärts gerichteten Massentransport vor allem gröberer Gesteinsstücke. Besonders eindrucksvoll sind die Wanderblöcke (ploughing blocks), die bis zu mehreren Tonnen Gewicht haben können und die, indem sie hangabwärts wandern, eine Spur von mehreren Metern (bis 15 m) hinter sich zurücklassen. Die Blöcke haben gewöhnlich eine „Bugwelle“ von 20–30 cm Höhe. Die Bewegungen finden zu allen Jahreszeiten statt, jedoch sind sie am größten im Frühling; die jährlich erzielten Raten belaufen sich zwischen 3 und 12 cm (frdl. mdl. Mitt. BROCKIE).

Charakteristisch für die alpine Zone der Gebirge Zentral-Otagos sind oft breite Täler mit äußerst geringen Gefällsverhältnissen. Man nimmt an, daß das von den Hängen solifluidal herangeführte Material von den Flüssen und Bächen nicht fortgetragen werden konnte, was zu einer Verfüllung der Täler und zu mäandrierenden Flußläufen führte.

Ausdrücklich muß hervorgehoben werden, daß es heute keine einwandfreien Belege für einen Dauerfrostboden in Zentral-Otago gibt. Einzig und allein die großen Steinstreifen und Steinnetze deuten auf Eiskeilbildung und Permafrost in früheren Zeiten hin.

Bei den neuseeländischen Kollegen fanden die glazialen Formen in den Gebirgen Zentral-Otagos bisher wenig Beachtung. Auf eine frühere, wahrscheinlich Otiran-zeitliche Vergletscherung weisen die vielen großen Kare hin, die in Zentral-Otago fast ausnahmslos an den nach SE gerichteten Hängen in Höhen über 1300 m auftreten *(Fig. 1, Photo 231, Tafel LIX)*. Längere Talgletscher existierten sehr wahrscheinlich nicht; unmittelbar unterhalb der Karschwellen sind oft verschiedene Moränenwälle ausgebildet. Manche Kare werden heute von Polstermooren eingenommen. Die Kare belegen eine letzteiszeitliche Schneegrenzabsenkung in Zentral-Otago von mindestens 600 m. (Zur Frage der pleistozänen Schnee- und Waldgrenzdepression vgl. WILLETT 1950; GAGE 1965; WARDLE 1970; MCGLONE und TOPPING 1973 a und b).

4. DIE OTAGO-TOR-LANDSCHAFT

In Ost- und Zentral-Otago werden 7500 km² von einer „Tor-Landschaft" eingenommen *(Photo 232, Tafel LIX)*. Die Tors (Felsburgen) der niedrig gelegenen Gebiete sollen eine zweiphasige Entwicklung durchgemacht haben *(Fig. 9)*; infolge spätkretazischer Tiefenverwitterung wurde im Bereich der Verwitterungsfront das Anstehende selektiv zersetzt; die nachfolgende Erosion hat die Verwitterungsdecke abgetragen und dadurch die Tor-Landschaft freigelegt. Diese Vorgänge sollen auch heute noch andauern. Abweichend davon wird die Anlage der Tors der hoch gelegenen Verflachungen (alpine Stufe) der einzelnen Gebirgszüge gesehen. Eine spätkretazische Abtragungsfläche wurde gehoben und durch Kryoplanationsprozesse während des Pleistozäns erniedrigt. Die Tors der Gebirge sind das Ergebnis der äußerst intensiven, für die alpine Stufe Zentral-Otagos nachgewiesenen periglazialen Verwitterung. Untersuchungen haben ergeben, daß durch Frostverwitterung aufbereiteter Schiefergesteinsschutt bis zu einer Mächtigkeit von über 40 m (lokal bis zu 160 m) durch Solifluktionsprozesse und Deflation abgetragen worden ist. Bei diesen Vorgängen haben jedoch auch sehr wahrscheinlich interglaziale und/oder interstadiale Verwitterungsvorgänge eine Rolle gespielt. Laboruntersuchungen ergaben (BROCKIE 1972), daß völlig unverwitteter Schiefer gegenüber der Frostverwitterung äußerst resistent ist, während

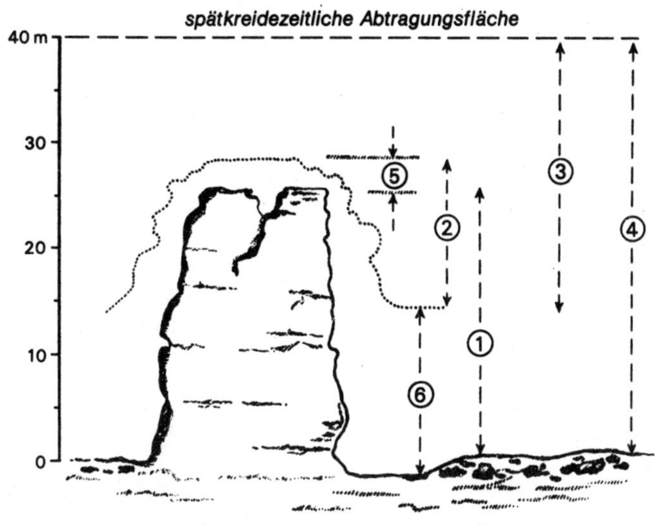

① Höhe des Hochland - Tors

② Höhe des Tiefland - Tors

③ Mächtigkeit der Tiefenverwitterung der Schiefer im Tiefland

④ Betrag der gesamten Abtragung von der Oberkreide bis zur Tor - ' Plattform '

⑤ unbekannter Betrag der Abtragung während des frühen Pleistozäns im unverwitterten Schiefer zwischen den Hochland- und Tiefland - Tors.

⑥ vermuteter Betrag der Abtragung unverwitterter oder leicht verwitterter Schiefer infolge frostgesteuerter Prozesse (Kryoplanation)

Fig. 9: Schematische Darstellung der Tor-Entwicklung (nach BROCKIE, frdl. mdl. Mitt.).

Schiefer, der nur leicht angewittert ist, unter periglazialen Klimabedingungen sehr schnell zerfällt (vgl. auch MCCRAW 1965; WARD 1951; WOOD 1969; BROCKIE 1974).

Dieser zunächst rein deduktiv durchgeführte Erklärungsversuch der Tors von Otago sollte durch analytische Untersuchungen überprüft werden, zeigt er doch, daß die Otago-Tor-Landschaft in einzigartiger Weise zu demonstrieren scheint, daß gleiche Formen aus dem Zusammenspiel ganz unterschiedlicher Prozesse hervorgehen können (frdl. mdl. Mitt. BROCKIE).

5. LÖSS IN ZENTRAL-OTAGO

Lößablagerungen unterschiedlicher Mächtigkeit sind in Zentral-Otago weit verbreitet. Die Lößvorkommen sind oft vom Relief unabhängig; auf Terrassen und im Hügelland bis ca. 300 m Höhe von S- und W-Otago beträgt die durchschnittliche Lößmächtigkeit 3–5 m; eine obere Höhengrenze der Lößverbreitung gibt es nicht. Man nimmt an, daß die Lößablagerungen im Spätpleistozän während kalter oder kühler werdende Perioden akkumuliert wurden. Der älteste Lößkomplex (Brown C) wird aufgrund der relativen Stratigraphie und des Verwitterungsgrades in die Waimea-Eiszeit gestellt *(Tab. 3);* er unterlag im Oturi-Interglazial einer Bodenbildung (Romahapa-Paläoboden). Die beiden mittleren Lößkomplexe (Brown B und Brown A) werden nach Morphologie, Stratigraphie und Radiokarbon-Bestimmungen mit Stadialen der Otira-Eiszeit korreliert; die auf ihnen entwickelten Paläoböden sind Bildungen der entsprechenden Interstadiale. Der jüngste Lößkomplex (Yellow) wurde während des letzten großen Eisvorstoßes der Otira-Kaltzeit akkumuliert und verwitterte seit der Zeit des Gletscherrückzuges. In Zentral-Otago kommen mächtigere Lößakkumulationen nur vereinzelt vor *(Fig. 10);* dieses Gebiet war nämlich mit seinen höher gelegenen Teilen und Gipfelbereichen vornehmlich Abtragungsgebiet des Lößmaterials (BRUCE 1973; *Fig. 11).*

Neuseeland Jungquartäre Ereignisse (nach SUGGATE, 1965)			Lößfolge in Southland und Otago		Korrelierung mit	
Glazial Interglazial	Gletscher - Vorstoß	Gletscher - Rückzug	Lößkomplex	Löß- Entwicklungszyklus	Nordamerika	Europa
Aranui		Hauptrückzug	Yellow	Bodenbildung (rezent)	Holozän	Holozän
Otira	Kumara 3_2			Akkumulation (Yellow A) / Bodenkappung	Wisconsin	Würm
	kleinerer			(Bodenbildung?)		
	Kumara 3_1			Akkumulation (Yellow B)		
		Interstadial	Brown A	Bodenbildung		
	Kumara 2_2			Akkumulation 21 500 ± 1100		
			Brown B	Bodenkappung		
		Interstadial		Bodenbildung		
	Kumara 2_1			Akkumulation		
			Brown C	Bodenkappung		
Oturi		Hauptrückzug		Bodenbildung	Sangamon	Eem
Waimea	Kumara 1			Akkumulation	Illinoian	Riß II

Tab. 3: Lößstratigraphie (nach BRUCE 1973)

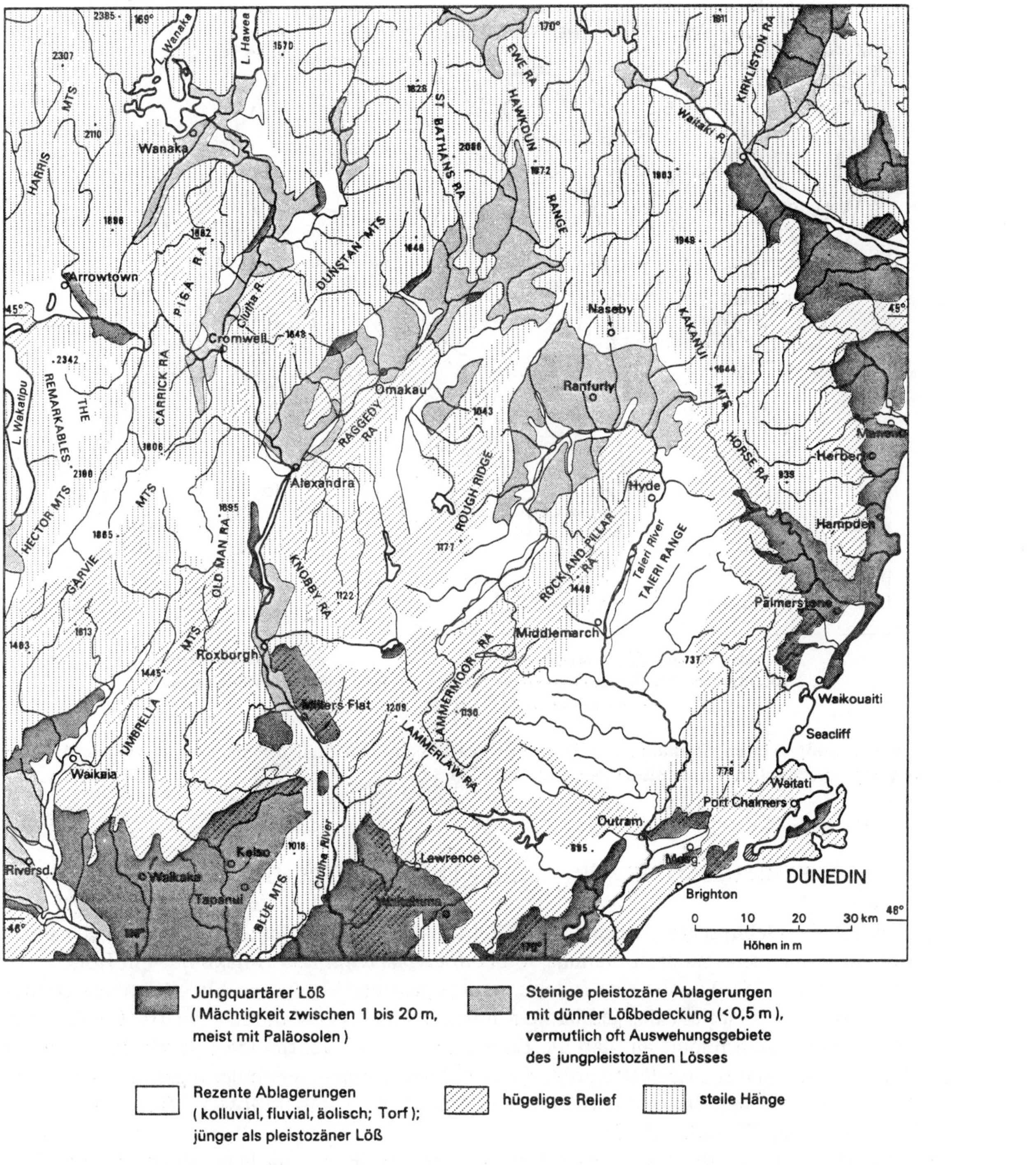

Fig. 10: Übersichtskarte der Lößverbreitung (nach BRUCE, J.G., IVES, D.W., LEAMY, M.L. (1973): Maps and sections showing the distribution and stratigraphy of South Island loess deposits, New Zealand. Scale 1 : 1 000 000. N. Z. Soil Bureau Map 128, to accompany N. Z. Soil Survey Report 30).

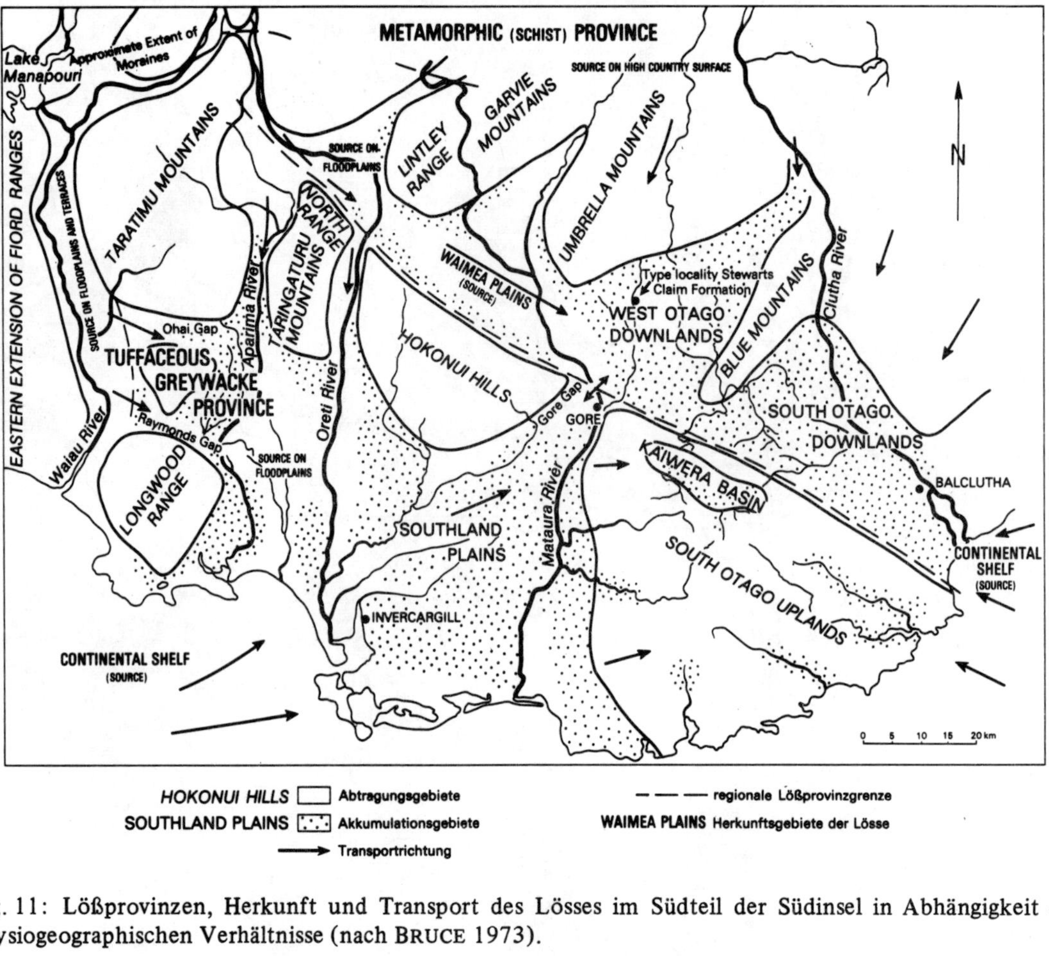

Fig. 11: Lößprovinzen, Herkunft und Transport des Lösses im Südteil der Südinsel in Abhängigkeit der physiogeographischen Verhältnisse (nach BRUCE 1973).

6. BEMERKUNGEN ZUR VEGETATIONSGESCHICHTE VON OTAGO

Obgleich die Gebirgszüge Zentral-Otagos heute völlig baumlos sind, weisen doch die Reste subfossiler Bäume – zumeist Stämme von *Podocarpus hallii* und Holzkohle – in Höhen zwischen 300 und 1 000 m auf eine frühere, anders geartete Vegetation hin. Die obere Grenze der Baumreste entspricht der geschätzten mittleren Sommerisotherme von 10 °C (frdl. mdl. Mitt. MARK). Man nimmt an, daß die Entwaldung im 12. Jahrhundert durch die Feuer der Moa jagenden Maori ausgelöst wurde; dabei können kleinere Veränderungen des Klimas im Bereich der Waldgrenze mitgewirkt haben (MOLLOY 1969; MOLLOY, BURROWS, COX, JOHNSTON, and WARDLE 1963).

Heute liegen bereits verschiedene Pollenprofile vor, die die nacheiszeitliche Vegetationsentwicklung Otagos in groben Zügen aufzeigen. Von besonderer Bedeutung ist ein Pollendiagramm aus dem Swampy Summit-Torfmoor *(Fig. 12)*, das in 742 m Höhe ca. 16 km nördlich von Dunedin liegt (CRANWELL und VON POST 1936; MCINTYRE and MCKELLAR 1970; MCKELLAR 1973; frdl. mdl. Mitt. M. MCKELLAR).

Drei Pollenzonen, die durch eine Serie von ^{14}C-Datierungen zeitlich fixiert werden, lassen sich hier ausgliedern: die basale Zone I enthält hauptsächlich *Coprosma* und *Cyperaceae* und

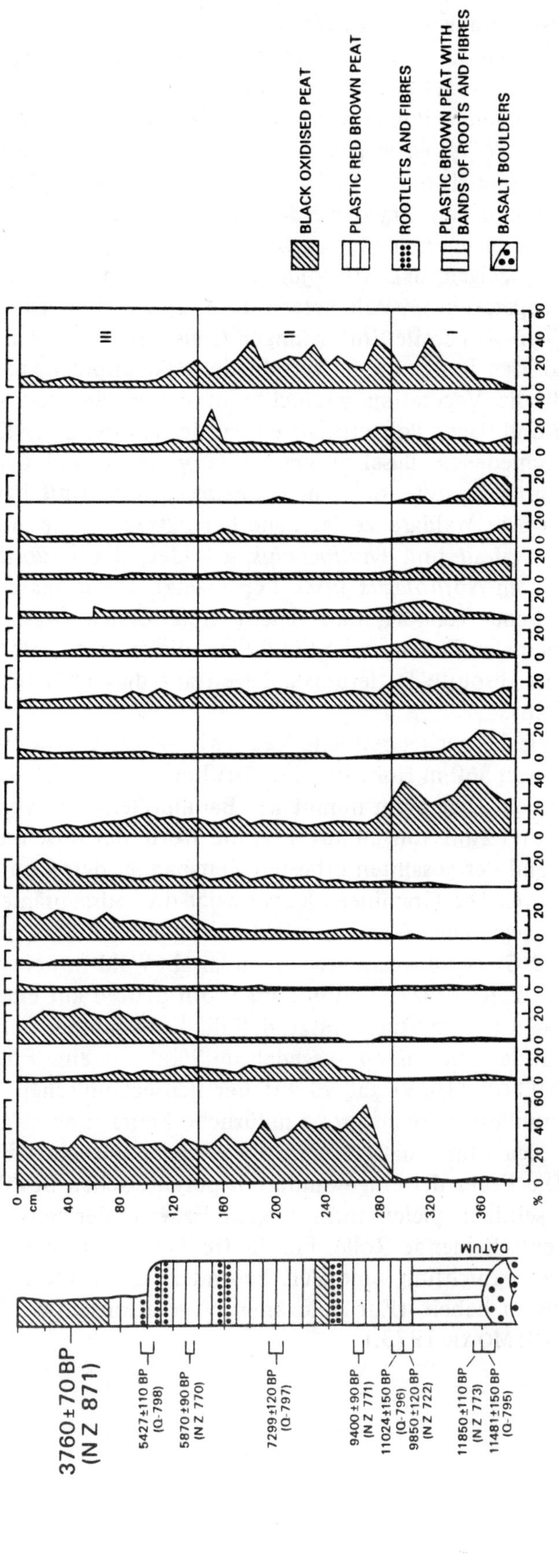

Fig. 12: Pollendiagramm des Swampy Summit-Torfmoores (nach McIntyre & McKellar 1970).

wird durch ^{14}C-Bestimmungen auf 12 000 (– 11 500) bis 11 000 (10 000) a B.P. datiert. Dieselben Arten dominieren auch heute an der Oberfläche des Moores. Die Zone II beginnt mit einem plötzlichen Anstieg der *Podocarpus*-Pollen. Die Zone III läßt sich durch den Anstieg von *Dacrydium cupressinum*-Pollen nach unten abgrenzen; sie beginnt vor 6000 a B.P. Der Anteil an *Nothofagus*-Pollen ist in Zone II niedrig. Ein Anstieg von *Nothofagus* kennzeichnet gewöhnlich die Zone III in den Pollendiagrammen aus Vorkommen weiter landeinwärts. Abgesehen vom küstennahen Otago werden für die Vergangenheit ausgedehnte Wälder aus *Nothofagus menziesii* angenommen. Neuere Untersuchungen (McKELLAR 1973) über den heutigen Pollenregen zeigen, daß *Nothofagus menziesii* im Vergleich zu seiner Verbreitung in der regionalen Vegetation im Pollenregen unterrepräsentiert ist, während die Pollen vom *Nothofagus fusca*-Typ über weite Entfernungen transportiert werden können.

Auch in der Old Man Range zeigen verschiedene Pollenprofile aus Höhen zwischen 1 220 und 1 400 m, daß die Vegetationsgeschichte in der Nacheiszeit etwa folgende Etappen durchlief: Kräuter und flache Polsterpflanzen wurden während der Klimaverbesserung durch Grasland mit verschiedenen Büschen ersetzt *(Coprosma* und *Gramineae);* zur Zeit der *Sphagnum*-Torfbildung breitete sich ein *Podocarpus*-Wald (mit hauptsächlich *Podocarpus spicatus*) aus; die obere Waldgrenze lag nahe bei 1 200 m Höhe und wurde wahrscheinlich von *Nothofagus menziesii* und *Phyllocladus* gebildet; der *Podocarpus*-Wald wurde dann durch einen Wald vom *Nothofagus fusca*-Typ ersetzt; wenig später wurde der *Nothofagus fusca*-Wald durch Feuer zerstört, und erneut breitete sich Grasland aus. In oberflächennahen Proben finden sich *Pinus*- und *Salix*-Pollen, die auf die beginnende europäische Kolonisation hindeuten. Absolute Datierungen liegen aus diesem Gebiet bisher nicht vor (frdl. mdl. Mitt. McGLONE).

Ähnlich stellt sich die nacheiszeitliche Vegetationsentwicklung in einem Pollendiagramm von Clarks Junction in 560 m Höhe dar. Der Ort liegt etwa 25 km von der Ostküste entfernt (LESLIE 1973). In dem Diagramm nimmt der Baumpollenanteil von *Nothofagus* und *Podocarpus* ständig ab, und zwar von 24 auf 4 %; die Werte der Busch- und Kräuter-Pollen fluktuieren stark während der gesamten erfaßten Zeitspanne, deren untere Grenze bisher nicht datiert werden konnte. Die Gramineen-Kurve zeigt drei ausgeprägte Maxima. Es wird daher vermutet, daß die regionale Vegetationsbedeckung sehr unterschiedlich war: Buschland, Busch-Grasland und Grasland wechselten einander ab. Wald war entweder gar nicht oder nur spärlich vorhanden. Viele Holzkohlefunde im Profil deuten auf einen wiederholten Einfluß des Feuers hin, was die Vermutung stützt, daß die Entwaldung – und sicherlich gab es auch in diesem Gebiet in der Nacheiszeit ausgedehnte Wälder – eine Folge von Feuereinwirkungen war. Nach MOLLOY (1969) gab es auf der neuseeländischen Südinsel zwischen 2000 und 6 500 a B.P. mindestens sechs große natürliche Feuer, und zwar in Abständen von 500 bis 1 000 Jahren. Neuerdings datiert man die ersten natürlichen Feuer der Postglazialzeit auf 7 500 a B.P. Die Feuer der eingewanderten polynesischen Bevölkerung gibt es seit rund 1 000 Jahren, und seitdem spielen anthropogene Feuer in der neuseeländischen Vegetationsentwicklung eine entscheidende Rolle. Für die trockeneren Teile von Otago und Canterbury scheint für die Waldvernichtung eine Zeit besonders intensiver Feuer zwischen 1 000 und 500 a B.P. gelegen zu haben. (Zur holozänen Vegetationsentwicklung vgl. auch LINTOTT und BURROWS 1973; MOAR 1973.)

7. DANKSAGUNG

Der kurze Überblick zur Geoökologie Zentral Otagos soll vor allem auf die neueren Forschungsergebnisse hinweisen. Dabei wurde nicht versucht, die Einzelprobleme umfassend abzuhandeln; oft wäre das auch nicht möglich gewesen, da die Untersuchungen zum Teil noch nicht abgeschlossen sind. Den neuseeländischen Kollegen möchte ich an dieser Stelle herzlich für die vielen Informationen danken, die ich von ihnen erhielt, vor allem aber auch für die großzügige Bereitstellung unveröffentlichten Materials. Mein besonderer Dank gilt W.J. BROCKIE (Dept. of Geography, University of Otago, Dunedin) und A.F. MARK (Dept. of Botany, University of Otago, Dunedin).

LITERATUR

BILLINGS, W.D. and A.F. MARK (1961): Interaction between alpine tundra vegetation and patterned ground in the mountains of southern New Zealand. Ecology *42*, 18–31.

BROCKIE, W.J. (1965): 'Patterned Ground': Some Problems of Stone Stripe Development in Otago. Proc. 4th Geogr. Conf. N. Z. Geogr. Soc. Dunedin, 91–104.

– (1967): A Contribution to the Study of Frozen Ground Phenomena – Preliminary Investigations into a Form of Miniature Stone Stripes in East Otago. Proc. 5th Geogr. Conf. N. Z. Geogr. Soc. Auckland, 191–201.

– (1972): Experimental Frost-Shattering. Proc. 7th Geogr. Conf. N. Z. Geogr. Soc. Hamilton, 177–186.

– (1974): Landform Systems. – "Society and Environment in New Zealand" (Hrsg. R.J. JOHNSTON), 15–47.

BRUCE, J.G. (1973): Loessial Deposits in Southern South Island, with a Definition of Stewarts Claim Formation. N. Z. Journ. Geol. Geophys. *16*, 533–548.

COCKAYNE, L. (1928): The Vegetation of New Zealand. 2. Aufl. „Die Vegetation der Erde", Bd. 14, Leipzig.

CRANWELL, L.M. and L. VON POST (1936): Post-pleistocene pollen diagrams from the Southern Hemisphere. I. New Zealand. Geogr. Ann. *3/4*, 308–347.

GAGE, M. (1965): Some Characteristics of Pleistocene Cold Climates in New Zealand. Tansact. Roy. Soc. N. Z. *3*, 11–21.

LEAMY, M.L. (1972): Fine-Textured Dissection in Semi-Arid Central Otago. N. Z. Journ. Geol. Geophys. *15*, 394–405.

– (1973): Subsoil Claypans as Quaternary Markers in Semi-Arid Central Otago. N. Z. Journ. Geol. Geophys. *16*, 611–622.

– and A.S. BURKE (1973): Identification and Significance of Paleosols in Cover Deposits in Central Otago. N. Z. Journ. Geol. Geophys. *16*, 623–635.

LESLIE, D.M. (1973): Relict periglacial landforms at Clarks Junction, Otago. With an appendix: Pollen Analysis by M.S. MCGLONE. N. Z. Journ. Geol. Geophys. *16*, 575–585.

LINTOTT, W.H. and C.F. BURROWS (1973): A Pollen Diagram and Macrofossils from Kettlehole Bog Cass, South Island, New Zealand. N. Z. Journ. Bot. *11*, 269–282.

MARK, A.F. (1965): Vegetation and Mountain Climate. N. Z. Geogr. Soc. Misc. Ser. *5* ('Central Otago'), 69–91.

– (1969): Ecology of Snow Tussocks in the Mountain Grasslands of New Zealand. Vegetatio, Acta Geobot. *XVIII*, 289–306.

– (1970): The High-Alpine Vegetation of Central Otago, New Zealand. Journ. Bot. *8*, 381–451.

– and L.C. BLISS (1970): The high-alpine vegetation of Central Otago, New Zealand. N. Z. Journ. Bot. *8*, 381–451.

MCCRAW, J.D. (1962): Sequences in the Mountain Soil Pattern of Central and Western Otago. N. Z. Soc. Soil Sc. Proc. *5*, 16–18.

– (1965): Landscapes in Central Otago. N. Z. Geogr. Soc. Misc. Ser. *5* ('Central Otago'), 30–45.

– (1966): Soils of Ida Valley, Central Otago, New Zealand. N. Z. Soil Bureau Rep. *2*.

McGlone, M.S. and W.W. Topping (1973a): Late Otiran/early Aranuian Vegetation in the Tongariro Area, Central North Island, New Zealand. N. Z. Journ. Bot. *11,* 283–290.

– and W.W. Topping (1973b): Otiran Pollen Diagrams from the Tongariro Region, North Island New Zealand. IXth Congr. INQUA, Abstracts, Christchurch N. Z., 218–219.

McIntyre, D.J. and I.C. McKellar (1970): A Radiocarbon dated Post Glacial pollen profile from Swampy Hill, Dunedin, New Zealand. N. Z. Journ. Geol. Geophys. *13,* 346–349.

McKellar, M.H. (1973): Dispersal of *Nothofagus* Pollen in Eastern Otago, South Island, New Zealand. N. Z. Journ. Bot. *11,* 305–310.

McLintock, A.H. (1959): A Descriptive Atlas of New Zealand. Wellington.

Moar, N.T. (1973): Contributions to the Quaternary History of the New Zealand Flora. 7. Two Aranuian Pollen Diagrams from Central South Island. N. Z. Journ. Bot. *11,* 291–304.

Molloy, B.P.J. (1969): Evidence from post-glacial climatic changes in New Zealand. Journ. Hydrol. *8,* 56–67.

–, C.J. Burrows, J.E. Cox, J.A. Johnston and P. Wardle (1963): Distribution of subfossil forest remains, eastern South Island, New Zealand. N. Z. Journ. Bot. *1,* 68–77.

Schweinfurth, U. (1966): Neuseeland. Beobachtungen und Studien zur Pflanzengeographie und Ökologie der antipodischen Inselgruppe. Bonner Geogr. Abh. *36,* Bonn.

Suggate, R.P. (1965): Late Pleistocene geology of the northern part of the South Island, New Zealand. N. Z. Geol. Surv. Bull. *77.*

Troll, C. (1973): Rasenabschälung (Turf Exfoliation) als periglaziales Phänomen der subpolaren Zonen und der Hochgebirge. Z. Geomorph. N. F. Suppl. Bd. *17,* 1–32.

Ward, W.T. (1951): The tors of Central Otago. N. Z. Journ. Sc. Technol. *33 B,* 191–200.

Wardle, P. (1970): Pleistocene snow lines in the Fox Glacier area. N. Z. Journ. Geol. Geophys. *13,* 560.

Wilde, R.H. (1972): An Age Sequence of Parent Materials and the Soils Formed from them in Central Otago, New Zealand. N. Z. Journ. Geol. Geophys. *15,* 637–664.

Willett, R.W. (1950): The New Zealand Pleistocene snow line, climatic conditions, and suggested biological effects. N. Z. Journ. Sc. Technol. *32 B,* 18–48.

Wood, B.L. (1969): Periglacial Tor Topography in Southern New Zealand. N. Z. Journ. Geol. Geophys. *12,* 361–375.

DISKUSSION

Prof. Dr. A. Kessler (Freiburg).

Wie ist die potentielle Verdunstung berechnet worden?

Referent:

Die Werte beruhen auf Messungen mit porösen Keramik-Evaporimetern.

Prof. Dr. W. Weischet (Freiburg).

Der Bewegungsmechanismus der 'ploughing blocks' muß m.E. nicht im Zusammenhang mit Frostwirkungen gesehen werden. Ich habe ähnliche Bewegungen etwas kleinerer Blöcke an Vulkanen in Südchile studieren können. Der entscheidende Prozeß ist, daß vor den Blöcken Schneewächten entstehen, die beim Abschmelzen eine Wasserübersättigung an der hangabwärts gerichteten Front des Blocks hervorrufen. Auf dem mobil gewordenen Untergrund kann die Hangabwärtsbewegung vor sich gehen. Bei dem häufigen Wetterwechsel im hochozeanischen Klima mit Schneefall und Schneeschmelze ergibt sich die Möglichkeit, daß solche Bewegungen in allen Jahreszeiten vor sich gehen können.

Prof. Dr. K. Heine:

Das Material, das hangabwärts wandert, zeigt Größen von wenigen Zentimetern Durchmesser bis zu mehreren Metern. Auch die kleineren Schieferscherben scheinen sich in Bewegung zu befinden (Messungen darüber fehlen jedoch). Bei den kleinen, flach dem Boden aufliegenden Gesteinsscherben möchte ich die Bedeutung von Schneeakkumulationen für eine unterschiedliche Bodendurchfeuchtung fast ganz ausschließen. Ich glaube, daß die häufigen Frostwechsel an der Bodenoberfläche (vgl. *Fig. 7*) doch den entscheidenden Anteil an den Bewegungen haben, wenngleich bei größeren Blöcken die von Ihnen erwähnten Durchfeuchtungsunterschiede sicherlich ebenfalls eine Rolle spielen können.

POLYLEPIS – HAGENIA – LEUCOSIDEA

Eine merkwürdige Konvergenz von Gehölztypen in der tropischen und subtropischen Gebirgsvegetation Südamerikas und Afrikas.

Carl Troll†

Vorbemerkung: Carl TROLL hat von seinem Spezialvortrag über die drei Baumgattungen der tropisch-subtropischen Gebirge Südamerikas und Afrikas nur ein stichwortartiges Stenogramm hinterlassen. Auch hier kann nur eine resümierende Zusammenfassung unter zusätzlicher Benutzung meiner eigenen Aufzeichnungen während des Vortrags wiedergegeben werden. (W. LAUER).

Drei Baumgattungen der tropisch-subtropischen Gebirge Südamerikas bzw. Afrikas spielen an der oberen Grenze der Gehölze eine eigenartige ökologische Rolle. Sie sind in ihren Standortbedingungen sehr ähnlich, kommen aber nie zusammen vor. Es sind dies:

1. *Polylepis* (35 Arten, tritt nur in Amerika auf, in den Anden zwischen der Sierra de Córdoba (Argentinien) und Venezuela.
2. *Hagenia* (eine Art) in den Gebirgen des nördlichen Afrika zwischen Äthiopien und den Virunga-Vulkanen bzw. dem Kilimandscharo.
3. *Leucosidea* (eine Art) in Gebirgen des südöstlichen Afrika von Kaffraria bis Rhodesien.

Alle drei Gattungen sind nahe verwandt (Rosaceen, Tribus, Sanguisorbeae nach RAUH). Alle haben sie eine abblätternde Baumrinde, dazu Fiederblätter, die gesägt sind. Die Blüten sind anemophil mit langen Staubfäden.

Die *Polylepis*-Gehölze sind in neuerer Zeit öfters pflanzengeographisch und ökologisch behandelt worden, zum Teil bilden sie den obersten Gehölzgürtel, zum Teil wachsen sie aber hoch über der geschlossenen Baumgrenze. So kommt z.B. in der Sierra de Córdoba *Polylepis australis* zwischen 700 – 2000 m vor, zusammen mit einer subantarktischen Art *Maytenus boaria.* In Nordwest-Argentinien und in Südost-Bolivien wachsen sie über dem bolivianisch-tucumanischen Regenwald als oberste Stufe noch über dem *Alnus*-Wald oberhalb von 2500 m bis 3000 (3500) m. Hier ist die Gattung *Polylepis australis* vertreten, die noch bis in die Cordillera Real (Illimani) nach Norden vorkommt. In den Anden gedeihen sie meist weit über der „Ceja de la Montaña", häufig im trockeneren Inneren, also bereits in der Puna. Dabei bilden sie weniger Gürtel, sondern kommen meist an ökologisch klar definierbaren Standorten vor: auf steinigen Hängen und in Blockfluren oder an steinigen Bachufern. Carl TROLL belegt diesen Tatbestand mit mehreren Bildern aus dem andinen Raum zwischen Bolivien und Venezuela.

Als Problem stellt sich die Frage, ob *Polylepis* als ein geschlossener oberer Waldgürtel aufgefaßt werden kann? Troll diskutiert mehrere Meinungen, u.a. die von Ellenberg, Koepke und Walter.

Das afrikanische Gegenstück zu *Polylepis* in Amerika ist die Gattung *Hagenia.* Sie kommt im nordöstlichen Afrika zwischen Äthiopien und dem Kilimandscharo vor. Die Bäume erreichen Höhen zwischen 15 – 18 m. Sie bilden zum Teil die obere Waldgrenze, an anderen Standorten gehen allerdings *Erica arborea* oder *Philippia* über den Standort von *Hagenia* hinaus. Ihre Hauptverbreitung ist das Höhenintervall zwischen 2700 und 3300, manchmal 3500 m. Es kommt nur eine Art vor.

In Südafrika tritt als Gegenstück dazu *Leucosidea* auf. Sie bildet in den Drakenbergen eine geschlossene Waldstufe in ca. 2000 m NN oberhalb der Wälder von *Podocarpus, Olea* und *Nuxia* und dem darüberliegenden Mountain-Grasland. Als lockeres Gehölz, aussehend wie *Polylepis,* wächst *Leucosidea* bis 6 m hoch, häufig auch am oberen Waldrand in Schluchten und an Bachufern. Eine Verbreitungskarte wird gezeigt.

TROLL nennt die Verbreitung dieser Gattungen eine „merkwürdige Konvergenz". Anhand der Definition der Konvergenz, wie sie von RAUH gegeben wird, erläutert TROLL die Besonderheiten des Vorkommens dieser Gattungen. Nach RAUH sind Konvergenzen gegeben, wenn Vertreter der verschiedensten systematischen Verwandtschaftskreise unter gleichen Lebensbedingungen gleiche oder ähnliche Wuchsformen annehmen. Als Beispiel führt TROLL die Kugelschirmbäume im Nebelwaldbereich der Tropen und die Kakteen und Euphorbien in der Neuen bzw. Alten Welt an. Im Falle der drei verwandten Gattungen, nämlich dieser holzigen, baumförmigen Sanguisorbeae, wovon zwei monotypisch sind, wird das Auftreten in so weit getrennter Disjunktion, aber physiognomischer Ähnlichkeit und ökologischer Spezialisierung von ihm als „merkwürdig" aber als ein eigenes „Mountain-Grassland-Ecotone" im Bereich des höheren Berglandes bezeichnet.

Der Vergleich der drei Gattungen nach systematischer Verwandtschaft, Lebensform und ökologischem Verhalten regte zu einer Diskussion über die Begriffe wie homologe, analoge und ökologische Konvergenz, Vikariismus, Gattungsdisjunktion etc. an.

Diskussion zum Beitrag TROLL

Professor Dr. W. Lauer

1. Die Vermutung, daß die Blockhalden, auf denen Polylepis in großen Höhen bevorzugt wächst, einen günstigen Standort darstellen, läßt sich anhand von Messungen, die von mir und meinem Mitarbeiter, D. KLAUS, an Kiefernstandorten auf klüftigen Felsrücken am Pico de Orizaba in Mexiko in 4200 m unmittelbar oberhalb der Waldgrenze durchgeführt wurden, bestätigen. Der Erklärungsansatz, den WALTER und MEDINA für Venezuela geben, ist aber nicht voll schlüssig. Danach sollen kühlere Winde aus den sich erwärmenden Blockhalden „ausströmen". Es wird nicht deutlich, woher die „wärmeren Winde", die als Ersatz in die Blockhalde einströmen, herkommen sollen; allerdings kann durch Messungen erhärtet werden, daß die mikroklimatische Begünstigung von Gesteinshalden und klüftigen Gesteinsrücken an der Obergrenze des Waldes sich in einer Erhöhung der Oberflächentemperaturen des Gesteins bis 7° gegenüber den feinkörnigen Böden sandiger Korngrößen ausdrücken. Nach Abschätzungen auf den Jahresverlauf der Temperatur an diesen Medien ergibt sich, daß die Frostwechselhäufigkeit, die im Mittel in 4100 m NN in Mexiko bei 200 – 210 Tagen im Jahr liegt, auf den genannten Fels- und Blockstandorten 40 – 50 Tage weniger beträgt. Diese Tatsache begünstigt die Vegetationsmöglichkeit für die Holzgewächse erheblich. Freilich gilt dies nur für die „Randtropen" Mexikos, doch kann angenommen werden, daß auch die Wachstumsbedingungen von „*Polylepis*" auf den genannten Standorten in ähnlicher Weise begünstigt werden.
2. *Tillandsia usneoides* hat nach eigenen Beobachtungen in Kolumbien und Mexiko eine wahrscheinlich temperaturbedingte Höhengrenze in ca. 2700 bis 2900 m NN. In den höher gelegenen Nebelwäldern (Ceja de la montaña) Perús und in den Nebelnadelwäldern Mexikos wird sie durch *Usnea barbata* ersetzt.

Professor Dr. F.-K. Holtmeier

Sie erwähnten die Auffassung H. WALTERS, daß die Verbreitung der *Polylepis*-Gehölze bodenklimatisch bedingt sei, dergestalt, daß durch Abfließen von Kaltluft in den Blockfeldern von „oben" Warmluft nachgesaugt werden soll. Ich halte das aus dynamischen Gründen nicht für möglich, da sich die Luft bei Abstieg über die Ausgangstemperatur, die ein katabatisches Abfließen ermöglichte, erwärmen muß.
In dem angenommenen Falle, daß von oben her Warmluft angesaugt werden soll, entsteht die kalte Luft ja an der abstrahlenden Blockstromoberfläche; und auch wenn von hohen Hangpartien Kaltluft in Blockfelder abfließt, kann das nicht zu einer thermischen Begünstigung führen.
Beweis ist dafür z.B. die Beobachtung, daß auf Schuttkegeln, die unten einen Kaltluftaustritt erkennen lassen und bei denen die Kaltluft von hoch oben zufließt, die Schneedecke besonders lange liegt. Dann hemmt die hohe Albedo der Schneedecke eine Erwärmung der Felsblöcke und damit der Luft.
Normalerweise (ohne Schnee) sind meinen Beobachtungen nach Blockfelder oder Schutthalden wärmer als dichte und feuchte Böden. Das ist aber das Ergebnis der Erwärmung durch die Einstrahlung und der dann in der Nacht wegen des hohen Porenvolumens (große Luftmenge) schlechteren Leitfähigkeit und Wärmeabgabe.

Dr. W. Golte

1. Den Begriff „ökologische Konvergenz" halte ich im vorliegenden Zusammenhang für nicht glücklich. Bei der Verwandtschaft der drei Genera ist anzunehmen, daß die Übereinstimmung hinsichtlich der ökologischen Ansprüche in der inneren Organisation begründet ist.
2. Der Begriff Disjunktion wird nicht nur auf der Ebene der Arten verwendet. Beispielsweise wird für die weit auseinanderliegende Verbreitung der Taxodiaceen (*Sequoia* und *Taxodium* in Nordamerika; *Cryptomeria, Sciadopidys* usw. in Ostasien) der Begriff Großdisjunktion verwendet (STRAKA).
3. Alle drei Genera kommen eng benachbart mit *Podocarpus* vor. Nun sind *Polylepis, Hagenia* und *Leucosidea* ohne Zweifel starken jahres- bzw. tageszeitlichen Einschränkungen des Wachstums ausgesetzt. Ich sehe darin eine Bestätigung meiner Auffassung, daß auch *Podocarpus* überall, wenngleich in schwächerem Maße, jahreszeitlichen Beeinträchtigungen des Wachstums ausgesetzt ist.

Dr. A.M. Cleef

Tillandsia usneoides: In Kolumbien habe ich *Tillandsia usneoides* beobachtet bis in die Höhe der Sábana de Bogotá (± 2600 m). Sie kommt vielleicht noch etwas oberhalb in den Bergwäldern vor.
Usnea barbata: Man sollte die Bestimmungen von *Usnea*-Arten im allgemeinen mit Vorsicht werten, da dieses Genus jetzt neubeartet werden soll. In Kolumbien gibt es viele *Usnea*-Arten an der Waldgrenze und als Epiphyt im sub-páramo-Bereich. Epiphytische *Usnea*-Arten sind ökologisch sehr wichtig in *Quercus*-Wäldern, allerdings mehr in trockenen als in sehr feuchten Eichenwäldern.

Professor Dr. H. Franz

Ich glaube, daß man den Begriff Disjunktion für die Verbreitung von *Hagenia, Polylepis* und *Leucosidea* doch anwenden könnte. Es handelt sich offenbar um ein typisches Beispiel Gondwanischer Verbreitung. Ökologisch wäre interessant zu wissen, ob so – wie *Hagenia* – auch die anderen Genera starke Antibiotika produzieren. Bei *Hagenia* kommt es durch die Antibiotikawirkung zur Ausbreitung vieler Unterwuchspflanzen, die vielleicht auch zur Isolierung im Waldgrenzbereich führen kann.

Photo 1 Stewart Island, Neuseeland: Insel im Paterson Inlet: Küstenbusch in Auflösung in Einzelkugelsträucher; kugelig-gewelltes, geschlossenes Kronendach des Lorbeer-Coniferen-Waldes (N-Exposition). (5. Jan. 1973). Photo: Schweinfurth

Photo 2 Neuseeland, Nordinsel: Tararuas: Blick vom Mt. Holdsworth gegen Wairarapa-Ebene, exponierter Kamm in 1400 m Höhe mit streifenförmig aufgelöster Tussockgrasdecke und Windrissen (6. 9. 1959, 12h). Photo: Schweinfurth

Photo 3 Neuseeland, Nordinsel: Tararuas: im Aufstieg zum Mt. Holdsworth; Kugelsträucher im Tussockgrasland in 1250 m Höhe (*Nothofagus*-Wälder im Hintergrund) (6. 9. 1959, 12h).
Photo: Schweinfurth

Photo 4 Neuseeland, Nordinsel: Mt. Egmont – Taranaki: Ostflanke; Shark's Tooth: aus der Höhe des Stratford Plateaus, 1200 m; Blick auf die kugelig-geschlossene Oberfläche der Strauchstufe; weiter oberhalb Reste der Lavaströme mit Moosdecke und losem Schutt. (4. 4. 1959, 9h). Photo: Schweinfurth

Photo 5 Neuseeland, Nordinsel, zentrales Vulkanhochland: Blick aus dem oberen Waihohonu-Tal (östlich des Tama Saddle) gegen die Kaimanawa-Kette: Kugelsträucher und Tussockgrasland; 1 150 m. (13. 4. 1959, 15 h). Photo: Schweinfurth

Photo 6 Tasmanien, Mt. Wellington, 1 250 m: Strauchstufe des Gipfelplateaus (28. Aug. 1965). Photo: Schweinfurth

Photo 7 Tasmanien, Mt. Field National Park: Wombat Moor, 1 050 m: Hartpolster von *Abrotanella forsterioides (Composit).* (6. Nov. 1959). Photo: Schweinfurth

Photo 8 Tasmanien, Mt. Wellington, 1 250 m: Strauchstufe; Polsterstrauchcomplex gebildet aus *Orites aciculare* (rechts) und *Epacris serpyllifolia* (links) (7. Nov. 1959). Photo: Schweinfurth

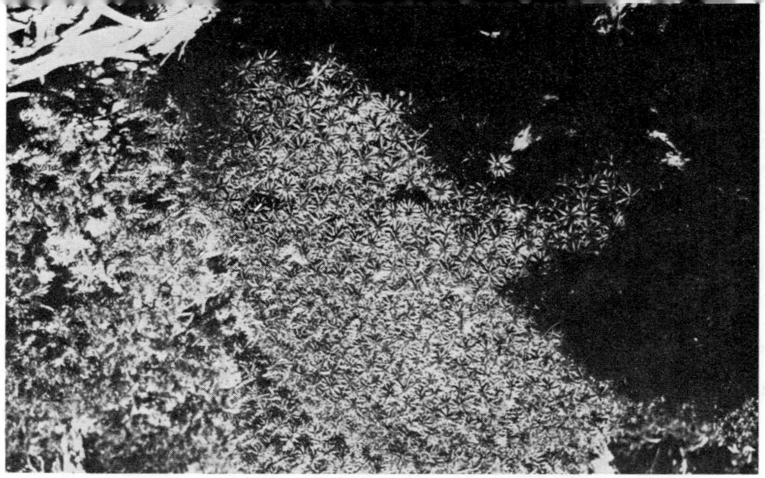

Photo 9 Tasmanien, Mt. Field National Park: geschlossene Außenfront von *Richea scoparia* – Kugelbüschen am Waldrand am Lake Dobson, 1 050 m (6. Nov. 1959). Photo: Schweinfurth

Photo 10 Tasmanien, Mt. Field National Park: Kugelstrauch von *Richea scoparia (Epacridac.)* vor dem Waldrand am Lake Dobson, 1 050 m. (6. Nov. 1959). Photo: Schweinfurth

Photo 11 Neuguinea, Zentralgebirge, Südausläufer der Mt. Hagen-Kette: Kugelschirmkrone aus dem Höhen- und Nebelwald am Tomba-Paß, 2 700 m. (28. Dez. 1967). Photo: Schweinfurth

Photo 12 Ceylon, zentrales Hochland: Kugelschirmkrone mit endständiger Beblätterung und Flechtenbehang aus dem Höhen- und Nebelwald von 'World's End', 2 000 m (9. Nov. 1967). Photo: Schweinfurth

Photo 13 Ceylon, zentrales Hochland: Gesträuch am Rande des Höhen- und Nebelwaldes von 'World's End', in 2000 m (9. Nov. 1967). Photo: Schweinfurth

Photo 14 Nilgiri Hills, Südindien: Western Catchment, *Rhododendron arboreum* in Paßlage, 2000 m. (24. März 1973). Photo: Schweinfurth

Photo 15 Reifbildung in der Trockenpuna bei Huancavelica, 4500 m. Photo: Rauh

Photo 16 *Distichia muscoides*-Moor in Zentral-Peru, 4500 m. Die zwischen den Polstern sich erstreckenden, wassererfüllten „Schlenken" sind mit einer geschlossenen Eisdecke überzogen. Photo: Rauh

Photo 17 Feuchte (Gras-)Puna bei der Paßhöhe Catac, Cordillera Blanca (Zentral-Peru, 3900 m). Photo: Rauh

Photo 18 Durch Erosion vom Zentrum her absterbender Grashorst, Chimborazo, 4200 m. Photo: Rauh

Photo 19 Tussock-Formation auf der Insel Diego Ramirez, südwestlich von Kap Horn. Photo: E. Aubert de la Rüe

Photo 20 Einzelhorst von *Poa cookii* auf den Kerguelen. Photo: E. Aubert de la Rüe

Plate/Tafel VI

Photo 21 Gras-Páramo am Vulkan Cotacachi (Zentral-Ecuador, 4000 m) mit *Puya clava-herculis.* Photo: Rauh

Photo 22 Horstgras-Páramo am Mt. Kenya mit *Lobelia telekii* und *Senecio keniodendron* (4000 m). Photo: Rauh

Photo 23 Espeletia hartwegiana im Páramo El Angel (Nord-Ecuador, 3900 m); *vgl. Photo 24.* Photo: Rauh

Photo 24 Senecio cottonii im Páramo am Kilimanjaro zwischen Bismarck- und Peters-Hütte, 3600 m; *vgl. Photo 23.* Photo: Rauh

Photo 25 Längsschnitt durch ein zur Blüte übergehendes Exemplar von *Senecio keniodendron; vgl. Photo 26.* Photo: O. Hedberg

Photo 26 Längsschnitt durch ein junges Exemplar von *Espeletia hartwegiana; vgl. Photo 25.* Photo: Rauh

Photo 27 Pringlea antiscorbutica, blühende Rosette in Aufsicht; Kerguelen.
Photo: E. Aubert de la Rüe

Photo 28 Pringlea antiscorbutica, von der Seite, die Stammbildung zeigend; Kerguelen.
Photo: E. Aubert de la Rüe

Photo 29 Blechnum (Lomaria) loxensis. Páramo El Angel (Nord-Ecuador, 3900 m).
Photo: Rauh

Photo 30 Senecio brassica-Bestände am Mt. Kenya, 3900 m. Im Vordergrund Rosetten von *Lobelia keniensis.* Photo: Rauh

Photo 31 Senecio barbatipes-Bestände mit *Alchemilla elgonensis* im Unterwuchs; Mt. Elgon, 4100 m. Photo: O. Hedberg

Photo 32 Culcitium canescens im Páramo El Angel, 3900 m (Nord-Ecuador). Photo: Rauh

Photo 33 *Paepalanthus spec.* im Páramo von Loja (Süd-Ecuador, 2900 m). Photo: Rauh

Photo 34 Blühende Pflanze von *Lobelia deckenii* am Kilimanjaro, 4000 m. Photo: Rauh

Photo 35 *Lupinus weberbaueri* im Superpáramo der Cordillera Raura, 4500 m (Zentral-Peru). Photo: Rauh

Photo 36 *Lobelia telekii* mit sich entfaltender Infloreszenz; Mt. Kenya, 4100 m *(vgl. Photo 37)*. Photo: Rauh

Photo 37 *Lobelia telekii*, voll erblühte Pflanze; Mt. Kenya, 4100 m *(vgl. Photo 36)*.
Photo: Rauh

Photo 38 Vegetative Rosette von *Puya hamata* im Páramo El Angel, 3900 m (Nord-Ecuador).
Photo: Rauh

Photo 39 Blühende *Puya hamata*, ca. 4 m hoch, im Páramo El Angel, 3900 m (Nord-Ecuador).
Photo: Rauh

Photo 40 *Puya raimondii* in der Quebrada Queshque, Cordillera Blanca, 4200 m (Zentral-Peru).
Photo: Rauh

Photo 41 Puya nutans, Páramo zwischen Cuenca und Oña, 3300 m (Zentral-Ecuador). Photo: Rauh

Photo 42 Puya raimondii in der Puna bei Lampa, 4000 m (Titicaca-See, Süd-Peru). Blühende (links) und vegetative (rechts) Pflanze. *Vgl. Photo 43.* Photo: Rauh

Photo 43 Lobelia rhynchopetalum, Galama-Mountains. *Vgl. Photo 42.* Photo: O. Hedberg

Photo 44 Puya fastuosa in der Puna Süd-Perus bei Ocongate, 4000 m. Photo: Rauh

Plate / Tafel XII

Photo 45 *Nicotiana spec.* 4 m hohe, blühende Pflanzen in der Cordillera Raura, bei 4000 m (Zentral-Peru). Photo: Rauh

Photo 46 *Greigia mulfordii* mit langem (bis 1,5 m) Stamm. Photo: Rauh

Photo 47 *Eryngium spec.* (Rauh Nr. 279/54) in der Jalca von Taulis, 3000 m (Nord-Peru). Photo: Rauh

Photo 48 Zwergstrauchpuna (Tolaheide) mit *Lepidophyllum quadrangulare* bei Puquio, 4000 m (Süd-Peru). Photo: Rauh

Photo 49 *Ephedra americana* mit *Stereocaulon*, Cotopaxi, 4100 m (Zentral-Ecuador).
Photo: Rauh

Photo 50 *Loricaria* (= *Tafalla*) *thujoides*, Stück eines verzweigten Langtriebes. Subpáramo am Cotopaxi, 3800 m (Zentral-Ecuador).
Photo: Rauh

Photo 51 *Alchemilla argyrophylla*. Aberdare Hills, 3000 m (Kenia).
Photo: Rauh

Photo 52 *Acaena ascendens*-Fluren auf den Kerguelen.
Photo: E. Aubert de la Rüe

Photo 53 Stück eines Kriechtriebes von *Acaena ascendens*, der sein Wachstum mit der Ausbildung eines lang gestielten Infloreszenzköpfchens abschließt und von der Innovationsknospe fortgeführt wird.
Photo: Rauh

Photo 54 *Baccharis serpyllifolia* als Vertreter eines Spalierstrauches der hochandinen Region; Puna von Zentral-Peru, 4700 m. Photo: Rauh

Photo 55 *Baccharis serpyllifolia;* Puna von Zentral-Peru, 4 700 m.
Photo: Rauh

Photo 56 Polster von *Sagina afroalpina*, längsdurchgeschnitten. Mt. Kenya, 4200 m.
Photo: Rauh

Photo 57 Polster von *Haplocarpha ruepellii.* Mt. Kenya, 4100 m.
Photo: O. Hedberg

Photo 58 Polsterformation von *Azorella selago* auf nackten Steinfluren der Kerguelen, bei 100 m. Photo: E. Aubert de la Rüe

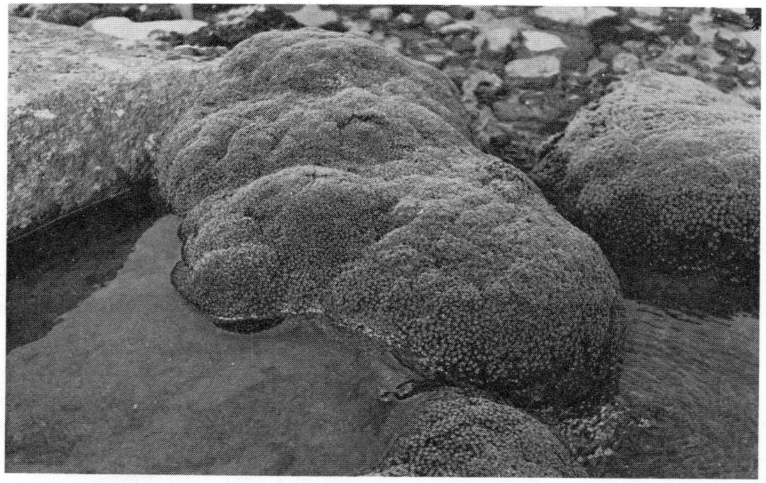

Photo 59 Einzelpolster von *Azorella selago* auf den Kerguelen. Die Wasserlachen zwischen den Polstern sind von einer Eisdecke überzogen.
Photo: E. Aubert de la Rüe

Photo 60 Winderodiertes Polster von *Azorella diapensioides* bei Santa Cruz, 4800 m (Süd-Peru).
Photo: Rauh

Photo 61 *Azorella diapensioides* auf Steinfluren bei Santa Cruz, 4800 m. Photo: Rauh

Photo 62 Winderodiertes Polster von *Pycnophyllum molle* (Tolaheide bei Santa Cruz, 4500 m, Süd-Peru). Photo: Rauh

Photo 63 Rosettenpolster von *Valeriana pulvinata* in der Cordillera Negra, 4000 m (Zentral-Peru). Photo: Rauh

Photo 64 Durch *Distichia muscoides* verlandete Gletscherlagune zwischen Ocongate und Marcapata, 4300 m (Süd-Peru). Photo: Rauh

Photo 65 *Distichia muscoides*-Verlandungsmoor in der Cordillera Huayhuash, 4500 m (Zentral-Peru). Photo: Rauh

Photo 66 Ausschnitt aus einem Polster von *Distichia muscoides*. Lagune Caprichosa, 4600 m (Zentral-Peru). Photo: Rauh

Photo 67 Bestand der rhachisblättrigen Umbellifere *Crantzia* (= *Lilaeopsis*) *lineata*. *Distichia*-Moor bei Yauli, 4500 m (Zentral-Peru). Rechts blühende Einzelpflanze. Photo: Rauh

Photo 68 *Plantago rigida*-Verlandungsmoor. Pampa de Junín, 4100 m (Zentral-Peru). Photo: Rauh

Photo 69 *Plantago rigida*-Gehängemoor am Chimborazo, 4000 m (Zentral-Ecuador). Photo: Rauh

Photo 70 *Tephrocactus rauhii* in der Trockenpuna der Cordillera Ausangate, 4100 m (Süd-Peru). Photo: Rauh

Photo 71 *Oreocereus hendriksenianus* in der Tola-Heide bei Puquio, 3800 m (Süd-Peru). Photo: Rauh

Photo 72 *Tephrocactus floccosus*-Puna. Pass von Conococha, 4500 m (Zentral-Peru). Photo: Rauh

Photo 73 *Tephrocactus atroviridis*-Polster auf einer Flußterrasse des Rio Mantaro bei Oroya, 4300 m (Zentral-Peru). Photo: Rauh

Photo 74 Ausschnitt aus einem Polster von *Maihuenia poeppigii.* Photo: Rauh

Photo 75 Polster von *Euphorbia clavarioides* var. *truncata;* Transvaal, Zoutspansberge, 2000 m. Photo: Rauh

Photo 76 Rosettenstaude von *Liabum bullatum* mit begrenztem Wachstum, bei Oroya, 4500 m (Zentral-Peru). Photo: Rauh

Photo 77 *Valeriana rigida,* Rosette unbegrenzten Wachstums. Jalca bei der Hcda. Taulis, 3000 m (Nord-Peru). Photo: Rauh

Photo 78 *Stereocaulon-Assoziation* am Cotopaxi, 4000 m (Zentral-Ecuador). Photo: Rauh

Photo 79 *Stereocaulon* (Detailaufnahme zu *Photo 78*). Photo: Rauh

Photo 80 *Lycopodium saururus* in einem *Plantago rigida*-Moor in der Cordillera Blanca, 4 500 m (Zentral-Peru). Photo: Rauh

Photo 81 *Lycopodium saururus* an moorigen Stellen des Páramo am Mt. Kenya, 4000 m.
Photo: Rauh

Photo 82 Flußbegleitendes Gehölz von *Austrocedrus chilensis* (Cupressaceae) bei 550 m am Río Manzano in der Cordillera de Nahuelbuta westlich von Angol, Chile. Das Substrat ist ein aus Granodiorit hervorgegangenes, überwiegend aus Quarz bestehendes sandiges Sediment. Halbrechts, noch unbelaubt, *Nothofagus obliqua* (4–X–1974).
Photo: Golte

Photo 83 Jungwuchs von *Saxegothaea conspicua,* Podocarpaceae, links unten) und *Drimys winteri* (Winteraceae, rechts) in einem der verkohlten Stubben des ehemaligen Alerzals (Bestand von Alerce = *Fitzroya cupressoides,* Cupressaceae) im versumpften Tiefland der südchilenischen Längssenke bei Puerto Montt (2–X–1974). Photo: Golte

Photo 84 Araukarienwald (*Araucaria angustifolia*) bei Sete Quedas im Staate Paraná, Südbrasilien, in ca. 900 m (20–VIII–1974).
Photo: Golte

Photo 85 Wald von *Araucaria angustifolia* (südwestl. von Laranjeiras do Sul, Paraná, Südbrasilien) mit dichtem Unterwuchs des Baumfarns *Alsophila elegans*, in 900 m (20–VIII–1974). Photo: Golte

Photo 86 Junge *Araucaria araucana* (Mitte) zwischen den aus unterirdischen Ausläufern wachsenden Sprossen eines Bärlapps (*Lycopodium sp.*) in der Cordillera de Nahuelbuta, Chile, auf einem grusig verwitterten Granodiorit bei 1 400 m (4–X–1975). Photo: Golte

Photo 87 Araukarienwald (*Araucaria araucana*) in der Cordillera de Nahuelbuta, Chile, bei 1 400 m (4–X–1974). Photo: Golte

Photo 88 Verschneiter Wald von *Araucaria araucana* auf basaltischen Schlacken und Aschen am Hang des Vulkans Llaima in den chilenischen Anden bei 1 350 m. Der laubwerfende Begleiter ist *Nothofagus pumilio* (15–IX–1974). Photo: Golte

Photo 89 Spitze einer jungen *Araucaria araucana.* Die dreieckigen Nadelblätter sind sehr starr und mit einer stacheligen Spitze versehen. Ihre dichte, spiralig-schuppenartige Anordnung trug der Art den früheren Namen *A. imbricata* ein (29–IX–1974). Photo: Golte

Photo 90 *Austrocedro-Lithraeetum,* Sierra Bella Vista, Chile Photo: Schmithüsen

Photo 91 *Araucaria*-Urwald auf Nordhang und natürliche Wiesen auf dem Talboden. Auf dem rechten Talhang (im Bild nicht sichtbar) wächst *Nothofagus pumilio*-Wald ohne *Araucaria* (*vgl. Photo 93*). Fundo Trafun, ca. 1 450 m ü.M. (Februar 1958). Photo: Schmithüsen

Photo 92 *Carici-Araucarietum* des Nordhangs mit *Nothofagus pumilio* im niedrigen Unterwuchs. Fundo Trafun (Februar 1958). Photo: Schmithüsen

Photo 93 *Nothofagus pumilo*-Wald auf dem Schattenhang (nach vorne) und *Araucaria* auf dem Grat und dem nach hinten abfallenden sonnseitigen Hang. Fundo Trafun, ca. 1400 m ü.M. (Februar 1958). Photo: Schmithüsen

Photo 95 Unterer Rand des Alercals am Ende des Puntiagudo-Gletschers; ca. 950 m ü.M. (17. Februar 1958). Photo: Schmithüsen

Photo 94 Blick von der oberen Waldgrenze nach W abwärts auf den Lengagürtel. Im Mittelgrund des Bildes ist die in *Fig. 3.1* im Profil dargestellte Anordnung erkennbar (*Araucaria* auf Nordhang, Wiesen im Talgrund, Lengawald auf Südhang und darüber Knieholz von *Nothofagus antarctica.* Fundo Trafun ca. 1600 m (Februar 1958). Photo: Schmithüsen

Photo 96 Alercewald *(Fitzroyetum)* auf dem Hang über dem Puntiagudo-Gletscher in ca. 1050 m ü.M. (17. Februar 1958). Photo: Schmithüsen

Photo 97 Im niedrigen Coihue (*Nothofagus dombeyi*)-*Weinmannia*-Gebüsch an der Grenze des Coihue-Hochwaldes aufwachsende einzelne *Fitzroya*-Bäume im Puntiagudo-Tal, ca. 900 m ü.M. (Februar 1958).
Photo: Schmithüsen

Photo 98 Besiedlung eines Hochmoors durch *Fitzroya* auf dem Plateau des Küstengebirges auf der Breite von Osorno in 820 m ü.M. Die Laubbäume, die im Hintergrund die Grenze des Moores anzeigen, können nicht darin eindringen. (7. März 1958).
Photo: Schmithüsen

Photo 99 Im Hintergrund: *Araucaria-balansae*-Bestand auf Bergrücken an der oberen Waldgrenze am Südrand des Humboldtgebirges in Neukaledonien (Oktober 1962).
Photo: Schmithüsen

Photo 100 Einzelnes Exemplar von *Araucaria balansae* im Mischwald der mittleren Höhenstufe südlich des Humboldtgebirges (Oktober 1962). Photo: Schmithüsen

Photo 101 „Gesellschaft der kleinen Dacrydien" bei Craigeeburn (Westland) auf der Südinsel Neuseelands (Oktober 1966). *Erläuterung im Text.* Photo: Schmithüsen

Photo 102 *Cryptomeria*forst bei Minobu, Zentralhonschu (8. Dezember 1965). Photo: Schmithüsen

Photo 103 Cushion bog on Campbell Island between Tucker and Garden Coves, showing bushes of *Dracophyllum scoparium* and tussocks of *Chionochloa antarctica* (Jan. 1961). Photo: Godley

Photo 104 Cushion bog at Arthur's Pass, South Island, New Zealand, with tussocks of *Chionochloa rubra* and abundant *Carpha alpina* (April 1975). Photo: Godley

Photo 105 Detail of cushion bog at Arthur's Pass, showing *Carpha alpina* and abundant *Dacrydium laxifolium* growing out of cushions of *Donatia, Phyllachne* and *Oreobolus.* A single plant of *Cyathodes pumila* in centre (April 1975). Photo: Godley

Photo 107 Cushions of *Abrotanella* (dark) and *Pterygopappus* (light) on Mount Mawson, Tasmania, with *Astelia alpina* and *Richea scoparia* behind. Also present: *Sprengelia incarnata, Epacris serpyllifolia, Oreobolus pumilio, Empodisma minus* (*Hypolaena lateriflora*), and *Carpha alpina* (Jan. 1949). Photo: L.B. Moore

Photo 106 Cushion plants (*Abrotanella, Pterygopappus, Oreobolus*) and water patches, on the ridge of Mount Mawson, Tasmania, looking towards Mount Field East. Also present *Carpha alpina, Astelia alpina* (few), *Richea scoparia, Microstrobus niphophilus* (*Pherosphaera hookerianus*), *Microcachris tetragona* in prostrate cushions, *Celmisia longifolia* and *Oschatzia saxifraga* (*Azorella saxifraga*). Maximum depth to rock, 16 cm (Jan. 1949). Photo: L.B. Moore

[illegible] cushion of a [illegible] plant, probably [illegible] surrounded by an *Epacris* [illegible] with [illegible] peat. From a bog in a [illegible] land, eastern slopes of Mt Giluwe, 4000 m, New Guinea (June 1969). Photo: P. Wardle

Plate/Tafel XXVIII

Photo 109 Hard cushions of *Donatia fascicularis* (in flower) on the Cordillera de San Pedro, Chiloe, with *Schoenus antarcticus* (Nov. 1958). Photo: Godley

Photo 110 Wetter cushion bog on the Cordillera de San Pedro, Chiloe with tussocks of *Schoenus antarcticus* and dead trunks of *Pilgerodendron uviferum* in the background (Nov. 1958). Photo: Godley

Photo 111 View of Pepeopae raised bog on Molokai, Hawaiian Islands looking towards the rain-gauge. *Oreobolus furcatus* the chief peat-former on the islands, here forms small hummocks or low patches scattered through the now dominant pygmy growth of *Metrosideros polymorpha*. The tussocks of *Cladium angustifolium* (*Machaerina*)

Photo 112 Hummocky growth of *Oreobolus furcatus* surrounded by equally healthy cushions of the hoary cosmopolitan moss, *Rhacomitrium languinosum* var. *pruinosum* in a wet part of the Pepeopae bog, Molokai, Hawaiian Islands at about 1 210 m. Switchy growth of *Metrosideros* and *Rhynchospora* scattered through the hummocks (1961). Photo: Benjamin W. Smith

Photo 113 WFS tussock grassland, 3510 m, Mt Wilhelm. Outfall of Lake Aunde is from centre right to lower left. Study area is just right of centre. Photo: Hnatiuk

Photo 114 WGAP tussock grassland, 4190 m, Mt Wilhelm. Study area is central in Figure. The large shrubs are *Coprosma divergens* Oliver and *Drimys piperita*. Hook. f Photo: Hnatiuk

Photo 115 WWT tussock grassland 4300 m, Mt Wilhelm, east facing flank with strips of alpine tussock grassland, short alpine grassland, and bare rock surfaces. Study area is immediately left und below centre of photograph. Photo: Hnatiuk

Photo 116 WUV1 tussock grassland, 4350 m, Mt Wilhelm. Study area is central in Figure. WUV2 is located just beyond the upper left margin. Photo: Hnatiuk

Photo 117 WUV2 tussock grassland, 4380 m, Mt Wilhelm. Study area is just above the left half of the horizontal centreline of Figure. WUV1 is in valley bottom beyond the lower right margin of Figure.
Photo: Hnatiuk

Photo 118 MRB tussock grassland, 12 m, Macquarie Island. Study area is on slope at end of ridge. Elephant seal wallows are in middle ground and beach sands and gravels are in fore of Figure.
Photo: Hnatiuk

Photo 119 MPB tussock grassland, 222 m, Macquarie Island. Study area is immediately below crest of the bluff. Rabbit grazing is severe to left of site and in area in foreground of Figure. Land slipping is active to the right of the site.
Photo: Hnatiuk

Photo 120 CBH tussock grassland, 105 m, Campbell Island. Study area is not shown in the Figure but occurs on steeper ground immediately to the left. The scene is typical of areas where *Chionochloa antarctica* now grows. It can be seen in the lower third of the valley which divides the hill.
Photo: Hnatiuk

Photo 121 Tussock grass, *Poa foliosa,* Macquarie Island. Clearings between tussocks due to seal activity.
Photo: Australian Antarctic Division by C. Russel

Photo 122 Northern end of Buckles Bay, Wireless Hill on left (WGC), Macquarie Island. Note seal flattened tussocks of *Poa foliosa* next to beach. Photo: Australian Antarctic Division by C. Russel

Photo 123 *Tillandsia*-behangener Dorn- und Sukkulentenwald aus dem Sacambaya-Tal in Bolivien. Das Sacambaya-Ayopaya-Tal halbwegs zwischen La Paz und Cochabamba (Bolivien) ist eines der Quelltäler des Amazonas, die sich tief in die von Regen- und Nebelwäldern überzogene Ostabdachung der tropischen Anden eingeschnitten haben und – als Folge eines tageszeitlichen Gebirgswindsystems – in den Durchbruchsstrecken der Hochkordilleren ausgesprochen trockene Talgründe aufweisen. Hoch über diesen Talgründen ziehen sich als Wirkung von Hangaufwinden Wolkenbänke hin, die immergrüne Höhen- und Nebelwälder erzeugen (*Podocarpus Parlatorei. Alnus jorullensis, Eugenia* diff.spec. Die tieferen Talstufen bis etwa 2 600 m Höhe dagegen sind von laubwerfenden Trockenwäldern eingenommen, in denen *Schinopsis*-Arten, *Piptadenia Zebil,* Akazien und baumförmige Cereen herrschen, im Talgrund auch Dorn- und Sukkulentenbusch. Zwischen dem Trockenwald und den immergrünen Nebelwäldern der Wolkenstufe quert man einen Gürtel, in dem die Sommerregen zwar auch nur Trockenwald erzeugen können, die bereits häufigen Nebel aber auch starken Epiphytismus, ganz besonders von *Tillandsia usneoides,* anderen epiphytischen Tillandsien, Peperomien und selbst von Becherbromelien zur Folge haben. Aus diesem Übergangsgürtel der nebelfeuchten Trockenwälder stammt die Aufnahme.
Photo und Erläuterung: C. Troll

Photo 124 Offener Nebelwald von Erkowit. Zwischen den immergrünen Bäumen und Sträuchern Wiesen aus niederen Rasen und großen, wintergrünen Zwiebelkräutern (1933; vgl. TROLL 1935).
Photo: C. Troll

Photo 125 Passatstaubewölkung. Obergrenze in der Höhe des subalpinen Trocken-Nadel-Nebelwaldes. Pico de Teide, 3718 m, Teneriffa (1973). Photo: Henning

Photo 126 Wasserfallartiges Überströmen von Passatstaunebel. Anaga-Gebirge, Teneriffa (1973). Photo: Henning

Photo 127 Gratlagen-Nebelwald in einem wintermilden humiden Nebelklima der Außertropen. Mt. Manuoha (1402 m), Huiarau Range, Nordinsel Neuseeland. Subalpiner moosreicher *Nothofagus*-Regen-Nebelwald. Blick luvseitig hangab aus ca. 1300 m (1974).

Photo 128 wie Photo 127. Blick gratparallel in ca. 1340 m (1974). Photo: Henning

Photo 129 wie Photo 127. Lichtung auf dem Grat in 1 380 m (1974).
Photo: Henning

Photo 130 Hanglagen-Nebelwald in einem wintermilden humiden Nebelklima der Außertropen. Avalanche Peak (1753 m), Southern Alps oberhalb Arthur's Pass, Südinsel Neuseeland. Subalpiner flechtenreicher *Nothofagus*-Regen-Nebelwald um 1 150 m (1974).
Photo: Henning

Photo 131 "Wolf" trees at the upper limit of full-sized trees, Niwot Ridge. This photo also shows the beginnings of the subalpine meadows. Photo: Ives

Photo 132 One hundred meters higher, flagging and other wind-deformed characteristics are apparent. This is approximately the middle zone of the forest-tundra ecotone. Photo: Ives

Photo 133 Fifty meters higher the trees are significantly subdued in height, and in snow accumulation sites "skirts" are well developed, the result of kill by snow mould.
Photo: Ives

Photo 134 The extreme upper limit (3,500 m) of the forest-tundra ecotone on Niwot Ridge showing the greatest extent of wind-deformation. These "cushion-krummholz" forms are migrating downwind (eastward) leaving behind remnants of dead stem that have been used in attempts to assess age of the individuals. Photo: Ives

Photo 135 a,b The upper limits of the forest-tundra ecotone and the alpine belt on Niwot Ridge as seen from a low-flying aircraft. Note the pronounced east-west orientation of the tree-islands, due to wind training. Photo: Ives

Photo 136 Detail of wind-oriented krummholz and the upper limit of tree-species on the east slope of the Front Range, Colorado.
Photo: Ives

Photo 137 Distrito de la Payunia: estepa de *Ephedra ocheata* en el sur de Mendoza. Photo: Cabrera

Photo 138 Distrito Occidental, cerca de Leleque, Chubut: de *Mulinum spinosum, Colliguaya integerrima, Senecio bracteolatus,* etc. Al fondo, sobre las laderas de las montañas, bosques de *Nothofagus antarctica* de la Provincia Suantartica. Photo: Cabrera

Photo 139 Distrito Occidental, cerca de Las Coloradas, Neuquén: estepa de *Mulinum spinosum.* Photo: Cabrera

Photo 140 Cojin de *Mulinum spinosum* cerca de Comallo, Rio Negro. Photo: Cabrera

Photo 141 *Senecio filaginoides,* común en toda Patagonia.
Photo: Cabrera

Photo 142 *Colliguaya integerrima,* en el Distrito Occidental, cerca de Comallo, Rio Negro. Photo: Cabrera

Photo 143 *Nassauvia glomerulosa,* elemento frecuente en todos los distritos. Photo: Cabrera

Photo 144 Estepa de *Haplopappus pectinatus* cerca de Zapala, Neuquén, en el Distrito Occidental. Photo: Cabrera

Photo 145 Distrito Central en el extremo sur de la Sierra de San Bernardo, Chubut. Photo: Cabrera

Photo 146 Distrito Central en la Sierra de San Bernardo, Chubut: estepa de *Nassauvia glomerulosa, Junellia tridens* y *Colliguaya integerrima.* Photo: Cabrera

Photo 147 Distrito Central: cojín de *Brachyclados caespitosus* rodeado por matas de *Stipa speciosa.* Gobernador Costa, Chubut. Photo: Cabrera

Photo 148 Distrito del Golfo de San Jorge: matorrales de *Trevoa patagonica* y *Berberis cuneata* al N de Comodoro Rivadavia. Photo: Cabrera

Photo 149 Distrito del Golfo de San Jorge: estepas de *Stipa humilis* con arbustos. Photo: Cabrera

Photo 150 Distrito Subandino: estepas de *Stipa humilis* en el centro de Santa Cruz. Photo: Cabrera

Photo 151 Distrito Subandino: estepa de *Festuca pallescens*. Photo: Cabrera

Photo 152 Distrito Subandino: estepa de *Festuca pallescens* en el Lago Viedma, Santa Cruz. Photo: Cabrera

Photo 153 Glatthänge unterschiedlicher Neigung in der Hochkordillere von Cuyo am Paß Agua Negra (4720 m). In den mittleren und unteren Hangpartien Schuttglatthänge, bei geringer Hangneigung stellenweise mit solifluidalem Mikrorelief, in den oberen Hangteilen vereinzelt Felsformen (Kuppe rechts im Bild ca. 5200 m hoch). Blickrichtung SSE (6. 3. 1973). Photo: H. Stingl

Photo 154 Letztkaltzeitliches Kar in SE-Exposition im Cordón de Agua Negra durch Hangglättung und Verschuttung weitgehend überformt. Karboden in ca. 4600 m, Karumrahmung bis etwa 5000 m Höhe. Im Vordergrund Büßerschneefelder an E-exponiertem Hang, Schneefiguren 1–1,5 m hoch. Blickrichtung N. Aufn. aus 4550 m Höhe (6. 3. 1973) Photo: Garleff

Photo 155 Rißnetz in Sattellage in der Hochkordillere von Cuyo südlich Cristo Redentor in 3850 m Höhe. Rißnetz bei zunehmender Hangneigung klinotrop verzerrt (rechts im Bild). Oberflächlich und insbesondere an den Rissen Grobschuttanreicherung. (11. 3. 1973). Photo: H. Stingl

Photo 156 Gehemmte Solifluktion (Vegetationsgirlanden und Schuttstau oberhalb größerer Blöcke) in der cuyanischen Hochkordillere nördlich des oberen Atuel-Tales in 2850 m Höhe. SW-exponierter 20–25°-Hang, Vegetation *Poa holciformis* und *Berberis empetrifolia*. (24. 11. 1972). Photo: H. Stingl

Photo 157 Solifluktionsterrassen mit Schneeleisten am E-Hang des Co.Katterfeld (1855 m, im Hintergrund) in der patagonischen Kordillere in 1430 m Höhe. An der Stirn der Solifluktionsterrassen Zwergstrauchrasen aus *Empetrum rubrum;* in höherer Lage (Hintergrund des Bildes) gleichartige Terrassen in vegetationsfreiem Schutt. Auf den Stufenflächen frisch bewegter Grobschutt, z.T. in Sortierungsmustern. Maßstab im Vordergrund 1 m. Blickrichtung SW (12. 1. 1973). Photo: H. Stingl

Photo 158 Solifluktionsterrassen im oberen Grenzbereich des Krummholzgürtels in der patagonischen Kordillere. *Nothofagus pumilio*-Krummholz streifenartig auf die Stirnen großer Solifluktionsterrassen an 20°-S-exponiertem Hang beschränkt. In geschützter Muldenlage geschlossener *Nothofagus pumilio*-Bestand. Höhenlage etwa 1 000 m. Blickrichtung SE über Canal de los Témpanos des Lago Argentino (30. 1. 1973). Photo: Garleff

Photo 159 Gehemmte Solifluktion auf einer Waldbrandfläche in 800 m Höhe am Lago Argentino. Flächendeckend *Empetrum rubrum*-Girlanden auf 25–30° geneigtem SW-exponiertem Hang. Dazwischen Holzreste des ehemaligen *Nothofagus pumilio* Bestandes. Im Mittelgrund geschlossene *N.pumilio*-Bestände bei gleicher Höhenlage, Exposition und Hangneigung. Im Hintergrund Ventisquero Moreno.

Photo 160 Flachgründige Solifluktion mit Stauerscheinungen oberhalb von Vegetationspolstern und gröberen Schuttkomponenten in 950 m Höhe in der Sierra de Taquetrén am S-Rand der Pampa de Gastre. 20–25° geneigter, NNE-exponierter Hang mit schütterem *Nassauvia glomerulosa, Azorella sp.*- und *Festuca sp.*-Bestand. (4. 1. 1973). Photo: Garleff

Photo 161 Sortierungsmuster auf der Pampa de Gastre in 900 m Höhe. Flache, zeitweilig überstaute vegetationsfreie Mulde. Blick nach SE über Fußfläche mit *Chuquiraga avellanaedae – Nassauvia glomerulosa*-Halbwüste auf die Sierra de Taquetrén (ca. 1 250 m) (3. 1. 1973).
Photo: H. Stingl

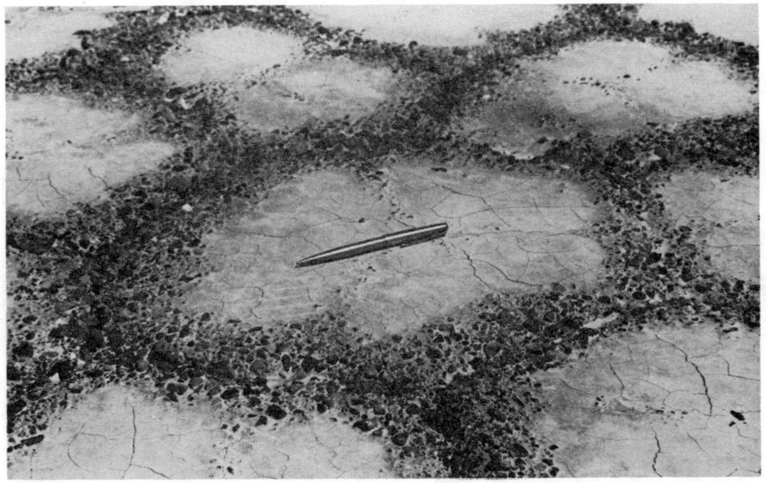

Photo 162 Detailaufnahme aus dem Bereich des Photos 9. Rißnetze und Steinchenpolygone. Risse bis über 10 cm Tiefe im stark kalkhaltigen Mergel zu verfolgen. Steinchen in den Rahmen z.T. hochkant gestellt, Steinchenrahmen über Polygonflächen erhaben (3. 1. 1973).
Photo: H. Stingl

Photo 163 Páramo de Pisva (Boyacá); Colombian Cordillera Oriental. Páramo scenery near Alto de Granados et 3600 m with tussocks of *Calamagrostis effusa*, bushes of *Senecio vaccinioides* and *S. andicola* associated with bamboos of *Swallenochloa* and stemrosettes of *Espeletia lopezii var. major*. In the background cushion bog of *Plantago rigida* and dwarf-forest of *Diplostephium revolutum*.
Photo: Cleef 7/18 A

Photo 164 Dry *Espeletia-Calamagrostis effusa* páramo at 3600 m near the Laguna Verde c. 65 km N of Bogotá, D.E. (Cundinamarca).
Photo: Cleef 1/18 A

Photo 165 Páramo NW of Belén (Boyacá); Colombian Cordillera Oriental. Humid *Swallenochloa-Calamagrostis effusa-Espeletia* páramo with *Hypericum sp.* at 3775 m in the headwaters of Quebrada Minas. Photo: Cleef 3/29

Photo 166 Páramo de la Rusia (Boyacá); Colombian Cordillera Oriental. Stand of columnar *Espeletia incana* (associated with *Swallenochloa* and *Sphagnum*) in sheltered wet habitat and *Cortaderia-Espeletia congestiflora* vegetation on rocky slopes at 3750 m near the Laguna Negra. Photo: Cleef 1853

Photo 167 Páramo NW of Belén (Boyacá); Colombian Cordillera Oriental. Terrestric *Plantago rigida* cushion bog in dry *Espeletia brachyaxiantha – Calamagrostis effusa* páramo at 3800 m. In the background thickets of *Senecio vaccinioides.* Photo: Cleef 2850

Photo 168 Páramo de Sumapaz, Cerro Torquita (Cundinamarca), 3920 m; Colombian Cordillera Oriental. Terrestric ring-shaped *Plantago rigida* cushion: *Oreobolus sp.* is colonizing inside of the ring. The little matchbox is c. 4.5 x 3 cm. Photo: Cleef 2051

Photo 169 Páramo de Sumapaz (Cundinamarca); Colombian Cordillera Oriental. Floating *Plantago rigida* carpet on former glacial lake at 3800 m in the Cortaderal-valley near Andabobos. On morraines humid *Swallenochloa-Calamagrostis effusa* – *Espeletia grandiflora* páramo. Photo: Cleef 1952

Photo 170 Detail of Photo 169. Between the aquatic *Plantago rigida* cushions is a floating *Sphagnum*-layer with several weeds and *Drepanocladus spp.* Photo: Cleef 1955

Photo 171 Sierra Nevada del Cocuy, headwaters of Quebrada El Playón near Patio Bolos (Arauca); Colombian Cordillera Oriental. Small páramo lake with floating *Distichia* cushions at 4200 m. Conspicuous are also columnar *Espeletia lopezii var. lopezii* (*fma. alticola*) and died off bamboos of *Swallenochloa.* Photo: Cleef 2523

Photo 172 Sierra Nevada del Cocuy, Patio Bolos (Arauca); Colombian Cordillera Oriental. *Distichia* cushion bog in wet valley in superpáramo at 4280 m. On the screes whitish rosettes of *Senecio niveoaureus.* Photo: Cleef 2533

Photo 173 Sierra Nevada del Cocuy, Patio Bolos (Arauca); Colombian Cordillera Oriental. *Distichia* cushion bog at 4300 m. On the *Distichia* hummocks grow *Breutelia spp.* and *Agrostis breviculmis;* in the water of the hollow *Werneria pygmaea.* Photo: Cleef 1301

Photo 174 Sierra Nevada del Cocuy, Bocatoma valley (Boyacá); Colombian Cordillera Oriental. Ring-shaped *Oreobolus* cushions associated with rosettes of *Oritrophium peruvianum,* tiny rosettes of *Lucilia sp.* and *Cortaderia sericantha* tussocks and humid bare glacial soil at 4200 m. Photo: Cleef 11/33

Photo 175 Páramo c. 30 km E of Bogotá (Cundinamarca); Colombian Cordillera Oriental. *Oreobolus* cushion bog in *Calamagrostis effusa – Espeletia grandiflora* páramo at 3730 m near the headwaters of the Chuza river. Notable are a rosette of *Puya triana* with large inflorescence and numerous small rosettes of *Oritrophium peruvia-*

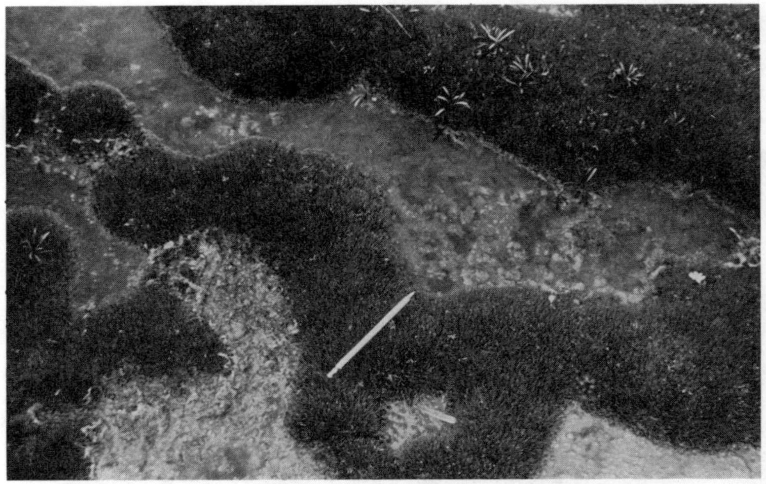

Photo 176 Detail of Photo 175: *Oreobolus* cushion bog. On the *Oreobolus* cushions grow *Oritrophium peruvianum ssp. lineatum* (rosettes) and *Racocarpus humboldtii,* whereas in the sinuously water-loaded hollows is *Sphagnum sp.* Photo: Cleef 1109

Photo 177 Cerro Nevado de Sumapaz, Páramo de Sumapaz (Meta); Colombian Cordillera Oriental. Cushion vegetation of *Azorella multifida* at c. 4100 m with scattered dwarf scrub of *Diplostephium rupestre*, white rosettes of *Senecio niveo-aureus* and *Breutelia spp.* The scrub present in the background is *Senecio vernicosus.*
Photo: Cleef 15/32

Photo 178 Cerro Nevado de Sumapaz, Páramo de Sumapaz (Meta); Colombian Cordillera Oriental. Vital flowering cushions of *Azorella multifida* associated with slender white rosettes of *Senecio niveo-aureus* and bryophytes in the shelter of calcareous rocks at 4200 m.
Photo: Cleef 14/18

Photo 179 Páramo W of Belén (Boyacá); Colombian Cordillera Oriental. Cushion grass vegetation of *Aciachne pulvinata* in dry valley at 3845 m surrounded by dry *Calamagrostis effusa* – *Espeletia brachyaxiantha* páramo. In the transition zone are conspicuous white rosettes of *Senecio canescens var. boyacensis, Orthrosanthus chimboracensis var. chimboracensis* and *Lorenzochloa erectifolia.*
Photo: Cleef 522

Photo 180 Quebrada de Humahuaca, durch den ostwärts aufsteigenden Monoklinalkamm als Synklinaltal erkenntlich. Photo Czajka

Photo 181 Das Tal von Santa María wird durch Bruchränder begrenzt. Photo: Czajka

Photo 182 Der unterste Teil der Quebrada del Toro ist als enges, epigenetisches Durchbruchtal entstanden. Photo: Czajka

Photo 183 Kleiner epigenetischer Durchbruch am Ostrand des innersten Längstales El Cajón. Photo: Czajka

Photo 184 Aufgerichtetes Miozän bildet im Talraum von Santa María einen Schichtkamm. Strauch- und Baum-Monte. Photo: Czajka

Photo 185 Strukturformen an älterem, triadischen Sandstein im unteren Teil des Valle Calchaquí. Photo: Czajka

Photo 186 Pfeilerwände an älteren Schottern der Quebrada de Humahuaca, Strauchmonte mit Sukkulenten. Photo: Czajka

Photo 187 Kegelförmige Restberge in der pliozänen Talausfüllung. Jarilla-Sträucher auf rezenten Feinsanden. Photo: Czajka

Photo 188 Der alte Talboden der oberen Quebrada del Toro ist aus Schottern aufgebaut und wurde in Querriedel zerlegt. Rezente Schwemmfächer treten aus den Schluchten aus. Orilla-Vegetation am Bach, auf der Niederterrasse Strauchmonte. Photo: Czajka

Photo 189 Flächenhafte Schuttzufuhr zum Valle de Tastil. Trockenpuna mit Kakteen. Photo: Czajka

Photo 190 Strauchmonte zieht die Täler hinauf, Trockenpuna-Vegetation bekleidet die Hänge. Photo: Czajka

Photo 191 Strauchmonte auf eingelagerten Sedimenten in der obersten Quebrada de Humahuaca. Photo: Czajka

Photo 192 Baummonte mit Akazien an einem seitlichen Trockengerinne der Quebrada de Humahuaca. Photo: Czajka

Photo 193 Baummonte am wasserführenden Durchbruchstal bei Alemanía. Photo: Czajka

Photo 194 Von Westwind bewegte Flugsande im Tal von Santa María, Strauch- und Baummonte. Photo: Czajka

Photo 195 Breite Sedimentfüllung im unteren Valle de Tastil mit Abtragungsformen. Strauchmonte als Pioniervegetation, Trockenpuna auf den Hängen. Photo: Czajka

Photo 196 Circular growth of plants at 3,850 m along Marangu route of Kilimanjaro. Pocket knife as scale is 9 cm long (June 1971). Photo: Hastenrath

Photo 197 Tarn on saddle plateau of Kilimanjaro. In the background East slope of Kibo (June 1971). Photo: Hastenrath

Photo 198 Stone polygon pattern on the Shira side of Kibo, 4,450 m. Box as scale has diameter of 7 cm (April 1974). Photo: Hastenrath

Photo 199 Stone stripes bending around obstacle; 4250 m, along Marangu route of Kilimanjaro. Pocket knife as scale is 9 cm long (June 1971). Photo: Hastenrath

Photo 200 Fine material polygons at 4250 m, along Marangu route of Kilimanjaro. Box as scale has diameter of 7 cm (June 1971). Photo: Hastenrath

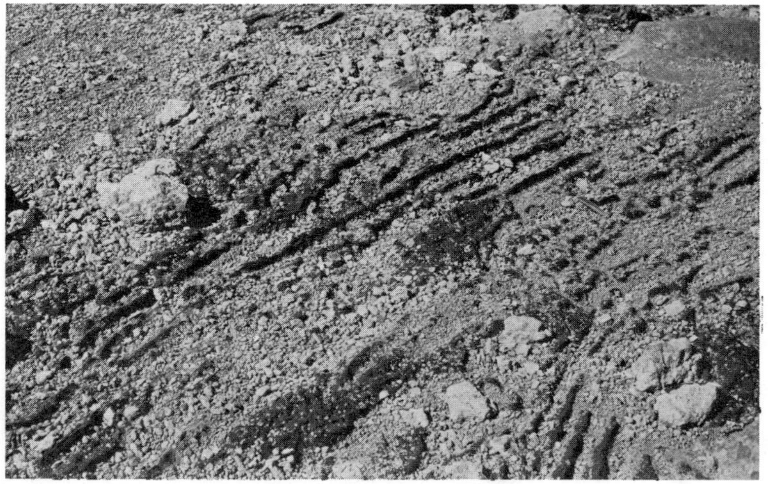

Photo 201 Fine earth ribbons, 5,200 m, East slope of Kibo. Pocket knife as scale is 9 cm long (June 1971). Photo: Hastenrath

Photo 202 Stone polygons on shore of Naro Moru Tarn in the upper Teleki Valley, Mt. Kenya, at 4,200 m. Box as scale has a diameter of 7 cm (July 1971). Photo: Hastenrath

Photo 203 Stone stripes on moraine of Lewis Glacier, Mt. Kenya, at 4,750 m. Box as scale has diameter of 7 cm (July 1971). Photo: Hastenrath

Photo 204 Incipient mud polygon formations on moist soil at about 4170 m along Chogoria route, East side of Mt. Kenya. Pocket knife as scale is 9 cm long (June 1973). Photo: Hastenrath

Plate/Tafel LII

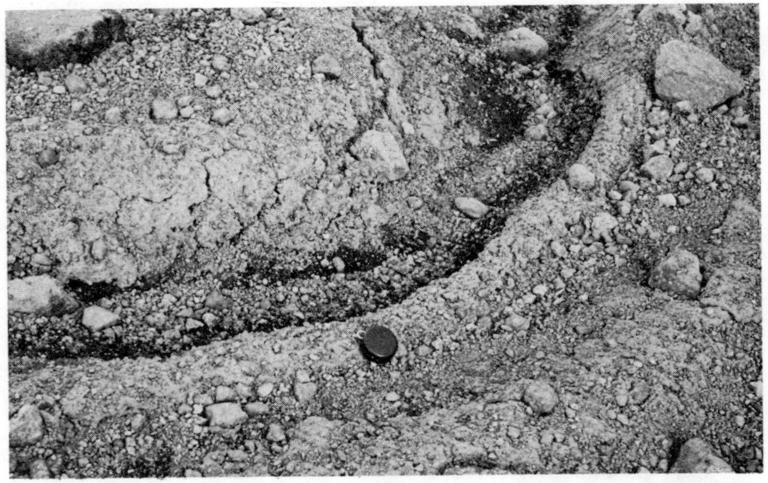

Photo 205 Cake polygons, 4560 m, upper Gorges Valley, East side of Mt. Kenya. Box as scale has diameter of 7 cm (June 1973).
Photo: Hastenrath

Photo 206 Mud grooves, 4350 m, upper Gorges Valley, East side of Mt. Kenya. Box as scale has diameter of 7 cm (June 1973).
Photo: Hastenrath

Photo 207 Thufur with breaking up of vegetation on northern face, 3020 m, region of Letseng-La-Draii, Lesotho. Compass and pocket knife as scale have dimensions of 7–9 cm (April 1971).
Photo: Hastenrath

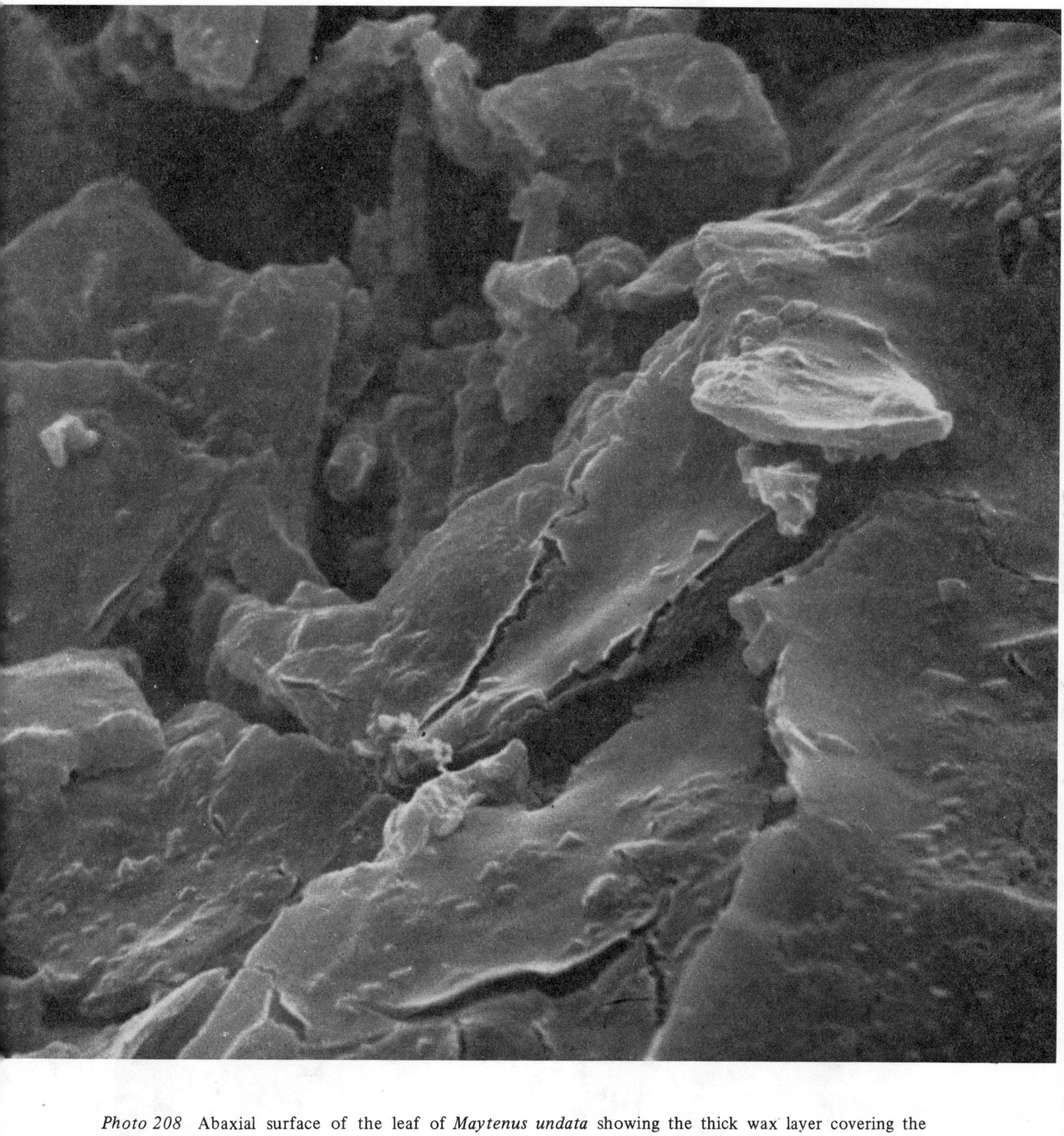

Photo 208 Abaxial surface of the leaf of *Maytenus undata* showing the thick wax layer covering the stomata (2300 x). Stereoscan electron-micrograph by E.M. van Zinderen Bakker Jr. (1973)

Photo 209 Marion Island. Kildalkey Bay with Green Hill, a volcanic cone in the background. Macaroni Penguins and Elephant Seals in front and King Penguin rookery in centre. Photo: J.U. Grobbelaar

Photo 210 Marion Island. Grey Lava Cliffs on East Coast, covered by *Cotula plumosa* with influence of salt spray and manuring by Red-footed Shags (*Phalacrocorax albiventer*).
Photo: E.M. van Zinderen Bakker Jr.

Photo 211 Stewart Island, Zentralkette: Blick nach S (Port Pegasus): streifenüberformte Tussockpolsterflur der Westflanke mit Granitfelsen und – im Vordergrund – Einzelbüschen von *Olearia Colensoi.* (15. 2. 1959, 16h). Photo: Schweinfurth

Photo 212 Stewart Island, Mason Bay: „Windkanal“ – Dünental mit windgeformten *Leptospermum scoparium*-Sträuchern; vorn in der Mitte und im Hintergrund: *Phormium Colensoi.* (17. 9. 1959, 14h). Photo: Schweinfurth

Photo 213 Stewart Island, Paterson Inlet: Caerhowel (SW-) Arm: *Leptospermum scoparium* – Buschwald mit typisch ausgebildeter endständiger Beblätterung am Mt. Rakeahua, 300 m; Blick nach E. (28. 10. 1958, 11h). Photo: Schweinfurth

Photo 214 Stewart Island, Frazer Peaks: *Leptospermum scoparium* im Schutz von Granitfels (vorn rechts: *Phormium Colensoi*) (18. 2. 1959, 14h). Photo: Schweinfurth

Photo 215 Stewart Island: Iona Island im „Windkanal" des Paterson Inlet: in voller Exposition (rechts = W) geschlossener Küstenbusch, inseleinwärts mit geschlossenem Kronendach in Lorbeer-Coniferen-Wald übergehend; nach E zu (links) allmähliche Auflockerung (7. Jan. 1973). Photo: Schweinfurth

Photo 216 Stewart Island, Paterson Inlet: geschlossener Küstenbusch von *Olearia angustifolia* entlang der Westküste von Tommy Islet (25. 10. 1958, 13h). Photo: Schweinfurth

Plate/Tafel LVI

Photo 217 Stewart Island, Paterson Inlet: *Olearia angustifolia*-Kugelbüsche in W-Exposition auf Tommy Islet. (25. 10. 1958, 13h).
Photo: Schweinfurth

Photo 218 Stewart Island, Paterson Inlet: *Olearia angustifolia* – „Front" des Küstenbusches auf Tommy Islet in W-Exposition. (25. 10. 1958, 13h).
Photo: Schweinfurth

Photo 219 Bench Island (Te Waitaua): Küstenbusch von *Olearia angustifolia* in W-Exposition. (5. 11. 1958, 13h). Photo: Schweinfurth

Photo 220 Stewart Island: *Fuchsia excorticata* in Blüte. (7. Jan. 1973).
Photo: Schweinfurth

Photo 221 Forest dominated by *Metrosideros umbellata*, at 600 m, Copland Valley, Westland. The rounded shrub in the foreground is *Pseudopanax colensoi*. Photo: Wardle

Photo 222 Conical trees of *Libocedrus bidwillii* at 900 m, Alex Knob, Westland. Photo: Wardle

Photo 223 Rounded bushes of *Senecio bennettii* (foreground) and other species at 1050 m, Copland Valley, Westland. The tussock grass is *Chionochloa pallens*. Photo: Wardle

Photo 224 *Celmisia coriacea* (foreground), *Aciphylla horrida* (behind) and small tussocks of *Chionochloa pallens* at 1050 m, Copland Valley, Westland. Photo: Wardle

Photo 225 *Araucaria cunninghamii* at 1 500 m, Mt Kaindi, New Guinea.
Photo: Wardle

Photo 226 Hochmoor des Swampy Summit in 740 m Höhe. Links im Mittelgrund eine offene Wasserfläche. Hauptbestandteile der Vegetation sind *Chionochloa rigida* und *Phormium cookianum*. Das Pollenprofil von *Fig. 12* liegt ca. 25 m rechts vom Aufnahmestandpunkt (Dez. 1973).
Photo: Heine

Photo 227 Terrassensysteme – hier am Rand des Maniototo-Beckens – sind typisch für die Beckenlandschaften Zentral-Otagos. In der Regel sind die höchsten Terrassen die ältesten, die niedrigsten die jüngsten. Entsprechend dem Alter, der Bildung und Materialbedeckung der Terrassen und der Überdeckung mit äolischen Sedimenten weisen die Terrassen eine Abfolge verschiedener Böden auf (vgl. *Fig. 4*) (Dez. 1973).
Photo: Heine

Photo 228 Blütenstand von *Aciphylla aurea* am Osthang der Old Man Range. Das Speergras (*A. aurea*) und das Schnee-Tussock-Gras (*Chionochloa rigida*) wirken in der alpinen Stufe (oberhalb 1 000 m Höhe) bei den häufigen Nebeln oft als „Nebelkämmer", indem sie der Luft die Feuchtigkeit entnehmen und an den Halmen zu Boden leiten. Starke Überweidung und häufiges Abbrennen bewirken infolge der fehlenden nebelkämmenden Halme eine verringerte Feuchtigkeitszufuhr für die Böden; die Wassereinbußen sind vermutlich beträchtlich (frdl. mdl. Mitt. MARK) (Dez. 1973).
Photo: Heine

Photo 229 Bodenstreifen in der Old Man Range in rd. 1600 m Höhe. Die Streifen tauchen (hinter der Personengruppe) unter rezente Torfsedimente unter. Im Vordergrund ist sehr deutlich die differenzierte Vegetationsanordnung auf dem Mikrorelief zu erkennen (vgl. *Fig. 8*) mit *Cetraria ericetorum* in den Rinnen, *Dracophyllum muscoides* auf den Hügeln und *Celmisia*-Arten an den Seiten. Im Hintergrund erkennt man an den SE-Hängen Kare und perennierende Schneeflecken (Dez. 1973). Photo: Heine

Photo 230 Front einer großen Solifluktionsterrasse in der Old Man Range in rd. 1600 m Höhe. Auf der Terrassenfläche (links im Bild) wächst zwischen flach liegenden Schieferplatten vorwiegend *Raoulia hectori*, an der Terrassenstirn befinden sich Büschel von *Poa colensoi* und vor der Terrasse vorwiegend *Celmisia viscosa*. Der tiefer gelegene Boden (rechts) wird von der Solifluktionsterrasse überfahren. Die rezenten Bewegungsvorgänge werden zur Zeit gemessen (zwei schwarze Markierungsstäbe sind auf der Terrasse zu erkennen) (Dez. 1973). Photo: Heine

Photo 231 Kar mit Polstermoor in der Old Man Range. Verschiedene kleine Moränenwälle sind im rechten Bildteil zu erkennen. Unterhalb der Karschwelle deuten Solifluktionsloben und -terrassen auf rezente Bewegungen hin (Weitwinkel-Aufnahme, Dez. 1973). Photo: Heine

Photo 232 Schiefer-Tor-Bildungen südlich Sutton/Otago mit Tussock-Grasland. Am linken Tor-Felsfuß erkennt man eine Person (Maßstab) (Dez. 1973). Photo: Heine